工业废水处理工程设计实例

曾郴林　刘情生　主编

中国环境出版社·北京

图书在版编目（CIP）数据

工业废水处理工程设计实例/曾郴林，刘情生主编.
—北京：中国环境出版社，2016.10
ISBN 978-7-5111-2898-0

Ⅰ．①工…　Ⅱ．①曾…②刘…　Ⅲ．①工业废水处
理—工程设计　Ⅳ．①X703

中国版本图书馆 CIP 数据核字（2016）第 192989 号

云南今业生态建设集团有限公司
地址：云南昆明关平路万兴花园
电话：0871-67156777

云南开发规划设计院
地址：云南昆明经济技术开发区昌宏路 49 号
电话：0871-66305696

出 版 人	王新程
责任编辑	沈　建
责任校对	尹　芳
封面设计	宋　瑞

出版发行　**中国环境出版社**
（100062　北京市东城区广渠门内大街 16 号）
网　　址：http://www.cesp.com.cn
电子邮箱：bjgl@cesp.com.cn
联系电话：010-67112765（总编室）
　　　　　010-67113412（教材图书出版中心）
发行热线：010-67125803，010-67113405（传真）

印　　刷	北京中科印刷有限公司
经　　销	各地新华书店
版　　次	2017 年 1 月第 1 版
印　　次	2017 年 1 月第 1 次印刷
开　　本	880×1230　1/16
印　　张	66
字　　数	1840 千字
定　　价	360.00 元

编 委 会

前　言

工业废水是造成环境污染，特别是水体污染的重要原因之一，控制和消减工业废水污染是改善我国水环境质量的重要内容和保障。工业行业种类繁多，废水性质迥异，处理难度大。随着国务院《水污染防治行动计划》（"水十条"）的发布，工业废水排放标准和监管力度将得到进一步提升，其政策的实施也将强力推动工业废水污染的全面治理。为此，历经两年，一部集各方智慧、三易其稿，专为工业废水处理工程设计实务量身打造的专业书籍正式面世。

全书共分为十二章，以工业废水处理系统设计实践为基础，通过以案例的形式，为读者呈现了包括化学工业废水、医药工业废水、机械电子工业废水、皮革制品工业废水及生物、食品工业废水在内的 6 大工业废水的处理技术及工程方案设计。其中工程方案设计包括污水来源、水质水量、工艺流程、主要设备、工程造价、运行费用、平面及高程布置等。主要作者从事水处理工作 30 余年，设计的工程项目类型多，处理的故障多，所精选的 91个工业废水处理方案实例均由作者亲自设计或参与指导设计，不仅覆盖面广，而且得到了实际实施并运行效果良好，突出了其创新性、实用性、成熟性和代表性。同时，书中还汇集了常用的工业废水处理系统、设备结构设计概算等专业数据、图表和专业设计规程、规范条文等资料，是有关水处理设计方面的实用书籍。本书适用于从事水处理工作方面的专业人员及相关专业的高等院校师生阅读参考，也可作为水处理设备经营人员的参考资料。

由于本书编写涉及专业面广，时间跨度大，一些技术尚处于探索阶段，部分数据及图片无法考究，浅陋之处还请同行和师长们指正。

目　录

第一章　制浆造纸工业废水

1　制浆造纸废水概述

造纸工业废水是指制浆造纸生产过程中所产生的废水。造纸工业所产生的废水具有种类繁多、水量大、有机污染物含量高等特点，属于难处理的工业废水之一。废水来源于制浆及造纸各个工艺环节，针对废水的特征确定有效的处理工艺，当前用于造纸工业废水处理的主要方法有沉淀、气浮、吸附、膜分离、好氧生物、厌氧生物等处理方法以及几种工艺结合的处理方法。无论采用什么样的方法，废水都需要进行一定的处理，其目的主要是为了改善废水水质，以便满足各工艺的进水要求，提高废水处理的整体效果，确保整个处理系统的稳定性。随着造纸工业的迅速发展，其废水的治理也越来越引起各方面的重视。近年来，人们针对造纸废水的特性开发出了一系列的处理技术。

2　制浆造纸废水的来源与特点

2.1　蒸煮工段废液

蒸煮工段废液指的是碱法制浆产生的黑液和酸法制浆产生的红液。我国绝大部分造纸厂采用碱法制浆而产生黑液。黑液中所含的污染物占到了造纸工业污染排放总量的 90% 以上，且具有高浓度和难降解的特性，它的治理一直是一大难题。黑液中的主要成分有 3 种，即木质素、聚戊糖和总碱。木质素是一类无毒的天然高分子物质，作为化工原料具有广泛的用途，聚戊糖可用作牲畜饲料。

2.2　中段水

制浆中段废水是指经黑液提取后的蒸煮浆料在筛选、洗涤、漂白等过程中排出的废水，颜色呈深黄色，占造纸工业污染排放总量的 8%～9%，吨浆 COD 负荷 310 kg 左右。中段水浓度高于生活污水，BOD 和 COD 的比值在 0.20 到 0.35 之间，可生化性较差，有机物难以生物降解且处理难度大。中段水中的有机物主要是木质素、纤维素、有机酸等，以可溶性 COD 为主。其中，对环境污染最严重的是漂白过程中产生的含氯废水，例如氯化漂白废水、次氯酸盐漂白废水等。次氯酸盐漂白废水主要含三氯甲烷，还含有 40 多种其他有机氯化物，其中以各种氯代酚为最多，如二氯代酚、三氯代酚等。

此外，漂白废液中含有毒性极强的致癌物质二噁英，对生态环境和人体健康造成了严重威胁。

2.3　白水

白水即抄纸工段废水，它来源于造纸车间纸张抄造过程。白水主要含有细小纤维、填料、涂料和溶解了的木材成分，以及添加的胶料、湿强剂、防腐剂等，以不溶性 COD 为主，可生化性较低，其加入的防腐剂有一定的毒性。白水水量较大，但其所含的有机污染负荷远远低于蒸煮黑液和中段废水。现在几乎所有的造纸厂造纸车间都采用了部分或全封闭系统以降低造纸耗水量，节约动力消耗，提高白水回用率，减少多余白水排放。

3　制浆造纸废水的常规处理方法

制浆造纸废水由于污染物浓度高、成分复杂、可生化性差、流量和负荷波动较大而成为难处理的工业废水之一。其处理方法分为以下几种：化学处理法（包括臭氧氧化、光电催化、超临界水氧化等），物理化学处理法（包括混凝、气浮、吸附、膜分离、电渗析等），生物处理法（好氧生物、厌氧生物、好氧厌氧组合生物处理①）。

3.1　黑液的处理与资源化

3.1.1　碱回收法

碱回收处理法是目前解决黑液问题比较有效的方法，通过黑液提取、蒸发、燃烧、苛化四个主要工段，可将黑液中的 SS、COD、BOD 一并彻底去除，并可回收碱，产生二次蒸汽（能量）。然而，碱回收系统技术要求高，设备投资较高，一般中小型造纸厂无力承担建设碱回收系统所需的高额费用，碱回收系统目前仅主要应用于大型造纸厂。此外，草浆厂产生的白泥中硅含量高，不易回烧成石灰，白泥有可能造成二次污染。

3.1.2　酸析法

传统的酸析法是将碱性黑液用酸沉淀，分离出木素，再将废水与中段水混合进行好氧、厌氧生化处理。这种工艺比较成熟，与碱回收处理法相比，最大的优点是设备投资少，可以在中小型造纸厂应用。但这种方法分离出的木素灰分高，杂质多，利用困难。且这种工艺用酸量大，成本高，设备腐蚀严重，易造成酸泄漏事故，危害后续生化处理单元。

利用烟道气酸析黑液是近年来处理黑液的另一种方法。对蒸煮黑液进行烟道气酸析，其酸析过程兼具强酸和弱酸酸析的特点，净化效果可达到硫酸酸化法的水平，而终点 pH 值却较硫酸法高 2～2.5，极大地减轻了二次酸性废水的污染。近来有学者提出并设计了"黑液烟气酸析净化—单阳膜电渗析"的碱回收工艺流程。该工艺采用了以废治废的方法，既消除了烟道气污染，又避免了木质素沉淀堵槽的现象，从而提高了碱的回收率，降低了吨碱的耗电量。用该法处理造纸黑液，木质素去除率高达 85%～97%，色度、COD、硅去除率分别为 75.94%、63.18% 和 87.32%。实验表明，该改性黑液的加入可明显改善生坯的成型、干燥性能，提高烘烧后成品的抗压强度，降低吸水性能，并为建材行业节约大量的地下水。

3.1.3　超声法

超声降解水体中有机污染物是物理—化学降解过程，主要靠超声空化效应而引起的物理和化学变化降解污染物。液体的超声空化过程是集中声场能量并迅速释放的过程，即液体在超声辐射下产生空化气泡，这些空化气泡吸收声场能量并在极短的时间内崩溃释能，在其周围极小空间范围内产生高温高压、强烈的冲击波和微射流等现象。进入空化气泡中的水蒸气在高温高压下反应产生氢氧自由基，而进入气泡内的有机污染物蒸汽也可发生类似燃烧的热分解反应，在空化气泡表面层的水分子则可形成超临界水，增加了化学反应速率。有机污染物通过氢氧自由基氧化、气泡内燃烧分解、超临界水氧化三种途径进行降解。此技术可在一定程度上降解造纸黑液中大分子有机物，有望成为

---

① 褚华宁，张仁志，韩恩山. 造纸废水的处理技术及研究进展[J]. 环境监测管理与技术，2006，18（1）：36-37，47.

生化法处理造纸废水的前处理技术。

3.1.4 燃烧法

燃烧法的工艺流程是利用烟道气余热、外加煤热量蒸发浓缩黑液，然后将木素等有机物燃烧，同时回收碱。这种工艺的工业化技术已经比较成熟。燃烧法每吨黑液的投资较碱回收法稍低，但运行成本较高。对燃烧法做出改进，利用高 CaO 含量的赤泥和高有机物含量的造纸黑液研制的散煤固硫助燃剂，可以达到固硫助燃的作用，尤其是在 1 050℃ 左右时对低硫煤的助燃效果最好。这种处理造纸黑液的方法达到了变废为宝的效果，具有良好的环保意义和经济效益。

3.1.5 混凝法

混凝法是向废水中投入一定量的混凝剂，使废水中难以自然沉淀的胶体状污染物和一部分细小悬浮物经过脱稳、凝聚、架桥等反应过程，形成具有一定大小的絮凝体，再在后续沉淀池中沉淀分离，从而使胶体状污染物得以从废水中分离出来的方法。常用的混凝剂主要有无机混凝剂（如铝盐、铁盐等）和有机混凝剂（如聚丙烯酰胺等）两大类。有研究者用工业废渣经硫酸和盐酸的混合酸浸提后制得矿渣复合混凝剂，考察了废渣种类、酸浓度、温度对造纸黑液混凝效果的影响。结果表明，以粉煤灰为原料制得的混凝剂混凝效果最好，浸提所用酸浓度不宜太高，浸提时温度升高有利于提高混凝效果，提出了具有实用价值的黑液处理工艺。

3.2 中段水的处理

3.2.1 化学氧化法

化学氧化法是指利用强氧化剂的氧化性，在一定条件下与中段水中的有机污染物发生反应，从而达到消除污染的目的。常见的强氧化剂有氯、二氧化氯、臭氧、过氧化氢、高氯酸和次氯酸盐等。

臭氧因具有很高的氧化电位（$E_0=2.07\,V$）而对中段水有很好的脱色效果。臭氧质量浓度为 20 mg/L 时，只要 90 min 就可以去除中段水色度的 90%，而且其中 85% 是在 15 min 内完成的。有大量自由基参加的化学氧化处理工艺称为高级化学氧化法，此处理工艺可使废水中有机污染物彻底分解，是近年来备受重视的水污染治理新技术。如臭氧和紫外线（UV）、超声波、催化剂等联合使用，大大提高了氧化脱色性能。这些辅助手段所提供的能量不仅催化臭氧产生具有极强氧化性的氢氧自由基，而且能激发水中的物质，使其成为激发态，加速氧化反应的速率。

光催化氧化法是在特殊的光照射条件下发生的有机物参与的氧化分解反应，最终把有机物分解成无毒物质的处理方法。光催化氧化法由于产生的电子—空穴对具有较强的氧化和还原能力，能氧化有毒的无机物，降解大多数有机物，最终生成简单的无机物，使中段水对环境的影响降到最低。有学者对 TiO_2 光催化氧化技术在造纸废水处理中的应用进行研究发现：用 TiO_2 作催化剂，在 O_2 和紫外光作用下，室温处理时间不超过 1 h，中段水中的总有机氯和色度可降低 80% 以上，再经生物氧化法处理，废水中 COD、TOC 和色度几乎完全被去除。

3.2.2 物化法

物化法包括吸附法、混凝法、膜分离法等。

吸附法是采用多孔的固体吸附剂，利用固—液相界面上的物质传递，使废水中的有机污染物转移到固体吸附剂上，从而使之从废水中分离除去的方法。目前用于水处理的吸附剂主要有：活性炭、硅藻土、氧化硅、活性氧化铝、沸石及离子交换树脂等。活性炭是最早应用的脱色吸附剂，虽能有效脱除废水中的颜色，但价格较高，再生困难且损失率高，因此一般只用于浓度较低的废水处理或深度处理。膨润土主要成分为硅铝酸盐，其层状结构间具有可交换的钙、镁、钠等离子，膨润土颗粒表面往往带有电荷，因而具有良好的吸附性。用硫酸活化方法制作活化粉煤灰吸附材料，结果表明，在 20℃，pH=7 时，粉煤灰对有机物有明显的去除效果。该吸附材料的制作以及其用于处理工业废水的成本低，并且达到了废物综合利用的目的。

混凝法处理中段水的原理与其处理黑液的原理相同，通过混凝，可降低中段水的浊度、色度，去除高分子物质、呈悬浮状或胶体状的有机污染物和某些重金属物质。中段水处理中常用的混凝剂主要有：硫酸铝、硫酸镁、二价或三价的铁盐、氧化铝、氧化钙、硫酸、磷酸、聚酰胺类有机高聚物等。

膜分离法是一种新兴的分离、净化和浓缩技术。膜分离过程是以选择性通透膜为分离介质，在两侧加以某种推动力，使待分离物质选择性地透过膜，从而达到分离或提纯的目的。膜分离法具有分离效率高，且将滤后的净化水重复利用于生产，实现"零排放"，装置简单，操作容易，易维修、控制等优点[①]。膜分离可分为超滤、电渗析、纳滤等技术。超滤是以压差为推动力，按粒径选择分离溶液中所含的微粒和大分子的膜分离操作；电渗析是以电位差为推动力，利用离子交换膜的选择透过性，从溶液中脱除或富集电解质的膜分离操作；纳滤是以压差为动力，介于反渗透和超滤之间，从溶液中分离物质的膜分离过程。美国、芬兰、挪威和瑞典等国家在造纸工业采用膜分离技术处理漂白废水，生产工艺已比较成熟；我国在 20 世纪 70 年代也开始研究膜分离技术处理造纸废水，取得了一定进展。

3.2.3 生物法

生物法是利用微生物降解代谢有机物为无机物来处理废水。通过人为的创造适于微生物生存和繁殖的环境，使之大量繁殖，以提高其氧化分解有机物的效率。根据使用微生物的种类，可分为好氧法、厌氧法和生物酶法等。

好氧法是利用好氧微生物在有氧条件下降解代谢处理废水的方法，常用的好氧处理方法有活性污泥法、生物膜法、生物接触氧化、生物流化床等方法。相对于活性污泥系统而言，生物膜系统具有如下显著优点：高容积负荷，更强的抗毒能力和耐冲击负荷能力，无须污泥回流，处理设施紧凑。在造纸废水处理中逐渐得到了广泛应用[②]。

厌氧法是在无氧的条件下，通过厌氧微生物降解代谢来处理废水的方法。厌氧法的操作条件要比好氧法苛刻，但具有更好的经济效益，因此也具有重要的地位。目前开发出的有厌氧塘法、厌氧滤床法、厌氧流动床法、厌氧膨胀床法、厌氧旋转圆盘法、厌氧池法、升流式厌氧污泥床法（UASB）等。通常为了取得更好的处理效果，将好氧法和厌氧法联合使用。

生物酶处理有机物的机理是先通过酶反应形成游离基，然后游离基发生化学聚合反应生成高分子化合物沉淀。与其他微生物处理相比，酶处理法具有催化效能高、反应条件温和、对废水质量及设备情况要求较低，反应速度快，对温度、浓度和有毒物质适应范围广，可以重复使用等优点。

3.2.4 电子束法

电子束法依赖高能电子束对水的辐射作用，产生活性自由基，通过这些活性自由基与水中有机物的作用，达到去除水中有机物的目的。高能电子束对细菌和病毒有较好的杀灭作用，而且电子束不生成副产物，没有二次污染物，工艺本身清洁，是较先进的污染处理技术。

3.2.5 电化学法

电化学法是通过电极反应来产生活性很强的新生态自由基，废水中的发色有机物在这些自由基的作用下发生氧化还原反应，降解为无色的小分子物质或者形成絮凝体沉淀下来，处理后水的色度和 COD 都得到了降低。人们对电化学法进行了改进，在电化学反应器中使用金属铝或铁作为阳极，电解时产生的 Al^{3+}（Fe^{2+}）水解生成铝（铁）的氢氧化物等具有混凝剂作用的物质。与混凝法投入的

---

① 杨玲. 用于造纸废水处理的膜分离技术研究进展[J]. 四川理工学院学报（自然科学版），2005，18（2）：62-65.

② 梁宏，林海波. 造纸废水治理技术研究现状及展望[J]. 四川理工学院学报（自然科学版），2002，18（2）：56-60.

铝（铁）无机盐相比，它具有更高的活性，更强的絮凝作用，使中段废水中的有机悬浮物及胶体粒子凝聚，形成絮体。阴极上生成的氢气以微细气泡的形式排出，与絮体黏附一起，上浮到水面而被分离，这种方法被称为电絮凝法。将电化学法和凝聚沉淀法联合应用处理造纸废水，使造纸废水 COD 去除率达到 55%～70%，色度去除率达到 90%～95%。

3.2.6 物理法

物理法即采用各种筛网、滤网、斜形筛、格栅等预处理中段水，主要阻截滤出水中较大的废纸浆纤维，回用于生产普通板纸或油毡原纸。废纸浆纤维掺加量一般在 10%～15%，回收利用可得到一定的经济效益。除此之外，微滤与振动筛技术作为一种简单的机械过滤方法，也逐渐被应用到中段污水的预处理中去。它适用于把废水中存在的微小悬浮物质、有机物残渣及其他悬浮固体等最大限度地分离出来，大大降低了后处理负荷，且处理水量大、管理方便，回收废纸浆品质好，成为造纸中段水预处理中一项很有发展前途的技术。

3.2.7 综合法

以上介绍了造纸中段水处理的一些方法，实际上，这些方法大都是综合应用的。每种方法都有自身的优点和不足，单一使用某种方法进行废水处理，不仅成本高，处理后的废水也难达到排放标准。因此，常将它们结合起来使用，寻找适合不同水质的最佳搭配方式，使流程简化。

3.3 白水的处理与回用

3.3.1 气浮法

气浮法是白水处理中较常用的方法。白水中所含的物质为短纤维、填料、胶状物以及溶解物，它经过调节后在气浮池内与减压后的溶气水混合，进行气浮操作过程。完成分离后，清水入清水池供纸机回用，短纤维进入浆池供造纸机回用。气浮法在我国造纸企业中有较广的应用。

3.3.2 絮凝法

絮凝法在造纸白水处理中也有应用，其原理上面已有介绍。利用絮凝剂处理造纸白水，COD 去除率可达 98%，且操作方法简单、周期短、处理结果稳定。

3.3.3 过滤法

应用于白水处理的过滤法常见的有两种：真空过滤法和微滤法。真空过滤法具有过滤速度快、处理量大、工艺过程稳定、占地面积小、基建费用少、运行费用低等特点，处理后的白水可直接用于造纸过程。近年来国内的一些大型造纸企业大力推广真空过滤机用于白水处理，使得白水的处理与循环回用的程度大大提高。

微滤法采用的过滤介质为不锈钢丝网或化纤网，其过滤孔径的大小可根据用户的废水种类、浓度等的不同而随意选择，最小孔径当量可小于 20 μm。其优点更在于工艺简单、占地少、投资省；过滤能力大、效率高、运行费用低、操作极其简便。

3.3.4 膜分离法

膜分离技术处理造纸白水，可以较彻底去除造纸白水中的金属离子和溶解性无机盐物质，是实现造纸零排放目标的有效措施之一。膜分离方法处理造纸白水的分析结果表明：TOC、COD 的去除率分别达到 78%～96%、88%～94%，而电导率的下降率达 95%～97%。然而，膜分离法处理水量能力不大、费用较高，在用于造纸白水处理方面还处于实验室的研究阶段，距离实际生产还有很长的路要走。

随着科技的不断进展，制浆造纸废水处理和资源化技术日新月异。传统的废水处理回用技术不断被革新和发展，同时，出现了许多更新的、更先进的技术。对于黑液的处理，碱回收仍是最经济、最有效的途径。但碱回收设备需要较高的投资，每万吨浆投资 8 000～10 000 元，最低生产规模要求日产 50 t 浆以上，因此目前碱回收法主要用于大型造纸厂。对中小型造纸厂来说，可以考虑采用酸析法处理黑液，而新兴的烟道气酸析法可以达到"以废制废"的效果，是一种更好的选择；利用矿渣混凝剂处理黑液也可达到较好的效果，且处理费用较低；将黑液用于生产固硫助燃剂则使黑液得到了资源化利用。中段水的处理比较可靠的技术是两级生物处理法，将物化法和生物法联合使用也对 COD 有较好的处理效果；光催化氧化法和生物法联用对中段水有很好的脱色效果。白水的处理和回用工艺现在已较为成熟，气浮法是目前采用得较多的技术，白水处理后回用，且可回收白水中的细小纤维。膜分离法对白水处理效果较好，但处理费用较高，是未来发展的方向，需要进一步深入研究。

　　制浆造纸废水的处理方法很多，但每种方法和工艺都有适用条件，各有其优点和不足。即使是非常先进的处理方法，也不可能独立完成处理任务。往往需要把几种方法组成一个处理系统，才能完成所要求的处理功效。一般来说，废水中的污染物是多种多样的，也有各自最佳的处理方法，可根据不同水质，并结合企业自身情况，选择最合适的废水处理系统。

实例一　宁波市某公司 1 200 m³/d 造纸废水回用处理工程

1　项目概况

　　该公司是一家以经营印刷造纸及纸制品为主的企业，日产纸制品 40 t，目前已建成并运行一座生产废水处理站，对企业产生的废水加以处理达标后排放。随着企业生产规模的不断扩大，产生的废水量也日益增大，为此欲新建一套造纸废水回用处理系统，将原有废水处理站处理达标后的废水加以深度处理，处理后的出水回用于车间生产，不仅实现了水资源的循环利用，也带来了一定的经济效益。该回用水处理工程日处理规模 1 200 m³，采用"高效曝气生物滤池+一体化设备+活性炭过滤"的组合工艺，出水达到该公司车间回用水要求。该工程总占地面积约 90 m²，总装机容量 93.18 kW，运行成本约 1.31 元/m³ 废水（不含折旧费）。

　　该工程采用拥有自主知识产权的一体化中水回用处理设备，该设备集高效混凝、气浮、氧化、过滤于一体，出水能稳定达到车间回用水要求。

2　设计依据

2.1　设计依据

　　（1）业主提供的各种相关基础资料（水质、水量、回用水要求等）；
　　（2）现场踏勘资料，现场采集水样的分析数据；
　　（3）《制浆造纸工业水污染物排放标准》（GB 3544—2008）；
　　（4）《制浆造纸废水治理工程技术规范》（HJ 2011—2012）；
　　（5）《污水综合排放标准》（GB 8978—1996）；
　　（6）其他相关标准。

2.2　设计原则

　　（1）认真贯彻国家关于环境保护工作的方针和政策，使设计符合国家的有关法规、规范、标准；
　　（2）综合考虑废水进、出水水质及水量特征，选用的工艺应技术先进、稳妥可靠、经济合理、安全适用；
　　（3）妥善处理和处置废水回用处理过程中产生的污泥和浮渣，避免造成二次污染；
　　（4）废水回用处理系统的自动控制系统应管理方便、安全可靠、经济实用；
　　（5）废水回用处理系统的平面布置力求紧凑，减少占地面积和投资；高程布置应尽量采用立体布局，充分利用地下空间。

2.3　设计范围

　　本项目的设计范围包括废水回用系统，包括调节池至清水池（回用水池）的工艺、土建、构筑物、设备、电气、自控及给排水的设计；不包括回用水池至车间的配水系统，不包括从废水回用处理站外至站内的供电、供水系统以及站内的道路、绿化等。

3 主要设计资料

3.1 设计进水水质

根据建设单位提供的资料，设计水量为 1 200 m³/d。设计进水水质指标如表 1 所示。

表 1 设计废水进水水质

项目	COD/（mg/L）	色度（稀释倍数）	pH	SS/（mg/L）
进水水质	≤400～500	≤80	6.5～9.0	90～100

3.2 设计出水水质

根据建设单位要求，废水经处理后回用，回用水须满足生产车间用水要求，具体水质指标要求如表 2 所示。

表 2 生产车间回用水水质要求

项目	COD/（mg/L）	色度（稀释倍数）	pH	SS/（mg/L）
回用水水质	≤120	≤50	6.5～7.5	≤100

4 处理工艺

4.1 工艺流程

该废水回用处理工艺由预处理、高效曝气生物滤池、一体化回用水处理设备及活性炭深度处理四部分组成，工艺流程详见图 1。

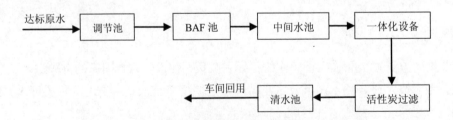

图 1 造纸废水回用处理工艺流程

4.2 工艺流程说明

本处理工艺共分为四大部分：

预处理系统：企业排放的废水经原有的废水处理系统处理达到《制浆造纸工业水污染物排放标准》（GB 3544—2008）后，经提升泵提至调节池内，均化水质、水量，减少对后续处理构筑物的冲击。

高效曝气生物滤池（BAF池）：调节池的出水经提升泵提升至BAF池，池内装填比表面积大、表面粗糙、易挂膜的陶粒填料，以提供微生物膜生长的载体。废水从滤池顶部进入，滤池底部曝气，气水处于逆流状态。在BAF池中，有机物被微生物氧化分解，NH_3-N被氧化成硝态氮；另外，由于在生物膜的内部存在厌氧和兼氧环境，在硝化的同时实现部分反硝化反应。从滤池底部的出水可直接排入中间水池，一部分留作反冲洗之用；反冲洗水进入原废水处理系统进行处理。

图2　高效曝气生物滤池

一体化设备：经BAF池处理后的废水经提升泵提升至一体化设备，该设备集高效混凝、气浮、氧化、过滤于一体，主要以离子浮选法为依据，利用化学分子体系中的布朗运动和双膜理论以及水力学、流体力学等理论体系设计制造。根据造纸废水的水质特点，向废水中投加混凝剂和脱色剂等，利用浮除原理去除废水中的溶解性污染物、呈胶体状态的物质、表面活性剂等。以分子态或离子态溶于废水中的污染物在浮除前进行一定的化学处理，将其转化为不溶性固体或可沉淀（上浮）的胶团物质，成为微细颗粒，然后通过进行气粒结合予以分离，从而达到去除污染物、净化水质的目的。由于影响该厂废水回用的主要指标是COD和SS，而通过该一体化设备的处理，废水中的COD和SS能得到高效稳定地去除，从而保证回用水的水质符合要求。

图3　一体化中水回用处理设备

活性炭过滤：经一体化设备处理后的出水进入活性炭罐，废水经过活性炭时在其颗粒表面形成一层平衡的表面浓度，将有机物及其他杂质吸附到活性炭颗粒内，从而进一步降低 COD 和 SS。活性炭滤料具有孔隙结构发达、比表面积大、吸附能力强、机械强度高、易再生、造价低等特点。

4.3   工艺特点

（1）该工程采用自主研发的一体化处理设备，该设备集高效混凝、气浮、氧化、过滤于一体，能稳定、高效地去除废水中的 COD 和 SS 等污染物，出水稳定达到该厂的回用要求。

（2）该工程采用 BAF——高效曝气生物滤池技术，该生物滤池承受冲击负荷性能好，能较好地适应水温变化，且剩余污泥量少，较容易去除难降解和降解速率慢的污染物质。此外，由于微生物栖息在填料上，因此无须回流污泥，且不会产生污泥膨胀的问题。

5   构筑物及设备参数设计

该造纸废水回用处理系统的主要构筑物和设备设计参数分别见表3、表4。

表3   构筑物设计参数

构筑物名称	规格尺寸	结构形式	数量	设计参数
调节池	6.2 m×8.3 m×3.0 m	钢砼	1	有效水深 2.5 m；停留时间 2 h
BAF 池	2.6 m×8.3 m×6.0 m	钢砼	1	表面水力负荷：2.3 m³/（m²·d）；停留时间 1.5 h；设计流量：50 m³/h
中间水池	1.0 m×8.3 m×3.0 m	钢砼	1	
一体化设备	5.5 m×3.15 m×2.71 m	钢制	1	有效水深 2.2 m；接触室流速 10.0 mm/s；分离室流速 2.0 mm/s；回流比 30%；溶气压力 0.4～0.5 MPa；设计流量 25 m³/h
活性炭罐	ϕ1.8 m×3.3 m	钢制	1	型号 GHTA-25；滤速 10 m/h
清水池	1.0 m×8.3 m×2.0 m	钢砼	1	—

表4   主要设备设计参数

安装位置	设备	数量	规格型号	功率	备注
调节池	提升泵	2 台（1用1备）	ISG80-125	5.5 kW	流量 50 m³/h；扬程 20 m
	加药箱	4 个	1.0 m³	—	材质 PVC
	加药泵	4 台（2用2备）	JJM-80/0.5-IV	0.37 kW	流量 80L/h；扬程 50 m（0.5MPa）
	搅拌器	4 台（2用2备）	—	0.37 kW	
BAF 池	提升泵	2 台（1用1备）	ISG65-125	5.5 kW	流量 50 m³/h；扬程 20 m
	曝气风机	2 台	TF-65	7.5 kW	风量 3.2 m³/min；风压 P6 000 mmAq
	反冲洗泵	1 台	TF-100	15 kW	风量 14 m³/min；风压 P8 000 mmAq
一体化设备	提升泵	4 台（2用2备）	ISG65-125	3 kW	流量 25 m³/h；扬程 20 m
	空压机	2 台	ZB-0.1/8	1.5 kW	空气量 0.1 m³/min；工作压力 0.8MPa
	溶气泵	2 台	ISG50-200	5.5 kW	流量 12.5 m³/h；扬程 50 m
活性炭罐	反冲洗泵	1 台	ISG80-125（I）A	7.5 kW	流量 89 m³/h；扬程 16 m

6　废水回用处理系统布置

6.1　平面布置原则

（1）废水回用处理系统应充分考虑与厂区环境、地形、功能布置和现有管道系统协调；

（2）废水回用处理系统应充分考虑建设施工规划等问题，优化布置系统；

（3）根据夏季主导方向和全年风频，合理布置系统位置；

（4）处理构筑物应布置紧凑，节能高效，节约用地，便于管理。

6.2　高程布置原则

（1）充分利用地形设计高程，减少系统能耗；

（2）系统设计力求简洁、流畅，减少管件连接。

7　电气、仪表系统设计

7.1　设计规范

（1）《供配电系统设计规范》（GB 50052—2009）；

（2）《电力装置的继电保护和自动装置设计规范》（GB/T 50062—2008）；

（3）其他相关标准、规范。

7.2　设计原则

在保证废水回用处理系统工艺达到要求的条件下，做到技术先进、操作简单、管理方便、安全可靠和经济合理。

7.3　设计范围

（1）废水回用处理系统用电设备的配电、变电及控制系统；

（2）废水回用处理系统自控系统的配电及信号系统。

8　运行费用分析

本工程运行费用由电费、人工费和药剂费三部分组成。由于该中水回用系统采用 PLC 控制，自动化控制程度较高，只需配备两名工人轮班管理即可。

8.1　运行电费

该系统总装机容量 93.18 kW，实际使用功率 65 kW，电费按 0.65 元/（kW·h）计，则运行电费 E_1=0.84 元/m³ 废水。

8.2　人工费

该中水回用处理站配备两名轮班工人，人工费约 1 200 元/（月·人），共计 2 400 元，则人工费

E_2=0.07 元/m^3 废水。

8.3 药剂费

药剂费主要为投加的混凝剂，药剂费 E_3=0.40 元/m^3 废水。

8.4 运行费用

运行费用总计为 E_1+E_2+E_3=0.84+0.07+0.40=1.31 元/m^3 废水。

9 工程建设进度

本工程建设周期为 12 周，为缩短工程进度，确保该废水回用处理设施如期实行环保验收，工程设计、各分部工程、分项工程土建、安装以及调试工作，将进行统一协调、分布、交叉进行，具体工程进度安排如表 5 所示。

表 5 工程进度表

周 / 工作内容	1	2	3	4	5	6	7	8	9	10	11	12
施工图设计	■	■										
土建施工			■	■	■	■	■	■				
设备采购制作					■	■	■	■	■	■		
设备安装							■	■	■	■	■	
调试											■	■

10 工程售后服务承诺及事故应急处理措施

（1）土建构筑物除人为不可抗拒因素外，质量保证一年；

（2）非标设备、管道质保期为一年；质保期满后，若发生故障，则以收取成本费提供服务；

（3）本方案的主机设备有两台，当其中一台出现故障时，由另一台备用设备工作，以保证废水回用处理系统能正常运行；同时厂内必须尽快维修出现故障的设备，防止两台设备同时出现故障；

（4）为保证处理设备的正常运行，应加强设备的日常维护和巡检，在停产期（节假日等）安排检修或大修；

（5）建立规范的操作规程和健全的事故报警制度。

实例二　湖南某造纸厂 12 000 m³/d 造纸废水处理工程

1　项目概况

　　造纸业属于用水大户，同时也是典型的高投入、高能耗、高污染、低效益的"三高一低"行业，产生的生产废水具有排放量大、有机物浓度高、色度高、悬浮物浓度高等特点，属于典型的高浓度有机废水。该造纸厂位于湖南省郴州市，具备年产 2 万 t 包装纸袋的能力，所用原料主要为木材和部分草料，由于目前该企业已建成制浆部分的碱回收工程，因此基本消除了制浆"黑液"的污染。再者，尽管造纸车间"白液"产生量较大，但其所含的有机污染负荷远远低于制浆"黑液"和中段废水，因此该造纸厂车间目前已建成并运行全封闭系统，以降低耗水量、节约动力消耗，从而提高"白液"的回用率，减少废水排放量。综上所述，本设计的生产废水主要来源于中段水和部分残留黑液，处理规模为 12 000 m³/d，采用"混凝+水解酸化+UASB+曝气"的组合工艺，处理后的出水达到《制浆造纸工业水污染物排放标准》（GB 3544—2008）。该工程总装机容量 225.15 kW，运行成本约 0.865 元/m³ 废水（不含折旧费）。

图 1　曝气池

2　设计依据

2.1　设计依据

　　（1）业主提供的各种相关基础资料（水质、水量等）；

　　（2）现场踏勘资料；

　　（3）《制浆造纸工业水污染物排放标准》（GB 3544—2008）；

　　（4）《污水综合排放标准》（GB 8978—1996）；

　　（5）其他相关标准。

2.2 设计原则

（1）认真贯彻国家关于环境保护工作的方针和政策，使设计符合国家的有关法规、规范、标准；

（2）综合考虑废水进、出水水质及水量特征，选用的工艺应技术先进、稳妥可靠、经济合理、安全适用；

（3）妥善处理和处置废水处理过程中产生的污泥和浮渣，避免造成二次污染；

（4）废水处理系统的自动控制系统应管理方便、安全可靠、经济实用；

（5）废水处理系统的平面布置应力求紧凑，减少占地面积和投资；高程布置应尽量采用立体布局，充分利用地下空间。

2.3 设计范围

本项目的设计范围仅针对废水处理系统，包括废水处理的工艺、土建、构筑物、设备、电气、自控及给排水的设计，不包括从废水处理站外至站内的供电、供水系统以及站内的道路、绿化等。

3 主要设计资料

3.1 设计进水水质

根据建设单位提供的资料，设计水量为 12 000 m³/d。

设计废水进水水质指标如表 1 所示。

表 1　设计废水进水水质

项目	COD/（mg/L）	水温/℃	pH	SS/（mg/L）
进水水质	≤2 500	20~47	7.0~9.0	≤200

3.2 设计出水水质

根据建设单位要求，处理后的出水达到《制浆造纸工业水污染物排放标准》（GB 3544—2008）的要求，具体指标如表 2 所示。

表 2　设计出水水质

项目	COD/（mg/L）	水温/℃	pH	SS/（mg/L）
出水水质	100	20	6.0~9.0	70

4 处理工艺

4.1 废水特征

传统的制浆造纸生产工艺主要包括备料、蒸煮制浆、洗浆、筛选净化、浆的漂白、抄纸等工序。在整个生产过程中，各个车间和工段都有废液和废水的产生，按废水产生的工段，我国一般将造纸制浆废水分为"黑液"、中段废水和"白液"三类，各类废水污染物浓度差别较大。

造纸工业的碱法（烧碱法和硫酸盐法）制浆工艺产生的废水中含有大量的木质素，呈黑褐色，故称作"黑液"，黑液中含有大量的悬浮性固体、有机污染物和有毒物质。

"白液"是造纸工业中一种蒸煮药液的俗称，由氢氧化钠和硫化钠的水溶液组成，其中氢氧化钠的浓度为 1.0 mol/L，硫化钠的浓度为 0.2 mol/L，pH 值为 13.5～14.0，药液的活性组分为氢氧离子和硫氢离子，氢氧离子来自氢氧化钠和硫化钠的水解。之所以称为"白液"，是相对于在制浆过程中产生的其他呈"黑色""绿色""红色"的液体而言。

造纸中段废水是指浆料经蒸煮、黑液提取后在筛选、洗涤和漂白过程中排出的废水，其排放量大，主要污染物为木素和漂白过程中产生的氯酚类物质。在漂白过程中，由于进一步脱除木素的过程又产生一部分污染物进入漂白废水，所以常称洗涤筛选漂白工段排出的废水为中段废水。

4.2 工艺流程

由于该造纸厂的制浆部分已建成碱回收工程，因此基本消除了制浆"黑液"的污染。除此之外，为了降低耗水量、节约动力消耗，该造纸厂车间目前已采用了全封闭系统，从而提高了"白液"的回用率，也减少了废水排放量。综上所述，本项目的生产废水主要来源于中段水和部分残留黑液。结合该造纸厂废水水质、水量和可生化性等因素，本设计采用"混凝+水解酸化+UASB+曝气"的组合处理工艺，具体工艺流程如图 2 所示。

4.3 工艺流程说明

本处理工艺共分为预处理、厌氧生物处理、好氧生物处理和污泥处理四大部分。

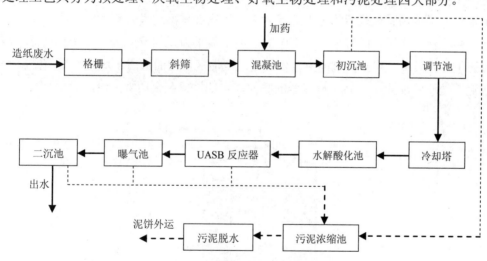

图 2 造纸废水处理工艺流程

预处理系统包括格栅、斜筛、初沉池、调节池、冷却塔等设施。预处理是为了去除废水中的大颗粒悬浮物质、均化水质和水量、冷却水温等，从而减少后续构筑物的冲击负荷，保证生化处理系统的顺利运行。

格栅：造纸生产车间产生的废水进入机械格栅渠，以去除废水中的大颗粒杂质，避免堵塞后续构筑物中的水泵和管道等。

斜筛：经格栅去除大颗粒杂质的废水依靠重力流入斜筛以回收废水中的纤维等物质。

混凝池：经斜筛去除纤维的废水自流进入混凝反应池中。该池分为三格，第一格为快混区，在此投加混凝剂，采用板式搅拌器；第二、三格为慢混区，在此投加絮凝剂，采用框式搅拌器。在混凝池投加混凝剂使水中难以自然沉淀的胶体物质以及细小的悬浮物聚集成较大的颗粒，使之与水分离，达到净化水质的目的；混凝还可以去除废水的色度和浊度，对废水中的无机和有机污染物也有一定的去除效果。

初沉池：经混凝反应池处理后的废水自流进入初沉池，废水中的 SS 在初沉池中依靠重力沉淀，主要去除废水中的悬浮物和不溶性 COD，前端设置混凝反应池可强化初沉池的处理效果。

调节池：经初沉池处理后的出水溢流进入调节池，为了获得稳定的生物反应运行效果，调节池中设有液位/温度计，以连续监测其液位和温度，并控制冷却塔供料泵的启停。当水温高于某个特定值时，废水由冷却塔供料泵提升至冷却塔降温后依靠重力进入水解酸化池。

经预处理后的废水进入厌氧生物处理系统，高浓度废水一般需经两级厌氧处理，本设计厌氧生物处理包括水解酸化池和 UASB 反应器。

水解酸化池：废水先进入第一级厌氧处理构筑物——水解酸化池，废水中的纤维素和半纤维素的降解产物在水解酸化菌的作用下发生水解，变成小分子的有机酸，从而提高废水的可生化性，有利于下一步的生化处理。

UASB 反应器：水解酸化池出水通过提升泵进入 UASB 反应器。UASB 系统的原理是在形成沉降性能良好的污泥凝絮体的基础上，结合在反应器内设置污泥沉淀系统使气、液、固三相得到分离，形成和保持沉淀性能良好的污泥是 UASB 系统良好运行的根本点。UASB 反应器包括进水和配水系统、反应区、气—固—液三相分离器、出水系统和排泥系统等组成。配水系统将进水均匀地分配到 UASB 反应器底部。进水中的有机物与污泥床内高浓度的颗粒污泥充分接触，反应产生的沼气和上升的污水一起搅动污泥层，部分颗粒污泥随气流和水流向上运动而形成悬浮污泥区，剩余的有机物在此获得进一步地降解。气—固—液三相分离器简称三相分离器，由沉淀区、集气室和气封组成，其功能是把沼气、微生物和处理后的污水进行分离。沼气被分离后进入集气室，排出系统。微生物和污水的混合液在沉淀区进行固液分离，下沉的污泥依靠重力返回反应区。三相分离器分离效果的好坏，直接影响处理效果。出水系统的主要作用是把沉淀区液面的澄清水均匀收集，排出 UASB 反应器外。排泥系统一般设置在 UASB 反应器的底部，定期排放剩余厌氧污泥。

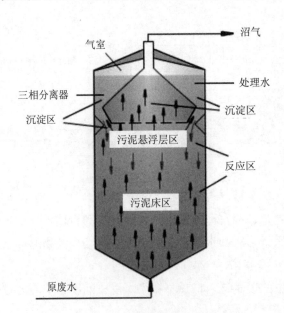

图 3　UASB 反应器构造图

经厌氧生物处理后的废水进入好氧生物处理系统，进一步分解有机物等污染物，本设计的好氧生物处理系统包括曝气池和二沉池。

曝气池：在曝气池中，氧通过空气在混合液中扩散转移到废水中，成为溶解氧后，被微生物所利用。通过曝气，空气中的氧从气相传递到混合液的液相中，这既是一个传质过程，也是一个物质扩散过程。曝气池末端安装溶氧仪以监测废水中的溶解氧浓度，以便对好氧曝气池内的溶解氧进行控制。

二沉池：经曝气池好氧处理后的废水经配水堰进入二沉池，在此通过重力沉降和泥层的过滤作用将污泥与处理后的废水进行分离，出水溢流至二沉池出水井达标排放。

污泥处理系统：剩余污泥进入污泥浓缩池，由污泥泵抽入脱水机进行脱水处理。干污泥定时外运处理，污泥浓缩池上清液及脱水机出水重新返回废水处理系统进行处理。

5 构筑物及设备参数设计

该造纸废水处理系统的主要构筑物和设备设计参数分别见表 3、表 4。

表 3 构筑物设计参数

构筑物名称	规格尺寸	结构形式	数量	设计参数
混凝池	6.0 m×6.0 m×5.0 m	钢砼	1	停留时间 20 min；分为三格
初沉池	ϕ 8.5 m×5.0 m	钢砼	1	沉淀时间 1.5 h
调节池	20.0 m×20.0 m×5.0 m	钢砼	1	停留时间 3.5 h
水解酸化池	11.0 m×6.0 m×5.0 m	钢砼	1	停留时间 4.0 h
UASB 反应器	ϕ 18.0 m×8.0 m	钢制	1	
曝气池	42.0 m×30.0 m×7.5 m	钢砼	1	停留时间 23 h
二沉池	ϕ 26.0 m×5.0 m	钢砼	1	停留时间 6.8 h
污泥浓缩池	ϕ 15.0 m×5.0 m	钢砼	1	

表 4 主要设备设计参数

设备	数量	规格型号	备注
格栅	2 台	栅隙 5 mm	
斜筛	1 组	筛网 100 目	
冷却塔	1 座	流量 1 083 m³/h；ΔT=47～38℃	
潜水曝气机	8 台	180 kg O₂/h；H=8 mH₂O	
加药系统	2 套	—	
罗茨风机	4 台	风量 120 m³/min；风压 90 kPa	
初沉池刮泥机	1 台	—	
二沉池刮泥机	1 台	—	
螺旋脱水机	1 台	—	

6 废水处理系统布置

6.1 平面布置原则

（1）废水处理系统应充分考虑与厂区环境、地形、功能布置和现有管道系统协调；

（2）废水处理系统应充分考虑建设施工规划等问题，优化布置系统；

（3）根据夏季主导方向和全年风频，合理布置系统位置；

（4）处理构筑物应布置紧凑，节能高效，节约用地，便于管理。

6.2 高程布置原则

（1）充分利用地形设计高程，减少系统能耗；
（2）系统设计力求简洁、流畅，减少管件连接。

7 电气、仪表系统设计

7.1 设计规范

（1）《供配电系统设计规范》（GB 50052—2009）；
（2）《电力装置的继电保护和自动装置设计规范》（GB/T 50062—2008）；
（3）其他相关标准、规范。

7.2 设计原则

在保证废水处理系统工艺达到要求的条件下，做到技术先进、操作简单、管理方便、安全可靠和经济合理。

7.3 设计范围

（1）废水处理系统用电设备的配电、变电及控制系统；
（2）废水处理系统自控系统的配电及信号系统。

8 运行费用分析

本废水处理系统采用自动化控制，控制程度较高，配备两名工人轮班管理即可；另外，由于需要人工清渣及回收筛网处的纤维等，需另外配备三名工人定时清理。废水处理运行费由电费、人工费和药剂费三部分组成。

8.1 运行电费

该系统总装机容量为 255.15 kW，其中平均日常运行容量为 170.22 kW，电费平均按 0.70 元/（kW·h）计，则运行电费 E_1=0.238 元/m³ 废水。

8.2 人工费

该废水处理站应配备两名轮班工人及三名清渣工人，人工费约 1 200 元/（月·人），共计 6 000 元，则人工费 E_2=0.017 元/m³ 废水。

8.3 药剂费

药剂费主要为投加的混凝剂，药剂费 E_3=0.61 元/m³ 废水。

8.4 运行总费用

运行费用总计为 $E=E_1+E_2+E_3$=0.238+0.017+0.61=0.865 元/m³ 废水。

9 工程建设进度

本工程建设周期为 12 个月，为缩短工程进度，确保该废水回用处理设施如期实行环保验收，工程设计、各分部工程、分项工程土建、安装以及调试工作，将进行统一协调、分布、交叉进行，具体工程进度安排如表 5 所示。

表 5 工程进度表

工作内容 \ 月	1	2	3	4	5	6	7	8	9	10	11	12
施工图设计	━	━										
土建施工			━	━	━	━	━	━	━			
设备采购制作					━	━	━	━	━			
设备安装							━	━	━	━	━	
调试											━	━

10 工程售后服务承诺及事故应急处理措施

（1）土建构筑物除人为不可抗拒因素外，质量保证一年；

（2）非标设备、管道保期为一年。质保期满后，若发生故障，则以收取成本费提供服务；

（3）本方案的主机设备有两台，当其中一台出现故障时，由另一台备用设备工作，以保证废水回用处理系统能正常运行；同时厂内必须尽快维修出现故障的设备，防止两台设备同时出现故障；

（4）为保证处理设备的正常运行，应加强设备的日常维护和巡检，在停产期（节假日等）安排检修或大修；

（5）建立规范的操作规程和健全的事故报警制度。

实例三 宁波某再生纸厂 3 000 m³/d 造纸废水处理改造工程

1 项目概况

该厂是一家再生纸造纸企业，目前已建成系统完善的再生纸生产线，主要利用废白边纸和废书纸生产文化用品纸，具备年生产纸制品 2 000 t 的能力。从企业长远发展考虑，该厂充分利用废纸资源，依托原厂组建、改造、新建一定规模的新型再生纸造纸厂，拟达到年产 1 万 t 再生纸的造纸能力。同时，为了响应国家环保政策的要求，在已有的废水处理设施的基础上，新建、改建一套新的废水处理系统，以适应企业扩大的生产规模，从而实现企业生产的可持续发展，树立企业良好形象。再生纸造纸能有效地利用资源并保护生态环境，随着废纸制浆技术的不断成熟，废纸已成为生产纸浆的一种重要原料。废纸再生造纸废水的污染负荷相对较轻，但也必须加以妥善处理才能排放。本项目的废水主要来源于再生造纸生产过程采用"气浮+高效混凝+好氧生物处理"的组合工艺，处理后的出水达到《制浆造纸工业水污染物排放标准》（GB 3544—2008）。该工程处理规模为 3 000 m³/d。工程总装机容量 85.5 kW，运行成本约 0.809 元/m³ 废水（不含折旧费）。

2 设计依据

2.1 设计依据

（1）业主提供的各种相关基础资料（水质、水量、处理要求等）；

（2）现场踏勘资料；

（3）《污水综合排放标准》（GB 8978—1996）；

（4）《制浆造纸工业水污染物排放标准》（GB 3544—2008）；

（5）国家及省、地区有关法规、规定及文件精神；

（6）其他相关设计规范与标准。

2.2 设计原则

（1）以《污水综合排放标准》（GB 8978—1996）中规定的排放标准为基础，结合造纸行业废水处理设计、改造、调试、运行的特点，选择一条技术先进、工艺成熟、设备运行可靠、操作维修简便、运行成本低的处理工艺；

（2）因地制宜，设计先进而稳定的系统解决措施，充分利用现有场地和原有废水处理设施，在确保工程达标的同时，最大限度降低工程投资和运行费用；

（3）长远规划、合理布局，坚持"污染物总量削减"的治污原则，使废水处理站环境与周围环境相互协调，规划好废物综合利用项目；

（4）符合国家、地方法律、法规和各项规定以及建设方的要求，确保在废水处理系统建设过程中及投产后整个系统安全可靠，无二次污染；

（5）设计中坚持废水生化处理与生态化处理思想相结合的原则，营造和谐的废水处理生态环境；

（6）处理单元应紧凑、占地少，在确保运行稳定、出水水质达标的前提下，尽量降低工程造价及运行成本。

2.3　设计范围

本项目的设计包括废水处理工艺的选择、废水处理系统各构筑物的设计、废水处理设备和管材的选型以及电气控制系统的设计。本设计只对废水处理主体部分进行设计，不包括废水处理站的绿化和道路等的设计。在电力配置方面，不包括从建设方配电室至本工程电控系统间的设计。

3　主要设计资料

3.1　设计规模

根据建设方提供的资料，本项目设计废水水量为 3 000 m^3/d（即按 125 m^3/h 计，24 h 连续排放），废水来源为再生纸造纸生产过程中产生的混合废水，包括制浆和抄纸两道工序产生的废水及冲洗废水等。

3.2　设计进水水质

再生纸造纸工艺可分为制浆和抄纸两大部分。在制浆部分的除渣、洗浆和漂洗等过程中，会产生大量的洗涤废水，废水外观呈黑灰色。与通常的抄纸工艺一样，在废纸再生造纸的抄纸部分，也产生大量含有纤维、填料和化学药品的"白水"。另外，生产中清洗滤网、设备等会产生冲洗废水，这三类废水混合后形成再生纸造纸废水。

根据建设方提供的相关资料，参考类似再生纸造纸企业的废水特征，确定本工程设计进水水质指标如表 1 所示。

表 1　设计废水进水水质

项目	COD/（mg/L）	BOD_5/（mg/L）	pH	SS/（mg/L）
进水水质	1 200～1 800	400～600	8.0～9.0	800～1 200

3.3　设计出水水质

根据建设单位要求，处理后的出水达到《制浆造纸工业水污染物排放标准》（GB 3544—2008）的要求，具体指标如表 2 所示。

表 2　设计出水水质

项目	COD/（mg/L）	BOD_5/（mg/L）	pH	SS/（mg/L）
出水水质	≤90	≤20	6.0～9.0	≤30

4 处理工艺

4.1 废水特征

再生纸造纸生产过程中，为使废纸中的纤维相互分离、油墨从纤维中脱除，需加入大量的化学药剂，并用洗涤的方法去除废纸中的各种杂质。因此再生纸造纸将产生大量含有细微纤维油墨、树脂、色料、化学药品和机械杂质等污染物的废水。

再生纸造纸工艺可分为制浆和抄纸两大部分，其中，在制浆部分的除渣、洗浆、漂洗和抄纸部分及清洗等过程中，产生大量的含有纤维、填料和化学药品的废水。根据废纸来源和生产工艺的差别，废水的特征有所不同，但污染物含量大致为：COD：$600\sim2\,400$ mg/L，BOD：$125\sim850$ mg/L，SS：$650\sim2\,400$ mg/L，且废水外观呈黑灰色，制浆废水的产生量为 $80\sim200$ t/t 纸。制浆废水中的 SS、COD 质量浓度较高，其中 COD 由可溶性的浆料、化学添加剂及不溶的纤维有机物等组成。

再生纸造纸废水中 SS 含量高。再生纸造纸废水中的 SS 主要来源于造纸过程中浆料的流失，SS 与水形成乳状的胶体，较难从水中彻底分离，严重影响废水处理系统的处理效果；而纤维可作为造纸原料加以回收，回收的浆料不仅可以回用于造纸或外售作为低档纸的原料，产生直接经济效益，还能有效降低废水处理负荷，减少药剂消耗量。

再生造纸废水中的 COD 质量浓度较高且难降解。再生纸造纸废水中的 COD 主要来自纸浆纤维、油墨、树脂、色料、化学药品和机械杂质等污染物，可分为非溶解性 COD 和溶解性 COD。通常情况下，非溶解性 COD 的含量较大，且随着废水中 SS 的去除被大量去除，而溶解性 COD 在除 SS 的过程中去除效果不明显。

因此，再生纸造纸废水是一种 COD 和 SS 含量高、色度大的典型的难处理的工业废水之一。

4.2 工艺流程

结合该再生纸造纸厂废水水质、水量、可生化性等因素，本工程采用"气浮+高效混凝+生物氧化"的组合处理工艺，具体工艺流程如图 1 所示。

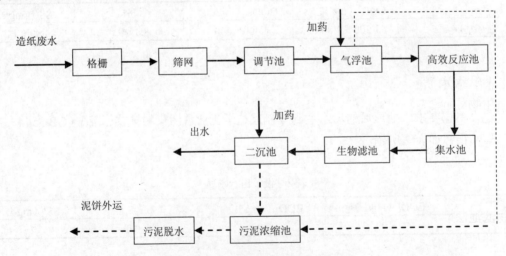

图 1 再生纸造纸废水处理工艺流程图

4.3 工艺流程说明

本工艺流程主要由预处理系统、SS 分离系统、高效混凝沉淀反应系统、好氧生物处理系统以及污泥处理系统五部分组成。

预处理系统：由格栅、筛网及调节池组成，主要是去除废水中的大颗粒固体废物及悬浮物质，并对其中的纤维等有用组分加以回收，并在调节池中均化水质和水量，减轻后续构筑物的冲击负荷，保证后续处理设施的正常运行。

SS 分离系统：主要由溶气气浮装置、高效混凝沉淀反应器及集水池组成，主要是强化了混凝反应，提高 COD 和 SS 的去除效率。溶气气浮装置是在水中通入或产生大量的微细气泡，使其黏附于纤维和杂质絮粒上，造成整体比重小于水的状态，并依靠浮力使其上浮至水面，从而获得固液分离的一种处理方法。该工艺的特点是：耐冲击负荷能力强，对水质、水量变化的适应性强；矾花形成效果好，传质效率高，运行成本较低；省去了回流泵、空压机等设备，节省投资；出水水质稳定。

图 2　溶气气浮池

高效混凝沉淀反应系统：主要由布水系统、导流板和内部特殊装置构成，去除废水中的 COD 和 NH_3-N 等有机污染物。该系统中，通过水流与均匀的上升气流混合，加速流体的升流作用，SS 不断被剪切细化，形成致密细小的絮凝体，并成为固、液、气三相在反应器内循环运动的动力，形成多层次内循环系统，使废水和药剂之间的传质得到强化。其基本原理是在混凝剂的作用下，通过压缩微颗粒表面双电层、降低界面ξ电位、电中和等电化学过程，以及桥联、网捕、吸附等物理化学过程，将废水中的悬浮物、胶体和可絮凝的其他物质凝聚成"絮团"；再经沉降池将絮凝后的废水进行固液分离，"絮团"沉入池底部而成为泥浆，顶部流出的则为色度和浊度较低的清水。实践证明，高效混凝沉淀反应器具有过程简单、操作方便、效率高、投资少等特点。

好氧生物处理系统：好氧微生物去除有机污染物的基本原理，是利用微生物的生命代谢活动来降解废水中的污染物，常见的好氧生物处理工艺有活性污泥法和生物膜法，其中，生物膜法又分为生物滤池和接触氧化法处理工艺。由于生物滤池可以承受较高的处理负荷、耐冲击能力强、出水水质稳定、管理方便，且不存在污泥膨胀的问题，尤其适应难降解、可生化性差的废水，因此，本方案推荐采用生物滤池。

生物滤池法中的微生物与废水的接触面积大，处理效果好，其特点是在池内设置滤料，池底曝气充氧，并使池内废水处于流动状态，以保证废水与滤料充分接触。投加在生物滤池中的滤料是一种比表面积较大的生物载体，其表面粗糙，适合微生物附着生长，从而形成一定厚度的生物膜。在溶解氧和营养物充足的情况下，微生物的繁殖非常迅速，生物膜逐渐增厚。曝气使得整个生物滤池的废水在滤料之间流动，增强了传质效果，从而提高了生物代谢的速度；同时，对生物膜的搅动加速了生物膜的更新，使生物膜的活性提高。成熟的生物膜含有大量的好氧微生物，其数量远高于活性污泥法中同等容积的悬浮污泥中的生物数量，故生物滤池可以承受较高的处理负荷，且处理效果稳定、不存在污泥膨胀的问题。

污泥处理系统：剩余污泥进入污泥浓缩池，然后由污泥泵抽入脱水机进行脱水处理，干污泥定时外运处理。污泥浓缩池上清液及脱水机出水重新进行处理。

5 主要构筑物及设备参数设计

该再生纸造纸废水处理系统的主要构筑物和设备设计参数分别见表3、表4。

表3 主要构筑物设计参数

构筑物名称	规格尺寸	结构形式	数量	设计参数
调节池	9.0 m×9.0 m×5.5 m	钢砼	1	有效容积 420 m³
溶气气浮池	3.5 m×3.5 m×5.5 m	钢砼	1	有效容积 80 m³
高效混凝反应池	3.0 m×20.0 m×5.5 m	钢砼	1	有效容积 60 m³
集水池	8.5 m×8.5 m×5.8 m	钢砼	1	有效容积 400 m³
生物滤池	9.5 m×9.0 m×5.5 m	钢制	1	有效容积 450 m³
二沉池	8.0 m×7.5 m×5.5 m	钢砼	1	有效容积 300 m³
污泥浓缩池	4.0 m×3.0 m×5.0 m	钢砼	1	有效容积 40 m³
污泥干化池	5.0 m×6.5 m×3.0 m	钢砼	1	有效容积 90 m³
综合设备房	—	砖混	1	50 m²

表4 主要设备设计参数

设备	数量	使用位置	规格型号	备注
格栅	1 台	排水沟	ϕ2 000 mm×1 500 mm；栅隙 5 mm	钢结构
水力筛	1 台	调节池前	ϕ2 000 mm×3 000 mm；筛网 100 目	钢结构
提升泵	6 台（3 用 3 备）	调节池、集水池、二沉池	15WQ100-20-11	
溶气泵	2 台（1 用 1 备）	—	IS100-65-100	
加药系统	2 套	—	—	
气浮释放器	1 套	气浮池	—	
混凝反应器	1 套	气浮池	—	
鼓风机	2 台（1 用 1 备）	生物滤池	3L53WA22	
曝气管	30 m	生物滤池	50 mm	
污泥泵	1 台	—	WQ15-7-0.75	
螺旋压榨机	1 台	—	—	

6 废水回用处理系统布置

6.1 平面布置原则

（1）废水处理系统应充分考虑与厂区环境、地形、功能布置和现有管道系统协调；

（2）废水处理系统应充分考虑建设施工规划等问题，优化布置系统；

（3）根据夏季主导方向和全年风频，合理布置系统位置；

（4）处理构筑物应布置紧凑，节能高效，节约用地，便于管理。

6.2 高程布置原则

（1）充分利用地形设计高程，减少系统能耗；
（2）系统设计力求简洁、流畅，减少管件连接。

7 电气、仪表系统设计

7.1 设计规范

（1）《供配电系统设计规范》（GB 50052—2009）；
（2）《电力装置的继电保护和自动装置设计规范》（GB/T 50062—2008）；
（3）其他相关标准、规范。

7.2 设计原则

在保证废水处理系统工艺达到要求的条件下，做到技术先进、操作简单、管理方便、安全可靠和经济合理。

7.3 设计范围

（1）废水处理系统用电设备的配电、变电及控制系统；
（2）废水处理系统自控系统的配电及信号系统。

8 运行费用分析

由于本项目的处理系统采用微机全自动化控制，所以废水处理站配备两名管理工作人员即可，废水处理运行费由电费、人工费和药剂费三部分组成。

8.1 运行电费

该系统总装机容量为 85.5 kW，其中平均日常运行容量为 48.5 kW，电费平均按 0.65 元/（kW·h）计，则运行电费 E_1=0.252 元/m³ 废水。

8.2 人工费

该废水处理站自动化程度较高，配备两名工人轮班即可，人工费约 1 200 元/（月·人），共计 2 400 元，则人工费 E_2=0.027 元/m³ 废水。

8.3 药剂费用

药剂费为离子浮选设备药剂和絮凝沉淀所耗药剂，药剂费约为 E_3=0.53 元/m³ 废水。

8.4 运行总费用

运行费用总计为 $E=E_1+E_2+E_3$=0.252+0.027+0.53=0.809 元/m³ 废水。

9   工程建设进度

本工程建设周期为 10 个月，为缩短工程进度，确保该废水回用处理设施如期实行环保验收，工程设计、各分部工程、分项工程土建、安装以及调试工作，将进行统一协调、分布、交叉进行，具体工程进度安排如表 5 所示。

表 5   工程进度表

月 工作内容	1	2	3	4	5	6	7	8	9	10
施工图设计	━									
土建施工		━━━								
设备采购制作				━━						
设备安装						━━				
调试								━━━━		

10   工程售后服务承诺及事故应急处理措施

（1）土建构筑物除人为不可抗拒因素外，质量保证一年；

（2）非标设备、管道保期为一年，质保期满后，若发生故障，则以收取成本费提供服务；

（3）本方案的主机设备有两台，当其中一台出现故障时，由另一台备用设备工作，以保证废水回用处理系统能正常运行；同时厂内必须尽快维修出现故障的设备，防止两台设备同时出现故障；

（4）为保证处理设备的正常运行，应加强设备的日常维护和巡检，在停产期（节假日等）安排检修或大修；

（5）建立规范的操作规程和健全的事故报警制度。

第二章 化学工业废水

1 化学工业废水概述

化学工业是一个多行业、多品种的工业部门。化工行业又是环境污染严重的行业。化学工业废水主要来自石油化学工业、煤炭化学工业、酸碱工业、化肥工业、塑料工业、制药工业、印染工业、橡胶工业等排出的生产废水。我国化工行业具有企业数量多，中小型规模多、分布广、产品杂、污染重、治理难度大等特点。化学工业废水在不同生产过程中产生，不同行业、不同企业、不同原料、不同生产方式、不同类型设备对废水产生的数量和污染物种类及浓度有很大影响。

2 化学工业废水的来源与特点

2.1 化学工业废水的来源

（1）化工生产的原料和产品在生产、包装、运输、维护的过程中因部分物料流失又经雨水或用水冲刷而形成的废水。

（2）化学反应不完全而产生的废料。由于反应条件和原料纯度的影响，一般的反应转化率只能达到 79%～80%，未反应的原料虽然可以经分离或提纯后再利用，但在循环过程中，由于杂质积累到一定程度，这些残留物就以废水形式排放出来。

（3）化学反应中副反应过程产生的废水。化工生产过程中，在进行主反应的同时，经常会伴随一些副反应，产生副产物。如果副产物数量不大，成分比较复杂，分离困难，分离效率不高，回收成本高等因素，常常不回收而作为废水排放。

（4）冷却水。化工生产在高温下进行，因此，需要对成品或者半成品进行冷却。采用水冷却时，就会排放冷却水。若冷却水与物料直接接触，则不可避免地排放含有物料的废水。

（5）一些特定的生产过程排放废水。例如，蒸汽喷射泵的排出废水，酸洗或碱洗过程排放的废水，溶剂处理中排放的废溶剂。

（6）地面和设备冲洗水和雨水，因夹带某些污染物，最终也形成废水。

2.2 化学工业废水的特点

（1）有毒性和刺激性。化工废水中含有多种污染物，有些是有毒或剧毒的物质，如氰、酚、砷、汞、镉或铅等；有些物质不易分解，在生物体内长期累积会造成中毒，如有机氯化合物；有些为致癌物质，如多环芳烃化合物；另外也可能含有无机酸、碱类等刺激性、腐蚀性的物质。

（2）有机物浓度高。特别是石油化工废水中各种有机酸、醇、醛、酮、醚和环氧化物等有机物的浓度较高，在水中会进一步氧化分解，消耗水中大量的溶解氧，直接影响水生生物的生存。

（3）pH 值不稳定。化工排放的废水时而强酸性，时而强碱性的现象是常有的，对生物、建筑物及农作物都有极大的危害。

（4）营养化物质较多。含磷、氮量较高的废水会造成水体富营养化，使水中藻类和微生物大量繁殖，严重时会造成赤潮，影响鱼类生长。

（5）废水温度较高。由于化学反应常在高温下进行，排出的废水水温较高。这种高温废水排放到水域后，会造成水体的热污染，使水中溶解氧降低，从而破坏水生生物的生存条件。

（6）恢复比较困难。受到有害物质污染的水域要恢复到水域的原始状态是相当困难的。尤其是被微生物所浓集的重金属物质，停止排放仍难以消除。

3 化学工业废水的常规处理方法

化学工业废水的污染物质是多种多样的，所以不可能用一种处理单元就能够把所有的污染物质去除。一般需要通过几种方法或者几个处理单元组成的处理系统后，才能够达到排放标准。

针对不同污染物质的特征，发展了各种不同的化学工业废水处理方法。这些处理方法按其作用原理划分为四大类：物理处理法、化学处理法、物理化学法和生物处理法。

3.1 物理处理法

通过物理作用，以分离、回收废水中不溶解的呈悬浮状态污染物质（包括油膜和油珠）的废水处理法。根据物理作用的不同，又可分为重力分离法、离心分离法和筛滤截留法等。与其他方法相比，物理法具有设备简单、成本低、管理方便、效果稳定等优点，主要用于去除废水中的漂浮物、悬浮固体、砂和油类等物质。物理法包括过滤、重力分离、离心分离等。

3.2 化学处理法

通过化学反应和传质作用来分离、去除废水中呈溶解、胶体状态的污染物质或将其转化为无害物质的废水处理法。可用来去除废水中的金属离子、细小的胶体有机物、无机物、植物营养素（氮、磷）、乳化油、色度、臭味、酸、碱等。

化学法包括中和法、混凝法、氧化还原、电化学等方法。

（1）中和法

在化工、炼油企业中，对于低浓度的含酸、含碱废水，在无回收及综合利用价值时，往往采用中和的方法进行处理。中和法也常用于废水的预处理，调整废水的 pH 值。

（2）混凝沉淀法

混凝法是在废水中投入混凝剂，因混凝剂为电解质，在废水中形成胶团，与废水中的胶体物质发生电中和，形成絮体沉降。絮凝沉淀不但可以去除废水中的粒径为 $10^{-3} \sim 10^{-6}$ m 的细小悬浮颗粒，而且还能够去除色度、油分、微生物、氮磷等富营养物质、重金属及有机物等。

（3）氧化还原法

废水经过氧化还原处理，可使废水中所含的有机物质和无机物质转变为无毒或毒性不大的物质，从而达到废水处理的目的。常用的氧化法有：空气氧化法、氯氧化法、臭氧氧化法、湿式氧化法等。

（4）电解法

电解是利用直流电进行溶解氧化还原反应的过程。一般按照污染物的净化机理可以分为电解氧化法、电解还原法、电解凝聚法和电解浮上法。

3.3 物理化学法

利用物理化学作用去除废水中的污染物质。废水经物理方法处理后，仍会含有某些细小的悬浮物以及溶解的有机物，为了进一步去除残存在水中的污染物，可进一步采用物理化学方法进行处理。主要有吸附法、离子交换法、膜分离法、萃取法、汽提法和吹脱法等。

3.4 生物化学处理法

通过微生物的代谢作用，使废水中呈溶液、胶体以及微细悬浮状态的有机性污染物质转化为稳定、无害的废水处理方法。生物处理过程的实质是一个由微生物参与进行的有机物分解过程，分解有机物的微生物主要是细菌，其他微生物如藻类和原生动物也参与该过程，但作用较小。主要有活性污泥法、生物膜法、厌氧生物化学处理法（普通厌氧消化池、厌氧滤池、厌氧接触氧化、上流式厌氧污泥床 UASB、厌氧流化床 AFB）等。

实例一　宁波某集成电路元件公司 120 m³/d 中水回用工程

1　项目概况

该公司是一家生产各种集成电路引线框架、荧光屏 VFD 阵列、栅网、SMT 模板及加工各种金属工艺品的企业。目前已建成并运行一套废水处理系统，经该处理系统处理后的出水能稳定达到排放标准。随着企业生产规模的不断扩大，车间用水量也日益增大，随之产生的废水数量也骤增。因此，该公司欲新建一套中水回用系统，将经过原有废水处理系统处理后的出水进行深度处理，稳定高效地去除废水中的 COD 和色度等污染物，回用于生产车间，从而实现水资源的循环利用。该工程日处理规模 120 m³，采用拥有自主知识产权的集加药、浮除、臭氧氧化、超滤于一体的多元化高效中水回用处理设备，设备出水稳定达到该公司车间回用水要求。该工程占地面积约 15 m²，总装机容量 4.4 kW，运行成本约 1.062 元/m³ 废水（不含折旧费）。

图 1　一体化中水回用处理设备

2　设计依据

2.1　设计依据

（1）业主提供的各种相关基础资料（水质、水量、回用水要求等）；

（2）现场踏勘资料，现场采集水样的分析数据；

（3）《污水综合排放标准》（GB 8978—1996）；

（4）其他相关标准。

2.2　设计原则

（1）认真贯彻国家关于环境保护工作的方针和政策，使设计符合国家的有关法规、规范、标准；

（2）综合考虑废水进、出水水质及水量特征，选用的工艺应技术先进、稳妥可靠、经济合理、安全适用；

（3）妥善处理和处置中水回用处理过程中产生的污泥和浮渣，避免造成二次污染；

（4）中水回用处理系统的自动控制系统应管理方便、安全可靠、经济实用；

（5）中水回用处理系统平面布置力求紧凑，减少占地面积和投资；高程布置应尽量采用立体布局，充分利用地下空间。

2.3 设计范围

本工程的设计范围仅包括中水回用处理系统，包括至回用水池的工艺、土建、构筑物、设备、电气、自控及给排水的设计。不包括回用水池至车间的配水系统，不包括从中水回用处理站外至站内的供电、供水系统以及站内的道路、绿化等。

3 主要设计资料

3.1 设计进水水质

根据建设单位提供的资料，设计水量为 120 m³/d。

设计进水水质指标如表 1 所示。

表 1 设计废水进水水质

项目	COD/（mg/L）	色度（稀释倍数）	pH	SS/（mg/L）	浊度	臭和味
进水水质	≤258	≤90	6.5	≤70	≤35	3 级

3.2 设计出水水质

根据建设单位要求，废水经处理后回用，回用水须满足生产车间用水要求，具体水质指标要求如表 2 所示。

表 2 生产车间回用水水质要求

项目	COD/（mg/L）	色度（稀释倍数）	pH	SS/（mg/L）	浊度	臭和味
出水水质	≤5	≤40	6.5～9.0	≤10	≤5	不得有异臭、异味

4 处理工艺

4.1 工艺流程

由于经该企业原有废水处理系统处理后的废水的 COD、色度、浊度和 SS 等污染物指标较高，不能满足车间回用水要求，因此本处理工艺的重点在于处理此类污染物。本项目采用专利产品——多元化高效中水回用处理设备，能对废水中的 COD 等污染物进行高效去除，使设备出水水质稳定达到生产车间的回用要求，工艺流程如图 2 所示。

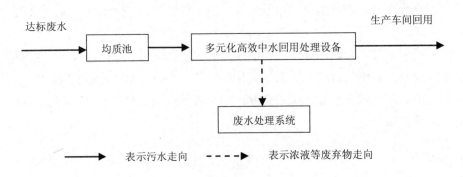

图 2 中水回用处理工艺流程

4.2 工艺流程说明

本处理工艺主要由两部分组成：

均质池：经企业现有的废水处理系统处理后的废水经提升泵提至均质池内，在此调节水质和水量，以减少对后续处理构筑物的冲击。

多元化高效中水回用处理设备：均质池的出水经提升泵提升至该中水回用处理设备中，处理后的出水回用于生产车间，出水浓液返至企业原有的废水处理系统重新进行处理。

该多元化高效中水回用处理设备是集加药、浮除、臭氧氧化、超滤于一体的高效水处理设备。该设备主要以离子浮选法为依据，利用化学分子体系中的布朗运动和双膜理论以及水力学、流体力学等理论体系设计制造。根据废水水质特点，向废水中投加混凝剂，利用浮除原理去除废水中的溶解性污染物、呈胶体状态的物质、表面活性剂等。以分子态或离子态溶于废水中的污染物在浮除前进行一定的化学处理，将其转化为不溶性固体或可沉淀（上浮）的胶团物质，成为微细颗粒，然后通过进行气粒结合予以分离，从而达到去除污染物、净化水质的目的。由于影响该厂废水回用的主要指标是 COD 和 SS，而通过该一体化设备的处理，废水中的 COD 和 SS 能得到高效稳定地去除，从而保证回用水的水质符合要求。

该设备在处理废水的同时还以臭氧为氧化剂，在高压放电的环境中将空气中的部分氧分子激发分解成氧原子，氧原子与氧分子结合生成强氧化剂——臭氧，从而能有效降解 COD 等各种污染物及多种有害物质。经过臭氧处理后的废水再经过超滤膜处理，使废水中的重金属离子等各种污染物得到进一步去除，从而实现对废水的高效净化，出水稳定达到车间回用的要求。

4.3 工艺特点

（1）该工程采用自主研发的多元化中水回用处理设备，该设备集加药、浮除、臭氧氧化、超滤于一体，能高效去除废水中的各种污染物，出水稳定达到回用标准。

（2）该设备布置紧凑，占地面积小。

5 构筑物及设备参数设计

5.1 均质池

数量：1 座；

结构形式：砖混；

停留时间：4.0 h；

有效容积：20 m³；

规格尺寸：$L×B×H$=3.0 m×3.0 m×2.5 m。

均质池主要设备如表3所示。

表3 均质池主要设备参数

设备	数量	规格型号	功率	备注
提升泵	2台（1用1备）	KQWQ25-8-22	1.1 kW	流量8 m³/h；扬程22 m

5.2 多元化高效中水回用处理设备

数量：1台；

结构形式：地上钢结构；

规格尺寸：$L×B×H$=2.85 m×1.5 m×2.1 m；

功率：2.2 kW。

6 中水回用处理系统布置

6.1 平面布置原则

（1）中水回用处理系统应充分考虑与厂区环境、地形、功能布置和现有管道系统协调；

（2）中水回用处理系统应充分考虑建设施工规划等问题，优化布置系统；

（3）根据夏季主导方向和全年风频，合理布置系统位置；

（4）处理构筑物应布置紧凑，节能高效，节约用地，便于管理。

6.2 高程布置原则

（1）充分利用地形设计高程，减少系统能耗；

（2）系统设计力求简洁、流畅，减少管件连接。

7 电气、仪表系统设计

7.1 设计规范

（1）《供配电系统设计规范》（GB 50052—2009）；

（2）《电力装置的继电保护和自动装置设计规范》（GB/T 50062—2008）；

（3）其他相关标准、规范。

7.2 设计原则

在保证中水回用处理系统工艺达到要求的条件下，做到技术先进、操作简单、管理方便、安全可靠和经济合理。

7.3 设计范围

（1）中水回用处理系统用电设备的配电、变电及控制系统；

（2）中水回用处理系统自控系统的配电及信号系统。

8 运行费用及经济分析

本工程运行费用由运行电费、人工费和药剂费三部分组成。

8.1 运行电费

该工程总装机功率 4.4 kW，实际使用功率 3.3 kW，电费按 0.7 元/(kW·h) 计，则运行电费 E_1=0.462 元/m³ 废水。

8.2 人工费

本系统自动化程度较高，可由厂内管理人员兼职管理，人工费可不计，即 E_2=0。

8.3 药剂费

药剂主要为多元高效一体化中水回用设备投加的药剂，E_3=0.60 元/m³ 废水。

8.4 运行费用

运行费用总计=E_1+E_2+E_3=0.462+0.6=1.062 元/m³ 废水（不含设备折旧费）。

8.5 中水回用经济分析

现建设方所用自来水价格为 2.25 元/m³，本工程处理水量为 120 m³/d，中水回用系统运行费用为 1.062 元/m³。该工程建成投入运行后，可回收总废水量的 80%（约为 96 m³/d），节省费用为 216 元/d。此外，中水回用系统的运行总费用为 127 元/d（1.062 元/m³×120 m³/d）。综上所述，该系统投入运行后每天可节约费用 89 元。

9 工程建设进度

本工程建设周期为 2 个月，为缩短工程进度，确保该中水回用水处理设施如期实现环保验收，各分部、分项工程和安装以及调试工作等协调、交叉开展，具体工程进度安排如表 4 所示。

表 4 工程进度表

天 工作内容	5	10	15	20	25	30	35	40	45	50	55	60
准备工作	▬	▬										
场地平整			▬	▬								
设备基础				▬	▬							
设备材料采购			▬	▬								
水池构筑物施工					▬	▬	▬	▬	▬			
设备制作安装				▬	▬	▬	▬	▬	▬	▬		

天 工作内容	5	10	15	20	25	30	35	40	45	50	55	60
外购设备						▬▬▬▬▬▬▬▬						
其他构筑物							▬▬▬▬▬					
设备防腐									▬▬▬▬▬▬			
管道施工								▬▬▬▬▬▬▬				
电气施工								▬▬▬▬				
竣工验收										▬▬▬▬▬		

10　工程售后服务承诺及事故应急处理措施

（1）土建构筑物除人为不可抗拒因素外，质量保证一年；

（2）非标设备、管道保期为一年，质保期满后，若发生故障，则以收取成本费提供服务；

（3）本方案的主机设备有两台，当其中一台出现故障时，由另一台备用设备工作，以保证废水回用处理系统能正常运行；同时厂内必须尽快维修出现故障的设备，防止两台设备同时出现故障；

（4）为保证处理设备的正常运行，应加强设备的日常维护和巡检，在停产期（节假日等）安排检修或大修；

（5）建立规范的操作规程和健全的事故报警制度。

实例二   贵州某化工厂 120 m³/h 废水处理站设计

1   项目概况

该化工厂以贵州丰富的煤炭资源为依托，大力发展煤化工产业，以煤炭的深加工为其主要产业链。传统的煤化工是以低技术含量和低附加值产品为主导的高能耗、高排放、高污染、低效益的"三高一低"行业。随着市场的发展和科技的进步，这种对资源过度消耗、严重污染环境、粗放的不可持续的发展方式已难以为继。因此，企业拟采用先进的粉煤加压气化技术，计划建设年产 30 万 t 合成氨、15 万 t 二甲醚装置，向市场提供清洁能源——二甲醚。该项目建成后，预计产生的生活污水和生产废水总量将达 120 m³/h，其中以煤炭为原料的合成氨工艺的生产废水主要为煤造气含氰废水和铜洗稀氨水。为使废水能达标排放，企业拟新建一座废水处理站，处理后的出水达到《污水综合排放标准》（GB 8978—1996）一级 B 排放标准。该处理站总占地面积 1 500 m²，总装机容量 166.2 kW，运行成本约 1.26 元/m³ 废水（不含折旧费）。

图 1   废水处理站

2   设计依据

2.1   设计依据

（1）业主提供的各种相关基础资料（水质、水量、回用水要求等）；

（2）现场踏勘资料；

（3）《污水综合排放标准》（GB 8978—1996）；

（4）国家及省、地区有关法规、规定及文件精神；

（5）其他相关设计规范与标准。

2.2　设计原则

（1）针对本项目废水水质特点，选用技术先进可靠、工艺成熟稳妥、处理效率高、占地面积小、运行成本低、操作管理方便的废水处理工艺，在确保出水达标排放的同时节省投资；

（2）选用质量可靠，维修简便，能耗低的设备，尽可能降低处理系统的运行费用；

（3）采取措施尽量减小废水处理系统对周围环境的影响，合理控制噪声、气味，妥善处理与处置固体废物，避免二次污染；

（4）总图布置合理、紧凑、美观，减少废水处理站内废水提升次数，保证废水处理工艺稳定可靠运行。

2.3　设计范围

本项目的设计范围包括废水处理站的总图设计和废水处理工艺设计，具体包括：废水处理站内的废水处理工艺、土建、设备、电气、自控、给排水等的设计。废水处理站外的废水接入管、外排管、电缆、自来水管等不包括在本工程设计范围内。

3　主要设计资料

3.1　废水来源

该工程废水来源为新建生产装置的生产废水和厂区的生活污水。根据该企业即将建成的新生产线以及同类型生产企业的类比调查结果，以煤炭为原料的合成氨企业其工艺流程大致可分为原料气的制备、原料气的净化、气体压缩和氨合成四大部分，废水主要产生于原料气的制备和净化中。

（1）原料气制备技术所产生的废水

合成氨原料气的制备对煤（焦）而言，是以煤或焦与气化剂（如空气、蒸汽、氧气等）进行一系列非均相化学反应，生成以 CO、H_2、CO_2 和 CH_4 等为基本组分的各种煤气。然而煤中除含有 C 外，还含有 S、O、N 等元素，为此煤气中还含有 H_2S、HCN 以及未反应的煤屑。由于从造气炉出来的煤气除含有上述的气体和杂质外，气体温度也较高，所以必须经过降温、洗涤才能进入下一个工序。这是任何一种制气方法都不能避免的，而洗涤剂和降温介质一般为水。故此就产生了一股温度高、色度深、含有大量煤屑及氰化物的污水。由于这些化合物中氰化物的浓度高并有剧毒，故一般称这股废水为造气含氰废水。

（2）原料气净化产生的水污染

合成氨原料气的净化主要包括硫化物的脱除、CO_2 的脱除、CO 的脱除和 CO 的变换。在目前常用的方法中绝大多数不以氨作为碱源，故排除了氨氮对水环境的污染。CO 的脱除污染严重的是铜洗流程。

铜洗液再生产生了含有 NH_3、CO 和 CO_2 的铜洗再生气。铜洗再生气经水洗涤产生铜洗稀氨水，其浓度视所采用的洗涤技术不同而不同。这股废水除含有氨外，还含有 CO_2，所以采用一般的提浓方法都会由于容易生成碳铵引起管道堵塞而无法处理。因此，一种方法是采用铜洗再生氨直接放空；另一种是铜洗稀氨水排放。

综上所述，该厂生产车间排放的废水主要为煤造气含氰废水和铜洗稀氨水。

3.2 设计水量

根据废水来源分析，本项目产生的废水其主要污染物为悬浮物、COD、BOD、石油类、硫化物、氰化物，氨氮。同时据建设方提供的资料，废水排放将达到 120 m³/h，全厂废水排放量和具体水质如表 1 所示。

表 1 全厂废水排放量和水质一览表

序号	装置名称	排放规律	排水量/（m³/h）	排水水质/（mg/L）					
				CN⁻	BOD₅	SS	COD	氨氮	磷酸盐
1	煤气化	连续	21.2/51	10	200	50	300	200	
2	酸性气体脱除	连续	4.5/5	50	1000		1500		
3	甲醇装置		7.6		500		600		
4	变换		0.2/2					1500	
5	生活废水	间断	10			150	200	30	3
6	热电站排水	连续	20						1.2
	合计		63.5/95.6						

根据表 1，取新建装置的生产废水总量为 85.6 m³/h，生活废水为 10 m³/h，合计水量为 95.6 m³/h。考虑初期雨水的处理量，废水处理站设计规模定为 120 m³/h。

3.3 设计进水水质

设计进水水质指标如表 2 所示。

表 2 设计废水进水水质

项目	COD/（mg/L）	BOD/（mg/L）	pH	SS/（mg/L）	氰化物/（mg/L）	NH₃-N/（mg/L）	硫化物/（mg/L）
进水水质	≤300	—	6.0～9.0	≤150	≤1.0	≤150	—

3.4 设计出水水质

根据生产废水和生活废水的特点，分别采取预处理措施，对酸性气体脱出装置和煤气化装置含氰废水先进性脱氰处理，再混合其他污水进行生化处理。综合考虑其水质，出水达到《污水综合排放标准》（GB 8978—1996）一级 B 要求，具体如表 3 所示。

表 3 设计废水出水水质

项目	COD/（mg/L）	BOD/（mg/L）	pH	SS/（mg/L）	氰化物/（mg/L）	NH₃-N/（mg/L）	硫化物/（mg/L）
出水水质	≤100	≤30	6～9	≤60	≤0.5	≤15	0.5

4 处理工艺

4.1 工艺流程

该废水处理工艺主要包括预处理系统、生化处理系统、供氧系统和污泥处理系统，工艺流程详见图2。

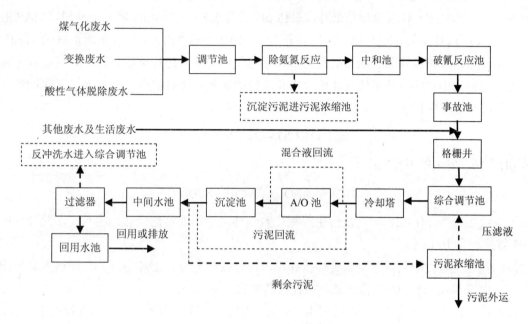

图2 废水处理工艺流程

4.2 工艺流程说明

该厂废水由生产车间的煤气化废水、变换废水、酸性气体脱除废水以及生活区排放的生活废水组成，采用分质处理的方法。

首先对煤气化废水及变换废水进行去氨氮处理；经氨氮处理后的出水和酸性气体脱除水混合进入中和池，在此调节 pH 值；中和池出水进行破氰反应以脱除氰；除氰后的出水和其他废水一起进入综合调节池。根据有关资料，合成氨工业的生产污水温度在 50℃左右，而且在前段反应加入药剂的时候会产生大量的热量，使水温度升高，对后继的生化处理不利，因此在破氰反应池后加设冷却塔，将废水温度降低至 20℃左右，然后经提升泵提至 A/O 系统进行生化处理，以去除大部分污染物，最后经沉淀出水已达到排放标准。因为建设方考虑回用，增设过滤工艺，过滤后的出水进入中水回用池，回用水池提供过滤的反冲洗用水。

整个工艺主要包括预处理系统、生化处理系统、供氧系统、污泥处理系统。以下为各个系统的说明。

（1）预处理系统

第一步：首先采用化学沉淀法对含氨氮浓度较高的煤气化废水和变换废水进行除氨氮处理。

化学沉淀法脱氮可以处理各种高浓度的氨氮废水，脱氮效率能达到 90%以上。虽然沉淀剂的投药量较大，但是采用的是高效、低廉、对水体无污染的沉淀剂，可以在后续的生化处理中消除。本工程脱氮药剂采用 Mg^{2+} 和 PO_4^{3-}，Mg^{2+} 可以用 $MgCl_2$、MgO、$Mg(NO_3)_2$ 等，PO_4^{3-} 可以用 H_3PO_4，

或者用 NaH_2PO_4、$NaHPO_4 \cdot 12H_2O$ 等。投加的药剂与废水中的氨氮生成难溶解的复盐 $MgNH_4PO_4 \cdot 6H_2O$（简称 MAP）沉淀物（0℃时其溶解度仅为 0.023 g/100 mol），从而达到去除废水中氨氮的目的。$MgNH_4PO_4 \cdot 6H_2O$ 俗称鸟类石，溶度积为 2.5×10^{-13}，其营养成分较其他可溶性肥料的释放速率慢，故可将其作缓释肥料、堆肥和花园土壤等，或作干污泥的添加剂，结构制品的阻火剂等。

在药剂投加过程中应注意控制 pH 值。因为当 pH 值为 10 时，沉淀进行 300 s 左右后，氨的挥发率达 20%。因此在处理过程中应尽量缩短沉淀时间，掌握好适当的 pH 值以减少氨的挥发和损耗。当使用 $MgCl_2$、NaH_2PO_4 作为投加药剂时，最佳 pH 值为 8.5～9。当 pH 值大于 9 时，MAP 的溶解度变化不大；但当 pH 值为 10.5～12 时，固体氨会从 MAP 中游离出来，生成更难溶解的 $Mg_3(PO_4)_2$。

第二步：通过氯碱氧化分解法对前段出水和酸性气体脱除水进行破氰处理，处理过程分为两段进行。废水先经过中和池，将酸性气体脱除水和碱性的脱氮水进行混合，再加入氢氧化钠和次氯酸钠，在一段处理池中保持 pH≥10 以上时，发生以下反应：

$$NaCN + NaClO \rightarrow NaCNO + NaCl$$

若 pH<10，发生以下反应：

$$HCN + NaClO \rightarrow CNCl \uparrow + NaOH$$

由上式看出，当 pH<10 时，反应生成氯化氰气体，这是非常危险的。因此，在此过程中应注意把 pH 值控制在 10 以上。

此外，在这个过程中还需对废水进行搅拌，以保证反应充分、迅速进行，为严格控制反应进程及条件，考虑设置 pH 计，ORP 传感器及自控投药装置。

二段反应不同于一段反应，pH 值控制在 8 左右为宜。反应进程较一段慢，进行以下反应：

$$2NaCN + 3NaClO + H_2O \rightarrow CO_2 + N_2 + 2NaOH + 3NaCl$$

（2）生化处理系统

生化处理系统包括缺氧池、好氧池（生物接触氧化池）和二沉池。

废水由综合调节池进冷却塔进行降温处理。降温后的废水进入生化处理系统。生化系统采用 A/O 法生物脱氮处理工艺。废水先进入缺氧池去除部分 COD、BOD、SS 等，再进入好氧池。好氧池由池体、布水装置和曝气系统等几部分组成，活性污泥与污染物质在好氧池内充分接触，以达到生物降解的最终目的。

（3）供氧系统

好氧池的曝气采用鼓风曝气。鼓风曝气是将空气增压后送入反应器中，进行扩散释放，使空气中的氧传入污水中。这种方法适于水深较大的反应器，改善氧的转移过程，可以提高供氧效率。同时，采用了先进的微孔曝气系统，通过设置于水下的微孔曝气装置将空气送入水中，实现供氧过程。

（4）污泥处理系统

生化处理系统的剩余污泥排入污泥池，经污泥浓缩减少污泥体积后，经过板式压滤机进一步脱除水分，脱水后的干固体含量达 25%～30%，可直接外运进行填埋处置。污泥浓缩池上清液及脱水的滤液回流至调节池重新进行处理。

5 构筑物及设备参数设计

该废水处理系统的主要构筑物和设备设计参数分别见表 4、表 5。

表4 构筑物设计参数

名称	规格尺寸	结构形式	数量	设计参数
调节池	5.5 m×5.0 m×4.5 m	地下钢砼	1	停留时间 2 h；有效水深 4.0 m
除氨氮反应池	5.0 m×4.0 m×3.5 m	地上钢砼	1	絮凝池停留时间：10～15 min 斜板沉淀池表面负荷（3～5 m³/（m²·h）
中和池	5.5 m×5.0 m×4.5 m	地下钢砼	1	停留时间 1.5～2 h；有效水深 4.0 m
一段反应池	3.0 m×3.0 m×2.5 m	半地上钢砼	1	停留时间 15 min；有效水深 2.2 m
二段反应池	3.0 m×4.6 m×2.5 m	半地上钢砼	1	停留时间 30 min；有效水深 2.0 m
事故池	5.0 m×8.0 m×3.0 m	地下钢砼	1	停留时间 1.5～2 h；有效水深 2.5 m
综合调节池	12.0 m×8.0 m×5.0 m	地下钢砼	1	停留时间 3.7 h；有效水深 4.6 m
A池	6.5 m×8.0 m×5.0 m	地上钢砼	1	停留时间 2.0 h；有效水深 4.6 m
O池	18.0 m×12.0 m×5.0 m	地上钢砼	1	停留时间 7.7 h；有效水深 4.3 m 污泥负荷 N≤0.18 kgBOD$_5$/（kgMLSS·d）总氮负荷≤0.05 kgTN/（kgMLSS·d） 污泥浓度：3 000～5 000 mg/l 污泥回流比：50%～100%；气水比：7∶1 混合液回流比：100%～200%
沉淀池	ϕ 12.0 m×4.0 m	地上钢砼	1	有效水深 2.0 m；表面负荷 1.0 m³/（m²·h）
污泥浓缩池	ϕ 3.0 m×3.5 m	地下钢砼	1	设计进泥含水率：99.3%
中间水池	4.0 m×6.0 m×3.0 m	半地上钢砼	1	
设备房	15.0 m×5.0 m×3.5 m	砖混	1	放置加药设备、风机、配电柜、压滤机、过滤器等

注：由于前段破氰反应池控制有较大难度，为了整个运行系统和操作环境的安全性，需在破氰反应池的后面增设事故池，如果前段处理没有达到预期的效果，则要通过事故池设置的污水泵将废水回至前段的处理系统。

表5 主要设备设计参数

名称		规格型号	数量	功率	备注
提升泵（中和池内）		80WQ60-13-4	2台（1用1备）	4.0 kW	流量 60 m³/h；扬程 13 m
配套加药设备	NaClO 储罐	V=10 m³	1台	—	
	NaOH 储罐	V=2 m³	1台	—	
	H₂SO₄ 储罐	V=2 m³	1台	—	
	MgCl₂ 储罐	V=2 m³	1台	—	
	NaH₂PO₄ 储罐	V=2 m³	1台	—	
	计量及管道系统	—	7套		
絮凝池搅拌机		XJL-1000	2台	1.1 kW	
提升泵（综合调节池）		150WQ110-15-11	2台（1用1备）	11.0 kW	流量 110 m³/h；扬程 15 m
A池填料		4#	450 m³	—	串状
O池填料		2#	470 m³	—	
风机		BK6015	2台（1用1备）	37 kW	流量 20 m³/h；风压 0.05MPa
污泥泵		32WQ8-12-0.75	2台	0.75 kW	流量 8 m³/h；扬程 12 m
旋混曝气器		PD3	500 套	—	
螺杆泵		—	2台（1用1备）	2.2 kW	流量 5 m³/h；扬程 60 m
人工格栅		1.0 m×1.0 m	1台		格栅间隙 5 mm
污泥脱水系统	板式压滤机	BYQ1000B	1台	8.17 kW	
	加药系统	—	1套	—	
	反洗系统	—	1套	—	

名称		规格型号	数量	功率	备注
污泥回流泵		150WQ160-15-15	2台（1用1备）	15 kW	流量 160 m³/h；扬程 15 m
过滤	DA-SL 过滤器	DA-SL2000	2台	—	
	水泵	150WQ140-18-15	2台	—	
	管道系统	—	2套	—	
甲醇储罐		V=5 m³，ϕ 1.5×3.6	1台	—	
ORP 传感器		—	3台	—	
pH 计		—	3台	—	
冷却塔		Δt=10℃	1套	5.5 kW	逆流式
刮泥机（配电机）		CG10A	1台	—	

6 其他设计

6.1 总图布置和高程设计

该废水处理站占地面积约 1 500 m²，在满足生产和安全的前提下，主体构筑物尽量布局合理，功能分区明确。

该废水处理设施的高程设计尽量减少提升扬程和提升次数，利用重力流经各处理设施，尽量减少工程施工量。

6.2 建筑设计和结构设计

该废水处理站的建筑设计在满足工艺要求的条件下，本着合理、节约的原则，力求实用、美观。外墙与厂区建筑物外墙风格保持一致。

结构选型：在满足废水处理工艺运行、使用要求的条件下，力求做到技术先进、经济合理、安全适用。针对该工程的实际情况，水池均采用自防水现浇钢砼结构。

6.3 工艺管道设计

该废水处理站所有废水管道均采用 PVC 管或镀锌钢管，污泥管采用镀锌钢管，处理达标后的出水排入指定的市政下水道或中水池回用。

6.4 电气设计

（1）供电电源：该废水处理站为交流 380/220V 低压供电，由建设单位负责将低压电线、电缆引至废水处理站配电室，并实行双回路供电。功率因素补偿由建设单位变电所统一考虑。

（2）设备选型：设备选择应以先进、可靠、适用为原则，同时也应考虑其经济性。低压配电屏选用 GGD 型低压开关柜，降压启动柜安装 ABB 系统电动机软启动器。

（3）电缆线路敷设：电缆比较集中的主干线采用电缆沟敷设或电缆桥架架空敷设，电缆比较少而又分散的地方采用电缆直接埋地或穿管敷设。

（4）设备控制：设备控制分为手动控制和自动控制，其中大部分设备的手动控制采用两地控制，即设备现场控制按钮箱、配电室低压配电柜两地手动控制；自动控制由自控操作台控制。

7 运行费用分析

本工程运行费用由运行电费、人工费和药剂费三部分组成。

7.1 运行电费

该工程总装机功率 166.2 kW，实际使用功率 96.9 kW，电费按 0.65 元/（kW·h）计算，则运行电费 E_1=0.525 元/m³ 废水。

7.2 人工费

本废水处理自动化程度较高，操作管理简单方便，不需专人值守，可由场内两名工人兼职管理即可，人工费取 1 500 元/（人·月），即 E_2=0.035 元/m³ 废水。

7.3 药剂费

药剂主要系统所投加的 NaClO、NaOH 和 H_2SO_4 等药剂，该部分暂定为 E_3=0.70 元/m³ 废水。

7.4 运行费用

运行费用总计=E_1+E_2+E_3=0.525+0.035+0.70=1.26 元/m³ 废水（不含设备折旧费）。

8 工程建设进度

本工程建设周期为 12 个月，为缩短工程进度，确保该废水处理设施如期实行环保验收，工程设计、各分部工程、分项工程土建、安装以及调试工作，将进行统一协调、分布、交叉进行，具体工程进度安排如表 6 所示。

表6 工程进度表

月\工作内容	1	2	3	4	5	6	7	8	9	10	11	12
施工图设计	▬	▬										
土建施工			▬	▬	▬	▬	▬	▬	▬			
设备采购制作					▬	▬	▬	▬	▬			
设备安装							▬	▬	▬	▬	▬	
调试											▬	▬

9 工程售后服务承诺及事故应急处理措施

（1）土建构筑物除人为不可抗拒因素外，质量保证一年；

（2）非标设备、管道保期为一年，质保期满后，若发生故障，则以收取成本费提供服务；

（3）本方案的主机设备有两台，当其中一台出现故障时，由另一台备用设备工作，以保证废水回用处理系统能正常运行；同时厂内必须尽快维修出现故障的设备，防止两台设备同时出现故障；

（4）为保证处理设备的正常运行，应加强设备的日常维护和巡检，在停产期（节假日等）安排检修或大修；

（5）建立规范的操作规程和健全的事故报警制度。

实例三　景洪市某天然橡胶加工厂 50 m³/h 综合废水回用处理工程

1　项目概况

景洪市是我国重要的天然橡胶生产基地，天然橡胶的两种主要成品是天然生胶和浓缩胶乳。天然生胶加工过程中，鲜胶乳凝固自然流出的乳清以及凝块通过压薄、压皱脱出的乳清，是废水的主要来源，同时还有部分造粒车间打扫清洁产生的废水和厂区生活废水。橡胶加工废水有机物浓度高、酸度高、悬浮物浓度高且含有细菌，属于典型的高浓度工业废水。由于橡胶加工多为间歇式造作，废水属季节性排放，因此水质水量波动较大。该加工厂橡胶综合废水处理规模为 50 m³/h，采用"UASB 厌氧处理+BAF+过滤+紫外线消毒"的组合工艺，按建设方要求，出水水量的 80%回用，达到《城市污水再生利用　城市杂用水水质》（GB/T 18920—2002）标准中的冲厕水水质标准；其余 20%排入市政管网，达到《污水综合排放标准》（GB 8978—1996）中的一级 B 标准。该废水回用处理工程总装机容量 116.1 kW，建成后运行成本约 0.56 元/m³（不含折旧费）。

图 1　处理工艺设备

2　设计依据

2.1　设计依据

（1）业主提供的各种相关基础资料（水质、水量、回用水标准等）；

（2）现场踏勘资料；

（3）《城市污水再生利用　城市杂用水水质》（GB/T 18920—2002）；

（4）《污水综合排放标准》（GB 8978—1996）；

（5）其他相关标准。

2.2　设计原则

（1）认真贯彻国家关于环境保护工作的方针和政策，使设计符合国家的有关法规、规范、标准；

（2）综合考虑废水进、出水水质及水量特征，选用的工艺应技术先进、稳妥可靠、经济合理、安全适用；

（3）采用高效节能、先进稳妥的废水回用处理工艺，提高处理效果，减少基建投资和日常运行费用，降低对周围环境的污染；

（4）适当考虑废水回用处理站周围地区的发展状况，在设计上留有余地；

（5）妥善处理和处置废水回用处理过程中产生的污泥和浮渣，避免造成二次污染；

（6）废水回用处理系统的自动控制系统应管理方便、安全可靠、经济实用；

（7）废水回用处理系统平面布置力求紧凑，减少占地面积和投资；高程布置应尽量采用立体布局，充分利用地下空间。

2.3　设计及施工范围

本项目的设计范围包括该综合废水处理及回用工程设计、施工及调试和土建改造，不包括排水收集管网、化粪池、废水排出管、中水回用管网等污水处理站外的配套设施。

本工程的施工及服务范围包括：废水处理系统的设计、施工；废水处理设备及设备内的配件的提供；废水处理装置的全部安装、调试；免费培训操作人员；协同编制操作规程，同时做有关运行记录。为今后的设备维护、保养，提供有力的技术保障。

3　主要设计资料

3.1　设计进水水质

天然橡胶加工废水水质复杂，水量波动大，COD、NH_3-N、总 P、SS 等含量较高。另一个特点是季节性排放，该加工厂仅在每年的 4 月中旬至 11 月中旬生产，即每年约有 4 个月的停产时间。此外，生产时间也随入厂胶乳量的变化而变化，最短每日仅工作 4 h，最长达 15 h，一般情况下每日工作 7 h。根据建设单位提供的资料，每天产生废水量约 1 200 m³。本项目设计水量 50 m³/h，每天按生产 24 h 计。设计进水水质指标如表 1 所示，废水颜色发白且有轻微黏性。

表 1　设计废水进水水质

项目	COD/（mg/L）	BOD/（mg/L）	SS/（mg/L）	NH_3-N/（mg/L）	总 P/（mg/L）	pH
进水水质	8 000	5 725	503	40	15.5	6～6.4

3.2　设计出水水质

根据建设单位要求，80% 的废水经处理后回用，回用水须满足《城市污水再生利用　城市杂用水水质》冲厕用水要求，具体水质要求如表 2 所示；其余 20% 排入市政管网，达到《污水综合排放标准》（GB 8978—1996）中的一级 B 标准，具体水质指标要求如表 3 所示。

表2　设计回用水水质

项目	标准限值	项目	标准限值
pH	6.0～9.0	阴离子表面活性剂/（mg/L）	1.0
色/度	30	溶解氧/（mg/L）	1.0
嗅	无不快感	总余氯/（mg/L）	≥1，管网末端≥2
浊度/NUT	10	总大肠菌群/（个/L）	3
溶解性总固体/（mg/L）	1 000	NH_3-N/（mg/L）	10
BOD_5/（mg/L）	20	—	—

表3　设计废水排放要求

项目	标准限值	项目	标准限值
pH	6.0～9.0	色度	50
COD/（mg/L）	60	SS/（mg/L）	50
BOD_5/（mg/L）	20	氨氮/（mg/L）	15
动植物油/（mg/L）	5	总磷/（mg/L）	0.5

4　处理工艺

4.1　工艺流程

　　本工程生产废水水质复杂，水量波动大，COD、NH_3-N、总P、SS等含量较高，且废水呈季节性排放。废水的间歇排放，水质水量大幅波动以及停产时如何保障构筑物中微生物的存活率等是确定处理工艺时必须考虑的因素。结合本项目实际情况，选用"UASB 厌氧处理+BAF+活化石过滤+生物活性炭吸附+紫外线消毒"的组合工艺，工艺流程详如图2所示。

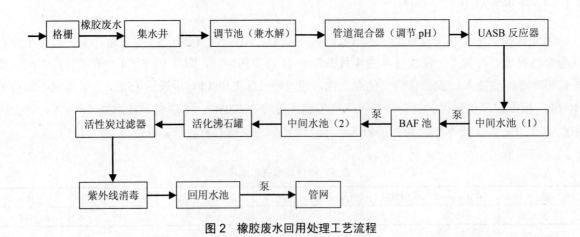

图2　橡胶废水回用处理工艺流程

4.2　工艺流程说明

　　该废水回用处理系统主要包括人工格栅、集水井、调节水解池、UASB 厌氧反应器、中间水池（1）、BAF 高效生物滤池、中间水池（2）、活化沸石、生物活性炭过滤、紫外线消毒杀菌设备、回用水池、污泥浓缩池构筑物。以下是对各构筑物的详细说明。

（1）格栅：主要用于去除废水中体积较大的漂浮物、悬浮物，以减轻后续处理构筑物的负荷，并保证后续处理设施能正常运行。

（2）集水井：用于调节废水的 pH 值。集水井前设置加药系统及其 pH 计，集水井设潜污泵将污水提升至后续处理单元。本工程中，由于废水呈季节性排放，因此将集水井分为两格，一格为橡胶废水井，另一格为生活废水井。停产时间段，为防止构筑物中的微生物死亡，每天用生活废水将后续的 UASB 和 BAF 陶滤膜浇湿润，从而解决细菌的营养物质及死亡问题。在割胶季提前 7～10 d，启动 UASB 和 BAF，并对 BAF 池进行曝气以培养细菌，以便生产时能更好地投入使用。

（3）调节池（兼水解）：用于调节水量和均匀水质，使废水能比较均匀地进入后续处理单元，减少对后续处理构筑物的冲击负荷。除此之外，在调节池内进行水解酸化作用，去除废水中的一部分 COD，并将大分子有机物分解成小分子有机物，提高废水的可生化性。

（4）UASB 反应器（上流式厌氧污泥床）：UASB 工艺是在上流式厌氧生物膜法的基础上发展而成的，具有厌氧过滤及厌氧活性污泥法的双重特点。UASB 由污泥反应区、气液固三相分离器（包括沉淀区）和气室三部分组成。在底部反应区内存留大量厌氧污泥，具有良好的沉淀性能和凝聚性能的污泥在下部形成污泥层。要处理的污水从厌氧污泥床底部流入与污泥层中污泥进行混合接触，污泥中的微生物分解污水中的有机物，把它转化为沼气。沼气以微小气泡形式不断放出，微小气泡在上升过程中，不断合并，逐渐形成较大的气泡，在污泥床上部由于沼气的搅动形成一个污泥浓度较稀薄的污泥和水一起上升进入三相分离器，沼气碰到分离器下部的反射板时，折向反射板的四周，然后穿过水层进入气室，集中在气室内的沼气，用导管导出。固液混合液经过反射进入三相分离器的沉淀区，污水中的污泥发生絮凝，颗粒逐渐增大，并在重力作用下沉降。沉淀至斜壁上的污泥沿着斜壁滑回厌氧反应区内，使反应区内积累大量的污泥，与污泥分离后的处理出水从沉淀区溢流堰上部溢出，然后排出污泥床。

（5）BAF 池（曝气生物滤池）：BAF 被称为第三代生物滤池。滤池中装填粒径较小的粒状滤料，通过滤池内部曝气，滤料表面生长着高活性的生物膜。废水流经滤池时，利用滤料表面高活性生物膜及滤料之间生物絮体的生物氧化降解作用，对废水进行生化处理；因滤料粒径较小且呈压实状态，在生物膜及滤料之间生物絮体的吸附作用下，滤层可以吸附、截留污水中极大部分的悬浮物（包括脱落的生物膜），其后不需要设置沉淀池。随着运行时间的延长，滤池水头损失逐渐增加，当达到设计值时需对滤池进行反冲洗，清洗截留的悬浮物以及老化的生物膜。

（6）中间水池：中间水池起缓冲、贮水、保护提升泵的作用，内设搅拌机防止污泥沉积在水池底部。

（7）活化沸石罐：活化沸石是天然沸石经过多种特殊工艺活化而成，经人工导入活性组分，使其具有新的离子交换或吸附能力，其离子交换性能更好，吸附性能更强，吸附容量也相应增大，更有利于去除水中各种污染物，其性能在某些方面接近或优于活性炭，其成本远远低于活性炭，可以用于水的过滤及深层处理，不仅能去除水中的浊度、色度、异味，且对于水中的重金属离子及有机物等物质具有吸附交换作用，COD 的去除率可达 30%以上。

（8）活性炭过滤器：生物活性炭是由煤或木等材料经一次炭化制成的，由于其比表面积大，所以吸附能力强，能有效去除水中有机物（尤其是可生物降解部分）、异味、胶体、细菌残留物、微生物和色度等，可作为回用水深度净化的一个重要途径。该技术要点是：以粒状活性炭为载体富集水中的微生物而形成生物膜，通过生物膜的生物降解和活性炭的吸附去除水中污染物，同时生物膜能通过降解活性炭吸附的部分污染物而再生活性炭，从而大大延长活性炭的使用周期。

（9）回用水池：经处理达到回用标准的水进入回用水池，后通过提升泵送至用水点或直接排放。

（10）污泥浓缩池：用于剩余污泥的贮存，剩余污泥由压滤机脱水后外运至填埋场处理。

5　构筑物及设备参数设计

构筑物设计参数详见表 4，主要设备设计参数见表 5。

表 4　构筑物设计参数

名称	规格尺寸	结构形式	数量	设计参数
集水井	5.0 m×4.0 m×4.0 m	地下砖混	1	分为两格，橡胶废水 5.0 m×3.0 m×4.0 m；生活废水 5.0 m×1.0 m×4.0 m
调节池	23.0 m×13.0 m×4.0 m	地下钢砼	1	停留时间 24 h
UASB 反应器基础	ϕ10 m×0.50 m	地上钢砼	1	
中间水池（1）	11.0 m×1.5 m×4.0 m	地下钢砼	1	停留时间 1.3 h
BAF 池	12.5 m×8.0 m×4.0 m	地上钢砼	1	停留时间 8 h
中间水池（2）	8.0 m×1.6 m×4.0 m	地下钢砼	1	停留时间 1 h
回用水池	20.0 m×5.0 m×4.0 m	地下钢砼	1	停留时间 9.6 h
污泥浓缩池	20.0 m×2.0 m×4.0 m	地下钢砼	1	停留时间 2.0 h；有效水深 4.6 m
设备房	60 m²	钢结构	1	

表 5　主要设备设计参数

名称		规格型号	数量	功率	备注
潜水搅拌机（集水井）		QSC-260-96/0.75	2 台（1 用 1 备）	0.75 kW	
调节池	原水提升泵	XHB80	2 台（1 用 1 备）	11 kW	流量 50 m³/h；扬程 30 m
	潜水搅拌机	QSC-260-96/0.75	2 台（1 用 1 备）	0.75 kW	
	pH 控制系统	—	1 套	—	
	加药系统	NSW-Ⅱ	1 套		
UASB 反应器	EGSB 反应器（2 个 UASB 的串联）	ϕ10 m×23 m	1 套	—	材质 Q235A
	三效分离器	L800×60°	1 套	—	材质 Q235A
	布水系统	DN125×5	1 套	—	
中间水池（1）	提升泵	XHB80	2 台（1 用 1 备）	7.5 kW	流量 50 m³/h；扬程 30 m
	潜水搅拌机	QSC-260-96/0.75	2 台（1 用 1 备）	0.75 kW	
BAF 池	三叶罗茨风机	MFSR-1125	2 台（1 用 1 备）	7.5 kW	风量 8.5 m³/min；风压 50 kPa
	曝气器	ϕ20 m	280 套	—	空气流量 1.5～3.0 m³/（个·h）；氧利用率 18.4%～27.7%；充氧能力 0.112～0.185 kgO₂/（m³·h）
	生物填料	ϕ150 m	240 m³		
中间水池（2）	提升泵	XHB80	2 台（1 用 1 备）	7.5 kW	流量 50 m³/h；扬程 30 m
	潜水搅拌机	QSC-260-96/0.75	2 台（1 用 1 备）	0.75 kW	
活化沸石罐		型号 ZFSL-15，规格 ϕ1 500 mm×2 400 mm	1 台		玻璃钢；处理能力 15 m³/h；设计滤速 10 m³/（m²·h）
生物活性炭罐		型号 ZFHT-15，规格 ϕ1 500 mm×2 400 mm	1 台		玻璃钢；处理能力 12 m³/h；设计滤速 10 m³/（m²·h）

名称		规格型号	数量	功率	备注
污泥脱水系统	螺杆泵	G35-1	1 台	1.5 kW	流量 3.25 m³/h；扬程 6 m
	潜污泵	XHB80	1 台	2.5 kW	流量 10 m³/h；扬程 10 m
	叠螺压滤机	X-101	1 台	—	
设备房	PLC 自动控制柜		1 套		

6 二次污染防治

6.1 臭气防治

（1）UASB 厌氧反应器设高空排气管，对周围环境影响很小。

（2）接触氧化池产生的臭气量较小。

（3）系统设施设计在单位的边围，对外界影响较小。

6.2 噪声控制

（1）废水处理系统设在厂区较偏僻地方，对生产和生活的影响较小。

（2）风机选用低噪声型，本机噪声≤80 dB，风机进出口均采用消声器，底座用隔震垫，进出口风管用可挠橡胶软接头等减震降噪措施。水泵选用国优潜污泵，对外界影响很小。

（3）确保周围环境噪声：白天≤60 dB，晚上≤50 dB。

6.3 污泥处理

（1）UASB 厌氧反应器、BAF 池、活化沸石过滤器、生物活性炭罐反洗排出的剩余污泥排至污泥浓缩池，经叠螺式压滤机脱水。

（2）干污泥定期外运处理。

7 电气控制和生产管理

7.1 工程范围

本废水处理系统主要为自动控制，主要涉及的内容为该废水处理系统中污水泵与液位的联锁、报警、风机的交替动作、风机与进水泵的联锁工作等。

7.2 控制水平

本废水处理系统采用 PLC 程序控制。系统由 PLC 控制柜、配电控制屏等构成，控制系统设于设备房内。

7.3 控制方式

本工程装置内所有电动机均采用中央集中室控制方式，电动机联锁由仪表专业的 PLC 实现。

7.4 电源状况

本装置所需一路 380/220V 电源，暂按引自厂区变电所。

7.5 电气控制

该废水处理系统电控装置为集中控制，采用进口 PLC 可编程序控制器，主要自动控制各类泵提升（液位控制）、风机启动及定期互相切换，需要时（如维修状态下）可切换到手动工作状态。

（1）水泵

水泵的启动受液位控制。

高液位：报警，同时启动备用泵；

中液位：一台水泵工作，关闭备用泵；

低液位：报警，关闭所有水泵；

水泵中一台水泵出现故障，发出指示信号，另一台备用泵自动工作。

（2）风机

风机设置 2 台（1 用 1 备），风机 8～12 h 内交替运行，一台风机故障，发出指示信号，另一台自动工作。风机与水泵实行联动，当水泵停止工作时，风机间歇工作。

（3）声光报警

各类动力设备发生故障，电控系统自动报警指示（报警时间 10～30 s），并故障显示至故障消除。报警系统留出接口，可根据业主方要求引至指定地点，以便管理。

（4）其他

各类电气设备均设置电路短路和过载保护装置；

动力电源由本电站提供，进入污水处理站动力配电柜。

8 运行费用分析

本工程运行费用由运行电费、人工费和药剂费三部分组成。

8.1 运行电费

该工程总装机容量为 116.1 kW，其中平均日常运行容量为 61.85 kW。因为设备启动时电流较大，而运行电流较小，故需乘以 75%的系数，则平均日常运行容量为 46.4 kW；电费按 0.50 元/（kW·h）计，日处理废水量为 1 200 m³，则运行电费 E_1=0.46 元/m³ 废水。

8.2 人工费

本系统自动化程度较高，可由场内管理人员兼职管理，不设专职管理人员，人工费可不计，即 E_2=0。

8.3 药剂费

本废水处理系统药剂费为调节 pH 时所投加的碱，该部分费用 E_3=0.10 元/m³ 计。

8.4 运行费用

运行费用总计=E_1+E_2+E_3=0.46+0.1=0.56 元/m³ 废水（不含设备折旧费）。

9　工程建设进度

本工程建设周期为 12 个月，为缩短工程进度，确保该废水回用处理设施如期实行环保验收，工程设计、各分部工程、分项工程土建、安装以及调试工作，将进行统一协调、分布、交叉进行，具体工程进度安排如表 6 所示。

表 6　工程进度表

工作内容\月	1	2	3	4	5	6	7	8	9	10	11	12
施工图设计	████	████										
土建施工			████	████	████	████	████	████	████			
设备采购制作					████	████	████	████	████			
设备安装							████	████	████	████	████	
调试											████	████

10　工程售后服务承诺及事故应急处理措施

（1）土建构筑物除人为不可抗拒因素外，质量保证一年；

（2）非标设备、管道保期为一年，质保期满后，若发生故障，则以收取成本费提供服务；

（3）本方案的主机设备有两台，当其中一台出现故障时，由另一台备用设备工作，以保证废水回用处理系统能正常运行；同时厂内必须尽快维修出现故障的设备，防止两台设备同时出现故障；

（4）为保证处理设备的正常运行，应加强设备的日常维护和巡检，在停产期（节假日等）安排检修或大修；

（5）建立规范的操作规程和健全的事故报警制度。

实例四．桂林某光伏能源企业 3 000 m³/d 综合废水处理工程

1　项目概况

　　太阳能级多晶硅片是制作太阳能电池的基本材料，陶瓷坩埚为多晶硅片生产所使用的配套产品。该新能源公司拟投资建设 500 MW 铸锭切片及其配套陶瓷坩埚项目，该项目建成后可年产 500 MW 太阳能级多晶硅片和 2 万只陶瓷坩埚。产品规格为 900 mm×900 mm×450 mm。该项目的建设可迅速扩大该光伏能源企业的生产能力，同时也对快速提高我国该领域的生产技术水平有显著作用。该项目建成投入生产后，预计生产废水产生总量为 3 000 m³/d，其中：酸碱洗废水产生量 120 m³/d，切割皂洗废水产生量 150 m³/d，硅片清洗废水产生量 2 640 m³/d 和生活废水产生量为 72 m³/d。为使废水能达标排放，新建一座废水处理站，分别对酸碱洗废水、切割皂洗废水和硅片清洗液废水进行处理，处理后的出水达到《污水综合排放标准》（GB 8978—1996）一级 B 排放标准。该废水处理系统总装机容量 250.15 kW，建成后运行成本约 1.77 元/m³（不含折旧费）。

图 1　污水处理厂全貌

2　设计依据

2.1　设计依据

　　（1）业主提供的各种相关基础资料（水质、水量等）；

　　（2）现场踏勘资料；

　　（3）《污水综合排放标准》（GB 8978—1996）；

　　（4）国家及省、地区有关法规、规定及文件精神；

　　（5）其他相关设计规范与标准。

2.2 设计原则

（1）针对本项目废水水质特点，选用技术先进可靠、工艺成熟稳妥、处理效率高、占地面积小、运行成本低、操作管理方便的废水处理工艺，在确保出水达标排放的同时节省投资；

（2）选用质量可靠，维修简便，能耗低的设备，尽可能降低处理系统的运行费用；

（3）尽量采取措施减小废水处理系统对周围环境的影响，合理控制噪声、气味，妥善处理与处置固体废物，避免二次污染；

（4）总图布置合理、紧凑、美观，减少废水处理站内废水提升次数，保证废水处理工艺安全稳定运行。

2.3 设计及施工范围

本项目的设计范围包括该综合废水处理及回用工程设计、施工及调试和土建改造，不包括排水收集管网、化粪池、污水排出管、中水回用管网等污水处理站外的配套设施。

本工程的施工及服务范围包括：废水处理系统的设计、施工；废水处理设备及设备内的配件的提供；废水处理装置的全部安装、调试；免费培训操作人员；协同编制操作规程，同时做有关运行记录。为今后的设备维护、保养提供有力的技术保障。

3 主要设计资料

3.1 废水来源及水量

该工程废水来源有两部分，一部分为生产废水，另一部分为生活废水，设计废水总量为3 000 m³/d。具体废水量如表 1 所示。

表 1 废水来源及水量

废水来源	生产废水			生活废水
废水类型	酸碱洗废水	切割皂洗废水	硅片清洗液废水	—
水量/（m³/d）	120	150	2 640	72

3.2 设计进水水质

酸碱洗废水设计进水水质指标如表 2 所示。

表 2 酸碱洗废水进水水质

项目	SS/（mg/L）	氟化物/（mg/L）	pH
进水水质	128	250	2～3

切割皂洗废水的主要污染物是聚乙二醇（占 2%～3%）、活性剂（占 1%～2%）、螯合剂（占 8%～10%）、氢氧化物（占 20%～25%），其余为离子水，具体设计进水水质指标如表 3 所示。

表3 切割皂洗废水进水水质

项目	SS/（mg/L)	COD/（mg/L)	pH
进水水质	280	13 720	8～9

注:聚乙二醇COD值为1.29～1.5 g/g,BOD值为0.91 g/g,毒性>10 000 mg/L。活性剂COD值为1.90 g/g,螯合剂COD值为2.33 g/g。

硅片清洗废水设计进水水质指标如表4所示。

表4 硅片清洗废水进水水质

项目	SS/（mg/L)	COD/（mg/L)	pH
进水水质	≥130	≥2 000	2～3

3.3 设计出水水质

根据生产废水和生活废水的特点,分别采取预处理措施,对酸性气体脱除装置和煤气化装置含氰废水先进行脱氰处理,再混合其他污水进行生化处理。综合考虑其水质,出水达到《污水综合排放标准》（GB 8978—1996）一级 B 要求,具体如表5所示。

表5 设计废水出水水质

项目	COD/（mg/L)	BOD/（mg/L)	pH	SS/（mg/L)	氟化物/（mg/L)	石油类/（mg/L)	NH$_3$-N/（mg/L)
出水水质	≤100	20	6～9	≤70	≤10	≤10	≤15

4 处理工艺

4.1 废水类型

该工程生产废水分为酸碱洗废水、切割皂洗废水、硅片清洗废水三类,三种废水各自进行单独预处理后,再统一综合处理。

（1）酸碱洗废水

酸碱洗废水主要污染物是氢氟酸和硝酸等。多晶硅原料表面氧化层、损伤层及微量杂质,需加大量的硝酸在铸锭前清洗去除,此类废水也称为含氟酸性废水。该类水质的变化幅度较大、pH 值低、含氟量较高,并含有一定量的色度和悬浮物。

（2）切割皂洗废水

切割皂洗废水的主要污染物是硅粉（玻璃状二氧化硅）、油渍（主要是有机物）、醇类添加剂（聚乙二醇）、KOH、NaOH、活性剂（阳离子活性剂:季铵盐、胺盐、）、螯合物（EDTA、氨基羧酸、有机磷酸盐类）等。该类废水的特点是二氧化硅含量高、悬浮物较高、毒性大。生化性差,且废水中的部分有机物非常难降解。

（3）硅片清洗废水

该类废水的特点是量大、悬浮物高、二氧化硅含量高。

4.2 工艺流程

目前国内已有的类似处理工艺一般采用"pH 调节+混凝沉淀+生化"的组合工艺处理此类废水。

但是，采用此类处理工艺也存在很多问题，如污泥产量多、药剂用量大且COD很难达标等。经调查和研究发现，采用上述组合工艺处理效果不好的关键在于聚乙二醇毒性较大，对好氧降解微生物具有很强的杀伤作用，因此好氧微生物大量减少甚至死亡，造成好氧处理系统瘫痪，所以这部分废水必须单独处理。

该废水处理工艺主要包括预处理系统、生化处理系统、供氧系统和污泥处理系统，工艺流程如图2所示。

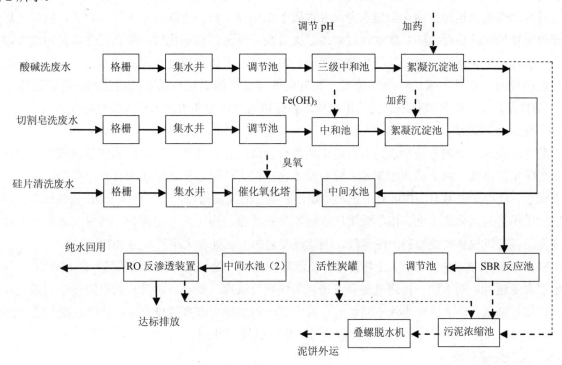

图2 某光伏能源企业废水处理工艺流程

4.3 工艺流程说明

4.3.1 酸碱洗废水预处理

酸碱洗废水中的主要污染物是氟化物及pH值低，采用是化学沉淀法进行预处理，即投加石灰乳调节pH值，同时加入药剂硫酸铝，使废水絮凝沉淀，并去除氟化物等其他杂质。

酸碱洗废水通过管网至集水井，井内置手动格栅一台，去除水中大颗粒物质，以保证后续处理构筑物的连续运行。随后废水通过耐腐蚀提升泵提升至调节池，以调节水量和水质，减少后续处理对构筑物的冲击负荷。调节池出水自流进入酸碱洗废水中和反应器内，该反应器是由三级酸碱调节区组成，每级均安装pH探头，通过pH探头反馈实时数据，从而更好地控制药剂投加量。酸碱洗废水通过中和反应器调节pH值后进入絮凝沉淀池（斜管式），在进入絮凝沉淀池前，通过管道混合器投加PAC和PAM。斜管沉淀池出水通过自流进入合建中间水池后进入生化处理系统。

4.3.2 切割皂洗废水预处理

切割皂洗废水中主要的污染物是硅粉和油渍，该类废水也采用化学沉淀法进行预处理。

皂洗废水通过管网至集水井，井内置手动格栅一台，去除水中大颗粒物质。集水井内废水通过耐腐蚀提升泵提升至调节池调节水量和水质，出水自流进入切割皂洗废水中和反应器内，该反应器由一级酸碱调节区组成，内置pH探头，通过pH探头反馈实时数据，从而更好地控制药剂投加量；调节pH的同时加入药剂氢氧化铁，以去除水中的溶解硅（氢氧化铁需要现场配制）。调节pH值后的废水进入絮凝沉淀池（斜管式），在进入斜管沉淀池前，通过管道混合器投加 PAC、PAM。斜管沉淀池出水通过自流进入合建中间水池后进入生化处理系统。

4.3.3 硅片清洗废水预处理

硅片清洗废水的悬浮物高、二氧化硅含量高。该类废水采用臭氧催化进行预处理，利用强氧化剂——臭氧在常温常压下催化氧化废水中的有机污染物，或直接氧化有机污染物，或将大分子有机污染物氧化成小分子有机污染物，提高废水的可生化性，较好地去除有机污染物。

硅片清洗废水通过管网送至集水井，井内置手动格栅一台，去除水中大颗粒物质，以保证后续处理构筑物的连续运行。随后废水通过耐腐蚀提升泵提升至催化氧化塔。催化氧化塔是由臭氧制取装置、塔体、雾化系统、曝气系统等部分组成。废水进入塔体后通过雾化系统雾化，再与氧化剂充分接触的同时，塔体底部进行臭氧曝气，在氧化剂与臭氧的氧化作用下从而达到去除清洗废水中 COD 的作用。经过催化氧化塔氧化的出水依靠自流进入合建中和水池后进入生化处理系统。

4.3.4 生化处理系统

酸碱洗废水、切割皂洗废水、硅片清洗废水分别通过各自预处理后，出水依靠自流进入生化处理系统的中间水池。由于高浓度聚乙二醇对微生物有毒害作用，加之废水中含有的微量硅酸盐在填料上积累，使得微生物无法在填料上正常生长，生物细菌大量死亡，造成出水 COD 依然较高，因此不适宜采用接触氧化法工艺。由于此类废水污泥生长缓慢，为防止污泥流失，所以宜采用序批式的处理方法，可以根据需要控制污泥泥龄，因此该废水的生化处理采用经典的 SBR 工艺。

SBR 反应池集均化、初沉、生物降解、二沉等功能于一池，无污泥回流系统。经 SBR 池处理后的出水自流进入中间水池，再通过提升泵进入活性炭过滤罐。废水在活性炭的吸附过滤后进一步去除有机物等杂质。出水自流进入中间水池，其中 20% 的达标出水直接排入市政管网，剩余的 80% 出水提升至 RO 反渗透装置进行进一步深度处理，出水回用于冲厕。

4.3.5 污泥处理系统

絮凝沉淀池、SBR 池、活性炭罐、RO 反渗透装置的内污泥通过管路自流至污泥浓缩池，然后由污泥泵抽入叠螺脱水机进行脱水处理，干污泥定时外运处理。污泥浓缩池上清液及叠螺脱水机出水 SBR 池重新进行处理。

5 构筑物及设备参数设计

5.1 构筑物设计

5.1.1 酸碱洗废水预处理

表 6 酸碱洗废水预处理构筑物设计

构筑物名称	规格尺寸	结构形式	数量	设计参数
集水井	4.0 m×4.0 m×4.5 m	钢砼	1	有效容积 24 m³
调节池	8.0 m×4.0 m×5.0 m	钢砼	1	有效容积 144 m³
三级中和池	3.0 m×2.5 m×3.8 m	钢制+PP 内衬	1	—
絮凝沉淀池	3.0 m×8.0 m×3.5 m	钢制+PP 内衬	1	—

5.1.2　切割皂洗废水

表 7　切割皂洗废水预处理构筑物设计

构筑物名称	规格尺寸	结构形式	数量	设计参数
集水井	3.0 m×4.0 m×4.5 m	钢砼	1	有效容积 36 m³
调节池	8.0 m×2.0 m×5.0 m	钢砼	1	有效容积 72 m³
中和池	3.0 m×1.2 m×3.8 m	钢制+PP 内衬	1	—
絮凝沉淀池	2.0 m×5.0 m×3.0 m	钢制+PP 内衬	1	—

5.1.3　硅片清洗废水

表 8　硅片清洗废水预处理构筑物设计

构筑物名称	规格尺寸	结构形式	数量	设计参数
集水井	4.0 m×4.0 m×4.5 m	钢砼	1	有效容积 48 m³
中间水池	16.0 m×8.0 m×4.5 m	钢砼	1	有效容积 580 m³

5.1.4　生化处理系统

表 9　生化处理系统构筑物设计

构筑物名称	规格尺寸	结构形式	数量	设计参数
SBR 池	16.0 m×30.0 m×5.0 m（隔为两格）	钢砼	1	
中间水池（1）	16.0 m×9.0 m×4.5 m	钢砼	1	
中间水池（2）	4.0 m×10.0 m×4.5 m	钢砼	1	
污泥浓缩池	5.0 m×5.0 m×5.5 m	钢砼	1	
设备房	400 m²	砖混	1	

5.2　主要设备参数设计

5.2.1　酸碱洗废水预处理

表 10　酸碱洗废水预处理主要设备参数设计

设备名称	规格型号	数量	功率	备注
格栅（集水井内）	400 mm×1 000 mm	1 台	—	不锈钢；格栅间隙 5 mm
提升泵（集水井内）	50WQ15-8-0.75	2 台（1用1备）	0.75 kW	不锈钢；流量 5 m³/h；扬程 10 m
提升泵（调节池内）	50WQ15-8-0.75	2 台（1用1备）	0.75 kW	不锈钢；流量 5 m³/h；扬程 10 m
液位控制器（集水井内）	DK-2	1 个	—	
pH 在线监测仪（中和反应器内）	P-20	3 套	—	
干粉投加机	—	1 台	—	4 m³/h
加药装置	ϕ 1 200 mm×1 500 mm	3 套	—	
加药泵	—	3 台	0.37 kW	不锈钢；Q=50L/h；0.7 MPa
搅拌器	JB-0.7	3 台	0.75 kW	不锈钢
三级中和反应器	—	1 台	—	钢制+PP 内衬
斜板沉淀池	—	1 台	—	钢制+PP 内衬
斜板填料	19.2 m³	—	—	

5.2.2 切割皂洗废水

表 11   切割皂洗废水预处理主要设备参数设计

设备名称	规格型号	数量	功率	备注
格栅（集水井内）	400 mm×1 000 mm	1 台	—	不锈钢；格栅间隙 5 mm
提升泵（集水井内）	50WQ15-8-0.75	2 台（1 用 1 备）	0.75 kW	不锈钢；流量 6 m³/h；扬程 10 m
提升泵（调节池内）	50WQ15-8-0.75	2 台（1 用 1 备）	0.75 kW	不锈钢；流量 6 m³/h；扬程 10 m
液位控制器（集水井内）	DK-2	3 个	—	
pH 在线监测仪（中和反应器内）	P-20	3 套	—	
加药装置	ϕ1 200 mm×1 500 mm	1 套	—	
加药泵	—	1 台	0.37 kW	不锈钢；Q=50 L/h；0.7 MPa
搅拌器	JB-0.7	1 台	0.75 kW	不锈钢
中和反应器	—	1 台	—	钢制+PP 内衬
斜板沉淀池	—	1 台	—	钢制+PP 内衬
斜板填料	8 m³	—	—	

5.2.3 硅片清洗废水

表 12   硅片清洗废水预处理主要设备参数设计

设备名称	规格型号	数量	功率	备注
格栅（集水井内）	400 mm×1 000 mm	1 台	—	玻璃钢；格栅间隙 5 mm
提升泵（集水井内）	50WQ15-8-0.75	2 台（1 用 1 备）	0.75 kW	不锈钢；流量 6 m³/h；扬程 10 m
提升泵（调节池内）	50WQ15-8-0.75	2 台（1 用 1 备）	0.75 kW	不锈钢；流量 6 m³/h；扬程 10 m
液位控制器（集水井内）	DK-2	3 个	—	
pH 在线监测仪（中和反应器内）	P-20	3 套	—	
加药装置	ϕ1 200 mm×1 500 mm	1 套	—	
加药泵	—	1 台	0.37 kW	不锈钢；Q=50 L/h；0.7 MPa
搅拌器	JB-0.7	1 台	0.75 kW	不锈钢
中和反应器	—	1 台	—	钢制+PP 内衬
斜板沉淀池	—	1 台	—	钢制+PP 内衬
斜板填料	ϕ160-PP	—	—	
臭氧发生器	—	1 台	12 kW	
曝气系统	ϕ260×20	1 套	—	
布水系统	UPVC-PP	1 套	—	
无油空压机	—	1 台	3 kW	
催化氧化塔	—	1 台	—	钢制

5.2.4 生化处理系统

表 13   生化处理系统主要设备设计参数

设备名称	规格型号	数量	功率	备注
曝气头（SBR 池）	ϕ260	1 600 个	—	
滗水器	XBS-3000	2 台	0.55 kW	不锈钢；流量 6 m³/h；扬程 10 m
调节堰门	T-400×400	2 台	—	
污泥回流泵	—	2 台（1 用 1 备）	5.5 kW	不锈钢；流量 200 m³/h

设备名称	规格型号	数量	功率	备注
提升泵	50WQ15	2 台（1 用 1 备）	15 kW	流量 25 m³/h
反冲洗泵	—	1 台	3 kW	流量 120 m³/h；扬程 12.5 m
NaOH 计量泵	GM-120/0.7	1 台	0.37 kW	不锈钢；Q=120 L/h；0.7 MPa
污泥泵	—	1 台	1.5 kW	流量 8 m³/h；扬程 60 m
活性炭罐	ϕ 2200×4500	2 台	—	
机械过滤罐	ϕ 2200×4500	2 台	—	钢制+PP 内衬
叠螺脱水机	ES132	—	0.3 kW	
电控制柜	—	1 台	—	
罗茨风机	3 L52WC	2 台（1 用 1 备）	18.5 kW	

6　二次污染防治

6.1　噪声控制

（1）水泵选用国优潜污泵，对外界无影响。

（2）设备均采用隔音材料制作，确保周围环境噪声：白天≤60 dB，晚上≤50 dB。

6.2　污泥处理

（1）污泥因高位差自动流入污泥浓缩池定期由脱水机脱水。

（2）泥饼由环卫车定期外运处理。

7　电气控制

7.1　设计规范

（1）《电力装置的继电保护和自动装置设计规范》（GB/T 50062—2008）；

（2）《通用用电设备配电设计规范》（GB 50055—2011）；

（3）《供配电系统设计规范》（GB 50052—2009）；

（4）《信号报警及联锁系统设计规范》（HG/T 20511—2014）；

（5）《仪表配管配线设计规范》（HG/T 20512—2014）；

（6）《仪表供电设计规范》（HG/T 20509—2014）。

7.2　设计原则

在保证处理系统工艺要求的条件下，做到技术先进、操作简单、管理方便、安全可靠和经济合理。

7.3　设计范围

本控制系统为废水处理工程工艺所配置，自控专业主要涉及的内容为该废水处理系统中污水泵与液位的联锁、报警、防腐泵的联锁工作等。

7.4　控制水平

本项目采用 PLC+手动切换控制系统，自动化程度高，人工管理方便。

7.5　控制方式

本工程装置内所有电动机均采用中央集中室控制方式，pH 值及液位均采用专用仪表实测，由人工管理。

7.6　电源状况

因建设方没有提供基础资料，本装置所需一路 380/220V 电源暂按引自厂区变电所。

7.7　电气控制

废水处理系统电控装置为集中控制，采用自动控制主要控制各类泵的运作；泵启动及定期互相切换。

（1）水泵

水泵的启动受液位控制。

a. 高液位：报警，同时启动备用泵；

b. 中液位：一台水泵工作，关闭备用泵；

c. 低液位：报警，关闭水泵。

（2）声光报警

各类动力设备发生故障，电控系统自动报警指示（报警时间 10～30 s），并故障显示至故障消除。报警系统留出接口，可根据业主方要求引至指定地点，以便管理。

（3）其他

a. 各类电气设备均设置电路短路和过载保护装置；

b. 动力电源由本电站提供，进入污水处理站动力配电柜。

8　废水处理站防腐

8.1　管道防腐

本废水处理站池体所采用的管件外壁按《工业设备、管道防腐蚀工程施工及验收规范》（HGJ 229—91）做防腐处理，焊接钢管管壁外涂三道环氧煤沥青加强防腐。

埋地管道均先除锈，刷环氧煤沥青两道，再刷调和漆两道；管道、管道支吊架、钢结构等均防腐处理，设备间内明设管道经除锈后，刷红丹底漆一道，面漆两道，最后一道面漆颜色按管道设计涂色要求进行。

对药剂投加设备使用玻璃钢材质防腐，对碳钢设备内衬胶防腐。

8.2　构筑物防腐

根据《工业建筑设计防腐规范》及各构筑物功能的不同，需对酸碱洗废水集水井和酸碱洗废水调节池以下水池内表面做玻璃钢防腐处理。

9　运行费用

本工程运行费用由运行电费、人工费和药剂费三部分组成。

9.1　运行电费

该废水处理系统总装机容量为 250.15 kW，日常运行 180.5 kW，电费平均按 0.65 元/（kW·h）计，则运行电费 E_1=0.3 元/m³ 废水。

9.2　人工费用

由于全自动化控制成本高，加之因废水的水质及水量波动大而控制难度大，本系统采用人工控制。按三班制管理，每班操作人员 1 人轮流工作，管理人员 1 人，一共 4 人，每人 1500 元/月，每月按 30 天计，则人工费 E_2=0.07 元/m³ 废水。

9.3　药剂费

（1）酸碱洗废水药剂费用约为：0.8 元/m³ 废水；

（2）切割皂洗废水药剂费用约为：0.5 元/m³ 废水；

（3）气浮废水药剂费用约为：0.1 元/m³ 废水。

则药剂费用 E_3=1.4 元/m³ 废水。

9.4　总计运行费用

运行费用总计=E_1+E_2+E_3=0.3+0.07+1.4=1.77 元/m³ 废水（不含设备折旧费）。

注：（1）药品价格随市场行情会有波动，具体实施时以运行时现行市场价格为准进行核算；

　　（2）药品消耗量以表格中的数据为准核算，实际发生波动时，药品消耗量也会发生变化；

　　（3）如水量发生变化，运行成本也会相应发生变化；

　　（4）工人工资需随社会物价浮动及国家相关政策作适时调整；

　　（5）设备维修费、运行管理费等未包含在以上价格中。

10　工程建设进度

本工程建设周期为 14 周，为缩短工程进度，确保该废水回用处理设施如期实行环保验收，工程设计、各分部工程、分项工程土建、安装以及调试工作，将进行统一协调、分布、交叉进行，具体工程进度安排如表 14 所示。

表 14　工程进度表

工作内容 ＼ 周	1	2	3	4	5	6	7	8	9	10	11	12	13	14
施工图设计	▬	▬												
土建施工			▬	▬	▬	▬	▬	▬	▬	▬	▬			
设备采购制作						▬	▬	▬	▬	▬	▬			
设备安装											▬	▬	▬	▬
调试												▬	▬	▬

11   工程售后服务承诺及事故应急处理措施

（1）土建构筑物除人为不可抗拒因素外，质量保证一年；

（2）非标设备、管道保期为一年，质保期满后，若发生故障，则以收取成本费提供服务；

（3）本方案的主机设备有两台，当其中一台出现故障时，由另一台备用设备工作，以保证废水回用处理系统能正常运行；同时厂内必须尽快维修出现故障的设备，防止两台设备同时出现故障；

（4）为保证处理设备的正常运行，应加强设备的日常维护和巡检，在停产期（节假日等）安排检修或大修；

（5）建立规范的操作规程和健全的事故报警制度。

实例五　河南某发制品生产企业 2 500 m³/d 废水处理工程

1　项目概况

　　该发制品股份有限公司是中国首家开发生产发制品的股份制上市公司，公司主要生产发制品和化纤发制品，95%以上出口国外，年总创汇 7 000 万美元左右。随着企业生产规模的不断扩大，产生的废水量也日益增大。

　　该类废水属于碱性大、高色度、氨氮高、难生化降解的高浓度有机废水，为此该企业拟新建一套废水处理系统，对产生的废水加以妥善处理，根据国家《环境保护法》《建设项目环境保护管理办法》和《建设项目环境管理实施细则》，处理后的出水水质达到《污水综合排放标准》（GB 8978—1996）的二级标准。该废水处理工程采用"絮凝气浮+预臭氧化+水解酸化+SBR+臭氧活性炭+SBR+臭氧氧化塔"的组合工艺，确保出水达标排放。该废水处理工程总占地面积 2 500 m²，总装机容量 124.1 kW，建成后运行成本约 1.02 元/m³（不含折旧费）。

图 1　污水处理厂外貌

2　设计依据

2.1　设计依据

　　（1）业主提供的各种相关基础资料（水质、水量等）；

　　（2）现场踏勘资料，现场采集水样的分析数据；

　　（3）《污水综合排放标准》（GB 8978—1996）；

（4）其他相关标准。

2.2 设计原则

（1）认真贯彻国家关于环境保护工作的方针和政策，使设计符合国家的有关法规、规范、标准；

（2）综合考虑废水进、出水水质及水量特征，选用的工艺应技术先进、稳妥可靠、经济合理、安全适用；

（3）采用高效节能、先进稳妥的污水处理工艺，提高处理效果，减少基建投资和日常运行费用，降低对周围环境的污染；

（4）适当考虑废水处理站周围地区的发展状况，在设计上留有余地；

（5）妥善处理和处置废水处理过程中产生的污泥和浮渣，避免造成二次污染；

（6）废水处理系统的自动控制系统应管理方便、安全可靠、经济实用；

（7）废水处理系统平面布置力求紧凑，减少占地和投资；高程布置应尽量采用立体布局，充分利用地下空间。

2.3 设计及施工范围

本项目的设计范围包括该综合废水处理工程的工艺设计、施工及调试和土建改造，不包括排水收集管网、化粪池、污水排出管、中水回用管网等污水处理站外的配套设施。

本工程的施工及服务范围包括：废水处理系统的设计、施工；废水处理设备及设备内的配件的提供；废水处理装置的全部安装、调试；免费培训操作人员；协同编制操作规程，同时做有关运行记录。为今后的设备维护、保养，提供有力的技术保障。

3 主要设计资料

3.1 设计进水水质

该发制品企业生产的污染源主要来自生产中使用的原料、染料和助剂等，其中，染料为含苯染料、含酚染料、含胺染料；助剂为烧碱、表面活性剂、冰醋酸、螯合剂、均染剂等；杂质为短纤维和胶质等。

该废水处理规模为 2 500 m³/d（105 m³/h），参考建设单位提供的有关数据及现场水样采集分析，设计进水水质指标如表 1 所示。

表 1 设计废水进水水质

项目	COD/（mg/L）	BOD/（mg/L）	SS/（mg/L）	NH₃-N/（mg/L）	色度	pH	水温/℃
进水水质	1500	300	400	300	1300	9	90

3.2 设计出水水质

根据建设单位要求，废水经处理后达到《污水综合排放标准》（GB 8978—1996）中的二级标准，具体水质要求如表 2 所示。

表 2　设计出水水质要求

项目	COD/（mg/L）	BOD/（mg/L）	SS/（mg/L）	NH₃-N/（mg/L）	色度	pH	水温/℃
出水水质	200	150	200	25	80	9	—

4　处理工艺流程

4.1　工艺流程

该发制品股份有限公司主要生产发制品和化纤发制品，污染主要源自漂染和染色等工序。污水水量大、色泽深、氨氮浓度高、有机物浓度较高、可生化性较差（BOD/COD=0.2），因而是典型的工业废水之一。

首先采用絮凝气浮工艺，利用絮凝剂、助凝剂使污水中的悬浮固体和胶体物质形成絮凝体。气浮池部分回流加压，瞬间减压消能，使溶解在水中的空气以 50 μm 微小气泡释出，以这种微气泡作载体，使气浮池内的絮凝体变轻浮上水面，去除水中大部分悬浮固体和胶体物质，从而达到部分去除 COD 及色度之目的。

水中离子状态污染物及残余悬浮固体和胶体物质，使污水有机污染和色度仍远不能达标。对有机污染污水，最经济有效的处理工艺是采用生物法。对难生物降解的有机污染污水，首先考虑提高其可生化性。

臭氧有极强的氧化能力，仅次于氟。臭氧预氧化可断裂苯环，击碎对紫外线有较强吸附的大分子，提高污水可生化性。

水解酸化通过水解菌和产酸菌的协同作用，将废水中不溶性有机物转化为可溶性物质，大分子和难以生物降解的有机物转化为小分子物质，从而提高废水的可生化性。另外水解池在好氧池之前，一方面可减轻好氧池的负荷，另一方面也有利于控制污泥膨胀。

采用 SBR（序批法）工艺，该法是活性污泥法的一种变形，属于间歇式高效生物反应器，有机物去除率高，特别是对难以生物降解的有机物有较高的去除率，可以完成有机物降解，NH₃-N 的硝化和反硝化过程，能取得良好的 COD、BOD 去除效果和脱氮效果。

经过生物法处理，理论上讲污水 COD、BOD、氨氮指标可达到排放标准。但实际上难生物降解物质一般不能全部被击碎进而被全部生化处理掉，所以考虑用强氧化法深度处理：臭氧—活性炭氧化，活性炭吸附水中污染物，臭氧对其催化氧化，使活性炭再生。

综上所述，该废水采用"絮凝气浮+预臭氧化+水解酸化+SBR+臭氧活性炭"等组合工艺处理。

4.2　一级处理工艺流程

工艺流程说明：污水经格网除去粗大悬浮物及大量毛发后进入调节均合池，均合水质调节水量，增加降温设施降低水温。调节池为矩形全地下式水工构筑物，有效容积为 850 m³，水力停留时间为 8 h。在调节池中设置了超声波液位计，用以检测调节池的液位变化从而调整废水提升泵的启停。出水经潜入式污水泵提升并经毛发聚集器过滤后进入三级机械搅拌絮凝反应器。絮凝剂采用聚合硫酸铝铁，投加量按 200 mg/L，日需絮凝剂投加量为 500 kg/d；助凝剂为聚丙烯酰胺，投加量为 20 mg/L，日需酸投加量为 50 kg/d。在絮凝剂、助凝剂的吸附架桥的作用下使废水中的悬浮固体和胶体物质形成粗大密实矾花，依高程流入气浮池。

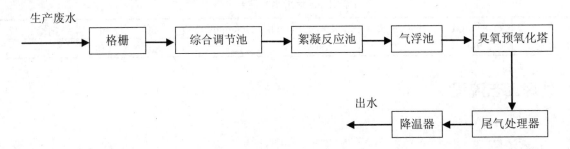

图2　废水一级处理工艺流程

气浮采用平流式气浮池，部分回流加压，回流比 R=30%～40%，溶气水采用溶气水泵，自动控制操作，溶气水压力 0.2～0.3 MPa，溶气水有效停留时间为 5 min。溶气水由气浮池底部进入溶气释放器，瞬间减压消能，使溶解在水中的空气以 50 μm 微小气泡释出，以这种微气泡作载体，使气浮池内的絮凝体变轻浮上水面，从而达到部分去除 COD 及色度之目的。气浮池出水依高程流入臭氧预氧化塔。

由臭氧预氧化塔底部通入臭氧化空气，臭氧投加量为 30 mg/L，水力有效停留时间为 50 min。出水依高程进入二级处理系统。残余臭氧化气体经尾气吸收系统进行吸收后排入大气。经预臭氧化污水色度去处率≥60%，BOD/COD 值可提高至 0.4 以上。

4.3　二级处理工艺流程

工艺流程说明：二级处理系统采用了水解酸化—SBR 工艺，系统总停留时间为 36 h，污泥龄 SRT=20 d。

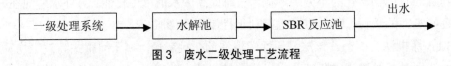

图3　废水二级处理工艺流程

水解池采用厌氧的水解和发酵阶段，水力停留时间为 14 h。好氧、缺氧段采用 SBR（间歇式生物反应器）工艺，水力停留时间为 21 h。

一级处理系统的出水进入水解酸化池，水解池有效容积为 1 500 m³。水解池属升流式厌氧污泥床反应器范畴，通过在其底部形成的污泥床，大量的微生物将进水中的颗粒和胶体物质迅速截留和吸附，在水解细菌的作用下将废水中的不溶性有机物转化为溶解性物质。在酸化段，水解菌和产酸菌的协同作用下，将水中的大分子和难以生物降解的有机物转化为小分子物质，重新释放到水中，在较高的水力负荷下流出。

二级处理系统后级采用了高效生物反应器 SBR（序批法）工艺，该法是活性污泥法的一种变形，属于间歇式高效生物反应器，有机物去除率高，特别是对难以生物降解的有机物有较高的去除率，可以完成有机物降解，NH₃-N 的硝化和反硝化过程，能取得良好的 COD、BOD 去除效果和脱氮效果，运行过程全部采用微型计算机全自动控制。SBR 共设两池，为钢筋混凝土构筑物，每池分五格，总停留时间为 21 h，污泥龄 SRT=20 d，混合悬浮液质量浓度：MLSS=4 000 mg/L；每池按一定时间顺序依次完成进水—水解酸化—好氧曝气—缺氧—好氧曝气—沉淀—排水等工艺过程。SBR 出水进入三级处理系统。

本设计 SBR 运行暂按为五个阶段运行，各阶段运行状态为：

阶段 1：

Ⅰ号 SBR 池：进水；

Ⅱ号 SBR 池：曝气，气水比：20∶1；

Ⅲ号 SBR 池：沉淀，滗水器下降出水；

Ⅳ号 SBR 池：准备。

阶段 2：

Ⅰ号 SBR 池：曝气混合，气水比：10∶1；

Ⅱ号 SBR 池：停止曝气，开始沉淀；

Ⅲ号 SBR 池：沉淀，滗水器下降出水；

Ⅳ号 SBR 池：进水。

阶段 3：

Ⅰ号 SBR 池：曝气，气水比：20∶1；

Ⅱ号 SBR 池：沉淀；

Ⅲ号 SBR 池：沉淀，滗水器下降出水；

Ⅳ号 SBR 池：进水。

阶段 4：

Ⅰ号 SBR 池：沉淀；

Ⅱ号 SBR 池：准备；

Ⅲ号 SBR 池：曝气，气水比：20∶1；

Ⅳ号 SBR 池：进水。

阶段 5：

Ⅰ号 SBR 池：滗水器下降出水；

Ⅱ号 SBR 池：进水；

Ⅲ号 SBR 池：曝气混合，气水比：10∶1；

Ⅳ号 SBR 池：曝气混合，气水比：10∶1。

系统设计污泥龄 SRT=20 d，SBR 池无须污泥回流和二次沉淀池，整个曝气、沉淀均一次完成。

本设计采用的 SBR 生物反应池水力流态采用完全混合式，池中装设了 ϕ 300 mm 微孔高效曝气器，对 SBR 生物反应池废水进行搅拌和曝气，使 SBR 池中污泥和废水混合并使之处于悬浮状态，并供给 SBR 池中微生物所必需的溶解氧，以保证废水中的有机物降解。

SBR 生物反应池控制采用 PLC（可编程控制器）为核心，集中控制系统为辅组成，控制整个污水处理装置所有的输入/输出开关量，启动或停止动力设备、执行机构，检测工艺系统的各种状态参数等。系统并设有软手动转换装置，还可接受各液位、温度、压力等限位开关等开关量信号。总控制台设置有各相应设备的指示灯，以显示各种设备的启、停情况。

4.4　三级处理工艺流程

工艺流程说明：三级处理工艺采用了过滤—臭氧—煤质活性炭氧化工艺方法，臭氧—活性炭氧化工艺原理为：臭氧是氧的同素异构体，有极强的氧化能力，仅次于氟。活性炭是一种微孔具有极大的比表面积的吸附剂，在废水处理领域应用极为广泛。臭氧活性炭法将臭氧与活性炭共存在于废水中，活性炭不用再生，只需定期添加部分新炭即可。其反应机理为：活性炭吸附水中污染物，臭氧对其催化氧化，使活性炭再生。

二级处理出水依自由水头进入无阀滤池，无阀滤池按给排水有关规范设计，出水依高程进入臭氧氧化塔，对出水中难生物降解的有机物及残留的色度物质再进行氧化分解，臭氧氧化塔内装填了2.0 m高粒状煤质活性炭，由塔底部通入臭氧化空气，臭氧投加量为30 mg/L，水力有效停留时间为50 min。对出水中难生物降解的有机物及残留的色度物质再进行氧化分解，出水达标排放。

图4　废水三级处理工艺流程

臭氧氧化塔顶部排出的残余臭氧化气体经尾气吸收系统进行吸收后排入大气，由于臭氧是属于氧的同素异形体，大气压下常温中半衰期仅为30 min，所以对周围环境不会造成污染。

臭氧化气体由无油润滑空压机、无热再生干燥器、高压发生器、臭氧发生器等组成，其原理为：无油润滑空压机压缩的气体进入空气干燥器，干燥器采用变压吸附，无热再生工艺，干燥后的气体露点为-42℃，空气中水分含量为110×10^{-6} mg/m³，经减压至0.1 MPa进入臭氧发生器。

臭氧发生器采用辉光（或无声）放电法，放电电压为15～17 kV，电源由调压器、高压发生器等组成。产生的臭氧化气体中O_3质量浓度为14～16 mg/L，总臭氧产量为3 kg/h。

4.5　污泥处理

污泥处理采用浓缩—压滤工艺。气浮池、水解池、SBR池排出的剩余污泥经污泥泵提升，进入污泥增浓机。污泥增浓机采用负压抽吸滤布过滤，污泥停留时间为3 min，浓缩后的污泥含水率不大于95%。浓缩后的进入污泥压滤机，污泥压滤机采用多辊挤压滤布过滤，污泥停留时间为5 min，污泥压滤机排出的泥饼送往厂区锅炉房作为低热值燃料或送往垃圾填埋场进行填埋。

5　构筑物及设备参数设计

5.1　一级处理系统主要构筑物及设备参数

一级处理系统主要构筑物及设备参数详见表3。

表3　一级处理系统主要构筑物及设备参数

名称	型号及规格	单位	数量	结构形式
回转式格网	B=300 mm	台	1	钢制
调节均合池	V=850 m³	座	1	钢筋砼
毛发聚集器	DN250	台	2	钢制
降温器	非标（～17T）	套	1	钢制
高效降温喷嘴	Q=1 m³/h	个	105	合金
潜入式污水泵	Q=35 m³/h；H=40 m	台	7（6用1备）	
三级机械搅拌反应器	V=50 m³	台	1	钢制
平流式气浮池	Q=100	台	1	钢制
溶气水泵	Q=15 m³/h；H=45 m	套	2	钢制
絮凝剂投加机	L=1000L JY-1500A	台	1	钢制
助凝剂投加机	L=1000L JY-1500	台	1	钢制
污泥贮槽	V=10 m³	台	1	钢制
臭氧预氧化塔	V=100 m³	台	1	钢筋砼
臭氧尾气吸收装置	D=800	台	1	钢制

5.2 二级处理系统主要构筑物及设备参数

二级处理系统主要构筑物及设备参数详见表4。

表4 二级处理系统主要构筑物及设备参数

名称	型号及规格	单位	数量	结构形式
水解酸化池	V=500 m^3	座	3	钢筋砼
SBR 反应池	6.0 m×7 m×5.0 m（五联）	座	2	钢筋砼
滗水器	FH-BEHO/300	台	10	钢 制
微孔曝气器	BE-300	个	400	ABS 塑料
三叶式鼓风机	Q=15 m^3/min；P=400 kPa	台	2	
三叶式鼓风机	Q=8 m^3/min；P=400 kPa	台	2	
电动蝶阀	DN50	台	10	
电动蝶阀	DN100	台	20	
电动蝶阀	DN150	台	20	

5.3 三级处理系统主要构筑物及设备参数

三级处理系统主要构筑物及设备参数详见表5。

表5 三级处理系统主要构筑物及设备参数

名称	型号及规格	单位	数量	结构形式
无阀滤池	V=100 m^3/h	座	1	钢筋砼
臭氧氧化塔	V=100 m^3	台	1	
臭氧发生器	XY-106 G=5 kg/h	套	1	
空气干燥器	Q=20 m^3/min	台	1	
无油润滑空压机	2Z-3/8 Q=20 m^3/min	台	1	
高压变压器	0～17 kV	台	1	
电压调节器	0～400 V	台	1	
微量水分测试仪	0～1 000 ppm	台	1	
臭氧尾气吸收塔	D=800	台	1	
煤质活性炭	粒状	T	10	

5.4 污泥处理系统主要构筑物及设备参数

污泥处理系统主要构筑物及设备参数详见表6。

表6 污泥处理系统主要构筑物及设备参数

名称	型号及规格	单位	数量
泥浆泵	Q=5.0 m^3/h；H=25 m	台	2
污泥增浓机	ZNJ-1-0.5	台	1
污泥压滤机	DLJ-1-2.2	台	1

6　废水处理系统布置

6.1　平面布置原则

（1）废水处理系统应充分考虑与厂区环境、地形、功能布置和现有管道系统协调；

（2）废水处理系统应充分考虑建设施工规划等问题，优化布置系统；

（3）根据夏季主导方向和全年风频，合理布置系统位置；

（4）处理构筑物应布置紧凑，节能高效，节约用地，便于管理。

6.2　平面布置

调节均合池、水解酸化池、SBR 池、氧化塔室外设置，其余废水处理设备及构筑物全部在室内放置。新建厂房建筑面积 200 m²，空地植草皮植树，道路两旁植常青灌木丛绿化带以美化环境。

6.3　高程布置原则

（1）充分利用地形设计高程，减少系统能耗；

（2）系统设计力求简洁、流畅，减少管件连接。

6.4　高程布置

竖向布置利用高位差使废水一次提升，重力自流，减少水力提升次数，降低运行能耗。道路保持原地形的坡降，场地雨水径流排入道路，沿坡降汇流至排水管网进行排放。

6.5　总图主要技术经济指标

总图主要技术经济指标见表 7。

表 7　总图主要技术经济指标

序号	指标名称	单位	数量	备注
1	总占地面积	m²	2500	
2	建、构筑物占地面积	m²	1800	
3	道路占地面积	m²	200	
4	管线估计占地面积	m²	100	
5	场地利用系数	%	72	
6	绿化面积	m²	500	系数按 20%考虑

7　劳动定员及运行成本分析

7.1　劳动定员

本工程设计处理规模 2 500 m³/d，工作天数按 340 d/a 计，三班制或四班三运转连续运行，操作工人暂按 6 人进行编制。

7.2 运行成本分析

本工程运行费由电费、人工费和药剂费三部分组成。

7.2.1 电耗

该工程系统总装机容量为 124.10 kW，使用工作容量为 102.90 kW，同时起动系数 K=0.8，电费按 0.56 元/（kW·h）计，年电耗为 47.02 万元。

7.2.2 人工费

人员工资按 580 元/月计，劳动定员 6 人，年工资额为 4.176 万元/a。

7.2.3 药剂费

絮凝剂消耗量：500 kg/d，售价：1 200 元/t，日支出 600 元；

助凝剂消耗量：50 kg/d，售价：11 000 元/t，日支出 550 元；

絮凝气浮工艺成本：0.46 元/m³ 废水；

总装填煤质活性炭量为 10 t，年补充煤质活性炭量为 12%，计煤质活性炭 1.2 t，煤质活性炭单价 0.40 万元，则年活性炭耗量计价为 0.48 万元。

综上所述，预计处理运行成本为 1.02 元/m³ 废水（不含设备折旧）。

8 工程建设进度

本工程建设周期为 8 个月，为缩短工程进度，确保该废水回用处理设施如期实现环保验收，工程设计、各分部工程、分项工程土建、安装以及调试工作，将进行统一协调、分布、交叉进行，具体工程进度安排如表 8 所示。

表 8 工程进度表

工作内容 \ 月	1	2	3	4	5	6	7	8
施工图设计	■■	■						
土建施工		■■■	■■■	■■				
设备采购制作					■■	■■■	■■	
设备安装							■■	■■
调试							■■	■■

9 工程售后服务承诺及事故应急处理措施

（1）土建构筑物除人为不可抗拒因素外，质量保证一年；

（2）非标设备、管道保期为一年，质保期满后，若发生故障，则以收取成本费提供服务；

（3）本方案的主机设备有两台，当其中一台出现故障时，由另一台备用设备工作，以保证废水回用处理系统能正常运行；同时厂内必须尽快维修出现故障的设备，防止两台设备同时出现故障；

（4）为保证处理设备的正常运行，应加强设备的日常维护和巡检，在停产期（节假日等）安排检修或大修；

（5）建立规范的操作规程和健全的事故报警制度。

实例六　云南某 LED 衬底基片生产企业 1 000 m³/d 生产废水处理工程

1　项目概况

该企业是专门从事蓝宝石生产设备工艺研究、开发、生产的现代高新技术企业，主要生产 LED 蓝宝石衬底基片，是目前中国国内规模最大的光电子 LED 半导体照明衬底片生产及研发企业。

该公司废水产生量约 1 000 m³/d，生产废水包括抛光废水、研磨废水、切割废水以及清洗废水，其中，抛光废水主要污染物为天然树脂、抛光剂和三氧化二铝，废水为碱性，呈乳白色胶状液体，很难自然沉淀分离；研磨及切割废水主要污染物为碳化硅、三氧化二铝等晶体粉末，废水呈黑色，可以经过自然沉淀分离部分大颗粒固体杂质；清洗废水为晶片清洗产生的废水，废水为弱酸性。为使废水能达标排放，企业拟新建一座废水处理站，分别对抛光废水、切割及研磨废水和清洗液废水进行处理，处理后的出水达到《污水综合排放标准》（GB 8978—1996）的一级 A 标准。该工程总装机容量 72.05 kW，运行成本约 1.26 元/m³ 废水（不含折旧费）。

2　设计依据

2.1　设计依据

（1）业主提供的各种相关基础资料（水质、水量、回用水标准等）；

（2）现场踏勘资料；

（3）《污水综合排放标准》（GB 8978—1996）；

（4）国家及省、地区有关法规、规定及文件精神；

（5）其他相关设计规范与标准。

2.2　设计原则

（1）针对本项目废水的水质特点，选用技术先进可靠、工艺成熟稳妥、处理效率高、占地面积小、运行成本低、操作管理方便的废水处理工艺，在确保出水达标排放的同时节省投资；

（2）选用质量可靠、维修简便、能耗低的设备，尽可能降低处理系统的运行费用；

（3）尽量采取措施减小废水处理系统对周围环境的影响，合理控制噪声、气味，妥善处理与处置固体废物，避免二次污染；

（4）总图布置合理、紧凑、美观，减少废水处理站内废水的提升次数，保证废水处理工艺安全稳定运行。

2.3　设计及施工范围

本项目的设计范围包括该综合废水处理工程的工艺设计、施工及调试和土建改造，不包括排水收集管网、化粪池、污水排出管、中水回用管网等污水处理站外的配套设施。

本工程的施工及服务范围包括：废水处理系统的设计、施工；废水处理设备及设备内的配件的提供；废水处理装置的全部安装、调试；免费培训操作人员；协同编制操作规程，同时做有关运行记录。为今后的设备维护、保养，提供有力的技术保障。

3　主要设计资料

设计进出水水质

根据建设单位提供的资料，该项目生产废水水量按 1 000 m^3/d 计，设计进出水水质指标如表 1 所示。

表 1　设计进出水水质

项目\指标	设计进水水质/（mg/L）	出水水质标准（一级 A 标准）/（mg/L）
pH	9.49	6~9
SS	1102	≤10
COD_{Cr}	970	≤50
BOD_5	256	≤10
NH_3-N	2.75	≤5
总磷	0.42	≤0.5
总氮	73.8	—
LAS	1.34	—

4　处理工艺

4.1　废水特点

本设计方案生产废水来源主要分为：抛光废水、研磨废水和切割废水、清洗废水四部分。抛光废水排水量为 200 m^3/d，主要污染物有天然树脂、抛光剂、三氧化二铝。废水为碱性，呈乳白色胶状液体，很难自然沉淀分离。研磨及切割废水排水量为 300 m^3/d，污染物为碳化硅、三氧化二铝等晶体粉末。废水呈黑色，可以自然沉淀分离部分大颗粒固体杂质。清洗废水排水量为 500 m^3/d，为晶片清洗产生的废水，废水呈弱酸性。

4.2　工艺流程

该项目生产废水主要有抛光废水、研磨废水和切割废水、清洗废水四部分，先分别进行预处理，再综合处理，具体工艺流程如图 1 所示。

4.3　工艺流程及有关设施说明

抛光废水首先进入已有收集池，再由泵提升进入调节池调节水质水量，然后进入中和池，调节pH 值至中性，然后进入中间水池，再由泵提升进入离子浮选设备，在投加专用药剂的作用下，分离废水中游离态和胶体状污染物。离子浮选设备出水进入综合调节池。

切割及研磨废水首先进入已有收集池，再由泵提升进入调节兼初沉池调节水质水量，并沉淀分离水中固体污染杂质，然后进入综合调节池。

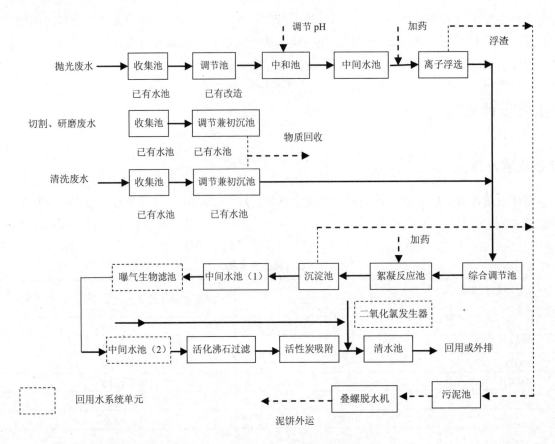

注：处理单元中，去除曝气生物滤池及消毒装置，系统出水即可满足排放标准达标排放。

图1 废水处理工艺流程

清洗废水首先进入已有收集池，再由泵提升进入调节兼初沉池（已有）调节水质水量，并沉淀分离水中固体污染杂质，然后进入综合调节池。

各类废水经过预处理后，汇总进入综合调节池后，由泵提升进入絮凝反应池，在加入絮凝剂、混凝剂后，悬浮游离的杂质形成大颗粒矾花，在沉淀池中分离出来，水质得到净化。沉淀池出水进入中间水池（1）暂存。

然后由泵提升进入曝气生物滤池（BAF），在曝气充氧的作用下利用生长在滤料中的微生物氧化分解废水中残留的有机物。曝气生物滤池出水进入中间水池（2）。再由泵提升，依次经过活化沸石过滤、活性炭吸附作用进一步净化。出水进入清水池。同时加入消毒剂消毒，最后即可达到回用及排放要求。

4.3.1 中和池

根据建设方提供数据，抛光废水呈碱性。为满足后续处理要求，需调节 pH 值，使废水呈中性。因此设 pH 调节处理单元。

4.3.2 离子浮选系统

本系统的基本原理是用带有和将要浮出的离子、胶体等（或离子络合物）相反电荷的异极性表面活性剂作捕收剂，加入水溶液中。捕收剂分子的极性端与溶液中要回收的离子互相作用，形成可溶性络合物或难溶沉淀物；捕收剂分子的另一端为疏水（亲气）的非极性基团，能附于从溶液底部吹入的气泡上，带至水溶液表面，再刮出分离。

通过溶气系统产生的溶气水，经过快速减压释放在水中产生大量微细气泡，若干气泡黏附在水中絮凝好的杂质颗粒表面上，形成整体密度小于 1 的悬浮物，通过浮力使其上升至水面而使固液分离。本技术与常规气浮设备相比，具有以下特点：

①系统采用集成化组合方式，有效减少空间需求，占地小，能耗低，安装运输方便；

②自动化程度高，操作方便，管理简单；

③溶气效率高，处理效果稳定，根据需要，可调整溶气压力和溶气水回流比；

④按不同的水质及工艺要求：可提供单溶气装置或双溶气装置；

⑤采用高效可反冲释放器，提高溶气水的利用效率、同时保证气浮设备工作的稳定性；

⑥采用低噪声设备，解决长期以来困扰人们的噪声问题。

本项目离子浮选系统可以去除废水中表面活性剂（LAS）、油类、天然树脂胶体、难以沉淀分离的细小固体杂质、游离的重金属离子等杂质。

4.3.3　调节兼初沉池

利用已有水池调节水质水量，并利用重力作用自然分离出来。

4.3.4　絮凝沉淀池

废水经预处理后进入综合调节池，然后进入絮凝反应池，在加入絮凝剂、混凝剂后，悬浮游离的杂质形成大颗粒矾花，在沉淀池中分离出来，水质得到净化。

4.3.5　曝气生物滤池

曝气生物滤池简称 BAF，是普通曝气生物滤池的一种变形，即在生物反应器内装填比表面积大、表面粗糙、易挂膜的陶粒填料，以提供微生物膜生长的载体。风机、滤料的选取很重要，在 BAF 设备工艺中是核心设备之一，它对污水中的 COD、悬浮物、氨氮等物质具有较高的去除率。该工艺是一种运行可靠、自动化程度高、出水水质好、抗冲击能力强和节约能耗的新一代污水处理革新工艺，工艺成熟高效。

通过采用 BAF 有以下优点：生物处理和过滤同时进行，废水中有机物和氨氮去除过程是由微生物代谢完成，起净化作用的主要是好氧微生物和兼性微生物。BAF 池反应器能耗低、氧转移率高，抗击负荷能力强，无污泥膨胀，不存在生物膜老化现象，且能连续运行。

4.3.6　活化沸石过滤

活化沸石滤料是天然沸石经过多种特殊工艺活化而成，其吸附性能比天然沸石更强，离子交换性能也更好，不仅能去除水中的浊度、色度、异味，而且对水中有害的重金属，如铬、镉、镍、锌、汞、铁离子及有机物：酚、六六六、滴滴涕、三氮、氨氮、磷酸根离子等物质具有吸附交换作用，也有利于去除水中各种微污染物，且水浸出液不含有毒、有害人体物质，去除水中铁、氟效果更为显著。因此活化沸石是工业给水、废水处理及自来水过滤的新型理想滤料。

图 2　过滤罐

4.3.7 活性炭吸附

活性炭表面积大，所以吸附能力强。在所有的吸附剂中，活性炭的吸附能力最强。使用活性炭作为吸附剂，可以去除水中残存的有机物、胶体、细菌残留物、微生物等，并可以脱色除臭。

4.3.8 消毒

采用自动投加方式，定量把消毒药液投加到消毒池中，可以较彻底地消除细菌、臭味、色度等可能对人群造成的危害，使处理后的水成为真正安全的回用水。

5 构筑物及设备参数设计

5.1 构筑物设计

抛光废水、切割及研磨废水、清洗废水预处理系统各自利用原有水池作为调节池、中和池以及中间水池，无须新建，主要构筑物设计参数如表 2 所示。

表 2　构筑物设计参数

构筑物名称	规格尺寸	结构形式	数量	设计参数
综合调节池	10.0 m×6.0 m×5.0 m	地下钢结构	1	设计水量 1 000 m³/d；有效容积 250 m³；有效水深 4.5 m
絮凝反应池	5.0 m×1.5 m×5.0 m	地上钢结构	1	设计水量 1 000 m³/d；有效水深 4.5 m
沉淀池	6.0 m×5.0 m×5.0 m	地上钢结构	1	设计水量 1 000 m³/d；有效水深 4.4 m
中间水池（1）	5.0 m×2.0 m×5.0 m	地上钢结构	1	设计水量 1 000 m³/d；有效水深 4.4 m
曝气生物滤池	5.0 m×4.0 m×6.0 m	地上钢结构	1	设计水量 1 000 m³/d；有效水深 5.5 m
中间水池（2）	5.0 m×1.5 m×5.0 m	地上钢结构	1	设计水量 1 000 m³/d；有效水深 4.4 m
清水池	6.0 m×5.0 m×5.0 m	地下钢结构	1	设计水量 1 000 m³/d；有效水深 4.5 m
污泥池	5.0 m×4.0 m×5.0 m	地下钢结构	1	有效水深 4.5 m
防雨棚	60 m²			设备均布置在防雨棚内

5.2 主要设备设计参数

该废水处理系统主要设备参数如表 3 所示。

表 3　主要设备参数

序号	设备名称	技术规格及性能参数说明
1	离子浮选进水泵	型号：KQW50/110-1.1/2；流量：11 m³/h 扬程：16 m；功率：1.1 kW；数量：2 台（1 用 1 备）
2	离子浮选回流泵	型号：KQW40/185-3/2；流量：4.5 m³/h；扬程：45 m 功率：3.0 kW；数量：2 台（1 用 1 备）
3	离子浮选主机	型号：KYQF-11；处理能力：11 m³/h；结构形式：碳钢防腐 尺寸：ϕ1700 mm×2700 mm；数量：1 台 备注：含释放器、反应罐、刮渣机、溶气罐、液位控制阀等
4	加药系统	型号：KYJY-500；数量：2 套 备注：含加药桶、计量泵、搅拌机等
5	pH 控制系统	数量：1 套；含 pH 在线监测一套；加酸系统一套
6	絮凝进水泵	型号：80WQ2155-410；流量：Q=42 m³/h 扬程：H=12 m；功率：N=2.2kW；数量：2 台（1 用 1 备）

序号	设备名称	技术规格及性能参数说明
7	絮凝加药系统	型号：KYJY-1000；数量：2 套 备注：含加药桶、计量泵、搅拌机等
8	桨式搅拌机	型号：JJM-1000；功率：1.1 kW；数量：2 台
9	斜管	型号：DN80；材质：UPVC；数量：30 m²
10	穿孔排泥管	型号：DN200；量：5 套
11	出水堰槽	材质：不锈钢；数量：2 套
12	BAF 进水泵	型号：KQL80/110-4/2；流量：45 m³/h； 扬程：16 m；功率：4.0 kW 数量：2 台（1 用 1 备）
13	三叶罗茨风机	型号：RSR-80；风量：4.30 m³/min；风压：54 kPa 功率：7.5 kW 数量：2 台（1 用 1 备，反洗时两台同开）
14	球形轻质多孔生物滤料	规格：ϕ3～5 mm；数量：60 m³
15	鹅卵石承托层	型号：ϕ4～16 mm，ϕ16～32 mm；数量：4 m³
16	单孔膜曝气器	型号：ϕ60×45 mm；数量：980 套
17	长柄滤头	型号：ϕ21×405 mm；数量：800 套
18	整体滤板	型号：5000 mm×4000 mm×150 mm；数量：1 套
19	BAF 反洗泵	型号：KQL150/250-18.5/2；流量：240 m³/h； 扬程：17 m；功率：18.5 kW；数量：1 台
20	过滤进水泵	型号：KQL80/150-7.5/2；流量：45 m³/h； 扬程：28 m；功率：7.5kW；数量：2 台（1 用 1 备）
21	活化沸石过滤器	型号：KYSL-45；处理能力：45 m³/h 材质：碳钢防腐；数量：1 台
22	活性炭吸附罐	型号：KYHT-45；处理能力：45 m³/h 材质：碳钢防腐；数量：1 台
23	二氧化氯发生器	型号：HTF-500；有效氯：500 g/h；数量：1 台
24	污泥泵	型号：50WQ249-0.75/2；流量：Q=7 m³/h；扬程：H=10 m； 功率：N=0.75 kW；数量：1 台
25	叠螺脱水机	型号：X-202；数量：1 套
26	污泥加药系统	型号：KYJY-1000；数量：1 套 备注：含加药桶、计量泵、搅拌机等
27	PLC 自动控制柜	控制方式：采用全自动 PLC 控制 电器元件：主控制器采用国外进口，其余电器元件均通过 3C 认证 位置：防雨棚内；数量：1 套

6 二次污染防治

6.1 噪声控制

（1）系统设施设计在试用单位的边围，对外界影响小。

（2）风机选用低噪声型，本机噪声≤80 dB，风机进出口均采用消声器，底座用隔震垫，进出口风管用可挠橡胶软接头等减震降噪措施。水泵选用国优潜污泵，对外界无影响。

6.2 污泥处理

（1）污泥由离子浮选浮渣和沉淀池产生。集中收集进入污泥池暂存浓缩。

（2）污泥池污泥由污泥脱水机脱水，干污泥外运处理。

6.3　臭气防治

本项目无臭气产生。

7　电气控制

7.1　工程范围

本自动控制系统为废水处理工程工艺所配置，自控专业主要涉及的内容为该废水处理系统中污水泵与液位的联锁、报警、风机的交替动作、风机与进水泵的联锁工作等。

7.2　控制水平

本工程中采用PLC程序控制，系统由PLC控制柜、配电控制屏等构成。

7.3　控制方式

本工程装置内所有电动机均采用中央集中室控制方式，电动机联锁由仪表专业的PLC实现。

7.4　电源状况

本系统需一路380/220V电源引入。

7.5　电气控制

污水处理系统电控装置为集中控制，采用进口PLC可编程序控制器，主要自动控制各类泵提升（液位控制）；风机启动及定期互相切换；需要时（如维修状态下）可切换到手动工作状态。

（1）水泵

①水泵的启动受液位控制；

②高液位：报警，同时启动备用泵；

③中液位：一台水泵工作，关闭备用泵；

④低液位：报警，关闭所有水泵；

⑤水泵中一台水泵出现故障，发出指示信号，另一台备用泵自动工作。

（2）风机

风机设置2台（1用1备），风机8~12h内交替运行，一台风机故障，发出指示信号，另一台自动工作。风机与水泵实行联动，当水泵停止工作时，风机间歇工作。

（3）声光报警

各类动力设备发生故障，电控系统自动报警指示（报警时间10~30s），并故障显示至故障消除。

（4）其他

①各类电气设备均设置电路短路和过载保护装置。

②动力电源由本电站提供，进入污水处理站动力配电柜。

8　运行费用分析

本工程运行费由电费、人工费和药剂费三部分组成。

8.1 运行电费

该系统总装机容量为 72.05 kW,其中平均日常运行容量为 46.75 kW,电费平均按 0.50 元/(kW·h)计,则运行电费 E_1=0.73 元/m³ 废水。

8.2 人工费

本废水处理站操作管理简单,自动化控制程度高,可设 4 人,管理人员 1 人,操作人员 3 人,每天三班每班 1 人,人均工资按 2 000 元/月计,则人工费 E_2=0.27 元/m³ 废水。

8.3 药剂费

药剂离子浮选设备用药剂、絮凝沉淀所耗药剂、消毒消耗以及污泥药剂消耗(注:pH 调节所耗药剂未计算),具体如表 4 所示。

表 4 药剂消耗情况表

序号	名称	使用情况	单位	数量	单价	合计	备注
1	PAC	离子浮选消耗,投加量 100 mg/L	kg/d	20	1.2	24	
		絮凝沉淀消耗,投加量 80 mg/L	kg/d	80	1.2	96	
2	PAM	离子浮选消耗,投加量 2 mg/L	kg/d	0.4	15	80	
		絮凝沉淀消耗,投加量 2 mg/L	kg/d	2	15	30	
		污泥消耗,投加量 1 mg/L	kg/d	0.05	2	0.1	
	氯酸钠	消毒消耗	kg/d	6.3	2	12.6	
	盐酸	消毒消耗	kg/d	17.6	1	17.6	
3		合计				260.3	

根据上表,药剂费 E_3=0.26 元/m³ 废水。

8.4 运行总费用

运行费用总计为 E_1+E_2+E_3=0.73+0.27+0.26=1.26 元/m³ 废水。

9 工程建设进度

本工程建设周期为 13 周,为缩短工程进度,确保废水处理设施如期实行环保验收,工程设计、各分部工程、分项工程土建、安装以及调试工作,将进行统一协调、分布、交叉进行,具体工程进度安排如表 5 所示。

表 5 工程进度表

周\工作内容	1	2	3	4	5	6	7	8	9	10	11	12	13
施工图设计	▬	▬											
土建施工			▬	▬	▬	▬	▬	▬	▬	▬			
设备采购制作					▬	▬	▬	▬					
设备安装									▬	▬	▬		
调试											▬	▬	▬

10　工程售后服务承诺及事故应急处理措施

（1）土建构筑物除人为不可抗拒因素外，质量保证一年；

（2）非标设备、管道保期为一年，质保期满后，若发生故障，则以收取成本费提供服务；

（3）本方案的主机设备有两台，当其中一台出现故障时，由另一台备用设备工作，以保证废水回用处理系统能正常运行；同时厂内必须尽快维修出现故障的设备，防止两台设备同时出现故障；

（4）为保证处理设备的正常运行，应加强设备的日常维护和巡检，在停产期（节假日等）安排检修或大修；

（5）建立规范的操作规程和健全的事故报警制度。

实例七　云南某企业 PVC 次氯酸钠废水处理回用工程

1　项目概况

该企业目前拟建一套氧化铝配套氯碱项目，主要建设内容为 30 万 t/a 烧碱、40 万 t/a PVC 生产装置，其中一期年产 10 万 t 烧碱、12 万 tPVC。该项目采用新型干法乙炔工艺，将生产过程中产生的固体废物电石渣全部用于水泥生产及氧化铝项目，既不重复建设，又实现了资源合理利用，节能减排效果显著。

该项目的生产废水来源为乙炔清净排出的次氯酸钠废水，该废水不能直接回用于乙炔发生。因此企业拟新建设一套 PVC 次氯酸钠废水处理回用装置，收集乙炔清净排出的次氯酸钠废水，经处理后的出水达到离子膜法烧碱装置的用水要求。该工程处理规模 5 m³/h，采用"化学除磷+活性炭吸附+ 软化+超滤技术"的组合工艺，确保出水稳定达到回用要求。该工程总装机容量 14.1 kW，运行成本约 0.95 元/m³ 废水。

2　设计依据

2.1　设计依据

（1）业主提供的各种相关基础资料（水质、水量、回用水要求等）；
（2）现场踏勘资料；
（3）《污水综合排放标准》（GB 8978—1996）；
（4）《地表水环境质量标准》（GB 3838—2002）；
（5）《化工建设项目噪声控制设计规定》（HG 20503—92）；
（6）《工业企业厂界环境噪声排放标准》（GB 12348—2008）；
（7）国家及省、地区有关法规、规定及文件精神；
（8）其他相关设计规范与标准。

2.2　设计原则

（1）针对本项目废水的水质特点，选用技术先进可靠、工艺成熟稳妥、处理效率高、占地面积小、运行成本低、操作管理方便的废水处理工艺，在确保出水达标排放的同时节省投资；
（2）选用质量可靠、维修简便、能耗低的设备，尽可能降低处理系统的运行费用；
（3）采取措施减小废水处理回用系统对周围环境的影响，合理控制噪声、气味，妥善处理与处置固体废物，避免二次污染；
（4）总图布置合理、紧凑、美观，减少废水回用处理站内废水的提升次数，保证废水处理工艺安全稳定运行。

2.3 设计范围

本项目的设计范围包括该综合废水处理回用工程的工艺设计、施工及调试和土建改造，不包括排水收集管网、化粪池、污水排出管等废水处理回用站外的配套设施。

本工程的施工及服务范围包括：废水处理系统的设计、施工；废水处理设备及设备内配件的提供；废水处理装置的全部安装、调试；免费培训操作人员；协同编制操作规程，同时做有关运行记录。为今后的设备维护、保养，提供有力的技术保障。

3 主要设计资料

3.1 设计进水水质

根据建设单位提供的资料，设计水量为 5 m^3/h。

设计进水水质指标如表 1 所示。

表 1 设计废水进水水质

项目	含有效氯	含乙炔	总硬度	磷酸盐/硫酸盐	水温	供水压力
进水水质	0.04%	20～30 mg/L	300～500 mg/L	400～1 000 mg/L	25～40℃	≥0.2 MPa

3.2 设计出水水质

根据建设单位的要求，经处理后的出水用于离子膜法烧碱装置；此外，废水处理过程中引入的其他杂质的含量还应符合《地表水环境质量标准》（GB 3838—2002）中三类水的要求，回用水的具体水质指标如表 2 所示。

表 2 设计废水出水水质

项目	pH	TOC	浊度	SS	色度	总硬度（以 $CaCO_3$ 计）
出水水质	6～9	≤10 mg/L	≤1NTU	≤1 mg/L	≤10 度	30 mg/L
项目	COD_{Cr}	$NH_3\text{-}N$	SiO_2	正磷（以 PO_4^{3-} 计）	SO_4^{2-}	
出水水质	≤30 mg/L	≤4 mg/L	≤3 mg/L	≤2 mg/L	≤1 g/L	

4 处理工艺

4.1 工艺流程

根据废水水质特点，结合出水水质要求，采用物化技术处理，即"化学除磷+活性炭吸附+软化+超滤"的组合工艺，具体工艺流程如图 1 所示。

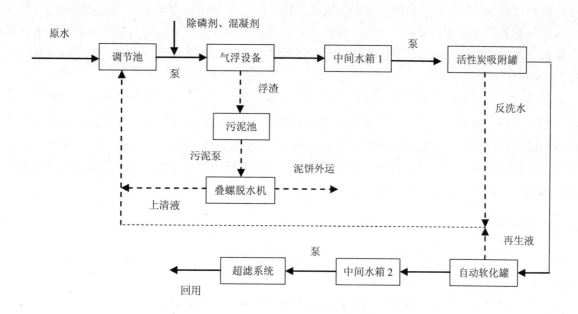

图 1 PVC 次氯酸钠废水回用处理工艺

4.2 工艺流程说明

废水首先进入调节池进行水质和水量的调节，调节池内设置水力搅拌装置，利用原水进水余压进行混合、搅拌。调节池出水由泵提升进入气浮设备，同时加入除磷剂和混凝剂，利用离子架桥原理形成矾花，在气浮作用下去除部分污染物。气浮设备出水进入中间水箱 1 暂存，然后由泵提升依次进入活性炭吸附罐和自动软化罐。自动软化罐的出水进入中间水箱 2 暂存，最后由泵提升进入超滤系统进行过滤，出水即可满足回用要求。污泥脱水的上清液、活性炭吸附罐反洗水、自动软化罐再生液以及超滤系统反洗水回流进入调节池重新处理。气浮浮渣进入污泥池，后由污泥泵抽入叠螺污泥脱水机进行脱水，干污泥外运处理。

调节池：调节池的作用是调节水质和水量，本项目调节池设水力搅拌装置，利用原水的余压进行混合、搅拌，保证后续处理单元稳定运行。

气浮设备：利用除磷剂的作用，使磷酸根离子形成不溶性固体，然后在混凝剂的作用下形成大颗粒矾花，颗粒黏附废水中的气泡后，形成表观密度小于水的絮体而上浮到水面，形成浮渣层被刮除，从而实现固液分离，达到净化水质的目的。

活性炭吸附罐：根据废水的来源，其中可能含有一定的铁、锰等重金属离子，这些离子会影响后续软化罐中软化树脂的处理效果，采用活性炭可吸附去这些离子，在去除污染物的同时也保证后续处理的正常运行。活性炭是一种黑色多孔的固体炭质，由煤通过粉碎、成型或用均匀的煤粒经炭化、活化生产，主要成分为碳，并含少量氧、氢、硫、氮、氯等元素。由于活性炭的比表面积大，所以吸附能力较强。选择活性炭作为吸附剂，可以高效去除废水中残存的有机物、胶体、细菌残留物、微生物等，并可以达到脱色、除臭的目的。

自动软化罐：自动软化罐是采用强酸性阳离子树脂，将废水中的钙、镁离子置换出去，流出的水就是去掉了绝大部分钙、镁离子，硬度极低的软化水。自动软化罐的工作流程包括产水、反洗、再生、置换和快冲洗五个过程。当离子树脂吸收一定量的钙、镁离子后就必须进行再生，即用饱和的盐水浸树脂层，把树脂上的钙、镁离子再置换出来，从而恢复树脂的交换能力，并将废液排出的过程即为置换。该装置在多路通阀中巧妙地设计了靠近水压为动力的自吸式喷射器，按工序要求定时进行吸盐和补水，整个盐水的制备仅在交换罐旁设一个直径 500～1 000 mm、高 1 000 mm、配有小巧水位控制器的轻便盐箱即可，省去了盐池、盐泵及必要的输配管道和动力配电等装置，也省去了专用水处理间的额外投资。该设备的全过程均可实现自动化，操作简便、易于管理，且结构紧凑、占地面积少。

超滤系统：超滤是一种加压膜分离技术，即在一定的压力下，使小分子溶质和溶剂穿过一定孔径的特制的薄膜，而大分子溶质不能透过，则留在膜的另一边。在超滤过程中，水溶液在压力推动下，流经膜表面，小于膜孔的溶剂（水）及小分子溶质透水膜，成为净化液（滤清液），比膜孔大的溶质及溶质集团被截留，随水流排出，成为浓缩液。超滤过程为动态过滤，分离是在流动状态下完成的。溶质仅在膜表面有限沉积，超滤速率衰减到一定程度而趋于平衡，且通过清洗可以恢复。

4.3　工艺特点

（1）本中水回用处理系统采用集成化组合的方式，具有占地面积小、能耗低、安装运输方便、自动化程度高、管理简便等特点。

（2）本工艺中的气浮设备的溶气效率高，且处理效果稳定，可根据需要调整溶气压力和溶气水回流比；按不同的水质要求，可提供单溶气装置或双溶气装置；采用高效可反冲释放器，能有效提高溶气水的利用效率，同时保证气浮设备稳定运行。

图 2　超滤系统

5　构筑物及设备参数设计

该废水处理回用系统的构筑物及主要设备设计参数分别见表 3、表 4。

表 3　构筑物设计参数

构筑物名称	规格尺寸/型号	结构形式	数量	设计参数
调节池	4.0 m×3.0 m×3.5 m	钢砼	1	设计水量 5 m³/h；有效水深 3.0 m；停留时间 7.2 h
污泥池	3.0 m×2.0 m×3.5 m	钢砼	1	有效容积 18 m³；有效水深 3.0 m
防雨棚	10.0 m×6.0 m×3.5 m	钢砼	1	建筑面积：60 m²

表4　主要设备设计参数

安装位置	设备	数量	规格型号	功率	备注
调节池	原水提升泵	2台（1用1备）	KQW40/110-0.75/2	0.75 kW	流量6 m³/h；扬程15 m
	水力搅拌装置	1套	—		材质UPVC
气浮设备		1台	KYQF-6	—	碳钢防腐；处理能力6 m³/h 回流比30%
气浮设备	回流水泵	2台（1用1备）	KQDG25-2-8.5*5	1.1 kW	流量2 m³/h；扬程42.5 m
	加药系统	2套	KYJ-200	—	流量21.6 m³/h；扬程60 m
	中间水箱1	1台	3.0 m×2.0 m×2.3 m	—	碳钢防腐；有效容积12 m³
活性炭吸附罐		1台	KYHT-6		碳钢防腐；处理能力6 m³/h 滤速10 m³/（m²·h）
活性炭吸附罐	过滤提升泵	2台（1用1备）	KQL40/160-2.2/2	2.2 kW	流量6 m³/h；扬程32 m
	活性炭	600 kg	椰壳净水活性炭	—	
自动软化罐	软化罐	2台	KYRS-6	—	玻璃钢；处理能力6 m³/h
	微电脑控制阀	2套	JME	—	
	布水器	2套	—		
	射流器	2只	DN25		
	树脂	1 000 kg	001*7	—	PE
	再生盐箱	1只	容积1 000 L	—	PE
	中间水箱2	1台	2.0 m×2.0 m×2.3 m	—	有效容积8 m³
超滤系统	超滤提升泵	2台（1用1备）	KQL40/160-2.2/2	2.2	流量6 m³/h；扬程32 m
	膜元件	6支	JME	—	
	膜支架	1套			不锈钢
	加药系统	1套	KYJ-200	—	
污泥池	叠螺脱水机	1台	X-201	—	
	污泥泵	1台	50WQ/C249-1.1	1.1 kW	流量10 m³/h；扬程10 m

6　废水回用处理系统布置

6.1　平面布置原则

（1）废水回用处理系统应充分考虑与厂区环境、地形、功能布置和现有管道系统协调；

（2）废水回用处理系统应充分考虑建设施工规划等问题，优化布置系统；

（3）根据夏季主导方向和全年风频，合理布置系统位置；

（4）处理构筑物应布置紧凑，节能高效，节约用地，便于管理。

6.2　高程布置原则

（1）充分利用地形设计高程，减少系统能耗；

（2）系统设计力求简洁、流畅，减少管件连接。

7　电气、仪表系统设计

7.1　设计规范

（1）《供配电系统设计规范》（GB 50052—2009）；

（2）《电力装置的继电保护和自动装置设计规范》（GB/T 50062—2008）；

（3）其他相关标准、规范。

7.2 设计原则

在保证废水回用处理系统工艺达到要求的条件下，做到技术先进、操作简单、管理方便、安全可靠和经济合理。

7.3 设计范围

（1）废水回用处理系统用电设备的配电、变电及控制系统；
（2）废水回用处理系统自控系统的配电及信号系统。

8 运行费用分析

本工程运行费用由电费、人工费和药剂费三部分组成。

8.1 运行电费

该系统总装机容量为 14.1 kW，其中平均日常运行容量为 7.85 kW，电费平均按 0.60 元/（kW·h）计，功率因子取 0.8，则电费 E_1=0.75 元/m³ 废水。

8.2 人工费

本废水回用处理站自动化控制程度高，操作管理简单，可由厂内工作人员兼职管理，人工费暂不计。

8.3 药剂费

本废水回用处理站药剂费为气浮设备使用药剂及软化罐内再生盐的消耗，该部分费用 E_2=0.20 元/m³ 废水。

8.4 运行费用

运行费用总计为 $E=E_1+E_2+E_3$=0.75+0.20=0.95 元/m³ 废水。

9 工程建设进度

本工程建设周期为 12 周，为缩短工程进度，确保该废水回用处理设施如期实行环保验收，工程设计、各分部工程、分项工程土建、安装以及调试工作，将进行统一协调、分布、交叉进行，具体工程进度安排如表 5 所示。

表 5 工程进度表

工作内容 \ 周	1	2	3	4	5	6	7	8	9	10	11	12
施工图设计	■	■										
土建施工			■	■	■	■	■	■	■			
设备采购制作					■	■	■	■	■	■		
设备安装						■	■	■	■	■		
调试											■	■

10 工程售后服务承诺及事故应急处理措施

（1）土建构筑物除人为不可抗拒因素外，质量保证一年；

（2）非标设备、管道保期为一年，质保期满后，若发生故障，则以收取成本费提供服务；

（3）本方案的主机设备有两台，当其中一台出现故障时，由另一台备用设备工作，以保证废水回用处理系统能正常运行；同时厂内必须尽快维修出现故障的设备，防止两台设备同时出现故障；

（4）为保证处理设备的正常运行，应加强设备的日常维护和巡检，在停产期（节假日等）安排检修或大修；

（5）建立规范的操作规程和健全的事故报警制度。

实例八 郴州某科技公司 400 m³/d 玻璃生产废水中水处理工程

1 项目概况

项目位于湖南省郴州市西山区海口工业园区内。项目建设用地约 289 567 m²（约 450 亩），其中包括 520 t/d 高档优质玻璃生产线厂房、400 t/d 超薄电子玻璃生产线厂房、节能系列深加工玻璃生产加工车间和变电所厂房以及办公生活附属设施。

根据甲方提供的资料与数据及项目环保要求，在项目区内建立一座生产废水中水处理站，设计处理规模为 400 m³/d，处理站总占地面积约 230 m²，达标排放运行费用为 0.46 元/m³ 废水，中水回用的运行费用为 0.76 元/m³ 中水。

2 设计依据、原则和内容

2.1 甲方提供的资料

本项目环境影响报告表及批复。

2.2 国家及地方有关政策法规

（1）《中华人民共和国环境保护法》；
（2）《中华人民共和国水污染防治法》。

2.3 设计依据

（1）《建筑中水设计规范》（GB 50336—2002）；
（2）《建筑给水排水设计规范》（GB 50015—2003，2009 版）；
（3）《室外排水设计规范》（GB 50014—2006，2014 版）；
（4）《室外给水设计规范》（GB 50013—2006）；
（5）《城市污水再生利用 城市杂用水水质》（GB/T 18920—2002）；
（6）《地表水环境质量标准》（GB 3838—2002）；
（7）《污水再生利用工程设计规范》（GB/T 50335—2002）；
（8）《给水排水工程构筑物结构设计规范》（GB 50069—2002）；
（9）《污水排入城镇下水道水质标准》（CJ343—2010）；
（10）《污水综合排放标准》（GB 8978—1996）；
（11）《声环境质量标准》（GB 3096—2008）；
（12）《环境空气质量标准》（GB 3095—2012）；
（13）湖南省地方标准《用水定额》（DB 43/T 388—2014）；
（14）政府相关管理职能部门要求和项目建设要求。

2.4　编制范围及原则

2.4.1　编制范围[①]

根据业主方建设规划要求，本方案编制及报价范围为工艺及设备安装部分：包含格栅井进水始至清水池出水口止之间的全部工艺流程的相关工艺单元的全部工程内容。具体由以下几部分组成：

土建部分：按工艺需求设计土建结构；

设备安装：设备选型、配置、安装；包括格栅井进水始至清水池出水口止之间的全部工艺流程涉及的工艺单元全部工程内容，其中：

（1）包含整个废水处理（中水回用）系统的运行操作、管理、维护培训；

（2）系统仅预留回用管网接口，不包含回用管网；

（3）方案报价中不包含中水站可能涉及的软弱地基处理及地下管线支护费用。

2.4.2　编制原则

（1）符合国家、地方的法律、法规及标准；

（2）不产生二次污染，杜绝影响环境的情况出现，处理运行中必须保证不会产生异常的气味和较大的噪声，不能影响小区及周边正常的经营工作；

（3）根据工程特点，处理工艺采用先进的、成熟、可靠的处理技术进行设计以保证处理出水稳定达标，选择合理的污泥处置方法；

（4）设备及器材采用名牌厂家产品，保证质量可靠，操作管理方便，自动化程度高，便于维护；

（5）处理效率高，运行费用低，建设费用低；

（6）采用全地埋式结构，以系统安全稳定运行为前提，整个方案编制统一规划、布局合理，将处理工艺、构筑物及设备与周围环境相协调，做到美观大方，并具有较好的卫生环境，实现中水站的使用功能、节水功能、环境功能与项目区内建筑物的有机结合。

2.4.3　工艺设计的针对性

项目污水为玻璃生产废水。污水收集后进入中水处理站。

（1）针对玻璃生产废水可生化性较差及污染物浓度高的特点，采用物化处理技术，采用预处理和深度处理技术。预处理后，废水即可满足排放要求达标排放；根据中水回用水质要求设深度处理，深度处理后达到《城市污水再生利用　城市杂用水水质》（GB/T 18920—2002）中绿化和道路清洗用水水质。

（2）针对玻璃生产废水中 SS，油类污染物比较多的情况，前端采用隔油池、高效气浮技术，对以上几种污染物进行去除。

（3）预处理后通过活化沸石及活性炭对悬浮物、油类等污染物进一步去除；最后通过臭氧氧化及杀毒的工艺对污水中的有机污染物及微生物指标进行去除，保证用水安全。

3　设计参数

3.1　废水来源及水量

根据业主方提供资料：

（1）油水分离含油废水，水量 3 m^3/h；

---

① 设计单位：云南今业生态建设集团有限公司，工程时间 2016 年 3 月。

（2）一期、二期车间冲洗水，含有悬浮物、化学需氧量、设备擦洗废油和 pH 值，水量 55 m^3/d；

（3）一期、二期玻璃深加工废水、循环水废水、纯水制造废水、脱硝废水、余热发电废水等，含有悬浮物、化学需氧量、设备擦洗废油和 pH 值、有机溶剂、氨-氮等，水量 115 m^3/d；

（4）环境风险事故应急废水，水量 230 m^3/d。

合计总处理水量 400 m^3/d。

3.2　设计进水水质

业主方为提供设计进水水质。我公司根据同类工程经验，设计本项目进水水质如表 1 所示。

表 1　设计进水水质指标

序号	指标名称	设计进水指标值
1	pH	6～9
2	COD_{Cr}/（mg/L）	500～800
3	BOD_5/（mg/L）	200～300
4	SS/（mg/L）	500～1 000
5	石油类/（mg/L）	50～100
6	NH_3-N/（mg/L）	20～40

3.3　设计出水水质

根据本项目环境影响报告表及批复要求，本项目废水经处理后排入城市下水道，执行《污水排入城镇下水道水质标准》（CJ 343—2010）和《污水综合排放标准》（GB 8978—1996）的三级标准，具体指标如表 2 所示。

表 2　污水排放标准限值　　　　　　　　　　　　　　　　　单位：mg/L（pH 量纲为一）

《污水综合排放标准》三级标准	污染物	pH	BOD_5	COD_{Cr}	SS	石油类	动植物油
	限值	6～9	≤300	≤500	≤400	≤30	≤100
《污水排入城镇下水道水质标准》B 等级标准	污染物	氨氮	总磷	—	—	—	—
	限值	45	8	—	—	—	—

项目厂区绿化及洒水降尘用水执行《城市污水再生利用　城市杂用水水质》（GB/T 18920—2002）中的"道路清扫和城市绿化"标准，标准值见表 3。

表 3　城市污水再生利用　城市杂用水水质

项目		道路清扫	城市绿化
pH 值		6～9	
色度/度		30	
嗅		无不快感	
浊度/NTU	≤	10	10
溶解性总固体/（mg/L）	≤	1 500	1 000
BOD_5/（mg/L）	≤	15	20
氨氮/（mg/L）	≤	10	20

项目		道路清扫	城市绿化
阴离子表面活性剂/（mg/L）	≤	1.0	1.0
铁/（mg/L）	≤	—	—
锰/（mg/L）	≤	—	—
溶解氧/（mg/L）	≥	1.0	
总余氯/（mg/L）	≤	接触 30 min 后≥1.0，管网末端≥0.2	
总大肠菌群（个/L）	≤	3	

按甲方要求，出水部分回用车间生产用水，执行《城市污水再生利用　工业用水水质》（GB/T 19923—2005）要求。

表 4　再生水用作工业用水水源的水质标准

序号	控制项目		冷却用水		洗涤用水	锅炉补给水	工艺与产品用水
			直流冷却水	敞开式循环冷却水系统补充水			
1	pH 值		6.5～9.0	6.5～8.5	6.5～9.0	6.5～8.5	6.5～8.5
2	悬浮物（SS）/（mg/L）	≤	30		30	—	
3	浊度/NTU	≤	—	5	—	5	5
4	色度/度	≤	30	30	30	30	30
5	生化需氧量（BOD_5）/（mg/L）	≤	30	10	30	10	10
6	化学需氧量（COD_{Cr}）/（mg/L）	≤	—	60	—	60	60
7	铁/（mg/L）	≤	—	0.3	0.3	0.3	0.3
8	锰/（mg/L）	≤	—	0.1	0.1	0.1	0.1
9	氯离子/（mg/L）	≤	250	250	250	250	250
10	二氧化硅（SiO_2）/（mg/L）	≤	50	50	—	30	30
11	总硬度（以 $CaCO_3$ 计）/（mg/L）	≤	450	450	450	450	450
12	总碱度（以 $CaCO_3$ 计）/（mg/L）	≤	350	350	350	350	350
13	硫酸盐/（mg/L）	≤	600	250	250	250	250
14	氨氮（以 N 计）/（mg/L）	≤	—	10[①]	—	10	10
15	总磷（以 P 计）/（mg/L）	≤	—	1	—	1	1
16	溶解性总固体/（mg/L）	≤	1 000	1 000	1 000	1 000	1 000
17	石油类/（mg/L）	≤	—	1	—	1	1
18	阴离子表面活性剂/（mg/L）	≤	—	0.5	—	0.5	0.5
19	余氯[②]/（mg/L）	≥	0.05	0.05	0.05	0.05	0.05
20	粪大肠菌群/（个/L）	≤	2 000	2 000	2 000	2 000	2 000

注：① 当敞开式循环冷却水系统换热器为铜质时，循环冷却系统中循环水的氨氮指标应小于 1 mg/L。

②　加氯消毒时管末梢值。

4　工艺流程说明

4.1　工艺流程选择

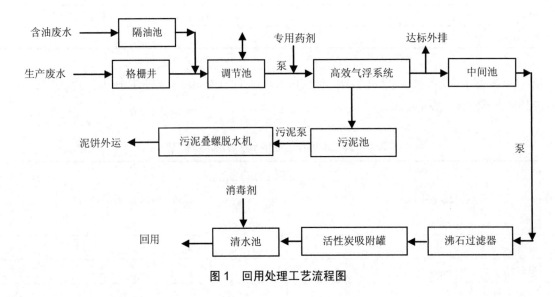

图1　回用处理工艺流程图

4.2　工艺流程说明

根据该类废水水质特点,采用物理化学处理法。

含油废水首先经过隔油池,然后进入调节池。废油可回收利用。其他生产废水经管网收集后首先经过格栅拦截大颗粒杂质后,进入调节池调节水质水量,然后由泵提升进入高效气浮系统。在投加专用药剂的条件下,利用纳米级微气泡作用去除废水中油类、悬浮物以及有机杂质等污染物。

高效气浮系统出水即可满足排放要求排入城市管网。

废水经高效气浮系统处理后可进入深度处理系统以做回用,首先进入中间池暂存,然后由泵提升增压,依次进入沸石过滤器、活性炭吸附罐后进入清水池。清水池投加消毒剂即可满足回用水质要求,可用于厂区绿化浇洒、道路冲洗用水。

高效气浮系统的浮渣和污泥排入污泥池,然后抽入污泥脱水机脱水,干污泥外运。

整个污水处理系统主要包括:高效气浮系统、沸石过滤器、活性炭吸附罐、消毒和叠螺污泥脱水机几个处理单元,以下作详细说明。

4.2.1　高效气浮系统

高效气浮系统的基础是表面活性剂在液—气界面吸附和目的物与表面活性剂之间发生作用。以微小气泡作为载体,黏附水中的杂质颗粒,使其视密度小于水,然后颗粒被气泡挟带浮升至水面与水分离去除的方法。

通过溶气系统产生的溶气水,经过快速减压释放在水中产生大量微细气泡,若干气泡黏附在水中絮凝好的杂质颗粒表面上,形成整体密度小于1的悬浮物,通过浮力使其上升至水面而使固液分离。本技术与常规气浮设备相比,具有以下特点:

(1)系统采用集成化组合方式,有效减少空间需求,占地小,能耗低,安装运输方便。

(2)自动化程度高,操作方便,管理简单。

(3)溶气效率高,处理效果稳定,根据需要,可调整溶气压力和溶气水回流比。

（4）按不同的水质及工艺要求：可提供单溶气装置或双溶气装置。

（5）采用高效可反冲释放器，提高溶气水的利用效率、同时保证气浮设备工作的稳定性。

（6）采用低噪声设备，解决长期以来困扰人们的噪声问题。

本项目高效气浮系统可以去除废水中油类、表面活性剂、悬浮物以及有机杂质等污染物。

4.2.2　过滤吸附系统

该滤料以水处理专用活性沸石为主体。内部有很多孔径、均匀的管状孔道和内表面积很大的孔穴，具有独特的吸附、筛分、交换阴阳离子以及催化性能。它能吸收水中氨态氮、有机物和重金属离子，能有效地降低池底硫化氢毒性，调节 pH 值，增加水中溶解氧等作用。

活性炭是由煤或炭等材料经一次炭化制成的。由于活性炭表面积大，所以吸附能力强。在所有的吸附剂中，活性炭的吸附能力最强。使用活性炭作为吸附剂，可以去除水中残存的有机物、胶体、细菌残留物、微生物等。

4.2.3　消毒

消毒方法大体可以分为两类：物理方法和化学方法。物理方法主要有加热、冷冻、紫外线等；化学方法是利用各种化学药剂进行消毒，常用的化学消毒剂有氯及其化合物、各种卤素、臭氧等。

根据本项目水质特点，废水基本不含粪大肠菌群。因此消毒作用仅需满足用水余氯指标，抑制细菌的生成即可。

因此本项目采用氯消毒，采用成品药剂二氧化氯利用加药系统投加。

4.2.4　污泥叠螺脱水机

叠螺污泥脱水机由絮凝混合槽、叠螺本体、滤液分流槽和电控柜四大部分组成。

A. 絮凝混合槽

（1）前端设有污泥计量槽和污泥回流管，能够及时读取并控制进泥量。

（2）槽体为四角长方体结构，设有转速可调的搅拌装置，转速范围为 20～30 r/min，确保污泥与絮凝剂混合时间充分，混合效果良好。槽的四个角落可选择配置污泥防堆积装置，能自动及时清理堆积在角落的污泥。

（3）可选择配置双槽式结构，适用于需要用两种絮凝剂才能形成良好絮团的污泥。

（4）设有液位感应装置，当污泥的液位上升到槽体高水位的时候，自动停止进泥和加药；当液位下降至絮凝混合槽正常水位的时候，自动启动进泥和加药，从而实现脱水机安全稳定连续地运行。

（5）搅拌装置上可选择配置旋盘式浓缩筒，让浓度较低的污泥在进入叠螺本体之前进行预浓缩。

（6）槽体选用 SUS304 厚板加工而成，焊道采用氩弧焊处理工艺，焊缝平整光滑，无漏焊和断焊现象，能够持续承受巨大的水压，确保不会出现漏水现象。

B. 叠螺本体

（1）由游动环和固定环相互层叠，螺旋轴贯穿其中形成的过滤体，滤液从游动环和固定环的缝隙中流出，本体分为浓缩部和脱水部，浓缩部到脱水部的缝隙逐渐变细，依次为 0.3 mm、0.2 mm、0.15 mm。背压板的间隙可调，浓缩部的材料为不锈钢 304，脱水部的材料为不锈钢 304。

（2）游动环在螺旋轴的带动下蠕动，具有自我清洗滤缝的能力，本体上方配有喷淋装置。冲洗装置由喷淋管及喷雾嘴组成，喷射范围覆盖整个脱水主体，每个喷嘴可更换。冲洗装置有良好的封闭性。

（3）螺旋叶片由 SUS304 钢板经过激光切割和特制设备拉伸成型，整体弧度圆滑自然，螺旋轴转动速度可调，转速范围为 2～3 r/min，不会发生冲击、振动和不正常声响。螺旋叶片边缘与游动环接触部经过热喷涂高强度耐磨处理，最大限度地提高螺旋轴的使用寿命。

（4）螺旋轴在脱水部采用倒锥形结构，有效地降低含水率。

（5）螺旋轴芯可选择配置旋转接头和多个单向出气孔，能够将空气从轴芯吹入，通过气孔及时向外吹气，既保证污泥不粘在轴壁上防止堵塞，又能进一步降低含水率。

（6）游动环片表面平整光滑，内缘倒角，提高游动环的灵活性、耐磨性和对污泥的剪切力，确保脱水机运行的稳定和更好的处理效果。

（7）游动环外缘可选择配置防堵柄，既能有效防止污泥在叠螺腔体内堵死，又增强了污泥的剪切力和推进力。

（8）本体上可选择配置设可拆卸式环片，便于在污泥堵塞的情况下快速修复和观察螺旋轴片的磨损情况。

（9）通过附带的背压板专用 T 型扳手和塞规规，能够精确调整背压板间隙，出泥口出可设刮泥装置，能够及时将容易板结在出泥口处的污泥排出。

（10）可选择配置防臭装置，增强脱水机的防臭效果，提高操作的安全性。

（11）驱动装置具有过载和过热保护功能，电机防护等级为 IP65，F 级绝缘，全部采取防水设置。减速箱齿轮设计应按 ISO 或等同标准，服务系数不小于 2.0，齿轮采用低合金钢渗碳处理，表面硬度不低于 HRC58。所有结合面，输入和输出轴密封处没有渗漏。

C. 滤液分流槽

可选择配置滤液分离槽，实现浓缩部和脱水部的滤液分流，浓缩部的滤液汇集到滤液收集槽，脱水部的滤液在蓄满之后自动回流到絮凝混合槽，在不加药或少加药的情况下进行再处理，从而提高脱水机的固体回收率。

D. 电控柜

（1）通过设置在污泥池内的液位计控制脱水机的启停。

（2）通过 24 h 时间定时器实现脱水机任意设置时间段的启停。

（3）通过设置在絮凝混合槽的液位计控制污泥泵与加药泵的启停。

（4）通过常闭电磁阀、定时器实现对叠螺本体的间歇性喷淋。

（5）通过本体延迟运行定时器控制本体停止时间。

（6）通过变频器控制絮凝混合槽内搅拌装置的转速以保证良好絮团的形成。

（7）通过变频器控制螺旋轴的转速来调节污泥的含水率与处理量。

（8）通过设置在自动泡药机内的液位计控制其进水、加药及脱水机的启停。

（9）可选择配置调整污泥、絮凝剂的输送量的絮凝剂。

（10）可选择配置 PLC 和触摸屏，实现更智能控制。

叠螺污泥脱水机具有以下优点：

A. 不易堵塞

具有自我清洗的功能。不需要为防止滤缝堵塞而进行清洗，减少冲洗用水量，减少内循环负担。

B. 操作简单

通过电控柜，与泡药机、进泥泵、加药泵等进行联动，实现 24 h 连续无人运行。

日常维护时间短，维护作业简单。

C. 小型设计

设计紧凑，脱水机包含了电控柜，絮凝混合槽和脱水主体。

占地空间小，便于维修及更换；重量小，便于搬运。

D. 低速运转

螺旋轴的转速约 2～3 r/min，耗电低。

故障少，噪声小，振动小，操作安全。

E. 经久耐用

机体几乎全部采用不锈钢材质，能够最大限度延长使用寿命。

更换部件只有螺旋轴和活动环，使用周期长。

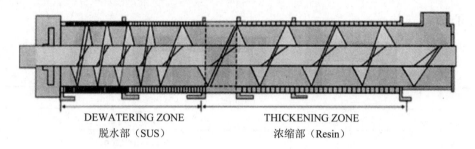

DEWATERING ZONE THICKENING ZONE
脱水部（SUS） 浓缩部（Resin）

图 2 叠螺机工作原理简图

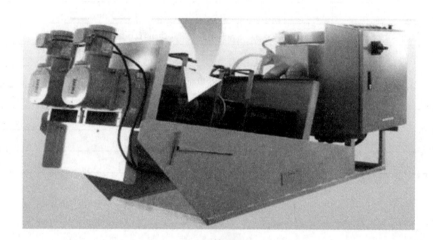

图 3 叠螺机

4.3 处理效果预测

表 5 处理效果预测表

主要指标 项目		COD_{Cr}/ （mg/L）	BOD_5/ （mg/L）	LAS/ （mg/L）	SS/ （mg/L）	pH 值	备注
格栅 调节池	进水	500	150	30	400	6～9	
	去除率	20%	10%	—	20%	—	
高效气浮系统	进水	400	130	30	320	6～9	
	去除率	80%	70%	95%	80%		
沸石过滤器	进水	80	30	1.5	18	6～9	
	去除率	—	—	—	60%	—	
活性炭吸附罐	进水	80	20	1.5	10	6～9	
	去除率	40%	50%	40%	40%	—	
清水池	出水	≤50	≤10	≤1	≤10	6～9	

5　污水处理系统计算

5.1　隔油池、格栅井

表6　隔油池、格栅井设计参数表

隔油池	
数　量	1 座
规格尺寸	3.5 m×1.5 m×2.5 m
材　质	砖混
格栅井	
数　量	1 座
规格尺寸	1.5 m×0.6 m×1.5 m
材　质	砖混
配套设备	
格栅	
数　量	1 台
材　质	不锈钢
栅　隙	5 mm

5.2　调节池

表7　调节池设计参数表

事故池	
数　量	1 座
规格尺寸	10.0 m×8.0 m×4.0 m
有效容积	240 m³
材　质	钢砼
调节池	
数　量	1 座
规格尺寸	8.0 m×4.0 m×4.0 m
有效容积	100 m³
材　质	钢砼
配套设备	
污水提升泵	
型　号	50WQ10-10-1.1
数　量	3 台，事故池设 1 台
参　数	$Q=10$ m³/h，$H=10$ m
电机功率	1.1 kW

5.3 离子浮选系统

表8   离子浮选系统参数表

配套设备	
离子浮选系统	
型　　号	KYQF-10
处理能力	10 m^3/h
回流比	30%
总功率	5.5 kW
材　　质	碳钢防腐
说　　明	含回流水泵、溶气罐、释放器、空压机等

5.4 中间池

表9   中间池设计参数表

中间池	
数　　量	1台
规格尺寸	2.0 m×1.5 m×4.0 m
有效容积	10 m^3
材　　质	钢砼
配套设备	
过滤提升泵	
型　　号	SLS50-160A
数　　量	2台（1用1备）
参　　数	Q=12 m^3/h，H=28 m
电机功率	2.2 kW

5.5 过滤、吸附

表10   过滤、吸附设备设计参数表

KYL-2#型过滤器	
型　　号	KYSL-1200
数　　量	1台
单台处理能力	10 m^3/h
过滤滤速	10 $m^3/(m^2 \cdot h)$
材　　质	碳钢防腐
活性炭吸附罐	
型　　号	KYHT-1200
数　　量	1台
单台处理能力	10 m^3/h
过滤滤速	10 $m^3/(m^2 \cdot h)$
材　　质	碳钢防腐

5.6 清水池

表 11 清水池设计参数表

清水池	
数 量	1 台
规格尺寸	10.0 m×3.0 m×4.0 m
有效容积	100 m³
材 质	钢砼
说 明	回用水贮存
配套设备	
消毒加药系统	
数 量	1 套
参 数	加药系统 1 套
电机功率	0.75 kW

5.7 污泥池

表 12 污泥池设计参数表

污泥池	
数 量	2.5 m×2.0 m×4.0 m
规格尺寸	15 m³
材 质	钢砼
配套设备	
1. 污泥泵	
型 号	50WQ10-10-1.1
数 量	1 台
参 数	Q=10 m³/h, H=10 m
电机功率	1.1 kW
2. 叠螺机滤机	
型 号	X-131
数 量	1 台
3. 污泥加药系统	
数 量	1 套
参 数	加药系统 1 套
电机功率	0.75 kW

6 构筑物及设备一览表

6.1 构筑物一览表

表 13 构筑物一览表

序号	构筑物名称	尺寸	数量	备注
1	隔油池	3.5 m×1.5 m×2.0 m	1 座	钢砼结构
2	格栅井	1.5 m×0.6 m×1.5 m	1 座	砖混结构
3	事故池	10.0 m×8.0 m×4.0 m	1 座	钢砼结构
4	调节池	8.0 m×4.0 m×4.0 m	1 座	钢砼结构
5	中间池	2.0 m×1.5 m×4.0 m	1 座	钢砼结构
6	清水池	10.0 m×3.0 m×4.0 m	1 座	钢砼结构
7	污泥池	2.5 m×2.0 m×4.0 m	1 座	钢砼结构
8	设备房	50 m²	1 座	砖混或钢构

6.2 设备一览表

表 14 设备一览表

序号	构筑物名称		型号、规格尺寸	单位	数量	备注
1	格栅井	格栅	5 mm	台	1	
2	调节池	提升泵	50WQ10-10-1.1	台	3	
3	高效气浮系统	设备主体	KYQF-10	套	1	含刮渣系统
		溶气罐	500×3200	台	1	
		回流水泵	$Q=3 \text{ m}^3/\text{h}$，$H=44 \text{ m}$	台	1	
		空压机	—	台	1	
		释放器	TV-Ⅲ	只	2	
		液位计	—	只	1	
		液位控制器	—	只	1	
		刮渣机	1.1 kW	台	1	
		放空阀	DN50	只	1	
		出水控制阀	DN80	只	1	
		加药桶	200 L	只	2	气浮加药系统
		计量泵	50 L/H	台	2	
		搅拌机	0.55 kW	台	2	
4	沸化石过滤器	过滤提升泵	SLS50-160A	台	2	
		沸化石过滤器主体	KYSL-1200	套	1	
		沸化石滤料	0.5～1.0 mm	m³	1.4	
		鹅卵石	8～16 mm	m³	0.2	
		配水补水系统	—	套	1	
		滤帽	PAS 工程塑料	套	18	
5	活性炭吸附罐	活性炭过滤器主体	KYHT-1200	套	1	
		优质活性炭	10～20 目典值＞950 m/g	m³	1.4	
		鹅卵石	8～16 mm	m³	0.2	
		配水补水系统	—	套	1	
		滤帽	PAS 工程塑料	套	18	

序号	构筑物名称		型号、规格尺寸	单位	数量	备注
6	清水池	加药桶	200 L	只	1	消毒加药系统
		计量泵	50 L/H	台	1	
		搅拌机	0.55 kW	台	1	
		回用泵	—	套	1	
7	污泥脱水系统	污泥泵	50WQ10-10-1.1	台	1	污泥加药系统
		加药桶	200 L	只	1	
		计量泵	50 L/H	台	1	
		搅拌机	0.55 kW	台	1	
		叠螺机	X-131	台	1	
8	液位控制器		配套	套	5	
9	自动控制柜		PLC 控制	套	1	
10	管道、阀门、仪表		配套	套	1	
11	电缆		配套	批	1	

7 二次污染防治

7.1 臭气防治

由于污水的特殊性，不可避免地带有特殊的异味，对本中水回用项目来说，对异味的要求就更为严格，控制异味扩散显得更为重要，我公司采用以下方式解决：

（1）本方案首先在选址中避开集中区和敏感地点，具体位置根据实际情况而定；

（2）处理工艺选用物理化学处理方法，污泥同步稳定，剩余污泥量少，异味少；

（3）从设计中就对所有可能散发出臭味的污水池全部设计成全地埋式结构，并对其密封加盖，避免异味集中一起的不快感。

7.2 噪声控制

（1）系统设施设计在单位的边围，对外界影响小；

（2）选择具有低噪声源的设备，运行时声音很小，在机房外基本上听不到噪声；

（3）确保周围环境噪声：白天≤60 dB，晚上≤50 dB。

7.3 污泥处理

（1）污泥由离子浮选系统的排泥和浮渣污泥产生，定期脱水处理；

（2）干污泥定期外运处理。

8 电气控制和生产管理

8.1 工程范围

本自动控制系统为污水处理工程工艺所配置，自控专业主要涉及的内容为该污水处理系统中污水泵与液位的联锁、报警、风机的交替动作、风机与进水泵的联锁工作等。

8.2 控制水平

本工程中拟采用 PLC 程序控制。系统由 PLC 控制柜、配电控制屏等构成，为此专门设立一个控制室。

8.3 控制方式

本工程装置内所有电动机均采用中央集中室控制方式，电动机联锁由仪表专业的 PLC 实现。

8.4 电源状况

因业主没有提供基础资料，本装置所需一路 380/220V 电源暂按引自厂区变电所。

8.5 电气控制

污水处理系统电控装置为集中控制，采用进口 PLC 可编程序控制器，主要自动控制各类泵提升（液位控制）；需要时（如维修状态下）可切换到手动工作状态。

（1）水泵

水泵的启动受液位控制。

a. 高液位：报警，同时启动备用泵；

b. 中液位：一台水泵工作，关闭备用泵；

c. 低液位：报警，关闭所有水泵；

d. 水泵中一台水泵出现故障，发出指示信号，另一台备用泵自动工作。

（2）声光报警

各类动力设备发生故障，电控系统自动报警指示（报警时间 10～30 s），并故障显示至故障消除。报警系统留出接口，可根据业主方要求引至指定地点，以便管理。

（3）其他

a. 各类电气设备均设置电路短路和过载保护装置。

b. 动力电源由本电站提供，进入污水处理站动力配电柜。

8.6 生产管理

（1）维修

如本污水站在运转过程中发生故障，由于污水处理站必须连续投运的机电设备均有备用，则可启动备用设备，保证设施正常运转，同时对污水处理设施进行检修。

（2）人员编制

污水处理站改扩建后，自动化控制程度高，可采用原有管理人员操作管理，不需增加操作管理人员。

（3）技术管理

进行污水处理设备的巡视、管理、保养、维修。如发现设备有不正常或水质不合格现象，及时查明原因，采取措施，保证处理系统的正常运行。

9　运行费用分析

9.1　电耗量

表 15　电耗量统计表

序号	设 备 名 称	装机容量/台	使用数量/台	装机功率/kW	使用功率/kW	运行时间/(h/d)	电耗/(kW·h)	功率因子
1	污水提升泵	2	1	2.2	1.1	24	26.4	0.8
2	离子浮选系统	1	1	5.5	3.0	24	72	0.8
3	加药系统	2	2	1.5	1.5	24	36	0.8
4	过滤提升泵	2	1	4.4	2.2	24	52.8	0.8
5	消毒加药	1	1	0.75	0.75	24	18	0.8
6	污泥泵	1	1	1.1	1.1	6	6.6	0.8
7	污泥加药	1	1	0.75	0.75	6	4.5	0.8
8	叠螺机	1	1	1.1	1.1	6	6.6	0.8
	合计			17.3	11.5		222.9	

9.2　消耗品消耗量

表 16　消耗品消耗量统计表

序号	名　称	单位	数量	备注
1	PAC	kg/d	14	投加量 60 mg/L
2	PAM	kg/d	0.5	投加量 2 mg/L
3	活性炭	kg/d	1.9	总量 0.7 t，更换周期 1.5 年
4	消毒剂			约 0.05 元/m³

9.3　运行费用

表 17　运行费用计算表

序号	名称	耗量（单位）	单价/元	运行成本/(元/d)	每吨废水处理费用/(元/m³)
1	电耗	178.32 kW·h	0.6	107	0.47
2	消耗品				
1）	PAC	14 kg/d	2.00	28	0.12
2）	PAM	0.5 kg/d	15.0	7.5	0.03
3）	活性炭	1.9 kg/d	12.0	22.8	0.10
4）	消毒剂			11.5	0.05
	总计			176.8	0.76

10 工程建设进度

本工程建设周期为 12 个月,为缩短工程进度,确保该废水回用处理设施如期实现环保验收,工程设计、各分部工程、分项工程土建、安装以及调试工作,将进行统一协调、分布、交叉进行,具体工程进度安排如表 18 所示。

表 18 工程进度表

月 工作内容	1	2	3	4	5	6	7	8	9	10	11	12
施工图设计	▬	▬										
土建施工			▬	▬	▬	▬	▬	▬				
设备采购制作					▬	▬	▬	▬	▬	▬		
设备安装						▬	▬	▬	▬	▬		
调试											▬	▬

11 售后服务

本公司严格按照 ISO 9001:2000 的质量体系,提供设计、制造、安装、调试一条龙服务。

本公司对质量实行质量承诺制度,接受用户的监督。

安装调试期间,我公司免费为用户代培操作工,至单独熟练操作为止。同时,免费为用户提供有关操作规程及规章制度。

我公司根据本项目,设定质量保证期为整个项目交工验收后 12 个月,在质保期内因质量问题发生的一切费用,由我公司负担。

动力设备按国家标准保修期保养,保修期后如发生故障,由质安部登记后会同生产、技术部到现场分析原因,确定保修内容和范围,由技术管理部门制订返修方案,再组织保修工作的实施,质安部进行复检并收集有关资料存档。

保修期满后,定期对工程进行回访,免费提供技术咨询服务,工程实行终身维修,保修期满后只收取成本费。

实例九　长沙某环保科技公司 80 m³/d 膜生产废水处理工程

1　项目概况

该环保高科技有限公司成立于 2010 年 5 月，是国内一家专业从事高端分离膜产品制造及其工程应用的高科技企业，位于湖南省长沙高新技术产业开发区（中国·麓谷）内。公司先后被列入国家环境保护产业发展 5 年规划企业和湖南省千亿环保产业工程重点扶持的 5 个骨干企业之一。公司从美国引进具有国际一流水平的高端反渗透膜及纳滤膜全系列共 7 种膜制造技术及设备，填补了国内分离膜领域的多项空白，改变了国内高端反渗透膜及纳滤膜产品严重依赖进口的局面，加快了我国分离膜产业跻身于世界一流行列的发展步伐。公司生产的反渗透膜及其膜元件、纳滤膜及其膜元件可广泛应用于水处理工程、环境修复工程及其他 50 多个行业，是"两型社会"建设的绿色环保产品，也是解决当前人类面临的资源短缺、环境污染的高科技核心产品。

公司在生产这些膜制品的过程中难免会产生一定量的废水，该类废水中含有较高浓度的接触性中度危害污染物——DNF（（N-N 二甲基甲酰胺），因此需加以妥善处理和处置。该企业拟新建设一套生产废水处理装置，经处理后的出水达到《城镇污水处理厂污染物排放标准》（GB 18918—2002）中的二级排放标准。该生产废水处理工程总占地面积为 81 m²，系统总装机容量为 93.73 kW，废水处理成本约 9.84 元/m³ 中水（不含折旧费）。

图 1　污水处理站概貌

2 设计依据

（1）《中华人民共和国环境保护法》；

（2）《中华人民共和国水污染防治法》；

（3）《合成氨工业水污染物排放标准》（GB 13458—2013）；

（4）《室外排水设计规范》（GB 50014—2006，2014 版）；

（5）《建筑给水排水设计规范》（GB 50015—2003，2009 版）；

（6）《声环境质量标准》（GB 3096—2008）；

（7）《鼓风曝气系统设计规程》（CECS 97：97）；

（8）《混凝土结构设计规范》（GB 50010—2002）；

（9）《给水排水工程构筑物结构设计规范》（GB 50069—2002）；

（10）《给水排水工程钢筋混凝土水池结构设计规程》（CECS 138—2002）；

（11）《水处理设备技术条件》（JB/T 2932—1999）；

（12）《污水处理设备通用技术条件》（JB/T 8938—1999）；

（13）《建筑结构荷载规范》（GB 50009—2012）；

（14）《混凝土结构设计规范》（GB 50010—2010）；

（15）《建筑结构可靠度设计统一标准》（GB 50058—2001）；

（16）《钢结构设计规范》（GB 50017—2003）；

（17）《砌体结构设计规范》（GB 50003—2001）；

（18）《建筑桩基技术规范》（JGJ 94—2008）；

（19）《水工混凝土结构设计规范》（SL 191—2008）；

（20）《建筑抗震设计规范》（GB 50011—2010）；

（21）《构筑物抗震设计规范》（GB 50191—2012）；

（22）《建筑地基基础设计规范》（GB 50007—2011）；

（23）《建筑基础处理技术规范》（JGJ 79—2012）；

（24）《建筑设计防火规范》（GB 50016—2006）；

（25）其他国家相关规范、标准；

（26）乙方相关工程经验及业主提供的水质要求。

3 污水治理工艺设计

3.1 设计参数

3.1.1 污水水质以及水量

根据建设方提供的数据，废水进水水质及水量如表 1 所示。

表 1　废水水质及水量（水温 28℃）

项目	污染物	质量浓度/（mg/L）	pH 值	水量/m³	备注
一车间废水	DMF	5 000～10 000	6～9	41	连续排放
	DMF	30 000	6～9	11.3	3～6 天排放一次

项目	污染物	质量浓度/（mg/L）	pH 值	水量/m³	备注
	间苯二胺	10	9～11	18	连续排放
二车间废水	间苯二胺	1 000～3 500	9～11	0.14	6 天排放一次
	间苯二胺	10	9～11	3.7	14 天排放一次
水测车间	硫酸镁、氯化钠	超低	7	40.8	连续排放（此部分污水不进入处理系统）
RO 制水系统	氯化钠	超低	7	38.3	

3.1.2 水质分析

由表 1 可看出，厂方所产生废水中主要污染物为 DMF（N-N 二甲基甲酰胺），且浓度较高。DMF 是一种性能优良的有机溶剂，除卤代烃以外，能与水及多数有机溶剂互溶，因此有万能溶剂之称。在化工行业中有着广泛的应用。中国每年仅制革行业排放的含 DMF 废水约 1 亿 t。我国职业性接触毒物危害程度分级确定 DMF 为Ⅱ级（中度危害），美国确定 DMF 为人体可能致癌物质。DMF 废水排入水中会导致生物化学耗氧量和氮含量增加，使水质迅速恶化，而且难以生物降解，目前国内外鲜见对 DMF 废水净化和处理的报道。中国医学院卫生学研究所经研究指出国内地表水中 DMF 最高容许的质量浓度的推荐值为 25 mg/L，因此对含有 DMF 的废水进行处理是十分必要的。由于 DMF 对微生物生长有一定的抑制性，因此首先考虑降低 DMF 对生物的抑制，而间苯二胺为较易生化类有机物，因此我方考虑采用先物化后生化的处理工艺。

3.1.3 水质参数

（1）处理水量

根据设计方提供的数据，每天所产生水量约为 80 m³/d。每天运行时间为 20 h，因此处理流量为 4 m³/h。

（2）进、出水水质设计

根据建设方所提供数据以及我司相关工程经验设计进水水质；

设计出水达到《城镇污水处理厂污染物排放标准》（GB 18918—2002）二级排放标准。

设计进水水质和出水水质相关参数如表 2 所示。

表 2 进、出水水质设计参数

污染物名称	进水水质	出水水质
COD_{Cr}/（mg/L）	16 000	100
TN/（mg/L）	600	20
SS/（mg/L）	500	30
pH	7～10	6～9

3.2 治理工艺选择

根据建设方所提供水质指标，其所产生废水主要污染物为 DMF。

由于 DMF 可生化性非常低，且对生物有一定的抑制性，因此，首先考虑降低 DMF 对生物的抑制性。而且 DMF 在分解过程中会产生大量的氮，因此后续生化的主要目的为降低 COD 以及氨氮。

为了降低 DMF 对生物的抑制性以及适当降低 COD，特选用微电解—Fenton 串联工艺。

微电解法，又称内电解法、铁还原法、铁炭法、零价铁法等。该方法处理废水的原理是：利用铁屑中的铁和碳组分构成微小原电池的正极和负极，以充入的废水为电解质溶液，发生氧化-还原反应，形成原电池。新生态的电极产物活性极高，能与废水中的有机污染物发生氧化还原反应，使其结构、形态发生变化，完成难处理到易处理、由有色到无色的转变。

还原作用

铁屑内电解法处理废水过程中，发生如下反应：

阳极（Fe）：Fe-2e→Fe^{2+}　　　　　E_0（Fe^{2+}/Fe）=-0.44V

阴极（C）：在酸性条件下：

$$2 H^+ + 2e \rightarrow H_2\uparrow \qquad E_0（H+/H_2）=0.0V$$

在碱性或中性条件下：

$$O_2 + 2 H_2O + 4e \rightarrow 4OH^- \qquad E_0（O_2/OH^-）=+0.4V$$

电极反应生成的产物具有很高的化学还原活性。在偏酸性废水中，电极反应产生的新生态 H 能与废水中的有机物和无机物组分发生氧化还原反应，能使废水中的基团破坏甚至使高分子断链。

同时，铁是活泼金属，在酸性条件下可把某些硝基化合物还原成可生物降解的胺基合物，提高 BOD$_5$/COD 比值，即增强可生化性。反应式如下：

$$R—NO_2 + 2 Fe + 4 H^+ \rightarrow R—NH_2 + 2 H_2O + 2 Fe^{2+}$$

电解生成的铁离子、亚铁离子经水解、聚合而形成的氢氧化铁、氢氧化亚铁聚合体，以胶体形式存在，具有沉淀、絮凝和吸附作用，与污染物一起絮凝产生沉淀，可以去除废水中的有机物。同时在原电池周围的电场作用下，废水中带电胶粒和杂质通过静电引力和表面能的作用附集、凝聚，也可以使废水得到净化。总之，铁炭内电解法处理废水是絮凝、吸附、架桥、卷扫、电沉积、电化学还原等综合效应的结果。

芬顿法是一种高级的氧化技术，具有较高的去除难降解有机污染物的能力。过氧化氢（H$_2$O$_2$）与二价铁离子的混合溶液具有强氧化性，可以将很多已知的有机化合物如羧酸、醇、酯类氧化为无机态。

芬顿试剂具有很强的氧化能力在于其中含有 Fe^{2+} 和 H$_2$O$_2$。其反应机理为：

$$Fe^{2+} + H_2O_2 \rightarrow Fe^{3+} + \cdot OH + OH^-$$

$$Fe^{3+} + H_2O_2 \rightarrow Fe^{2+} + \cdot HO_2 + H^+$$

$$Fe^{2+} + \cdot OH \rightarrow Fe^{3+} + OH^-$$

$$Fe^{3+} + \cdot HO_2 \rightarrow Fe^{2+} + O_2 + H^+$$

芬顿试剂反应速度快。芬顿试剂反应体系复杂，关键是 H$_2$O$_2$ 在 Fe^{2+} 催化下生成的 OH$^-$，其氧化能力仅次于氟，高达 2.80V。另外，·OH 具有很高的电负性或亲电性，其电子亲和能力高达 569.3 kJ，具有很强的加成反应特性。因此，芬顿试剂可以氧化水中的大多数有机物，适合处理难生物降解和一般物理化学方法难以处理的废水。

经过微电解-Fenton 串联工艺后，污水的可生化性得到了很大的提高。因此，后续处理方式主要以生化为主。目前废水处理生化方法主要有以下两种：膜生物处理法，活性污泥法。

膜生物处理法对 BOD，COD 处理效率高，但是对于氨氮以及除磷效果不甚理想，而且投资成本高，运行成本高，不适合小型污水处理系统。因此，本工程选用厌氧+好氧活性污泥法。

厌氧采用 UASB 法，上流式厌气污泥床简称 UASB 反应器，它是由荷兰农业大学的 Lettinga 教授等研究开发的，它的出现是 20 世纪 70 年代厌氧处理技术的重大突破。生物的厌氧发酵分为四个阶段，即水解阶段、酸化阶段、酸性衰退阶段及甲烷化阶段，固体物质降解为溶解性物质。大分子物质降解为水分子物质。

好氧采用 BAF 池，BAF 属第三代生物膜反应器，该工艺具有去除 SS、COD、BOD、硝化、脱氮、除磷、去除 AOX（有害物质）的作用，不仅具有生物膜工艺技术的优势，同时也起着有效的空间过滤作用，通过使用特殊的滤料和正确的配气设计，BAF 具有以下工艺特点：

①采用气水平行上向流，使得气水进行极好均分，防止了气泡在滤料层中凝结核气堵现象，氧的利用率高，能耗低；

②与下向流过滤相反，上向流过滤维持在整个滤池高度上提供正压条件，可以更好地避免形成沟流或短流，从而避免通过形成沟流来影响过滤工艺而形成的气阻；

③上向流形成了对工艺有好处的半柱推条件，即使采用高过滤速度和负荷，仍能保证 BAF 工艺的持久稳定性和有效性；

④采用气水平行上向流，使空间过滤能被更好地运用，空气将固体物质带入滤床深处，在滤池中得到高负荷、均匀的固体物质，从而延长了反冲洗周期，减少清洗时间和清洗时用的气水量；

⑤滤料层对气泡的切割作用使气泡在滤池中的停留时间延长，提高了氧的利用率；由于滤池极好的截污能力，使得 BAF 后面不需再设二次沉淀池。

3.3 治理工艺流程

3.3.1 总体工艺流程

本项目工艺流程主要包括 DMF 废水调节池→微电解塔→芬顿反应系统→混凝沉淀池→综合调节池→UASB 塔→BAF 池→消毒池→沸石罐→活性炭罐→后续处理系统。具体工艺流程图如图 2 所示。

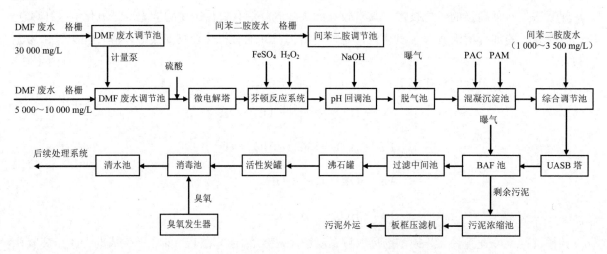

图 2 DNF 废水处理工艺流程

3.3.2 工艺流程简述

厂方每 3～6 天有一股水量为 11.3 m^3 的高浓度的 DMF 废水（3%）排出，为避免该废水对后续处理工艺造成冲击，因此该股废水经格栅后进入独立调节池后经计量泵按照排放周期抽入 DMF 废水调节池，经过在 DMF 废水调节池调节水质后经管道混合调节 pH 值至 4 左右后进入微电解塔。在偏酸性废水中，电极反应产生的新生态 H 能与废水中的有机物和无机物组分发生氧化还原反应，能使废水中的基团破坏甚至使高分子断链，从而提高污水的可生化性，并降低了 DMF 对生物的抑制性。污水经微电解后，自流进入芬顿反应系统，在芬顿反应系统前补充一定量的硫酸亚铁后加入过氧化氢，过氧化氢（H_2O_2）与二价铁离子的混合溶液具有强氧化性，可以将很多已知的有机化合物如羧酸、醇、酯类氧化为无机态，经过微电解-Fenton 串联工艺后，污水的可生化性得到了很大的提高。然后，引入间苯二胺废水（pH 9～11，用于提高污水 pH 值，以降低碱液投加量，从而降低运行成本）

以及投加碱液将 pH 值调制 8 左右后,进入脱气池,除去其中未反应完全的过氧化氢以及反应过程中出现的气泡,以提高水中污染物的沉降效果。进过脱气池后污水进入混凝反应池,在此投加 PAC、PAM 后进入沉淀池,在沉淀池沉淀后,上清液自流进入综合调节池,在此与间苯二胺废水(6 天排放一次,质量浓度为 1 000~3 500 mg/L)混合经提升泵进入 UASB 塔,在 UASB 塔内生物的厌氧发酵分为四个阶段,即水解阶段、酸化阶段、酸性衰退阶段及甲烷化阶段,固体物质降解为溶解性物质,大分子物质降解为水分子物质。在 UASB 塔内生化性提高后,进入后续 BAF 池,BAF 池具有去除 SS、COD、BOD、硝化、脱氮、除磷、去除 AOX(有害物质)的作用,然后流入过滤中间池,经过滤中间池污水由提升泵加压进入后续沸石罐、活性炭罐进一步去除污水中未处理完全的 SS、氨氮以及有机化合物,后进入消毒池,在消毒池混入臭氧,去除其中细菌以后进入清水池。最后进入厂方后续处理系统。

3.4 主要构筑物设计

3.4.1 DMF 废水调节池

作用:对 DMF 废水(质量浓度 5 000~10 000 mg/L)或事故池提升过来的污水进行水质水量均衡调节;

设计规模:2 m³/h;

数量:1 座;

停留时间;8 h;

结构:钢混结构,地下 3.5 m;

有效池容:16 m³;

尺寸:$L \times B \times H$=2.0 m×2.5 m×3.5 m。

表 3　DMF 废水调节池主要设备

设备	数量	规格型号	功率	备注
提升泵	1 台	—	0.55 kW	流量 7 m³/h;扬程 8 m
液位计	1 套	—	—	0~5 m
玻璃转子流量计	1 台	—	—	DN40

3.4.2 高质量浓度 DMF 废水调节池

作用:对高质量浓度 DMF 废水(质量浓度为 30 000 mg/L)进行水质水量均衡调节;

数量:1 座;

结构:钢混结构,地下 3.5 m;

有效池容:14 m³;

尺寸:$L \times B \times H$=2.0 m×2.0 m×3.5 m。

表 4　高质量浓度 DMF 废水调节池主要设备

设备	数量	规格型号	功率	备注
隔膜计量泵	1 台	—	0.37 kW	流量 170 m³/h;扬程 70 m

3.4.3 间苯二胺废水调节池

作用:对间苯二胺废水或事故池提升过来的污水进行水质水量均衡调节;

设计规模:2 m³/h;

数量：1 座；

停留时间：8 h；

结构：钢混结构，地下 3.5 m；

有效池容：16 m³；

尺寸：$L \times B \times H = 2.0 \text{ m} \times 2.5 \text{ m} \times 3.5 \text{ m}$。

表 5　间苯二胺废水调节池主要设备

设备	数量	规格型号	功率	备注
提升泵	2 台（1 用 1 备）	—	0.55 kW	流量 7 m³/h；扬程 8 m
液位计	1 套	—	—	0～5 m
玻璃转子流量计	1 台	—	—	DN40

3.4.4　微电解塔

作用：对 DMF 废水进行微电解，降低 DMF 对生物的抑制性；

设计规模：2 m³/h；

数量：1 座；

反应时间：45 min；

结构：6 mm 钢结构；

罐体容积：2.0 m³；

尺寸：$\phi \times H = 1.5 \text{ m} \times 2.5 \text{ m}$。

表 6　微电解塔主要设备

设备	数量	规格型号	功率	备注
铁碳颗粒	1.5 m³	—	—	—
循环泵	1 台	—	1.5 kW	流量 4 m³/h；扬程 32 m
酸液加药系统	1 套	—	—	DN40
pH 仪	1 套	—	—	—

3.4.5　芬顿反应系统

作用：利用芬顿试剂的强氧化性，分解高分子有机物，降低部分 COD；

设计规模：2 m³/h；

数量：1 座；

反应时间：60 min；

结构：6 mm 钢结构；

尺寸：$L \times B \times H = 3.0 \text{ m} \times 2.0 \text{ m} \times 3.5 \text{ m}$。

表 7　芬顿反应系统主要设备

设备	数量	规格型号	功率	备注
搅拌机	2 台	—	0.55 kW	75 r/min
$FeSO_4$ 加药系统	1 套	—	—	—
H_2O_2 加药系统	1 套	—	—	—

3.4.6 pH 回调池

作用：引入间苯二胺，利用其高 pH 值以及投加适量碱液将 pH 值调节至 8 左右；

设计规模：4 m^3/h；

数量：1 座；

反应时间：25 min；

结构：6 mm 钢结构；

池体容积：1.0 m^3；

尺寸：$L×B×H$=1.0 m×1.0 m×1.0 mm。

表8　pH 回调池主要设备

设备	数量	规格型号	功率	备注
搅拌机	1 台	—	0.55 kW	75r/min
碱液加药系统	1 套	—	—	—
pH 仪	1 套	—	—	—

3.4.7 脱气池

作用：除去芬顿反应系统未完全释放的气泡，增加其沉降性；

设计规模：4 m^3/h；

数量：1 座；

反应时间：1.5 h；

结构：6 mm 钢结构；

池体容积：6 m^3；

尺寸：$L×B×H$=1.0 m×2.0 m×3.5 m。

表9　脱气池主要设备

设备	数量	规格型号	功率	备注
穿孔曝气系统	1 套	—	—	—

3.4.8 混凝反应池

作用：投加 PAC，PAM；

设计规模：4 m^3/h；

数量：1 座；

反应时间：1 h；

结构：6 mm 钢结构；

池体容积：2 m^3；

尺寸：$L×B×H$=1.0 m×2.0 m×2.5 m。

表10　混凝反应池主要设备

设备	数量	规格型号	功率	备注
PAC 加药系统	1 套	—	—	预备，出水色度过高时使用
PAM 加药系统	1 套	—	—	—
搅拌机	1 台	—	0.55 kW	75r/min
搅拌机	1 台	—	0.55 kW	45r/min

3.4.9 斜管沉淀池

作用：进行泥水分离；

设计规模：4 m³/h；

数量：1 座；

表面负荷：0.75 m³/（m²·h）；

结构：6 mm 钢结构；

尺寸：$L \times B \times H$=2.5 m×2.0 m×3.5 m。

表 11　斜管沉淀池主要设备

设备	数量	规格型号	功率	备注
斜管	5 m³	—	—	—

3.4.10 综合调节池（兼水解酸化池）

作用：调节水质以及水量，同时调节水质以及水量变化对后续生化系统冲击；

设计规模：4 m³/h；

数量：1 座；

停留时间：10 h；

有效容积：40 m³；

结构：钢混结构，地下 3.5 m；

尺寸：$L \times B \times H$=3.0 m×4.75 m×3.5 m。

表 12　综合调节池主要设备

设备	数量	规格型号	功率	备注
提升泵	2 台（1 用 1 备）	—	1.5 kW	流量 6 m³/h；扬程 18 m
液位计	1 套	—	—	0～5 m
玻璃转子流量计	1 台	—	—	DN40

3.4.11 UASB 塔

作用：利用厌氧菌消解 COD 以及提高其生化性；

设计规模：4 m³/h；

数量：1 座；

容积负荷：8 kg/m³·d；

塔内上升流速：5 m/h；

有效容积：200 m³；

结构：6～10 mm 钢结构，地下 3.5 m，地上 5 m；

尺寸：$L \times B \times H$=5.0 m×5.0 m×8.5 m。

表 13　UASB 塔主要设备

设备	数量	规格型号	功率	备注
循环泵	2 台（1 用 1 备）	—	5.5 kW	流量 100 m³/h；扬程 12.5 m
三相分离器	1 套	—	—	—
温度计	1 台	—	—	—

3.4.12 BAF 池

作用：利用好氧菌新陈代谢消耗 COD 以及氨氮；

设计规模：4 m³/h；

数量：1 座；

提留时间：10 h；

有效容积：40 m³；

结构：6 mm 钢结构，地上 4 m；

尺寸：$L \times B \times H$=4.0 m×3.0 m×4.0 m。

表 14　BAF 池主要设备

设备	数量	规格型号	功率	备注
罗茨鼓风机	2 台（1 用 1 备）	—	5.5 kW	Q=1.55 m³/min
曝气系统	1 套	—	—	—
BAF 填料	30 m³	—	—	—
进水布水系统	1 套			

3.4.13 过滤中间池

作用：储存过滤；

设计规模：4 m³/h；

数量：1 座；

停留时间：1 h；

有效容积：4.0 m²；

结构：6 mm 钢结构，地上；

尺寸：$L \times B \times H$=1.0 m×1.0×4.0 m。

表 15　过滤中间池主要设备

设备	数量	规格型号	功率	备注
加压泵	1 台	—	3.0 kW	流量 8.8 m³/h；扬程 33 m

3.4.14 沸石罐

作用：去除 SS 以及氨氮；

设计规模：4 m³/h；

数量：1 座；

滤速：10 m/h；

结构：6 mm 钢结构；

尺寸：$\phi \times H$=1.0 m×2.5 m。

表 16　沸石罐主要设备

设备	数量	规格型号	功率	备注
反洗装置	1 套	—	—	与过滤中间池加压提升泵共用

3.4.15　碳滤罐

作用：吸附污染物；

设计规模：4 m³/h；

数量：1 座；

滤速：10 m/h；

结构：6 mm 钢结构；

尺寸：$\phi \times H$=1.0 m×2.5 m。

表 17　碳滤罐主要设备

设备	数量	规格型号	功率	备注
反洗装置	1 套	—	—	与过滤中间池加压提升泵共用

3.4.16　消毒池

作用：降低水中微生物；

设计规模：4 m³/h；

数量：1 座；

停留时间：1 h；

结构：6 mm 钢结构；

尺寸：$L \times B \times H$=2.0 m×1.0 m×3.0 m。

表 18　消毒池主要设备

设备	数量	规格型号	功率	备注
臭氧发生器	1 套	—	—	—

3.4.17　清水池

作用：储存清水，用于回用；

设计规模：4 m³/h；

数量：1 座；

停留时间：2 h；

结构：6 mm 钢结构；

尺寸：$L \times B \times H$=2.5 m×2.0 m×3.0 m。

3.4.18　污泥浓缩池

作用：消化污泥；

设计规模：2 m³/d；

数量：1 座；

停留时间：2 d；

结构：6 mm 钢结构；

有效池容：4 m³；

尺寸：$L \times W \times H$=2.0 m×2.0 m×2.0 m。

表 19　消毒池主要设备

设备	数量	规格型号	功率	备注
板框压滤机	1 台	—	—	
螺杆泵	1 台	—	1.5 kW	流量 2.0 m³/h；扬程 60 m

4　电气设计

4.1　电气设计规范

（1）《电力装置的继电保护和自动装置设计规范》（GB/T 50062—2008）；

（2）《通用用电设备配电设计规范》（GB 50055—2011）；

（3）《供配电系统设计规范》（GB 50052—2009）；

（4）《信号报警及联锁系统设计规范》（HG/T 20511—2014）；

（5）《仪表配管配线设计规范》（HG/T 20512—2014）；

（6）《仪表供电设计规范》（HG/T 20509—2014）。

4.2　电气设计原则

在保证处理系统工艺要求的条件下，做到技术先进、操作简单、管理方便、安全可靠和经济合理。

4.3　工程范围

本控制系统为污水处理工程工艺所配置，自控专业主要涉及的内容为污水处理系统低压配电系统及电气控制与照明等设计，污水处理厂的所有设备均为低压负荷，用电电压为 380/220V。

4.4　控制水平

本工程装置内所有电动机均采用中央集中室控制方式，电动机联锁由仪表专业的 PLC 实现。

4.5　控制方式

本系统采用手动/自动（PLC）两种控制方式，在手动方式下可实现就地控制，在自动方式下实现中控室（MCC）集中控制。单台设备最大容量超过 15 kW 时，采用降压启动方式，其余为直接启动。

4.6　电气设计

（1）供电电源

污水处理工程用电负荷属三级负荷。电源为三相五线制，供电电压为 380 V，由集中配电室总开关站提供，电源以电缆直埋形式穿预埋管进入污水处理厂配电间。

（2）无功补偿

废水处理站采用低压计量，无功功率采用低压集中自动补偿，补偿后功率因素达到 0.8 以上。

（3）电缆敷设

电缆比较集中的主干线采用电缆桥架架空敷设，电缆较少而又分散的地方采用电缆直接埋地或穿预埋管敷设，大部分设备为两地控制，设备现场设远控箱，有关工艺联锁信号反馈到中控室。

（4）接地方式

所有电气设备、非金属外壳均应可靠接地，所有进出建筑的工艺管道在入户处应与本装置接地系统相连，接地电阻小于10Ω。

（5）照明

室内、室外照明进行统一规划设计。在控制室内设应急指示灯。

4.7　电气控制

污水处理系统电控装置为集中控制，采用自动控制主要控制各类泵的运作；泵启动及定期互相切换。

（1）水泵

水泵的启动受液位控制。

①高液位：报警，同时启动备用泵；

②中液位：一台水泵工作，关闭备用泵；

③低液位：报警，关闭所有水泵；

水泵中采用4～8 h切换运行。

（2）声光报警

各类动力设备发生故障，电控系统自动报警指示（报警时间10～30 s），并故障显示至故障消除。报警系统留出接口，可根据业主方要求引至指定地点，以便管理。

（3）其他

①各类电气设备均设置电路短路和过载保护装置；

②动力电源由本电站提供，进入污水处理站动力配电柜。

5　职业安全卫生、消防节能

5.1　职业安全卫生

设计遵照国家职业安全卫生有关规范和规定，各处理构筑走道均设置防护栏杆、防滑楼梯。污泥处理间采用全自动污泥脱水系统，减轻工人劳动强度。

所有电气设备的安装、防护，均满足电器设备的有关安全规定。

建筑物室内设置适量干粉灭火器。

为防寒冷，所有建筑物内冬季采取热水采暖措施。污泥处理间、加药间和消毒间、药库均设计了轴流风机通风换气，换气次数为8次/时，化验室、办公室均设置冷暖空调，改善工作环境。

废水处理综合用房设置卫生间，食堂、浴室可共用厂内生活区的设施。

5.2　消防

本工程主要依据《建筑设计防火规范》（GB 50016—2014）和《建筑灭火器配置设计规范》（GB 50140—2005）进行消防设计。

5.2.1　电气设计及消防

本工程属二类用电负荷，电源电压为380V。双回路电源供电，形成一路工作、另一路备用的电源。当工作电源故障时，备用电源自动引入，保证供电电源不间断。

本工程火灾事故照明，采用蓄电池作备用电源，连续工作时间不少于30分钟。

本工程所有电气设备消防均采用干式灭火器，安置在各配电间值班室内。

本设计按有关规定，建筑物防雷采用避雷带防护措施。

5.2.2 建筑消防设计

本工程建筑火灾危险性为丁类，本工程所有工业与民用建筑的耐火等级均为二级，所有建筑均采用钢筋混凝土框架结构或砖混结构，主要承重构件均采用非燃烧体，满足二级耐火等级要求的耐火极限。

厂房、库房及民用建筑的层数、占地面积，长度均符合防火规范规范要求。厂房、库房及民用建筑的防火间距均满足防火规范要求。厂房、库房及民用建筑的安全疏散均按防火规范的要求设置。

厂区道路呈环状，道路宽度4米，消防车道畅通。

室内装修材料均采用难燃烧体。

5.2.3 厂区消防

厂区设室外消火栓，按《建筑设计防火规范》（GB 50016—2014），同一时间内火灾次数1次，室外消火栓用水量10 L/s，设两具室外消火栓。室外消火栓给水管道布置成环状，保证火灾时安全供水。

所有建筑物室内不设消防给水，均按《建筑灭火器设置设计规范》要求设置干粉灭火器。

5.3 节能

废水处理工程在工艺选择和设备选型上遵照国家的能源政策，选用节能工艺和产品。如选用节能性工艺设备，如水泵。采用自动控制管理系统，以使废水处理系统在最佳经济状态下运行，降低运行费用。

6 构筑物与设备一览表

表20 构筑物与设备一览表

序号	项目名称	规格或型号	单位	数量
一	DMF 废水调节池	结构：地下钢混结构 尺寸：2.0 m×2.5 m×3.5 m	座	1
1	DMF 废水调节池提升泵	制造商：浙江凯程泵阀 型号：40WQ7-8-0.55 Q=7 m³/h，H=8 m，N=0.55 kW	台	2
2	液位计	制造商：常州科佳仪表 类型：磁翻板液位计	套	1
3	流量计	制造商：常州科佳仪表 类型：玻璃转子流量计 量程：1～5 m³/h	套	1
二	高浓度 DMF 废水调节池	结构：地下钢混结构 尺寸：2.0 m×2.0 m×3.5 m	座	1
1	隔膜计量泵	制造商：浙江爱力浦 型号：JXM-A170/0.7 Q=170 L/h，H=70 m，N=0.37 kW	台	1
三	间苯二胺废水调节池	结构：地下钢混结构 尺寸：2.0 m×2.5 m×3.5 m	座	1
1	间苯二胺废水调节池提升泵	制造商：浙江凯程泵阀 型号：40WQ7-8-0.55 Q=7 m³/h，H=8 m，N=0.55 kW	台	2

序号	项目名称	规格或型号	单位	数量
2	液位计	制造商：常州科佳仪表 类型：磁翻板液位计	套	1
3	流量计	制造商：常州科佳仪表 类型：玻璃转子流量计 量程：1～5 m³/h	套	1
四	微电解塔	材质：6 mm 钢结构 尺寸：$\phi \times H$=1.5 m×2.5 m	座	1
1	新型铁碳颗粒		m³	1.5
2	循环泵	制造商：浙江凯程泵阀 型号：KLC45-120 Q=4 m³/h，H=32 m，N=1.5 kW	台	2
3	酸液加药系统	加药桶容积：500 L 计量泵制造商：浙江爱力浦 型号：JXM-A85/1 Q=85 L/h，H=100 m，N=0.37 kW	套	1
4	pH 仪	制造商：上海米联电子	套	1
五	芬顿反应系统	材质：6 mm 钢结构 尺寸：3 m×2 m×3.5 m	座	1
1	硫酸亚铁加药系统	加药桶容积：500 L 计量泵制造商：浙江爱力浦 型号：JXM-A85/1 Q=85 L/h，H=100 m，N=0.37 kW	套	1
2	过氧化氢加药系统	加药桶容积：5 000 L 计量泵制造商：浙江爱力浦 型号：JXM-A85/1 Q=85 L/h，H=100 m，N=0.37 kW	套	1
3	搅拌机	制造商：上海瑞柯坤泰 转速：75 r/min　N=0.55 kW	台	2
六	pH 回调池	材质：6 mm 钢结构 尺寸：1 m×1 m×1 m	座	1
1	搅拌机	销售商：上海瑞柯坤泰 转速：75 r/min，N=0.55 kW	台	1
2	pH 仪	制造商：上海米联电子	套	1
3	碱液加药系统	加药桶容积：500 L 计量泵制造商：浙江爱力浦 型号：JXM-A85/1 Q=85 L/h，H=100 m，N=0.37 kW	套	1
七	混凝反应池	材质：6 mm 钢结构 尺寸：1 m×2 m×2.5 m	座	1
1	PAC 加药系统	加药桶容积：500 L 计量泵制造商：浙江爱力浦 型号：JXM-A85/1 Q=85 L/h，H=100 m，N=0.37 kW	套	1
2	PAM 加药系统	加药桶容积：500 L 计量泵制造商：浙江爱力浦 型号：JXM-A85/1 Q=85 L/h，H=100 m，N=0.37 kW	套	1
3	搅拌机（快混）	销售商：上海瑞柯坤泰 转速：75 r/min　N=0.55 kW	台	1

序号	项目名称	规格或型号	单位	数量
4	搅拌机（慢混）	销售商：上海瑞柯坤泰 转速：45 r/min　N=0.55 kW	台	1
八	斜管沉淀池	材质：6 mm 钢结构 尺寸：2.5 m×2 m×3.5 m	座	1
1	斜管	材质：PE	m³	5
九	综合调节池	结构：地下钢混结构 尺寸：3 m×4.75 m×3.5 m	座	1
1	综合调节池提升泵	制造商：浙江凯程泵阀 型号：40WQ12-15-1.5 Q=12 m³/h，H=15 m，N=1.5 kW	台	2
2	液位计	制造商：常州科佳仪表 类型：磁翻板液位计	套	1
3	流量计	制造商：常州科佳仪表 类型：玻璃转子流量计 量程：1～5 m³/h	套	1
十	UASB 塔	材质：6～10 mm 钢结构，半地埋 尺寸：5 m×5 m×8.5 m	座	1
1	三相分离器	材质：6 mm 钢结构	套	1
2	内循环泵	制造商：浙江凯程泵阀 型号：KLC80-100（I） Q=100 m³/h，H=12.5 m，N=5.5 kW	台	2
十一	BAF 池	材质：6 mm 钢结构 尺寸：4 m×3 m×4 m	座	1
1	罗茨鼓风机	制造商：章丘万豪机械 型号：WH65-65A Q=1.55 m³/min，N=5.5 kW	台	2
2	BAF 填料	销售商：江苏中德	m³	30
3	曝气系统	自制	套	1
4	布水系统	自制	套	1
十二	过滤中间池	材质：6 mm 钢结构 尺寸：1 m×1 m×4 m	座	1
1	过滤加压泵	制造商：浙江凯程泵阀 型号：KLC50-160 Q=8.8 m³/h，H=33 m，N=3 kW	台	2
2	液位计	制造商：常州科佳仪表 类型：磁翻板液位计	套	1
十三	沸石罐	材质：6 mm 钢结构 尺寸：ϕ×H=1.0 m×2.5 m	座	1
1	活性沸石		m³	1.5
十四	炭滤罐	材质：6 mm 钢结构 尺寸：ϕ×H=1.0 m×2.5 m	座	1
1	椰壳活性炭	销售商：巩义崇山滤材 典值：800 m/g	m³	1.5
十五	消毒池	材质：6 mm 钢结构 尺寸：2.0 m×1.0 m×3.0 m	座	1
1	臭氧发生器	制造商：江苏中德 产臭氧量：80 g/h	台	1
十六	清水池	材质：6 mm 钢结构 尺寸：2.5 m×2.0 m×3.0 m	座	1

序号	项目名称	规格或型号		单位	数量
十七	污泥浓缩池	材质：6 mm 钢结构	尺寸：2.5 m×2.0 m×3.0 m	座	1
1	板半框压滤机	制造商：杭州金润永昌	型号：BAMYJ20/650-UA	台	1
2	螺杆泵	制造商：浙江凯程泵阀 型号：G25-1 Q=2 m³/h，H=60 m，N=1.5 kW		台	1

7 运行费用分析

7.1 配备动力一览表

表 21 配备动力一览表

序号	设备	单位	数量		单机功率/ kW	装机功率/ kW	运行功率/ kW	运行时间/ h	耗电量/ (kW·h/d)
			工作	备用					
1	DMF 废水调节池提升泵	台	1	1	0.55	1.1	0.55	20	11
2	隔膜计量泵	台	7	0	0.37	2.59	2.59	20	51.8
3	搅拌机	台	4	0	0.55	2.2	2.2	20	44
4	间苯二胺废水调节池提升泵	台	1	1	0.55	1.1	0.55	20	11
5	微电解循环泵	台	1	1	1.5	3.0	1.5	20	30
6	综合调节池提升泵	台	1	1	1.5	3.0	1.5	20	30
7	UASB 循环泵	台	1	1	5.5	11	5.5	16	88
8	罗茨鼓风机	台	1	1	5.5	11	5.5	24	132
9	螺杆泵	台	1	0	1.5	1.5	1.5	10	15
10	臭氧发生器	台	1	0	6	6	6	20	120
	合计				—				532.8

7.2 综合运行成本分析

表 22 运行成本分析

序号	项目	单位	数量	单价/元	运行成本/（元/d）
1	电力消耗	kW·h/d	532.8	0.6	319.68
2	化学品消耗	kg/d		元/kg	—
2.1	过氧化氢的消耗	—	209.6	1.40	293.44
2.2	硫酸亚铁的消耗	—	80	0.6	48
2.3	PAM 的消耗	—	0.5	20	10
2.4	碱的消耗	—	25	4	100
2.5	PAC	—	8	2	16
3	合计	—	—	—	787.12
4	设计日处理能力	m³	80	—	—
5	吨水运行成本	元/t	—	—	9.84

备注：以上预算为根据厂方所提供数据以及我司以往经验所推算（不含人工成本），可能在实际运行过程中会有一定出入。

8 工程建设进度

本工程建设周期为 2 个月，为缩短工程进度，确保该中水回用水处理设施如期实现环保验收，各分部、分项工程和安装以及调试工作等协调、交叉开展，具体工程进度安排如表 23 所示。

表 23 工程进度表

工作内容＼天	5	10	15	20	25	30	35	40	45	50	55	60
准备工作	▬											
场地平整		▬										
设备基础			▬▬									
设备材料采购		▬▬▬										
水池构筑物施工					▬▬▬							
设备制作安装				▬								
外购设备						▬▬▬▬						
其他构筑物							▬▬					
设备防腐										▬		
管道施工								▬▬▬				
电气施工									▬▬			
竣工验收											▬▬	

9 工程售后服务承诺及事故应急处理措施

（1）土建构筑物除人为不可抗拒因素外，质量保证一年；

（2）非标设备、管道保期为一年，"三保"期满后，若发生故障，则以收取成本费提供服务；

（3）本方案的主机设备有两台，当其中一台出现故障时，由另一台备用设备工作，以保证废水回用处理系统能正常运行；同时厂内必须尽快维修出现故障的设备，防止两台设备同时出现故障；

（4）为保证处理设备的正常运行，应加强设备的日常维护和巡检，在停产期（节假日等）安排检修或大修；

（5）建立规范的操作规程和健全的事故报警制度。

实例十　宁波某化工有限公司 1 000 m³/d 生产废水循环处理工程

1　项目概况

该化工有限公司位于宁波市镇海区后海塘工业园区，是一家专业生产聚丙烯树脂的企业，专业从事系列 ABS、SAN、EP 塑料粒子和 SBL 系列乳胶（latex）产品的开发、生产和销售，年产量可达 75 000 t。

目前，企业欲新建一套生产废水回用系统，对经过原有废水处理站处理达到排放标准的废水进行再处理，处理后的中水水质达到《循环冷却水系统及水质控制指标》，回用于车间生产。该中水回用工程总占地面积 81 m²，系统总装机容量 12.5 kW，中水回用成本约 0.86 元/m³ 中水（不含折旧费）。

2　设计依据

2.1　设计依据

（1）业主提供的各种相关基础资料（水质、水量、回用水要求等）；

（2）现场踏勘资料，现场采集水样的分析数据；

（3）《循环冷却水系统及水质控制指标》；

（4）其他相关标准。

2.2　设计原则

（1）认真贯彻国家关于环境保护工作的方针和政策，使设计符合国家的有关法规、规范、标准；

（2）综合考虑废水进、出水水质及水量特征，选用的工艺应技术先进、稳妥可靠、经济合理、安全适用；

（3）妥善处理和处置中水回用处理过程中产生的污泥和浮渣，避免造成二次污染；

（4）中水回用处理系统的自动控制系统应管理方便、安全可靠、经济实用；

（5）中水回用处理系统平面布置力求紧凑，减少占地面积和投资；高程布置应尽量采用立体布局，充分利用地下空间。

2.3　设计范围

本工程的设计范围仅包括中水回用处理系统，包括至回用水池的工艺、土建、构筑物、设备、电气、自控及给排水的设计。不包括回用水池至车间的配水系统，从中水回用处理站外至站内的供电、供水系统以及站内的道路、绿化等。

3　主要设计资料

3.1　设计进水水质

根据建设单位提供的资料,设计产水量为 1 000 m^3/d。本方案设计采用一体化处理设备,处理量为 10 m^3/h。

设计进水水质指标如表 1 所示。

表 1　设计废水进水水质

序号	污染物名称	达标废水水质
1	pH	7.6
2	浊度	5
3	色度	≤20
4	总硬度/（mg/L）	≤1 902
5	氯化物/（mg/L）	≤174.77
6	碱度/（mg/L）	≤504
7	电导率/（μS/cm）	≤5 400
8	铁/（mg/L）	≤0.3

3.2　设计出水水质

根据建设单位要求,废水经处理后应达到《循环冷却水系统及水质控制指标》,具体水质指标要求如表 2 所示。

表 2　循环用水水质要求

序号	污染物名称	标准
1	pH	6.5～9.0
2	COD_{Cr}/（mg/L）	≤60
3	浊度	≤5
4	铁/（mg/L）	≤0.3
5	氯离子/（mg/L）	≤500
6	总锌/（mg/L）	≤1.5
7	总碱度/（mg/L）	≤350
8	总正磷酸盐含量/（mg/L）	≤6.5
9	钙硬度/（mg/L）	≤400
10	WC 电导率/（μS/cm）	≤3 500

4　处理工艺

4.1　工艺流程

由于经该企业原有废水处理系统处理达到排放标准的出水中的总硬度、碱度、电导率等污染物指标超出《循环冷却水系统及水质控制指标》及建设方要求的生产车间用循环用水标准,因此本回用水处理系统的重点在于处理此类污染物。建设方原要求的指标中有磷酸盐一项，但由于废水中存在较多钙离子，因此磷酸根离子不可能大量存在，故可不予考虑。本项目设计采用专利产品——一体化多元高效中水回用处理设备，能对废水中的上述污染物进行高效去除，使设备出水水质稳定达到生产车间的循环用水要求，经过回用处理设备处理后的废弃浓液可再排入建设方的废水处理系统进行再处理，整个处理系统不造成二次污染。

工艺流程如图 1 所示。

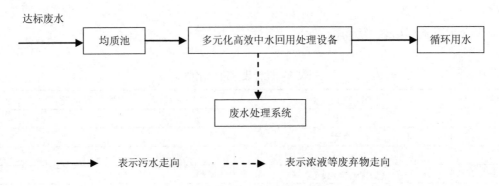

图 1　废水循环利用处理工艺流程

4.2　工艺流程说明

本处理工艺主要由两部分组成：

均质池：经企业现有的废水处理系统处理后的废水经提升泵提至均质池内，在此调节水质和水量，以减少对后续处理构筑物的冲击。

多元化高效中水回用处理设备：均质池的出水经提升泵提升至该中水回用处理设备中，处理后的出水回用于生产车间，出水浓液返至企业原有的废水处理系统重新进行处理。

该多元化高效中水回用处理设备是集加药、浮除、臭氧氧化、超滤于一体的高效水处理设备。该设备主要以离子浮选法为依据，利用化学分子体系中的布朗运动和双膜理论以及水力学、流体力学等理论体系设计制造。根据废水水质特点，向废水中投加混凝剂，利用浮除原理去除废水中的溶解性污染物、呈胶体状态的物质、表面活性剂等。以分子态或离子态溶于废水中的污染物在浮除前进行一定的化学处理，将其转化为不溶性固体或可沉淀（上浮）的胶团物质，成为微细颗粒，然后通过进行气粒结合予以分离，从而达到去除污染物、净化水质的目的。由于影响该厂废水回用的主要指标是 COD 和 SS，而通过该一体化设备的处理，废水中的 COD 和 SS 能得到高效稳定地去除，从而保证回用水的水质符合要求。

该设备在处理废水的同时还以臭氧为氧化剂，在高压放电的环境中将空气中的部分氧分子激发分解成氧原子，氧原子与氧分子结合生成强氧化剂——臭氧，从而能有效降解 COD 等各种污染物及多种有害物质。经过臭氧处理后的废水再经过超滤膜处理，使废水中的重金属离子等各种污染物得到进一步去除，从而实现对废水的高效净化，出水稳定达到车间回用的要求。

4.3　工艺特点

（1）该工程采用自主研发的多元化中水回用处理设备，该设备集加药、浮除、臭氧氧化、超滤于一体，能高效去除废水中的各种污染物，出水稳定达到回用标准；

（2）该设备布置紧凑，占地面积小。

图2　多元化高效中水回用处理设备

5　构筑物及设备参数设计

5.1　均质池

数量：1座；
结构形式：钢混；
有效容积：166 m³；
水力停留时间：4 h；
规格尺寸：$L×B×H$=10.0 m×5.5 m×3.2 m。
均质池主要设备如表3所示。

表3　均质池主要设备参数

设备	数量	规格型号	功率	备注
提升泵	2台（1用1备）	KQWQ80-43-13	3.0 kW	流量43 m³/h；扬程13 m

5.2　多元化高效中水回用处理设备

数量：1套；
设计处理水量：10 m³/h；
结构形式：地上钢结构；
规格尺寸：$L×B×H$=6.5 m×4.0 m×3.0 m；
功率：6.5 kW。

6　回用水处理系统布置

6.1　平面布置原则

（1）处理系统应充分考虑与厂区环境、地形、功能布置和现有管道系统协调；

（2）处理系统应充分考虑建设施工规划等问题，优化布置系统；

（3）根据夏季主导方向和全年风频，合理布置系统位置；

（4）处理构筑物应布置紧凑，节能高效，节约用地，便于管理。

6.2 高程布置原则

（1）充分利用地形设计高程，减少系统能耗；

（2）系统设计力求简洁、流畅，减少管件连接。

7 电气、仪表系统设计

7.1 设计规范

（1）《供配电系统设计规范》（GB 50052—2009）；

（2）《电力装置的继电保护和自动装置设计规范》（GB/T 50062—2008）；

（3）其他相关标准、规范。

7.2 设计原则

在保证回用水处理系统工艺达到要求的条件下，做到技术先进、操作简单、管理方便、安全可靠和经济合理。

7.3 设计范围

（1）保证回用水处理系统用电设备的配电、变电及控制系统；

（2）保证回用水处理系统自控系统的配电及信号系统。

该回用水处理系统的配电系统采用三相四线制、单相三线制，接地保护系统按常规设置。该回用水处理站安装负荷为 12.5 kW，使用负荷 9.5 kW，电缆采用穿管暗敷。室内照明用难燃塑料线槽明敷。

8 土建设计

（1）暂按天然地基考虑，施工图设计时，再根据地质报告决定基础形式。

风荷载：$0.35 \ kN/m^2$；

地震烈度：6 度。

（2）建、构筑物的基本设计情况：

①均质池为钢混结构，壁厚为 200 mm，两面粉刷，池底及池底与池壁相接处均作防水处理；

②回用水处理设备为 Q235 钢板和型钢焊接而成，设备的外壁、池底与基础接触的面均作热沥青防腐漆，池内壁刷两道红丹醇酸防锈底漆，再刷优良面漆。

9 运行费用分析

本工程运行费用由运行电费、人工费和药剂费等三部分组成。

9.1 运行电费

该工程总装机功率 6.5 kW，实际使用功率 5.0 kW，具体电耗如表 4 所示。

表 4 中水回用系统电耗

设备名称	装机功率/kW	使用功率/kW	使用时间/h	每天耗电/（kW·h）
废水提升泵	6.0	3.0	24	72.0
回用水处理设备	6.5	6.5	24	156.0
总计	12.5	9.5	—	228.0

电费按 0.70 元/（kW·h）计，则该回用水处理系统电耗为 9.5 kW，则回用水处理电费约为 0.16 元/m³ 中水。

9.2 人工费

本系统自动化程度较高，可由厂内管理人员兼职管理，人工费可不计。

9.3 药剂费

药剂主要为多元化高效一体化中水回用设备投加的药剂，中水回用系统药剂费约 0.70 元/m³ 中水。

综上所述，回用水处理成本约 0.86 元/m³ 中水。

10 工程建设进度

本工程建设周期为 2 个月，为缩短工程进度，确保该中水回用水处理设施如期实行环保验收，各分部、分项工程和安装以及调试工作等协调、交叉开展，具体工程进度安排如表 5 所示。

表 5 工程进度表

工作内容 \ 天	5	10	15	20	25	30	35	40	45	50	55	60
准备工作	━━											
场地平整		━━										
设备基础			━━									
设备材料采购			━━									
水池构筑物施工					━━━━━							
设备制作安装				━━━━								
外购设备						━━━						
其他构筑物								━━				
设备防腐										━━		
管道施工								━━				
电气施工									━━			
竣工验收												━

11　工程售后服务承诺及事故应急处理措施

（1）土建构筑物除人为不可抗拒因素外，质量保证一年；

（2）非标设备、管道保期为一年，"三保"期满后，若发生故障，则以收取成本费提供服务；

（3）本方案的主机设备有两台，当其中一台出现故障时，由另一台备用设备工作，以保证中水回用处理系统能正常运行；同时厂内必须尽快维修出现故障的设备，防止两台设备同时出现故障；

（4）为保证处理设备的正常运行，应加强设备的日常维护和巡检，在停产期（节假日等）安排检修或大修；

（5）建立规范的操作规程和健全的事故报警制度。

实例十一 福建某化工有限公司 4 100 m³/d 合成氨工业废水处理回用工程设计

1 工程概述

1.1 合成氨工业简介

氨是重要的无机化工产品之一，在国民经济中占有重要地位，主要作为含氮化肥（尿素、磷酸铵等）及一些化工产品（聚氨酯、聚酰胺纤维等）的生产原料。合成氨是大宗化工产品之一，合成氨生产过程中排放的废水组成复杂，氯离子含量高、腐蚀性强、处理难度大，在当前合成氨工业企业生产技术、装备水平条件下，多数企业难以实现全面达标排放。

为此，我公司整合自身在污水治理工程方面的经验和对合成氨行业多家企业进行摸底交流，开发与之相适应的治理设施工艺系统，能满足合成氨行业废水治理的要求。工艺技术条件成熟，操作简单，耐冲击负荷，适应水质变化，控制灵活，是适合合成氨工业末端污水治理的成熟可靠工艺。

图 1 多介质过滤器

1.2 技术特点——末端治理技术

（1）氨吹脱组合系统

在吹脱设备中，使废水和空气相接触，并不断排出气体，以改变气相浓度，始终保持实际浓度小于该条件下的平衡浓度,这样废水中溶解的气体就能不断转入气相,使废水得到处理。根据特殊情况下高浓度废水进水质量浓度 400~1 000 mg/L,采用 1 级吹脱工艺与 3 级循环水池吹脱组合即能满足生化进水要求需要。

氨氮吹脱塔采用高密度的填料塔,填料采用直径 25 mm 聚丙烯鲍尔环填充在塔内,采用 C 型烟斗式陶瓷喷头配水,其最大流量 0.5 m³/h;雾化状况好,喷雾角度 70°。

当废水的 pH 值在 11 时,游离氨的浓度在 90%,通过从塔底进入空气,含氨氮的废液从塔顶均匀进入,将废水温度控制在 30℃左右对废水进行鼓风吹脱,在吹脱塔下部设置调节 pH 值的吹脱循环水池,分三格,设置 2 台循环水泵进行废水提升循环吹脱使用,废水中氨氮的去除率可达 50%以上。

采用先进的吹脱工艺,保证物化系统对含高氨氮废水的预处理能达到进入生化系统进水水质要求,从而在整个工艺系统上保证氨氮排放指标在排放要求之内。

（2）前置反硝化和后置反硝化组合系统

生物脱氮处理采用前置反硝化和后置反硝化组合。生化进水的氨氮指标控制在 200 mg/L 以内,脱氮效率 80%,混合液回流比要在 400%的回流量,采用 2 级脱氮组合的工艺,前置反硝化和后置反硝化通过合理的工艺流程组合,组成顺畅的 2 级脱氮工艺,无须设置两组前置的反硝化池,减少了工艺构筑物、节省了占地面积和工艺回流系统投资、管理运行成本等。且该工艺能有效保证不会造成外加的碳源可能造成的 COD 升高问题从而影响出水 COD 不达标问题。工艺流程组合合理顺畅,实现多级除氮硝化交替缺氧好氧的可控灵活形式,通过控制曝气系统的供氧情况和回流量,从而控制反硝化和硝化的停留时间等,提高了工艺的耐冲击负荷性和操作的灵活性,既具有 ICEAS 的相似功能,又避免了因 ICEAS 电控系统复杂操作人员不容易掌握操作的情况。

2　初步技术方案

2.1　项目概述

该化工股份有限公司是以生产经营高效化肥为主的福建省重点企业,是全国化工行业百强企业。主产品年生产能力:尿素 20 万 t、食用二氧化碳 2 万 t、工业硅 2 万 t、与中国中化集团合资生产高效三元复合肥 20 万 t。

近三年公司将以合成氨为核心,加快企业技术改造步伐,形成合成氨 16 万 t、尿素 20 万 t、复合肥 30 万 t、硝酸铵 6 万 t、工业结晶硅 2 万 t、食用二氧化碳 3 万 t 能力和 12 MW 热电联产装置规模,步入大型企业行列。

2.1.1　合成氨过程

合成氨的生产方法一般包括三个基本阶段:

图 2　合成氨的生产方法

（1）原料气制备阶段

①造气阶段（造气车间）

合成氨需要纯净的氢、氮混合气体，氢氮比约为 3（3∶1）。以煤、焦煤为原料制备原料气分为两个阶段，第一阶段是生产半水煤气阶段，也叫制气阶段。其计量方程式为：

$$2C+O_2+3.76N_2=2CO+3.76N_2+248.7 \text{ kJ}$$

$$5C+5 H_2O=5CO+5 H_2-590.5 \text{ kJ}$$

总反应为：

$$7C+5 H_2O+O_2+3.76N_2=7CO+5 H_2+3.76N_2-341.8 \text{ kJ}$$

半水煤气中的一氧化碳在下一阶段的变换反应中转化为氢气（转化率为 90%），这样可使氢氮比达到 3 左右。

第二阶段是 CO 的变换阶段（变换车间）。

$$CO+H_2O=CO_2+H_2+43 \text{ kJ}$$

变化时用铁铬或铁镁作催化剂。

②净化阶段（净化车间）

原料气需经过净化后才能满足合成氨的要求。净化的要求是清除变换后生成的 CO_2（约含 30%），残余的 CO（2%～3%）以及微量的氧气、硫化氢等。此外，还有一些气体，如甲烷、氩，虽对催化剂无毒，但会影响合成氨的反应速率和转化率。在可能条件下也应尽可能去除。工业脱硫方法种类很多，通常是采用物理或化学吸收的方法，常用的有低温甲醇洗法（Rectisol）、聚乙二醇二甲醚法（Selexol）等。一般采用溶液吸收法脱除 CO_2。根据吸收剂性能的不同，可分为两大类：一类是物理吸收法，如低温甲醇洗法（Rectisol），聚乙二醇二甲醚法（Selexol），碳酸丙烯酯法。另一类是甲烷化法，精馏过程多采用此法。

（2）氨的合成（合成车间）

氨合成将纯净的氢、氮混合气压缩到高压，在催化剂的作用下合成氨。氨的合成是提供液氨产品的工序，是整个合成氨生产过程的核心部分。氨合成反应在较高压力和催化剂存在的条件下进行，由于反应后气体中氨含量不高，一般只有 10%～20%，故采用未反应氢氮气循环的流程。氨合成反应式如下：

$$N_2+3H_2=2NH_3（g）-92.4 \text{ kJ/mol}$$

（3）氨的分离

分离氨时先用冷水冷却，使绝大部分氨液化而分离出来，再在较低的温度下，用冷冻机使为数量不多的氨进一步冷凝分离。分离氨后的混合气，作为循环气，再导入合成塔。

2.1.2 废水来源

造气及脱硫洗涤水经澄清、降温后循环使用系统水膨胀，氨氮含量约 600 mg/L，悬浮物 SS 约 100 mg/L。该外排水其氨氮含量严重超标，必须送废水末端处理装置进行处理。循环凉水塔系统（合成工序、脱硫、变换及甲烷化、压缩机）排水、设备冷却回水、设备洗涤水等，其氨氮含量约 200 mg/L。水汽车间的废水包括脱盐水、软化水处理系统，其氨氮含量未超标，可达标排放。锅炉烟气系统除尘脱硫废水排放进入沉淀池沉淀后，部分外排水。以及合成铜洗含氨废水及合成尿素的循环用水定期外排水等。

2.2 设计进出水质及水量

2.2.1 进水水质

（1）进水悬浮物≤100 mg/L；

（2）进水 COD：20～1 000 mg/L；

其中：大部分时间在 20～60 mg/L；60～400 mg/L 时段主要发生在生产不正常的时候，持续时间约 24 h，每个月发生 1～3 次；400～1 000 mg/L 时段主要发生在停车检修排放的时候，持续时间约 96 h，但只有三个月停车检修才排放一次。

（3）进水氨氮 NH$_3$-N：20～1 000 mg/L；

其中：大部分时间在 20～40 mg/L；40～100 mg/L 时段主要发生在生产不正常的时候，持续时间约 24 h，每个月发生约 1 次；100～1 000 mg/L 时段主要发生在停车检修排放的时候，持续时间约 96 h，但只有三个月停车检修才排放一次。

（4）进水总氮：40～1 500 mg/L；

其中：大部分时间在 40～60 mg/L；60～150 mg/L 时段主要发生在生产不正常的时候，持续时间约 24 h，每个月发生约 1 次；100～1 000 mg/L 时段主要发生在停车检修排放的时候，持续时间约 96 h，但只有三个月停车检修才排放一次。

（5）水温：20～45℃；

（6）pH 值：5～9；

（7）盐含量：≤300 mg/L。

结合我公司对合成氨行业废水的调查情况和业主提供的相关水质指标，设计进水水质指标具体如表 1 所示。

表 1 设计废水进水水质

名称	油类/ （mg/L）	悬浮物/ （mg/L）	氨氮/ （mg/L）	硫化物/ （mg/L）	总氮/ （mg/L）	COD/ （mg/L）	pH
进水水质	10	100	20～1 000	1.0	40～1500	20～1000	6～9

针对每个月发生的生产不正常情况及检停修排放等特殊情况，我公司将设置单独的预处理系统进行处理后，设计水质按照厂方提供的最高进水水质设计。一般情况由于进水氨氮能满足微生物处理条件，将直接进入废水调节系统进行处理。

2.2.2 出水水质

（1）废水部分

结合我公司对纯碱行业废水的调查情况和业主提供的相关出水水质指标，出水水质指标一般执行《合成氨工业水污染物排放标准》（GB 13458—2013），具体如表 2 所示。

表 2 设计出水水质

名称	油类/ （mg/L）	悬浮物/ （mg/L）	氰化物/ （mg/L）	硫化物/ （mg/L）	氨氮/ （mg/L）	COD/ （mg/L）	挥发酚/ （mg/L）	pH
排放标准	5	100	1.0	0.5	≤70	≤150	≤0.1	6～9

（2）中水部分

另企业要求做中水回用，提出了具体水质要求，指标如表3所示。

表3 中水水质

名称	总氮/（mg/L）	悬浮物/（mg/L）	氨氮/（mg/L）	COD/（mg/L）	总磷/（mg/L）	pH
企业要求	≤5	≤1	≤0.5	≤5	≤0.5	6～9

2.2.3 水量

根据甲方提供的资料，项目进水水量为4 100 m³/d，系统运行时间24 h，因此污水处理站进水流量为170 m³/h。

2.3 设计依据

（1）《中华人民共和国环境保护法》；

（2）《中华人民共和国水污染防治法》；

（3）《合成氨工业水污染物排放标准》（GB 13458—2013）；

（4）《室外排水设计规范》（GB 50014—2006，2014版）；

（5）《建筑给水排水设计规范》（GB 50015—2003，2009版）；

（6）《声环境质量标准》（GB 3096—2008）；

（7）《鼓风曝气系统设计规程》（CECS 97：97）；

（8）《混凝土结构设计规范》（GB 50010—2010）；

（9）《给水排水工程构筑物结构设计规范》（GB 50069—2002）；

（10）《给水排水工程钢筋混凝土水池结构设计规程》（CECS 138—2002）；

（11）《水处理设备 技术条件》（JB/T 2932—1999）；

（12）《污水处理设备 通用技术条件》（JB/T 8938—1999）；

（13）《建筑结构荷载规范》（GB 50009—2012）；

（14）《混凝土结构设计规范》（GB 50010—2010）；

（15）《建筑结构可靠度设计统一标准》（GB 50058—2001）；

（16）《钢结构设计规范》（GB 50017—2003）；

（17）《砌体结构设计规范》（GB 50003—2011）；

（18）《建筑桩基技术规范》（JGJ 94—2008）；

（19）《水工混凝土结构设计规范》（SL 191—2008）；

（20）《建筑抗震设计规范》（GB 50011—2010）；

（21）《构筑物抗震设计规范》（GB 50191—2012）；

（22）《建筑地基基础设计规范》（GB 50007—2011）；

（23）《建筑基础处理技术规范》（JGJ 79—2012）；

（24）《建筑设计防火规范》（GB 50016—2006）；

（25）其他国家相关规范、标准；

（26）我公司相关工程经验及业主提供的水质要求。

2.4   治理工艺选择

目前氨氮废水处理方法主要有以下几种：物理方法中的反渗透、蒸馏、土壤灌溉。化学方法有离子交换法、空气吹脱、化学沉淀法、折点氯化法、电渗透、电化学处理、催化裂解法。生物方法有硝化、反硝化、短程硝化反硝化等。但很多方法并不适合纯碱废水处理。

2.4.1   物理法

（1）空气吹脱法

空气吹脱法是使水作为不连续相与空气接触，利用水中组分的实际浓度与平衡浓度之间的差异，使氨氮转移至气相而除去。此法可将废水 pH 值调至碱性（9～11），废水中离子态 NH_4-N 转为分子态铵，然后通入空气将氨除去。但废水中氨氮并未完全除去，且会生成二次污染，因此该方法不适用。但是可以考虑和后续生化设施形成组合工艺，能满足废水处理要求。

（2）循环冷却水系统脱氨

循环冷却水系统由冷却塔、循环泵和换热设备组成。具有合适的水温、较长的停留时间、巨大的填料表面积、充足的空气等条件，可促使氨氮的转化，其中 80%为硝化作用，10%为解吸作用，10%为微生物作用。本方法适于低浓度氨氮废水。

（3）离子交换法

离子交换法是指利用天然的或是人工合成的带有交换官能团的物质对废水进行处理的方法。由于氨氮采用普通的强酸性或是弱酸性的阳离子交换树脂的去除效果并不理想，如果废水中的其他金属离子较多，对氨氮的选择性交换较弱，出水漏氨现象明显。目前开发的有专用离子交换树脂法，采用专用树脂，提高对氨氮的交换去除效果，反洗再生液可回收氨，具有较好的经济效益，但是离子交换树脂的投资较大，专用树脂的使用存在单一性，来源不广，且每年树脂更换率在 3%～7%，费用较高。可根据企业实际情况综合考虑，对循环水中氨氮较高的外排水，设备冷凝液，氨母液换热器等设备清洗液等，采用专用离子交换树脂方法进行回收废水中的氨氮。

（4）负压蒸馏

负压蒸馏方法原理是在负压条件下，在密闭的承压容器内加热使废水中的氨氮在较低的沸点条件下溜出，冷凝收集后回收游离态的氨，用盐水吸收形成固定形态氨后，回用工艺过程。此方法主要是针对跑冒漏滴形成的氨氮浓度较高冷凝液，碳化塔煮液，设备检修清洗水，水量相对较小的情况下进行连续蒸馏，可根据物料回收率考虑多效情况，但能耗指标有所下降，对产区的水汽车间工业锅炉的蒸汽依赖较大，且操作控制麻烦，根据企业实际情况，可采用一效或二效的蒸发，避免后续生物处理氨氮负荷过大。

2.4.2   化学法

（1）折点氯化法

折点氯化法是将氯气通入废水中达到某一点，在该点时水中游离氯含量较低，而氨的浓度为零。当氯气通入量超过该点时，水中的游离氯会增多，该点称为折点，该状态下的氯化称为折点氯化。折点氯化机理为氯气与氨反应生成无害的氮气。但此法对氯气使用安全和贮存要求高，对 pH 值要求高，产生的水需中和处理，因此处理成本高。另外，副产物氯铵和氯代有机物会造成二次污染。如果同生物法组合使用，不宜放置前端，因折点加氯法不易控制，很容易造成过量，造成后续生物处理效果不好。而放置在生物处理法后，则需要考虑氯气过量问题，可能需要脱氯。

（2）化学沉淀法

此法同样处理成本高且会造成二次污染，污泥量大，污泥中的有毒有害物质需要按照国家对有毒有害固体废弃物处置方式的专有方式进行回收处理，另外需投加混凝剂和针对氰化物，硫化等的专用絮凝剂，成本较高。化学沉淀法应根据实际情况，不宜单独采用，可根据废水悬浮物含量和有毒有害物质对生物化学处理的影响情况，综合考虑，采用组合工艺，对废水进行处理，有效节省成本，以达到处理废水的排放要求。

2.4.3　自然处理法

（1）氧化塘

氧化塘工艺是经过人工适当修正过的土地，设围堤或防渗层的池塘，主要利用自然生物净化功能使污水得到净化的一种污水处理工程技术。氧化塘方法较适合高氨氮的外排废水、种植水葫芦，芦苇等对氨氮高吸收利用的功能的水生植物。氧化塘费用较一般废水处理工艺运行费用低，基本无运行费用，但是占地面积跟土壤处理法一样，不适合用地面空间紧张的企业。

（2）土壤灌溉法

把低浓度的氨氮废水（<50 mg/L）作为农作物的肥料来使用。但纯碱废水呈碱性，不适用。需要较大的土地面积，一般工业产区不适合此种处理方式，土地成本较高，适合在郊区具有较大农用面积产区。且要污染物其他指标需要达到农用水标准，纯碱废水的碱性回调，需好用大量的酸，成本相对较低，但需要根据实际情况采用，因地制宜。

2.4.4　生物法

（1）传统硝化、反硝化

生物法分为硝化和反硝化两个阶段，在将有机氮转化为氨氮的基础上，硝化阶段是将污水中的氨氮转化为亚硝酸盐氮或硝酸盐氮的过程，反硝化阶段是将硝化过程中产生的硝酸盐或亚硝酸盐还原成氮气的过程。由于硝化、反硝化工艺在反硝化阶段需要有一定的有机物，而纯碱废水基本无有机物，需加入大量的碳源（如甲醇）。

在生化阶段采用传统的生物脱氮方法，常用的生物脱氮方法有前置生物脱氮法（A/O 工艺）和后置生物脱氮法。后置生物脱氮法占地比前置生物脱氮法的大，增加了工程的基建投资；在处理纯碱费时中，相对于前置反硝化过程需要外加更多的碳源，这样将增加废水的处理成本且外加碳源的量不易控制，易造成出水 COD 上升。而前置生物脱氮法具有占地少、针对纯碱费时外加碳源少、出水 COD 基本不影响等优点，相比于后置反硝化采用前置反硝化更具优势。

（2）短程硝化、反硝化

将硝化反应控制在氨氮化产生 NO_2^- 阶段，阻止其进一步氧化，直接以 NO_2^- 作为反消化菌体呼吸链氢受体进行反硝化。此过程减少了亚硝酸盐氧化成硝酸盐，然后硝酸盐再还原成亚硝酸盐的反应，降低了消耗。短程硝化工艺比传统工艺节省压缩空气 25%，相应电耗大幅降低；节省反硝化所需的有机碳源 40%，这对 C/N 比值低的合成氨排水来说，可节省不少处理药剂成本；省去了二步反应，使硝化反应时间缩短，好氧池池容较小，降低了投资；二氧化氮直接反硝化速率又比三氧化氮速度高 63%，可缩短反硝化时间，减少基建投资 20%～25%；外排污泥减少 40%～50%，可降低污泥处理费用 50%；减少硝化反应加碱量，因反硝化效率提高 95%以上，相应会多产生剩余碱供硝化反应，节省中和用碱量 30%。综合来看，短程硝化 A/SBR 处理新工艺节能、节水、节投资、省处理费，比传统工艺省基建投资 20%～30%，省污水处理费用 20%～30%，推广价值很大。

合成氨行业废水处理主要采用氨液蒸馏的方法或是离子交换除氮作源头处理，氨液蒸馏后的残液可使用生物法如硝化、反硝化去氮作最终末端处理。

2.5　治理工艺流程

2.5.1　总体工艺流程

本项目工艺流程主要包括调节池→（喷雾冷却系统）→初曝池→反硝化池→硝化反应池→二沉

池→斜发沸石交换→清水池→机械过滤→离子交换→保安系统→纳滤→产水箱→出水回用。

2.5.2　工艺流程图

具体工艺流程如图 3 所示。

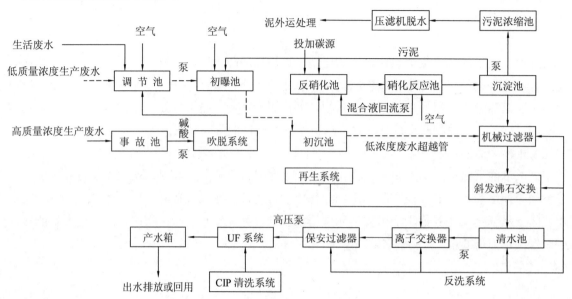

说明：图中虚线条为低浓度废水所走管线，其余为高浓度废水所走管路系统。

图 3　合成氨工业废水处理工艺流程图

2.6　主要构筑物参数设计

2.6.1　事故池

作用：收集事故或装置停产检修时产生的瞬时来水，避免对污水处理站处理单元造成冲击负荷，进行预处理，避免影响系统的稳定运行。

设计规模：140 m^3/h；

数量：1 座；

停留时间：8 h；

结构：钢筋混凝土，地下 4.5 m；

有效池容：1 200 m^3；

尺寸：$L \times B \times H$=27.0 m×10.0 m×4.5 m，超高 0.5 m。

表 4　事故池主要设备

设备	数量	规格型号	功率	备注
提升泵	2 台（1 用 1 备）	—	11.0 kW	流量 150 m^3/h；扬程 10 m
超声波液位计	1 套	—	—	0～5 m
管道式电磁流量计	1 台	—	—	DN150
预曝气系统	1 套	—	—	DN50
pH 计	1 台	—	—	0～14

2.6.2　调节池

作用：对来水或事故池提升过来的污水进行水质水量均衡调节；

设计规模：170 m³/h；

数量：1 座；

停留时间：7 h；

结构：钢筋混凝土，地下 4.5 m；

有效池容：1 200 m³；

尺寸：$L \times B \times H$=30.0 m×10.0 m×4.5 m，超高 0.5 m。

表5 调节池主要设备

设备	数量	规格型号	功率	备注
提升泵	2台（1用1备）	—	11.0 kW	流量 170 m³/h；扬程 10 m
超声波液位计	1 套	—	—	0～5 m
管道式电磁流量计	1 台	—	—	DN150
预曝气系统	1 套	—	—	DN50
pH 计	1 台	—	—	0～14

2.6.3 氨吹脱塔

作用：回收废水中的氨氮，减轻后续生化单元的氨氮负荷，降低氨氮对微生物的毒害作用；

设计规模：140 m³/h；

数量：4 座；

结构：PP 结构；

尺寸：$\phi \times H$=2.6 m×10 m。

表6 氨吹脱塔主要设备

设备	数量	规格型号	功率	备注
离心风机	4 台	—	15.0 kW	风量 50 000 m³/h；风压 1 500 kPa

2.6.4 氨吸收塔

作用：回收吹脱空气中的氨氮，避免造成二次污染；

设计规模：140 m³/h；

数量：4 座；

结构：PP 结构；

尺寸：$\phi \times H$=2.0 m×10 m。

表7 氨吸收塔主要设备

设备	数量	规格型号	功率	备注
循环泵	2 台	—	4.0 kW	流量 35 m³/h；扬程 11 m

2.6.5 初曝池

作用：对废水进行曝气，完成除碳过程；

设计规模：140 m³/h；

数量：2 座；

停留时间：2 h；

有效容积：280 m^3；

结构：钢筋混凝土，地上；

尺寸：$L \times W \times H$=10.0 m×3.5 m×4.5 m。

表 8　初曝池主要设备

设备	数量	规格型号	功率	备注
曝气系统	1 套	—	—	DN50

2.6.6　初沉池

作用：泥水分离，除悬浮物；

设计规模：170 m^3/h；

数量：4 座；

表面负荷：2.2 m/s；

有效面积：80 m^2；

结构：钢筋混凝土，地上；

尺寸：$L \times B \times H$=10.0 m×2.0 m×4.5 m。

表 9　初沉池主要设备

设备	数量	规格型号	功率	备注
刮吸泥机	4 套	—	—	—

2.6.7　反硝化池

作用：进行硝化反应脱氮，在此处采用磁力泵计量投加补充部分碳源；

设计规模：170 m^3/h；

数量：6 座；

停留时间：5 h；

结构：钢筋混凝土，地上；

有效池容：850 m^3；

尺寸：$L \times B \times H$=10.0 m×3.5 m×4.5 m。

表 10　反硝化池主要设备

设备	数量	规格型号	功率	备注
潜水搅拌机	6 台	—	0.75 kW	—

2.6.8　硝化池

作用：进行硝化反应脱氮，在此处采用磁力泵计量投加补充部分碳源；

设计规模：170 m^3/h；

数量：6 座；

停留时间：5 h；

结构：钢筋混凝土，地上；

有效池容：850 m^3；

尺寸：$L \times B \times H$=10.0 m×3.5 m×4.5 m。

表 11 硝化池主要设备

设备	数量	规格型号	功率	备注
混合液回流泵	6 台	—	5.5 kW	流量 200 m³/h；扬程 4～5 m
曝气头	500 个	—	—	D215

2.6.9 二沉池

作用：泥水分离，除悬浮物；

设计规模：170 m³/h；

数量：2 座；

表面负荷：1.1 m/s；

有效面积：40 m²；

结构：钢筋混凝土，地上；

尺寸：$L \times B \times H$=10.0 m×2.0 m×4.5 m。

表 12 二沉池主要设备

设备	数量	规格型号	功率	备注
排泥泵	1 台	—	—	—
斜管	40 m²	—	—	D50

2.6.10 多介质过滤器

作用：过滤吸附悬浮物；

设计规模：170 m³/h；

数量：6 座；

滤速：12 m/h；

结构：钢结构；

尺寸：$\phi \times H$=1.8 m×2.5 m。

表 13 多介质过滤器主要设备

设备	数量	规格型号	功率	备注
反洗装置	1 套	—	—	与清水池加压提升泵共用

2.6.11 斜发沸石交换器

作用：过滤吸附二沉池出水中的氨氮；

设计规模：170 m³/h；

数量：4 座；

滤速：17 m/h；

结构：钢结构；

尺寸：$\phi \times H$=1.8 m×2.5 m。

表 14 斜发沸石交换器主要设备

设备	数量	规格型号	功率	备注
再生装置	1 套	—	4.0 kW	—

2.6.12 清水池

作用：用于储存过滤出的水；

设计规模：170 m^3/h；

数量：1 座；

停留时间：0.5 h；

结构：钢筋混凝土，地上；

有效池容：85 m^3；

尺寸：$L×B×H$=6.0 m×3.5 m×4.5 m。

表 15 清水池主要设备

设备	数量	规格型号	功率	备注
中间加压提升泵	2 台	—	11.0 kW	流量 170 m^3/h；扬程 10 m

2.6.13 污泥存储池

作用：储存污泥；

设计规模：50 m^3/h；

数量：2 座；

停留时间：12 h；

结构：钢筋混凝土，地下；

有效池容：50 m^3；

尺寸：$L×B×H$=3.7 m×3.45 m×4.5 m。

表 16 污泥存储池主要设备

设备	数量	规格型号	功率	备注
曝气系统	1 套	—	—	DN50
压滤机	1 台	—	—	—
螺杆泵	2 台	—	2.2 kW	流量 5 m^3/h；扬程 60 m

2.6.14 离子交换混床

作用：过滤吸附悬浮物；

设计规模：170 m^3/h；

数量：6 座；

滤速：18 m/h；

结构：钢结构；

尺寸：$\phi×H$=1.4 m×2.5 m。

表 17　离子交换混床主要设备

设备	数量	规格型号	功率	备注
反洗装置	1 套	—	—	与清水池加压提升泵共用

2.6.15　UF 系统

数量：3 套；

设计水温：25℃；

设计产水量：42.5 m³/h；

回收率：≥70%；

脱盐率：≥10 万 u（道尔顿）；

膜元件主要技术参数：膜材质：聚丙烯；

有效膜面积：400 ft²；①

透水量：41.6 m³/（d·支）；

pH 范围：3～10；

最高进水不超过温度：45℃。

表 18　UF 系统主要设备

设备	数量	规格型号	功率	备注
UF 进水高压泵	4 台	—	15 kW	—
反洗泵	2 套	—	15 kW	—
CIP 清洗系统	2 套	—	—	—
产水箱	2 套	—	—	50 m³

2.6.16　设备控制间

工艺尺寸：$L \times B \times H = 18.0\ m \times 9.0\ m \times 4.0\ m$；

结构形式：框架。

表 19　设备控制间主要设备

设备	数量	规格型号	功率	备注
氢氧化钠加药装置	1 套	—	—	235 L/h
硫酸加药装置	1 套	—	—	235 L/h
排气扇	8 套	—	—	3 000 m³/h

2.7　主要构筑物及主要设备材料清单

2.7.1　主要构筑物

表 20　主要构筑物一览表

序号	名称	工艺尺寸	单位	数量	备注
1	事故池	27 m×10 m×4.5 m	座	1	钢砼
2	调节池	30 m×10 m×4.5 m	座	1	钢砼
3	初曝池	10 m×3.5 m×4.5 m	座	2	钢砼

---

① 1ft²=9.29×10⁻² m²。

序号	名称	工艺尺寸	单位	数量	备注
4	初沉池	10 m×2 m×4.5 m	座	4	钢砼
5	反硝化池	10 m×3.5 m×4.5 m	座	6	钢砼
6	硝化池	10 m×3.5 m×4.5 m	座	6	钢砼
7	二沉池	10 m×2 m×4.5 m	座	2	钢砼
8	污泥池	3.7 m×3.5 m×4.5 m	座	2	钢砼
9	清水池	6 m×3.5 m×4.5 m	座	1	钢砼
10	设备控制间	30 m×9 m×4 m	座	1	框架

2.7.2 主要设备材料

表 21 主要设备材料一览表

序号	名称	型号及规格	单位	数量	备注
1	污水提升泵	Q=150 m³/h，H=10 m，N=11 kW	台	6	耐酸碱化工泵
2	液位计	0~5	套	2	
3	流量计	0~200 m³/h	个	2	
4	在线 pH 仪	0~14	套	2	
5	硫酸加药装置	150 L/h 配套计量泵、搅拌机	套	1	PVC
6	片碱加药装置	235 L/h 配套计量泵、搅拌机	套	1	PVC
7	预曝气装置	DN50	套	1	UPVC
8	初曝池曝气系统	DN50	套	1	
9	刮吸泥机	行车式，配套自吸泵	套	6	Q235
10	吹脱塔	$\phi \times H$=2.6 m×10 m	套	4	配套风机
11	吸收塔	$\phi \times H$=2.0 m×10 m	套	4	配套喷淋循环泵
12	潜水搅拌器	0.75 kW	台	6	
13	曝气头	D215	个	500	
14	斜管	直径 80	mm	40	PP
15	斜管支架	L50	mm	40	Q235
16	罗茨鼓风机	功率 55 kW	套	2	UPVC
17	箱式压滤机	XMY15/450-UB，1.5 kW	台	1	液压压紧自动保压
18	污泥螺杆泵	G30-1，2.2 kW	台	1	单螺杆泵
19	排泥泵	Q=75 m³/h，H=5 m，N=4 kW，离心泵	台	2	铸钢
20	排气扇	0.25 kW	台	8	碳钢
21	混合液回流泵	Q=100 m³/h，H=4 m，N=5.5 kW	台	6	铸钢
22	斜发沸石交换器	$\phi \times H$=1.8 m×2.5 m	套	4	碳钢衬胶
23	多介质过滤器	$\phi \times H$=1.8 m×2.5 m	台	4	碳钢衬胶
24	离子交换混床	$\phi \times H$=1.4 m×2.5 m	套	6	玻璃钢
25	UF 系统	配套 CIP 酸碱清洗、反洗泵、产水箱	套	3	
26	电气控制		项	1	
27	自动控制（PLC）		项	1	
28	再生系统	石灰水再生装置、配套再生泵 2 套	套	2	
29	配件杂件、管道等		批	1	

2.8 技术经济分析

（1）电费

电费约 0.5 元/t 水，则每天电费为 2 050 元。

（2）药剂费用

本污水处理站运行中需要投加硫酸、片碱等药剂，各投加量及单价见表22。

表22 药剂用量及费用统计表

序号	药剂名称	吨水投加量	每天总用量	单价	总价	吨水价格/元
1	片碱	30 mg/kg	123 kg	2 000 元/t	246	0.06
2	硫酸	15 mg/kg	62 kg	600 元/t	37.2	0.01
3	甲醇		300 kg	3 500 元/t	1 050	0.257
	小计				1 333.2	0.327

每天投药费用约1 333.2元。

（3）人工费用

废水处理系统设全职工作人员5人，月人均工资按2 000元估算，全职工作人员日工资费用为333.3元。

（4）污泥处理费

吨污泥处理费按200元计，则每天约1 t污泥，则费用为200元。

（5）直接处理成本

总成本估算=电费+药品费用+人工费+污泥处理费

=2 050+1 333.2+333.3+200=3 916.5

平均吨水直接运行费用约：3 916.5÷4 100=0.95元/t废水。

2.9 占地面积

工程总占地面积约为1 650 m²。

3 工程建设进度

本工程建设周期为12个月，为缩短工程进度，确保该中水回用水处理设施如期实行环保验收，各分部、分项工程和安装以及调试工作等协调、交叉开展，具体工程进度安排如表23所示。

表23 工程进度表

工作内容 \ 月	1	2	3	4	5	6	7	8	9	10	11	12
准备工作	▬											
场地平整		▬										
设备基础			▬									
设备材料采购			▬									
水池构筑物施工					▬▬▬▬							
设备制作安装				▬▬▬▬▬▬▬▬								
外购设备						▬▬						
其他构筑物							▬▬▬▬					
设备防腐									▬▬▬			
管道施工								▬▬▬				
电气施工								▬▬▬				
竣工验收											▬	

4　工程售后服务承诺及事故应急处理措施

（1）土建构筑物除人为不可抗拒因素外，质量保证一年；

（2）非标设备、管道保期为一年，"三保"期满后，若发生故障，则以收取成本费提供服务；

（3）本方案的主机设备有两台，当其中一台出现故障时，由另一台备用设备工作，以保证废水回用处理系统能正常运行；同时厂内必须尽快维修出现故障的设备，防止两台设备同时出现故障；

（4）为保证处理设备的正常运行，应加强设备的日常维护和巡检，在停产期（节假日等）安排检修或大修；

（5）建立规范的操作规程和健全的事故报警制度。

实例十二 江西某科技公司 350 m³/d 水晶玻璃制造 生产废水处理工程设计

1 工程概况

该科技有限公司专业从事水晶玻璃等产品生产以及销售（年产 1 828 万包水晶钻石，其中 2.0～5.0 mm 各规格共 1 000 t）。根据江西省环境保护厅赣环行罚告〔2011〕145 号文件，要求需对铣磨车间污水进行污水处理设施改造及赣环行罚告〔2011〕146 号文件要求新建化镀车间污水处理设施。基于上述原因，需将现有的铣磨车间污水处理设施进行改建。化镀车间进行新建污水处理设施，并且要求污水处理后进行回用。本项目处理后的排放水达到《城市污水再生利用 工业用水水质》（GB/T 19923—2005）标准。该公司生产实行每天 2 班，每班 9.5 h。本项目中铣磨车间污水产生量为 247 m³/d，化镀车间污水产生量为 100 m³/d，含银污水 3 m³/d，污水总量为 350 m³/d。

图 1 絮凝反应池

2 设计基础

2.1 设计依据

（1）国家现行的建设项目环境保护设计规定；

（2）甲方公司提供的基础资料（建设项目环境影响报告表）；

（3）设计技术规范与标准；

该污水处理项目的设计、施工与安装严格执行国家的专业技术规范与标准，其主要法律、规范与标准如下：

《中华人民共和国环境保护法》；

《地表水环境质量标准》（GB 3838—2002）；

《城市污水再生利用　工业用水水质》（GB/T 19923—2005）；

《室外排水设计规范》（GB 50014—2006，2014 版）；

《建筑给水排水设计规范》（GB 50015—2003，2009 版）；

《给水排水管道工程施工及验收规范》（GB 50268—2008）；

《水处理设备　技术条件》（JB/T 2923—1999）；

《电器装置安装工程　高压电器施工及验收规范》（GB 50147—2010）；

《电器装置安装工程　电力变压器、油浸电抗器、互感器施工及验收规范》（GB 50148—2010）；

《电器装置安装工程　母线装置施工及验收规范》（GB 50149—2010）；

《电器装置安装工程　电器设备交接试验标准》（GB 50150—2006）；

《电器装置安装工程　电器设备交接试验标准》（GB 50150—2016）；

《机械设备安装工程施工及验收通用规范》（GB 50231—2009）；

《现场设备、工业管道焊接工程施工规范》（GB 50236—2011）；

《项目环境影响报告表》和国家及省、地区有关法规、规定及文件精神。

2.2 设计原则

（1）执行国家有关环境保护的政策，符合国家的有关法规、规范及标准。

（2）针对本项目废水水质情况，选用技术先进可靠、工艺成熟稳定、处理效率高、占地面积小、运行成本低、操作管理方便的废水处理工艺，确保出水水质达标并节省投资。

（3）选用质量可靠，维修简便，能耗低的设备，尽可能降低处理系统运行费用。

（4）尽量采取措施减小对周围环境的影响，妥善处理、处置废水处理过程中产生的栅渣、污泥，合理控制噪声，气味，避免二次污染。

（5）总图布置合理、紧凑、美观。减少废水处理站内的废水提升次数，保证水处理工艺流程流畅。

2.3 设计、施工范围及服务

2.3.1 设计范围

本项目设计范围包括废水处理站的工艺设计，以及废水处理站内构筑物、工艺设备、电气自控及其安装、调试等。

2.3.2　施工范围及服务

（1）废水处理系统的设计、施工；

（2）废水处理设备及设备内的配件的提供；

（3）废水处理装置内的全部安装工作。包括废水处理设备内的电气接线；

（4）废水处理设备的调试，直至合格；

（5）免费培训操作人员，协同编制操作规章，同时做有关运行记录。为今后的设备维护、保养、提供有利的技术保障。

2.4　设计参数

2.4.1　废水来源

本项目的废水主要是化镀车间废水和铣磨车间废水以及少部分的含银废水。

2.4.2　处理水量

根据甲方提供总的废水处理量为 350 m^3/d，其中铣磨车间废水处理量为 247 m^3/d（原有处理设施改建）。化镀车间废水设计量为 100 m^3/d（新建处理设施）。含银废水 3 m^3/d。（注：厂方原有处理设施）

经处理后的废水需达到《城市废水再生利用 工业用水水质》（GB/T 19923—2005）表 3 标准。

本公司对铣磨车间废水进行了三次取样，每次分三个时间段进行取样测定，具体的数据见表 1。

表 1　铣磨车间废水三次取样测试情况

项目	测试值（2011 年 4 月 6 日）			测试值（2011 年 4 月 9 日）			测试值（2011 年 4 月 13 日）		
	水样 1	水样 2	水样 3	水样 1	水样 2	水样 3	水样 1	水样 2	水样 3
颜色	红色	红色	红色	白色	白色	白色	偏红	偏红	偏红
pH	5.14	5.08	5.26	5.68	5.75	6.09	5.24	5.55	5.75

根据上述取样测定分析，可以看出进水水质很不稳定，铣磨车间废水主要来源于机械的洗涤、抛盘和磨盘在削磨过程中产生的废水，废水中磨盘产生的废水成分复杂且有毒，抛盘所产生的废水主要成分是抛光粉、天然树脂、固化剂、白糖、氟化铵、油漆以及胶粉。

2.5　进水水质

根据上述取样测定分析，可以看出进水很不稳定，考虑到水质变化波动很大以及甲方的认可，设计废水进水水质如表 2 所示。

表 2　废水处理系统进水水质

指标　　　　项目	铣磨车间进水水质
SS/（mg/L）	400
色度	70
pH	5～6
COD/（mg/L）	350

2.6 回用水标准

本工程设计废水处理后达到循环利用零排放，采用《城市污水再生利用　工业用水水质》（GB/T 19923—2005）标准。

表3　《城市污水再生利用　工业用水水质》（GB/T 19923—2005）标准

项目　　　　　　　　指标	铣磨车间回用水质
SS/（mg/L）	≤30
色度	≤30
pH	6.5～9.0
COD/（mg/L）	≤60

3 设计处理方案

本设计方案是将废水分成三部分论述。

含银废水及化镀废水分别处理，而后与铣磨车间废水进行综合处理。

（1）化镀车间有两股废水：①含银废水；②含酸、碱、重金属离子等复杂成分的废水。

（2）铣磨车间废水含抛光粉（抛光粉主要由氧化铈、氧化铝、氧化硅、氧化铁、氧化锆、氧化铬等组分组成且含有毒性）、黏胶粉（黏胶粉主要由松香、虫胶、树脂）及磨盘上的天然树脂、固化剂、硫酸。不同的材料的硬度不同，在水中的化学性质也不同，因此使用场合各不相同。水钻铣磨车间主要的是铈污染（引起色度变化），铈污染是指铈及其化合物对环境的污染。铈及其化合物（如硝酸铈、草酸铈、氧化铈等）对人体表皮组织及视神经系统均有危害，吸食微量即可致残，甚至可危及人的生命。氧化铝和氧化铬的莫氏硬度为9，氧化铈和氧化锆为7，氧化铁更低。氧化铈与硅酸盐玻璃的化学活性较高，硬度也相当，因此广泛用于水钻的抛光。

根据其危害性比较大的特点为确保出水水质达到回用标准，同时兼顾工程投资和日常运行成本，根据类比调研结果和我公司工程实践经验，确定采用如下处理工艺。

3.1 总废水处理工艺流程

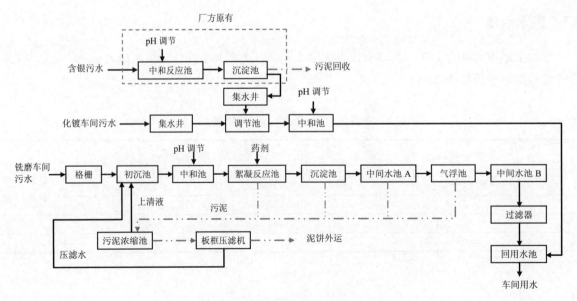

图2　废水处理总工艺流程

3.2　废水处理工艺流程说明

3.2.1　含银废水处理工艺流程说明

车间镀银废水中主要金属离子及 pH 值超标。该废水采用化学方法处理，含银废水流至集水井由提升泵提升至中和反应池调节 pH 值后进入沉淀池使含银废水产生沉淀，使之达到回用要求。其废水还含有部分游离金属离子超过排放标准，不能单独排放。因此该废水重新进入化镀车间废水处理工艺的调节池中和化镀车间产生的废水一起进行处理。

3.2.2　化镀车间废水工艺流程说明

化镀车间各工序不同，不同时段排放的废水水质也不同，pH 值变化大且废水含有少量金属离子。根据车间现有条件采用废水进入集水井收集，泵入调节池调节水质（综合），然后进入中和池调节 pH 值，而后进入铣磨车间废水处理站的回用池，供给铣磨生产用水。

3.2.3　铣磨车间废水工艺流程说明

铣磨车间废水含抛光粉（抛光粉主要由氧化铈、氧化铝、氧化硅、氧化铁、氧化锆、氧化铬等组分组成且含有毒性）、黏胶粉（黏胶粉主要由松香、虫胶、树脂组成）及磨盘上的天然树脂、固化剂、硫酸。

铣磨车间废水经过格栅去除较大的悬浮物，进入初沉池初步沉淀部分悬浮物，再由中和池调节 pH 值，进入絮凝反应池加入特殊的药剂使水中的复杂成分产生絮凝状体，流至沉淀池，上清液流入中间水池（A），用水泵泵入气浮池去除游离金属离子、胶体状物质及表面活性剂，清水流入中间水池（B），用提升泵泵入机械过滤器过滤后，进入回用水池，供给铣磨生产用水。

沉淀池中的污泥、气浮池中的浮渣、反应池中的遗留物均由于高位差自动流入污泥储蓄池由板框压滤机脱水，泥饼定期外运。污泥浓缩池中的上清液及板框压滤机流出的压滤水返回调节池进行再处理。

3.3　处理效果预测

表4　化镀车间废水处理效果预测

指标	项目	pH
调节池	进水	9～11
调节池	出水	10～11
中和池	进水	10～11
中和池	出水	7～8
回用标准		6.5～9

表5　铣磨车间废水处理效果预测

指标	项目	COD/（mg/L）	SS/（mg/L）	色度	pH
初沉池	进水	350	400	70	5～6
初沉池	出水	—	320	63	—
初沉池	去除率	—	20%	10%	—
中和池	进水	—	320	63	6～7
中和池	出水	—	304	—	10～11
中和池	去除率	—	5%	—	—

项目\指标	COD/（mg/L）	SS/（mg/L）	色度	pH
絮凝反应池 进水	—	304	—	10～11
絮凝反应池 出水	—	—	—	6.5～9
絮凝反应池 去除率	—	—	—	—
沉淀池 进水	350	304	63	—
沉淀池 出水	315	121.6	44.1	—
沉淀池 去除率	10%	60%	30%	—
气浮池 进水	315	121.6	44.1	—
气浮池 出水	63	72.96	26.46	—
气浮池 去除率	80%	40%	40%	—
机械过滤器 进水	63	72.96	26.46	—
机械过滤器 出水	50.4	21.89	21	—
机械过滤器 去除率	20%	70%	20%	—
回用水池	≤60	≤30	≤30	6.5～9

4　单体设计

4.1　含银污水

集水井		
数量	1 座（新建）	
尺寸	2.0 m×1.5 m×1.5 m（有效容积 1.5 m³）	
材质	全地上钢砼+防腐	
配用设备	（1）提升泵	
	数量	1 台
	型号	25FSB-10A
	材质	衬 F46
	参数：Q=3.6 m³/h；H=6 m；功率：1.1 kW	
	（2）浮球阀	
	型号	YQ98003-40
	数量	1 个
	参数	DN40

4.2　化镀车间废水

（1）集水井

数量	1 座（新建）	
材质	全地下钢砼+防腐	
尺寸	1.2 m×1.2 m×2.3 m	
配用设备	①提升泵	
	数量	1 台
	型号	JHF50-32-200
	材质	衬 F46
	参数：Q=5 m³/h；H=12.5 m；功率：1.1 kW	
	②浮球阀	
	型号	YQ98003-40
	数量	1 个
	参数	DN40

（2）调节池

数量	1座（新建）	
材质	全地上钢砼+防腐	
尺寸	5.0 m×2.0 m×3.0 m	
配用设备	潜水搅拌器	
	数量	1台
	型号	HQG-1.5
	材质	316不锈钢
	功率：1.5 kW	

（3）中和池

数量	1座（新建）	
材质	全地上钢砼+防腐	
尺寸	2.0 m×2.0 m×3.0 m（有效深度2.5 m）	
配用设备	①立式搅拌机	
	数量	1台
	型号	JBZ-300
	材质	304不锈钢
	参数：功率：1.5 kW	
	②pH在线监测仪	
	型号	P-20
	数量	1套
	③硫酸计量泵	
	数量	1台
	型号	GM-120/0.7
	材质	PVC/四氯（防腐）
	参数	Q=120/L；0.7 mPa；功率：0.37 kW
	④硫酸加药装置	
	数量	1台
	规格	500 L
	⑤浮球阀	
	型号	YQ98003-40
	数量	1个
	参数	DN40
	⑥电磁阀	
	型号	ZCBL-40
	数量	1个
	参数	DN40　常闭

4.3　铣磨车间废水

（1）初沉池

数量	1座（改建）
材质	全地下钢砼+防腐
尺寸	15.2 m×4.7 m×4.3 m

（2）中和池

数量	1座（改建）	
材质	全地下钢砼+防腐	
尺寸	7.0 m×2.0 m×5.0 m	
配用设备	①立式搅拌机	
	数量	1台
	型号	JBE-300
	材质	304 不锈钢
	功率	1.5 kW
	②pH 在线监测仪	
	型号	P-20
	数量	1套
	③NaOH 计量泵	
	数量	1台
	型号	GM-120/0.7
	材质	PVC/四氯（防腐）
	参数	Q=120 L/h；0.7 mPa；功率=0.37 kW
	④NaOH 加药装置	
	数量	1台
	规格	500 L
	⑤浮球阀	
	型号	YQ98003-50
	数量	1个
	参数	DN80
	⑥电磁阀	
	型号	ZCBL-50
	数量	1个
	参数	DN50　常闭

（3）絮凝反应池

数量	1座（改建）	
材质	全地下钢砼+防腐	
尺寸	19.9 m×15.2 m×5.0 m	
配用设备	①潜水搅拌器	
	数量	2套
	型号	HQG-1.5
	材质	304 不锈钢
	功率：1.5 kW	
	②pH 在线监测仪	
	型号	P-20
	数量	1套
	③药剂计量泵	
	数量	1台
	型号	GM-120/0.7
	材质	PVC/四氯（防腐）
	参数	Q=120/L；0.7 mPa；功率=0.37 kW
	④药剂加药装置	
	数量	1台
	规格	500 L

（4）沉淀池

数量	1座（原有）
材质	半埋式钢砼+防腐
尺寸	ϕ15 m×6 m

（5）中间水池 A

数量	1座（原有）	
材质	全地下钢砼+防腐	
尺寸	ϕ3.3 m×5.5 m	
配用设备	①提升泵	
	数量	2台（1用1备）
	型号	50FSB-20A
	材质	衬F46
	参数	Q=15 m³/h；H=10 m；功率：2.2 kW
	②浮球阀	
	数量	1个
	参数	DN50

（6）气浮池

数量	1座（原有）	
材质	全地上钢砼+防腐	
尺寸	17.27 m×6.75 m×2.6 m	
配备设备	①溶气罐	
	数量	1台
	型号	ϕ400 mm×2 000 mm
	②空气压缩机	
	数量	1台
	型号	ZB-0.118
	参数	功率：1.5 kW
	③刮渣机	
	数量	1台
	参数	功率：0.75 kW
	④释放器	
	数量	3个
	材质	不锈钢
	⑤计量泵	
	数量	1台
	型号	GM-120/0.7
	材质	PVC/四氯（防腐）
	参数	Q=120/L；0.7 mPa；功率=0.37 kW
	⑥加药箱	
	数量	1台
	规格	1 000 L
	⑦溶气泵	
	数量	2台（1用1备）
	型号	JHF80-50-200
	材质	304 防腐
	参数	Q=20 m³/h；H=12.5 m；功率：3.0 kW

（7）中间水池 B

数量	1 座（原有）
材质	全地上钢砼+防腐
尺寸	6.75 m×2.08 m×2.6 m

（8）机械过滤器

数量	1 座
滤料	活性炭
尺寸	ϕ 1 600 mm×3 200 mm

（9）回用水池

数量	1 座
材质	全地上钢砼+防腐
尺寸	27 m×6.69 m×4.5 m（原有）

（10）污泥浓缩池

数量	1 座（改建）	
材质	全地上钢砼+防腐	
尺寸	2.0 m×2.0 m×3.0 m	
配用设备	①板框压滤机	
	数量	1 台
	型号	XMY100/1000
	材质	碳钢
	参数	Q=20 m³/h；0.6 MPa；滤饼 30 mm
	功率	1.5 kW
	②污泥泵（螺杆）	
	数量	1 台
	参数	Q=8 m³/h；H=60 m；功率：1.5 kW

（11）设备房

数量	1 座（新建）
材质	全地上砖混
尺寸	70 m²
配用设备	电控柜 1 套

5　废水处理系统布置

5.1　处理系统平面布置原则

（1）充分考虑与厂区环境、地形、功能布置和现有管道系统协调；

（2）充分考虑建设施工规划等问题，优化布置系统；

（3）根据夏季主导方向和全年风频，合理布置系统位置；

（4）处理构筑物布置紧凑，分合建清楚，节约用地、便于管理。

5.2　处理系统高程布置原则

（1）尽力利用地形设计高程，减少系统能耗；
（2）系统设计力求简洁、流畅，减少管件连接。

6　主要构筑物及设备一览表

6.1　主要构筑物一览表

表6　主要构筑物一览表

废水处理系统	序号	构筑物名称	尺寸	数量（座）	备注
含银车间废水处理系统新增建筑物	1	集水井	2.0 m×1.5 m×1.5 m	1	新建
化镀车间废水处理系统	1	集水井	1.2 m×1.2 m×2.3 m	1	新建
	2	调节池	5.0 m×2.0 m×3.0 m	1	新建
	3	中和池	2.0 m×2.0 m×3.0 m	1	新建
铣磨车间废水处理系统	1	初沉池	15.2 m×4.7 m×4.3 m	1	改建
	2	中和池	7.0 m×2.0 m×5.0 m	1	改建
	3	絮凝反应池	19.9 m×15.2 m×5.0 m	1	改建
	4	沉淀池	ϕ 15 m×6 m	1	原有
	5	中间水池 A	ϕ 3.3 m×5.5 m	1	原有
	6	气浮池	17.27 m×6.75 m×2.6 m	1	原有
	7	中间水池 B	6.75 m×2.08 m×2.6 m	1	改建
	8	过滤器	ϕ 1.6 m×3.2 m	1	改建
	9	回用池	27 m×6.69 m×4.5 m	1	改建
	10	污泥储蓄池	2 m×2 m×3 m	1	改建

6.2　主要设备一览表

表7　含银废水处理设备一览表

序号	设备名称	技术规格及性能参数说明
1	提升泵	型号：25FSB-10A 设备材质：衬 F46 参数：Q=3.6 m³/h；H=6 m 功率：1.1 kW 安装位置：集水井 数量：1 台
2	浮球阀	安装位置：集水井 数量：1 台 型号：YQ98003-40 参数：DN40

表8 化镀车间废水处理设备一览表

序号	设备名称	技术规格及性能参数说明
1	提升泵	型号：JHF50-32-200 设备材质：衬 F46 参数：Q=5 m³/h；H=12.5 m 功率：1.1 kW 安装位置：集水井 数量：1 台
2	潜水搅拌器	型号：HQG-1.5 功率：1.5 kW 安装位置：调节池 数量：1 台
3	pH 在线监测仪	型号：P-20 安装位置：中和池 数量：1 套
4	立式搅拌机	型号：JBZ-300 设备材质：304 不锈钢 功率：1.5 kW 安装位置：中和池 数量：1 台
5	硫酸计量泵	型号：GM-120/0.7 设备材质：防腐 参数：Q=120 L/h；0.7 MPa 功率：0.37 kW 数量：1 台
6	硫酸加药装置	参数：500 L 数量：1 套
7	浮球阀	数量：2 个 型号：YQ98003-40 安装位置：中和池（1 个） 集水井（1 个）
8	电磁阀	数量：1 个 型号：ZCB-L40 安装位置：中和池

表9 铣磨车间废水处理设备一览表

序号	设备名称	技术规格及性能参数说明
1	潜水搅拌器	型号：HQG-1.5 功率：1.5 kW 安装位置：絮凝池 数量：2 台
2	提升泵	型号：50FSB-20 功率：2.2 kW 材质：衬 F46 参数：Q=15 m³/h 数量：2 台 安装位置：中间水池（A）
3	pH 在线监测仪	型号：P-20 数量：1 套 安装位置：中和池

序号	设备名称	技术规格及性能参数说明
4	反洗泵	型号：ALG65-100 规格：Q=20 m³/h；H=12.5 m 功率：1.5 kW 数量：1 台 安装位置：机械过滤器
5	NaOH 计量泵	型号：GM-120/0.7 设备材质：防腐 参数：Q=120 L/h；0.7 MPa 功率：0.37 kW 数量：1 台
6	药剂计量泵	型号：GM-120/0.7 设备材质：PVC 参数：Q=120 L/h；0.7 MPa 功率：0.37 kW 数量：1 台
7	立式搅拌机	型号：JBE-300 设备材质：304 不锈钢 功率：1.5 kW 安装位置：中和池 数量：1 台
8	NaOH 加药装置	参数：500 L 数量：1 套
9	药剂加药装置	参数：500 L 数量：1 套
10	污泥泵（螺杆）	参数：Q=8 m³/h；H=60 m 功率：N=1.5 kW 数量：2 台（1 备 1 用）
11	平流式溶气气浮机	规格：进水口 DN125；出水口 DN150；释放口 DN50 空压机：ZB-0.118 溶气罐：ϕ400 mm×2 000 mm 参数：Q=20 m³/h 材质：304 不锈钢 溶气泵：Q=8 m³/h；H=40 m（管道型） 功率：3 kW 数量：2 台
12	机械过滤器	型号：ϕ1600 mm×3200 mm 进出水口：DN65
13	板框压滤机	型号：XMY100/1000 参数：100 m² 功率：N=1.5 kW 数量：1 台
14	电控柜	数量：1 台
15	浮球阀	数量：2 个 型号：YQ98003-50 安装位置：中和池（1 个） 　　　　　中间水池 A（1 个）
16	电磁阀	数量：1 个 型号：ZCB-L50 安装位置：中和池
17	机械过滤器	数量：1 套 安装位置：中间水池和回用水池中间

7 二次污染防治

7.1 噪声控制

（1）水泵选用国优潜污泵，对外界无影响；

（2）设备均采用隔音材料制作，确保周围环境噪声：白天≤60 dB，晚上≤50 dB。

7.2 污泥处理

（1）污泥由沉淀池产生，由于高位差自动流入污泥储蓄池定期由板框压滤机脱水；

（2）泥饼由环卫车定期外运处理。

8 电气控制和生产管理

8.1 电气设计规范

（1）《电力装置的继电保护和自动装置设计规范》（GB/T 50062—2008）；

（2）《通用用电设备配电设计规范》（GB 50055—2011）；

（3）《供配电系统设计规范》（GB 50052—2009）；

（4）《信号报警及联锁系统设计规定》）（HG 20511—2014）；

（5）《仪表系统接地设计规范》（HG/T 20513—2014）；

（6）《仪表供电设计规范》（HG/T 20509—2014）。

8.2 电气设计原则

在保证处理系统工艺要求的条件下，做到技术先进、操作简单、管理方便、安全可靠和经济合理。

8.3 工程范围

本控制系统为废水处理工程工艺所配置，自控专业主要涉及的内容为该废水处理系统中废水泵与液位的联锁、报警、防腐泵的联锁工作等。

8.4 控制水平

由于自动控制成本高，废水中的物质含量波动大，控制难度大本工程中部分采用人工控制。

8.5 控制方式

本工程装置内所有电动机均采用中央集中室控制方式，pH 及液位均采用专用仪表实现，由人工控制。

8.6 电源状况

因业主没有提供基础资料，本装置所需一路 380/220V 电源暂按引自厂区变电所。

8.7 电气控制

废水处理系统电控装置为集中控制，采用自动控制主要控制各类泵的运作；泵启动及定期互相切换。

（1）水泵

①水泵的启动受液位控制；

②高液位：报警，同时启动备用泵；

③中液位：一台水泵工作，关闭备用泵；

④低液位：报警，关闭所有水泵；

⑤水泵中采用 4～8 h 切换运行。

（2）声光报警

各类动力设备发生故障，电控系统自动报警指示（报警时间 10～30 s），并故障显示至故障消除。报警系统留出接口，可根据业主方要求引至指定地点，以便管理。

（3）其他

①各类电气设备均设置电路短路和过载保护装置；

②动力电源由本电站提供，进入废水处理站动力配电柜。

8.8 生产管理

（1）维修

如本废水站在运转过程中发生故障，由于废水处理站必须连续投运的机电设备均有备用，则可启动备用设备，保证设施正常运转，同时对废水处理设施进行检修。

（2）人员编制

废水处理站可实行 24 h 自动运转，含银废水 3 m³/d，化镀车间处理水量 100 m³/d，铣磨车间废水 247 m³/d，综合废水处理量为 350 m³/d。

（3）技术管理

工作人员进行废水处理设备的巡视、管理、保养、维修。如发现设备有不正常或水质不合格现象，及时查明原因，采取措施，保证处理系统的正常运作。

8.9 电气运行一览表

表 10　含银废水处理电气运行一览表

序号	动力件名称	数量/台	运行功率/kW	装机功率/kW	运行时间/(h/d)	电耗/(kW·h)
1	提升泵	1	1.1	1.1	1.0	1.1
	合计		1.1	1.1		1.1

表 11　化镀车间废水处理电气运行一览表

序号	动力件名称	数量/台	运行功率/kW	装机功率/kW	运行时间/(h/d)	电耗/(kW·h)
1	提升泵	1	1.1	1.1	10	11
2	潜水搅拌器	1	1.5	1.5	5	7.5
3	立式搅拌机	1	1.5	1.5	5	7.5

序号	动力件名称	数量/台	运行功率/kW	装机功率/kW	运行时间/（h/d）	电耗/（kW·h）
4	硫酸计量泵	1	0.37	0.37	10	3.7
5	pH 在线监测仪	2				
	合计		4.47	4.47		29.7

表 12　铣磨车间废水处理电气运行一览表

序号	动力件名称	数量/台	运行功率/kW	装机功率/kW	运行时间/（h/d）	电耗/（kW·h）	备注
1	提升泵	2	2.2	4.4	20	4.4	1 备 1 用
2	潜水搅拌器	2	3.0	6.0	5	15	间歇运行
3	立式搅拌机	1	1.5	1.5	4	6	
4	NaOH 计量泵	1	0.37	0.37	20	7.4	
5	药剂计量泵	1	0.37	0.37	20	7.4	
6	螺杆污泥泵	1	1.5	1.5	1	1.5	间歇运行
7	pH 在线监测仪	2					忽略不计
8	溶气泵	2	3	6	20	60	1 备 1 用
9	加药泵	1	0.37	0.37	20	7.4	
10	刮渣机	1	0.75	0.75	10	7.5	
11	空气压缩机	1	1.5	1.5	20	10	1 h 运行 20 min
12	板框压滤机	1	1.5	1.5	1	1.5	间歇运行
	合计		16.06	24.26		128.1	

9　运行费用

9.1　电费

系统总装机容量为 29.83 kW，每天电耗为 158.9 kW·h，电费平均按 0.65 元/（kW·h）计，则电费 E_1=158.9×0.7×0.65÷350=0.206 元/m³ 废水。

9.2　人工费用

由于自动控制成本高，废水中的物质含量波动大，控制难度大，本工程中采用人工控制。

本项目按三班制管理，每班 1 人轮流工作，一共 3 人，每人 1 500 元/月。（每月按 30 天计）E_2=1 500×3÷30÷350=0.43 元/m³ 废水。

9.3　药剂费用

（1）化镀车间废水药剂费

该部分费用约为：0.09 元/m³ 废水（加药量为 0.980 1 g/L）。

（2）铣磨车间废水药剂费

该部分费用约为：0.25 元/m³ 废水。

（3）药剂费用总计：E_3=0.34 元/m³ 废水。

9.4　溶药费用

厂方有自来水提供设施，故溶药费不计。

9.5　总计运行费用

$E=E_1+E_2+E_3=0.206+0.43+0.34=0.976$ 元/m^3 废水。

注：（1）药品价格随市场行情会有波动，具体实施时以现行市场价格为准进行核算；

（2）药品消耗量以表格中的数据为准核算，实际发生波动时药品消耗量也会发生变化；

（3）如水量发生变化，运行成本也会相应发生变化；

（4）工人工资需随社会物价浮动及国家相关政策作适时调整；

（5）设备维修费、运行管理费等未包含在以上价格中。

9.6　效益分析

该废水回用项目效益包括经济效益、社会效益和环境效益。

9.6.1　经济效益

该公司的水钻水产项目，在运营当中需耗费大量的新鲜水，相应的产生大量的废水，仅以一个年产水晶钻石 1 828 t 的生产流水线为例，每年需耗费新鲜水 10 万 t，年产废水 9 万 t，如果这些工业废水的大量外排，既污染了环境又浪费了水资源，从能源及环保部门的水资源及排污费角度考虑，也会给企业带来较大的经济损失，本工程通过对该公司生产车间废水处理工程的改造，使得废水循环回用达到零排放，在处理当中每吨废水的处理费用为 0.976 元，该市的工业用水费用每吨 1.3 元；再加上废水处理厂作为一项环境治理项目，其本身并不产生直接的经济效益。该废水厂建成后将减轻废水排放所造成的污染危害。保护该市的饮用水源，大幅度地降低生产成本，其产生的直接经济效益是巨大的。

9.6.2　环境效益

环境治理的好坏直接影响着一个城市、企业的良性发展。该废水处理厂主要是车间生产废水，废水主要特点是水量大、水质情况波动大、污染物浓度高，经该废水处理厂处理后的废水可达到该公司生产车间的循环使用水要求，这样在避免了对当地的环境污染的同时，又减轻了公司的生产投资费用。这对公司的发展有着长远的意义。

9.6.3　社会效益

工程的实施对周边的环境将会有着明显的改善，同时也对该地区的社会效益产生巨大的影响，也会给周边地区带来巨大的经济效益，保障了当地及周边地区人民的身体健康以及与其他地区的经济的和谐可持续发展。

10　工程建设进度

为缩短工程进度，确保废水处理设施如期实行环保验收，工程设计、各分部工程、分项工程土建、安装以及调试工作，将进行统一协调、分布、交叉进行。总工程进度安排如表 13 所示。

表13 工程进度表

周 工作内容	1	2	3	4	5	6	7	8	9	10	11	12
准备工作	▬											
场地平整		▬										
设备基础			▬▬									
设备材料采购			▬▬									
水池构筑物施工					▬▬▬▬							
设备制作安装				▬▬▬▬▬▬								
外购设备						▬▬▬▬						
其他构筑物							▬▬▬					
设备防腐										▬▬▬		
管道施工								▬▬▬				
电气施工								▬▬▬				
竣工验收											▬	

11 服务承诺

本公司严格按照 ISO 9001：2000 的质量体系，提供设计、制造、安装、调试一条龙服务。

本公司对质量实行质量承诺制度，接受用户的监督。

安装调试期间，我公司免费为用户代培操作工，直到单独熟练操作为止。同时，免费为用户提供有关操作规程及规章制度。

按设计标准及设计参数对设备及处理指标进行验收考核，达不到标准负责限期整改，直至达标为止。

我公司根据本项目，设定质量保证期为整个项目交工验收后12个月，在质保期内因质量问题发生的一切费用，由我公司负担。

动力设备按国家标准保修期保养，保修期后如发生故障，由质安部登记后会同生产、技术部到现场分析原因，确定保修内容和范围，由技术管理部门制订返修方案，再组织保修工作的实施，质安部进行复检并收集有关资料存档。

保修期满后，定期对工程进行回访，免费提供技术咨询服务，工程实行终身维修，保修期满后只收取成本费。

实例十三 宁波某磁业有限公司 10 m³/h 电镀生产废水回用处理工程

1 项目概况

该磁业有限公司成立于 1996 年，位于浙江省宁波市科技园区，现有厂房面积 10 万多平方米。公司主要生产和经营烧结、黏结钕铁硼磁性材料及器件，具备年产 4 000 t 烧结钕铁硼磁体、300 t 黏结钕铁硼磁体的能力。公司产品可广泛应用于汽车电机、扬声器、VCM、光读头、核磁共振等，90%以上的产品直接出口到欧美、亚太地区，主要客户有松下、日立、三洋、西门子、HARMAN 集团（JBL）、Danaher、韩国三星、Emerson 等。公司坚持"更优、更快、更高，不断满足顾客的需求"的质量方针，严格内部管理，不断完善和优化质量管理体系，获得了长足的发展。

目前，该企业已建成一座废水处理站，经该处理站处理后的出水能达到国家污水综合排放标准。随着企业生产规模的不断扩大，产生的废水量也日益增大，为此企业欲新建一套回用水处理工程，将原废水处理站处理后的废水加以深度处理，处理后的出水达到回用水标准，合理地回用到企业生产的各个环节上。该回用水处理站的建成，不仅可以实现水资源的循环利用，也会为企业带来一定的经济效益。

该回用水处理站处理规模为 10 m³/h，采用一体化中水回用设备，不仅大大减少了占地面积，也节省了投资。该工程总占地面积 25 m²，系统装机容量 6.5 kW，运行成本约 1.05 元/m³ 废水（不含折旧费）。

图 1 多元化高效中水回用处理设备

2 设计依据

2.1 设计依据

（1）业主提供的各种相关基础资料（水质、水量、回用水要求等）；

（2）现场踏勘资料，现场采集水样的分析数据；

（3）《污水综合排放标准》（GB 8978—1996）；

（4）其他相关标准。

2.2 设计原则

（1）认真贯彻国家关于环境保护工作的方针和政策，使设计符合国家的有关法规、规范、标准；

（2）综合考虑废水进、出水水质及水量特征，选用的工艺应技术先进、稳妥可靠、经济合理、安全适用；

（3）妥善处理和处置中水回用处理过程中产生的污泥和浮渣，避免造成二次污染；

（4）中水回用处理系统的自动控制系统应管理方便、安全可靠、经济实用；

（5）中水回用处理系统平面布置力求紧凑，减少占地面积和投资；高程布置应尽量采用立体布局，充分利用地下空间。

2.3 设计范围

本工程的设计范围仅包括中水回用处理系统，包括至回用水池的工艺、土建、构筑物、设备、电气、自控及给排水的设计。不包括回用水池至车间的配水系统，不包括从中水回用处理站外至站内的供电、供水系统以及站内的道路、绿化等。

3 主要设计资料

3.1 设计进水水质

根据建设单位提供的资料，设计产水量为 200 m³/d。本方案设计采用一体化处理设备，处理量为 10 m³/h。

设计进水水质指标如表 1 所示。

表 1 设计废水进水水质

项目	COD/（mg/L）	色度（稀释倍数）	pH	SS/（mg/L）	水温/℃
进水水质	100	50	8～8.5	70	15～35
项目	Ni²⁺/（mg/L）	Cu²⁺/（mg/L）	Zn²⁺/（mg/L）	Cr⁶⁺/（mg/L）	—
进水水质	0.3～0.4	0.4～0.5	0.3～0.4	0.4～0.5	—

3.2 设计出水水质

根据建设单位要求，废水经处理后回用，回用水须满足生产车间用水要求，具体水质指标要求如表 2 所示。

表2　生产车间回用水水质要求

项目	COD/（mg/L）	色度（稀释倍数）	pH	臭和味	浊度
回用水水质	≤40	≤10	6～9	不得有异臭、异味	≤1NTU
项目	污染指数（SDI）	浓水郎格利尔指数（LSI）	余氯	总铁	水温/℃
回用水水质	≤5	<1.8	≤0.1 mg/L	≤0.25 mg/L	15～35℃

4　处理工艺

4.1　工艺流程

由于经该企业原有废水处理系统处理后的出水中的 COD_{Cr}、色度、镍、铜、锌、铬等重金属离子浓度超出企业生产车间回用水要求的标准，因此本回用水处理系统的重点在于处理此类污染物。本项目采用专利产品——一体化多元高效中水回用处理设备，能对废水中的 COD 等污染物进行高效去除，使设备出水水质稳定达到生产车间的回用要求，工艺流程如图2所示。

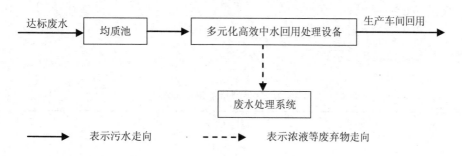

图2　中水回用处理工艺流程

4.2　工艺流程说明

本处理工艺主要由两部分组成：

均质池：经企业现有的废水处理系统处理后的废水经提升泵提至均质池内，在此调节水质和水量，以减少对后续处理构筑物的冲击。

多元化高效中水回用处理设备：均质池的出水经提升泵提升至该中水回用处理设备中，处理后的出水回用于生产车间，出水浓液返至企业原有的废水处理系统重新进行处理。

该多元化高效中水回用处理设备是集加药、浮除、臭氧氧化、超滤于一体的高效水处理设备。该设备主要以离子浮选法为依据，利用化学分子体系中的布朗运动和双膜理论以及水力学、流体力学等理论体系设计制造。根据废水水质特点，向废水中投加混凝剂，利用浮除原理去除废水中的溶解性污染物、呈胶体状态的物质、表面活性剂等。以分子态或离子态溶于废水中的污染物在浮除前进行一定的化学处理，将其转化为不溶性固体或可沉淀（上浮）的胶团物质，成为微细颗粒，然后通过进行气粒结合予以分离，达到去除污染物、净化水质的目的。

影响该厂废水回用的主要指标是 COD 和 SS，而通过该一体化设备的处理，废水中的 COD 和 SS 能得到高效稳定地去除，从而保证回用水的水质符合要求。

该设备在处理废水的同时还以臭氧为氧化剂，在高压放电的环境中将空气中的部分氧分子激发分解成氧原子，氧原子与氧分子结合生成强氧化剂——臭氧，从而能有效降解 COD 等各种污染物及多种有害物质。经过臭氧处理后的废水再经过超滤膜处理，使废水中的重金属离子等各种污染物得到进一步去除，从而实现对废水的高效净化，出水稳定达到车间回用的要求。

4.3 工艺特点

（1）该工程采用自主研发的多元化中水回用处理设备，该设备集加药、浮除、臭氧氧化、超滤于一体，能高效去除废水中的各种污染物，出水稳定达到回用标准。

（2）该设备布置紧凑，占地面积小。

5 构筑物及设备参数设计

5.1 均质池

数量：1座；

结构形式：钢混；

停留时间：8.0 h；

有效容积：80 m^3；

规格尺寸：$L \times B \times H$=5.0 m×5.0 m×3.5 m。

均质池主要设备如表3所示。

表3 均质池主要设备参数

设备	数量	规格型号	功率	备注
提升泵	2台（1用1备）	SPZ40-18	1.5 kW	流量 12 m^3/h；扬程 20 m

5.2 多元化高效中水回用处理设备

数量：1套；

设计处理水量：10 m^3/h；

结构形式：地上钢结构；

规格尺寸：$L \times B \times H$=2.85 m×1.5 m×2.1 m；

功率：3.5 kW。

6 中水回用处理系统布置

6.1 平面布置原则

（1）中水回用处理系统应充分考虑与厂区环境、地形、功能布置和现有管道系统协调；

（2）中水回用处理系统应充分考虑建设施工规划等问题，优化布置系统；

（3）根据夏季主导方向和全年风频，合理布置系统位置；

（4）处理构筑物应布置紧凑，节能高效，节约用地，便于管理。

6.2 高程布置原则

（1）充分利用地形设计高程，减少系统能耗；

（2）系统设计力求简洁、流畅，减少管件连接。

7　电气、仪表系统设计

7.1　设计规范

（1）《供配电系统设计规范》（GB 50052—2009）；
（2）《电力装置的继电保护和自动装置设计规范》（GB/T 50062—2008）；
（3）其他相关标准、规范。

7.2　设计原则

在保证中水回用处理系统工艺达到要求的条件下，做到技术先进、操作简单、管理方便、安全可靠和经济合理。

7.3　设计范围

（1）中水回用处理系统用电设备的配电、变电及控制系统；
（2）中水回用处理系统自控系统的配电及信号系统。

该废水回用的配电系统采用三相四线制，单相三线制，接地保护系统按常规设置。该回用水处理站安装负荷为 6.5 kW，使用负荷 5.0 kW，电缆采用穿管暗敷。室内照明用难燃塑料线槽明敷。

8　土建设计

（1）暂按天然地基考虑，施工图设计时，再根据地质报告决定基础形式。
风荷载：0.35 kN/m^2；
地震烈度：6 度。
（2）建、构筑物的基本设计情况：
①调节池为砖混结构，壁厚为 200 mm，两面粉刷，池底及池底与池壁相接处均作防水处理；
②中水回用设备为 Q235 钢板和型钢焊接而成，设备的外壁、池底与基础接触的面均作热沥青防腐漆，池内壁刷两道红丹醇酸防锈底漆，再刷优良面漆。

9　运行费用

本工程运行费用由运行电费、人工费和药剂费三部分组成。

9.1　运行电费

该工程总装机功率 6.5 kW，实际使用功率 5.0 kW，具体电耗如表 4 所示。

表 4　中水回用系统电耗

设备名称	装机功率/kW	使用功率/kW	使用时间/h	每天耗电/（kW·h）
提升泵	3	1.5	20	30
一体化设备	3.5	3.5	20	70
总计	6.5	5.0	—	100

电费按 0.7 元/（kW·h）计，则运行电费 E_1=0.35 元/m³ 废水。

9.2　人工费

本系统自动化程度较高，可由厂内管理人员兼职管理，人工费可不计，即 E_2=0。

9.3　药剂费

药剂主要为多元高效一体化中水回用设备投加的药剂，E_3=0.70 元/m³ 废水。

综上所述，运行费用总计 $E=E_1+E_2+E_3$=0.35+0+0.7=1.05 元/m³ 废水（不含设备折旧费）。

10　工程建设进度

本工程建设周期为 2 个月，为缩短工程进度，确保该中水回用水处理设施如期实行环保验收，各分部、分项工程和安装以及调试工作等协调、交叉开展，具体工程进度安排如表 5 所示。

表 5　工程进度表

工作内容 ＼ 天	5	10	15	20	25	30	35	40	45	50	55	60
准备工作	━━											
场地平整		━━										
设备基础			━━									
设备材料采购			━━									
水池构筑物施工					━━━━━━							
设备制作安装				━━━━━								
外购设备						━━━						
其他构筑物								━━				
设备防腐										━━━		
管道施工								━━━━				
电气施工								━━━				
竣工验收											━━━	

11　工程售后服务承诺及事故应急处理措施

（1）土建构筑物除人为不可抗拒因素外，质量保证一年；

（2）非标设备、管道保期为一年，"三保"期满后，若发生故障，则以收取成本费提供服务；

（3）本方案的主机设备有两台，当其中一台出现故障时，由另一台备用设备工作，以保证废水回用处理系统能正常运行；同时厂内必须尽快维修出现故障的设备，防止两台设备同时出现故障；

（4）为保证处理设备的正常运行，应加强设备的日常维护和巡检，在停产期（节假日等）安排检修或大修；

（5）建立规范的操作规程和健全的事故报警制度。

实例十四 深圳某微电子企业 20 m³/h 废水回收系统改造工程

1 项目概况

该微电子有限公司是一家大型中外合资企业,坐落于深圳福田保税区,公司总占地面积 7 100 m²,建筑面积 26 810 m²,主要从事集成电路制造,集成电路产品应用开发、生产、销售和技术服务以及国际贸易、房地产开发经营及物业租赁等相关业务。公司是具有高诚信度、高知名度、高效率的国际进出口贸易商,与国内外进出口供应商建立了长期、稳定、互惠的贸易合作伙伴关系,是目前中国最大的半导体封装测试生产公司。

目前,企业欲新建一套中水回用系统,对经过原有废水处理站处理达到排放标准的废水进行再处理,处理后的中水水质达到《生活饮用水卫生标准》(GB 5749—2006),回用于车间生产。该中水回用工程总占地面积 28 m²,系统总装机容量 6.5 kW,中水回用成本约 0.95 元/m³ 中水(不含折旧费)。

2 设计依据

2.1 设计依据

(1)业主提供的各种相关基础资料(水质、水量、回用水要求等);
(2)现场踏勘资料,现场采集水样的分析数据;
(3)《污水综合排放标准》(GB 8978—1996);
(4)《生活饮用水卫生标准》(GB 5749—2006);
(5)其他相关标准。

2.2 设计原则

(1)认真贯彻国家关于环境保护工作的方针和政策,使设计符合国家的有关法规、规范、标准;
(2)综合考虑废水进、出水水质及水量特征,选用的工艺应技术先进、稳妥可靠、经济合理、安全适用;
(3)妥善处理和处置中水回用处理过程中产生的污泥和浮渣,避免造成二次污染;
(4)中水回用处理系统的自动控制系统应管理方便、安全可靠、经济实用;
(5)中水回用处理系统平面布置力求紧凑,减少占地面积和投资;高程布置应尽量采用立体布局,充分利用地下空间。

2.3 设计范围

本工程的设计范围仅包括中水回用处理系统,包括回用水池的工艺、土建、构筑物、设备、电气、自控及给排水的设计。不包括回用水池至车间的配水系统,不包括从中水回用处理站外至站内的供电、供水系统以及站内的道路、绿化等。

3　主要设计资料

3.1　设计进水水质

根据建设单位提供的资料，中水处理规模为 20 m³/h，每天运行 8 h。

具体设计进水水质指标如表 1 所示。

表 1　设计废水进水水质

序号	项目	进水水质
1	COD$_{Cr}$/（mg/L）	167
2	pH	3.37
3	SS/（mg/L）	51
4	BOD$_5$/（mg/L）	36
5	NH$_3$-N/（mg/L）	1.14
6	LAS/（mg/L）	1.58
7	Cu/（mg/L）	0.125
8	Pb/（mg/L）	0.856
9	Ni/（mg/L）	0.026
10	As/（mg/L）	1.8
11	Zn/（mg/L）	0.084

3.2　设计出水水质

根据建设单位要求，废水经处理后的出水水质应达到《生活饮用水卫生标准》（GB 5749—2006），具体水质指标要求如表 2 所示。

表 2　回用水水质要求

序号	指标	限值
1	pH	不小于 6.5 且不大于 8.5
2	铬（六价）/（mg/L）	0.05
3	色度（铂钴色度单位）	15
4	铜/（mg/L）	1.0
5	耗氧量（COD$_{Mn}$法，以 O$_2$ 计）/（mg/L）	3 水源限制，原水耗氧量>6 mg/L 时为 5
6	氰化物/（mg/L）	0.05
7	臭和味	无异臭、异味
8	浑浊度（散射浑浊度单位）/NTU	1 水源与净水技术条件限值时为 3
9	肉眼可见物	无

4　处理工艺

4.1　工艺流程

由于经该企业原有废水处理系统处理后的出水中的 COD_{Cr}、pH、色度、SS、Cu、Ni 等污染物的浓度超出生产车间回用水标准，因此本回用水处理系统的重点在于处理此类污染物。针对此类污染物，本方案拟采用多元化高效中水回用处理设备进行处理，出水可稳定达到《生活饮用水卫生标准》（GB 5749—2006）。经过中水回用设备处理后的废弃浓液可再排入建设方的废水处理系统进行再处理，让整个处理系统处理后不至于造成二次污染。

具体工艺流程如图 1 所示。

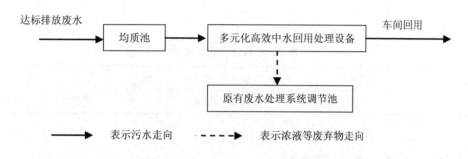

图 1　中水回用处理工艺流程

4.2　工艺流程说明

经原有废水处理系统处理后到排放标准的废水经均质池调节水质水量，后进入多元化高效中水回用处理设备。经该设备处理后的出水可稳定达到回用要求，系统产生的废弃浓液可再排入建设方的废水处理系统进行再处理。

该多元化高效中水回用处理设备是集加药、浮除、臭氧氧化、超滤于一体的高效水处理设备。该设备主要以离子浮选法为依据，利用化学分子体系的中布朗运动和双膜理论以及水力学、流体力学等理论体系设计制造。根据废水水质特点，向废水中投加混凝剂，利用浮除原理去除废水中的溶解性污染物、呈胶体状态的物质、表面活性剂等。以分子态或离子态溶于废水中的污染物在浮除前进行一定的化学处理，将其转化为不溶性固体或可沉淀（上浮）的胶团物质，成为微细颗粒，然后通过进行气粒结合予以分离，从而达到去除污染物、净化水质的目的。由于影响该厂废水回用的主要指标是 COD 和 SS，而通过该一体化设备的处理，废水中的 COD 和 SS 能得到高效稳定地去除，从而保证回用水的水质符合要求。

该设备在处理废水的同时还以臭氧为氧化剂，在高压放电的环境中将空气中的部分氧分子激发分解成氧原子，氧原子与氧分子结合生成强氧化剂——臭氧，从而能有效降解 COD 等各种污染物及多种有害物质。经过臭氧处理后的废水再经过超滤膜处理，使废水中的重金属离子等各种污染物得到进一步去除，从而实现对废水的高效净化，出水稳定到达车间。

4.3　工艺特点

本处理工艺的特点在于土建构筑物少，占地面积小，从而节省了投资；且浓液泥渣经处理后，不会产生二次污染。工艺主体采用一体化处理设备，设备对水质的适应性强、耐冲击负荷性能好、出水水质稳定、产泥少、运行成本低。

5 构筑物及设备参数设计

5.1 均质池

数量：1 座；

结构形式：砖混（池内壁进行防腐处理）；

有效容积：40 m³；

水力停留时间：4 h；

规格尺寸：$L \times B \times H$=5.0 m×4.0 m×2.2 m。

均质池主要设备如表 3 所示。

表 3　均质池主要设备参数

设备	数量	规格型号	功率	备注
提升泵	2 台（1 用 1 备）	KQ40FSW-18	1.5 kW	流量 12 m³/h；扬程 18 m

5.2 多元化高效中水回用处理设备

数量：1 套；

设计处理水量：10 m³/h；

结构形式：地上钢结构；

规格尺寸：$L \times B \times H$=3.40 m×1.89 m×2.62 m；

功率：3.5 kW。

6 中水回用处理系统布置

6.1 平面布置原则

（1）处理系统应充分考虑与厂区环境、地形、功能布置和现有管道系统协调；

（2）处理系统应充分考虑建设施工规划等问题，优化布置系统；

（3）根据夏季主导方向和全年风频，合理布置系统位置；

（4）处理构筑物应布置紧凑，节能高效，节约用地，便于管理。

6.2 高程布置原则

（1）充分利用地形设计高程，减少系统能耗；

（2）系统设计力求简洁、流畅，减少管件连接。

7　电气、仪表系统设计

7.1　设计规范

（1）《供配电系统设计规范》（GB 50052—2009）；

（2）《电力装置的继电保护和自动装置设计规范》（GB/T 50062—2008）；

（3）其他相关标准、规范。

7.2　设计原则

在保证中水回用处理系统工艺达到要求的条件下，做到技术先进、操作简单、管理方便、安全可靠和经济合理。

7.3　设计范围

（1）保证中水回用处理系统用电设备的配电、变电及控制系统；

（2）保证中水回用处理系统自控系统的配电及信号系统。

该中水回用系统的配电系统采用三相四线制、单相三线制，接地保护系统按常规设置。该回用水处理站安装负荷为 6.5 kW，使用负荷 5.0 kW，电缆采用穿管暗敷。室内照明用难燃塑料线槽明敷。

8　土建设计

（1）暂按天然地基考虑，施工图设计时，再根据地质报告决定基础形式。

风荷载：0.35 kN/m^2；

地震烈度：6 度。

（2）建、构筑物的基本设计情况：

①均质池为砖混结构，壁厚为 200 mm，两面粉刷，池底及池底与池壁相接处均作防水处理；

②中水回用设备为 Q235 钢板和型钢焊接而成，设备的外壁、池底与基础接触的面均作热沥青防腐漆，池内壁刷两道红丹醇酸防锈底漆，再刷优良面漆。

9　运行费用分析

本工程运行费用由运行电费、人工费和药剂费等三部分组成。

9.1　运行电费

该工程总装机功率 6.5 kW，实际使用功率 5.0 kW，具体电耗如表 4 所示。

表 4　中水回用系统电耗

设备名称	装机功率/kW	使用功率/kW	使用时间/h	每天耗电/（kW·h）
废水提升泵	3.0	1.5	15	22.5
中水回用设备	3.5	3.5	15	52.5
总计	6.5	5.0	—	75.0

电费按 0.70 元/（kW·h）计，则该中水回用系统电耗为 75.0 kW，则中水回用运行电费约 0.35 元/m³ 中水。

9.2 人工费

本系统自动化程度较高，可由厂内管理人员兼职管理，人工费可不计。

9.3 药剂费

药剂主要为多元化高效一体化中水回用设备投加的药剂，中水回用系统药剂费约 0.60 元/m³ 中水。

综上所述，中水处理成本约 0.95 元/m³ 中水。

10 工程建设进度

本工程建设周期为 2 个月，为缩短工程进度，确保该中水回用水处理设施如期实行环保验收，各分部、分项工程和安装以及调试工作等协调、交叉开展，具体工程进度安排如表 5 所示。

表 5 工程进度表

工作内容 \ 天	5	10	15	20	25	30	35	40	45	50	55	60
准备工作	■											
场地平整		■	■									
设备基础			■	■								
设备材料采购			■	■								
水池构筑物施工					■	■	■	■	■			
设备制作安装				■	■	■	■	■	■			
外购设备						■	■	■	■			
其他构筑物							■	■	■			
设备防腐										■	■	■
管道施工							■	■	■	■		
电气施工								■	■	■	■	
竣工验收										■	■	■

11 工程售后服务承诺及事故应急处理措施

（1）土建构筑物除人为不可抗拒因素外，质量保证一年；

（2）非标设备、管道保期为一年，质保期满后，若发生故障，则以收取成本费提供服务；

（3）本方案的主机设备有两台，当其中一台出现故障时，由另一台备用设备工作，以保证中水回用处理系统能正常运行；同时厂内必须尽快维修出现故障的设备，防止两台设备同时出现故障；

（4）为保证处理设备的正常运行，应加强设备的日常维护和巡检，在停产期（节假日等）安排检修或大修；

（5）建立规范的操作规程和健全的事故报警制度。

实例十五　江西某电子材料公司 3 m³/h 高氨氮废水处理方案设计

1　工程概况

该电子材料有限公司是一家由日本东芝公司控股的中日合资企业，主要生产用于照明及电气的钨钼丝杆等产品。

在生产过程中，会产生大量氨气，公司主要是用自来水进行吸附，因此产生大量高氨氮废水，这些氨氮排入水体，特别是流动较缓慢的湖泊、海湾等，容易引起水中藻类及其他微生物大量繁殖，形成富营养化污染，造成饮用水的异味，严重时还使水中的溶解氧下降，鱼类大量死亡，甚至会导致湖泊的干涸。氨氮还使给水消毒和工业循环水杀菌处理过程增大了用氯量；对某些金属，特别是对铜具有腐蚀性；当污水回用时，水中的氨氮可以促使管道和用水设备中的微生物的繁殖，形成生物垢，堵塞管道和用水设备，并影响换热效率。因此，高氨氮废水处理势在必行。

针对以上情况，我公司受业主委托，查看大量相关资料，并经过讨论，初步定出以下方案，使处理出水达到排放标准。

2　设计基础

2.1　设计原则

（1）认真贯彻国家关于环境保护工作的方针和政策，使设计符合国家的有关法规、规范、标准；

（2）综合考虑废水水质、水量的特征，选用的工艺流程技术先进、稳妥可靠、经济合理、运转灵活、安全方便；

（3）废水处理系统平面布置力求紧凑，减少占地和投资；

（4）尽量采取措施减小对周围环境的影响，合理控制噪声、气味，妥善处置污水处理过程中产生的污泥和其他栅渣、沉淀物，避免造成二次污染；

（5）选用质量可靠，维修简便，能耗低的设备，尽可能降低处理系统的运行费用；废水处理过程中的自动控制，力求管理方便、安全可靠、经济实用；

（6）高程布置上应尽量采用流体自流，充分利用地下空间；

（7）严格按照招标文件界定条件进行设计，适应项目实际情况要求。

2.2　设计依据

2.2.1　法律法规与规范

（1）《建设项目环境保护管理条例》，中华人民共和国国务院令第 253 号，1998 年 11 月 29 日；

（2）《室外排水设计规范》（GB 50014—2006，2014 版）；

（3）《给水排水工程结构设计规范》（GB 50069—2002）；

（4）《建筑结构荷载规范》（GB 50009—2012）；

（5）《混凝土结构设计规范》（GB 50010—2010）；

（6）《供配电系统设计规范》（GB 50052—2009）；

（7）《电力装置的继电保护和自动装置设计规范》（GB/T 50062—2008）；

（8）《低压配电设计规范》（GB 50054—2011）；

（9）《污水综合排放标准》（GB 8978—1996）；

（10）客户提供的资料和我公司调查获得的资料。

2.2.2 设计范围

本项目设计范围为废水处理站内的废水处理工艺、土建、设备、电气、自控、给排水等的设计。废水处理站外的废水接入管、外排管、电缆、自来水管不在本方案内，也不包括站内的道路、绿化等。

2.2.3 废水来源

废水来源于自来水吸附氨气所产生的高氨氮废水。

2.2.4 设计水量及进、出水水质要求

设计水量：根据甲方提供的资料，水量按 3 m³/h 计。

水质：根据甲方提供资料及甲方要求，进、出水水质要求如表 1 所示。

表 1 废水处理系统进、出水水质设计指标

项目	进水水质	出水标准	
		出水水质	去除率
NH_3-N	200 mg/L	15 mg/L	92.5%

3 工艺选择

东芝电子有限公司，原水为用自来水吸附氨气产生的高氨氮废水，根据原水水质及客户提供资料，此废水的特征是污染物比较单一（只有氨氮污染），没有微生物生长所需要的营养源，因此不适合用目前比较成熟及常用的生物处理法，且水量较小，适合采用物化法处理。

目前，用于处理高浓度氨氮废水的物化法有吹脱法、沸石脱氮法、膜分离技术、化学氧化法、MAP 沉淀法等，以下是对这几种工艺的阐述及比较。

（1）吹脱法

吹脱法的基本原理是气液相平衡和传质速度理论。在气液两相系统中，溶质气体在气相中的分压与该气体在液相中的浓度成正比。当该组分的气相分压低于其溶液中该组分浓度对应的气相平衡分压时，就会发生溶质组分从液相向气象的传质。传质速度取决于组分平衡分压得差值。气液相平衡关系和传质速度随物系、温度和两相接触状况而异。

影响氨吹脱去除率的因素主要为 pH 值、温度、气液比等，对布水方式要求也较高。调 pH 值目前主要用石灰，但这种方法易生成水垢，而且溢出的游离氨引起空气污染，实际操作中应考虑氨的回收。

（2）沸石脱氮法

利用沸石中的阳离子与废水中的 NH_4^+ 进行交换达到脱氮的目的。沸石一般被用于处理低浓度含氨氮废水或重金属的废水，且利用沸石脱氮法必须考虑沸石的再生问题，通常有再生液法和焚烧法。采用焚烧法时，产生的氨气必须进行处理。

（3）膜分离技术

利用膜的选择透过性进行氨氮脱除的一种方法。这种方法操作方便，氨氮回收率高，无二次污染。

乳化液膜是一种以乳液形式存在的液膜具有选择透过性，可用于液-液分离。分离过程通常是以乳化液膜（例如煤油膜）为分离介质，在油膜两侧通过 NH_3 的浓度差和扩散传递为推动力，使 NH_3 进入膜内，从而达到分离的目的。

（4）化学氧化法

利用强氧化剂将氨氮直接氧化成氮气进行脱除的一种方法。折点加氯是利用在水中的氨与氯反应生成氨气脱氨，这种方法还可以起到杀菌作用，但是产生的余氯会对鱼类有影响，故必须附设除余氯设施。在溴化物存在的情况下，臭氧与氨氮会发生如下类似折点加氯的反应：

$$Br^-+O_3+H^+\rightarrow HBrO+O_2$$
$$NH_3+HBrO\rightarrow NH_2Br+H_2O$$
$$NH_2Br+HBrO\rightarrow NHBr_2+H_2O$$
$$NH_2Br+NHBr_2\rightarrow N_2+3Br^-+3\,H^+$$

（5）MAP 沉淀法

MAP 脱氮，就是向含 NH_4^+-N 的废水中添加 PO_4^{3+}、Mg^{2+}，使其发生化学反应，生成 $MgNH_4PO_4\cdot6\,H_2O$（简称 MAP）沉淀，而将废水中的氨氮脱除的方法。其主要化学反应如下：

$$Mg^{2+}+NH_4^++6\,H_2O+H^++HPO_4^{2-}=MgNH_4PO_4\cdot6\,H_2O+2\,H^+$$
$$Mg^{2+}+NH_4^++6\,H_2O+HPO_4^{2-}=MgNH_4PO_4\cdot6\,H_2O+H^+$$
$$Mg^{2+}+NH_4^++6\,H_2O+OH^-+HPO_4^{2-}=MgNH_4PO_4\cdot6\,H_2O+H_2O$$

磷酸铵镁微溶于冷水，溶度积为 2.5×10^{-13}，所以采用 MAP 法可将 NH_4^+-N 脱除到很低的水平。磷酸铵镁的养分比其他可溶肥的释放速率慢，可以做缓释肥（SRFs），具有肥效利用率高，施肥次数少，同时不会出现化肥灼烧的优点，从而达到废物综合利用的目的。

综合以上分析，结合本项目实际情况，本工艺采用 MAP 沉淀法，由于该废水污染物质比较单一，用化学沉淀法不会造成药剂浪费，而且操作方便、简单可行。经过初步理论探讨，使用 MAP 沉淀法可以最低成本达到处理出水标准。

4 废水处理系统工艺

4.1 废水处理系统工艺流程

具体流程如图 1 所示。

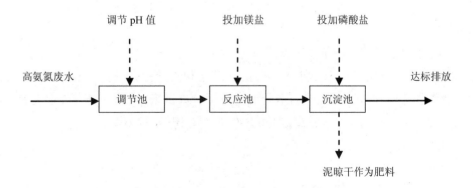

图 1 高氨氮废水处理工艺流程

4.2 工艺流程简述

高氨氮废水由管网收集后自流进入调节池，调节水质水量，并将 pH 值调到最佳值（pH 值为 9.5 左右），然后由泵提升进入反应池，加入镁盐和磷酸盐充分搅拌均匀后，生成难溶物磷酸铵镁（MAP），其出水自流进入沉淀池进行固液分离，沉淀池出水达标排放，污泥晾干可作为农作物底肥。

本工艺流程分为两大处理系统，以下是各个系统的具体介绍。

4.2.1 调节池

废水的水量和水质并不总是恒定均匀的，往往随着时间的推移而变化。生活废水随生活作息规律而变化，工业废水的水量水质随生产过程而变化。水量和水质的变化使得处理设备不能在最佳的工艺条件下运行，严重时甚至使设备无法工作，为此需要设置调节池，而且，由于后续处理工艺对pH 值有严格要求，必须保证 pH 值维持在 9.5 左右，所以需要在调节池内调节酸碱度，以保护后续处理的稳定运行。

4.2.2 反应池

反应池是本工艺的核心部分，主要是利用以下化学反应：

$$Mg^{2+}+NH_4^{+}+PO_4^{3-}=MgNH_4PO_4$$

化学沉淀脱氮法是 20 世纪 90 年代兴起的新工艺，此法可以处理各种浓度的氨氮废水，尤其适合高浓度氨氮废水的处理。当某些高浓度氨氮废水，由于含有大量对微生物有害的物质而不宜采用生化法处理时，可选用此法。此法通常有 90%以上的脱氮率，工艺简单。

以一定比例向含有高浓度氨氮的废水中投加磷盐和镁盐（具体投盐量根据实际水质由运转管理部门经过试验取得最佳投盐量），当 $[Mg^{2+}][NH_4^{+}][PO_4^{3-}]>2.5\times10^{-13}$ 时即可生成磷酸铵镁（MAP），除去废水中的氨氮。

影响废水高氨氮脱除效果的因素很多，根据其性质和化学反应原理，pH、化学沉淀剂投加比例和反应温度是氨氮去除的关键因素。

（1）pH 对氨氮去除的影响

当 pH<8 时溶液中的 PO_4^{3-} 浓度很低时，不利于 MAP 的生成，而主要生成 $Mg(H_2PO_4)_2$；当 pH过高时，在强碱性溶液中生成比 MAP 更难溶的 $Mg_3(PO_4)_2$ 沉淀，并且此时溶液中 NH_4^{+} 变成游离 NH_3，不利于废水中氨氮的沉淀，经有关试验测定，当 pH 为 9.5 左右时，氨氮去除效果最好，可以达到95%左右。

（2）温度对氨氮去除的影响

温度对氨氮去除效果影响比较大，随着温度的升高，氨氮的去除效果增加。但是，当温度超过30℃时，氨氮去除率反而减小，处理效果下降。这是由于温度影响 NH_4OH 和 HPO_4^{2-} 的电离平衡以及 MAP 引起的，随温度升高，生成的沉淀物有一定溶解。有关试验测定，温度为 25～30℃时的氨氮去除效果最好。

（3）Mg^{2+} 和 NH_4^{+} 及 PO_4^{3-} 三者的配比对氨氮去除的影响

化学沉淀反应是一个离子反应，加入的可溶性镁盐和磷酸盐必须按废水中所含的氨氮当量投加，所得的磷酸铵镁才能比较容易地从溶液中通过沉降分离出来。本方案按化学计量式 $r(Mg^{2+})$：$r(NH_4^{+})$：$r(PO_4^{3-})$ =1：1：1 添加 $MgCl_2\cdot6H_2O$ 和 $Na_2HPO_4\cdot12H_2O$。

4.3 各单元处理效果预测表

表 2　各单元处理效果预测表

指标/（mg/L）	调节池		反应沉淀		总出水
	进水	去除率	进水	去除率	
NH$_4$-N	200	—	200	95%	10

4.4 本工艺的特点

（1）流程短、连续反应、容易操作、在常温常压下反应、工艺稳定性好且不受水中其他化合物如有机化合物和氰的干扰。

（2）氨氮废水经处理后，氨氮变为沉淀结晶，其主要成分为 MAP。该沉淀为圆柱形结晶体，是一种含氮、磷、镁的高级复合肥料，经过专家理论计算，含五氧化二磷为 29.0%，含氮为 5.7%，含镁为 9.8%，可用作玉米、花生、棉花等干地作物的底肥，降低了废水处理成本。

5　废水处理系统构筑物与设备

5.1　调节池

数量：1 座；

有效容积：18 m^3；

停留时间：6 h；

有效水深：2.5 m；

超高：0.3 m；

单体构筑物尺寸：$L \times B \times H$=3.6 m×2.0 m×2.8 m。

表 3　调节池主要设备

设备	数量	规格型号	功率	备注
提升泵	2 台（1 用 1 备）	25WQ7-8-0.55	0.55 kW	流量 7 m^3/h；扬程 8 m

5.2　反应沉淀池

①反应段：

数量：1 座；

有效容积：1.2 m^3；

有效水深：1.2 m；

停留时间：24 min；

超高：0.3 m；

单个构筑物尺寸：$L \times B \times H$=1.0 m×1.0 m×1.5 m。

②沉淀段：

数量：1 座；

停留时间：25 min；

超高：0.5 m；

单个构筑物尺寸：$L \times B \times H = 1.5 \text{ m} \times 1.0 \text{ m} \times 1.5 \text{ m}$。

表4　反应沉淀池主要设备

设备	数量	规格型号	功率	备注
搅拌机	1台	—	0.25 kW	—

5.3　投盐装置

本工艺投盐采用 $MgCl_2 \cdot 6H_2O$ 和 $Na_2HPO_4 \cdot 12H_2O$，并加入一定量的絮凝剂，投加比例按照 $N：Mg：PO_4^{3-} = 1：1.0 \sim 1.1：1.0 \sim 1.1$，具体投加量由运转管理部门根据现场试验取得最佳加药量。

图2　投盐装置

表5　投盐装置主要设备

设备	数量	规格型号	功率	备注
配药箱1	2个（1用1备）	MC-1000L	0.25 kW	用于配镁盐，一天配两次；容积 $V=1000$ L；材质 PE，带搅拌机，配支架
配药箱2	2个（1用1备）	MC-1500L	0.25 kW	用于配磷酸盐，一天配两次；容积 $V=1500$ L；材质 PE，带搅拌机，配支架
配药桶	2个（1用1备）	—	—	用于配絮凝剂；容积：$V=200$ L；材质 PE，带搅拌机，配支架
投加镁盐计量泵	1台	JJM-100/1.0	0.18 kW	流量 100 L/h
投加磷酸盐计量泵	1台	JJM-160/1.0	0.55 kW	流量 160 L/h
投加絮凝剂计量泵	1台	JJM-40/1.0	0.55 kW	流量 40 L/h

6　废水处理系统布置

6.1　项目建设场地条件概述

现甲方未提供现场环境状况，现场考察待定。

6.2　处理系统平面布置原则

（1）充分考虑与厂区环境、地形、功能布置和现有管道系统协调；

（2）充分考虑建设施工规划等问题，优化布置系统；

（3）根据夏季主导方向和全年风频，合理布置系统位置；

（4）处理构筑物布置紧凑，分合建清楚，节约用地、便于管理。

6.3　处理系统高程布置原则

（1）尽力利用地形设计高程，减少系统能耗；

（2）系统设计力求简洁、流畅，减少管件连接。

7　电气、仪表系统设计

7.1　系统电气工程设计

7.1.1　电气设计规范

（1）《电力装置的继电保护和自动装置设计规范》（GB/T 50062—2008）；

（2）《通用用电设备配电设计规范》（GB 50055—2011）；

（3）《供配电系统设计规范》（GB 50052—2009）；

（4）《信号报警及联锁系统设计规范》（HG 20511—2014）。

7.1.2　电气设计原则

在保证处理系统工艺要求的条件下，做到技术先进、操作简单、管理方便、安全可靠和经济合理。

7.1.3　电气设计范围

（1）处理系统用电设备的配电、变电及控制系统；

（2）自控系统的配电及信号系统。

7.2　仪表系统设计

（1）《仪表系统接地设计规范》（HG/T 20513—2014）；

（2）《仪表供电设计规范》（HG/T 20509—2014）。

8　主要构筑物、设备和仪表汇总表

8.1　主要构筑物一览表

表6　土建工程一览表

序号	构筑物名称		尺寸	数量	备注
1	调节池		3.6 m×2.0 m×2.8 m	1 座	钢混
2	反应沉淀系统	反应段	1.0 m×1.0 m×1.5 m	1 座	钢混
		沉淀段	1.5 m×1.0 m×1.5 m	1 座	钢混

注：不包括构筑物及设备特殊基础处理、围墙、道路、绿化。

8.2　主要设备一览表

表7　主要设备一览表

序号	设备材料名称		规格及型号	数量	备注
1	提升泵		25WQ7-8-0.55	2 台	1 用 1 备
2	反应沉淀系统	搅拌机		1 台	功率 0.25 kW
		配药箱	MC-1000 L（带搅拌）	2 只	搅拌功率 0.25 kW
		配药箱	MC-1500 L（带搅拌）	2 只	搅拌功率 0.25 kW
		配药桶	200 L（PE 自带搅拌）	2 只	
		计量泵	JJM-40/1.0	2 只	
		计量泵	JJM-100/1.0	2 只	
		计量泵	JJM-160/1.0	2 只	
3	控制系统			1 套	
4	管道及配件			配套	

9　工程建设进度

为缩短工程进度，确保污水处理设施如期实行环保验收，工程设计、各分部工程、分项工程土建、安装以及调试工作，将进行统一协调、分布、交叉进行。总工程进度安排如表8所示。

表8　工程进度表

工作内容＼周	1	2	3	4	5	6	7	8	9	10	11	12
准备工作	■	■										
场地平整		■	■									
设备基础			■	■								
设备材料采购			■	■								
水池构筑物施工					■	■	■	■	■			
设备制作安装				■	■	■	■	■	■	■	■	
外购设备						■	■	■	■			
其他构筑物								■	■	■		
设备防腐										■	■	■
管道施工					■	■	■	■	■			
电气施工					■	■	■	■				
竣工验收											■	■

10　服务承诺

本公司严格按照 ISO 9001：2000 的质量体系，提供设计、制造、安装、调试一条龙服务。

本公司对质量实行质量承诺制度，接受用户的监督。

安装调试期间，我公司免费为用户代培操作工，至单独熟练操作为止。同时，免费为用户提供有关操作规程及规章制度。

按设计标准及设计参数对设备及处理指标进行验收考核，达不到标准负责限期整改，直至达标为止。

我公司根据本项目，设定质量保证期为整个项目交工验收后 12 个月，在质保期内因质量问题发生的一切费用，由我公司负担。

动力设备按国家标准保修期保养，保修期后如发生故障，由质安部登记后会同生产、技术部到现场分析原因，确定保修内容和范围，由技术管理部门制订返修方案，再组织保修工作的实施，质安部进行复检并收集有关资料存档。

保修期满后，定期对工程进行回访，免费提供技术咨询服务，工程实行终身维修，保修期满后只收取成本费。

实例十六 宁波某电子有限公司 24 m³/d 晶片生产废水处理工程

1 项目概况

该电子有限公司位于宁波经济技术开发区,是一家世界级生产石英晶体、石英芯片及石英晶体振荡器的专业组件制造商,是一家台商独资企业,同时也是开发区重点发展企业,专业生产高精密、高质量的石英晶体、石英晶体震荡、表面声波组件及时间模块等四大系列产品。

企业在生产过程中难免会产生废水,由晶片生产及 SMD 石英晶体生产车间产生的废水是本项目的处理目标,该废水由研磨废水、肥皂水、碱液、氟系废水、吸收塔水洗排放废水等组成。此废水首先经过企业内部的废水处理系统进行加药调节处理,但处理后的出水不能达到国家污水排放标准,因此企业欲新建一套废水处理系统,使处理后的出水达到《污水综合排放标准》(GB 8978—1996)中的一级标准。

该废水处理工程总占地面积 20 m²,系统总装机容量 5.05 kW,运行费用约 1.14 元/m³ 废水(不含设备折旧费)。

2 设计依据

2.1 设计依据

(1)业主提供的各种相关基础资料(水质、水量、回用水要求等);

(2)现场踏勘资料,现场采集水样的分析数据;

(3)《污水综合排放标准》(GB 8978—1996);

(4)其他相关标准。

2.2 设计原则

(1)认真贯彻国家关于环境保护工作的方针和政策,使设计符合国家的有关法规、规范、标准;

(2)综合考虑废水进、出水水质及水量特征,选用的工艺应技术先进、稳妥可靠、经济合理、安全适用;

(3)妥善处理和处置废水处理过程中产生的污泥和浮渣,避免造成二次污染;

(4)废水处理系统的自动控制系统应管理方便、安全可靠、经济实用;

(5)废水处理系统平面布置力求紧凑,减少占地面积和投资;高程布置应尽量采用立体布局,充分利用地下空间。

2.3 设计范围

本工程的设计范围仅包括废水处理系统,包括废水处理系统的工艺、土建、构筑物、设备、电气、自控及给排水的设计。不包括站外至站内的供电、供水系统以及站内的道路、绿化等。

3 主要设计资料

3.1 设计进水水质

根据建设单位提供的材料，废水产生量为 8～15 m^3/d，考虑水量波动及扩大生产，本设计暂定处理水量为 24 m^3/d，处理系统可间断运行。

设计进水水质指标如表 1 所示。

表 1 设计废水进水水质

项目	COD/（mg/L）	浊度（NTU）	pH	SS/（mg/L）	色度
进水水质	1617	35	6.5	100～150	70

3.2 设计出水水质

根据建设单位要求，处理后的出水达到《污水综合排放标准》（GB 8978—1996）中的一级标准，具体排放要求如表 2 所示。

表 2 设计废水排放要求

项目	COD/（mg/L）	BOD_5/（mg/L）	色度	pH	SS/（mg/L）
出水水质	≤100	≤20	≤50	6～9	≤70

4 处理工艺

4.1 工艺流程

该项目废水主要由研磨废水、肥皂水、碱液、氟系废水、吸收塔水洗排放废水等组成，该废水中主要有COD_{Cr}、BOD_5、色度、悬浮物、铁离子等污染物。针对该废水的特点，设计主要采用我方拥有自主知识产权的一体化废水处理设备进行处理，处理后的出水可稳定达标排放；系统产生的污泥可排入污泥浓缩池浓缩脱水，后经过脱水压滤后定期外运处理，整个处理系统不产生二次污染。

具体工艺流程如图 1 所示。

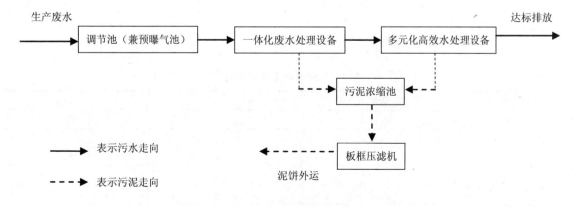

图 1 废水处理工艺流程

4.2 工艺流程说明

生产废水首先进入调节池调节水质和水量，以减轻后续处理构筑物的处理负荷；调节池出水依次进入一体化废水处理设备和多元高效水处理设备，经处理后的出水可达标排放。系统产生的污泥先排入污泥浓缩池浓缩脱水，后经过压滤机脱水后定期外运处理，整个处理系统不产生二次污染。

经预处理系统处理后的废水由提升泵提升到一体化废水处理设备，该设备采用的是 A/O 生物处理工艺。A 级是厌氧生物处理，兼氧微生物利用有机碳源作为电子供体，将废水中的亚硝酸盐态的氮及硝酸盐态的氮转化成氮气，以达到脱氮的目的，同时又去除了部分有机污染物。O 级是好氧生物处理，池中主要存在好氧微生物和自氧型微生物（硝化菌），其中好氧微生物将有机物分解成二氧化碳和水，因而有机污染物在此得到进一步的氧化分解。自氧型微生物能将氨氮转化为亚硝酸盐态的氮及硝酸盐态的氮，同时在碳化作用趋于完成的情况下，使硝化作用能顺利进行。O 级池的出水部分回流到 A 级，为 A 级池提供电子接受体，通过反硝化作用最终消除氮污染，在此过程中有机物也能得到有效地去除。

该一体化设备主要包括 A 级生物池、O 级生物池、沉淀池及污泥消化池等。其中 A 级池为推流式接触氧化生物池，停留时间大于 2 h，内设弹性立体填料，水中溶解氧量小于 0.5 mg/L，为缺氧生物处理区；O 级生物池也为推流式生物接触氧化池，在有氧的条件下，有机物经过微生物的代谢活动被分解，停留时间大于 6 h，气水比大于 12∶1，溶解氧含量大于 3.5 mg/L，池内采用新型填料和高效曝气头。沉淀池采用斜管沉淀，主要沉淀生物池中老化脱落的微生物及悬浮物等，污泥部分进入污泥消化池，上清液澄清后排出。污泥在浓缩池中消化脱水后泵入板框压滤机进行压滤脱水，干泥饼即可外运处理或用作绿化用肥。经该一体化废水设备处理后的出水水质可稳定达到《污水综合排放标准》（GB 8978—1996）中的一级标准。

经一体化废水处理设备处理后的出水进入多元化高效水处理设备，在此通过浮除工艺对废水进行进一步的处理，处理后的出水可稳定、高效地达到《污水综合排放标准》（GB 8978—1996）中的一级标准。

4.3 工艺特点

本工艺的特点是针对该项目废水的 COD_{Cr}、色度、悬浮物、金属离子等污染物情形而制定，同时由于废水产生量小，因此要考虑节省占地面积和投资。整个处理系统设备配有自动电器控制，运行安全可靠，平时一般不需要专人管理，只需适时地对设备进行维护和保养；处理设备对水质的适应性强、耐冲击负荷性能好、出水水质稳定、产泥少。总之，从工艺处理效果、投资造价及运行管理方面考虑，本方案是最为可行的一种优化处理设计方案。

5 处理效果预测

表3 各单元处理效果预测表

工艺段	项目	COD_{Cr}/（mg/L）	色度/倍
预曝气调节池	进水	1 617	70
	出水	1 456	68.6
	去除率	10%	2%
一体化废水处理设备（水解酸化池）	进水	1 456	68.6
	出水	1 020	61.8
	去除率	30%	10%

工艺段	项目	COD$_{Cr}$/（mg/L）	色度/倍
一体化废水处理设备（接触氧化池）	进水	1020	61.8
	出水	153	49.44
	去除率	85%	20%
多元化水处理设备（浮除工艺段）	进水	153	49.44
	出水	91.8～100	34.6
	去除率	35%～40%	30%

6 构筑物及设备参数设计

6.1 调节池

数量：1 座；

结构形式：钢混；

停留时间：24.0 h；

有效容积：20 m³；

规格尺寸：$L \times B \times H$=3.0 m×3.0 m×2.5 m。

调节池主要设备如表 4 所示。

表 4 调节池主要设备参数

设备	数量	规格型号	功率	备注
提升泵	2 台（1 用 1 备）	KQ25FSW-8	0.55 kW	流量 3 m³/h；扬程 8 m

6.2 一体化废水处理设备

数量：1 套；

设计处理水量：5 m³/h；

结构形式：地上钢结构；

规格尺寸：$L \times B \times H$=2.85 m×1.5 m×2.1 m；

功率：0.75 kW。

6.3 多元化高效中水回用处理设备

数量：1 套；

设计处理水量：5 m³/h；

结构形式：地上钢结构；

规格尺寸：$L \times B \times H$=2.5 m×1.5 m×2.0 m；

功率：1.3 kW。

7 废水处理系统布置

7.1 平面布置原则

（1）处理系统应充分考虑与厂区环境、地形、功能布置和现有管道系统协调；

（2）处理系统应充分考虑建设施工规划等问题，优化布置系统；

（3）根据夏季主导方向和全年风频，合理布置系统位置；

（4）处理构筑物应布置紧凑，节能高效，节约用地，便于管理。

7.2 高程布置原则

（1）充分利用地形设计高程，减少系统能耗；

（2）系统设计力求简洁、流畅，减少管件连接。

8 电气、仪表系统设计

8.1 设计规范

（1）《供配电系统设计规范》（GB 50052—2009）；

（2）《电力装置的继电保护和自动装置设计规范》（GB/T 50062—2008）；

（3）其他相关标准、规范。

8.2 设计原则

在保证废水处理系统工艺达到要求的条件下，做到技术先进、操作简单、管理方便、安全可靠和经济合理。

8.3 设计范围

（1）废水处理系统用电设备的配电、变电及控制系统；

（2）废水处理系统自控系统的配电及信号系统。

该废水处理系统的配电系统采用三相四线制、单相三线制，接地保护系统按常规设置。该废水处理站安装负荷为 5.05 kW，使用负荷 4.3 kW，电缆采用穿管暗敷。室内照明用难燃塑料线槽明敷。

9 土建设计

（1）暂按天然地基考虑，施工图设计时，再根据地质报告决定基础形式。

风荷载：0.35 kN/m^2；

地震烈度：6 度。

（2）建、构筑物的基本设计情况：

①调节池为砖混结构，壁厚为 200 mm，两面粉刷，池底及池底与池壁相接处均作防水处理；

②废水处理设备均为 Q235 钢板和型钢焊接而成，设备的外壁、池底与基础接触的面均作热沥青防腐漆，池内壁刷两道红丹醇酸防锈底漆，再刷优良面漆。

10 运行费用分析

本工程运行费用由运行电费、人工费和药剂费等三部分组成。

10.1 运行电费

该工程总装机功率 2.8 kW，实际使用功率 2.05 kW，具体电耗如表 5 所示。

表 5 废水处理系统电耗

设备名称	装机功率/kW	使用功率/kW	使用时间/h	每天耗电/（kW·h）
废水提升泵	1.5	0.75	12	9.0
一体化废水处理设备	0.75	0.75	12	9.0
多元化高效水处理设备	1.3	1.3	12	15.6
污泥泵	1.5	1.5	0.5	0.75
总计	5.05	4.3	—	34.35

电费按 0.80 元/（kW·h）计，则废水处理系统电耗为 34.35 kW，则废水处理运行电费约 0.69 元/m^3 废水。

10.2 人工费

本系统自动化程度较高，可由厂内管理人员兼职管理，人工费可不计。

10.3 药剂费

药剂主要为废水处理设备投加的药剂和中和药剂，统计药剂费约 0.45 元/m^3 废水。

综上所述，废水处理成本约 1.14 元/m^3 废水。

11 工程建设进度

本工程建设周期为 2 个月，为缩短工程进度，确保该废水处理设施如期实行环保验收，各分部、分项工程和安装以及调试工作等协调、交叉开展，具体工程进度安排如表 6 所示。

表 6 工程进度表

工作内容 \ 天	5	10	15	20	25	30	35	40	45	50	55	60
准备工作	▬											
场地平整		▬										
设备基础			▬									
设备材料采购			▬▬▬									
水池构筑物施工					▬▬▬▬▬▬							
设备制作安装				▬▬▬▬▬▬▬▬▬								
外购设备						▬▬▬▬▬▬						
其他构筑物							▬▬▬▬					
设备防腐										▬▬▬		
管道施工								▬▬▬▬▬				
电气施工								▬▬▬▬▬				
竣工验收										▬▬▬		

12 工程售后服务承诺及事故应急处理措施

（1）土建构筑物除人为不可抗拒因素外，质量保证一年；

（2）非标设备、管道保期为一年，质保期满后，若发生故障，则以收取成本费提供服务；

（3）本方案的主机设备有两台，当其中一台出现故障时，由另一台备用设备工作，以保证废水处理系统能正常运行；同时厂内必须尽快维修出现故障的设备，防止两台设备同时出现故障；

（4）为保证处理设备的正常运行，应加强设备的日常维护和巡检，在停产期（节假日等）安排检修或大修；

（5）建立规范的操作规程和健全的事故报警制度。

实例十七 昆明某洗涤公司 300 m³/d 废水处理及回用工程

1 工程概况

该洗涤有限公司 8 500 t/a 洗涤流水线建设项目建设点位于昆明市晋宁县工业园区，项目总投资 3 260 万元，其中环保投资 251 万元。项目总占地面积 10 034 m²，建筑面积 9 858 m²，绿化面积 1 560 m²，建设内容包括 1 号洗涤车间、2 号洗涤车间、宿舍楼、生产业务用房、锅炉房、食堂等相关配套设施。项目主要洗涤对象为昆明某饭店的床上用品、酒店住宿人员需要清洗的衣物及酒店餐厅桌布等，同时承接昆明市区各大酒店需要洗涤的物件，生产规模为年洗涤 8 500 t，其中水洗 6 000 t/a，干洗 2 500 t/a。根据甲方提供的资料与数据及项目环保要求，在项目区内建立一座生产废水处理站，设计处理规模为 300 m³/d。根据业主方提供的资料，我公司对原有污水处理站处理工艺进行技术复核，并结合我公司相关工程经验，我公司提出如下改造意见，供业主方参考选择。

2 设计依据、原则和内容

2.1 甲方提供的资料

本项目环境影响报告表及批复。

2.2 国家及地方有关政策法规

（1）《中华人民共和国环境保护法》；
（2）《中华人民共和国水污染防治法》。

2.3 设计依据

（1）《建筑中水设计规范》（GB 50336—2002）；
（2）《建筑给水排水设计规范》（GB 50015—2003，2009 版）；
（3）《室外排水设计规范》（GB 50014—2006，2014 版）；
（4）《室外给水设计规范》（GB 50013—2006）；
（5）《城市污水再生利用 城市杂用水水质》（GB/T 18920—2002）；
（6）《地表水环境质量标准》（GB 3838—2002）；
（7）《污水再生利用工程设计规范》（GB 50335—2002）；
（8）《给水排水工程构筑物结构设计规范》（GB 50069—2002）；
（9）《污水排入城镇下水道水质标准》（CJ 343—2010）；
（10）《污水综合排放标准》（GB 8978—1996）；
（11）《声环境质量标准》（GB 3096—2008）；
（12）《环境空气质量标准》（GB 3095—2012）；

（13）云南省地方标准《用水定额》（DB 53/T 168—2013）；

（14）政府相关管理职能部门要求和项目建设要求。

2.4　编制范围及原则

2.4.1　编制范围

根据业主方建设规划要求，本方案编制及报价范围为工艺及设备安装部分：包含格栅井进水始至清水池出水口止之间的工艺流程的相关工艺单元的全部工程内容。具体由以下几部分组成。

土建部分：按工艺需求设计土建结构，施工由业主方负责实施；

设备安装：设备选型、配置、安装；包括格栅井进水始至清水池出水口止之间的工艺流程涉及的工艺单元全部工程内容，其中：

包含整个废水处理（中水回用）系统的运行操作、管理、维护培训；

系统仅预留回用管网接口，不包含回用管网；

方案报价中不包含废水站可能涉及的软弱地基处理及地下管线支护费用。

2.4.2　编制原则

符合国家、地方的法律、法规及标准；

不产生二次污染，杜绝影响环境的情况出现，处理运行中必须保证不会产生异常的气味和较大的噪声，不能影响小区及周边正常的经营工作；

根据工程特点，处理工艺采用先进、成熟、可靠的处理技术进行设计以保证处理出水稳定达标，选择合理的污泥处置方法；

设备及器材采用名牌厂家产品，保证质量可靠，操作管理方便，自动化程度高，便于维护；

处理效率高，运行费用低，建设费用低；

采用全地埋式结构，以系统安全稳定运行为前提，整个方案编制统一规划、布局合理，将处理工艺、构筑物及设备与周围环境相协调，做到美观大方，并具有较好的卫生环境，实现中水站的使用功能、节水功能、环境功能与项目区内建筑物的有机结合。

2.4.3　工艺设计的针对性

项目废水为洗涤废水。废水收集后进入废水处理站。

针对洗涤废水可生化性较差及污染物浓度高的特点，采用物化处理技术，降解部分 COD，并投入氧化剂，去除部分污染物。

针对洗涤废水中 SS、阴离子洗涤剂、绒毛、油类比较多的情况，前端采用离子浮选技术，对以上几种污染物进行去除。

针对废水中含溶解性磷较高的特点，专设化学除磷技术，降解大部分溶解性磷及非溶解性磷。

化学除磷后，废水中还有部分污染物，通过活化沸石及活性炭对悬浮物、色度等进一步去除。

废水通过臭氧杀毒的工艺对污水中的病菌及病毒进行去除。

3　设计参数

3.1　废水来源及水量

该项目的废水来源主要是生产废水，废水处理站处理规模为 300 m^3/d。

3.2 设计进水水质

表 1 设计进水水质指标

序号	指标名称	水样检测值	设计进水指标值
1	pH	7.64	6～9
2	COD$_{Cr}$	467.24 mg/L	400～600 mg/L
3	BOD$_5$	未检测	100～200 mg/L
4	SS	279.43 mg/L	300～500 mg/L
5	TP	8.05 mg/L	5～10 mg/L
6	LAS	31.18 mg/L	30～60 mg/L

3.3 设计出水标准

根据本项目环境影响报告表及批复要求，本项目洗涤废水经处理后排入城市下水道，执行《污水排入城镇下水道水质标准》（CJ 343—2010）和《污水综合排放标准》（GB 8978—1996）的三级标准，具体指标如表 2 所示。

表 2 设计出水水质

序号	指标名称	排放标准
1	pH	6～9
2	COD$_{Cr}$	≤500 mg/L
3	BOD$_5$	≤300 mg/L
4	SS	≤300 mg/L
5	TP	≤5 mg/L
6	LAS	≤10 mg/L

按业主方要求，该项目废水处理回用于厂区绿化用水、生产用水，执行《城市污水再生利用 城市杂用水水质》（GB 18920—2002）和《城市污水再生利用 工业用水水质》（GB/T 19923—2005），具体指标如表 3 所示。

表 3 回用水标准

项目	限值	项目	限值
pH	6～9	阴离子表面活性剂/（mg/L）	1.0
色度	30	溶解氧/（mg/L）	1.0
嗅	无不快感	总大肠菌群/（个/L）	3
浊度/NUT	10	TP/（mg/L）	0.5
BOD$_5$/（mg/L）	10		

4 工艺流程的选择

4.1 国内洗涤废水工艺分析

一般洗涤污水的处理分为达标排放处理和工艺回用处理两种。

达标排放处理是按照当地政府环保管理机构要求的排放标准进行处理，经处理达到要求标准后方可排入城市污水管网。

工艺回用处理是将洗衣污水经过处理后重新回用于部分或全部洗涤程序中，该类回用水要求对后续洗涤工艺与洗涤质量没有负面影响，在节水的同时有利于更好地洗涤与降低成本。

洗涤污水的特点决定其处理工艺流程，系统处理后出水必须满足下列基本条件：

（1）卫生上安全可靠，无有害物质，其主要衡量指标有大肠菌群数、细菌总数、悬浮物量、生化需氧量、化学耗氧量等；

（2）外观上无不快的感觉，其主要衡量指标有浊度、色度、臭气、表面活性剂和油脂等；

（3）不引起设备、管道等严重腐蚀、结构和不造成维护管理的困难，其主要衡量指标有 pH 值。

4.2 洗涤废水回用工艺流程

为了将废水处理成符合洗涤回用水质标准的水，一般要进行三个阶段的处理：

预处理：该阶段主要有格栅和调节池两个处理单元，主要作用是去除废水中的固体杂质和均匀水质。

主处理：该阶段是洗涤废水回用处理的关键，主要作用是去除废水的悬浮物、绒毛、油类、阴离子洗涤剂等污染物。

后处理：该阶段主要以消毒和杀毒处理为主，对出水进行深度处理。保证出水达到洗涤废水回用水标准。

4.3 常见的处理技术

按目前已被采用的方法大致可分为三类：

（1）以物理及好氧联合的工艺进行处理，利用水解酸化和接触氧化等生化技术去除水中的有机污染物。由于洗涤废水生化性差，采用生化处理技术时，常将项目区内的生活废水与生产废水混合，以增加废水的可生化性。

（2）采用膜处理技术。采用超滤（微滤），或 MBR 方法处理，即将膜分离技术与生物处理工艺相结合而开发的新型系统。但采用膜技术具有初期投资成本高、运行费用较高、操作管理复杂和后期维护运营成本高等缺点。按照我公司的经验，一般需两年左右更换膜一次。

（3）采用物理化学处理法。即以离子浮选和化学强氧化技术等深度处理技术结合。采用该类技术与传统的二级处理相比，提高了出水质，同时具有工程投资低、运行稳定、运行费用低、操作管理简便等优点。

5 工艺流程说明

5.1 工艺流程选择

5.1.1 排放处理工艺流程

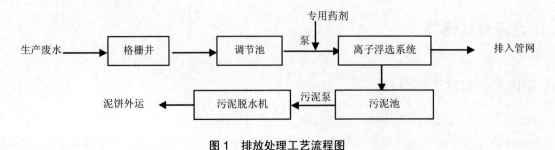

图 1 排放处理工艺流程图

5.1.2 回用处理工艺流程图

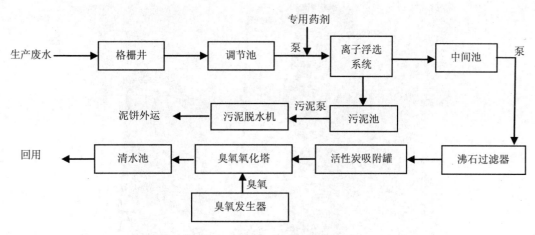

图 2　回用处理工艺流程图

5.2　工艺流程说明

根据该类废水水质特点，采用物理化学处理法。

洗涤废水经管网收集后首先经过格栅拦截大颗粒杂质后，进入调节池调节水质水量，然后由泵提升进入离子浮选系统。在投加专用药剂的条件下，利用纳米级微气泡作用去除废水中 LAS、SS、油脂、毛发、纤维、总磷以及有机杂质等污染物。

离子浮选系统出水即可满足排放要求排入城市管网。

废水经离子浮选系统处理后可进入深度处理系统以做回用，首先进入中间池暂存，然后由泵提升增压，依次进入沸石过滤器、活性炭吸附罐后进入臭氧氧化塔后，进入清水池。清水池即可满足回用水质要求，可用于厂区绿化浇洒、道路冲洗以及车间生产用水。

离子浮选系统的浮渣和污泥排入污泥池，然后抽入污泥脱水机脱水，干污泥外运。

整个废水处理系统主要包括：离子浮选系统、沸石过滤器、活性炭吸附罐和臭氧氧化消毒几个处理单元，以下作详细说明。

5.2.1　离子浮选系统

离子浮选的基础是表面活性剂在液—气界面吸附和目的物与表面活性剂之间发生作用。以微小气泡作为载体，黏附水中的杂质颗粒，使其视密度小于水，然后颗粒被气泡挟带浮升至水面与水分离去除的方法。

空气在加压的条件下溶解于水中，再使压力降至常压，把溶解的过饱和空气以微气泡的形式释放出来。其与废水中的固体悬浮颗粒黏附，形成密度小于水的气浮体，在浮力的作用下，上浮至水面形成浮渣，进行分离。

本项目离子浮选系统可以去除废水中 LAS、毛发、油脂、纤维等杂质。

5.2.2　过滤吸附系统

该滤料以水处理专用活性沸石为主体。内部有很多孔径、均匀的管状孔道和内表面积很大的孔穴，具有独特的吸附、筛分、交换阴阳离子以及催化性能。它能吸收水中氨态氮、有机物和重金属离子，能有效地降低池底硫化氢毒性，调节 pH 值，增加水中溶解氧等作用。

活性炭是由煤或木等材料经一次炭化制成的。由于活性炭表面积大，所以吸附能力强。在所有的吸附剂中，活性炭的吸附能力最强。使用活性炭作为吸附剂，可以去除水中残存的有机物、胶体、细菌残留物、微生物等，并可以脱色除臭。

图3　过滤吸附系统

5.2.3　臭氧氧化及消毒

消毒方法大体可以分为两类：物理方法和化学方法。物理方法主要有加热、冷冻、紫外线等；化学方法是利用各种化学药剂进行消毒，常用的化学消毒剂有氯及其化合物、各种卤素、臭氧等。各种消毒方法的比较，如表4所示。

表4　消毒方法比较

项目	液氯	臭氧	二氧化氯	紫外线照射	加热	卤素（Br_2、I_2）
使用剂量/（mg/L）	10.0	10.0	2～5	—	—	—
接触时间/min	10～30	5～10	10～20	短	10～20	10～30
效率 对细菌 对病毒 对芽孢	有效 部分有效 无效	有效 有效 有效	有效 部分有效 无效	有效 部分有效 无效	有效 有效 无效	有效 部分有效 无效
优点	便宜、成熟、有后续消毒作用	除色、臭味效果好，现场发生溶解氧增加，无毒	杀菌效果好，无气味，有定型产品	快速、无化学药剂	简单	同氯，对眼睛影响较小
缺点	对某些病毒、芽孢无效，残毒，产生臭味	比氯贵、无后续作用	维修管理要求较高	无后续作用，无大规模应用，对浊度要求高	加热慢，价格贵，能耗高	慢，比氯贵
用途	常用方法	应用日益广泛，与氯结合生产高质量水	中水及小水量工程	试验室及小规模应用较多	适用于家庭消毒	适用于游泳池

从表4可以看出，臭氧消毒和其他消毒方法相比，其具有有效的杀死细菌、病毒、芽孢的特点。而屠宰废水含有大量的细菌和病毒，因此本方案消毒选用臭氧消毒。

臭氧是氧的同素异形体，它的分子由3个氧原子组成，在室温下为无色气体，具有一种特殊的臭味。是一种强氧化剂，其氧化能力仅次于氟，比氧、氯及高锰酸盐等常用的氧化剂都高。臭氧氧化法在废水处理中主要是使污染物氧化分解，用于降低BOD、COD，脱色、除臭、除味等。

臭氧氧化法的优点：

氧化能力强，对除臭、脱色、杀菌、去除有机物都有显著的效果；

处理后废水中的臭氧易分解，不产生二次污染；

制备臭氧用的原料为空气，不必贮存和运输，操作管理比较方便；

处理过程中一般不产生污泥；

和常规的工艺比较，不需要大体积的池子，占地面积小，节省了大量的土建投资。

5.3 处理效果预测

表5 各单元处理效果预测

主要指标 项目		COD_{Cr}/ （mg/L）	BOD_5/ （mg/L）	LAS/ （mg/L）	SS/ （mg/L）	TP/ （mg/L）	pH 值
格栅调节池	进水	500	150	30	400	8	6～9
	去除率	20%	10%	—	20%	—	—
离子浮选	进水	400	130	30	320	8	6～9
	去除率	80%	70%	90%	80%	95%	—
沸石过滤器	进水	80	30	3	18	0.4	6～9
	去除率	—	—	—	60%	—	—
活性炭吸附罐	进水	80	20	3	10	0.4	6～9
	去除率	40%	30%	40%	40%	—	—
臭氧氧化塔	进水	40	14	1.8	7	0.4	6～9
	去除率	30%	30%	50%	—	—	—
清水池	出水	≤50	≤10	≤1	≤10	≤0.5	6～9

6 废水处理系统计算

6.1 格栅井

格栅井	
数　量	1座
规格尺寸	1.5 m×0.6 m×1.5 m
材　质	砖混
配套设备	
格栅	
数　量	1台
材　质	不锈钢
栅　隙	5 mm

6.2 调节池

调节池	
数　量	1 台
规格尺寸	6.0 m×4.0 m×4.0 m
有效容积	80 m³
材　质	钢砼
配套设备	
污水提升泵	
型　号	50WQ15-10-1.5
数　量	2 台（1 用 1 备）
参　数	Q=15 m³/h，H=10 m
电机功率	1.5 kW

6.3 离子浮选系统

配套设备	
离子浮选系统	
型　号	KYQF-15
处理能力	15 m³/h
回流比	30%
总功率	7.5 kW
材　质	碳钢防腐
说　明	含出水箱、回流水泵、溶气罐、释放器、空压机等

6.4 中间池

中间池	
数　量	1 台
规格尺寸	3.0 m×1.0 m×4.0 m
有效容积	10 m³
材　质	钢砼
配套设备	
过滤提升泵	
型　号	SLS50-160
数　量	2 台（1 用 1 备）
参　数	Q=15 m³/h，H=32 m
电机功率	3.0 kW

6.5 过滤、吸附

KYL-2#型过滤器	
型　号	KYSL-1200
数　量	1 台
单台处理能力	12 m³/h
过滤滤速	10 m³/（m²·h）
配套水泵功率	4 kW
材　质	碳钢防腐
活性炭吸附罐	
型　号	KYHT-1200
数　量	1 台
单台处理能力	12 m³/h
过滤滤速	10 m³/（m²·h）
材　质	碳钢防腐

6.6　臭氧系统

臭氧发生器	
型　号	QHW-250
数　量	1 台
臭氧产量	250 g/h
臭氧投加量	10 mg/L
总功率	5.5 kW
臭氧反应塔	
规格型号	ϕ 1 500 mm×6 000 mm
数　量	1 台
材　质	碳钢防腐

6.7　清水池

清水池	
数　量	1 座
规格尺寸	70 m^3
材　质	钢砼结构
说　明	回用水贮存

6.8　污泥池

污泥池	
数　量	1 座
规格尺寸	3.0 m×3.0 m×4.0 m
有效容积	30 m^3
材　质	钢砼
配套设备	
螺杆泵	
型　号	G35-1
数　量	1 台
参　数	Q=6 m^3/h，H=60 m
电机功率	5.5 kW
板框压滤机	
型　号	XMYJ10/640-UK
数　量	1 台

7　构筑物及设备一览表

表 6　构筑物一览表

序号	构筑物名称	尺寸	数量	备注
1	格栅井	1.5 m×0.6 m×1.5 m	1 座	砖混结构
2	调节池	6.0 m×4.0 m×4.0 m	1 座	钢砼结构
3	中间池	3.0 m×1.0 m×4.0 m	1 座	钢砼结构
4	清水池	70 m^3	1 座	钢砼结构
5	污泥池	3.0 m×3.0 m×4.0 m	1 座	钢砼结构

表 7　主要设备一览表

序号	设备名称	技术规格及性能参数说明
1	格栅	数量：1 台 材质：不锈钢 栅隙：5 mm
2	污水提升泵	型号：50WQ15-10-1.5 数量：2 台 参数：$Q=15 \text{ m}^3/\text{h}$，$H=10 \text{ m}$ 电机功率：1.5 kW
3	离子浮选设备	型号：KYQF-15 处理量：15 m^3/h 功率：5.5 kW 数量：1 套
4	自动加药系统	型号：KYYJ-500 数量：1 套 功率：1.1 kW 说明：含加药桶、搅拌机、加药泵等
5	过滤提升泵	型号：SLS65-160A 数量：2 台（1 用 1 备） 参数：$Q=20 \text{ m}^3/\text{h}$，$H=28 \text{ m}$，$N=4.0 \text{ kW}$
6	KYL-2#型过滤器	型号：KYSL-1200 数量：1 台 材质：碳钢防腐 滤料：KYL-2#滤料
7	活性炭吸附罐	型号：KYHT-1200 数量：1 台 材质：碳钢防腐 滤料：水处理专用活性炭
8	臭氧发生器	型号：QHW-250 数量：1 套 臭氧产量：250 g/h 功率：5.5 kW
9	臭氧反应塔	规格型号：$\phi 1\,500 \text{ mm} \times 6\,000 \text{ mm}$ 数量：1 台 材质：碳钢防腐
10	污泥泵	型号：G35-1 参数：$Q=6 \text{ m}^3/\text{h}$，$H=0.6 \text{ MPa}$，电机功率 1.5 kW 数量：1 台
11	板框压滤机	型号：XMYJ10/640-UK 数量：1 台
12	液位控制器	数量：2 套
13	PLC 自动控制柜	控制方式：采用自动 PLC 控制 电气元件：主控制器采用国外进口，其余电气元件均通过 3C 认证 位置：设备控制室内 数量：1 套

8 二次污染防治

8.1 臭气防治

由于污水的特殊性，不可避免地带有特殊的异味，对本中水回用项目来说，对异味的要求就更为严格，控制异味扩散显得更为重要，我公司采用以下方式解决：

（1）本方案在选址中避开集中区和敏感地点，具体位置根据实际情况而定；

（2）处理工艺选用物理化学处理方法，污泥同步稳定，剩余污泥量少，异味少；

（3）从设计中就对所有可能散发出异味的污水池全部设计成全地埋式结构，并对其密封加盖，避免异味集中一起的不快感。

8.2 噪声控制

（1）系统设施设计在单位的边围，对外界影响小；

（2）选择具有低噪声源的设备，运行时声音很小，在机房外基本上听不到噪声；

（3）确保周围环境噪声：白天≤60 dB，晚上≤50 dB。

8.3 污泥处理

（1）污泥由离子浮选系统的排泥和浮渣污泥产生，定期脱水处理；

（2）干污泥定期外运处理。

9 电气控制和生产管理

9.1 工程范围

本自动控制系统为废水处理工程工艺所配置，自控专业主要涉及的内容为该废水处理系统中污水泵与液位的联锁、报警、风机的交替动作、风机与进水泵的联锁工作等。

9.2 控制水平

本工程中拟采用 PLC 程序控制。系统由 PLC 控制柜、配电控制屏等构成，为此专门设立一个控制室。

9.3 控制方式

本工程装置内所有电动机均采用中央集中室控制方式，电动机联锁由仪表专业的 PLC 实现。

9.4 电源状况

因业主没有提供基础资料，本装置所需一路 380/220V 电源暂按引自厂区变电所。

9.5 电气控制

废水处理系统电控装置为集中控制，采用进口 PLC 可编程序控制器，主要自动控制各类泵提升（液位控制）；需要时（如维修状态下）可切换到手动工作状态。

（1）水泵

水泵的启动受液位控制。

a. 高液位：报警，同时启动备用泵；

b. 中液位：一台水泵工作，关闭备用泵；

c. 低液位：报警，关闭所有水泵；

d. 水泵中一台水泵出现故障，发出指示信号，另一台备用泵自动工作。

（2）声光报警

各类动力设备发生故障，电控系统自动报警指示（报警时间10～30 s），并故障显示至故障消除。报警系统留出接口，可根据业主方要求引至指定地点，以便管理。

（3）其他

a. 各类电气设备均设置电路短路和过载保护装置；

b. 动力电源由本电站提供，进入废水处理站动力配电柜。

9.6 生产管理

（1）维修

如果本废水站在运转过程中发生故障，由于废水处理站必须连续投运的机电设备均有备用，则可启动备用设备，保证设施正常运转，同时对废水处理设施进行检修。

（2）人员编制

废水处理站改扩建后，自动化控制程度高，可采用原有管理人员操作管理，不需增加操作管理人员。

（3）技术管理

进行污水处理设备的巡视、管理、保养、维修。如果发现设备有不正常或水质不合格现象，应及时查明原因，采取措施，保证处理系统的正常运行。

10 运行费用分析

10.1 电耗量

表 8 系统电耗情况

序号	设备名称	装机容量/台	使用数量/台	装机功率/kW	使用功率/kW	运行时间/(h/d)	电耗/(kW·h)	功率因子
1	污水提升泵	2	1	3.0	1.5	20	30	0.8
2	离子浮选系统	1	1	7.5	5.5	20	110	0.8
3	加药系统	2	2	2.2	2.2	20	44	0.8
4	过滤提升泵	2	1	6	3	20	60	0.8
5	臭氧发生器	1	1	5.5	5.5	20	110	0.8
6	螺杆泵	1	1	5.5	5.5	4	22	0.8
7	板框压滤机	1	1	1.5	1.5	4	6	0.8
	合计			42.4	24.7		382	

10.2　消耗品消耗量

表9　消耗品消耗情况

序号	名　称	单位	数量	备注
1	PAC	kg/d	24	投加量 80 mg/L
2	PAM	kg/d	1.6	投加量 4 mg/L
3	活性炭	kg/d	2.7	总量 1.5 t，更换周期 1.5 年

10.3　运行费用

表10　运行费用情况表

序号	名称	耗量	单价/元	运行成本/（元/d）	每吨水处理费用
1	电耗	305 kW·h	0.9	275	0.92 元/t
2	消耗品				
1）	PAC	24 kg/d	2.00	48	0.16 元/t
2）	PAM	1.6 kg/d	15.0	24	0.08 元/t
3）	活性炭	2.7 kg/d	12.0	32.4	0.11 元/t
	总计			379.4	1.27 元/t

备注：运行费用中回用深度处理的费用为 0.52 元/t 水。

10.4　经济效益分析

中水回用节省自来水费用：

按中水回用比例 80%计算，即每天回用水量（节约自来水水量）240 m³/d；按昆明市工业用自来水每吨 3.50 元计，用水排污费按每吨 0.8 元计，则每天可节省费用：

E=240×（3.5+0.8−0.52）=892.8 元/d

每年收益：892.8×365=325 872 元。

11　工程建设进度

本工程建设周期为 12 个月，为缩短工程进度，确保废水处理设施如期实行环保验收，工程设计、各分部工程、分项工程土建、安装以及调试工作，将进行统一协调、分布、交叉进行。总工程进度安排如表11 所示。

表 11　工程进度表

工作内容＼月	1	2	3	4	5	6	7	8	9	10	11	12
准备工作	■											
场地平整		■	■									
设备基础				■								
设备材料采购			■									
水池构筑物施工					■	■	■	■				
设备制作安装				■	■	■	■	■	■	■		
外购设备						■	■	■	■			
其他构筑物							■	■	■	■		
设备防腐										■	■	■
管道施工								■	■	■		
电气施工								■	■	■		
竣工验收										■	■	

12　服务承诺

本公司严格按照 ISO 9001：2000 的质量体系，提供设计、制造、安装、调试一条龙服务。

本公司对质量实行质量承诺制度，接受用户的监督。

安装调试期间，我公司免费为用户代培操作工，至单独熟练操作为止。同时，免费为用户提供有关操作规程及规章制度。

按设计标准及设计参数对设备及处理指标进行验收考核，达不到标准负责限期整改，直到达标为止。

我公司根据本项目，设定质量保证期为整个项目交工验收后 12 个月，在质保期内因质量问题发生的一切费用，由我公司负担。

动力设备按国家标准保修期保养，保修期后如发生故障，由质安部登记后会同生产、技术部到现场分析原因，确定保修内容和范围，由技术管理部门制订返修方案，再组织保修工作的实施，质安部进行复检并收集有关资料存档。

保修期满后，定期对工程进行回访，免费提供技术咨询服务，工程实行终身维修，保修期满后只收取成本费。

实例十八　宁波某光伏电池企业 500 m³/d 含氟废水达标处理工程

1　项目概况

该光伏有限公司是一家致力于从晶体硅锭、太阳能硅片、太阳能电池片到成品光伏组件的综合型企业。

该光伏电池公司每天排放生产废水量为 400 m³，另外，排放生活废水 100 m³。由于光伏电池生产中使用了氢氟酸（HF），氟成为生产废水的主要污染物。氟作为人体必需的微量元素之一，含量过低或过多都会危害健康，特别是过多会引起氟中毒。人们日常饮用水含氟量一般控制在 0.4～0.6 mg/L，长期饮用氟离子浓度大于 1 mg/L 的水对人体不利，严重的会引起氟斑牙与氟骨症以及其他一些疾病，甚至会诱发肿瘤的发生，严重威胁人类健康。高浓度含氟工业废水一般含有呈氟离子（F⁻）形态的氟，排放的废水中氟含量超过国家排放标准，将严重污染人类赖以生存的环境，给人类的健康造成很多威胁。

基于企业自身发展及社会环保责任的需要，要彻底治理污染问题，企业按环保主管部门要求将生产排水经处理达标排放，生活废水处理回用。我公司根据企业提供的基本情况和治理同类废水的经验，提供本设计方案，供企业领导、主管部门和有关专家审定、选用。本方案在保障处理出水优于环保主管部门及企业要求的排放标准外，还基于响应国家节能降耗及有利企业成本降低的原则，充分考虑了工艺设备配置、工程运行管理等环节，在确保处理效果的基础上，控制投资和运行费用。

图 1　地埋式污水处理站

2 设计依据、原则和范围

2.1 设计依据

（1）《污水综合排放标准》（GB 8978—1996）；

（2）《污水排入城镇下水道水质标准》（CJ 343—2010）；

（3）《城市污水再生利用　城市杂用水水质》（GB/T 18920—2002）；

（4）《建设项目环境保护管理条例》（国务院令第 253 号）；

（5）《声环境质量标准》（GB 3096—2008）；

（6）《室外排水设计规范》（GB 50014—2006，2014 版）；

（7）《水处理设备　技术条件》（JB/T 2932—1999）；

（8）《恶臭污染物排放标准》（GB 14554—93）；

（9）《地下工程防水技术规范》（GB 50108—2008）；

（10）《民用建筑电气设计规范》（JGJ/T 16—2008）；

（11）《建筑设计防火规范》（GB 50016—2014）；

（12）《供配电系统设计规范》（GB 50052—2009）；

（13）《低压配电设计规范》（GB 50054—2011）；

（14）《爆炸危险环境电力装置设计规范》（GB 50058—2014）；

（15）《电力装置的继电保护和自动装置设计规范》（GB/T 50062—2008）；

（16）业主提供的水质水量和处理要求等相关资料。

2.2 设计原则

（1）严格执行国家和地方各项环境保护规定，确保各项指标达到规定的排放标准；

（2）工艺流程简捷、灵活性好，抗水量、水质负荷冲击能力强；设备布置合理，结构简凑，减少占地面积；

（3）操作管理方便，技术要求简单，易于长期使用；

（4）确定的设计方案必须具有可靠性、安全性、现实性；

（5）选用自动化程度高、操作管理方便的处理设备；

（6）选用投资省、处理成本低、达标稳定的工艺。

2.3 设计范围

本工程将在厂区配套设置污水处理站一座，接纳生产区生产废水、生活区生活废水，将生产废水处理达到《污水综合排放标准》（GB 8978—1996）中的三级标准，然后排入城市下水道；将生活废水处理达到《城市污水再生利用 城市杂用水水质》（GB/T 18920—2002）的要求，回用于厂区绿化及杂用。本方案所指的污水处理工程的范围为接纳污水进口起至排放口（含污水处理站内管道及提升装置）。

本工程的建设内容包括与污水处理相关的处理站内构（建）筑物工程、管道工程、设备购置加工及运输安装、仪器仪表工程、工艺安装工程、配电及自动控制工程，并包括污水处理站建成后的调试、试运转、人员培训以及相关的技术服务等。

本方案主要涉及以下三部分内容：

（1）废水处理系统工艺比选、设计；

（2）推荐方案的投资估算；

（3）工程实施初步计划。

3　设计规模和进出水水质指标的确定

3.1　处理规模的确定

根据企业提供的资料，确定含氟生产废水处理能力为 400 m^3/d；生活废水处理能力为 100 m^3/d。

3.2　进水水质的确定

（1）含氟生产废水待处理量

在光伏电池生产中使用了氢氟酸（HF）、盐酸（HCl）、硝酸（HNO_3）、氢氧化钾（KOH）、氢氧化钠（NaOH）、异丙醇等化工原料，其用量如表 1 所示。

表 1　生产过程中添加的化工原料

序号	材料名称	数量（含量）	备注
1	氢氟酸	242 L（40%）	按一条生产线生产 20 000 片/d 计算，水量为 80 t/d，共有五条生产线，废水量为 400 m^3/d。每日时间按 24 h 计
2	硝酸	144 L（60%）	
3	盐酸	90 L（35%）	
4	氢氧化钾	40 L（40%）	
5	氢氧化钠	36 kg（98%）	
6	异丙醇	104 L（98%）	

（2）进水水质设计

厂方提供的生产废水水质数据如表 2 所示。

表 2　设计生产废水进水水质

项目	pH	COD	SS	PO_4^{3-}	氟化物
进水水质	4	100 mg/L	30 mg/L	0.5 mg/L	80 mg/L

本公司对该废水进行了测定，其 COD 实际为 116 mg/L。

生活废水水质如表 3 所示。

表 3　设计生活废水进水水质

项目	pH	COD	SS	BOD
进水水质	6～8	400 mg/L	300 mg/L	200 mg/L

3.3　出水水质的确定

（1）生产废水处理排放

根据环保主管部门要求及《污水综合排放标准》（GB 8978—1996）的三级标准、《污水排入城镇下水道水质标准》（CJ 343—2010），出水水质要求如表 4 所示。

表4 出水水质要求

标准	pH	COD	SS	氟化物	氨氮	PO_4^{3-}（以P计）
GB 8978—1996	6～9	500 mg/L	400 mg/L	20 mg/L	—	—
CJ 343—2010	—	—	—	—	35 mg/L	8 mg/L

（2）生活废水处理回用标准

根据业主的委托，回用水水质按国家标准《城市污水再生利用　城市杂用水水质》（GB/T 18920—2002）执行。

表5 回用水水质要求

项目	pH	色度	嗅	浊度
限值	6～9	400 mg/L	无不快感觉	10NTU
项目	溶解性总固体	BOD$_5$	NH$_3$-N	LAS
限值	1 000 mg/L	20 mg/L	20 mg/L	1.0 mg/L
项目	DO	余氯		大肠杆菌
限值	1.0 mg/L	接触时间 30 min 后≥1.0 mg/L，管网末端≥0.05 mg/L		3 个/L

4　污水处理工艺的选择

4.1　方案选择的原则

为了使建成后的污水处理工艺既能高效稳定地运行又能节省投资和运行费用，应依据下列原则进行工艺方案的选择：

（1）工艺先进、成熟、处理效果稳定，设备先进、可靠，在长期运转中保证出水水质达到规定的要求；

（2）出水水质优异、安全，满足使用者要求；

（3）操控简单，便于使用维护。自动化控制程度高，争取做到无人管理；

（4）积极采用国内先进的技术和设备，并且要符合本地的实际情况。

4.2　进出水水质分析及要求

（1）含氟生产废水

本项目生产废水主要污染物是高浓度氟和废酸，其 COD、SS、PO_4^{3-}等已满足达标排放要求。当前，国内外高浓度含氟废水的处理方法有数种，常见的有吸附法和沉淀法两种。其中沉淀法主要应用于工业含氟废水的处理，吸附法主要用于低浓度含氟水的处理。另外还有离子交换法、超滤膜除氟法、电凝聚法、电渗析、反渗透技术等方法。

（2）生活废水

生活废水属于易于生物降解的含悬浮物有机废水，但废水水质水量变化很大。该类废水主要特点如下：

水质、水量在一天内的变化比较大，早晚排放量较大；

有机污染物含量高；可生化性较好，BOD/COD 一般大于 0.4～0.6；

废水中含有一定的纤维杂质、沙砾等，悬浮物含量高。

根据所处理废水的特点，确定生产废水处理的主体工艺采用物化处理，生活废水处理的主体工艺采用生化处理工艺。含氟生产废水处理主体采用经济有效的沉淀工艺，同时因生产废水量大、水质除含氟污染外还含其余污染物，故设计在沉淀除氟后加吸附过滤，除进一步除氟保障达标外，还可使生产废水直接净化到回用或进入生活废水回用处理。生活废水因氨氮和 BOD、COD 都很高，生化处理工艺采用厌氧＋好氧工艺，在经济的去除有机负荷 BOD、COD 的同时，还能去除氨氮和磷。由于废水中悬浮物含量较高，为了保证生化处理效果，生化处理之前需增加格栅等物化处理；生化处理之后增加过滤深度净化及消毒处理以达到回用标准。

4.3　推荐污水处理方案的比选

（1）含氟生产废水处理达标排放

①沉淀法

沉淀法是高浓度含氟废水处理应用较为广泛的方法之一，是通过加药剂或其他药物形成氟化物沉淀或絮凝沉淀，通过固体的分离达到去除的目的，药剂、反应条件和固液分离的效果决定了沉淀法的处理效率。

由于沉淀法除氟效果受搅拌条件、沉降时间等因素的影响，因此出水水质一般不稳定，为稳定达标，需在沉淀后增加吸附过滤。

②吸附法

吸附法是将装有活性氧化铝、聚合铝盐、褐煤吸附剂、功能纤维吸附剂、活性炭等吸附剂的设备放入工业废水中，使氟离子通过与固体介质进行特殊或常规的离子交换或者化学反应，最终吸附在吸附剂上而被去除，吸附剂还可通过再生恢复交换能力。为了保证处理效果，废水的 pH 值不宜过高，一般控制在 6 左右。该方法一般用于低浓度含氟废水的处理，效果十分显著。由于成本较低，而且除氟效果较好，是含氟废水处理的重要方法。

工艺流程如图 2 所示。

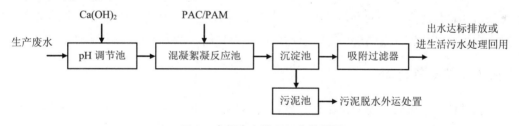

图 2　含氟废水处理工艺流程图

（2）生活废水处理回用

生活废水经调节中和预处理后属于易生化中低浓度有机废水，净化处理主要是去除水中的悬浮物和各种形态的有机污染物。因此，采用以生化及物理处理为主体的格栅拦截沉淀—兼氧调节—接触氧化—过滤净化—消毒处理等工艺技术。该工艺具有流程简单，操作管理容易，运行费用低，处理效率高等优点，同时该工艺适应冲击负荷能力强，剩余污泥产生量少。出水确保能稳定达到相应回用要求。

工艺流程如图 3 所示。排出的污水首先经过多级格栅、沉淀池去除污水中残余纤维悬浮物等杂质、沉淀比重较水大的沙砾等污染颗粒，进入兼氧调节池均衡水质、水量，同时将大分子长链有机物经厌氧作用初步分解为小分子短链有机物，由潜污泵提升至接触氧化池进行好氧生物处理，废水中的大部分有机物降解后经过滤器再次进行分离净化，清水经加氯消毒达到排放要求。格栅拦截的浮渣定期送到垃圾站，沉淀产生的少量污泥与生产废水处理污泥池一起脱水外运处置。

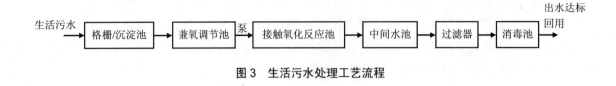

图 3   生活污水处理工艺流程

5   工艺设计

5.1   格栅

在处理系统入口处设多级格栅网，以去除废水中残余的纤维状杂物等较大漂浮物，防止堵塞、磨损水泵和管道。格栅间距 5 mm，倾斜角 60°。

5.2   生产废水 pH 调节池

加碱调节酸度，中和 pH 在 5～8，水力停留时间为 1～2 h。

5.3   生活废水兼氧调节池

兼氧调节池有几方面的作用，一方面保证生物处理设施进水水量均衡；另一方面少量空气搅拌使池内的水质充分混合；其次是吹脱有害气体和部分氨氮；另外利用接触氧化池回流的部分剩余活性污泥的活性，降解部分有机污染物，以减轻后续好氧段的处理负荷。采用穿孔管或伞流式曝气头曝气，水力停留时间为 6～8 h。

5.4   生产废水混凝絮凝反应池

加入铁盐和铝盐两大类混凝剂，在水中形成带正电的胶粒，胶粒能够吸附水中的氟离子而相互并聚为絮状物沉淀，产生混凝絮凝反应，以达到除氟的目的。水力停留时间 1～2 h。

5.5   生活废水接触氧化池

接触氧化池内装有弹性球型悬浮填料。池内无须填料固定支架，投资省、安装维修方便。该填料挂膜后在水中似沉非沉，在气体的作用下球体之间形成自由相互碰撞，具有良好的新陈代谢、不黏连结团、空间体积利用率大、无死区等特点。

选用 SSR 型三叶螺旋罗茨鼓风机为微生物提供溶解氧，溶解氧控制在 1.5～2.0 mg/L，水力停留时间 6～12 h。经过十多天的菌种培养，填料上基本可挂好生物膜，水中的盖纤虫及钟虫数量比较多，且很活跃，生物相丰富。

5.6   生产废水处理沉淀池

表面负荷：1.0 m³/（m²·h）；水力停留时间：2 h。

5.7   生活废水过滤净化系统

经接触氧化处理后的废水中尚含有一些游离的菌种及脱落的生物膜，需固液分离，采用压力过滤方式，设计处理滤速 6 m/h。压力过滤使废水的固液分离性能较好，出水可确保达标排放。

5.8　生产废水吸附过滤处理

（1）采用压力过滤方式，设计处理滤速 10 m/h；

（2）过滤器放置于中间池上，以节省占地。

5.9　消毒池

生活废水消毒接触时间不宜小于 2 h。消毒池设置含氯消毒剂自动投加装置；消毒后的净化水达标外排。

5.10　污水处理工程平面布置

本污水处理工程总占地约 100 m^2，平面布置具体根据现场设定（过滤器及设备操作间可放在地下的中间水池及消毒池地面上），以节省占地及工程投资。

本污水处理工程池体全为地下式，地面覆土绿化，整体环境优美；且池体封闭，有效地防止污水处理曝气过程中异味外逸，完全满足环境要求。

5.11　主要构筑物及设备

主要构筑物及设备参数如表 6 所示。

表 6　主要构筑物设计参数

处理水量/（m³/d）		生产废水 400+生活废水 100
生活废水格栅沉淀池	尺寸	3 m×3 m×2.5 m
	停留时间/h	4
生产废水 pH 调节池	尺寸	4 m×4 m×2.5 m
	停留时间/h	2
生活废水兼氧调节池	尺寸	4 m×3 m×4 m
	停留时间/h	8
生产废水絮凝混凝反应池	尺寸	4 m×4 m×2.5 m
	停留时间/h	2
生活废水接触氧化池	尺寸	4 m×3 m×4 m
	停留时间/h	8
生产废水沉淀池	尺寸	4 m×4 m×2.5 m
	停留时间/h	2
生活废水处理中间池	尺寸	2 m×1.5 m×2.5 m
	停留时间/h	2
生产废水处理中间池	尺寸	2 m×2 m×2.5 m
	停留时间/h	2
生活废水处理过滤器	尺寸	ϕ 0.8 m×3 m
	处理能力/（m³/h）	5
生产废水处理过滤器	尺寸	ϕ 1.5 m×3 m
	处理能力/（m³/h）	20
生活废水处理消毒池	尺寸	2 m×2 m×2.5 m
	停留时间/h	3
污泥池	尺寸	2 m×2 m×4 m
鼓风机	型号	SSR-80
	风量/（m³/min）	6.5
	功率/kW	7.5
消毒剂自动投加装置	加氯量/（g/h）	80
污泥脱水机	过滤面积/m²	4
	泥饼含水率	80%以下

表7 主要构筑物一览表

名称	数量	单位	备注	造价/万元
格栅沉淀池	1	座	地下钢砼结构	1.5
pH 调节池	1	座	地下钢砼结构	2.5
兼氧调节池	1	座	地下钢砼结构	3.0
絮凝混凝反应池	1	座	地下钢砼结构	1.3
接触氧化池	1	座	地下钢砼结构	1.5
沉淀池	1	座	地下钢砼结构	1.5
中间池	1	座	地下钢砼结构	1.2
消毒池	1	座	地下钢砼结构	0.8
污泥池	1	座	建于中间池和消毒池上，可根据情况节省投资	1.0
建（构）筑物工程总造价				14.3

表8 主要设备一览表

名称	技术参数	数量	单位	备注
粗、细格栅各一套		2	套	
潜污提升泵	$Q=5$ m³/h，$H=10$ m	2	台	
废水提升泵	$Q=20$ m³/h，$H=10$ m	2	台	
污泥泵	$Q=2$ m³/h，$H=7$ m	1	台	
过滤及反冲洗泵	$Q=5\sim10$ m³/h，$H=15$ m	3	台	2用1备
加药装置（加碱、PAC/PAM）		3	套	
过滤器	$\phi 0.8$ m×3 m	2	台	粗介质过滤及活性炭过滤各一台
吸附过滤器	$\phi 1.5$ m×3 m	2	台	1用1备
过滤及反冲洗泵	$Q=20\sim30$ m³/h，$H=15$ m	2	台	1用1备
罗茨鼓风机	$Q=6.5$ m³/min，$P=7.5$ kW	2	台	1用1备
接触氧化池填料	50 m³	1	套	
曝气装置	$Q=0.05$ m³/min，$P=10$ kPa	1	套	
消毒剂自动投加装置	$Q=80$ kg/h	1	套	
污泥脱水机	过滤面积 4 m²	1	台	
管件阀门		1	套	
电控、PLC 自控系统		1	套	电气主件为西门子

6 污水处理工程运行管理及运行成本分析

（1）工程可根据排水情况间断处理，不需连续运行

本工程充分考虑了排水水量无规律不均衡的因素，并考虑污水处理尽量不给操作管理人员增加过多负担，工程按随时接纳不规则来水、尽量集中时段安排处理的方式来运行管理。

（2）工程运行成本分析

本工程能耗主要来自泵和鼓风机，污水处理系统单位能耗为 0.4 kW·h/m³ 废水；另有加碱、絮凝混凝剂、消毒药剂消耗费用，约合 0.4 元/m³ 废水；本污水处理站操作管理简单，只需一人兼职看管。

本工程达标排放运行成本的具体分析如表9所示。

表 9　污水处理达标排放运行成本分析表

项目	定额	单价	运行费用/（元/m³ 废水）
电费	0.4 kW·h/m³	0.55 元/（kW·h）	0.22
药剂费			0.4
人工费	兼职 1 人	500 元/月	0.1
运行成本			0.72

注：运行成本未含工程投资折旧。

7　工程建设进度

本工程建设周期为 3 个月，为缩短工程进度，确保废水处理设施如期实行环保验收，工程设计、各分部工程、分项工程土建、安装以及调试工作，将进行统一协调、分布、交叉进行。总工程进度安排如表 10 所示。

表 10　工程进度表

工作内容 \ 周	1	2	3	4	5	6	7	8	9	10	11	12
准备工作	■											
场地平整		■	■									
设备基础			■	■								
设备材料采购		■	■									
水池构筑物施工					■	■	■	■				
设备制作安装				■	■	■	■	■	■			
外购设备					■	■	■	■	■			
其他构筑物							■	■	■			
设备防腐										■	■	
管道施工							■	■	■	■		
电气施工								■	■	■		
竣工验收										■	■	■

8　服务承诺

本公司严格按照 ISO 9001：2000 的质量体系，提供设计、制造、安装、调试一条龙服务。

本公司对质量实行质量承诺制度，接受用户的监督。

安装调试期间，我公司免费为用户代培操作工，至单独熟练操作为止。同时，免费为用户提供有关操作规程及规章制度。

按设计标准及设计参数对设备及处理指标进行验收考核，达不到标准负责限期整改，直至达标为止。

我公司根据本项目，设定质量保证期为整个项目交工验收后 12 个月，在质保期内因质量问题发生的一切费用，由我公司负担。

　　动力设备按国家标准保修期保养，保修期后如发生故障，由质安部登记后会同生产、技术部到现场分析原因，确定保修内容和范围，由技术管理部门制订返修方案，再组织保修工作的实施，质安部进行复检并收集有关资料存档。

　　保修期满后，定期对工程进行回访，免费提供技术咨询服务，工程实行终身维修，保修期满后只收取成本费。

实例十九 宁波某塑胶制品企业 200 m³/d 废水处理及中水回用工程

1 项目概况

该塑胶制品企业是一家中外合资企业，位于浙江省宁波市经济技术开发区，主要生产各种手套，以丁腈、乳胶、PVC 检查和手术手套为主，可用于医院、电子厂、机械及食品制造工业等，产品主要出口到欧美等国家。

该企业生产废水主要由模具车间高硬度废水、酸洗漂白废水和漂洗废水组成，废水产生量约为 200 m³/d。为了响应国家及宁波市政府提出的节约水资源、保护生态环境、发展循环经济的号召并有效降低企业自身的生产经营成本，提高该公司产品在市场中的竞争力，该公司委托我方设计制造一套高效节能的废水处理及中水回用处理设备，对该企业产生的废水进行妥善处理，经处理后的出水可达到排放和回用标准。

该工程系统装机容量 7.8 kW，废水处理成本约 0.65 元/m³ 废水（不含折旧费），中水回用成本约 0.98 元/m³ 废水（不含折旧费）。

2 设计依据

2.1 设计依据

（1）业主提供的各种相关基础资料（水质、水量、回用水要求等）；

（2）现场踏勘资料，现场采集水样的分析数据；

（3）《污水综合排放标准》（GB 8978—1996）；

（4）《生活饮用水卫生标准》（GB 5749—2006）；

（5）其他相关标准。

2.2 设计原则

（1）认真贯彻国家关于环境保护工作的方针和政策，使设计符合国家的有关法规、规范、标准；

（2）综合考虑废水进、出水水质及水量特征，选用的工艺应技术先进、稳妥可靠、经济合理、安全适用；

（3）妥善处理和处置废水处理及中水回用处理过程中产生的污泥和浮渣，避免造成二次污染；

（4）废水和中水回用处理系统的自动控制系统应管理方便、安全可靠、经济实用；

（5）废水和中水回用处理系统平面布置力求紧凑，减少占地面积和投资；高程布置应尽量采用立体布局，充分利用地下空间。

2.3 设计范围

本工程的设计范围仅包括废水处理和中水回用处理系统，包括回用水池的工艺、土建、构筑物、设备、电气、自控及给排水的设计。不包括回用水池至车间的配水系统，从中水回用处理站外至站内的供电、供水系统以及站内的道路、绿化等。

3　主要设计资料

3.1　设计进水水质

根据建设单位提供的资料，废水处理规模为 200 m³/d，其中：高硬度废水水量为 80 m³/d，此部分废水经处理后排放；酸洗废水和漂洗废水水量总计 120 m³/d，此部分废水经处理后回用。

高硬度废水、酸洗废水和漂洗废水的具体设计进水水质指标分别如表 1、表 2 和表 3 所示。

表 1　高硬度废水设计进水水质

序号	项目	进水水质
1	COD_{Cr}/（mg/L）	≤120
2	pH	6.3
3	SS/（mg/L）	≤100
4	色度	≤60 倍
5	总硬度/（mg/L）	2 503
6	溶解性总固体/（mg/L）	807

表 2　酸洗废水设计进水水质

序号	项目	进水水质
1	COD_{Cr}/（mg/L）	≤100
2	pH	7.5
3	臭和味	2 级
4	色度	≤25 倍
5	总硬度/（mg/L）	830
6	溶解性总固体/（mg/L）	2 360

表 3　漂洗废水设计进水水质

序号	项目	进水水质
1	COD_{Cr}/（mg/L）	≤100
2	pH	6.5
3	臭和味	3 级
4	色度	≤25 倍
5	总硬度/（mg/L）	202
6	溶解性总固体/（mg/L）	690

3.2　设计出水水质

根据建设单位要求，高硬度废水经处理后排放，出水达到《污水综合排放标准》（GB 8978—1996）中的一级标准，具体排放要求如表 4 所示；酸洗废水和漂洗废水经处理后回用，回用水须满足生产车间用水要求，水质应达到《生活饮用水卫生标准》（GB 5749—2006），具体水质指标要求如表 5 所示。

表4　设计废水处理排放要求

序号	污染物名称	标准
1	BOD$_5$/（mg/L）	≤20
2	COD$_{Cr}$/（mg/L）	≤100
3	色度	≤50 倍
4	pH	6～9
5	SS/（mg/L）	≤70
6	氨氮/（mg/L）	≤15

表5　回用水水质要求

序号	指标	限值
1	pH	不小于 6.5 且不大于 8.5
2	硫酸盐/（mg/L）	250
3	色度（铂钴色度单位）	15
4	溶解性总固体/（mg/L）	1 000
5	耗氧量（COD$_{Mn}$法，以 O$_2$ 计）/（mg/L）	3 水源限制，原水耗氧量＞6 mg/L 时为 5
6	臭和味	无异臭、异味

4　处理工艺

4.1　工艺流程

由于经该企业原有废水处理系统处理后出水中的 COD$_{Cr}$、色度、镍、铜、锌、铬等重金属离子浓度超出企业生产车间回用水要求的标准，因此本回用水处理系统的重点在于处理此类污染物。该项目废水由高硬度废水、酸洗漂白废水及漂洗废水组成，其中高硬度废水经过处理达标后排放，酸洗废水和漂洗废水经过处理后回收利用。

高硬度废水中所含污染物主要是 COD$_{Cr}$、色度、悬浮物、碳酸钙、硝酸钙等化合物及部分钙离子等，对此类污染物，本方案拟采用一体化废水处理设备进行加药混凝沉淀反应后再过滤处理，泥渣部分经过泥渣干化场干化后定期外运处理。经该设备处理后的出水可达《污水综合排放标准》（GB 8978—1996）一级排放标准。

酸洗漂白废水及漂洗废水中的 COD$_{Cr}$、色度、总硬度、溶解性总固体、臭和味、硝酸盐等污染物质是重点处理对象，本项目利用多元高效一体化中水回用处理设备进行深度处理，该设备可对上述污染物进行有效去除，使出水水质达到生产回用的要求。经过中水回用设备处理后的废弃浓液可再排入建设方的污水处理系统进行再处理，让整个处理系统处理后不至于造成二次污染。

具体工艺流程如图1所示。

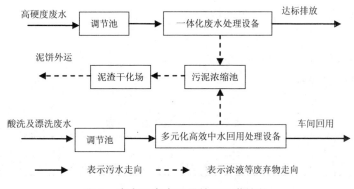

图1　废水及中水回用处理工艺流程

4.2 工艺流程说明

该项目的高硬度废水经集水调节池调节水质水量后进入一体化废水处理设备，在此经加药混凝沉淀处理后再进行过滤处理，经该设备处理后的出水可达标排放。该设备处理产生的污泥首先进入污泥浓缩池浓缩脱水，后进入污泥干化场进行干化处理，泥饼定期外运处理，滤液返回调节池重新处理。

酸洗和漂洗废水在调节池经过调节水质水量后，由提升泵提升到多元化高效中水回用处理设备，处理后的出水回用于生产车间，出水浓液返至企业原有的废水处理系统重新进行处理。

该多元化高效中水回用处理设备是集加药、浮除、臭氧氧化、超滤于一体的高效水处理设备。该设备主要以离子浮选法为依据，利用化学分子体系中的布朗运动和双膜理论以及水力学、流体力学等理论体系设计制造。根据废水水质特点，向废水中投加混凝剂，利用浮除原理去除废水中的溶解性污染物、呈胶体状态的物质、表面活性剂等。以分子态或离子态溶于废水中的污染物在去除前进行一定的化学处理，将其转化为不溶性固体或可沉淀（上浮）的胶团物质，成为微细颗粒，然后通过进行气粒结合予以分离，从而达到去除污染物、净化水质的目的。由于影响该厂废水回用的主要指标是 COD 和 SS，而通过该一体化设备的处理，废水中的 COD 和 SS 能得到高效稳定地去除，从而保证回用水的水质符合要求。

该设备在处理废水的同时还以臭氧为氧化剂，在高压放电的环境中将空气中的部分氧分子激发分解成氧原子，氧原子与氧分子结合生成强氧化剂——臭氧，从而能有效降解 COD 等各种污染物及多种有害物质。经过臭氧处理后的废水再经过超滤膜处理，使废水中的重金属离子等各种污染物得到进一步去除，从而实现对废水的高效净化，出水稳定达到车间。

4.3 工艺特点

本处理工艺的特点在于土建构筑物少，占地面积小，从而节省了投资；且浓液泥渣经处理后，不会产生二次污染。

工艺主体采用一体化处理设备，设备对水质的适应性强、耐冲击负荷性能好、出水水质稳定、产泥少、运行成本低。

5 构筑物及设备参数设计

5.1 调节池

数量：2 座；
结构形式：砖混（池内壁进行防腐处理）；
有效容积：27 m³；
规格尺寸：$L×B×H$=3.0 m×3.0 m×3.2 m。
调节池主要设备如表 6 所示。

表 6　调节池主要设备参数

设备	数量	规格型号	功率	备注
提升泵	2 台（1 用 1 备）	KQ32FSW-11	0.75 kW	流量 5 m³/h；扬程 11 m

5.2 污泥浓缩池

数量：1 座；

结构形式：砖混；

有效容积：15 m^3；

规格尺寸：$L \times B \times H$=2.0 m×2.0 m×4.0 m。

污泥浓缩池主要设备如表 7 所示。

表 7　调节池主要设备参数

设备	数量	规格型号	功率	备注
污泥泵	1 台	KQYW25-8-22	1.1 kW	流量 8 m^3/h；扬程 22 m

5.3 污泥干化场

数量：1 座；

结构形式：砖混；

规格尺寸：$L \times B \times H$=1.0 m×1.0 m×1.2 m。

5.4 一体化废水处理设备

数量：1 套；

设计处理水量：5 m^3/h；

结构形式：地上钢结构；

规格尺寸：$L \times B \times H$=4.0 m×3.0 m×3.2 m；

功率：1.5 kW。

5.5 多元化高效中水回用处理设备

数量：1 套；

设计处理水量：5 m^3/h；

结构形式：地上钢结构；

规格尺寸：$L \times B \times H$=2.85 m×1.5 m×2.1 m；

功率：2.2 kW。

6 废水处理及中水回用处理系统布置

6.1 平面布置原则

（1）处理系统应充分考虑与厂区环境、地形、功能布置和现有管道系统相协调；

（2）处理系统应充分考虑建设施工规划等问题，优化布置系统；

（3）根据夏季主导方向和全年风频，合理布置系统位置；

（4）处理构筑物应布置紧凑，节能高效，节约用地，便于管理。

6.2 高程布置原则

（1）充分利用地形设计高程，减少系统能耗；
（2）系统设计力求简洁、流畅，减少管件连接。

7 电气、仪表系统设计

7.1 设计规范

（1）《供配电系统设计规范》（GB 50052—2009）；
（2）《电力装置的继电保护和自动装置设计规范》（GB/T 50062—2008）；
（3）其他相关标准、规范。

7.2 设计原则

在保证废水处理和中水回用处理系统工艺达到要求的条件下，做到技术先进、操作简单、管理方便、安全可靠和经济合理。

7.3 设计范围

（1）保证废水处理和中水回用处理系统用电设备的配电、变电及控制系统；
（2）保证废水处理和中水回用处理系统自控系统的配电及信号系统。

该废水处理和中水回用系统的配电系统采用三相四线制、单相三线制，接地保护系统按常规设置。该回用水处理站安装负荷为 7.8 kW，使用负荷 6.3 kW，电缆采用穿管暗敷。室内照明用难燃塑料线槽明敷。

8 土建设计

（1）暂按天然地基考虑，施工图设计时，再根据地质报告决定基础形式。
风荷载：0.35 kN/m²；
地震烈度：6 度。
（2）建、构筑物的基本设计情况：
①调节池为砖混结构，壁厚为 200 mm，两面粉刷，池底及池底与池壁相接处均作防水处理；
②废水处理及中水回用设备为 Q235 钢板和型钢焊接而成，设备的外壁、池底与基础接触的面均作热沥青防腐漆，池内壁刷两道红丹醇酸防锈底漆，再刷优良面漆。

9 运行费用分析

本工程运行费用由运行电费、人工费和药剂费等三部分组成。

9.1 运行电费

该工程总装机功率 7.8 kW，实际使用功率 6.3 kW，具体电耗如表 8 所示。

表 8 中水回用系统电耗

设备名称	装机功率/kW	使用功率/kW	使用时间/h	每天耗电/（kW·h）
提升泵	1.5	0.75	24	18
提升泵	1.5	0.75	16	22
污泥泵	1.1	1.1	2	2.2
废水处理设备	1.5	1.5	16	24
中水回用设备	2.2	2.2	24	52.8
总计	7.8	6.3	—	109

电费按 0.95 元/（kW·h）计，则废水处理系统电耗为 38.2 kW，则废水处理运行电费约为 0.45 元/m³ 废水；中水回用系统电耗为 60.8 kW，则中水回用运行电费约为 0.48 元/m³ 中水。

9.2 人工费

本系统自动化程度较高，可由厂内管理人员兼职管理，人工费可不计。

9.3 药剂费

药剂主要为废水处理设备和多元化高效一体化中水回用设备投加的药剂，废水处理系统药剂费约 0.20 元/m³ 废水；中水回用系统药剂费约 0.50 元/m³ 中水。

综上所述，废水处理成本约 0.65 元/m³ 废水；中水处理成本约 0.98 元/m³ 中水。

10 工程建设进度

本工程建设周期为 2 个月，为缩短工程进度，确保该废水处理及中水回用水处理设施如期实行环保验收，各分部、分项工程和安装以及调试工作等协调、交叉开展，具体工程进度安排如表 9 所示。

表 9 工程进度表

天 / 工作内容	5	10	15	20	25	30	35	40	45	50	55	60
准备工作	■											
场地平整		■										
设备基础			■									
设备材料采购		■										
水池构筑物施工				■	■	■	■	■				
设备制作安装			■	■	■	■	■	■	■			
外购设备					■	■	■	■	■			
其他构筑物							■	■	■			
设备防腐									■	■	■	
管道施工								■	■	■		
电气施工								■	■	■		
竣工验收										■	■	■

11　工程售后服务承诺及事故应急处理措施

（1）土建构筑物除人为不可抗拒因素外，质量保证一年；

（2）非标设备、管道保期为一年，"三保"期满后，若发生故障，则以收取成本费提供服务；

（3）本方案的主机设备有两台，当其中一台出现故障时，由另一台备用设备工作，以保证废水处理及中水回用处理系统能正常运行；同时厂内必须尽快维修出现故障的设备，防止两台设备同时出现故障；

（4）为保证处理设备的正常运行，应加强设备的日常维护和巡检，在停产期（节假日等）安排检修或大修；

（5）建立规范的操作规程和健全的事故报警制度。

实例二十 宁波某高分子科技有限公司 150 m³/d 化工废水处理工程

1 项目概况

该高分子科技有限公司是一家台商独资企业，位于浙江省宁波市经济技术开发区，企业总占地面积约 33 333.39 m²，总建筑面积约 28 674 m²。该企业主要产品有人造革、皮革专用高分子处理剂、高分子树脂、稳定剂、色料及添加剂、鞋用高分子接着剂、聚氨酯弹性体及聚氨酯涂料等化学工业产品。

企业在生产过程中难免会产生工业废水，该类化工废水中主要含有乙二酸、乙二醇、丁二醇及二乙二醇等污染物。为了响应国家及宁波市政府提出的保护生态环境、发展循环经济的号召并大力提高该公司产品在市场中的竞争力，该公司委托我方设计一套高效节能的废水处理方案对其排放的废水进行处理，使处理后的出水达到《污水综合排放标准》（GB 8978—1996）中的一级标准。该废水处理工程总占地面积 80 m²，系统总装机容量 14.65 kW，运行费用约 1.3 元/m³ 废水（不含设备折旧费）。

图 1 氧化池

2 设计依据

2.1 设计依据

（1）业主提供的各种相关基础资料（水质、水量、回用水要求等）；

（2）现场踏勘资料，现场采集水样的分析数据；

（3）《污水综合排放标准》（GB 8978—1996）；

（4）其他相关标准。

2.2 设计原则

（1）认真贯彻国家关于环境保护工作的方针和政策，使设计符合国家的有关法规、规范、标准；

（2）综合考虑废水进、出水水质及水量特征，选用的工艺应技术先进、稳妥可靠、经济合理、安全适用；

（3）妥善处理和处置废水处理过程中产生的污泥和浮渣，避免造成二次污染；

（4）废水处理系统的自动控制系统应管理方便、安全可靠、经济实用；

（5）废水处理系统平面布置力求紧凑，减少占地面积和投资；高程布置应尽量采用立体布局，充分利用地下空间。

2.3 设计范围

本工程的设计范围仅包括废水处理系统，包括废水处理系统的工艺、土建、构筑物、设备、电气、自控及给排水的设计。不包括站外至站内的供电、供水系统以及站内的道路、绿化等。

3 主要设计资料

3.1 设计进水水质

根据建设单位提供的资料，设计产水量为 150 m^3/d。本方案设计采用一体化处理设备。

设计进水水质指标如表 1 所示。

表 1 设计废水进水水质

项目	COD/（mg/L）	BOD$_5$/（mg/L）	pH	SS/（mg/L）
进水水质	≤2 000	≤20	5～6	≤200

3.2 设计出水水质

根据建设单位要求，处理后的出水达到《污水综合排放标准》（GB 8978—1996）中的一级标准，具体排放要求如表 2 所示。

表 2 设计污水排放要求

项目	COD/（mg/L）	BOD$_5$/（mg/L）	pH	SS/（mg/L）
出水水质	≤100	≤20	6～9	≤70

4 处理工艺

4.1 工艺流程

该企业产生的生产废水中主要含有乙二酸、乙二醇、丁二醇及二乙二醇等污染物，废水的 COD_{Cr} 高、难生化，属于难处理工业废水之一。针对该废水的特点，设计主要采用我方拥有自主知识产权的一体化废水处理设备进行处理，处理后的出水可稳定达标排放，系统产生的污泥可排入污泥浓缩池浓缩脱水，后经过脱水压滤后定期外运处理，整个处理系统不产生二次污染。

具体工艺流程如图 2 所示。

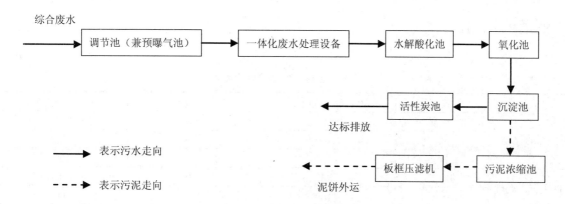

图 2　废水处理工艺流程

4.2 工艺流程说明

综合废水首先进入调节池，在此调节水质和水量，以减轻后续处理污染物的处理负荷，并在此通过预曝气处理可降解去除部分污染物；调节池出水经提升进入一体化废水处理设备，经处理后的出水进入后续的生化处理系统，依次进入水解酸化池、氧化池和沉淀池，最后经活性炭池深度处理后达标排放。系统产生的污泥先排入污泥浓缩池浓缩脱水，后经过板框压滤机脱水后定期外运处理，整个处理系统不产生二次污染。

一体化废水处理设备：经预处理系统处理后的废水由提升泵提升到一体化废水处理设备，该设备采用的是 A/O 生物处理工艺。A 级是厌氧生物处理，兼氧微生物利用有机碳源作为电子供体，将废水中的亚硝酸盐态的氮及硝酸盐态的氮转化成氮气，以达到脱氮的目的，同时又去除了部分有机污染物。O 级是好氧生物处理，池中主要存在好氧微生物和自氧型微生物（硝化菌），其中好氧微生物将有机物分解成二氧化碳和水，因而有机污染物在此得到进一步的氧化分解。自氧型微生物能将氨氮转化为亚硝酸盐态的氮及硝酸盐态的氮，同时在碳化作用趋于完成的情况下，使硝化作用能顺利进行。O 级池的出水部分回流到 A 级，为 A 级池提供电子接受体，通过反硝化作用最终消除氮污染，在此过程中有机物也能得到有效地去除。

该一体化设备主要包括 A 级生物池、O 级生物池、沉淀池及污泥消化池等。其中 A 级池为推流式接触氧化生物池，停留时间大于 2 h，内设弹性立体填料，水中溶解氧量小于 0.5 mg/L，为缺氧生物处理区。O 级生物池也为推流式生物接触氧化池，在有氧的条件下，有机物经过微生物的代谢活动被分解，停留时间大于 6 h，气水比大于 12：1，溶解氧含量大于 3.5 mg/L，池内采用新型填料和高效曝气头。沉淀池采用斜管沉淀，主要沉淀生物池中老化脱落的微生物及悬浮物等，污泥部分进入污泥消化池，上清液澄清后排出。污泥在浓缩池中消化脱水后泵入板框压滤机进行压滤脱水，干泥饼即可外运处理或用作绿化用肥。经该一体化废水处理设备处理后的出水水质可稳定达到《污水综合排放标准》（GB 8978—1996）中的一级标准。

4.3 工艺特点

本工艺的特点是针对该项目废水的COD_{Cr}高、难降解有机物多、生化条件差等情形而制定，同时还要考虑节省占地面积和投资。整个处理系统设备配有自动电气控制，运行安全可靠，平时一般不需要专人管理，只需适时地对设备进行维护和保养；处理设备对水质的适应性强、耐冲击负荷性能好、出水水质稳定、产泥少。总之，从工艺处理效果、投资造价及运行管理方面考虑，本方案是最为可行的一种优化处理设计方案。

5 处理效果预测

表3 各单元处理效果预测表

工艺段	项目	$COD_{Cr}/$（mg/L）	SS/（mg/L）	$BOD_5/$（mg/L）
预曝气调节池	进水	2 000	200	1 500
	出水	1 800	190	1 350
	去除率	10%	5%	10%
一体化废水处理设备	进水	1 800	190	1 350
	出水	1 260	76	945
	去除率	30%	60%	30%
水解酸化池	进水	1 260	76	945
	出水	530	54	378
	去除率	50%	30%	60%
氧化池	进水	530	54	378
	出水	106	38	38
	去除率	80%	30%	90%
活性炭池	进水	106	38	38
	出水	85	31	19
	去除率	20%	20%	50%

6 构筑物及主要设备设计参数

6.1 构筑物设计参数

该废水处理系统主要构筑物设计参数如表4所示。

表4 构筑物设计参数

名称	规格尺寸	结构形式	数量	设计参数
调节池（兼预曝气）	5.0 m×4.0 m×2.6 m	砖混	1	有效容积50 m^3
水解酸化池	4.0 m×3.0 m×4.3 m	钢混	1	有效容积50 m^3；有效水深4.2 m；停留时间12 h；内设半软性组合填料，体积为36 m^3；水解池出水系统设在水解池的上部，在汇水槽上加设三角堰

名称	规格尺寸	结构形式	数量	设计参数
氧化池	4.0 m×3.0 m×4.3 m	钢混	1	有效容积 50 m³；有效水深 4.2 m；停留时间 8 h；气水比为 15∶1；每天需空气量约 2 250 m³；采用推流式接触氧化池
沉淀池	3.0 m×3.0 m×4.0 m	钢混	1	停留时间 2.0 h；采用竖流式沉淀池；表面负荷为 0.9 m³/（m²·h）
活性炭池	ϕ 1.2 m×2.6 m	钢结构	1	处理量 7 m³/h；反冲间隔时间 48 h；反冲时间 5 min；利用调节池备用提升泵控制反冲洗
污泥浓缩池	2.0 m×2.0 m×4.2 m	砖混		有效容积 15 m³

6.2 主要设备设计参数

该废水处理系统主要设备设计参数如表 5 所示。

表 5 主要设备设计参数

设备	数量	规格型号	功率	备注
提升泵	2 台（1 用 1 备）	KQWQ25-8-10	0.75 kW	Q=8 m³/h；H=10 m
一体化废水处理设备	1 套	3.4 m×1.89 m×2.62 m	2.75 kW	处理水量 10 m³/h；内设半软性组合填料，体积为 36 m³
弹性填料	36 m³	—	—	YDT 弹性填料
微孔曝气器	25 个	—	—	
风机	2 台（1 用 1 备）	TH-50	3.0 kW	Q=1.74 m³/min；P=5 000 mmH₂O[①]；每台鼓风机进口处配置过滤器及消声器，在出风口处设置电动旁通阀及消音器，在出风管上设逆止阀和手动蝶阀
污泥回流泵	1 台	KQZW40-10-20	2.2 kW	Q=10 m³/h；H=20 m
板框压滤机	1 台	XA10/800-UK	—	
螺杆加压泵	1 台	KQ1B-25	2.2 kW	Q=1 m³/h；H=80 m

① 1mm H₂O=9.8 Pa。

7 废水处理系统布置

7.1 平面布置原则

（1）处理系统应充分考虑与厂区环境、地形、功能布置和现有管道系统协调；

（2）处理系统应充分考虑建设施工规划等问题，优化布置系统；

（3）根据夏季主导方向和全年风频，合理布置系统位置；

（4）处理构筑物应布置紧凑，节能高效，节约用地，便于管理。

7.2 高程布置原则

（1）充分利用地形设计高程，减少系统能耗；

（2）系统设计力求简洁、流畅，减少管件连接。

8　电气、仪表系统设计

8.1　设计规范

（1）《供配电系统设计规范》（GB 50052—2009）；
（2）《电力装置的继电保护和自动装置设计规范》（GB/T 50062—2008）；
（3）其他相关标准、规范。

8.2　设计原则

在保证废水处理系统工艺达到要求的条件下，做到技术先进、操作简单、管理方便、安全可靠和经济合理。

8.3　设计范围

（1）废水处理系统用电设备的配电、变电及控制系统；
（2）废水处理系统自控系统的配电及信号系统。

该废水处理系统的配电系统采用三相四线制、单相三线制，接地保护系统按常规设置。该废水处理站安装负荷为 14.65 kW，使用负荷 10.9 kW，电缆采用穿管暗敷。室内照明用难燃塑料线槽明敷。

9　土建设计

（1）暂按天然地基考虑，施工图设计时，再根据地质报告决定基础形式。
风荷载：0.35 kN/m^2；
地震烈度：6 度。
（2）建、构筑物的基本设计情况。
①调节池为砖混结构，壁厚为 200 mm，两面粉刷，池底及池底与池壁相接处均作防水处理；
②废水处理设备为 Q235 钢板和型钢焊接而成，设备的外壁、池底与基础接触的面均作热沥青防腐漆，池内壁刷两道红丹醇酸防锈底漆，再刷优良面漆。

10　运行费用分析

本工程运行费用由运行电费、人工费和药剂费等三部分组成。

10.1　运行电费

该工程总装机功率 14.65 kW，实际使用功率 10.9 kW，具体电耗如表 6 所示。

表 6　废水处理系统电耗

设备名称	装机功率/kW	使用功率/kW	使用时间/h	每天耗电/（kW·h）
废水提升泵	1.5	0.75	24	18
污泥泵	2.2	2.2	1	2.2

设备名称	装机功率/kW	使用功率/kW	使用时间/h	每天耗电/（kW·h）
一体化废水处理设备	2.75	2.75	24	66
风机	6	3	24	72
螺杆泵	2.2	2.2	1	2.2
总计	14.65	10.9	—	160.4

电费按 0.80 元/（kW·h）计，则废水处理系统电耗为 160.4 kW，则废水处理运行电费约为 0.85 元/m³ 废水。

10.2　人工费

本系统自动化程度较高，可由厂内管理人员兼职管理，人工费可不计。

10.3　药剂费

药剂主要为废水处理设备投加的药剂，废水处理系统药剂费约 0.45 元/m³ 废水。
综上所述，废水处理成本约 1.3 元/m³ 废水。

11　工程建设进度

本工程建设周期为 2 个月，为缩短工程进度，确保该废水处理设施如期实行环保验收，各分部、分项工程和安装以及调试工作等协调、交叉开展，具体工程进度安排如表 7 所示。

表 7　工程进度表

工作内容　　　天	5	10	15	20	25	30	35	40	45	50	55	60
准备工作	▬											
场地平整		▬										
设备基础			▬									
设备材料采购			▬	▬								
水池构筑物施工					▬	▬	▬	▬				
设备制作安装				▬	▬	▬	▬	▬	▬			
外购设备					▬	▬	▬					
其他构筑物							▬	▬	▬			
设备防腐										▬	▬	
管道施工							▬	▬	▬			
电气施工								▬	▬			
竣工验收										▬	▬	▬

12　工程售后服务承诺及事故应急处理措施

（1）土建构筑物除人为不可抗拒因素外，质量保证一年；
（2）非标设备、管道保期为一年，"三保"期满后，若发生故障，则以收取成本费提供服务；

（3）本方案的主机设备有两台，当其中一台出现故障时，由另一台备用设备工作，以保证废水处理系统能正常运行；同时厂内必须尽快维修出现故障的设备，防止两台设备同时出现故障；

（4）为保证处理设备的正常运行，应加强设备的日常维护和巡检，在停产期（节假日等）安排检修或大修；

（5）建立规范的操作规程和健全的事故报警制度。

实例二十一　宁波某文具企业 240 m³/d 电泳漆废水处理工程

1　项目概况

该文具有限公司是专业生产办公类文具的大型企业，主要生产办公用夹子、告示贴、胸卡、手推车金属及塑料类文具，产品远销欧美、东南亚、澳洲等世界各地，是世界上长尾票夹出口量最大的生产厂家之一。该公司始建于 1989 年，是一家外商独资企业，公司总面积 100 多亩，厂房面积达 30 500 m²。目前，该企业拥有冲压、注塑、切裁、喷漆、印刷、包装、热处理、喷漆、电镀、吸塑等生产能力，检测设备齐全、技术力量雄厚、工艺装备先进，具备成熟的销售网络，具有良好的发展前景。公司先后被评为"宁波市明星企业""宁波百强企业"及"出口核销先进单位"等。

目前，企业欲新建一套废水处理设备，处理生产车间产生的电泳漆废水，废水产生量约 240 m³/d。根据建设方要求，处理后的出水达到《污水综合排放标准》（GB 8978—1996）中的一级标准。该废水处理工程总占地面积 85 m²，系统总装机容量 13.9 kW，运行费用约 1.06 元/m³ 废水（不含设备折旧费）。

图 1　斜管沉淀池

2　设计依据

2.1　设计依据

（1）业主提供的各种相关基础资料（水质、水量、回用水要求等）；

（2）现场踏勘资料，现场采集水样的分析数据；

（3）《污水综合排放标准》（GB 8978—1996）；

（4）其他相关标准。

2.2 设计原则

（1）认真贯彻国家关于环境保护工作的方针和政策，使设计符合国家的有关法规、规范、标准；

（2）综合考虑废水进、出水水质及水量特征，选用的工艺应技术先进、稳妥可靠、经济合理、安全适用；

（3）妥善处理和处置废水处理过程中产生的污泥和浮渣，避免造成二次污染；

（4）废水处理系统的自动控制系统应管理方便、安全可靠、经济实用；

（5）废水处理系统平面布置力求紧凑，减少占地面积和投资；高程布置应尽量采用立体布局，充分利用地下空间。

2.3 设计范围

本工程的设计范围仅包括废水处理系统，包括废水处理系统的工艺、土建、构筑物、设备、电气、自控及给排水的设计。不包括站外至站内的供电、供水系统以及站内的道路、绿化等。

3 主要设计资料

3.1 设计进水水质

据建设单位提供的材料，废水产生量约为 200 m^3/d，考虑到水量波动及以后的扩大生产，本设计处理水量定为 240 m^3/d，系统可间断运行。

经我方测定，设计进水水质指标如表 1 所示。

表 1 设计废水进水水质

项目	COD/（mg/L）	浊度（NTU）	pH	SS/（mg/L）	色度
进水水质	1783	450	7	206	1 280

3.2 设计出水水质

根据建设单位要求，处理后的出水达到《污水综合排放标准》（GB 8978—1996）中的一级标准。具体排放要求如表 2 所示。

表 2 设计废水排放要求

项目	COD/（mg/L）	色度	pH	SS/（mg/L）
出水水质	≤100	≤50	6～9	≤70

4 处理工艺

4.1 工艺流程

该项目废水主要由电泳漆生产工段产生，该废水中主要有 COD_{Cr}、色度、浊度和悬浮物等污染物，且污染物含量较高，其中的 COD_{Cr} 和色度的污染物质量浓度分别高达 1 783 mg/L 和 1 280 mg/L。经我方对废水水质的具体测试和分析，最终发现通过投加我方配制的药剂后，废水的固液分离效果十分明显。针对该废水的特点，设计主要采用我方拥有自主知识产权的一体化废水处理设备进行处理，处理后的出水可稳定达标排放；且可对浓渣中的电泳漆进行回收利用。系统产生的污泥可排入污泥浓缩池浓缩脱水，后经过脱水压滤后定期外运处理，整个处理系统不产生二次污染。

具体工艺流程如图 2 所示。

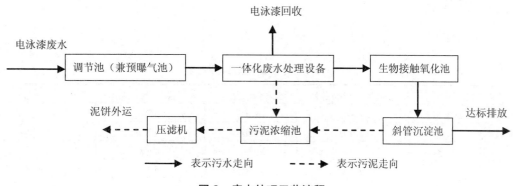

图 2 废水处理工艺流程

4.2 工艺流程说明

电泳漆废水首先进入调节池，在此调节水质和水量，以减轻后续处理构筑物的处理负荷，并在此通过预曝气处理可降解去除部分污染物；调节池出水经提升进入一体化废水处理设备，经处理后的出水进入后续的生化处理系统，依次进入生物接触氧化池和斜管沉淀池，经处理后的废水可达标排放。系统产生的污泥先排入污泥浓缩池浓缩脱水，后经过压滤机脱水后定期外运处理，整个处理系统不产生二次污染。

一体化废水处理设备：经预处理系统处理后的废水由提升泵提升到一体化废水处理设备，该设备采用的是 A/O 生物处理工艺。A 级是厌氧生物处理，兼氧微生物利用有机碳源作为电子供体，将废水中的亚硝酸盐态的氮及硝酸盐态的氮转化成氮气，以达到脱氮的目的，同时又去除了部分有机污染物。O 级是好氧生物处理，池中主要存在好氧微生物和自氧型微生物（硝化菌），其中好氧微生物将有机物分解成二氧化碳和水，因而有机污染物在此得到进一步的氧化分解。自氧型微生物能将氨氮转化为亚硝酸盐态的氮及硝酸盐态的氮，同时在碳化作用趋于完成的情况下，使硝化作用能顺利进行。O 级池的出水部分回流到 A 级，为 A 级池提供电子接受体，通过反硝化作用最终消除氮污染，在此过程中有机物也能得到有效地去除。

该一体化设备主要包括 A 级生物池、O 级生物池、沉淀池及污泥消化池等。其中 A 级池为推流式接触氧化生物池，停留时间大于 2 h，内设弹性立体填料，水中溶解氧量小于 0.5 mg/L，为缺氧生物处理区。O 级生物池也为推流式生物接触氧化池，在有氧的条件下，有机物经过微生物的代谢活动被分解，停留时间大于 6 h，气水比大于 12∶1，溶解氧含量大于 3.5 mg/L，池内采用新型填料和高效曝气头。沉淀池采用斜管沉淀，主要沉淀生物池中老化脱落的微生物及悬浮物等，污泥部分进入污泥消化池，上清液澄清后排出。污泥在浓缩池中消化脱水后泵入板框压滤机进行压滤脱水，干泥饼即可外运处理或用作绿化用肥。经该一体化废水处理设备处理后的出水水质可稳定达到《污水综合排放标准》（GB 8978—1996）中的一级标准。

4.3 工艺特点

本工艺的特点是针对该项目废水的CODCr高、色度高等情形而制定，同时还要考虑节省占地面积和投资。整个处理系统设备配有自动电气控制，运行安全可靠，平时一般不需要专人管理，只需适时地对设备进行维护和保养；处理设备对水质的适应性强、耐冲击负荷性能好、出水水质稳定、产泥少。总之，从工艺处理效果、投资造价及运行管理方面考虑，本方案是最为可行的一种优化处理设计方案。

5 处理效果预测

表3 各单元处理效果预测表

工艺段	项目	CODCr/（mg/L）	SS/（mg/L）	浊度/NTU	色度
预曝气调节池	进水	1 783	206	450	1 280
	出水	1 605	196	405	1 152
	去除率	10%	5%	10%	10%
一体化废水处理设备	进水	1 605	196	405	1 152
	出水	481	39	162	115
	去除率	70%	80%	60%	90%
接触氧化及沉淀池	进水	481	39	162	115
	出水	97	20	32	46
	去除率	80%	50%	80%	60%

6 构筑物及主要设备设计参数

6.1 构筑物设计参数

该废水处理系统主要构筑物设计参数如表4所示。

表4 构筑物设计参数

名称	规格尺寸	结构形式	数量	设计参数
调节池（兼预曝气）	6.0 m×5.0 m×3.0 m	砖混	1座	有效容积80 m³
接触氧化池	5.0 m×4.0 m×4.2 m	钢混	1座	有效容积80 m³；有效水深4.0 m；停留时间8 h；采用推流式接触氧化池
斜管沉淀池	3.0 m×3.0 m×4.2 m	钢混	1座	
污泥浓缩池	2.0 m×2.0 m×4.2 m	砖混	1座	有效容积15 m³
鼓风机房及配电室	4.0 m×3.0 m×3.0 m	砖混	1座	

6.2　主要设备设计参数

该废水处理系统主要设备设计参数如表 5 所示。

表 5　主要设备设计参数

设备	数量	规格型号	功率	备注
提升泵	2 台（1 用 1 备）	KQWQ32-12-15	1.1 kW	Q=12 m³/h；H=15 m
一体化废水处理设备	1 套	3.4 m×1.89 m×2.62 m	3.5 kW	处理水量 10 m³/h；内设半软性组合填料，体积为 36 m³
弹性填料	70 m³	—	—	YDT 弹性填料
微孔曝气器	40 个	—	—	
风机	2 台（1 用 1 备）	TH-50	3.0 kW	Q=1.86 m³/min；P=4 000 mmH₂O^①；每台鼓风机进口处配置过滤器及消声器，在出风口处设置电动旁通阀及消音器，在出风管上设逆止阀和手动蝶阀
污泥回流泵	1 台	KQZW32-10-20	2.2 kW	Q=10 m³/h；H=20 m

① 1mmH$_2$O=9.8 Pa。

7　废水处理系统布置

7.1　平面布置原则

（1）处理系统应充分考虑与厂区环境、地形、功能布置和现有管道系统协调；
（2）处理系统应充分考虑建设施工规划等问题，优化布置系统；
（3）根据夏季主导方向和全年风频，合理布置系统位置；
（4）处理构筑物应布置紧凑，节能高效，节约用地，便于管理。

7.2　高程布置原则

（1）充分利用地形设计高程，减少系统能耗；
（2）系统设计力求简洁、流畅，减少管件连接。

8　电气、仪表系统设计

8.1　设计规范

（1）《供配电系统设计规范》（GB 50052—2009）；
（2）《电力装置的继电保护和自动装置设计规范》（GB/T 50062—2008）；
（3）其他相关标准、规范。

8.2　设计原则

在保证中水回用处理系统工艺达到要求的条件下，做到技术先进、操作简单、管理方便、安全可靠和经济合理。

8.3　设计范围

（1）废水处理系统用电设备的配电、变电及控制系统；

（2）废水处理系统自控系统的配电及信号系统。

该废水处理系统的配电系统采用三相四线制、单相三线制，接地保护系统按常规设置。该废水处理站安装负荷为 13.9 kW，使用负荷 9.8 kW；电缆采用穿管暗敷。室内照明用难燃塑料线槽明敷。

9　土建设计

（1）暂按天然地基考虑，施工图设计时，再根据地质报告决定基础形式。

风荷载：0.35 kN/m^2；

地震烈度：6 度。

（2）建、构筑物的基本设计情况：

①调节池为砖混结构，壁厚为 200 mm，两面粉刷，池底及池底与池壁相接处均作防水处理；

②废水处理设备为 Q235 钢板和型钢焊接而成，设备的外壁、池底与基础接触的面均作热沥青防腐漆，池内壁刷两道红丹醇酸防锈底漆，再刷优良面漆。

10　运行费用分析

本工程运行费用由运行电费、人工费和药剂费等三部分组成。

10.1　运行电费

该工程总装机功率 13.9 kW，实际使用功率 9.8 kW，具体电耗如表 6 所示。

表 6　废水处理系统电耗

设备名称	装机功率/kW	使用功率/kW	使用时间/h	每天耗电/（kW·h）
废水提升泵	2.2	1.1	24	26.4
污泥泵	2.2	2.2	0.5	1.1
一体化废水处理设备	3.5	3.5	24	84
风机	6.0	3	24	72
总计	13.9	9.8	—	183.5

电费按 0.80 元/（kW·h）计，则废水处理系统电耗为 183.5 kW，则废水处理运行电费约为 0.61 元/m^3 废水。

10.2　人工费

本系统自动化程度较高，可由厂内管理人员兼职管理，人工费可不计。

10.3　药剂费

药剂主要为废水处理设备投加的药剂，废水处理系统药剂费约 0.45 元/m^3 废水。

综上所述，废水处理成本约 1.06 元/m^3 废水。

11 工程建设进度

本工程建设周期为 2 个月，为缩短工程进度，确保该废水处理设施如期实行环保验收，各分部、分项工程和安装以及调试工作等协调、交叉开展，具体工程进度安排如表 7 所示。

表 7 工程进度表

工作内容＼天	5	10	15	20	25	30	35	40	45	50	55	60
准备工作	━											
场地平整		━										
设备基础			━									
设备材料采购		━	━									
水池构筑物施工					━	━						
设备制作安装				━	━	━	━	━	━			
外购设备						━	━	━				
其他构筑物								━	━			
设备防腐										━	━	
管道施工								━	━	━		
电气施工									━	━		
竣工验收											━	━

12 工程售后服务承诺及事故应急处理措施

（1）土建构筑物除人为不可抗拒因素外，质量保证一年；

（2）非标设备、管道保期为一年，"三保"期满后，若发生故障，则以收取成本费提供服务；

（3）本方案的主机设备有两台，当其中一台出现故障时，由另一台备用设备工作，以保证废水处理系统能正常运行；同时厂内必须尽快维修出现故障的设备，防止两台设备同时出现故障；

（4）为保证处理设备的正常运行，应加强设备的日常维护和巡检，在停产期（节假日等）安排检修或大修；

（5）建立规范的操作规程和健全的事故报警制度。

实例二十二　宁波某制冷设备有限公司 6 m³/d 化工废水处理工程

1　项目概况

该制冷设备有限公司成立于 2002 年，公司总占地面积 128 亩，建筑面积约 60 000 m²，拥有智能化办公大楼约 4 000 m²。该企业专业生产家用、商用、汽车房产空调，中央空调及各类除湿器、灭菌器、消毒柜所用的蒸发器和冷凝器，年生产能力达 100 万套；同时还生产 1-2 HP 家用空调室外机组钣金件，还可对外加工各类五金冲压件、金属表面粉末喷涂、钣金模具设计制造等。公司生产的产品目前主要为国内各知名空调品牌厂家的配套产品，同时还自行远销美国、日本、中东、港台等地。

目前，企业欲新建一套废水处理设备，该废水由酸洗车间酸洗废水和磷化车间的磷化废水等组成，废水产生量约 6 m³/d。根据建设方要求，处理后的出水达到《污水综合排放标准》（GB 8978—1996）中的一级标准。该废水处理工程总占地面积 12 m²，系统总装机容量 2.8 kW，运行费用约 1.28 元/m³ 废水（不含设备折旧费）。

2　设计依据

2.1　设计依据

（1）业主提供的各种相关基础资料（水质、水量、回用水要求等）；
（2）现场踏勘资料，现场采集水样的分析数据；
（3）《污水综合排放标准》（GB 8978—1996）；
（4）其他相关标准。

2.2　设计原则

（1）认真贯彻国家关于环境保护工作的方针和政策，使设计符合国家的有关法规、规范、标准；
（2）综合考虑废水进、出水水质及水量特征，选用的工艺应技术先进、稳妥可靠、经济合理、安全适用；
（3）妥善处理和处置废水处理过程中产生的污泥和浮渣，避免造成二次污染；
（4）废水处理系统的自动控制系统应管理方便、安全可靠、经济实用；
（5）废水处理系统平面布置力求紧凑，减少占地面积和投资；高程布置应尽量采用立体布局，充分利用地下空间。

2.3　设计范围

本工程的设计范围仅包括废水处理系统，包括废水处理系统的工艺、土建、构筑物、设备、电气、自控及给排水的设计。不包括站外至站内的供电、供水系统以及站内的道路、绿化等。

3　主要设计资料

3.1　设计进水水质

据建设单位提供的材料，废水产生量约为 6 m³/d。由于该生产车间每天只生产 2 h，因此废水处理系统每天只运行 2 h，即废水产生量为 3 m³/h。如果今后拟扩大再生产，相应地废水量也会有所增大，在不更换处理设备的情况下延长运行时间即可。

经我方测定，设计进水水质指标如表 1 所示。

表 1　设计废水进水水质

项目	COD/（mg/L）	浊度/NTU	pH	SS/（mg/L）	色度	铁/（mg/L）
进水水质	≤466	≤40	3.5	≤148	≤35	10.5

3.2　设计出水水质

根据建设单位要求，处理后的出水达到《污水综合排放标准》（GB 8978—1996）中的一级标准。具体排放要求如表 2 所示。

表 2　设计废水排放要求

项目	COD/（mg/L）	BOD$_5$/（mg/L）	色度	pH	SS/（mg/L）
出水水质	≤100	≤20	≤50	6～9	≤70

4　处理工艺

4.1　工艺流程

该项目废水主要由酸洗车间酸洗废水和磷化车间磷化废水等组成，该废水中主要有 COD$_{Cr}$、色度、悬浮物、铁离子等污染物。针对该废水的特点，设计主要采用我方拥有自主知识产权的一体化废水处理设备进行处理，处理后的出水可稳定达标排放；系统产生的污泥可排入污泥浓缩池浓缩脱水，后经过脱水压滤后定期外运处理，整个处理系统不产生二次污染。

具体工艺流程如图 1 所示。

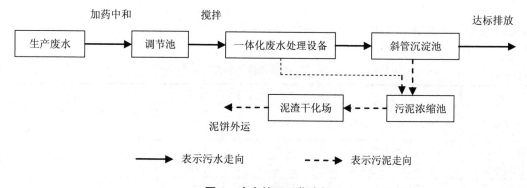

图 1　废水处理工艺流程

4.2   工艺流程说明

生产废水首先经过加药中和，后进入调节池，在此调节水质和水量，以减轻后续处理构筑物的处理负荷；调节池出水经提升进入一体化废水处理设备，经处理后的出水进入斜管沉淀池，经处理后的废水可达标排放。系统产生的污泥先排入污泥浓缩池浓缩脱水，后经过污泥干化场干化后定期外运处理，整个处理系统不产生二次污染。

一体化废水处理设备：经预处理系统处理后的废水由提升泵提升到一体化废水处理设备，该设备采用的是 A/O 生物处理工艺。A 级是厌氧生物处理，兼氧微生物利用有机碳源作为电子供体，将废水中的亚硝酸盐态的氮及硝酸盐态的氮转化成氮气，以达到脱氮的目的，同时又去除了部分有机污染物。O 级是好氧生物处理，池中主要存在好氧微生物和自氧型微生物（硝化菌），其中好氧微生物将有机物分解成二氧化碳和水，因而有机污染物在此得到进一步的氧化分解。自氧型微生物能将氨氮转化为亚硝酸盐态的氮及硝酸盐态的氮，同时在碳化作用趋于完成的情况下，使硝化作用能顺利进行。O 级池的出水部分回流到 A 级，为 A 级池提供电子接受体，通过反硝化作用最终消除氮污染，在此过程中有机物也能得到有效地去除。

该一体化设备主要包括 A 级生物池、O 级生物池、沉淀池及污泥消化池等。其中 A 级池为推流式接触氧化生物池，停留时间大于 2 h，内设弹性立体填料，水中溶解氧量小于 0.5 mg/L，为缺氧生物处理区。O 级生物池也为推流式生物接触氧化池，在有氧的条件下，有机物经过微生物的代谢活动被分解，停留时间大于 6 h，气水比大于 12∶1，溶解氧含量大于 3.5 mg/L，池内采用新型填料和高效曝气头。沉淀池采用斜管沉淀，主要沉淀生物池中老化脱落的微生物及悬浮物等，污泥部分进入污泥消化池，上清液澄清后排出。污泥在浓缩池中消化脱水后泵入板框压滤机进行压滤脱水，干泥饼即可外运处理或用作绿化用肥。经该一体化废水处理设备处理后的出水水质可稳定达到《污水综合排放标准》（GB 8978—1996）中的一级标准。

4.3   工艺特点

本工艺的特点是针对该项目废水的 COD_{Cr}、色度、悬浮物、铁离子等污染物的情形而制定，同时由于废水产生量小，因此要考虑节省占地面积和投资。整个处理系统设备配有自动电气控制，运行安全可靠，平时一般不需要专人管理，只需适时地对设备进行维护和保养；处理设备对水质的适应性强、耐冲击负荷性能好、出水水质稳定、产泥少。总之，从工艺处理效果、投资造价及运行管理方面考虑，本方案是最为可行的一种优化处理设计方案。

5   构筑物及主要设备设计参数

5.1   构筑物设计参数

该废水处理系统主要构筑物设计参数如表 3 所示。

表 3   构筑物设计参数

名称	规格尺寸	结构形式	数量	设计参数
调节池	2.0 m×2.0 m×2.5 m	砖混	1 座	有效容积 10 m³；池内壁进行防腐处理
斜管沉淀池	1.0 m×1.0 m×2.2 m	钢混	1 座	
污泥浓缩池	2.0 m×2.0 m×2.2 m	砖混	1 座	
泥渣干化场	1.0 m×1.0 m×1.2 m	砖混	1 座	

5.2 主要设备设计参数

该废水处理系统主要设备设计参数如表 4 所示。

表 4 主要设备设计参数

设备	数量	规格型号	功率	备注
提升泵	2 台（1 用 1 备）	KQ32FSW-11	0.75 kW	Q=5 m³/h；H=11 m
一体化废水处理设备	1 套	2.5 m×1.5 m×2.0 m	1.3 kW	处理水量 5 m³/h；内设半软性组合填料

6 废水处理系统布置

6.1 平面布置原则

（1）处理系统应充分考虑与厂区环境、地形、功能布置和现有管道系统协调；
（2）处理系统应充分考虑建设施工规划等问题，优化布置系统；
（3）根据夏季主导方向和全年风频，合理布置系统位置；
（4）处理构筑物应布置紧凑，节能高效，节约用地，便于管理。

6.2 高程布置原则

（1）充分利用地形设计高程，减少系统能耗；
（2）系统设计力求简洁、流畅，减少管件连接。

7 电气、仪表系统设计

7.1 设计规范

（1）《供配电系统设计规范》（GB 50052—2009）；
（2）《电力装置的继电保护和自动装置设计规范》（GB/T 50062—2008）；
（3）其他相关标准、规范。

7.2 设计原则

在保证废水处理系统工艺达到要求的条件下，做到技术先进、操作简单、管理方便、安全可靠和经济合理。

7.3 设计范围

（1）废水处理系统用电设备的配电、变电及控制系统；
（2）废水处理系统自控系统的配电及信号系统。

该废水处理系统的配电系统采用三相四线制、单相三线制，接地保护系统按常规设置。该废水处理站安装负荷为 2.8 kW，使用负荷 2.05 kW，电缆采用穿管暗敷。室内照明用难燃塑料线槽明敷。

8 土建设计

（1）暂按天然地基考虑，施工图设计时，再根据地质报告决定基础形式。

风荷载：0.35 kN/m²；

地震烈度：6 度。

（2）建、构筑物的基本设计情况：

①调节池为砖混结构，壁厚为 200 mm，两面粉刷，池底及池底与池壁相接处均作防水处理；

②废水处理设备为 Q235 钢板和型钢焊接而成，设备的外壁、池底与基础接触的面均作热沥青防腐漆，池内壁刷两道红丹醇酸防锈底漆，再刷优良面漆。

9 运行费用分析

本工程运行费用由运行电费、人工费和药剂费等三部分组成。

9.1 运行电费

该工程总装机功率 2.8 kW，实际使用功率 2.05 kW，具体电耗如表 5 所示。

表 5　废水处理系统电耗

设备名称	装机功率/kW	使用功率/kW	使用时间/h	每天耗电/（kW·h）
废水提升泵	1.5	0.75	2	1.5
一体化废水处理设备	1.3	1.3	2	2.6
总计	2.8	2.05	—	4.1

电费按 0.70 元/（kW·h）计，则废水处理系统电耗为 4.1 kW，则废水处理运行电费约为 0.48 元/m³ 废水。

9.2 人工费

本系统自动化程度较高，可由厂内管理人员兼职管理，人工费可不计。

9.3 药剂费

药剂主要为废水处理设备投加的药剂和中和药剂，统计药剂费约 0.80 元/m³ 废水。

综上所述，废水处理成本约 1.28 元/m³ 废水。

10 工程建设进度

本工程建设周期为 2 个月，为缩短工程进度，确保该废水处理设施如期实行环保验收，各分部、分项工程和安装以及调试工作等协调、交叉开展，具体工程进度安排如表 6 所示。

表6 工程进度表

天 工作内容	5	10	15	20	25	30	35	40	45	50	55	60
准备工作	━━											
场地平整		━━										
设备基础			━━									
设备材料采购			━━━━									
水池构筑物施工					━━━━━━━							
设备制作安装				━━━━━━━━━━━━								
外购设备						━━━━━						
其他构筑物							━━━━━					
设备防腐									━━━			
管道施工								━━━━━━				
电气施工								━━━━━				
竣工验收										━━━		

11 工程售后服务承诺及事故应急处理措施

（1）土建构筑物除人为不可抗拒因素外，质量保证一年；

（2）非标设备、管道保期为一年，"三保"期满后，若发生故障，则以收取成本费提供服务；

（3）本方案的主机设备有两台，当其中一台出现故障时，由另一台备用设备工作，以保证废水处理系统能正常运行；同时厂内必须尽快维修出现故障的设备，防止两台设备同时出现故障；

（4）为保证处理设备的正常运行，应加强设备的日常维护和巡检，在停产期（节假日等）安排检修或大修；

（5）建立规范的操作规程和健全的事故报警制度。

实例二十三　宁波某静电喷塑厂 20 m³/d 废水处理及中水回用工程

1　项目概况

该静电喷塑厂位于宁波镇海区，是一家从事各类金属表面处理、涂装、静电喷塑、喷漆、喷胶生产加工的企业。

目前，企业欲新建一套废水处理设备，该废水主要产生于酸洗车间，废水产生量约 20 m³/d。根据建设方要求，处理后的出水分两部分，一部分直接排放，出水达到《污水综合排放标准》（GB 8978—1996）中的一级标准；另一部分回用于车间生产，处理后的水质应达到《生活饮用水卫生标准》（GB 5749—2006）。该废水处理及中水回用工程总占地面积 12 m²，系统总装机容量 5.0 kW，废水处理成本约 0.99 元/m³ 废水（不含折旧费），中水回用成本约 0.8 元/m³ 废水（不含折旧费）。

2　设计依据

2.1　设计依据

（1）业主提供的各种相关基础资料（水质、水量、回用水要求等）；
（2）现场踏勘资料，现场采集水样的分析数据；
（3）《污水综合排放标准》（GB 8978—1996）；
（4）《生活饮用水卫生标准》（GB 5749—2006）；
（5）其他相关标准。

2.2　设计原则

（1）认真贯彻国家关于环境保护工作的方针和政策，使设计符合国家的有关法规、规范、标准；
（2）综合考虑废水进、出水水质及水量特征，选用的工艺应技术先进、稳妥可靠、经济合理、安全适用；
（3）妥善处理和处置废水处理和中水回用处理过程中产生的污泥和浮渣，避免造成二次污染；
（4）废水和中水回用处理系统的自动控制系统应管理方便、安全可靠、经济实用；
（5）废水和中水回用处理系统平面布置力求紧凑，减少占地面积和投资；高程布置应尽量采用立体布局，充分利用地下空间。

2.3　设计范围

本工程的设计范围仅包括废水处理和中水回用处理系统，包括回用水池的工艺、土建、构筑物、设备、电气、自控及给排水的设计。不包括回用水池至车间的配水系统，不包括从中水回用处理站外至站内的供电、供水系统以及站内的道路、绿化等。

3　主要设计资料

3.1　设计进水水质

根据建设单位提供的资料，废水处理规模为 20 m³/d，由于该生产车间每天只生产 4 h，因此废水处理系统每天只运行 4 h，即废水产生量为 5 m³/h。如果今后拟扩大再生产，相应地废水量也会有所增大，在不更换处理设备的情况下延长运行时间即可。

设计废水进水水质具体指标如表 1 所示。

表 1　设计废水进水水质

序号	项目	进水水质
1	COD_{Cr}/（mg/L）	≤466
2	pH	3.6
3	SS/（mg/L）	≤148
4	色度	≤35 倍
5	铁/（mg/L）	10.5
6	总硬度/（mg/L）	550
7	硫酸盐/（mg/L）	71
8	浊度（NTU）	≤40
9	臭和味	2 级
10	肉眼可见物	少量

3.2　设计出水水质

根据建设单位要求，经处理后用于排放的一部分废水的出水水质应达到《污水综合排放标准》（GB 8978—1996）中的一级标准，具体排放要求如表 2 所示；经处理后回用于车间生产的回用水须满足生产车间用水要求，水质应达到《生活饮用水卫生标准》（GB 5749—2006），具体水质指标要求如表 3 所示。

表 2　设计废水排放要求

序号	污染物名称	标准
1	BOD_5/（mg/L）	≤20
2	COD_{Cr}/（mg/L）	≤100
3	色度	≤50 倍
4	pH	6～9
5	SS/（mg/L）	≤70
6	氨氮/（mg/L）	≤15

表 3　回用水水质要求

序号	指标	限值
1	pH	不小于 6.5 且不大于 8.5
2	硫酸盐/（mg/L）	250
3	色度（铂钴色度单位）	15
4	溶解性总固体/（mg/L）	1 000
5	耗氧量（COD_{Mn} 法，以 O_2 计）/（mg/L）	3 水源限制，原水耗氧量＞6 mg/L 时为 5
6	臭和味	无异臭、异味

4　处理工艺

4.1　工艺流程

　　该项目废水主要为酸洗车间废水，该废水中主要有 COD_{Cr}、色度、悬浮物、铁离子等污染物。针对该废水的特点，设计主要采用我方拥有自主知识产权的一体化废水处理设备进行处理，处理后的出水可稳定达标排放；系统产生的污泥可排入污泥浓缩池浓缩脱水，后经过脱水压滤后定期外运处理，整个处理系统不产生二次污染。

　　具体工艺流程如图 1 所示。

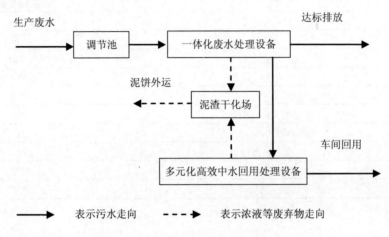

图 1　废水及中水回用处理工艺流程

4.2　工艺流程说明

　　该项目生产废水经集水调节池调节水质水量后进入一体化废水处理设备，在此经加药混凝沉淀处理后再进行过滤处理，经该设备处理后的出水可达标排放。该设备处理产生的污泥进入污泥干化场进行干化处理，泥饼定期外运处理，滤液返回调节池重新处理。

　　经一体化废水处理设备处理后的出水进入多元化高效中水回用处理设备，处理后的出水回用于生产车间，出水浓液返至企业原有的废水处理系统重新进行处理。

　　该多元化高效中水回用处理设备是集加药、浮除、臭氧氧化、超滤于一体的高效水处理设备。该设备主要以离子浮选法为依据，利用化学分子体系中的布朗运动和双膜理论以及水力学、流体力学等理论体系设计制造。根据废水水质特点，向废水中投加混凝剂，利用浮除原理去除废水中的溶解性污染物、呈胶体状态的物质、表面活性剂等。以分子态或离子态溶于废水中的污染物在浮除前进行一定的化学处理，将其转化为不溶性固体或可沉淀（上浮）的胶团物质，成为微细颗粒，然后通过进行气粒结合予以分离，从而达到去除污染物、净化水质的目的。由于影响该厂废水回用的主要指标是 COD 和 SS，而通过该一体化设备的处理，废水中的 COD 和 SS 能得到高效稳定地去除，从而保证回用水的水质符合要求。

　　该设备在处理废水的同时还以臭氧为氧化剂，在高压放电的环境中将空气中的部分氧分子激发分解成氧原子，氧原子与氧分子结合生成强氧化剂——臭氧，从而能有效降解 COD 等各种污染物及多种有害物质。经过臭氧处理后的废水再经过超滤膜处理，使废水中的重金属离子等各种污染物得到进一步去除，从而实现对废水的高效净化，出水稳定达到车间要求。

4.3　工艺特点

本处理工艺的特点在于土建构筑物少，占地面积小，从而节省了投资；且浓液泥渣经处理后，不会产生二次污染。工艺主体采用一体化处理设备，设备对水质的适应性强、耐冲击负荷性能好、出水水质稳定、产泥少、运行成本低。

5　构筑物及设备参数设计

5.1　均质调节池

数量：1 座；

结构形式：砖混（池内壁进行防腐处理）；

有效容积：20 m^3；

规格尺寸：$L×B×H$＝4.0 m×2.0 m×2.7 m；

调节池主要设备如表 4 所示。

表 4　调节池主要设备参数

设备	数量	规格型号	功率	备注
提升泵	2 台（1 用 1 备）	KQ32FSW-11	0.75 kW	流量 5 m^3/h；扬程 11 m

5.2　污泥干化场

数量：1 座；

结构形式：砖混；

规格尺寸：$L×B×H$＝1.0 m×1.0 m×1.2 m。

5.3　一体化废水处理设备

数量：1 套；

设计处理水量：5 m^3/h；

结构形式：地上钢结构；

规格尺寸：$L×B×H$＝2.5 m×1.5 m×2.0 m；

功率：1.3 kW。

5.4　多元化高效中水回用处理设备

数量：1 套；

设计处理水量：5 m^3/h；

结构形式：地上钢结构；

规格尺寸：$L×B×H$＝2.85 m×1.5 m×2.1 m；

功率：2.2 kW。

6 废水处理及中水回用处理系统布置

6.1 平面布置原则

（1）处理系统应充分考虑与厂区环境、地形、功能布置和现有管道系统协调；

（2）处理系统应充分考虑建设施工规划等问题，优化布置系统；

（3）根据夏季主导方向和全年风频，合理布置系统位置；

（4）处理构筑物应布置紧凑，节能高效，节约用地，便于管理。

6.2 高程布置原则

（1）充分利用地形设计高程，减少系统能耗；

（2）系统设计力求简洁、流畅，减少管件连接。

7 电气、仪表系统设计

7.1 设计规范

（1）《供配电系统设计规范》（GB 50052—2009）；

（2）《电力装置的继电保护和自动装置设计规范》（GB/T 50062—2008）；

（3）其他相关标准、规范。

7.2 设计原则

在保证废水处理和中水回用处理系统工艺达到要求的条件下，做到技术先进、操作简单、管理方便、安全可靠和经济合理。

7.3 设计范围

（1）保证废水处理和中水回用处理系统用电设备的配电、变电及控制系统；

（2）保证废水处理和中水回用处理系统自控系统的配电及信号系统。

该废水处理和中水回用系统的配电系统采用三相四线制、单相三线制，接地保护系统按常规设置。该水处理站安装负荷为 5.0 kW，使用负荷 4.25 kW，电缆采用穿管暗敷。室内照明用难燃塑料线槽明敷。

8 土建设计

（1）暂按天然地基考虑，施工图设计时，再根据地质报告决定基础形式。

风荷载：0.35 kN/m^2；

地震烈度：6 度。

（2）建、构筑物的基本设计情况：

①调节池为砖混结构，壁厚为 200 mm，两面粉刷，池底及池底与池壁相接处均作防水处理；

②废水处理及中水回用设备为 Q235 钢板和型钢焊接而成，设备的外壁、池底与基础接触的面

均作热沥青防腐漆，池内壁刷两道红丹醇酸防锈底漆，再刷优良面漆。

9 运行费用分析

本工程运行费用由运行电费、人工费和药剂费等三部分组成。

9.1 运行电费

该工程总装机功率 5.0 kW，实际使用功率 4.25 kW，具体电耗如表 5 所示。

表 5 中水回用系统电耗

设备名称	装机功率/kW	使用功率/kW	使用时间/h	每天耗电/（kW·h）
废水提升泵	1.5	0.75	4	6.0
废水处理设备	1.3	1.3	4	5.2
中水回用设备	2.2	2.2	4	8.8
总计	5.0	4.25	—	20

电费按 0.70 元/（kW·h）计，则废水处理系统电耗为 11.2 kW，则废水处理运行电费约为 0.39 元/m^3 废水；中水回用系统电耗为 8.8 kW，则中水回用处理成本为 0.30 元/m^3 中水。

9.2 人工费

本系统自动化程度较高，可由厂内管理人员兼职管理，人工费可不计。

9.3 药剂费

药剂主要为废水处理设备和多元化高效一体化中水回用设备投加的药剂，废水处理系统药剂费约 0.60 元/m^3 废水；中水回用系统药剂费约 0.50 元/m^3 中水。

综上所述，废水处理成本约 0.99 元/m^3 废水；中水处理成本约 0.8 元/m^3 中水。

10 工程建设进度

本工程建设周期为 2 个月，为缩短工程进度，确保该废水处理及中水回用水处理设施如期实行环保验收，各分部、分项工程和安装以及调试工作等协调、交叉开展，具体工程进度安排如表 6 所示。

表 6 工程进度表

天 \ 工作内容	5	10	15	20	25	30	35	40	45	50	55	60
准备工作	■											
场地平整		■										
设备基础				■								
设备材料采购			■									
水池构筑物施工					■							
设备制作安装					■							
外购设备						■						
其他构筑物							■					

工作内容＼天	5	10	15	20	25	30	35	40	45	50	55	60
设备防腐										▬▬▬▬▬		
管道施工								▬▬▬▬▬▬▬▬▬				
电气施工								▬▬▬▬▬▬▬▬▬▬▬▬▬				
竣工验收										▬▬▬▬▬		

11　工程售后服务承诺及事故应急处理措施

（1）土建构筑物除人为不可抗拒因素外，质量保证一年；

（2）非标设备、管道保期为一年，"三保"期满后，若发生故障，则以收取成本费提供服务；

（3）本方案的主机设备有两台，当其中一台出现故障时，由另一台备用设备工作，以保证废水处理及中水回用处理系统能正常运行；同时厂内必须尽快维修出现故障的设备，防止两台设备同时出现故障；

（4）为保证处理设备的正常运行，应加强设备的日常维护和巡检，在停产期（节假日等）安排检修或大修；

（5）建立规范的操作规程和健全的事故报警制度。

实例二十四 宁波某电路板生产企业 150 m³/d 中水回用处理工程

1 项目概况

该电路板有限公司是一家专业从事单、双面多层电路板、铝基板、铁基板的设计、开发和生产的企业，同时还生产手机天线、荧光显示屏、防盗标签、灯具产品以及塑料加工。公司拥有先进的生产设备，总占地面积 20 000 m²，具备生产能力：单面 50 000 m²/月，双面、多层 30 000 m²/月，铝基板 10 000 m²/月。企业拥有一支较强的生产、技术队伍，本着"以人为本，用户至上"的管理宗旨，"以质取胜于市场，更好地满足客户要求"的品质方针，拥有良好的市场前景。

目前，企业欲新建一套中水回用系统，对经过原有废水处理站处理达到排放标准的废水进行再处理，处理后的中水水质达到《生活饮用水卫生标准》（GB 5749—2006），回用于车间生产。该中水回用工程总占地面积 28 m²，系统总装机容量 5.5 kW，中水回用成本约 0.95 元/m³ 中水（不含折旧费）。

2 设计依据

2.1 设计依据

（1）业主提供的各种相关基础资料（水质、水量、回用水要求等）；

（2）现场踏勘资料，现场采集水样的分析数据；

（3）《污水综合排放标准》（GB 8978—1996）；

（4）《生活饮用水卫生标准》（GB 5749—2006）；

（5）其他相关标准。

2.2 设计原则

（1）认真贯彻国家关于环境保护工作的方针和政策，使设计符合国家的有关法规、规范、标准；

（2）综合考虑废水进、出水水质及水量特征，选用的工艺应技术先进、稳妥可靠、经济合理、安全适用；

（3）妥善处理和处置中水回用处理过程中产生的污泥和浮渣，避免造成二次污染；

（4）中水回用处理系统的自动控制系统应管理方便、安全可靠、经济实用；

（5）中水回用处理系统平面布置力求紧凑，减少占地面积和投资；高程布置应尽量采用立体布局，充分利用地下空间。

2.3 设计范围

本工程的设计范围仅包括中水回用处理系统，包括回用水池的工艺、土建、构筑物、设备、电气、自控及给排水的设计。不包括回用水池至车间的配水系统，不包括从中水回用处理站外至站内的供电、供水系统以及站内的道路、绿化等。

3 主要设计资料

3.1 设计进水水质

根据建设单位提供的资料，中水处理规模为 150 m^3/d。

具体设计进水水质指标如表 1 所示。

表 1 设计废水进水水质

序号	项目	进水水质
1	COD_{Cr}/（mg/L）	≤100
2	pH	6.3
3	SS/（mg/L）	≤70
4	六价铬/（mg/L）	≤0.5
5	总氰化物/（mg/L）	≤0.5
6	肉眼可见物	少量
7	浊度	≤30
8	铜离子/（mg/L）	≤2.5 mg/L
9	臭和味	二级

3.2 设计出水水质

根据建设单位要求，水经处理后的出水水质应达到《生活饮用水卫生标准》（GB 5749—2006），具体水质指标要求如表 2 所示。

表 2 回用水水质要求

序号	污染物名称	标准
1	pH	6.5~8.5
2	六价铬/（mg/L）	≤0.05
3	色度	≤15
4	铜离子/（mg/L）	≤0.3
5	COD_{Cr}/（mg/L）	≤50
6	总氰化物/（mg/L）	≤0.05
7	臭和味	不得有异臭、异味
8	浊度	≤3
9	肉眼可见物	不得含有

4 处理工艺

4.1 工艺流程

由于经该企业原有废水处理系统处理后的出水中的 COD_{Cr}、色度、SS、六价铬、肉眼可见物、总氰化物、铜离子等污染物浓度超出生产车间回用水标准，因此本回用水处理系统的重点在于处理此类污染物。针对此类污染物，本方案拟采用多元化高效中水回用处理设备进行处理，出水可稳定达到《生活饮用水卫生标准》（GB 5749—2006）。经过中水回用设备处理后的废弃浓液可再排入建设方的废水处理系统进行再处理，让整个处理系统处理后不至于造成二次污染。

具体工艺流程如图 1 所示。

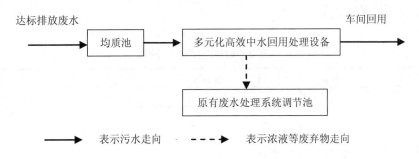

图 1　中水回用处理工艺流程

4.2　工艺流程说明

经原有废水处理系统处理后达到排放标准的废水经均质池调节水质水量，后进入多元化高效中水回用处理设备，经该设备处理后的出水可稳定达到回用要求，系统产生的废弃浓液可再排入建设方的废水处理系统进行再处理。

该多元化高效中水回用处理设备是集加药、浮除、臭氧氧化、超滤于一体的高效水处理设备。该设备主要以离子浮选法为依据，利用化学分子体系中的布朗运动和双膜理论以及水力学、流体力学等理论体系设计制造。根据废水水质特点，向废水中投加混凝剂，利用浮除原理去除废水中的溶解性污染物、呈胶体状态的物质、表面活性剂等。以分子态或离子态溶于废水中的污染物在浮除前进行一定的化学处理，将其转化为不溶性固体或可沉淀（上浮）的胶团物质，成为微细颗粒，然后通过进行气粒结合予以分离，从而达到去除污染物、净化水质的目的。由于影响该厂废水回用的主要指标是 COD 和 SS，而通过该一体化设备的处理，废水中的 COD 和 SS 能得到高效稳定地去除，从而保证回用水的水质符合要求。

该设备在处理废水的同时还以臭氧为氧化剂，在高压放电的环境中将空气中的部分氧分子激发分解成氧原子，氧原子与氧分子结合生成强氧化剂——臭氧，从而能有效降解 COD 等各种污染物及多种有害物质。经过臭氧处理后的废水再经过超滤膜处理，使废水中的重金属离子等各种污染物得到进一步去除，从而实现对废水的高效净化，出水稳定达到车间要求。

4.3　工艺特点

本处理工艺的特点在于土建构筑物少，占地面积小，从而节省了投资；且浓液泥渣经处理后，不会产生二次污染。工艺主体采用一体化处理设备，设备对水质的适应性强、耐冲击负荷性能好、出水水质稳定、产泥少、运行成本低。

5　构筑物及设备参数设计

5.1　均质池

数量：1 座；
结构形式：砖混（池内壁进行防腐处理）；

有效容积：40 m³；

水力停留时间：4 h；

规格尺寸：$L×B×H$=5.0 m×4.0 m×2.2 m；

均质池主要设备如表 3 所示。

表 3　均质池主要设备参数

设备	数量	规格型号	功率	备注
提升泵	2 台（1 用 1 备）	KQ40FSW-18	1.5 kW	流量 12 m³/h；扬程 18 m

5.2　多元化高效中水回用处理设备

数量：1 套；

设计处理水量：10 m³/h；

结构形式：地上钢结构；

规格尺寸：$L×B×H$=3.40 m×1.89 m×2.62 m；

功率：3.5 kW。

6　中水回用处理系统布置

6.1　平面布置原则

（1）处理系统应充分考虑与厂区环境、地形、功能布置和现有管道系统协调；

（2）处理系统应充分考虑建设施工规划等问题，优化布置系统；

（3）根据夏季主导方向和全年风频，合理布置系统位置；

（4）处理构筑物应布置紧凑，节能高效，节约用地，便于管理。

6.2　高程布置原则

（1）充分利用地形设计高程，减少系统能耗；

（2）系统设计力求简洁、流畅，减少管件连接。

7　电气、仪表系统设计

7.1　设计规范

（1）《供配电系统设计规范》（GB 50052—2009）；

（2）《电力装置的继电保护和自动装置设计规范》（GB/T 50062—2008）；

（3）其他相关标准、规范。

7.2　设计原则

在保证中水回用处理系统工艺达到要求的条件下，做到技术先进、操作简单、管理方便、安全可靠和经济合理。

7.3 设计范围

（1）保证中水回用处理系统用电设备的配电、变电及控制系统；

（2）保证中水回用处理系统自控系统的配电及信号系统。

该中水回用系统的配电系统采用三相四线制、单相三线制，接地保护系统按常规设置。该回用水处理站安装负荷为 6.5 kW，使用负荷 5.0 kW，电缆采用穿管暗敷。室内照明用难燃塑料线槽明敷。

8 土建设计

（1）暂按天然地基考虑，施工图设计时，再根据地质报告决定基础形式。

风荷载：0.35 kN/m^2；

地震烈度：6 度。

（2）建、构筑物的基本设计情况：

①均质池为砖混结构，壁厚为 200 mm，两面粉刷，池底及池底与池壁相接处均作防水处理。

②中水回用设备为 Q235 钢板和型钢焊接而成，设备的外壁、池底与基础接触的面均作热沥青防腐漆，池内壁刷两道红丹醇酸防锈底漆，再刷优良面漆。

9 运行费用分析

本工程运行费用由运行电费、人工费和药剂费等三部分组成。

9.1 运行电费

该工程总装机功率 6.5 kW，实际使用功率 5.0 kW，具体电耗如表 4 所示。

表 4　中水回用系统电耗

设备名称	装机功率/kW	使用功率/kW	使用时间/h	每天耗电/（kW·h）
废水提升泵	3.0	1.5	15	22.5
中水回用设备	3.5	3.5	15	52.5
总计	6.5	5.0	—	75.0

电费按 0.70 元/（kW·h）计，则该中水回用系统电耗为 75.0 kW，则中水回用运行电费约为 0.35 元/m^3 中水。

9.2 人工费

本系统自动化程度较高，可由厂内管理人员兼职管理，人工费可不计。

9.3 药剂费

药剂主要为多元化高效一体化中水回用设备投加的药剂，中水回用系统药剂费约 0.60 元/m^3 中水。

综上所述，中水处理成本约 0.95 元/m^3 中水。

10　工程建设进度

本工程建设周期为 2 个月，为缩短工程进度，确保该中水回用水处理设施如期实行环保验收，各分部、分项工程和安装以及调试工作等协调、交叉开展，具体工程进度安排如表 5 所示。

表 5　工程进度表

天 工作内容	5	10	15	20	25	30	35	40	45	50	55	60
准备工作	━━											
场地平整		━━										
设备基础			━━									
设备材料采购			━━━									
水池构筑物施工					━━━━━							
设备制作安装				━━━━━━━━━━━								
外购设备						━━━━━						
其他构筑物								━━━━━				
设备防腐										━━━		
管道施工								━━━━				
电气施工								━━━━				
竣工验收											━━━	

11　工程售后服务承诺及事故应急处理措施

（1）土建构筑物除人为不可抗拒因素外，质量保证一年；

（2）非标设备、管道保期为一年，"三保"期满后，若发生故障，则以收取成本费提供服务；

（3）本方案的主机设备有两台，当其中一台出现故障时，由另一台备用设备工作，以保证中水回用处理系统能正常运行；同时厂内必须尽快维修出现故障的设备，防止两台设备同时出现故障；

（4）为保证处理设备的正常运行，应加强设备的日常维护和巡检，在停产期（节假日等）安排检修或大修；

（5）建立规范的操作规程和健全的事故报警制度。

实例二十五　400 m³/d 制衣废水处理工程工艺设计

1　项目概况

东莞某制衣公司是一家专营制衣的企业，产品有牛仔服、西装、各式工作服等，产品远销东南亚等地。

该厂在生产过程中产生洗衣废水、冲洗地面水及生活废水，日产废水约 400 m³/d，这些废水如直接排放，将严重污染环境。因此当地环保局要求该公司建设废水处理站，并结合当地的实际情况，提出了要采用先进成熟的处理工艺，最低的工程投资及运行费用，易于操作管理等多项要求。

图 1　废水处理站概貌

2　工艺设计

2.1　设计水量

设计处理水量：400 m³/d。

2.2　设计进水水质

表 1　设计进水水质

项目	COD$_{Cr}$	BOD$_5$	SS	色度	P
进水水质	1 000 mg/L	350 mg/L	1 000 mg/L	800 倍	4.5 mg/L

2.3　设计出水水质

出水水质符合《污水综合排放标准》（GB 8978—1996）中的二级排放标准，主要指标如下：

表 2　设计出水水质

项目	COD$_{Cr}$	BOD$_5$	SS	色度	P	pH
出水水质	≤150 mg/L	≤30 mg/L	150 mg/L	≤80 倍	≤1.0 mg/L	6~9

2.4　处理工艺流程及说明

2.4.1　原水水质特点及分析

（1）水质波动范围较大：根据该厂产品品种较多，而且随着季节的变化制作的服装类型也随之变化。因而导致水质有较大的波动。为此要求处理工艺有较强的适应性。

（2）废水中色度及含磷量较高，工艺流程中应设计去除色度及磷的有效措施。

（3）有机污染物质量浓度较高，COD 达 1 000 mg/L。生物处理是去除有机污染物的高效经济的处理方法，为此生物处理应成为处理工艺中的核心单元。

（4）从原水水质数据可以看出，BOD/COD=0.3，废水的可生化性较差，为此需在生物处理单元之前增设水解酸化处理单元，以提高废水的可生化性。

2.4.2　处理工艺流程

根据原水色度及含磷量较高，有机污染较严重，可生化性较差的特点，经过工艺选择，确定采用如图 2 所示的处理工艺：

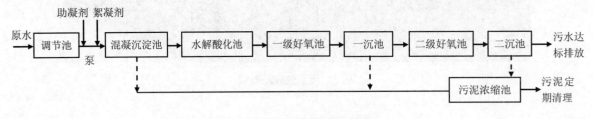

图 2　处理工艺工程流程简图

2.4.3　工艺流程说明

废水经汇集管道汇集后，经格栅去除漂浮物、悬浮物等杂质后自流入调节池。调节池设一级潜污提升泵两台，将废水提升入混凝沉淀池，废水在该池内经过与药剂混合反应，然后沉淀，上清液出水进入水解酸化池，通过厌氧和兼氧微生物的作用，将大分子的污染物转化或降解成小分子的物质，难生物降解的有机物转化为易生物降解的有机物，以提高废水的可生化性能。水解酸化池的出水自流入生物接触一级好氧池，通过好氧微生物的作用，将废水中的污染物分解、转化为 H_2O、CO_2、

NH_3 等物质，大幅度去除废水中 COD、BOD。一级好氧池出水进入一级沉淀池进行泥水分离，二沉池出水各项污染指标达到规定的排放标准。

2.4.4　重点技术应用介绍

生物接触氧化是一种好氧生物膜法工艺，池内设有填料，部分微生物以生物膜的形式固着生长在填料表面，部分则是絮状悬浮生长于水中。该工艺兼有活性污泥法与生物膜法二者的特点，其优点有：

（1）处理能力大（与活性污泥法比较），因而可以节省用地；

（2）对冲击负荷有较强的适应性；

（3）污泥成量少，不产生污泥膨胀的危害，能够保证出水水质；

（4）无须污泥回流，易于维护管理，不产生滤池灰蝇[①]。该工艺成熟稳定，占地面积少，设备国产化，在运行管理上更具优势，在废水处理工程中得到了广泛的应用。

值得提出的是，当接触氧化池体积较大时，很难实现完全混合的水力流态，因此需要在池型结构上进行考虑，为此提出二级接触氧化池的概念。

由于填料比表面积大，接触氧化池内生物固体量多，水流实现完全混合，因此可提高生物接触氧化池对水质水量的骤变的适应能力。

通过对池型结构的改变，完全可以克服诸如短流，水和填料接触不佳等缺点，从而达到了相应的处理效果。

总结起来，这种布置有以下几个方面的优势：

（1）避免了单级单段式的短流现象，保证了水和填料的充分混合。

（2）每级渐次有一个 COD 浓度梯度，最大限度地保证了有机物向微生物细胞的传递，从动力学角度保证了去除效果。

（3）每级生物均不相同，从而最大限度地保证了各自不同的生存环境在一个最佳的位置上。

2.5　沿程去除率预测

表 3　去除率预测表

指标 构筑物	COD_{Cr}/（mg/L）			BOD_5/（mg/L）			色度		
	进水	出水	去除率	进水	出水	去除率	进水	出水	去除率
调节池（兼水解）	1 000	900	10%	350	300	15%	800	800	0%
絮凝沉淀池	900	600	40%	300	150	20%	800	320	60%
两级好氧池	600	90	85%	150	18	88%	320	80	75%
二沉池	90	90	0	18	18	0	80	60	25%
出水标准	150			30			80		

2.6　主要处理设施

2.6.1　主要构筑物及参数

表 4　主要构筑物及参数表

序号	名称	型号规格	单位	数量	备注
1	调节池水解	10 m×8 m×4 m	座	1	池内设少量弹性立体填料
2	絮凝沉淀池	4.5 m×4.5 m×5.5 m	座	1	内设旋流反应筒
3	一级接触氧化池	7.5 m×4.5 m×5 m	座	1	填料负荷为 1.5 kgBOD$_5$/（m³填料·d）

序号	名称	型号规格	单位	数量	备注
4	一沉池	5 m×3.6 m×5 m	座	1	表面负荷 1.11 m³/（m²·h）
5	二级接触氧化池	7.5 m×4.5 m×5 m	座	1	容积负荷为 1.5 kgBOD₅/（m³ 填料·d）
6	二沉池	5 m×3.6 m×5 m	座	1	表面负荷 1.11 m³/（m²·h）
7	污泥浓缩池	2.5 m×2.5 m×2.8 m	座	1	

2.6.2 主要设备材料及规格

表 5 主要设备表

序号	名称	型号	单位	数量
1	机械格栅	栅隙距 5 mm，有效栅宽 300 mm，N=0.18 kW	台	1
2	一级提升泵	Q=20 m³/h，Q=15 m，N=1.5 kW	台	2
3	旋流反应中心筒	ϕ 1 200 mm	个	1
4	水解酸化池布水器	DN80	套	1
5	罗茨鼓风机	Q=2.33 m³/min，H=6 m，N=5.5 kW	台	2
6	立体弹性填料	间距 200 mm	m³	226
7	中微孔曝气器	ϕ 178 mm	套	168
8	加药装置	ϕ 580 mm×930 mm	套	2

2.6.3 工艺成熟可靠，出水水质达标有保证

（1）对总体水质特点及主要污染物特性进行分析，有针对性地提出相应的处理方法，工艺路线合理，工艺流程顺畅。

（2）设计参数的选取参考类似工程的实际经验，能经受得住实践的考验。

（3）重视预处理并对核心单元进行精心设计，处理效果好。重视预处理，如污水在进入生物处理系统之前考虑到尽可能将 SS、色度及 COD 较大幅度地去除；核心单元的设计精益求精，如接触氧化池考虑到曝气头及填料分布的均匀性，接触氧化池采用两级考虑到避免水力短流及生物相丰富多样等。

2.6.4 操作简单方便，易于维护

污水处理系统设计自动化程度高，机泵设备的运行实现自动启停，故障时设备报警及备泵自投，操作简单方便，大大降低操作工人的劳动程度；另外，选用的产品均是成熟可靠的产品，性能稳定，且易于维护。

2.6.5 投资省

构筑物设计合理，采用半地下的经济结构，且多设计成共壁的形式，建筑物采用一层的砖混结构，易于施工且节省了投资；核心设备采用进口产品或中外合资产品，辅助设备采用国内成熟产品，既可保证系统长期稳定运行，又可将投资控制在合理的范围之内。据核算，设备部分投资为 45 万元，土建部分 35 万元，工程总投资 80 万元。

2.6.6 运行费用低

如减少污水提升的次数，尽量采取重力自流的方式，以减少机泵功率；投加药剂选用可靠高效的品牌，降低药剂消耗等。通过以上多种方式，可较大程度地降低污水处理系统的运行费用。运行费用计算如下：

（1）电费

表6　系统装机功率

序号	设备名称	装机功率/kW	计算功率/kW	每日运行时间/h	每天用电量/（kW·h）
1	机械格栅	0.18	0.18	4	0.72
2	一级提升泵数量：2台（1用1备）	1.5×2	1.5	24	36
3	加药装置（2套）	0.30×2	0.60	24	14.4
4	鼓风机数量：2台（1用1备）	5.5×2	5.5	24	132
	合计	18.83	10.68		183.12

电价：0.60元/（kW·h）

每天实际用电量：183.12 kW·h，电费：110元/d

（2）药剂费用

PAM：20 000元/t，优尼克：2 000元/t；

PAM用量：加量2 mg/L，0.8 kg/d，折算费用为16元/d；

优尼克用量：加量20 mg/L，8 kg/d，折算费用为16元/d；

则加药总费用：32元/d。

（3）人员工资

污水处理站设兼职人员1名，每月工资500元，人员工资为17元/d。

（4）直接运行费用

直接运行费用：110+32+17=159元/d，折算吨水直接运行费用：0.39元/t。

实例二十六　云南通海县某科技有限公司 800 m³/d 有机肥综合废水治理工程

1　项目概况

　　该科技有限公司系一家集科研、生产、销售为一体的高新技术企业，主要利用农业固体废弃物生产有机肥、畜禽蔬菜粉饲料等产品。公司创建于 2011 年 3 月，位于滇南重镇——通海，注册资金 1 200 万元。公司占地面积 60 亩，年处理蔬菜废弃物 50 万 t 以上，年生产纯天然有机肥 40 万 t。公司拥有强大的技术后援团队与农牧工废弃物回收产业链群，具有完备的大型蔬菜产业基地蔬菜废弃物利用处理的技术方案和齐全的自动化利用处理设备。公司生产的有机肥完全采用纯天然原料配合微生物经深度发酵精制而成，产品具有突出的改良土壤结构的特性和一定的防治病虫害的效果，可充分培肥地力为实现有机种植做重要支撑。

　　该科技有限公司是中国蔬菜废弃物产业化利用技术的开创者，是标准化条件下专业生产纯天然有机肥的制造商，公司通过"废弃菜叶资源化利用技术研究与示范工程"的实施，从根本上解决通海蔬菜产业持续发展及其废弃菜叶对环境污染的矛盾，实现农业废弃物资源化利用的目标，把农业废弃物变"废"为"宝"，实现农业经济和生态效益的"双赢"。对于生产过程中产生的废水，我方按照业主方提供的废水水量，水质资料，借鉴相关工程运行经验，本着投资省，处理效果好，运行成本低的原则，编制了该设计方案，供建设方和有关部门参考。

图 1　废水处理站概貌

2 工程设计依据

2.1 标准和规范

参照标准（包括但不限于）：

（1）《污水综合排放标准》（GB 8978—1996）；

（2）《农田灌溉水质标准》（GB 5084—2005）；

（3）《室外排水设计规范》（GB 50014—2006，2014版）；

（4）《城市污水再生利用 城市杂用水水质》（GB/T 18920—2002）；

（5）《化工设备、管道外防腐设计规定》（HGJ 34—90）*；

（6）《工业企业设计卫生标准》（GBZ 1—2010）；

（7）《给水排水设计手册》；

（8）《化工设计手册》；

（9）《工业企业噪声控制设计规范》（GB/T 50087—2013）；

（10）《给水排水管道工程施工及验收规范》（GB 50268—2008）；

（11）《工业金属管道工程施工规范》（GB 50235—2010）；

（12）《现场设备、工业管道焊接工程施工规范》（GB 50236—2011）；

（13）《风机、压缩机、泵安装工程施工及验收规范》（GB 50275—2010）；

（14）控制设备测量仪表和电气的设计、制造符合《通用用电设备配电设计规范》（GB 50055—2011）和《分散型控制系统工程设计规范》（HG/T20573—2012）以及有关规定和标准；

（15）业主方提出的相关要求及现场实际勘察情况。

注：*现行标准为：《化工设备、管道外防腐设计规范》（HG/T 20679—2014）。

2.2 其他相关行业规范

设备的设计与制造、安装和试验应符合下列规范和标准的最新版本及修正本或相当及相比更高的标准。

（1）《水处理设备 技术条件》（JB/T 2932—1999）；

（2）《钢制焊接常压容器》（NB/T 47003.1—2009）；

（3）水泵ISO、GB或JB标准。

外接管口标准和规范：法兰接口符合《接口标准与阀门的法兰标准配套》；

接口管件符合下列标准的规定要求：

（1）《管路法兰 技术条件》（JB/T 74—1994）*；

（2）《管路法兰 类型》（JB/T 75—1994）*。

注：* 现行标准为：

《钢制管路法兰 技术条件》（JB/T 74—2015）；

《钢制管路法兰 类型参数》（JB/T 74—2015）。

2.3 规范或标准的使用原则

如果乙方有其他标准取代上述标准，需呈交甲方，经认可后方能采用。乙方所提供的材料及外购设备应符合所应用的标准。规范使用的标准如有新版本，以最新版本为准。当上述规范和标准对某些设备和专用材料不适用时，经甲方确认后，可采用有关的标准和生产厂的标准。

3　工程设计原则

（1）执行国家关于环境保护的政策，符合国家的有关法规、规范及标准；

（2）坚持科学态度，积极采用成熟稳定的工艺技术，同时结合新工艺、新技术、新材料、新设备，既要体现技术经济合理，又要安全可靠。在设计方案的选择上，尽量选择安全可靠、经济合理的工程方案；

（3）采用高效节能、先进稳妥的废水处理工艺，提高处理效果，减少基建投资和日常运行费用，降低对周围环境的污染；

（4）选择国内外先进、可靠、高效、运行管理方便、维修简便的排水专用设备；

（5）采用先进的自动控制，做到技术可靠，经济合理；减少操作维护工作量；

（6）妥善处理、处置废水处理过程中产生的栅渣、污泥，避免二次污染；

（7）适当考虑废水处理站周围地区的发展状况，在设计上留有余地；

（8）在方案制定时，做到技术可靠，经济合理，切合实际，降低费用；废水处理达标排放后再进行深度处理，可回用于绿化，农田灌溉等，以节约水资源，实现零排放；

（9）废水站建设各构筑物和设备布置合理，结构紧凑、节约占地。

4　设计、施工范围及服务

4.1　设计范围

本工程范围包括从调节池内潜污泵进口开始至一体化设施出水口 1.0 m 管道范围内的一体化设施的工艺、电气设计及工艺设施、电气自控设施的制作、安装、调试，但不含土建部分（设施基础、水池、管道管沟等）；电源由甲方引至乙方配电箱。

4.2　施工范围及服务

（1）废水处理系统的设计、施工。

（2）废水处理设备、器材及管道、配件的提供。

（3）负责废水处理站内的全部安装工作，包括废水处理设备内的电气接线。

（4）负责废水处理站机电和工艺调试，直至出水达标合格。

（5）免费培训操作人员，协同编制操作规程，同时做有关运行记录。为今后的设备维护、保养，提供有力的技术保障。

5　设计参数

5.1　废水来源

该项目的废水主要来源：脱水机房废水，化验室检验废水，车间地坪及设备冲洗废水，生活废水。

5.2　废水性质

原水为生产废水和生活污水，随着栽培技术的不断进步，蔬菜的生长期已越来越短，而随着环境污染的加剧，蔬菜的病虫害也越来越重，绝大部分蔬菜需要连续多次洒药后才能成熟上市，有机污染成分居多：一是有机磷农药，二是有机氯农药，三是氨基甲酸酯类农药。这些有机农药残留在蔬菜叶、茎上，压榨脱水排放的废水造成 COD、BOD 总量极高，部分有机物可生化性较差，蔬菜中大量水分与残留有机农药稀释后可生化性较好。

5.3 处理水量

根据厂方提供数据，每日处理水量：800 m³/d，每天处理时间 24 h；设备处理流量为 34 m³/h。

5.4 原水水质

根据云南省环境科学研究设计院（2012.8 编号 0012707）环评影响报告，监测水质数据，废水参数取值如表 1 所示。

表 1 设计进水水质指标

单位：mg/L

项目	设计进水水质
pH	6.5
悬浮物	4 500
COD$_{Cr}$	18 500
BOD$_5$	8 000
氨氮	20
TP	2.5
色度	26

5.5 出水标准

出水水质应符合国家《农田灌溉水质标准》（GB/T 5084—2005）旱地水质标准，具体如表 2 所示。

表 2 设计出水水质指标

单位：mg/L

序号	项 目		指 标
1	pH		5.5～8.5
2	阴离子表面活性剂	≤	8
3	COD$_{Cr}$/（mg/L）	≤	200
4	BOD$_5$/（mg/L）	≤	100
5	悬浮物/（mg/L）	≤	100
6	粪大肠菌群/（个/L）	≤	4 000
7	蛔虫卵数/（个/L）	≤	2

6 工艺选择

6.1 工艺选择

本工程处理的综合废水中，在生产过程中其蔬菜脱水废水占 90% 左右，生活废水主要来源于员工的洗浴水，该废水中阴离子表面活性剂、磷及油脂高，毛发较多。另少量食堂用水及机修间等处废水，其 BOD/COD 值在 0.5 左右，可生化性较好，故采用离子溶气加压气浮、水解酸化、厌氧、好氧工艺作为核心工艺，该工艺针对该类废水工艺成熟可靠、运行稳定，是目前成熟的综合废水处理工艺。并且针对出水要求，能有效地确保废水达到回用标准。该类废水常用处理工艺分析如表3所示。

表3 废水常用处理工艺比较

工艺	优点	缺点	运行费用
SBR工艺	总体积较小、工艺流程简单、构筑物少、占地省、造价低；设备费运行管理费用低、静止沉淀分离效果好、出水水质高。运行方式灵活	设备的闲置率较高 废水提升水头损失较大，运行费用较高 操作管理程度要求高	≤1.0 元/m³
接触氧化工艺	BOD容积负荷高、污泥生物量大、处理时间短、能够克服污泥膨胀问题、可以间歇运转，维护管理方便、剩余污泥量少	填料易堵、维修不便、使用寿命短处理效果不稳定，总磷去除效果不理想	0.6~1.0 元/m³
厌氧（缺氧）+曝气池工艺	流程简单，设置硝化、反硝化，具有脱氮除磷功能	污泥量较大，处理效果不稳定，总磷去除效果不理想	0.6~1.2 元/m³
MBR工艺	处理效果优良，无须深度处理；占地面积小，节省资源；易于实现自动控制；可去除氨氮及难降解有机物	初期投资略高 膜需要定时清洗，操作管理不方便设备维护费用高，膜组件使用寿命短，需定期更换	0.4~1.0 元/m³（不含设备更换费用）
A/O生化工艺+化学强化除磷	流程简单，具有脱氮除磷功能，出水水质高，满足回用要求；系统运行稳定，出水水质稳定达标；运行费用低、运行方式灵活	控制要求高；实现自动化后，操作管理简单	0.4~0.8 元/m³

6.2　工艺流程

具体工艺流程如图2所示。

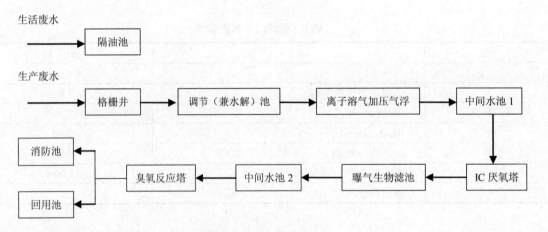

图2 废水处理工艺流程

6.3　工艺流程说明

该厂由四股废水组成：①脱水设备超浓度排水；②分离脱水机反冲洗废水和化验室检验废水；③车间地坪设备冲洗废水；④生活废水。

四股废水经各自管道收集，经粗、细格栅去除大颗粒杂质后自流入集水井，生活、食堂污水经隔油池去除大部分油后通过管道收集自流流入格栅井；洗浴废水则直接流入格栅井，设计为停留时间为 2 h 即储水量为 10 m³, 生产过程中产生的高浓度水由格栅去除大颗粒杂质后在格栅井内进行初次沉淀, 自流流入调节池进行水量水质的混合。调节池兼酸化水解作用（多点进水），将大分子有机污染物分解去除（该项目生产、生活废水的产生为间歇性的，主要集中在上下班交接时。故需设计一个停留时间为 8 h、储水量为 272 m³ 的调节池）。

该系统主要包括隔油池、调节（水解）池、离子溶气加压气浮机、IC 厌氧塔、曝气生物滤池、臭氧接触反应系统等污水处理装置几部分，以下是各个部分的详细说明。

（1）隔油池

隔油池是利用油与水的比重差异，分离去除污水中颗粒较大的悬浮油的一种处理构筑物。隔油池的构造多采用平流式，含油废水通过配水槽进入平面为矩形的隔油池，沿水平方向缓慢流动，在流动中油品上浮水面，由集油管或设置在池面的刮油机推送到集油管中流入脱水罐。在隔油池中沉淀下来的重油及其他杂质，积聚到池底污泥斗中，通过排泥管进入污泥管中。经过隔油处理的废水则溢流入排水渠排出池外，进行后续处理，以去除乳化油及其他污染物。

（2）格栅井

主要用于去除污水中体积较大的漂浮物、悬浮物，以减轻后续处理构筑物的负荷，用来去除那些可能堵塞水泵机组、管道阀门的较粗大的悬浮物，并保证后续处理设施能正常运行的装置，该格栅井设计停留时间为 2 h，即储水量为 12 m³，设计建设为初沉池。

（3）调节（兼水解）池

从上述生产工艺及生产原料中看出，从生产车间排出的污水水质极不稳定，同时污水中含有大量纤维素、葡萄糖，蛋白质类的高分子有机物。高分子有机物因相对分子量巨大，不能透过细胞膜，因此不可能为细菌直接利用。它们在水解阶段被细菌胞外酶分解为小分子。例如，纤维素被纤维素酶水解为纤维二糖与葡萄糖，淀粉被淀粉酶分解为麦芽糖和葡萄糖，蛋白质被蛋白质酶水解为短肽与氨基酸等。

故设计调节池调节水质和水量使后续的处理得到稳定，均匀的混合各生产工段的污水；同时将调节池（兼）水解酸化池。水解作用是污染物与水电离产生的 H^+ 与 OH^- 发生交换，从而结合生成新物质的反应。

由于水解池集生物降解、物理沉降和吸附为一体，污水中的颗粒和胶体污染物得到截留和吸附，并在产酸细菌等微生物作用下得到分化和降解。水解池 COD_{Cr} 去除率为 15%~20%，SS 的去除率为 55%~65%，对 N、P 也有显著提高。

（4）离子分离溶气加压气浮

气浮是气浮机的一种简称，也可以作为一种专有名词使用，即水处理中的气浮法，是在水中形成高度分散的微小气泡，黏附废水中疏水基的固体或液体颗粒，形成水-气-颗粒三相混合体系，颗粒黏附气泡后，形成表观密度小于水的絮体而上浮到水面，形成浮渣层被刮除，从而实现固液或者液液分离的过程。悬浮物表面有亲水和憎水之分。憎水性颗粒表面容易附着气泡，因而可用气浮法。亲水性颗粒用适当的化学药品处理后可以转为憎水性。水处理中的气浮法，常用混凝剂使胶体颗粒结成为絮体，絮体具有网络结构，容易截留气泡，从而提高气浮效率。再者，水中如有表面活性剂（如洗涤剂）可形成泡沫，也有附着悬浮颗粒一起上升的作用。

在气浮设备里投加絮凝药剂（PAC）和助凝药剂（PAM），混合气浮气泡，细微的憎水性颗粒杂质和悬浮物会产生上浮，从气浮排污口排出；剩余的清水则通过清水溢流堰流出，从而达到清水跟悬浮杂质（包括活性污泥脱落絮体）的截留、过滤。

（5）IC 反应器

IC 反应器，即内循环厌氧反应器，相似由 2 层 UASB 反应器串联而成。其由上下两个反应室组成。在处理高浓度有机废水时，其进水负荷可提高至 35～50 kgCOD/（m^3·d）。与 UASB 反应器相比，在获得相同处理速率的条件下，IC 反应器具有更高的进水容积负荷率和污泥负荷率，IC 反应器的平均升流速度可达处理同类废水 UASB 反应器的 20 倍左右。

进水通过泵由反应器底部进入第一反应室，与该室内的厌氧颗粒污泥均匀混合。废水中所含的大部分有机物在这里被转化成沼气，所产生的沼气被第一反应室的集气罩收集，沼气将沿着提升管上升。沼气上升的同时，把第一反应室的混合液提升至设在反应器顶部的气液分离器，被分离出的沼气由气液分离器顶部的沼气排出管排走。分离出的泥水混合液将沿着回流管回到第一反应室的底部，并与底部的颗粒污泥和进水充分混合，实现第一反应室混合液的内部循环。IC 反应器的命名由此得来。内循环的结果是，第一反应室不仅有很高的生物量、很长的污泥龄，并具有很大的升流速度，使该室内的颗粒污泥完全达到流化状态，有很高的传质速率，使生化反应速率提高，从而大大提高第一反应室的去除有机物能力。经过第一反应室处理过的废水，会自动地进入第二反应室继续处理。废水中的剩余有机物可被第二反应室内的厌氧颗粒污泥进一步降解，使废水得到更好的净化，提高出水水质。产生的沼气由第二反应室的集气罩收集，通过集气管进入气液分离器。第二反应室的泥水混合液进入沉淀区进行固液分离，处理过的上清液由出水管排走，沉淀下来的污泥可自动返回第二反应室。这样，废水就完成了在 IC 反应器内处理的全过程。

（6）高效曝气生物滤池

曝气生物滤池简称 BAF，是普通曝气生物滤池的一种变形，即在生物反应器内装填比表面积大、表面粗糙、易挂膜的陶粒填料，以提供微生物膜生长的载体。风机、滤料的选取很重要，在 BAF 设备工艺中是核心设备之一，它对污水中的 COD、悬浮物、氨氮等物质具有较高的去除率。考虑该废水有机物含量高，通过采用 BAF 有以下优点：生物处理和过滤同时进行，废水中有机物和氨氮去除过程是由微生物代谢完成，起净化作用的主要是好氧微生物和兼性微生物。BAF 池反应器能耗低、氧转移率高，抗击负荷能力强，无污泥膨胀，不存在生物膜老化现象，且连续运行，该工艺具有去除 SS、COD、BOD、硝化、脱氮、除磷、去除 AOX（有害物质）的作用。曝气生物滤池集生物氧化和截留悬浮固体一体，节省了后续沉淀池（二沉池），具有容积负荷、水力负荷大，水力停留时间短，所需基建投资少，出水水质好，运行能耗低，运行费用少的特点。

（7）臭氧接触反应塔

臭氧是一种强氧化剂，臭氧在污水处理中的作用：

①高效性：扩散均匀，包容性好，克服了紫外线杀菌存在诸多死角的弱点，可全方位快速高效的消毒灭菌；杀菌能力强，作用快，杀菌速度比氯快 600～3 000 倍，可以杀灭抗氧化性强的病毒和芽苞。

②受废水 pH 值和水温的影响较小。

③可以去除水中的色、嗅、味及有机物和无机物都有显著效果、同时增加水中的溶解氧，改善病况水质。

④可以分解难生物降解的有机物和三致物质，提高水的可生化性。

⑤高洁净性。臭氧具有自然分解的特性，消毒后不存在任何残留物，无二次污染，不产生有致癌作用的卤代有机物。

⑥臭氧的制备，仅需空气、氧气和电能，不需要任何辅助材料和添加剂，不存在原料的运输和贮存问题。

（8）回用水池（消防池）

用于储存处理后的清水，然后通过回用水泵提升至各用水点。

7　处理效果预测

表 4　处理效果预测

指标 项目		COD/ （mg/L）	BOD₅/ （mg/L）	表面活性剂/ （mg/L）	SS/ （mg/L）	总磷/ （mg/L）	氨氮/ （mg/L）	pH 值
转鼓细格栅	进水	18 500	8 000	40	4 500	8	20	6.5
	出水	16 650	7 200	—	3 600	—	—	—
	去除率	10%	10%	—	20%	—	—	—
调节（水解）池	进水	16 650	7 200	—	3 600	15	20	6.5
	出水	14 153	5 400	—	2 800	—	18	6.0
	去除率	15%	25%	—	20%	释放磷	10%	—
离子分离加压气浮机	进水	14 153	5 400	40	2 800	15	18	6.0
	出水	8 492	2 700	4	576	4.5	10.8	6.5
	去除率	40%	50%	90%	80%	75%	40%	—
IC 厌氧	进水	8 492	2 700	—	—	4.5	10.8	7.2
	出水	2 123	405	—	—	20	—	7.0
	去除率	75%	85%	—	—	释放磷	—	—
BAF	进水	2 123	405	4	576	20	10	7~9
	出水	213	121	3.6	87	4	—	6~9
	去除率	90%	70%	10%	85%	80%	—	—
臭氧接触	进水	213	122	—	—	—	—	—
	出水	170	91.5	—	—	—	—	—
	去除率	20%	25%	—	—	—	—	—
回用池	出水	170	91.5	3.6	87	—	—	—
排放标准/（mg/L）		200	100	8	100	—	—	6~9

8　工艺系统参数

系统详细设计主要设计参数、土建及设备仪表概述，具体如下表分别所示。

8.1　格栅、集水井

格　栅	1.5 m×0.7 m，粗 15 目	1	台
机械格栅	GSZG600	1	台
提升泵	65WQ30-10--2.2，N=2.2 kW	2	台

8.2　调节（兼水解）池

潜水搅拌器	QSC-260-96/0.75，N=0.85 kW	2	台
立式弹性填料	φ150 m×3 m	600	m³
支架	角铁、槽钢、螺纹钢	5	吨

8.3 离子分离加压气浮机

本设备主要技术参数：

主体	$\phi 2.5\ m \times 2.9\ m$	1	台
刮渣机	$N=0.75\ kW$	1	台
加药系统	PE 桶、计量泵、搅拌器	2	套
溶气缸	$\phi 1.0\ m \times 4.2\ m$	1	台
溶气系统	流量计、填料、控制器	1	套
空压机	$N=1.5\ kW$	1	台
回流管道泵	$Q=10\ m^3/h$，$H=40\ m$	2	台
提升泵	$Q=35\ m^3/h$，$H=10\ m$	2	台
液位平衡器	匹配	1	套

8.4 IC 厌氧反应器

主体	$\phi 8.5\ m \times 18\ m$
三相分离器	$\phi 8.5\ m \times 1.4\ m$
布水器	$\phi 50\ mm$
出水堰	$0.7\ m \times 0.7\ m \times 0.5\ m$
泥水分离器	$\phi 0.8\ m \times 1.0\ m$
提升泵	65WQ30-10-2.2，$N=2.2\ kW$
回流泵	50 WQ25-254，$N=2.2\ kW$

8.5 曝氧生物滤池

曝气罗茨鼓风机	SSR-125	2	台
反冲洗罗茨鼓风机	SSR-200	1	台
生物滤料	$\phi 2 \sim 3\ mm$	50	m^3
提升泵	65WQ30-10--2.2，$N=2.2\ kW$	2	台
反冲洗泵	100 WQ	1	台
单孔膜空气扩散器	$\phi 60\ m \times 45\ m$	1 250	个
专用滤头	$\phi 21\ mm \times 405\ mm$	1 550	个
曝气管	$\phi 100\ mm$		批

8.6 沸石过滤器系统

主 体	$\phi 2.1\ m \times 4.5\ m$	1	台
提升泵	$Q=5\ m^3/h$，$H=28\ m$，$N=2.2\ kW$	2	台
活化沸石	$0.5 \sim 1.0\ mm$	2	吨
垫 层	各种不同规格	2	吨
滤头、帽	PAS 工程塑料	50	套

8.7 臭氧反应塔

反应塔主体	$\phi 1.4\ m \times 5.5\ m$	1	台
臭氧发生器	CF-G-3-1000	1	台
气泡盘	金沙，$\phi 215\ mm$	10	套
鲍尔环	$\phi 25\ mm$	1	m^3

8.8 污泥浓缩池

导流筒	ϕ 300 m×3.5 m	1	套
出火堰	2.2 m×2 m×0.3 m	1	套
螺杆泵	G35-1	1	台
叠螺机	X-202	1	台

8.9 回用水池

用于储存经设备处理后达标的清水，然后通过回用水泵提升至各个用水点。利用原有水池，以节约投资成本。

9 主要构筑物一览表

表5 主要构筑物一览表

序号	构筑物名称	尺寸	数量	备注
1	格栅井	3 m×2 m×2 m	1座	砖混
2	调节池	270 m³	1座	钢混
3	中间水池1	50 m³		钢混
4	中间水池2	50 m³		钢混
5	回用水池	450 m³	1座	钢混
6	消防水池	500 m³	1座	钢混

表6 主要设备一览表

单元	序号	设备名称	规格型号	数量	单位	备注
集水井	1	格栅	1.5 m×0.7 m，粗15目	1	台	不锈钢
	2	机械格栅	GSZG600	1	台	不锈钢
	3	提升泵	65WQ30-10-2.2 N=2.2 kW	2	台	带自耦
	4	pH控制系统		1	套	
调节池	5	潜水搅拌器	QSC-260-96/0.75，N=0.85 kW	2	台	带支架
	6	立式弹性填料	ϕ 150 m×3 m	600	m³	
	7	支架	角铁、槽钢、螺纹钢	5	t	
气浮机系统	8	主体	ϕ 2.5 m×2.9 m	1	台	6 mm钢板
	9	刮渣机	N=0.75 kW	1	台	
	10	加药系统	PE桶、计量泵、搅拌器	2	套	
	11	溶气缸	ϕ 1.0 m×4.2 m	1	台	
	12	溶气系统	流量计、填料、控制器	1	套	
	13	空压机	N=1.5 kW	1	台	
	14	回流管道泵	Q=10 m³/h，H=40 m	2	台	
	15	提升泵	Q=35 m³/h，H=10 m	2	台	带自耦
	16	液位平衡器	匹配	1	套	不锈钢
IC厌氧反应器	17	主体	ϕ 8.5 m×18 m	1	台	6～14 mm
	18	三相分离器	ϕ 8.5 m×1.4 m	6	组	4～6 mm
	19	布水器	ϕ 50 mm	80	个	不锈钢
	20	出水堰	0.7 m×0.7 m×0.5 m	1	组	6 mm钢板

单元	序号	设备名称	规格型号	数量	单位	备注
IC 厌氧反应器	21	泥水分离器	ϕ 0.8 m×1.0 m	1	台	6 mm 钢板
	22	提升泵	65WQ30-10-2.2 N=2.2 kW	2	台	1用1备
	23	回流泵	50 WQ25-25-4 N=2.2 kW	2	台	1用1备
曝氧生物滤池	24	曝气罗茨鼓风机	SSR-125	2	台	1用1备
	25	反冲洗罗茨风机	SSR-200	1	台	
	26	生物滤料	ϕ 0.2～3 mm	50	m³	
	27	提升泵	65WQ30-10-2.2 N=2.2 kW	2	台	1用1备
	28	反冲洗泵	100 WQ-	1	台	
	29	单孔膜空气扩散器	ϕ 60 m×45 m	1250	个	1用1备
	30	专用滤头	ϕ 21 mm×405 mm	1550	个	
	31	曝气管	ϕ 100 mm		批	
沸石过滤器系统	32	主体	ϕ 2.1 m×4.5 m	1	台	6 mm 钢板
	33	提升泵	Q=35 m³/h，H=28 m N=2.2 kW	2	台	
	34	活化沸石	0.5～1.0 mm	2	t	
	35	垫层	各种不同规格	2	t	
	36	滤头、帽	PAS 工程塑料	50	套	包括反冲洗滤头、帽
臭氧反应塔	37	反应塔主体	ϕ 1.4 m×5.5 m	1	台	6 mm 钢板 内附防腐
	38	臭氧发生器	CF-G-3-1000	1	台	
	39	气泡盘	金沙，ϕ 215 mm	10	套	
	40	鲍尔环	ϕ 25 mm	1	m³	
污泥浓缩池	41	导流筒	ϕ 300 m×3.5 m	1	套	6 mm 钢板
	42	出水堰	2.2 m×2 m×0.3 m	1	套	6 mm 钢板
	43	螺杆泵	G35-1	1	台	
	44	叠螺机	X-202	1	台	不锈钢
控制系统	45	各种阀门	—	1	批	
	46	各种管道	—	1	批	
	47	仪表、仪器	—	1	批	
	48	电控系统	—	1	台	PLC 自控
	49	电线电缆	—	1	批	

10 二次污染防治

10.1 噪声控制

（1）系统设施设计在试用单位的边围，对外界影响小。

（2）空压机选用低噪声型，本机噪声≤80 dB。

10.2 污泥处理

污泥由气浮池产生，可用管道装置回流至生产种植基地做肥料。

10.3 废水处理站防腐

（1）管道防腐

本污水处理站池体所采用的管件外壁按《工业设备、管道防腐蚀工程施工及验收规范》（HGJ 229 —91）做防腐处理，焊接钢管管壁外涂三道环氧煤沥青加强防腐。

埋地管道均先除锈，刷环氧煤沥青两道，再刷调和漆两道；管道、管道支吊架、钢结构等均防腐处理，设备间内明设管道经除锈后，刷红丹底漆一道，面漆两道，最后一道面漆颜色按管道设计涂色要求进行。

对药剂投加设备使用玻璃钢材质防腐，对碳钢设备内衬胶防腐。

（2）构筑物防腐

根据《工业建筑设计防腐规范》及各构筑物功能的不同，需对以下水池内表面做玻璃钢防腐处理（土建方）。

11 电气控制和生产管理

11.1 工程范围

本自动控制系统为废水处理工程工艺所配置，自控专业主要涉及的内容为该废水处理系统中污水泵与液位的联锁。

11.2 控制水平

本工程中采用手动，自动控制，系统由控制柜等构成。

11.3 控制方式

本工程装置内所有电动机均采用中央集中室控制方式。

11.4 电源状况

本系统需一路380/220V电源引入。

11.5 电气控制

废水处理系统电控装置为集中控制，采用进口位控制；空压机启动及定期互相切换，主要自动控制各类泵提升液；需要时（如维修状态下）可切换到手动工作状态。

（1）水泵

水泵的启动受液位控制。

a．高液位：报警，同时启动备用泵；

b．中液位：一台水泵工作，关闭备用泵；

c．低液位：报警，关闭所有水泵；

d．水泵中一台水泵出现故障，发出指示信号，另一台备用泵自动工作。

（2）其他

a．各类电气设备均设置电路短路和过载保护装置。

b．动力电源由本电站提供，进入污水处理站动力配电柜。

11.6 生产管理

（1）备用系统

如本废水站在运转过程中发生故障，由于废水处理站必须连续投运的机电设备均有备用，则可启动备用设备，保证设施正常运转，同时对废水处理设施进行检修。

（2）人员编制及操作时间

废水处理站可实行 20 h 自动运转，处理水量 120 m³/d。同时根据厂区用水排水特点，以及本系统调节池和氧化池可储水共 24 h 的排水量，因此本废水处理站正常情况完全可只是在白天进行操作处理，夜间由系统自动接纳排水进行储存。

由于处理系统自动化程度高，不需专人值守，所以废水站只需配备一名兼职管理操作人员，负责白天进行格栅清渣和日常巡视、操作、维护等工作。

（3）技术管理

进行废水处理设备的巡视、管理、保养、维修。我公司承担系统终生维护的技术指导，并承诺在故障时 24 h 内响应服务。

（4）电气运行表

表 7　电气运行表

序号	动力件名称	数量	运行功率/kW	装机功率/kW	运行时间/(h/d)	电耗/(kW·h)	备注
1	污水提升泵	10 台	15	30	24	360	1 用 1 备
2	回流泵	4 台	5	20	16	80	1 用 1 备
3	空压机	1 台	1.5	1.5	18	27	自动启动
4	水下搅拌机	2 台	0.5	1.0	4	2	
5	罗茨风机	3 台	5.5	20	24	132	
6	叠螺机	1 台	0.8	1.0	8	6.4	
7	臭氧发生器	1 台	4	4	20	80	
8	刮渣机	1 台	1.1	2	24	26.4	
9	其他	—	2	2	10	20	
	合计	—	54.4	73.5	—	733.8	

注：有用功=运行功率×60%。

12　生产运行成本分析

由于本项目的处理系统采用微机全自动化控制，所以废水处理站只需配备一名管理工作人员即可。废水处理费由电费和药剂费两部分组成。

a. 电费

总装机容量为 75 kW，其中平均日常运行容量为 73.5 kW，每天电耗为 440 kW（功率因子取 0.6）电费平均按 0.50 元/（kW·h）计，则电费 E_1=440×0.50÷800=0.27 元/m³ 废水。

b. 人工费用

本废水处理站操作管理简单，自动控制程度高，配三人，每人月工资 2 000 元。

E_2=3×2 000÷（30 天/月×800）=0.25 元/m³ 废水。

c. 药剂费用

本废水处理站药剂费包括优化模式运行下的除磷剂消耗和消毒剂消耗。该部分费用约为：

E_3=0.21 元/m^3 废水。

　　d. 运行总费用

　　则总计运行费用为 $E=E_1+E_2+E_3$=0.27+0.21+0.25≈0.7 元/m^3 废水。

13 效益分析

13.1 环境效益

　　环境治理的好坏直接影响着一个城市、企业的良性发展。该废水处理厂主要是车间生产废水，洗浴废水，主要特点是水量大、水质情况波动大、污染物浓度高，经该废水处理厂处理后的污水可达到该公司零排放的要求，这样避免了对当地的环境污染的同时，又减轻了公司的生产成本费用。这对公司的发展有着长远的意义。

13.2 社会效益

　　工程的实施对周边的环境将会有着明显的改善，同时也对该地区的社会效益产生巨大的影响，也会给周边地区带来巨大的经济效益，保障了当地及周边地区人民的身体健康以及与其他地区的经济的和谐可持续发展。

14 售后服务

　　本公司严格按照 ISO 9001：2000 的质量体系，提供设计、制造、安装、调试一条龙服务。

　　本公司对质量实行质量承诺制度，接受用户的监督。

　　安装调试期间，我公司免费为用户代培操作工，至单独熟练操作为止。同时，免费为用户提供有关操作规程及规章制度。

　　按设计标准及设计参数对设备及处理指标进行验收考核，达不到标准负责限期整改，直至达标为止。

　　本项目质量保证期为整个项目交工验收后 12 个月，在质保期内因质量问题发生的一切费用，由我公司负担。

　　动力设备按国家标准保修期保养，保修期后如发生故障，由质安部登记后会同生产、技术部到现场分析原因，确定保修内容和范围，由技术管理部门制订返修方案，再组织保修工作的实施，质安部进行复检并收集有关资料存档。

　　保修期满后，定期对工程进行回访，免费提供技术咨询服务，工程实行终身维修，保修期满后只收取成本费。

15 工程建设进度

　　为缩短工程进度，确保废水处理设施如期实行环保验收，工程设计、各分部工程、分项工程土建、安装以及调试工作，将进行统一协调、分布、交叉进行。总工程进度安排如表 8 所示。

表 8　工程进度表

周 工作内容	1	2	3	4	5	6	7	8	9	10	11	12
准备工作	▬											
场地平整		▬	▬									
设备基础			▬	▬								
设备材料采购		▬	▬	▬								
水池构筑物施工					▬	▬	▬	▬				
设备制作安装				▬	▬	▬	▬	▬	▬	▬		
外购设备						▬	▬	▬	▬			
其他构筑物							▬	▬	▬			
设备防腐										▬	▬	
管道施工								▬	▬	▬		
电气施工								▬	▬			
竣工验收											▬	▬

第三章　纺织染整工业废水

1　纺织染整工业废水概述

我国是纺织工业大国，纺织工业是我国国民经济传统的支柱产业之一，是国民经济的重要组成部分。我国纺织工业包括化学纤维、棉纺织、丝绸、麻纺织、针织、印染、服装、家用纺织品、产业用纺织品、纺织机械等行业。纺织工业是我国工业部门中的排水大户之一，在我国各工业部门中，纺织工业废水排污量列于造纸、化工、食品加工之后居第四位。因此，纺织染整废水的处理及再生利用对减轻环境污染，改善环境质量，保障用水安全具有重要意义。

2　纺织染整工业废水的来源与特点

2.1　废水来源及主要污染物

纺织印染工艺，是由坯布开始，先退浆、煮练、漂白、丝光、染色、印花，最后通过整理工序成为成品。在各个工序中排出的废水通称纺织染整废水。印染工业生产因为受原料、季节、市场需求等变化的影响，因此废水的水质变化很大。同时，纺织染整废水的排放量是间歇性的，所以废水排放量极不均匀。不同的印染厂加工工艺不同，废水中含有悬浮纤维屑粒、浆料、整理加工药剂等也不同。因此该废水水质复杂，含有大量残余的染料的助剂，色度大，有机物含量高，并且废水中含有大量的碱类，pH 高。纺织染整废水中的主要污染物如下。

BOD：有机物，如染料、浆料，表面活性剂酯酚，加工药剂等。COD：染料，还原漂白剂，醛，还原净水剂，淀粉整理剂等。重金属毒物：铜、铅、锌、铬、汞、氰离子等。色度：染料、颜料在废水中呈现的颜色。

2.2　废水特点

纺织、印染和染色废水特点是水量大，色度高，成分复杂。废水中含有染料（染色加工过程中的10%～20%染料排入废水中）、浆料、助剂、油剂、酸碱、纤维杂质及无机盐等。染料结构中硝基和胺基化合物及铜、铬、锌、砷等重金属元素具有较大的生物毒性，严重污染环境。纺织染整废水的水质复杂，污染物按来源可分为两类：一类来自纤维原料本身的夹带物；另一类是加工过程中所用的浆料、油剂、染料、化学助剂等。分析其废水特点，主要为以下方面：

（1）水量大、有机污染物含量高、色度深、碱性和 pH 变化、水质变化剧烈。因化纤织物的发展和印染后整理技术的进步，使 PVA 浆料、新型助剂等难以生化降解的有机物大量进入纺织染整废水中，增加了处理难度。

（2）废水 BOD_5/COD_{Cr} 值均很低，一般在 20% 左右，可生化性差，因此需要采取措施，使

BOD_5/COD_{Cr} 值提高到30%左右或更高些，以利于进行生化处理。

（3）纺织染整废水中的碱减量废水，其 COD_{Cr} 值有的可达到10万 mg/L 以上，pH≥12，因此必须进行预处理，把碱回收，并投加酸降低 pH，经预处理达到一定要求后，再进入调节池，与其他的纺织染整废水一起进行处理。

（4）纺织染整废水的另一个特点是色度高，有的可高达4 000倍以上。所以纺织染整废水处理的重要任务之一就是进行脱色处理，为此需要研究和选用高效脱色菌、高效脱色混凝剂和有利于脱色的处理工艺。

（5）印染行业中，PVA浆料和新型助剂的使用，使难生化降解的有机物在废水中含量大量增加。特别 PVA 浆料造成的量占纺织染整废水总 COD_{Cr} 的比例相当大，而水处理用的普通微生物对这部分 COD_{Cr} 很难降解。因此需要研究和筛选用来降解 PVA 的微生物。

3　纺织染整废水的常规处理方法

常用的纺织染整废水处理方法有3类：物理法、化学法和生物法。物理法主要有格栅与筛网、调节、沉淀、气浮、过滤、分离、膜技术等。化学法有中和、混凝、电解、氧化、吸附、消毒等。生物法有厌氧生物法、兼氧生物法、好氧生物法。

3.1　纺织染整废水的物理处理方法

3.1.1　格栅和筛网
格栅和筛网用于截留废水中较大块的呈悬浮物状态的污物。对于纺织染整废水，栅条间距一般采用10~20 mm。对于不能用格栅去除的1~200 mm的纤维类杂物可考虑用筛网去除。

3.1.2　调节
因为纺织染整废水的水质水量变化幅度大，因此，纺织染整废水处理工艺流程中都设置调节池，以均化水质水量。

3.1.3　吸附法
目前，纺织染整废水中主要采用活性炭吸附法，这种方法是将活性炭的粉末或颗粒与废水混合，或让废水通过由颗粒状物组成的滤床，是废水中的污染物质被吸附在多孔物质表面或被过滤除去。对水溶性有机物去除非常有效，但不能去除水中的胶体和疏水性染料。用作吸附剂的活性炭有粉状、轻质粒状、颗粒状等。轻质粒状活性炭强度差，液体通过时易粉碎，粉状活性炭不易回收，一般采用粒状活性炭。国内也用活性硅藻土和煤渣处理传统印染工艺废水，费用较低，脱色效果好，但产泥渣量大，且进一步处理难度大。

研究表明，以活性炭的筛余炭作基炭，用碳酸铵溶液浸泡，烘干后再用水蒸气活化，可提高活性炭的吸附容量和使用寿命。

3.1.4　泡沫分离法
纺织染整废水中含有大量洗涤剂，属表面活性物质，许多亲水性染料带有活性基团，也属于表面活性物质。生物处理法通常对表面活性物质难以降解，它们的存在对氧转移、微生物对有机物的吸附降解都有严重的影响；对混凝剂有分散作用，因而将会增加混凝剂用量；引起大量泡沫，增加运转管理上的困难。因此，纺织染整废水处理前，最好预先去除废水中所含的表面活性物质。泡沫分离有良好的去除效果，设备简单，管理方便，成本低。

3.1.5　膜分离法
膜分离技术作为一种高效分离技术被广泛应用于废水处理与回用。膜技术被应用在染料废水的处理中，超滤处理洗毛废水，用 PVA 回收退浆废水，以及含纤维油剂废水的处理和回用。而纳滤膜分离技术以其独特的分离特性，在纺织染整废水处理领域得到了深入的研究与广泛应用。目前在纺织染整废水处理领域中使用的纳滤膜均采用加压过滤方式，通常在 1.0 MPa 以上的操作压力下运行，不仅能耗高而且膜污染严重，对原水处理要求较高，在一定程度上制约了纳滤膜技术的推广，因此改加压式过滤工艺为浸没式过滤工艺可以提高其效率并节能。具有能耗低膜污染轻和预处理要求低等特点。

3.2　纺织染整废水的化学处理方法

3.2.1　中和法

纺织染整废水的 pH 往往很高，除通过调节池均化其本身的酸、碱度不均匀性外，一般还需要设置中和池，以使废水的 pH 满足后续处理工艺要求。中和法的基本原理是使酸性废水中的 H^+ 外加的 OH^-，或使碱性废水中的 OH^- 与外加的 H^+ 相互作用生成水和盐，从而调节废水的酸碱度。在纺织染整废水处理中，中和法一般用于调节废水的 pH，并不能去除废水中的其他污染物质。对含有硫化染料的碱性废水，投加中和会释放 H_2S 有毒气体，因此中和法一般不单独使用，往往与其他处理法配合使用。对于生物处理法，pH 应调到 9.5 以下。

3.2.2　混凝沉淀（气浮）法

在废水中投加铝、铁盐等絮凝剂，使其形成高电荷的羟基化合物，他们对水中憎水性染料分子如硫化染料、还原染料、分散染料的混凝效果较好。混凝过程中明显的吸附架桥作用不会改变染料分子的结构。混凝沉淀和混凝气浮法，所采用的混凝剂多半以铝盐或铁盐为主，PAC 吸附架桥性能最好，而 PFS 价格较低。混凝法对疏水性染料效果好，但对亲水性染料效果差。

3.2.3　氧化脱色法

常用的氧化脱色方法：氯氧化脱色法、臭氧氧化脱色法、芬顿试剂氧化法、光催化脱色。

（1）氯氧化脱色法

用氯或其化合物作为氧化剂，氧化存在于废水中的显色有机物，破坏其结构，达到脱色的目的。常用的氯氧化剂有液氯、漂白粉、次氯酸钠等。

（2）臭氧氧化脱色

利用臭氧本身具有的氧化性，使染料分子中的显色基团中的不饱和键被氧化分解，使其失去显色能力。臭氧是良好的氧化脱色剂，在反应过程中不产生污泥且无二次污染，但处理成本高，且 COD 去除率低，因此常与其他方法结合。

（3）光催化脱色法

当光催化剂吸收的光能高于其禁带宽度的能量时，就会激发产生自由电子和空穴，空穴与水、电子与溶解氧反应生成·OH 和氧负离子。由于·OH 和氧负离子都具有强氧化性，因而促进了有机物的降解。光催化剂是光催化脱色法的重点，理想的光催化剂是 TiO_2。由于传统的粉末型 TiO_2 光催化剂，存在分离困难和不适合流动体系等缺点，难以在实际中应用。近年来，TiO_2 光催化剂的掺杂化、改性化成为研究的热点。

（4）Fenton 试剂氧化法

采用芬顿法催化氧化处理染料废水，Fe^{2+} 在 pH 为 4～5 时催化 H_2O_2 生成·OH 使染料氧化脱色。Fenton 试剂之所以有非常强的氧化能力，是因为·OH 具有很强的氧化性。经过改进的 UV-Fenton 法比传统的 Fenton 试剂氧化法效果更佳。

近年来，臭氧氧化法在国外应用比较多。该法脱色效果好，但耗电多，大规模推广有一定困难。氯氧化法也应用较多，利用氯及其含氧化合物等氧化剂将染料的发色基团氧化破坏而脱色有较好的效果。采用臭氧和过氧化氢组合法处理染料废水时，过氧化氢能诱发臭氧产生羟基自由基，它的氧化能力强且无选择性，通过羟基取代反应转化芳烃环上的发色基团，发生开环裂解使燃料脱色。采用铁屑过氧化氢氧化法处理纺织染整废水，在 pH 为 1～2 时铁氧化生成新态 Fe^{2+}，其水解产物有较强的絮凝作用，可脱除硝基酚类，蒽醌类染料废水色度。

光氧化法处理纺织染整废水脱色效率较高，但投资大，耗电量高。

3.2.4 电解处理技术

利用电解过程中的化学反应，使废水中的有害杂质而被取出的方法称为废水电解处理法。电解法对处理含酸性染料废水效果较好，但对颜色深、COD 高的废水处理效果差。电解法一般还同时伴随着气浮或混凝沉淀作用，所以处理效果较好，但是也存在电解过程中所加的电解质会造成其他杂质超标现象。

内电解法是通过化学腐蚀原理对纺织染整废水进行处理，利用铁-炭构成原电池产生的电场作用、在酸性充氧条件下产生的过氧化氢的氧化作用、铁和新生态 H 的还原作用，氧化还原废水中的有机物，从而实现大分子有机物的开环、断链。同时生成的二价铁离子以及它们的水合物具有较强的吸附和絮凝活性，特别是在有氧的条件下加入碱后会生成氢氧化亚铁和氢氧化铁胶体，可以有效地吸附、凝聚水中的污染物。但由于内电解法的电场强度较弱，其电位差相对较小，内电解梵音速率也不够理想，相比之下，电化学氧化法利用通电过程重点及氧化溶液中的集团或离子产生强氧化剂，如羟基自由基、臭氧和过氧化氢等。将纺织染整废水中的有机物彻底氧化分解为二氧化碳和水，相较于内电解更为彻底。对 COD 和废水色度去除率较好，可作为高浓度纺织染整废水的预处理工艺。

微电解法是将铸铁屑作为滤料，是染料废水浸没或通过，利用铁和铁碳与溶液的电位差，产生电极效应。电极反应产生新生态的氢有较高的化学性能，能与染料废水中的多种组分发生氧化还原反应，破换染料的发色结构。微电池中阳极产生新生态二价铁离子。其水解产物有较强的吸附能力。

3.3 纺织染整废水的生物处理方法

生物处理技术可分为好氧处理技术、厌氧处理技术和厌氧-好氧处理技术。国内对纺织染整废水以生物处理为主，占 80%以上，尤以好氧生物处理法占绝大多数，其中表面加速曝气和接触氧化法占多数。

3.3.1 好氧生物处理技术

好氧生物处理技术又可分为：传统活性污泥法、SBR 法、生物接触氧化法、CASS 工艺、MBR 工艺。

（1）传统活性污泥法

具有投资相对较低、处理效果较好等优点。但随着 PVA 等化学浆料和表面活性剂的应用日趋广泛，污染物的可生物降解性降低。因此好氧生物处理技术常与其他方法连用。在进水 COD 为 1 800 mg/L 和色度为 500 倍的情况下，COD 去除率和脱色率分别为 94.4%和 99.0%。

（2）SBR 法

SBR 工艺具有时间上的推流作用和空间上的完全混合两个优点，使其成为处理难降解有机物极具潜力的工艺。采用 SBR 工艺处理纺织染整废水，在进水 COD 在 800 mg/L，pH 在 8.0 左右的情况下，COD 的去除率在 50%～90%。

（3）生物接触氧化法

因其具有容积负荷小、占地少、污泥少、不产生丝状菌膨胀、无须污泥回流、管理方便、可降解特殊有机物的专性微生物等特点，近年来在印染工业废水中广泛采用。当容积负荷为 0.6～0.7 kg BOD/（kg MLSS·d）时，BOD 去除率大于 90%，COD 去除率为 60%～80%。

（4）MBR 工艺

在 MBR 工艺中，膜分离组件可以提高某些专性菌的浓度活性，还可以截留大分子难降解物质；还可以在处理废水的同时回收化工原料；处理后排出的部分水能达到回用水的标准。厌氧-好氧（A/O）MBR 处理纺织染整废水时发现，停留时间长短，对去除率有较大影响。停留时间长，去除率相对较高，但也不能过长，否则会引起污泥浓度（MLSS）的降低。

3.3.2　厌氧处理技术

对浓度较高、可生化性较差的纺织染整废水，采用厌氧处理方法能大幅度地提高有机物的去除率。厌氧处理技术因能耗低、剩余污泥少、可回收沼气而受到人们青睐。采用小试规模的复合式厌氧反应器常温处理低浓度真丝废水，在进水 COD 为 300 mg/L、色度为 400 倍、HRT 分别在 10.8 h 和 5.5 h 的条件下，出水 COD 分别低于 100 mg/L 和 150 mg/L，出水色度分别低于 50 倍和 80 倍。分别达到国家规定的一级、二级污水排放标准。

由于厌氧-好氧生物处理技术充分利用了厌氧和好氧生物处理技术的优点，已成为国内外研究的热点。Kapda 和 Alprslan 采用厌氧滤池和活性污泥池联合系统，考察了不同 HRT（12～72 h）和不同进水 COD 质量浓度（800～3 000 mg/L）下对纺织染整废水 COD 和色度的去除效果。结果表明，当 HRT 为 48 h 时，COD 的去除率和脱色率分别达到 90% 和 85%。

3.3.3　纺织染整废水新型生物处理技术

废水新型生物处理技术是新近发展起来的一种新的环境生物技术。纺织染整废水新型生物处理技术有生物强化技术和固定化微生物技术。

（1）生物强化技术

生物强化技术指针对目标污染物，在传统生物处理系统中投加具有特定功能菌的生物处理技术。功能菌可以是自然界特定的复合菌群，也可以是基因工程菌。具有代表性的就是白腐真菌。白腐真菌对染料具有广谱的脱色和降解能力，由于其在次生代谢阶段产生的木质素通过氧化酶和锰过氧化酶所致。培养条件对白腐真菌脱色及降解活性有较大影响。

（2）微生物固化技术

微生物固化技术将微生物固定在载体上以获得高密度高活性细胞技术。与悬浮生物处理技术相比，固定化微生物技术具有效率高、运行稳定、可纯化和保持高效优势菌种，反应器生物量大、污泥产量少以及固液分离效果好等一系列优点。Chen 等以 PVA 凝胶小球固定高效菌，降解偶氮染料，在摇瓶培养试验中，12 h 内对偶氮染料（500 mg/L）的脱色率达 75%。

实例一　宁波市某纺织企业 3 000 m³/d 印染废水回用处理工程

1　项目概况

　　该企业是一家台商独资企业，以全棉产品为主，另外还有部分涤纶产品。该企业的生产废水经原有废水处理站处理后达到国家排放标准。随着企业生产规模的不断扩大，产生的废水量也日益增大，为此欲新建一套印染废水回用处理工程，将原有废水处理站处理达标后的废水加以深度处理，处理后的出水回用于车间生产，不仅实现了水资源的循环利用，也带来了一定的经济效益。该企业生产车间主要使用的是活性染料，还有少量分散染料。常用的化学药剂是元明粉、硫酸铵、硫酸、碳酸钠、载体（各种有机化合物）、表面活性剂等。因此产生的废水中含有染料、浆料、助剂、油剂、酸碱、纤维杂质、砂类物质、无机盐等污染物。而且具有水量大、有机污染物含量高、碱性大、水质变化大等特点，属难处理的工业废水之一。

　　该回用水处理工程规模为 3 000 m³/d，采用"高效曝气生物滤池+混凝气浮+超滤+臭氧/活性炭过滤+树脂交换"的组合工艺，出水达到该公司车间回用水要求。该工程总占地面积约 220 m²，总装机容量 182.96 kW，普通回用水运行费用约 1.26 元/m³ 废水（不含折旧费），高质回用水运行费用约 1.53 元/m³ 废水（不含折旧费）。

图 1　高效曝气生物滤池

2　设计依据

2.1　设计依据

　　（1）建设方提供的各种相关基础资料（水质、水量、回用水要求等）；

（2）现场踏勘取得水样分析数据等；

（3）有关纺织印染工艺用水水质标准；

（4）《纺织染整工业水污染物排放标准》（GB 4287—2012）；

（5）《污水综合排放标准》（GB 8978—1996）；

（6）其他相关标准。

2.2　设计原则

（1）认真贯彻国家关于环境保护工作的方针和政策，使设计符合国家的有关法规、规范、标准；

（2）综合考虑废水进、出水水质及水量特征，选用的工艺应技术先进、稳妥可靠、经济合理、安全适用；

（3）妥善处理和处置废水回用处理过程中产生的污泥和浮渣，避免二次污染；

（4）废水回用处理系统的自动控制系统应管理方便、安全可靠、经济实用；

（5）废水回用处理系统的平面布置力求紧凑，减少占地面积和投资；高程布置应尽量采用立体布局，充分利用地下空间。

（6）严格按照招标文件界定条件进行设计，适应项目的实际情况。

2.3　设计范围

本项目的设计范围包括废水回用系统，包括至回用水池的工艺、土建、构筑物、设备、电气、自控及给排水的设计。不包括回用水池至车间的配水系统，不包括从废水回用处理站外至站内的供电、供水系统以及站内的道路、绿化等。

3　主要设计资料

3.1　设计进水水质

根据建设单位提供的资料，设计水量为 3 000 m^3/d。

设计进水水质指标如表 1 所示。

表 1　设计废水进水水质

项目	COD/（mg/L）	色度（稀释倍数）	pH	SS/（mg/L）	总硬度/（mg/L）
进水水质	≤110～120	≤50	7.4～6.8	80	50

3.2　设计出水水质

由于印染工艺本身的复杂性和工艺用水水质要求的差异性，目前国内对印染废水的回用水水质标准没有统一的标准，因此根据本企业车间的具体生产要求确定回用水水质标准，具体水质指标如表 2 所示。

表 2　生产车间回用水水质要求

项目	COD/（mg/L）	色度（稀释倍数）	pH	SS/（mg/L）	总硬度/（mg/L）
出水水质	≤50	≤15	6.5～8.5	肉眼不可见物	250

4 处理工艺

4.1 工艺流程

该回用水处理设计的优化既包括水质的优化，也包括水量的优化。水质优化是指通过不同处理技术或不同工艺单元的有效组合对废水加以深度处理，使出水水质达到回用要求。由于建设单位所要求的回用水水质差异较大，因此本设计先对产生量最大的废水进行水质的优化，个别有更高要求的小水量再进行适当的补充处理。水量优化即企业应根据自身情况选择一种较为经济的回用方式。实践证明，经上述组合方案处理后的回用水水质完全能满足车间用水要求。如果随着工艺技术的提高，需更优质的回用水，则若可将新鲜水与回用水定量配比混合使用。

该废水回用处理工艺由预处理系统、离子浮除反应系统、超滤处理系统、臭氧/活性炭系统及树脂交换系统六部分组成，工艺流程如图 2 所示。

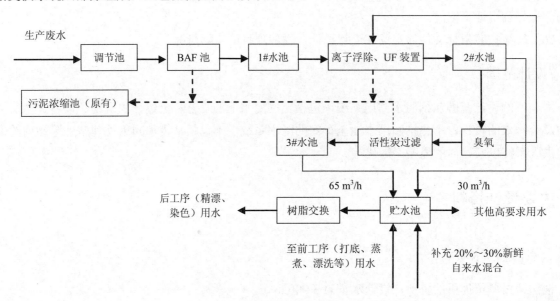

图 2　印染废水回用处理工艺流程

4.2 工艺流程说明

预处理系统：企业排放的废水经原有的废水处理系统处理达到排放标准后，经提升泵提至调节池内，均化水质、水量，减少对后续处理构筑物的冲击。

高效曝气生物滤池处理系统：简称 BAF，是普通曝气生物滤池的一种变形，即在生物反应器内装填比表面积大、表面粗糙、易挂膜的陶粒填料，以提供微生物膜生长的载体，是一种采用颗粒滤料固定生物膜的生物反应器。该工艺集生物接触氧化与悬浮物滤床截留功能于一体，对污水中的COD、悬浮物、氨氮等物质具有较高的去除率。考虑该印染废水中有活性染料、酸性染料、助剂等污染物且水中有机物含量高，采用 BAF 有以下优点：生物处理和过滤同时进行，废水中有机物和氨氮的去除过程是由微生物代谢完成，起净化作用的主要是专性好氧微生物和兼性微生物。BAF 池反应器能耗低、氧转移效率高、抗污染负荷能力强、无污染膨胀、不存在生物膜老化现象，且能连续运行。BAF 反冲洗水进入原废水处理站，出水进入 1#水池，而后通过水泵提升进入离子浮除反应系统（混凝气浮）。

离子浮除反应系统（混凝气浮）：该厂染整以针织棉为主，常用的是活性染料，其主要成分为人工合成有机物及部分天然有机物。因此影响该厂废水回用的主要指标是 COD 和色度，污染物主要来源是各种染料助剂，且废水中残留的染料通常是以胶体状态存在，并带有一定的负电荷，具有比较典型的双电层结构。废水进入该系统前采用预处理，能有效将胶体物质从水中分离。气浮出水通过中间水箱泵入超滤系统。反冲洗水、浓水、浮渣自流进入原有废水处理系统。

超滤处理系统：超滤是一种加压膜分离技术，即在一定的压力下，使小分子溶质和溶剂穿过一定孔径的特制的薄膜，而大分子溶质不能透过，则留在膜的另一边。在超滤过程中，水溶液在压力推动下，流经膜表面，小于膜孔的溶剂（水）及小分子溶质透过膜，成为净化液（滤清液）；比膜孔大的溶质及溶质集团被截留，随水流排出，成为浓缩液。超滤过程为动态过滤，分离是在流动状态下完成的。溶质仅在膜表面有限沉积，超滤速率衰减到一定程度而趋于平衡，且通过清洗可以恢复。

臭氧/活性炭系统：臭氧氧化作为一种高级氧化技术，近几年来被广泛用于去除染料和印染废水的色度及难降解的有机物。通过活性炭羟基自由基与有机物反应，使染料发生不饱和键的断裂，生成分子量小且无色的有机酸、醛等，达到脱色和降解有机污染物的目的。

活性炭是一种黑色多孔的固体炭质，由煤通过粉碎、成型或用均匀的煤粒经炭化、活化生产，主要成分为碳，并含少量氧、氢、硫、氮、氯等元素。由于活性炭的比表面积大，所以吸附能力较强。选择活性炭作为吸附剂，可以高效去除废水中残存的有机物、胶体、细菌残留物、微生物等，并可以达到脱色、除臭的目的。

树脂交换系统：车间生产的后续工序，如精漂、染色等对水的硬度有一定的要求。因此采用强酸性阳离子树脂，将原水中的钙、镁离子置换出去，流出的水就是去掉了绝大部分钙、镁离子，硬度极低的软化水，出水可稳定达到车间用水要求。

5 构筑物及设备参数设计

该印染废水回用处理系统的主要构筑物和设备设计参数分别见表 3、表 4。

表 3 构筑物设计参数

构筑物名称	规格尺寸	结构形式	数量	设计参数
调节池	11.0 m×8.1 m×2.8 m	钢砼	1	有效水深 2.7 m；停留时间 2 h
BAF 池	5.0 m×4.5 m×5.5 m	钢砼	1	容积负荷 3.5 kgCOD/（m³·d）；上升流速 2.4 m/h；停留时间 1.5 h；设计流量 60 m³/h
一体化设备	8.0 m×4.4 m×3.7 m	钢制	1	有效水深 2.2 m；接触室流速 10.0 mm/s；分离室流速 2.0 mm/s；回流比 30%；溶气压力 0.4～0.5 MPa；设计流量 60 m³/h
活性炭罐	φ2.0 m×3.3 m	钢制	1	型号 GHTA-25；滤速 10 m/h
LJS-1400Na⁺交换器	—	—	1	出水量 11 m³/h；工作压力≤0.6 MPa；工作滤速 20 m/h
储水池	1.0 m×8.3 m×2.0 m	钢砼	1	分三格，即 1#、2#、3#水池；容积 120 m³；停留时间 1 h

表 4 主要设备设计参数

安装位置	设备	数量	规格型号	功率	备注
调节池	提升泵	4 台（2 用 2 备）	ISG80-125	5.5 kW	流量 60 m³/h；扬程 20 m
	加药泵	4 台（2 用 2 备）	JJM-80/0.6	0.37 kW	流量 80 L/h；扬程 50 m
	搅拌器	4 台（2 用 2 备）	—	0.37 kW	
	加药箱	4 套	1 m³	0.37 kW	PVC

安装位置	设备	数量	规格型号	功率	备注
BAF池	曝气风机	2台（1用1备）	TF-65	11 kW	风量 3.88 m³/min；风压 6 000 mm H₂O
	反冲风机	4台（2用2备）	TF-100	22 kW	风量 10.92 m³/min；风压 6 000 mm H₂O
	提升反洗泵	2台（1用1备）	ISG125-100A	7.5 kW	流量 120 m³/h；扬程 30 m
一体化设备	空压机	4台	ZB-0.1/8	1.5 kW	0.1 m³/min，0.8 MPa
	回流水泵	4台（2用2备）	ISG65-250B	11 kW	流量 21.6 m³/h；扬程 60 m
	超滤系统	48支	8寸 PVDF	15 kW	单位面积产水量 48 L/（h·m²）
	提升泵	2台（反冲洗共用）	ISG125-125	15 kW	流量 120 m³/h；扬程 20 m
臭氧发生器		1台	ZW300	4.65 kW	臭氧量 300 g/h
活性炭罐	提升泵	1台	ISG65-125	3 kW	流量 30 m³/h；扬程 20 m
	反冲洗泵	1台	ISG80-125	3 kW	流量 60 m³/h；扬程 20 m
LJS-1400Na⁺ 交换器	提升泵	1台	ISG65-125	3 kW	流量 30 m³/h；扬程 20 m

① 1mmH₂O=9.8 Pa。

6　废水回用处理系统布置

6.1　平面布置原则

（1）废水回用处理系统应充分考虑与厂区环境、地形、功能布置和现有管道系统协调；

（2）废水回用处理系统应充分考虑建设施工规划等问题，优化布置系统；

（3）根据夏季主导方向和全年风频，合理布置系统位置；

（4）处理构筑物应布置紧凑，节能高效，节约用地，便于管理。

6.2　高程布置原则

（1）充分利用地形设计高程，减少系统能耗；

（2）系统设计力求简洁、流畅，减少管件连接。

7　电气、仪表系统设计

7.1　设计规范

（1）《供配电系统设计规范》（GB 50052—2009）；

（2）《电力装置的继电保护和自动装置设计规范》（GB/T 50062—2008）；

（3）其他相关标准、规范。

7.2　设计原则

在保证废水回用处理系统工艺达到要求的条件下，做到技术先进、操作简单、管理方便、安全可靠和经济合理。

7.3　设计范围

（1）废水回用处理系统用电设备的配电、变电及控制系统；

（2）废水回用处理系统自控系统的配电及信号系统。

8　运行费用分析

本工程运行费由电费、人工费和药剂费三部分组成。

8.1　运行电费

该系统总装机容量 182.96 kW，实际使用功率 99.03 kW，电费按 0.65 元/（kW·h）计。

（1）普通回用水运行电费

普通回用水没有通过臭氧、活性炭、树脂交换柱等高质水再处理设备，其实际使用功率为总实际使用功率减去高质水再处理设备电器功率，即普通回用水实际使用功率为 60.15 kW，则普通回用水运行电费 E_1=0.407 元/m³ 废水。

（2）高质回用水运行电费

高质回用水运行电费分为两部分，一部分为普通回用水运行电费，另一部分为高质水再处理设备运行电费，则高质回用水运行电费 E_1=0.68 元/m³ 废水。

8.2　人工费

该回用处理站配备两名轮班工人，人工费约 1 200 元/（月·人），共计 2400 元，则人工费 E_2=0.034 元/m³ 废水。

8.3　药剂费

依据该设计方案，药剂费 E_3=0.82 元/m³ 废水。

8.4　运行费用

普通回用水运行费用 $E=E_1+E_2+E_3$=0.407＋0.034＋0.82=1.26 元/m³ 废水。
高质回用水运行费用 $E'=E_1'+E_2+E_3$=0.68＋0.034＋0.82=1.53 元/m³ 废水。

9　工程建设进度

本工程建设周期为 12 周，为缩短工程进度，确保该废水回用处理设施如期实行环保验收，工程设计、各分部工程、分项工程土建、安装以及调试工作，将进行统一协调、分布、交叉进行，具体工程进度安排如表 5 所示。

表 5　工程进度表

工作内容＼周	1	2	3	4	5	6	7	8	9	10	11	12
施工图设计	■	■										
土建施工			■	■	■	■	■	■	■			
设备采购制作					■	■	■	■	■			
设备安装							■	■	■	■	■	
调试											■	■

10   工程售后服务承诺及事故应急处理措施

（1）土建构筑物除人为不可抗拒因素外，质量保证一年；

（2）非标设备、管道保期为一年，"三保"期满后，若发生故障，则以收取成本费提供服务；

（3）本方案的主机设备有两台，当其中一台出现故障时，由另一台备用设备工作，以保证废水回用处理系统能正常运行；同时厂内必须尽快维修出现故障的设备，防止两台设备同时出现故障；

（4）为保证处理设备的正常运行，应加强设备的日常维护和巡检，在停产期（节假日等）安排检修或大修；

（5）建立规范的操作规程和健全的事故报警制度。

实例二 无锡某废水处理企业 16 000 m³/d 印染废水处理提标改造工程

1 项目概况

该综合废水处理有限公司成立于 1994 年，其建设规模由最初的日处理印染废水能力 2 000 m³/d 逐步扩大到目前的 10 000～16 000 m³/d（其中 6 000 m³ 作为应急预案能力）。该综合废水处理企业现承担该市热电厂、钢管厂等多家企业的生产废水的处理。由于 2008 年开始，该地区执行《太湖地区城镇污水处理厂及重点工业行业主要污染物排放限值》（DB 32/1072－2007）标准，因而需对该废水处理系统进行提标改造。

该印染废水主要包括生产过程中产生的退浆废水、煮炼废水、漂白废水、丝光废水和染色废水等五类，主要含有染料、浆料、助剂、酸碱、纤维杂质等污染物，污染物浓度高、处理难度大，属于典型的难处理工业废水之一。该印染废水提标改造工程处理规模为 16 000 m³/d，采用"气浮+高效曝气生物滤池+D 型滤池+臭氧/活性炭过滤"的组合工艺，出水达到《太湖地区城镇污水处理厂及重点工业行业主要污染物排放限值》（DB 32/1072—2007）的要求。该工程总装机容量 1 465.6 kW，运行费用约 1.09 元/m³ 废水（不含折旧费）。

图 1 废水处理站概貌

2 设计依据

2.1 设计依据

（1）建设方提供的各种相关基础资料（水质、水量、出水标准等）；
（2）现场踏勘取得的水样的分析数据等；

（3）《污水综合排放标准》（GB 8978—1996）；

（4）《纺织染整工业水污染物排放标准》（GB 4287—2012）；

（5）《太湖地区城镇污水处理厂及重点工业行业主要污染物排放限值》（DB 32/1072—2007）。

2.2　设计原则

（1）认真贯彻国家关于环境保护工作的方针和政策，使设计符合国家的有关法规、规范、标准；

（2）综合考虑废水进、出水水质及水量特征，选用的工艺应技术先进、稳妥可靠、经济合理、安全适用；

（3）妥善处理和处置废水处理过程中产生的污泥和浮渣，避免造成二次污染；

（4）废水处理系统的自动控制系统应管理方便、安全可靠、经济实用；

（5）废水处理系统的平面布置力求紧凑，减少占地面积和投资；高程布置应尽量采用立体布局，充分利用地下空间。

（6）严格按照招标文件界定条件进行设计，适应项目的实际情况。

2.3　设计范围

本项目的设计范围包括废水处理站出水至本系统处理后排至回用水池之间的工艺（土建自理）、构筑物、设备、电气、自控及给排水的设计，不包括回用水池至车间的配水系统，不包括站外至站内的供电、供水，也不包括站内的道路、绿化。

3　主要设计资料

3.1　设计进水水质

根据建设单位提供的资料，设计水量为 16 000 m^3/d。

设计进水水质指标如表 1 所示。

表 1　设计废水进水水质

项目	COD/（mg/L）	氨氮/（mg/L）	总氮/（mg/L）	总磷/（mg/L）
进水水质	≤100	≤15	≤20	≤2

3.2　设计出水水质

根据建设单位要求，处理后的出水达到《太湖地区城镇污水处理厂及重点工业行业主要污染物排放限值》（DB 32/1072—2007）的要求，具体水质指标如表 2 所示。

表 2　设计废水出水水质

项目	COD/（mg/L）	氨氮/（mg/L）	总氮/（mg/L）	总磷/（mg/L）
出水水质	≤60	≤6	≤15	≤0.5

4 处理工艺

4.1 废水特点

印染废水具有水量大、有机污染物含量高、色度深、碱性大、水质变化大等特点，属难处理的工业废水。该印染企业的生产工艺主要包括退浆、煮炼、漂白、丝光、染色等工序，各个工序段产生的废水特点不尽相同，表3是对各工序所产生的废水特点的分析。

表3 印染废水各工序产生废水分析

废水类型	废水特点
退浆废水	一般占印染废水总量的15%左右，所含污染物约占污染物总量的一半，是碱性有机废水，含有各种浆料分解物、纤维屑、酸和酶等污染物，废水呈淡黄色。退浆废水的污染程度和性质视浆料种类的不同而不同，过去多用天然淀粉浆料，淀粉浆料的 BOD_5/COD_{Cr} 值为 0.3～0.5；目前使用较多的化学浆料（如 PVA）的 BOD_5/COD_{Cr} 值为 0.1 左右；近年来改性淀粉逐渐有取代化学浆料的趋势，改性淀粉的可生化降解性非常好，BOD_5/COD_{Cr} 值为 0.5～0.8
煮炼废水	该类废水水量大，呈强碱性，含碱浓度约 0.3%，废水呈深褐色，BOD 和 COD 质量浓度均高达数毫克每升
漂白废水	该类废水水量大，污染程度较小，BOD 和 COD 浓度均较低，属于清洁废水，可直接排放或循环使用
丝光废水	该类废水碱性大，氢氧化钠含量 3%～5%，很少排出，在工艺上被重复利用；虽经碱回收，但碱性仍很强，BOD 较低（仍高于生活废水）
染色废水	该类废水水质多变，有时含有使用各种染料时的有毒物质（硫化碱、油石酸锑钾、苯胺、硫酸铜、酚等），废水呈碱性，pH 有时达 10 以上（采用硫化、还原染料时），含有有机染料、表面活性剂等。色度很高，而 SS 少，COD 较 BOD 高，可生化性较差

4.2 废水中氮、磷的去除

对比《纺织染整工业水污染物排放标准》（GB 4287—2012）和《太湖地区城镇污水处理厂及重点工业行业主要污染物排放限值》（DB 32/1072—2007）两项排放标准可以看出，后者对氮、磷的排放提出了更高的要求，因此，本设计应注重氮和磷的处理。

废水处理中，采用物理化学方法脱氮的工艺有化学中和法、化学沉淀法、折点氯化法、空气和汽提脱氮法等。物理化学法脱氮工艺的特点是操作简单、效果稳定，且适合高氮废水的处理，因此本设计不推荐采用物理化学方法进行脱氮。

废水的生物脱氮工艺能较彻底地去除废水中的氨氮，并且不会造成二次污染，处理能耗也低于物理化学法。生物脱氮的基本原理是先将废水中的有机氮转化为氨氮，然后通过硝化反应将氨氮转化为硝态氮，再通过反硝化反应将硝态氮转化为气态氮从水中逸出，具体反应式为：

$$R\text{-}COOH\text{-}NH_2 \rightarrow R\text{-}COOH\text{-}OH + NH_3 \qquad \text{氨化反应}$$

$$NH_4^+ + 2O_2 \rightarrow NO_3^- + 2H^+ + H_2O \qquad \text{硝化反应}$$

$$NO_3^- + 3H_2 \rightarrow N_2 + 2OH^- + 4H_2O \qquad \text{反硝化反应}$$

废水中磷的去除常用化学沉淀法，通过投加铝盐和石灰乳，形成磷酸钙沉淀，从而加以去除。

除此之外，后续采用高效曝气生物滤池，在其运行过程中，随着时间的增加，陶粒滤料上生物膜的厚度相应增厚，形成好氧-缺氧-厌氧层微生物群落，利用厌氧菌的富磷作用和好氧菌的释磷，达到除磷的目的。

4.3 工艺流程

经原有废水处理站处理后的废水首先提升进入气浮池，利用溶气气浮原理，通过投加适量药剂，去除废水中的杂质和总磷；然后进入 BAF 池中，去除有机物和氨氮；然后进入 D 型滤池，去除废水中的杂质和悬浮物等；最后通过臭氧/活性炭处理，利用臭氧的氧化作用、活性炭的吸附作用以及活性炭上附着的微生物的生物作用等对废水进行深度处理后达标排放。具体工艺流程如图 2 所示。

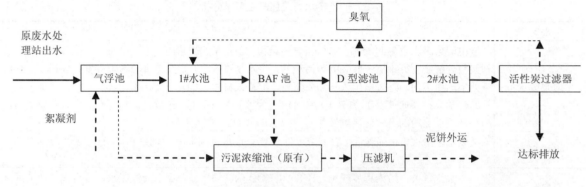

图2　印染废水提标改造工艺流程

4.4 工艺流程说明

本项目印染废水提标改造处理工艺，共分为四大部分：

气浮系统：气浮是在水中形成高度分散的微小气泡，黏附废水中疏水基的固体或液体颗粒，形成水—气—颗粒三相混合体系，颗粒黏附气泡后，形成表观密度小于水的絮体而上浮到水面，形成浮渣层被刮除，从而实现固液或者液液分离的过程。同时，利用除磷剂的作用，使磷酸根离子形成不溶性固体，然后在混凝剂的作用下形成大颗粒矾花，颗粒黏附废水中的气泡后，形成表观密度小于水的絮体而上浮到水面，形成浮渣层被刮除，从而实现固液分离，达到净化水质的目的。

高效曝气生物滤池处理系统：简称 BAF，是普通曝气生物滤池的一种变形，即在生物反应器内装填比表面积大、表面粗糙、易挂膜的陶粒填料，以提供微生物膜生长的载体，是一种采用颗粒滤料固定生物膜的生物反应器。该工艺集生物接触氧化与悬浮物滤床截留功能于一体，对污水中的 COD、悬浮物、氨氮等物质具有较高的去除率。考虑该印染废水中有活性染料、酸性染料、助剂等污染物且水中有机物含量高，采用 BAF 有以下优点：生物处理和过滤同时进行，废水中有机物和氨氮的去除过程是由微生物代谢完成，起净化作用的主要是专性好氧微生物和兼性微生物。BAF 池反应器能耗低、氧转移效率高、抗污染负荷能力强、无污染膨胀、不存在生物膜老化现象，且能连续运行。

D 型滤池：D 型滤池是一种快滤池，采用小阻力配水系统、高效的气水反冲洗技术、恒水位或变水位的过滤方式，具备传统快滤池的主要优点，同时运用了 DA863 过滤技术，多方面性能优于传统快滤池，是一种实用、新型、高效的滤池。

本设计中 D 型滤池的主要工艺参数如表 4 所示。

表4　D型滤池主要工艺参数

处理水量/（m³/h）	666.7	设计过滤速度/（m/h）	18.52
单池过滤面积/m²	6	强制过滤速度/（m/h）	22.22
滤池数量/个	6	滤料散填厚度/mm	800
原水进口/mm	DN200	清水出口/mm	DN200
初滤水出口/mm	DN200	反冲洗排污出口/mm	DN150
反冲洗进水口/mm	DN150	反冲洗进气口/mm	DN100
反冲洗水强度/[L/（m²·s）]	6	反冲洗气强度/[L/（m²·s）]	28～32

臭氧/活性炭系统：臭氧氧化作为一种高级氧化技术，近年来被广泛用于去除染料和印染废水的色度及难降解的有机物。通过活性炭羟基自由基与有机物反应，使染料发生不饱和键的断裂，生成分子量小且无色的有机酸、醛等，达到脱色和降解有机污染物的目的。

活性炭是一种黑色多孔的固体炭质，由煤通过粉碎、成型或用均匀的煤粒经炭化、活化生产，主要成分为碳，并含少量氧、氢、硫、氮、氯等元素。由于活性炭的比表面积大，所以吸附能力较强。选择活性炭作为吸附剂，可以高效去除废水中残存的有机物、胶体、细菌残留物、微生物等，并可以达到脱色、除臭的目的。

5　构筑物及设备参数设计

该印染废水回用处理系统的主要构筑物和设备设计参数分别见表5、表6。

表5　构筑物设计参数

构筑物名称	规格尺寸	结构形式	数量	设计参数
气浮系统	11.0 m×8.1 m×2.8 m	—	1	压力溶气气浮形式；表面负荷 5.7 m³/（m²·h）；下向流速 2.4 mm/s；回流比 27%
BAF 池	8.25 m×6.0 m×6.7 m	钢砼	8	COD 负荷 21.8 kg/d；NH₃-N 负荷 0.42 kg/d；停留时间 2.0 h；设计流量 375 m³/h
D 型滤池	1.0 m×8.3 m×3.0 m	钢制	6	
活性炭过滤器	—	—	—	设计过滤速度 8.8 m/s；反洗强度 9.8 L/（m²·s）
储水池	3.9 m×9.2 m×6.3 m	钢砼	1	分三格，即 1#、2#、3#水池

表6　主要设备设计参数

安装位置	设备	数量	规格型号	功率	备注
气浮系统	提升泵	2 台（1 用 1 备）	ISG80-125	11 kW	流量 93.5 m³/h；扬程 28 m
	气浮池	8 台	φ5 000 mm×4 500 mm	—	
	溶气罐	8 台	φ600 mm×3 300 mm	—	
	回流水泵	16 台（8 用 8 备）	ISG80-125	7.5 kW	流量 25 m³/h；扬程 50 m
	空压机	8 台	ZB0.1/8	1.5 kW	
	溶气释放器	8 台	TV 型-Ⅲ	—	
	药箱（配搅拌机）	32 台（16 用 16 备）	PT-1000 L	—	
	计量泵	32 台（16 用 16 备）	JJM120/1.0	0.25 kW	
	紊流反应箱	8 台	1.0 m×1.2 m×1.0 m	0.37 kW	

安装位置	设备	数量	规格型号	功率	备注
BAF 池	提升泵	16 台（8 用 8 备）	100WQ100-25-15	15 kW	流量 100 m³/h；扬程 25 m
	曝气风机	8 台（4 用 4 备）	—	30 kW	风压 0.06 MPa
	反洗泵	2 台（1 用 1 备）	350WQ1200-18-90	90 kW	流量 1 200 m³/h；扬程 18 m
	长柄滤头	13 824 个	长度 440 mm	—	
	单孔膜曝气器	13 872 个	ϕ 25 mm	—	
	陶瓷滤料	1 280 m³	ϕ 3.0～6.0 mm	—	
D 型滤池	反洗水泵	2 台	150WQ110-15-11	11 kW	流量 110 m³/h；扬程 15 m
	反洗风机	1 台	7.14 m³/min，0.05 MPa	35 kW	风压 0.06 MPa
	滤料	2 400 kg	DA863 彗星式滤料	15 kW	
臭氧装置	臭氧发生器	4 套	GF-G-3-1500	45 kW	运行功率 25 kW
	臭氧接触塔	8 套	—	1.5 kW	ϕ 2.0 m×2.8 m（直段高）
活性炭过滤器	活性炭罐	8 台	DA-HT3600	—	ϕ 3 600 mm×2 800 mm（直段高）
	提升泵	16 台（8 用 8 备）	100WQ100-25-15	15 kW	流量 100 m³/h；扬程 25 m
	反冲洗泵	2 台（1 用 1 备）	200WQ360-15-30	30 kW	流量 360 m³/h；扬程 15 m

6　污水处理系统布置

6.1　平面布置原则

（1）废水处理系统应充分考虑与厂区环境、地形、功能布置和现有管道系统协调；

（2）废水处理系统应充分考虑建设施工规划等问题，优化布置系统；

（3）根据夏季主导方向和全年风频，合理布置系统位置；

（4）处理构筑物应布置紧凑，节能高效，节约用地，便于管理。

6.2　处理系统高程布置原则

（1）尽力利用地形设计高程，减少系统能耗；

（2）系统设计力求简洁、流畅，减少管件连接。

6.3　高程布置原则

（1）充分利用地形设计高程，减少系统能耗；

（2）系统设计力求简洁、流畅，减少管件连接。

7　电气、仪表系统设计

7.1　设计规范

（1）《供配电系统设计规范》（GB 50052—2009）；

（2）《电力装置的继电保护和自动装置设计规范》（GB/T 50062—2008）；

（3）其他相关标准、规范。

7.2 设计原则

在保证废水处理系统工艺达到要求的条件下，做到技术先进、操作简单、管理方便、安全可靠和经济合理。

7.3 设计范围

（1）废水处理系统用电设备的配电、变电及控制系统；
（2）废水处理系统自控系统的配电及信号系统。

8 运行费用分析

本工程运行费由电费、人工费和药剂费三部分组成。

8.1 运行电费

本工程总装机容量 1 465.6 kW，实际使用功率 793.8 kW，电费按 0.8 元/（kW·h）计，则运行电费 E_1=0.86 元/m³ 废水。

8.2 人工费

该废水处理站的管理工作由原有废水处理站工人统一管理，在此不计人工费用。

8.3 药剂费

依据该设计方案，药剂费 E_3=0.23 元/m³ 废水。

8.4 运行费用

运行费用总计 $E=E_1+E_2+E_3$=0.86+0.23=1.09 元/m³ 废水。

9 工程建设进度

本工程建设周期为 14 周，为缩短工程进度，确保该废水回用处理设施如期实行环保验收，工程设计、各分部工程、分项工程土建、安装以及调试工作，将进行统一协调、分布、交叉进行，具体工程进度安排如表 7 所示。

表 7 工程进度表

周 / 工作内容	1	2	3	4	5	6	7	8	9	10	11	12	13	14
施工图设计	■	■												
土建施工			■	■	■	■	■	■	■					
设备采购制作						■	■	■	■	■				
设备安装								■	■	■	■	■		
调试												■	■	

10   工程售后服务承诺及事故应急处理措施

（1）土建构筑物除人为不可抗拒因素外，质量保证一年；

（2）非标设备、管道保期为一年，"三保"期满后，若发生故障，则以收取成本费提供服务；

（3）本方案的主机设备有两台，当其中一台出现故障时，由另一台备用设备工作，以保证废水回用处理系统能正常运行；同时厂内必须尽快维修出现故障的设备，防止两台设备同时出现故障；

（4）为保证处理设备的正常运行，应加强设备的日常维护和巡检，在停产期（节假日等）安排检修或大修；

（5）建立规范的操作规程和健全的事故报警制度。

实例三 宁波某毛绒制品企业 200 m³/d 废水处理及中水回用工程

1 项目概况

该毛绒制品有限公司为宁波市引进的出口创汇企业，具备年产 300 t 高档羊绒纱线、80 万件成衣的生产线。一期生产线（年产 150 t 高档羊绒纱线、80 万件成衣）已于 2003 年 1 月建成投入生产，现该企业拟在留用地上进行二期生产线的建设（年产 150 t 高档羊绒纱线）。另外，由于外单位不能保证小批量羊绒散毛染色的时间和质量，因此该企业拟配套建设一个小批量散毛染色车间。为了响应国家及宁波市政府提出的节约水资源、保护生态环境、发展循环经济的号召，并有效降低企业自身的生产经营成本，从而提高该企业产品在市场中的竞争力，该企业拟新建一套高效节能的废水处理及中水回用处理系统对其产生的废水进行统一处理并回用。

该工程日处理规模 200 m³，采用拥有自主知识产权的一体化设备进行处理，处理后的排放水水质达到《纺织染整工业水污染物排放标准》（GB 4287—2012）中的一级标准；处理后回用水水质达到《生活饮用水卫生标准》（GB 5749—2006）的要求，并合理地回用到企业生产的各个环节上。该工程的废水处理系统占地面积约 50 m²，中水处理系统占地面积约 20 m²。系统总装机容量 13.2 kW，废水处理系统运行成本约 0.524 元/m³（不含折旧费），中水回用系统运行成本约 0.994 元/m³（不含折旧费）。

2 设计依据

2.1 设计依据

（1）建设方提供的各种相关基础资料（水质、水量、回用水要求等）；

（2）现场踏勘资料；

（3）《生活饮用水卫生标准》（GB 5749—2006）；

（4）《纺织染整工业水污染物排放标准》（GB 4287—1992）；*

（5）《污水综合排放标准》（GB 8978—1996）；

（6）其他相关标准。

注：*现行标准为：

《纺织染整工业水污染物排放标准》（GB 4287—2012）。

2.2 设计原则

（1）认真贯彻国家关于环境保护工作的方针和政策，使设计符合国家的有关法规、规范、标准；

（2）综合考虑废水进、出水水质及水量特征，选用的工艺应技术先进、稳妥可靠、经济合理、安全适用；

（3）妥善处理和处置废水处理和中水回用处理过程中产生的污泥和浮渣，避免造成二次污染；

（4）废水处理和中水回用处理系统的自动控制系统应管理方便、安全可靠、经济实用；

（5）废水处理和中水回用处理系统平面布置力求紧凑，减少占地和投资；高程布置应尽量采用立体布局，充分利用地下空间。

2.3　设计范围

本工程的设计范围包括废水处理系统及中水回用系统，包括至回用水池的工艺、土建、构筑物、设备、电气、自控及给排水的设计。不包括回用水池至车间的配水系统，不包括站外至站内的供电、供水系统以及站内的道路、绿化等。

3　主要设计资料

3.1　设计进水水质

据建设方提供的资料，设计水量为 200 m³/d。

由于本项目的生产车间为新建项目，因此无废水可取，应建设方要求取同类废水做参考，故拟处理废水进水水质指标如表 1 所示。

表 1　设计废水进水水质

项目	COD/（mg/L）	BOD/（mg/L）	SS/（mg/L）	色度
进水水质	250～350	100～150	150～200	70～100
项目	pH	NH₃-N/（mg/L）	硫化物/（mg/L）	六价铬/（mg/L）
进水水质	8-10	≤50	≤15	2.5

3.2　设计出水水质

处理后排放废水达到《纺织染整工业水污染物排放标准》（GB 4287—1992）中的一级标准，具体水质指标如表 2 所示；应建设方要求，经处理后的中水出水水质达到《生活饮用水卫生标准》（GB 5749—2006），并合理地回用到企业生产的各个环节上，具体水质指标如表 3 所示。

表 2　废水排放要求

项目	COD/（mg/L）	BOD/（mg/L）	SS/（mg/L）	色度
出水水质	≤100	≤25	≤70	≤40 倍
项目	pH	NH₃-N/（mg/L）	硫化物/（mg/L）	六价铬/（mg/L）
出水水质	6～9	≤15	≤1	0.5

表 3　中水回用要求

序号	指标	限值
1	pH	不小于 6.5 且不大于 8.5
2	铬（六价）/（mg/L）	0.05
3	色度（铂钴色度单位）	15
4	耗氧量（COD$_{Mn}$法，以 O₂ 计）/（mg/L）	3（水源限制，原水耗氧量＞6 mg/L 时为 5）
5	氰化物/（mg/L）	0.05
6	臭和味	无异臭、异味
7	浑浊度（散射浑浊度单位）/NTU	1（水源与净水技术条件限值时为 3）
8	肉眼可见物	无

4 处理工艺

4.1 工艺流程

该项目的废水来自各类羊毛、羊绒等产品加工产生的废水以及染色生产车间产生的废水。羊毛、羊绒等产品加工所用的原辅材料有山羊绒、真丝、毛油、活性染料、匀染剂（阿伯格 B）、烧碱、过氧化氢、保险粉和氨水等。因此，加工过程中产生的废水中主要有 COD、BOD、氨氮、硫化物、六价铬、色度和悬浮物等污染物，且污染物浓度过高。配套建设的小批量散毛染色车间主要使用的是活性染料，少量是分散染料，常用的化学药剂是元明粉、硫酸铵、硫酸、碳酸钠、载体（各种有机化合物）、表面活性剂等。由此可见，该企业生产车间产生的废水具有有机污染物含量高、水质变化大等特点，属难处理的工业废水之一。

废水首先进行预处理，之后进入拥有自主知识产权的一体化废水处理设备，处理后的出水可达到《纺织染整工业水污染物排放标准》（GB 4287—1992）中的一级标准，后续排入市政管网；由于建设方考虑到生产车间用水量较大且造成了一定的水资源浪费，因此考虑将废水处理后回用于生产车间，不仅可以节约水资源，还可大大降低生产成本，为企业带来一定的经济效益。经废水处理系统处理后的出水收集到清水池，然后进入拥有自主知识产权的一体化多元化高效中水回用设备进行深度处理，处理后的出水可达到《生活饮用水卫生标准》（GB 5749—2006），回用到生产车间中。经过中水回用设备处理后的废弃浓液可排入废水处理系统进行再处理，废水处理及中水回用处理系统的污泥沉渣排入污泥浓缩池进行浓缩脱水，定期外运处理，不造成二次污染。具体工艺流程如图 1 所示。

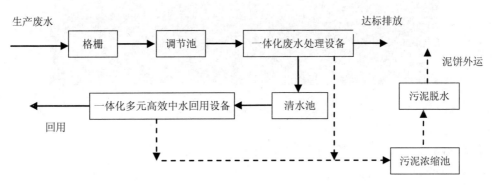

图 1 毛绒制品生产废水处理及回用水处理工艺流程

4.2 工艺流程说明

本处理工艺主要分为四大部分：

预处理：车间生产排放的废水首先经过格栅网，去除废水中的大颗粒悬浮物、纤维等；后进入调节池，在此调节水质和水量，以减轻对后续处理构筑物的冲击负荷。

一体化废水处理设备：经预处理系统处理后的废水由提升泵提升到一体化废水处理设备，该设备采用的是 A/O 生物处理工艺。A 级是厌氧生物处理，兼氧微生物利用有机碳源作为电子供体，将废水中的亚硝酸盐态的氮及硝酸盐态的氮转化成氮气，以达到脱氮的目的，同时又去除了部分有机污染物。O 级是好氧生物处理，池中主要存在好氧微生物和自氧型微生物（硝化菌），其中好氧微生物将有机物分解成二氧化碳和水，因而有机污染物在此得到进一步的氧化分解。自氧型微生物能将氨氮转化为亚硝酸盐态的氮及硝酸盐态的氮，同时在碳化作用趋于完成的情况下，使硝化作用能顺利进行。O 级池的出水部分回流到 A 级，为 A 级池提供电子接受体，通过反硝化作用最终消除氮污染，在此过程中有机物也能得到有效地去除。

该一体化设备主要包括 A 级生物池、O 级生物池、沉淀池及污泥消化池等。其中 A 级池为推流式接触氧化生物池，停留时间大于 2 h，内设弹性立体填料，水中溶解氧量小于 0.5 mg/L，为缺氧生物处理区。O 级生物池也为推流式生物接触氧化池，在有氧的条件下，有机物经过微生物的代谢活动被分解，停留时间大于 6 h，气水比大于 12：1，溶解氧含量大于 3.5 mg/L，池内采用新型填料和高效曝气头。沉淀池采用斜管沉淀，主要沉淀生物池中老化脱落的微生物及悬浮物等，污泥部分进入污泥消化池，上清液澄清后排出。污泥在浓缩池中消化脱水后泵入板框压滤机进行压滤脱水，干泥饼即可外运处理或用作绿化用肥。经该一体化废水处理设备处理后的出水水质可达到国家规定的《纺织染整工业水污染物排放标准》（GB 4287—1992）中的一级标准。

图 2   一体化废水处理设备

一体化多元高效中水回用设备：应建设方要求，经处理后的中水出水达到《生活饮用水卫生标准》（GB 5749—2006），并合理地回用到企业生产的各个环节上。因此，经上述一体化废水处理设备处理后的出水如有回用的需要，先收集到清水池，再接入拥有自主知识产权的一体化多元高效中水回用处理设备进行处理。该设备是集加药、浮除、臭氧氧化、超滤于一体的高效中水处理设备，以药剂特性、优化的混凝条件为依据，引用化学分子体系的布朗运动及双膜理论设计制造，在溶气气浮上采用特制结构把压缩空气切割成微小的气泡，然后在剧烈搅动下使空气以气水混合物的形式溶于水中，然后再经过特殊处理释放大量均匀、性能良好的微细气泡将原水中的絮粒黏附，使絮粒上浮去除，达到净化水质的目的。该设备以臭氧为氧化剂，在分解去除多种污染物的同时，还可以有效降低 COD、BOD_5、色度及多种有害物质的浓度。经臭氧氧化处理后的出水再经过超滤膜处理，当废水流过膜表面时，超滤膜表面密布的许多细小的微孔只允许水及小分子物质通过而成为透过液，而废水中体积大于膜表面微孔径的物质则被截留在膜的另一侧成为浓缩液，因而实现对废水的净化、分离和浓缩目的。经过该中水回用设备处理后的出水，可稳定达到《生活饮用水卫生标准》（GB 5749 —2006），从而回用于生产车间。

污泥处理系统：该处理系统中的污泥浮渣部分在浓缩池中消化脱水后泵入板框压滤机进行压滤

脱水，干泥饼可外运处理或用作绿化用肥，整个处理系统处理后不会造成二次污染。

4.3 工艺特点

（1）本工艺的最大特点在于土建构筑物少、设备集成化程度高、系统占地面积小，从而在节省占地面积的同时，也大大减少了投资。

（2）该处理系统自动化程度高，平时一般不需要专人管理，只需适时地对设备进行维护和保养即可。

（3）该处理设备对水质的适应性强，耐冲击负荷性能好，出水水质稳定，产泥少，运行成本低。

5 构筑物及设备参数设计

5.1 构筑物设计参数

表 4 构筑物设计参数

名称	规格尺寸	结构形式	数量	设计参数
格栅井	1.0 m×0.8 m×1.0 m	砖混	1	
调节池	5.0 m×4.0 m×3.5 m	砖混	1	停留时间 8 h；有效容积 67 m³
清水池	4.0 m×3.0 m×3.50 m	砖混	1	有效容积 33 m³
污泥浓缩池	2.0 m×2.0 m×4.2 m	砖混	1	有效容积 15 m³

5.2 主要设备设计参数

表 5 主要设备设计参数

设备	数量	规格型号	功率	备注
提升泵	2 台（1 用 1 备）	KQWQ50-10-10	0.75 kW	流量 10 m³/h
板框压滤机	1 台	XA10/800-UK	—	
螺杆加压泵	1 台	KQ1B-25	2.2 kW	流量 1 m³/h；扬程 80 m
一体化废水处理设备	1 套	YFW-1-10	3.0 kW	规格 10.0 m×2.5 m×2.7 m
一体化多元高效中水回用处理设备	1 套	YFZ-5	3.5 kW	规格 3.40 m×1.89 m×2.62 m

6 土建设计

（1）暂按天然地基考虑，施工图设计时，再根据地质报告决定基础形式。风荷载：0.35 kN/m²；地震烈度：7 度。

（2）建、构筑物的基本设计情况：

①格栅井、调节池、清水池、污泥浓缩池均为砖混结构，壁厚为 240 mm，两面粉刷，池底及池底与池壁相接处均作防水处理，池体可以置于地上也可埋于地下。

②一体化废水处理设备及一体化多元化高效中水回用设备均为 Q235 钢板和型钢焊接而成，可放于地上也可埋于地面以下，埋于地下施工难度较大，如果场地充足不建议置于地下，以免操作管理不便及投资造价增加。一体化设备各池的外壁、池底与基础接触的面均作热沥青防腐漆，池内壁

刷两道红丹醇酸防锈底漆，再刷优良面漆。

7 配电及自控设计

配电系统采用三相四线制、单相三线制，接地保护系统按常规设置，电缆采用穿管暗敷。室内照明用难燃塑料线槽明敷。

8 运行费用及技术经济指标分析

8.1 运行费用分析

（1）运行电费

本工程总装机容量 13.2 kW，每天耗电情况如表 6 所示。

表 6 耗电情况一览表

设备名称	使用功率/kW	装机功率/kW	使用时间/h	每天耗电/（kW·h）
废水提升泵	0.75	1.5	24	18.0
压滤机	3.0	3.0	0.5	1.5
螺杆泵	2.2	2.2	0.5	1.1
废水处理设备	3.0	3.0	24	72
中水回用设备	3.5	3.5	24	84
总计	12.45	13.2		176.6

系统每天运行时间以 20 h 计，废水处理系统电耗为 92.6 kW·h/d，中水回用系统电耗为 84 kW·h/d，电费按 0.7 元/（kW·h）计，则废水处理系统运行电费 E_1=0.324 元/m³ 废水；中水回用系统运行电费 E_1=0.294 元/m³ 中水。

（2）人工费

本系统自动化程度较高，可由厂内管理人员兼职管理，人工费可不计。

（3）药剂费

根据所投加的药剂，废水处理系统药剂费 E_3=0.20 元/m³ 废水；中水回用系统药剂费 E_3=0.70 元/m³ 废水。

综上所述，不计设备折旧费用，废水处理系统运行费 E=0.324+0.2=0.524 元/m³ 废水；中水回用系统运行费 E=0.294+0.7=0.994 元/m³ 废水。

8.2 经济分析

（1）本工程处理水量为 200 m³/d，现建设方所用自来水的价格为 2.25 元/m³ 中水回用处理设备运行费用为 0.994 元/m³。进行中水回收利用后，可回收总水量80%的水量约为 160 m³/d，节省费用为 160×2.25=360 元/d，设备运行总费用为 0.994×200=198 元/d；设备投入运行后每天可节约的费用为 360−198=162 元/d。

（2）按环保排污管理条例，未经处理的水体排放，根据其水量、水质状况及排水区域应缴纳 0.3～1.00 元/m³ 排污管理费，但对于企业内部的处理系统处理后达标的则不需要交纳此项费用。

（3）对于重污染的行业，如印染、屠宰、冶炼、电镀等行业则必须经过企业内部的处理系统处理达标后方可排入市政管道或纳污水体。本设计方案中的运行费用偏高是因为水量较小，同时用于污泥处理的压滤机等均增加了处理投资成本，故处理成本及运行成本均较高，如果用户采用人工干化场干化污泥则可省去污泥压滤机部分的设备费用，投资造价将有所下降。

9　工程占地面积及工程实施进度

9.1　占地面积

本设计方案的废水处理系统总占地面积约 50 m^2，格栅井、调节池位于地下，设备置于地面上；中水回用系统总占地面积约 20 m^2，清水池为半地埋式。

9.2　工程实施进度

本工程建设周期为 60 天，为缩短工程进度，确保该废水回用处理设施如期实行环保验收，工程设计、各分部工程、分项工程土建、安装以及调试工作，将进行统一协调、分布、交叉进行，具体工程进度安排如表 7 所示。

表 7　工程进度表

工作内容 ＼ 天	5	10	15	20	25	30	35	40	45	50	55	60
准备工作	■											
场地开挖		■	■									
设备基础			■	■								
设备材料采购			■	■								
调节池施工				■	■	■	■					
设备制作安装						■	■	■	■	■		
外购设备				■	■	■	■	■	■	■		
其他构筑物							■	■				
设备防腐										■	■	
管道施工								■	■	■		
电气施工										■	■	■
场地平整										■	■	■

10　工程保修及事故应急处理措施

（1）本工程自验收合格日算起保修期为一年，设备部分自进场日算起保修期为一年；

（2）本方案的提升设备设有备用，当其中一台出现故障时，由另一台备用设备工作，以保证处理系统能正常运行；同时厂内必须加紧时间维修出现故障的设备，防止出现两台设备同时发生故障；

（3）为保证处理设备的正常运行，应加强设备日常维护和巡检，在停产期（节假日等）安排检修或大修；

（4）建立规范的操作规程和健全的事故报警制度。

实例四　大连某家用饰品公司 100 m³/h 印染废水处理及中水回用处理工程

1　项目概况

该家用饰品公司位于风景秀丽的辽东半岛——大连瓦房店市，公司创建于 2006 年，规划用地面积 75 780 m²，总建筑面积 54 492 m²，目前已建成染色车间、花边车间、办公楼、仓库、员工宿舍、专家楼、锅炉房、食堂、污水处理站及软化车间等生产及基础设施。该公司主要产品为花边、穗头、绑带、绳编、绳排须等，广泛应用于窗帘、布艺沙发、床上用品、灯具、服装等领域，产品销往全世界 25 个国家和地区，现已成为世界花边行业的知名品牌企业。随着企业生产规模的扩大，车间用水量日益增大，为了保护生态环境，发展循环经济，并有效降低企业自身的生产经营成本，该企业拟新建一套高效节能的废水处理及中水回用处理系统，对其产生的印染废水进行统一处理并回用。

该工程处理量为 100 m³/h，经处理后的排放废水水质达到《纺织染整工业水污染物排放标准》（GB 4287—1992）的一级标准；处理后回用到车间生产的水量达到 60 m³/h，且回用水水质达到该企业车间用水要求。该印染废水处理及回用工程主要由综合用房、废水处理间、锅炉房及印染废水处理及回用系统等构筑物组成。该处理系统总装机容量 539.9 kW，总占地面积 14 583.6 m²。

图 1　废水处理站概貌

2　设计依据

2.1　设计依据

（1）建设方提供的各种相关基础资料（水质、水量、回用水要求等）；

（2）《纺织染整工业水污染物排放标准》（GB 4287—1992）[*]；

（3）《污水综合排放标准》（GB 8978—1996）；

（4）《印染行业废水污染防治技术政策》（环发[2001]118 号）；

（5）《污水再生利用工程设计规范》（GB 50335—2002）；

（6）印染废水污染防治技术指南；

（7）其他相关标准。

注：*现行标准为：《纺织染整工业水污染物排放标准》（GB 4287—2012）。

2.2 设计原则

（1）认真贯彻国家关于环境保护工作的方针和政策，使设计符合国家的有关法规、规范、标准；

（2）综合考虑废水水质、水量的特征，选用的处理工艺应技术先进、稳妥可靠、经济合理、运转灵活、安全适用；

（3）妥善处理和处置废水处理和中水回用处理过程中产生的污泥和浮渣，避免造成二次污染；

（4）废水处理和中水回用处理系统的自动控制系统应管理方便、安全可靠、经济实用；

（5）废水处理和中水回用处理系统平面布置力求紧凑，减少占地和投资；高程布置应尽量采用立体布局，充分利用地下空间。

（6）严格按照建设方界定条件进行设计，适应项目实际情况。

2.3 设计范围

本项目的设计范围包括污废水处理工程、清废水处理及回用工程的工艺、土建、构筑物、设备、电气、自控及给排水的设计，工艺设备及管道布置、配电、照明、采暖等方面的工程设计，以及软化水车间搬迁及其附属工程设计。

3 主要设计资料

3.1 设计进水水质

根据建设方提供的资料及技术协议要求，污废水处理总规模为 40 m³/h，清废水处理规模为 60 m³/h，清废水经深度处理后回用。

设计废水进水水质指标如表 1 所示。

表 1 设计废水进水水质

项目	清废水设计进水水质	污废水设计进水水质
COD/（mg/L）	200	1 500
BOD$_5$/（mg/L）	60	300
色度	200	800
pH	9.0～10.0	9.0～11.0
SS/（mg/L）	60	400
水温/℃	40	75

3.2 设计出水水质

应建设方要求，污废水处理后的出水达到国家《纺织染整工业污染物排放标准》（GB 4287—2012）中表 3 中的一级标准水质，具体水质指标如表 2 所示。

表2 设计污废水出水水质

分级	最高允许排放质量浓度/（mg/L）				
	BOD$_5$	COD	色度（稀释倍数）	pH	SS
I 级	25	100	40	6～9	70

由于目前我国没有统一的印染废水回用水水质标准，国外也未查到印染行业相关的回用标准。应建设方要求，本工程设计回用水水质参照该公司生产用水的水质要求，具体水质指标如表3所示。

表3 回用水水质要求

项目	COD/（mg/L）	SS/（mg/L）	色度	浊度	pH
回用水水质	≤50	≤10	≤5 倍	≤3	6.5～8.5

4 处理工艺

4.1 废水特点

该公司生产产品使用的染料主要有活性染料、分散染料、中性染料、酸性染料等，其中活性染料占90%以上。该厂生产车间废水主要来源于染色工段和漂洗工段，废水中的主要污染物为染料、助剂、COD、pH、色度、SS 等。根据《印染行业废水污染防治技术政策》和同类工程经验，印染废水的治理宜采用生物处理和物理化学处理技术相结合的综合治理技术。目前，国内外普遍采用"水解+生物接触氧化技术+混凝反应沉淀"的组合工艺处理印染废水，处理后的废水可达标排放，且技术已经相当成熟。

在印染废水的处理和中水回用方面，我单位做了较多实施案例，其中在印染废水治理及回用工程上得到了较好的应用，目前工程已正式投入运行。同类废水处理工程设计规模、处理工艺及处理效果对比如表4所示。

表4 我单位同类工程情况对比表

工程名称	设计规模	主要工艺流程	设计进水水质			设计出水水质		
			COD/（mg/L）	SS/（mg/L）	色度/度	COD/（mg/L）	SS/（mg/L）	色度/度
某科技公司	60 m³/h	BAF+臭氧+气浮+过滤+臭氧+活性炭	155	60	40	<20	<2	<5
某集团公司	60 m³/h	BAF+臭氧+气浮+过滤+活性炭	160	30	60	<25	<2	<10

4.2 工艺流程

根据以上同类工程分析，并结合我单位在印染废水治理及回用工程方面的经验，本项目污废水采用"生化+物化"的方法进行处理；清废水采用"BAF+臭氧氧化+气浮+过滤+臭氧+活性炭"的处理方法。

由于该公司印染废水已实行清污分流，污废水属于高温碱性有机废水，COD 浓度和色度较高，可生化性差，为降低水温、调整 pH、改善污废水的可生化性，本设计方案综合运用以废治废、回收热能等环保措施，即高温污废水先通过换热器进行热回收，并加热软化水；降温后的污废水进入水膜除尘系统，在此进行除尘脱硫，同时可以去除污废水中的色度、COD 等部分污染物，并降低 pH，以利于后续的生化处理。为提高废水的可生化性，将生活废水接入污废水调节池，同污废水一并进行处理。综上所述，废水处理及中水回用处理的工艺流程如图 2 所示。

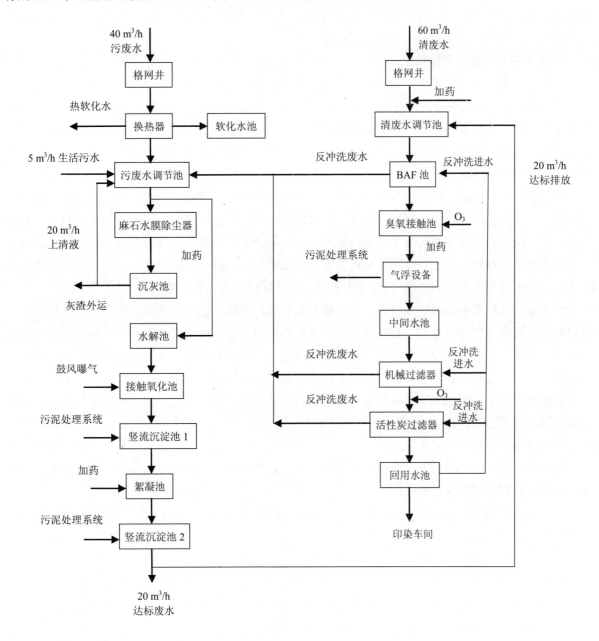

图 2 印染废水处理及中水回用处理工艺流程图

4.3 工艺流程说明

本项目废水实行清污分流，废水中均含有少量的棉纤维及杂物等，为防止杂物进入处理系统而影响构筑物的顺利运行，在污废水、清废水排放口前各设置一道格网，拦截杂物等大颗粒污染物。由于印染废水的水质、水量变化大，因此分别设置污废水、清废水调节池调节水量、水质，以保持系统的稳定运行，并减轻后续构筑物的处理负荷。由于污废水的排放水温高达 75℃，pH 为 11，不满足生化条件，因此进入生化处理前需设降温和调节 pH 的措施。

4.3.1　污废水降温及热回收处理系统

现代染色设备一般都是高温高压的工作环境，一般废水排放温度高达 100℃，废水中具有相当高的热能，而印染设备所用软水一般都需要耗用蒸汽间接或直接加热到一定的温度，因此造成废水中热能的浪费。在本设计中，车间排放的高温污废水首先通过换热器进行热回收，并加热软化水池中的软化水，不仅可以大大减少生产中加热软化水的蒸汽耗量，同时也节约了能源。经换热器回收热量的出水温度降低，可满足生化所需的温度条件。

4.3.2　烟气中和污废水处理系统

车间所用锅炉以煤为燃料，煤燃烧产生的烟气中含有烟尘和 SO_2 等，部分污废水通过水膜除尘器，在对烟气进行除尘脱硫的同时也调节了废水的 pH，污废水 pH 由之前的 11 降至 7.5 以下，COD和色度也得到一定程度的去除。除尘脱硫废水经沉灰池沉淀后，上清液回流到污废水调节池，沉淀的灰渣外运处理。经除尘脱硫后，烟道气中的 SO_2 和烟尘可分别去除 60%和 95%以上。

4.3.3　污废水处理系统

根据设计进水水质，污废水 BOD_5/COD_{Cr} 仅为 0.20 左右，因此采用水解酸化处理改善废水的可生化性，为后续生化处理奠定良好的基础。在水解酸化池内，通过控制反应的时间将厌氧化控制在第一、第二阶段，使复杂的大分子、不溶性有机物及难降解有机物先在细胞外酶的作用下水解为小分子、溶解性有机物和可生物降解的有机物质，形成有机酸、醇类、醛类等，从而提高废水的可生化性；在这个过程中废水的酸度增加，pH 下降，因此也可有效调节污废水的 pH。

经水解酸化处理后的污废水后进入生物接触氧化池。生物接触氧化法是一种介于活性污泥法与生物滤池之间的生物膜法工艺，其特点是在池内设置填料，在池底曝气充氧，使池体内污水处于流动状态，以保证污水同浸没在污水中的填料充分接触，达到高效处理的目的。生物接触氧化池中的生物膜生长至一定厚度后，近填料壁的微生物由于缺氧而进行厌氧代谢，厌氧呼吸产生的气体及曝气形成的冲刷作用会造成生物膜的脱落，并生成新的生物膜，从而促进生物膜的新陈代谢，脱落的生物膜随出水流出池外。

生物接触氧化法具有以下特点：

（1）由于填料比表面积大，池内充氧条件良好，池内单位容积的生物固体量较高，因此生物接触氧化池具有较高的容积负荷；

（2）由于生物接触氧化池内生物固体量多，且水流完全混合，故对水质、水量的骤变有较强的适应能力；

（3）剩余污泥量少，不存在污泥膨胀的问题，运行管理简便。

经接触氧化池处理后的污废水先进入竖流沉淀池 1，沉淀后的出水进入后续的絮凝池，在此投加混凝剂和助凝剂，通过絮凝沉淀去除污废水中的 SS、色度和有机物等污染物。絮凝池出水进入后续的竖流沉淀池 2。经上述工艺处理后出水可达标排放，部分（20 m^3/h）出水进入清废水处理系统。

4.3.4　清废水处理系统

清废水首先经过格网井，去除纤维等大颗粒固体杂质。由于清废水的主要污染物为 COD 和色度，SS 质量浓度较低（一般为 40～60 mg/L），因此经格网井处理后的清废水可直接进入 BAF 池，后依次通过臭氧接触、气浮、过滤、活性炭吸附等处理，可有效去除废水中的色度、COD、SS 等污染物。

高效曝气生物滤池（BAF）是一种以生物膜为主、兼有过滤功能的废水净化工艺，其净化机理和生物膜基本相似，即利用固定在填料上的生物膜吸附与氧化废水中的有机物。但又有其独特之处，其优势主要表现在：①池容小，占地面积少：其 BOD_5 容积负荷是常规活性污泥法或接触氧化法的 6～12 倍，池容和占地面积仅为常规活性污泥法或接触氧化法的 1/10 左右，可大大节省占地面积与土建费用。②处理流程简单：由于滤料的截留作用，不需设置二沉池。③可间断运行：由于滤料的多孔构造，微生物不易流失；同时，间断运行也能保持废水中的优势菌种，且停用后设施启动周期短。④运行费用低。

曝气生物滤池的处理效果与滤池的形式和所填充的生物滤料密切相关，本设计采用气水平行上向流曝气生物滤池结构形式，相较于其他结构形式有明显的优势：①采用气水平行上向流的方式，气、水的均分性好，可以有效防止气泡在滤层中凝结，且氧的利用率高、能耗低。②与下向流过滤相反，上向流过滤方式能持续在整个滤池高度上提供正压条件，可以避免沟流或短流。③上向流形成了对工艺有利的半柱条件，在高滤速、高负荷条件下还能保证工艺的稳定性和有效性。④采用气水平行上向流的方式，空气能将固体物质带入滤床深处，在滤池中能得到高负荷、均匀的固体物质，延长反洗周期，减少清洗的用水、用气量。⑤本设计采用球形轻质多孔生物陶粒滤料，该滤料强度高、空隙率大、比表面积大、稳定性好、截污能力强、挂膜性能良好，且滤料形状规则。滤料粒径和密度可在生产中调节，从而克服了不规则滤料存在的水流阻力大、反洗强度大、易破碎等缺点。⑥该工艺具有节省占地面积和基建投资、出水水质好、抗冲击负荷能力强、耐低温、不易发生污泥膨胀、易挂膜、启动快等特点；⑦BAF 处理工艺是一种更先进的生物膜处理工艺，同其他生物膜处理方法相比，挂膜速度较快，可利用污水中所含的微生物进行启动，初次启动时间大约 2～3 周，且工艺调试时间短、运行稳定。

由于高效曝气生物滤池的截留作用，不需设置二沉池。处理后的出水溢流进入臭氧接触池，在此通过充分的接触和反应后进一步脱除色度、降低 COD_{Cr}。臭氧接触池利用臭氧的强氧化性能对含活性染料、阳离子染料、酸性染料、直接染料等水溶性染料的废水进行完全脱色，对不溶于水的分散染料也能获得较好的脱色效果。

经臭氧接触池处理后的出水进入气浮机，废水中难生化降解的非溶解性 COD_{Cr} 可在此得到有效去除；经气浮机处理后的出水依次进入机械过滤器和活性炭过滤器，在活性炭过滤器进水管中投加臭氧，更进一步地去除水中的 COD_{Cr} 和色度，保证回用水的水质。

4.3.5　污泥处理系统

在整个废水处理系统中，竖流沉淀池的污泥、气浮设备的浮渣等进入污泥集泥池，再由泵提升至污泥浓缩池，浓缩后的污泥通过带式压滤机脱水后运至锅炉房渣场。

污泥处理工艺流程为：污泥与浮渣→集泥池→提升泵→污泥浓缩池→带式压滤机→渣场→外运处置。

5　构筑物及设备参数设计

5.1　构筑物设计参数

5.1.1　污废水系统

（1）调节池

污废水处理系统污水提升泵采用潜污泵，池内设液位计，采用液位控制和现场手动控制水泵启停。污废水调节池内设换热器进行热回收，同时降低废水水温。池底铺设穿孔曝气管，进行预曝气并搅拌，气源来自鼓风机房。水膜除尘系统污水泵采用潜污泵，出水管设电磁流量计。

（2）沉灰池

沉灰池进口设方闸门，规格 1 000 mm×300 mm，出口设可调堰门（B=4.0 m），配套手动启闭机。水膜除尘后的含灰废水经沉灰池分离后排入污废水调节池。

（3）水解酸化池

水解酸化池内装配半软性填料，以增加池中单位体积的微生物量，从而使池中大部分生物以膜的形式生长，提高系统的抗冲击负荷能力。池内填料高度 $h=3.0$ m。水解酸化池四周设防护栏杆，每组底部设污泥斗，泥斗内污泥重力排至污泥集泥池。

（4）生物接触氧化池

生物接触氧化池填料高度 $h=3.0$ m，池内装配半软性填料及盘式曝气器。四周设防护栏杆，每组底部设排泥管，污泥因重力排至污泥集泥池。

（5）竖流沉淀池1

竖流沉淀池，2 座合建，四周设防护栏杆和集水堰，底部设污泥贮泥斗，贮泥斗内污泥重力排至污泥集泥池。

（6）机械混凝反应池

采用机械反应池，2 座合建，四周设防护栏杆。每格设可调速机械搅拌机 1 台，转速由大到小。在混凝池进口通过加药泵分别投加絮凝剂与助凝剂，加药泵出水管上设转子流量计。

（7）竖流沉淀池2

2 座合建，四周设防护栏杆与集水堰。底部设污泥贮泥斗，贮泥斗内污泥重力排至污泥集泥池。

5.1.2 清废水处理及回用系统

（1）调节池

调节池与格栅网井合建。污水泵采用潜污泵，池内设液位计，采用液位控制和现场手动控制水泵启停。池内设 pH 在线测定仪，测量范围为 0～14，它与加酸管上的电磁阀联锁，调节加酸量以控制废水 pH 在 10 左右，出水管设电磁流量计。共用污废水调节池边的 $V=5$ m^3 的 H_2SO_4 储罐，重力方式投加。H_2SO_4 储罐下设围堰并防腐。池底铺设穿孔曝气管，进行预曝气并搅拌，气源来自鼓风机房。

（2）BAF 池

池内采用球形轻质多孔生物陶粒滤料。采用气水反冲洗，气源为废水处理间鼓风机房，水源为回用水池。

（3）臭氧接触池

与 BAF 池合建，臭氧投加量按 8 mg/L 计。

（4）气浮设备

置于清废水处理间清废水处理间，由混凝反应气浮槽、溶气罐、空压机等组成。

5.1.3 污泥处理系统

污泥含水率按 99.5%，产量约 50 m^3/d。

（1）污泥浓缩池

污泥浓缩池 2 座，间歇运行，浓缩上清液排入污废水调节池。

（2）污泥脱水机及配套设备

分别置于污泥脱水间和废水处理间。

综上所述，该废水处理系统和中水回用处理系统的主要构筑物设计参数如表 5 所示。

表 5　主要构筑物设计参数

名称	规格尺寸	结构形式	数量	设计参数
污废水系统				
格网井	1.2 m×1.0 m×3.0 m	钢混结构	1	设置在厂房排水沟末端；设格网 1 个；人工清渣
调节池	12.0 m×12.0 m×6.2 m	钢混结构	1	与格网井合建；有效容积 520 m^3；有效水深 4.0 m；停留时间 13 h

名称	规格尺寸	结构形式	数量	设计参数
沉灰池	18.0 m×6.0 m×3.5 m	钢混结构	1	
水解酸化池	10.0 m×6.0 m×5.5 m	钢混结构	2	合建；有效容积 320 m³；停留时间 8 h
生物接触氧化池	12.0 m×6.0 m×5.5 m	钢混结构	2	合建；停留时间 10.8 h
竖流沉淀池 1	4.5 m×4.5 m×6.0 m	钢混结构	2	合建；表面负荷 1.25 m³/（m²·h）
机械混凝反应池	1.5 m×1.0 m×1.5 m	钢混结构	2	合建，分三格；停留时间 15 min
竖流沉淀池 2	4.5 m×4.5 m×6.0 m	钢混结构	2	合建；表面负荷 1.25 m³/（m²·h）
清废水系统				
格网井	1.0 m×1.0 m×3.0 m	钢混结构	1	
调节池	12.0 m×12.0 m×6.2 m	钢混结构	1	有效容积 576 m³；有效水深 4.0 m
BAF 池	9.5 m×4.0 m×6.6 m	钢混结构	1	
臭氧接触池	9.3 m×2.0 m×5.2 m	钢混结构	1	有效水深 4.5 m；停留时间 1 h
回用水池	7.2 m×5.0 m×5.5 m	钢混结构	1	有效容积 410 m³；有效水深 3.5 m
污泥处理系统				
集泥井	2.0 m×2.0 m×6.0 m	钢混结构	1	有效容积 12 m³；有效水深 3.0 m
污泥浓缩池	φ3.5 m×4.5 m	钢混结构	2	有效容积 25 m³
废水处理间	L×B=52.5 m×12.0 m	钢混结构	1	

5.2 主要设备设计参数

该废水处理系统和中水回用处理系统的主要设备设计参数如表 6 所示。

表 6 主要设备设计参数

设备名称	型号规格及参数	数量	功率	备注
污废水系统				
调节池				
提升泵	Q=20 m³/h；H=24 m	2 台（1用1备）	3.0 kW	用于水膜除尘系统
提升泵	Q=20 m³/h；H=15 m	3 台（2用1备）	2.2 kW	
电磁流量计	Q=0～50 m³/h	2 台	—	
空气搅拌管网	材质 UPVC	1 套	—	
液位控制仪	量程 0～5 m	1 台	—	
沉灰池				
手动闸门	1 000 mm×300 mm	2 台	—	带手动启闭机
可调式堰门	B=4 m	2 台	—	手动调节启闭机
门式电动单梁抓斗起重机	起重量 2 t；跨度 6 m	1 台	—	
水解池				
生物组合填料	φ150	360 m³	—	
接触氧化池				
生物组合填料	φ150	432 m³	—	
微孔膜曝气器	I 型，D=250 mm	300 个	—	
机械混凝反应池				
可调速搅拌机	D=800 mm；r=1～120 r/min	6 台	0.75 kW	
加药箱	有效容积 1 m³；PE 材质	4 个		
加药泵	Q=0～2.5 m³/h；H=15 m	4 台	0.25 kW	
管道、阀门及配件	工艺管道	1 批	—	

设备名称	型号规格及参数	数量	功率	备注
清废水系统				
调节池				
提升泵	65JYW40-13-1400-7	3 台（2 用 1 备）	5.5 kW	流量 40 m³/h；扬程 12～17 m
预曝气系统	—	1 套	—	
电磁流量计	Q=0～50 m³/h	2 台	—	
pH 在线测定仪	—	1 套	—	
BAF 池				
生物陶粒滤料	—	126 m³	—	
滤板	—	36 m²	—	
滤头	—	1 800 个	—	
单孔膜曝气器	—	1 800 个	—	
臭氧接触池				
臭氧释放器	—	1 批	—	
清废水处理间				
气浮机	—	2 台	15 kW	配空压机、溶气罐、溶气水泵等，并联使用
中间水箱	—	2 个	—	有效容积 7 m³；有效水深 2.1 m
过滤器加压泵	Q=43.3 m³/h；H=24 m	4 台（2 用 2 备）	5.5 kW	分 2 组
机械过滤器	Q=50 m³/h；ϕ2.5 m×4.27 m	2 台	—	钢制；含级配石英砂无烟煤双层滤料
活性炭过滤器	Q=50 m³/h；ϕ2.5 m×4.1 m	2 台	—	钢制；利用原有光化罐、电化罐各 1 个
颗粒活性炭	—	12 m³	—	
溶药投药装置	药液箱容积 1 m³，搅拌机功率 0.75 kW；配计量泵 1 台，单台 Q=200 L/h；N= 0.75 kW	2 套	—	投加硫酸亚铁溶液
溶药投药装置	药液箱容积 1 m³，搅拌机功率 0.75 kW；配计量泵 1 台，单台 Q=200 L/h；N= 0.75 kW	2 套	—	投加 PAM
鼓风机间				
污废水曝气风机	JAS-100	3（2 用 1 备）	15 kW	流量 8.5 m³/min；风压 58.8 kPa
BAF 曝气风机	JAS-100	2 台	11 kW	常开；流量 4.5 m³/min；风压 58.8 kPa
反冲风机	JAS-100	1 台	15 kW	间歇运行；流量 8.5 m³/min；风压 58.8 kPa
臭氧间				
空气源臭氧发生系统	臭氧产量 300 g/h	2 套	5.5 kW	带富氧机、冷干机等
污泥脱水间				
带式压滤机	L×B×H=3.1 m×1.4 m×1.8 m	1 台		DY 型；带宽 500 mm
螺杆泵	G35-1	2（1 用 1 备）	4 kW	流量 8 m³/h；风压 0.6 MPa
空压机		1 台		
回用水池				
反冲洗泵	200WQ300-13-18.5	2 台	18.5 kW	流量 250～400 m³/h；扬程 15～10 m
回用水泵	100WQ80-36-18.5	2 台（1 用 1 备）	18.5 kW	流量 65～120 m³/h；扬程 40～30 m

6　总图及运输

6.1　设计依据

（1）建设方提供的由瓦房店市规划设计院设计的 1∶500 用地规划位置图（20060624-0888）；

（2）建设方认可的总图设计方案；

（3）《建筑设计防火规范》（GB 50016—2006）；*

（4）《工业企业总平面设计规范》（GB 50187—1993）；*

（5）《厂矿道路设计规范》（GB J22—1987）；

（6）本单位相关专业提供的设计条件，甲方提供的相关技术参数。

注：* 现行标准为：

《建筑设计防火规范》（GB 50016—2014）；

《工业企业总平面设计规范》（GB 50187 —2012）。

6.2　场地位置

该家用饰品公司位于瓦房店市经济技术开发区，总用地面积 75 780 m²（113.67 亩）。一期规划建筑面积 44 803 m²，项目子项含办公楼、食堂、宿舍、印染车间、花边车间、仓库及门卫等，一期工程已基本建设完毕。

本项目为印染废水处理及回用等工程，属于一期工程配套项目，位于用地西北侧，用地面积 14 583.6 m²，其中规划建、构筑物面积 4 139.35 m²，项目子项含综合用房、废水处理间、锅炉房及印染废水处理及中水回用处理系统工程。

拟建场地周边市政条件成熟，南、西、东三侧均为市政道路，已基本实现"三通一平"，用地南高北低，西高东低，场地高差较小，用地红线内设计高程 119.93～119.15 m，用地北侧有 5.0 m 宽西向东的排水渠道。

项目所在地常年主导风向为东南风。

6.3　总平面设计

6.3.1　设计原则

（1）满足工艺流程要求，创造便捷合理的物流运输条件；

（2）遵守国家及地方现行建设规范、规程，合理布局；

（3）满足城市规划、消防、卫生等规范要求。

6.3.2　总平面布置

该公司厂区规划为生产区、管理生活区及生产配套区。生产区包括印染车间、花边车间、仓库，管理生活区由办公楼、食堂、宿舍及门卫组成，生产配套服务区为印染废水处理及回用等工程及变配电所。

本方案设计范围为锅炉房及其配套系统、印染废水处理及回用工程。根据工艺设计要求，结合厂区规划，考虑污水处理产生的污染特点，配套服务区与管理服务区完全隔开，配套服务区与生产区有机联系，承接一期工程的出入口，将配套服务区、生产区与管理服务区在使用功能上有机分隔。

根据场地建设情况及用地现状，设计将配套服务区布置于用地的西北部，紧靠生产区，通过厂区道路系统，将配套服务区与生产区有机相连，形成系统的运输路线，与市政道路衔接。

根据公司生产工艺流程要求及管理的方便，全厂布置两个入口，一个为生产及配套服务区入口，另一个为管理服务区入口。

在配套服务区四周设置 4.0 m 运输道路，用于满足运输要求。

生产配套服务区包括锅炉房及印染废水处理及回用系统。将印染废水处理及回用系统集中布置，有效提高综合利用效率，将设备用房集中布局在左边，以提高集约化的程度，从而更好地为其他使用功能服务，以提高生产及使用效率。在服务区与生产区之间种植常绿抗污染乔木，以及通过建筑单体的处理，尽量减少对生产区及周边环境的污染。

6.4 道路及竖向设计

根据场地实际及现状情况，结合工艺布置要求，竖向布置采用平坡式的布置方式，结合已建设部分，已建区场地标高为 117.2～119.3 m，拟建区场地设计标高为 119.15～119.3 m，设计场地竖向呈西高东低、南高北低，道路纵坡控制在 0.30%～8.00%，以满足市政排水及其他要求。

场地地面排水通过雨水口接暗管排入地下排水管网。

生产配套区内围绕新建建筑物形成环状道路，路面宽度为 4.00～6.00 m，主要道路转弯半径大于等于 9.00 m，消防车通行部分道路转弯半径大于等于 12.0 m，路面采用城市型水泥混凝土道路。

6.5 绿化设计

考虑印染废水处理及回用系统的工艺特点，设计范围内绿化设计种植抗污染的乔木树种，辅以草皮等。树种的选择应与当地气候环境相适宜，在满足美观、实用的基础上，力求环境保护的科学性和合理性，通过绿化种植改善厂区的空气质量。

6.6 主要技术经济指标

表 7　主要技术经济指标表

指标	参数
总用地面积	75 780 m² （113.67 亩）
其中本项目用地面积	14 583.6 m²（21.88 亩）
一期建筑面积	44 803 m²
本次建构筑物面积	4 139.35 m²
其中建筑（基地）面积	2 111.95 m²
道路广场面积	2 450 m²
绿地面积	5 220 m²
建筑密度	14.48%
容积率	0.145
绿地率	35.8%

7　建筑

7.1　设计依据

（1）《民用建筑设计通则》（GB 50352—2005）；

（2）《民用建筑热工设计规范》（GB 50176—1993）；

（3）《民用建筑隔声设计规范》（GB J118—88）[*]；

（4）《建筑设计防火规范》（GB 50016—2006）[*]；

（5）建设方提供的相关技术资料及设计要求。

注：现行标准为：

《建筑设计防火规范》（GB 50016—2014）；

《民用建筑隔声设计规范》（GB 50018—2010）。

7.2 气象条件

大连地区是暖温带半湿润的季风气候兼有海洋性的气候。本项目所在地区处于北半球中纬度地带，所受太阳辐射一年四季都比较大，大气环流以西风带和副热带系统为主，再加上一面依山、三面靠海的地理环境影响，所以本项目所在地区的气候特点是：四季分明、气候温和、空气湿润、降水集中、季风明显、风力较大。

该地区年平均气温为 8～11℃，自南向北降低，是我国东北地区最温暖的地区。8 月最热，1 月最冷。

该地区年降水量为 550～1 000 mm，自西南向东北递增。降水中心位于庄河市北部山区。降水四季分布不均，60%～70%的降水集中在夏季。

该地区处于东亚季风范围，夏半年盛行偏南风，冬半年盛行偏北风，年平均风速 3～6 m/s，是我国东北地区风速较大的地区之一。

7.3 工程概况

该公司印染废水处理及中水回用工程的构、建筑物主要由综合用房、废水处理间、锅炉房及印染废水处理及回用系统工程组成，基地总面积 4 139.35 m²，建筑面积 2 111.955 m²。综合用房、废水处理间、锅炉房为一层建筑，其余均为构筑物。

（1）综合用房

本项目占地面积 451.0 m²，东西长 36.6 m，南北宽 12 m，项目用地地形较平坦，位于本期用地南侧。主要使用性质为生产配套用房等，包括半地下水泵房、软化水车间、化验室及办公用房。结构类型为框架结构，柱网布置为正交柱网，软化水间车间根据生产工艺设备要求，高度为 5.1 m，非车间部分层高 3.6 m。建筑设计高度 5.6 m。抗震设防烈度 7 度，建筑物使用年限 50 年，建筑物屋面防水等级Ⅱ级。

本项目建筑耐火等级Ⅱ级，火灾危险等级丁类。

（2）废水处理间

本工程占地面积 645.6 m²，东西长 52.5 m，南北宽 12.0 m，项目用地地形平坦，位于本期工程北侧，层数为一层，框架结构，主要使用性质为生产配套用房，含清废水处理间、污泥脱水间、鼓风机房、配电间、臭氧发生间等，建筑高度为 7.85～5.15 m，室内外设计高差 0.15 m。抗震设防烈度 7 度，建筑物使用年限 50 年，建筑物屋面防水等级Ⅱ级。耐火等级为Ⅱ级。

7.4 立面造型设计

建筑物设计遵循经济、适用、美观的原则，立面造型力求在简单体形中求变化，增加立面的丰富感，设计理念主要是在满足工艺及使用的前提下，尽量体现美观。

建筑主色调为浅色，配以局部白色窗套。外墙立面以暗纹褐色三色砖为主，建筑风格为现代简约风格。力求使厂区建筑现代、简洁、大方，体现现代企业环保科技的建筑特点。

7.5　建筑物装修标准

外墙为暗纹褐色三色砖为主，外窗为断热铝合金窗，门为胶合板门。

综合用房门厅采用铝合金龙骨石膏吊顶，办公用房、化验室、门厅及走廊地面为地砖地面，中央控制室地面为防静电活动木地板，其余室内为陶瓷地砖地面，卫生间及浴室做 1.8 m 高瓷砖墙裙。车间面层为 3 厚环氧地面。

药剂库房地面为耐酸防腐蚀地砖地面。

7.6　消防设计及防爆

防火间距、防火分区及疏散距离符合规范设计要求。建筑物耐火等级均为二级。配电间采用甲级防火门窗，臭氧发生间有爆炸危险，考虑做建筑防爆设计，采用抗爆墙几抗爆屋面，南侧为泄压面。

7.7　节能设计

根据甲方的设计要求及规范要求，进行建筑节能设计，以降低建筑的综合能耗 50%。

建筑物屋面采用刚性防水屋面，保温层采用 40 mm 挤塑聚苯板；

外墙采用聚苯颗粒保温砂浆外墙外保温系统，聚苯颗粒保温砂浆厚度 40 mm；

外窗采用普通中空玻璃（5 mm+6 mm+5 mm）断热铝合金窗。

8　结构

8.1　设计依据

8.1.1　本工程结构设计所采用的主要标准及法规

（1）《建筑结构可靠度设计统一标准》（GB 50068—2001）；

（2）《建筑抗震设防分类标准》（GB 50223—2008）；

（3）《建筑抗震设计规范》（GB 50011—2001）*；

（4）《建筑结构荷载规范》（GB 50009—2001）*；

（5）《混凝土结构设计规范》（GB 50010—2002）*；

（6）《建筑地基基础设计规范》（GB 50007—2002）*；

（7）《砌体结构设计规范》（GB　50003—2001）*；

（8）《工业建筑防腐设计规范》（GB 50046—2008）；

（9）其他相关标准及规范。

注：*现行标准为：

《建筑抗震设计规范》（GB 50011—2010）；

《建筑结构荷载规范》（GB 50009—2012）；

《混凝土结构设计规范》（GB 50010—2010）；

《建筑地基基础设计规范》（GB 50007—2011）；

《砌体结构设计规范》（GB 50003—2011）。

8.1.2　本工程地质报告

依据建设单位提供的岩土工程勘察报告，拟建场地地震设防烈度 7 度，设计基本地震加速度值为 0.15 g，设计地震分组为第一组，建筑场地类别为 II 类。场地土层分布如下：

（1）素填土：黄褐色，松散，稍密。平均厚度 1.70 m。

（2）粉质黏土：黄褐色，稍湿，可塑，主要成分为黏土，粉质黏土与粉土，整个场地较普遍分布，平均厚度 2.15 m，承载力特征值 fak=160 kPa。

（3）含碎石粉质黏土：黄褐色，稍湿，可塑，平均厚度 2.76 m，承载力特征值 fak=180 kPa。

（4）砾砂：黄褐色，松散，湿，可塑，平均厚度 2.31 m，承载力特征值 fak=140 kPa。

（5）碎石：黄褐色，中密，稍湿，可塑，平均厚度 0.75 m，承载力特征值 fak=280 kPa。

（6）全风化泥灰岩：黄褐色，岩石风化剧烈，平均厚度 1.55 m，承载力特征值 fak=220 kPa。

（7）中风化泥灰岩：块状结构，结理裂隙发育，承载力特征值 fak=800 kPa。

场地地形地貌属剥蚀低丘陵，地形较平坦。场地不存在不良地质现象，建筑场地及地基稳定，适合建构筑物的新建。地下水埋深 2.20～5.90 m，地下水类型为第四系孔隙潜水，对混凝土结构无腐蚀性，对钢结构具有弱腐蚀性。场地土标准冻深 0.7 m，最大冻深 0.93 m。

8.1.3　采用的设计荷载

（1）风荷载：0.65 kPa；

（2）雪荷载：0.40 kPa；

（3）屋面均布活荷载：

不上人屋面：0.5 kPa；

上人屋面：2.0 kPa。

8.2　设计说明

8.2.1　基本要求

根据《建筑结构可靠度设计统一标准》（GB 50068—2001）的划分，本工程建筑结构安全等级为二级，结构的设计使用年限为 50 年；抗震设防烈度七度。

8.2.2　上部结构造型

本工程各单体建筑根据建、构筑物使用功能的不同，分别采用不同的结构形式：

（1）综合用房、废水处理间

工程主体采用框架结构；板厚：屋面 120。

（2）各种水处理构筑物

工程采用现浇钢筋混凝土结构。

（3）格栅井、阀门井、检查井。

工程采用砖混结构。

8.2.3　基础设计

本工程根据各单体建、构筑物不同的结构形式及所处场地位置，分别采用不同的基础形式：

（1）综合用房、废水处理间采用柱下独立基础，以粉质黏土层为持力层；

（2）各种水处理构筑物采用现浇钢筋砼整板基础，以粉质黏土层或中风化泥岩层为持力层。

8.2.4　主要结构构件材料选用

本工程可采用普通硅酸盐水泥配制，结构主要受力钢筋采用 HPB235 级、HRB335 级。主钢材采用 Q235B 或 Q345A 钢。砖混结构采用机制空心砖。

主要受力构件砼强度等级：

（1）综合用房、废水处理间：

梁、板、柱、基础：C30。

砌块 MU10，砂浆 Mb7.5 砌块专用砂浆。

（2）各种水处理构筑物：

梁、板、柱、基础：C30。

砌块 MU10，砂浆 Mb7.5 砌块专用砂浆。

8.2.5　采用的标准图集

（1）《混凝土结构施工图平面整体表示方法制图规则和构造详图》（03G101-1）；

（2）《钢筋混凝土过梁》（03G233-2）（烧结多孔砖砌体）。

9　电气

9.1　工程概况

本工程为大连某家用饰品有限公司印染废水处理及回用工程的配电、照明及防雷、接地设计。

9.2　设计依据

（1）《供配电系统设计规范》（GB 50052—1995）；

（2）《10 kV 及以下变电所设计规范》（GB 50053—1994）；

（3）《低压配电设计规范》（GB 50054—1995）；

（4）《建筑设计防火规范》（GB 50016—2006）；

（5）《建筑照明设计标准》（GB 50034—2004）；

（6）《建筑物防雷设计规范》（GB 50057—1994，2000 版）；

（7）其他有关设计标准、规范及与建设方的协商意见。

注：现行标准为：

《供配电系统设计规范》（GB 500052—2009）；

《20 kV 及以下变电所设计规范》（GB 50053—2013）；

《低压配电设计规范》（GB 50054—2011）；

《建筑设计防火规范》（GB 50016—2014）；

《建筑照明设计标准》（GB 50034—2013）；

《建筑物防雷设计规范》（GB 50057—2010）。

9.3　电气负荷估算和变压器容量选择

对生产设备用电负荷按其设备安装容量进行统计，对照明用电负荷按单位容量法进行统计。用电负荷均为三类负荷。

本工程用电设备安装容量 539.9 kW，运行容量 327.7 kW，有功功率 190.4 kW，无功功率 66.5 kVA（补偿后），视在功率 207.1 kVA。

用电负荷统计详见电气负荷计算表。

9.4　电源及电压

本工程为新建厂区内的废水处理及回用系统，工程所需的低压电源采用 380/220V 电缆线路从厂区的变配电所引进。

9.5　电能计量及无功补偿

电能计量在低压电源总进线柜内装设有功电度表做本工程的低压总计量。

功率因数补偿集中在变配电所低压侧补偿，补偿方式为自动补偿。

9.6　配电和电气照明

本工程由厂区新建变配电所采用 380/220V 电缆线路供电。配电方式采用放射式和树干式相结合方式。

低压配电采用 TN-S 三相五线制配电系统。

各建筑设普通工作照明，不同场所采用不同灯具及光源，综合用房、配电室等主要采用高显色指数的节能型荧光灯；清废水处理间、鼓风机房及污泥脱水间采用工厂灯；道路设照明路灯。路灯及工厂灯均为金卤灯光源。

9.7　防雷及接地

综合用房、清废水处理间、鼓风机房及污泥脱水间等采用相应的防雷措施。接地装置采用联合接地系统，接地电阻不大于 1 Ω。各建筑物电源进线处设总等电位联接。

9.8　弱电

本工程设如下弱电系统：

（1）语音、数据通信综合布线系统；

（2）有线电话系统。

10　给排水

10.1　给水

10.1.1　水源

该公司生活、生产及消防给水有以下三个来源：市政自来水、地下水和清废水再生回用水。因水质要求不同，水源不同。生活给水来源于市政给水干管，回用水主要用于生产中的漂洗工段，地下水和部分自来水经软化处理后则用于生产中的染色工段、锅炉用水及消防用水。

10.1.2　软化水处理系统

由于水中的钙镁盐类对印染加工大都不利，如与肥皂作用生成难溶的钙镁肥皂，沉淀在织物上，在碱性溶液中还会生成难溶的水垢。锅炉用水必须是软水，否则水垢沉淀紧紧附着锅炉管壁上，降低了锅炉壁的导热系数，会多耗燃料；水垢沉积还会引起锅炉爆炸事故。因此在本项目中设计软化水处理系统。

一、处理工艺及处理规模

本项目地处东北地区，地下水中的主要污染物为矿化度和总硬度。结合公司以往的运行经验以及参考该地区同类企业的工程经验，含矿化度和总硬度较高的地下水处理可采用多介质过滤+离子交换的方法进行处理，处理后出水可以达到印染厂生产用水水质要求。工艺流程如下：

软化水系统处理规模按 $Q=120$ m^3/h 设计，地下水的渗流量为 20 m^3/h，不能满足生产用水要求，因此用市政自来水作为软化系统另一水源。

二、主要建、构筑物及设备

（1）地下渗水池

1座，土建设计由甲方负责。池内设置2台潜水泵，1用1备，Q=20 m^3/h，H=18～30 m，N=5.5 kW。水泵采用液位计控制和现场手动控制水泵启停。

采用全自动无阀过滤器1台，钢制，产水量为20 m^3/h。

（2）软化水处理间

1座，与综合用房合建，建筑面积为162 m^2，平面尺寸：$L×B$=9.0 m×12.0 m，层高H=4.5 m，内设以下设备：

① 中间水箱

1只，不锈钢成品水箱，尺寸：$L×B×H$=2.0 m×2.0 m×1.5 m。配套2台低噪声管道泵，1用1备，Q=15.2-28.3 m^3/h，H=40-34.5 m，N=5.5 kW。水泵采用液位计控制和现场手动控制水泵启停。

② 树脂软化装置

树脂软化装置是采用离子交换原理，去除水中钙、镁等结垢离子，由控制器、树脂罐、盐罐组成的一体化设备。其控制器选用自动冲洗控制器。自动控制器可自动完成软水、反洗、再生、正洗及盐业箱自动补水全部工作的循环过程。树脂罐选用玻璃钢罐。盐罐主要制备盐水用于树脂饱和后的再生。

树脂软化装置共4套，3套为公司原有设备，另外1套由建设方自行购置。树脂软化装置单套处理量Q=30 m^3/h。

本工程为2个原有盐化料箱配套2台折桨搅拌机，ZJ-800型，转速84r/min，N=3 kW。盐水经管道过滤器过滤后重力流入盐水罐。

③ 软化水池

1座，钢筋混凝土结构，与回用水池合建。平面尺寸：$L×B$=21.4 m×11.0 m，有效水深H=3.3 m，有效容积为V=777 m^3。

④ 软化水提升泵房

1座，半地下式框架结构，与软化水池合建。平面尺寸：$L×B$=12.0 m×6.0 m，提升泵房内主要设备：

软化水泵3台，互为备用。其中2台工频，1台变频运行，Q=60 m^3/h，H=40 m，N=11 kW。

消防水泵2台，Q=50 L/s，H=50 m，N=45 kW，1用1备。

电动单梁悬挂式起重机1台，G=30 kN，跨度S=9.0 m，起升高度为9.0 m。

10.1.3　水量

该公司印染废水处理及回用工程主要用水为综合楼、生活设施用房等生活用水，污泥处理间反冲洗用水、消毒间生产用水、软化水系统用水和消防用水。项目用水量见表8。

表8　印染废水处理及回用工程项目用水量

序号	用水项目	用水来源	水量
1	综合楼冲厕用水	回用水	1.0 m^3/d
2	实验室化验用水、饮用水	市政自来水	0.5 m^3/d
3	加药间、消毒间生产用水污泥处理间冲洗用水	回用水	15.0 m^3/d
4	软化水处理系统用水	市政自来水；地下水	100 m^3/h；20 m^3/h
5	室外消防用水	软化水	40 L/s
6	室内消防用水	软化水	10 L/s

10.1.4 给水系统及管材

室外给水管道系统分为生产回用水管道，市政自来水管道，生产用软化水和消防给水软化水管道系统。公司自来水由城市给水管网提供，从南面道路就近接入，管径 DN200，市政水压约 0.2 MPa。消防用水利用软化水，室内外消防均采用临时高压制给水系统，室内外消防水储存在软化水池内。

室外给水管材采用给水铸铁管，管径 DN150，埋地敷设，承插连接。室内生活给水管采用 PPR 管，黏接。

10.2 排水

厂区排水体制为雨污分流制。全厂生产生活废水量为 13.6 m³/d。综合楼生活废水经化粪池处理后直接排入污水管道；生产废水直接排入污水管道，厂区所有污水最后排入污废水调节池进入污废水处理系统进行处理。污水管道为重力流管道，采用 UPVC 双壁波纹管，管径为 DN200-DN500，承插连接。

厂区雨水收集后排入雨水管道系统，最后排入厂外市政排水管。雨水管道设计，采用当地暴雨强度公式计算：$Q = \dfrac{1\,900(1+0.66\lg P)}{(t+8)^{0.8}}$，设计重现期为 2 年，雨水管道按满流计算，采用 PE 排水管，管径为 300～500 mm。

11 采暖通风与空气调节

11.1 设计依据

（1）《采暖通风与空气调节设计规范》（GB 50019—2003）；[*]
（2）《建筑给水排水及采暖工程施工质量验收规范》（GB 50242—2002）；
（3）《工业企业设计卫生标准》（GBZ 1—2002）；[*]
（4）有关专业所提供的资料。

注：*现行标准为：

《工业建筑供暖通风与空气调节设计规范》（GB 50019—2015）；

《工业企业设计卫生标准》（GBZ 1—2010）。

11.2 设计计算参数

11.2.1 室外主要气象参数

夏季室外干球温度：28.4℃；
夏季室外平均风速：4.3 m/s；
夏季大气压力：994.7 hPa；
冬季室外采暖计算温度：-11℃；
冬季室外平均风速：7.4 m/s；
冬季大气压力：1 013.8 hPa。

11.2.2 室内计算温度

序号	建筑物名称	室内计算温度/℃	建筑层数	建筑面积/m²
1	综合用房（办公部分）	16～18	单层	305
2	综合用房及废水处理间（生产部分）	8～10	单层	811

11.3 采暖系统

采暖热负荷约为 270 kW。采暖热媒采用 70～95℃的热水，由锅炉房集中供给。采暖系统采用气压罐定压，设在锅炉房内。室外供暖管道采用直埋敷设方式。室内采暖设备采用四柱 813 铸铁散热片，根据不同房间供暖负荷组装片数。管道采用焊接钢管，采用上供下回同程式系统。非采暖房间的管道和室外管道均要求保温。

12 环境保护

12.1 主要污染源

该废水处理和中水回用处理系统的主要污染为噪声和污泥，噪声主要来源于水泵、风机，噪声一般为 80～90 dB；污泥、栅渣、泥砂主要是从各废水处理工序中排出，年产污泥量约 70.5 t。

12.2 污染防治措施及效果

12.2.1 噪声污染防治措施及效果

（1）设备选型采用低噪声产品；

（2）由于回用泵房采用半地下式，一级提升（供自动过滤器水泵）采用潜污泵，且废水处理站位于生产区内，与生活区距离较远。工程建成后，噪声对环境影响很小，废水处理厂厂界噪声符合《工业企业厂界环境噪声排放标准》（GB 12348—2008）的要求。

12.2.2 污泥处置

选用带式脱水机对污泥进行脱水，脱水后污泥含水率低于 75%，由公司调度货车外运综合处置。本项目为环境治理项目，项目建成后公司"三废"治理方面取得较好的效果。

13 职业安全卫生、消防、节能

13.1 职业安全卫生

设计遵照国家职业安全卫生有关规范和规定，各处理构筑走道均设置防护栏杆、防滑楼梯。污泥处理间采用全自动污泥脱水系统，减轻工人劳动强度。

所有电气设备的安装、防护，均满足电器设备的有关安全规定。

建筑物室内设置适量干粉灭火器。

为防寒冷，所有建筑物内冬季采取热水采暖措施。污泥处理间、加药间和消毒间、药库均设计了轴流风机通风换气，换气次数为 8 次/h，化验室、办公室均设置冷暖空调，改善工作环境。

废水处理综合用房设置卫生间，食堂、浴室可共用厂内生活区的设施。

13.2 消防

本工程主要依据《建筑设计防火规范》（GB 50016—2014)）和《建筑灭火器配置设计规范》（GB 50140—2005）进行消防设计。

13.2.1 电气设计及消防

本工程属二类用电负荷，电源电压为 0.4 kV。双回路电源供电，形成一路工作、另一路备用的电源。当工作电源故障时，备用电源自动引入，保证供电电源不间断。

本工程火灾事故照明，采用蓄电池作备用电源，连续工作时间不少于 30 min。

本工程所有电气设备消防均采用干式灭火器，安置在各配电间值班室内。

本设计按有关规定，建筑物防雷采用避雷带防护措施。

13.2.2　建筑消防设计

本工程建筑火灾危险性为丁类，本工程所有工业与民用建筑的耐火等级均为二级，所有建筑均采用钢筋混凝土框架结构或砖混结构，主要承重构件均采用非燃烧体，满足二级耐火等级要求的耐火极限。

厂房、库房及民用建筑的层数、占地面积，长度均符合防火规范要求。厂房、库房及民用建筑的防火间距均满足防火规范要求。厂房、库房及民用建筑的安全疏散均按防火规范的要求设置。

厂区道路呈环状，道路宽度 4 m，消防车道畅通。

室内装修材料均采用难燃烧体。

13.2.3　厂区消防

厂区设室外消火栓，按《建筑设计防火规范》（GB 50016—2006），同一时间内火灾次数 1 次，室外消火栓用水量 10 L/S，设 2 具室外消火栓。室外消火栓给水管道布置成环状，保证火灾时安全供水。

所有建筑物室内不设消防给水，均按《建筑灭火器配置设计规范》（GB 50140—2005）要求配置干粉灭火器。

13.3　节能

废水处理工程在工艺选择和设备选型上遵照国家的能源政策，选用节能工艺和产品。如选用节能性工艺设备，如水泵。采用自动控制管理系统，以使废水处理系统在最佳经济状态下运行，降低运行费用。

14　工程实施进度

本工程建设周期为 12 个月，为缩短工程进度，确保该废水回用处理设施如期实行环保验收，工程设计、各分部工程、分项工程土建、安装以及调试工作，将进行统一协调、分布、交叉进行，具体工程进度安排如表 9 所示。

表 9　工程进度表

月　　　工作内容	1	2	3	4	5	6	7	8	9	10	11	12
施工图设计	■	■										
土建施工			■	■	■	■	■	■	■			
设备采购制作					■	■	■	■	■			
设备安装							■	■	■	■		
调试											■	■

15 工程保修及事故应急处理措施

（1）本工程自验收合格日算起保修期为一年，设备部分自进场日算起保修期为一年；

（2）本方案的提升设备设有备用，当其中一台出现故障时，由另一台备用设备工作，以保证处理系统能正常运行；同时厂内必须加紧时间维修出现故障的设备，防止出现两台设备同时发生故障；

（3）为保证处理设备的正常运行，应加强设备日常维护和巡检，在停产期（节假日等）安排检修或大修；

（4）建立规范的操作规程和健全的事故报警制度。

实例五　某漂印厂 4 000 m³/d 印染废水预处理系统工艺设计

1　工程概况

建设地点：浙江省东阳市横店工业区

建设规模：4 000 m³/d

项目概况：某漂印厂产品主要以全棉为主，另外还有部分线棉。该公司的工业废水主要产生于工艺中的前处理、染色、后处理。印染废水可生化性较差，仅仅依靠现有的生化处理一般难以达到排放要求。现对该公司预对排放进入污水站的废水进行预处理，以降低后续处理负荷，提高出水效果。

图 1　废水处理站概貌

2　设计基础

2.1　设计依据

（1）公司提供的各种相关基础资料（包括水质水量，废水处理方案、图纸）；

（2）我公司现场踏勘、采集的水样、试验分析数据，甲方的生产试验结果；

（3）有关纺织印染工艺用水水质标准；

（4）《污水综合排放标准》（GB 8978—1996）；

（5）《工业与民用供配电系统设计规范》（GB 50052—2009）；

（6）《工程结构设计规范》（GB 50069—2002）；

（7）《室外排水设计规范》（GB 50014—2006，2014 版）；

（8）《低压配电设计规范》（GB 50054—2011）；

（9）《混凝土结构设计规范》（GB 50010—2010）。

2.2 设计原则

（1）认真贯彻国家关于环境保护工作的方针和政策，使设计符合国家的有关法规、规范、标准；

（2）综合考虑废水水质、水量的特征，选用的工艺流程技术先进、稳妥可靠、经济合理、运转灵活、安全适用；

（3）废水处理系统平面布置力求紧凑，减少占地和投资；

（4）妥善处置废水处理过程中产生的污泥和浮渣回流至原废水处理系统的浓缩池，避免造成二次污染；

（5）废水处理过程中的自动控制，力求管理方便、安全可靠、经济实用；

（6）高程布置上应尽量采用立体布局，充分利用地下空间。平面布置上要紧凑，以节省用地；

（7）严格按照甲方界定条件进行设计，适应项目实际情况要求。

2.3 项目范围

本方案的工程范围从集水井开始（不包括污水管网）至本系统处理后达标排放之间的工艺、土建、构筑物、设备、电气、自控及给排水的设计，污泥的处理，不包括污泥外运行处理以及站外至站内的供电、供水，也不包括站内的道路、绿化。

2.4 设计进、出水水质以及水量

设计水量：根据甲方提供的资料，水量 4 000 m³/d，处理站按照 24 h 运行，则平均处理能力为：167 m³/h，我公司对该印染厂进行取样测定。具体数值如表 1 所示。

根据客户提供的资料，厂内已有废水处理系统，本方案仅为该废水提供预处理系统，以减轻后续构筑物的负荷，提高出水效果。按客户要求，本方案设计出水主要指标如表 1 所示。

表 1 设计进水水质指标及出水水质标准

项目	废水水质/（mg/L）	出水水质（二级标准）/（mg/L）
COD$_{Cr}$	803.70	300～500
BOD$_5$	210.21	100～170
色度	500 倍	≤80 倍
浊度/NTU	60.5	
悬浮性固体	240.00	≤60
pH	10.81	6～9

3 污水处理系统工艺

3.1 废水水质特点分析

印染废水特点：印染工艺各个工序段所产生的废水的特点各不相同，以下是对各工序所产生的废水特点分析。

表2 印染工艺各工序所产生的废水特点分析

项目	废水特点
退浆废水	一般占废水量的 15%左右，污染物约占总量的一半，是碱性有机废水，含有各种浆料分解物、纤维屑、酸和酶等污染物，废水呈淡黄色。退浆废水的污染程度和性质视浆料的种类而异，过去多用天然淀粉浆料，淀粉浆料的 BOD_5/COD_{Cr} 值为 0.3～0.5；目前使用较多的化学浆料（如 PVA）的 BOD_5/COD_{Cr} 值为 0.1 左右；近年来改性淀粉逐渐有取代化学浆料的趋势，改性淀粉的可生化降解性非常好，BOD_5/COD_{Cr} 值为 0.5～0.8
煮炼废水	煮炼废水量大，呈强碱性，含碱浓度约 0.3%，废水呈深褐色，BOD 和 COD 均高达每升数毫克
漂白废水	水量大，但是污染程度小，BOD 和 COD 均较低，基本上属于清洁废水，可直接排放或循环使用
丝光废水	该废水含氢氧化钠 3%～5%，很少排出，在工艺上被重复利用，虽经碱回收，但碱性仍很强，BOD 比较低（但仍高于生活废水）
染色废水	水质变化大，色泽深，主要的污染源是燃料和助剂。一般碱性比较强，BOD 较低，COD 却较高
印花废水	印花废水污染物主要来自调色等，污染程度很高
整理废水	废水量比较少，含有活性剂

3.2 处理系统工艺选择及流程

印染废水是一种有机物含量高、色度高、难生化降解的废水。印染废水处理的方法主要有物理化学法和生物法。

物理化学方法中，常用的有吸附法，它是利用多孔性的固体物质使废水中的一种或多种物质被吸附在固体表面而去除的方法。工业上常用的吸附剂有活性炭等，对去除水中溶解性有机物非常有效，但不能去除水中的胶体疏水性染料。混凝沉淀法可降低印染废水的色度，去除呈胶体状态的染料。气浮法针对印染废水中含有机的胶体颗粒、呈乳浊状的各种油脂类杂质、细小纤维和疏水性合成纤维的纤毛等，预先使用混凝剂进行混凝，则分离效果更佳；电解法以往多用于处理含氰、含铬电镀废水，近年来开始用于处理印染废水，该法的脱色效果显著，产泥量少，处理时间短，但电耗和电极材料消耗较大，宜用于小水量废水处理；氧化脱色法可用于经生物法、混凝法处理后仍有较深颜色的出水的进一步脱色处理，主要有氯氧化法、臭氧化法和光氧化法。

生物处理方法中，厌氧法的优点是应有范围广，能耗低，剩余污泥少，耐冲击负荷能力强；缺点是设备的启动时间长，出水水质无法达标，需进一步处理。活性污泥法是好氧生物处理的一种主要方法，利用好氧活性污泥的吸附和氧化作用，去除废水中的有机污染物质。生物膜法是与活性污泥法并列的另一种好氧生物处理法，该法通过生长在填料，如滤料、盘面等表面的生物膜来处理废水，主要有生物接触氧化法、生物转盘和生物碳法等。

常规的印染废水的处理方法一般分为生化+物化和物化+生化两大类处理工艺。

根据上述分析，并鉴于该废水的色度高，活性染料、分散染料、还原性染料等许多染料的可生化性较差，因此本方案采用物化处理去除大量污染物并脱色，同时调整废水的 pH 作为该废水的预处理工艺，处理后进入原有的处理厂再处理。并结合本项目的实际情况选择的工艺流程如图 2 所示：

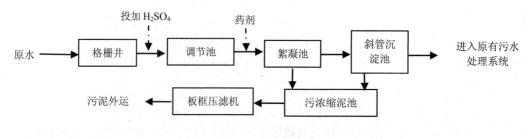

投加 H₂SO₄

图 2 工艺流程图

　　废水首先通过人工格栅去除废水中较大的悬浮颗粒后进入调节池，投加硫酸调节 pH 至 6～9，并在调节池内进行水质均衡、水量调节及散热冷却降温，设计水力停留时间为 3 h。然后废水经提升泵提升到絮凝反应池，在絮凝池内加入水处理药剂并通过搅拌使废水中呈胶体的污染物与水处理药剂发生混凝反应形成颗粒较大的、沉降性能良好的絮凝体；然后该絮凝体在斜管沉淀池内进行泥水分离。经物化处理后的废水再进入原有的污水处理厂进行生化处理，进一步去除污染物。

　　沉淀池污泥收集至污泥浓缩池，进行脱水处理，干污泥外运处理。也可以将沉淀池污泥排至污水处理厂的污泥处理系统统一处理。

3.3　工艺流程简述

　　本工艺流程共分为三大系统。

　　第一部分：调节池。在调节池内进行水质均衡、水量调节及散热冷却降温，设计水力停留时间为 3 h。

　　第二部分：絮凝池。使药剂与水混合后所产生的微絮凝体，在一定时间内凝聚成具有良好物理性能的絮凝体，并为杂质颗粒在沉淀澄清阶段迅速沉降分离创造良好的条件。采用网格絮凝，反应时间 30 min。

　　第三部分：斜管沉淀池。沉淀池主要去除悬浮于污水中的可以沉淀的固体悬浮物。本方案采用斜管式沉淀池，斜板（管）沉淀池是根据"浅层沉淀"理论，在沉淀池中加设斜板或蜂窝斜管，以提高沉淀效率的一种新型沉淀池。它具有沉淀效率高、处理效果稳定、停留时间短、占地少、维护工作量小等优点。

3.4　工艺特点

　　本工艺的特点：根据污水水质情况，有针对性地选择了工艺。整个处理系统运行安全可靠，平时一般不需要专人管理，只需适时地对设备进行维护和保养；处理工艺对水质的适应性强，耐冲击负荷性能好，出水水质稳定。总之，从工艺处理效果、投资造价及运行管理方面考虑本方案是最为可行的一种优化处理设计方案。

4　工艺设计

4.1　格栅井

（1）主要构筑物

格栅井一座，外形尺寸为 2.0 m×1.0 m×2.0 m，钢混结构。

（2）主要设备

格栅 1 套，格栅间隙 5 mm，尺寸规格 1 000 mm×2 000 mm。

4.2　调节池

（1）主要构筑物

　　数量：一座

　　停留时间：2 h

　　外形尺寸：10 m×30 m×4.5 m

　　有效水深：3.0 m

　　结构形式：钢砼结构

（2）主要设备

提升泵

　　型号：100WQ100-15-7.5

　　数量：三台（2 用 1 备）

　　流量：100 m^3/h

　　扬程：15 m

　　功率：7.5 kW

4.3　絮凝池

（1）主要构筑物

　　数量：二座

　　停留时间：30 min

　　外形尺寸：4.8 m×1.6 m×4.5 m

　　有效水深：4.0 m

　　结构形式：钢砼结构

（2）主要设备

①加药泵

　　型号：JJM-20/0.7

　　数量：三台（2 用 1 备交替使用）

　　流量：20 L/h

　　功率：0.07 kW

②加药箱（内设搅拌装置）

　　型号：500 LPVC 箱

　　数量：三个

③静态混合器

为使投加的絮凝剂能同水均匀混合，本工程采用管道静态混合器。静态混合器是利用在管道内设置多节固定式分流板使水流成对分流，同时又有交叉入旋涡反向旋转，以达到混合效果。

　　管径：DN200 mm，流速 v=0.7 m/s

　　数量：2 台

4.4　沉淀池

采用升流式异向斜管沉淀池。

主要构筑物

　　数量：二座

　　停留时间：24 min

　　外形尺寸：5.3 m×4.8 m×4.2 m

　　表面负荷：4.0 m³/（m²·h）

　　斜管孔径：80 mm

　　斜管面积：23 m²

　　结构形式：钢砼结构

4.5　污泥浓缩池

主要构筑物 1 座，单位尺寸：5.0 m×5.0 m×4.3 m。

4.6　脱水机房

主要放置脱水机等成套设备。选用板框压滤机一套。

（1）主要构筑物

　　数量：1 座

　　单位尺寸：6.0 m×4.0 m×3.0 m

（2）主要设备

①板框压滤机

　　型号：XMAY40/920-UKB

　　数量：1 台

　　滤室总容量：600 L

　　过滤面积：40 m²

　　电机功率：1.5 kW

②螺杆泵参数：

　　型号：G35-1

　　流量：4.2 m³/h

　　数量：1 台

　　功率：2.2 kW

　　扬程：60 m

③轴流通风机 2 台，型号为 T35 型。

5　污水处理系统布置

5.1　处理系统平面布置原则

（1）充分考虑与厂区环境、地形、功能布置和现有管道系统协调。

（2）充分考虑建设施工规划等问题，优化布置系统。

（3）根据夏季主导方向和全年风频，合理布置系统位置。

（4）处理构筑物布置紧凑，分合建清楚，节约用地、便于管理。

5.2　处理系统高程布置原则

（1）尽力利用地形设计高程，减少系统能耗。

（2）系统设计力求简洁、流畅，减少管件连接。

6　电气、仪表系统设计

6.1　系统电气工程设计

6.1.1　电气设计规范

（1）《电力装置的继电保护和自动装置设计规范》（GB/T 50062—2008）；

（2）《通用用电设备配电设计规范》（GB 50055—2011）；

（3）《供配电系统设计规范》（GB 50052—2009）；

（4）《信号报警及联锁系统设计规范》（HG 20511—2014）；

（5）《仪表系统接地设计规范》（HG/T 20513—2014）；

（6）《仪表供电设计规范》（HG/T 20509—2014）。

6.1.2　电气设计原则

在保证处理系统工艺要求的条件下，做到技术先进、操作简单、管理方便、安全可靠和经济合理。

6.1.3　电气设计范围

（1）处理系统用电设备的配电、变电及控制系统；

（2）自控系统的配电及信号系统。

7　主要构筑物、设备和仪表汇总表

7.1　主要构筑物

表3　主要构筑物一览表

序号	名称	具体尺寸	数量	备注
1	格栅井	2.0 m×2.0 m×2.0 m	1座	
2	调节池	14.0 m×8.0 m×3.5 m	1座	
3	絮凝池	4.8 m×2.4 m×4.2 m	2座	
4	沉淀池	5.3 m×4.8 m×4.2 m	2座	
5	脱水机房	6.0 m×4.0 m×3.0 m	1座	

7.2 主要设备

表4 主要设备一览表

名称		规格型号	数量	单机功率/kW	装机功率/kW	备注
格栅井	格栅	2000×2000	1套			
调节池	提升泵	100WQ100-15-7.5	3台（2用1备）	7.5	22.5	
絮凝池	网格		1套			不锈钢
沉淀池	斜管		23 m²			
脱水机房	板框压滤机	XMAY40/920-UKB	1台	1.5	1.5	
	螺杆泵	G35-1	1台	2.2	2.2	
	轴流风机	T35型	2台	0.17	0.34	
管件、阀门						
电控系统						
合计				11.37	26.54	

8 运行成本分析和工程造价

运行成本分析

本项目总装机容量为186.5 kW，使用功率为126.43 kW，详见表5：

表5 处理系统运行功率计算表

序号	项目	台数	单机功率/kW	使用功率/kW	装机功率/kW	运行时间/h	电耗/(kW·h)	备注
1	提升泵（调节池）	3（2用1备）	7.5	15	22.5	24	360	
2	板框压滤机	1	1.5	1.5	1.5	8	12	
3	螺杆泵	1	2.2	2.2	2.2	8	17.6	
4	轴流风机	2	0.17	0.34	0.34	24	8.16	
合计			11.37	19.04	26.54		397.76	

（1）运行电费：

电费：[每日耗电×0.65元/（kW·h）×0.7]/[4 000 m³/d]

= （397.76×0.65×0.7）÷（4 000） =0.045 元/m³

（2）依据本公司药剂方案（加 PAC，3～5 mg/L，以及 PAM1～3 mg/L）

PAC 价格为 3.5 元/kg，PAM 价格为 16 元/kg

所以混凝剂的费用为：5 g/m³×3.5 元/kg÷1 000+3 g/m³×16 元/kg÷1 000=0.07 元/m³

（3）人工费：

现场管理人员 2 人，月工资 1 000 元/月

人工费：[人工月工资×2 人]÷[30 天×实际回用量]

=[1 000 元/月 ×2 人]÷120 000 m³/月=0.017 元/m³

（4）总的运行费用为：0.132 元/m³（设备折旧费未计算在内）。

9 工程建设进度

为缩短工程进度，确保污水处理设施如期实行环保验收，工程设计、各分部工程、分项工程土建、安装以及调试工作，将进行统一协调、分布、交叉进行。

总工程进度安排见表6：

表6 工程进度表

工作内容＼周	1	2	3	4	5	6	7	8	9	10	11	12
施工图设计	▬	▬										
土 建 施 工			▬	▬	▬	▬	▬	▬	▬			
设备采购制作					▬	▬	▬	▬	▬			
设 备 安 装							▬	▬	▬	▬	▬	
调 试											▬	▬

第四章 钢铁工业废水

1 钢铁工业废水概述

目前，我国已成为世界产钢大国。钢铁工业用水量较大，每炼 1 t 钢，用水 $200\sim250~m^3$。现代钢铁工业的生产过程包括材选、烧结、炼铁、炼钢（连铸）、轧钢等生产工艺。钢铁工业废水如按照生产流程可分为矿山废水、烧结废水、焦化废水、炼铁废水、炼钢废水及轧钢废水等；如按污染物成分可分为含酚废水、含油废水、含铬废水、含氟废水、酸性及兼性废水等；如按污染物性质可分为有机废水、无机废水及冷却水等。

2 钢铁工业废水的来源与特点

2.1 矿山废水的来源与特点

硫化矿床在氧气和水的作用下，其中的硫、铁等元素会生产硫酸和金属硫酸盐，溶解于水而形成矿山酸性废水。其化学反应式如下：$2FeS_2+2~H_2O+7O_2\rightarrow2FeSO_4+2~H_2SO_4$。

矿山废水是呈酸型的废水，一般 pH 为 $1.5\sim6$，同时废水中含有铜、锌、铁、锰等金属离子。

矿山废水的特点是水量、水质变化大，废水呈酸性，并且含有大量的金属离子。如果不处理就直接排放，会造成严重的污染。酸性废水对矿山企业的水泵、管道、配件、坑道设备产生强烈的腐蚀作用，影响矿山企业的正常生产。酸性废水排入江河、湖泊后，水体 pH 发生变化，抑制或者阻止了细菌、微生物的生长，妨碍水体自净功能，危害鱼类和其他水生植物的生长，下渗的酸性废水对周边地下水也会造成污染。酸性废水进入农田，破坏土壤结构，使农作物产量减少，参与的金属离子不能被微生物降解，若富集于农作物体内，通过食物链进入人体，危害人体健康。

2.2 烧结厂废水的来源与特点

烧结厂废水主要来自湿式除尘排水、冲洗地坪水和设备冷却排水。湿式除尘排水含有大量的悬浮物，需经处理后方可串级使用或循环使用，如果排放，必须处理到满足排放标准。冲洗地坪水为间断性排水，悬浮物含量高，且含大颗粒物料，经净化后可以循环使用。设备冷却水，水质并未受到污物的污染，仅为水温升高（称热污染），经冷却处理后，一般都能回收重复利用。

所以，烧结厂的废水污染，主要是指含高悬浮物的废水，如不经处理直接外排则会有较大危害，并且浪费水资源和大量可回收的有用物质。烧结厂废水经沉淀浓缩后污泥含铁量较高，有较好的回收价值。

2.3　炼铁废水的来源与特点

炼铁工艺是将原料（矿石和熔剂）及燃料（焦炭）送入高炉，通入热风，使原料在高温下熔炼成铁水，同时产生炉渣和高炉煤气。炼铁产生的高炉渣，经水淬后形成水渣，可用于生产水泥等制品，是很好的建筑材料。炼铁厂包含有高炉、热风炉、高炉煤气洗涤设施、鼓风机、铸铁机、冲渣池等，以及与之配套的辅助设施。

2.3.1　废水的来源

高炉和热风炉的冷却、高炉煤气的洗涤、炉渣水淬和水力输送是主要的用水装置，此外还有一些用水量较小或间断用水的地方。以用水的作用来看，炼铁厂的用水可分为：设备间接冷却水；设备及产品的直接冷却水；生产工艺过程用水及其他杂用水。随之而产生的废水也就是间接冷却废水、设备或产品的直接冷却废水及生产工艺过程中的废水。炼铁厂生产工艺过程中产生的废水主要是高炉煤气洗涤水和冲渣废水。

2.3.2　废水的水量和水质

炼铁厂的所有给水，除极少量损失外，均转为废水，所以废水量基本上与用水量相当。高炉煤气洗涤水是炼铁厂的主要废水，其特点是水量大，悬浮物含量大，含有酚、氰等有害物质，危害大，所以它是炼铁厂具有代表性的废水。

2.4　炼钢废水的来源与特点

炼钢是将生铁中含量较高的碳、硅、磷、锰等元素去除或降低到允许值之内的工艺过程。炼钢方法一般为转炉炼钢，并以纯氧顶吹转炉炼钢为主。电炉大多炼一些特殊钢，平炉炼钢是一种老的生产工艺，实际上已被淘汰。由于连铸工艺的实施，连铸机广泛的使用是钢铁工业的一次重大工艺改革，所以炼钢厂包括了连铸这一部分工艺过程。

炼钢废水主要分为三类：

（1）设备间接冷却水

这种废水的水温较高，水质不受到污染，采取冷却降温后可循环使用，不外排。但必须控制好水质稳定，否则会对设备产生腐蚀或结垢阻塞现象。

（2）设备和产品的直接冷却废水

主要特征是含有大量的氧化铁皮和少量润滑油脂，经处理后方可循环利用或外排。

（3）生产工艺过程废水

实际上就是指转炉除尘废水。炼钢废水的水量，由于其车间组成、炼钢工艺、给水条件的不同，而有所差异。

2.5　轧钢厂废水的来源与特点

细锭或钢坯通过轧制成板、管、型、线等钢材。轧钢分热轧和冷轧两类。热轧一般是将钢锭或钢坯在均热炉里加热至 1 150～1 250℃后轧制成材；冷轧通常是指不经加热，在常温下轧制。生产各种热轧、冷轧产品过程中需要大量水冷却、冲洗钢材和设备，从而也产生废水和废液。轧钢厂所产生的废水的水量和水质与轧机种类、工艺方式、生产能力及操作水平等因素有关。

热轧废水的特点是含有大量的氧化铁皮和油，温度较高，且水量大。经沉淀、机械除油、过滤、冷却等物理方法处理后，可循环利用，通称轧钢厂的浊环系统。冷轧废水种类繁多，以含油（包括乳化液）、含酸、含碱和含铬（重金属离子）为主，要分流处理并注意有效成分的利用和回收。

3　钢铁工业废水的常规处理方法

3.1　矿山废水的常规处理方法

矿山废水的特点是水量、水质变化大，废水呈酸性。要合理确定矿山废水的处理规模，并使被处理水的水质波动不要过大，往往需要设调节水池和调节水库，先把水收集起来，再进行处理。矿山废水是呈硫酸型的废水，一般 pH 为 1.5～6，这样低的硫酸含量，显然没有回收价值，因此往往采用中和处理的方法。矿山酸性废水的处理，一般采用石灰中和法。

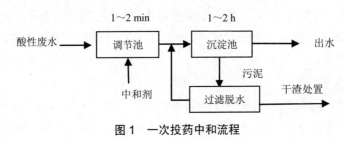

图 1　一次投药中和流程

3.2　烧结厂废水的常规处理方法

烧结厂废水处理主要目标是去除悬浮物，换言之就是对除尘、冲洗废水的治理。这类废水治理的主要技术难点在于污泥脱水。烧结厂废水经沉淀后污泥含铁品位很高，沉淀较快，但由于有一定黏性，故使脱水困难。我国烧结厂工艺设备先进程度差距很大，废水处理的工艺也多种并存。国内比较常用的废水处理工艺有以下五种：平流式沉淀池分散处理工艺、集中浓缩浓泥斗处理工艺、集中浓缩拉链机处理工艺、集中浓缩真空过滤机（或压滤机）处理工艺、集中浓缩综合处理工艺。

3.2.1　平流式沉淀池分散处理工艺

这是一种简单、"古老"的处理工艺，多为遗留下来设施的延用，目前在中小型烧结厂或大型烧结厂的某些车间中还采用，清泥方法也引进了机械设备，如链式刮泥机或机械抓斗起重机。

3.2.2　集中浓缩浓泥斗处理工艺

此种工艺是目前中小型烧结厂中常见的工艺。烧结厂废水先进入浓缩池，经浓缩沉淀后的底部沉泥经砂泵扬送到浓泥斗进行处理，浓泥斗是架设在返矿皮带口的构筑物。污泥在浓泥斗中一般以静置 3～6 d 为宜，时间过长，会使污泥压实，造成排泥困难；时间过短，会使污泥含水率过高。排泥是由螺旋推进排泥机完成的。集中浓缩浓泥斗处理工艺是处理烧结厂废水行之有效的方式，目前我国中小型厂多采用，不仅改善了排水水质，而且还回收了有用物质；但对大型烧结厂不太适用，应选择其他工艺。

3.2.3　集中浓缩拉链机处理工艺

此法的特点是处理后的水质可达循环用水的水质要求，通过污泥拉链机保证了排泥的连续性。

浓缩池的溢流水供循环使用。浓缩后的底部污泥排入拉链机，在拉链机中再沉淀，沉淀的污泥由拉链传送到返矿皮带上，送往混合配料。其含水率可以达到 20%～30%，拉链机的溢流水再返回到浓缩池中。

3.2.4　集中浓缩真空过滤（或压滤）工艺

该法的前部分集中浓缩处理与前述基本相同，而后部分污泥处理则采用真空过滤机（或压滤机）。近年来通过工业试验，带式压滤机在烧结厂污泥脱水方面有良好效果，为设计提供了新的选择。

3.2.5 集中浓缩综合处理

集中浓缩综合处理是烧结厂废水处理的较先进的工艺。它的特点就是按水质不同，分别采用措施，以达到最有效的重复利用，减少废水外排。

3.3 炼铁废水的常规处理方法

3.3.1 高炉煤气洗涤水处理

高炉煤气洗涤水处理工艺主要包括沉淀（或混凝沉淀）、水质稳定、降温（有炉顶发电设施的可不降温）、污泥处理四部分。沉淀去除悬浮物采用辐射式沉淀池为多，效果较好。国内采用的工艺流程有如下几种。

（1）石灰软化—碳化法

洗涤煤气后的污水经辐射式沉淀池加药混凝沉淀后，出水的80%送往降温设备（冷却塔），其余20%的出水泵往加速澄清池进行软化，软化水和冷却水混合后流入加烟井，进行碳化处理，然后由泵送回煤气洗涤设备循环使用。从沉淀池底部排出泥浆，送至浓缩池进行二次浓缩，再送真空过滤机脱水。浓缩池溢流水回沉淀池，或直接去吸水井供循环使用。瓦斯泥送入贮泥仓，供烧结做原料。

（2）投加药剂法

洗涤煤气后的废水经沉淀池进行混凝沉淀，在沉淀池出口的管道上投加阻垢剂，阻止碳酸钙结垢，同时防止氧化铁、二氧化硅、氢氧化锌等结合生成水垢，在使用药剂时应调节 pH。为了保证水质在一定的浓缩倍数下循环，定期向系统外排污，不断补充新水，使水质保持稳定。

（3）酸化法

从煤气洗涤塔排出的废水，经辐射式沉淀池自然沉淀（或混凝沉淀），上层清水送至冷却塔降温，然后由塔下集水池输送到循环系统，在输送管道上设置加酸口，废酸池内的废硫酸通过胶管适量均匀地加入水中。沉泥经脱水后，送烧结利用。

（4）石灰软化—药剂法

本处理法采用石灰软化（20%～30%的清水）和加药阻垢联合处理。由于选用不同水质稳定剂进行组合配方，达到协同效应，增强水质稳定效果。

3.3.2 高炉冲渣废水处理

高炉渣水淬方式分为渣池水淬和炉前水淬两种。高炉冲渣废水一般指炉前水淬所产生的废水。因为循环水质要求低，所以经渣水分离后即可循环，温度高一些不影响冲渣。在冲渣水系统中，可以设计成只有补充水、而无排污的循环系统。渣水分离的方法有以下几种。

（1）渣滤法

将渣水混合物引入一组滤池内，由渣本身作滤料，使渣和水通过滤池将渣截流在池内，并使水得到过滤。过滤后的水悬浮物含量很少，且在渣滤过程中，可以降低水的暂时硬度，滤料也不必反冲洗，循环使用比较好实现。但滤池占地面积大，一般都要几个滤池轮换作业，并难以自动控制，因此渣滤法只适用于小高炉的渣水分离。

（2）槽式脱水法（RASA 拉萨法）

将冲渣水用泵打入一个槽内，槽底、槽壁均用不锈钢丝网拦挡，犹如滤池，但脱水面积远远大于滤池，故占地面积较少。脱水后的水渣由槽下部的阀门控制排出，装车外运；脱水槽出水夹带浮渣，一并进入沉淀池，沉淀下的渣再返回脱水槽，溢流水经冷却循环使用。

（3）转鼓脱水法（INBA 印巴法）

将冲渣水引至一个转动着的圆筒形设备内，通过均匀的分配，使渣水混合物进入转鼓。由于转鼓的外筒是由不锈钢丝编织的网格结构，进入转鼓内的渣和水很快得到分离。水通过渣和网，从转鼓的下部流出；渣则随转鼓一道做圆周运动。当渣被带到圆筒的上部时，依靠自重落至转鼓中心的输出皮带机上，将渣运出，实现水与渣的分离。由于所有的渣均在转鼓内被分离，没有浮渣产生，不必再设沉淀设施，极大地提高了效率，这是先进的渣水分离设备。

3.4 炼钢废水的常规处理方法

3.4.1 转炉除尘废水

炼钢过程是一个铁水中碳和其他元素氧化的过程。铁水中的碳与氧发生反应，生成 CO，随炉气一道从炉口冒出。回收这部分炉气，作为工厂能源的一个组成部分，这种炉气叫转炉煤气；这种处理过程，称为回收法，或叫未燃法。如果炉口处没有密封，从而大量空气通过烟道口随炉气一道进入烟道，在烟道内，空气中的氧气与炽热的 CO 发生燃烧反应，使 CO 大部分变成 CO_2，同时放出热量，这种方法称为燃烧法。这两种不同的炉气处理方法，给除尘废水带来不同的影响。含尘烟气一般均采用两级文丘里洗涤器进行除尘和降温。使用过后，通过脱水器排出，即为转炉除尘废水。

要解决转炉除尘废水的关键技术，一是悬浮物的去除；二是水质稳定问题；三是污泥的脱水与回收。

（1）悬浮物的去除

纯氧顶吹转炉除尘废水中的悬浮物杂质均为无机化合物，采用自然沉淀的物理方法，虽能使出水悬浮物含量达到 150～200 mg/L 的水平，但循环利用效果不佳，必须采用强化沉淀的措施。一般在辐射式沉淀池或立式沉淀池前加混凝药剂，或先通过磁凝聚器经磁化后进入沉淀池。最理想的方法应使除尘废水进入水力旋流器，利用重力分离的原理，将大颗粒大于 60 μm 的悬浮颗粒去掉，以减轻沉淀池的负荷。废水中投加 1 mg/L 的聚丙烯酰胺，即可使出水悬浮物含量达到 100 mg/L 以下，效果非常显著，可以保证正常的循环利用。由于转炉除尘废水中悬浮物的主要成分是铁皮，采用磁凝聚器处理含铁磁质微粒十分有效，氧化铁微粒在流经磁场时产生磁感应，离开时具有剩磁，微粒在沉淀池中互相碰撞吸引凝聚成较大的絮体从而加速沉淀，并能改善污泥的脱水性能。

（2）水质稳定问题

由于炼钢过程中必须投加石灰，在吹氧时部分石灰粉尘还未与钢液接触就被吹出炉外，随烟气一道进入除尘系统，因此，除尘废水中 Ca^{2+} 含量相当多，它与溶入水中的 CO_2 反应，致使除尘废水的暂时硬度较高，水质失去稳定。

采用沉淀池后投入分散剂（或称水质稳定剂）的方法，在螯合、分散的作用下，能较成功地防垢、除垢。投加碳酸钠（Na_2CO_3）也是一种可行的水质稳定方法。Na_2CO_3 和石灰[$Ca(OH)_2$]反应，形成 $CaCO_3$ 沉淀：

$$CaO+H_2O \rightarrow Ca(OH)_2$$
$$Na_2CO_3+Ca(OH)_2 \rightarrow CaCO_3 \downarrow +2NaOH$$

而生成的 NaOH 与水中 CO_2 作用又生成 Na_2CO_3，从而在循环反应的过程中，使 Na_2CO_3 得到再生，在运行中由于排污和渗漏所致，仅补充一些量的 Na_2CO_3 保持平衡。该法在国内一些厂的应用中有很好效果。

利用高炉煤气洗涤水与转炉除尘废水混合处理，也是保持水质稳定的一种有效方法。由于高炉煤气洗涤水含有大量的 HCO_3^-，而转炉除尘废水含有较多的 OH^-，使两者结合，发生如下反应：

$$Ca(OH)_2+Ca(HCO_3)_2 \rightarrow 2CaCO_3 \downarrow +2 H_2O$$

生成的碳酸钙正好在沉淀池中去除，这是以废治废、综合利用的典型实例。在运转过程中如果 OH^- 与 HCO_3^- 量不平衡，适当在沉淀池后加些阻垢剂做保证。

总之，水质稳定的方法是根据生产工艺和水质条件，因地制宜地处理，选取最有效、最经济的方法。

3.4.2 连铸机废水处理

随着钢铁生产的发展，连铸技术已被越来越多的钢铁企业采用，我国的连铸比大幅度上升。连铸工艺省去了模铸和初轧开坯的工序，钢水直接流入连铸机的结晶器，使液态金属急剧冷却，从结晶器尾部拉出的钢坯进入二次冷却区，二次冷却区由辊道和喷水冷却设备构成。在连铸过程中，供水起着重要作用，为了提高钢坯的质量，对连铸机用水水质的要求越来越高，水的冷却效果好坏直接影响到钢坯的质量和结晶器的使用寿命。由于连铸工艺的实施，简化了加工钢材的过程，不但大量节省基建投资和运行费用，而且减少能耗，提高成材率。连铸生产中废水主要形成以下三组循环系统。

（1）设备间接冷却水（软化水系统）

此类冷却循环水系统是密闭循环，主要指结晶器和其他设备的间接冷却水。由于水质要求高，一般用软化水，必须处理好水质稳定问题。采用脱硬后的软水，伴随着低硬水腐蚀速度加快，防蚀为主要矛盾。采用投药方法控制水质稳定应考虑定量强制性排污，以防止盐类物质的富集。由于各部位对水压和流速的不同要求，应注意分别情况供水。

（2）设备和产品的直接冷却水

主要是指二次冷却区产生的废水，大量的喷嘴向拉辊牵引的钢坯喷水，进一步使钢坯冷却固化，此水受热污染并带有氧化铁皮和油脂。二次冷却区的吨钢耗水量一般为 0.5～0.8 m³。含氧化铁皮、油和其他杂质，以及水温较高，这是二次冷却水的特点。处理方法一般采用固-液分离（沉淀）、液-液分离（除油）、过滤、冷却、水质稳定措施，以达到循环利用。

（3）净循环水系统

此系统是用于冷却软水的，水源一般来自工业给水系统，由泵将水送入热交换器，交换软水中的热量，而净循环水系统的热量由冷却塔降温，降温后循环使用。由于冷却塔和储水池与外界接触，应考虑水量损失和风沙污染。

3.5 轧钢厂废水的常规处理方法

3.5.1 热轧废水

（1）一次沉淀工艺流程

仅仅用一个旋流沉淀池来完成净化水质，既去除氧化铁皮，又有除油效果，国内还是比较常见的流程。旋流沉淀池设计负荷一般采用 25～30 m³/（m²·h），废水在沉淀池的停留时间可采用 6～10 min。与平流沉淀池相比，占地面积小，运行管理方便。

图 2　一次沉淀系统

（2）二次沉淀工艺流程

系统中根据生产对水温的要求，可设冷却塔，保证用水的水温。

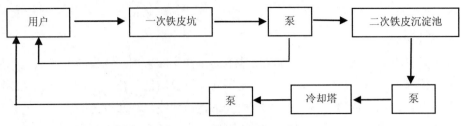

图3　二次沉淀系统工艺流程

（3）沉淀—混凝沉淀—冷却工艺流程

这是完整的工艺流程，用加药混凝沉淀，进一步净化，使循环水悬浮物含量可小于50 mg/L。

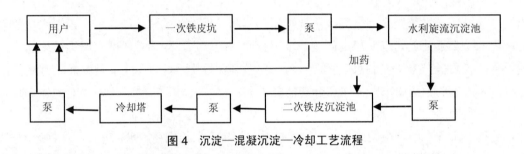

图4　沉淀—混凝沉淀—冷却工艺流程

（4）沉淀—过滤—冷却工艺流程

为了提高循环水质，热轧废水经沉淀处理后，往往再用单层和双层滤料的压力过滤器进行最终净化。

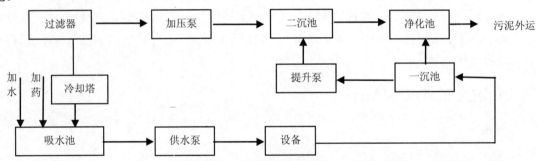

图5　沉淀—过滤—冷却工艺流程

3.5.2　冷轧废水

冷轧钢材必须清除原料的表面氧化铁皮，采用酸洗清除氧化铁皮，随之产生废酸液和酸洗废水。还有一种废水就是冷却轧辊的含乳化液废水。除此以外，轧镀锌带钢产生含铬废水。

（1）中和处理

轧钢厂的酸性废水一般采用投药中和法和过滤中和法。常用的中和剂为石灰、石灰石、白云石等。投药中和的处理设备主要由药剂配制设备和处理构筑物两部分组成。

由于轧钢废水中存在大量的二价铁离子，中和产生的 $Fe(OH)_2$ 溶解度较高，沉淀不彻底，采用曝气方式使二价铁变成三价铁沉淀，出水效果好，而且沉泥也较易脱水，过滤中和就是使酸性废水通过碱性固体滤料层进行中和。滤料层一般采用石灰石和白云石。过滤中和只适用于水量较小的轧钢厂。

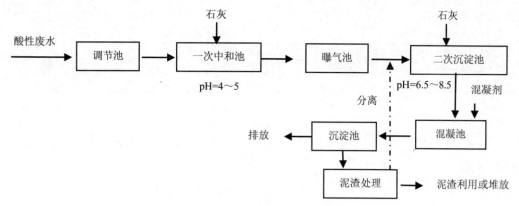

图6 二次中和流程

（2）乳化液废水处理

轧钢含油及乳化液废水中，有少量的浮油、浮渣和油泥。利用贮油槽除调节水量、保持废水成分均匀、减少处理构筑物的容量外，还有利于以上成分的静置分离。所以槽内应有刮油及刮泥设施，同时还设加热设备。

乳化液的处理方法有化学法、物理法、加热法和机械法，以化学法和膜分离法常见。化学法治理时，一般对废水加热，用破乳剂破乳后，使油、水分离。化学破乳关键在于选好破乳剂。冷轧乳化液废水的膜分离处理主要有超滤和反渗透两种，超滤法的运行费用较低，正在推广使用。

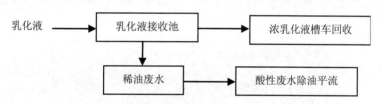

图7 乳化液废水处理工艺流程

实例一　昆明某钢铁集团 80 m³/h 生产废水回用处理工程

1　项目概况

该钢铁集团是云南省最大的钢铁联合生产基地，具备年产 700 万 t 钢的综合生产能力，是集钢铁冶金、煤焦化工、矿业开发、重型装备制造、水泥建材、房地产、现代物流、工程设计等于一体的特大型钢铁集团。目前该集团拥有高速线材、连轧棒材生产线、2 000 m³ 高炉和双机架紧凑式炉卷轧机等先进装备，主要产品有高速线材、螺纹钢、热轧板、冷轧板和镀锌彩涂板产品等。为了节约用水、发展循环经济，该集团拟建一套生产废水处理回用系统，对生产废水加以妥善处理并回用。

该集团目前已有一套废水处理系统，经该处理系统处理后的出水中的 COD 和 SS 等含量较高，不能满足回用要求，因此企业欲新建一套废水处理回用系统，采用"溶气气浮+臭氧氧化+高效曝气生物滤池+过滤+活性炭吸附"的组合工艺，对原有废水处理系统的出水进行深度处理，处理后的出水达到《城市污水再生利用　城市杂用水水质》（GB/T 18920—2002）中用于绿化的标准，出水主要回用于生产用水和厂区绿化浇灌用水。该废水回用处理系统总装机容量 72.05 kW，运行费用约 0.81 元/m³ 废水（不含折旧费）。

图 1　曝气生物滤池

2　设计依据

2.1　设计依据

（1）建设方提供的各种相关基础资料（水质、水量、回用水要求等）；

（2）现场踏勘资料；

（3）《污水综合排放标准》（GB 8978—1996）；

（4）国家及省、地区有关法规、规定及文件精神；

（5）《城市污水再生利用 城市杂用水水质》（GB/T 18920—2002）；

（6）其他相关设计规范与标准。

2.2 设计原则

（1）严格执行国家和地方环保、卫生和安全等法规、标准，经处理后的出水主要水质指标符合国家有关标准；

（2）采用的水处理工艺既要体现技术先进、经济合理，又要成熟、安全可靠，并应操作简单、运行管理方便；

（3）根据废水水质和处理要求，合理选择工艺路线，处理单元相对紧凑、占地尽可能少，在确保运行稳定、可靠的前提下，尽量减少占地面积和投资；

（4）设计中坚持废水生化处理与生态化处理思想相结合的原则，营造和谐的废水处理生态环境；

（5）设备选型要综合考虑性能、价格等因素，应尽量做到高效节能、噪声低、运行可靠，维护管理简便；

（6）工程布局适合建设方的整体要求。

2.3 设计及施工范围

本项目设计范围包括废水回用处理工艺的选择、构筑物、处理设备和管材及电气控制系统的设计，包括从调节水池至回用水池的工艺、土建。本设计目前暂不考虑消毒，是否需要消毒视具体情况而定。

本设计只对水处理主体部分进行设计，进水渠及处理后回用水泵及管道等由建设方负责。

在电力配置方面，本设计不包括从建设方配电室至本工程电控系统间的设计。

本设计不包括废水处理回用站的道路、绿化设计。

3 主要设计资料

3.1 设计进出水水质

根据建设方提供的资料，设计水量按 80 m^3/h 计。

设计废水进水水质指标如表 1 所示。

表 1 设计废水进水水质

项目	COD/（mg/L）	SS/（mg/L）	pH	NH$_3$-N/（mg/L）	油/（mg/L）
进水水质	≤190	100～150	7.0	≤3.4	≤5.7

3.2 设计出水水质

根据建设方要求，本项目设计出水主要回用于生产用水和厂区绿化浇灌用水，但未提供具体的生产用水水质指标，因此本项目设计出水水质暂参考《城市污水再生利用 城市杂用水水质》中用于绿化的部分指标（如业主提供生产用水水质要求，处理工艺将根据具体出水水质重新确定），具体水质指标如表 2 所示。

表 2　回用水水质要求

项目	COD/（mg/L）	BOD/（mg/L）	浊度/NTU	pH	NH₃-N/（mg/L）	色度
回用水水质	≤100	≤20	≤10	6.0～9.0	≤20	30

4　处理工艺

4.1　废水特点

钢铁企业是典型的用水大户，生产废水按生产和加工对象分为烧结废水、焦化废水、炼钢废水、轧钢废水等几类，该集团生产废水主要为焦化生产废水。钢铁工业在从矿石原料准备到钢铁冶炼以至成品轧制的生产过程中，几乎所有工序都要用水，都有废水排放。其特点是废水量大，且污染面广。在钢铁生产过程中排出的废水，主要来源于生产工艺过程用水、设备与产品冷却水、设备和场地清洗水等，其中 70%的废水来源于冷却用水。因此，钢铁工业废水主要含有无机固体悬浮物、有机需氧物质、化学毒物、重金属、酸和热等污染物。

4.2　废水回用处理工艺选择的原则

废水回用处理工艺的选择，应综合考虑进水水质、回用水要求以及当地温度、工程地质、环境等因素，具体应遵循以下原则：

（1）所选工艺必须技术先进、成熟，对水质变化适应能力强，运行稳定，能保证回用水水质达到回用要求；

（2）所选工艺应尽量降低能耗、减少基建投资和运行费用，节省占地面积；

（3）所选工艺应易于操作、运行灵活且便于管理。根据进水水质、水量，应能对工艺运行参数和操作进行适当调整；

（4）所选工艺应易于实现自动化控制，从而提高操作管理水平；

（5）所选工艺应最大限度地减少对周围环境的不良影响（气味、噪声等）。

4.3　工艺流程

根据不同的回用水要求，回用水处理工艺主要有生化处理方法，如生物接触氧化、生物活性炭、曝气生物滤池等；物理化学处理方法，如混凝沉淀、过滤及膜水处理、臭氧氧化等纯物理的方法。目前多采用"生物处理+物理处理"的组合处理工艺。本工程根据废水水量、水质和回用要求等，确定处理工艺为"溶气气浮+臭氧氧化+曝气生物滤池（BAF）+过滤+活性炭吸附"的组合工艺，具体流程如图 2 所示。

4.4　工艺流程说明

经企业原有废水处理系统处理后的出水进入排放水池暂存，之后由提升泵提升进入气浮反应器，在气浮反应器的进水口前端投加絮凝剂和助凝剂等药剂，通过气浮的浮选作用去除废水中的悬浮物和浮油等污染物。

气浮反应器的出水通过自流作用进入臭氧接触反应塔，在此通过臭氧的强氧化作用使难降解的高分子有机物氧化成易生物降解的小分子有机物，同时对废水进行脱色处理。

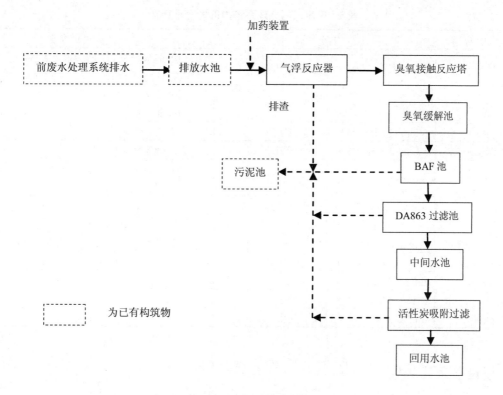

图 2 钢铁生产废水回用处理工艺流程

经过臭氧接触氧化后的废水进入臭氧缓解池，残留在废水中的臭氧在此进行分解。臭氧缓解池的出水经提升泵提升进入 BAF 池，池内装填比表面积大、表面粗糙、易挂膜的陶粒填料，以提供微生物膜生长的载体。废水从滤池顶部进入，滤池底部曝气，气水处于逆流状态。在 BAF 池中，有机物被微生物氧化分解，NH_3-N 被氧化成硝态氮；另外，由于在生物膜的内部存在厌氧和兼氧环境，在硝化的同时实现部分反硝化反应。从滤池底部的出水可直接排入中间水池，一部分留作反冲洗之用。

BAF 池出水自流进入 D 型滤池，D 型滤池是一种快滤池，采用小阻力配水系统、高效的气水反冲洗技术、恒水位或变水位的过滤方式，具备传统快滤池的主要优点，同时运用了 DA863 过滤技术，多方面性能优于传统快滤池，是一种实用、新型、高效的滤池。

D 型滤池出水进入中间水池，后经提升泵提升至活性炭过滤器。活性炭是一种黑色多孔的固体炭质，由煤通过粉碎、成型或用均匀的煤粒经炭化、活化生产，主要成分为碳，并含少量氧、氢、硫、氮、氯等元素。由于活性炭的比表面积大，所以吸附能力较强。选择活性炭作为吸附剂，可以高效去除废水中残存的有机物、胶体、细菌残留物、微生物等，并可以达到脱色、除臭的目的。在本设计中，活性炭过滤器主要起保护作用，即当 D 型滤池的出水不满足回用要求后，通过活性炭吸附和过滤作用保证出水的浊度、COD 和色度等达到回用要求。

5 构筑物及设备设计参数

5.1 构筑物设计参数

该废水回用处理系统主要构筑物设计参数如表 3 所示。

表 3　废水回用处理系统构筑物设计参数

构筑物名称	规格尺寸	结构形式	数量	设计参数
气浮反应器	φ5.4 m×5.0 m	碳钢防腐	1	处理水量 82 m³/h;表面负荷 5.4 m³/(m²·h);设计每 2 h 排渣一次,每次排渣 2 min
臭氧接触反应塔	φ2.0 m×4.5 m	碳钢防腐	1	处理水量 82 m³/h;表面负荷 26.1 m³/(m²·h)
中间水箱	2.5 m×2.5 m×3.0 m	碳钢防腐	1	有效容积 120 m³
臭氧缓解池	5.0 m×6.0 m×4.5 m	地下钢砼	1	有效容积 120 m³
曝气生物滤池	5.0 m×5.0 m×6.0 m	地上钢砼	1	有效容积 120 m³;空塔停留时间 55 min;填料层高 3.0 m
D 型滤池	4.1 m×1.9 m×3.5 m	碳钢防腐	1	处理水量 82 m³/h
中间水池	4.0 m×5.0 m×4.5 m	地下钢砼	1	处理水量 82 m³/h
活性炭过滤器	φ2.6 m×4.5 m	—	2	设计滤速 7 m/h;装填高度 1 200 mm
回用水池	5.0 m×4.0 m×4.5 m	地下钢砼	1	有效容积 120 m³;有效水深 4.0 m
风机房	6.0 m×8.0 m×3.6 m	砖混隔音	1	
臭氧房	3.5 m×8.0 m×3.6 m	砖混	1	
配电房	4.0 m×3.5 m×3.6 m	砖混	1	

5.2　主要设备设计参数

该废水回用处理系统主要设备参数如表 4 所示。

表 4　废水回用处理系统主要设备设计参数

安装位置	设备名称	规格型号	数量	功率	备注
气浮反应器	提升泵	—	2 台(1 用 1 备)	4.0 kW	铸铁;流量 83 m³/h;扬程 10.4 m
	回流泵	立式离心泵	2 台(1 用 1 备)	7.5 kW	铸铁;流量 24 m³/h;扬程 50 m
	溶气罐	φ0.6 m×3.0 m	1 台	—	碳钢;运行压 0.3~0.4 MPa;配置磁翻板液位器
	填料	φ25 多面空心球	0.6 m³	—	填料高度 1 000 mm
	空压机	—	1 台	0.37 kW	空气量 0.036 m³/min;最大压力 0.8 MPa
	溶气释放器	φ250	2 只	—	作用直径 800 mm
臭氧接触反应塔	臭氧发生器	—	1 套	15 kW	臭氧产量:1 600 g/h;冷却水流量:1.7~2.0 m³/h
曝气生物滤池	提升泵	—	2 台(1 用 1 备)	7.5 kW	流量 82 m³/h;扬程 18.0 m
	反冲洗水泵	—	1 台	37 kW	流量 553 m³/h;扬程 16.0 m
	曝气风机	—	2 台(1 用 1 备)	11 kW	风量 4.4 m³/min;升压 60 kPa
	反冲洗风机	—	—	37 kW	风量 22.5 m³/min;升压 60 kPa
	弹孔膜曝气器		975 套		风量 4.4 m³/min
D 型滤池	反冲洗水泵		2 台(1 用 1 备)	7.5 kW	流量 120 m³/h;扬程 16.0 m
	反冲洗风机	19.2 m³	1 台	18.5 kW	风量 9.64 m³/min;升压 50 kPa
活性炭过滤器	提升泵	—	4 台(1 用 1 备)	5.5 kW	流量 41 m³/h;扬程 22.0 m
	反冲洗风机	19.2 m³	1 台	7.5 kW	流量 120 m³/h;扬程 13.0 m

安装位置	设备名称	规格型号	数量	功率	备注
混凝剂投加系统	计量泵	—	2 台	40W	流量 90 L/h；压力 0.5 MPa
	计量箱	1 500 L	2 只	—	材质 PE
助凝剂投加系统	计量泵	—	2 台	0.55 kW	流量 265 L/h；压力 0.3 MPa
	计量箱	3 000 L	2 只	—	材质 PE

6　二次污染防治

6.1　噪声控制

（1）该处理系统设在该企业厂区边围，对外界影响小；

（2）该处理系统内风机选用低噪声型，本机噪声≤80 dB，风机进出口均采用消声器，底座用隔震垫，进出口风管用可橡胶软接头等减震降噪措施。水泵选用国优潜污泵，对外界无影响。

6.2　污泥处理

（1）该处理系统产生的污泥统一收集进入污泥浓缩池，后由脱水机脱水；

（2）干污泥定期外运处理。

6.3　臭气防治

本项目无臭气产生。

7　电气控制

7.1　工程范围

本自动控制系统为废水回用处理工程工艺所配置，自控专业主要涉及的内容为该废水回用处理系统中污水泵与液位的联锁、报警、风机的交替动作、风机与进水泵的联锁工作等。

7.2　控制水平

本工程中采用 PLC 程序控制，系统由 PLC 控制柜、配电控制屏等构成。

7.3　控制方式

本工程装置内所有电动机均采用中央集中室控制方式，电动机联锁由仪表专业的 PLC 实现。

7.4　电源状况

本系统需一路 380/220V 电源引入。

7.5　电气控制

该废水回用处理系统电控装置为集中控制，采用进口 PLC 可编程序控制器，主要自动控制各类泵提升（液位控制）；风机启动及定期互相切换；需要时（如维修状态下）可切换到手动工作状态。

（1）水泵

①水泵的启动受液位控制。

②高液位：报警，同时启动备用泵；

③中液位：一台水泵工作，关闭备用泵；

④低液位：报警，关闭所有水泵；

⑤水泵中一台水泵出现故障，发出指示信号，另一台备用泵自动工作。

（2）风机

风机设置 2 台（1 用 1 备），风机 8～12 h 内交替运行，一台风机故障，发出指示信号，另一台自动工作。风机与水泵实行联动，当水泵停止工作时，风机间歇工作。

（3）声光报警

各类动力设备发生故障，电控系统自动报警指示（报警时间 10～30 s），并故障显示至故障消除。

（4）其他

①各类电气设备均设置电路短路和过载保护装置；

②动力电源由本电站提供，进入废水回用处理系统动力配电柜。

8 运行费用分析

本工程运行费用由电费、人工费和药剂费三部分组成。

8.1 运行电费

该系统总装机容量为 72.05 kW，其中平均日常运行容量为 46.75 kW，每天电耗为 577.45 kW·h，电费平均按 0.50 元/（kW·h）计，则运行电费 E_1=0.29 元/m³ 废水。

8.2 人工费

本废水回用处理站自动化控制程度高，操作管理简单，配备两名工人轮班管理即可，E_2=0.26 元/m³ 废水。

8.3 药剂费

本废水回用处理站药剂费为气浮设备使用药剂、絮凝沉淀所耗药剂、消毒消耗以及污泥药剂消耗，药剂费 E_3=0.26 元/m³ 废水。

8.4 运行费用

运行费用总计 $E=E_1+E_2+E_3$=0.29+0.26+0.26=0.81 元/m³ 废水。

9 工程建设进度

本工程建设周期为 13 周，为缩短工程进度，确保该废水回用处理设施如期实行环保验收，工程设计、各分部工程、分项工程土建、安装以及调试工作，将进行统一协调、分布、交叉进行，具体工程进度安排如表 5 所示。

表 5　工程进度表

工作内容＼周	1	2	3	4	5	6	7	8	9	10	11	12	13
施工图设计	▬	▬											
土建施工			▬	▬	▬	▬	▬	▬	▬	▬			
设备采购制作					▬	▬	▬	▬	▬	▬			
设备安装								▬	▬	▬	▬	▬	
调试											▬	▬	▬

10　工程保修及事故应急处理措施

（1）本工程自验收合格日算起保修期为一年，设备部分自进场日算起保修期为一年；

（2）本方案的提升设备设有备用，当其中一台出现故障时，由另一台备用设备工作，以保证处理系统能正常运行；同时厂内必须加紧时间维修出现故障的设备，防止出现两台设备同时发生故障；

（3）为保证处理设备的正常运行，应加强设备日常维护和巡检，在停产期（节假日等）安排检修或大修；

（4）建立规范的操作规程和健全的事故报警制度。

实例二　云南昭通某洗煤场 1 000 m³/d 洗煤废水
处理及精煤回收技术方案

1　工程概况

　　洗煤是煤炭深加工行业一个不可缺少的工序,从矿井中直接开采出来的原煤在开采过程中混入了许多杂质,洗煤就是将原煤中的杂质剔除,或将优质煤和劣质煤进行分门别类的一种工艺。

　　洗煤废水具有水量大、污染物含量高及处理难度大等特点,随着全国范围内相关环保标准的严格化,洗煤废水的治理迫在眉睫。该洗煤场是昭通地区最大的洗煤场。因此,该洗煤场拟新建一套洗煤废水处理系统,对产生的洗煤废水进行妥善处理,并在此过程中对废水中的精煤加以回收,不仅要实现煤资源的回收利用,也要实现废水的治理。经该系统处理后的出水达到《煤炭工业污染物排放标准》(GB 20426—2006),并再次回用至洗煤工艺中。该废水处理系统占地面积约 300 m²,总装机容量为 55.4 kW,运行费用约 0.55 元/m³ 废水(不含折旧费)。

图 1　调节池

2　设计依据

2.1　设计依据

　　(1)建设方提供的各种相关基础资料(水质、水量、排放标准等);

　　(2)现场踏勘资料;

　　(3)《煤炭工业污染物排放标准》(GB 20426—2006);

　　(4)《污水综合排放标准》(GB 8978—1996);

　　(5)国家及省、地区有关法规、规定及文件精神;

（6）其他相关设计规范与标准。

2.2 设计原则

（1）认真贯彻国家关于环境保护工作的方针和政策，使设计符合国家的有关法规、规范、标准；

（2）综合考虑废水水质、水量的特征，选用的处理工艺应技术先进、稳妥可靠、经济合理、运转灵活、安全适用；

（3）妥善处理和处置废水处理过程中产生的污泥和浮渣，避免造成二次污染；

（4）废水处理系统的自动控制系统应管理方便、安全可靠、经济实用；

（5）废水处理系统的平面布置力求紧凑，减少占地和投资；高程布置应尽量采用立体布局，充分利用地下空间；

（6）严格按照建设方界定条件进行设计，适应项目实际情况。

2.3 设计及服务范围

本项目的设计范围包括洗煤废水的工艺设计，建构筑物、工艺设备及电气自控设备的安装与调试等。不包括废水处理站外的废水收集管网、站外至站内的供电、供水及站内道路、绿化等。

本项目的服务范围包括：

（1）废水处理系统的设计、施工；

（2）废水处理设备及设备内配件的提供；

（3）废水处理装置内的全部安装工作。包括废水处理设备内的电气接线等；

（4）废水处理系统的调试，直至调试成功并顺利运行；

（5）免费培训操作人员，协同编制操作规程，同时做有关运行记录，为今后的设备维护、保养提供有力的技术保障。

3 主要设计资料

3.1 设计进水水质

根据建设方提供的资料，设计废水总量为 1 000 m^3/d。

洗煤废水中含有大量的 SS、煤泥和泥沙等，故又称煤泥水，未经处理的煤泥水中的 SS 质量浓度可高达到 5 000 mg/L 以上。根据建设单位提供的资料，该洗煤场洗煤废水中 SS 的质量浓度一般小于 70 000 mg/L，其他废水水质指标暂未提供。

3.2 设计出水水质

根据行业要求，洗煤废水处理后的出水应达到《煤炭工业污染物排放标准》（GB 20426—2006）的要求；但是建设方要求，经处理后的废水回用于再次洗煤，因此处理后出水的 SS 为 50～80 mg/L 即可，其余指标执行排放标准，具体出水水质指标如表 1 所示。

表 1 设计废水出水水质

项目	SS/（mg/L）	COD_{Cr}/（mg/L）	铁/（mg/L）	锰/（mg/L）
出水水质	≤80	≤50	1.0	2.0

4 处理工艺

4.1 废水特点

洗煤废水是湿式洗煤时排出的废水，其主要成分为微煤粉、砂、黏土、页粉岩等，因此废水中含有大量的悬浮物、煤泥和泥沙等污染物。由于煤炭本身具有疏水性，洗煤废水中的一些微小煤粉在水中特别稳定，一些超细煤粉悬浮于水中，静置几个月也不会自然沉降。洗煤废水是呈弱碱性的胶体体系，主要特点是颗粒表面带有较强的负电荷，且废水中的细小颗粒物含量高，黏度大，因而过滤性能差。

4.2 工艺流程

该洗煤场的煤炭洗选采用传统工艺，即由煤炭加工、矸石处理、材料和设备输送等构成矿井地面系统。地面煤炭加工系统又由受煤、筛分、破碎、选煤、储存、装车等主要环节构成。而传统的煤炭洗选工艺存在废水中污染物浓度高、精煤流失大以及煤泥难干化等问题。因此，本设计拟采用以高效净水器为主的处理工艺，可以有效解决上述难题。具体工艺流程如图2所示。

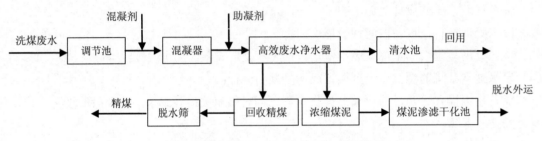

图2　洗煤废水处理及精煤回收工艺流程

4.3 工艺流程说明

洗煤废水首先进入调节池调节水质和水量，以减轻后续处理构筑物的处理负荷。调节池出水经提升泵提升进入混凝器，在混凝器前后分别投加混凝剂和助凝剂，在泵后管道上设置混凝混合器。

混凝器出水进入高效（旋流）废水净化及精煤回收一体化处理设备中，废水在该设备中首先经过精煤分选装置分选出精煤并排出设备，后经脱水筛筛分出精煤；回收精煤后的废水经离心分离、重力分离、动态把关过滤及污泥浓缩等过程从净化器顶部排出，进入后续的清水池暂存，然后再次回用于洗煤。从净水器底部排出的浓缩煤泥进入煤泥渗滤干化池中，使泥水快速分离，煤泥迅速干化，干泥定期外运处理。

5 构筑物及设备设计参数

5.1 构筑物设计参数

该洗煤废水处理系统主要构筑物设计参数如表2所示。

表 2 构筑物设计参数

名称	规格尺寸	结构形式	数量	设计参数
调节池	10.0 m×5.0 m×4.0 m	钢混	1座	有效水深 3.5 m；有效容积 175 m³；停留时间 4 h
设备基础	5.0 m×5.0 m×0.3 m	砼	1座	
清水池	6.0 m×5.0 m×4.0 m	钢混	1座	有效水深 3.5 m；有效容积 105 m³；停留时间 2.5 h
污泥池	4.0 m×4.0 m×4.0 m	钢混	1座	有效水深 3.5 m；有效容积 56 m³
设备房	6.0 m×4.0 m×3.0 m	砖混	1间	

5.2 主要设备设计参数

该洗煤废水处理系统主要设备设计参数如表 3 所示。

表 3 主要设备设计参数

设备	数量	规格型号	功率	备注
提升泵	4台	80GW65-25-7.5	—	
污泥泵	2台	80QW40-7-2.2	—	
加药装置	1套	—	—	
一体化高效净水器	1套	—	—	
压泥机	1台	—	—	
混凝器	1套	—	—	
搅拌机	2台	—	3.0 kW	转速 130 r/min
电气系统	1套	—	—	
管材	1批	—	—	

6 废水处理系统布置

6.1 平面布置原则

（1）废水处理系统应充分考虑与厂区环境、地形、功能布置和现有管道系统协调；

（2）废水处理系统应充分考虑建设施工规划等问题，优化布置系统；

（3）根据夏季主导方向和全年风频，合理布置系统位置；

（4）处理构筑物应布置紧凑，节能高效，节约用地，便于管理。

6.2 高程布置原则

（1）充分利用地形设计高程，减少系统能耗；

（2）系统设计力求简洁、流畅，减少管件连接。

7 电气控制

7.1 工程范围

本自动控制系统为废水处理工程工艺所配置，自控专业主要涉及的内容为该废水处理系统中污水泵与液位的联锁、报警、风机的交替动作、风机与进水泵的联锁工作等。

7.2　控制水平

本工程中采用 PLC 程序控制，系统由 PLC 控制柜、配电控制屏等构成。

7.3　控制方式

本工程装置内的所有电动机均采用中央集中室控制方式，电动机联锁由仪表专业的 PLC 实现。

7.4　电源状况

本系统需一路 380/220V 电源引入。

7.5　电气控制

该废水处理系统电控装置为集中控制，采用进口 PLC 可编程序控制器，主要自动控制各类泵提升（液位控制）；风机启动及定期互相切换；需要时（如维修状态下）可切换到手动工作状态。

（1）水泵

①水泵的启动受液位控制。

②高液位：报警，同时启动备用泵；

③中液位：一台水泵工作，关闭备用泵；

④低液位：报警，关闭所有水泵；

⑤水泵中一台水泵出现故障，发出指示信号，另一台备用泵自动工作。

（2）声光报警

各类动力设备发生故障，电控系统自动报警指示（报警时间 10～30 s），并故障显示至故障消除。

（3）其他

①各类电气设备均设置电路短路和过载保护装置；

②动力电源由本电站提供，进入废水回用处理系统动力配电柜。

8　运行费用分析

本工程运行费用由电费、人工费和药剂费三部分组成。

8.1　运行电费

该系统总装机容量为 55.4 kW，其中平均日常运行容量为 32.0 kW，每天电耗为 365.5 kW·h，电费平均按 0.50 元/（kW·h）计，则运行电费 E_1=0.18 元/m³ 废水。

8.2　人工费

本废水处理站操作管理简单，配备 1 名工人值守即可，人工费按 1 500 元/（月·人）计，则 E_2=0.05 元/m³ 废水。

8.3　药剂费

本废水回用处理站药剂费为混凝剂和助凝剂等药剂消耗，药剂费 E_3=0.32 元/m³ 废水。

8.4　运行费用

运行费用总计 $E=E_1+E_2+E_3=0.18+0.05+0.32=0.55$ 元/m³ 废水。

9　工程建设进度

本工程建设周期为 15 周，为缩短工程进度，确保该废水回用处理设施如期进行环保验收，工程设计、各分部工程、分项工程土建、安装以及调试工作，将进行统一协调、分布、交叉进行，具体工程进度安排如表 4 所示。

表 4　工程进度表

工作内容＼周	1	2	3	4	5	6	7	8	9	10	11	12	13	14	15
施工图设计	▬	▬													
土建施工			▬	▬	▬	▬	▬	▬	▬	▬	▬				
设备采购制作							▬	▬	▬	▬	▬	▬			
设备安装										▬	▬	▬	▬		
调试													▬	▬	▬

10　工程保修及事故应急处理措施

（1）本工程自验收合格日算起保修期为一年，设备部分自进场日算起保修期为一年；

（2）本方案的提升设备设有备用，当其中一台出现故障时，由另一台备用设备工作，以保证处理系统能正常运行；同时厂内必须加紧时间维修出现故障的设备，以防出现两台设备同时发生故障；

（3）为保证处理设备的正常运行，应加强设备的日常维护和巡检，在停产期（节假日等）安排检修或大修；

（4）建立规范的操作规程和健全的事故报警制度。

实例三　越南下龙某焦化厂 45 m³/h 焦化废水处理工程

1　项目概述

焦化废水是一种典型的含有难降解有机污染物的工业废水，主要来自焦炉煤气初冷和焦化生产过程中的生产用水以及蒸汽冷凝废水。其焦化废水组成复杂，除含有大量的酚类、联苯、吡啶、吲哚和喹啉等有机物外，还含有硫化物、矿物质油、氰、有机氟离子和氨氮等有毒有害的污染物。焦化废水中的污染物不仅色度高，而且在水中以真溶液或准胶体的形式存在，性质非常稳定，导致其中的 COD、氨氮和色度等均难以去除。焦化废水如不经处理直接排放，将严重污染水环境。因此，该焦化厂拟新建一套废水处理系统，对产生的焦化废水进行妥善处理。参照我国焦化废水处理的排放标准，经该系统处理后的出水达到《钢铁工业水污染物排放标准》（GB 13456—2012）中规定的焦化行业一级排放标准。该废水处理系统总装机容量为 539.9 kW，运行费用约 6.92 元/m³ 废水（不含折旧费）。

2　设计依据

2.1　设计依据

（1）建设方提供的各种相关基础资料（水质、水量、排放标准等）；

（2）现场踏勘资料；

（3）《钢铁工业水污染物排放标准》（GB 13456—2012）；

（4）其他相关设计规范与标准。

2.2　设计原则

（1）综合考虑废水水质、水量的特征，选用的处理工艺应技术先进、稳妥可靠、经济合理、运转灵活、安全适用；

（2）妥善处理和处置废水处理过程中产生的污泥和浮渣，避免造成二次污染；

（3）废水处理系统的自动控制系统应管理方便、安全可靠、经济实用；

（4）废水处理系统的平面布置力求紧凑，减少占地和投资；高程布置应尽量采用立体布局，充分利用地下空间。

（5）严格按照建设方界定条件进行设计，适应项目实际情况。

2.3　工程设计范围

2.3.1　工程范围

（1）本项目是交钥匙工程，工程范围包括焦化废水处理达标所需系统的勘测、设计、配合土建施工、设备的采购、运输和安装，工程的预调试、调试和测试，操作人员的培训和运行及安全手册

（包括工艺及机、电、仪等的提供），废水处理厂的试运行和质保期内对废水处理厂的运行指导和维修。

（2）本工程共由以下几部分组成：

①污水处理工程设计（包括工艺、电气、自控仪表、暖通、消防、建筑、结构、机械及总图等）；

②机械设备；

③电气设备；

④仪表自控设备；

⑤通风及空调设备；

⑥化验设备；

⑦管道工程及金属工程；

⑧构建物的结构工程。

（3）主要设备需业主认可后选用，并符合以下要求：

①水泵、污泥泵、潜水泵及其他泵类要求采用合资或同等企业质量可靠的泵类，鼓风机要求采用合资或同等企业质量可靠；

②三角堰、集水槽和机械设备水下部分要求采用不锈钢材质；

③电气设备要求采用合资或同等企业质量可靠的产品；

④仪表配置要求：为了保证一次仪表的可靠性及安全性，差压变送器采用智能型产品，流量仪表选用电磁流量计，空气流量计选用 V 型锥流量计；测液位仪表采用超声波液位计；好氧池、缺氧池需加温度计、溶解氧（DO）、pH 计。

注：以上远传仪表配套供电柜及供电电缆、仪表置于操作室 DCS 机柜的信号电缆由中方提供。

（4）"四通一平"只做设计不进行施工。

（5）生活水源、采暖管道接口由业主提供，合作公司负责界面到污水厂外围 1 m。

（6）废水处理厂电源由业主提供。

2.3.2　设计范围

本废水处理站为新建工程，拟在规划用地范围内进行。

本技术方案包括废水处理的工艺、土建工程、管道工程、设备及安装工程、电气工程、自控工程及给水排水工程等；污泥处理只负责浓缩及污泥脱水部分，压缩后污泥由厂方自行解决。

进出废水处理站的所有工艺、供热、空气管道，其交接点在废水处理站外 1 m；动力线从废水处理站变配电柜开始计算，排水就近排入厂区内污水管道，其他公用系统不考虑建设。

3　主要设计资料

3.1　废水水量

根据建设方提供的资料，设计焦化废水处理站处理总水量为 45 m³/h（废水排放按 24 h 计，即 1 080 m³/d），包括：

①高浓度焦化废水，约 30 m³/h（约占废水总量的 66.7%）；

②低浓度焦化废水，约 15 m³/h（约占废水总量的 33.3%）。

3.2　设计废水进水水质

设计废水进水水质如表 1 所示。

表1 设计废水进水水质

项目	水量/（m³/h）	水温	杂质含量/（mg/L）					
			氨氮	酚	总氰	油	COD$_{Cr}$	悬浮物
进水水质	45	<40℃	100～300	500～1 000	5～50	60～100	2 500～4 500	≤200

3.3 设计废水出水水质

参考我国相关标准，经处理后的焦化废水出水水质达到《钢铁工业水污染物排放标准》（GB 13456—2012）中规定的焦化行业一级排放标准，具体水质指标如表2所示。

表2 设计废水出水水质

项目	水量/（m³/h）	水温	杂质含量/（mg/L）					
			氨氮	酚	总氰	油	COD$_{Cr}$	悬浮物
进水水质	45	<40℃	≤15	≤0.5	≤0.5	≤8	≤100	≤70

4 处理工艺

焦化废水含有油、挥发酚、多环芳烃和氧硫氮等杂环化合物，属于难生化降解的高浓度有机工业废水。目前，国内外主要采用生化法去除焦化废水中 COD$_{Cr}$ 和 NH$_3$-N，其中以选用 A^2-O 工艺或 O-A-O 工艺的活性污泥法为主。普通活性污泥法可以高效地去除焦化废水中的酚类物质，但对难生物降解的多环芳烃等有机物污染物及 NH$_3$-N 的去除效果较差，难以满足处理要求。因此，现有的焦化厂废水处理出水普遍存在 NH$_3$-N 指标严重超标的情况。

本项目为新建工程，必须全面考虑废水中各种污染物的有效去除，为使净化后的出水满足排放标准要求，各种污染物的特点及选择的净化处理方法如下：

挥发酚、硫氰化物

焦化废水中硫氰化物含量特别高，属叠氮类化合物，其中的"N≡C"键中的电子所拥有的能量较低，因此该键构比较稳定，其断裂和重组需要消耗能量和在特殊的环境条件下进行，其水解产物为甲酸、NH$_4^+$ 和 SO$_4^{2-}$，且该类物质所含能量比有机物要低。同时，硫氰化物也是产生 NH$_3$-N 的一个主要来源。

焦化废水中的 COD 主要来自以下方面：①化学产品回收及精制时所排出的水，其水质随原煤组成和炼焦工艺的不同而有所变化；②炼焦煤带入的水分（表面水和化合水）；③制苯氨水及煤气净化和精制产品过程中工艺介质分离水，其中含有大量的油类、酚、氰、多环芳烃、氧硫氮等杂环化合物和氨氮等，属于高浓度有机废水。这些污染物大多是大分子溶解态有机污染物，可生化降解速度缓慢，且有些还属于极难生物降解的组分，必须采取有针对性的措施强化对该类污染物的去除。

本方案采用成熟的 O-A-O 生化处理工艺。在缺氧环境中，通过水解菌、产酸菌释放的酶促使废水中难以生物降解的大分子有机物质发生生物催化反应，具体表现为断链和水溶。缺氧微生物则利用水溶性底物完成胞内生化反应，同时排出各种有机酸。因此在水解酸化过程中，废水中易降解有机物质得到去除，而一些难降解大分子有机物质被转化为易于降解的小分子物质（如有机酸），从而使废水的可生化性和降解速度大幅度提高。后续的好氧段可在较短的水力停留时间内达到较高的 COD 去除率。在好氧生化系统中，通过连续曝气充氧，使充氧的废水以一定的流速流经填料。经过一段时间的培养后，填料上布满生物膜，废水在流经填料时与生物膜充分接触，在生物膜上微生物的新陈代谢作用下,将废水中的有机物转化为简单的无机物。针对一些难降解物质,将好氧沉淀池出水300%的回流到缺氧池前端,可以在生化反应池中通过缺氧—好氧的循环作用得到良好的去除效果。

油

焦化废水中的油主要指废水中的重焦油、胶状油和乳化油等,处理方法主要有隔油和气浮。隔油主要适用于含油量较高的情况,但其出水的含油量与后续处理要求指标还有一定的差距。气浮法能够很好地去除废水中悬浮状的石油类物质和乳化油。针对焦化废水的特点,本项目采用"隔油+气浮"的处理方式,废水首先采用隔油池除去重焦油和部分轻焦油,然后经溶气气浮去除轻焦油、胶状油和乳化油等,以满足后续处理的要求。

NH$_3$-N

焦化废水中所含的氨氮浓度较高,高浓度的焦化废水一般要先通过加碱和蒸氨脱除其中的大部分挥发氨和固定氨,蒸氨后的氨氮废水再采用生化的方法加以去除,本项目利用O-A-O生物脱氮除磷工艺去除氨氮。

4.1　工艺流程

工艺流程图如图1所示。

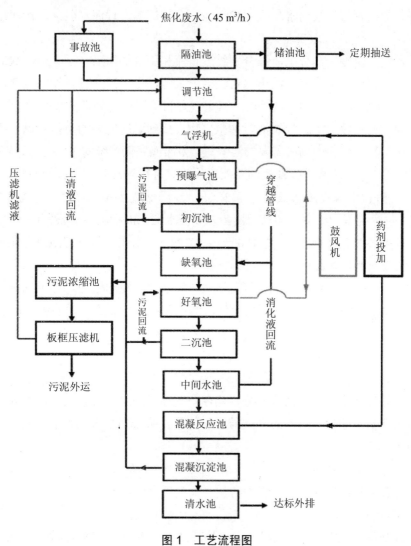

图1　工艺流程图

4.2　工艺流程说明

4.2.1　总体说明

本工程采用以"O-A-O"法为核心的废水处理工艺，主要工艺流程为：经过蒸氨处理后的焦化废水进行隔油处理后进入蒸氨废水调节池，后进入气浮处理系统，最后进入"O-A-O"生化处理系统。

预处理的主要目的是去除废水中的重油和轻油以及较的大颗粒悬浮物，并去除一部分 COD_{Cr}。预处理阶段油的去除率可达到 70%～90%，COD_{Cr} 去除率 20%～40%。预处理系统的主要构筑物为平流隔油池、蒸氨废水调节池和气浮池。

生化处理系统的主要任务是去除废水中的 COD_{Cr}、氨氮、硫化物、氰化物、酚等有害物质。利用微生物的新陈代谢，在温度、pH、营养物及溶解氧均适合的情况下，通过生物化学作用，降解废水中的有毒有害物质。经生化处理后的废水，NH_3-N 和 COD_{Cr} 的去除率可分别达到95%和92%。生化处理系统的主要构筑物是 O-A-O 生化池（即预曝气池、缺氧池和好氧池），并配有相应的初沉池、二沉池、鼓风机站、加药设施、回流泵房等及相应的监控系统和必要的检验设施。

由于原废水中的 COD_{Cr}、氨氮、硫化物、氰化物和酚等有毒有害物质的浓度较高，不利于硝化细菌和反硝化细菌的生存，进而影响微生物脱氮和氨氮的硝化作用，故设前置预曝气池。废水经气浮产水进入预曝气池，预曝气池出水自流至初沉池，在初沉池进行泥水分离，污泥用泵加压回流至预曝气池。

初沉池上清液和二沉池一部分上清液分别经过自流和用泵加压后（回）流至缺氧池进行生物脱氮。缺氧池出水自流至好氧池，好氧池出水自流至二沉池，在二沉池进行泥水分离，污泥用泵加压回流至好氧池，二沉池上清液（回流以外的）其余部分自流至深度处理的反应池。

系统的加药设施向预曝气池、好氧池投加微生物合成细胞所需要的磷盐和碱。鼓风机向预曝气池和好氧池提供微生物分解污染物所需要的溶解氧。为保证生化系统的正常运行，生化池设溶解氧、温度和 pH 在线检测仪，对废水进行系统的监控，化验室进行日常分析项目的检验。

混凝沉淀作为后续的深度处理工艺，旨在进一步降低废水中残留的、不能被微生物降解的COD_{Cr}。主要构筑物有混凝沉淀池、加药间及药库和清水池。混凝沉淀对残留的 COD_{Cr} 的降解能力可达 50%以上，使出水中的 COD_{Cr} 达到 100 mg/L 以下。废水在混凝沉淀池进行泥水分离，上清液自流至清水池，通过泵加压进行深度水处理或外排。

气浮池污泥、生化池剩余污泥和混凝沉淀池底排泥浆至污泥浓缩池，经泵加压送至板框压滤机进行污泥脱水，脱水后的滤液经泵加压回流至调节池或反应池。经脱水后的泥饼含水率约为 70%，定期外运处理。

4.2.2　工艺流程详细说明

隔油池

隔油池用于去除废水中的重焦油和部分轻焦油。本项目采用折流隔油池，池内设有折板，利用折板使废水通过上下折流和左右折流的方式通过隔油池，从而将废水中的重焦油和部分轻焦油更好地从水中分离出来。

储油池

储油池用于储存隔油池底部重油和上部清油，池中暂存废油定期抽走。

事故池

事故池用于保证系统正常运行，当酚氰废水处理站出现事故时，将系统进水引至新建事故水池，存储该部分废水，待废水系统恢复正常时，再将废水用泵送回酚氰废水处理系统预处理单元，从而保证系统的正常运行。

气浮系统

GF 型组合气浮设备由气浮池体、溶气系统、溶气回流管路、溶气水释放装置、刮渣装置和电控柜等部件组成。

气浮分离技术是指空气与水在一定的工作压力下，使气体最大限度地溶入水中，力求处于饱和状态，然后把所形成的压力溶气水通过减压释放，从而产生大量的微细气泡，气泡与废水中的悬浮絮体充分接触，使废水中的悬浮絮体黏附在微气泡上，并随气泡一起浮到水面，形成浮渣并刮去浮渣，从而达到净化水质的过程。

气浮主要起固液分离的作用（同时可以去除部分 COD、BOD 和色度等）。在原水中加入絮凝剂 PAC 或 PAM，经过有效絮凝反应（时间、药量和絮凝效果须由实验测定）后，原水进入组合气浮接触区。在接触区内，溶气水中的微气泡与原水中的絮体相互黏合，一起进入分离区。在气泡浮力的作用下，絮体与气泡一起上升至液面，形成浮渣。浮渣由刮渣装置刮至污泥区，下层的清水通过集水管自流至清水池，其中一部分清水回流，供溶气系统使用，另一部分排入后续的处理设施。

预曝气池

气浮出水流入预曝气池，初沉池 1Q 流量的回流污泥（浓度 6～7 g/L）返至预曝气池进口，两液混合后在预曝气池中推流运行，在微孔曝气器充氧的工况下，经活性污泥（质量浓度 3 g/L）的好氧生化作用，按顺序逐步去除酚、氰、硫氰化物等有毒有害物质，从而减轻对硝化细菌和反硝化细菌的抑制，有利于后续处理工序中微生物的脱氮和氨氮的硝化。在此过程中适量投加磷盐以维持细胞合成碳氮磷的比例关系。

初沉池

初沉池采用辐流式沉淀池（图 2），即中心筒进水、溢流堰出水，内设刮泥机。预曝气池出水自流进入初沉池，在初沉池进行泥水分离，污泥用泵加压回流至预曝气池。初沉池上清液和二沉池上清液分别自流和用泵加压回流至缺氧池进行生物脱氮处理，剩余污泥排至好氧池。

图 2　辐流式沉淀池

缺氧生化池

预曝气池出水及二沉池消化液回流至缺氧生化池前端，在低氧浓度（一般 0.2～0.5 mg/L）条件下，消耗有机污染物进行生物脱氮反应。池内安装潜水搅拌机。

好氧反应池

池内安装曝气管鼓风曝气，曝气池上设置消泡管路及蓬头，池内投加微生物以及生物载体。好氧反应池硝化液回流至缺氧池，回流比为 200%～300%。好氧反应池是在连续曝气充氧的条件下，废水流经填料时，与填料上形成的生物膜充分接触，通过生物膜上微生物的新陈代谢作用，将废水中的有机物转化为简单的无机物。

二沉池

二沉池采用辐流式沉淀池，即中心筒进水、溢流堰出水，池内设刮泥机。好氧池出水自流进入二沉池，进行泥水分离。二沉池底部污泥用泵加压回流，一部分回流至好氧池前端，另一部分为剩余污泥，排至污泥浓缩池。二沉池上清液自流进入中间水池。

混凝反应池

在此投加絮凝剂和混凝剂，进一步降低废水中的 SS 和 COD 等污染物。

混凝沉淀池

采用中心筒进水、溢流堰出水的方式，内设刮泥机。经混凝反应池投加絮凝剂和混凝剂的废水自流进入混凝沉淀池进行泥水分离，混凝沉淀池底部污泥用泵加压排至污泥浓缩池，出水自流进入清水池。

污泥浓缩池

污泥浓缩池用于收集沉淀池中沉降的物化污泥和剩余活性污泥，污泥在浓缩池内进行好氧消化。活性污泥经过长时间的曝气，其好氧微生物的生长阶段超过细胞合成期，达到自身氧化期，即内源呼吸期，此时，污泥中的有效基质被耗尽，微生物利用本身的细胞物质（体内蛋白质）作为细胞反应的能量，因此细胞物质被氧化为二氧化碳、水和氨，悬浮固体（VSS）的数量减少，再经压滤机压滤脱水。干化后的泥饼定期外运处理。

4.3 处理效果预测

表 3 各单元处理效果预测

项目	指标	COD_{Cr}/（mg/L）	SS/（mg/L）	NH_3-N/（mg/L）	石油类/（mg/L）	pH
隔油池	进水	2 500～4 500	200	200～300	60～100	6～9
	出水	2 500～4 000	200	200～300	55～90	—
	去除率	0～11.1%	0	0	10%～12%	—
蒸氨废水调节池	进水（高浓度）	2 500～4 500	200	200～300	60～100	6～9
	出水（混合后）	2 500～3 000	180	150～200	50～80	—
气浮机	进水	2 500～3 000	180	150～200	50～80	6～9
	出水	2 250～2 500	120	150～200	30～50	—
	去除率	10%～16.7%	33.3%	0	37.5%～40%	—
预曝气池	进水	2 250～2 500	120	150～200	30～50	6～9
	出水	1 000～1 200	100	75～100	18～27.5	—
	去除率	52%～56%	16.7%	50%	40%～45%	—
缺氧生化系统	进水	1 000～1 200	100	75～100	18～27.5	6～9
	出水	250～350	80	70～80	11.7～18	—
	去除率	71%～75%	20%	6.7%～20%	35%～40%	—
好氧生化系统	进水	250～350	80	70～80	11.7～18	6～9
	出水	125～180	65	0.5～10	2～5	—
	去除率	48.6%～50%	18.8%	87.5%～99.3%	72%～83%	—

项目	指标	COD$_{Cr}$/（mg/L）	SS/（mg/L）	NH$_3$-N/（mg/L）	石油类/（mg/L）	pH
混凝反应系统	进水	125～180	65	0.5～10	2～5	6～9
	出水	60～100	50	0.5～10	2～4	—
	去除率	45%～52%	23%	0	0～12.5%	—
生化出水	出水	≤100	≤70	≤15	≤8	6～9

5　废水处理站构（建）筑物及主要设备

5.1　隔油池

由于焦化废水中含油较高，为了保证生化系统的正常运行，设平流隔油池 2 座，单座尺寸 15.4 m×3.2 m×6.5 m（长×宽×高），钢筋混凝土结构，设计处理水量 45 m^3/h，水力停留时间 4.1 h。平流隔油池上设刮油刮渣机，刮油板将浮油刮至出水端的收集槽，后依靠重力排入储油池。池底部设集油斗，每个集油斗设排油阀，定期人工排放重油。除去重油和轻油后的废水进入气浮池。废油收集后储于储油池中，定期外运处理。

表 4　隔油池技术参数表

数量	尺寸	水力停留时间	结构	功能	设备配置
2 座	15.4 m×3.2 m×6.5 m	4.1 h	钢筋混凝土	除油	①自吸浓浆泵：4 台（2 用 2 备）；设备参数：Q=3 m^3/h，H=20 m，P=0.75 kW；②撇油机：2 套；设备参数：B=3.2 m，功率 0.75 kW

5.2　储油池

表 5　储油池技术参数表

数量	尺寸	结构	功能	设备配置
1 座	3.2 m×3.2 m×3.5 m	钢筋混凝土	储油	①自吸浓浆泵：2 台（1 用 1 备）；设备参数：Q=3 m^3/h，H=20 m，P=0.75 kW；②超声波液位计：1 套；设备参数：0～3.5 m，4～20 mA 输出

5.3　事故池

表 6　事故池技术参数表

数量	尺寸	结构	功能	设备配置
1 座	20.0 m×10.0 m×6.5 m	钢筋混凝土	事故水池	①氟塑料衬里离心泵：2 台（1 用 1 备）；设备型号：IHF100-80-125；设备参数 Q=45 m^3/h，H=20 m，P=11 kW；②超声波液位计：1 套；设备参数：0～6.5 m，4～20 mA 输出

5.4 调节池

表 7 调节池技术参数表

数量	尺寸	结构	功能	设备配置
1 座	20.0 m×10.0 m×6.5 m	钢筋混凝土	调节水质水量	①氟塑料衬里离心泵：2 台（1 用 1 备）；设备参数 Q=45 m³/h，H=20 m，P=11 kW；②超声波液位计：1 套；设备参数：0~6.5 m，4~20 mA 输出；③电磁流量计（法兰连接）：1 套，测量范围 0~100 m³/h

5.5 气浮池

表 8 气浮池技术参数表

数量	设备型号	尺寸	结构	功能	设备配置
1 座	GF-50	7.2 m×3.8 m×2.5 m	碳钢防腐	去除部分污染物	设备参数：处理水量 40~50 m³/h；溶气水量 15~18 m³/h；主电机 7.5 kW；加气电机 1.5 kW；刮渣机 0.37 kW

5.6 预曝气池

表 9 气浮池技术参数表

数量	设备型号	尺寸	停留时间	结构	设备配置
1 座	GF-50	20.0 m×8.0 m×6.0 m	19.56 h	钢筋混凝土	①溶解氧仪：2 套；设备参数：0~5 mg/L，4~20 mA 输出；②pH 计：2 套；设备参数：0-14，4~20 mA 输出；③温度计：2 套；设备参数：0~100，4~20 mA 输出；④出水装置（溢流堰）：2 套；设备类型：非标制作，不锈钢材质；⑤组合填料：560 m³；填料参数：ϕ150 mm×3 500 mm；⑥填料支架：2 套；材料类型：槽钢、螺纹钢材料非标制作；⑦微孔曝气器：534 套；设备参数：ϕ215 mm、ABS 材质；⑧营养液投加系统；⑨曝气系统；（10）电磁流量计（法兰连接）：2 套；测量范围 0~50 m³/h

5.7 初沉池

表 10 初沉池技术参数表

数量	尺寸	水力负荷	结构	设备配置
2 座	ϕ8.0 m×6.0 m	0.48 m³/(m²·h)	钢筋混凝土	①污泥回流泵（排泥泵）：4 台（2 用 2 备）；设备参数：Q=46 m³/h，H=22 m，P=5.5 kW；②布水装置（竖流筒）：2 套；设备类型：不锈钢材质，非标制作；③收水装置（溢流堰）：2 套；设备类型：不锈钢材质，非标制作；④刮泥机（减速机）：2 套；设备型号：ZXG-8 液下不锈钢；设备参数：功率 1.5 kW；⑤电磁流量计（污泥回流）：1 套；测量范围 0~50 m³/h

5.8　缺氧生化池

表 11　缺氧生化池技术参数表

数量	尺寸	停留时间	结构	设备配置
1 座（两系）	24 m×8 m×6 m	23.47 h	钢筋混凝土	①填料支架：2 套；设备参数：槽钢、螺纹钢材料非标制作设备；②填料：700 m³；填料参数：ϕ 150 mm×3 500 mm；③出水溢流堰：2 套；设备参数：不锈钢材质，非标制作；④潜水搅拌机：4 台；设备参数：不锈钢材质，导轨安装；功率：5.5 kW

5.9　好氧生化池

表 12　好氧生化池技术参数表

数量	尺寸	停留时间	结构	设备配置
1 座（两系）	24 m×20 m×6 m	58.67 h	钢筋混凝土	①溶解氧仪：2 套；设备参数：0～5 mg/L，4～20 mA 输出；②pH 计：2 套；设备参数：0～14，4～20 mA 输出；③温度计：2 套；设备参数：0～100，4～20 mA 输出；④出水装置（溢流堰）：2 套；设备参数：非标制作、不锈钢材质；⑤组合填料：1 680 m³；填料参数：ϕ 150 mm×3 500 m；⑥填料支架：2 套；设备参数：槽钢、螺纹钢材料非标制作；⑦微孔曝气器：1 600 套；设备参数：ϕ 215 mm、ABS 材质；⑧营养液投加系统（详见药剂投加）；⑨曝气系统（详见鼓风机房）

5.10　二沉池

表 13　二沉池技术参数表

数量	尺寸	水力负荷	结构	设备配置
2 座	ϕ 12.0 m×5.0 m	0.60 m³/(m²·h)	钢筋混凝土	①竖流筒：2 个；设备参数：ϕ 2 500 mm；②收水堰：2 套；设备参数：不锈钢材质，非标制作；③污泥回流泵：4 台（2 用 2 备）；设备型号：46-22-5.5；设备参数：Q=46 m³/h；H=22 m；P=5.5 kW；④刮泥机（减速机）：2 台；设备型号：ϕ 12.0 mm×5.0 mm；设备参数：功率 1.5 kW；⑤电磁流量计（法兰连接）：1 套；测量范围 0～50 m³/h

5.11　中间水池

表 14　中间水池技术参数表

数量	尺寸	结构	设备配置
1 座	8.0 m×5.0 m×5.0 m	钢筋混凝土	①消化液回流泵：2 台；设备型号：WQ135-15-11；设备参数：Q=135 m³/h，H=15 m，P=11 kW；②液位计：1 台；设备类型：超声波液位计；设备参数：0～5 m，4～20 mm 输出；③电磁流量计（法兰连接）：1 套；测量范围 0～150 m³/h

5.12　混凝反应池

表 15　混凝反应池技术参数表

数量	尺寸	结构	设备配置
1 座	2.0 m×6.0 m×4.5 m	钢筋混凝土	①搅拌机：3 套；设备参数：防腐处理、搅拌服务范围 2.0 m×6.0 m×4.5 m，电机功率：1.5 kW；②加药系统（详见加药间清单）

5.13　混凝沉淀池

表 16　混凝沉淀池技术参数表

数量	尺寸	结构	设备配置
1 座	ϕ 8.0 m×5.0 m	钢筋混凝土	①竖流筒：1 套；设备参数：不锈钢材质，非标制作，ϕ 2 000 mm；②收水堰：1 套；设备参数：不锈钢材质，非标制作；③刮泥机：1 台；设备型号：ZXG-8；设备参数：服务范围ϕ 8.0 m×5.0 m，N=1.5 kW；④混凝沉淀池排泥泵：2 台；设备型号：WQ135-15-11；设备参数：Q=20 m³/h，H=15 m，P=3 kW；⑤电磁流量计（法兰连接）：1 套；测量范围 0~50 m³/h

5.14　清水池

表 17　清水池技术参数表

数量	尺寸	结构	设备配置
1 座	8.0 m×5.0 m×4.5 m	钢筋混凝土结构	①清水外送泵：2 台；设备型号：WQ45-25-4；设备参数：Q=45 m³/h，H=25 m，P=4 kW；②液位计：1 套；设备参数：0~4.5 m，4~20 mm 输出；③电磁流量计（法兰连接）：1 套；测量范围 0~100 m³/h

5.15　污泥浓缩池

表 18　污泥浓缩池技术参数表

数量	尺寸	结构	设备配置
1 座	ϕ 12.0 m×5.0 m	钢筋混凝土结构	①竖流筒：1 个；设备参数：不锈钢材质，非标制作，ϕ 2 000 mm；②收水堰：1 套；设备参数：不锈钢材质，非标制作；③刮泥机：1 台；设备型号：ZXG-8 型；设备参数：服务范围ϕ 8.0 m×5.0 m，N=1.5 kW

5.16　办公、设备用房

表 19　办公用房技术参数表

数量	尺寸	结构
1 座（含化验室、办公室、配电室、中控间、厕所等）	31.0 m×5.0 m×3.3 m	钢结构

表20 压滤机房技术参数表

数量	尺寸	结构	设备配置
1座	16.0 m×6.0 m×3.3 m	钢结构	①气动隔膜泵：2台；设备型号：QD-16；设备参数：Q=16 m³/h，H=5 m，P=0.5～0.8 MPa；②800 型机械厢式压滤机：2台；设备参数：过滤面积 S=80 m²，滤室容 V=1.21 m³，功率 P=2.2 kW

表21 鼓风机房技术参数表

数量	尺寸	结构	设备配置
1座	16.0 m×5.0 m×4.3 m	钢结构	①鼓风机（好氧池）：2台（1用1备）；设备型号 SSR；设备参数：Q=60.0 m³/min，H=75.0 kPa，P=132 kW；②鼓风机（预曝气池）：2台（1用1备）；设备型号 SSR；设备参数：Q=20.76 m³/min，H=63.7 kPa，P=37 kW

表22 附属用房技术参数表

数量	尺寸	结构
1座（含药剂存储间等）	12.0 m×5.0 m×3.3 m	钢结构

表23 加药间技术参数表

数量	尺寸	结构	设备配置
1座	12.0 m×8.0 m×3.3 m	钢结构	（1）液碱加药罐：2套；设备参数：ϕ1.5 m×2 m，碳钢防腐； （2）液碱减速搅拌机：2套；设备参数：配套罐体ϕ1.5 m×2 m，功率0.75 kW； （3）液碱加药泵：3台（2用1备）；设备型号：GF15-2S；设备参数：Q=500 L/h，H=6bar，P=0.55 kW； （4）PAC 加药罐：2套；设备参数：配套罐体ϕ1.5 m×2 m； （5）PAC 减速搅拌机：2套；设备参数：功率0.75 kW； （6）PAC 加药泵：3台（2用1备）；设备型号：GF30-1；设备型号：Q=1 m³/h，H=6bar，P=1.0 kW； （7）PAM 加药罐：2套；设备参数，碳钢防腐，ϕ1.5 m×2 m；（8）PAM 减速搅拌机：2套；设备参数：配套罐体ϕ1.5 m×2 m，功率：0.75 kW； （9）PAM 加药泵：3台（2用1备）；设备型号：GF30-1；设备参数：Q=1 m³/h，H=6bar，P=1.0 kW； （10）磷酸营养剂加药罐：2套；设备参数：碳钢防腐，ϕ1.5 m×2 m； （11）磷酸营养剂减速搅拌机：2套；设备参数：配套罐体ϕ1.5 m×2 m，功率0.75 kW； （12）磷酸营养剂加药泵：3台（2用1备）；设备型号：GF30-1；设备参数：Q=1 m³/h，扬程 H=6bar，功率 P=1.0 kW； （13）碳酸钠营养剂加药罐：2套；设备参数：碳钢防腐，配套罐体ϕ1.5 m×2 m； （14）碳酸钠营养剂减速搅拌机：2套；设备参数：配套罐体ϕ1.5 m×2 m，功率0.75 kW； （15）碳酸钠营养剂加药泵：3台（2用1备）；设备型号：GF30-1；设备参数：Q=1 m³/h，H=6bar，功率 P=1.0 kW

5.17 构筑物及主要设备一览表

表 24 构筑物及主要设备一览表

序号	构筑物	设备名称	规格或性能参数	单位	数量	电机功率/kW	备注
1	隔油池	自吸浓浆泵	Q=3 m³/h，H=20 m，吸程 6.5 m	台	4	0.75	2用2备
		撇油机	B=3.2 m	套	2	0.75	1用1备
2	储油池	自吸浓浆泵	Q=3 m³/h，H=20 m，吸程 6.5 m	台	2	0.75	1用1备
		液位计	0～3.5 m，4～20 mA 输出	套	1		
3	事故池	衬氟离心泵	IHF100-80-125，Q=45 m³/h，H=20 m	台	2	11	1用1备
		液位计	0～6.5 m，4～20 mA	套	1		
4	调节池	衬氟离心泵	IHF100-80-125，Q=45 m³/h，H=20 m	台	2	11	1用1备
		液位计	0～6.5 m，4～20 mA	套	1		
		电磁流量计	法兰，0～100 m³/h	套	1		
5	气浮池	气浮设备	GF-50，Q=50 m³/h	台	1	9.37	
6	预曝池	溶解氧仪	0～5 mg/L，4～20 mA	台	2		
		pH 计	0～14，4～20 mA 输出	台	2		
		温度计	0～100℃，4～20 mA	台	2		
		溢流堰	不锈钢	套	2		非标制作
		组合填料	ϕ150 mm×3 500 mm	m³	560		
		微孔曝气器	ϕ215，ABS材质	套	534		
		电磁流量计	0～50 m³/h	套	2		
7	初沉池	排泥泵	46-22-5，Q=46 m³/h，H=22 m	台	4	5.5	2用2备
		溢流堰、导流筒	不锈钢	套	2		非标制作
		刮泥机	ZXG-8	套	2	1.5	液下不锈钢
		电磁流量计	0～50 m³/h	套	1		
8	缺氧生化池	潜水搅拌机	不锈钢，导轨安装	台	4	5.5	
		组合填料	ϕ150 mm×3 500 mm	m³	700		
		溢流堰	不锈钢	套	2		非标制作
9	好氧生化池	溶解氧仪	0～5 mg/L，4～20 mA	台	2		
		pH 计	0～14，4～20 mA 输出	台	2		
		温度计	0～100℃，4～20 mA	台	2		
		溢流堰	不锈钢	套	2		非标制作
		组合填料	ϕ150 mm×3 500 mm	m³	1 680		
		微孔曝气器	ϕ215，ABS材质	套	1 600		
10	二沉池	刮泥机	ZXG-12	台	2	1.5	液下不锈钢
		污泥回流泵	46-22-5，Q=46 m³/h，H=22 m	台	4	5.5	2用2备
		溢流堰、导流筒	不锈钢	套	2		非标制作
		电磁流量计	0～50 m³/h	套	1		
11	中间水池	消化液回流泵	Q=135 m³/h，H=15 m	台	2	11	1用1备
		电磁流量计	0～150 m³/h	套	1		
		液位计	0～5 m，4～20 mA	套	1		
12	混凝反应池	搅拌机	液下部分为不锈钢	套	3	1.5	

序号	构筑物	设备名称	规格或性能参数	单位	数量	电机功率/kW	备注
13	混凝沉淀池	刮泥机	ZXG-8	台	1	1.5	
		排泥泵	$Q=20$ m³/h，$H=15$ m	台	2	3	1用1备
		溢流堰、导流筒	不锈钢	套	1		非标制作
		电磁流量计	0～50 m³/h	套	1		
14	清水池	清水外送泵	$Q=45$ m³/h，$H=25$ m	台	2	4	1用1备
		液位计	0～4.5 m，4～20 mm	套	1		
		电磁流量计	0～100 m³/h	套	1		
15	污泥浓缩池	刮泥机	ZXG-8	台	1	1.5	液下不锈钢
		溢流堰、导流筒	不锈钢	套	1		非标制作
16	压滤机房	板框压滤机	$S=80$ m²，$V=1.21$ m³	台	2	2.2	1用1备
		气动隔膜泵	$Q=16$ m³/h，吸程 $H=15$ m，$P=0.5$～0.8 MPa	台	2		1用1备
17	鼓风机房	预曝气池鼓风机	$Q=20.76$ m³/min，$H=63.7$ kPa	套	2	37	1用1备
		好氧池鼓风机	$Q=60$ m³/min，$H=75.0$ kPa	套	2	132	1用1备
18	加药间	加药桶	$\phi 1.5$ m×2 m	台	10		碳钢防腐
		搅拌机	JB-0.75	台	10	0.75	桨叶不锈钢
		液碱加药泵	$Q=500$ L/h，$H=6$bar	台	3	0.55	2用1备
		PAC加药泵	$Q=1$ m³/h，$H=6$bar	台	3	1	2用1备
		PAM加药泵	$Q=1$ m³/h，$H=6$bar	台	3	1	2用1备
		磷酸营养剂加药泵	$Q=1$ m³/h，$H=6$bar	台	3	1	2用1备
		碳酸钠加药泵	$Q=1$ m³/h，$H=6$bar	台	3	1	2用1备
19	管道			批	1		

6 废水处理系统布置

6.1 平面布置原则

（1）废水处理系统应充分考虑与厂区环境、地形、功能布置和现有管道系统协调；

（2）废水处理系统应充分考虑建设施工规划等问题，优化布置系统；

（3）根据夏季主导方向和全年风频，合理布置系统位置；

（4）处理构筑物应布置紧凑，节能高效，节约用地，便于管理。

6.2 高程布置原则

（1）充分利用地形设计高程，减少系统能耗；

（2）系统设计力求简洁、流畅，减少管件连接。

7　电气控制

7.1　工程范围

主要包括废水处理站的动力、自动控制、照明、生产联系信号和防雷接地的设计，厂区工程的设计。供电的厂外线路部属于本设计范围。本设计的总供电电源线的型号，只能满足本厂的需要，而未考虑与上一级断路器的匹配。届时请业主核对，以确保线路的安全。

7.2　电源情况和供电回路

本工程电源由建设方提供至污水处理站控制室，输电线路采用 YJV22-1000V 型电力电缆直接埋地敷设，双回路送至站内。

7.3　供电要求和负荷等级

由于厂区废水处理生产工艺未连续性生产，生产过程中如突然断电，会对环境造成严重污染，并对厂区带来一定的经济损失，故部分设备为二级负荷，其余为三级负荷。

7.4　本工程供配电要求

本工程要求 380V 双回路供电。正常情况两回路电源 1 用 1 备，互为备用。

7.5　用电计量

污水处理站进线配电柜中装设一块 DT862 型三相四线有功电度表（带电流互感器）。

7.6　配电及照明

（1）配电方式

电源由甲方负责送入厂内污水站进线配电柜上隔离开关上端，根据用电负荷配置情况采用放射式+树干式的配电方式。

（2）接地形式

低压配电系统接地型式采用 TN-S 三相五线制系统。所有用电设备的金属外壳均接地，进行接地保护。

（3）导线、电缆选择及敷设方式

用电设备配电线路采用 VV-1 kV 型电力电缆，控制线路采用 KVV-500V 型控制电缆。电缆穿 SC 管沿墙或埋地进入用电设备。照明线采用 BV-500V 铜芯导线穿 PVC 管沿墙、楼板暗敷设。

（4）照明

本污水处理站加药贮药房等设普通照明，低压配电值班室设普通工作照明及事故照明，不同场所采用不同灯具及光源。道路设照明路灯，工艺露天场所设施设户外照明。

7.7　仪表及自控设计

废水处理站的自动化控制宜采用集散型现场总线控制系统。控制系统由 CPU、存储器、输入输出接口、通信接口、编程器和电源六部分组成，分为中央控制系统和现场控制系统，可实际人机对话，实现对废水处理过程中的主要工艺参数的数据显示、数据处理、数据存储、报警、打印以及手动/自动转换。

所有控制系统的工作状态及各电机设备的工作、故障状态均可在中央控制柜的工艺流程模拟显示图上进行显示，通过中央控制柜可以对各设备实现手动—自动控制切换，对备用设备在工作设备故障时可自动投入运行。

该系统在操作终端 CRT 上可显示工艺流程图、工艺参数、电气参数、设备运行状态。

控制系统的主要控制方式如下：

（1）污水提升泵的自动控制

通过液位仪控制提升泵的运行。

（2）搅拌机的自动控制

搅拌机与提升泵联动。

（3）加药泵的自动控制

碱加药泵由 pH 仪自动控制，其他药剂加药泵与提升泵联动。

（4）各加药箱应安装液位计，实现低液位报警

（5）采用集中控制，设置集中控制柜一台。通过电控柜内的控制器集中显示并自动控制所有设备的运转情况。各设备也可单台控制。提升泵根据液位控制仪信号自动控制启停。一旦自动控制失灵或变更使用工艺所需时，本系统可以进行手动/自动控制，以信号灯观察运行正常与否。

（6）所有电气设备均设短路过载、过流保护装置，并配置了运行信号输出及故障声光报警信号。

8　废水处理站辅助设施

8.1　动力来源

废水处理站的供电、供水、排水、通信等所有公用工程由建设方统一供给，供给条件充足。废水处理站内设电源柜、电控柜和就地控制柜。

8.2　运输、维修、库房安排

与废水处理站有关的运输、维修、库房、绿化也由建议方统一安排，废水处理站不再单独设置。

8.3　采暖通风

废水处理设备间采用自然通风，同时考虑采暖，由建设方统一考虑。

9　总图设计

9.1　总图平面布置

按《室外排水设计规范》所规定的各项要求进行设计。

根据废水处理系统各构筑物的功能和流程要求，结合场地地形、气候与地质条件等因素，并考虑便于施工、操作与运行管理。

各构筑物布置应紧凑，同时考虑管线敷设、构筑物施工开槽相互影响，以及今后运行、操作、检修距离。

废水与污泥处理的流向充分利用现场地形，各构筑物之间的连接管渠尽量简单而便捷，避免迂

回曲折，减少水力损失，降低能耗。

各处理单元构筑物的座（池）数，根据水质水量的变化情况，考虑到运行、管理机动灵活，在维护检修时不影响正常运行。

9.2　站内道路设计和运输

站区运输量不大，运输流向单一，站区主干道路面宽 4.5 m，钢筋混凝土路面；人行道 1.5 m，采用素砼路面。

9.3　站内绿化设计

站内四周采用常青乔木作为绿化树种，主道路旁种植樟树、广玉兰、桂花；各构筑物、建筑物周围种植常青草类花卉，秉承"人文、绿色、科技"的设计理念，充分考虑厂区的自然环境景观和文化特色，充分体现出功能、环保、节能和艺术方面的有机结合。使污水处理站常年处于绿色鲜花之中，为工作人员创造一个优美、清新的工作生活环境。

10　建筑、结构设计

10.1　设计范围

含铬废水调节池、酸碱废水调节池、喷漆、退漆废水收集池、含铬高效混凝沉淀池、含铬中和池、含铬还原池、酸碱废水高效混凝沉淀池、喷漆、退漆废水高效混凝沉淀池、综合废水高效反应池、综合废水高效混凝沉淀池、中间水池、排放水池、污泥浓缩池、鼓风机房、加药间、贮药间、电控控制室、脱水机房、楼梯间、值班室等。

10.2　主要建构筑物的设计

本工程建构筑物主要有值班室，火灾危险性类别为戊类，建筑物耐火为二级。

10.2.1　建筑做法

主要建筑做法说明：

地面：采用混凝土水泥地面；

内墙面：才用混合砂浆墙面，面层刷内墙涂料；

外墙面：采用贴面砖墙面，颜色为白色；

层面：采用卷材防水膨胀蛭石保温屋面；

顶棚：采用抹灰顶棚；

门窗：采用单层铝合金门窗；

护栏：采用不锈钢栏杆。

10.2.2　建筑立面

本工程主要建筑物有值班室。根据厂区总平面布局，墙面以白色为主调，配以浅黄色线条使建筑物以稳重的质感，建筑物周围均绿化，更能够体现废水处理站的绿色环保宗旨。

10.3　建筑物的结构设计

10.3.1　工程地质条件

本工程所处场地为二类场地土，适宜建设一般建（构）筑物。

建设场地地震烈度为六度，最大冻土深度为 0.05 m。

10.3.2　设计原则

混凝土：垫层 C15，水池 C25 抗渗混凝土（S6），其他为 C25 混凝土；

钢筋：HPB235 级钢（一级），HRB 级钢（二级）；

砖砌体：M7.5，混合砂浆，MU10 砖。

11　环境保护与节能

11.1　环境保护

污水处理工程本身是一项重要的环境保护项目，但它作为一项工程，也有"三废"排放，虽数量较小，也应充分重视。为此，本工程设计中采取了以下措施：

废水处理站内的污水，都经专门污水管收集，输送到污水处理系统中同原污水处理。

处理设备的选择上，除注意高效节能外，还充分注意降噪。鼓风机选用噪声小、效率高的三叶罗茨鼓风机，并配有隔音罩装置；在土建设计中采用吸音材料；在设备安装中均设置减震装置，在设备与管道连接处均采用柔性接头，最大限度地减少噪声。

11.2　节能

本工程设计中将充分利用国内外先进的污水处理技术和高效节能设备，如高效曝气装置等。

平面布置，管渠布置及其衔接尽量保证顺直，减少转折，使管路损失降低到尽可能低的程度。

12　安全卫生、消防及劳动保护

生产过程中职业安全卫生危害因素及防范措施。

12.1　安全

（1）工艺安全

工艺流程布局和设备选型均符合劳动保护的有关规定；设计中选用目前较为先进、节能的设备；采用了有利于劳动保护的新技术和新材料；工艺路线物流顺畅；按有关标准设置了安全通道和安全防护距离。各种机械传动装置的外露部分均设有安全防护罩。各处理构筑物走道和临空天桥均设置满足规范要求的防护栏杆、防滑楼梯。

（2）电气安全

所有的用电设备均设置了漏电开关、接零接地设施、安全联锁装置等；电力设备、电力线路，均设置短路保护、过载保护和接地保护装置。

（3）防尘防毒

详见环保篇。预计各工作场所的有害物浓度均能满足《工业企业设计卫生标准》（GBZ 1—2010）中的要求。

（4）防噪防振

对鼓风机、水泵房环保专业采用了严格的隔声、吸声、消声和减振措施，预计项目实施后，各工作场所的噪声可达到《工业企业设计卫生标准》（GBZ 1—2010）中的规定。

（5）防暑降温、采光照明

各设备用房均设计采用的通风设施，值班室、化验室、电控室均采用空调机组防暑降温，温度、湿度、防尘等均应达到《工业企业设计卫生标准》（GBZ 1—2010）中的规定。

各设备房和辅助用房，采取尽量开窗的措施，充分利用日光资源与人工光源，提供高质量的采光照明条件，保证操作人员的视觉需求。

室内照度应符合设备人工照明的要求，在仪表盘上不得出现眩光。

室内照明按照《建筑采光设计标准》（GB/T 50033—2013）进行设计，室内照度符合设备人工照明的要求，确保在仪表盘上不得出现眩光。

12.2 消防安全防护措施

根据《建筑设计防火规范》（GB 50016—2014）的规定，室内不设消火栓给水系统，仅在电控室、值班室和走道等位置设置干粉灭火器和泡沫灭火器。

（1）所有构筑物均设便于操作和行走的走道板和平台，并在其四周均设置护栏、扶手。

（2）在各操作间内应设置通风换气系统，保证操作员的操作和设备的正常运行。

（3）供电系统按电力部门制定的各项设计规范要求的供电防护设施，各种用电设备采取有效的接地保护。

（4）电气设备和机械设备的布置，留有足够的安全操作距离及空间。

13 人员编制及经营管理

13.1 人员编制

本废水处理厂定员共计 12 人，操作工人 9 人，污泥工 3 人。

13.2 经营管理

根据我公司各相关专业工程师编制的操作运行手册及工程竣工图纸，对业主各相关管理人员、运行操作人员进行系统布置、系统工作原理、设备启动停止操作程序、系统运行注意事项等内容进行课堂讲解、现场示范操作、跟踪作业人员操作、安全生产、突发事故处理等培训。培训的最终目标使学员能在业主接管污水厂后能胜任污水厂的运行和维护工作。（在工程安装施工过程中，贵司即可派遣操作人员进行学习，我方将免费进行现场技术指导，保证操作人员更透彻地掌握该系统的原理和方法，降低运行费用，提高设备的使用寿命。）

（1）站长

对废水站的各项工作全面负责，拟定并组织实施年、季、月的工作计划日程，负责组织制定或修改各项规章制度和操作规程，检查督促各项规章制度的执行，保持污水站的正常工作秩序。

行使废水处理站生产行政领导的职权，对本站各部门的工作进行计划、指导、检查、督促，支持议定有关人员的培训、进修、考核、晋升、调配等事宜，根据财务制度掌握污水站生产经费的开支使用，审批各项费用的报销。

具体指导各部门的工作，并定期检查其工作情况，深入细致地做好职工的思想工作，了解职工的特点与专长，充分发挥全体职工的积极性，关心职工的生活。

（2）技术人员

负责设施的运行管理、分析和处理运行事故、研究工艺改进和技术进步课题等工作。

（3）操作工人

根据工作内容和要求，保证设施的正常运行，并做好相应的运行记录。

（4）污泥工

负责污水处理内的污泥脱水及处置工作，保证站内卫生。

14 运行费用分析

本工程运行费用由电费、人工费和药剂费三部分组成。

14.1 运行电费

该系统总装机容量为 539.9 kW，其中平均日常运行容量为 279.65 kW，由于部分设备为间歇运转，因此，日耗电量约为 6711.6 kW·h，功率因子取 0.7，若电费以 0.50 元/（kW·h）计，则运行电费 E_1=2.17 元/m³ 废水。

14.2 人工费

由于废水处理站采用了先进的控制系统，每班设操作人员 4 名，每天三班，共设操作人员 12 人，每人工资福利费 3.6 万元/a，则 E_2=1.10 元/m³ 废水。

14.3 药剂费

本废水回用处理站药剂费为混凝剂和助凝剂等药剂消耗，具体消耗如下：

纯碱（3 000 元/t）药剂费：1.8 元/m³ 废水；

聚丙烯酰胺（1 2000 元/t）药剂费：0.8 元/m³ 废水；

高效复合絮凝剂（3 000 元/t）药剂费：0.25 元/m³ 废水；

磷盐（2 600 元/t）药剂费：0.5 元/m³ 废水；

污泥脱水（22 000 元/t）药剂费：0.3 元/m³ 废水；

综上，药剂费 E_3=3.65 元/m³ 废水。

14.4 运行费用

运行费用总计 E=E_1+E_2+E_3=2.17+1.10+3.65=6.92 元/m³ 废水。

15 效益分析

15.1 社会环境效益

本项目实施后，大大减少了生产废水的污染物浓度，避免了对周围环境和地下水资源的污染，保护了周边河流的水质，为树立企业的良好社会形象，具有积极意义，是一个"功在当代，泽惠后世"的大事。

15.2 经济效益

通过对本项目的建设，可确保生产废水达标排放，可减免超标排污费。废水经治理后可回用于生产，在干旱季可缓解紧张的生产用水，在丰水季节也节约了供水费用，达到节约能源和水资源循环利用的目的。对于实现节能、再生、创造新的经济价值具有重要意义。

16　工程安排计划

16.1　周期阶段划分

（1）项目前期工作（含技术方案编制）；

（2）设计阶段（包括废水处理装置的工程设计和废水处理系统的运行参数测定以及运行参数的调整方案设计）；

（3）施工阶段（设备制作，设备、管道安装阶段）；

（4）调试阶段（含装置整改阶段）。

16.2　时间

项目工程建设周期力争在 12 个月内完成，工期安排十分紧张，需要建设方紧密配合才可能完成。

17　实施进度计划

17.1　项目前期工作（20 天）

前期工作从合同签字之日起计算。主要完成以下工作：

完成废水处理站所需的必要调研工作；

提取水样进行分析并且进行工艺路线的核实实验；

编制具体施工技术方案；

收集有关资料，做好设计准备工作；

要求厂方及时提供所有必需的相关资料。

17.2　工程设计阶段（40 天）

主要工作：

设计构筑物池体的土建工艺条件图纸；

带控制点工艺流程图的设计；

设备汇总表（设备汇总表，非标设备一览表，定型和专供设备一览表）；

非标设备设计图；

设备布置设计图；

设备安装设计图；

管道布置设计图；

电气与自控设计图。

17.3　土建施工（120 天）

主要工作：

设备间平面布置；

非标设备制作；

定型设备采购；

所有设备就位安装；

管道安装。

17.4　安装工程（100天）

主要工作：

设备间平面布置；

非标设备制作及安装；

定型设备采购；

所有设备就位安装；

管道安装。

17.5　调试（80天）

主要内容包括：

单机调试；

联动调试；

进水调试；

运行考核。

18　售后服务

我公司是一家重合同守信誉单位，"科技领先、服务大众"是我们不变的经营理念，"为用户服务，对用户负责，让用户满意"是我们的服务宗旨；锐意进取、勇于开拓，以诚信、严谨、高效、务实为铭，全身致力于环境保护工作。我们承诺对承接的项目，提供如下售后服务：

（1）我们提供成套的设备安装完毕后，免费向业主的操作人员进行现场培训。

（2）我们提供的设备自验收之日起质保期为一年。设备质保期内，在正常操作条件下，因产品质量引起的故障或损坏均由我们负责进行免费维修。

（3）我们提供的设备若不能达到用户要求，限期改造。

（4）保证提供工程售（产）后服务，竣工交付使用后免费保修壹年，终身维修。保证在保修期内整个系统的正常运行。免费对使用、维护人员进行操作、维修的培训。在质保期内免费提供上门维修和技术支持服务，在接到用户报修通知后，保证在48 h内达到故障现场进行维修。并作到故障不排除维修人员不撤离现场，随时接受咨询服务。

（5）合同设备质保期过后，我们提供合同设备的终身维修保养服务及备件供应，酌量收费，并按用户要求作好终身有偿服务。

（6）我们提供完善的技术咨询服务和产品的后续升级。

（7）遵守双方同意的其他约定。

实例四 7 200 m³/d 焦化废水处理工程方案设计

1 焦化废水水质水量及处理要求

焦化废水是由原煤的高温干馏、煤气净化和化工产品精制过程中产生的。其成分复杂，含数十种无机和有机化合物。无机化合物中主要是大量氨盐、硫氰化物、硫化物、氰化物等；有机化合物中除了酚类外，还有单环及多环的芳香族化合物，含氮、硫、氧的杂环化合物等。

焦化废水包括煤气净化过程中产生的含酚氰废水及煤气管道冷凝水、化验室排水等。废水水量为 300 m³/h，每天运行 24 h，即 7 200 m³/d。水质如表 1 所示：

表 1 焦化废水水质一览表

项目	pH	SS/（mg/L）	NH₃-N/（mg/L）	CODCr/（mg/L）	酚/（mg/L）	CN⁻/（mg/L）	油/（mg/L）
指标	7～8	100	300	5 000	700	20	50

废水处理后部分作为回用水回用于工艺工程，另一部分需达到《污水综合排放标准》（GB 8978—1996）一级排放标准，如表 2 所示：

表 2 焦化废水处理后的排放标准

项目	pH	SS/（mg/L）	NH₃-N/（mg/L）	CODCr/（mg/L）	酚/（mg/L）	CN⁻/（mg/L）
指标	6～9	70	15	100	0.5	0.5

图 1 废水处理站概貌

2 设计范围

本设计方案包括污水处理设施的工艺、设备、配电仪表和土建工程。

3 设计依据

（1）《室外排水设计规范》（GB 50014—2006，2014 版）；

（2）《污水综合排放标准》（GB 8978—1996）；

（3）《建筑结构荷载规范》（GB 50009—2012）；

（4）《给水排水工程管道结构设计规范》（GB 50332—2002）；

（5）《给水排水设计手册》；

（6）厂方提供的基础数据资料。

4 设计原则

（1）废水处理技术采用先进、高效、经济、占地面积小、操作管理方便、运行稳定可靠的方法。

（2）系统选用设备运行安全可靠、降低噪声、操作简单、运行费用低。

（3）处理系统自动化程度要高，若自动出现保障，可切换手动操作。

5 废水处理工艺流程及说明

本废水处理工程的工艺流程框图如图 2 所示：

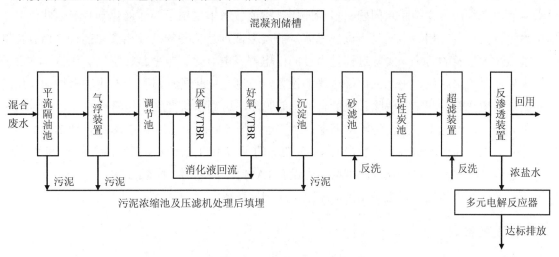

图2　焦化废水处理工艺流程框图

5.1 工艺流程简述

厂内各种废水经排污管线排入平流式隔油池，隔油池设有刮油机，定期清除表面的浮油，隔油池设计停留时间为 2 h，隔油池出水然后进入气浮系统除油，气浮系统出水自流入废水混合调节池，以均衡水质水量，设计停留时间为 8 h。

混合调节池出水由提升泵进入 VTBR 生物氧化塔进行处理，去除大部分的 COD，去除酚、氰及其他有害物质，并通过硝化及反硝化作用脱氮。

VTBR 生物氧化塔采用密闭的固定膜式生化反应器，既可以实现好氧过程，又可以实现厌氧过程。好氧时，反应器按一定方式连接使之成为气—水同向同流依次穿过多个反应器，使气—液接触时间提高几十到几百倍（比普通曝气法），使氧利用率高达 80%～90%，节省空气十倍左右；同时，微正压使氧溶解度增加，生物量可达 10～20 g/L，生化效率提高，容积负荷提高，设备体积减小（与目前运行的生化反应器比，减少反应器体积 2/3）；塔式反应器使占地面积减少一半以上；填料使生物固着生长，污泥龄长达 100 天以上，内源呼吸充分使剩余污泥体积极大地减少。厌氧时，VTBR 反应器被可以安装填料构成了厌氧固定膜生物反应器，使之具有比 UASB 更优越的特性。在反应器底部，因为它在污泥量大时形成污泥膨胀段，膨胀段上部形成填料床过滤段，可以形成悬浮床和固定床一体的生物生长过程，增强了生化处理效果和污泥截留率。

VTBR 生化反应塔为钢制塔式容器，单体直径 10 m，总高 14 m，塔内装有弹性立体填料；VTBR 塔共 16 个，8 个厌氧塔，8 个好氧塔，采用厌氧好氧串联的运行方式；好氧塔气水比为 10∶1，散流式曝气器布水。进水 COD 质量浓度 4 000 mg/L，厌氧塔出水 COD 质量浓度 1 500 mg/L；好氧出水 COD 质量浓度 200 mg/L。同时为了实现除氮的目的，要进行硝化液的回流，回流比为 3∶1。出水自流去二沉池。

出水在进入二沉池之前，为了进一步降低水中的悬浮物和 COD，通过管道混合器要投加混凝剂，混凝剂投加量为 300 mg/L，含量为 10%，即 0.9 m³/h。

沉淀池出水进入砂滤池和活性炭吸附装置，进一步降低水中的悬浮物和 COD，然后进入超滤及反渗透装置。反渗透的产水率为 60%～70%，其余浓盐水 COD 将超过 100 mg/L，经过多元催化电解装置处理后达标排放。

多元催化电解氧化污水处理技术是大连理工大学环境工程研究设计所的自有技术。本技术的基本思路是：将多相催化、电解分解、电解氧化、化学氧化、电絮凝等过程结合在一起，形成多元反应过程来解决多种污染物的脱除问题。多相催化是指该技术中采用了固体催化剂和液体催化剂，反应体系为固、液、气三相。多元是指该技术涉及的反应试剂是多种的：液相氧化剂和气相氧化剂；多元还指该技术涉及的污染物脱除过程是多种的：电解、电氧化、电絮凝、空气氧化等。本发明可用于污水处理，给水净化，中水回用等过程的设备，特别是生化处理过程中对生物有抑制作用的污染物的脱除、生物代谢产物的脱除、微量有机物的脱除，达到水质彻底净化的目的。

各单元产生的污泥用泵排至污泥浓缩池；产生量约为 500 m³/d（含水率 98%），经物理浓缩后其总量为 250 m³/d（含水率 96%），脱水到含水率 75%的干污泥约为 40 t/d，设计污泥处理系统以此为原则。考虑到污泥需要调质，在压滤机场房内设有 PAM 配置和投加系统。

脱水后的污泥由传送带直接送到污泥车上，运到堆灰场安全填埋。

5.2　主要工艺参数

（1）污水泵

型号：200YW300-7-11

Q=300 m³/h

H=7 m

N=11 kW

数量：2 台（1 用 1 备）

供应商：上海太平洋制泵有限公司

（2）平流隔油池

数量：2 座

设计停留时间：2 h

体积：25 m×6 m×2.4 m

有效高度：2 m

设刮油机

钢筋砼结构

（3）气浮设备

型号：IAF-150

数量：2 台

处理量：150 m³/h

外围尺寸：12 m×3 m×1.7 m

N=4 kW

（4）调节池

停留时间：8 h

体积：12 m×40 m×5.5 m

有效高度：5 m

钢筋砼结构

（5）VTBR 提升泵

数量 8 台（4 用 4 备）

Q=85 m³/h

H=41 m

N=12.5 kW

（6）VTBR 生物厌氧塔

数量：8 个

停留时间：20 h

COD 负荷：3 kg/（m³·d）

塔尺寸：ϕ10 m×14 m

（7）VTBR 生物好氧塔

数量：8 个

停留时间：20 h

COD 负荷：1.6 kg/（m³·d）

塔尺寸：ϕ10 m×14 m

气水比：10∶1

（8）空气压缩机

数量：3 台（2 用 1 备）

Q=33 m³/min

P=0.35 MPa

N=132 kW

（9）VTBR 消泡泵

数量 8 台

Q=107 m³/h

H=25 m

N=11 kW

（10）硝化液回流泵

型号：200YW300-7-11

Q=300 m³/h

H=7 m

N=11 kW

数量：4台（3用1备）

（11）二沉池

数量：1座

内径池尺寸：ϕ18 m×4.5 m

沉降停留时间：3.4 h

钢筋混凝土结构

（12）支敦式单周边传动刮泥机

周边线速：2 m/min

驱动功率：1.1 kW

数量：1台

（13）管道混合器

（14）混凝剂储池

数量：2座

搅拌机转速：40 r/min

搅拌机功率：5.5 kW

体积：3 m×3 m×3 m

（15）混凝剂投加系统

数量：2套

计量泵流量：0～1 m³/h

体积：300 m³

（16）砂滤池

滤速：4 m/h

过滤面积：75 m²

数量：2个

尺寸：ϕ7 m×5 m

钢筋砼结构

（17）砂滤池反洗泵

（18）活性炭吸附池

滤速：8 m/h

过滤面积：75 m²

数量：1个

尺寸：ϕ7 m×5 m

钢筋砼结构

（19）超滤装置

不锈钢膜壳

通量：100～150 L/（m²·h）

膜面积：2 000 m²

包括反洗及控制系统

（20）反渗透装置

膜元件为 8 英寸[①]，300 根

不锈钢膜壳

格兰富压力泵

包括反洗及控制系统

产水率：60%～70%

（21）回用水收集池

体积：12 m×12 m×5.5 m

（22）浓盐水收集池

体积：12 m×8 m×5.5 m

（23）多元电解装置

停留时间：0.5 h

体积：5 m×3 m×3.5 m

钢结构

装机功率：48kW

（24）污泥浓缩池

数量：1 座

池尺寸：ϕ 12 m×4.5 m

有效容积：800 m³

钢筋砼结构（内防腐）

（25）污泥泵

数量：2 台（1 用 1 备）

Q=30 m³/h

H=60 m

N=11 kW

（26）浓缩池刮泥机

数量：2 台

周边线速：2 m/min　驱动功率：0.75 kW

（27）污泥带式压滤机

数量：1 台

处理能力：3～6 m³/h

装机功率：2.2 kW

配套设备包括：

配套污泥提升泵：流量 12 m³/h，功率 1.5 kW

---

① 1 英寸=25.4 mm。

配套溶药搅拌器：容积 8 m³，功率 1.1 kW

配套空压机：排气量 0.3 m³/min，功率 3 kW

配套清洗水泵：流量 12 m³/h，功率 5.5 kW

配套皮带输送机：带宽 600 mm，功率 1.5 kW

6 主要经济技术指标

焦化废水处理的经济技术指标如表 3 所示：

表 3 焦化废水处理经济指标

序号	项目名称		数据	取费标准	单位成本/（元/t 水）
1	配电	装机容量	1 131.3 kW		
		运行容量	816.3 kW		
		耗电	2.72 kW·h/t 水	0.5 元/（kW·h）	1.36
2	药品用量	混凝剂	0.3 kg/t	0.7 元/kg	0.21
		PAM	0.01 kg/t	10 元/kg	0.10
3	人工		15 人	800 元/（月·人）	0.06
4	运行成本（合计）				1.73

7 工程投资估算

表 4 工程投资估算表

序号	名称	主要规格	数量	单价/万元	总价/万元
一	土建工程				
1	平流隔油池	25 m×6 m×2.4 m	2	18	36
2	混合调节池	12 m×40 m×5.5 m	1	79.2	79.2
3	沉淀池	ϕ18 m×4.5 m	1	40.0	40.0
4	混凝剂储池	3 m×3 m×3 m	2	2.7	5.4
5	砂滤池	ϕ7 m×5 m	2	28.8	57.6
6	活性炭吸附池	ϕ7 m×5 m	1	53.9	53.9
7	回用水收集池	12 m×12 m×5.5 m	1	24.0	24.0
8	浓盐水收集池	12 m×8 m×5.5 m	1	15.8	15.8
9	污泥浓缩池	ϕ12 m×4.5 m	1	17.8	17.8
10	厂房（风机房、脱水间，综合办公楼）				60
11	VTBR 塔基础		16	8	128
	土建合计				517.7
二	工艺设备				
1	污水提升泵	300 m³/h	2	5	10
2	刮油机	6 m	2	12.8	25.6
3	气浮装置	150 m³/h	2	55	110
4	VTBR 提升泵	85 m³/h	8	1.8	14.4
5	VTBR 生物氧化塔	ϕ10 m×14 m	16	83	1 328

序号	名称	主要规格	数量	单价/万元	总价/万元
6	VTBR 消泡泵	107 m^3/h	8	1.8	14.4
7	空气压缩机	33 m^3/min	3	15	45
8	硝化液回流泵	300 m^3/h	4	5	20
9	沉淀池刮泥机	ϕ18 m	1	15	15
10	管道混合器		1		0.4
11	混凝剂投加泵	1 m^3/h	2	0.8	1.6
12	不锈钢搅拌机		2	2.4	4.8
13	砂滤池反洗泵		1	5	5
14	超滤装置		1		176
15	反渗透装置		1		340
16	多元电解装置	5 m×3 m×3.5 m	1		52.5
17	浓缩池刮泥机	ϕ12 m	1	12	12
18	污泥泵	30 m^3/h	4	10	40
19	压滤机		1	24	24
20	管道阀门				110
21	配电仪表				130
22	设备合计				2 478.7
三	设备安装费（4%）				99.1
四	直接费合计				3 095.5
五	其他费用				
1	设计费	合计×5%			155
2	调试运行费	合计×3%			93
3	施工管理费	合计×5%			155
4	税金	合计×3.5%			108
	总计				3 606.5

实例五　50 m³/h 焦化废水处理站设计方案*

1　项目概述

1.1　废水的来源

焦化厂除生产焦炭和煤气外，还回收苯、焦油、氨、酚等化工产品。在煤气洗涤、冷却、净化以及化工产品回收、精制过程中，产生大量废水。其主要来源有：煤挟带入水，反应生成水和焦化产品蒸馏、洗涤加入的蒸汽和新鲜水，在与煤气和产品接触后冷凝或分离出来的废水，包括集气管喷淋分离液和初冷却液组成的剩余氨水；氨水工艺中洗氨的富氨水。这两部分废水经蒸氨（回收）后排出。硫氨工艺中的终冷洗苯水；苯、焦油、古马隆等化工产品加工的分离水。

煤中碳、氢、氧、氮、硫等元素，在干馏过程中转变成各种氧、氮、硫的有机和无机化合物，使煤气中的水分及蒸汽的冷凝液中含有多种有毒有害的污染物，所以废水中含有很高的氮和酚类化合物以及大量的有机氮、CN⁻、SCN⁻及硫化物等。焦化废水水量大，污染物复杂、浓度高，如不经处理直接排入江河，势必造成严重的水污染问题。

图 1　污水处理厂概貌

1.2　设计水量

废水处理量约为 50 m³/h（业主提供的总水量）。

1.3　原水水质

甲方提供待处理混合废水的水质数据如表 1 所示。根据同类废水水质情况，焦化废水本身的可生化性较差，但加入了生活废水后，可生化性有一定改善。

---

* 设计公司：江苏江通科技环保有限公司；工程时间：2012 年 9 月。

表 1 废水水质指标

水质指标	COD$_{Cr}$/（mg/L）	BOD$_5$/（mg/L）	pH	挥发酚/（mg/L）
范围	4 500	1 500	7～8	700
水质指标	氰化物/（mg/L）	氨氮/（mg/L）	油/（mg/L）	SS/（mg/L）
范围	20	300	50	500

1.4 处理要求

根据当地环保局的要求，废水外排标准执行《废水综合排放标准》（GB 8978—1996）一级标准，其主要指标如表 2 所示。

表 2 出水水质指标

水质指标	COD$_{Cr}$/（mg/L）	BOD$_5$/（mg/L）	pH	挥发酚/（mg/L）	SS/（mg/L）	氨氮/（mg/L）	油/（mg/L）	氰化物/（mg/L）
范围	<60	<30	6～9	<0.5	<10	<15	<8	<0.5

2 设计依据、设计原则及内容

2.1 设计依据

业主提供的相关技术资料、委托资料及设计要求等

（1）《污水综合排放标准》（GB 8978—1996）；

（2）《室外排水设计规范》（GB 50014—2006）；

（3）《污水再生利用工程设计规范》（GB/T 50335—2002）；

（4）《泵站设计规范》（GB/T 50265—2010）；

（5）《采暖通风与空气调节设计规范》（GB 50019—2003）；

（6）《工业企业噪声控制设计规范》（GBJ 87—1985）；

（7）《建筑设计防火规范》（GB 50016—2006）；

（8）《地下工程防水技术规范》（GB 50108—2008）；

（9）《工业建筑防腐蚀设计规范》（GB 50046—2008）；

（10）《建筑抗震设计规范》（GB 50011—2010）；

（11）《给水排水工程管道结构设计规范》（GB 50332—2002）；

（12）《给水排水工程构筑物结构设计规范》（GB 50069—2002）；

（13）《建筑结构荷载规范》（GB 50009—2012）；

（14）《建筑地基基础设计规范》（GB 50007—2011）；

（15）《混凝土结构设计规范》（GB 50010—2002）；

（16）《通用用电设备配电设计规范》（GB 50055—2011）；

（17）《配电系统设计规范》（GB 50052—2009）。

注：现行标准为：

《工业建筑供暖通风与空气调节设计规范》（GB 50019—2015）；

《工业企业噪声控制设计规范》（GB 50087—2013）；

《建筑设计防火规范》（GB 50016—2014）。

2.2　设计原则

（1）严格执行国家及地方的现行有关环保法规及经济技术政策。根据国家有关规定和甲方的具体要求，合理地确定各项指标的设计标准。

（2）本着技术上先进、安全、可靠，经济上合理可行的原则，尽量采用技术成熟、流程简单、处理效果稳定的废水处理系统。从降电耗、节约药剂使用量方面精心设计，从技术经济上达到最佳效果。

（3）在总图布置方面，充分利用现有条件，因地制宜，少占用地；同时保证使废水处理设施与周围环境协调一致，不会影响环境美观。

（4）选用的设备自动化水平比较高，易于工人操作管理，减轻劳动强度。同时也要考虑设备的耐用性，以保证长时间免维修正常使用。

（5）废水处理工程中的设备选用国内先进节能优质产品，确保工程质量。

2.3　设计内容

本设计内容指废水处理站的设计，不包括蒸氨系统，具体内容如下：

（1）废水处理站总平面布置图设计；

（2）废水处理工艺设计；

（3）污泥处理工艺；

（4）设计处理站主体工艺构筑物、设备选型设计；

（5）电气及自动控制设计；

（6）其他配套设施设计（消防、照明、道路、绿化等）；

（7）废水处理站工程投资估算与成本分析等。

2.4　工程内容

工程内容指废水处理站的建设，不包括蒸氨系统的改造或新建，具体如下：

（1）废水处理站设施的土建施工；

（2）配套的所有废水处理的设备及管道、阀门等的供货；

（3）废水处理设备的现场安装，相应的配管工程等；

（4）废水处理设备的开车、调试及达标验收；

（5）人员培训等售后服务。

3　焦化废水处理方案比选

3.1　焦化废水的特点

焦化废水主要成分有挥发酚、矿物油、氰化物、苯酚及苯系化合物、氨氮等，属于污染物浓度高，污染物成分复杂，难以治理的工业废水之一。其处理的关键之处在于：

3.1.1　酚含量高

废水中酚含量高，有的高达 2～12 g/L。由于酚的可生化性差，需用萃取法或其他物化法进行预处理加以回收利用。当它的含量高时，还是有很大的回收价值。

3.1.2　氨氮含量高

焦化废水中氨含量高，有时高达 1 000～2 000 mg/L。高浓度的氨不仅难以用生化法去除，而且其对生化处理单元有一定的毒害作用，严重时可杀死活性污泥，破坏整个生物处理系统。因此，高含氨氮废水在进入废水处理站之前，要设蒸氨预处理过程。

经过蒸氨预处理的废水氨氮浓度在 300 mg/L 左右，如果要处理到国家一级排放标准 15 mg/L 以下，氨氮的去除仍为该类废水处理工艺选择时首先要考虑的问题。

3.1.3　难降解有机物含量高

焦化废水中含有大量苯系、萘系及杂环类难降解有机物，通常的好氧活性污泥法难以直接处理达标。因此，在好氧法前，需改善其可生化性，提高 BOD∶COD 值。

3.2　关键工艺的选择

焦化废水的处理方法主要分为物化法和生化法。

3.2.1　物化法

物化法由于要消耗大量的化学药剂，运行成本非常高，所以很少采用。现在普遍采用生化法。

3.2.2　生化法

生化法可分为普通活性污泥法、A/O 法、A^2/O、SBR 法，以及它们的各种变体。其中（1）普通活性污泥法在过去采用较普遍，但是由于焦化废水的可生化性差，难以使 COD 及氨氮达标。即使延长废水在好氧池中的停留时间，也不可能使氨氮达到一级标准。（2）A/O 法对氨氮有很好的去除效果，但由于焦化废水的 COD 较高，可生化性差，难以使 COD 达标。（3）SBR 法操作复杂，针对性不强，同时去除 COD 和氨氮的效果不好。（4）A^2/O 法既可以先改善废水的可生化性，又可以高效地去除氨氮，因此，它非常适合处理焦化废水，为焦化废水的首选方案。

3.2.3　结论

根据废水水质的特点，废水处理工艺采用生化处理和物化处理相结合，并以处理效果好，运行费用低，污泥量少的生化处理法为主，尽量降低处理费用，生化处理采用内碳源 A^2/O^2（厌氧—缺氧—好氧—生物接触氧化）生物脱碳、氮处理工艺，这样不仅能有效地除去废水中的有机污染物，而且对氨氮污染物也有较好的去除效果。

3.3　主要工艺原理

3.3.1　A^2/O^2 工艺原理

A^2/O^2 工艺的前身是 A^2/O 工艺，它是在 A^2/O 工艺的后面加一个二级好氧法，以进一步提高有机物的去除率和氨氮的硝化率。A^2/O 是 Anaerobic-Anoxic-Oxic 的英文缩写，它是厌氧—缺氧—好氧生物脱氮除磷工艺的简称。A^2/O 工艺于 20 世纪 70 年代由美国专家在厌氧—好氧除磷工艺（A/O）的基础上开发出来的，其核心是在厌氧-好氧工艺（A/O）中间加一缺氧池，将好氧池流出的一部分混合液回流至缺氧池前端。该工艺同时具有脱氮除磷的目的。A^2/O 工艺流程如图 2 所示。

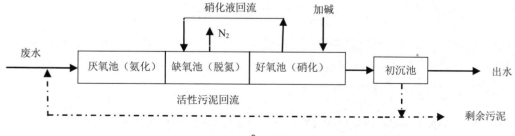

图2　A^2/O 工艺流程

（1）厌氧段（A_1 段）

废水首先流入厌氧池，在兼性厌氧菌和专性厌氧菌的作用下，废水中的有机物被分解成沼气和被吸收转变成微生物的躯体，以污泥的形式得以去除。另外，NH_3^--N 因细胞的合成而被去除一部分，使废水中的 NH_3^--N 浓度下降，但 NO_3^--N 含量没有变化。而且，厌氧过程还能大大地改善废水中难以直接用好氧生化法降解的苯、蒽醌类有机物的可化生性，提高后续生物氧化法的处理效率。由于该工业废水的磷含量不高，该厌氧段的主要目的是去除有机物及改善废水的可生化性。

（2）生物反硝化脱氮过程（A_2 段）

经过厌氧反应的废水进入缺氧池中，同时还有一部分通过好氧处理的硝化液（混合液）回流到缺氧池，在缺氧池内进行反硝化。反硝化菌氧化有机物的同时，将混合液中的亚硝态氮和硝态氮还原为氮气而去除。

反硝化过程是在缺氧条件下，异养型反硝化细菌将废水中 NO_3-N 还原为 N_2 的过程，其生物化学反应式为：

$$6NO_3^- + 2CH_3OH \rightarrow 6NO_2^- + 2CO_2 + 4\,H_2O$$

$$6NO_2^- + 3CH_3OH \rightarrow 3N_2 + 3CO_2 + 3\,H_2O + 60\,H^-$$

N_2 难溶于水，经鼓气，得以吹脱。

影响反硝化的主要因素：

①温度　温度对反硝化的影响比对其他废水生物处理过程要大些。一般，以维持 20～40℃ 为宜。若在气温过低的冬季，可采取增加污泥停留时间、降低负荷等措施，以保持良好的反硝化效果；

②pH　反硝化过程的 pH 控制在 7.0～8.0；

③溶解氧　氧对反硝化菌有抑制作用。一般在反硝化反应器内溶解氧应控制在 0.5 mg/L 以下（活性污泥法）或 1 mg/L 以下（生物膜法）；

④有机碳源　NO_3^- 在生物还原过程中为电子受体，完成此还原过程，在缺氧条件下，废水中必须有足够的电子供体，包括与氧结合的氢源和异养硝化菌所需的有机碳源。当废水中含足够的有机碳源，$BOD_5/TN > 3～5$ 时，可无须外加碳源。当废水所含的碳、氮比低于此比值时，则需另外投加有机碳源。外加有机碳源多采用甲醇。此外，还可利用微生物死亡自溶后，释放出来的那部分有机碳，即"内碳源"，但这要求污泥停留时间长或负荷率低，使微生物处于生长曲线的静止期或衰亡期，因此池容相应增大。

（3）好氧生物硝化过程（O_1 段）

在好氧池中，有机物被微生物生化降解，去除率较高。同时，废水中的氨氮被硝化菌氧化为亚硝酸盐和硝酸盐。通过硝化后另一部分混合液经二沉池进行固液分离，清液进一步处理后排放，污泥部分回流到厌氧池。

废水中之 NH_3，在好氧条件下，自养型亚硝化菌与硝化菌将 NH_3 氧化为 NO_3^--N 的过程，是生物脱氮的第一步，其生物化学反应式为：

$$2NH_4^+ + 3O_2 \xrightarrow{\text{亚硝化单胞菌}} 2NO_2^- + 4\,H_2O + 4\,H^+$$

$$2NO_2^+ + O_2 \xrightarrow{\text{硝化杆菌}} NO_3^-$$

在硝化过程中，1 g 氨氮转化为硝酸盐氮时需氧 4.57 g；释放出 H^+，硝化菌在硝化放能过程中，获得能量同时，部分氨被同化为细胞组织，需消耗废水中的碱度，每氧化 1 g 氨氮，将消耗碱度（以 $CaCO_3$ 计）7.1g。硝化反应中生物化学反应式为：

$$11NH_4^+ + 37O_2 + 4CO_2 + HCO_3^- \rightarrow C_5H_7NO_2 + 21NO_3^- + 20\,H_2O + 42\,H^+$$

影响硝化过程的主要因素有：

①pH 当 pH 为 8.0～8.4 时（20℃），硝化作用速度最快。由于硝化过程中 pH 将下降，当废水碱度不足时，即需投加石灰，维持 pH 在 7.5 以上。

②温度 温度高时，硝化速度快。亚硝酸盐菌的最适宜水温为 35℃，在 15℃ 以下其活性急剧降低，故水温以不低于 15℃ 为宜。

③污泥停留时间 硝化菌的增殖速度很小，其最大比生长速率为 0.3～0.5 d^{-1}（温度 20℃，pH 8.0～8.4）。为了维持池内一定量的硝化菌群，污泥停留时间必须大于硝化菌的最小世代时间。在实际运行中，一般应取≥2。

④溶解氧 氧是生物硝化作用中的电子受体，其浓度太低将不利于硝化反应的进行。一般，在活性污泥法曝气池中进行硝化，溶解氧应保持在 2～3 mg/L 以上。

⑤BOD 负荷 硝化菌是一类自养型菌，而 BOD 氧化菌是异养型菌。若 BOD_5 负荷过高，会使生长速率较高的异养型菌迅速繁殖，从而异养型的硝化菌得不到优势，结果降低了硝化速率。所以为要充分进行硝化，BOD_5 负荷应维持在 0.3 kg BOD_5/kg（SS·d）以下。

（4）接触氧化（O_2）

为了提高 COD 及氨氮的去除率，处理焦化废水时在 A^2/O 法后加接触氧化法或二级氧化法，称为 A^2/O^2。

（5）工艺特点

①该工艺适用于有机物浓度高、废水的可生化性差、同时需脱氮的工业废水。

②该系统抗冲击负荷能力强，运行稳定。

③该工艺在厌氧段不仅可以在运行成本比好氧法相对很低的情况下去除水中的有机物，还可以大大改善废水的可生化性，为后续的处理做准备。

④运行成本相对较低。与传统的活性污泥法相比，需氧量大大减少，同时不需外加碳源。

⑤缺点是为使硝化液循环，需设硝化液循环系统。

3.3.2 沸石吸附法

沸石对水中氨离子有较强的选择吸附性，可以用以去除低浓度的氨氮，该法在国内、外氨氮的深度处理中多有应用。

沸石为天然吸附离子交换剂，我国多数省份有此矿藏，价格低廉。其对水中氨离子有较强的选择吸附性。当处理含氨氮 10～20 mg/L 的城市废水时，出水浓度可达 1 mg/L 以下。由于沸石的吸附容量有限，再生时排出较高浓度含氯化铵废液必须进行处理。因此，一般用于氨氮废水的深度处理。

沸石是一种硅铝酸盐，其化学组成可表示为（M^{2+}, 2 M^+）$O \cdot Al_2O_3 \cdot mSiO_2 \cdot nH_2O$（$m$=2～10，$n$=0～9），式中 M^{2+} 代表 Ca^{2+}、Sr^{2+} 等二价阳离子，M^+ 代表 Na^+、K^+ 等一价阳离子，为一种弱酸型阳离子交换剂。在沸石的三维空间结构中，具有规则的孔道结构和空穴，使其具有筛分效应，交换吸附选择性、热稳定性及形稳定性等优良性能。

沸石对某些阳离子的交换选择性次序为：K^+，$NH_4^+ > Na^+ > Ba^{2+} > Ca^{2+} > Mg^{2+}$。利用斜发沸石对 NH_4^+ 的强选择性，可采用交换吸附工艺去除水中氨氮。

饱和的沸石可用 5 g/L 的饱和石灰水或次氯酸钠溶液再生。

3.3.3 焦化废水专属性菌种

系统开车调试时，投入专属性菌种。EMO（Efficient Micro Organism）即高分解微生物，是由产气杆菌属、假单孢菌属、硫杆菌属、发光杆菌属等多种类型微生物组成的群体，是利用选定微生物，针对特定的难分解工业废水，经特殊筛选及驯化，采用人工分离、培养的具有显著降解效果的菌种，能够自行产生酶系，对不同废水构成相应的多种微生物分解链。与活性污泥法相比，EMO 菌群对细菌抑制物浓度放宽许多（见表 3）。目前，EMO 技术应用领域主要为石油化工废水、有机合成废水、焦化废等，与活性污泥法的比较，去除 NH_3-N 的能力要强得多。

表 3　EMO 与一般的活性污泥对比

有毒物质	一般活性污泥法抑制浓度/（mg/L）	EMO 微生物法抑制浓度/（mg/L）
CN^-	＜20	＜300
Cl^-	＜10 000	＜40 000
NH_3	＜200	＜5 000
SO_4^{2-}	＜5 000	＜50 000
Phenol	＜100	＞1 000
NO_2^-	＜36	＞400

3.4　推荐的工艺流程及说明

3.4.1　工艺流程图

根据以上分析与方案比选，选定该项目废水处理工艺为以 A^2/O^2 的生化方案为核心的处理工艺，经过细化设计后形成如图 3 所示的工艺流程。

3.4.2　预处理工艺说明

（1）废水提升

进入处理单元前需一次提升。

（2）事故池

煤化工生产经常出现事故，在设计时应考虑事故工况的处理，设一事故池。当氨氮的浓度超过 600 mg/L，水中氨氮可能对后续的生物处理造成危害时，先将废水送到事故池存放，待正常后，将事故废水少量按一定比例混到正常工况排出的废水中，缓慢处理，以保证好氧、厌氧菌不被毒死。

（3）隔油池、初沉池

目前常用的一座多格混凝浓缩池，隔油池有平流隔油池和斜管隔油池。废水从池的一端流入池内，从另一端流出。在隔油池中，由于流速降低，相对密度小于 1.0 而粒径较大的油珠上浮到水面上，相对密度大于 1.0 的杂质沉于池底。本工艺采用平流式隔油池，其结构简单，便于运行管理，除油效果稳定。

（4）调节池

经隔油初沉后的废水进入调节池，进行废水水量的调节和水质的均和。废水水量和水质在不同时间内有较大的差异和变化，为使管道和后续构筑物正常工作，不受废水的高峰流量和浓度的影响，需设置调节池，把排出的高浓度和低浓度的水混合均匀，保证废水进入后序构筑物水质和水量相对稳定，便于生物处理的稳定。

（5）气浮池

废水进入气浮池，投加破乳剂、混凝剂及絮助凝剂。可将乳化态的焦油有效地去除，同时，COD、BOD 也得到部分去除。保证了后面生化处理的正常进行。

（6）氧化器

废水进入氧化器，经氧化剂对污水进行氧化，氧化器里装填铁碳，使废水中的有机物质氧化成 H_2O 及 CO_2 从而降低和去除 COD，提高废水可生化性，有利于下级工序的处理。（废水的 pH 最好控制在 4 左右）

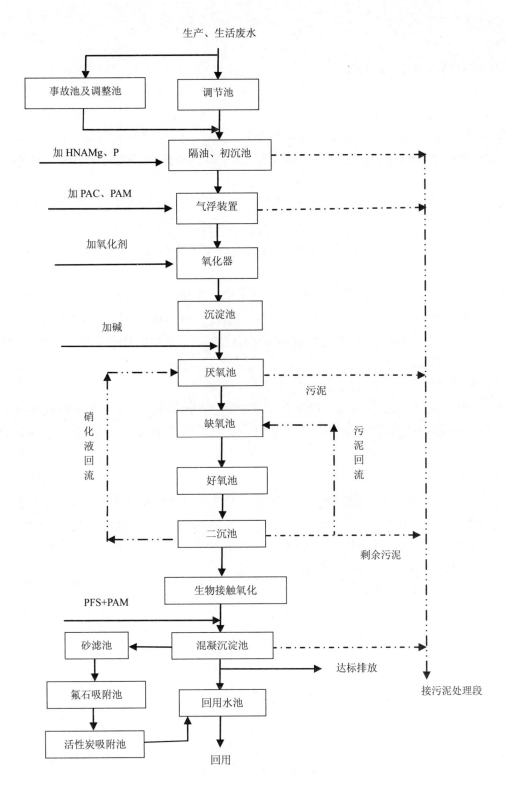

图3 工艺流程图

（7）沉淀池

初步处理的废水，进行固液分离，并使污泥得到一定程度的浓缩，使混合液澄清，同时排除污泥，并提供一定量的活性微生物，其工作效果直接影响活性污泥系统的出水水质和排放污泥浓度。

3.4.3 生化处理工艺说明

（1）厌氧池

调节池的水由潜水泵打入厌氧池。

厌氧微生物对于杂环化合物和多环芳烃中环的裂解，具有不同于好氧微生物的代谢过程，其裂解为还原性裂解和非还原性裂解。

厌氧生物发酵池的主要目的是去除 COD 和改善废水的可生化性。厌氧过程对于浓度较高的有机废水，可以将废水中的有机物分解为甲基等，以气体的形式从池中排中，可以去除废水中 50%～80% 的 COD。同时，还可以将废水中的芳烃类有机质所带的苯、萘、蒽醌等环打开，提高难降解有机物的好氧生物降解性能，为后续的好氧生物处理创造良好条件。厌氧过程分为四个阶段：水解阶段、酸化阶段、酸性衰退阶段及甲烷化阶段。在水解阶段，固胶体性有机物质降解为溶解性有机物质，大分子物质降解为小分子物质。厌氧反应池是把反应控制在第二阶段完成之前，故水力停留时间短，效率高，同时提高了废水的可生化性。

厌氧池启动后，废水由布水系统进入池体，由池底向上流动，经细菌形成的污泥层，污泥层对悬浮物、染料颗粒及细小纤维进行吸附、网捕、生物学絮凝、生物降解作用，使废水在降解 COD 的同时也得以澄清。焦化废水厌氧工艺水力停留时间较其他废水长，COD 去除率 20%～30%，同时具有很强的抗冲击负荷能力。

（2）缺氧池

缺氧池是生物脱氮的主要工艺设备，废水中 NH_3-N 在下一级好氧硝化反应池中被硝化菌与亚硝化菌转化为 NO_3^--N 与 NO_2^--N 的硝化混合液，循环回流于缺氧池，通过反硝菌生物还原作用，NO_3^--N 与 NO_2^--N 转化为 N_2。此转化条件，一是废水中含有足够的电子供体，包括与氧结合的氢源和反硝化异养菌所需之足够的有机碳源，二是厌氧或缺氧条件。由第一级厌氧池之出水，已留有足够的有机碳源，可供反硝化菌消耗，但不能太大的过量碳源，以免出水含碳源过多，影响后续硝化反应。反硝化反应影响因素：

①碳源进入缺氧池之废水中，BOD_5/TN＞3～5，即认为碳源充足，本系统内碳源充足；

②pH 在 6.5～7.5 为宜，原废水满足要求；

③水中溶解氧＜0.5 mg/L；

④适宜温度宜为 20～40℃；

⑤硝化混合液回流率 200%～600%。

厌氧池排出的厌氧消化液在进入好氧活性污泥处理工艺前进行缺氧曝气，其作用如下：

①缺氧池回流入大量的曝气池的沉淀污泥，使缺氧池和好氧池组合为 A-O 工艺，具有较好的脱氮效果；

②在缺氧过程中溶解氧控制在 0.5 mg/L 以下，兼性脱氮菌利用进水中的 COD 作为氢供给体，将好氧池混合液中的硝酸盐及亚硝酸盐还原成氮气排入大气，同时利用厌氧生物处理反应过程中的产酸过程，把一些复杂的大分子稠环化合物分解成低分子有机物。

（3）好氧池

好氧池采用推流式活性污泥曝气池，它由池体、布水和布气系统三部分组成。缺氧池流出的废水自流入推流式活性污泥曝气池，在此完成含氨氮废水的硝化过程。硝化菌为自养好氧菌，在好氧条件下，将废水中 NH_3-N 氧化为 NO_3^--N，此过程消耗废水中碳酸盐碱度计，一方面须中和过程产生的 H^+，另一方面，硝化菌细胞生长需要消耗一定量碱度。每硝化 1 g 氨氮，需消耗 7.1 g 碱度（以 $CaCO_3$ 计）。因此需要在此投加适量 Na_2CO_3，以补充碱度。反应温度 20～40℃；pH 8.0～8.4。此过程，要求较低的含碳有机质，以免异氧菌增殖过快，影响硝化菌的增殖。气水比 20∶1。与悬浮活性污泥接触，水中的有机物被活性污泥吸附、氧化分解并部分转达化为新的微生物菌胶团，废水得到净化。该工艺在水底直接布气，活性污泥直接受到气流的搅动，加速了微生物的更新，使其经常保持较高的活性。

本工艺处理能力大，COD 容积负荷可达 0.8～1.5 kg COD/（m³·d），COD 去除率为 70%～90%。污泥生成量少，污泥产率 0.2～0.4 kg 干污泥/（1 kgCOD 去除）。

（4）二沉池

二沉池是活性污泥法工艺的重要组成部分。它的作用是使活性污泥与处理完的废水分离，使混合液澄清，并使污泥得到一定程度的浓缩，同时排除，并提供一定量的活性微生物，其工作效果直接影响活性污泥系统的出水水质和排放污泥浓度。

曝气池内得以进行充分反应的硝化混合液流入缺氧池，而缺氧池内的脱氮菌以原废水中的有机物作为碳源，以回流液中硝酸盐的氧作为收电体，进行呼吸和生命活动，将硝态氮还原为气态氮，不需外加碳源。循环比可取 500%。

（5）生物接触氧化池

二沉池流出的废水自流入生物接触氧化池，自下向上流动，运行中废水与填料接触，微生物附着在填料上，水中的有机物被微生物吸附、氧化分解并部分转化为新的生物膜，废水得到净化。溶解氧控制在 2～4 mg/L，能够进一步降解难降解有机物，脱除氨氮、磷，对水质起关键作用。该工艺在填料下直接布气，生物膜直接受到气流的搅动，加速了生物膜的更新，使其经常保持较高的活性，而且能够克服堵塞现象。由于此时废水中各污染物含量较低，可取较低的容积负荷，气水比 10:1。生物接触氧化池由池体、填料、布水和布气系统四部分组成，作为进一步净化废水的后处理过程。

本工艺处理能力大，COD 容积负荷可达 1.0～2.0 kg COD/（m³·d），COD 去除率为 70%～90%，污泥生成量少，污泥产率 0.2～0.4 kg 干污泥/（1 kgCOD），运行中不会产生污泥膨胀，能够保证出水水质的稳定，无须污泥回流。

3.4.4 深度处理工艺说明

（1）混凝沉淀池

接触氧池出水经加药、曝气反应后，进入混凝沉淀池。

混凝沉淀池属于生物接触氧化处理的一个重要组成部分。生物接触氧化池中老化的生物膜顺水流出，由于其比重较轻，难以自然沉降去除，因此加入混凝剂 PFS 和 PAM 以加速沉淀过程。同时，混凝沉淀过程对废水中的色度去除效果也非常好。

混凝沉淀池出水达标后可以直接排放或流入复用水池。在一些非正常工况下，如果出水中悬浮物及氨氮浓度达不到要求，可以将出水经泵打入砂滤池，经过滤和氨氮吸附两道工艺后，达标排放。

（2）砂滤池

由二沉池出水仍然不能保证水中悬浮物达到杂用水悬浮固体指标要求。因为废水中含有很多的细小的颗粒，根据沉降理论，要使其沉淀下来，必须大幅增加沉淀池的长度，使土建投资成本增加。从悬浮物去除效果看，砂滤池采用的石英砂滤料孔隙能达到 10～15 μm，而废水中大部分细小颗粒径集中在 10～100 μm，可保证悬浮物大部分被滤料截留，出水清澈。从投资角度看，砂滤池比增加沉淀池的长度土建投资少，操作管理简单方便，更为经济合理。

（3）高效氨吸附池

砂滤池的出水可以有选择地进入高效氨吸附池，以保证废水中氨度低于回用标准。虽然从 A^2/O^2 工艺在正常工况下，可使氨氮浓度达标排放，但对于一些事故工况或在冬季处理效果欠佳时，出水氨氮可能超标，因此，设立高效氨吸附池，以沸石为原料对水中的氨氮快速吸附，以进一步保证出水达标排放，沸石最佳吸附容量为 4.5 mg 氨氮/g 沸石。

（4）活性炭吸附池

活性炭吸附池中装填活性炭，进一步处理废水残余的有机物、胶体、脱色及有关有毒有害离子，使废水进一步得到净化，从而达到排放标准。

3.4.5 污泥处理工艺说明

本方案污泥处理工艺主要包括污泥浓缩、污泥脱水两部分（如图4所示）。

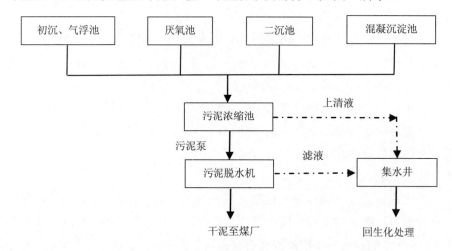

图4   污泥处理段工艺流程图

（1）污泥浓缩池

初沉、气浮系统、厌氧池、二沉池、混凝沉淀池排出的污泥含水率很高，一般在98%以上，流动性好，运输极不方便，需送至污泥浓缩池进行浓缩，去除一部分污泥颗粒间隙水（游离水），从而降低了后续脱水处理过程中污泥的体积。浓缩后含固率的提高会使污泥的体积大幅度地减少，从而可以大大降低脱水过程的投资和运行费用。

（2）污泥脱水

经过浓缩后的污泥仍是能流动的，必须进行污泥脱水。本工艺的脱水设施采用污泥脱水机械。

3.5   工艺流程特点

本工艺有如下特点：

（1）生物处理工艺采用"厌氧+缺氧+好氧+生物接触氧化"主体工艺处理焦化废水，工艺路线成熟，实例多，处理效果稳定可靠。

（2）本工艺对难降解有机物含量高、氨氮浓度高的废水处理有特效。

（3）废水处理最后把关工艺沸石、活性炭吸附法，可以有效地保证出水氨氮达标，同时也使管理运行非常灵活。

（4）本工艺采用EMO菌种，对高氨氮废水有特效。

（5）本工艺采用生化法除COD、降氨氮，运行成本相对较低。

（6）本工艺曝气设备选用高效，低能耗的微孔曝气器，具有充气量大，氧利用率高，运行稳定，曝气均匀的特点。

（7）工艺流程没有二次污染，实现了清洁生产和文明生产的工艺。

3.6   处理效果预测

根据废水的特性，结合所推荐的工艺，就各处理单元对几种污染物的处理效果预测如表4所示。

表4　各处理单元进出、水浓度及污染物去除率

水质指标		pH	COD_{Cr}/（mg/L）	BOD_5/（mg/L）	酚/（mg/L）	SS/（mg/L）	氨氮/（mg/L）	油类/（mg/L）
隔油池初沉池	进水	8~9	4 500	1 000	650	210	150	300
	出水	8~9	2 250	1 000	650	204	150	150
气浮池	进水	8~9	2 250	1 000	650	204	150	150
	出水	8~9	1 850	950	325	67	143	30
调节池	进水	8~9	1 850	950	325	67	143	30
	出水	7~9	1 850	950	309	67	143	30
厌氧/缺氧池	进水	7~9	1 850	950	309	—	143	30
	出水	6~9	1 110	722	93	—	134	6
好氧池沉淀池	进水	6~9	750	400	30	—	200	3.75
	出水	6~9	130	70	3	—	40	3.75
接触氧化池	进水	6~9	130	70	3	—	40	3.75
	出水	6~9	40	20	0.4	—	<15	3.75
混凝沉淀池	进水	6~9	40	20	0.4	100	<15	3.75
	出水	6~9	<40	<20	0.4	50	<15	1.9
砂滤、碳滤	进水	6~9	40	20	0.4	50	<15	<1.9
	出水	6~9	<40	<20	0.4	10	<15	<1.9
氨吸附池	进水	6~9	<40	21	0.4	—	<15	<1.9
	出水	6~9	<40	<21	0.4	—	<1	<1.9
	去除率				—	—	>93%	—

4　主要构筑物设计及设备选型

4.1　预处理部分

4.1.1　事故池

构筑物设计处理能力：50 m^3/h。

（1）事故池体

结构：地下式钢筋混凝土结构

数量：1座；

有效容积 $V_{有效}$=200 m^3

水力停留时间：HRT=8 h

（2）事故潜污泵

数量：2台，1用1备

设计参数：流量 Q=50 m^3/h

扬程：H=15 m

（3）预曝气系统

型号：TL-50

数量：1套

（4）氨氮吹脱系统（与事故池合建）

数量：1座

水力停留时间：HRT=2.0 h

（5）蒸气管

主管为 DN80

引出支管管径为 DN50

4.1.2 隔油、初沉池

装置处理能力：50 m^3/h

设计采用斜管除油池

表面负荷为 1.0 m^3/（m^2·h）

池体

构筑物：矩形钢砼结构

平流式；半地上式

数量：1 座

池体有效体积 V 有效=100 m^3

水力停留时间：HRT=2.0 h

除油槽

型号：TL-1

数量：1 套

4.1.3 调节池

潜污泵：数量：2 台，1 用 1 备

设计参数：流量 Q=50 m^3/h

扬程：H=15 m

设计处理能力：50 m^3/h

池体

参数见表 5。

表 5　调节池设计参数表

数量	结构	有效容积	有效水深	停留时间	设备配置
1 座	钢砼结构	400 m^3	4 m	8 h	预曝气系统：1 套；型号：TL-50 蒸气管：主管为 DN80，支管管径为 DN50 一级提升泵（耐腐泵）：数量：2 台（1 用 1 备）； 参数：流量 50 m^3/h，扬程 15 m，功率 11 kW

4.1.4 气浮池

参数见表 6。

表 6　气浮池设计参数表

数量	总处理量	型号	停留时间	设备配置
1 台	50 m^3/h	TL-QF-50 型高效气浮池	36 min	气浮主机系统、溶气系统、管路阀门及仪表系统，电控系统，溶气水泵三台（二用一备）

4.2　氧化器

设计处理能力：Q=50 m^3/h

结构：钢结构

填料：铁屑、活性炭　V=12 m³

4.3　二沉池

参数见表 7。

表 7　二沉池设计参数表

数量	处理量	结构	有效容积	有效水深	容积负荷	停留时间	设备配置
1 座	50 m³/h	矩形钢砼结构	100 m³	6 m	3 kgCOD/（m³·d）	2 h	斜管填料：ϕ 50 mm；材质：聚丙烯 污泥泵：2 台；流量 10 m³/h；扬程 10 m

4.4　生化处理部分

4.4.1　厌氧池

设计处理能力：50 m³/h

反应温度 30℃

污泥泵数量：2 台

流量：Q_h=10 m³/h

扬程：H=10 m

池体参数见表 8。

表 8　厌氧池设计参数表

数量	处理量	结构	有效容积	有效水深	容积负荷	停留时间	设备配置
1 座	50 m³/h	矩形钢砼结构	500 m³	6 m	3 kgCOD/（m³·d）	10 h	三相分离器：2 套 布水装置：21 套；每只服务面积 4 m² 弹性立体填料：300 m³

4.4.2　缺氧池

参数见表 9。

表 9　缺氧池设计参数表

数量	处理量	结构	有效容积	回流比	有效水深	停留时间	设备配置
1 座	50 m³/h	矩形钢砼结构（半地上式）	750 m³	200%～600%	6 m	15 h	溢流槽 布水装置：32 套；每只服务面积 4 m² 弹性立体填料：450 m³ 磷酸盐加药装置：2 台；规格 ϕ1 000 mm×1 800 mm；投加量为 10 mg/L，型号：JY0.3/0.75，N=0.75kW 污泥泵：2 台，流量 10 m³/h，扬程 10 m

4.4.3　好氧池

参数见表 10。

表 10　好氧池设计参数表

数量	处理量	结构	有效容积	有效水深	停留时间	设备配置
1 座（2 格）	50 m³/h	钢砼结构（半地上式）	1 500 m³	6 m	30 h	纯碱投加设备：2 台，型号：JY-Ⅱ； 鼓风机：6 台（4 开 2 备），总曝气量为 25 m³/min； 曝气器：600 个，型号：BZQ·W-192； 蒸汽加热盘管：主管为 DN80，支管管径为 DN50； 硝化液回流井：1 座，钢混结构，有效容积 50 m³； 硝化液回流泵：2 台，流量 20 m³/h，扬程 10 m

4.4.4　二沉池

参数见表 11。

表 11　二沉池设计参数表

数量	处理量	结构	表面负荷	停留时间	设备配置
1 座	50 m³/h	钢砼结构（半地上式）	1 m³/(m²·h)	4 h	污泥泵：1 台，流量 10 m³/h；扬程 10 m； 污泥回流泵：2 台，流量 20 m³/h，扬程 10 m

4.4.5　生物接触氧化池

参数见表 12。

表 12　生物接触氧化池设计参数表

数量	处理量	结构	有效容积	有效水深	停留时间	设备配置
1 座	50 m³/h	钢砼结构（半地上式）	500 m³	6 m	10 h	弹性立体填料：300 m³； 曝气头：180 个

4.4.6　絮凝反应池

参数见表 13。

表 13　絮凝反应池设计参数表

数量	处理量	结构	有效容积	有效水深	停留时间	设备配置
1 座	50 m³/h	钢砼结构（半地上式）	20 m³	6 m	混合时间 5 min，反应时间 15 min	搅拌机：2 台，型号：ZJ-500； 加药设备：6 套； 溶药罐：规格 φ1 000 mm×1 800 mm（P） 规格 φ1 000 mm×2 000 mm×2 规格 φ1 000 mm×2 000 mm×2（PAC） 规格 φ1 000 mm×2 000 mm（氧化剂）

4.4.7　混凝沉淀池

参数见表 14。

表 14　混凝沉淀池设计参数表

数量	处理量	结构	表面负荷	沉淀时间	设备配置
1 座	50 m³/h	钢砼结构（半地上式）	1.0 m³/(m²·h)	2 h	排泥泵：2 台，流量 5 m³/h，扬程 10 m

4.4.8　中间池

参数见表 15。

表 15　中间池设计参数表

数量	处理量	结构	有效容积	有效深度	设备配置
1 座	50 m³/h	钢砼结构（半地上式）	50 m³	4 m	提升泵：2 台，型号 ZX-50；流量 50 m³/h，扬程 25 m，功率 5.5 kW

4.4.9　石英砂滤池

参数见表 16。

表 16　石英砂滤池设计参数表

数量	处理量	结构	滤速	填料	填料高度
2 套	50 m³/h	钢结构	8 m/h	石英砂和无烟煤（滤料直径采用 0.5～1.2 mm）	1.5 m

4.4.10　沸石滤池

参数见表 17。

表 17　沸石滤池设计参数表

数量	处理量	结构	滤速	填料	填料高度
2 套	50 m³/h	钢结构	6 m/h	沸石（滤料直径采用 0.5～1.2 mm）	1.6 m

4.4.11　活性炭滤池

参数见表 18。

表 18　活性炭滤池设计参数表

数量	处理量	结构	滤速	填料	填料高度
2 套	50 m³/h	钢结构	8 m/h	石英砂和活性炭（滤料直径采用 0.5～1.2 mm）	1.6 m

4.4.12　回用水池

参数见表 19。

表 19　回用水池设计参数表

数量	处理量	结构	停留时间	设备配置
1 座	200 m³/h	地下式钢砼结构	4 h	反冲洗水泵：1 台，流量 150 m³/h，扬程 32 m，功率 15 kW

4.5　污泥处理部分

4.5.1　污泥浓缩池

总的污泥量按处理水量的 8% 计，则为 10 m³/h，总停留时间按 24 h，采用两池间歇操作方式，单池停留时间 12 h。

池体

规格：$\phi \times H$=6 m×5 m

结构：半地上式钢砼结构

数量：2 座

有效容积：120 m^3

浮渣采用人工清除

浓缩后污泥靠污泥泵吸入污泥脱水机。

4.5.2 污泥脱水

（1）污泥脱水机

型号：40 m^2 箱式压滤机

数量：2 台

置于污泥脱水间

电机功率：3.0 kW

（2）污泥泵

数量：2 台

设计参数：

流量 Q=10 m^3/h

最高过滤压力 0.5 MPa

4.5.3 综合车间

综合车间主要作为配电室、药间、值班室、化验室等。

4.6 主要构筑物及设备一览表

主要构筑物一览表见表 20，主要设备一览表见表 21。

表 20 主要构筑物一览表

序号	名称	规格、容积	数量	结构	备注
1	事故池	停留时间 8 h	1	钢砼	
2	隔油/初沉池	T：2 h	1	钢砼	
3	调节池	T：8 h	1	钢砼	
4	沉淀池	T：8 h			
5	厌氧池	T：10 h	1	钢砼	
6	缺氧池	T：15 h	1	钢砼	
7	好氧池	T：30 h	1	钢砼	
8	二沉池	停留时间 4 h	1	钢砼	
9	接触氧化池	T：10 h		钢砼	
10	混凝沉淀池	停留时间 2 h	1	钢砼	
11	回用水池	T：3 h	1	钢砼	
12	污泥浓缩池	T：2 h	1	钢板	
13	综合车间	8～10 间	1	砖混	

表 21 主要设备材料表

序号	处理单元	名称、型号	单位	数量	单机功率/kW
1	事故池				
1.1	潜污泵		台	2	
1.2	蒸汽盘管		套	1	
1.3	预曝气系统		套	1	
1.4	脱氨系统		台	1	
1.5	pH 仪		台	1	
1.6	不锈钢栅		个	2	
2	隔油初沉池				
2.1	收油槽		根	2	
2.2	六角蜂窝斜管		m²	20	
2.3	反应搅拌机		台	2	
2.4	污泥泵		台	1	
3	调节池				
3.1	潜污泵		台	2	
3.2	蒸汽盘管		套	1	
3.3	预曝气系统		套	1	
3.4	支架		套	1	
4	气浮装置				
4.1	高效气浮装置		套	1	
4.2	溶气、除渣		套	1	
4.3	提升泵		台	2	
4.4	加药设备		套	4	
4.5	溶气泵		台	3	
5	氧化器				
5.1	氧化器		套	1	
5.2	加药设备		套	2	
5.3	铁\碳填料		m³	12	
5.4	pH 仪		套	1	
6	沉淀池				
6.1	斜管填料		m³	20	
6.2	支架		套	1	
6.3	污泥泵		台	1	
7	厌氧池				
7.1	三相分离器		套	1	
7.2	沼气排放系统		套	1	
7.3	配水系统	2 合 1 配水及循环	套	1	
7.4	污泥泵		台	2	
7.5	蒸汽盘管		套	1	
7.6	立体弹性填料		m³	300	
7.7	支架		套	1	
7.8	潜水搅拌机		台	1	
8	缺氧池				
8.1	配水系统		套	1	
8.2	填料		m³	450	
8.3	支架		套	1	

序号	处理单元	名称、型号	单位	数量	单机功率/kW
8.4	DO、pH 温度仪		套	3	
8.5	磷酸盐加药装置	JY-II	套	1	
9	好氧池				
9.1	鼓风机		台	2	
9.2	微孔曝气器	W-250	个	600	
9.3	组合填料	塑料	m³	300	
9.4	纯碱投加装置	JY-II	套	1	
9.5	硝化液回流泵		台	2	
9.6	消泡沫系统		套	1	
9.7	消泡沫泵		台	2	
9.8	pH 仪		套	1	
10	二淀池				
10.1	斜管填料		m³	20	
10.2	污泥泵		台	2	
10.3	支架		套	1	
11	接触氧化池				
11.1	微孔曝气器		个	160	
11.2	组合填料	塑料	m³	300	
11.3	支架		套	1	
11.4	曝气管系统		套	1	
12	混凝反应沉淀池				
12.1	斜管填料		m³	20	
12.2	污泥泵		台	2	
12.3	支架		套	1	
12.4	曝气搅拌系统		套	1	
12.5	加药设备		套	4	
13	石英砂过滤池				
13.1	石英砂过滤器		套	2	
13.2	石英砂		t	24	
13.3	管阀		套	1	
13.4	反洗系统		套	1	
14	沸石过滤池				
14.1	沸石过滤器		套	2	
14.2	沸石		t	36	
14.3	管阀		套	1	
14.4	再生系统		套	1	
15	活性炭过滤池				
15.1	活性炭过滤器		套	2	
15.2	活性炭		t	10	
15.3	再生系统		套	1	
16	厢式压滤机				
16.1	厢式压滤机		套	2	
16.2	污泥提升泵		台	2	
17	回用水池				
17.1	反洗泵		台	1	
18	电控柜		套	1	
19	实验室分析仪器：1 套				

序号	处理单元	名称、型号	单位	数量	单机功率/kW
20	配电柜、PLC 控制柜、电线、电缆				
21	电磁流量计、液位、空气流量计、管道弯头法兰、闸门等				
22	生物菌种 10 t				

5 废水处理站总图布置

总体布置原则

（1）布置紧凑，力求减少占地面积和连接管渠的长度，便于操作管理。

（2）处理构筑物尽量按流程布置，避免不必要的转弯和交叉，严禁将管道埋在构筑物下面。

（3）充分利用地形，节省开挖、回填量，使处理水能自流，减少动力输送的级数。

（4）管、渠的布置应使各处理构筑物能独立运转，且要便于检查、维修。

6 公用工程

6.1 给排水及消防

6.1.1 给水

废水处理站的给水按《建筑给水排水设计规范》（GB 50015—2003，2009 版）等相关规范设计。废水处理站所用清水从厂区给水主管接入，配给各需水处理单元。净水主要用于地面冲洗、洗涤、反冲、药剂配置等。由于用水量不大，暂不考虑使用处理后的中水作水源。

6.1.2 排水

废水处理站的排水《室外排水设计规范》（GB 50014—2006）、《建筑给水排水设计规范》（GB 50015—2003，2009 版）等相关规范设计。废水处理站的地面冲洗水等，就近排入地沟。

6.1.3 消防

废水处理站的消防设计按《建筑设计防火规范》（GB 50016—2006）进行设计。室外规定间距设置消火栓，操作间及机房内设干粉灭火器，大的建筑物内按规定设消火栓及安全通道。

建、构筑物的耐火等级、防火间距等在相应的建筑或结构等设计中亦按相关规定设计。

6.2 强电

由甲方提供的动力电源：采用 380V 50 Hz/220V 50 Hz 低压电源供电。

6.3 自控

6.3.1 供电电源

由甲方提供的动力电源：采用 380V 50 Hz/220V 50 Hz 低压电源供电。由低压配电柜分配至各处理单元设备。

6.3.2 设备启动和控制方式

本系统中的混合液回流泵和鼓风机采用软启动外，其余设备均直接启动。主要工艺设备都设置自动和手动两种控制方式。自动方式时由 PLC 控制，手动方式时在机房控制箱上操作，通过选择开关进行转换，选择开关安装在就地控制箱上，手动方式优先于自动方式。

6.3.3　电线缆敷设及设计

电缆按技术先进，经济合理，安全适用，便于施工和维护的原则进行设计，根据设备容量额定电流，并按电机运行时电压降在5%内及电机启动式启动设备的母线电压降在15%内选择电缆截面。

室内电缆敷设采用穿管或桥架沿墙敷设，在电缆沟内沿角钢支架敷设；室外电缆敷设采用电缆沟与直埋相结合的方式，在电缆沟内沿角钢支架敷设，过道路穿钢管保护。

6.3.4　接地保护

本工程采用 TN-S 制接地系统，电气、仪表采用共同接地体，接地电阻≤1Ω。所有构筑物的电源进线设重复接地装置，接地电阻≤1Ω，尽可能利用基础钢筋网作为自然接地体。

6.3.5　自控与仪表

本系统自控采用 PLC 集中控制，PLC 控制站分设于各个工艺现场，负责各个设备的过程控制。本系统的控制范围有各个加药系统的联锁报警、曝气鼓风系统、集水井高低水位控制等。

（1）集水井

集水井内设低、中、高、超高四点控制液位开关，根据不同的水位控制泵的起停和数量。潜污泵正常情况下为1用1备，PLC内部编程，每隔8 h对水泵进行自动转换，故障时报警。

（2）气浮池

加药箱设低、超低两点液位控制，低液位报警，超低液位时 PLC 自动关闭计量泵，与潜污泵的工作时间保持一致。

（3）好氧池、生物接触氧化池

鼓风机1用1备，PLC内部编程，每隔48 h对鼓风机进行控制转换，确保与潜污泵的工作时间保持一致。故障时报警并自动切换。

（4）二沉池

在二沉池里设有泥位检测仪，在污泥泵房里设有液位开关并把信号输入 PLC 之中，自动控制泵的启停，分别在回流污泥总管和剩余污泥总管上设电磁流量计，用于计量回流污泥量和剩余污泥量。污泥回流泵1用1备，1台常开。PLC内部编程，每隔8 h对水泵进行自动转换，与潜污泵的工作时间保持一致，故障时报警并自动切换。

（5）反应池

反应池内设搅拌机一台，由 PLC 内部编程，与潜污泵的工作时间保持一致，故障时报警。

7　工程技术经济分析

7.1　工程预算

表22　主要设备表

序号	设备名称	名称型号	单位	数量	单价/元	总价/元
1	事故池					
1.1	潜污泵		台	2	6 500	13 000
1.2	蒸汽盘管		套	1	23 000	23 000
1.3	预曝气系统		套	1	3 600	3 600
1.4	脱氨系统		台	1	3 600	3 600
1.5	pH 仪		台	1	5 500	5 500

序号	设备名称	名称型号	单位	数量	单价/元	总价/元
1.6	不锈钢栅		个	2	1 600	3 200
1.7	支架		套	1	2 500	2 500
					小计	54 400
2				隔油初沉池		
2.1	收油槽		根	2	2500	5 000
2.2	六角蜂窝斜管		m²	20	650	13 000
2.3	反应搅拌机		台	2	4 500	9 000
2.4	污泥泵		台	1	2 600	2 600
2.5	支架		套	1	4 500	4 500
					小计	34 100
3				调节池		
3.1	潜污泵		台	2	6 500	13 000
3.2	蒸汽盘管		套	1	23 000	23 000
3.3	预曝气系统		套	1	3 600	3 600
3.4	支架		套	1	2 500	2 500
					小计	42 100
4				气浮装置		
4.1	高效气浮装置		套	1	176 000	176 000
4.2	溶气、除渣		套	1	12 000	12 000
4.3	提升泵		台	2	7 600	15 200
4.4	加药设备		套	4	26 000	104 000
4.5	溶气泵		台	3	26 500	79 500
					小计	386 700
5				氧化器		
5.1	氧化器		套	1	86 000	86 000
5.2	加药设备		套	2	26 000	52 000
5.3	铁\碳填料		m³	12	15 000	180 000
5.4	pH 仪		套	1	5 500	5 500
					小计	323 500
6				沉淀池		
6.1	斜管填料		m³	20	650	13 000
6.2	支架		套	1	4 500	4 500
6.3	污泥泵		台	1	2 600	2 600
					小计	20 100
7				厌氧池		
7.1	三相分离器		套	1	225 000	225 000
7.2	沼气排放系统		套	1	16 000	16 000
7.3	配水系统	2 合 1 配水及循环	套	1	12 000	12 000
7.4	污泥泵		台	2	2 600	5 200
7.5	蒸汽盘管		套	1	23 000	23 000
7.6	立体弹性填料		m³	300	160	48 000
7.7	支架		套	1	13 000	13 000
7.8	潜水搅拌机		台	1	36 000	36 000
					小计	378 200
8				缺氧池		
8.1	配水系统		套	1	12 000	12 000
8.2	填料		m³	450	160	72 000
8.3	支架		套	1	15 000	15 000

序号	设备名称	名称型号	单位	数量	单价/元	总价/元
8.4	DO、pH 温度仪		套	3	5 500	16 500
8.5	加药设备		套	2	26 000	26 000
8.6	潜水搅拌机		台	1	36 000	36 000
					小计	161 000
9				好氧池		
9.1	鼓风机		台	3	76 000	228 000
9.2	微孔曝气器	W-250	个	600	50	30 000
9.3	组合填料	塑料	m³	300	160	48 000
9.4	纯碱投加装置	JY-II	套	1	26 000	26 000
9.5	硝化液回流泵		台	2	2 600	5 200
9.6	消泡沫系统		套	1	12 000	12 000
9.7	消泡沫泵		台	2	2 500	5 000
9.8	支架		套	1	13 000	13 000
9.9	曝气管系统		套	1	36 000	36 000
9.10	pH 仪		套	1	5 500	5 500
					小计	372 700
10	二淀池					
10.1	斜管填料		m³	20	650	13 000
10.2	污泥泵		台	2	2 600	5 200
10.3	支架		套	1	4 500	4 500
					小计	22 700
11				接触氧化池		
11.1	微孔曝气器		个	160	50	8 000
11.2	鼓风机		台	3	76 000	228 000
11.3	组合填料		m³	300	160	48 000
11.4	支架		套	1	13 000	13 000
11.5	曝气管系统		套	1	36 000	36 000
					小计	33 3000
12				混凝反应沉淀池		
12.1	斜管填料		m³	20	650	13 000
12.2	污泥泵		台	2	2 600	5 200
12.3	支架		套	1	4 500	4 500
12.4	曝气搅拌系统		套	1	3 500	3 500
12.5	加药设备		套	4	26 000	52 000
					小计	78 200
13				石英砂过滤池		
13.1	石英砂过滤器		套	2	85 000	170 000
13.2	石英砂		t	24	800	19 200
13.3	管阀		套	1	6 500	6 500
13.4	反洗系统		套	1	2 400	2 400
					小计	198 000
14				沸石过滤池		
14.1	沸石过滤器		套	2	95 000	190 000
14.2	沸石		t	36	3 600	129 600
14.3	管阀		套	1	6 500	6 500
14.4	再生系统		套	1	2 800	2 800
					小计	328 900

序号	设备名称	名称型号	单位	数量	单价/元	总价/元
15	活性炭过滤池					
15.1	活性炭过滤器		套	2	85 000	170 000
15.2	活性炭		t	10	8 000	80 000
15.3	再生系统		套	1	4 500	4 500
					小计	254 500
16	厢式压滤机					
16.1	厢式压滤机		套	2	75 000	150 000
16.2	污泥提升泵		台	2	3 500	7 000
					小计	157 000
17	回用水池					
17.1	反洗泵		台	1	6 500	6 500
					小计	6 500
18	配电柜、PLC 控制柜、电线、电缆		套	1	45 000	45 000
					小计	45 000
19	电磁流量计、液位计、空气流量计、管道弯头法兰、闸门等		批	1	28 000	28 000
					小计	28 000
20	生物菌种 10 t		t	10	1 000	10 000
					小计	10 000
					合计	3 234 600
21	运费					
22	安装调试费					
23	税金					

7.2 运行成本分析

7.2.1 电费（A）

常用功率约 150 kW，吨水耗电 2.0 kW·h，电价按 0.7 元/（kW·h）计，吨水费用为 1.4 元/m³ 废水。

7.2.2 人员费（B）

该废水处理站定员 4 人，每人月工资 1 500 元，则每天人工费为：4×1 500 元/（月·人）÷30÷1 200 = 0.166 元/m³ 废水。

7.2.3 药剂费（C）

（1）工业磷酸氢二钠

磷酸氢二钠的投加量为 10 g/m³ 废水。工业磷酸市场价以 2 800 元/t 计，有效含量 98%，则投加磷酸氢二钠的费用为：0.010×2 800/1 000 =0.028 元/m³ 废水。

（2）纯碱

生化法处理废水需纯碱，药量为 0.48 kg 纯碱/m³ 废水，纯碱的市场价以 1 800 元/t 计，则药剂费为：0.48 kg/m³ 废水×1.8 元/kg =0.864 元/m³ 废水。

（3）絮凝剂、助凝剂

絮凝剂市场价按 2 000 元/t 计，费用总计为 0.20 元/m³ 废水；

助凝剂市场价按 2 5000 元/t 计，费用总计为 0.25 元/m³ 废水；

氧化剂按每吨废水处理费用 0.5 元/m³ 废水。

（4）总药剂费用（C）

C = 0.028＋0.864＋0.25＋0.20＋0.5=2.292 元/m³ 废水。

（5）其他费用（D）

其他消耗，包括蒸气等 0.5 元/m³ 废水。

7.2.4　水处理直接成本（E）

E = A＋B＋C＋D = 1.4＋0.166＋2.292＋0.5=4.317 元/m³ 废水。

7.3　项目经济性评价

表 23　主要经济技术指标

序号	项目类别	计算单位	设计指标	备注
1	建设规模	水量 1 200 m³/d		
2	总投资	万元		
3	吨水投资	元/m³ 废水		
4	水处理成本	元/m³ 废水	3.817	
5	药剂消耗	元/m³ 废水	1.7	
6	电力消耗	kW·h/m³ 废水	2.0	
7	占地面积	m²		
8	劳动定员	人	16	
9	装机容量	kW		
10	常用容量	kW		

8　安装调试运行

8.1　设备安装

土建项目完成后，设备按工艺结构部件制造后运至现场，由我公司专业人员进行现场安装，包括连接管道和水、电设施的施工，以保证设备的性能质量和良好的运行效果。

设备包括气浮设备，鼓风机、水泵、电动机、加药装置、搅拌机等，设备到货后应开箱检查，核对其是否与设计型号、规格相符，装箱资料是否齐全，产品是否合格，并进一步核对其安装尺寸是否与设计一致等，一切确认无误后，方可进行基础浇注，而后进行设备安装，设备安装步骤及要求参见设备说明书，设备安装应严格按照国家现行的《机械设备安装工程施工及验收规范》有关条款执行。

8.2　蜂窝管、曝气器及填料的安装

蜂窝管、曝气器及半软性填料为塑料制品，运输中及产品到货后，均不允许重压，避免变形，产品到货后进行验收，核对其是否与设计相符，产品堆放应做好防水、防晒等措施。

8.3　管道安装及敷设

8.3.1　管材的选用

（1）压力流管道

空气管、清水管、蒸汽管等管线及构筑物之间连通管均采用钢管，当 DN≥150 时，采用直缝卷

焊钢管；当 50＜DN＜150 时，采用焊接钢管；当 DN≤50 时，明露钢管（室内部分）采用镀锌钢管，其余均采用焊接钢管；蒸汽管采用无缝钢管，均需做保温层，保温采用岩棉保温管壳，保温厚度为 50 mm。

（2）重力流管道

均采用 LA 级连续铸铁直管。

（3）加药管

采用 UPVC 管。

8.3.2　管道接口

铸铁管采用石棉水泥打口，焊接钢管除部分采用法兰连接外，其余均采用焊接连接，镀锌钢管采用丝扣连接。

（1）管道基础

按给排水相关标准图。

（2）管道防腐

铸铁管到货后未作防腐的管道刷冷底子油一道，热沥青两道，已作防腐的则不需再处理，埋地钢管均作环氧煤沥青加强级防腐层防腐，明露钢管除锈后刷底漆一道，调合漆两道，水池中钢管及钢构件除锈后，均刷底漆一道，氯磺化聚乙烯漆五道。

（3）管道试压要求

重力流管道进行两次严密性试验，其他管线（压力流管线）均做强度试验，压力 0.9 MPa，严密性试验压力 0.7 MPa。

（4）明露管道涂漆颜色规定

空气管刷银灰色，建构筑物连通管线刷绿色，污泥管刷黑色。

（5）管道施工及验收应遵循以下规范

《现场设备、工业管道焊接工程施工规范》（GB 50236—2011）；

《工业金属管道工程施工规范》（GB 50235—2010）；

《给水排水管道工程施工及验收规范》（GB 50268—2008）。

8.3.3　其他

所有管道附属构筑物（如阀门井、检查井等）均按照有地下水形式施工，其井盖均采用 ϕ 700 mm 重型井盖。

8.4　系统调试

设备安装后，由我公司专业技术人员进行系统调试，整套设施联机运行稳定、水质验收合格后，由我公司交付甲方使用。

废水处理过程是一个复杂的生物学过程，需要花费时间和精力才能使各单元操作运转起来，试车前应有周密的计划，做好准备工作，特别是，筛选菌种和对设备的熟悉与操作训练，菌种筛选的好坏对试车时间长短及试车的全面成功，有着重要意义，应选择同类型的污泥来接种，废水处理操作人员均要进行上岗前的培训，熟悉处理工艺和设备性能，对于企业来说应制定出详细的工艺及岗位操作手册，应该提到的是试车应在各处理构筑物完成之后进行，这就是说，各构筑物在管线及附属设施水压试验之后，电气线路完善之后，仪表经检验及预操作之后，所有设备应进行单机试运转之后，方可进行工艺试车。

8.5　运行管理

　　试车成功，转入正常运转后，应结合试车经验，进一步补充完善工艺及岗位操作手册，并明确岗位责任，严格管理制度，保证系统各处理单元的控制指标符合要求，对系统运行情况进行记录，对事故进行及时处理并记录，总结经验教训，提高操作水平，并应对设备进行定期的维护保养，以确保系统正常运行，达到预期的环境效益和社会效益。

9　工程实施进度

表 24　工程实施进度表（按月度）

序号	项目类别	1	2	4	6	7	8	9	10	11	12
1	设　计	▬	▬								
2	土　建			▬	▬						
3	设备订货		▬	▬							
4	设备到货				▬	▬					
5	设备安装					▬	▬				
6	单体试机						▬				
7	系统调试							▬	▬	▬	
8	人员培训							▬	▬	▬	
9	竣工验收										▬

第五章　养殖、屠宰及肉类加工废水

1　养殖、屠宰及肉类加工废水概述

1.1　养殖废水概述

养殖场污水主要包括牲畜或家禽的尿、部分粪便和冲洗水，属高浓度有机污水，而且悬浮物和氨氮含量大。这种未经处理的废水进入自然水体后，使水中固体悬浮物、有机物和微生物含量升高，改变水体的物理、化学和生物群落组成，使水质变坏。废水中还含有大量的病原微生物将通过水体或通过水生动植物进行扩散传播，危害人畜健康。为了做到经济效益、社会效益和环境效益的三者有机结合，使企业走可持续发展的道路，必须对其废水进行有效的治理。

1.2　屠宰废水概述

屠宰废水污染源主要是生产工艺过程中各个工序排出的废水，包括宰前畜圈每天排出的畜粪冲洗水、屠宰工序排出的含血污和粪便的废水以及地面与设备冲洗水、烫毛时排出的含有大量猪毛的高温水、剖解工序排出的含肠胃内容物的废水等。如果屠宰场同时从事油脂提取，则炼油废水也是屠宰废水组成部分之一。

1.3　肉类加工废水概述

肉类加工是以屠宰场的鲜肉为主要原料，再加工成不同的肉制品。一般包括屠宰和肉类加工两部分，有的还附设有副产品车间，生产食用油脂、明胶、肥皂等。废水主要来自屠宰、退毛、解体、开腔、清洁各工序及车间设备和地面冲洗，水煮设备排出的废水，主要含有油脂、碎肉、畜毛污染物质。此外，还有各生产工序的冷却水排水等。

2　养殖、屠宰及肉类加工废水的特点

2.1　养殖废水的特点

养殖污水具有典型的"三高"特征，即有机物质量浓度高。COD 高达 3 000～12 000 mg/L，氨氮高达 800～2 200 mg/L，悬浮物多，SS 超标数十倍，色度深，并含有大量的细菌，氨氮、有机磷含量高。可生化性好，冲洗排放时间集中，冲击负荷大。

2.2　屠宰及肉类加工废水的特点

屠宰及肉类加工废水的主要特点是耗水量较大、废水污染物浓度高、杂质多、可生化性较好。

污染物排放因子主要有 BOD_5、COD、SS、TN、动植物油及色度，此外还包括恶臭气体如 NH_3、H_2S、粪臭素（3-甲基吲哚）等。

　　屠宰及肉类加工废水具有明显的集中排放特征，特别是畜类屠宰废水，一般废水排放主要集中在凌晨 3：00 到上午 8：00 时段内。屠宰及肉类加工废水排放量一般为 6.5 m^3/t（活宰量）以下。屠宰及肉类加工废水水质特征如下：

　　（1）废水中的固体杂质较多。含有大量动物残体、畜毛等，废水悬浮物含量高，一般为 500～1 000 mg/L。

　　（2）有机污染物质量浓度高。通常 COD 质量浓度为 1300～2 000 mg/L，当屠宰场及肉类加工厂同时进行时，其废水 COD 质量浓度高达 3300～3 800 mg/L。废水可生化性好，一般 BOD/COD 为 0.5～0.6。

　　（3）动物蛋白丰富。NH_3-N 含量很高，一般 NH_3-N 为 100～150 mg/L。

　　（4）油脂丰富。屠宰及肉类加工废水的动植物油浓度可达每升数十或数百毫升，肉类加工废水的动植物油浓度会更高。

　　（5）废水中可能含有与人体健康有关的细菌（如粪便大肠杆菌、粪便链球菌、葡萄球菌、布鲁杆菌、细螺旋体菌、志贺菌、沙门菌）。

3　养殖、屠宰及肉类加工废水的常规处理方法

3.1　养殖废水的常规处理方法

　　根据废水的排放特点、水质特点及排放要求，确定工艺分为三个部分：一是预处理，去除水中的悬浮物和浮油，降低后续处理的负荷并防止后续处理（尤其是生化处理）单元堵塞而影响处理效果，采用物化的方法；二是生化处理，这是整个处理工艺的核心，通过微生物的新陈代谢作用，分解废水中溶解性有机物；三是深度处理，采用物化方法，进一步去除水中的污染物，以保证出水达标排放。

3.1.1　预处理

　　畜禽养殖废水无论以何种工艺或综合措施进行处理，都要采取一定的预处理措施。通过预处理可使废水污染物负荷降低，同时防止大的固体或杂物进入后续处理环节，造成设备的堵塞或破坏等。针对废水中的大颗粒物质或易沉降的物质，畜禽养殖业采用过滤、离心、沉淀等固液分离技术进行预处理，常用的设备有格栅、沉淀池、筛网等。格栅是废水处理工艺流程中必不可少的部分，其作用是阻挡废水中粗大的漂浮和悬浮固体，以免阻塞孔洞、闸门和管道，并保护水泵等机械设备。沉淀法是在重力作用下将重于水的悬浮物从水中分离出来的处理工艺，是废水处理中应用最广的方法之一。目前，凡是有废水处理设施的养殖场基本上都是在舍外串联 2～3 个沉淀池，通过过滤、沉淀和氧化分解将粪水进行处理。筛网是筛滤所用的设施，废水从筛网中的缝隙流过，而固体部分则凭机械或其本身的重量截流下来，或推移到筛网的边缘排出。常用的畜禽粪便固液分离筛网有固定筛、振动筛和转动筛。此外，还有常用的机械过滤设备如自动转鼓过滤机、转辊压滤机、离心盘式分离机等。

3.1.2　生化处理

　　（1）好氧处理技术

　　好氧处理的基本原理是利用微生物在好氧条件下分解有机物，同时合成自身细胞（活性污泥）。在好氧处理中，可生物降解的有机物最终可被完全氧化为简单的无机物。该方法主要有活性污泥法

和生物滤池、生物转盘、生物接触氧化、序批式活性污泥法、A/O 及氧化沟等。采用好氧技术对畜禽养殖废水进行生物处理，这方面研究较多的是水解与 SBR 结合的工艺。SBR 工艺，即序批式活性污泥法，是基于传统的 Fill-Draw 系统改进并发展起来的一种间歇式活性污泥工艺，它把废水处理构筑物从空间系列转化为时间系列，在同一构筑物内进行进水、反应、沉淀、排水、闲置等周期循环。SBR 与水解方式结合处理畜禽养殖废水时，水解过程对 COD_{Cr} 有较高的去除率，SBR 对总磷去除率为 74.1%，高浓度氨氮去除率达 97% 以上。此外，其他好氧处理技术也逐渐应用于畜禽养殖废水处理中，如间歇式排水延时曝气（IDEA）、循环式活性污泥系统（CASS）、间歇式循环延时曝气活性污泥法（ICEAS）。

（2）厌氧处理技术

20 世纪 50 年代出现了厌氧接触法工艺，此后随着厌氧滤器 AF 和上流式厌氧污泥床 UASB 的发明，推动了以提高污泥浓度和改善废水与污泥混合效果为基础的一系列高负荷厌氧反应器的发展，并逐步应用于禽畜养殖废水处理中。厌氧处理特点是造价低、占地少、能量需求低，还可以产生沼气，而且处理过程不需要氧，不受传氧能力的限制，因而具有较高的有机物负荷潜力，能使一些好氧微生物所不能降解的部分进行有机物降解。

常用的方法有：完全混合式厌氧消化器（CSTR）、厌氧接触反应器、厌氧滤池（AF）、上流式厌氧污泥床（UASB）、厌氧流化床（AFB）、升流式固体反应器（USR）等。目前国内养殖场废水处理主要采用的是上流式厌氧污泥床及升流式固体反应器工艺。

（3）自然处理技术

自然处理法是利用天然水体、土壤和生物的物理、化学与生物的综合作用来净化废水。其净化机理主要包括过滤、截留、沉淀、物理和化学吸附、化学分解、生物氧化以及生物的吸收等。其原理涉及生态系统中物种共生、物质循环再生原理、结构与功能协调原则，分层多级截留、储藏、利用和转化营养物质机制等。这类方法投资省、工艺简单、动力消耗少，但净化功能受自然条件的制约。自然处理的主要模式有氧化塘、土壤处理法、人工湿地处理法等。

氧化塘又称为生物稳定塘，是一种利用天然或人工整修的池塘进行废水生物处理的构筑物。其对废水的净化过程和天然水体的自净过程很相似，废水在塘内停留时间长，有机污染物通过水中微生物的代谢活动而被降解，溶解氧则由藻类通过光合作用和塘面的复氧作用提供，亦可通过人工曝气法提供。作为环境工程构筑物，氧化塘主要用来降低水体的有机污染物，提高溶解氧的含量，并适当去除水中的氮和磷，减轻水体富营养化的程度。

土壤处理法不同于季节性的废水灌溉，是常年性的废水处理方法。将废水施于土地上，利用土壤—微生物—植物组成的生态系统对废水中的污染物进行一系列物理的、化学的和生物净化过程，使废水的水质得到净化，并通过系统的营养物质和水分的循环利用，使绿色植物生长繁殖，从而实现废水的资源化、无害化和稳定化。

人工湿地可通过沉淀、吸附、阻隔、微生物同化分解、硝化、反硝化以及植物吸收等途径去除废水中的悬浮物、有机物、氮、磷和重金属等。由于自然处理法投资少、运行费用低，在有足够土地可利用的条件下，它是一种较为经济的处理方法，特别适宜于小型畜禽养殖场的废水处理。

（4）混合处理法

上述的自然处理法、厌氧法、好氧法用于处理畜禽养殖废水各有优缺点和适用范围，为了取长补短，获得良好稳定的出水水质，实际应用中加入其他处理单元。混合处理就是根据畜禽养殖废水的多少和具体情况，设计出以上 3 种或以它们为主体并结合其他处理方法进行优化的组合共同处理畜禽养殖废水。这种方式能以较低的处理成本取得较好的效果。

3.1.3 深度处理

深度处理为进一步处理生化处理未能去除的污染物的净化过程。深度处理通常由以下处理单元优化组合而成：混凝沉淀法、膜分离技术等。

（1）混凝沉淀法

混凝沉淀法就是向废水中投加混凝药剂，使其中的胶体和细微悬浮物脱稳，并聚集为数百微米以至数毫米的矾花，进而可以通过重力沉降或其他固液分离手段予以去除的废水处理技术。

常用的混凝剂分为两类，一类是无机盐类混凝剂，目前应用最广的是铁系和铝系金属盐，包括三氯化铁、硫酸亚铁、硫酸铝、聚合氯化铝（PAC）和聚合硫酸铁（PFS），还有碳酸镁、活性硅酸、高岭土、膨润土等。另一类是有机高分子类混凝剂，分为阴离子型、阳离子型和非离子型。其中，以聚丙烯酰胺（PAM）应用最为普遍，其产量占高分子混凝剂总产量的80%。聚丙烯酰胺与常作为助凝剂与其他混凝剂一起使用，可产生较好的混凝效果。聚丙烯酰胺的投加次序与废水水质有关。当废水浊度低时，宜先投加其他混凝剂，再投加聚丙烯酰胺，当废水浊度高时，应先投加聚丙烯酰胺，再投加其他混凝剂。

（2）膜分离技术

膜分离法是利用特殊的薄膜对液体中的成分进行选择性分离的技术。用于废水处理的膜分离技术包括扩散渗析、电渗析、反渗透、超滤、微滤等几种。

3.2 屠宰及肉类加工废水的常规处理方法

肉类加工废水属易于生物降解的高悬浮物有机废水，其水质、水量变化范围较大。一是具有明显的季节性，其排水量在一年中变化较大；二是具有非连续性，在一日之中变化较大，时变化系数一般可达 2.0 以上。对该类废水的治理，均采用以生物法为主的处理工艺，包括好氧、厌氧、兼氧等处理系统。活性污泥法是目前我国肉类加工废水处理中应用最普遍且最成熟的方法。其曝气方式可采用浅层曝气、射流曝气、延时曝气、氧化沟等。

（1）物理或物化处理工艺

物理或物化处理工艺中的筛除、撇除、调节、沉淀、气浮常用于预处理中。

过滤、微滤、反渗透、活性炭吸附常用于深度处理。

筛除：采用格栅或筛网分离较大分散性悬浮固体物。

撇除：用隔油池去除游离悬浮状油脂。

调节：采用调节池调节水量、水质。

沉淀：去除原水中的固体无机物、固体有机物以及分离生物处理中的生物相和液相。

气浮：常用加压溶气罐气浮法去除废水中的乳化油，同时对 BOD、SS 也有较好的去除能力。

絮凝：通常与沉淀池和气浮法结合使用。

（2）生物处理工艺

好氧生物处理工艺包括活性污泥工艺和生物膜工艺。

活性污泥工艺包括传统活性污泥法、完全混合活性污泥法、阶段曝气活性污泥法、高负荷活性污泥法、纯氧曝气活性污泥法、深井曝气活性污泥法、氧化沟法、序批式活性污泥法、克劳斯法。

生物膜工艺包含生物滤池、生物转盘、生物流化床、生物接触氧化。

实例一　云南某集团企业下属养殖场 800 m³/d 养殖废水处理及中水回用工程

1　项目概况

该养殖场是其集团企业旗下的大型生态循环农业示范科技园的项目基地，该项目拟占地 4 500 亩，建成后是一个集饲料生产、现代生猪养殖、现代农业种植、现代农业观光、食品加工及农产品冷链物流为一体的产业链项目。项目总投资 15 亿元，建成后将成为云南省最大的大型生态农业科技示范园。该项目计划分三期进行建设，一期投资 8.5 亿元，建设现代农业科技园——年出栏 30 万头生猪的现代化养殖基地，年产 20 万 t 的饲料加工厂，年产 6 万 t 有机肥加工厂，年产 1 万 t 蔬菜、水果的现代农业种植区及年接待 15 万人次的现代农业观光园；二期投资 3 亿元，建设食品加工产业园——年屠宰 100 万头生猪屠宰厂，标准化食品加工厂房、大型冷库；三期投资 3.5 亿元，建设大型农产品冷链物流产业园——大型农产品交易中心、电子商务交易平台、冷链库、物流区及配套的服务设施等。

该大型生态循环农业示范科技园项目建成后，可实现"种—养—加—销—餐"为一体的农业循环产业链，从而大力发展高原特色农业，促进经济社会又快又好发展。

为了构建资源节约型、环境友好型社会主义新农村，实现农村的可持续发展，该集团企业拟对养殖场产生的废水进行统一收集，并建设废水处理站对其进行资源化处理，处理后的中水分为两部分，一部分用于旱地作物浇灌，执行《农田灌溉水质》（GB/T 5084—2005）旱地水质标准；另一部分回用于农田灌溉、浇树等，执行《再生水水质标准》（SL 368—2006）中利用于农业、林业、牧业的回用要求；剩余部分出水达到《畜禽养殖业污染物排放标准》（GB 18596—2001）后排放。

该废水处理及中水回用工程处理规模为 800 m³/d，采用"UASB+A²/O+SBR 组合型+过滤"的组合处理工艺，废水实现达标处理并有效回用于养殖基地。此外，对 UASB 产生的沼气进行收集利用，实现了资源的循环利用。该工程总占地面积 900 m²，系统总装机容量 121.65 kW，运行费用约 1.38 元/m³ 废水（不含折旧费）。

图 1　好氧生物处理系统（A²/O+SBR）

2 设计依据

2.1 设计依据

（1）《污水综合排放标准》（GB 8978—1996）；

（2）《再生水水质标准》（SL368—2006）中利用于农业、林业、牧业用水；

（3）《农田灌溉水质》（GB/T 5084—2005）中的旱地用水；

（4）《畜禽养殖业污染物排放标准》（GB 18596—2001）；

（5）建设方提供的各种相关基础资料（水质、水量、排放和回用标准等）；

（6）现场踏勘资料；

（7）国家及省、地区有关法规、规定及文件精神；

（8）其他相关设计规范与标准。

2.2 设计原则

（1）采用高效节能、先进稳妥的废水处理工艺，尽量使用管理简单、低能耗、高效的废水处理系统，减少基建投资和日常运行费用；

（2）在方案制订时，做到技术可靠、经济合理，结合废水的具体特点及国内外相关废水处理的成功经验，在确保功能可靠、操作管理方便的前提下尽量采用新技术，提高废水处理的效果，降低废水处理的成本；

（3）采用物理、化学和生物等多种处理技术组合处理，化学措施为生物处理创造条件，以生物处理为主体，以深度处理为保证；

（4）采用自动化程度高的电气设备，做到技术可靠、经济合理，实现操作管理的自动化、程序化、简单化，尽量实现无人管理，从而有效降低废水处理的运行费用；

（5）妥善处理、处置废水处理过程中产生的栅渣、污泥等，避免二次污染；

（6）适当考虑废水处理站周围地区的发展状况，在设计上留有余地；

（7）废水处理站的各构筑物和设备应合理布置、结构紧凑、节约占地；

（8）严格按照建设方界定条件的进行设计，适应项目实际情况要求。

2.3 设计、施工及服务范围

本项目的设计范围包括废水处理的工艺设计，建、构筑物、工艺设备及电气自控设备的安装、调试等。不包括废水及回用处理站外的收集管网、化粪池、站外至站内的供电、供水及站内道路、绿化等。

本项目的服务范围包括：

（1）废水处理系统的设计、施工（土建工程除外）；

（2）废水处理设备及设备内的配件的提供；

（3）废水处理装置内的全部安装工作，包括废水处理设备内的电器接线等；

（4）废水处理系统的调试，直至调试成功并顺利运行；

（5）免费培训操作人员，协同编制操作规程，同时做有关运行记录，为今后的设备维护、保养，提供有力的技术保障。

3　主要设计资料

3.1　废水水量

该项目的废水为养殖场废水，根据《畜禽养殖业污染物排放标准》（GB 18596—2001），按照集约化畜禽养殖区的适用规模（以存栏数计），以及国内大中型养殖场水质监测数据，该工程水量预测如表 1 所示。

表 1　废水水量预测

规模	种猪 4 500 头	育肥 50 000 头
用水量标准	最高允许排水量 150 m³/（10⁴头·d）	最高允许排水量 120 m³/（10⁴头·d）
用水量规模	67.5 m³/d	600 m³/d
排水量合计	667.5 m³/d	
设计废水处理站规模	800 m³/d	

3.2　设计进水水质

3.2.1　设计进水水质依据

为了更准确地了解该养殖场产生的废水的水质情况，连续三天分不同时段在同一采样口对该废水取样进行取样检测，检测结果汇总如表 2、表 3、表 4 所示。

表 2　第一天废水检测结果

采样位置	项目	单位	分析结果	最低检出限
生猪养殖废水（送样检测）	pH	量纲为一	8.06	0.01
	化学需氧量	mg/L	6 120	10
	悬浮物	mg/L	7 464	4
	总氮	mg/L	2 635.23	0.05
	总磷	mg/L	65.36	0.01
	氨氮	mg/L	1 633.57	0.025

表 3　第二天废水检测结果

采样位置	项目	单位	分析结果	最低检出限
生猪养殖废水（送样检测）	pH	量纲为一	8.48	0.01
	化学需氧量	mg/L	7 280	10
	悬浮物	mg/L	17 436	4
	总氮	mg/L	2 862.06	0.05
	总磷	mg/L	181.97	0.01
	氨氮	mg/L	1 984.45	0.025

表4　第三天废水检测结果

采样位置	项目	单位	分析结果	最低检出限
生猪养殖废水（送样检测）	pH	量纲为一	8.45	0.01
	化学需氧量	mg/L	5 720	10
	悬浮物	mg/L	446	4
	总氮	mg/L	1 305.15	0.05
	总磷	mg/L	15.60	0.01
	氨氮	mg/L	804.71	0.025

注：以上水质监测数据，是从格栅井进水，固液分离机出水。

3.2.2　设计进水水质

连续三天通过对废水水质的检测数据对比和分析，发现废水中COD含量比常规同类废水偏低，而氨氮则偏高，且猪尿中含有铜离子，因此增加了废水的处理难度。

综合表2、表3、表4的检测结果以及同类型废水水质，本项目设计废水进水水质确定如表5所示。

表5　设计废水进水水质

项目	进水水质
pH	5～7
悬浮物/（mg/L）	18 000～25 000
化学需氧量/（mg/L）	5 000～12 000
五日生化需氧量/（mg/L）	1 500～4 800
氨氮/（mg/L）	950

3.3　设计出水水质

应建设方要求，处理后的中水分为两部分，一部分用于旱地作物浇灌，执行《农田灌溉水质》（GB/T 5084—2005）旱地水质标准；另一部分回用于农田灌溉、浇树等，执行《再生水水质标准》（SL 368—2006）中利用于农业、林业、牧业的回用要求；剩余部分出水达到《畜禽养殖业污染物排放标准》（GB 18596—2001）后排放。具体出水水质如表6、表7和表8所示。

表6　《畜禽养殖业污染物排放标准》（GB 18596—2001）

序号	项目	排放标准
1	pH	6～9
2	氨氮/（mg/L）	≤80
3	COD_{Cr}/（mg/L）	≤400
4	BOD_5/（mg/L）	≤150
5	悬浮物/（mg/L）	≤200
6	粪大肠菌群/（个/L）	≤10 000
7	蛔虫卵数/（个/L）	≤2

表7　《再生水水质标准》（SL 368—2006）利用于农、林、牧业用水

序号	项目	排放标准
1	pH	≤5.5～8.5
2	色度/度	≤30
3	COD_{Cr}/（mg/L）	≤40
4	BOD_5/（mg/L）	≤10
5	悬浮物/（mg/L）	≤30
6	粪大肠菌群/（个/L）	≤2 000
7	蛔虫卵数/（个/L）	≤2

表8　《农田灌溉水质标准》（GB/T 5084—2005）旱地水质标准

序号	项目	排放标准
1	pH	5.5～8.5
2	阴离子表面活性剂/（mg/L）	≤8
3	COD_{Cr}/（mg/L）	≤200
4	BOD_5/（mg/L）	≤100
5	悬浮物/（mg/L）	≤100
6	粪大肠菌群/（个/L）	≤100
7	蛔虫卵数/（个/L）	≤2

4　处理工艺

4.1　废水特点

畜禽养殖场废水主要由尿液、残余的粪便、饲料残渣和冲洗水等组成。养殖废水的主要特点是排水量大、集中、水力冲击负荷强；有机质浓度高，水解、酸化快，沉淀性能好；且废水中常伴有消毒水、重金属、残留的兽药以及各种人畜共患病原体等污染物。规模化养殖场每天排放的废水量大、集中，并且废水中含有大量污染物，如有机物、悬浮物、色度、氨氮和有机磷、细菌等。因此必须加以妥善处理。

4.2　工艺流程

根据本项目养殖废水水质、水量及处理要求等，拟采用"UASB+A²/O+SBR组合型+过滤"的组合处理工艺，处理后的废水有效回用于该集团旗下的生态农业园。此外，对UASB产生的沼气进行收集利用，实现了资源的循环利用。具体工艺流程如图2所示。

4.3　工艺流程说明

养殖废水首先经过格栅，去除废水中体积较大的漂浮物、悬浮物及不溶解性物质，防止堵塞水泵机组、管道阀门等，以减轻后续处理构筑物的负荷，保证后续处理构筑物连续正常运行。经格栅去除大块悬浮物质的废水进入集水井蓄积水量，后用泵提升至固液分离机进行分离，去除废水中的粪类物料，从而避免这些杂质进入后续处理构筑物，造成管道、泵等设施的堵塞，分离出的猪粪等还可直接为果树、林木等施肥，也可作为有机肥的原料。

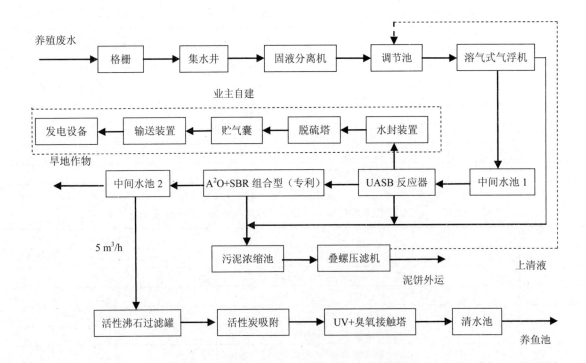

图 2 养殖废水处理及中水回用处理工艺流程

经固液分离机分离后的废水进入调节酸化池（池底装有水下搅拌器），在此进行水量水质的调节以及废水的预酸化，提高废水的可生化性，从而提高厌氧单元的处理效率。调节酸化池的出水由泵提升至溶气式气浮机，溶气气浮是利用水在不同压力下溶解度不同的特性，由空气压缩机送到空气罐中的空气通过射流装置被带入溶气罐，在加压情况下被强制溶解在水中，形成溶气水，送到气浮槽中。在突然释放的情况下，溶解在水中的空气析出，形成大量的微气泡群，同泵送过来的并经加药后正在絮凝的废水中的悬浮物充分接触，并在缓慢上升过程中吸附在絮凝好的悬浮物中，使其密度下降而浮至水面，从而达到去除 SS 和 COD 的目的。

经气浮处理后的出水自流进入中间水池 1（兼 pH 调节池），废水经调节 pH 后再用泵提升至 UASB 反应器的脉冲布水器，废水经脉冲布水器进入 UASB 反应器。UASB 反应器中的厌氧反应过程与其他厌氧生物处理工艺一样，包括水解、酸化、产乙酸和产甲烷等过程。在此通过不同的微生物参与废水中污染物的转化过程而将污染物转化为最终产物——沼气、水等无机物，因而废水中的 COD 和 BOD 等污染物在此得到大量去除。UASB 反应器产生的沼气依次经过水封装置和脱硫塔，后进入贮气囊贮存，最后通过沼气发电机进行发电，产生的电可供给废水处理系统。

在 UASB 反应器中与污泥分离后的处理出水从沉淀区溢流堰上部溢出，进入好氧生物处理系统——"A²/O+SBR"（专利工艺）工段。该段主要由三个部分组成，即主曝气格和两个交替序批处理格。主曝气格在整个运行周期过程中保持连续曝气，每半个周期过程中，两个序批处理格分别交替作为 SBR 池和澄清池出水排至中间水池 2，污泥则排入污泥浓缩池。中间水池 2 的一部分出水（5 m³/h）用于旱地作物的浇灌，执行《农田灌溉水质》（GB/T 5084—2005）旱地水质标准。

中间水池 2 的另一部分出水经提升泵提升至活化沸石过滤罐，活化沸石是天然沸石经过多种特殊工艺活化而成，经人工导入活性组分，使其具有新的离子交换或吸附能力，其离子交换性能更好，吸附性能更强，吸附容量也相应增大，更有利于去除水中各种污染物，其性能在某些方面接近或优于活性炭，其成本远远低于活性炭，可以用于水的过滤及深层处理，不仅能去除水中的浊度、色度、异味，且对于水中的重金属离子及有机物等物质具有吸附交换作用，COD 的去除率可达 30%以上。

经活化沸石过滤罐处理后的废水进行活性炭吸附处理。活性炭是由煤或木等材料经一次炭化制成的，由于其比表面积大，所以吸附能力强，能有效去除水中有机物（尤其是可生物降解部分）、异味、胶体、细菌残留物、微生物和色度等，可作为回用水深度净化的一个重要途径。该技术要点是：以粒状活性炭为载体富集水中的微生物而形成生物膜，通过生物膜的生物降解和活性炭的吸附去除水中污染物，同时生物膜能通过降解活性炭吸附的部分污染物而再生活性炭，从而大大延长活性炭的使用周期。

经过活性炭处理后的废水利用余压进入"UV+臭氧接触塔"，在此进行除臭、脱色、杀菌、消毒等处理，去除废水中残余的有机物和无机物，出水进入清水池暂存，后回用于鱼池养鱼等。经整个系统深度处理后的最终出水水质达到《再生水水质标准》（SL 368—2006）再生水作为农、林、牧用。

该系统产生的剩余污泥贮存于污泥浓缩池，后由污泥泵提升至叠螺压滤机脱水，干污泥定期外运处理。

4.4　工艺特点

（1）采用简易的物理方法对废水进行预处理。首先采用固液分离机分离较大粪渣，再利用调节池去除细小粪泥。这种预处理方式可以有效降低废水中的有机物含量，且无须添加任何絮凝剂；同时又为下一步采用先进、高效的厌氧装置提供了良好的生化条件。畜禽养殖废水治理的主要目的就是对废水进行固液分离，分离出的粪便等固体经废物发酵等工艺制作成有机肥料，废水经处理后达标排放或回用。

（2）采用 UASB（上流式污泥床）技术，具有处理时间短、有机物去除率高、无须设搅拌及污泥回流装置、耗能低、工程投资省、占地面积小、产气量较大、沼气收集容易等特点。

（3）采用具有自主知识产权的"A^2/O+SBR"的组合工艺，7 个处理单元巧妙组合，并设置回流装置，可根据进、出水水质灵活调节多种运行模式。

（4）采用溶气式气浮技术。本养殖场采用水泡粪的粪污清理工艺，所产生的悬浮物浓度很高，不能直接进入生化反应器，采用溶气气浮可高效去除废水中的悬浮物。

5　处理效果预测

本处理工艺效果预测见表 9。

表 9　处理效果预测表

项目	指标	COD/（mg/L）	BOD$_5$/（mg/L）	SS/（mg/L）	总磷/（mg/L）	氨氮/（mg/L）	大肠菌群数/（个/L）	pH
格栅	进水	12 000	3 600	20 000	600	950	2.4×10^8	6.5～8.0
	出水	11 400	3 420	19 000	600	—		—
	去除率	5%	5%	5%	—	—		
固液分离机	进水	11 400	3 420	19 000	600	950		6.5
	出水	7 980	2 736	3 800	480	475		6.0
	去除率	30%	20%	80%	40%	50%		
调节（水解）池	进水	7 980	2 736	3 800	288	475		
	出水	6 384	2 462	3 040	230	380		
	去除率	20%	10%	20%	20%	20%		
竖流气浮机	进水	6 384	2 462	3 040	230	380		6.0
	出水	4 469	1 601	304	23	190		6.5
	去除率	40%	35%	90%	90%	60%		

项目 \ 指标		COD/ (mg/L)	BOD₅/ (mg/L)	SS/ (mg/L)	总磷/ (mg/L)	氨氮/ (mg/L)	大肠菌群数/ (个/L)	pH
UASB 反应器	进水	4 469	1 601	304	—	—	—	7.2
	出水	1 117	480	—	—	—	—	7.0
	去除率	75%	70%	—	—	—	—	—
A²/O+SBR 组合系统	进水	1 117	480	304	23	190	—	7.0～9.0
	出水	168	72	91	4.6	38	—	6.0～9.0
	去除率	85%	85%	70%	80%	90%	—	—
国家《农田灌溉水质》 (GB/T 5084—2005) 旱地水质标准		200	100	100	—	—	4 000	6.0～9.0
《畜禽养殖业污染物排 放标准》(GB 18596— 2001)		400	150	200	8	80	10 000	6.0～9.0
活化沸石 过滤塔	进水	168	72	91	4.6	38	—	—
	出水	151	65	36	3.2	30.4	—	—
	去除率	10%	10%	60%	30%	20%	—	—
活性炭 吸附罐	进水	151	65	36	3.2	30.4	—	—
	出水	68	26	18	0.6	6.0	—	—
	去除率	55%	60%	50%	80%	80%	—	—
臭氧接触 反应器	进水	68	26	18	—	—	—	—
	出水	37	9.1	—	—	—	≤2 000	6.0～9.0
	去除率	45%	65%	—	—	—	99.5%	—
农、林、牧水利行业标 准《再生水水质标准》 (SL 368—2006)		40	10	30	—	—	2 000	6.0～9.0

6 构筑物及主要设备设计参数

6.1 构筑物设计参数

表 10 构筑物设计参数

名称	规格尺寸	结构形式	数量	设计参数
格栅井	1.5 m×1.0 m×2.5 m	钢砼	1 座	
集水井	5.0 m×5.0 m×5.5 m	半地下钢砼	1 座	有效水深 5.0 m
水解调节池	12.3 m×7.0 m×5.5 m	半地上钢砼	1 座	有效水深 5.0 m；停留时间 12 h（水解酸化 2 h）；设计流量 800 m³/d
气浮机基础	φ4.0 m×0.3 m	素砼	1 座	
UASB 反应器	φ10.0 m×0.5 m	素砼	2 座	
中间水池 1	7.0 m×4.0 m×5.5 m	半地上钢砼	1 座	有效水深 5.5 m
A²/O+SBR 反应池	30.3 m×16.6 m×5.5 m	半地上钢砼	2 座	设计流量 33.3 m³/h
中间水池 2	6.0 m×5.0 m×5.5 m	半地上钢砼	3 座	有效水深 3.0 m
污泥浓缩池	6.0 m×5.0 m×5.5 m	半地上钢砼	1 座	
清水池	5.0 m×4.0 m×5.5 m	半地上钢砼	1 座	
设备房	164.0 m²	砖混	1 座	放置过滤罐、水泵和风机、加药系统、PLC 控制柜等设备，同时作操作控制室、化验室和药剂间使用

6.2　主要设备设计参数

表 11　主要设备设计参数

安装位置	设备名称	规格型号	数量	功率	备注
格栅		20 mm	1 套（粗格栅）	—	
集水井	提升泵	80QW43-13-3	2 台（1 用 1 备）	3 kW	流量 43 m³/h；扬程 13 m
固液分离机		SL-3	2 台	8.5 kW	每台处理量 $Q=20\sim25$ m³/h
调节池	潜水搅拌机	QJB3/8	2 台	3 kW	潜水搅拌机
	气浮进水泵	80WQ40-13-3	2 台（1 用 1 备）	3 kW	流量 430 m³/h；扬程 13 m
	弹性填料	ϕ 125 mm	571 m³	—	弹性填料
	pH 调节系统	—	1 套		含 pH 在线监测、碱投加系统
溶气式气浮机	气浮机	QF-40	1 台	主电机：3 kW；空压机：2.0 kW	处理能力 40 m³/h；溶气水量 2.5～3 m³/h
	加药系统	—	2 套	—	含搅拌器、加药桶、计量泵
中间水池 1	UASB 进水泵	80WQ40-23-5.5	2 台（1 用 1 备）	5.5 kW	流量 40 m³/h；扬程 23.0 m
UASB 反应器	内回流泵	SLW80-125	2 台（UASB 各配备 1 台）	5.5 kW	流量 50 m³/h；扬程 20.0 m
	三相分离器	ϕ 8 m	4 套（UASB 各配备 2 套）	18.5 kW	材质 PPC 板
	pH 调节系统	—	2 套		含 pH 在线监测、碱投加系统
A²/O+SBR 反应池	三叶罗茨鼓风机	SSR	4 台（2 用 2 备）	7.5 kW	风量 5.86 m³/min；风压 60 kPa
	单孔膜曝气器	ϕ 125 mm	1236 套	—	流量 120 m³/h；扬程 13.0 m
	出水系统	XB-200	2 套		
	潜水搅拌机	QJB3/8	2 台	3.0 kW	
	回流泵	100WQ65-7-3	2 台（1 用 1 备）	3.0 kW	
	污泥泵	65WQ30-10-2.2	2 台	2.2 kW	
中间水池 2	过滤进水泵	SLS50-160B	2 台（1 用 1 备）	2.2W	流量 10 m³/h；扬程 22.0 m
活化沸石过滤罐		GHSL-10A（ϕ 1000 mm×2400 mm）	1 台	—	处理能力 10 m³/h；设计滤速 10 m³/（m²·h）
活性炭吸附罐	活性炭吸附罐	GHHT-10B（ϕ 1000 mm×2400 mm）	1 台	—	处理能力 10 m³/h；设计滤速 10 m³/（m²·h）
	反冲洗泵	SLS50-160（Ⅰ）B	1 台	3 kW	流量 20 m³/h；扬程 15.0 m
臭氧接触塔	臭氧发生塔	ϕ 1000 mm×6200 mm	1 台		
	臭氧发生器	XY-42	1 台		臭氧产生量 210 g/h；电耗 14 kW·h/kgO₃
污泥浓缩池	污泥泵	50WQ10-15-0.75	1 台	0.75 kW	流量 10 m³/h；扬程 15 m
	污泥脱水机	X-301	1 台		

7　废水处理系统布置

7.1　平面布置原则

（1）废水处理系统应充分考虑与厂区环境、地形、功能布置和现有管道系统相协调；

（2）废水处理系统应充分考虑建设施工规划等问题，优化布置系统；

（3）根据夏季主导方向和全年风频，合理布置系统位置；

（4）处理构筑物应布置紧凑，节能高效，节约用地，便于管理。

7.2　高程布置原则

（1）充分利用地形设计高程，减少系统能耗；

（2）系统设计力求简洁、流畅，减少管件连接。

8　电气控制

8.1　工程范围

本自动控制系统为废水处理工程工艺所配置，自控专业主要涉及的内容为该废水处理系统中污水泵与液位的联锁、报警、风机的交替动作、风机与进水泵的联锁工作等。

8.2　控制水平

本工程中采用 PLC 程序控制，系统由 PLC 控制柜、配电控制屏等构成。

8.3　控制方式

本工程装置内所有电动机均采用中央集中室控制方式，电动机联锁由仪表专业的 PLC 实现。

8.4　电源状况

本系统需一路 380/220V 电源。

8.5　电气控制

该废水处理系统电控装置为集中控制，采用进口 PLC 可编程序控制器，主要自动控制各类泵提升（液位控制）；风机启动及定期互相切换；需要时（如维修状态下）可切换到手动工作状态。

（1）水泵

水泵的启动受液位控制；

①高液位：报警，同时启动备用泵；

②中液位：一台水泵工作，关闭备用泵；

③低液位：报警，关闭所有水泵；

水泵中一台水泵出现故障，发出指示信号，另一台备用泵自动工作。

（2）声光报警

各类动力设备发生故障，电控系统自动报警指示（报警时间 10～30 s），并故障显示至故障消除。

（3）其他

①各类电气设备均设置电路短路和过载保护装置；

②动力电源由本电站提供，进入废水回用处理系统动力配电柜。

9　二次污染防治

9.1　臭气防治

（1）厌氧反应器设高空排气管，不会影响周围环境；

（2）集水井、水解调节池、SBR 池等产生的臭气量较小，可用池顶上栽植盆景进行吸收。

9.2　噪声控制

（1）风机选用低噪声型，本机噪声≤80 dB，风机进出口均采用消声器，底座用隔震垫，进出口风管用可挠橡胶软接头等减震降噪措施；风机放置于室内，向外扩散的量较小；

（2）水泵选用国优潜污泵，对外界无影响。

9.3　污泥处理

（1）污泥由气浮浮渣及 UASB 反应器排出的剩余污泥产生，污泥先排至污泥浓缩池，然后用污泥脱水设备进行脱水；

（2）干污泥定期外运处理。

10　废水处理站防腐

10.1　管道防腐

本废水处理站池体所采用的管件外壁按《工业设备、管道防腐蚀工程施工及验收规范》（HGJ 229—91）做防腐处理，焊接钢管管壁外涂三道环氧煤沥青加强防腐。

埋地管道均先除锈，刷环氧煤沥青两道，再刷调和漆两道；管道、管道支吊架、钢结构等均防腐处理；设备间内明设管道经除锈后，刷红丹底漆一道，面漆两道，最后一道面漆颜色按管道设计涂色要求进行。

对药剂投加设备使用玻璃钢材质防腐，对碳钢设备内衬胶防腐。

10.2　构筑物防腐

根据《工业建筑防腐蚀设计规范》（GB 50046—2008）及各构筑物功能的不同，对需要做防腐的水池内表面做玻璃钢防腐处理。

11　生产管理

由于本废水处理站的机电设备均有备用设备，则在运转过程中发生故障可启动备用设备，保证设施正常运转，同时对污水处理设施进行检修。

（1）各类电气设备均设置电路短路和过载保护装置；

（2）动力电源由本电站提供，进入污水处理站动力配电柜。

表 12　废水处理站电器运行情况

设备名称	单机功率/kW	装机容量/台	使用数量/台	装机功率/kW	使用功率/kW	运行时间/(h/d)	电耗/(kW·h)
无堵塞潜水提升泵	3.0	2	1	6.0	3.0	20	60
固液分离机	8.5	2	2	17	8.5	20	170
潜水搅拌机	3.0	4	4	12	12	8	48
气浮进水泵	3.0	2	1	6.0	3.0	20	60
气浮机	5.55	1	1	5.55	5.55	20	111
UASB 进水泵	5.5	2	1	11	5.5	20	110
内回流泵	5.5	2	2	11	11	8	88
三叶罗茨鼓风机	7.5	4	2	30	15	24	360
布水系统	0.55	2	2	1.1	1.1	3	3.3
回流泵	3	2	1	6	3	20	60
污泥泵	2.2	2	1	4.4	4.4	2	8.8
过滤进水泵	2.2	2	1	4.4	2.2	20	44
反冲洗泵	3.0	1	1	3.0	3.0	不经常用	
臭氧发生器	3.0	1	1	3.0	3.0	20	60
污泥泵	0.75	1	1	0.75	0.75	8	6
照明	3			0.5	0.5	4	2
合计				121.65	80.5		1 191.1

注：有用功按 70% 计算，即 1 191.1×70%=833.77 kW·h。

12　运行费用分析

12.1　运行成本核算

本工程运行费用由电费、人工费和药剂费三部分组成。

（1）运行电费

该系统总装机容量为 121.65 kW，其中平均日常运行容量为 80.5 kW，每天电耗为 833.77 kW·h，电费平均按 0.50 元/（kW·h）计，则电费 E_1=833.77×0.5÷800=0.52 元/m³ 废水。

（2）人工费

本废水处理站操作管理简单，自动化控制程度高，不需要专人值守，配备 1 名工人兼职管理即可，人工费按 1 500 元/（月·人）计，则 E_2=0.06 元/m³ 废水。

（3）药剂费

本废水药剂费为调节 pH 时所投加的碱消耗、气浮机药剂消耗及超滤膜反冲洗药剂，该部分费用暂按 E_3=0.80 元/m³ 废水计。

综上所述，运行费用总计 E=E_1+E_2+E_3=0.52+0.06+0.8=1.38 元/m³ 废水。

12.2　沼气产生量分析

UASB 产气率取值为 0.4 m³/kgCOD，UASB 进水中 COD 含量为 4 469 mg/L，出水中 COD 含量为 1 117 mg/L，则 UASB 理论产气量为 0.4×（4.469−1.117）×800=1 072.64 m³/d。

13 工程实施进度

本工程建设周期为 12 个月，为缩短工程进度，确保该废水回用处理设施如期实行环保验收，工程设计、各分部工程、分项工程土建、安装以及调试工作，将进行统一协调、分布、交叉进行，具体工程进度安排如表 13 所示。

表 13 工程进度表

工作内容 \ 月	1	2	3	4	5	6	7	8	9	10	11	12
准备工作	■											
场地开挖		■	■									
设备基础			■									
设备材料采购				■	■							
构筑物施工				■	■	■	■	■				
设备制作安装						■	■	■	■	■		
外购设备				■	■	■	■	■	■	■	■	
设备防腐									■	■	■	
管道施工								■	■	■	■	
电气施工									■	■	■	
场地平整										■	■	■

14 工程保修及事故应急处理措施

（1）本工程自验收合格日算起保修期为一年，设备部分自进场日算起保修期为一年；

（2）本方案的提升设备设有备用，当其中一台出现故障时，由另一台备用设备工作，以保证处理系统能正常运行；同时厂内必须加紧时间维修出现故障的设备，防止出现两台设备同时发生故障；

（3）为保证处理设备的正常运行，应加强设备日常维护和巡检，在停产期（节假日等）安排检修或大修；

（4）建立规范的操作规程和健全的事故报警制度。

实例二　云南某食品加工企业 200 m³/d 屠宰废水回用工程

1　项目概述

该食品加工企业是一家从事畜类屠宰及肉制品深加工的企业，厂区有待宰间、存栏间、屠宰车间及深加工车间（含冷库 200 m²）等。年加工生猪 4 万头、菜牛 6 000 头左右，深加工成品有香肠、腊肉及卤制品等。

该企业屠宰废水来自于圈栏冲洗、淋洗、屠宰车间的地坪冲洗、烫毛、剖解、副食加工、洗油等，该类废水呈红褐色，有难闻的腥臭味，其中含有大量的血污、油脂、皮毛、肉屑、骨屑、内脏杂质、未消化的食物、粪便等污染物，导致废水中有机物和固体悬浮物的含量较高，且废水的排放量和排放时间具有不确定性，为废水的处理带来了一定的难度。

该屠宰废水回用处理工程处理规模为 200 m³/d，采用"气浮+水解+好氧+BAF"的组合工艺，排放废水的出水达到《肉类加工工业水污染物排放标准》（GB 13457—92）中畜类屠宰加工类一级标准；回用水水质达到《城市污水再生利用　城市杂用水水质》（GB/T 18920—2002）。该屠宰废水回用处理工程总装机容量 131.6 kW，运行费用约 0.94 元/m³ 废水（不含折旧费）。

图 1　好氧池

2　设计依据

2.1　设计依据

（1）《屠宰与肉类加工废水治理工程技术规范》（HJ 2004—2010）；

（2）《城市污水再生利用　城市杂用水水质》（GB/T 18920—2002）；

（3）《肉类加工工业水污染物排放标准》（GB 13457—92）；

（4）建设方提供的各种相关基础资料（水质、水量、排放和回用标准等）；

（5）现场踏勘资料；

（6）国家及省、地区有关法规、规定及文件精神；

（7）其他相关设计规范与标准。

2.2　设计原则

（1）认真贯彻国家关于环境保护工作的方针和政策，使设计符合国家的有关法规、规范、标准；

（2）综合考虑废水水质、水量的特征，选用的处理工艺应技术先进、稳妥可靠、经济合理、运转灵活、安全适用；

（3）妥善处理和处置废水处理过程中产生的污泥和浮渣，避免造成二次污染；

（4）废水回用处理系统的自动控制系统应管理方便、安全可靠、经济实用；

（5）废水回用处理系统的平面布置力求紧凑，减少占地和投资；高程布置应尽量采用立体布局，充分利用地下空间；

（6）严格按照建设方界定条件进行设计，适应项目实际情况。

2.3　设计及服务范围

本项目的设计范围包括屠宰废水的工艺设计，建、构筑物、工艺设备及电气自控设备的安装、调试等。不包括废水处理站外的废水收集管网、站外至站内的供电、供水及站内道路、绿化等。

本项目的服务范围包括：

（1）废水回用处理系统的设计、施工；

（2）废水回用处理设备及设备内的配件的提供；

（3）废水回用处理装置内的全部安装工作，包括废水回用处理设备内的电器接线等；

（4）废水回用处理系统的调试，直至调试成功并顺利运行；

（5）免费培训操作人员，协同编制操作规程，同时做有关运行记录，为今后的设备维护、保养，提供有力的技术保障。

3　主要设计资料

3.1　设计进水水质

根据建设方提供的资料，设计废水总量为 200 m³/d。

该屠宰废水回用处理工程为新建项目，进水水质参考该项目环境影响评价报告书中的有关数据，具体进水水质指标如表 1 所示。

表 1　设计废水进水水质

项目	BOD_5/（mg/L）	COD_{Cr}/（mg/L）	SS/（mg/L）	NH_3-N/（mg/L）	动植物油/（mg/L）	pH
进水水质	≤800	≤1 500	≤900	≤50	≤50	6.5～8.5

3.2　设计出水水质

根据建设方要求，经处理后的废水出水分两部分，一部分直接排放，达到《肉类加工工业水污染物排放标准》（GB 13457—92）中畜类屠宰加工类的一级标准，如表 2 所示；另一部分回用于喷灌、浇洒、冲厕及人体非直接接触景观水等用途，执行《城市污水再生利用 城市杂用水水质》（GB/T 18920—2002），其中氨氮、总氮和总磷三个指标应满足建设方的特定要求，具体回用水水质要求如表3所示。

表2 设计废水排放要求

项目	BOD_5/（mg/L）	COD_{Cr}/（mg/L）	SS/（mg/L）	NH_3-N/（mg/L）	动植物油/（mg/L）	pH
出水水质	≤25	≤80	≤60	≤15	≤15	6.0~8.5

表3 回用水水质要求

项目	BOD_5/（mg/L）	色度/度	浊度/NTU	粪大肠杆菌/（个/L）	总磷（以P计）/（mg/L）
回用水质	≤10	≤30	≤5	3	≤0.5
项目	pH	嗅	总氮/（mg/L）	NH_3-N（以N计）/（mg/L）	
回用水质	6.0~9.0	无不快感	≤15	≤15	

4 处理工艺

4.1 废水特点

该企业屠宰废水来自于圈栏冲洗、淋洗、屠宰车间的地坪冲洗、烫毛、剖解、副食加工、洗油等，该类废水呈红褐色，有难闻的腥臭味，其中含有大量的血污、油脂、皮毛、肉屑、骨屑、内脏杂质、未消化的食物、粪便等污染物。因此，屠宰废水具有水量大、有机物浓度高、杂质和悬浮物含量高、可生化性好、且废水的排放量和排放时间具有不确定性等特点。与其他高浓度有机废水相比，屠宰废水的最大特点在于其 NH_3-N 浓度偏高，因此在工艺设计中应充分考虑 NH_3-N 的有效去除；同时，由于屠宰废水排放的不确定性以及有机物的难降解，也为屠宰废水的处理带来了一定的难度。

4.2 工艺方案选择

4.2.1 污水处理工艺选择

根据屠宰废水的特点，有机物浓度较高，其 BOD/COD 值在 0.5 以上，可生化性较好，故采用生化处理工艺作为核心工艺，该工艺针对该类污水工艺成熟可靠、运行稳定，是目前成熟的屠宰废水处理工艺。

按《城市污水处理和污染防治技术政策》要求，对脱氮除磷有要求的，应采用二级强化处理，如 A^2/O 工艺、A/O 工艺、SBR 及其改进型、以及水解-生物接触氧化、水解-好氧+BAF 工艺等。

该类废水常用处理工艺分析如表4所示。

表4 常用处理工艺

工艺	优点	缺点	运行费用
SBR 工艺及其改进型	工艺流程简单、构筑物少、占地省、造价低；设备费运行管理费用低、静止沉淀分离效果好、出水水质高。运行方式灵活	设备的闲置率较高。污水提升水头损失较大，运行费用较高。操作管理程度要求高	≮1.0 元/m³

工艺	优点	缺点	运行费用
接触氧化工艺	BOD 容积负荷高、污泥生物量大、处理时间短、能够克服污泥膨胀问题、可以间歇运转、维护管理方便、剩余污泥量少	结构复杂，需配置微生物填料	0.4～1.0 元/m³
MBR 工艺	处理效果优良，无须深度处理；占地面积小，节省资源；易于实现自动控制；可去除氨氮及难降解有机物	初期投资略高；膜需要定时清洗，操作管理不方便；设备维护费用高，膜组件使用寿命短，需定期更换	0.6～1.0 元/m³（不含设备更换费用）
曝气生物滤池（BAF）	出水水质好、占地面积小，基建投资省、不产生臭气、环境质量高、运行费用低、抗冲击负荷能力强，无污泥膨胀问题、耐低温、易挂膜，启动快、模块化结构，便于后期改、扩建、采用自动化控制，易于管理	控制单元多，操作复杂，对操作人员要求较高长时间运行滤料会堵塞，为保证效果，每 1～2 年需要疏通，产生维护费	—

综上所述，根据工程实际情况以及业主对工艺要求，本方案选用水解-好氧+BAF 工艺，该工艺具有以下特点：

（1）对冲击负荷有较强的适应能力；污泥量少，不产生污泥膨胀危害；

（2）采用生化及物化结合技术脱氮除磷，深度物理吸附技术除臭除异味，能保证出水水质，保证出水回用于景观时不影响景观效果；

（3）容积负荷高，占地面积小，总投资少；

（4）运行费用低。

总之，该工艺成熟可靠，具有投资省、占地小、出水水质稳定、设备管理简单、运行费用低、适应能力强等特点，是最为可行的一种优化处理设计方案。

4.2.2 污水消毒工艺

《给水排水工程设计手册——排水工程》和《室外排水设计规范》（GB 50014—2006，2014 版）均规定，城市污水经一级或二级处理（包括活性污泥法和膜法）后，排入水体前应进行消毒，加氯是当今消毒采用的普遍方法。氯和水中有机物作用，同时有氧化和取代作用，前者促使去除有机物或降解有机物，而后者则是氯与有机物结合，氯取代后形成的卤化物（如三氯甲烷、四氯化碳等）是有致突变或致癌活性，而且这些卤化物在环境中非常稳定，氯化生成致癌化合物的可能性增加。因此，从环保的角度出发，应寻找其他消毒剂代替液氯消毒方式，以减少有毒物的生成，同时加氯系统还存在一定的生产安全隐患。

据调查，紫外线消毒在机动性、经济性、环保性、安全性等方面都比传统的氯消毒有优势：

（1）机动性：不受规模变化的影响，可通过增加紫外线模块数达到增加处理量的目的，安装及运行方便，可以适应不可预见的发展变化，提高工程效率；操作安全，运行维护简单。

（2）经济性：针对该项目，采用紫外线消毒工艺与加氯消毒工程投资相差不多；运行维护费用约为氯消毒方式的 2/3；处理速度快，安装需求空间小；总体经济性能优于氯消毒系统。

（3）环保性：传统的加氯消毒工艺，氯元素易与水中其他杂质反应生成三氯甲烷、卤乙酸等致癌副产物，产生二次污染。而紫外线消毒不增加水体的化学成分，对广谱细菌具有杀灭效果，能杀死某些不能被化学消毒法杀死的微生物。

（4）安全成熟性：紫外线消毒与加氯消毒工艺相比，具有高效、可靠、经济、安全、有益于环境保护的优点，并已在欧洲、北美和国内广大地区废水处理厂中大量采用。

鉴于上述分析，本工程采用紫外线消毒工艺。

4.2.3 污泥处理工艺

屠宰废水的剩余污泥中蛋白质含量过高，不易脱水。根据本公司过去在处理肉联厂废水时对产生剩余污泥的分析，其蛋白质含量高达 27%~28%，而且油性大、黏稠，使用板框压滤无法脱水，本设计从四个方面解决好剩余污泥的处理问题：减少污泥量并改变污泥性能、设污泥浓缩池、选用污泥带式压滤机脱水、选用特定污泥调理药剂。

4.3 工艺流程

针对该项目废水水质、水量特点，设计采用"气浮+水解+好氧+BAF"的组合工艺，具体处理工艺如图 2 所示。

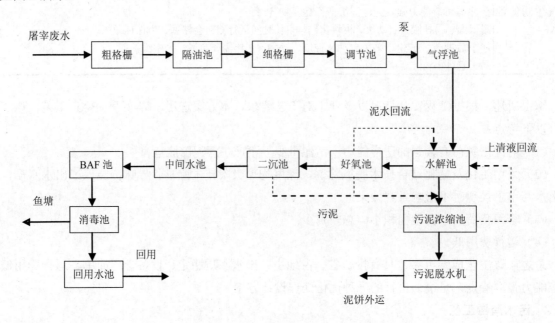

图 2 屠宰废水回用处理工艺流程

4.4 工艺流程说明

屠宰废水首先经过粗格栅，去除废水中体积较大的漂浮物、悬浮物及不溶解性物质，防止堵塞水泵机组、管道阀门等，以减轻后续处理构筑物的负荷，保证后续处理构筑物的连续正常运行。经格栅去除大块悬浮物质的废水进入隔油池进行油水分离，降低废水中油脂的含量，同时去除部分 SS。经隔油池处理后的废水进入细格栅，进一步去除废水中的细小的颗粒及悬浮物等。细格栅出水进入调节池，在此进行水量、水质的调节，提高废水的可生化性，从而提高后续生化处理单元的处理效率。

调节池出水由泵提升进入气浮池，利用水在不同压力下溶解度不同的特性，由空气压缩机送到空气罐中的空气通过射流装置被带入溶气罐，在加压情况下被强制溶解在水中，形成溶气水，送到气浮槽中。在突然释放的情况下，溶解在水中的空气析出，形成大量的微气泡群，同泵送过来的并经加药后正在絮凝的污水中的悬浮物充分接触，并在缓慢上升过程中吸附在絮集好的悬浮物中，使其密度下降而浮至水面，从而达到去除 SS 和 COD 的目的。

气浮池出水进入水解池，水解池内有较高含量的活性污泥，在兼性微生物的生物作用下，进行有机分解，大分子物质分解成小分子，提高废水的可生化性，以利于后续生化反应的进行；同时可以进行反硝化反应，以去除废水中的氨氮。水解池配水方式采用点对点式布水器布水，使整个水解池均匀进水；池内设有生物填料，以提供微生物膜生长的载体，从而提高处理效果。废水在水解段进行初步降解后，再自流依次进入氧化池，对废水中有机物进行生物降解，在充氧的条件下，利用微生物的生物活动，将废水中大部分的有机物分解成 CO_2 和水；同时，好氧池的泥水回流至水解池，增强了微生物的反硝化作用，达到高效去除废水中氨氮的目的。

水解池出水进入后续的好氧池，在好氧微生物的作用下，废水中有机物进一步被分解为无机物，从而达到去除废水中 COD、BOD_5 等污染物的目的。好氧池出水进入二沉池，作为活性污泥系统的重要组成部分。二沉池的主要作用是使泥水进行分离，上清液进入后续的中间水池，沉淀的污泥进入污泥浓缩池。二沉池上清液进入中间水池暂存。

中间水池出水进入高效曝气生物滤池（BAF 池），池内装填比表面积大、表面粗糙、易挂膜的陶粒填料，以提供微生物膜生长的载体。废水从滤池顶部进入，滤池底部曝气，气水处于逆流状态。在 BAF 池中，有机物被微生物氧化分解，NH_3-N 被氧化成硝态氮；另外，由于在生物膜的内部存在厌氧和兼氧环境，在硝化的同时实现部分反硝化反应，从而进一步去除废水中的有机污染物和 NH_3-N。

BAF 出水进入消毒池，通过紫外线消毒装置在此进行除臭、脱色、杀菌、消毒等处理，去除废水中残余的有机物和无机物，一部分出水可直接回用于鱼池养鱼，另一部分出水进入回用水池暂存。经整个系统深度处理后的最终出水水质达到《城市污水再生利用　城市杂用水水质》（GB/T 18920 — 2002），可回用于喷灌、浇洒、冲厕及人体非直接接触景观水等用途。

4.5　工艺特点

（1）整个废水处理系统对冲击负荷有较强的适应能力；剩余污泥量少，且不产生污泥膨胀问题。

（2）采用"生化+物化"的组合技术进行脱氮除磷，深度处理采用臭氧除臭、除异味，能保证出水水质稳定达标，且回用于景观时不影响景观效果。

（3）该工艺成熟可靠、出水稳定，具有投资省、设备管理简单、适应能力强等特点，是一种优化的处理设计方案。

5　处理效果预测

表 5　处理效果预测表

项目	指标	COD_{Cr}/(mg/L)	BOD_5/(mg/L)	氨氮/(mg/L)	SS/(mg/L)	动植物油/(mg/L)	pH
粗格栅	进水	1 500	800	50	900	50	6.0～8.5
	去除率	10%	10%	—	10%	10%	—
隔油池	进水	1 350	720	50	810	45	6.0～8.5
	去除率	10%	10%	—	30%	50%	—
细格栅	进水	1 215	648	50	567	23	6.0～8.5
	去除率	10%	10%	—	15%	5%	—
气浮池	进水	1 094	584	50	482	22	6.0～8.5
	去除率	60%	30%	—	70%	70%	—
水解池	进水	438	409	50	145	7	6.0～8.5
	去除率	20%	25%	20%	30%	20%	—
好氧池	进水	351	307	40	102	6	6.0～8.5
	去除率	70%	70%	50%	5%	—	—

指标 项目		COD_{Cr}/ (mg/L)	BOD_5/ (mg/L)	氨氮/ (mg/L)	SS/ (mg/L)	动植物油/ (mg/L)	pH
二沉池	进水	106	92	20	100	6	6.0~8.5
	去除率	15%	10%	—	50%	—	—
BAF	进水	91	83	20	50	6	6.0~8.5
	去除率	85%	90%	60%	50%	—	—
消毒池	进水	14	9	8	25	6	6.0~8.5
	去除率	10%	30%	—	—	—	—
出水		13	7	8	25	6	6.0~8.5
排水标准		80	25	15	60	15	6.0~8.5
是否达标		达标	达标	达标	达标	达标	达标

6 构筑物及主要设备设计参数

6.1 构筑物设计参数

表6 构筑物设计参数

名称	规格尺寸	结构形式	数量	设计参数
隔油池	3.2 m×2 m×2.9 m	钢砼	1座	有效水深2.6 m；停留时间2 h；有效容积16.7 m³
调节池	4.5 m×3.7 m×3.3 m	钢砼	1座	有效水深3.0 m；停留时间6 h；有效容积50.0 m³
气浮池	φ1.6 m×1.5 m	钢砼	1座	停留时间20 min；有效容积2.8 m³；竖流式
水解池	3.0 m×2.34 m×3.3 m	钢砼	2座（并联）	有效水深3.0 m；停留时间2.5 h；有效容积21.0 m³
氧化池	5.0 m×3.36 m×3.3 m	钢砼	1座（两级）	有效水深3.0 m；停留时间6 h；有效容积50.4 m³
二沉池	3.0 m×1.9 m×3.3 m	钢砼	1座	有效水深3.0 m；停留时间2 h；有效容积16.8 m³；平流式；表面负荷0.75 m³/(m²·h)
中间水池	3.0 m×3.0 m×3.3 m	钢砼	1座（两级）	有效水深3.0 m；有效容积27.0 m³
BAF池	2.1 m×2.0 m×6.3 m	钢砼	1座	有效水深6.0 m；停留时间3 h；有效容积25.2 m³
消毒池	3.0 m×1.9 m×1.5 m	钢砼	1座	设计水量8.4 m³/h
回用水池	2.0 m×1.7 m×3.3 m	钢砼	1座	有效水深3.0 m；有效容积10.0 m³
污泥浓缩池	1.84 m×1.84 m×1.84 m	钢砼	1座	设计总湿污泥量为3.45 m³/d；设中心管、底部设泥斗
设备房	164.0 m²	砖混	1座	放置过滤罐、水泵和风机、加药系统、PLC控制柜等设备，同时作操作控制室、化验室和药剂间使用

6.2　主要设备设计参数

表 7　主要设备设计参数

安装位置	设备名称	规格型号	数量	功率	备注
粗格栅		1.0 m×0.4 m×0.5 m	1 套	—	人工清渣，钢架结构
细格栅		1.0 m×0.4 m×0.5 m	1 套	—	GSHZ300-500-500-5-75
调节池	潜水搅拌机	—	1 台	—	
	潜水排污泵	—	2 台（1 用 1 备）	—	流量 8.4 m³/h；扬程 10 m
气浮池	释放器	—	1 台	—	
	溶气罐	—	1 台	—	
	刮渣机	—	1 台	—	
水解池	布水器	—	4 套	—	
	生物填料	$\phi 150 \text{ m}$	1 批	—	
氧化池	鼓风机	—	2 台（1 用 1 备）	—	
	组合填料	$\phi 150 \text{ m}$	1 批	—	
	盘式曝气器	—	1 套	—	
	回流泵	—	2 台（1 用 1 备）	—	
二沉池	刮泥机	—	1 台	—	
消毒池	紫外线消毒器	—	—	7.5 kW	
回用水池	回用水泵	—	2 台（1 用 1 备）	—	
污泥浓缩池	带式压滤机	—	1 套	11 kW	带宽 1 m；含污泥泵、加药装置、脱水机等

7　废水处理系统布置

7.1　平面布置原则

（1）废水处理系统应充分考虑与厂区环境、地形、功能布置和现有管道系统相协调；

（2）废水处理系统应充分考虑建设施工规划等问题，优化布置系统；

（3）根据夏季主导方向和全年风频，合理布置系统位置；

（4）处理构筑物应布置紧凑，节能高效，节约用地，便于管理。

7.2　高程布置原则

（1）充分利用地形设计高程，减少系统能耗；

（2）系统设计力求简洁、流畅，减少管件连接。

8　电气控制

8.1　工程范围

本自动控制系统为废水处理工程工艺所配置，自控专业主要涉及的内容为该废水处理系统中污水泵与液位的联锁、报警、风机的交替动作、风机与进水泵的联锁工作等。

8.2　控制水平

本工程中采用 PLC 程序控制，系统由 PLC 控制柜、配电控制屏等构成。

8.3　控制方式

本工程装置内所有电动机均采用中央集中室控制方式，电动机联锁由仪表专业的 PLC 实现。

8.4　电源状况

本系统需一路 380/220V 电源引入。

8.5　电气控制

该废水处理系统电控装置为集中控制，采用进口 PLC 可编程序控制器，主要自动控制各类泵提升（液位控制）；风机启动及定期互相切换；需要时（如维修状态下）可切换到手动工作状态。

（1）水泵

水泵的启动受液位控制；

①高液位：报警，同时启动备用泵；

②中液位：一台水泵工作，关闭备用泵；

③低液位：报警，关闭所有水泵；

水泵中一台水泵出现故障，发出指示信号，另一台备用泵自动工作。

（2）声光报警

各类动力设备发生故障，电控系统自动报警指示（报警时间 10～30 s），并故障显示至故障消除。

（3）其他

①各类电气设备均设置电路短路和过载保护装置；

②动力电源由本电站提供，进入废水回用处理系统动力配电柜。

9　二次污染防治

9.1　噪声控制

（1）风机选用低噪声型，本机噪声≤80 dB，风机进出口均采用消声器，底座用隔震垫，进出口风管用可挠橡胶软接头等减震降噪措施；风机放置于室内，向外扩散的量较小；

（2）水泵选用国优潜污泵，对外界无影响。

9.2　污泥处理

（1）污泥由气浮浮渣及好氧池、沉淀池排出的剩余污泥产生，污泥先排至污泥浓缩池，然后用污泥脱水设备进行脱水；

（2）干污泥定期外运处理。

10　废水处理站防腐

10.1　管道防腐

本废水处理站池体所采用的管件外壁按《工业设备、管道防腐蚀工程施工及验收规范》（HGJ 229—91）做防腐处理，焊接钢管管壁外涂三道环氧煤沥青加强防腐。

埋地管道均先除锈，刷环氧煤沥青两道，再刷调和漆两道；管道、管道支吊架、钢结构等均防腐处理；设备间内明设管道经除锈后，刷红丹底漆一道，面漆两道，最后一道面漆颜色按管道设计涂色要求进行。

对药剂投加设备使用玻璃钢材质防腐，对碳钢设备内衬胶防腐。

10.2　构筑物防腐

根据《工业建筑设计防腐规范》及各构筑物功能的不同，对需要做防腐的水池内表面做玻璃钢防腐处理。

11　经济效益分析

本工程运行费用由电费、人工费和药剂费三部分组成。

11.1　运行电费

该系统总装机容量为 131.6 kW，其中平均日常运行容量为 90.2 kW，电费平均按 0.50 元/（kW·h）计，则电费 E_1=0.23 元/m³ 废水。

11.2　人工费用

本废水处理站操作管理简单，自动化控制程度高，不需要专人值守，配备 1 名工人兼职管理即可，人工费按 1 500 元/（月·人）计，则 E_2=0.25 元/m³ 废水。

11.3　药剂费用

药剂费主要为气浮药剂消耗和污泥处理消耗的药剂，该部分费用暂按 E_3=0.46 元/m³ 废水计。

综上所述，运行费用总计 $E=E_1+E_2+E_3$=0.23+0.25+0.46=0.94 元/m³ 废水。

12　工程实施进度

本工程建设周期为 12 周，为缩短工程进度，确保该废水回用处理设施如期实行环保验收，工程设计、各分部工程、分项工程土建、安装以及调试工作，将进行统一协调、分布、交叉进行，具体工程进度安排如表 8 所示。

表8 工程进度表

周 工作内容	1	2	3	4	5	6	7	8	9	10	11	12
准备工作	▬											
场地开挖		▬▬										
设备基础			▬									
设备材料采购				▬								
构筑物施工					▬▬▬							
设备制作安装						▬▬▬▬▬						
外购设备				▬▬▬▬▬▬▬▬▬▬▬▬								
设备防腐										▬▬		
管道施工								▬▬▬▬				
电气施工									▬▬▬			
场地平整											▬▬	

13 工程保修及事故应急处理措施

（1）本工程自验收合格日算起保修期为一年，设备部分自进场日算起保修期为一年；

（2）本方案的提升设备设有备用，当其中一台出现故障时，由另一台备用设备工作，以保证处理系统能正常运行；同时厂内必须加紧时间维修出现故障的设备，防止出现两台设备同时发生故障；

（3）为保证处理设备的正常运行，应加强设备日常维护和巡检，在停产期（节假日等）安排检修或大修；

（4）建立规范的操作规程和健全的事故报警制度。

实例三　云南某肉类加工厂 3 000 m³/d 废水处理站改造工程

1　项目概况

该肉类加工厂是某大型集团下属的全资子公司，是该集团投资新建的生猪屠宰及肉制品深加工厂，于 2010 年 9 月 8 日正式投产。该加工厂是目前云南引进的国内最大的肉类食品加工企业，是集畜禽屠宰、肉类食品加工、网络化销售、生物制药及皮革初加工为一体的综合型肉类食品公司。公司总投资 4.97 亿元，占地面积 16.7 万 m²（300 亩），厂区建筑面积 5.3 万 m²，购置国内先进屠宰设备 36 台（套），拥有一条自动生产线。新建的冷库储藏能力达 6 000 余 t，年屠宰生猪数达 200 万头，深加工 2 万 t；年产冷鲜肉、冷冻肉 14 万 t。

该肉类加工厂现有一座设计处理能力为 2 000 m³/d 的废水处理站，对厂区产生的生活废水和生产废水进行统一收集处理。但是，该废水处理站的实际处理能力未能达到设计能力，加之企业目前欲扩大生产规模，因此现有的废水处理站已不能满足要求。

结合该加工厂实际情况，对原有废水处理站进行改造、扩建，设计处理规模达到 3 000 m³/d，以保证企业扩大生产规模的需要。经处理后的排放水水质达到《肉类加工工业水污染物排放标准》（GB 13457—92）中畜类屠宰加工类一级标准；另一部分出水达到《城市废水再生利用　城市杂用水水质》（GB 18920—2002），回用于厂区绿化用水。

图 1　IC 反应器

2　设计依据

2.1　设计依据

（1）《屠宰与肉类加工废水治理工程技术规范》（HJ 2004—2010）；

（2）《城市污水再生利用　城市杂用水水质》（GB/T 18920—2002）；

（3）《肉类加工工业水污染物排放标准》（GB 13457—92）；

（4）建设方提供的各种相关基础资料（水质、水量、排放和回用标准等）；

（5）现场踏勘资料；

（6）国家及省、地区有关法规、规定及文件精神；

（7）其他相关设计规范与标准。

2.2　设计原则

（1）认真贯彻国家关于环境保护工作的方针和政策，使设计符合国家的有关法规、规范、标准；

（2）综合考虑废水水质、水量的特征，选用的处理工艺应技术先进、稳妥可靠、经济合理、运转灵活、安全适用；

（3）妥善处理和处置废水处理过程中产生的污泥和浮渣，避免造成二次污染；

（4）废水回用处理系统的自动控制系统应管理方便、安全可靠、经济实用；

（5）废水回用处理系统的平面布置力求紧凑，减少占地和投资；高程布置应尽量采用立体布局，充分利用地下空间；

（6）适当考虑企业的发展前景，在设计上留有余地；

（7）严格按照建设方界定条件进行设计，适应项目实际情况。

2.3　设计、施工范围及服务

本项目的设计范围包括该加工厂废水处理站的改、扩建及回用水处理工程的工艺设计，建、构筑物、工艺设备及电气自控设备的安装、调试等。不包括废水处理站外的废水收集管网、排出管网、中水回用管网和化粪池，以及站外至站内的供电、供水及站内道路、绿化等。

本项目的服务范围包括：

（1）废水处理系统的设计、施工；

（2）废水处理设备及设备内的配件的提供；

（3）废水处理装置内的全部安装工作，包括废水回用处理设备内的电器接线等；

（4）废水处理系统的调试，直至调试成功并顺利运行；

（5）免费培训操作人员，协同编制操作规程，同时做有关运行记录，为今后的设备维护、保养提供有力的技术保障。

3　主要设计资料

3.1　设计进水水质

该废水处理站为改、扩建项目，根据建设方提供的资料，废水处理站废水来源由两部分组成，即生产废水和厂区生活废水，设计废水总量为 3 000 m³/d。

设计废水进水水质指标具体如表 1 所示。

表 1　设计废水进水水质

项目	BOD$_5$/（mg/L）	COD$_{Cr}$/（mg/L）	SS/（mg/L）	NH$_3$-N/（mg/L）	动植物油/（mg/L）	pH
进水水质	≤800	≤1 800	≤1 200	≤150	≤200	6.0～9.0

3.2　设计出水水质

根据建设方要求，经处理后的废水出水分两部分，一部分直接排放，达到《肉类加工工业水污染物排放标准》（GB 13457—92）中畜类屠宰加工类的一级标准，如表 2 所示；另一部分回用于喷灌、浇洒、冲厕及人体非直接接触景观水等用途，执行《城市污水再生利用　城市杂用水水质标准》（GB/T 18920—2002），具体回用水水质要求如表 3 所示。

表 2　设计废水排放要求

项目	BOD_5/（mg/L）	COD_{Cr}/（mg/L）	SS/（mg/L）	NH_3-N/（mg/L）	动植物油/（mg/L）	pH
出水水质	≤25	≤80	≤60	≤15	≤15	6.0～8.5

表 3　回用水水质要求

项目	BOD_5/（mg/L）	色度/度	浊度/NTU	总大肠菌群/（个/L）	溶解性总固体/（mg/L）
回用水水质	≤20	≤30	≤10	≤3	≤0.5
项目	pH	嗅	溶解氧/（mg/L）	NH_3-N（以 N 计）/（mg/L）	阴离子表面活性剂/（mg/L）
回用水水质	6.0～9.0	无不快感	≤1.0	≤20	≤1.0

4　处理工艺

4.1　原有废水处理站废水处理工艺分析

4.1.1　原有废水处理工艺流程

原有废水处理站采用"隔油沉淀+气浮+水解酸化+兼氧+接触氧化+消毒"的组合处理工艺，具体工艺流程如图 2 所示。

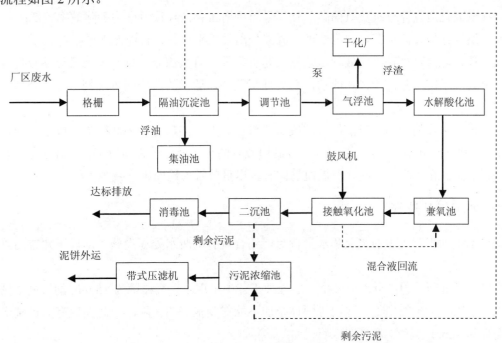

图 2　原废水处理站废水处理工艺流程

4.1.2 原处理工艺分析综述

由图 2 可以看出，原有废水处理系统的主体工艺采用的是"预处理+A/O"的工艺，该工艺目前普遍应用于屠宰废水的处理，且在国内外均取得了较好的运行效果。我单位经过现场勘察，对原有废水处理系统的主要处理单元进行设计校核，具体如表 4 所示。

表 4　原废水处理系统工艺校核验算

序号	处理单元	设计参数	说明	备注
1	调节池	18.0 m×12.5 m×5.0 m	有效容积 1 010 m³；满足设计规范	可满足 3 000 m³/d 的处理要求
2	气浮池	9.5 m×3.0 m×2.5 m	表面负荷 3.0 m³/（m²·h）；基本满足设计规范	不能满足 3 000 m³/d 的处理要求
3	水解池	8.3 m×13.5 m×5.0 m	有效容积 500 m³；停留时间 6 h；基本满足经验参数	该废水为中高浓度有机废水，采用水解及兼氧去除效率不高，应采用厌氧技术处理
4	兼氧池	8.3 m×4.2 m×5.0 m	有效容积 157 m³；停留时间 2 h；基本满足经验参数	
5	接触氧化池	18.0 m×12.5 m×5.0 m	有效容积 1 010 m³；停留时间 12 h；BOD 容积负荷 1.0 kg BOD/（m³·d）	设计有机负荷较高，不能满足原水水质；原设计采用单格接触氧化池，处理效果较差
6	二沉池	φ 11.0 m×4.5 m	表面负荷：0.87 m³/（m²·h）；表面负荷满足规范要求，池体结构不符合规范要求	缓冲层和有效水深总高度仅 1 m，且无布水设施，造成固液分离效果不好

从表 4 中可以看出，原处理工艺在个别处理构筑设计参数的选取以及结构设计上存在一定的误差和不足，且不符合相关设计规范的要求，因此处理效果较差，且不能满足设计处理能力的要求。原处理工艺存在的问题主要有以下几个方面：

（1）气浮池表面负荷较高，达不到预期的处理效果；

（2）采用水解、兼氧作为好氧处理的前处理工序，COD 去除效率较高，造成好氧（接触氧化池）处理段处理负荷较高；

（3）接触氧化池设计有机负荷偏高，且仅采用单格布置，导致污染物去除效率较低；

（4）二沉池结构设计不符合规范要求，固液分离效果不理想，有浮泥现象。

综上所述，原废水处理站的处理工艺基本是可行的，且大部分水处理单元设计参数是合理的，因此在原有处理设施的基础上稍加改动，对处理工艺加以适当的改进即可达到原设计处理规模的要求。

根据建设方提供的资料，目前厂区的废水排放量有增大的趋势，因此欲扩大废水处理站的处理规模，达到 3 000 m³/d。结合实际情况，充分利用现有的废水处理设施和构筑物，对处理工艺和池体尺寸等进行调整，在适应扩大的处理规模的同时，尽量节省占地面积、减少投资。

4.2　改造处理工艺选择

根据该肉类加工厂废水的水质和水量特点，结合现有的废水处理设施，从以下几方面改进处理工艺：

（1）增强预处理中固液分离的效率。原处理工艺中采用了一套栅隙为 15 mm 的机械格栅，由于栅隙过大，废水中大量的猪毛、碎肉等固体杂质不能得到很好的去除，因此在现有的机械格栅后增加一台栅隙为 1 mm 的转鼓细格栅。

（2）将调节池改造为调节水解池。原有的调节池容积可满足 3 000 m³/d 处理要求，因此无须扩大池容。

（3）在调节池后增加一套处理量为 3 000 m³/d 的气浮设备。

（4）在气浮处理后增加厌氧处理构筑物。与兼氧处理技术相比，厌氧处理技术的有机物去除率高、去除效果明显，且可有效减少后续好氧处理工艺的处理负荷，从而降低总运行费用。

（5）降低原接触氧化池的有机负荷。将原兼氧池、水解池改造成接触氧化池，与原有的接触氧化池串联，其总容积可满足 3 000 m³/d 的处理要求。

（6）改造二沉池的结构形式，增加刮泥设备。

（7）二沉池后增加深度处理工艺。采用过滤、吸附、深度氧化等深度处理技术，进一步去除废水的氨氮、COD、SS、细菌、病毒等污染物，出水达到回用标准。

（8）新建回用水池、中间水池等构筑物。

4.2.1　厌氧处理技术的选择

厌氧生物处理技术具有良好的污染物去除效果，较高的反应速率和对毒性物质更好的适应，更重要的是由于其相对于好氧生物处理技术而言，不需要为氧的传递提供大量的能耗，因此在水处理行业中应用十分广泛。

该方案设计中采用 IC 厌氧反应器，该反应器是继 UASB、EGSB 之后的一种新型厌氧反应器。它通过上、下两层集气罩把反应器分为上、下两个室，两个室通过内循环装置组合在一起。进入 IC 厌氧反应器的有机物大部分在下反应室被消化，所产生的沼气被下层集气罩阻隔收集进入提升管，由于提升管内外液体存在密度差，促使发酵液不断被提升至气液分离器，经分离沼气后的发酵液又回流到下反应室，形成了发酵液的连续循环。介于内循环发生在下反应室，故下反应室有较高的水力负荷，高水力负荷和高产气负荷使污泥与有机物充分混合，使污泥处于充分的膨胀状态，传质速率高，大大提高了厌氧消化速率和有机负荷。

由于 IC 厌氧反应器有了内循环装置，改变了产气负荷与水力负荷的作用方向，在高负荷下能避免污泥的流失，在一定程度上实现了"高负荷与污泥流失相分离"，从而使 IC 厌氧反应器具有比 UASB、EGSB 更高的有机负荷。

4.2.2　深度处理技术的选择

（1）过滤单元采用拥有自主知识产权的 KYL-2#型滤料，该滤料以水处理专用陶粒滤料、活性沸石为主体，内部有很多均匀的管状孔道和内表面积很大的孔穴，具有独特的吸附、筛分、交换阴阳离子以及催化性能。该滤料能有效吸附废水中的氨态氮、有机物和重金属离子等污染物，能有效降低池底硫化氢的毒性，同时能调节废水的 pH，增加水中的溶解氧等。

（2）为了保证出水能稳定达到回用和排放标准，过滤后增加活性炭吸附装置。活性炭是由煤或木等材料经一次炭化制成的，由于其比表面积大，所以吸附能力强，能有效去除水中有机物（尤其是可生物降解部分）、异味、胶体、细菌残留物、微生物和色度等，可作为回用水深度净化的一个重要途径。该技术要点是：以粒状活性炭为载体富集水中的微生物而形成生物膜，通过生物膜的生物降解和活性炭的吸附去除水中污染物，同时生物膜能通过降解活性炭吸附的部分污染物而再生活性炭，从而大大延长活性炭的使用周期。

4.2.3　消毒技术的选择

与其他消毒方法相比，臭氧消毒能有效地杀死细菌、病毒、芽孢等，因此选择臭氧消毒技术对废水做进一步的除臭、脱色、杀菌、消毒等处理，去除废水中残余的有机物和无机物，保证出水高效、稳定达标。

4.3 改造后的处理工艺流程

4.3.1 工艺流程图

根据本加工厂厂区生产废水和生活废水的水质、水量及处理要求，结合原有废水处理设施，拟采用"调节水解+气浮+IC 反应器+接触氧化+新型滤料过滤+活性炭吸附+臭氧氧化"的组合处理工艺，经深度处理后的出水可稳定达到《城市污水再生利用 城市杂用水水质》（GB/T 18920—2002），回用于喷灌、浇洒、冲厕及人体非直接接触景观水等用途。改造后的具体工艺流程如图 3 所示。

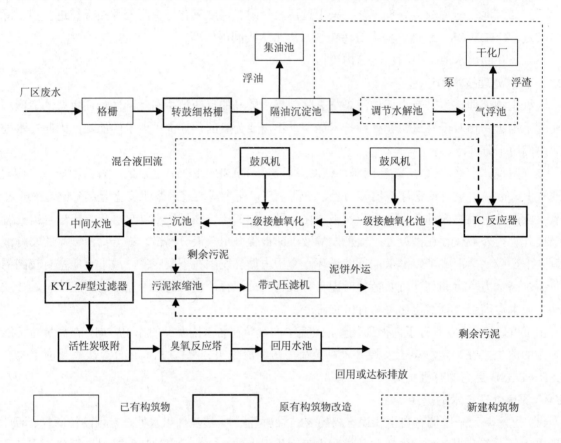

图 3 改造后的废水处理工艺流程

4.3.2 工艺流程说明

废水通过格栅、转鼓格栅，去除猪毛、碎肉和大颗粒等污染物后汇入隔油沉淀池，利用隔油沉淀池隔除油污和沉淀杂质。出水进入调节水解池，调节水质和水量，并在兼氧微生物的作用下对大分子有机物进行分解，隔离出的油脂进入集油池。调节水解池出水提升进入气浮池，利用新型溶气气浮技术，大量去除污水中剩余的油脂、悬浮物和有机污染物等，浮渣进入干化厂干化。

气浮池出水随后由泵提升，依次进入 IC 反应器、接触氧化池，通过厌氧、好氧微生物的作用，对废水中的 COD、BOD 等污染物进行有效去除，并通过混合液回流完成了硝化与反硝化的反应，使废水中的氨氮浓度也得到了大幅降低。接触氧化池出水随后进入二沉池进行固液分离后，出水进入中间水池；后由泵提升，依次经过 KYL-2#型过滤装置和活性炭吸附装置，使废水中的氨氮、悬浮物、有机物等污染物得到进一步的去除；活性炭吸附装置的出水进入臭氧反应塔进行消毒、杀菌，使废水得到进一步的净化，最终的出水进入回用水池，可回用或排放。

该系统产生的剩余污泥贮存于污泥浓缩池，后由污泥泵提升带式压滤机脱水，干污泥定期外运处理。

5 处理效果预测

表 5 处理效果预测

项目	指标	COD_{Cr}/（mg/L）	BOD₅/（mg/L）	氨氮/（mg/L）	SS/（mg/L）	动植物油/（mg/L）	pH
格栅、转鼓格栅	进水	1 800	800	150	1 200	200	6.0～9.0
	去除率	10%	10%	—	30%	10%	—
调节水解池	进水	1 620	720	150	840	180	6.0～9.0
	去除率	20%	25%	10%	30%	20%	—
气浮池	进水	1 296	540	135	590	150	
	去除率	25%	30%	—	60%	90%	—
IC 厌氧反应器	进水	1 000	380	135	236	15	6.0～9.0
	去除率	70%	70%	10%	—	—	
一级接触氧化池	进水	300	114	120	236	15	6.0～9.0
	去除率	60%	65%	70%	—	—	
二级接触氧化池	进水	120	40	36	236	15	6.0～9.0
	去除率	50%	50%	60%	—	—	
二沉池	进水	60	20	14	236	15	6.0～9.0
	去除率	—	—	—	70%	—	
过滤、活性炭吸附	进水	60	20	14	70	15	6.0～9.0
	去除率	10%	20%	30%	90%	20%	
臭氧接触塔	进水	54	16	10	7	12	6.0～9.0
	去除率	30%	30%	10%	—	—	
回用水池	出水	≤50	≤20	≤15	≤10	≤15	6.0～9.0

6 污水处理系统设计

6.1 转鼓格栅

表 6 转鼓格栅设备参数

设备名称	数量	型号	材质	栅隙	功率
转鼓格栅	1 台	ZG1-600	不锈钢	1 mm	1.1 kW

6.2 调节水解池

表 7 调节水解池设计参数

名称	数量	有效容积	说明
调节水解池	1 座	1 012 m³	已有，并设为水解池，设潜水搅拌机（采用原有设备）

6.3 气浮设备

表 8 气浮设备参数

设备名称	数量	型号	材质	处理能力	功率	说明
气浮机	1 台	KYQF-60	碳钢防腐	62.5 m³/h	13.8 kW	含污水泵、回流水泵、溶气系统

6.4 IC 反应器

表 9 IC 反应器设备参数

设备名称	数量	型号	材质	有机负荷	单台尺寸	说明
IC 反应器	2 台（并联）	KYIC-4500	碳钢防腐	8 kgCOD/（m³·d）	φ 4.5 m×16 m	含三相分离器、内循环系统、布水系统等，不含沼气收集利用设施

6.5 接触氧化池、二沉池

表 10 接触氧化池设计参数

构筑物名称	一级接触氧化池	二级接触氧化池	二沉池
有效容积	1 012 m³	1 012 m³	300 m³
数量	1 座	1 座	1 座
材质	钢砼	钢砼	已有，需改造
说明	已有	利用原兼氧池、水解池改造	已有，需改造

表 11 接触氧化池新增设备

项目	鼓风机	曝气器	生物填料	刮泥机
型号	FSR-125	φ 215 mm	φ 150 mm	ZXGN-11
数量	3 台（2 用 1 备）	1 批	1 批	1 台
单台参数	风量 11 m³/min；风压 55 kPa；功率 18.5 kW	—	—	1.1 kW
说明	与已有的鼓风机一起使用，原设计气量不足	一级接触氧化池曝气系统可利用原有设施	—	原二沉池泥斗坡度太小，需设刮泥机

6.6 过滤、吸附装置及中间水池

表 12 吸附、过滤装置及中间水池设计参数及设备

项目	KYL-2#型过滤器	活性炭吸附罐	中间水池
型号	KYSL-2800	KYHT-2800	有效容积 125 m³
数量	2 台（并联）	2 台（并联）	1 座
单台处理能力	62.5 m³/h	62.5 m³/h	
过滤滤速	10 m³/（m²·h）	10 m³/（m²·h）	
材质	碳钢防腐	碳钢防腐	钢砼
说明	新增	新增	新建

6.7　臭氧反应塔

表 13　臭氧反应塔设备参数

项目	臭氧发生器	臭氧反应塔
型号	QHW-1000	$\phi\,2\,500\ mm×8\,000\ mm$
数量	1 台	1 台
材质	—	碳钢防腐
臭氧产量	1 000 g/h	—
总功率	15 kW	—

6.8　回用水池

表 14　回用水池参数表

名称	数量	材质	有效容积	说明
回用水池	1 座	钢砼	1 000 m³	回用水泵根据用水量定

6.9　设备房

表 15　设备房参数表

名称	数量	材质	有效容积	说明
设备房	1 座	砖混结构	100 m³	安置臭氧发生器、水泵、风机和控制系统等设备

7　新增或改造设施一览表

7.1　新增或改造构筑物

表 16　新增或改造构筑物一览表

序号	构筑物名称	规格	数量	备注
1	调节水解池	1 012 m³	1 座	已有改造
2	二级接触氧化池	总容积 600 m³	1 座	已有改造
3	二沉池	平面尺寸 ϕ 11.00 m	1 座	已有改造
4	中间水池	有效容积 125 m³	1 座	新建、钢砼结构
5	回用水池	1 000 m³	1 座	新建、钢砼结构
6	IC 反应器基础	72 m²	1 座	新建、钢砼结构
7	过滤、吸附罐体基础	50 m²	1 座	新建、钢砼结构
8	设备房	100 m²	1 座	新建、砖混

7.2 新增设备一览表

表 17　新增设备一览表

序号	设备名称	技术规格及性能参数说明	
1	转鼓格栅	数量：1 台 材质：不锈钢 电机功率：1.1 kW	型号：ZG1-600 栅隙：1 mm
2	气浮设备	型号：KYQF-60 功率：13.8 kW	处理量：62.5 m^3/h 数量：1 套
3	IC 反应器	型号：KYIC-4500 规格尺寸：ϕ4 500 mm×16 000 mm	数量：2 套 材质：碳钢防腐
4	鼓风机	数量：3 套（2 用 1 备） 技术参数：11 m^3/min，18.5 kW，55 kPa 单机功率：18.5 kW	型号：FSR-125
5	可变微孔曝气器	型号：ϕ215 mm	数量：600 套
6	生物填料	规格：ϕ150 mm	数量：400 m^3
7	二沉池刮泥机	型号：ZXGN-11 电机功率：1.1 kW	数量：1 台 材质：碳钢防腐
8	KYL-2#型过滤器	型号：KYSL-2800 材质：碳钢防腐	数量：2 台 滤料：KYL-2#滤料
9	活性炭吸附罐	型号：KYHT-2800 材质：碳钢防腐	数量：2 台 滤料：水处理专用活性炭
10	臭氧发生器	型号：QHW-1000 臭氧产量：1000 g/h	数量：1 套 功率：15 kW
11	臭氧反应塔	规格型号：ϕ2500 mm×8 000 mm 材质：碳钢防腐	数量：1 台
12	回用水泵	根据用水确定	
13	PLC 自动控制柜	控制方式：采用自动 PLC 控制 电气元件：主控制器采用国外进口，其余电气元件均通过 3C 认证 位置：设备控制室内	 数量：1 套

8　废水处理系统布置

8.1　平面布置原则

（1）废水处理系统应充分考虑与厂区环境、地形、功能布置和现有管道系统相协调；

（2）废水处理系统应充分考虑建设施工规划等问题，优化布置系统；

（3）根据夏季主导方向和全年风频，合理布置系统位置；

（4）处理构筑物应布置紧凑，节能高效，节约用地，便于管理。

8.2　高程布置原则

（1）充分利用地形设计高程，减少系统能耗；

（2）系统设计力求简洁、流畅，减少管件连接。

9 电气控制

9.1 工程范围

本自动控制系统为废水处理工程工艺所配置，自控专业主要涉及的内容为该废水处理系统中污水泵与液位的联锁、报警、风机的交替动作、风机与进水泵的联锁工作等。

9.2 控制水平

本工程中采用 PLC 程序控制，系统由 PLC 控制柜、配电控制屏等构成。

9.3 控制方式

本工程装置内所有电动机均采用中央集中室控制方式，电动机联锁由仪表专业的 PLC 实现。

9.4 电源状况

本系统需一路 380/220V 电源引入。

9.5 电气控制

该废水处理系统电控装置为集中控制，采用进口 PLC 可编程序控制器，主要自动控制各类泵提升（液位控制）；风机启动及定期互相切换；需要时（如维修状态下）可切换到手动工作状态。

（1）水泵

水泵的启动受液位控制。

①高液位：报警，同时启动备用泵；

②中液位：一台水泵工作，关闭备用泵；

③低液位：报警，关闭所有水泵；

水泵中一台水泵出现故障，发出指示信号，另一台备用泵自动工作。

（2）声光报警

各类动力设备发生故障，电控系统自动报警指示（报警时间 10～30 s），并故障显示至故障消除。

（3）其他

①各类电气设备均设置电路短路和过载保护装置；

②动力电源由本电站提供，进入废水回用处理系统动力配电柜。

10 二次污染防治

10.1 臭气防治

（1）IC 厌氧反应器设高空排气管，不会影响周围环境；

（2）接触氧化池产生的臭气量较小；

（3）系统设施在厂区外围，对外界影响较小。

10.2　噪声控制

（1）系统设施设计在厂区边围，对外界影响小；

（2）风机选用低噪声型，本机噪声≤80 dB，风机进出口均采用消声器，底座用隔震垫，进出口风管用可挠橡胶软接头等减震降噪措施；水泵选用国优潜污泵，对外界无影响；

（3）确保周围环境噪声：白天≤60 dB，晚上≤50 dB。

10.3　污泥处理

（1）污泥由二沉池排泥、气浮浮渣及 IC 厌氧反应器排出的剩余污泥产生，剩余污泥先排至污泥浓缩池，然后由污泥脱水设备脱水；

（2）干污泥定期外运处理。

11　废水处理站防腐

11.1　管道防腐

本废水处理站池体所采用的管件外壁按《工业设备、管道防腐蚀工程施工及验收规范》（HGJ 229 —91）做防腐处理，焊接钢管管壁外涂三道环氧煤沥青加强防腐。

埋地管道均先除锈，刷环氧煤沥青两道，再刷调和漆两道；管道、管道支吊架、钢结构等均防腐处理；设备间内明设管道经除锈后，刷红丹底漆一道，面漆两道，最后一道面漆颜色按管道设计涂色要求进行。

对药剂投加设备使用玻璃钢材质防腐，对碳钢设备内衬胶防腐。

11.2　构筑物防腐

根据《工业建筑防腐蚀设计规范》（GB 50046—2008）及各构筑物功能的不同，对需要做防腐的水池内表面做玻璃钢防腐处理。

12　经济效益分析

12.1　运行电费

该污水处理经改扩建后，满负荷运行时日常运行功率增加 90 kW，则整个污水处理系统每天的电耗为 2 160 kW·h，电费平均按 0.50 元/（kW·h）计，则运行电费 E_1=2 160 kW·h/d×0.50 元/（kW·h）= 1 080 元/d。

12.2　人工费

本废水处理站操作管理简单，自动化控制程度高，不需要专人值守，可由厂内工人兼职管理即可，人工费用暂不计，则 E_2=0。

12.3　药剂费

药剂费主要为气浮药剂消耗，该部分费用暂按 E_2=0.10 元/m³ 废水，即满负荷运行时每天增加药

剂费 E_3=0.10 元/m^3 废水×3 000 m^3 废水/d=300 元/d。

12.4　运行总费用增加

运行总费用增加 $E=E_1+E_3$=1 080+300=1 380 元/d。

12.5　中水回用节省自来水费用

自来水按 1.8 元/m^3 计，则满负荷运行时节省费用为 1.8 元/m^3×3 000 m^3/d=5 400 元/d，每年收益：5 400×365=1 971 000 元。

13　工程实施进度

本工程建设周期为 12 个月，为缩短工程进度，确保该废水回用处理设施如期实行环保验收，工程设计、各分部工程、分项工程土建、安装以及调试工作，将进行统一协调、分布、交叉进行，具体工程进度安排如表 18 所示。

表 18　工程进度表

月\工作内容	1	2	3	4	5	6	7	8	9	10	11	12
准备工作	▬											
场地开挖		▬▬										
设备基础			▬▬									
设备材料采购				▬								
构筑物施工				▬▬▬▬▬								
设备制作安装						▬▬▬▬						
外购设备				▬▬▬▬▬▬▬								
设备防腐										▬▬		
管道施工								▬▬▬				
电气施工									▬▬▬			
场地平整										▬▬▬		

14　工程保修及事故应急处理措施

（1）本工程自验收合格日算起保修期为一年，设备部分自进场日算起保修期为一年；

（2）本方案的提升设备设有备用，当其中一台出现故障时，由另一台备用设备工作，以保证处理系统能正常运行；同时厂内必须加紧时间维修出现故障的设备，防止出现两台设备同时发生故障；

（3）为保证处理设备的正常运行，应加强设备日常维护和巡检，在停产期（节假日等）安排检修或大修；

（4）建立规范的操作规程和健全的事故报警制度。

实例四 山西某食品公司 30 m³/d 牛肉加工废水处理工程

1 项目概况

该食品有限公司主要经营牛肉干及牛肉罐头等肉制品。肉制品加工的原材料主要为冷冻牛肉，因此生产车间排放的废水主要来自冷冻牛肉的解冻水、冲洗器皿与地面的冲洗水及加工过程中产生的清洗废水等。废水排放量为 30 m³/d，废水中有机物、油脂及悬浮物含量较高，属于高浓度有机废水。

该废水处理系统采用"隔油沉淀+气浮+两段式生物接触氧化"的组合处理工艺，经处理后的出水达到《肉类加工工业水污染物排放标准》（GB 13457—92）一级排放标准。该废水处理系统总装机容量 9.25 kW，运行费用约 1.2 元/m³ 废水（不含折旧费）。

图 1 生物接触氧化池

2 设计依据

2.1 设计依据

（1）《肉类加工工业水污染物排放标准》（GB 13457—92）；

（2）建设方提供的各种相关基础资料（水质、水量、排放要求等）；

（3）现场踏勘资料；

（4）国家及省、地区有关法规、规定及文件精神；

（5）其他相关设计规范与标准。

2.2　设计原则

（1）认真贯彻国家关于环境保护工作的方针和政策，使设计符合国家的有关法规、规范、标准；

（2）综合考虑废水水质、水量的特征，选用的处理工艺应技术先进、稳妥可靠、经济合理、运转灵活、安全适用；

（3）妥善处理和处置废水处理过程中产生的污泥和浮渣，避免造成二次污染；

（4）废水处理系统的自动控制系统应管理方便、安全可靠、经济实用；

（5）废水处理系统的平面布置力求紧凑，减少占地和投资；高程布置应尽量采用立体布局，充分利用地下空间；

（6）适当考虑企业的发展前景，在设计上留有余地；

（7）严格按照建设方界定条件进行设计，适应项目实际情况。

2.3　设计、施工范围及服务

本项目的设计范围包括从集水井开始，至二沉池出水间的工艺、土建、构筑物、设备、电气、自控及给排水的设计。不包括废水处理站外的废水收集管网、排出管网，以及站外至站内的供电、供水及站内道路、绿化等。

本项目的服务范围包括：

（1）废水处理系统的设计、施工；

（2）废水处理设备及设备内的配件的提供；

（3）废水处理装置内的全部安装工作，包括设备内的电器接线等；

（4）废水处理系统的调试，直至调试成功并顺利运行；

（5）免费培训操作人员，协同编制操作规程，同时做有关运行记录，为今后的设备维护、保养提供有力的技术保障。

3　主要设计资料

3.1　设计进水水质

根据建设方提供的资料，设计废水总量为 30 m^3/d，按每天运行 10 h 计，则平均处理能力为 3 m^3/h。设计废水进水水质指标具体如表 1 所示。

表 1　设计废水进水水质

项目	BOD$_5$/（mg/L）	COD$_{Cr}$/（mg/L）	SS/（mg/L）	动植物油/（mg/L）	pH
进水水质	800	1 500	500	300	6.0～8.0

3.2　设计出水水质

根据建设方要求，经处理后的废水出水达到《肉类加工工业水污染物排放标准》（GB 13457—92）中畜类屠宰加工类的一级标准，具体出水水质要求如表 2 所示。

表2　设计废水排放要求

项目	BOD$_5$/（mg/L）	COD$_{Cr}$/（mg/L）	SS/（mg/L）	动植物油/（mg/L）	pH
出水水质	≤25	≤80	≤60	≤15	6.5～9.0

4　处理工艺

4.1　废水特点

肉制品加工废水属于易生物降解的有机废水，由于该加工厂所用的原材料主要为冷冻牛肉，因此生产车间排放的废水主要来自冷冻牛肉的解冻水、冲洗器皿与地面的冲洗水及加工过程中产生的清洗废水等。该类废水具有水质、水量变化范围大、有机污染物浓度高、悬浮物浓度高等特点。

针对该废水的具体情况，做出以下基本评价：

①原水为中低浓度有机废水，其 BOD/COD=0.47，可生化性较好，易于采用生物法处理。

②原水含油量达到 300 mg/L，含油量太高，不能直接进入生物处理系统，需先进行预处理，使废水中的油含量降到适宜于生物处理标准。

③由于该废水排放量变化较大，一般随着加工淡旺季、节假日等的变化而变化，因此，必须做好水质水量的调节工作，以保证后续处理构筑物的连续、正常运行。

④废水处理要求较高。废水的 COD 值为 1 500 mg/L，要求出水小于 80 mg/L，去除率为 94.7%，一段生物处理难以实现，故应考虑多级处理。

4.2　工艺流程

目前国内外多采用以生物法为主的工艺处理该类废水，针对该项目废水处理量较小（30 m³/d），考虑采用适合小规模水量的处理方法——生物膜法。结合该肉类加工废水的水质特点，本设计采用工艺较成熟的两段式生物接触氧化工艺作为废水处理的主体工艺。具体工艺流程详见图2。

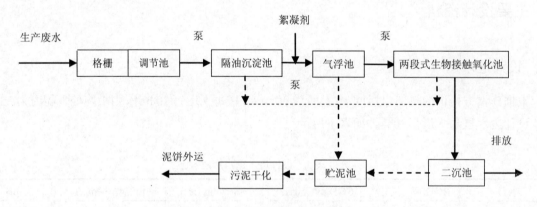

图2　牛肉加工废水处理工艺流程

4.3　工艺流程说明

本工艺流程共分为两大系统：一是预处理系统，包括格栅、调节池、隔油沉淀池和气浮池；二是生化处理系统，包括两段式生物接触氧化池和二沉池，具体工艺流程说明如下。

牛肉加工废水由管网收集后自流进入格栅井，经格栅去除废水中较大的悬浮物等杂质后，自流进入调节池，在此调节废水的水质和水量，以减少水质、水量变化对后续处理构筑物的冲击。

调节池出水经泵提升进入隔油沉淀池，池内设置隔油板，将大量浮油阻隔在水面，并通过刮油机上的特殊植毛滤带捕获废水中的大部分浮油，从滤带上刮下的浮油在储油箱中进行再次分离，油流入回收桶，水流回池中；同时，废水中的大颗粒物质在沉淀段进行沉淀。

隔油沉淀池出水由泵提升进入气浮池，通过在气浮池前加药混凝，去除废水中的乳化油以及大部分的悬浮物。气浮池是利用水在不同压力下溶解度不同的特性，由空气压缩机送到空气罐中的空气通过射流装置被带入溶气罐，在加压情况下被强制溶解在水中，形成溶气水，送到气浮槽中。在突然释放的情况下，溶解在水中的空气析出，形成大量的微气泡群，同泵送过来的并经加药后正在絮凝的污水中的悬浮物充分接触，并在缓慢上升过程中吸附在絮集好的悬浮物中，使其密度下降而浮至水面，从而达到去除乳化油、SS 和 COD 等污染物的目的。

气浮池出水由泵提升进入两段式生物接触氧化池，依靠悬浮相活性污泥和附着相生物膜组成的高效复合微生物菌团为主的微生物生态系统，结合超微气泡曝气技术，达到物理、化学、生物三者协同作用，使废水中呈溶解状态、胶体状态以及某些不溶解状态的有机甚至无机污染物质，转化为稳定、无害的物质，从而使废水得到净化。

两段式生物接触氧化池出水自流进入二沉池，将生化处理反应段脱落的生物膜以及一些细小悬浮物进行固液分离，出水可实现达标排放。

隔油沉淀池、二沉池污泥以及气浮池浮渣进入贮泥池，后进入污泥干化池进行干化脱水。

4.4　工艺特点

本工艺的最大特点在于采用了两段式生物接触氧化处理技术，该工艺具有以下特点：

①生物接触氧化法的体积负荷高，相较于同样体积大小的设备，具有处理时间短、节约占地面积、处理能力高等显著优点。

②一般活性污泥法的污泥质量浓度为 2～3 g/L，微生物在池中处于悬浮状态；而接触氧化池中绝大多数微生物附着在填料上，单位体积内水中和填料上的微生物质量浓度可达 10～20 mg/L，由于微生物质量浓度高，大大提高了处理效果。

③与活性污泥法相比，接触氧化法的体积负荷高，但活性污泥的产量反而有所降低，因此无须设污泥回流。

④两段式生物接触氧化法受水质、水量变化的影响很小，出水水质优良、稳定；在毒物和 pH 的冲击下，生物膜受影响很小，而且恢复快。

⑤活性污泥法中容易产生膨胀的菌种（如丝状菌），而在接触氧化法中不产生污泥膨胀问题。

5　处理效果预测

表3　各单元处理效果预测表

项目	指标	COD$_{Cr}$/（mg/L）	BOD$_5$/（mg/L）	SS/（mg/L）	动植物油/（mg/L）
格栅	进水	1 500	700	500	300
	出水	1 350	630	400	270
	去除率	10%	10%	20%	10%
隔油沉淀池		1 350	630	400	1 350
		1 215	598.5	360	1 215
		10%	5%	10%	60%	10%

指标 \ 项目		COD$_{Cr}$/（mg/L）	BOD$_5$/（mg/L）	SS/（mg/L）	动植物油/（mg/L）
气浮池	1 215	598.5	360	108	1 215
	850	478.8	90	27	850
	30%	20%	75%	75%	30%
一段生物接触氧化池	进水	850	478.8	90	27
	出水	170	71.82		20.25
	去除率	80%	85%		25%
二段生物接触氧化池	进水	170	71.82	因生物膜的脱落，该部分SS不能预测	20.25
	出水	68	21.5		14.2
	去除率	60%	70%		30%
经过处理后达到的标准		68	21.5		14.2
要求达到的标准		≤80	≤25		≤15

注：以上污水处理系统各阶段污染物去除率为保守估计。

6 构筑物及主要设备设计参数

6.1 格栅

6.1.1 主要构筑物

格栅渠（与调节池合建）。

因建设方未提供现场进水标高参数，本设计中格栅渠进水标高暂按−1.0 m考虑。若与实际情况不符，则该部分的土建及设备须根据实际情况进行调整。

表4 格栅主要构筑物设计参数

名称	规格尺寸	结构形式	数量	设计参数
格栅渠	1.5 m×0.55 m×1.0 m	钢砼	1座	

6.1.2 主要设备

表5 格栅主要设备设计参数

安装位置	设备名称	规格型号	数量	功率	备注
格栅渠	人工格栅	600 mm×1 000 mm	1台	—	人工清渣；格栅间隙5 mm

6.2 调节池

6.2.1 主要构筑物

表6 调节池设计参数

名称	规格尺寸	结构形式	数量	设计参数
调节池	4.0 m×2.5 m×3.5 m	地下钢砼	1座	有效容积30 m³；有效水深3.0 m；停留时间24 h

6.2.2 主要设备

表 7 调节池主要设备设计参数

安装位置	设备名称	规格型号	数量	功率	备注
调节池	提升泵	40WQ3-7-0.37	2 台（1 用 1 备）	0.37 kW	流量 3 m³/h；扬程 7 m
	搅拌机	QJB0.85/8-260/3-740/C/S	1 台	0.85 kW	转速 740 r/min

6.3 隔油沉淀池

6.3.1 主要构筑物

表 8 隔油沉淀池设计参数

名称	规格尺寸	结构形式	数量	设计参数
隔油沉淀池	1.5 m×4.0 m×2.0 m	地上钢砼	1 座	有效容积 30 m³；有效水深 1.5 m；停留时间 24 h

6.3.2 主要设备

表 9 隔油沉淀池主要设备设计参数

安装位置	设备名称	规格型号	数量	功率	备注
隔油沉淀池	带式刮油机	CYEP-IK500	1 套	0.6 kW	宽度 500 mm

6.4 中间水池

6.4.1 主要构筑物

表 10 中间水池设计参数

名称	规格尺寸	结构形式	数量	设计参数
中间水池	1.5 m×1.5 m×2.0 m	地上钢砼	1 座	有效水深 1.5 m

6.4.2 主要设备

表 11 中间水池主要设备设计参数

安装位置	设备名称	规格型号	数量	功率	备注
中间水池	提升泵	40WQ3-7-0.37	2 台（1 用 1 备）	0.37 kW	流量 3 m³/h；扬程 7 m

6.5 气浮池

6.5.1 主要构筑物

表 12 气浮池设计参数

名称	规格尺寸	结构形式	数量	设计参数
气浮池	1.5 m×1.2 m×2.0 m	地上钢结构	1 座	有效水深 1.7 m
中间水池	1.5 m×1.5 m×2.0 m	地上钢结构	1 座	有效水深 1.5 m；与气浮池合建

6.5.2 主要设备

表 13 气浮池主要设备设计参数

安装位置	设备名称	规格型号	数量	功率	备注
气浮池	加压泵	CDL1-90	2 台（1 用 1 备）	0.55 kW	流量 1 m³/h；扬程 51 m
	空压机	—	2 台	—	—
	溶气罐	ϕ 500 mm×1 000 mm	1 台	—	工作压力 0.3 MPa
	加药系统	—	1 套	—	包括计量泵、加药桶、加药搅拌器

6.6 一段生物接触氧化池

6.6.1 主要构筑物

表 14 一段生物接触氧化池设计参数

名称	规格尺寸	结构形式	数量	设计参数
一段生物接触氧化池	4.0 m×1.5 m×3.5 m	地上钢结构	1 座	有效容积 18 m³；有效水深 3.0 m；停留时间 6.0 h；容积负荷 2.0 kgBOD₅/（m³·d）
中沉池	1.5 m×1.5 m×3.5 m	地上钢结构	1 座	中心管内流速 0.03 m/s；废水上升流速 0.6 mm/s；中心管直径 0.2 m；喇叭口直径 0.25 m；反射板直径 0.3 m；沉淀区有效水深 2.5 m；喇叭口与反射板间隙 0.3 m；污泥斗高 0.8 m

6.6.2 主要设备

表 15 一段生物接触氧化池主要设备设计参数

安装位置	设备名称	规格型号	数量	功率	备注
一段生物接触氧化池	提升泵	40WQ3-7-0.37	2 台（1 用 1 备）	0.37 kW	流量 3 m³/h；扬程 7 m
	曝气机	DP150	2 台	1.5 kW	空气量 26 m³/h；风压 0.05 MPa
	生物填料	—	5.4 m³	—	流量 3 m³/h；扬程 7 m
	污泥泵	40WQ3-7-0.37	1 台	0.37 kW	包括计量泵、加药桶、加药搅拌器
	高效复合微生物菌团	—	单期首次投放数量为 1 kg	—	根据现场调试情况取得最佳投加量，以维持处理效果

6.7 二段生物接触氧化池

6.7.1 主要构筑物

表 16 二段生物接触氧化池设计参数

名称	规格尺寸	结构形式	数量	设计参数
二段生物接触氧化池	2.0 m×1.5 m×3.5 m	地上钢结构	1 座	有效容积 9 m³；有效水深 3.0 m；停留时间 3.0 h；容积负荷 0.6 kgBOD₅/（m³·d）

名称	规格尺寸	结构形式	数量	设计参数
二沉池	1.5 m×1.5 m×3.5 m	地上钢结构	1 座	竖流式；沉淀区有效水深 2.5 m；中心管内流速 0.03 m/s；废水上升流速 0.6 mm/s；中心管直径 0.2 m；喇叭口直径 0.25 m；反射板直径 0.3 m；喇叭口与反射板间隙 0.3 m；污泥斗高 0.8 m

6.7.2　主要设备

表 17　二段生物接触氧化池主要设备设计参数

安装位置	设备名称	规格型号	数量	功率	备注
二段生物接触氧化池	曝气机	DP55	1 台	0.55 kW	空气量 7.5 m^3/h
	生物填料	DAT-1#	2.7 m^3	—	
	污泥泵	40WQ3-7-0.37	1 台	0.37 kW	流量 3 m^3/h；扬程 7 m

6.8　污泥处理系统

6.8.1　主要构筑物

表 18　污泥处理系统主要构筑物

名称	规格尺寸	结构形式	数量	设计参数
贮泥池	1.5 m×1.4 m×2.3 m	—	1 座	有效容积 4.2 m^3；超高 0.5 m
污泥干化池	2.0 m×3.0 m×2.0 m	—	1 座	

6.8.2　主要设备

表 19　污泥处理系统主要设备设计参数

安装位置	设备名称	规格型号	数量	功率	备注
贮泥池	污泥泵	40WQ3-7-0.37	1 台	0.37 kW	流量 3 m^3/h；扬程 7 m

7　废水处理系统布置

7.1　平面布置原则

（1）废水处理系统应充分考虑与厂区环境、地形、功能布置和现有管道系统协调；

（2）废水处理系统应充分考虑建设施工规划等问题，优化布置系统；

（3）根据夏季主导方向和全年风频，合理布置系统位置；

（4）处理构筑物应布置紧凑，节能高效，节约用地，便于管理。

7.2　高程布置原则

（1）充分利用地形设计高程，减少系统能耗；

（2）系统设计力求简洁、流畅，减少管件连接。

8　电气控制

8.1　工程范围

本自动控制系统为废水处理工程工艺所配置，自控专业主要涉及的内容为该废水处理系统中污水泵与液位的联锁、报警、风机的交替动作、风机与进水泵的联锁工作等。

8.2　控制水平

本工程中采用 PLC 程序控制，系统由 PLC 控制柜、配电控制屏等构成。

8.3　控制方式

本工程装置内所有电动机均采用中央集中室控制方式，电动机联锁由仪表专业的 PLC 实现。

8.4　电源状况

本系统需一路 380/220V 电源引入。

8.5　电气控制

该废水处理系统电控装置为集中控制，采用进口 PLC 可编程序控制器，主要自动控制各类泵提升（液位控制）；风机启动及定期互相切换；需要时（如维修状态下）可切换到手动工作状态。

（1）水泵

①水泵的启动受液位控制；

②高液位：报警，同时启动备用泵；

③中液位：一台水泵工作，关闭备用泵；

④低液位：报警，关闭所有水泵；

⑤水泵中一台水泵出现故障，发出指示信号，另一台备用泵自动工作。

（2）声光报警

各类动力设备发生故障，电控系统自动报警指示（报警时间 10～30 s），并故障显示至故障消除。

（3）其他

①各类电气设备均设置电路短路和过载保护装置；

②动力电源由本电站提供，进入废水回用处理系统动力配电柜。

9　废水处理站防腐

9.1　管道防腐

本废水处理站池体所采用的管件外壁按《工业设备、管道防腐蚀工程施工及验收规范》（HGJ 229—91）做防腐处理，焊接钢管管壁外涂三道环氧煤沥青加强防腐。

埋地管道均先除锈，刷环氧煤沥青两道，再刷调和漆两道；管道、管道支吊架、钢结构等均防腐处理；设备间内明设管道经除锈后，刷红丹底漆一道，面漆两道，最后一道面漆颜色按管道设计涂色要求进行。

9.2　构筑物防腐

根据《工业建筑设计防腐规范》及各构筑物功能的不同，对需要做防腐的水池内表面做玻璃钢防腐处理。

10　运行费用分析

本废水处理站运行费用由运行电费、人工费和药剂费三部分组成。

10.1　运行电费

该系统总装机容量为 9.25 kW，实际使用功率为 7.59 kW，具体如表 20 所示。

表 20　系统运行功率情况

项目		台数	单机功率/ kW	使用功率/ kW	装机功率/ kW	运行时间/ h	电耗/ (kW·h)
调节池	提升泵 1	2（1用1备）	0.37	0.37	0.74	10	3.7
	搅拌机	1	0.85	0.85	0.85	10	8.5
隔油沉淀池	刮油机	1	0.06	0.06	0.06	10	0.6
	提升泵 2	2（1用1备）	0.37	0.37	0.74	10	3.7
气浮系统	加压泵	2（1用1备）	0.55	0.55	1.1	10	5.5
	加药系统	2	0.18	0.36	0.36	10	3.6
	提升泵 3	2（1用1备）	0.37	0.37	0.74	10	3.7
一段生物接触 氧化池	曝气机	2	1.5	3.0	3.0	10	30
	污泥泵	3	0.37	1.11	1.11	1	1.11
二段生物接触 氧化池	曝气机	1	0.55	0.55	0.55	10	5.5
合计		—	—	7.59	9.25		65.91

如表 20 所示，每天耗电 65.91 kW·h，电费按 0.65 元/（kW·h）计，则电费 $E_1=1.0$ 元/m³ 废水。

10.2　人工费

本废水处理站操作管理简单，自动化控制程度高，不需要专人值守，可由厂内工人兼职管理即可，人工费用暂不计，则 $E_2=0$。

10.3　药剂费

药剂费主要为气浮药剂消耗，药剂消耗情况估算如下：PAC 投加量为 40 mg/L，PAM 为 3～5 mg/L；目前，PAC 和 PAM 价格分别为：1.6 元/kg 和 18 元 kg，则药剂消耗费用 $E_3=0.154$ 元/m³ 废水。

综上所述，运行费用总计 $E=E_1+E_2+E_3=1.2$ 元/m³ 废水。

11　工程实施进度

本工程建设周期为 12 周，为缩短工程进度，确保该废水回用处理设施如期实行环保验收，工程设计、各分部工程、分项工程土建、安装以及调试工作，将进行统一协调、分布、交叉进行，具体工程进度安排如表 21 所示。

表 21 工程进度表

周 工作内容	1	2	3	4	5	6	7	8	9	10	11	12
准备工作	▬											
场地开挖		▬▬										
设备基础			▬									
设备材料采购				▬								
构筑物施工						▬▬▬						
设备制作安装								▬▬▬▬				
外购设备				▬▬▬▬▬▬▬▬▬▬								
设备防腐										▬▬		
管道施工								▬▬▬				
电气施工									▬▬▬▬			
场地平整										▬▬		

12 工程保修及事故应急处理措施

（1）本工程自验收合格日算起保修期为一年，设备部分自进场日算起保修期为一年；

（2）本方案的提升设备设有备用，当其中一台出现故障时，由另一台备用设备工作，以保证处理系统能正常运行；同时厂内必须加紧时间维修出现故障的设备，防止出现两台设备同时发生故障；

（3）为保证处理设备的正常运行，应加强设备日常维护和巡检，在停产期（节假日等）安排检修或大修；

（4）建立规范的操作规程和健全的事故报警制度。

实例五 500 m³/d 屠宰废水处理工程设计方案

1 项目概况

屠宰废水来自于圈栏冲洗、淋洗、屠宰及其他厂房车间的地坪冲洗、烫毛、剖解、副食加工、洗油等。屠宰产生的废水成分比较复杂，废水中主要含有血污、油脂、碎肉、骨渣、毛发及粪便等，废水呈褐红色，具有较强的腥臭味。废水具有水量大、排水不均匀、浓度高、杂质和悬浮物多、可生化性好等特点。废水的有机悬浮物含量高，易腐败，且此类废水中还含有大量对人类健康有害的致病微生物，如不经处理直接排入水体会大量消耗水中的溶解氧，破坏生态系统，污染环境，对水环境造成严重污染，还会严重影响人畜健康。此外，与其他高质量浓度有机废水的最大不同在于屠宰废水的 $NH_3\text{-}N$ 质量浓度较高（约 120 mg/L），因此在工艺设计中应充分考虑 $NH_3\text{-}N$ 的去除。

该项目设计处理能力 500 m³/d，结合原水水质，设计采用以"水解酸化+接触氧化"为核心的生化处理方法，处理后的出水水质达到广东省地方标准《水污染物排放限值》（DB 44/26—2001）的一级标准。该废水处理系统总装机容量 62.73 kW，运行费用约 0.82 元/m³ 废水（不含折旧费）。

图 1 废水处理站概貌

2 设计基础

2.1 设计依据

（1）甲方提供的水量、水质，厂区场地情况等有关设计原始资料及要求；

（2）广东省地方标准《水污染物排放限值》（DB 44/26—2001）；

（3）《污水综合排放标准》（GB 8978—1996）；

（4）《室外排水设计规范》（GB 50014—2006，2014 版）；

（5）《恶臭污染物排放标准》（GB 14554—93）；

（6）《建筑结构荷载规范》（GB 50009—2012）；

（7）《泵站设计规范》（GB/T 50265—2010）；

（8）《建筑给水排水设计规范》（GB 50015—2003，2009 版）；

（9）《厂矿道路设计规范》（GBJ 22—87）；

（10）《工业企业设计卫生标准》（GBZ 1—2010）；

（11）《给水排水工程构筑物结构设计规范》（GB 50069—2002）；

（12）《混凝土结构设计规范》（GB 50010—2010）；

（13）《建筑抗震设计规范》（GB 50011—2010）；

（14）《建筑地基基础设计规范》（GB 50007—2011）；

（15）《水工混凝土结构设计规范》（SL 191—2008）；

（16）《建筑结构可靠度设计统一标准》（GB 50068—2001）；

（17）《通用用电设备配电设计规范》（GB 50055—2011）；

（18）《建设工程施工现场供用电安全规范》（GB 50194—2014）；

（19）《肉类加工工业水污染物排放标准》（GB 13457—1992）。

2.2　设计原则

（1）认真贯彻国家关于环境保护工作的方针和政策，使设计符合国家的有关法规、规范、标准；

（2）综合考虑废水水质、水量的特征，选用的处理工艺应技术先进、稳妥可靠、经济合理、运转灵活、安全适用；

（3）妥善处理和处置废水处理过程中产生的污泥和浮渣，避免造成二次污染；

（4）废水处理系统的自动控制系统应管理方便、安全可靠、经济实用；

（5）废水处理系统的平面布置力求紧凑，减少占地和投资；高程布置应尽量采用立体布局，充分利用地下空间；

（6）适当考虑企业的发展前景，在设计上留有余地；

（7）严格按照建设方界定条件进行设计，适应项目实际情况。

2.3　设计范围

（1）本技术方案的设计包括污水处理站内的治理工程、工艺设计、土建设计、管道工程、设备及安装工程、电气工程、站内给排水的工程设计。

（2）废水进口从调节池进水口开始，动力线从废水处理站配电柜进线开始，排水至清水池。

（3）区间内的排放沟、处理后的排放沟及从处理站到厂动力柜的动力线、处理站外的自来水管，生产用气气管、水电表及雨棚等不属于本工程的设计范围。

3　主要设计资料

3.1　设计进水水质

根据建设方提供的资料，设计废水总量为 500 m³/d，按每天运行 20 h 计，则平均处理能力为 25 m³/h。

根据业主提供的相关数据，同时结合同地区同类型水质资料，设计废水进水水质指标具体如表 1 所示。

表 1 设计废水进水水质

项目	BOD$_5$/（mg/L）	COD$_{Cr}$/（mg/L）	SS/（mg/L）	NH$_3$-N/（mg/L）	动植物油/（mg/L）	pH
进水水质	1 200	2 200	1 000	120	300	6.0～8.5

3.2 设计出水水质

根据建设方要求，经处理后的废水出水达到广东省地方标准《水污染物排放限值》（DB 44/26 — 2001）中的一级标准（第二时段），具体出水水质要求如表 2 所示。

表 2 设计废水排放要求

pH	6～8.5
COD$_{Cr}$/（mg/L）	≤120
BOD$_5$/（mg/L）	≤60
NH$_3$-N/（mg/L）	≤25
SS/（mg/L）	≤100
动植物油/（mg/L）	≤30
粪大肠菌群数	≤5 000 个/L

4 废水处理工艺

4.1 工艺流程的选择

生化的处理方法分为厌氧和好氧两种，现将厌氧、好氧的几种较先进、成熟的工艺介绍如下：

（1）厌氧工艺

厌氧生物处理过程是在厌氧条件下由多种微生物共同作用，使有机物分解并生成甲烷和二氧化碳的过程，又称为厌氧消化。整个过程分为三个阶段：

第一阶段：水解发酵阶段，即在发酵细菌的作用下，多糖转为单糖，再发酵成为乙醇和脂肪酸；蛋白质先水解为氨基酸，再经脱氨基作用成为脂肪酸和氨。

第二阶段：产氢、产乙酸阶段，即产氢气、产乙酸菌将水中的脂肪酸和乙醇等转化为乙酸、H$_2$ 和 CO$_2$。

第三阶段：产甲烷阶段，即产甲烷菌利用乙酸、H$_2$ 和 CO$_2$，产生 CH$_4$。

因此，厌氧消化就是由多种不同性质、不同功能的微生物协同工作的一个连续的微生物学过程。与好氧相比具有能耗低、污泥量少的特点，且能够降解一些好氧微生物所不能降解的有机物。厌氧消化技术经过一百多年的历史，发展出一些先进的、高效的厌氧工艺，如升流式厌氧污泥层反应器、厌氧生物滤池等，具体介绍如下：

升流式厌氧污泥层反应器（简称 UASB 反应器）：污水由配水系统从反应器底部进入，通过反应区经气、固、液三相分离器后，进入沉淀区，沉淀后由出水槽排出；沼气由气室收集；污泥由沉淀区沉淀后自行返回反应区。该反应器具有处理效果稳定、去除率高、能耗低的特点，但进水悬浮物浓度不宜过高，适用于中小水量的处理工艺，且对操作人员的技术水平要求较高。除此之外，三相分离器的制作有很高的要求，否则处理效果会很差。

厌氧生物滤池（简称 FU）：该工艺就是在厌氧反应器内装有大量的填料，填料上生长着大量厌氧微生物群体，当废水通过填料层时，有机物被截留、吸附及代谢分解。该工艺适用于处理 COD 质量浓度为 1 000～8 000 mg/L 的废水，具有处理效果好、管理方便等优点，但造价较高，且填料易堵塞。此外，该工艺多用于连续流的废水的处理，对所使用的填料要求严格。

（2）好氧工艺

好氧处理是指在好氧状态下，通过各种好氧细菌、原生生物和后生生物的同化、异化作用降解废水中的有机物，使之最终分解成为水、二氧化碳和无机盐的过程。典型工艺有传统活性污泥法、生物接触氧化法和间歇式活性污泥法。

①传统活性污泥法

工艺流程：

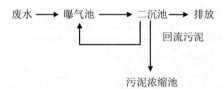

在曝气池内，活性污泥对废水中的有机物进行絮凝、吸附和降解，再到二次平流沉淀池沉淀，上清液排出，二沉池的部分污泥回流到曝气池内，剩余污泥排入污泥浓缩池。工艺特点：去除率高、效果稳定、耐冲击负荷大。适合水量较大、连续排放的废水处理。

②生物接触氧化法

工艺流程：

废水在生物接触氧化池内通过生物膜和活性污泥降解有机物后流入二次平流沉淀池沉淀后排放；二沉池的污泥排入污泥浓缩池。工艺特点：处理效果稳定、耐负荷冲击能力强、污泥量少、易操作管理。

③序批式间歇活性污泥法（简称 SBR）

工艺流程：

由一定时间顺序间歇操作运行的反应器组成。SBR 的一个完整的操作过程由五个阶段组成：①进水期、②曝气期、③沉淀期、④排水排泥期、⑤闲置期。工艺特点：无须调节池和二沉池；无须污泥回流；SVI 值较低，污泥易于沉淀，不产生污泥膨胀；适合间歇排放的废水的处理。但要求自动化程度高，池容积利用率低，瞬时排水量大，要求排水管径大。

4.2　工艺流程

综合考虑该屠宰废水的水质、水量等具体情况，设计采用"毛发收集器+溶气气浮+水解酸化池+生物接触氧化池+混凝沉淀池+过滤+臭氧消毒"的组合工艺，具体工艺流程如图 2 所示。

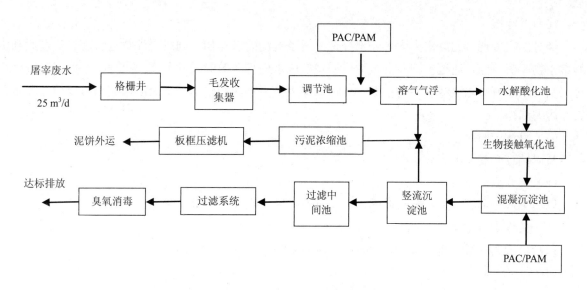

图 2 屠宰废水处理工艺流程

4.3 工艺流程说明

（1）格栅井/毛发收集器

隔除废水中较大杂质，保障后续管道及设备不被堵塞，同时将水中毛发去除。

（2）废水调节池

均衡水质、调节水量以利于后续处理工艺，同时兼具废水预酸化的作用。

（3）气浮池

在加药絮凝的基础上，利用大量溶气水进行浮选，去除绝大部分细小杂质及微溶物质，大幅降低 COD，同时保证后续处理的顺利进行。

（4）水解酸化池

水解酸化池可分解有机污染物大部分复杂高分子物质，提高废水的可生化性。废水在水解酸化池中停留，那些难以生化降解的高分子有机物大部分被分解为低分子易生化的有机物，且部分易生化的有机物在微生物共同作用下最终被转化为水和无机物。厌氧使废水中的难降解的有机物及其发色基团解体、被取代或裂解（降解），从而降低废水的色度，改善废水的可生化性，即使不能直接降低废水的色度，由于分子结构或发色基团已发生改变，也可使其在后续的好氧条件下容易被降解并脱色。另外，通过选育、驯化和投加优良脱色菌可提高废水生化性能，降低后续生物负荷。

（5）生物接触氧化池

本设计采用生物接触氧化法。生物接触氧化法是一种固着型生物处理方法，又称浸没式滤池法或接触曝气法，兼有活性污泥法和生物过滤法的特点，并具有出水水质好、耐冲击、操作管理方便、能耗相对较低等特点。在接触氧化池内采用穿孔曝气技术和推流式，保证水流有效停留时间，减少死区，有效地增大了单位容积的生物膜与废水的接触面积，强化了生化反应界面物质传递，且能避免填料结团堵塞等。在好氧微生物的分解、合成的作用下，有机污染物被氧化为 CO_2 和水等无机物质。废水中有机污染物经接触氧化池生化处理后大部分得以去除。另一方面，在好氧条件下，聚磷菌进行有氧呼吸，不断地从外部摄取有机物，加以氧化分解，同时细菌以聚磷（一种高能无机化合物）的形式存储超出生长所需求的磷量，从而将磷从液相中去除。

（6）沉淀池

经过生化处理后的废水中含有一部分未来得及沉淀的悬浮物，同时悬浮物内含有大可在此利用的微生物和营养源。通过沉淀池的沉淀作用使得废水进行有效的固液分离；另外，池内污泥可以通过泵回流至水解酸化池或者生物接触氧化池，加大微生物的利用率，多余的污泥则可以通过静压自流至污泥浓缩池。

（7）过滤中间池

暂时储存沉淀池出水。

（8）多介质过滤器

以石英砂、卵石、沸石等为介质，通过过滤作用去除残余的微小杂物。

（9）活性炭过滤器

以活性炭为介质，进一步去除残余的杂物及 COD，出水可达标排放。

（10）污泥池

沉淀池污泥定期静压排至污泥浓缩池中，经压滤后定期外排。

4.4 工艺特点

本设计方案中厂区废水首先通过气浮预处理，而后以生化工艺为主导，将厌氧与好氧工艺有机结合在一起，使得与传统好氧生物处理工艺相比较，具有能耗低、停留时间短和污泥产量少的特点；同时增加双过滤系统，出水可稳定达标。

5 处理效果预测

表 3 废水处理效果预测表 单位：mg/L

项　　目		COD_{Cr}	BOD_5	SS
原　　水		2 200	1 200	1 000
溶气气浮	出水	1 760	960	500
	去除率	20%	20%	50%
水解酸化池	出水	1 408	768	500
	去除率	20%	20%	—
接触氧化池	出水	140	76	500
	去除率	90%	90%	—
沉淀池	出水	112	60	50
	去除率	20%	20%	90%
砂滤、炭滤	出水	100	54	40
	去除率	10%	10%	20%
排放标准		≤120	≤60	≤100
出水口		100	54	40

6　废水处理单元工艺设计参数

6.1　格栅井

表 4　格栅井技术参数表

数量	尺寸	有效水深	水力停留时间	结构	功能	设备配置
1 座	5.0 m×0.6 m×2.0 m	1.7 m	0.15 h	钢砼	隔除水中较大的杂质、杂物	①机械格栅：1 台；型号：GSLY-500；过滤精度：3 mm；有效宽度：0.50 m；功率：0.75 kW；②毛发收集器：1 台

6.2　调节池

表 5　调节池技术参数表

数量	尺寸	有效水深	水力停留时间	结构	功能	设备配置
1 座	5.0 m×8.0 m×4.5 m	4.0 m	6.4 h	钢砼	调节水质水量	①提升泵：2 台（1 用 1 备）；型号：65WQ-25-15-2.2；Q=25 m³/h；H=15 m；P=2.2 kW；②浮球液位计：1 套；③转子流量计：1 支；量程：4~30 m³/h；口径：DN100；④潜水搅拌机：1 台；型号：QJB4/6-320；功率：4.0 kW；叶轮直径：320 mm

6.3　溶气气浮

表 6　溶气气浮技术参数表

数量	尺寸	材质	功能	设备配置
1 座	$\phi \times H$=3.0 m×3.5 m	Q235A	通过微小气泡将水中 SS 以及乳化油浓度降低	①加药系统：2 套；型号：JY-1500；Q=100 L/h；功率：0.37 kW；浮球液位计：1 套；②管道混合器：2 套；型号：DN150；材质：Q235A；内壁衬胶

6.4　水解酸化池

表 7　水解酸化池技术参数表

数量	尺寸	有效水深	水力停留时间	结构	功能	设备配置
1 座	5.0 m×12.0 m×5.0 m	4.7 m	10 h	钢砼	厌氧菌降解部分 COD	①弹性填料：180 m³；材质：聚丙烯材质；②填料支架：120 m³；材质：碳钢+防腐

6.5 接触氧化池

表 8 接触氧化池技术参数表

数量	尺寸	有效水深	水力停留时间	结构	功能	设备配置
1 座（分两级）	5.0 m×15.0 m×5.0 m	4.7 m	14 h	钢砼	去除BOD、COD	①组合填料：225 m³；材质：聚丙烯材质；②填料支架：150 m³；材质：碳钢+防腐；③罗茨鼓风机：2 台（1 备 1 用）；SSR：150；RMP：1 640 r/min；Q=13.52 m³/min；P=18.5 kW；④微孔曝气头：300 个；DN215；服务面积 ≈0.35 m²

6.6 混凝沉淀池

表 9 混凝沉淀池技术参数表

数量	尺寸	有效水深	结构	功能	设备配置
1 座	1.5 m×5.0 m×2.5 m	2.2 m	钢砼	投加药剂进行混凝反应	①加药系统：2 套；型号：JY-1500；参数：Q=100 L/h，功率：0.37 kW，材质：PE；②混凝搅拌机：2 台；转速：30 r/min；功率：2.2 kW

6.7 沉淀池

表 10 沉淀池技术参数表

数量	尺寸	有效水深	结构	功能	设备配置
1 座	5.0 m×5.0 m×5.5 m	3.2 m	钢砼	泥水分离	①溢流堰板：1 套；PP 材质；②中心筒：1 套；材质：Q235B；规格：$\phi×H$=0.5 m×2.6 m

6.8 中间池

表 11 中间池技术参数表

数量	尺寸	有效水深	结构	功能	设备配置
1 座	4.0 m×4.0 m×3.0 m	3.2 m	钢砼	暂时储存沉淀出水	①过滤提升泵：2 台（1 用 1 备）；型号：65WQ25-28-4.0；参数：Q=25 m³/h；扬程：28 m；功率：4.4 kW；②过滤反洗泵：1 台；型号：80WQ50-25-5.0；参数：Q=35 m³/h；扬程：32 m；功率：5.0 kW

6.9　多介质过滤器

表 12　多介质过滤器技术参数表

数量	尺寸	过滤流速	材质	功能
1 座	ϕ 1.8 m×3.5 m	10 m/h	8 mm 钢结构	过滤掉沉淀出水中微小杂质

6.10　活性炭过滤器

表 13　活性炭过滤器技术参数表

数量	尺寸	过滤流速	材质	功能
1 座	ϕ 1.6 m×3.8 m	12 m/h	8 mm 钢结构	过滤掉仍剩余的细小杂质，进一步降低 COD

6.11　臭氧氧化塔

表 14　臭氧氧化塔技术参数表

数量	尺寸	流速	材质	功能	设备配置
1 座	ϕ 1.6 m×6.0 m	12 m/h	8 mm 钢结构	去除大肠杆菌，同时降低部分 COD	臭氧发生器：1 台；产量：150 g/h；功率：7.5 kW

6.12　污泥池

表 15　污泥池技术参数表

数量	尺寸	有效容积	结构	功能	设备配置
1 座	3.0 m×2.0 m×3.5 m	21 m³	钢砼	剩余污泥储存和静置，上清液回流至调节池	①螺杆泵：1 台；参数：Q=4 m³/h，扬程：75 m；功率：4.0 kW；②叠螺机：1 套；型号：EX202；功率：1.2 kW

7　废水处理系统布置

7.1　平面布置原则

（1）废水处理系统应充分考虑与厂区环境、地形、功能布置和现有管道系统相协调；

（2）废水处理系统应充分考虑建设施工规划等问题，优化布置系统；

（3）根据夏季主导方向和全年风频，合理布置系统位置；

（4）处理构筑物应布置紧凑，节能高效，节约用地，便于管理。

7.2 高程布置原则

（1）充分利用地形设计高程，减少系统能耗；

（2）系统设计力求简洁、流畅，减少管件连接。

8 电气控制

8.1 工程范围

本自动控制系统为废水处理工程工艺所配置，自控专业主要涉及的内容为该废水处理系统中污水泵与液位的联锁、报警、风机的交替动作、风机与进水泵的联锁工作等。

8.2 控制水平

本工程中采用 PLC 程序控制，系统由 PLC 控制柜、配电控制屏等构成。

8.3 控制方式

本工程装置内所有电动机均采用中央集中室控制方式，电动机联锁由仪表专业的 PLC 实现。

8.4 电源状况

本系统需一路 380/220V 电源引入。

8.5 电气控制

该废水处理系统电控装置为集中控制，采用进口 PLC 可编程序控制器，主要自动控制各类泵提升（液位控制）；风机启动及定期互相切换；需要时（如维修状态下）可切换到手动工作状态。

（1）水泵

①水泵的启动受液位控制；

②高液位：报警，同时启动备用泵；

③中液位：一台水泵工作，关闭备用泵；

④低液位：报警，关闭所有水泵；

⑤水泵中一台水泵出现故障，发出指示信号，另一台备用泵自动工作。

（2）声光报警

各类动力设备发生故障，电控系统自动报警指示（报警时间 10～30 s），并故障显示至故障消除。

（3）其他

①各类电气设备均设置电路短路和过载保护装置；

②动力电源由本电站提供，进入废水回用处理系统动力配电柜。

9 废水处理站防腐

9.1 管道防腐

本废水处理站池体所采用的管件外壁按《工业设备、管道防腐蚀工程施工及验收规范》

（HGJ 229—91）做防腐处理，焊接钢管管壁外涂三道环氧煤沥青加强防腐。

埋地管道均先除锈，刷环氧煤沥青两道，再刷调和漆两道；管道、管道支吊架、钢结构等均防腐处理；设备间内明设管道经除锈后，刷红丹底漆一道，面漆两道，最后一道面漆颜色按管道设计涂色要求进行。

9.2　构筑物防腐

根据《工业建筑设计防腐规范》及各构筑物功能的不同，对需要做防腐的水池内表面做玻璃钢防腐处理。

10　运行费用分析

本废水处理系统运行费用由运行电费、人工费和药剂费三部分组成。

10.1　运行电费

该系统总装机容量为 62.73 kW，实际使用功率为 175 kW，具体如表 16 所示。

表 16　污水处理电费明细预算表

序号	设备名称	装机数量	使用数量	单机负荷/kW	使用负荷/kW	使用时间/h	实耗电量/（kW·h）
1	机械格栅	1 台	1 台	0.75	0.75	6	4.5
2	调节池提升泵	2 台	1 台	2.2	2.2	20	44
3	溶汽气浮	1 台	1 台	1.5	1.5	20	30
4	加药系统	4 套	4 套	0.37	1.48	20	29.6
5	潜水搅拌机	1 台	1 台	4.0	4.0	10	40
6	混凝搅拌机	2 台	2 台	2.2	4.4	20	88
7	罗茨鼓风机	2 台	1 台	18.0	18.0	20	160
8	过滤提升泵	2 台	1 台	4.0	4.0	20	80
9	污泥泵	1 台	1 台	2.2	2.2	10	22
合计							498.1

如表 16 所示，每天耗电 498.1 kW·h，电费按 0.60 元/（kW·h）计，功率因子取 0.7，则运行电费 E_1=0.42 元/m^3 废水。

10.2　人工费

本废水处理站操作管理简单，自动化控制程度高，不需要专人值守，只设操作工人 2 名，平均工资福利按照每人 1 500 元/月计算，则人工费 E_2=0.2 元/m^3 废水。

10.3　药剂费

药剂费主要为气浮药剂 PAC 和 PAM 的消耗，此部分费用暂取 E_3=0.2 元/m^3 废水。

综上所述，该系统运行费用总计 $E=E_1+E_2+E_3$=0.82 元/m^3 废水。

11 设备调试

11.1 调试目标

在设计的废水水量、水质条件下，废水经过系统处理达到设计指标全过程。

技术调试计划，一般安排在联机试运转后进行。调试前由经理会同总设计师制定详细的调试大纲。本工程技术调试期间，需工程调试与技术调试均能满足设计需要。

11.2 调试工作内容

（1）完成工艺调试；

（2）完成对操作人员现场培训；

（3）完善工程出现或遗留下来的问题；

（4）协助水质官方验收工作；

（5）完成相关的转、交接手续及资料；

（6）建立、完善废水厂管理体制。

11.3 培训

表 17 项目培训内容表

序号	培训内容	受训人员
1	基础理论培训主要工艺设备原理及应用 废水处理基础概念，基础知识 本项目工艺流程及其理论基础	废水处理厂管理和运行人员
2	运行操作培训 操作规程及其理论基础 安全操作规程	运行人员
3	废水处理厂运行管理	管理人员

12 工程实施进度

本工程建设周期为 12 周，为缩短工程进度，确保该废水回用处理设施如期实行环保验收，工程设计、各分部工程、分项工程土建、安装以及调试工作，将进行统一协调、分布、交叉进行，具体工程进度安排如表 18 所示。

表 18 工程进度表

工作内容＼周	1	2	3	4	5	6	7	8	9	10	11	12
准备工作	▬											
场地开挖		▬										
设备基础			▬									
设备材料采购				▬								

周 工作内容	1	2	3	4	5	6	7	8	9	10	11	12
构筑物施工				■■■■■■■■■■■■■■■■■■■								
设备制作安装						■■■■■■■■■■■■■■■■						
外购设备				■■■■■■■■■■■■■■■■■■■■■■■■■								
设备防腐										■■■■■		
管道施工								■■■■■■■				
电气施工									■■■■■■■■■			
场地平整											■■■■■■	

13　工程保修及事故应急处理措施

（1）本工程自验收合格日算起保修期为一年，设备部分自进场日算起保修期为一年；

（2）本方案的提升设备设有备用，当其中一台出现故障时，由另一台备用设备工作，以保证处理系统能正常运行；同时厂内必须加紧时间维修出现故障的设备，防止出现两台设备同时发生故障；

（3）为保证处理设备的正常运行，应加强设备日常维护和巡检，在停产期（节假日等）安排检修或大修；

（4）建立规范的操作规程和健全的事故报警制度。

实例六　肉类深加工企业 130 m³/d 屠宰废水处理站改造工程

1　工程概况

建设地点：云南新平县

建设规模：130 m³/d

项目概况：新平某食品有限公司是一家从事畜类屠宰及肉品深加工的企业。总投资 1 011.43 万元，其中环保投资 75.1 万元。总建筑面积为 6 923.49 m²，厂区主体工程主要有待宰间、存栏间、屠宰车间、深加工车间（含冷库 200 m²）等。生产规模年加工数为生猪 3.5 万头、菜牛 5 000 头。深加工车间产品为香肠、腊肉、卤品。

生产废水主要来自屠宰后清洗、解体冲洗、内脏清洗和地面冲洗以及牲畜粪便废水等。废水中含有大量的有机物质，主要成分有：动物粪便、血液、动物内脏杂物、畜毛、碎皮肉和油脂等有机物，属于高浓度有机废水。废水呈褐红色，具有较强的腥臭味。这些废水中的脂肪、蛋白质等物质不经过处理，直接排入水体，将对其周围水体造成严重富营养化，严重破坏水体的自净能力，造成水体发黑变臭，影响环境和农业灌溉。原废水处理系统中的工艺在个别处理构筑设计参数的选取以及结构设计上不足，不符合设计规范要求，而且设备老化严重，运行效果差，甚至无法运行，造成处理效果低，不能达到设计处理能力。该企业为了正常生产和持续发展，保护周围水体环境，决心对废水进行治理，并委托我公司制定废水处理站改造方案。

我公司针对该屠宰场废水性质和排放要求，从降低废水处理工程造价和运行成本目标出发，采用先进废水治理技术和设备。本着此原则和根据业主方提供的资料和该类屠宰废水水质的特点及该企业的实际情况，并结合我公司相关工程经验，我公司拟定了本方案文件。

图 1　接触氧化池

2　工程设计基础

2.1　工程设计依据

（1）《室外排水设计规范》（GB 50014—2006，2014 版）；

（2）《室外给水设计规范》（GB 50013—2006）；

（3）《建筑中水设计规范》（GB 50336—2002）；

（4）《给水排水工程构筑物结构设计规范》（GB 50069—2002）；

（5）《城市污水再生利用　城市杂用水水质》（GB/T 18920—2002）；

（6）《肉类加工工业水污染物排放标准》（GB 13457—92）；

（7）《给水排水管道工程施工及验收规范》（GB 50268—2008）；

（8）《给水排水构筑物施工及验收规范》（GB 50141—2008）；

（9）《机械设备安装工程施工及验收通用规范》（GB 50231—2009）；

（10）《现场设备、工业管道焊接工程施工规范》（GB 50236—2011）；

（11）《自动化仪表工程施工及质量验收规范》（GB 50093—2013）；

（12）国家及省、地区有关法规、规定及文件精神。

2.2　工程设计原则

（1）执行国家关于环境保护的政策，符合国家的有关法规、规范及标准；

（2）坚持科学态度，积极采用新工艺、新技术、新材料、新设备，既要体现技术经济合理，又要安全可靠。在设计方案的选择上，尽量选择安全可靠、经济合理的工程方案；

（3）采用高效节能、先进稳妥的废水处理工艺，提高处理效果，减少基建投资和日常运行费用，降低对周围环境的污染；

（4）选择国内外先进、可靠、高效、运行管理方便、维修简便的排水专用设备；

（5）采用先进的自动控制，做到技术可靠，经济合理；

（6）妥善处理、处置废水处理过程中产生的栅渣、污泥，避免二次污染；

（7）适当考虑废水处理站周围地区的发展状况，在设计上留有余地；

（8）在方案制定时，做到技术可靠，经济合理，切合实际，降低费用；

（9）充分利用现有的设备及构筑物，以减少项目投资。

2.3　设计、施工范围及服务

2.3.1　设计范围

设计范围包括：废水处理站改造工程设计、施工及调试。

不包括：排水收集管网、化粪池和废水排出管等废水处理站外的配套设施。

2.3.2　施工范围及服务

（1）废水处理系统的设计、施工。

（2）废水处理设备及设备内的配件的提供。

（3）负责废水处理装置内的全部安装工作，包括废水处理设备内的电器接线。

（4）负责废水处理设备的调试，直至合格。

（5）免费培训操作人员，协同编制操作规程，同时做有关运行记录。为今后的设备维护、保养提供有力的技术保障。

2.4 进、出水设计参数

该项目的废水来源主要是生产废水；

废水处理站处理规模为 130 m³/d；

废水处理系统的进水水质及出水水质设计如表 1 所示。废水处理站出水应达到《肉类加工工业水污染物排放标准》（GB 13457—92）中畜类屠宰加工类一级标准。

表 1 进水水质指标及出水水质要求

序号	指标名称	进水水质指标	出水水质标准
1	COD_{Cr}	≤1 500 mg/L	≤80 mg/L
2	BOD_5	≤800 mg/L	≤25 mg/L
3	pH	6～9	6～8.5
4	氨氮	≤50 mg/L	≤15 mg/L
5	SS	≤900 mg/L	≤60 mg/L
6	动植物油	≤100 mg/L	≤15 mg/L

3 改造工艺选择

3.1 原工艺分析

3.1.1 原工艺流程及简述

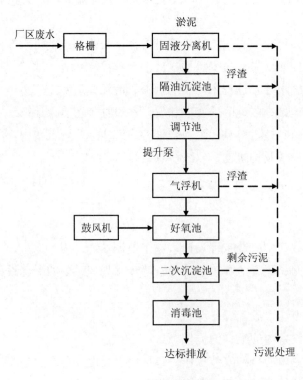

图 2 原工艺流程

废水通过格栅、固液分离，去除猪毛、碎肉和大颗粒污染物后汇入隔油沉淀池。由于原废水中含大量油污和杂质，因此利用隔油沉淀池隔除油污和沉淀杂质。出水再利用提升泵恒量进入气浮机，可去除废水中剩余的大量油脂、悬浮物和有机污染物，为后续生化工艺的运行打下良好的基础。

之后进入好氧池，在好氧池中，通过好氧微生物对 COD、BOD 等污染物进行有效的去除。通过二次沉淀池的沉淀作用，使废水中的微生物等悬浮物充分分离，最后废水经过消毒后排放。

3.1.2 设计参数核算

原有废水处理系统主体工艺采用的是"预处理+生化处理"工艺，该工艺用于屠宰废水比较成熟可靠，国内外有多个类似的成功案例，该工艺是可行的。我公司经过现场考察，并对原有废水处理系统主要处理单元进行设计校核验算，见表2。

表 2　原废水处理系统设计参数

序号	处理单元	设计参数	核算	说明
1	隔油池	5.0 m×3.0 m×1.6 m	未按规范设计	需改造
2	气浮机			设备老化、处理效果不理想，不能满足处理要求，需更换
3	调节池	16.0 m×4.5 m×3.2 m	有效容积 180 m^3 满足设计规范	
4	好氧池	5.0 m×1.9 m×3.2 m，共 4 座	有效容积 95 m^3，核算其设计 BOD 容积负荷：1.0 kgBOD/（m^3·d）	设计有机负荷较高，不能满足原水水质，处理效果较差
5	二沉池	2.9 m×2.5 m×3.2 m	面积负荷：0.87 m^3/（m^2·h），面积负荷满足规范要求	

3.1.3 原工艺技术分析综述

原工艺采用"预处理+生化处理"工艺，该工艺用于屠宰废水比较成熟可靠，国内外有多个类似的成功案例，该工艺是可行的。

但是，原工艺在个别处理构筑设计参数的选取以及结构设计上不足，不符合设计规范要求，而且设备老化严重，运行效果差，甚至无法运行，因此造成处理效果低，不能达到设计处理能力 130 m^3/d。具体如下：

①隔油池设计未按规范要求设计，隔油效果不理想，浮渣不定时清理；

②气浮设备老化，处理效果差，达不到设计处理效果。废水中含有大量胶体状物质不能在气浮工艺中得以去除，造成后续好氧部分产生大量气泡，影响好氧生化处理效果和视觉感观；

③接触氧化池设计负荷偏高，造成其去除率不能满足设计出水要求。曝气分布不均，泡沫严重，曝气设备老化；

④二沉池结构设计不符合规范要求，固液分离效果不理想，有浮泥现象；

⑤原有工艺无消毒处理单元。

综上所述，在原有设施的基础上，稍加改动，适当改进工艺，即可达到原设计处理出水要求。

3.2 改造工艺选择

3.2.1 改造工艺分析

根据该类废水水质特点，在现有的处理设施、构筑物基础上，本方案具体设计如下工艺改造：

（1）改造隔油池。根据规范要求改造隔油池，以保证隔油效果。

（2）将调节池改造为调节水解池。调节池容积 180 m^3，满足水量要求。利用调节池现有池体，增加搅拌设备，并投加兼氧型微生物。将调节池改造为水解池。

（3）更换气浮设备一套。更换高效气浮处理设备一套。

（4）改造好氧曝气系统。更换老化或损坏的曝气装置及设备。

（5）增加曝气生物滤池（BAF）工艺。经核算，原有的好氧池负荷高，处理出水无法满足排放要求，因此增加BAF工艺。

（6）增加消毒设备。

（7）改造二沉池。

3.2.2 工艺简介

3.2.2.1 高效气浮装置

本项目气浮系统是一种集高效气浮、氧化、高效过滤于一体的模块式组合设备，设备主要利用离子浮选工艺，根据废水特点向废水中投加混凝剂、脱色剂等，利用浮除技术去除水中溶解性污染物或呈胶体状态的物质及表面活性剂，以分子态或离子态溶于水中的污染物在浮除前进行化学处理，将其转化为不溶性固体或可沉淀（上浮）胶团物，成为微细颗粒，然后再进行气粒结合，予以分离，达到去除污染物、净化水质的目的。

我公司采用的高效气浮装置与常规气浮设备相比，具有以下特点：

①水中的空气溶解度大，能提供足够的微气泡；

②经减压释放后产生的气泡径小、粒径均匀，微气泡在气浮池中上升速度缓慢，对池扰动较小；

③设备和流程简单，维护方便；

④出水稳定性好。

3.2.2.2 曝气生物滤池

曝气生物滤池简称BAF，是普通曝气生物滤池的一种变形，即在生物反应器内装填比表面积大、表面粗糙、易挂膜的陶粒填料，以提供微生物膜生长的载体，风机、滤料的选取很重要，在BAF设备工艺中是核心设备之一，它对废水中的COD、悬浮物、氨氮等物质具有较高的去除率，考虑该废水的有机物含量高，通过采用BAF有以下优点：生物处理和过滤同时进行，废水中有机物和氨氮去除过程是由微生物代谢完成，起净化作用的主要是好氧微生物和兼性微生物。BAF池反应器能耗低、氧转移率高、抗击负荷能力强、无污泥膨胀、不存在生物膜老化现象，且连续运行。

3.3 改造工艺流程

在考虑充分利用原有设施的基础上，我公司设计如下改造工艺流程。

废水通过格栅、固液分离，去除猪毛、碎肉和大颗粒污染物后汇入隔油沉淀池。由于原水中含大量油污和杂质，因此利用隔油沉淀池隔除油污和沉淀杂质。出水再利用提升泵恒量进入气浮机，可去除废水中剩余的大量油脂、悬浮物和有机污染物，为后续生化工艺的运行打下良好的基础。

之后进入好氧池，在好氧池中，通过好氧微生物对COD、BOD等污染物进行有效的去除。通过二次沉淀池的沉淀作用，使废水中的微生物等悬浮物等充分分离，然后废水进入BAF生化处理系统，最后废水经过消毒后即可排放。

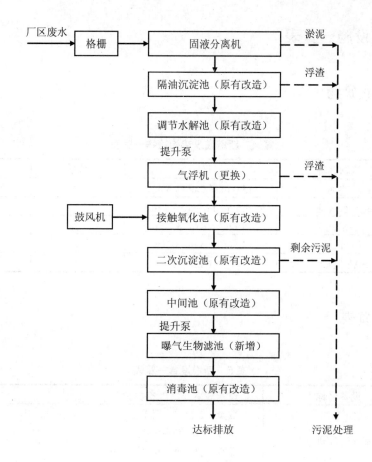

图3　改后工艺流程

4　处理效果预测

表3　改后工艺各单元的处理效率预测

项目	主要指标	COD_Cr/（mg/L）	BOD_5/（mg/L）	氨氮/（mg/L）	SS/（mg/L）	动植物油/（mg/L）	pH
格栅、固液分离机	进水	1 500	800	50	900	100	6～9
	去除率	5%	5%	—	10%	—	—
隔油池	进水	1 425	760	50	800	100	6～9
	去除率	10%	10%	—	20%	20%	—
调节池	进水	1 280	684	50	640	80	6～9
	去除率	25%	30%	10%	—	—	—
气浮池	进水	1 000	480	45	640	80	6～9
	去除率	20%	25%	—	60%	90%	—
好氧池	进水	800	360	45	256	8	6～9
	去除率	40%	50%	50%	—	—	—
二沉池	进水	480	180	25	256	8	6～9
	去除率	—	—	—	70%	—	—
曝气生物滤池	进水	480	180	25	80	8	6～9
	去除率	85%	90%	60%	50%	10%	—
清水池	出水	≤80	≤25	≤15	≤60	≤15	6～9

5 新增或改造设施一览表

5.1 新增或改造构筑物

表4 新增或改造构筑物一览表

序号	构筑物名称	尺寸	数量	备注
1	隔油池	5.0 m×3.0 m×1.6 m	1座	已有改造
2	调节水解池	4.5 m×14.7 m×3.2 m	1座	已有改造
3	中间水池2	19 m×1.8 m×3.2 m	1座	已有改造
4	消毒池	4.5 m×1.5 m×3.2 m	1座	已有改造
5	BAF基础	6 m^2	1座	新建、钢砼

5.2 新增设备一览表

表5 新增设备一览表

序号	设备名称	技术规格及性能参数说明
1	潜水泵（气浮进水泵）	数量：2台（1用1备） 型号：50WQ7-10-1.1 参数：$Q=7$ m^3/h，$H=10$ m 电机功率：1.1 kW
2	潜水搅拌机	数量：1台 型号：QJB1.5
3	气浮设备（更换原气浮）	型号：KYQF-10（更换原气浮） 处理能力：10 m^3/h 功率：7.5 kW 数量：1套
4	鼓风机（更换原损坏）	数量：1台
5	可变微孔曝气器（更换）	型号：ϕ215 mm 数量：120套
6	提升泵（BAF进水泵）	数量：2台（1用1备） 型号：SLS50-125A 参数：$Q=7$ m^3/h，$H=17$ m 电机功率：1.1 kW
7	BAF反应塔	规格尺寸：ϕ2 200 mm×6 000 mm 数量：1台 材质：碳钢防腐
8	鼓风机	数量：2台（1用1备） 型号：YSR-50 参数：$Q=0.83$ m^3/h，$H=60$ kPa 电机功率：2.2 kW
9	反洗泵	数量：1台 型号：SLS80-125 参数：$Q=65$ m^3/h，$H=17$ m 电机功率：5.5 kW
10	消毒系统	数量：1套

序号	设备名称	技术规格及性能参数说明
11	PLC 自动控制柜（更换）	控制方式：采用自动 PLC 控制 电气元件：主控制器采用国外进口，其余电气元件均通过 3C 认证 位置：设备控制室内 数量：1 套

6　二次污染防治

6.1　臭气防治

（1）好氧池及 BAF 反应塔产生的臭气量较小。

（2）系统设施设计在单位的边围，对外界影响较小。

6.2　噪声控制

（1）系统设施设计在单位的边围，对外界影响小。

（2）风机选用低噪声型，本机噪声≤80 dB，风机进出口均采用消声器，底座用隔震垫，进出口风管用可挠橡胶软接头等减震降噪措施。水泵选用国优潜污泵，对外界无影响。

（3）确保周围环境噪声：白天≤60 dB，晚上≤50 dB。

6.3　污泥处理

（1）污泥由二沉池排泥、气浮浮渣排出的剩余污泥产生。

（2）污泥利用原污泥处理系统处理。

7　电气控制和生产管理

7.1　工程范围

本自动控制系统为废水处理工程工艺所配置，自控专业主要涉及的内容为该废水处理系统中废水泵与液位的联锁、报警、风机的交替动作、风机与进水泵的联锁工作等。

7.2　控制水平

本工程中拟采用 PLC 程序控制。系统由 PLC 控制柜、配电控制屏等构成，为此专门设立一个控制室。

7.3　控制方式

本工程装置内所有电动机均采用中央集中室控制方式，电动机联锁由仪表专业的 PLC 实现。

7.4　电源状况

因业主没有提供基础资料，本装置所需一路 380/220V 电源暂按引自厂区变电所。

7.5 电气控制

废水处理系统电控装置为集中控制，采用进口 PLC 可编程序控制器，主要自动控制各类泵提升（液位控制）；风机启动及定期互相切换；需要时（如维修状态下）可切换到手动工作状态。

（1）水泵

水泵的启动受液位控制。

①高液位：报警，同时启动备用泵；

②中液位：一台水泵工作，关闭备用泵；

③低液位：报警，关闭所有水泵；

水泵中一台水泵出现故障，发出指示信号，另一台备用泵自动工作。

（2）风机

风机 8～12 h 内交替运行，一台风机故障，发出指示信号，另一台自动工作。风机与水泵实行联动，当水泵停止工作时，风机间歇工作。

（3）声光报警

各类动力设备发生故障，电控系统自动报警指示，（报警时间 10～30 s）并故障显示至故障消除。报警系统留出接口，可根据业主方要求引至指定地点，以便管理。

（4）其他

①各类电气设备均设置电路短路和过载保护装置。

②动力电源由本电站提供，进入废水处理站动力配电柜。

7.6 生产管理

（1）维修

如本废水站在运转过程中发生故障，由于废水处理站必须连续投运的机电设备均有备用，则可启动备用设备，保证设施正常运转，同时对废水处理设施进行检修。

（2）人员编制

废水处理站改扩建后，自动化控制程度高，可采用原有管理人员操作管理，不需增加操作管理人员。

（3）技术管理

进行废水处理设备的巡视、管理、保养、维修。如果发现设备有不正常或水质不合格现象，应及时查明原因，采取措施，保证处理系统的正常运行。

8 运行费用分析

（1）电费

改建后，满负荷运行时总日常运行功率增加 18.4 kW，每天电耗为 234.5 kW·h（表 6），电费平均按 0.50 元/kW 计，则电费每天增加：

$$E_1 = 234.5 \times 0.50 \div 130 = 0.9 \text{ 元/t 废水}$$

（2）人工费用

人工费用暂不计。

（3）药剂费用

药剂费主要为气浮药剂和消毒消耗。该部分费用暂按 $E_2 = 0.20$ 元/t 废水计。

运行总费用为

$E=E_1+E_3=0.9+0.2=1.1$ 元/t 废水。

表 6　系统运行功率

序号	设备名称	装机容量/台	使用数量/台	装机功率/kW	使用功率/kW	运行时间/(h/d)	电耗/(kW·h)	功率因子
1	废水提升泵	2	1	2.2	1.1	20	22	0.8
2	潜水搅拌机	1	1	1.5	1.5	4	6	0.8
3	离子浮选系统	1	1	7.5	3.0	20	60	0.8
4	鼓风机（原有）	2	1	8	4.0	20	80	0.8
5	BAF 提升泵	2	1	2.2	1.1	20	22	0.8
6	鼓风机（BAF）	2	1	4.4	2.2	20	44	0.8
7	反洗泵	1	1	5.5	5.5	0.1	0.5	0.8
合计				31.3	18.4		234.5	

9　售后服务

本公司严格按照 ISO 9001：2000 的质量体系，提供设计、制造、安装、调试一条龙服务。

本公司对质量实行质量承诺制度，接受用户的监督。

安装调试期间，我公司免费为用户代培操作工，至单独熟练操作为止。同时，免费为用户提供有关操作规程及规章制度。

我公司根据本项目，设定质量保证期为整个项目交工验收后 12 个月，在保质期内因质量问题发生的一切费用，由我公司负担。

动力设备按国家标准保修期保养，保修期后如发生故障，由质安部登记后会同生产、技术部到现场分析原因，确定保修内容和范围，由技术管理部门制定返修方案，再组织保修工作的实施，质安部进行复检并收集有关资料存档。

保修期满后，定期对工程进行回访，免费提供技术咨询服务，工程实行终身维修，保修期满后只收取成本费。

实例七　300 m³/d 家禽类深度加工废水处理工程设计方案

1　工程概况

禽类深度加工企业在工业生产的废水中，含有大量的油脂、皮毛、肉屑、骨屑、内脏杂物，以及少量的血污，水质呈明显油化状，有明显的腥臭味，富含蛋白质、油脂，废水 COD 浓度高，污染性严重。

本项目废水处理站设计处理能力为 300 m³/d。处理工艺采用"水解调节+一级接触氧化+二级接触氧化+辐流式沉淀"，出水应达到《肉类加工工业水污染物排放标准》（GB 13457—92）中畜类加工类一级标准。

2　工程设计依据

为保证该项目的各项设计均达到设计规范要求，各项设计均依据以下设计规范。

（1）《室外排水设计规范》（GB 50014—2006，2014 版）；

（2）《室外给水设计规范》（GB 50013—2006）；

（3）《建筑中水设计规范》（GB 50336—2002）；

（4）《给水排水工程构筑物结构设计规范》（GB 50069—2002）；

（5）《城市污水再生利用　城市杂用水水质》（GB/T 18920—2002）；

（6）《肉类加工工业水污染物排放标准》（GB 13457—92）；

（7）《给水排水管道工程施工及验收规范》（GB 50268—2008）；

（8）《给水排水构筑物施工及验收规范》（GB 50141—2008）；

（9）《机械设备安装工程施工及验收通用规范》（GB 50231—2009）；

（10）《现场设备、工业管道焊接工程施工规范》（GB 50236—2011）；

（11）《自动化仪表工程施工及质量验收规范》（GB 50093—2013）；

（12）国家及省、地区有关法规、规定及文件精神。

3　工程设计原则

（1）执行国家关于环境保护的政策，符合国家的有关法规、规范及标准；

（2）坚持科学态度，积极采用新工艺、新技术、新材料、新设备，既要体现技术经济合理，又要安全可靠。在设计方案的选择上，尽量选择安全可靠、经济合理的工程方案；

（3）采用高效节能、先进稳妥的废水处理工艺，提高处理效果，减少基建投资和日常运行费用，降低对周围环境的污染；

（4）选择国内外先进、可靠、高效、运行管理方便、维修简便的排水专用设备；

（5）采用先进的自动控制，做到技术可靠，经济合理；

（6）妥善处理、处置废水处理过程中产生的栅渣、污泥，避免二次污染；

（7）适当考虑废水处理站周围地区的发展状况，在设计上留有余地；

（8）在方案制定时，做到技术可靠，经济合理，切合实际，降低费用；

（9）充分利用现有的设备及构筑物，以减少项目投资。

4　设计、施工范围及服务

4.1　设计范围

设计范围包括：废水处理站新改扩建工程设计、施工及调试。

不包括：排水收集管网、化粪池和废水排出管、中水回用管网等废水处理站外的配套设施。

4.2　施工范围及服务

（1）废水处理系统的设计、施工。

（2）废水处理设备及设备内的配件的提供。

（3）负责废水处理装置内的全部安装工作。包括废水处理设备内的电器接线。

（4）负责废水处理设备的调试，直至合格。

（5）免费培训操作人员，协同编制操作规程，同时做有关运行记录。为今后的设备维护、保养提供有力的技术保障。

5　设计计算

5.1　进出水水质标准

5.1.1　原水标准

根据业主提供的原水水质资料，同时根据同类工程水质特点确定水质情况如下。

设计数量为：$300 \text{ m}^3/\text{d}$，即 $12.5 \text{ m}^3/\text{h}$，水质指标如表 1 所示。

表 1　进水水质

控制项 水质名称	COD_{Cr}/ （mg/L）	BOD_5/ （mg/L）	SS/ （mg/L）	pH
原　水	4 500	2 500	300	6～9

5.1.2　排放水质要求

废水处理站出水应达到《肉类加工工业水污染物排放标准》（GB 13457—92）中畜类加工类一级标准，如表 2 所示。

表 2　出水水质

控制项 水质名称	COD_{Cr}/ （mg/L）	BOD_5/ （mg/L）	SS/ （mg/L）	动植物油/ （mg/L）	pH
排放水	≤80	≤25	≤60	≤15	6～8.5

5.2 去除效率计算

（1）CODcr去除效率：$\eta = \dfrac{c_0 - c_1}{c_0} \times 100\% = \dfrac{4\,500 - 80}{4\,500} \times 100\% = 98.22\%$

（2）BOD5去除效率：$\eta = \dfrac{c_0 - c_1}{c_0} \times 100\% = \dfrac{2\,500 - 25}{2\,500} \times 100\% = 99\%$

（3）SS去除效率：$\eta = \dfrac{c_0 - c_1}{c_0} \times 100\% = \dfrac{300 - 60}{300} \times 100\% = 80\%$

从去除效率来看，主要污染物为 COD_{Cr}，同时要求去除率接近100%，所以选取工艺应针对要标准 COD_{Cr} 去除工艺来进行选择。

同时由于该类废水 B/C 比值接近 0.56，可生化性很好，考虑到原水中含有大量的动植物油脂，油脂可以附着在微生物表面，导致氧转移效率降低，从而影响好氧生化处理的效果。所以原水在进入生化段前，需要设置隔油池，分离油脂与原水。

5.3 工艺流程图

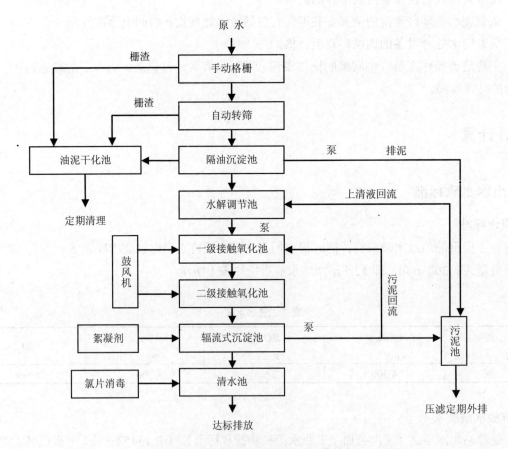

图1 禽类深加工废水处理工艺流程

5.4 流程简介

生产废水通过厂区管网输送至废水处理站，原水首先通过格栅井内手动格栅，去除较大固体物质，以保证后续机械设备的安全运行。手动格栅后设自动转鼓格栅，用于去除原水中含有的碎肉、碎骨以及少量毛发等，废水自流进入隔油沉淀池内，通过隔离池隔离原水中含有的大部分油脂，同时比重较大的固体颗粒在此单元进行初步沉淀，沉渣通过污泥泵排至污泥池，隔油泥通过管道自流至干化池，至此废水的物化处理基本完成。

在经过物化处理后的废水自流进入调节水解池，在调节水解池进行水量的调节，同时内置搅拌机，挂弹性立体填料，进行水解酸化反应，进一步提高 B/C 比，从而为好氧反应提供更有利的反应条件。通过调节水解酸化池的废水通过泵送至一级接触氧化池，一级接触氧化池属于"高负荷、低精度"处理阶段，在此单元，污染指标可大幅下降，但不能达到设计要求精度。从而在一级接触氧化后进入二级接触氧化池，二级接触氧化属于"低负荷、高精度"处理阶段。在此阶段指标下降的幅度不大，但能有效地将指标降至标准以下，从而为后续达标做准备。

在通过两级接触氧化反应后，泥水混合物一同进入辐流式沉淀池进行泥水分离作用，在添加絮凝剂和阻凝剂的作用下，污泥被截留至沉淀池底部，并且通过定期的排泥外排至污泥池，而水则通过设置在沉淀池上部的收水堰槽送至清水池。

清水池设置加药机，定量投加氯片进行消毒处理，消毒后的废水排放。

污泥池内上清液通过管道自流至水解调节池内，污泥定期通过压滤机压滤后外排即可。

5.5　各阶段去除效率分析

去除效率是通过各个构筑单元的去除效率逐步推算至达标的标准。具体各阶段效率如表 3 所示。

表 3　各阶段去除效率

指标 工艺段	COD_{Cr}/ （mg/L）		BOD_5/ （mg/L）		SS/ （mg/L）	
原水	4 500		2 500		300	
	效率	数值	效率	数值	效率	数值
手动格栅	0	4 500	0	2 500	0	300
自动转筛	5%	4 275	0	2 500	10%	270
隔油沉淀池	15%	3 633	15%	2 125	20%	216
调节水解池	20%	2 910	20%	1700	0	216
一级接触氧化池	85%	437	90%	170	0	216
二级接触氧化池	80%	87.4	85%	25.5	0	216
加药沉淀	20%	70	20%	20	80%	43

6　构筑物设计计算

构筑物计算包含构筑物容积的确定，内设设备的型号等。

6.1　预处理阶段

6.1.1　格栅井

格栅井是用来设置手动格栅和自动转筛的构筑物。

结构：钢混

尺寸：2 500 mm×500 mm×1 000 mm（$L×B×H$）

形式：半地下式

内置设备：手动格栅一个（栅间 10 mm，材质 Q235B）

自动转鼓格栅一台（栅间 1 mm，材质 SUS304，功率 1.5 kW）

6.1.2　隔油沉淀池

隔油沉淀池是有效分离油脂的处理单元，同时兼顾初沉池的作用。

结构：钢混

水力停留时间：30 min

有效容积：7 m³

尺寸：4 000 mm×1 200 mm×2 000 mm

形式：半地下式

内置设备：污泥泵 2台。（1用1备）（型号 IS65-40-200、流量 8 m³/h，扬程 12 m、功率 1.5 kW）

6.2　水解调节池

水解调节池主要起两个作用，一是对来水量进行水质水量的调节。二是进行有效的水解酸化反应，进一步提高 B/C 比值。

结构：钢混

水力停留时间：6 h

有效容积：75 m³

尺寸：5 000 mm×4 000 mm×4 000 mm，超高 0.25 m

形式：地下式

内置设备：潜水搅拌机 2台（QJB2.2/8-320-750）功率 2.2 kW、材质铸铁

　　　　　弹性立体填料 70 m³（材质 PE、型号 150 mm）

　　　　　潜水提升泵 2台（50WQ15-18-2.2）功率 2.2 kW、扬程 18 m、材质铸铁

6.3　接触氧化处理阶段

6.3.1　一级接触氧化池

接触氧化法是从生物膜法派生出来的一种废水生物处理法，即在生物接触氧化池内装填一定数量的填料，利用栖附在填料上的生物膜和充分供应的氧气，通过生物氧化作用，将废水中的有机物氧化分解，达到净化目的。

一级接触氧化池是 COD 的主要降解阶段，该阶段具有高负荷、低精度的特点。

一级接触氧化池表面积 A：$A = \dfrac{V}{3.5} = \dfrac{255}{3.5} = 73 \text{ m}^2$

一级接触氧化池尺寸为：10 000 mm×8 000 mm×5 000 mm

结构：钢混

有效水深：4.5 m

填料高度：3.5 m

水力停留时间：28 h

内置设备：组合填料 260 m³　　选混式曝气头：240 套

　　　　　罗茨鼓风机 2台（BK2009 风量 12 m³/min，风压 5 500 mmH₂O①）

6.3.2　二级接触氧化池

二级接触氧化池是 COD 的精化降解阶段，该阶段具有低负荷、高精度的特点。

---

① 1 mmH$_2$O=9.8 Pa。

二级接触氧化池表面积 A：$A = \dfrac{V}{3.5} = \dfrac{145}{3.5} = 42 \ m^2$

二级接触氧化池尺寸为：10 000 mm×4 500 mm×5 000 mm

结构：钢混

有效水深：4.5 m

填料高度：3.5 m

水力停留时间：16.2 h

内置设备：组合填料 150 m³　　选混式曝气头：130 套

【接触氧化池参数汇总】

曝气头：370 套（选混式曝气头、型号 ϕ 260 mm、材质 PE+ABS）

组合填料：410 m³（组合填料、型号 ϕ 150 mm、材质 PE）

罗茨鼓风机：2 台（1 用 1 备）（型号 BK2009、风量 12 m³/min、风压 5 000 mmH₂O、功率 15 kW）

图 2　接触氧化池

7　电气控制和生产管理

7.1　工程范围

本自动控制系统为废水处理工程工艺所配置，自控专业主要涉及的内容为该废水处理系统中废水泵与液位的联锁、报警、风机的交替动作、风机与进水泵的联锁工作等。

7.2　控制水平

本工程中拟采用 PLC 程序控制。系统由 PLC 控制柜、配电控制屏等构成，为此专门设立一个控制室。

7.3　控制方式

本工程装置内所有电动机均采用中央集中室控制方式，电动机联锁由仪表专业的 PLC 实现。

7.4　电源状况

因业主没有提供基础资料，本装置所需一路 380/220V 电源暂按引自厂区变电所。

7.5　电气控制

废水处理系统电控装置为集中控制，采用进口 PLC 可编程序控制器，主要自动控制各类泵提升（液位控制）；风机启动及定期互相切换；需要时（如维修状态下）可切换到手动工作状态。

（1）水泵

水泵的启动受液位控制。

①高液位：报警，同时启动备用泵；

②中液位：一台水泵工作，关闭备用泵；

③低液位：报警，关闭所有水泵；

水泵中一台水泵出现故障，发出指示信号，另一台备用泵自动工作。

（2）风机

风机 8～12 h 内交替运行，一台风机故障，发出指示信号，另一台自动工作。风机与水泵实行联动，当水泵停止工作时，风机间歇工作。

（3）声光报警

各类动力设备发生故障，电控系统自动报警指示（报警时间 10～30 s），并故障显示至故障消除。报警系统留出接口，可根据业主方要求引至指定地点，以便管理。

（4）其他

①各类电气设备均设置电路短路和过载保护装置；

②动力电源由本电站提供，进入废水处理站动力配电柜。

7.6　生产管理

（1）维修

如果本废水站在运转过程中发生故障，由于废水处理站必须连续投运的机电设备均有备用，则可启动备用设备，保证设施正常运转，同时对废水处理设施进行检修。

（2）人员编制

废水处理站改扩建后，自动化控制程度高，可采用原有管理人员操作管理，不需增加操作管理人员。

（3）技术管理

进行废水处理设备的巡视、管理、保养、维修。如发现设备有不正常或水质不合格现象，及时查明原因，采取措施，保证处理系统的正常运作。

8　工程投资预算

表 4　工程投资预算

一、土建投资预算

序号	构筑物名称	结构	数量	单位	价格/万元	备注
1	格栅井	钢混	1	座	自建	自建
2	隔油沉淀池	钢混	1	座	自建	自建

一、土建投资预算

序号	构筑物名称	结构	数量	单位	价格/万元	备注
3	调节水解池	钢混	1	座	自建	自建
4	一级接触氧化池	钢混	1	座	自建	自建
5	二级接触氧化池	钢混	1	座	自建	自建
6	沉淀池	钢混	1	座	自建	自建
7	清水池	钢混	1	座	自建	自建
8	设备房	20 m² 砖混	3	间	自建	自建
9	污泥池	钢混	1	座	自建	自建
10	干化厂	砖混	1	座	自建	自建

二、设备投资预算

序号	设备名称	规格型号	数量	单位	价格/万元	备注
1	手动格栅	栅宽 10 mm	1	台	0.25	Q235
2	自动转筛	KYQF-60	1	台	6.5	SUS304
3	水泵	IS65	2	台	0.76	1 备 1 用
4	潜水搅拌机	QJB3/8-320	2	台	1.50	含支架
5	弹性填料	φ150 mm	70	m³	1.20	含支架
6	潜水泵	50WQ	2	台	0.80	1 用 1 备
7	组合填料	φ150 mm	410	m³	7.38	含支架
8	曝气头	选混式	370	套	8.90	含管道
9	罗茨鼓风机	BK2009	2	台	7.60	百事德
10	出水堰槽	Y0-300	15	m	0.75	PE 材质
11	沉淀池中心通	φ400 mm×3 000 mm	1	台	2.55	
12	沉淀池堰槽	Y0-300	20	m	1.10	PE 材质
13	沉淀池加药机	JY-200	2	套	3.20	
14	氯片投加机	JY-300 H	1	套	2.10	含泵
15	PLC 控制系统		1	套	3.50	
16	工艺管道		1	宗	5.50	
	小计				46.38	

三、其他费用

序号			价格/万元	
1	运杂费		2.50	
2	安装调试费	12%	5.56	
3	工程设计费	5%	2.30	
4	管理费	5%	2.30	
5	措施费	专家评审、环保验收等	1.00	
6	不可预见费	1%	0.50	
7	工程税金	8%	4.80	
	小计		18.96	

四、工程总投资

序号			价格/万元	
1	工程总投资	二+三（不含土建）	65.34	
2	大写	人民币：陆拾伍万叁仟肆佰圆整		

9 二次污染防治

9.1 臭气防治

（1）水解酸化池上部有盖，不会影响周围环境。

（2）接触氧化池产生的臭气量较小。

（3）系统设施设计在单位的边围，对外界影响较小。

9.2　噪声控制

（1）系统设施设计在单位的边围，对外界影响小。

（2）风机选用低噪声型，本机噪声≤80 dB，风机进出口均采用消声器，底座用隔震垫，进出口风管用可挠橡胶软接头等减震降噪措施。水泵选用国优潜污泵，对外界无影响。

（3）确保周围环境噪声：白天≤60 dB，晚上≤50 dB。

9.3　污泥处理

（1）污泥由二沉池排泥，污泥排至污泥池，然后由污泥脱水设备脱水。

（2）干污泥定期外运处理。

10　售后服务

本公司严格按照 ISO 9001：2000 的质量体系，提供设计、制造、安装、调试一条龙服务。

本公司对质量实行质量承诺制度，接受用户的监督。

安装调试期间，我公司免费为用户代培操作工，至单独熟练操作为止。同时，免费为用户提供有关操作规程及规章制度。

我公司根据本项目，设定质量保证期为整个项目交工验收后 12 个月，在质保期内因质量问题发生的一切费用，由我公司负担。

动力设备按国家标准保修期保养，保修期后如发生故障，由质安部登记后会同生产、技术部到现场分析原因，确定保修内容和范围，由技术管理部门制订返修方案，再组织保修工作的实施，质安部进行复检并收集有关资料存档。

保修期满后，定期对工程进行回访，免费提供技术咨询服务，工程实行终身维修，保修期满后只收取成本费。

第六章　食品加工工业废水

1　食品加工业废水概述

食品工业是以农、牧、渔、林业产品为主要原料进行加工的工业，是与人们生活息息相关的产业。食品工业是我国主要工业污染源之一。食品加工废水排放量很大，其中大多数为高浓度有机废水。食品加工废水主要来自三个生产工段：原料清洗工段、产品生产工段、产品成形工段。

废水中主要污染物有：①漂浮在废水中的固体物质，如菜叶、果皮、碎肉、禽羽等；②悬浮在废水中的物质有油脂、蛋白质、淀粉、胶体物质等；③溶解在废水中的酸、碱、盐、糖类等；④原料夹带的泥沙及其他有机物等；⑤致病菌毒等。

2　食品加工业废水的特点

食品加工废水的特点有：

（1）废水水量大小不一，食品工业从家庭工业的小规模到各种大型工厂，产品品种繁多，其原料、工艺、规模等差别较大；

（2）有机物质、悬浮物、油脂含量高，易腐败；

（3）生产随季节变化，废水水质水量也随季节变化；

（4）食品工业废水中可降解成分多，对于一般食品工业，由于原料来源于自然界有机物质，其废水中的成分也以自然有机物质为主，不含有毒物质，故可生物降解性好，其BOD_5/COD高达0.84；

（5）废水中氮、磷含量高；

（6）废水水量大。

3　食品加工业废水的常规处理方法

3.1　物理处理法

物理处理法是指应用物理作用改变废水成分的处理方法。用于食品工业废水处理的物理处理法有筛滤、撇除、调节、沉淀、气浮、离心分离、过滤、微滤等。前五种工艺多用于预处理或一级处理，后三种主要用于深度处理。

（1）撇除

某些食品工业废水中含有大量的油脂，这些油脂必须在进入生物处理工艺前予以去除，否则会造成管道、水泵和一些设备的堵塞，还会对生物处理工艺造成一定的影响。此外，油脂去除并回收又有较大的经济价值。

废水中的油脂根据其物理状态可分为游离漂浮状和乳化状两大类。通常隔油池去除漂浮状油脂。隔油池对漂浮状油脂的去除率可达 90% 以上。如果处理流程中设有调节池或沉淀池,则隔油池可与调节池或初沉池合用统一构筑物,可节省投资和占地。对小型处理系统,可设油水分离器撇油。

(2)其他处理工艺

对二级处理出水进行深度处理,常用的方法是过滤,可采用砂滤池或复合滤料滤池。按滤速大小分慢速砂滤池和快滤池。一般单层砂滤池的滤速为 8~12 m/h。

(3)筛滤

筛滤是预处理中使用最广泛的一种方法。主要作用是从废水中分离出较粗的分散性悬浮固体物。所用的设备有格栅和格筛。格栅拦截较粗的悬浮固体,其作用是保护水泵和后续处理设备。食品工业废水中常用的格筛有固定筛、转动筛和震动筛等,格筛最常用的孔径是 10~40 目。

(4)沉淀

沉淀是用来去除原废水中无机固体物和有机固体物,以及分离生物处理工艺中的固相和液相。用沉砂池去除原废水中的无机固体物;用初沉池去除原废水中的有机固体物;用二沉池分离生物处理工艺中的生物相和液相,沉砂池一般设在格栅和格筛之后。为了清除废水中无机固体物表面的有机物,避免废水中有机固体物在沉砂池中产生沉淀,可采用曝气沉砂池。采用初沉池可降低后续工艺的负荷。初沉池去除悬浮固体的效果与加工的原料和产品有关。按池中的水流方向分为平流沉淀池、竖流沉淀池、辐流沉淀池。为了提高沉淀池的沉淀效率,可在沉淀池内设置平行的斜板或斜管而成斜板(管)沉淀池。一般沉淀时间为 1.5~2.0 h。

(5)调节

对于水质水量变化幅度大的食品工业污水,常设置调节池对废水的水质和水量进行调节,调节时间一般为 6~24 h,多数为 6~12 h。调节池容量为日处理污水量的 15%~50%。

(6)气浮

气浮主要用于去除食品工业废水中的乳化油、表面活性物质和其他悬浮固体。有真空式气浮、加压溶气气浮和散气管(板)式气浮。当废水进入容器气浮池之前,往水中投加化学混凝剂或助凝剂,可提高乳化油脂和胶体悬浮颗粒的去除率。据资料介绍,气浮可去除 90% 以上的油脂和 40%~80% 的 BOD_5 和 SS。气浮池 HRT 一般 30 min。

3.2 化学处理法

化学处理法是指应用化学原理和化学作用将废水中的污染物成分转化为无害物质,使废水得到净化。污染物在经过化学处理过程后改变了化学本性,处理过程中总是伴随着化学变化。用于食品工业废水的化学处理法有中和、混凝、电解、氧化还原、离子交换、膜分离法等。

(1)氧化还原

化学氧化还原是转化废水中污染物的有效方法。废水中呈溶解状态的无机物和有机物,通过化学反应被氧化或还原为微毒或无毒的物质,或者转化成容易与水分离的形态,从而达到处理的目的。

(2)混凝法

食品工业废水处理中所用的化学处理工艺主要是混凝法。混凝法不能单独使用,必须与物理处理工艺的沉淀、澄清法或气浮法结合使用,构成混凝沉淀或混凝气浮,混凝沉淀可作为生物处理的预处理,也可作为生物处理后的深度处理。

混凝沉淀法是水处理的一个重要方法。对于一些胶体颗粒较小或是一些胶体溶液,难以或不能发生沉降的废水加入化学混凝剂,使其形成易于沉降的大颗粒而去除。废水中呈胶体状态的蛋白质和多糖类物质,经加药混凝沉淀即有较好的去除效果。

常用的药剂有石灰、硫酸亚铁、三氯化铁和硫酸铝等。石灰一般不单独使用，常与其他药剂配合使用，最佳投药量和 pH 值宜通过试验确定。

（3）离子交换

离子交换主要是利用离子交换剂对水中存在的有害离子（包括有机的和无机的）进行交换去除的方法。

3.3　生物处理法

生物化学处理法是有机污水处理系统中最重要的过程之一。在食品加工废水处理中，生物处理工艺可分为好氧工艺、厌氧工艺、稳定塘、土地处理以及由上述工艺的结合而形成的各种各样的组合工艺。食品废水是有机废水，生物法是主要的二级处理工艺，目的在于降解 COD、BOD_5。

好氧生物处理工艺根据所利用的微生物的生长形式分为活性污泥工艺和膜法工艺。前者包括传统活性污泥法、阶段曝气法、生物吸附法、完全混合法、延时曝气法、氧化沟、间歇活性污泥法（SBR）等。后者包括生物滤池、塔式生物滤池、生物转盘、活性生物滤池、生物接触氧化法、好氧流化床等。一般好氧处理对低浓度污水效果较好。

厌氧生物处理工艺适用于食品加工废水处理，主要原因是废水中含易生物降解的高浓度有机物，且无毒性。此外，厌氧处理动力消耗低，产生的沼气可作为能源，生成的剩余污泥量少，厌氧处理系统全部密闭，有利于改善环境卫生，可以季节性或间歇性运转，污泥可长期储存。

实例一 广西某制糖企业 8 400 m³/d 循环冷却水处理工程

1 项目概况

该制糖企业位于广西壮族自治区钦州市，主营业务为甘蔗糖、糖蜜的生产和销售，食糖的深加工等。该企业主要采用亚硫酸法制糖，该制糖法具有工艺成熟可靠、流程和设备简单等优点。整个制糖流程可分为压榨、澄清、蒸发、煮糖、分蜜和干燥包装几个工序。

该项目废水为制糖过程中的循环冷却排放水，是通过换热器交换热量或直接接触换热方式来交换介质热量并经冷却塔冷却后的排放水。该企业循环冷却水排放量为 8 400 m³/d，设计采用"集水井 + 水解酸化池 + 生物接触氧化池 + 二沉池"的组合处理工艺，出水水质达到《污水综合排放标准》（GB 8978—1996）中的一级排放标准。该废水处理工程占地面积约 1 183 m²，系统总装机容量为 257 kW，运行费用约 0.24 元/m³ 废水（不含折旧费）。

2 设计基础

2.1 设计依据

（1）《污水综合排放标准》（GB 8978—1996）；

（2）建设方提供的各种相关基础资料（水质、水量、排放要求等）；

（3）《水处理设备 技术条件》（JB/T 2932—1999）；

（4）现场踏勘资料；

（5）有关制糖工业废水处理规范标准及资料；

（6）国家及省、地区有关法规、规定及文件精神；

（7）其他相关设计规范与标准。

2.2 设计原则

（1）认真贯彻国家关于环境保护工作的方针和政策，使设计符合国家的有关法规、规范、标准；

（2）综合考虑废水水质、水量的特征，选用的处理工艺应技术先进、稳妥可靠、经济合理、运转灵活、安全适用；

（3）妥善处理和处置废水处理过程中产生的污泥和浮渣，避免造成二次污染；

（4）废水处理系统的自动控制系统应管理方便、安全可靠、经济实用；

（5）废水处理系统的平面布置力求紧凑，减少占地和投资；高程布置应尽量采用立体布局，充分利用地下空间；

（6）适当考虑企业的发展前景，在设计上留有余地；

（7）严格按照建设方的界定条件进行设计，适应项目实际情况。

2.3　设计范围

本项目的设计范围包括从集水井开始，至二沉池出水间的工艺、土建、构筑物、设备、电气、自控及给排水的设计。不包括废水处理站外的废水收集管网、排出管网，以及站外至站内的供电、供水及站内道路、绿化等。

本项目的服务范围包括：

（1）废水处理系统的设计、施工；

（2）废水处理设备及设备内的配件的提供；

（3）废水处理装置内的全部安装工作，包括设备内的电器接线等；

（4）废水处理系统的调试，直至调试成功并顺利运行；

（5）免费培训操作人员，协同编制操作规程，同时做有关运行记录，为今后的设备维护、保养提供有力的技术保障。

3　主要设计资料

3.1　设计进水水质

根据建设方提供的资料，设计废水总量为 8 400 m^3/d，按每天运行 24 h 计，则平均处理能力 350 m^3/h。

设计废水进水水质指标具体如表 1 所示。

表 1　设计废水进水水质

项目	BOD_5/（mg/L）	COD_{Cr}/（mg/L）	SS/（mg/L）	pH
进水水质	300	600～800	21	6.0～9.0

3.2　设计出水水质

根据建设方的要求，经处理后的废水出水达到《污水综合排放标准》（GB 8978—1996）中的一级标准，具体出水水质要求如表 2 所示。

表 2　设计废水出水水质

项目	BOD_5/（mg/L）	COD_{Cr}/（mg/L）	SS/（mg/L）	pH
出水水质	≤20	≤100	≤20	6.0～9.0

4　废水处理系统工艺设计

4.1　废水特点

该企业采用亚硫酸法制糖，该生产工艺主要包括以下几道工序：①甘蔗的预处理和压榨，即将甘蔗破碎和压榨，得到蔗汁；②澄清中和：加入石灰和二氧化硫等助剂使蔗汁脱色，并产生 $CaSO_3$

沉淀将蔗汁中杂质去除，得到清汁；③蔗汁蒸发：通过加热清汁，将水分蒸发，得到糖浆；④煮：糖浆进一步加热，得到蔗糖结晶，再经助晶、分蜜、干燥、筛分得到成品白砂糖。

按照甘蔗制糖的过程，产生的废水按污染程度分为三种类型：

（1）低浓度废水

包括制糖车间蒸发、煮糖冷凝器排出的冷凝水和设备冷却水，真空吸滤机水喷射泵用水，压榨动力汽轮机和动力车间汽轮发电机等设备排出的冷却水。这部分废水的水量较大，约占整个糖厂废水总量的65%~75%，废水中的COD含量在50 mg/L以下（含微量糖分），SS在30 mg/L左右，水温一般为40~60℃。

（2）中浓度废水

包括澄清压榨工序的洗滤布水、洗罐水以及锅炉湿法排灰、烟囱水膜除尘废水。这类废水排放量较少，占制糖总排水量的20%~30%。废水中含糖、悬浮物和少量机油等污染物，COD和SS含量达几百到几千毫克/升。

（3）高浓度废水

主要指综合利用车间排出的废水，如废糖蜜制酒精车间产生的废液、蔗渣造纸的造纸黑液等。

该制糖厂排放的废水主要是循环冷却水，且循环冷却水的有机物含量较高。循环冷却水经过多次循环后，有机物质及糖分逐渐在废水中累积，导致废水中的COD含量高达几百甚至上千毫克/升。此外，该企业排放的循环冷却水的BOD_5/COD_{Cr}为0.37左右，说明废水的可生化性较好，适宜采用生化法处理。

4.2 工艺流程

综合考虑该制糖企业排放的循环冷却水的水质、水量等具体情况，设计采用"集水井+水解酸化池+生物接触氧化池+二沉池"组合的工艺，具体工艺流程如图1所示。

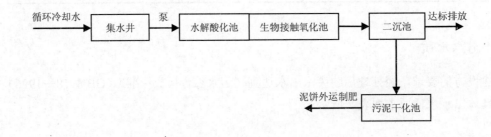

图1 废水处理工艺流程

4.3 工艺流程说明

本处理工艺分为三大系统，即预处理系统、生化处理系统和污泥处理系统。

4.3.1 预处理系统

（1）集水井

循环冷却排污水由管网收集后自流进入集水井，在此暂时贮存水量。集水井内设有人工格栅，拦截颗粒较大的悬浮物质，保证后续处理构筑物中的水泵、管道等的正常运行。

（2）水解酸化池

集水井内废水后由水泵提升进入水解酸化池，利用厌氧菌、兼性菌将废水中的大分子、杂环类有机物分解成小分子有机物，从而有效降低废水中的 COD_{Cr}，提高废水的可生化性；同时，破坏有机污染物的有色基团，去除废水中的部分色度。另外，该池底部设有搅拌机，对废水的水质和水量进行调节，以减少水质、水量变化对后续处理构筑物的冲击。

4.3.2　生化处理系统

（1）生物接触氧化池

水解酸化池出水自流进入生物接触氧化池，依靠悬浮相活性污泥和附着相生物膜组成的高效复合微生物菌团为主的微生物生态系统，结合超微气泡曝气技术，达到物理、化学、生物三者协同作用，使废水中呈溶解状态、胶体状态以及某些不溶解的有机甚至无机污染物质，转化为稳定、无害的物质，从而使废水得到净化。

图 2　生物接触氧化池

（2）二沉池

生物接触氧化池出水自流进入二沉池，将反应段脱落的生物膜以及一些细小悬浮物进行固液分离，出水可实现达标排放。

4.3.3　污泥处理系统

制糖废水处理后产生的污泥，含有植物生长所需要的氮、磷、钾、钙、镁等无机元素，还有糖、蛋白质、氨基酸和维生素等，都是动植物生长所需要的营养物质，因此是有利用价值的二次资源。因此，该系统设置污泥干化池，对系统产生的污泥进行简单收集、蒸发脱水，后由蔗农将其与滤泥一同外运作农肥。

4.4　工艺特点

（1）采用生物接触氧化法，不存在污泥膨胀的问题，且运行管理简便。

（2）水解酸化池池底设置采用穿孔管多点布水，既能调节水质水量，又能利用经驯化的兼氧微生物，将不溶性有机物水解为溶解性有机物；将难以被好氧菌降解利用的高分子有机物转化为易于好氧降解的小分子有机物，提高了废水的可生化性，为后续的好氧处理创造条件。一池多用，充分发挥了构筑物的功效，提高了处理效果。

5 处理效果预测

表3 各单元处理效果预测表

项目 \ 指标		COD_{Cr}/(mg/L)	BOD_5/(mg/L)
水解酸化池	进水	800	300
	出水	480	255
	去除率	40%	15%
生物接触氧化池	进水	480	255
	出水	96	12.75
	去除率	80%	95%

注：以上废水处理系统各阶段污染物去除率为保守估计。

6 构筑物及主要设备设计参数

6.1 构筑物设计参数

表4 构筑物设计参数

名称	规格尺寸	结构形式	数量	设计参数
集水井	10.0 m×8.0 m×4.5 m	钢砼	1座	有效容积350 m³
水解酸化池	10.0 m×30.0 m×5.0 m	钢砼	1座	有效容积1 400 m³；有效水深4.7 m；停留时间4 h
生物接触氧化池	46.7 m×10.0 m×5.0 m	钢砼	1座	有效容积2 100 m³；有效水深4.5 m；停留时间6 h
二沉池	10.0 m×12.0 m×5.0 m	钢砼	1座	斜管式；停留时间35 min；表面负荷3.2 m³/(m²·h)
污泥干化池	10.0 m×10 m×1.5 m	钢砼	1座	有效水深1.0 m

6.2 主要设备设计参数

表5 主要设备设计参数

安装位置	设备名称	规格型号	数量	功率	备注
集水井	人工格栅	600 mm×1 000 mm	1套	—	不锈钢；栅条间隙5 mm；安装角度60°
	提升泵	200WQ350-25-37	2台（1用1备）	37 kW	流量350 m³/h；扬程25 m
	污泥泵	40WQ3-7-0.37	1台	0.37 kW	流量3 m³/h；扬程7 m
水解酸化池	填料	DAT-4#	900 m³	—	填料高度3.0 m
	填料支架	—	260套		
	曝气器	—	1套		
生物接触氧化池	生物填料	DAT-2#	1 400 m³	—	
	曝气风机	BK7011	4台（3用1备）	45 kW	风量27.5 m³/h；风压0.06MPa；转速1 500 r/min

安装位置	设备名称	规格型号	数量	功率	备注
生物接触氧化池	曝气器	—	1 600 套	—	
	填料支架	—	1 套	—	
	高效复合微生物	—	50 kg（首次）	—	以后根据现场调试情况取得最佳投加量
二沉池	污泥泵	40ZW15-30	1 台	3.0 kW	流量 10 m³/h；扬程 32 m
	斜管	Φ 35 mm	120 m²	—	蜂窝聚乙烯塑料管
	斜管支架	—	1 套	—	
	集水槽	—	1 套	—	

7　废水处理系统布置

7.1　平面布置原则

（1）废水处理系统应充分考虑与厂区环境、地形、功能布置和现有管道系统相协调；

（2）废水处理系统应充分考虑建设施工规划等问题，优化布置系统；

（3）根据夏季主导方向和全年风频，合理布置系统位置；

（4）处理构筑物应布置紧凑，节能高效，节约用地，便于管理。

7.2　高程布置原则

（1）充分利用地形设计高程，减少系统能耗；

（2）系统设计力求简洁、流畅，减少管件连接。

8　运行费用与经济效益分析

本废水处理系统运行费用由运行电费、人工费和药剂费三部分组成。

8.1　运行电费

该系统总装机容量为 257 kW，实际使用功率为 175 kW，具体如表 6 所示。

表 6　系统运行功率情况

项目		台数	单机功率/kW	使用功率/kW	装机功率/kW	运行时间/h	电耗/（kW·h）
提升泵		2（1用1备）	37	37	74	24	888
生物接触氧化池	鼓风机	4（3用1备）	45	135	180	24	3 240
	污泥泵	1	3	3	3	1	3
合计		—	—	175	257	—	4 131

如表 6 所示，每天耗电 4 131 kW·h，电费按 0.60 元/（kW·h）计，功率因子取 0.7，则运行电费 E_1=0.21 元/m³ 废水。

8.2　人工费

本废水处理站操作管理简单，自动化控制程度高，不需要专人值守，只需设操作工人 4 名，四班三倒，平均工资福利按照每人 1 000 元/月计算，则人工费 E_2=0.016 元/m³ 废水。

8.3 药剂费

本处理系统中污泥经过简单干化后由蔗农自行拉运，因此无药剂消耗费用，即 E_3=0。

综上所述，该系统运行费用总计 $E=E_1+E_2+E_3$=0.23 元/m³ 废水。

9 工程实施进度

本工程建设周期为 12 周，为缩短工程进度，确保该废水回用处理设施如期实行环保验收，工程设计、各分部工程、分项工程土建、安装以及调试工作，将进行统一协调、分布、交叉进行，具体工程进度安排如表 7 所示。

表 7 工程进度表

工作内容 ＼ 周	1	2	3	4	5	6	7	8	9	10	11	12
准备工作	■											
场地开挖		■■										
设备基础			■■									
设备材料采购				■■								
构筑物施工				■■■■■■■								
设备制作安装						■■■■■■■						
外购设备				■■■■■■■■■■■								
设备防腐										■■		
管道施工								■■■■■				
电气施工									■■■■■			
场地平整										■■■		

10 工程保修及事故应急处理措施

（1）本工程自验收合格日算起保修期为一年，设备部分自进场日算起保修期为一年；

（2）本方案的提升设备设有备用，当其中一台出现故障时，由另一台备用设备工作，以保证处理系统能正常运行；同时厂内必须加紧时间维修出现故障的设备，防止出现两台设备同时发生故障；

（3）为保证处理设备的正常运行，应加强设备日常维护和巡检，在停产期（节假日等）安排检修或大修；

（4）建立规范的操作规程和健全的事故报警制度。

实例二　南宁某糖业有限公司 6 000 m³/d 制糖废水处理工程

1　项目概况

该糖业有限公司专注于糖蔗资源的深度开发和综合利用，致力于建立循环生态糖业。公司坚持践行"以蔗为本"的理念，稳步发展甘蔗原料基地。同时努力开发蔗渣制浆这个极具发展潜力和成本优势的领域，立志于成为广西乃至中国最大、质量最好的甘蔗渣浆提供者。公司拥有先进的漂白蔗渣浆生产系统，处理甘蔗能力达到日榨 1.7 万 t，年产白砂糖 22 万 t，年产漂白蔗渣浆达 6 万 t。该公司生产的产品主要有赤砂糖、机制甘蔗糖、蔗渣碎粒板、食用酒精、白砂糖、发酵酒精等。

该项目废水为生产原水，废水排放量为 6 000 m³/d，设计采用"调节池+一段生物接触氧化池+中沉池+二段生物接触氧化池+二沉池"的组合工艺，出水水质达到《污水综合排放标准》（GB 8978—1996）中的一级排放标准。该废水处理系统总装机容量 288.4 kW，运行费用约 0.37 元/m³ 废水（不含折旧费）。

图 1　生物接触氧化池

2　设计基础

2.1　设计依据

（1）《污水综合排放标准》（GB 8978—1996）；

（2）建设方提供的各种相关基础资料（水质、水量、排放要求等）；

（3）《水处理设备　技术条件》（JB/T2932—1999）；

（4）现场踏勘资料；

（5）有关制糖工业废水处理规范标准及资料；

（6）国家及省、地区有关法规、规定及文件精神；

（7）其他相关设计规范与标准。

2.2 设计原则

（1）认真贯彻国家关于环境保护工作的方针和政策，使设计符合国家的有关法规、规范、标准；

（2）综合考虑废水水质、水量的特征，选用的处理工艺应技术先进、稳妥可靠、经济合理、运转灵活、安全适用；

（3）妥善处理和处置废水处理过程中产生的污泥和浮渣，避免造成二次污染；

（4）废水处理系统的自动控制系统应管理方便、安全可靠、经济实用；

（5）废水处理系统的平面布置力求紧凑，减少占地和投资；高程布置应尽量采用立体布局，充分利用地下空间；

（6）适当考虑企业的发展前景，在设计上留有余地；

（7）严格按照建设方的界定条件进行设计，适应项目实际情况。

2.3 设计及服务范围

本项目的设计范围包括从格栅渠开始，至二沉池出水间的工艺、土建、构筑物、设备、电气、自控及给排水的设计。不包括废水处理站外的废水收集管网、排出管网，以及站外至站内的供电、供水及站内道路、绿化等。

本项目的服务范围包括：

（1）废水处理系统的设计、施工；

（2）废水处理设备及设备内的配件的提供；

（3）废水处理装置内的全部安装工作，包括设备内的电器接线等；

（4）废水处理系统的调试，直至调试成功并顺利运行；

（5）免费培训操作人员，协同编制操作规程，同时做有关运行记录，为今后的设备维护、保养提供有力的技术保障。

3 主要设计资料

3.1 设计进水水质

根据建设方提供的资料，设计废水总量为 6 000 m^3/d，按每天运行 24 h 计，则平均处理能力250 m^3/h。

设计废水进水水质指标具体如表 1 所示。

表 1　设计废水进水水质

项目	BOD_5/（mg/L）	COD_{Cr}/（mg/L）	SS/（mg/L）	NH_3-N/（mg/L）	油/（mg/L）	pH
进水水质	550	1 000	21	8	1.4	8.0

3.2 设计出水水质

根据建设方要求，经处理后的废水出水达到《污水综合排放标准》（GB 8978—1996）中的一级标准，具体出水水质要求如表 2 所示。

表 2 设计废水出水水质

项目	COD_{Cr}/（mg/L）	SS/（mg/L）	油/（mg/L）	pH
出水水质	≤100	≤10	≤1.0	7.0

4 污水处理系统工艺设计

4.1 废水特点

按照甘蔗制糖的过程，产生的废水按污染程度分为三种类型：

（1）低浓度废水

包括制糖车间蒸发、煮糖冷凝器排出的冷凝水和设备冷却水，真空吸滤机水喷射泵用水，压榨动力汽轮机和动力车间汽轮发电机等设备排出的冷却水。这部分废水的水量较大，占整个糖厂废水总量的 65%~75%，废水中的 COD 含量在 50 mg/L 以下（含微量糖分），SS 在 30 mg/L 左右，水温一般为 40~60℃。

（2）中浓度废水

包括澄清压榨工序的洗滤布水、洗罐水以及锅炉湿法排灰、烟囱水膜除尘废水。这类废水排放量较少，占制糖总排水量的 20%~30%。废水中含糖、悬浮物和少量机油等污染物，COD 和 SS 含量达几百到几千毫克/升。

（3）高浓度废水

主要指综合利用车间排出的废水，如废糖蜜制酒精车间产生的废液、蔗渣造纸的造纸黑液等。

4.2 工艺流程

综合考虑该制糖企业排放废水的水质、水量等具体情况，设计采用"调节池+一段式生物接触氧化池+中沉池+二段式生物接触氧化池+二沉池"的组合工艺，具体工艺流程如图 2 所示。

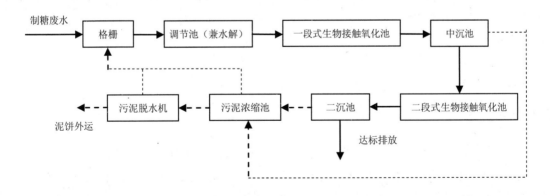

图 2 工艺流程

4.3 工艺流程说明

本处理工艺分为三大系统，即预处理系统、生化处理系统和污泥处理系统。

4.3.1 预处理系统

（1）格栅

该制糖公司生产废水由管网收集后自流进入格栅井，井内设置机械格栅，拦截颗粒较大的悬浮物质，保证后续处理构筑物中的水泵、管道等的正常运行。

（2）调节池（兼水解）

经格栅去除较大悬浮物质的废水自流进入调节池。由于废水的水量和水质并不总是恒定、均匀的，往往随着时间的变化而变化。一般而言，工业废水的水量、水质随着生产过程的变化而变化。水量和水质的变化使得处理设备不能在最佳的工艺条件下运行，严重时甚至导致设备无法正常工作，为此需要设置调节池，对水量和水质进行调节，以减少水质和水量变化对后续处理构筑物的冲击。

本设计的调节池兼有水解的功能，在调节水质、水量的同时，利用厌氧菌、兼性菌将废水中的大分子、杂环类有机物分解成低分子有机物，降低 COD_{Cr}，提高废水的可生化性，并破坏有色基团，去除原水中的部分色度。池内分段悬挂弹性填料，正常运行时，调节池中 COD_{Cr} 的去除率可达到 30% 以上。为防止废水中的悬浮物沉积且使水质均匀，采用专用搅拌设备进行搅拌。

4.3.2 生化处理系统

（1）一段式生物接触氧化池

调节出水自流进入一段式生物接触氧化池，依靠悬浮相活性污泥和附着相生物膜组成的高效复合微生物菌团为主的微生物生态系统，结合超微气泡曝气技术，达到物理、化学、生物三者协同作用，使废水中呈溶解状态、胶体状态以及某些不溶解的有机甚至无机污染物质，转化为稳定、无害的物质，从而使废水得到净化。

（2）中沉池

一段式生物接触氧化池出水自流进入中沉池，将反应段脱落的生物膜以及一些细小悬浮物进行固液分离。

（3）二段式生物接触氧化池

中沉池出水自流进入二段式生物接触氧化池，在此依靠浸没在废水中的填料和曝气系统使废水得到净化。

（4）二沉池

二段式生物接触氧化池的出水自流进入二沉池，将反应段脱落的生物膜以及一些细小悬浮物进行固液分离，其出水可实现达标排放。

4.3.3 污泥处理系统

中沉池和二沉池产生的剩余污泥进入污泥池浓暂存，后由污泥脱水机进行脱水，干污泥外运或作为农肥回用；上清液回流到格栅井进行再处理。

4.4 工艺特点

（1）采用二段式生物接触氧化法，不存在污泥膨胀的问题，且运行管理简便。

（2）根据生产废水的水质和水量变化的特点，选择二段式生物接触氧化法进行处理，该系统能较好得适应水质、水量的变化，出水水质稳定，且生物膜受影响很小。

（3）调节池兼有水解功能，一池多用，充分发挥了构筑物的功效，提高了处理效果。

5 构筑物及主要设备设计参数

5.1 构筑物设计参数

表3 构筑物设计参数

名称	规格尺寸	结构形式	数量	设计参数
格栅渠	1.5 m×0.55 m×1.5 m	钢砼	1座	有效容积 350 m³
调节池（兼水解）	10.0 m×25.0 m×4.5 m	钢砼	1座	有效容积 1 000 m³；有效水深 4.0 m；停留时间 4 h
一段式生物接触氧化池	8.0 m×23.3 m×4.5 m	钢砼	1座	有效容积 650 m³；有效水深 3.0 m；停留时间 5.2 h；容积负荷 2.6 kg BOD₅/（m³·d）
中沉池	Φ 7.7 m×5.2 m	钢砼	1座	竖流式；污泥斗高 2.1 m；沉淀区有效水深 2.16 m；中心管内流速 0.03 m/s；废水上升流速 0.6 mm/s
二段式生物接触氧化池	8.0 m×18 m×4.5 m	钢砼	1座	有效容积 430 m³；有效水深 3.0 m；停留时间 3.4 h；容积负荷 1.0 kg BOD₅/（m³·d）
二沉池	Φ 7.7 m×5.2 m	钢砼	2座	竖流式；污泥斗高 1.6 m；沉淀区有效水深 2.7 m；中心管内流速 0.03 m/s；废水上升流速 0.5 mm/s
污泥浓缩池	Φ 6.0 m×5.5 m	—	1座	超高 0.5 m
污泥脱水间	4.0 m×6.0 m×3.0 m	—	1座	

5.2 主要设备设计参数

表4 主要设备设计参数

安装位置	设备名称	规格型号	数量	功率	备注
格栅渠	机械格栅	LXG-500-1000-5	1台	0.55 kW	栅隙 5 mm；安装角度 75°；排渣高度：500 mm；运转速度：2.0 m/min
调节池（兼水解）	提升泵	200WQ250-11-15	2台（1用1备）	15 kW	流量 250 m³/h；扬程 11 m
	搅拌机	QJB0.85/8-260/3	6台	0.85 kW	转速 740 r/min
	填料	DAT-4#	625 m³	—	
	填料支架	—	1套	—	
一段式生物接触氧化池	鼓风机	BK6015	6台（4用2备）	30 kW	风量 23 m³/min；风压 0.05MPa；转速 1 400 r/min
	曝气器	PD3 型	1 800 套	—	
	生物填料	DAT-2#	671 m³	—	
	高效复合微生物菌团	—	40 kg	—	以后根据现场调试情况取得最佳投加量
中沉池	污泥泵	50WQ10-10-0.75	2台	0.75 kW	流量 10 m³/h；扬程 10 m
二段式生物接触氧化池	鼓风机	BK6008	3台（2用1备）	22 kW	风量 16.9 m³/min；风压 0.05MPa；转速 1 800 r/min
	曝气器		670 套	—	
	生物填料	DAT-2#	260 m³	—	
二沉池	污泥泵	50WQ10-10-0.75	2台	0.75 kW	流量 10 m³/h；扬程 10 m
污泥脱水间	螺杆泵	G30-1	1台	2.2 kW	
	板框压滤机	XMY8/630-UB	1台	1.1 kW	

6　废水处理系统布置

6.1　平面布置原则

（1）废水处理系统应充分考虑与厂区环境、地形、功能布置和现有管道系统相协调；
（2）废水处理系统应充分考虑建设施工规划等问题，优化布置系统；
（3）根据夏季主导方向和全年风频，合理布置系统位置；
（4）处理构筑物应布置紧凑，节能高效，节约用地，便于管理。

6.2　高程布置原则

（1）充分利用地形设计高程，减少系统能耗；
（2）系统设计力求简洁、流畅，减少管件连接。

7　电气控制

7.1　工程范围

本自动控制系统为废水处理工程工艺所配置，自控专业主要涉及的内容为该废水处理系统中污水泵与液位的联锁、报警、风机的交替动作、风机与进水泵的联锁工作等。

7.2　控制水平

本工程中采用 PLC 程序控制，系统由 PLC 控制柜、配电控制屏等构成。

7.3　控制方式

本工程装置内所有电动机均采用中央集中室控制方式，电动机联锁由仪表专业的 PLC 实现。

7.4　电源状况

本系统需一路 380/220V 电源引入。

7.5　电气控制

该废水处理系统电控装置为集中控制，采用进口 PLC 可编程序控制器，主要自动控制各类泵提升（液位控制）；风机启动及定期互相切换；需要时（如维修状态下）可切换到手动工作状态。
（1）水泵
水泵的启动受液位控制。
①高液位：报警，同时启动备用泵；
②中液位：一台水泵工作，关闭备用泵；
③低液位：报警，关闭所有水泵；
水泵中一台水泵出现故障，发出指示信号，另一台备用泵自动工作。
（2）声光报警
各类动力设备发生故障，电控系统自动报警指示（报警时间 10～30 s），并故障显示至故障消除。

（3）其他

①各类电气设备均设置电路短路和过载保护装置；

②动力电源由本电站提供，进入废水回用处理系统动力配电柜。

8　废水处理站防腐

8.1　管道防腐

本废水处理站池体所采用的管件外壁按《工业设备、管道防腐蚀工程施工及验收规范》（HGJ 229—91）做防腐处理，焊接钢管管壁外涂三道环氧煤沥青加强防腐。

埋地管道均先除锈，刷环氧煤沥青两道，再刷调和漆两道；管道、管道支吊架、钢结构等均防腐处理；设备间内明设管道经除锈后，刷红丹底漆一道，面漆两道，最后一道面漆颜色按管道设计涂色要求进行。

8.2　构筑物防腐

根据《工业建筑设计防腐规范》及各构筑物功能的不同，对需要做防腐的水池内表面做玻璃钢防腐处理。

9　运行费用分析

本废水处理站运行费用由运行电费、人工费和药剂费三部分组成。

9.1　运行电费

该系统总装机容量为 288.4 kW，实际使用功率为 187.1 kW，具体如表 5 所示。

表 5　系统运行功率情况

项目		台数	单机功率/kW	使用功率/kW	装机功率/kW	运行时间/h	电耗/（kW·h）
机械格栅		1	0.55	0.55	0.55	24	13.2
调节池	提升泵	2（1用1备）	15	15	30	24	360
	搅拌机	6	0.85	0.85	5.1	24	122.4
一段式生物接触氧化池	鼓风机	6（4用2备）	30	120	180	24	2 880
	污泥泵	2	0.75	1.5	1.5	1	1.5
二段式生物接触氧化池	鼓风机	3（2用1备）	22	44	66	24	1 056
	污泥泵	2	0.75	1.5	1.5	1	1.5
污泥脱水间	螺杆泵	1	2.2	2.2	2.2	8	17.6
	压滤机	1	1.5	1.5	1.5	8	12
合计		—	—	187.1	288.35		4 464.2

如表 5 所示，每天耗电 4 464.2 kW·h，电费按 0.65 元/（kW·h）计，功率因子取 0.7，则运行电费 E_1=0.34 元/m³ 废水。

9.2　人工费

本废水处理站操作管理简单，自动化控制程度高，设 4 名工人轮班值守即可（四班三倒），平均工资按 1 500 元/（月·人）计，则人工费 E_2=0.033 元/m³ 废水。

9.3 药剂费

本处理系统中污泥经过简单干化后由外运处理或作农肥，因此无药剂消耗费用，即 E_3=0。

综上所述，该系统运行费用总计 $E=E_1+E_2+E_3$=0.37 元/m³ 废水。

10 工程实施进度

本工程建设周期为 12 周，为缩短工程进度，确保该废水回用处理设施如期实行环保验收，工程设计、各分部工程、分项工程土建、安装以及调试工作，将进行统一协调、分布、交叉进行，具体工程进度安排如表 6 所示。

表 6 工程进度表

工作内容＼周	1	2	3	4	5	6	7	8	9	10	11	12
准备工作	▬											
场地开挖		▬										
设备基础			▬									
设备材料采购				▬▬								
构筑物施工				▬▬▬▬								
设备制作安装						▬▬▬▬						
外购设备				▬▬▬▬▬▬								
设备防腐										▬▬		
管道施工								▬▬▬				
电气施工									▬▬▬			
场地平整										▬▬		

11 工程保修及事故应急处理措施

（1）本工程自验收合格日算起保修期为一年，设备部分自进场日算起保修期为一年；

（2）本方案的提升设备设有备用，当其中一台出现故障时，由另一台备用设备工作，以保证处理系统能正常运行；同时厂内必须加紧时间维修出现故障的设备，防止出现两台设备同时发生故障；

（3）为保证处理设备的正常运行，应加强设备日常维护和巡检，在停产期（节假日等）安排检修或大修；

（4）建立规范的操作规程和健全的事故报警制度。

实例三　昆明某薯片加工企业 600 m³/d 废水回用处理工程

1　项目概况

该薯片加工企业是一家以生产系列油炸土豆片为主的企业，公司致力于天然薯片的开发、生产和销售。该企业所生产的薯片采用云南高寒山区优质马铃薯为原料精制而成，全天然、无污染、原汁原味，是一种含多种维生素及氨基酸，营养丰富，老幼皆宜的休闲食品。该企业生产的天然薯片自上市以来，凭借优良的产品品质，多规格、多口味的市场细分和高效严谨的营销方式，现已成为省内同类产品的第一品牌，深受广大消费者的喜爱。该企业拥有当今世界上先进的成套油炸薯片设备，具有严谨、科学的生产工艺和规范以及严格的生产流程控制。依托云南优质的马铃薯资源优势，所产的天然薯片已通过国家环保总局"有机食品"的认证。

该企业的薯片加工废水主要来自于土豆加工过程中的土豆清洗、切片冲洗及热洗等工序，废水中的污染物主要有土豆皮、土豆碎粒、泥沙、淀粉等。该类废水具有悬浮物和有机物含量高的特点，具有较好的可生化性。废水处理规模为 600 m³/d，设计采用"厌氧+好氧+气浮+深度处理"的组合工艺，出水水质达到《城市污水再生利用　城市杂用水水质》（GB/T 18920—2002）标准中用于绿化、冲厕、道路清洗等的要求，回用于厂区绿化等。该废水处理系统总装机容量 109.02 kW，运行费用约 1.49 元/m³ 废水（不含折旧费）。

图 1　CASS 反应池

2　设计依据

2.1　设计依据

（1）建设方提供的各种相关基础资料（水质、水量、回用要求等）；

（2）《城市污水再生利用　城市杂用水水质》（GB/T 18920—2002）；

（3）《水处理设备　技术条件》（JB/T 2932—1999）；

（4）现场踏勘资料；

（5）国家及省、地区有关法规、规定及文件精神；

（6）其他相关设计规范与标准。

2.2 设计原则

（1）认真贯彻国家关于环境保护工作的方针和政策，使设计符合国家的有关法规、规范、标准；

（2）综合考虑废水水质、水量的特征，选用的处理工艺应技术先进、稳妥可靠、经济合理、运转灵活、安全适用；

（3）妥善处理和处置废水处理过程中产生的污泥和浮渣，避免造成二次污染；

（4）废水回用处理系统的自动控制系统应管理方便、安全可靠、经济实用；

（5）废水回用处理系统的平面布置力求紧凑，减少占地和投资；高程布置应尽量采用立体布局，充分利用地下空间；

（6）适当考虑企业的发展前景，在设计上留有余地；

（7）严格按照建设方的界定条件进行设计，适应项目实际情况。

2.3 设计及范围

本项目的设计范围为中水回用处理站的设计、施工及调试，包括：中水回用处理站的工艺设计；各工艺单元的土建、电气、自控、设备设计；中水回用处理系统的调试。不包括废水处理站外的废水收集管网、排出管网，以及站外至站内的供电、供水及站内道路、绿化等。

本项目的服务范围包括：

（1）废水回用处理系统的设计、施工；

（2）废水回用处理设备及设备内的配件的提供；

（3）废水回用处理装置内的全部安装工作，包括设备内的电器接线等；

（4）废水回用处理系统的调试，直至调试成功并顺利运行；

（5）免费培训操作人员，协同编制操作规程，同时做有关运行记录，为今后的设备维护、保养提供有力的技术保障。

3 主要设计资料

3.1 设计进水水质

根据建设方提供的资料，设计废水总量为 $600 \ m^3/d$，按每天运行 24 h 计，则平均处理能力 $25 \ m^3/h$。设计废水进水水质指标具体如表 1 所示。

表 1 设计废水进水水质

项目	$COD_{Cr}/$（mg/L）	SS/（mg/L）	浊度/（NTU）	NH_3-N/（mg/L）	磷酸盐/（mg/L）	pH
进水水质	5 000～8 000	200	100	9～15	90～130	3.5～4.5

3.2 设计出水水质

根据建设方的要求，经处理后的废水出水达到《城市污水再生利用 城市杂用水水质》

（GB/T 18920—2002）标准中用于冲厕及绿化的用水要求，具体回用水水质要求如表 2 所示。

表 2　设计废水出水水质

项目	BOD₅/（mg/L）	色度/度	浊度/（NTU）	NH₃-N/（mg/L）	总大肠菌群/（个/L）	pH
回用水水质	≤10	≤30	≤5	≤10	≤3	6～9

4　处理工艺设计

4.1　废水特点

该企业的薯片加工废水主要来自于土豆加工过程中的土豆清洗、切片冲洗及热洗等工序，废水中主要含有淀粉、糖类、蛋白质、废酸和废碱等污染物。废水的有机物浓度高，悬浮物多，可生化性较好。

4.2　工艺流程

针对该项目废水的水质、水量特点，设计采用"厌氧+好氧+气浮+深度处理"的组合工艺，具体工艺流程如图 2 所示。

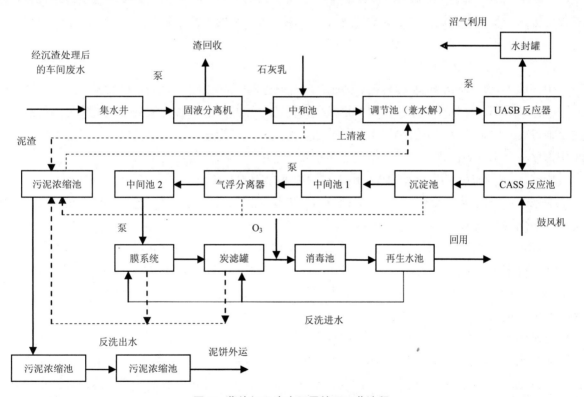

图 2　薯片加工废水回用处理工艺流程

4.3　工艺流程说明

集水井：经过企业原有的沉渣处理系统处理后的车间生产废水自流进入集水井，后由泵提升进入固液分离机。

固液分离机：由于薯片加工生产车间产生的废水中含有大量的泥、碎皮等较大固颗粒杂物及漂浮物，极易堵塞后续的管道及水泵，为了保证后续处理设备正常运行并降低工作负荷，在此设固液分离机，分离出来的土豆碎皮等可以回收利用。

中和池：经固液分离机分离后的出水自流进入中和池。由于该项目生产废水呈强酸性，除了会腐蚀管道和处理设备等，还会抑制厌氧处理过程中的产甲烷产酸菌的生长，因此在此投加石灰乳，以调节废水的 pH 值为 6~9。

调节池（兼水解）：中和池出水自流进入调节池，在此进行水量、水质的调节均化，保证后续生化处理系统水量、水质的均衡和稳定。此外，调节池内挂有弹性填料，并在池底设置潜水搅拌器，用于搅拌调节池的废水，不仅可以防止废水中的悬浮颗粒沉淀而发臭，还可以对废水中的有机污染物起到一定的降解作用，提高整个系统的抗冲击性能和处理效果，因此该调节池兼有酸化水解的作用，为后续的生化处理提供良好的条件。

UASB 反应器：调节池出水经提升泵提升进入 UASB 反应器。UASB（上流式厌氧污泥床）是本废水回用处理系统的主体构筑物，废水中的有机污染物在厌氧条件下，经微生物吸收、分解，转化为沼气（含甲烷 70%~77%），可作为再生能源回收利用。UASB 的主体是内装颗粒厌氧污泥的反应池，在其上部设置专用的气、液、固三相分离器，它可使反应池中保持高活性及良好沉淀性能的厌氧微生物，从而在工艺上较一般的厌氧装置具有处理效率高、投资省及占地面积小等显著优点。

CASS 反应池：UASB 出水自流进入 CASS 池，在此鼓风曝气，利用好氧微生物的吸附分解作用，降解水中的有机物，降低 BOD、悬浮物等指标。CASS 工艺是现行的 SBR 工艺的改进工艺，其过程由进水、反应、沉淀、排水、静置等过程组成，该工艺的独特之处在于，它提供了时间程序的污水处理，而不是连续流程提供的空间程序的污水处理。

沉淀池：CASS 反应池出水自流进入沉淀池，通过沉淀作用达到固液分离的目的。

中间池 1：沉淀池出水进入深度处理阶段，自流进入中间水池，废水在此暂存。

气浮分离器：中间池出水由泵提升进入气浮装置，该装置是一种固液分离或液液分离的技术，它是通过将空气通入水中，并通过溶气释放器使空气在水中形成微小气泡，以这种气泡为载体，使水中密度小于 1 的悬浮物、油类和脂肪上浮到水面，达到浮选分离的效果。

中间池 2：经气浮分离器分离后的出水进入中间水池暂存。

膜系统：中间池出水经泵提升进入拥有自主知识产权的膜系统，该系统具有过滤精度高、过滤速度快、纳污量大、反洗耗水率低、占地面积小等显著优点。

炭滤罐：经过膜系统处理后的出水进入活性炭滤罐，利用物理吸附和拦截过滤能力，去除生化和物化过程中不能去除的微量溶解性有机物，进一步降低 COD，从而达到深度净化的目的。

消毒池：炭滤罐出水进入消毒池，在此采用臭氧消毒的方式，可以彻底消除细菌、病毒等污染物；此外，臭氧作为一种强氧化剂，对除臭、脱色、分解有机和无机污染物等都有显著效果。处理后的废水中的臭氧易分解，不会产生二次污染。

再生水池：经消毒池处理后的达标废水进入再生水池暂存，回用于冲厕、绿化等。

污泥处理系统：整个系统产生的污泥、浮渣、反冲洗出水等进入到污泥浓缩池进行泥水分离，再通过螺杆泵抽入到压滤机内进行脱水处理；处理后的干泥饼打包外运，污泥浓缩池上清液回流至调节池再处理。

4.4　工艺特点

（1）好氧处理工艺采用循环式活性污泥生物反应系统，即 CASS 工艺，该工艺具有以下特点：

① 污泥活性高，沉降、分离效果好。CASS 反应池内污泥 SVI 一般在 100 左右，沉降性能好，

能有效抑制污泥膨胀，沉降时没有进出水，属理想静沉，分离效果好；

② 耐冲击负荷。CASS 反应池为间歇进水和排水，系统本身就耐水量的冲击负荷；同时，高浓度污水是逐渐进入反应池的，有数小时进水时间，且反应池的原污水只占反应池的 2/3 左右，有稀释作用，故也耐水质的终极负荷；

③ 出水水质好。相同条件下，CASS 反应池的污泥活性高，降解基质速率快；另一方面，CASS 反应池具有比完全混合式更高的基质去除率，并且有一定的反硝化反应，具有脱氮除磷的作用；

④ 与 SBR 工艺比较，增加了选择配水和污泥回流，因而具有更高的去除率和更强适应能力。

（2）膜系统采用拥有自主知识产权的膜，具有如下显著优点：

① 过滤精度高：对水中悬浮物的去除率可达 95% 以上，对大分子有机物、病毒、细菌、胶体、铁等杂质有一定的去除作用；

② 过滤速度快：一般为 40 m/h，最高可达 60 m/h，是普通砂滤器的 3 倍以上；

③ 纳污量大：一般为 15～35 kg/m³，是普通砂滤器的 4 倍以上；

④ 反洗耗水率低：反冲洗耗水量小于周期滤水量的 1%～2%；

⑤ 占地面积小：制取相同的水量，占地面积不足普通砂滤器的 1/3。

5　处理效果预测

各处理单元处理效果预测如表 3 所示。

表 3　各单元处理效果预测

项目	指标	COD/（mg/L）	BOD₅/（mg/L）	NH₃-N/（mg/L）	SS/（mg/L）	pH
固液分离机	进水	6 000	2 500	9～15	200	3～4
	去除率	25%	—	—	70%	—
中和池	进水	4 500	—	—	0	3～4
	去除率	5%	—	—	—	6～9
调节（水解）池	进水	4 275	2 500	9～15	60	6～9
	去除率	30%	25%	5%	10%	—
UASB 反应池	进水	3 000	1 875	12	54	6～9
	去除率	85%	80%	30%	30%	—
CASS 反应池	进水	450	375	8	38	
	去除率	80%	95%	40%	40%	
沉淀池	进水	90	18	—	24	
	去除率	10%	10%	—	20%	
气浮分离器	进水	80	16	—	20	
	去除率	30%	10%	—	50%	
膜系统	进水	56	15	—	10	
	去除率	10%	10%	—	30%	
炭滤器	进水	56	13	5	7	—
	去除率	30%	50%	20%	40%	
消毒池	进水	40	7	9	4	6～9
	出水	≤40	≤7	≤9	≤4	6～9

6 构筑及主要设备设计参数

6.1 构筑物设计参数

表 4 构筑物设计参数

名称	规格尺寸	结构形式	数量	设计参数
集水井	3.0 m×2.0 m×3.5 m	半地下钢砼	1 座	设计流量 600 m³/d
中和池	2.5 m×5.0 m×4.5 m	地上钢砼	1 座	分两格,交替运行;设计流量 600 m³/d
石灰乳溶解池	2.0 m×1.0 m×2.0 m	地上钢砼	1 座	分两格
调节(水解)池	10.0 m×5.2 m×4.5 m	地上钢砼	1 座	设计流量 600 m³/d;有效水深 4.0 m;停留时间 8 h;有效容积 210 m³
UASB 反应池	Φ 9.0 m×7.0 m	地上钢砼	1 座	设计流量 600 m³/d;停留时间 15 h
CASS 反应池	9.0 m×5.0 m×5.5 m	地上钢砼	2 座	设计流量 600 m³/d;周期 4 h(进水 40 min,反应 2 h,沉淀 40 min,出水 40 min)
沉淀池	3.0 m×5.0 m×4.8 m	地上钢砼	1 座	斜管式;泥斗高度 1.7 m;停留时间 54 min
中间池 1	5.0 m×5.0 m×4.5 m	地上钢砼	1 座	有效容积 100 m³;停留时间 4 h
中间池 2	4.0 m×5.0 m×4.5 m	地上钢砼	1 座	有效容积 70 m³;停留时间 3 h
消毒池	2.5 m×5.0 m×4.5 m	地上钢砼	1 座	有效容积 50 m³;停留时间 2 h
再生水池	6.0 m×5.0 m×4.5 m	地下钢砼	1 座	设计有效容积按 5 h 储水量计,即有效容积 120 m³
污泥浓缩池	Φ 4.0 m×5.0 m	地下钢砼	1 座	
设备房	6.0 m×8.0 m×4.5 m	砖混	砖砌	放置过滤罐、水泵和风机、加药系统、PLC 控制柜等设备

6.2 主要设备设计参数

表 5 主要设备设计参数

安装位置	设备名称	规格型号	数量	功率	备注
集水井	提升泵	50WQ25-25-4	2 台(1 用 1 备)	4 kW	流量 25 m³/h;扬程 25 m
	固液分离机	ZFSW-30	1 台	0.37 kW	
中和池	中和池搅拌机	JGM80-1500-29	2 台	4 kW	
	石灰乳溶解池搅拌机	JGM30-150-17	2 台	1.1 kW	
	pH 计	YC6311	1 台	—	
调节(水解)池	弹性填料	—	150 m³	—	
	潜水搅拌机	QJB2.2/6-260/3-980/C	1 台	2.2 kW	
	提升泵	50WQ25-25-4	2 台(1 用 1 备)	4 kW	流量 25 m³/h;扬程 25 m
UASB 反应池	三相分离器	—	1 套	—	材质:不锈钢
	沼气回收系统	—	1 套	—	包括水封罐、储气罐、脱硫系统等
	布水器	—	1 套	—	

安装位置	设备名称	规格型号	数量	功率	备注
CASS 反应池	鼓风机	HSR-100	2 台	11 kW	风量 5.36 m^3/min；风压 58.8 kPa
	滗水器	BSX-100	2 台	—	
	曝气器	Φ 215 mm	300 套	0.37 kW	
沉淀池	污泥泵	50WQ10-15-1.5	1 台	1.5 kW	流量 10 m^3/h；扬程 15 m
	斜管	Φ 80 mm 蜂窝管	15 m^3	—	
气浮分离系统	气浮分离池	Φ 2.5 m×2.0 m（直桶）	1 台	—	碳钢防腐
	溶气罐	Φ 0.5 m×1.8 m（直桶）	1 台	—	
	提升泵	SLS65-100	2 台（1 备 1 用）	1.5 kW	流量 25 m^3/h；扬程 12.5 m
	空气压缩机	Z0.1/8	1 台	1.5 kW	风量 0.07 m^3/min
	回流水泵	SLS40-200	2 台（1 备 1 用）	4 kW	流量 6.3 m^3/h；扬程 50 m
	溶气释放器	TV-III	2 只	—	
	加药系统	MC-500 L	4 套	—	含药箱、搅拌器、计量泵
膜系统	膜系统主体	Φ 1.0 m×2.0 m（直段）	1 台	—	流速 40 m^3/h
	膜	ZFM-1	0.8 m^3	—	
	提升泵	SLS65-160	2 台（1 备 1 用）	4 kW	流量 25 m^3/h；扬程 32 m
	反洗水泵（与炭滤器并用）	SLS100-100	1 台	5.5 kW	流量 100 m^3/h；扬程 12.5 m
	反洗风机	HSR-80	2 台	4 kW	风量 2.8 m^3/min；风压 44.1 kPa
活性炭过滤器	炭滤器	Φ 2.0 m×2.2 m（直段）	1 台	11 kW	滤速 8 m^3/h
	活性炭滤料	—	2 t	—	
消毒池	臭氧发生系统	CF-G-2-400 g	1 套	22 kW	包括空气压缩机、制气机、控制系统、冷却系统；臭氧产量 400 g/h
再生水池	清水回用泵	SLS65-100	2 台（1 备 1 用）	1.5 kW	流量 25 m^3/h；扬程 12.5 m
污泥浓缩池	螺杆泵	G40	1 台	1.5 kW	
	板框压滤机	XMY40/800-UK	1 台	1.5 kW	
	上清液回流泵	SLS40-100	2 台（1 备 1 用）	0.55 kW	流量 6.3 m^3/h；扬程 12.5 m
	污泥回流泵	50WQ25-25-4	2 台（1 备 1 用）	4 kW	流量 25 m^3/h；扬程 25 m

7　废水处理系统布置

7.1　平面布置原则

（1）废水回用处理系统应充分考虑与厂区环境、地形、功能布置和现有管道系统相协调；

（2）废水回用处理系统应充分考虑建设施工规划等问题，优化布置系统；

（3）根据夏季主导方向和全年风频，合理布置系统位置；

（4）处理构筑物应布置紧凑，节能高效，节约用地，便于管理。

7.2　高程布置原则

（1）充分利用地形设计高程，减少系统能耗；

（2）系统设计力求简洁、流畅，减少管件连接。

8 电气控制

8.1 工程范围

本自动控制系统为废水回用处理工程工艺所配置，自控专业主要涉及的内容为该废水处理系统中污水泵与液位的联锁、报警、风机的交替动作、风机与进水泵的联锁工作等。

8.2 控制水平

本工程中采用 PLC 程序控制，系统由 PLC 控制柜、配电控制屏等构成。

8.3 控制方式

本工程装置内所有电动机均采用中央集中室控制方式，电动机联锁由仪表专业的 PLC 实现。

8.4 电源状况

本系统需一路 380/220V 电源。

8.5 电气控制

该废水回用处理系统电控装置为集中控制，采用进口 PLC 可编程序控制器，主要自动控制各类泵提升（液位控制）；风机启动及定期互相切换；需要时（如维修状态下）可切换到手动工作状态。

（1）水泵

水泵的启动受液位控制；

①高液位：报警，同时启动备用泵；

②中液位：一台水泵工作，关闭备用泵；

③低液位：报警，关闭所有水泵；

水泵中一台水泵出现故障，发出指示信号，另一台备用泵自动工作。

（2）声光报警

各类动力设备发生故障，电控系统自动报警指示（报警时间 10～30 s），并故障显示至故障消除。

（3）其他

①各类电气设备均设置电路短路和过载保护装置；

②动力电源由本电站提供，进入废水回用处理系统动力配电柜。

9 二次污染防治

9.1 臭气防治

（1）废水回用处理站各池体均被密闭，以防臭气外逸；

（2）各可能产生异味的池体分别设置空气管进行曝气和好氧消化，尽可能减少异味的产生；

（3）设置臭气管道，通过抽风机管。

9.2 噪声控制

（1）系统设施设计在厂区边围，对外界影响小；

（2）风机选用低噪声型，本机噪声≤80 dB，风机进出口均采用消声器，底座用隔震垫，进出口风管用可接橡胶软接头等减震降噪措施；水泵选用国优潜污泵，对外界无影响；

（3）确保周围环境噪声：白天≤60 dB，晚上≤50 dB。

9.3 污泥处理

（1）剩余污泥部分进行回流，从而减少污泥量；

（2）系统产生的剩余污泥先排至污泥浓缩池，然后由污泥脱水设备脱水；

（3）干污泥定期外运处理。

10 废水处理站防腐

10.1 管道防腐

本废水处理站池体所采用的管件外壁按《工业设备、管道防腐蚀工程施工及验收规范》（HGJ 229—91）做防腐处理，焊接钢管管壁外涂三道环氧煤沥青加强防腐。

埋地管道均先除锈，刷环氧煤沥青两道，再刷调和漆两道；管道、管道支吊架、钢结构等均防腐处理；设备间内明设管道经除锈后，刷红丹底漆一道，面漆两道，最后一道面漆颜色按管道设计涂色要求进行。

对药剂投加设备使用玻璃钢材质防腐，对碳钢设备内衬胶防腐。

10.2 构筑物防腐

根据《工业建筑设计防腐规范》及各构筑物功能的不同，对需要做防腐的水池内表面做玻璃钢防腐处理。

11 运行费用及经济效益分析

11.1 运行费用

本废水处理站运行费用由运行电费、人工费和药剂费三部分组成。

11.1.1 运行电费

该系统总装机功率为 109.02 kW，实际使用功率为 76.82 kW，具体如表 6 所示。

表 6 电气运行表

序号	设备名称	功率/（kW）	单位	数量	运行时间/（h/d）	耗电量/（kW·h）
1	集水井水泵	4	台	2	24	96
2	固液分离机	0.37	台	1	24	8.88
3	搅拌器	2.2	台	4	24	105.6
4	调节池水泵	4	台	2	24	96
5	潜水搅拌机	2.2	台	1	8	17.6

序号	设备名称	功率/（kW）	单位	数量	运行时间/（h/d）	耗电量/（kW·h）
6	罗茨鼓风机	11	台	2	24	264
7	污泥泵	1.5	台	1	1	1.5
8	气浮提升泵	1.5	台	2	24	36
9	气浮回流泵	4	台	2	24	96
10	空压机	1.5	台	1	8	12
11	气浮加药系统	1.65	套	4	24	79.2
12	过滤提升泵	4	台	2	24	96
13	过滤反洗泵	5.5	台	1	2	11
14	过滤反洗风机	4	台	1	1	4
15	臭氧发生器	22	套	1	24	528
16	上清液回流泵	0.55	台	1	4	2.2
17	螺杆泵	1.5	台	1	12	18
18	压滤机	1.5	台	1	12	18
合计	—	—	—	—	—	1 489.9

如表 6 所示，每日运行电耗为 1 489.9 kW·h，电费按 0.50 元/（kW·h）计，电机功率因子取 0.7，则运行电费 E_1=0.87 元/m³ 废水。

11.1.2 人工费

本废水回用处理站操作管理简单，自动化控制程度高，设 2 名工人兼职管理即可，工资按 1 000 元/（月·人）计，则人工费 E_2=0.11 元/m³ 废水。

11.1.3 药剂费

本系统的药剂消耗来自 pH 调节和气浮投加药剂两部分。每天需投加石灰乳约 0.03 t，按 200 元/t 计，则石灰乳药剂费为 0.01 元/m³ 废水。

气浮投加药剂为氯化铝和 PAM，每天需投加的氯化铝和 PAM 量分别为 60 kg 和 1 kg，氯化铝按 4 500 元/t 计，PAM 按 28 000/t 计，则氯化铝和 PAM 的药剂费分别为 0.45 元/m³ 废水和 0.05 元/m³ 废水，则药剂费 E_3=0.51 元/m³ 废水。

综上所述，该系统运行费用总计 E=0.87+0.11+0.51=1.49 元/m³ 废水。

11.2 经济效益

11.2.1 沼气利用

UASB 运行过程中会产生沼气，每降解 1 kg COD_{Cr}，可得到 0.43 m³ 沼气，沼气中甲烷的含量为 50%～70%，每立方甲烷热值约为 39.7×10³ kJ。该废水回用处理系统每日可产生沼气 601 m³，其中含有甲烷 300 m³，甲烷燃烧产生约 11 910×10³ kJ 的热量，折合标准煤为（每吨标准煤的燃烧热量为 2 930×10³ kJ）4.01 t；每吨标煤按照 500 元计算，则每天可以节省标准煤费用约 2 005 元。

11.2.2 水资源利用

该系统每天处理废水 600 m³，按照 80% 的回用率计，每天可以回用 480 m³ 中水，水费按 3.8 元/m³ 计，则每天可以节省水费为 1 824 元。

12 工程实施进度

本工程建设周期为 12 周，为缩短工程进度，确保该废水回用处理设施如期实行环保验收，工程设计、各分部工程、分项工程土建、安装以及调试工作，将进行统一协调、分布、交叉进行，具体工程进度安排如表 7 所示。

表 7 工程进度表

工作内容＼周	1	2	3	4	5	6	7	8	9	10	11	12
准备工作	▬											
场地开挖		▬▬										
设备基础			▬▬									
设备材料采购				▬▬								
构筑物施工				▬▬▬▬▬▬								
设备制作安装						▬▬▬▬▬▬						
外购设备				▬▬▬▬▬▬▬▬▬▬								
设备防腐										▬▬		
管道施工								▬▬▬▬▬				
电气施工										▬▬▬▬		
场地平整										▬▬▬		

13 工程保修及事故应急处理措施

（1）本工程自验收合格日算起保修期为一年，设备部分自进场日算起保修期为一年；

（2）本方案的提升设备设有备用，当其中一台出现故障时，由另一台备用设备工作，以保证处理系统能正常运行；同时厂内必须加紧时间维修出现故障的设备，防止出现两台设备同时发生故障；

（3）为保证处理设备的正常运行，应加强设备日常维护和巡检，在停产期（节假日等）安排检修或大修；

（4）建立规范的操作规程和健全的事故报警制度。

实例四　云南某烘焙企业 400 m³/d 生产废水处理站改造工程

1　项目概况

　　该烘焙企业是集面点研发、生产、销售、服务于一体的专业烘焙企业，公司生产经营的产品涉及面包、蛋糕、中式点心等 200 多个单品，其中云南传统特色点心产品占 30% 以上。经过 20 余年的发展，该企业的产品营销网络已遍及全省各地市，目前，已开设自营门店 100 余家，遍及昆明、玉溪、曲靖、楚雄、红河、大理、思茅等省内地市。为了进一步提升公司生产能力，为公司的发展壮大提供保障，新工厂于 2008 年正式投资建设，总占地达 208 亩。新工厂建筑面积近 15 000 m²，包括面包车间、中式点心车间、蛋糕车间、西式点心车间、半成品车间及现代独立产品研发室等。

　　目前，新工厂已经建成，已配套建设一座处理规模为 400 m³/d 的生产废水处理站，但是实际处理能力不足 400 m³/d，出水水质仅达到排放标准。为此，企业欲改造现有的废水处理站，经处理后的出水回用于厂区绿化、洗车等，不仅可以实现水资源的循环利用，也可带来一定的经济效益。改造工程采用"气浮+IC 厌氧反应塔+好氧+过滤"的组合处理工艺，出水达到《城市污水再生利用　城市杂用水水质》（GB/T 18920—2002）中绿化、洗车水水质标准。经改造后的废水回用处理站的总装机功率为 72.62 kW，运行费用约 1.231 元/m³ 废水（不含折旧费）。

图 1　ICEAS 池

2　设计依据

2.1　设计依据

　　（1）《项目环境影响报告》及批复；

　　（2）建设方提供的各种相关基础资料（水质、水量、回用要求等）；

　　（3）现场踏勘资料；

（4）关于对《昆明某食品厂整体搬迁技术改造项目建设项目试运行申请》的批复；

（5）《水处理设备　技术条件》（JB/T 2932—1999）；

（6）《城市污水再生利用　城市杂用水水质》（GB/T 18920—2002）；

（7）国家及省、地区有关法规、规定及文件精神；

（8）其他相关设计规范与标准；

（9）我单位治理同类废水的工程经验及相关工艺设计资料。

2.2　设计原则

（1）认真贯彻国家关于环境保护工作的方针和政策，使设计符合国家的有关法规、规范、标准；

（2）综合考虑废水水质、水量的特征，选用的处理工艺应技术先进、稳妥可靠、经济合理、运转灵活、安全适用；

（3）妥善处理和处置废水处理过程中产生的污泥和浮渣，避免造成二次污染；

（4）废水回用处理系统的自动控制系统应管理方便、安全可靠、经济实用；

（5）废水回用处理系统的平面布置力求紧凑，减少占地和投资；高程布置应尽量采用立体布局，充分利用地下空间；

（6）适当考虑企业的发展前景，在设计上留有余地；

（7）严格按照建设方界定条件进行设计，适应项目实际情况。

2.3　设计及服务范围

本项目的设计范围为企业生产废水回用处理站的设计、施工及调试，包括：废水回用处理站的工艺设计；各工艺单元的土建、电气、自控、设备设计；废水回用处理系统的调试。不包括废水处理站外的废水收集管网、排出管网、化粪池以及站外至站内的供电、供水及站内道路、绿化等。

本项目的服务范围包括：

（1）废水回用处理系统的设计、施工；

（2）废水回用处理设备及设备内的配件的提供；

（3）废水回用处理装置内的全部安装工作，包括设备内的电器接线等；

（4）废水回用处理系统的调试，直至调试成功并顺利运行；

（5）免费培训操作人员，协同编制操作规程，同时做有关运行记录，为今后的设备维护、保养提供有力的技术保障。

3　主要设计资料

3.1　废水来源及性质

该项目的原水为食品废水，主要来自食品加工车间的生产和冲洗废水。废水中油脂和悬浮物的浓度较高，且由于受到油脂等污染物的影响，悬浮物不易沉淀。此外，废水中的COD_{Cr}含量也较高，污染物负荷偏大，属于典型的有机废水。

3.2　设计进水水质

根据建设方提供的资料，生产废水排放量的峰值为 400 m^3/d。

该废水回用处理工程为原有废水处理改造工程，依据建设方提供的《环境影响评价报告书》中的相关数据，并参考同类工程的进水水质，最终确定设计废水进水水质指标如表1所示。

表1 设计废水进水水质

项目	COD_{Cr}/（mg/L）	BOD_5/（mg/L）	SS/（mg/L）	NH_3-N/（mg/L）
进水水质	≤15 000	≤7 000	≤1 000	≤40
项目	动植物油/（mg/L）	磷酸盐/（mg/L）	pH	—
进水水质	≤500	20	6.0～9.0	—

3.3 设计出水水质

根据建设方要求，经处理后的废水出水达到《城市污水再生利用 城市杂用水水质》（GB/T 18920—2002）标准中用于绿化及洗车的用水要求，具体回用水水质要求如表2所示。

表2 设计废水出水水质

项目	BOD_5/（mg/L）	色度/度	臭	阴离子表面活性剂/（mg/L）	浊度/（mg/L）
回用水水质	≤20	≤30	无不快感	≤1.0	≤10
项目	NH_3-N/（mg/L）	pH	溶解氧/（mg/L）	总大肠菌群/（个/L）	—
回用水水质	≤20	6.0～9.0	≥1.0	≤3	—

4 处理工艺

4.1 原有废水处理站废水处理工艺分析

4.1.1 原有废水处理工艺流程

原有废水处理站采用"气浮+UASB+ICEAS"的组合处理工艺，具体工艺流程如图2所示。

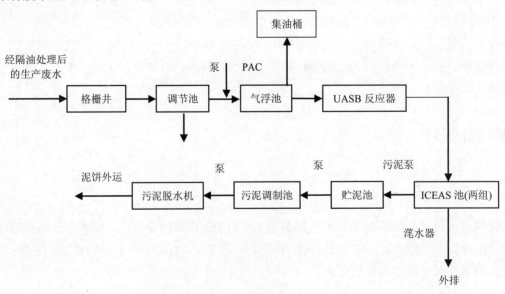

图2 原废水处理站处理工艺流程

由图2可以看出：生产废水经过建设方自建的隔油沉淀池后自流进入格栅井，在此去除大颗粒污染物；格栅井出水进入调节池调节水质和水量；调节池出水由提升泵提升进入气浮池，在此投加混凝剂 PAC，利用气浮技术去除污水中剩余的油脂、悬浮物和有机污染物等；气浮出水进入 UASB 反应器，利用厌氧颗粒污泥的截留、吸附及氧化分解去除水中的有机污染物等；UASB 反应器出水自流进入 ICEAS 池，在充氧的条件下利用好氧微生物的生化作用降解废水中有机污染物，ICEAS 池出水外排，ICEAS 池剩余污泥在贮泥池暂存，后经过污泥调制池和污泥脱水机脱水，干污泥定期外运处理。

4.1.2 原处理工艺分析综述

由图 2 可以看出，原有废水处理系统的主体工艺采用的是"预处理+厌氧+好氧"的处理工艺，该工艺目前普遍应用于食品类废水的处理，且在国内外均取得了较好的运行效果。我单位经过现场勘察，对原有废水处理系统的主要处理单元进行设计校核，具体情况如表 3 所示。

表 3 原废水处理系统工艺校核验算

序号	处理单元	设计参数	说明	备注
1	调节池	6.8 m×6.6 m×3.5 m	有效容积 134 m³，满足设计规范	可满足 400 m³/d 的处理要求
2	气浮池	4.3 m×2.0 m×2.27 m	该池基本处于报废状态	不能满足 3 000 m³/d 的处理要求
3	UASB 反应器	Φ 5.4 m×5.0 m（两座）	COD 容积负荷 3.5 kgCOD/(m³·d)	设计进水水质与实际进水水质不符，导致该处理单元工艺设计不能满足实际处理要求
4	ICEAS 池	15.2 m×3.8 m×5.0 m	有效容积 520 m³	

从表 3 可以看出，原处理工艺在个别处理构筑设计参数的选取以及结构设计上存在一定的误差和不足，且不符合相关设计规范的要求，因此处理效果较差，且不能满足设计处理能力的要求。原处理工艺存在的问题主要有以下几个方面：

（1）根据原水水质特点，原水中含大量面粉等杂质，而原处理工艺无固液分离装置，导致废水中含有的大量的面粉杂质进入后续处理单元，增加后续处理单元的负荷；

（2）原气浮池结构形式不符合设计规范，且该气浮设备基本已经报废；

（3）原 UASB 反应器设计参数无法满足实际进水水质要求，而且该设备目前处于停机状态；

（4）ICEAS 池为 SBR 工艺的改进型，设计负荷较低，不能满足处理要求。

4.2 改造处理工艺选择

4.2.1 改造工艺分析

根据该烘焙企业生产废水的水质、水量特点，在现有的废水处理设施、构筑物基础上，从以下几个方面对原有废水处理工艺进行改造：

（1）增强预处理中固液分离的效率。原处于工艺无固液分离装置，导致废水中含有的大量的面粉杂质等进入后续处理单元，增加后续处理单元的负荷。因此须在系统前端增加固液分离机，以减少后续处理单元负荷。

（2）将调节池改造为调节水解池。原有的调节池容积可满足 400 m³/d 处理要求，因此无须扩大池容，只需将其改造成水解酸化池，达到初步降解废水中有机杂质的目的。

（3）更换气浮设备。原有气浮装置的结构形式有问题，且该气浮设备基本已处于报废的状态。

（4）将原有的 UASB 反应器改为 IC 厌氧反应器。原工艺中的 UASB 反应器设计负荷为 3.5 kg COD/(m³·d)，按实际进水水质（UASB 厌氧反应器进水 COD 按 8 000 mg/L 计），UASB 反应器需扩容 914 m³。由于原设备改造或新建的造价都比较高，且目前 UASB 反应器因故障处于停机状态，因此本设计将 UASB 厌氧反应器改为高负荷厌氧反应器——IC 反应器。

（5）经核算，原 ICEAS 池设计负荷较低，无法满足实际进水水质要求，因此将原 ICEAS 池改为接触氧化池，并增加二沉池。

（6）增加深度处理技术。采用过滤、吸附、臭氧氧化等深度处理技术，进一步去除废水的氨氮、COD、SS、细菌、病毒等污染物，出水达到回用标准。

4.2.2　厌氧技术的选择

厌氧处理技术采用拥有自主知识产权的专利技术——KYIC 型厌氧反应器，该反应器由两层 UASB 反应器串联而成。按各反应区的功能不同，由下而上共分为混合区、第一厌氧区、第二厌氧区、沉淀区和气液分离区共五个区。该厌氧反应器的构造及其工作原理决定了其在厌氧处理方面比其他反应器更具有优势：

（1）容积负荷高：该反应器内污泥浓度高、微生物量大，且存在内循环，传质效果好，进水有机负荷可超过普通厌氧反应器的 3 倍以上。

（2）节省投资和占地面积：该反应器容积负荷率高出普通 UASB 反应器 3 倍左右，其体积相当于普通反应器的 1/4～1/3，大大降低了反应器的基建投资。而且 IC 反应器的高径比很大（一般为 4～8），因此占地面积较小，非常适用于土地资源紧张的工矿企业。

（3）抗冲击负荷能力强：处理低浓度废水（COD 2 000～3 000 mg/L）时，反应器内循环流量可达进水量的 2～3 倍；处理高浓度废水（COD 15 000～20 000 mg/L）时，内循环流量可达进水量的 10～20 倍。大量的循环水和进水充分混合，使原水中的有害物质得到充分稀释，大大降低了毒物对厌氧消化过程的影响。

（4）抗低温能力强：温度对厌氧消化的影响主要是对消化速率的影响。IC 反应器由于含有大量的微生物，温度对厌氧消化的影响变得不再显著。通常 IC 反应器厌氧消化可在常温条件（20～25℃）下进行，因此减少了消化保温的困难，节省了电耗。

（5）具有缓冲 pH 的能力：内循环流量相当于第一厌氧区的出水回流，可利用 COD 转化的碱度对 pH 起缓冲作用，使反应器内 pH 保持最佳状态，同时还可减少进水的投碱量。

（6）内部自动循环，不必外加动力：普通厌氧反应器的回流是通过外部加压实现的，而该反应器以自身产生的沼气作为提升的动力来实现混合液内循环，不必设泵强制循环，节省了动力消耗。

（7）启动周期短：该反应器内污泥活性高、微生物增殖快，为反应器快速启动提供有力条件。

4.2.3　深度处理技术的选择

过滤单元采用拥有自主知识产权的专利技术——滤料 KYL-2#型。该滤料以水处理专用陶粒滤料、活性沸石为主体，内部有很多均匀的管状孔道和内表面积很大的孔穴，具有独特的吸附、筛分、交换阴阳离子以及催化性能。该滤料能有效吸附废水中的氨态氮、有机物和重金属离子等污染物，并能有效降低池底硫化氢的毒性，同时能调节废水的 pH 值，增加水中的溶解氧等。

活性炭是由煤或木等材料经一次炭化制成的。由于活性炭表面积大，所以吸附能力强。在所有的吸附剂中，活性炭的吸附能力最强。使用活性炭作为吸附剂，可以去除水中残存的有机物、胶体、细菌残留物、微生物等，并可以脱色除臭。

4.2.4　消毒技术的选择

与其他消毒方法相比，臭氧消毒能有效地杀死细菌、病毒、芽孢等，因此选择臭氧消毒技术对废水进行进一步的除臭、脱色、杀菌、消毒等处理，去除废水中残余的有机物和无机物，保证出水高效、稳定达标，具体有以下几点：

（1）氧化能力强，对除臭、脱色、杀菌、去除有机物都有显著的效果；

（2）处理后废水中的臭氧易分解，不产生二次污染；

（3）制备臭氧用的原料为空气，不必贮存和运输，操作管理比较方便；

（4）处理过程中一般不产生污泥；

（5）与常规的工艺比较，池体占地面积小，节省了大量的土建投资和土地资源。

4.3 改造后的处理工艺流程

4.3.1 工艺流程图

根据本烘焙企业厂区生产废水的水质、水量及处理要求，结合原有废水处理设施，拟采用"固液分离+调节水解+气浮+IC反应器+二级接触氧化+新型滤料过滤+活性炭吸附+臭氧氧化"的组合处理工艺，经处理后的出水可稳定达到《城市污水再生利用 城市杂用水水质标准》（GB/T 18920—2002），回用于绿化、洗车及人体非直接接触景观水等用途。改造后的具体工艺流程如图3所示。

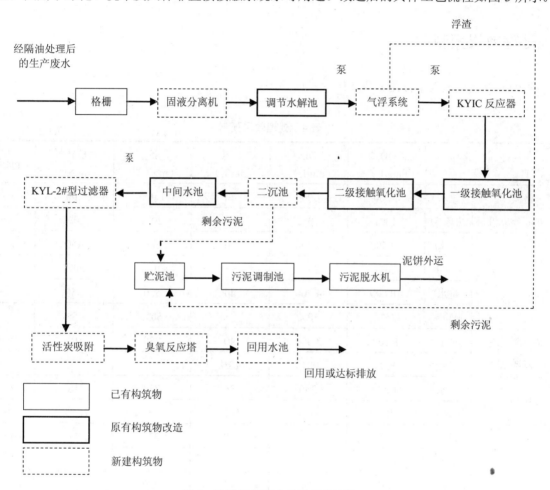

图3 改造后的废水处理工艺流程

4.3.2 工艺流程说明

①该烘焙企业生产废水通过收集进入原有的隔油池；②经过隔油处理后废水进入带有格栅的集水井，通过格栅去除较大颗粒的悬浮物和漂浮物，保证后续水泵及处理构筑物的连续运行；③用泵将废水从集水井中提升进入固液分离机，通过固液分离机的将废水中的绝大部分悬浮物（面粉）去除，从而降低后续处理构筑物的负荷，保证后续处理设施的连续运行；④经过固液分离后的废水进入调节（兼水解）池，调节（兼水解）池顶部安装刮油机，进一步将废水中的油脂分离出来；池底部安装推流式搅拌机，使水质混合均匀；同时，调节（兼水解）池也起到了厌氧池的作用，废水中的有机污染物在此得到初步去除；⑤调节池出水由泵提升至气浮系统，通过气浮处理，可以去除废水中的大部分油脂及剩余悬浮物和不溶解性 COD_{Cr}；⑥经气浮处理后的出水进入综合调节池，通过

加药或物化处理使综合调节池中的水质满足 IC 反应塔的进水水质（即 pH 为 6.5～7.5, 水温 35℃左右), 然后用提升泵将综合调节池中的废水提升至 IC 反应塔。IC 反应塔是整个废水处理工艺的核心, 废水在 IC 反应塔内进行厌氧反应, 可去除绝大部分有机污染物; 同时, 废水在此进行进一步的固、液、气三相分离; ⑦经 IC 反应塔处理后的出水自流进入二级生物接触氧化池进行曝气处理, 池中挂填料, 使微生物能更好地附着形成生物膜, 从而达到较好的处理效果; ⑧生物接触氧化池出水进入二沉池, 经沉淀后的废水通过溢流堰流入中间水池, 后用提升泵依次提升至活化沸石过滤器和生物活性炭过滤器; ⑨生物活性炭过滤器出水通过臭氧消毒杀菌, 使废水得到进一步的净化, 最终的出水进入回用水池, 可回用或排放; ⑩系统产生的剩余污泥贮存于贮泥池, 后由污泥脱水机脱水, 干污泥定期外运处理。

5 处理效果预测

各处理单元处理效果预测如表 4 所示。

表 4 处理效果预测

项目	指标	COD_{Cr}/（mg/L）	BOD_5/（mg/L）	氨氮/（mg/L）	SS/（mg/L）	动植物油/（mg/L）	pH 值
格栅、固液分离机	进水	1 500	7 000	40	1 000	500	6.0～9.0
	去除率	10%	10%	—	20%	10%	—
调节水解池	进水	13 500	6 300	40	800	450	6.0～9.0
	去除率	20%	25%	—	30%	20%	
气浮池	进水	10 800	4 700	40	560	360	
	去除率	25%	30%	—	60%	95%	
KYIC 厌氧反应器	进水	8 100	3 300	40	230	18	6.0～9.0
	去除率	85%	90%	10%	—	—	—
一级接触氧化池	进水	1 200	330	36	230	18	6.0～9.0
	去除率	75%	80%	50%	—	—	—
二级接触氧化池	进水	300	66	20	230	18	6.0～9.0
	去除率	65%	70%	30%	—	—	
二沉池	进水	100	20	14	230	18	6.0～9.0
	去除率	—	—	—	70%	—	
过滤、活性炭吸附	进水	100	20	14	70	18	6.0～9.0
	去除率	25%	30%	20%	90%	50%	—
臭氧池	进水	75	14	10	7	9	6.0～9.0
	去除率	30%	30%	10%	—	—	
回用水池	出水	≤60	≤20	≤20	≤10	≤10	6.0～9.0

6 构筑物及主要设备设计参数

6.1 构筑物设计参数

表 5 构筑物设计参数

序号	构筑物名称	规格尺寸	数量	备注
1	调节水解池	134 m³	1 座	已有改造
2	两级接触氧化池	总容积 520 m³	1 座	已有改造
3	二沉池	—	1 座	新建；碳钢防腐
4	回用水池	100 m³	1 座	新建；钢砼结构

6.2 主要设备设计参数

表 6 主要设备设计参数

安装位置	设备名称	规格型号	数量	功率	备注
固液分离机		ZG1-500	1 台	1.1 kW	不锈钢
调节水解池	潜水搅拌机	QJB1.5/6-260/3-980S	1 台	1.5 kW	
气浮设备		KYQF-20	1 台	7.5 kW	碳钢防腐；处理能力 20 m³/h；回流比 30%；含出水箱、回流水泵、溶气罐、释放器、空压机等
KYIC 反应器		Φ4.0 m×17.5 m	1 套		含三相分离器、内循环系统、布水系统、水封、泥水分离罐等，不含沼气收集利用设施；第一反应室的容积负荷为 N_{V1}=20 kg COD/（m³·d）；第二反应室的容积负荷为 N_{V2}=10 kg COD/（m³·d）；污泥产率为 0.05 kgVSS/kg COD；产气率为 0.35 m³/kg COD
接触氧化池	曝气器	Φ215 mm	512 套	—	原曝气系统曝气不均，需更换
	生物填料	Φ150 mm	350 套	—	
KYL-2#型过滤器	KYL-2#型过滤器	KYSL-1600	1 台	4 kW	碳钢防腐；处理能力 20 m³/h；滤速 10 m³/（m²·h）
	提升泵	SLS65-160A	2 台（1用1备）	4.0 kW	流量 20 m³/h；扬程 28 m
活性炭吸附罐		KYHT-1600	1 台	11 kW	碳钢防腐；处理能力 20 m³/h；滤速 10 m³/（m²·h）
消毒池	臭氧发生器	QHW-200	1 台	5.5 kW	碳钢防腐；臭氧产量 200 g/h；臭氧投加量 10 mg/L
	臭氧反应塔	Φ1.6 m×6.0 m	1 台		碳钢防腐；处理能力 20 m³/h；滤速 10 m³/（m²·h）
PLC 自动控制柜	设备控制室	—	1 套		采用自动 PLC 控制；主控制器采用国外进口，其余电器元件均通过 3C 认证

7　废水处理系统布置

7.1　平面布置原则

（1）废水处理系统应充分考虑与厂区环境、地形、功能布置和现有管道系统协调；
（2）废水处理系统应充分考虑建设施工规划等问题，优化布置系统；
（3）根据夏季主导方向和全年风频，合理布置系统位置；
（4）处理构筑物应布置紧凑、节能高效、节约用地、便于管理。

7.2　高程布置原则

（1）充分利用地形设计高程，减少系统能耗；
（2）系统设计力求简洁、流畅，减少管件连接。

8　电气控制

8.1　工程范围

本自动控制系统为废水处理工程工艺所配置，自控专业主要涉及的内容为该废水处理系统中污水泵与液位的联锁、报警、风机的交替动作、风机与进水泵的联锁工作等。

8.2　控制水平

本工程中采用 PLC 程序控制，系统由 PLC 控制柜、配电控制屏等构成。

8.3　控制方式

本工程装置内所有电动机均采用中央集中室控制方式，电动机联锁由仪表专业的 PLC 实现。

8.4　电源状况

本系统需一路 380/220V 电源。

8.5　电气控制

该废水回用处理系统电控装置为集中控制，采用进口 PLC 可编程序控制器，主要自动控制各类泵提升（液位控制），风机启动及定期互相切换，需要时（如维修状态下）可切换到手动工作状态。
（1）水泵
①水泵的启动受液位控制；
②高液位：报警，同时启动备用泵；
③中液位：一台水泵工作，关闭备用泵；
④低液位：报警，关闭所有水泵；
⑤水泵中一台水泵出现故障，发出指示信号，另一台备用泵自动工作。
（2）声光报警
各类动力设备发生故障，电控系统自动报警指示（报警时间 10～30 s），并故障显示至故障消除。

（3）其他

①各类电气设备均设置电路短路和过载保护装置；

②动力电源由本电站提供，进入废水回用处理系统动力配电柜。

9　二次污染防治

9.1　臭气防治

（1）KYIC厌氧反应器设高空排气管，不会影响周围环境；

（2）生物接触氧化池产生的臭气量较小，对外界影响较小；

（3）废水处理系统设施设计在厂区边围，影响较小。

9.2　噪声控制

（1）系统设施计在厂区边围，对外界影响小；

（2）风机选用低噪声型，本机噪声≤80 dB，风机进出口均采用消声器，底座用隔震垫，进出口风管用可挠橡胶软接头等减震降噪措施；水泵选用国优潜污泵，对外界无影响；

（3）确保周围环境噪声：白天≤60 dB，晚上≤50 dB。

9.3　污泥处理

（1）剩余污泥部分进行回流，从而减少污泥量；

（2）系统产生的剩余污泥先排至污泥浓缩池，然后由污泥脱水设备脱水；

（3）干污泥定期外运处理。

10　废水处理站防腐

10.1　管道防腐

本废水处理站池体所采用的管件外壁按《工业设备、管道防腐蚀工程施工及验收规范》（HGJ 229—91）做防腐处理，焊接钢管管壁外涂三道环氧煤沥青加强防腐。

埋地管道均先除锈，刷环氧煤沥青两道，再刷调和漆两道；管道、管道支吊架、钢结构等均防腐处理；设备间内明设管道经除锈后，刷红丹底漆一道，面漆两道，最后一道面漆颜色按管道设计涂色要求进行。

对药剂投加设备使用玻璃钢材质防腐，对碳钢设备内衬胶防腐。

10.2　构筑物防腐

根据《工业建筑设计防腐规范》及各构筑物功能的不同，对需要做防腐的水池内表面做玻璃钢防腐处理。

11　运行费用分析

本废水处理站运行费用由运行电费、人工费和消耗品费用三部分组成。

11.1　运行电费

该系统总装机功率为 72.62 kW，实际使用功率为 55.9 kW，具体如表 7 所示。

表 7　电气运行表

序号	设备名称	数量	运行功率/kW	装机功率/kW	运行时间/（h/d）	电耗/（kW·h）	功率因子
1	固液分离机	1 台	37	37	8	8.8	0.8
2	调节池提升泵	2 台	1.5	3.0	24	36	0.8
3	潜水搅拌机	1 台	1.5	1.5	10	15	0.8
4	气浮系统	1 台	5.5	7.5	24	132	0.8
5	鼓风机	2 台	11	22	24	264	0.8
6	加药系统	1 台	0.065	0.065	24	1.56	0.8
7	过滤提升泵	3 台	22	33	20	352	0.8
8	臭氧发生器	1 台	5.5	5.5	24	132	0.8
9	板框压滤机	1 台	2.2	2.2	6	13.2	0.8
10	污泥提升泵	1 台	0.75	0.75	5	2.25	0.8
11	污泥进料泵	1 台	3	3	6	18	0.8
	合计	12 台	54.12	79.62	—	974.81	—

如表 7 所示，每日运行电耗为 779.5 kW·h，电费按 0.50 元/（kW·h）计，电机功率因子取 0.8，则运行电费 E_1=0.97 元/m^3 废水。

11.2　人工费

本废水回用处理站操作管理简单，自动化控制程度高，不需专人值守，由厂内工人兼职管理即可，则人工费 E_2=0。

11.3　消耗品费用

本系统的消耗品费用如表 8 所示。

表 8　废水处理系统消耗品消耗情况

序号	药剂名称	数量	单位	备注
1	PAC	24	kg/d	投加量 60 mg/L
2	PAM	1.6	kg/d	投加量 4 mg/L
3	活性炭	2.7	kg/d	总量 1.5 t，更换周期 1.5 年

综上所述，本废水处理系统的运行费用如表 9 所示。

表 9　废水处理系统运行费用

序号	名称	耗量/（单位）	单价/（元）	运行成本/（元/天）	每 m^3 废水处理费用
1	电耗	779.5 kW·h	0.50	389.9	0.97 元
2	消耗品				
（1）	PAC	24 kg/d	2.00	48	0.12 元
（2）	PAM	1.6 kg/d	15.0	24	0.06 元
（3）	活性炭	2.7 kg/d	12.0	32.4	0.081 元
	总计	—	—	494.3	1.231 元

12　工程实施进度

本工程建设周期为 12 周，为缩短工程进度，确保该废水回用处理设施如期实行环保验收，工程设计、各分部工程、分项工程土建、安装以及调试工作，将进行统一协调、分布、交叉进行，具体工程进度安排如表 10 所示。

表 10　工程进度表

工作内容 ＼ 周	1	2	3	4	5	6	7	8	9	10	11	12
准备工作	▬											
场地开挖		▬▬										
设备基础			▬									
设备材料采购				▬								
构筑物施工			▬▬▬▬									
设备制作安装						▬▬▬▬▬						
外购设备				▬▬▬▬▬▬▬▬▬▬								
设备防腐										▬▬		
管道施工									▬▬▬			
电气施工										▬▬▬		
场地平整												

13　工程保修及事故应急处理措施

（1）本工程自验收合格日算起保修期为一年，设备部分自进场日算起保修期为一年；

（2）本方案的提升设备设有备用，当其中一台出现故障时，由另一台备用设备工作，以保证处理系统能正常运行；同时厂内必须加紧时间维修出现故障的设备，防止出现两台设备同时发生故障；

（3）为保证处理设备的正常运行，应加强设备日常维护和巡检，在停产期（节假日等）安排检修或大修；

（4）建立规范的操作规程和健全的事故报警制度。

实例五   四川某农业发展有限公司 1 500 m³/d 柚汁生产废水回用处理工程

1   项目概况

该农业发展有限公司是一家专门生产柚子浓缩汁、易拉罐饮料、PET 饮料、果干、果脯、精油、柚子果胶、柚子鲜果等系列柚产品的高新企业，公司目前拥有全球领先的全自动加工生产线设备及生产工艺，是目前国内最大的柚子浓缩汁制造商。

该公司生产废水具有来源广（包括洗果排放水、设备清洗水、消毒清洗水、果汁冷凝水、设备冷却水等）、组成复杂、水质水量变化大、有机物含量较高、悬浮物多、黏性大等特点。该废水处理工程规模为 1 500 m³/d，设计采用"气浮+UASB+CASS+深度处理"的组合工艺，处理后的出水达到《城市污水再生利用   城市杂用水水质》（GB/T 18920—2002），中水回用于冲厕、道路清扫、消防、城市绿化等。该废水回用处理系统总装机容量为 26.19 kW，运行费用为 1.28 元/m³ 废水（不含折旧费）。

图 1   废水处理站概貌

2   设计基础

2.1   设计依据

（1）建设方提供的各种相关基础资料（水质、水量、回用要求等）；

（2）现场踏勘资料；

（3）《城市污水再生利用   城市杂用水水质》（GB/T 18920—2002）；

（4）《水处理设备   技术条件》（JB/T 2932—1999）；

（5）国家及省、地区有关法规、规定及文件精神；

（6）其他相关设计规范与标准；

（7）我单位治理同类废水的工程经验及相关工艺设计资料。

该废水处理项目的设计、施工与安装严格执行国家的专业技术规范与标准。

2.2　设计原则

（1）认真贯彻国家关于环境保护工作的方针和政策，使设计符合国家的有关法规、规范、标准；

（2）综合考虑废水水质、水量的特征，选用的处理工艺应技术先进、稳妥可靠、经济合理、运转灵活、安全适用；

（3）妥善处理和处置废水处理过程中产生的污泥和浮渣，避免造成二次污染；

（4）废水回用处理系统的自动控制系统应管理方便、安全可靠、经济实用；

（5）废水回用处理系统的平面布置力求紧凑，减少占地和投资；高程布置应尽量采用立体布局，充分利用地下空间；

（6）适当考虑企业的发展前景，在设计上留有余地；

（7）严格按照建设方界定条件进行设计，适应项目实际情况。

2.3　设计、施工及服务范围

本项目的设计范围为企业生产废水回用处理站的设计、施工及调试，包括：废水回用处理站的工艺设计；各工艺单元的土建、电气、自控、设备设计；废水回用处理系统的调试。不包括废水处理站外的废水收集管网、排出管网、化粪池以及站外至站内的供电、供水及站内道路、绿化等。

本项目的服务范围包括：

（1）废水回用处理系统的设计、施工；

（2）废水回用处理设备及设备内的配件的提供；

（3）废水回用处理装置内的全部安装工作，包括设备内的电器接线等；

（4）废水回用处理系统的调试，直至调试成功并顺利运行；

（5）免费培训操作人员，协同编制操作规程，同时做有关运行记录，为今后的设备维护、保养提供有力的技术保障。

3　主要设计资料

3.1　废水来源及性质

本项目废水主要有洗果排放水、设备清洗废水、消毒清洗废水、果汁冷凝水、设备冷却水、空调冷却水、设备外部清洗水、地面清洗水及其他排放废水等。各工序排出的废水水质差异较大，且整个生产过程的废水排放量不稳定，具有间歇性、周期性和季节性。废水中有机物浓度偏高、SS 多、黏性大且 pH 较低。

3.2　设计进水水质

根据建设方提供的资料，生产废水排放量为 1 500 m^3/d。

该公司生产废水设计进水水质指标具体如表 1 所示。

表 1　设计废水进水水质

项目	COD_Cr/（mg/L）	BOD_5/（mg/L）	SS/（mg/L）	NH_3-N/（mg/L）	总大肠菌群/（个/L）	pH
进水水质	12 000	8 000	8 000	53	1 000	6.0～9.0

3.3　设计出水水质

根据建设方要求,经处理后的废水出水达到《城市污水再生利用　城市杂用水水质》（GB/T 18920—2002）标准,回用于冲厕、道路冲洗、消防及绿化等,具体回用水水质要求如表 2 所示。

表 2　设计废水出水水质

项目	BOD_5/（mg/L）	色度/度	臭	阴离子表面活性剂/（mg/L）	浊度/（mg/L）	溶解性总固体/（mg/L）
回用水水质	≤10	≤30	无不快感	≤1.0	≤5	≤1 000

项目	NH_3-N/（mg/L）	pH	溶解氧/（mg/L）	总大肠菌群/（个/L）	总余氯/（mg/L）
回用水水质	≤10	6.0～9.0	≥1.0	≤3	接触 30 min 后≥1.0,管网末端 ≥0.2

4　处理工艺设计

4.1　废水水质分析

该企业生产废水的组成较为复杂,包括洗果排放水、设备清洗废水、消毒清洗废水、果汁冷凝水、设备冷却水、空调冷却水、设备外部清洗水、地面清洗水及其他排放废水等,废水水质情况具体分析如下:

（1）生产车间废水总排放口的废水水质和水量随季节、时间及生产工序的不同有较大波动。

（2）生产设备清洗废水呈周期性集中排放,对废水处理设施有较大冲击。因此需将清洗设备的高浓度酸碱水、消毒水等先做预处理（中和）,然后再排入废水处理系统。

（3）超滤反冲产生的浓废水（锅底水）排放量为 25～35 m³/d,废水中的固形物占 5～8%,COD 质量浓度高达 60 000～80 000 mg/L,有时甚至达到 10 万 mg/L 以上。因此需对该股废水单独预处理后再引入废水处理站进行集中处理。

（4）设备消毒废水中含的有杀菌剂会抑制生化处理系统中微生物的生命活动,甚至会导致微生物死亡,因此这部分废水在排入生化系统前也需要进行专门的预处理,以保证整个系统的正常运行。

（5）果汁冷凝水为稀果汁浓缩单元产生的废水,该股废水水量较大,清澈透明,感官较好,一般认为无污染,但经分析证实该股废水的 COD 在 2 000～2 500 mg/L,也需要对其进行适当处理。

（6）洗果排放废水中的悬浮物浓度较大,且含泥量很高,必须经过预处理方能保证后续水处理设施的正常运行。

综上所述,该柚汁生产废水具有水质水量变化大、有机物浓度高、悬浮物多、黏性大及 pH 低等特点,属于典型的有机废水。

4.2 处理工艺的选择

根据对该企业生产废水的分析，表明该类废水含有大量的悬浮颗粒、胶体等物质，且有机污染物浓度较高，废水可的生化性较好。结合我单位在类似的工程上积累的丰富经验，推荐主体处理工艺为"预处理+厌氧处理+好氧处理+沉淀+过滤+消毒"。

4.2.1 预处理工艺的选择

该企业生产废水中含有大量的悬浮颗粒、胶体等物质，为了保证废水处理生化系统的正常运行，应选择合适的预处理工艺，这样不仅能节省投资，而且能减少后续废水处理系统的负荷，保证系统出水水质优良。典型的预处理工艺有沉淀、混凝、加压溶气气浮等，工艺对比详如表 3 所示。

表 3 预处理工艺对比

对比项目＼工艺	沉淀	混凝	加压溶气气浮
工艺原理	利用重力沉降原理去除水中的悬浮颗粒物	通过投加化学药剂使其聚集为具有明显沉降性能的絮凝体，然后用重力沉降法予以分离	是利用高度分散的微小气泡作为载体去除水中的悬浮物，使其随气泡升到水面而加以去除的方法
去除物质	无机颗粒物 有机颗粒物	无机颗粒物 有机颗粒物 胶体	无机颗粒物 有机颗粒物 胶体 疏水性细微固体
检修维护难易程度	简单	一般	简单
运行管理	出水水质不稳定 需定期排、运沉淀物	出水水质不稳定 需定期排渣、运渣	出水稳定 需定期运渣
占地面积	较大	大	小
工艺投资	较高	高	低

综合上表，本废水处理系统采用加压溶气气浮的预处理工艺，相较于其他两种预处理工艺，该技术有如下优点：①可连续操作、应用范围广、基建投资和运行费用小；②设备简单、对分离杂质有选择性分离速度较沉降快；③残渣含水量较低、杂质去除率高，可以回收有用物质。

4.2.2 厌氧处理工艺的选择

该企业生产废水中含有大量的有机物，废水的 COD_{Cr} 和 BOD_5 浓度较高，且 $COD_{Cr}/BOD_5 > 0.3$，废水可生化性较好，而厌氧处理工艺技术对有机物含量高且 COD_{Cr}/BOD_5 值较高的废水有很好的处理效果。典型的厌氧处理工艺有：UASB（上流式厌氧污泥反应器）、AF（厌氧生物滤池）、EGSB（污泥膨胀床反应器），工艺对比详如表 4 所示。

表 4 厌氧处理工艺对比

对比项目＼工艺	UASB	AF	EGSB
适用范围	高浓度有机废水	高浓度有机废水	高浓度有机废水
处理效果	COD 去除效率比普通的厌氧反应器高三倍	COD 去除效率比普通的厌氧反应器高	COD 去除效率比普通的厌氧反应器高
检修维护难易程度	简单	难	难
运行管理	全自动控制	人工更换填料	全自动控制
占地面积	小	小	小
工艺投资	中等	中等	较高

综合上表，厌氧处理工艺选择 UASB 工艺，相较于其他两种厌氧处理工艺，该技术有如下优点：①UASB 内污泥浓度高，平均污泥浓度为 20～40 gVSS/L；②有机负荷高，水力停留时间短，采用中温发酵时，容积负荷一般在 10 kgCOD/（m³·d）左右；③污泥床不填载体，节省造价及避免因填料发生堵塞问题。

4.2.3　好氧处理工艺的选择

废水经过厌氧处理后，其中的 COD_{Cr} 和 BOD_5 值大大降低，且生化性更好，污染负荷恰好能够进行好氧处理，经好氧处理后的出水基本能满足预期出水。典型的好氧处理工艺有：CASS、生物接触氧化池及 MBR 反应池，工艺对比详如表 5 所示。

表 5　好氧处理工艺对比

工艺 对比项目	CASS	生物接触氧化	MBR 反应池
工艺组成	CASS 反应池	接触氧化反应池+沉淀池	MBR 反应池
适用范围	生化性较好的有机废水	生化性较好的有机废水	生化性较好的有机废水
检修维护难易程度	简单（反应池中设备单一，检修维护空间大）	复杂（填料及其支架填满整个水池，检修有难度）	复杂（膜及其支架填满水池，检修会有难度）
占地面积	小	小	最小
运行管理	全自动控制	需人工看管；需定期更换接触氧化池里的填料	全自动控制，需定期清洗和更换反应池里的膜
调试	简单、时间短	简单、时间长	简单、时间短
投资	一般	一般（需更换填料，二次投入高）	高（需更换膜，二次投入很高）

由表 5 可知，好氧处理工艺选择 CASS 工艺，相较于其他两种好氧处理工艺，该技术有如下优点：①工艺流程简单、占地面积小、投资较低；②生化反应推动力大、运行灵活、抗冲击能力强；③不易发生污泥膨胀、剩余污泥量少、沉淀效果好。

4.2.4　消毒工艺的选择

消毒方法分为物理方法和化学方法两类，物理方法主要有加热、冷冻、紫外线等；化学方法是利用各种化学药剂进行消毒。常用的化学消毒剂有氯及其化合物、各种卤素、臭氧等。典型的消毒工艺有：紫外线消毒、液氯消毒、二氧化氯消毒和臭氧消毒，工艺对比详如表 6 所示。

表 6　消毒工艺比较

工艺 对比项目	紫外线消毒	液氯消毒	二氧化氯消毒	臭氧消毒
处理接触时间	最少	10～30 min	略短于液氯消毒	5～10 min
运行成本	一般	较低	较高	高
制造成本	主要消耗电费	试剂成本低	较高	高
设备投资	高于臭氧消毒	最低	略高于液氯消毒	液氯消毒的 5 倍
运转要求	设备操作简单	操作简单	较高	消毒设备复杂
杀灭细菌作用	有	有	有	有
杀灭病毒作用	少许	少许	少许	效果最好
副产物	无	三卤甲烷、氯仿等致癌物质	Cl_2^-、ClO_3^-	醛类
消毒快慢	速度快	反应慢，接触长	速度快	慢
持续性	无剩余消毒性	余氯持续消毒	长	短
应用范围	二级出水	给水、污水处理	小型污水处理厂	二级出水
土建要求	无	储存面积大	小	小
控制要求	自动化	自动化	自动化	技术水平要求高
储存要求	无	防止泄漏	现场制备	现场制备

由表 6 可知，消毒选择二氧化氯工艺，相较于其他消毒工艺，该技术有如下优点：①广谱性：能杀死病毒、细菌、原生生物、藻类、真菌和各种孢子及孢子形成的菌；②高效：0.1×10^{-6} 下即可杀灭所有细菌繁殖体和许多致病菌，50×10^{-6} 可完全杀灭细菌繁殖体、肝炎病毒、噬菌体和细菌芽孢；③受温度和氨影响小：在低温和较高温度下杀菌效力基本一致；④pH 适用范围广：能在 pH 值为 $2 \sim 10$ 范围内保持很高的杀菌效率；⑤安全无残留：不与有机物发生氯代反应，不产生"三致"物质和其他有毒物质；⑥对人体无刺激：低于 500×10^{-6} 时，其影响可以忽略，100×10^{-6} 以下对人没有任何影响。

4.2.5 污泥处理工艺的确定

废水处理站满负荷运行时，产生的污泥较多，需要设置污泥浓缩池对污泥进行收集并浓缩。若污泥经浓缩后直接外运，污泥含水率高、量大、运费高，因此须采用污泥脱水设施进行脱水。由于板框压滤机不能连续运行，且劳动强度大、能耗高、卫生条件差，因此本设计中选用叠螺式脱水机。脱水后的污泥含水率约为 80%，污泥体积大大降低，从而降低了运行成本。

综上所述，本设计采用"加压溶气气浮技术+UASB（厌氧）+ CASS 工艺（好氧生化）+沸石过滤罐+活性炭过滤罐+二氧化氯消毒"的组合处理工艺。该工艺不仅处理效率高，而且投资省，保证出水达标且稳定优良，调试时间短，运行维护操作简单，极大地节约了投资和运行成本，且出水水质稳定、优良。

4.3 工艺流程

根据该企业生产废水的水质和水量，结合我单位在类似的工程上积累的丰富经验，推荐主体处理工艺为"预处理+厌氧处理+好氧处理+沉淀+过滤+消毒"，具体工艺流程如图 2 所示。

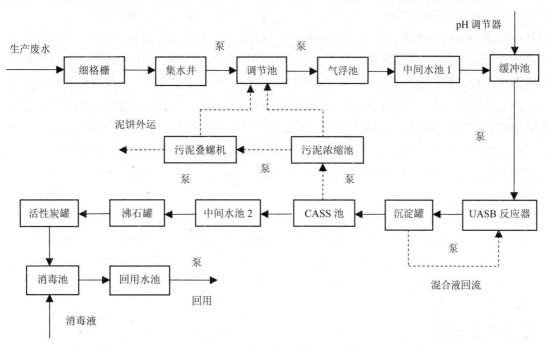

图 2 柚汁生产废水回用处理工艺流程

4.4 工艺流程说明

厂区生产废水首先进入细格栅，主要去除废水中体积较小的漂浮物和悬浮物，从而减轻后续处理构筑物的负荷，保证后续处理设备的正常运行。

经细格栅去颗粒杂质后的废水进入集水池，后由提升泵提升进入调节池，池内设潜水搅拌机，在此进行水量、水质的调节；本设计的调节池兼有水解的功能，在调节水质、水量的同时，利用厌氧菌、兼性菌将废水中的大分子、杂环类有机物分解成低分子有机物，降低 COD_{Cr}，提高废水的可生化性，并破坏有色基团，去除原水中的部分色度。池内分段悬挂弹性填料，正常运行时，调节池中 COD_{Cr} 的去除率可达到30%以上。为防止废水中的悬浮物沉积且使水质均匀，采用专用搅拌设备进行搅拌。

调节池出水经提升泵提升至气浮池中，在气浮池前投加絮凝剂 PAC 和助凝剂 PAM，混合气浮气泡，细微的憎水性颗粒杂质和悬浮物会产生上浮，从气浮排污口排出；剩余的清水则通过清水溢流堰流出，从而达到清水跟悬浮杂质（包括活性污泥脱落絮体）分离的目的。通过气浮处理，可以去除废水中的大部分剩余悬浮物和不溶解性 COD_{Cr}。气浮出水清澈、透明，废水中基本无悬浮物（果渣、果肉、果屑等细小物质），只残留溶解性有机物和无机物等污染物。

气浮池出水进入中间水池 1，中间水池 1 主要作为加压溶气罐的补给水源，空压机作为加压溶气罐的补给气源，然后各自打入加压溶气罐中，进行融合，加压溶气罐中的溶气水出水进入气浮机进行气浮作用。

中间水池 1 的出水自流进入缓冲池，缓冲池主要是调节废水的 pH，使之维持在 7.2 左右，保证后续 UASB 厌氧反应器的正常、高效运行。

缓冲池出水通过泵提升进入 UASB 厌氧反应器中，UASB（上流式厌氧污泥床）是本废水回用处理系统的主体构筑物，废水中的有机污染物在厌氧条件下，经微生物吸收、分解，转化为沼气（含甲烷70%～77%），可作为再生能源回收利用。UASB 的主体是内装颗粒厌氧污泥的反应池，在其上部设置专用的气、液、固三相分离器，它可使反应池中保持高活性及良好沉淀性能的厌氧微生物，从而在工艺上较一般的厌氧装置具有处理效率高、投资省及占地面积小等显著优点。

UASB 厌氧反应器出水自流进入沉淀罐中，污泥在此缓慢沉淀，造成污泥在此大量累积，且污泥浓度较高，因此通过污泥回流装置回流至 UASB 反应器中，维持 UASB 厌氧反应器内污泥的浓度，保持其浓度恒定，从而增强厌氧部分的去除效率。

沉淀罐出水自流入 CASS 反应池，在此进行鼓风曝气，利用好氧微生物的吸附分解作用，降解水中的有机物，降低 BOD、悬浮物等指标。CASS 工艺是现行的 SBR 工艺的改进工艺，其过程由进水、反应、沉淀、排水、静置等过程组成，该工艺的独特之处在于，它提供了时间程序的污水处理，而不是连续流程提供的空间程序的污水处理。CASS 反应池的剩余污泥泵入污泥浓缩池中，上清液进入调节池。

CASS 反应池出水自流进入中间水池 2 暂存，然后由泵提升，依次经过沸石罐和活性炭罐进行进一步的净化，最后经过消毒池消毒处理即进入回用水池，最终出水可实现达标回用。

该废水处理系统产生的污泥进入污泥浓缩池，后由污泥泵提升进入污泥叠螺机进行脱水，脱出的水进入调节池中，泥饼定期外运处理。

5　处理效果预测

该废水回用处理系统各单元的处理效果预测如表 7 所示。

表7　处理效果预测

项目 \ 指标		COD$_{Cr}$/（mg/L）	BOD$_5$/（mg/L）	NH$_3$-N/（mg/L）	SS/（mg/L）	pH
细格栅	进水	12 000	8 000	53	8 000	3.0
	去除率	—	—	—	10%	—
集水井	进水	12 000	8 000	53	7 200	3.0
	去除率	—	—	—	—	—
调节池（兼酸化水解）	进水	12 000	8 000	53	7 200	3.0
	去除率	15%	30%	40%	10%	—
气浮机	进水	10 200	5 600	32	6 480	6.0
	去除率	60%	50%	10%	80%	—
中间水池1	进水	4 080	2 800	29	1 296	6.0
	去除率	—	—	—	—	—
缓冲池	进水	4 080	2 800	29	1 296	6.0
	去除率	—	—	—	—	—
UASB反应器	进水	4 080	2 800	29	1 296	7.2
	去除率	90%	85%	—	40%	—
沉淀罐	进水	408	420	29	648	7.0
	去除率	30%	30%	—	90%	—
CASS池	进水	286	294	29	65	7.0
	去除率	85%	85%	80%	30%	—
中间水池2	进水	43	45	6	46	7.0
	去除率	—	—	—	—	—
沸石罐	进水	43	45	6	46	7.0
	去除率	10%	10%	50%	30%	—
活性炭罐	进水	39	40	3	33	7.0
	去除率	50%	80%	—	85%	—
消毒池	进水	20	8	3	5	7.0
	去除率	—	—	—	—	—
回用水池	水质	20	8	3	5	7.0
达标	标准值	≤50	≤10	≤10	≤10	6.0~9.0
达标情况		达标	达标	达标	达标	达标

6　构筑物及主要设备设计参数

6.1　构筑物设计参数

表8　构筑物设计参数

名称	规格尺寸	结构形式	数量	设计参数
格栅池	1.6 m×0.6 m×2.5 m	钢砼	1座	置于调节池内；有效水深0.5 m
集水井	2.5 m×2.4 m×6.0 m	—	1座	设计流量70 m³/h；停留时间27 min；有效容积28 m³
调节（水解）池	12.5 m×10.0 m×2.5 m	钢砼	1座	有效水深2.0 m；停留时间4 h；有效容积250 m³
气浮池	7.0 m×4.5 m×4.5 m	钢砼	2座	有效容积125 m³
中间水池1	7.0 m×6.0 m×3.0 m	钢砼	1座	有效水深3.0 m；有效容积125 m³；停留时间2 h
缓冲池	12.5.0 m×10.0 m×2.5 m	钢砼	1座	有效水深2.0 m；有效容积250 m³；停留时间4 h

名称	规格尺寸	结构形式	数量	设计参数
UASB 反应器	Φ9.0 m×6.0 m	铸铁+防腐	4 座	有效容积 375 m^3
沉淀罐	12.5 m×12.5 m×3.5 m	地上钢砼	1 座	有效水深 3.0 m；有效容积 469 m^3；停留时间 7.2 h
CASS 反应池	5.0 m×16.0 m×5.5 m	钢砼	4 座	
中间水池 2	7.0 m×6.0 m×3.0 m	钢砼	1 座	有效水深 3.0 m；有效容积 125 m^3；停留时间 2 h
沸石罐	Φ2.8 m×3.5 m	—	1 座	
活性炭罐	Φ2.8 m×3.5 m	—	1 座	
消毒池	11.37 m×7.0 m×6.0 m	钢砼	1 座	有效容积 437.7 m^3；停留时间 7 h
回用水池	11.37 m×7.0 m×6.0 m	钢砼	1 座	有效容积 437.7 m^3；停留时间 7 h
污泥浓缩池	Φ8.0 m×4.3 m	钢砼	2 座	有效高度 2.0 m；容积 200 m^3；停留时间 24 h

6.2 主要设备设计参数

表 9 主要设备设计参数

安装位置	设备名称	规格型号	数量	功率	备注
格栅池	细格栅	BHG-600	1 台	—	材质 SUS304；栅隙 5 mm；宽度 0.4 m
集水井	提升泵	JYWQ100-70-15—2000-5.5	2 台（1 用 1 备）	5.5 kW	流量 70 m^3/h；扬程 15 m
调节（水解）池	提升泵	JYWQ100-70-18—2000-5.5	2 台（1 用 1 备）	7.5 kW	流量 70 m^3/h；扬程 18 m
	液位浮球开关	QJB2.2/6-260/3-980/C	1 只	2.2 kW	
	曝气搅拌系统	50WQ25-25-4	1 套（125 m^2）	4 kW	流量 25 m^3/h；扬程 25 m
	pH 在线监测仪	—	1 台	—	
气浮池	挤压溶气罐	—	2 台	—	
	空压机	—	2 台	—	
缓冲池	提升泵	JYWQ100-70-18—2000-5.5	2 台（1 用 1 备）	7.5 kW	流量 70 m^3/h；扬程 18 m
	pH 在线监测仪	—	1 台	—	
	搅拌机	QJB0.85/8-260/3-740C	1 台	0.85 kW	
UASB 反应器	三相分离器	—	4 套	—	
	布水系统	—	4 套	—	
	集气系统	—	4 套	—	
	排泥系统	—	4 套	—	含污泥液位控制仪
	回流系统	—	4 套	—	
沉淀罐	水力筛网	—	1 台	—	材质 SUS304；处理量 75 m^3/h
	出水堰	—	1 台	—	材质钢制+防腐；处理量 75 m^3/h
	加热盘管	—	1 套	—	材质 SUS304；DN50 mm
CASS 反应池	鼓风机	B3R-125	3 台（2 用 1 备）	18.5 kW	
	滗水器	BSX-50	4 台	—	
	射流器	—	128 个	—	单位服务面积 2.5 m^2
中间水池	提升泵	JYWQ100-70-18—2000-5.5	2 台（1 用 1 备）	7.5 kW	流量 70 m^3/h；扬程 18 m
消毒池	二氧化氯发生器	—	1 台	—	500 g/h
污泥浓缩池	污泥输送泵	—	1 台	4 kW	流量 10 m^3/h；扬程 60 m
	曝气搅拌系统	—	2 套	—	A=50 m
	叠螺脱水机	—	1 台	2.2 kW	材质铸铁

7　废水处理系统布置

7.1　平面布置原则

（1）废水回用处理系统应充分考虑与厂区环境、地形、功能布置和现有管道系统协调；
（2）废水回用处理系统应充分考虑建设施工规划等问题，优化布置系统；
（3）根据夏季主导方向和全年风频，合理布置系统位置；
（4）处理构筑物应布置紧凑，节能高效，节约用地，便于管理。

7.2　高程布置原则

（1）充分利用地形设计高程，减少系统能耗；
（2）系统设计力求简洁、流畅，减少管件连接。

8　电气控制

8.1　工程范围

本自动控制系统为废水回用处理工程工艺所配置，自控专业主要涉及的内容为该废水处理系统中污水泵与液位的联锁、报警、风机的交替动作、风机与进水泵的联锁工作等。

8.2　控制水平

本工程中采用 PLC 程序控制，系统由 PLC 控制柜、配电控制屏等构成。

8.3　控制方式

本工程装置内所有电动机均采用中央集中室控制方式，电动机联锁由仪表专业的 PLC 实现。

8.4　电源状况

本系统需一路 380/220V 电源。

8.5　电气控制

该废水回用处理系统电控装置为集中控制，采用进口 PLC 可编程序控制器，主要自动控制各类泵提升（液位控制）；风机启动及定期互相切换；需要时（如维修状态下）可切换到手动工作状态。
（1）水泵
①水泵的启动受液位控制；
②高液位：报警，同时启动备用泵；
③中液位：一台水泵工作，关闭备用泵；
④低液位：报警，关闭所有水泵；
⑤水泵中一台水泵出现故障，发出指示信号，另一台备用泵自动工作。
（2）声光报警
各类动力设备发生故障，电控系统自动报警指示（报警时间 10～30 s），并故障显示至故障消除。

（3）其他

①各类电气设备均设置电路短路和过载保护装置；

②动力电源由本电站提供，进入废水回用处理系统动力配电柜。

9 二次污染防治

9.1 噪声控制

（1）系统设施计在厂区边围，对外界影响小；

（2）风机选用低噪声型，本机噪声≤80 dB，风机进出口均采用消声器，底座用隔震垫，进出口风管用可挠橡胶软接头等减震降噪措施；水泵选用国优潜污泵，对外界无影响；

（3）确保周围环境噪声：白天≤60 dB，晚上≤50 dB。

9.2 污泥处理

（1）系统产生的剩余污泥先排至污泥浓缩池，然后由污泥脱水设备脱水；

（2）干污泥定期外运处理。

10 废水回用处理站防腐

10.1 管道防腐

本废水回用处理站池体所采用的管件外壁按《工业设备、管道防腐蚀工程施工及验收规范》（HGJ 229—91）做防腐处理，焊接钢管管壁外涂三道环氧煤沥青加强防腐。

埋地管道均先除锈，刷环氧煤沥青两道，再刷调和漆两道；管道、管道支吊架、钢结构等均防腐处理；设备间内明设管道经除锈后，刷红丹底漆一道，面漆两道，最后一道面漆颜色按管道设计涂色要求进行。

对药剂投加设备使用玻璃钢材质防腐，对碳钢设备内衬胶防腐。

10.2 构筑物防腐

根据《工业建筑设计防腐规范》及各构筑物功能的不同，对需要做防腐的水池内表面做玻璃钢防腐处理。

11 运行费用分析

本废水回用处理站运行费用由运行电费、人工费和消耗品费用三部分组成。

11.1 运行电费

该系统总装机功率为 26.19 kW，实际使用功率为 12.89 kW，具体如表 10 所示。

表 10　电气运行表

序号	设备名称	数量/台	运行功率/kW	装机功率/kW	运行时间/(h/d)	电耗/(kW·h)	备注
1	潜水搅拌器	1	0.85	0.85	10	8.1	调节池1台
2	污水提升泵	4	1.1	4.4	24	52.8	2备2用
3	消毒提升泵	2	1.5	3.0	24	36.0	1备1用
4	pH在线检测系统	1	0.1	0.1	24	2.4	pH调节池内
5	PAC加药系统	1	0.06	0.06	16	0.96	气浮设备
6	PAM加药系统	1	0.06	0.06	16	0.96	气浮设备
7	NaOH加药系统	1	0.06	0.06	16	0.96	气浮设备
8	PAC加药系统	1	0.06	0.06	16	0.96	竖流沉淀池
9	过滤提升泵	2	2.2	4.4	24	52.8	1备1用
10	好氧提升泵	2	1.5	3.0	24	36.0	砂滤、炭滤
11	气浮提升泵	2	1.5	3.0	24	36.0	1用1备
12	溶气回流泵	2	2.2	4.4	20	52.8	1用1备
13	药剂搅拌泵	3	0.55	1.65	2	1.1	PAC药剂2台
14	叠螺脱水机	1	0.4	0.4	1	0.4	
15	污泥提升泵	1	0.75	0.75	1	0.75	
	合计		12.89	26.19		282.99	

如上表所示，每日运行电耗为 283 kW·h，电费按 0.60 元/（kW·h）计，电机功率因子取 0.7，则运行电费 E_1=0.99 元/m³ 废水。

11.2　人工费

本废水回用处理站操作管理简单，自动化控制程度高，不需专人值守，只需 3 名工人兼职管理即可，工资按 200 元/（月·人）计，则人工费 E_2=0.14 元/m³ 废水。

11.3　药剂费

本系统的消耗来自 pH 调节和气浮系统投加的混凝剂和絮凝剂药剂，该部分费用 E_3=0.15 元/m³ 废水。

综上所述，本废水处理系统的运行费用 $E=E_1+E_2+E_3$=0.99+0.14+0.15=1.28 元/m³ 废水。

12　工程实施进度

本工程建设周期为 10 周，为缩短工程进度，确保该废水回用处理设施如期实行环保验收，工程设计、各分部工程、分项工程土建、安装以及调试工作，将进行统一协调、分布、交叉进行，具体工程进度安排如表 11 所示。

表 11 工程进度表

工作内容 \ 周	1	2	3	4	5	6	7	8	9	10
准备工作	▬									
场地开挖	▬▬▬									
设备基础		▬▬▬								
设备材料采购			▬▬▬							
构筑物施工		▬▬▬▬▬▬▬▬								
设备制作安装				▬▬▬▬▬▬▬▬						
外购设备		▬▬▬▬▬▬▬▬▬▬▬▬▬▬▬								
设备防腐							▬▬▬▬▬			
管道施工						▬▬▬▬▬▬▬▬				
电气施工							▬▬▬▬▬▬▬			
场地平整								▬▬▬▬▬		

13 工程保修及事故应急处理措施

（1）本工程自验收合格日算起保修期为一年，设备部分自进场日算起保修期为一年；

（2）本方案的提升设备设有备用，当其中一台出现故障时，由另一台备用设备工作，以保证处理系统能正常运行；同时厂内必须加紧时间维修出现故障的设备，防止出现两台设备同时发生故障；

（3）为保证处理设备的正常运行，应加强设备日常维护和巡检，在停产期（节假日等）安排检修或大修；

（4）建立规范的操作规程和健全的事故报警制度。

实例六　云南某饮品有限公司 300 m³/d 核桃饮料生产废水处理工程

1　项目概况

该饮品有限公司坐落在国家级自然保护区无量山、哀牢山之间，公司成立于 1992 年，是集核桃庄园建设、核桃深加工于一体的食品企业，属云南省核桃深加工龙头企业，主要生产非酒精饮料（如桃乳饮料和其他果汁饮料）和膨化食品类。该公司生产的天然核桃乳饮料是精选无量山、哀牢山国家级自然保护区优质核桃、天然矿泉水和优质蔗糖制成，色泽洁白、口感纯正、营养丰富，有补脑、健康、养颜等功效，深受消费者的喜爱。

该公司生产废水主要来自原料清洗工段、生产工段和成形工段。原料清洗工段废水中主要含有砂土杂物、果叶、果皮等悬浮杂质；生产工段废水的主要污染物是有机物；成形工段废水的主要污染物是食品添加剂等化学物质。该废水处理工程规模为 300 m³/d，设计采用"絮凝沉淀+溶气离子分离+曝气生物滤池+过滤+吸附"的组合工艺，处理后的出水达到《污水综合排放标准》（GB 8978—1996）一级标准。该废水处理系统占地面积约 130 m²，总装机容量为 39.25 kW，运行费用为 1.06 元/m³ 废水（不含折旧费）。

图 1　曝气生物滤池

2　设计依据

2.1　设计依据

（1）《项目环境影响报告》及批复；

（2）建设方提供的各种相关基础资料（水质、水量、出水要求等）；

（3）现场踏勘资料；

（4）《水处理设备　技术条件》（JB/T 2932—1999）；

（5）《污水综合排放标准》（GB 8978—1996）；

（6）国家及省、地区有关法规、规定及文件精神；

（7）其他相关设计规范与标准；

（8）我单位治理同类废水的工程经验及相关工艺设计资料。

2.2 设计原则

（1）认真贯彻国家关于环境保护工作的方针和政策，使设计符合国家的有关法规、规范、标准；

（2）综合考虑废水水质、水量的特征，选用的处理工艺应技术先进、稳妥可靠、经济合理、运转灵活、安全适用；

（3）妥善处理和处置废水处理过程中产生的污泥和浮渣，避免造成二次污染；

（4）废水处理系统的自动控制系统应管理方便、安全可靠、经济实用；

（5）废水处理系统的平面布置力求紧凑，减少占地和投资；高程布置应尽量采用立体布局，充分利用地下空间；

（6）适当考虑企业的发展前景，在设计上留有余地；

（7）严格按照建设方界定条件进行设计，适应项目实际情况。

2.3 设计、施工及服务范围

本项目的设计范围为企业生产废水处理站的设计、施工及调试，包括：废水处理站的工艺设计；各工艺单元的土建、电气、自控、设备设计；废水回用处理系统的调试。不包括废水处理站外的废水收集管网、排出管网、化粪池以及站外至站内的供电、供水及站内道路、绿化等，也不包括中水回用设施。

本项目的服务范围包括：

（1）废水处理系统的设计、施工；

（2）废水处理设备及设备内的配件的提供；

（3）废水处理装置内的全部安装工作，包括设备内的电器接线等；

（4）废水处理系统的调试，直至调试成功并顺利运行；

（5）免费培训操作人员，协同编制操作规程，同时做有关运行记录，为今后的设备维护、保养提供有力的技术保障。

3 主要设计资料

3.1 废水来源及性质

本项目废水主要来自核桃乳饮料生产的原料清洗工段、生产工段和成形工段。废水的排放具有时段性，导致废水水质、水量不稳定，且废水中含有大量悬浮物、核桃碎屑、蛋白质、氨基酸及其他有机物质等污染物质。

3.2 设计进水水质

根据建设方提供的资料，生产废水排放量为 300 m^3/d。

依据建设方提供的《环境影响评价报告书》中的相关数据，并参考同类废水的进水水质，最终确定该公司生产废水设计进水水质指标具体如表 1 所示。

表 1 设计废水进水水质

项目	COD$_{Cr}$/（mg/L）	BOD$_5$/（mg/L）	SS/（mg/L）	NH$_3$-N/（mg/L）	动植物油/（mg/L）	pH
进水水质	≤4 000	≤1 200	≤1 000	≤10	≤30	12.0

3.3 设计出水水质

根据建设方要求，经处理后的废水出水达到《污水综合排放标准》（GB 8978—1996）的一级标准，具体出水质要求如表 2 所示。

表 2 设计废水出水水质

项目	COD$_{Cr}$/（mg/L）	BOD$_5$/（mg/L）	SS/（mg/L）	NH$_3$-N/（mg/L）	动植物油/（mg/L）
回用水水质	≤100	≤20	≤70	≤15	≤30

4 处理工艺

4.1 废水特点

本项目废水主要来自核桃饮料生产的原料清洗工段、生产工段和成形工段。废水的排放具有时段性，导致废水水质、水量不稳定，且废水中含有大量悬浮物、核桃碎屑、蛋白质、氨基酸及其他有机物质等污染物质，废水水质具体分析如下：

（1）废水的排放具有时段性，导致废水的水质、水量不稳定；

（2）废水 COD、SS 浓度高且含有大量细小的悬浮杂质、食品添加剂等污染物，可考虑前端采用加压溶气气浮技术，对废水中的悬浮杂质和部分 COD 进行去除；

（3）原料处理工段的脱核桃仁皮工段废水中的主要污染物为 SS、COD、BOD$_5$，由于脱皮工段使用大量碱液导致废水整体偏碱性，pH 值较高；

（4）后续的加工阶段中的超声酶解、核桃油包装、核桃肽加工、核桃膨化食品加工工段产生的废水中的主要污染物为 SS、COD、BOD$_5$ 和动植物油。

4.2 工艺流程

根据该企业生产废水的水质和水量，结合我单位相关的工程经验，推荐主体工艺为"絮凝沉淀+溶气离子分离+曝气生物滤池+过滤+吸附"的组合工艺，具体工艺流程如图 2 所示。

4.3 工艺流程说明

企业生产废水首先进入格栅，主要去除废水中的漂浮物和悬浮物，从而减轻后续处理构筑物的负荷，保证后续处理设备的正常运行。

经格栅去颗粒杂质后的废水进入集水井，后由提升泵提升进入调节池，池内设潜水搅拌机，在此进行水量、水质的调节；本设计的调节池兼有水解的功能，在调节水质、水量的同时，利用厌氧菌、兼性菌将废水中的大分子、杂环类有机物分解成低分子有机物，降低 COD$_{Cr}$，提高废水的可生化性，并破坏有色基团，去除原水中的部分色度。池内分段悬挂弹性填料，正常运行时，调节池中

COD$_{Cr}$的去除率可达到 30%以上。为防止废水中的悬浮物沉积且使水质均匀，采用专用搅拌设备进行搅拌。

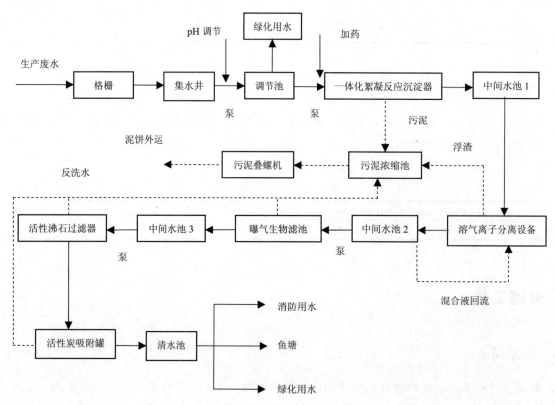

图2　核桃饮料生产废水回用处理工艺流程

调节池出水经提升泵提升至一体化絮凝反应沉淀器中，在进入一体化絮凝反应沉淀器前投加 PAM、PAC 等药剂，使大颗粒悬浮物质在此絮凝、沉淀。

一体化絮凝反应沉淀器的上清液进入中间水池 1 暂存，后由提升泵提升进入溶气离子分离设备（在设备前端计量投加高分子絮凝和助凝药剂），在此分离和去除密度接近于水的微细悬浮物。该设备是通过溶气系统产生的溶气水，经过快速减压释放在水中产生大量微细气泡，若干气泡黏附在水中絮凝好的杂质颗粒表面上，形成整体密度小于 1 的悬浮物，通过浮力使其上升至水面而达到固液分离的目的。加压气浮形成的气泡使疏水性颗粒悬浮物杂质形成矾花而自动上浮，上浮杂质排入污泥浓缩池。从而分离水中的细微悬浮类物质，达到降低 COD、SS 浓度和去除核面活性剂、胶体状等物质的目的。

溶气离子分离设备的清水进入中间水池 2 暂存，后由提升泵提升进入曝气生物滤池进行生化反应，进一步降解水中溶解性的 COD、有机物胶体、氨氮和磷等污染物质。

曝气生物滤池出水进入中间水池 3 暂存，然后由泵提升，依次经过沸石过滤和活性炭罐吸附进一步净化，最终出水进入清水池达标排放。

该废水处理系统产生的污泥进入污泥浓缩池，后由污泥泵提升进入污泥叠螺机进行脱水，泥饼定期外运处理。

5　处理效果预测

该废水处理系统各单元的处理效果预测如表 3 所示。

表3　处理效果预测

项目	指标	COD/（mg/L）	BOD₅/（mg/L）	NH₃-N/（mg/L）	SS/（mg/L）	pH
格栅池	进水	4 000	1 200	10	1 000	12.0
	出水	—	—	—	—	12.0
	去除率	—	—	—	10%	—
调节（水解酸化）池	进水	4 000	1 200	10	900	6.0～9.0
	出水	3 000	840	10	900	—
	去除率	25%	30%	—	—	—
一体化絮凝反应沉淀器	进水	3 000	840	10	900	6.0～9.0
	出水	1 950	580	10	270	—
	去除率	35%	30%	—	70%	—
离子分离设备	进水	1 950	580	10	270	6.0～9.0
	出水	970	300	10	80	—
	去除率	50%	45%	—	70%	—
曝气生物滤池	进水	970	300	10	80	6.0～9.0
	出水	97	24	4	72	—
	去除率	90%	92%	60%	10%	—
活性沸石过滤器	进水	97	24	4	72	6.0～9.0
	出水	97	24	4	45	—
	去除率	—	—	—	40%	—
活性炭吸附罐	进水	97	24	4	45	6.0～9.0
	出水	48	9.6	—	30	—
	去除率	50%	60%	—	30%	—
清水池	—	≤50	≤10	≤5	≤50	6.0～9.0
达标	—	≤100	≤20	≤15	≤70	6.0～9.0

6　构筑物及主要设备设计参数

6.1　构筑物设计参数

表4　构筑物设计参数

名称	规格尺寸	结构形式	数量	设计参数
格栅井	1.5 m×0.5 m×1.5 m	砖混	1座	置于调节池内；有效水深 0.5 m
集水井	2.5 m×2.5 m×2.5 m	钢砼	1座	设计流量 70 m³/h；停留时间 27 min；有效容积 28 m³
调节（水解）池	8.0 m×5.0 m×3.5 m	钢砼	1座	
一体化絮凝反应池	4.0 m×3.0 m×4.5 m	钢砼	1座	表面负荷 0.83 m³/（m²·h）
中间水池 1	2.0 m×1.5 m×3.5 m	钢砼	1座	有效容积 8 m³
中间水池 2	2.0 m×1.5 m×3.5 m	钢砼	1座	有效容积 8 m³
中间水池 3	2.0 m×1.5 m×3.5 m	钢砼	1座	有效容积 8 m³
曝气生物滤池	Φ2.5 m×6.0 m	钢制防腐	1座	填料有机负荷 3 kgBOD₅/（m³·d）
清水池	7.0 m×2.5 m×3.5 m	钢砼	1座	有效容积 50 m³
污泥浓缩池	3.5 m×2.0 m×4.5 m	钢砼	1座	有效容积 28 m³

6.2 主要设备设计参数

表5 主要设备设计参数

安装位置	设备名称	规格型号	数量	功率	备注
格栅井	格栅	—	1台	—	材质不锈钢；栅隙5 mm；
集水井	提升泵	50WQ15-10-1.1	2台（1用1备）	1.1 kW	流量15 m³/h；扬程10 m
调节（水解）池	沉淀进水泵	ISG50-125A	2台（1用1备）	1.1 kW	流量10 m³/h；扬程16 m
	潜水搅拌器	QJB1.5/8-260/3-740/c	2台	1.5 kW	
一体化絮凝反应池	pH调节系统	—	1套	0.75 kW	含pH在线监测1套、加碱系统1套、反应搅拌机1台
	絮凝加药系统	—	2套	1.5 kW	加药系统2套，反应搅拌机2台
溶气离子分离设备	溶气离子分离设备	—	1套	6.0 kW	含主体、溶气罐、空压机、中间水箱、回流泵等
	进水泵	ISG50-125A	2台（1用1备）	1.1 kW	
	加药系统	—	2套	0.75 kW	加药系统2套
曝气生物滤池	BAF进水泵	ISG50-125A	2台（1用1备）	1.1 kW	流量10 m³/h；扬程16 m
	鼓风机	RSR-50	2台（1用1备）	2.2 kW	风量0.99 m³/h；风压：58.8 kPa
	BAF反洗泵	ISG80-125IA	1台	7.5 kW	流量80 m³/h；扬程16 m
	球形轻质多孔生物滤料	Φ3~5 mm	15 m³	—	
	鹅卵石承托层	Φ4~16 mm，Φ16~32 mm	1 m³	—	
	单孔膜曝气器	Φ60 mm×45 mm	240套	—	
	长柄滤头	Φ21 mm×405 mm	180套	—	
中间水池	提升泵	JYWQ100-70-18-2000-5.5		7.5 kW	流量70 m³/h；扬程18 m
活性沸石过滤器	活性沸石过滤器	KYSL-1000	1台		材质钢制防腐；设计滤速：10 m³/（m²·h）
	进水泵	ISG50-160A	2台（1用1备）	2.2 kW	流量10 m³/h；扬程28 m
活性炭吸附罐		KYHT-1000	1台		材质钢制防腐；设计滤速：10 m³/（m²·h）
污泥浓缩池	活性沸石过滤器	50WQ10-10-1.1	1台	1.1 kW	流量10 m³/h；扬程10 m
	叠螺机滤机	X-131	1台	—	
	污泥加药系统	—	1套	0.75 kW	

7 二次污染防治

7.1 臭气防治

（1）废水处理站各池体均被密闭，以防臭气外逸；

（2）各可能产生异味的池体分别设置空气管进行曝气和好氧消化，尽可能减少异味的产生；

（3）设置臭气管道，通过抽风机管。

7.2 噪声控制

（1）系统设施计在厂区边围，对外界影响小；

（2）风机选用低噪声型，本机噪声≤80 dB，风机进出口均采用消声器，底座用隔震垫，进出口风管用可挠橡胶软接头等减震降噪措施；水泵选用国优潜污泵，对外界无影响；

（3）确保周围环境噪声：白天≤60 dB，晚上≤50 dB。

7.3 污泥处理

（1）剩余污泥部分进行回流，从而减少污泥量；

（2）系统产生的剩余污泥先排至污泥浓缩池，然后由污泥脱水设备脱水；

（3）干污泥定期外运处理。

8 废水处理系统布置

8.1 平面布置原则

（1）废水处理系统应充分考虑与厂区环境、地形、功能布置和现有管道系统相协调；

（2）废水处理系统应充分考虑建设施工规划等问题，优化布置系统；

（3）根据夏季主导方向和全年风频，合理布置系统位置；

（4）处理构筑物应布置紧凑，节能高效，节约用地，便于管理。

8.2 高程布置原则

（1）充分利用地形设计高程，减少系统能耗；

（2）系统设计力求简洁、流畅，减少管件连接。

9 电气控制

9.1 工程范围

本自动控制系统为废水处理工程工艺所配置，自控专业主要涉及的内容为该废水处理系统中污水泵与液位的联锁、报警、风机的交替动作、风机与进水泵的联锁工作等。

9.2 控制水平

本工程中采用 PLC 程序控制，系统由 PLC 控制柜、配电控制屏等构成。

9.3 控制方式

本工程装置内所有电动机均采用中央集中室控制方式，电动机联锁由仪表专业的 PLC 实现。

9.4 电源状况

本系统需一路 380/220V 电源。

9.5　电气控制

该废水回用处理系统电控装置为集中控制,采用进口 PLC 可编程序控制器,主要自动控制各类泵提升(液位控制);风机启动及定期互相切换;需要时(如维修状态下)可切换到手动工作状态。

(1)水泵

①水泵的启动受液位控制;

②高液位:报警,同时启动备用泵;

③中液位:一台水泵工作,关闭备用泵;

④低液位:报警,关闭所有水泵;

⑤水泵中一台水泵出现故障,发出指示信号,另一台备用泵自动工作。

(2)声光报警

各类动力设备发生故障,电控系统自动报警指示(报警时间 10～30 s),并故障显示至故障消除。

(3)其他

①各类电气设备均设置电路短路和过载保护装置;

②动力电源由本电站提供,进入废水回用处理系统动力配电柜。

10　运行费用分析

本废水处理站运行费用由运行电费、人工费和药剂费三部分组成。

10.1　运行电费

该系统总装机功率为 39.25 kW,实际使用功率为 28.1 kW,具体如表 6 所示。

表 6　电气运行表

序号	设备名称	数量	运行功率/kW	装机功率/kW	运行时间/(h/d)	电耗/(kW·h)	备注
1	污水提升泵	2 台	0.75	1.5	24	18	1 用 1 备
2	pH 控制系统	1 套	0.75	0.75	10	7.5	
3	絮凝加药系统	2 套	3.0	3.0	20	60	
4	沉淀进水泵	1 台	1.1	2.2	20	22	
5	气浮系统	1 套	3.7	6.0	20	74	
6	气浮进水泵	2 台	1.1	2.2	20	22	1 用 1 备
7	气浮加药系统	2 套	1.5	1.5	20	30	
8	潜水搅拌机	2 台	1.7	1.7	4	6.8	
9	BAF 进水泵	2 台	1.1	2.2	20	22	1 用 1 备
10	曝气风机	2 台	2.2	4.4	20	44	1 用 1 备
11	BAF 反洗泵	1 台	7.5	7.5	0.05	0.4	12 min/4 天
12	过滤提升泵	2 台	2.2	4.4	20	40	1 用 1 备
13	污泥脱水系统	1 套	1.1	1.1	10	11	
	合计		28.1	39.25		357.7	

10.2　人工费

本废水回用处理站操作管理简单,自动化控制程度高,不需专人值守,由厂内工人兼职管理即可,则人工费为 0。

10.3 消耗品费用

表 7 废水处理系统消耗品消耗量

序号	名称	单位	数量	备注
1	PAC	kg/d	25	投加量 100 mg/L
2	PAM	kg/d	2.5	投加量 10 mg/L
3	酸			根据水质 pH 值定量

综上所述，本废水处理系统的运行费用如表 8 所示。

表 8 废水处理系统运行费用

序号	名称	耗电量/（kW·h）	单价/元	运行成本/（元/d）	每 m³ 水处理费用/元
1	电耗	357×0.8=285	0.5	142	0.71
2	消耗品				
（1）	PAC	20 kg/d	2.00	40	0.20
（2）	PAM	2.0 kg/d	15.0	30	0.15
总计				212	1.06

11 工程实施进度

本工程建设周期为 12 周，为缩短工程进度，确保该废水回用处理设施如期实行环保验收，工程设计、各分部工程、分项工程土建、安装以及调试工作，将进行统一协调、分布、交叉进行，具体工程进度安排如表 9 所示。

表 9 工程进度表

12　工程保修及事故应急处理措施

（1）本工程自验收合格日算起保修期为一年，设备部分自进场日算起保修期为一年；

（2）本方案的提升设备设有备用，当其中一台出现故障时，由另一台备用设备工作，以保证处理系统能正常运行；同时厂内必须加紧时间维修出现故障的设备，防止出现两台设备同时发生故障；

（3）为保证处理设备的正常运行，应加强设备日常维护和巡检，在停产期（节假日等）安排检修或大修；

（4）建立规范的操作规程和健全的事故报警制度。

实例七　保定某食品科技股份有限公司污水处理站方案设计

1　污水处理规模确定

1.1　污水来源及其水质、水量预测

表1　污水来源及水量预测

产品名称	COD/（mg/L）	氯离子	氨氮	pH 值	日排水量	备注
FSP	3 000～4 000			6～7	20 t	
番茄	7 000 以上			6～7	50～80 t	
牛肉粉	4 000			6～7	50～80 t	
醋粉	3 000			5.5～7	30～50	
其他	3 000			6～7	50～80	

1.2　污水水质

表2　污水进水水质

污染物	COD/（mg/L）	BOD/（mg/L）	油脂/（mg/L）	SS/（mg/L）
牛肉粉生产污水	4 000	2 000	1 500	
其他生产污水	4 000	2 000		1 000

　　牛肉粉生产污水在车间外就近预处理处理后，用泵加压，通过蒸汽伴热管道送入污水处理站厌氧处理单元，设计进水水质：COD=4 000 mg/L，BOD=2 000 mg/L，油脂=1 500 mg/L。

　　其他生产污水排入污水处理站集中处理，设计进水水质：COD=4 000 mg/L，BOD=2 000 mg/L，SS=1 000 mg/L。

1.3　污水处理规模

　　牛肉粉生产污水设计污水处理能力：Q=100 m³/d。

　　污水处理站内预处理设计污水处理能力：Q=300 m³/d。

　　污水处理站内厌氧处理单元后，废水处理规模为：Q=400 m³/d。

1.4　出水水质

　　处理后排放水水质全面达到《综合废水排放标准》（GB 8978—1996）中二级排放标准，且 COD_{Cr} ≤300 mg/L、BOD≤150 mg/L、SS≤100 mg/L。

2 污水特点

2.1 牛肉粉生产污水

牛肉粉生产污水是一种含油量高的高浓度有机污水，含有大量的蛋白质、油脂、悬浮物等，可生化性好，宜先除油再生物法处理。水温降低后，动物性油脂会凝结成固态，增加处理难度，因此，该生产污水的除油处理宜在车间外就近进行，除油后的污水通过伴热管道送至污水处理站厌氧处理单元。另外，其污水中的油脂既有悬浮油，也有乳化油、溶解油，应采用隔油—气浮除油—聚结除油的三级除油工艺。

2.2 其他生产污水

其他生产污水中含有大量的悬浮物、蛋白质、氨基酸、有机酸、糖类等，属于高浓度有机污水，可生化性好，宜先去除悬浮物再用生物法处理。由于颗粒态、胶体态悬浮物含量均很高，且悬浮物中含有一定量的影响污水生化处理效果的无机盐类，宜进行有效的固液分离，拟采用预沉调节池和絮凝沉淀池进行两级沉淀处理。

3 污水处理工艺设计

建设污水除油站和污水处理站。污水除油站就近设置在牛肉粉生产车间外，对该车间污水进行除油处理；污水处理站设置在厂区污水总排口附近，收集厂区其他污水进行两级沉淀处理；经过除油、沉淀处理的所有污水在污水处理站内进行生物法处理至达标排放。

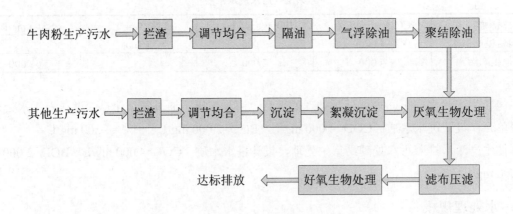

图1 工艺原理流程图

3.1 污水除油站工艺流程

由牛肉粉生产车间排出的含油污水先经回转式格栅除去水中粗大悬浮物，进入调节池。调节池的污水经污水泵提升进入平流加斜板组合式隔油池，浮油经池中设置的刮油刮渣装置刮入集油槽，集油槽内的浮油经油水分离器进一步浓缩。

隔油池出水依高程进入气浮处理系统。气浮采用平流式部分回流加压工艺，首先，投加絮凝剂后的废水由底部进入气浮器内的涡流反应区进行絮凝反应，使水中呈乳化状态的油类物质脱稳，并在絮凝剂的吸附架桥的作用下形成较大的颗粒后进入气浮区。然后，溶气水由气浮区底部进入溶气释放器，瞬间减压消能，使溶解在水中的空气以微小气泡释出，以这种微气泡作载体，使气浮池内的油类及絮凝体变轻浮上水面，从而达到分离之目的。上浮的悬浮物和油类，经括沫机括入油水分离器。

经气浮处理后的出水自流进活性炭渗滤池，残留油粒被活性炭捕获而滞留于材料表面和孔隙内，出水用泵加压通过蒸汽伴热管道送至污水处理站内厌氧处理单元。

饱和床和收集的油类送厂区锅炉房焚烧处理。

3.2　污水处理站工艺原理及流程

污水由厂区排水管经回转式格栅引入预沉调节池，预沉调节池用三层滤布隔离成预沉调节区和泵提升区，预沉调节后的污水经污水泵提升进入絮凝沉淀池，对污水中大部分悬浮物和部分胶体物质进行沉淀去除，絮凝沉淀池的出水用泵加压送至厌氧处理单元。

厌氧处理单元拟采用辅助外循环-内循环厌氧反应器（Out And Internal Circulation，简称 O&IC），其特征是在反应器中装有两级三相分离器，反应器下半部分可在极高的负荷条件下运行。整个反应器的有机负荷和水力负荷也较高，并可实现部分液体内部循环，另外，增加辅助外循环，克服水质、水量冲击负荷，以及便于污水调节温度、加速设备启动过程等。

进水经过布水器输入反应器，与下降管循环来的污泥和出水均匀混合后，进入第一个反应分离区内，大部分 COD 被降解为沼气，在这个分离区产生的沼气由低位三相分离器收集和分离，并产生气体提升。气体被提升的同时，带动水和污泥作向上运动，经过一级上升管到达位于反应器顶部的气体、液体分离器，在这里沼气从水和污泥中分离，离开整个反应器。

O&IC 反应器出水经板框压滤机过滤后自流排向好氧处理系统。板框压滤机初期可拦截 10 μm以上的厌氧污泥，形成泥饼后，可拦截粒径更小的厌氧污泥，泥饼达到一定厚度后清理外运。

本生产污水具有水质、水量变化大，高浓度有机污染成分相对城市污水较单一，残存 COD 难降解等特点，好氧生物法选择时应采用耐冲击负荷的工艺，并宜使活性污泥生长于内源代谢阶段。因此，好氧处理拟采用多点内循化生物接触氧化（MIC 膜法）工艺，MIC 膜法集生物接触氧化法、氧化沟两种工艺之长，利用压力空气为动力，多点提升池底富泥污水推动池内液体的内循环流动。污水在缺氧区和好氧区呈循环推流流态，在好氧区设置半软性填料，并在好氧区池底曝气对污水进行充氧，并使池体内污水处于紊动状态，保证出水水质。

废水处理过程中产生的剩余污泥采用机械脱水，脱水后的污泥含水率不大于80%，可以在进行高温堆肥后作为农用有机肥料利用或作为固体废弃物填埋处理，达到一次性无害化处理之目的。

3.3　废水工艺流程图

废水处理工艺流程图如图 2 所示。

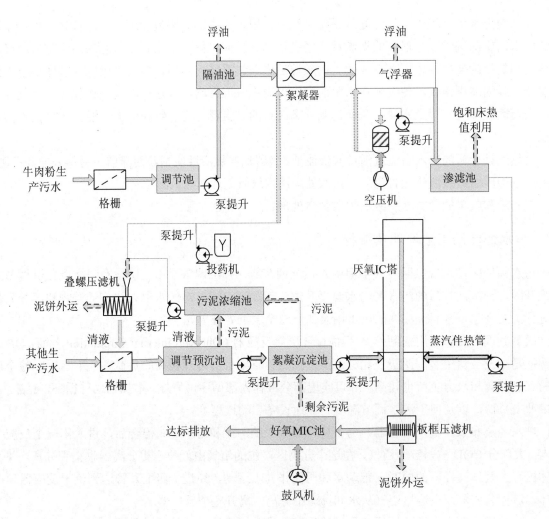

图 2　工艺流程

图 3　IC 厌氧反应塔

4 设备及构筑物

主要设备及构筑物如表 3、表 4 所示。

表 3 主要设备一览表

序号	名称	规格及型号	单位	数量	备注
1	格栅	LHG-1-1.1，b=3 mm，N=1.1 kW	台	2	
2	潜污泵	SPS-5-0.75-40	台	3	两用一备，带耦合装置
3	潜污泵	WQ20-15-2.2	台	5	四用一备，带耦合装置
4	刮油机	ZDLT-1.5	台	1	
5	絮凝反应器				
6	气浮器		套	1	原有，改造利用
7	加药机				
8	油水分离器	V=3 m³	台	2	
9	行车式吸泥机	ZDNJ-3.3-0.74	台	2	
10	沉淀池中心筒	DN300	套	2	
11	耐腐蚀离心泵	50SFB-18-1.5	台	3	二用一备
12	O & IC 反应器	D=4.0 m，H=20 m	套	1	钢制
13	循环泵	ISGB 80-100A-2.2	台	3	两用一备
14	水封器	DN1000	台	1	
15	缓冲罐	DN1000	台	1	
16	火炬		套	1	钢制
17	板框压滤机	15 m²	台	1	
18	曝气组件	L=3.75 m，B=2.2 m，H=3.5 m	套	16	
19	气提组件	D=200 mm，d=50 mm，H=6 m	套	40	
20	罗茨鼓风机	JAS-100-7.5，Q=3.81 m³/min	台	3	两用一备
21	罗茨鼓风机	JAS-80-3，Q=3.01 m³/min	台	3	两用一备
22	潜污泵	WQ10-10-0.75	台	3	两用一备
23	叠螺压滤机	ZDS312-1.2	台	1	
24	螺杆泵	Q=15 m³/h，H=55 m	台	2	
25	加药机	GSJ-1500-1000	台	1	
26	液位计		套	4	
27	电磁流量计	LED-99/200	台	3	

表 4 主要构筑物、建筑物一览表

序号	名称	规格尺寸	单位	数量	结构形式
1	格栅井	L=3 m，B=1.0 m，H=3.0 m	座	2	钢筋砼
2	调节池	L=6 m，B=4.5 m，H=4.0 m	座	1	钢筋砼
3	隔油池	L=6 m，B=1.5 m，H=2.0 m	座	1	钢筋砼
4	渗滤池	L=6 m，B=4.5 m，H=1.5 m	座	1	钢筋砼
5	预沉调节池	L=15 m，B=6 m，H=5.0 m	座	1	钢筋砼
6	絮凝沉淀池	D=4.5 m，H=6 m	座	2	钢筋砼
7	厌氧反应器基础	D内=4.1 m，H=5 m，底厚 1 500 mm，壁厚 350～700 mm	座	1	钢筋砼
8	MIC 膜池	L=25.5 m，B=13.5 m，H=5.0 m	座	1	钢筋砼
9	污泥浓缩池	L=2 m，B=2 m，H=4.5 m	座	1	钢筋砼
10	除油综合厂房	L=12 m，B=6 m，层高 5.0 m	栋	1	单层砖混
11	站区综合厂房	L=12 m，B=6 m，层高 5.0 m	栋	1	单层砖混
12	控制化验间	L=12.6 m，B=4.5 m，层高 3.0 m	栋	1	单层砖混

5 供电

总装机容量：90 kW，常用工作容量：70 kW。

表5 用电负荷计算表

序号	用电设备名称	安装台数		容量/kW		备 注
		常用	备用	使用容量	装机容量	
	用电设备容量					
1	格栅	2	0	2.2	2.2	
2	调节池潜污泵	2	1	1.5	2.25	
3	刮油机	1	0	1.5	1.5	
4	气浮系统	1	0	3.0	3.0	
5	预沉调节池潜污泵	4	1	8.8	11	
6	行车式吸泥机	2	0	1.48	1.48	
7	耐腐蚀离心泵	2	1	3	4.5	
8	O&IC循环泵	2	1	4.4	6.6	
9	板框压滤机	1	0	7.5	7.5	间歇使用
10	罗茨鼓风机	4	2	21	31.5	
11	MIC池潜污泵	2	1	1.5	2.25	
12	污泥处理	1	0	4.2	4.2	间歇使用
	通风			1.5	1.5	暂估
	空调			3	3	暂估
	化验室			3	3	暂估
13	照明			1.5	1.5	暂估
	小计			69.08	86.98	

6 占地面积

污水除油站预留地块：长18 m，宽12 m。
污水处理站预留地块：长40 m，宽30 m。

实例八 云南新平 400 m³/d 木薯淀粉废水处理工程

1 工程概况

建设规模：400 m³/d；

拟建地点：云南新平建兴乡；

项目概况：云南新平某土特产有限公司投资建设薯类淀粉生产项目，工程占地 3 000 m²，投资 90 万元，年生产薯类淀粉 2 000 t。

该公司产生的木薯淀粉废水有两部分：一部分为黄浆水，另一部分为洗涤木薯废水，污水排放量为 400 m³/d，其中黄浆水 100 m³/d，洗涤废水 300 m³/d。废水处理系统采用"气浮+水解酸化+曝气生物滤池"处理工艺，处理后出水达到《污水综合排放标准》（GB 8978—1996）中的二级排放标准后才能外排。

图 1 地埋式废水处理站

2 设计依据、原则和内容

2.1 甲方提供的资料

本项目环境影响报告表及批复。

2.2　国家及地方有关政策法规

（1）《中华人民共和国环境保护法》；

（2）《中华人民共和国水污染防治法》。

2.3　设计依据

（1）《建筑中水设计规范》（GB 50336—2002）；

（2）《建筑给水排水设计规范》（GB 50015—2003，2009 版）；

（3）《室外排水设计规范》（GB 50014—2006，2014 版）；

（4）《室外给水设计规范》（GB 50013—2006）；

（5）《城市污水再生利用　城市杂用水水质》（GB/T 18920—2002）；

（6）《地表水环境质量标准》（GB 3838—2002）；

（7）《污水再生利用工程设计规范》（GB/T 50335—2002）；

（8）《给水排水工程构筑物结构设计规范》（GB 50069—2002）；

（9）《污水排入城镇下水道水质标准》（CJ 343—2010）；

（10）《污水综合排放标准》（GB 8978—1996）；

（11）《声环境质量标准》（GB 3096—2008）；

（12）《环境空气质量标准》（GB 3095—2012）；

（13）云南省地方标准《用水定额》（DB53/T 168—2013）；

（14）政府相关管理职能部门要求和项目建设要求。

2.4　编制范围及原则

2.4.1　编制范围

根据业主方建设规划要求，本方案编制及报价范围为工艺及设备安装部分：包含格栅井进水始至清水池出水口止之间的相关工艺单元的全部工程内容。具体由以下几部分组成：

土建部分：按工艺需求设计土建结构，施工由业主方负责实施；

设备安装：设备选型、配置、安装；包括格栅井进水至清水池出水口止之间的全部工艺流程涉及的工艺单元全部工程内容，其中：

①包含整个废水处理系统的运行操作、管理、维护培训；

②方案报价中不包含废水站可能涉及的软弱地基处理及地下管线支护费用。

2.4.2　编制原则

（1）符合国家、地方的法律、法规及标准；

（2）不产生二次污染，杜绝影响环境的情况出现，处理运行中必须保证不会产生异常的气味和较大的噪声，不能影响小区及周边正常的经营工作；

（3）根据工程特点，处理工艺采用先进的、成熟、可靠的处理技术进行设计以保证处理出水稳定达标，选择合理的污泥处置方法；

（4）设备及器材采用名牌厂家产品，保证质量可靠，操作管理方便，自动化程度高，便于维护；

（5）处理效率高，运行费用低，建设费用低；

（6）采用全地埋式结构，以系统安全稳定运行为前提，整个方案编制统一规划、布局合理，将处理工艺、构筑物及设备与周围环境相协调，做到美观大方，并具有较好的卫生环境，实现中水站的使用功能、节水功能、环境功能与项目区内建筑物的有机结合。

2.4.3　工艺设计的针对性

项目废水为黄浆水和洗涤木薯废水，废水收集后进入废水处理站。

（1）针对木薯淀粉废水 COD 浓度高、SS 浓度高并且有大量木薯皮等杂质的特点，前端采用加压溶气气浮技术，对水中的悬浮杂质和部分 COD 进行去除；

（2）为了增加废水的可生化降解性能，利用水解酸化技术对废水进行处理，以方便后段生化处理；

（3）针对木薯淀粉废水 COD 浓度高的特点，在经过气浮处理和水解酸化处理后的废水，使其通过曝气生物滤池以达到降低 COD 浓度达到排放标准。

3　设计参数

3.1　废水来源及水量

该项目的废水来源主要是黄浆水和洗涤木薯废水，废水处理站处理规模为 400 m^3/d。

3.2　设计进水水质

表 1　设计进水水质指标

序号	指标名称	水样检测值	设计进水指标值
1	pH	4～5	4～5
2	COD_{Cr}	8 250 mg/L	8 000～9 000 mg/L
3	BOD_5	4 100 mg/L	4 000～4 500 mg/L
4	SS	4 750 mg/L	4 000～5 000 mg/L

3.3　设计出水标准

根据本项目环境影响报告表及批复要求，本项目废水经处理后排入城市下水道，执行《污水综合排放标准》（GB 8978—1996）二级标准，具体指标如下：

表 2　排放水质标准

序号	指标名称	排放标准
1	COD_{Cr}	≤150 mg/L
2	BOD_5	≤60 mg/L
3	SS	≤200 mg/L
4	pH	6～9
5	氨氮	25

4　工艺流程的选择

4.1　国内淀粉废水工艺分析

一般木薯淀粉废水的处理分为达标排放处理和工艺回用处理两种。

达标排放处理是按照当地政府环保管理机构要求的排放标准进行处理，经处理后达到要求标准后方可排入城市污水管网。

工艺回用处理是将木薯淀粉废水经过处理后重新回用于绿化灌溉或参与部分木薯洗涤，该类回用水要求对后续绿化过程与洗涤质量没有负面影响，在节水的同时有利于更好降低成本。

木薯淀粉废水的特点决定其处理工艺流程，系统处理后出水必须满足下列基本条件：

（1）卫生上安全可靠，无有害物质，其主要衡量指标有大肠菌群数、细菌总数、悬浮物量、生化需氧量、化学耗氧量等；

（2）外观上无不快的感觉，其主要衡量指标有浊度、色度、臭气、表面活性剂和油脂等；

（3）不引起设备、管道等严重腐蚀、结垢和不造成维护管理的困难，其主要衡量指标有 pH 值。

4.2　常见的处理技术

按目前已被采用的方法大致可分为三类：

（1）以物理及好氧联合的工艺进行处理，利用水解酸化和接触氧化等生化技术去除水中的有机污染物。由于木薯淀粉废水中有大量的 SS，因此在处理前先进行预处理并水解酸化增加废水的可生化性。

（2）采用膜处理技术。采用超滤（微滤），或 MBR 方法处理即将膜分离技术与生物处理工艺相结合而开发的新型系统。但采用膜技术具有：初期投资成本高、运行费用较高、操作管理复杂和后期维护运营成本高等缺点。按照我公司经验，一般需两年左右更换膜一次。

（3）采用物理化学处理法。即以离子浮选和化学强氧化技术等深度处理技术结合。采用该类技术与传统的二级处理相比，提高了出水质，同时具有：工程投资低、运行稳定、运行费用低、操作管理简便等优点。

5　工艺流程说明

5.1　工艺流程选择

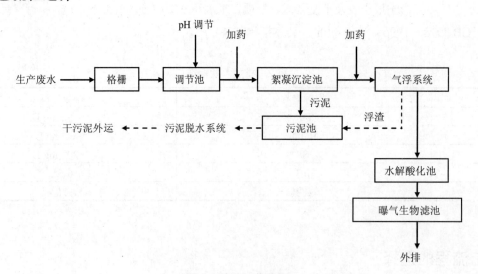

图 2　处理工艺流程

5.2　工艺流程说明

根据该类废水水质特点，采用物理化学法配合生物法结合处理。

废水经管网收集后首先经过格栅拦截大颗粒杂质后，进入调节池进行水质水量的调节，然后进入絮凝沉淀池进行絮凝沉淀将废水中大颗粒物质去除。利用提升泵使废水进入气浮池气浮处理，在投加专用药剂的条件下，去除水中的 SS 以及部分 COD 和 BOD。

废水经过气浮处理后进入水解酸化池进行水解酸化，提高废水整体的可生化性能。经过水解酸化的废水进入曝气生物滤池进行深度处理，降低废水中的 COD、BOD 含量，以达到排放标准。

5.2.1　絮凝沉淀系统

絮凝沉淀系统是一种利用物理化学的处理方法通过加入絮凝剂（有时还需要加入助凝剂），降低胶体溶液的稳定性，使之凝聚沉淀，然后分离净化的方法，工艺简单，效率高，费用低。

通过絮凝沉淀，可以将废水中的大颗粒的杂质去除并沉淀，从而改善废水的水质，为后面的处理过程创造更好的条件。而在絮凝沉淀的过程中能有效地减少废水中的 COD、BOD、SS 等杂质。

5.2.2　气浮系统

气浮是通过在水中形成高度分散的微小气泡，黏附废水中疏水基的固体或液体颗粒，形成水—气—颗粒三相混合体系，颗粒黏附气泡后，形成表面密度小于水的絮体而上浮到水面，形成浮渣层被刮出，从而实现固液或者液液分离的过程。

通过溶气系统产生的溶气水，经过快速减压释放在水中产生大量微细气泡，若干气泡黏附在水中絮凝好的杂质颗粒表面上，形成整体密度小于 1 的悬浮物，通过浮力使其上升至水面而使固液分离。成套的气浮装置将气浮池、投药设备、溶气罐、溶气泵和空压机有机的集成组合一体。可缩短安装时间，减小工作量，占地面积小，操作方便且不需要做基础。用户单位只要将调节好 pH 值的污水倒进出等管口，一经调试好后，正常运行，也不需要专人管理，运行基本达到自动化无人管理状态。目前加压溶气气浮法的气浮装置应用最广。与其他气浮装置相比，该气浮设备具有以下特点：

①加压条件下，空气的溶解度大，供气浮用的气泡数量多，能够保证气浮效果。

②溶入的气体经骤然减压释放，产生的气泡不仅微细、粒度均匀、密集度大、而且上浮稳定，对液体扰动微小，因此特别适用于对疏松絮体、细小颗粒的固液分离。

③气浮设备的工艺过程比较简单，便于管理、维护。

本项目气浮系统可以去除废水中木薯皮、沙砾、浆渣等杂质。

5.2.3　水解酸化系统

水解（酸化）处理方法是一种介于好氧和厌氧处理法之间的方法，和其他工艺组合可以降低处理成本，提高处理效率。水解酸化工艺根据产甲烷菌与水解产酸菌生长速度不同，将厌氧处理控制在反应时间较短的厌氧处理第一阶段和第二阶段，即在大量水解细菌、酸化菌作用下将不溶性有机物水解为溶解性有机物，将难生物降解的大分子物质转化为易生物降解的小分子物质的过程，从而改善废水的可生化性，为后续处理奠定良好基础。

水解是指有机物进入微生物细胞前、在胞外进行的生物化学反应。微生物通过释放胞外自由酶或连接在细胞外壁上的固定酶来完成生物催化反应。

酸化是一类典型的发酵过程，微生物的代谢产物主要是各种有机酸。

水解酸化的优点：

①池体不需要密闭，也不需要三相分离器，运行管理方便简单；

②大分子有机物经水解酸化后，生成小分子有机物，可生化性较好，即水解酸化可以改变原污水的可生化性，从而减少反应时间和处理能耗；

③水解酸化属于厌氧处理的前期，没有达到厌氧发酵的最终阶段，因而出水中也就没有厌氧发酵所产生的难闻气味，改善了污水处理厂的环境；

④水解酸化反应所需时间较短，因此所需构筑物体积很小，一般与初沉池相当，可节约基建投资；

⑤水解酸化对固体有机物的降解效果较好，而且产生的剩余污泥很少，实现了污泥、污水一次处理，具有消化池的部分功能。

5.2.4　曝气生物滤池

曝气生物滤池（Biological Aerated Filter，BAF），是一种采用颗粒滤料固定生物膜的好氧或缺氧生物反应器，该工艺集生物接触氧化与悬浮物滤床截留功能于一体，是国际上兴起的污水处理新技术。具有去除 SS、COD_{Cr}、BOD、硝化与反硝化、脱氮除磷、除去 AOX 的作用，其最大特点是集生物氧化和截留悬浮固定于一体，并节省了后续二次沉淀池。

经过水解酸化池处理的木薯淀粉废水进入第一级 BAF-C/N 滤池，绝大部分 COD、BOD 在此进行降解，部分氨氮进行硝化（或反硝化）接着废水进入第二级 BAF-N 滤池，进行氨氮的彻底硝化及 COD、BOD 地进一步降解，同时进行化学除磷，以保证出水水质。

技术特点：

①总体投资省，包括机械设备、自控电气系统、土建和征地费；

②占地面积小，通常为常规处理工艺占地面积的 1/5～1/10，厂区布置紧凑，美观；

③处理出水质量好，可达到中水水质标准或生活杂用水水质标准；

④工艺流程短，氧的传输效率高，供氧动力消耗低，处理单位废水的电耗低；

⑤过滤速度高，处理负荷大大高于常规处理工艺；

⑥抗冲击能力强，受气候、水量和水质变化影响小，特别适合于寒冷天气地区，并可间歇运行；

⑦可建成封闭式厂房，减少臭气、噪声对周围环境的影响，视觉感官效果好；

⑧全部模块化结构，运行管理方便，便于维护，便于进行后期的改扩建。

5.3　处理效果预测

表 3　处理效果预测表

项目	主要指标	COD_{Cr}/（mg/L）	BOD_5/（mg/L）	SS/（mg/L）	pH 值
格栅	进水	9 000	4 500	5 000	4～5
	去除率	5%	5%	5%	—
调节池	进水	8 550	4 275	4 750	4～5
	去除率	—	—	—	—
絮凝沉淀池	进水	8 550	4 275	4 750	4～5
	去除率	50%	60%	60%	—
气浮池	进水	4 300	1 710	807.5	6～9
	去除率	60%	60%	75%	—
水解酸化池	进水	1 720	684	201.875	6～9
	去除率	30%	30%	30%	—
曝气生物滤池	进水	1 200	480	141.3	
	去除率	90%	90%	50%	
	出水	≤150	≤60	≤200	6～9

6　污水处理系统计算

6.1　格栅井

表4　格栅井及配套设备参数表

格栅井	数量	规格尺寸	材质
	1座	1.5 m×0.6 m×1.5 m	砖混
配套设备	数量	栅隙	材质
格栅	1台	5 mm	不锈钢

6.2　调节池

表5　调节池及配套设备参数表

调节池	数量	规格尺寸	材质	有效容积
	1座	10.0 m×5.0 m×4.5 m	钢砼	200 m³
配套设备	数量	型号	参数	电机功率
污水提升泵	2台（1用1备）	50WQ20-10-1.5	Q=20 m³/h，H=10 m	1.5 kW

6.3　絮凝沉淀池

表6　絮凝沉淀池及配套设备参数表

调节池	数量	规格尺寸	材质	面积负荷
	1座	5.0 m×4.0 m×4.5 m	钢砼	0.83 m³/（m²·h）
配套设备	数量	参数		电机功率
pH调节系统	1套	含pH在线监测一套、加碱系统一套、反应搅拌机一台		1.5 kW
絮凝加药系统	数量	参数		电机功率
	2套	加药系统两套、反应搅拌机两台		3.0 kW
污泥泵	数量	型号	参数	电机功率
	1台	50WQ20-10-1.5	Q=20 m³/h，H=10 m	1.5 kW

6.4　气浮系统

表7　气浮系统及配套设备参数表

中间水池	数量	规格尺寸	材质	有效容积
	1座	4.0 m×1.0 m×4.5 m	钢砼	16 m³
配套设备	数量	型号	参数	电机功率
气浮设备	1套	KYQF-25	含气浮罐、溶气罐、空压机、中间水箱、回流泵	9.5 kW
气浮进水泵	数量	型号	参数	电机功率
	2台（1用1备）	ISG65-100A	Q=22 m³/h，H=10 m	1.1 kW
气浮加药系统	数量	参数		电机功率
	2套	加药泵、加药桶、搅拌器等		1.1 kW

6.5　水解酸化池

表 8　水解酸化池及配套设备参数表

水解酸化池	数量	规格尺寸		材质	有效容积
	1 座	5.0 m×5.0 m×4.5 m		钢砼	100 m³
配套设备 潜水搅拌器	数量	型号			电机功率
	2 台	QJB1.5/6-260/3-980/c			1.5 kW
水解池填料	数量			型号	
	1 套			KYT-1#	
填料支架	数量			参数	
	1 套			配套	

6.6　曝气生物滤池

表 9　曝气生物池及配套设备参数表

	数量	规格尺寸	材质	设计负荷
曝气生物池	1 座	5.0 m×5.0 m×6.0 m	钢砼	填料有机负荷： 4 kgBOD₅/（m³·d）
出水池	数量	规格尺寸	材质	有效容积
	1 座	5.0 m×5.0 m×4.5 m	钢砼	100 m³
配套设备 BAF 进水泵	数量	型号	参数	电机功率
	2 台（1 用 1 备）	ISG65-125	Q=25 m³/h，H=20 m	1.5 kW
鼓风机	数量	型号	参数	电机功率
	2 台（1 用 1 备）	HSR-100	风量：4.73 m³/h，风压：50 kPa	7.5 kW
BAF 反洗泵	数量	型号	参数	电机功率
	1 台	ISG200-250IA	Q=358 m³/h，H=16 m	22 kW
球形轻质多孔生物滤料	数量		规格	
	75 m³		Φ3～5 mm	
鹅卵石承托层	数量		规格	
	8 m³		Φ4～16 mm，Φ16～32 mm	
单孔膜曝气器	数量		规格	
	1 200 套		Φ60 mm×45 mm	
长柄滤头	数量		规格	
	1 008 套		Φ21 mm×405 mm	
整体滤板	数量		规格	
	1 套		5 000 mm×5 000 mm×150 mm	

6.7　污泥池

表 10　污泥池及配套设备参数表

污泥池	数量	规格尺寸	材质	有效容积
	1 座	4.0 m×4.0 m×4.5 m	钢砼	50 m³
配套设备 螺杆泵	数量	型号	参数	电机功率
	1 台	G35-1	Q=6 m³/h，H=60 m	5.5 kW
板框压滤机	数量		型号	
	1 台		XMYJ10/640-UK	

7　构筑物及设备一览表

7.1　构筑物一览表

表 11　构筑物一览表

序号	构筑物名称	尺寸	数量	备注
1	格栅井	1.5 m×0.6 m×1.5 m	1 座	全地下砖混结构
2	调节池	10.0 m×5.0 m×4.5 m	1 座	全地下钢砼结构
3	絮凝沉淀池	5.0 m×4.0 m×4.5 m	1 座	全地下钢砼结构
4	中间水池	4.0 m×1.0 m×4.5 m	1 座	全地下钢砼结构
5	水解酸化池	5.0 m×5.0 m×4.5 m	1 座	全地下钢砼结构
6	曝气生物滤池	5.0 m×5.0 m×6.0 m	1 座	全地上钢砼结构
7	污泥池	4.0 m×4.0 m×4.5 m	1 座	全地下钢砼结构

7.2　设备一览表

表 12　设备一览表

序号	设备名称	技术规格及性能参数说明
1	格栅	数量：1 台；材质：不锈钢；栅隙：5 mm
2	污水提升泵	型号：50WQ20-10-1.5；数量：2 台 参数：Q=20 m³/h，H=10 m；电机功率：1.5 kW
3	pH 控制系统	数量：1 套；功率：1.5 kW 含 pH 在线监测一套、加碱系统一套、反应搅拌机 1 台
4	絮凝加药系统	数量：2 套；功率：3.0 kW 加药系统两套、反应搅拌机 2 台
5	污泥泵	型号：50WQ20-10-1.5；数量：1 台 参数：Q=20 m³/h，H=10 m；电机功率：1.5 kW
6	气浮设备	型号：KYQF-25；数量：1 套 处理能力：25 m³/h；功率：9.5 kW 含气浮罐、溶气罐、空压机、中间水箱、回流泵等
7	气浮进水泵	型号：ISG65-100A；数量：2 台 参数：Q=22 m³/h，H=10 m；电机功率：1.1 kW

序号	设备名称	技术规格及性能参数说明
8	气浮加药系统	数量：2 套；功率：1.1 kW 加药系统 2 套
9	潜水搅拌机	型号：QJB1.5/6-260/3-980/c 转速：980 r/min；功率：1.5 kW
10	水解池填料	型号：KYT-1#；数量：75 m³
11	填料支架	配套
12	BAF 进水泵	型号：ISG65-125 数量：2 台 参数：Q=25 m³/h，H=20 m 电机功率：3.0 kW
13	罗茨鼓风机	型号：HSR-100；数量：2 台（1 用 1 备） 风量：4.58 m³/min；风压：50 kPa；功率：7.5 kW
14	BAF 反洗泵	型号：ISG200-250IA；数量：1 台 参数：Q=358 m³/h，H=16 m；电机功率：22 kW
15	球形轻质多孔生物滤料	规格：Φ3～5 mm；数量：75 m³
16	鹅卵石承托层	型号：Φ4～16 mm，Φ16～32 mm；数量：8 m³
17	单孔膜曝气器	型号：Φ60 mm×45 mm；数量：1 200 套
18	长柄滤头	型号：Φ21 mm×405 mm；数量：1 008 套
19	整体滤板	型号：5 000 mm×5 000 mm×150 mm；数量：1 套
20	螺杆泵	型号：G35-1；数量：1 台 参数：Q=6 m³/h，H=60 m，5.5 kW
21	板框压滤机	型号：XMYJ10/640-UK；数量：1 台
22	PLC 自动控制柜	控制方式：采用自动 PLC 控制；数量：1 套 电器元件：主控制器采用国外进口，其余电器元件均通过 3C 认证 位置：设备控制室内

实例九   UASB+SBR 工艺处理酱菜调味品企业废水

1   工程概况

云南某食品有限公司于 2006 年 6 月建厂，2007 年 3 月投入生产。现公司主要生产酱菜及调味品，公司年产 4 000 t 酱菜、1 000 t 调味品。

生产排放的废水属于高浓度有机废水，盐度大约为 5.0%（NaCl），COD 为 6 000～12 000 mg/L，pH 值 3～5，水溶性物质包括糖（蔗糖、果糖、葡萄糖）、果胶、有机酸、多元醇、单宁物质、无机盐、含氮物质（蛋白质、氨基酸）、水溶性维生素等。这些物质是易于生物降解的，但由于废水盐分过高，会对微生物生长产生抑制作用。

该厂每天产生废水 60 m³，废水处理后排入平甸河水库。根据政府主管部门要求，该厂外排生产废水必须设废水处理设施，处理出水满足《污水综合排放标准》（GB 8978—1996）一级标准。

图 1   UASB 反应器

2   设计基础

2.1   设计依据

（1）国家现行的建设项目环境保护设计规定；
（2）甲方公司提供的基础资料；
（3）设计技术规范与标准。
该废水处理项目的设计、施工与安装严格执行国家的专业技术规范与标准，其主要规范与标准如下：
（1）《室外给水设计规范》（GB 50013—2006）；
（2）《室外排水设计规范》（2014 年版）（GB 50014—2006）；

（3）《水处理设备 技术条件》（JB/T 2932—1999）；

（4）《声环境质量标准》（GB 3096—2008）；

（5）《污水综合排放标准》（GB 8978—1996）。

2.2 设计原则

（1）认真贯彻国家关于环境保护工作的方针和政策，使设计符合国家的有关法规、规范、标准。

（2）综合考虑废水水质、水量的特征，选用的工艺流程技术先进、稳妥可靠、经济合理、运转灵活、安全适用。

（3）处理站处理系统平面布置力求紧凑，减少占地和投资。

（4）废水处理过程中采用自动和手动控制，力求管理方便、安全可靠、经济实用。

（5）高程布置上应尽量采用立体布局，充分利用地下空间。平面布置上要紧凑，以节省用地。

（6）严格按照甲方界定条件进行设计，适应项目实际情况要求。

2.3 设计范围

本工程方案设计范围包括废水处理站的工艺设计，以及工艺设备、电气自控设备以及安装、调试等。处理站外的进水接入管、外排管、电缆、自来水管等不在本方案设计范围内。

2.4 设计水量

根据业主提供的资料，该公司每天产生废水水量为 60 m³/d。设计每天运行时间 12 h。

2.5 工艺设计的针对性

项目废水主要来源于酱菜初品豆腐水、洗罐水、地坪冲洗等工段废水。废水收集后进入废水处理站。

针对废水 COD 浓度高、SS 浓度高并且呈酸性的特点，前端采用加压溶气气浮技术，对水中的悬浮杂质和部分 COD 进行去除。

为了增加废水的可生化降解性能，利用水解酸化技术对废水进行处理，以方便后段生化处理。

针对废水 COD 浓度高的特点，在经过气浮处理和水解酸化处理后的废水，使其通过曝气生物滤池以达到降低 COD 浓度达到排放标准。

2.6 设计进水水质

本方案进水水质指标如表 1 所示。

表 1 进水水质

项目	单位	设计进水水质
pH	量纲为一	5~5.8
悬浮物	mg/L	<4 000
COD_{Cr}	mg/L	<10 998
BOD_5	mg/L	<4 596
TP	mg/L	4.725
TN	mg/L	19.2
NH_3-N	mg/L	18.19

2.7　设计出水水质

根据《污水综合排放标准》（GB 8978—1996）。根据该标准，本方案出水主要水质指标以该标准为依据，具体数值参照表 2。

表 2　设计出水水质

项目	单位	出水指标
pH		6～9
悬浮物	mg/L	≤70
COD_{Cr}	mg/L	≤30
BOD_5	mg/L	≤100

3　污染物分析及处理方案确定

3.1　生产废水产生特点

该厂生产产生的废水主要分为蔬菜清洗水、车间地坪冲洗水、发酵池冲洗水。根据对企业的了解，该项目最大的废水产生环节是清洗用水，其次是车间冲洗水以发酵池冲洗水和生活废水。

3.2　生产污染物产生情况分析

3.2.1　酱菜工艺产污环节

该工厂生产基本工艺归纳如图 2 所示。产污环节主要包括以下步骤：原料的清洗与预处理、原料的腌制、杀菌、罐装。

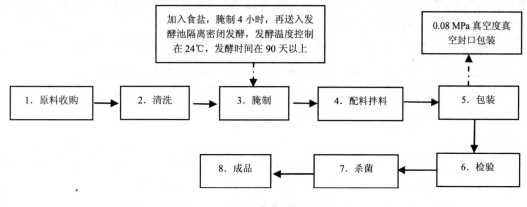

图 2　酱菜制作流程

3.2.2　调味品工艺产污环节

该工厂生产基本工艺归纳如图 3 所示，首先将原料进行预处理（清洗、分拣、切碎），经过预处理后的原料送至车间进行加工制作（一般采用盐渍、炒制）然后加入各种作料（主要为香料和添加剂），然后经过一段时间的发酵后分装杀菌检验合格后出厂。产污环节主要包括以下步骤：原料的清洗与预处理、原料的腌制、调配、包装、罐装。

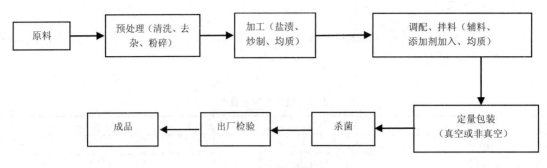

图3 调味品制作流程图

（1）原料的清洗与预处理

原料首先要进行清洗，清洗用水是酱菜生产用水的最主要部分，此工序主要产生含有机物的洗果废水，多为果品碎屑、泥沙等，SS含量较高。

（2）原料破碎和压榨提汁工艺

调味品加工前先行破碎，此工序会产生原产品渣液。

（3）腌制工艺

在酱菜加工技术中，腌制环节是必不可少的，此过程产生渗滤液及腌制完成后洗缸也产生了一定量的高浓度且含盐的废水，属废水产生浓度最高环节。

（4）杀菌工艺

在酱菜加工过程中一般采用"巴氏杀菌"，杀死酱菜中的致病菌、产毒菌、腐败菌，并破坏酱菜中的酶使酱菜在储藏期内不变质，此过程也将产生一定量的废水。

酱菜废水是由酸、碱、消毒剂和高分子有机物组成的高浓度有机废水。主要产生于洗果、产线清洗（设备、地面的冲洗，消毒清洗）、罐底物排放、蒸发冷凝水、反渗透浓水排放和锅炉房排水（软化处理盐水、水收尘排水）、车间生活废水。其主要特点是水量和水质波动很大、废水有一定的温度、SS含量较高，多为果品碎屑、泥沙等。

其中造成水量波动的原因有以下几点：

（1）进厂原料的品质好坏，直接影响到用水量的大小和排放废水的污染物浓度；

（2）当设备进行集中清洗时废水量比正常生产时的水量高出一倍甚至更多；

（3）生产和排水具有间歇性和周期性，各工序排水有时间段，当清洗池换水时所排废水水量和水质波动相当大。

针对设计的目的是既要能达到国家的排放要求，又要能让企业从中受益。所以，本设计的原则旨在坚持效率优先、经济合理的原则。采用SBR工艺处理小城镇废水，要比普通活性污泥法节省基建投资30%以上。另外，系统的布置紧凑，占地面积较少。由于SBR工艺曝气是间断的，曝气供氧时的推动力比平时高20%~30%，氧的转移率高，所以运行费用比传统活性污泥法低。而相对CASS来说，SBR工艺的自动化程度不需要有CASS工艺的那么高，从节约建设成本来说，SBR更具优势。所以，在此选择以SBR法作为经UASB处理后的好氧处理工艺，有利于企业的长期运营发展。

综上所述，本设计将主要采用"高盐水预处理+UASB+SBR"的联合生物处理方法对该酱菜废水进行处理，以达到国家的排放标准，为环境的可持续发展履行应有的责任和义务。

4 废水处理工艺及说明

4.1 设计概况

据业主方提供环评批复，工厂废水的实际进水水量 Q=60 m³/d，废水经处理后达到《污水综合排放标准》（GB 8978—1996）一级标准，如表3所示。

表3 废水水质及排放标准

项目	COD_{Cr}/（mg/L）	BOD_5/（mg/L）	SS/（mg/L）	pH
原水水质	7 000	5 000	4 000	5～12
排放标准	≤100	≤30	≤70	6～9

4.2 工艺流程图

BOD_5 去除率：（5 000-30）/5 000×100%=99.4%

COD_{Cr} 去除率：（8 000-100）/8 000×100%=98.57%

SS 去除率：（4 000-70）/4 000×100%=98.25%

其工艺流程如图4所示。

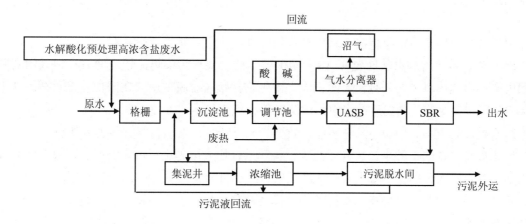

图4 酱菜废水处理工艺流程图

4.3 工艺说明

根据业主方提供的资料可知，整个厂内生产的废水分为两大块，即清洗水、冲地水等环节产生的废水，该废水的污染物主要为悬浮物、表面活性剂等，污染物具有较好的可生化性（以下简称常态废水）；另一部分就是清洗罐子时产生的高含盐废水，日产生量为 8 m³（以下简称高盐废水）。综合排放的废水是一种高浓度有机废水，其盐度为 5%～8%（NaCl），COD 为 10 000～13 000 mg/L，pH 为 3～5 的水溶性物质包括糖（蔗糖、果糖、葡萄糖）、果胶、有机酸、多元醇、单宁物质、无机盐、含氮物质（蛋白质、氨基酸）、水溶性维生素等。这些物质是易于生物降解的，但由于废水盐分过高，会对微生物生长产生抑制作用。

本工艺首先将高盐废水单独收集排入水解酸化预处理工艺，一定程度稀释经过单独培养的生物菌群降解高盐废水中的污染物，水解（酸化）处理方法是一种介于好氧和厌氧处理法之间的方法，和其他工艺组合可以降低处理成本提高处理效率。水解酸化工艺根据产甲烷菌与水解产酸菌生长速度不同，将厌氧处理控制在反应时间较短的厌氧处理第一和第二阶段，即在大量水解细菌、酸化菌作用下将不溶性有机物水解为溶解性有机物，将难生物降解的大分子物质转化为易生物降解的小分子物质的过程，从而改善废水的可生化性，为后续处理奠定良好基础。

高盐废水经过水解酸化工序的处理和常态废水处理混合进入格栅井，去除较大的污染物，自流进入沉淀池，自流进入调节池。通过高浓度废水和低浓度废水混合而降低高浓度废水的处理难度，为达到最佳处理效果，将除 N 微生物与除 P 微生物（或者其他特定微生物）按比例匹配，均匀水质水量后进入到下一步工序，调节池的主要目的是为提高本段工序废水处理效果或者使本段出水水质符合下一工段废水处理工艺需求。经过调节池调节水质水量以后泵入 UASB 一体化设备。废水自下而上通过 UASB。反应器底部有一个高浓度、高活性的污泥床，废水中的大部分有机污染物在此间经过厌氧发酵降解为甲烷和二氧化碳。因水流和气泡的搅动，污泥床之上有一个污泥悬浮层。反应器上部设有三相分离器，用以分离消化气、消化液和污泥颗粒。消化气自反应器顶部导出；污泥颗粒自动滑落沉降至反应器底部的污泥床；消化液从澄清区出水。

UASB 反应器中的厌氧反应过程与其他厌氧生物处理工艺一样，包括水解、酸化、产乙酸和产甲烷等。通过不同的微生物参与底物的转化过程而将底物转化为最终产物——沼气、水等无机物，UASB 处理的污水泵入 SBR 反应器中达标排放。

5 工艺技术特点

（1）废水处理池体采用钢砼结构，结构具有强度大，使用时间长等特点。

（2）本工艺采用"高盐水预处理+UASB+SBR"工艺，处理污染物比较全面。填料采用新颖立体弹性聚丙烯挂膜式填料。它具有比表面积大，微生物挂膜、脱膜方便，在同样有机负荷条件下有机物去除率高，能提高空气中的氧在水中的溶解度等特点。

（3）废水处理设备具有振动小，噪声低，效果高，异味少，换填料曝气装置方便等。

（4）废水处理设备的提升泵、风机、控制设备等主件均采用先进、可靠的产品，设备保证安全无故障长期运行。污水泵选择上海水泵厂生产，风机选择百事德风机（中外合资）生产。

（5）水泵、风机定时自动切换，交替工作及设备故障、损坏报警系统，设备可靠性好。必要的动力设备均有备用，平时一般无须专人管理，只需每月或每季度维护与保养一次。

6 平面布置和高程布置

6.1 平面布置说明

平面布置的一般原则：

（1）处理构筑物的布置应紧凑，节约用地并便于管理。

（2）池形的选择应考虑占地多少及经济因素。圆形池造价较低，但进出水构造较复杂。方形池或矩形池池墙较厚，可利用公共墙壁以节约造价，且布置可紧凑，减少占地。除了占地、构造和造价等因素以外，还应考虑水力条件、浮渣清除以及设备维护等因素。

（3）每一单元过程的最少池数为两座，当发生事故，一座池子停止运转时，其余的池子负荷增加，必须计算其对出水水质的影响，以确定每一座池子的尺寸。

（4）处理构筑物应尽可能地按六成顺序布置，以避免管线迂回，同时应充分利用地形，以减少土方量。

（5）经常有人工作的建筑物如办公、化验等用房布置在夏季主风向的上风向一方，在北方地区，应考虑朝阳。

（6）在布置总图时，应考虑安装充分的绿化地带。

（7）总图布置应考虑远近期结合，有条件时，可按远景规划水量布置，将处理构筑物分为若干系列，分期建设。远景设施的安排应在设计中仔细考虑，除了满足远景处理能力的需要而增加的处理池以外，还应为改进出水水质的设施预留场地。

（8）构筑物之间的距离应考虑敷设管渠的位置，运转管理的需要和施工的要求，一般采用 5～10 m。

（9）污泥处理构筑物应尽可能布置成单独的组合，以策安全，并方便管理。污泥硝化池距初次沉淀池较近，以缩短污泥管线，但硝化池与其他构筑物之间的距离不应小于 20 m，贮气罐与其他构筑物的间距则应根据容量大小按有关规定办理。

6.2 高程布置设计说明及计算

在进行平面布置的同时，必须进行高程的布置，以确定各处理构筑物及连接管渠的高程、并绘制处理流程的纵断面图。在整个废水处理过程中，应尽可能使废水和污泥为重力流，但在多数情况下，往往须抽升。高程布置的一般规定如下：

（1）为了保证废水在各构筑物之间能顺利自流，必须精确计算各构筑物之间的水头损失，包括沿程损失、局部损失及构筑物本身的水头损失。此外，还应考虑污水厂扩建时预留的储备水头。

（2）进行水力计算时，应考虑距离最长，损失最大的流程，并按最大设计流量计算。当有两个以上并联运行的构筑物时，应考虑某一构筑物发生事故，其余构筑物能否保证负担全部流量的情况。计算时还须考虑管内淤积，阻力增大的可能。因此，必须留有充分的余地，以防止水头不够而发生涌水现象。

（3）出水管渠高程，须不受水体洪水顶托，并能自流进行农田灌溉。

（4）各处理构筑物的水头损失，可以进行估算。

（5）场地竖向布置，应考虑土方平衡，并考虑有利排水。

7 电气、仪表系统设计

7.1 电气设计规范

（1）《电力装置的继电保护和自动装置设计规范》（GB/T 50062—2008）；

（2）《通用用电设备配电设计规范》（GB 50055—2011）；

（3）《供配电系统设计规范》（GB 50052—2009）；

（4）《电力装置的电测量仪表装置设计规范》（GB/T 50063—2008）；

（5）《信号报警及联锁系统设计规范》（HG/T 20511—2014）；

（6）《仪表系统接地设计规范》（HG/T 20513—2014）；

（7）《仪表供电设计规范》（HG/T 20509—2014）。

7.2 电气设计原则

在保证处理系统工艺要求的条件下，做到技术先进、操作简单、管理方便、安全可靠和经济合理。

8 工程估价及供货范围

8.1 估价范围及估价依据

8.1.1 估价范围

废水处理厂废水处理工程、污泥处理工程、其他附属建筑工程、其他公用工程等，另外包括部分厂外工程（供电线路、通信线路、临时道路等）。

8.1.2 编制依据

本设计的工程估价依据为《建设工程工程量清单计价规范》（GB 50500—2013）。

8.1.3 各构筑物经济参数概算

各构筑物费用概算如表 4 所示。

表 4 各构筑物概算表

序号	名称	人均（设备）面积/m²	定员数（人、台、座）	占地面积/m²	单价/（元/m²或台，座）	投资/万元
1	水解酸化预处理设施	16	1	16	255 000	25.5
2	格栅槽	2.2	1	2.2	1 500	1.5
3	沉淀池	2	4	8	1 500	1.2
4	调节池	1	1	1	3 000	1.2
5	UASB 反应器	3	4	12	183 200	18.32
6	SBR 反应器	20	2	40	127 300	25.46
7	重力浓缩池	0.9	2	1.8	3 800	0.684
8	集泥井	1.5	2	3	3 000	0.9
9	鼓风机房	30	1	30	1 500	4.5
10	污泥脱水间	30	1	30	1 500	4.5
11	配电房	5	1	5	1 500	0.75
12	其他	—	—	—	—	
	合计					84.514

8.1.4 设备部分经济参数概算

我方保证提供设备为全新的、先进的、成熟的、完整的和安全可靠的。

设备供货范围：

（1）水系统：从废水处理站调节池废水升压泵至废水处理设备排出口止，废水处理整套设备及附件。

（2）电系统：从控制柜至废水处理设备的各电气设备及动力、控制电缆。需方仅提供总进线电缆。

（3）自动控制系统：包括水位信号和控制及整套自动化仪表（室外型）。

表 5 各种设备器材概算表

序号	名称	型号	数量/台或批	单价/（元/台）	投资/万元
1	污泥泵	32WQ5-7-0.37	2	5 000	1
2	污水泵	32WQ4-15-0.75	6	9 000	5.4
3	格栅机	GSC-500	1	8 000	0.8
4	三相分离器	KYSXQ-300	8	3 500	2.8
5	鼓风机	B3R-65	4	12 000	4.8
6	滗水器	XBS-100	5	19 000	9.5
7	压滤机	DYA1000	1	80 000	8
8	刮泥机			50 000	
9	运泥车			40 000	
10	管道			—	2
11	分析仪器			—	
12	方案设计			—	4.2
13	调试			—	2
14	绿化			—	2
15	安装			—	5
16	土地征用				
	其他			—	4
合计					51.5

正式运行前期，总投入为：84.514+51.5=136.014 万元。

8.2 运行成本

8.2.1 动力成本

（1）格栅除污每天工作 10 h，用电量 11 kW·h；

（2）污水提升泵 8 h 运转，用电量 6 kW·h；

（3）鼓风机 12 h 运行，用电量 13.2 kW·h；

（4）回流污泥泵 24 h 运行，R=75%时用电量 21.6 kW·h；

（5）回流液泵 24 h 运行，R=50%时用电量 18 kW·h；

（6）剩余污泥泵 24 h 运行，用电量 26.4 kW·h；

（7）滗水器每天运行 0.5 h，用电量 1.1 kW·h；

（8）浓缩污泥提升泵每天工作 12 h，用电量 9 kW·h；

（9）带式压滤机每天工作 15 h，用电量 16.5 kW·h；

（10）其他用电量与照明共计 10 kW·h；

合计每天用电量 132.8 kW·h；

电表综合电价 132.8×0.5=66.4 元/d；

即每月电费 66.4 元/d=1 992 元/月=2.4 万元/a。

8.2.2 其他成本

（1）工资福利费

全厂废水处理可由工作人员兼职。

（2）维护（修理）费

维修费率按 1.1%计，则年费用为 1.33 万元/a。

（3）工程年折旧费

折旧率按 2.8%计，则年费用为 3.38 万元/a。

（4）其他费用为 3 万元

合计年运行费用为 2.4+1.33=3.73（万元）。

则处理每立方米废水成本为：37 300/（60×365）=1.7（元）。

9 职业安全卫生、消防、节能

9.1 职业安全卫生

设计遵照国家职业安全卫生有关规范和规定，各处理构筑走道均设置防护栏杆、防滑楼梯。污泥处理间采用全自动污泥脱水系统，减轻工人劳动强度。

所有电气设备的安装、防护，均满足电器设备的有关安全规定。

建筑物室内设置适量干粉灭火器。

为防寒冷，所有建筑物内冬季采取热水采暖措施。污泥处理间、加药间和消毒间、药库均设计了轴流风机通风换气，换气次数为 8 次/时，化验室、办公室均设置冷暖空调，改善工作环境。

废水处理综合用房设置卫生间、食堂、浴室可共用厂内生活区的设施。

9.2 消防

本工程主要依据《建筑设计防火规范》（GB 50016—2014））和《建筑灭火器配置设计规范》（GB 50140—2005）进行消防设计。

9.3 节能

废水处理工程在工艺选择和设备选型上遵照国家的能源政策，选用节能工艺和产品。如选用节能性工艺设备，如水泵。采用自动控制管理系统，以使废水处理系统在最佳经济状态下运行，降低运行成本。

10 二次污染防治

10.1 臭气防治

由于废水的特殊性，不可避免地带有特殊的异臭味，控制异味扩散显得更为重要，我公司采用以下方式解决：

（1）本方案首先在选址中避开集中区和敏感地点，具体位置根据实际情况而定。

（2）处理工艺选用物理化学处理方法，污泥同步稳定，剩余污泥量少，异味少。

（3）从设计中就对所有可能散发出臭味的废水池全部设计成全地埋式结构，并对其密封加盖，避免异味集中引起不快感。

10.2 噪声控制

（1）系统设施设计在单位的边围，对外界影响小。

（2）选择具有低噪声源的设备，运行时声音很小，在机房外基本上听不到噪声。

（3）确保周围环境噪声：白天≤60 dB，晚上≤50 dB。

10.3　污泥处理

（1）污泥由气浮系统的排泥和浮渣污泥以及好氧池活性污泥产生，定期脱水处理以及好氧池污泥回流使用。

（2）干污泥定期外运处理。

11　工程进度

为缩短工程进度，确保污水处理设施如期实行环保验收，工程设计、各分部工程、分项工程土建、安装以及调试工作，将进行统一协调、分布、交叉进行。

总工程进度安排如表6所示。

表6　工程进度表

工作内容 ＼ 天	1	2	3	4	5	6	7	8
施工图设计	▬							
土建施工		▬▬▬						
设备采购制作			▬▬▬▬					
设备安装						▬▬		
调试验收							▬▬	

12　服务承诺

12.1　设计阶段

（1）组建专项设计组

为保证优质、高效地完成工程设计，组建专项设计组，充分发挥技术优势，严格把关，精心设计。

（2）质量控制

严格按照ISO9001质量体系标准的要求，制订和实施质量计划。

（3）投资控制

①精心设计，合理编制工程概算，以达到工程造价的设计控制。

②严格执行设计变更审批制度，控制工程实施过程中的设计变更以达到工程造价的设计控制。

（4）进度控制

把握好各阶段的设计进度，以保证工程的顺利实施。

12.2　施工阶段

（1）负责整个工程的安装，严格抓好施工质量。

（2）积极配合建设方进行设备及土建工程的验收，编制竣工验收报告及竣工图。

（3）精心编制施工图预算，做好投资控制。

（4）严格按照设备清单采购和生产，严把采购设备质量关。

12.3　试运行阶段

（1）提供本工程完善的工程操作维护手册，包括工程的介绍、工艺的运行过程，设备的操作维护、日常管理及运行记录等全套资料。

（2）在试运行开始之前，配合建设方对本工程日后管理人员进行上岗培训。

（3）在建设单位的积极配合下，按时完成本工程的单机试运行工作。

12.4　调试验收阶段

（1）积极组织设备调试，详细填写运行记录。

（2）及时总结调试经验，优化运行参数。

（3）根据水质条件，合理调整电气设备运行时间，节约运行成本。

（4）配合建设单位进行所投设备的验收。

12.5　售后服务

（1）工程保修期为12个月，即调试合格后一年内，免费上门维修，协助优化工程运行。

（2）我单位长期为贵单位提供优惠的备品备件。

（3）质保期后，定期对工程进行回访，提供技术咨询服务。工程实行终身维修，保修期后只收取成本费。

（4）提供各类环保咨询服务。

货物检验：按照约定的时间，甲、乙双方在施工现场共同对安前的货物进行检验，核对数量，检查货物的外观质量等。

检验完毕后，双方共同签署《货物进场验收记录表》。

工程验收：货物安装、调试达标后，由我单位组织相关部门进行验收工作，同时甲方参与验收过程。

实例十 云南 500 m³/d 核桃乳生产废水处理回用工程

1 工程概况

建设规模：500 m³/d

项目概况：云南某食品有限公司是一家专门生产核桃乳、核桃干果、核桃粉、核桃油、核桃精炼油胶囊等核桃系列产品的企业。拥有资深的核桃产品研发团队、综合素质全面过硬的营销团队、全国乃至全球最先进的流水生产线，并有一流的基地及配套设施。旗下拥有"纯核桃乳""6 颗核桃乳""核桃花生乳"等核桃乳产品。该公司生产实行每天二班，每班 8 h。

据业主介绍该公司生产过程中产生的废水约 500 m³/d（20 m³/h），根据环保要求，处理后的废水需要回用于绿化用水、路面冲洗消防等。

图 1 曝气生物滤池

2 设计基础

2.1 设计依据

（1）国家现行的建设项目环境保护设计规定。

（2）甲方公司提供的基础资料和设计的水质水量指标（建设项目环境影响报告表）。

（3）设计技术规范与标准。

该废水处理项目的设计、施工与安装严格执行国家的专业技术规范与标准，其主要规范与标准如下：

（1）《城市污水再生利用 城市杂用水水质》（GB/T 18920—2002）；

（2）《城市污水再生利用 工业用水水质》（GB/T 19923—2005）；

（3）《室外排水设计规范》（GB 50014—2006，2014 版）；

（4）《建筑给水排水设计规范》（GB 50015—2003，2009 版）；

（5）《给水排水工程构筑物结构设计规范》（GB 50069—2002）；

（6）《给水排水管道工程施工及验收规范》（GB 50268—2008）；

（7）《给水排水构筑物施工及验收规范》（GB 50141—2008）；

（8）《水处理设备　技术条件》（JB/T 2932—1999）；

（9）《水处理设备　技术条件》（JB/T 2932—1999）；

（10）《电气装置安装工程　高压电器施工及验收规范》（GB 50147—2010）；

（11）《电气装置安装工程　电力变压器、油浸电抗器、互感器施工及验收规范》（GB 50148—2010）；

（12）《电气装置安装工程　母线装置施工及验收规范》（GB 50149—2010）；

（13）《电气装置安装工程　电气设备交接试验标准》（GB 50150—2016）；

（14）《机械设备安装工程施工及验收通用规范》（GB 50231—2009）；

（15）《现场设备、工业管道焊接工程施工规范》（GB 50236—2011）；

（16）《云南智慧仁有限公司核桃种植与深加工项目环境影响报告表》和国家及省、地区有关法规、规定及文件精神。

2.2　设计原则

（1）执行国家有关环境保护的政策，符合国家的有关法规、规范及标准。

（2）针对本项目废水水质情况，选用技术先进可靠、工艺成熟稳定、处理效率高、占地面积小、运行成本低、操作管理方便的废水处理工艺，确保出水水质达标并节省投资。

（3）选用质量可靠，维修简便，能耗低的设备，尽可能降低处理系统运行费用。

（4）尽量采取措施减小对周围环境的影响，妥善处理、处置废水处理过程中产生的栅渣、污泥，合理控制噪声、气味，避免二次污染。

（5）总图布置合理、紧凑、美观。减少污水处理站内的污水提升次数，保证水处理工艺流程流畅。

2.3　设计、施工范围及服务

2.3.1　设计范围

本项目设计范围为格栅井至臭氧消毒塔出水口为止的全部工程内容，包括废水处理站的工艺设计，以及废水处理站内构筑物、工艺设备、电气自控及其安装、调试等。

2.3.2　施工范围及服务

（1）废水处理系统的设计、施工；

（2）废水处理设备及设备内的配件的提供；

（3）废水处理装置内的全部安装工作，包括废水处理设备内的电气接线；

（4）废水处理设备的调试，直至合格；

（5）免费培训操作人员，协同编制操作规章，同时做有关运行记录。为今后的设备维护、保养提供有力的技术保障。

2.4　设计参数

2.4.1　废水来源

本项目废水主要来源于设备冷却、清洗去皮、水膜除尘、地坪冲洗磨浆等工段；水温 50～60℃。

2.4.2　处理水量

该公司生产实行每天 2 班，每班 8 h。本项目中核桃油车间和核桃粉车间的用水大多为设备冷却水，循环使用量分别 16.0 m^3/d 和 4.8 m^3/d，可循环使用，不外排；核桃乳车间的用水点为清洗去皮和磨浆过程，清洗去皮装置的用水量约为 10 m^3/d，磨浆过程的用水量约为 64 m^3/d；此外，项目清洗地坪用水量约为 12 m^3/d，水浴除尘器的用水封闭循环，不外排。

据业主介绍该公司生产过程中产生的废水约 500 m^3/d（20 m^3/h），根据环保要求，处理后的废水需要回用于绿化用水、路面冲洗消防，甲方要求处理后的废水排放至鱼池塘用于养殖，实现零排放。

2.5　进水水质

表 1　进水水质

指标	进水水质
SS/（mg/L）	2 250
COD/（mg/L）	4 300
BOD/（mg/L）	2 260
NH_3-N/（mg/L）	53
嗅	明显异味
总大肠菌群/（个/L）	10^3
pH	5～6

2.6　出水水质

本工程设计出水达到《城市污水再生利用　城市杂用水水质》（GB/T 18920—2002）。

表 2　出水水质

指标 项目	出水水质
SS/（mg/L）	50
COD/（mg/L）	60
BOD/（mg/L）	20
NH_3-N/（mg/L）	20
嗅	无不快感
总大肠菌群/（个/L）	3
pH	6～9
浊度/NTU	10
色度	30

3 设计处理方案

本设计方案主要针对该食品有限公司生产中清洗去皮、水膜除尘、地坪冲洗及磨浆所产生的废水进行治理。

核桃乳加工中主要工艺为：核桃仁浸泡消毒→挑拣→沸水焯→磨浆→浆渣分离→配料→均质→预杀菌→罐装→杀菌。浸泡消毒：剔除生虫、霉变果，用1%氢氧化钠和1%氯化钠溶液浸泡10 min，捞出冲洗后用0.35%过氧乙酸消毒10 min，用清水冲洗。沸水焯：在沸水中焯20～30 s，以去涩味。磨浆：采用砂轮磨，边加水边磨，加水量是核桃仁8倍左右。然后用胶体磨细磨。浆渣分离：利用浆渣分离机将浆渣分离。配料：按核桃仁8 kg、奶粉2.5 kg、蔗糖6 kg、维生素C 0.02 kg，乙基麦芽酚0.01 kg比例，称取奶粉、蔗糖等辅料，混合均匀后转入配料缸。充分混匀，调整pH至6.8～7.2。

根据该生产工艺看出，核桃乳加工过程中废水具有时段性，导致该废水水质水量不稳定，并含有大量悬浮物、核桃碎屑、蛋白质、氨基酸及其他有机物质等污染物质。生产废水产生量少，经过处理后回用作为厂区绿化、降尘、消防等用水。

3.1 工艺流程图

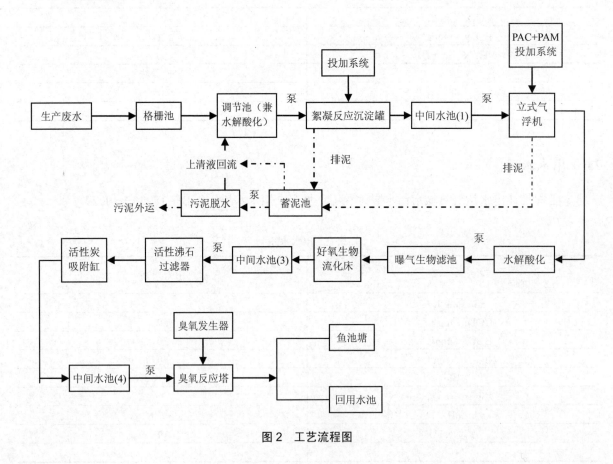

图2 工艺流程图

3.2 工艺流程说明

生产废水首先经粗格栅去除较大的悬浮物，再经细格栅去除相对较小的碎屑悬浮物；然后自流进入调节池（兼水解酸化）均质水质水量（水解作用是污染物与水电离产生的 H^+ 与 OH^- 发生交换，从而结合生成新物质的反应）。

废水从调节池通过泵提升进入絮凝反应沉淀罐，在进入絮凝反应沉淀罐前投加 PAM、PAC 药剂，使大颗粒悬浮类物质沉淀；沉淀后的上清液通过泵提升进入加压溶气气浮设备（在气浮设备前端计量投加高分子絮凝和助凝药剂），主要用于密度接近于水的微细悬浮物的分离和去除。气浮法就是通过溶气系统产生的溶气水，经过快速减压释放在水中产生大量微细气泡，若干气泡黏附在水中絮凝好的杂质颗粒表面上，形成整体密度小于 1 的悬浮物，通过浮力使其上升至水面而使固液分离。使之在气浮设备里面混合，加压气浮形成的气泡将疏水性颗粒悬浮物杂质形成矾花而自动上浮，上浮杂质排入储泥池，从而分离水中的细微悬浮类物质，达到降低 COD、SS、去除表面活性剂、胶体状等物质。清水泵入好氧生物流化床系统进行生化反应，进一步降解水中的溶解性的 COD、有机物胶体、氨氮、磷类；废水自流进入中间水池，经提升泵进入活性沸石过滤器去除残余的悬浮物，同时进入活性炭吸附器去除水中的臭味及其他污染物质；再进入中间水池；最后经消毒提升泵提升至臭氧反应塔，在臭氧反应塔内充入臭氧实现杀菌消毒、分解残余有机物、处理后的水流入回用水池（或鱼池塘）用于绿化、道路冲洗等用水。

絮凝反应沉淀罐、好氧生物流化床系统、加压气浮设备中的污泥及活性沸石过滤器、活性炭吸附器中的反洗水均进入污泥浓缩池暂存，由叠螺脱水机脱水后泥饼外运至农田施肥用。

污泥浓缩池中的上清液及叠螺脱水机流出的压滤水均回流至调节池中重新处理。

（1）格栅池

主要用于去除废水中体积较大的漂浮物、悬浮物，以减轻后续处理构筑物的负荷，用来去除那些可能堵塞水泵机组、管道阀门较粗大的悬浮物，并保证后续处理设施能正常运行的装置，本方案设计粗细两道格栅，分离较大的核桃碎屑，收集作为动物饲料等，避免后续处理中加药剂给这些核桃碎屑造成的污染。

（2）调节池（水解酸化池）

从上述生产工艺中看出，从生产车间排出的废水水质情况极不稳定，故设计调节池调节水质和水量使后续的处理得到稳定，均匀地混合各生产工段的废水；同时调节池也兼做水解酸化池。水解作用是污染物与水电离产生的 H^+ 与 OH^- 发生交换，从而结合生成新物质。

（3）絮凝反应沉淀罐

废水进入絮凝反应沉淀罐前，在该反应器中通过加药系统投加 PAM、PAC 药剂、并经反应器混合，使水中的大颗粒悬浮物和胶体产生絮凝，在重力作用下水自下而上缓慢运动且产生沉淀，上清液则从上部堰口排出。

絮凝反应沉淀罐主要采用钢制，方便安装及维修。

（4）曝气生物滤池

曝气生物滤池简称 BAF，是 20 世纪 80 年代末在欧美发展起来的一种新型生物膜法废水处理工艺，于 90 年代初得到较大发展该工艺具有去除 SS、COD、BOD、硝化、脱氮、除磷、去除 AOX（有害物质）的作用。曝气生物滤池是集生物氧化和截留悬浮固体一体的新工艺。曝气生物滤池与普通活性污泥法相比，具有有机负荷高、占地面积小（是普通活性污泥法的 1/3）、投资少（节约 30%）、不会产生污泥膨胀、氧传输效率高、出水水质好等优点，但它对进水 SS 要求较严（一般要求 SS≤100 mg/L，最好 SS≤60 mg/L），因此对进水需要进行预处理。同时，它的反冲洗水量、水头损失都较大。

曝气生物滤池作为集生物氧化和截留悬浮固体于一体，节省了后续沉淀池（二沉池），具有容积负荷、水力负荷大，水力停留时间短，所需基建投资少，出水水质好，运行能耗低，运行费用少的特点。

（5）中间水池（pH 调节池）

主要是辅助气浮设备用水，针对此废水性质 pH 小于 7 偏酸性，气浮设备内 pH 值需达到 8.0 或以上，故在调节池设计 pH 自动调节系统，自动投加酸碱药液，放置 pH 在线监测仪在池内，保证气浮设备处理进水要求。本单元主要采用钢制，方便安装及维修。在该反应器中主要配用立式搅拌器等其他设备。

（6）加压溶气气浮系统

气浮是气浮机的一种简称，即水处理中的气浮法，是在水中形成高度分散的微小气泡，黏附废水中疏水基的固体或液体颗粒，形成水—气—颗粒三相混合体系，颗粒黏附气泡后，形成表观密度小于水的絮体而上浮到水面，形成浮渣层被刮除，从而实现固液或者液液分离的过程。悬浮物表面有亲水和憎水之分。憎水性颗粒表面容易附着气泡，因而可用气浮法。亲水性颗粒用适当的化学药品处理后可以转为憎水性。水处理中的气浮法，常用混凝剂使胶体颗粒结成为絮体，絮体具有网络结构，容易截留气泡，从而提高气浮效率。再者，水中如有表面活性剂（如洗涤剂）可形成泡沫，也有附着悬浮颗粒一起上升的作用。

在气浮设备里投加絮凝药剂（PAC）和助凝药剂（PAM），混合气浮气泡，细微的憎水性颗粒杂质和悬浮物会产生上浮，从气浮排污口排出；剩余的清水则通过清水溢流堰流出，从而达到清水跟悬浮杂质（包括活性污泥脱落絮体）的截留、过滤。

（7）中间水池

主要是辅助过滤设备，保证活性沸石过滤器及活性炭器吸附的进水要求。

（8）活性沸石过滤器

沸石为沸石族矿物的总称，外观呈灰白夹杂砖红色，是一种含水架状结构的多孔硅铝酸盐矿物质，独特的离子交换能力、静电吸引力及吸附能力（由于静电吸引力，沸石对极性物质具有优先选择吸附的作用）、筛分（沸石内部的孔穴和通道，在一定物理化学条件下，具有精确而固定的直径，小于这个直径的物质被其吸附，而大于这个直径的物质则被排除在外）和催化能力，更有利于去除水中各种污染物，其性能在某些方面接近或优于活性炭，可以用于水的过滤及深层处理，不仅能去除水中的浊度、色度、异味且对于水中的有害重金属如铬、镉、镍、锌、汞、铁离子、有机物、酚、六六六、滴滴涕、三氮等物质具有吸附交换作用，对水中 COD 的去除率可达 10 以上，对氨氮、磷酸根离子等有较高的去除能力。

（9）活性炭吸附器

活性炭的吸附性源于其独特的分子构造，活性炭的内部有很多孔隙，每克活性炭的内部孔隙如果铺展开来可达到 $500 \sim 1\,700\ \mathrm{m}^2$，正是这种独特的内部构造，使得活性炭具有优异的吸附能力，使其非常容易达到吸收收集杂质的目的。活性炭吸附器的作用主要是去除大分子有机物、铁氧化物、余氯。

活性炭的吸附原理是：活性炭是一种多孔性的含碳物质，它具有高度发达的孔隙构造，活性炭的多孔结构为其提供了大量的表面积，能与废水（杂质）充分接触，从而赋予了活性炭所特有的吸附性能。

（10）中间水池

主要是辅助臭氧反应塔消毒设备，保证臭氧反应塔消毒设备的进水要求。

（11）臭氧反应消毒塔

臭氧是一种强氧化剂，臭氧在废水处理中的作用：

①高效性：扩散均匀，包容性好，克服了紫外线杀菌存在诸多死角的弱点，可全方位快速高效的消毒灭菌；杀菌能力强，作用快，杀菌速度比氯快 $600 \sim 3\,000$ 倍，可以杀灭抗氧化性强的病毒和

芽饱。

②受废水 pH 值和水温的影响较小。

③可以去除水中的色、嗅、味和酚氰等污物,增加水中的溶解氧。

④可以分解难生物降解的有机物和三致物质,提高水的可生化性。

⑤高洁净性。臭氧具有自然分解的特性,消毒后不存在任何残留物,无二次污染,不产生有致癌作用的卤代有机物。

⑥臭氧的制备,仅需空气、氧气和电能,不需要任何辅助材料和添加剂,不存在原料的运输和贮存问题。

（12）回用水池（或鱼池塘）

主要为业主回用做绿化、道路冲洗等提供引水点,方便业主取水。

（13）污泥浓缩池

在浓缩池中,固体颗粒借重力下降,水和污泥自然分离,浓缩污泥从池底排出,污泥水从池面堰口外溢（连续式）或从池侧出水口流出。主要是暂存含泥量较高的废水,经重力浓缩后,再由脱水设备脱水去泥。

（14）压滤脱水

①浓缩:当螺旋推动轴转动时,设在推动轴外围的多重固活叠片相对移动,在重力作用下,水从相对移动的叠片间隙中滤出,实现快速浓缩。

②脱水:经过浓缩的污泥随着螺旋轴的转动不断往前移动;沿泥饼出口方向,螺旋轴的螺距逐渐变小,环与环之间的间隙也逐渐变小,螺旋腔的体积不断收缩;在出口处背压板的作用下,内压逐渐增强,在螺旋推动轴依次连续运转推动下,污泥中的水分受挤压排出,滤饼含固量不断升高,最终实现污泥的连续脱水。

③自清洗:螺旋轴的旋转,推动游动环不断转动,设备依靠固定环和游动环之间的移动实现连续的自清洗过程,从而巧妙地避免了传统脱水机普遍存在的堵塞问题。

4 处理效果预测

表 3 处理效果预测表

项目 \ 指标		COD/（mg/L）	BOD₅/（mg/L）	NH₃-N/（mg/L）	SS/（mg/L）	大肠菌群/（个/L）	pH 值
格栅池	进水	4 300	2 260	53	2250	10^3	5～7
	出水	—	—	—	—	—	5～7
	去除率	—	—	—	10%	—	—
调节（水解酸化）池	进水	4 300	2 260	53	2 025	—	5～7
	出水	3 655	1 582	32	1 822	—	5～7
	去除率	15%	30%	40%	10%	—	—
竖流沉淀池	进水	3 655	1 582	32	1 822	—	—
	出水	1 460	712	29	730	—	—
	去除率	60%	55%	10%	60%	—	—
气浮设备	进水	1 460	712	29	730	—	5～7
	出水	877	462	26	146	—	6～8
	去除率	40%	35%	10%	80%	—	—

项目 \ 指标		COD/ (mg/L)	BOD₅/ (mg/L)	NH₃-N/ (mg/L)	SS/ (mg/L)	大肠菌群/ (个/L)	pH 值
曝气生物滤池	进水	877	462	26	146	—	—
	出水	131	92	21	130	—	—
	去除率	85%	80%	20%	10%	—	—
中间水池 （过滤器用）	进水	—	—	—	—	—	—
	出水	—	—	—	—	—	—
	去除率	—	—	—	—	—	—
活性沸石 过滤器	进水	131	92	—	130		
	出水	118	78	—	91		
	去除率	15%左右	15%	—	30%		
活性炭吸附器	进水	118	78	21	91		—
	出水	83	54		54		
	去除率	30%左右	30%	—	40%左右		—
臭氧反应 消毒塔	进水	83	54	—		10³	6~9
	出水	≤50	≤20				
	去除率	30%左右	35%左右				—
鱼池塘	—	≤50	≤20	≤20	≤50	≤3	≤6~9
达标	—	≤50	≤20	≤20	≤50	≤3	≤6~9

5 污水处理系统计算

5.1 格栅

功能：格栅除污机拦截漂浮物。

5.2 集水井

功能：收集废水，并对废水调节 pH 值。

表 4　集水井配套设备

设备名称	规格型号	数量	功率	备注
原水提升泵（集水井内）	50WQ15-15-2.2	2 台（1 用 1 备）	0.22 kW	流量 15 m³/h；扬程 22 m
pH 控制系统		1 套		

5.3 调节池（兼水解酸化）

功能：对废水进行水量和水质的调节。

尺寸：5.00 m×3.00 m×3.00 m，有效容积 40 m³（构筑物）。

表5　调节池配套设备

设备名称	规格型号	数量	功率	备注
潜水搅拌机	QSC-260-96/0.75	1台	0.75 kW	
立式弹性填料	Φ 150 mm×3.0 mm	1批		
支架	Φ 20 mm 螺纹钢，50 mm×50 mm×5 mm 槽钢等各种型号钢材	1批		与弹性填料配套

5.4　絮凝反应沉淀器

功能：去除废水悬浮固体颗粒和胶体物质。

尺寸：5.00 mm×2.00 mm×5.00 mm（主体罐）钢材

表6　絮凝反应沉淀器配套设备

设备名称	规格型号	数量	功率	备注
加药系统	QSC-260-96/0.75	2套		加药桶、计量泵等
管道提升泵	ISW40-125	1批	1.1 kW	流量 5 m^3/h，扬程 20 m
管道混合器	Φ 70 m×1.20 m	1台		玻璃钢
蜂窝斜管	Φ 35 m×1.00 m×0.5 m	1批		聚丙烯
搅拌器		2台	0.55 kW	

5.5　加压溶气气浮机

表7　加压溶气气浮机配套设备

设备名称	规格型号	数量	功率	备注
气浮机主体	BQF-5	2台（1用1备）	刮渣机 N=0.75 kW	处理能力：20 m^3/h
提升泵	40WQ5-10-0.55	2台（1用1备）	0.55 kW	流量 5 m^3/h，扬程 10 m
加药系统		2套		PE桶 500 L，搅拌器 0.55 kW，计量泵 DFD-06-05
溶气系统		1套	空压机：N=0.75 kW	包括：压力溶气罐、TV 释放器、空压机
回流管道泵	CH4-20	2台（1用1备）	0.56	流量 5 m^3/h，扬程 40 m

5.6　曝气生物滤池

表8　曝气生物滤池配套设备

设备名称	规格型号	数量	功率	备注
流化床主体	Φ 2.00 m×6.00 m	1套		6 mm 钢材
气水混合罐	菱形体		0.55 kW	6 mm 钢材
提升泵		2台（1用1备）	0.55 kW	流量 5 m^3/h，扬程 10 m

设备名称	规格型号	数量	功率	备注
自吸泵		2台（1用1备）	0.55 kW	流量 5 m³/h，扬程 10 m
氧气瓶		2台（1用1备）	0.56	
布水器	Φ 50 m×80 m			蘑菇形、ABS 工程塑料
填料		1批		

5.7　过滤、吸附

功能：本方案设过滤、吸附处理单元。过滤出水直接利用预压进入活性炭吸附罐。

表 9　过滤罐设计参数表

项目	参数
型号	ZFSL-5
处理能力	5 m³/h
设计滤速	10 m³/（m²·h）
设备规格	Φ 1.00 m×3.50 m
材质	碳钢

表 10　活性炭罐设计参数表

项目	参数
型号	ZFHT-5
处理能力	5 m³/h
设计滤速	10 m³/（m²·h）
设备规格	Φ 1.00 m×3.50 m
材质	碳钢

配套设备如下：

表 11　活性炭过滤罐配套设备

设备名称	规格型号	数量	功率	备注
提升泵	SLS50-160A	2台（1用1备）	2.2 kW	流量 5 m³/h，扬程 28 m
活性沸石	0.5～1.0 mm	1批		6 mm 钢材
果壳活性炭	10～20 目	1批		碘值＞950 mg/g
布水器、滤头、滤帽		1批		PAS 工程塑料

5.8　臭氧氧化塔

功能：降低 COD、BOD、杀菌、消毒。

氧化塔：Φ 0.8 m×5.50 m

臭氧发生器：

型号：XY-52

功率：5 kW

臭氧产量：400 g/h

5.9 污泥浓缩池

2.00 m×2.37 m×3.00 m。

5.10 污泥处理

功能：污泥进浓缩池暂存，由泵抽入污泥脱水系统。

配套设备如下：

1. 螺杆泵

型号：G35-1

技术参数：流量 Q=3.25 m³/h，扬程 H=0.6 MPa，电机功率 1.5 kW

数量：1 台

2. 叠螺压滤机

型号：X-101

数量：1 台

6 主要构筑物及设备一览表

6.1 主要构筑物一览表

表12 主要构筑物一览表

序号	构筑物名称	尺寸	数量	备注
1	格栅井	视管网现场而定	1 座	钢砼结构
2	调节池（兼水解酸化）	5.00 m×3.00 m×3.00 m	1 座	钢砼结构
3	中间水池 1	2.00 m×2.37 m×3.00 m	1 座	砖墙结构
4	中间水池 2	2.00 m×2.37 m×3.00 m	1 座	砖墙结构
5	中间水池 3	2.00 m×2.37 m×3.00 m	1 座	砖墙结构
6	中间水池 4	2.250 m×2.37 m×3.00 m	1 座	砖墙结构
7	污泥浓缩池	2.00 m×2.37 m×3.00 m	1 座	砖墙结构
8	养鱼池塘	3.25 m×2.37 m×3.00 m	1 座	砖墙结构
9	回用水池	5.50 m×2.37 m×3.00 m	1 座	砖墙结构

6.2 主要设备一览表

表13 主要设备一览表

序号	设备名称	技术规格及性能参数说明
1	格栅	数量：2 台 粗、细各 1 台　不锈钢
2	潜水搅拌机	型　　号：QJB1.5/6-260/3-980/c 转　　速：980 r/min 功　　率：1.5 kW 数　　量：2 台

序号	设备名称	技术规格及性能参数说明
3	提升泵	型　　号：50WQ15-22-2.2 Q=15 m³/h，H=22 m，N=2.2 kW 安装位置：调节池内，将废水提升至絮凝沉淀反应器 数　　量：2 台（1 用 1 备）
4	pH 控制系统	数　　量：1 套 含 pH 在线监测 1 套 加碱系统 1 套
5	絮凝反应沉淀器	规格型号：5.00 m×2.00 m×5.00 m 数　　量：1 台 材　　质：碳钢防腐
6	加药系统	数量：2 套 含 pH 在线监测 1 套 加碱系统 1 套
7	曝气生物滤池	规格型号：Φ2 000 mm×6 000 mm 数　　量：1 台 材　　质：碳钢防腐
8	气水混合罐	型　　号：HSR-100 功　　率：1.1 kW 数　　量：1 台（1 用 1 备）
9	球形轻质多孔生物滤料	规　　格：Φ3～5 mm 数　　量：2.5 t
10	鹅卵石承托层	型　　号：Φ4～16 mm，Φ16～32 mm 数　　量：8 m³
11	金刚砂曝气盘	型　　号：Φ215 mm 数　　量：10 套
12	溶气系统	型　　号：Φ600 mm×1 500 mm×1 200 mm 数　　量：1 套
13	臭氧氧化塔	型　　号：800 mm×5 500 mm 数　　量：1 套
14	气浮系统	型　　号：KYQF-5 处理能力：5 m³/h 数　　量：1 套
15	多介质过滤器	型　　号：KYHT-10 设备规格：Φ1 000 mm 数　　量：1 台
16	活性炭吸附罐	型　　号：KYHT-10 设备规格：Φ1 000 mm 数　　量：1 台
17	臭氧发生器	型　　号：CF-G-3-100 臭氧产生量：100 g/h 数　　量：1 套
18	污泥脱水系统	含螺杆泵及板框压滤机
19	PLC 自动控制柜	控制方式：采用自动 PLC 控制 电器元件：主控制器采用国外进口，其余电器元件均通过 3C 认证 位　　置：设备控制室内 数　　量：1 套

7 污水处理系统布置

7.1 处理系统布置原则

（1）充分考虑与现场的环境、地形、功能布置和现有管道系统相协调。

（2）充分考虑建设施工规划等问题，优化布置系统。

（3）处理构筑物布置紧凑，分合建清楚，节约用地、便于管理。

7.2 处理系统高程布置原则

（1）尽力利用地形设计高程，减少系统能耗。

（2）系统设计力求简洁、流畅，减少管件连接。

（3）高程布置上应尽量采用立体布局，充分利用地下空间。平面布置上要紧凑，以节省用地。

8 二次污染防治

8.1 噪声控制

（1）水泵选用国优潜污泵，对外界无影响。

（2）设备均采用隔音材料制作，确保周围环境噪声：白天≤60 dB，晚上≤ 50 dB。

8.2 污泥处理

（1）污泥由絮凝反应池及沉淀池产生，由于高位差自动流入污泥浓缩池由叠螺脱水机脱水。

（2）泥饼主要是大量核桃碎渣等，由工作人员运至核桃种植基地作为肥料施肥。

9 电气设计及现场控制

9.1 电气设计规范

（1）《电力装置的继电保护和自动装置设计规范》（GB/T 50062—2008）；

（2）《通用用电设备配电设计规范》（GB 50055—2011）；

（3）《配电系统设计规范》（GB 50052—2009）；

（4）《信号报警及联锁系统设计规范》（HG/T 20511—2014）；

（5）《仪表配管配线设计规范》（HG/T 20512—2014）；

（6）《电表供电设计规定》（HG/T 20509—2014）。

9.2 电气设计原则

在保证处理系统工艺要求的条件下，做到技术先进、操作简单、管理方便、安全可靠和经济合理。

9.3 工程范围

本控制系统为废水处理工程工艺所配置，自控专业主要涉及的内容为废水处理系统低压配电系统及电气控制与照明等设计，废水处理厂的所有设备均为低压负荷，用电电压为380/220V。

9.4 控制水平

本工程装置内所有电动机均采用中央集中室控制方式，电动机联锁由仪表专业的PLC实现。

9.5 控制方式

本系统采用手动/自动（PLC）两种控制方式，在手动方式下可实现就地控制，在自动方式下实现中控室（MCC）集中控制。单台设备最大容量超过15 kW时，采用降压启动方式，其余为直接启动。

9.6 电气设计

（1）供电电源

废水处理工程用电负荷属三级负荷。电源为三相五线制，供电电压为 380 V，由集中配电室总开关站提供，电源以电缆直埋形式穿预埋管进入废水处理厂配电间。

（2）无功补偿

废水处理站采用低压计量，无功功率采用低压集中自动补偿，补偿后功率因素达到0.8以上。

（3）电缆敷设

电缆比较集中的主干线采用电缆桥架架空敷设，电缆较少而又分散的地方采用电缆直接埋地或穿预埋管敷设，大部分设备为两地控制，设备现场设远控箱，有关工艺联锁信号反馈到中控室。

（4）接地方式

所有电气设备、非金属外壳均应可靠接地，所有进出建筑的工艺管道在入户处应与本装置接地系统相连，接地电阻小于10 Ω。

（5）照明

室内、室外照明进行统一规划设计。

在控制室内设应急指示灯。

9.7 电气控制

废水处理系统电控装置为集中控制，采用自动控制主要控制各类泵的运作；泵启动及定期互相切换。

（1）水泵

水泵的启动受液位控制。

①高液位：报警，同时启动备用泵；

②中液位：一台水泵工作，关闭备用泵；

③低液位：报警，关闭所有水泵；

水泵中采用4~8 h切换运行。

（2）声光报警

各类动力设备发生故障，电控系统自动报警指示（报警时间10~30 s），并故障显示至故障消除。报警系统留出接口，可根据业主方要求引至指定地点，以便管理。

（3）其他

①各类电气设备均设置电路短路和过载保护装置；

②动力电源由本电站提供，进入废水处理站动力配电柜。

9.8 运行管理

（1）维修

如本废水站在运转过程中发生故障，由于废水处理站必须连续投运的机电设备均有备用，则可启动备用设备，保证设施正常运转，同时对废水处理设施进行检修。

（2）人员编制

废水处理站可实行 24 h 自动运转，安排 1 个工作人员即可。

（3）技术管理

工作人员进行废水处理设备的巡视、管理、保养、维修。如发现设备有不正常或水质不合格现象，及时查明原因，采取措施，保证处理系统的正常运行。

9.9 电气一览表

（1）生产废水处理系统耗电量统计表见表 14。

表 14 生产废水处理系统耗电量统计表

序号	动力件名称	数量/台	运行功率/kW	装机功率/kW	运行时间/(h/d)	电耗/(kW·h)	备注
1	潜水搅拌器	1	0.85	0.85	10	8.1	调节池 1 台
2	废水提升泵	4	1.1	4.4	24	52.8	2 备 2 用
3	消毒提升泵	2	1.5	3.0	24	36.0	1 备 1 用
4	pH 在线检测系统	1	0.1	0.1	24	2.4	pH 调节池内
5	PAC 加药系统	1	0.06	0.06	16	0.96	气浮设备
6	PAM 加药系统	1	0.06	0.06	16	0.96	气浮设备
7	NaOH 加药系统	1	0.06	0.06	16	0.96	气浮设备
8	PAC 加药系统	1	0.06	0.06	16	0.96	竖流沉淀池
9	过滤提升泵	2	2.2	4.4	24	52.8	1 备 1 用
10	好氧提升泵	2	1.5	3.0	24	36.0	砂滤、碳滤
11	气浮提升泵	2	1.5	3.0	24	36.0	1 用 1 备
12	溶气回流泵	2	2.2	4.4	20	52.8	1 用 1 备
13	药剂搅拌泵	3	0.55	1.65	2	1.1	PAC 药剂 2 台 PAM 药剂 1 台
	合　计		11.74	25.04		281.84	

（2）污泥处理系统

表 15 污泥处理系统耗电量统计表

序号	动力件名称	数量/台	运行功率/kW	装机功率/kW	运行时间/(h/d)	电耗/(kW·h)	备注
1	叠螺脱水机	1	0.4	0.4	1	0.4	
2	污泥提升泵	1	0.75	0.75	1	0.75	
	合计		1.15	1.15		1.15	

10 运行费用

10.1 电费

总装机容量为 30 kW，每天电耗为 283 kW·h，电费平均按 0.60 元/（kW·h）计，则电费：
E_1=（283×70%×0.60）÷120=0.99 元/t 废水

10.2 人工费

本项目自动化程度高，一人兼理即可。按 2 000 元工资计算，计 E_2=2 000÷（120×30）=0.55 元/t。

10.3 药剂费

该部分费用约为：E_3=0.2 元/m^3 废水。

10.4 溶药费

厂方有自来水提供设施，故溶药费不计。

10.5 总计运行费用

E=E_1+E_2+E_3 =0.99+0.55+0.2=1.74 元/m^3 废水

注：（1）药品价格随市场行情会有波动，具体实施时以运行时现行市场价格为准进行核算；

（2）药品消耗量以表格中的数据为准核算，实际发生波动时，药品消耗量也会发生变化；

（3）如水量发生变化，运行成本也会相应发生变化；

（4）工人工资需随社会物价浮动及国家相关政策作适时调整；

（5）设备维修费、运行管理费等未含在以上价格中。

10.6 效益分析

该废水回用项目效益包括经济效益、社会效益和环境效益。

（1）经济效益

该公司生产的产品，在运营当中涌出大量的废水，年产废水 4.32 万 t，如果这些工业废水的大量外排，既会污染了环境又浪费了水资源，从能源及环保部门的水资源及排污费角度考虑，也会给企业带来较大的经济损失，本工程通过对该废水处理工程的建造，使得废水可用于绿化、洗车回用等，其本身并不产生直接的经济效益。但从环境保护的角度出发，保护了该地区的水资源其产生的直接经济效益是巨大的。

（2）环境效益

环境治理的好坏直接影响着一个城市、企业的良性发展。该废水处理站主要是车间生产废水，废水主要特点是水量大、水质情况波动大、污染物浓度高，经该废水处理站处理后的废水出水可达到《城市废水再生利用　城市杂用水水质》（GB/T 18920—2002）。

（3）社会效益

工程的实施对周边的环境将会有着明显的改善，同时也对该地区的社会效益产生巨大的影响，也会给周边地区带来巨大的经济效益，保障了当地及周边地区人民的身体健康以及与其他地区经济的和谐可持续发展。

11　职业安全卫生、消防、节能

11.1　职业安全卫生

设计遵照国家职业安全卫生有关规范和规定，各处理构筑走道均设置防护栏杆、防滑楼梯。污泥处理间采用全自动污泥脱水系统，减轻工人劳动强度。

所有电气设备的安装、防护，均满足电器设备的有关安全规定。

建筑物室内设置适量干粉灭火器。

为防寒冷，所有建筑物内冬季采取热水采暖措施。污泥处理间、加药间和消毒间、药库均设计了轴流风机通风换气，换气次数为 8 次/h，化验室、办公室均设置冷暖空调，改善工作环境。

废水处理综合用房设置卫生间，食堂、浴室可共用厂内生活区的设施。

11.2　消防

本工程主要依据《建筑设计防火规范》（GB 50016—2014）和《建筑灭火器配置设计规范》（GB 50140—2005）进行消防设计。

11.2.1　电气设计及消防

本工程属二类用电负荷，电源电压为 380V。双回路电源供电，形成一路工作、另一路备用的电源。当工作电源故障时，备用电源自动引入，保证供电电源不间断。

本工程火灾事故照明，采用蓄电池作备用电源，连续工作时间不少于 30 min。

本工程所有电气设备消防均采用干式灭火器，安置在各配电间值班室内。

本设计按有关规定，建筑物防雷采用避雷带防护措施。

11.2.2　建筑消防设计

本工程建筑火灾危险性为丁类，本工程所有工业与民用建筑的耐火等级均为二级，所有建筑均采用钢筋混凝土框架结构或砖混结构，主要承重构件均采用非燃烧体，满足二级耐火等级要求的耐火极限。

厂房、库房及民用建筑的层数、占地面积，长度均符合防火规范规范要求。厂房、库房及民用建筑的防火间距均满足防火规范要求。厂房、库房及民用建筑的安全疏散均按防火规范的要求设置。

厂区道路呈环状，道路宽度 4 m，消防车道畅通。

室内装修材料均采用难燃烧体。

11.2.3　厂区消防

厂区设室外消火栓，按《建筑设计防火规范》（GB 50016—2014），同一时间内火灾次数 1 次，室外消火栓用水量 10 L/S，设 2 具室外消火栓。室外消火栓给水管道布置成环状，保证火灾时安全供水。

所有建筑物室内不设消防给水，均按《建筑灭火器设置设计规范》要求设置干粉灭火器。

11.3　节能

废水处理工程在工艺选择和设备选型上遵照国家的能源政策，选用节能工艺和产品。如选用节能性工艺设备，如水泵。采用自动控制管理系统，以使废水处理系统在最佳经济状态下运行，降低运行费用。

12   工程进度

为缩短工程进度，确保废水处理设施如期实行环保验收，工程设计、各分部工程、分项工程土建、安装以及调试工作，将进行统一协调、分布、交叉进行。

总工程进度安排如表 16 所示。

表 16   工程进度表

工作内容 \ 周	1	2	3	4	5	6	7	8
施工图设计	——							
土建施工		——	——					
设备采购制作			——	——	——			
设备安装						——		
调试验收							——	——

13   服务承诺

本公司严格按照相关规范，提供设计、制造、安装、调试一条龙服务。

本公司对质量实行质量承诺制度，接受用户的监督。

安装调试期间，我公司免费为用户代培操作工，至单独熟练操作为止。同时，免费为用户提供有关操作规程及规章制度。

按设计标准及设计参数对设备及处理指标进行验收考核，达不到标准负责限期整改，直至达标为止。

我公司根据本项目，设定质量保证期为整个项目交工验收后 12 个月，在质保期内因质量问题发生的一切费用，由我公司负担。

动力设备按国家标准保修期保养，保修期后如发生故障，由质安部登记后会同生产、技术部到现场分析原因，确定保修内容和范围，由技术管理部门制订返修方案，再组织保修工作的实施，质安部进行复检并收集有关资料存档。

保修期满后，定期对工程进行回访，免费提供技术咨询服务，工程实行终身维修，保修期满后只收取成本费。

实例十一　600 m³/d 水产品加工废水处理工程

1　工程概况

建设地点：宁波

建设规模：600 m³/d

项目概况：宁波某水产食品有限公司是一家集加工、贸易、生产为一体的中外合资企业。公司成立于 1993 年 7 月，拥有标准化厂房 1 300 m²，加工车间 50 m²，配有日生产鱼糜 45 t 生产线一套和日生产水产品 40 t 的生产车间，产品范围包括冻鱼糜、带鱼、白姑鱼、挖鱼、鱿鱼，并生产章鱼、黄花鱼、鲳鱼、虾仁等多种产品。

随着公司规模的日益壮大，在生产过程中伴随的环境问题也逐步凸显。生产过程中产生大量有机废水，如果直接排到港湾湖泊，会造成水体的发黑发臭，致使景观遭到破坏，甚至还能引起病菌感染，危害人、畜等渔业活动。为有效解决环境污染问题，公司决定对该废水进行处理，处理后达到二级排放标准。

图 1　生物接触氧化池

2　工程设计基础

2.1　设计依据及标准

（1）《中华人民共和国环境保护法》；

（2）《中华人民共和国水污染防治法》；

（3）《建设项目环境保护管理条例》；

（4）《室外排水设计规范》（GB 50014—2006，2014 版）；

（5）《城市排水工程规划规范》（GB 50318—2000）；

（6）《供配电系统设计规范》（GB 50052—2009）；

（7）《给水排水工程构筑物工程结构设计规范》（GB 50069—2002）；

（8）《低压配电设计规范》（GB 50054—2011）；

（9）《混凝土结构设计规范》（GB 50010—2010）；

（10）《污水综合排放标准》（GB 8978—1996）；

（11）甲方提供的有关资料。

2.2 设计原则

（1）充分认识水产行业废水特殊性，采用有针对的成熟的处理工艺，确保废水达标排；

（2）认真贯彻国家关于环境保护工作的方针和政策，使设计符合国家的有关法规、规范、标准；

（3）综合考虑废水水质、水量的特征，选用的工艺流程技术先进、稳妥可靠、经济合理、运转灵活、安全适用；

（4）废水处理系统平面布置力求紧凑，减少占地和投资；

（5）妥善处置废水处理过程中产生的污泥和浮渣回流至原废水处理系统的浓缩池，避免造成二次污染；

（6）废水处理过程中的自动控制，力求管理方便、安全可靠、经济实用；

（7）高程布置上应尽量采用立体布局，充分利用地下空间。平面布置上要紧凑，以节省用地；

（8）尽可能采用节能节电技术和设备，减少运行费用，缓解用电紧张的状况。选用的设备先进、稳定可靠；

（9）严格按照甲方界定条件进行设计，适应项目实际情况要求。

2.3 项目范围

本方案的工程范围为从废水进入格栅至生化处理后达标出水的工艺、土建、构筑物、设备、电气、自控及给排水的设计，不包括站外至站内的供电、供水，也不包括站内的道路、绿化。

2.4 设计水量

根据该水食品有限公司提供废水产生量，现确定设计日处理废水量为 600 m^3/d，24 h 连续运行。

2.5 设计进水水质

本公司人员取样，并经过实验测得数据，同时结合国内同类水排放水水质，确定原废水设计水质如表 1 所示。

表 1 进水水质设计指标

项目	原废水实际测量值	进水设计值
COD_{Cr}/（mg/L）	1 097.66	1 200
BOD_5/（mg/L）	—	600
SS/（mg/L）	421	450
NH_3-N/（mg/L）	25.70	30
色度（稀释倍数）	40 倍	40 倍
pH	6.74	

2.6　设计出水水质

根据业主要求，本设计方案的出水水质达到《污水综合排放标准》（GB 8978—1996）二级标准，主要指标最高排放浓度如表 2 所示。

表 2　出水水质要求一览表

项目	排放标准	去除率
BOD_5/（mg/L）	≤60	90%
COD_{Cr}/（mg/L）	≤150	87.5%
SS/（mg/L）	≤200	55.6%
NH_3-N/（mg/L）	≤25	16.7%
pH	6～9	—

3　工艺设计

3.1　水质特点分析

水产食品加工废水的主要特点及处理过程中的难点是：废水中的悬浮物和动植物油脂浓度高，除无机性杂质颗粒外，还含有很多流动性差的有机物如脂类和蛋白质，它们占 COD 的 40%～50%。废水中氨氮及磷浓度比较高；污泥量大，污泥呈胶体状，难脱水。而且污泥容易腐烂变质散发出臭味，并且造成磷的二次释放重复回到处理系统，增加处理难度和运行费用。

3.2　工艺选择

水产加工废水主要来自各生产车间，包括冲洗鱼体废水、原料处理废水、车间地面冲洗废水，生产设备冲洗水等，各生产废水经过混合后排放。经过水质检测分析，原水中的悬浮物和动植物油脂含量较高，有机污染物浓度高，可生化性较好，水质混浊，易腐易臭，形成浮渣。

本工艺的选择根据以上水产加工废水的排放来源及水质特点分析，以及检测所得的废水水质以及排放标准，本着技术先进、稳妥可靠、处理效率高的处理原则，综合分析对比后确定处理工艺为"预处理+生化"相结合的处理工艺，如图 2 所示。

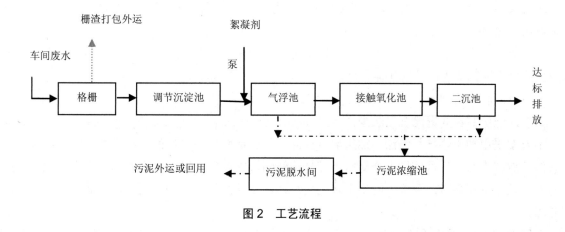

图 2　工艺流程

3.3 工艺流程说明

车间废水混合后由管网收集后自流进入格栅井，去除鱼子、鱼刺等较大的悬浮物后自流进入调节沉淀池，调节水质水量并进行初步沉淀，以去除比重较大的颗粒物，然后由泵提升进入高效气浮池，在池前加入絮凝剂，依靠管式静态混合器使药剂与水充分混合，使废水中的油脂、有机物、胶体及细小的悬浮物发生凝聚，生成细小的颗粒后黏附在载体气泡上，并随之浮升到水面，形成泡沫浮渣从水中分离出去。在气浮池中去除大部分的悬浮物和油脂后，自流进入生物接触氧化池，通过悬浮相活性污泥和附着相生物膜组成的高效复合微生物菌团为主的微生物生态系统，结合超微气泡曝气技术，达到物理、化学、生物三者协同作用，使废水中呈溶解状态、胶体状态以及某些不溶解的有机甚至无机污染物质，转化为稳定、无害的物质，从而使废水得到净化，其出水自流进入二沉池，将生物接触氧化池脱落的生物膜以及一些细小悬浮物进行固液分离，其出水达标排放。

调节沉淀池的污泥、气浮池的浮渣以及二沉池的剩余污泥进入污泥浓缩池进行浓缩脱水，然后由螺杆泵打入污泥脱水机进行压榨脱水，泥饼回用或填埋。

本工艺主要包括预处理、生物接触氧化两个部分，以下为对各个部分的分别说明。

3.3.1 预处理

本工艺预处理采用格栅+调节沉淀池+气浮。

（1）格栅

废水来自加工车间，因此其含有颗粒较大的漂浮物，为较少后续处理单元的负荷，设置格栅，以拦截水中的漂浮物，保证后面单元的正常运行。

（2）调节沉淀池

由于加工车间单位时间内的排水量及其水质变化较大，因此必须设置一定容积的调节池，以调节水量、均化水质。本设计调节池为调节沉淀池，以去除比重较大的颗粒物质，以防影响水泵等设备的正常运行；在池底设置穿孔排泥管，亦可避免格栅运行故障对系统的运行产生不良影响，用污泥泵抽至污泥浓缩池。

（3）气浮

气浮法是以微小气泡作为载体，黏附水中的杂质颗粒，使其密度小于1，然后颗粒被气泡挟带浮升至水面与水分离去除的方法。与重力沉淀法相比，气浮法具有以下特点：

①由于气浮池的表面负荷有可能达到12 m³/（m²·h），水在池中的停留时间只需10～30 min，而且池深只需2 m左右，故占地面积为沉淀法的1/2～1/8；池容积为1/4～1/8。节省基建投资（约25%）。

②气浮池具有预曝气、脱色、降低COD等作用，出水和浮渣都含有一定量的氧，有利于后续处理和再用，泥渣不易腐化。

③浮渣含水率低，一般在96%以下，比沉淀法污泥体积少2～10倍，简化了污泥处理，节省了费用，而且表面刮渣也比池底排泥方便。

④可以回收有用物质。

⑤气浮法所需药剂量比沉淀法少。

本方案采用加压溶气气浮法。加压溶气气浮法是目前应用最广泛的一种气浮方法。空气在加压的条件下溶解于水中，再使压力降至常压，把溶解的过饱和空气以微气泡的形式释放出来，与废水中的固体悬浮颗粒黏附，形成密度小于水的气浮体，在浮力的作用下，上浮至水面形成浮渣从而得到分离。

选用DA60-1型一体化气浮废水处理设备，该设备集气浮、反应、沉淀为一体的废水处理装置。该设备主要用于分离废水中难以沉淀的细小悬浮物及油脂类物质，该设备不会因为流水的洗涤剂多而不形成溶气水，同时也克服了一般气浮设备所需回流水泵容器压力大、溶气效率低的缺点。

与一般气浮废水设备比，DA60-1 型一体化气浮废水处理成套设备还有如下特点：

①边吸水边进气、泵内加压混合、气液溶解效率高、微细气泡≤20 μm；

②低压运行，溶气效率高达 99%，释气率高达 99%；

③微气泡与悬浮颗粒的高效吸附，提高了悬浮物的去除效果；

④多层排泥，确保出水水质稳定；

⑤自动控制、维护简便。

3.3.2　生物接触氧化池

生物接触氧化处理技术是一种介于活性污泥法与生物滤池两者之间的生物处理技术，兼具两者的优点，因此在废水处理领域被广泛地使用。在池内设有填料，部分微生物固着生长于填料表面，部分则是絮状悬浮生长于其中。由于其中滤料及其上生长的生物膜均淹没于水中。废水与其接触，在充氧的条件下，微生物氧化分解废水中有机污染物。

本工艺在池内填充我公司生产的新型微生物填料。其比表面积比一般填料大，表面粗糙，质轻，松散容重小，孔隙率高，有很好的耐化学腐蚀性和耐磨性。已经充氧的废水浸没全部的填料，并以一定的流速经过填料。废水与填料上的生物膜广泛接触，在生物膜上微生物的新陈代谢功能的作用下，废水中有机污染得到去除。

曝气给微生物提供其所需要的氧，并起到搅拌与混合的作用。这样在池内形成了固、液、气三相共存的体系有利于氧的转移。溶解氧充分，适于微生物的存活和繁殖。此外生物接触氧化技术能够接受较高的有机负荷，处理效率高，有利于缩小池容积，节省造价，减少占地面积。

3.4　各单元处理效果预测表

表 3　处理效果预测表

指标（mg/L）	格栅		调节沉淀池		高效气浮处理		生物接触氧化系统		总出水
	进水	去除率	进水	去除率	进水	去除率	进水	去除率	
BOD_5	600	10%	540	—	540	30%	378	85%	56.7
COD_{Cr}	1 200	15%	1 020	20%	816	50%	408	70%	122.4
SS	450	30%	315	10%	283.5	60%	113.4	—	113.4

4　工程参数设计

4.1　预处理

4.1.1　格栅井

（1）主要构筑物

数量：1 座；单体尺寸：1.0 m×0.8 m×1.5 m

（2）主要设备

格栅 1 个。规格：800 mm×1 500 mm；格栅倾斜角度：60°

4.1.2　调节沉淀池

（1）主要构筑物

数量：1 座；有效水深：2.5 m；停留时间：5 h；有效容积：125 m³；单体尺寸：10 m×5 m×3.5 m

池子形式为地下式钢筋混凝土结构，采用穿孔排泥管排泥，排泥管管径为 DN200。

（2）主要设备

表4　调节沉淀池配套设备

设备名称	规格型号	数量	功率	备注
提升泵	50WQ25-10-1.5	2台（1用1备）	1.5 kW	流量 25 m³/h，扬程 10 m
污泥泵	50ZW20-12	1台	2.2 kW	流量 20 m³/h，扬程 12 m

4.2　气浮罐

表5　气浮罐配套设备

设备名称	规格型号	数量	功率	备注
气浮罐	DA20-1	1台		流量 20 m³/h，回流比 30%，溶气压力 0.4～0.5 MPa
加药泵	JJM-20/0.7	1台	0.07 kW	流量 20 L/h
空压机		1台	0.37 kW	
回流水泵	SB40-250（A）	2台（1用1备）	5.5 kW	流量 7.8 m³/h，扬程 65 m
加药桶	300 L	2只（1用1备）		

4.3　生物接触氧化池

（1）主要构筑物

数量：2 座（分五格）；有效容积：200 m³；有效水深：3.0 m；外形尺寸：13 m×5 m×4.5 m。

（2）主要设备

①鼓风机参数

数量：2 台（1用1备）；单台风量：6.68 m³/min；风压：0.04 MPa；转速：1 350 r/min；单台功率：7.5 kW。

②悬混曝气器参数：

数量：130 套。

③生物填料

型号：DAT-2#；数量：117 m³。

④高效复合微生物菌团：单期首次投放数量为 6 kg，以后根据现场调试情况取得最佳投加量，以维持处理效果。

4.4　二沉池

采用竖流式沉淀池。

数量：1 座；外形尺寸：4.0 m×4.0 m×4.5 m。

池子为半地下式钢筋混凝土结构，采用静水压力排泥。

4.5　污泥浓缩池

采用竖流式重力浓缩池。

数量：1 座；单体尺寸：3.0 m×3.0 m×4.0 m。

排泥周期为 24 h，其中进泥 1 h，压缩 20 h，排水和排泥 2 h，闲置 1 h，其上清液回流到调节池进行再处理。

4.6 脱水机房

主要放置脱水机等成套设备，选用板框压滤机一套。

（1）主要构筑物

数量：1 座；单位尺寸：5.0 m×4.0 m×3.0 m

（2）主要设备

①板框压滤机

数量：1 台；型号：XMAY5/630-UKB；滤室总容量：70 L；过滤面积：5 m^2；电机功率：1.5 kW

② 螺杆泵参数：

数量：1 台；型号：G25-1；流量：3 m^3/h；扬程：6 m；功率：1.5 kW

③轴流通风机

数量：2 台；型号：T35 型

4.7 设备房

主要放置向反应段供气的鼓风机以及电控设备等。

数量：1 座；单位尺寸：5.0 m×3.0 m×3.0 m

5 污水处理系统布置

5.1 处理系统平面布置原则

（1）充分考虑与厂区环境、地形、功能布置和现有管道系统相协调；

（2）充分考虑建设施工规划等问题，优化布置系统；

（3）根据夏季主导方向和全年风频，合理布置系统位置；

（4）处理构筑物布置紧凑，分合建清楚，节约用地、便于管理。

5.2 处理系统高程布置原则

（1）尽力利用地形设计高程，减少系统能耗；

（2）系统设计力求简洁、流畅，减少管件连接。

6 电气、仪表系统设计

6.1 系统电气工程设计

6.1.1 电气设计规范

（1）《电力装置的继电保护和自动装置设计规范》（GB/T 50062—2008）；

（2）《通用用电设备配电设计规范》（GB 50055—2011）；

（3）《供配电系统设计规范》（GB 50052—2009）；

（4）《信号报警及联锁系统设计规范》（HG/T 20511—2014）。

6.1.2 电气设计原则

在保证处理系统工艺要求的条件下，做到技术先进、操作简单、管理方便、安全可靠和经济合理。

6.1.3 电气设计范围

（1）处理系统用电设备的配电、变电及控制系统；

（2）自控系统的配电及信号系统。

6.2 仪表系统设计

（1）《仪表系统接地设计规范》（HG/T 20513—2014）；

（2）《仪表供电设计规范》（HG/T 20509—2014）。

7 主要构筑物及设备材料表

7.1 主要构筑物一览表

表6　主要构筑物一览表

序号	构筑物名称	尺寸	数量	备注
1	格栅井	1.0 m×0.8 m×1.5 m	1座	钢混
2	调节沉淀池	10.0 m×5.0 m×3.5 m	1座	钢混
3	生物接触氧化池	13 m×5.0 m×3.5 m	1座	钢混
4	沉淀池	4.0 m×4.0 m×4.5 m	1座	钢混
5	污泥浓缩池	3.0 m×3.0 m×4.0 m	1座	钢混
6	脱水机房	5.0 m×4.0 m×3.0 m	1座	砖混
7	设备房	5.0 m×3.0 m×3.0 m	1座	砖混

7.2 主要设备材料表

表7　主要设备材料一览表

序号	设备材料名称		规格及型号	数量	备注
1	人工格栅		800 mm×1 500 mm	1个	间隙 5 mm
2	提升泵		50WQ25-10-1.5	2台	1用1备
3	污泥泵		50ZW20-12	1台	
4	DA20-1 气浮设备	加药泵	JJM-20 L/0.7	1台	功率 0.07 kW
		加药桶	300 L（PE 自带搅拌）	2只	1用1备
		气浮罐	DA20-1	1只	
		溶气罐		1只	
		溶气释放器		1只	
		空压机		1台	0.37 kW
		回流泵	SB40-250（A）	2台	1用1备
5	生物接触氧化池	鼓风机	BK5006（7.5 kW）	2台	1用1备
		曝气器	PD3 旋混	130 套	
		生物填料	DAT-2#	117 m³	
		高效复合微生物菌团		6 kg	

序号	设备材料名称	规格及型号	数量	备注
6	压滤机	XMAY5/630-UKB	1台	
7	螺杆泵	G25-1	1台	
8	轴流通风机	T35	2台	
9	控制系统		1套	
10	管道及配件		配套	

8 运行成本分析和工程造价

本项目总装机容量为 29.14 kW，使用功率为 20.14 kW，详见表 8。

表 8 处理系统运行功率计算表

序号	项目	功率/kW	使用功率/kW	运行时间/h	电耗/（W·h）	备注
1	提升泵	1.5×2=3	1.5	24	36	1用1备
2	污泥泵	2.2×1=2.2	2.2	1.0	2.2	
3	加药泵	0.07×1=0.07	0.07	24	0.24	
4	空压机	0.37×1=0.37	0.37	24	8.88	
5	回流水泵	5.5×1=5.5	5.5	24	132	
6	鼓风机	7.5×2=15	7.5	24	180	
7	污泥压滤机	1.5×1=1.5	1.5	4	6	
8	螺杆泵	1.5×1=1.5	1.5	2	3	
	合计	29.14	20.14		368.32	

（1）运行电费：

电费：（每日耗电×0.60 元/度×0.7）/ 4 500 m³/d

　　　=（368.32×0.60×0.7）÷600 m³/d=0.26 元/m³

（2）药剂费：

依据本公司药剂方案，气浮药剂费 0.05 元/m³。

（3）人工费：现场操纵人员 2 人，四班三运转；平均月工资 1000 元/月。

人工费：（人工月工资×2 人）÷（30 d×24 h×污水量/h）

　=（1 000 元/月 ×2 人）÷18 000 m³/月=0.11 元/m³。

（4）处理总成本

电耗+药剂费用+人工费用=0.26+0.05+ 0.11=0.42（元/t）。

9 程建设进度

为缩短工程进度，确保废水处理设施如期实行环保验收，工程设计、各分部工程、分项工程土建、安装以及调试工作，将进行统一协调、分布、交叉进行。

总工程进度安排如表 9 所示。

表9 工程进度表

周 工作内容	1	2	3	4	5	6	7	8	9	10	11	12
施工图设计	━	━										
土建施工			━	━	━	━	━	━				
设备采购制作					━	━	━	━	━	━		
设备安装								━	━	━	━	━
调试											━	━

10 工程善后服务承诺及事故应急处理措施

（1）土建构筑物除不可抗拒因素外，质量保证一年；

（2）非标设备、管道保期为一年，"三保"期满后，若发生故障，则以收取成本费提供服务；

（3）本方案的主机设备有两台，当其中一台出现故障时，由另一台备用设备工作，以保证废水处理系统能正常运行；同时厂内必须加紧时间维修出现故障的设备，防止两台设备同时出现故障；

（4）为保证处理设备的正常运行，应加强设备日常维护和巡检，在停产期（节假日等）安排检修或大修；

（5）建立规范的操作规程和健全的事故报警制度。

实例十二　广西来宾市某糖厂 14 400 t 生产废水处理工程方案设计

1　工程概况

广西来宾某糖业有限公司厂区位于来宾市河西工业开发区，公司成立于 2001 年 11 月 1 日，是一家民营制糖企业，注册资本 15 594 万元，固定资产为 3.74 亿元，占地面积达 22.63 万 m^2，员工 468 人，其中各类专业技术管理人员 158 人。公司秉持"诚信、严谨、创新"的企业精神，坚持把质量放在首位，树立"质量就是企业的生命"的经营理念。主导产品"晶龙"牌白砂糖严格执行国家《白砂糖》（GB 317—1998）*标准，产品质量名列全国同行业前茅，2003 年荣获国家轻工业产品质量优秀奖，2004 年获得国家免检产品资格并通过中国绿色食品 A 级认证，2005 年被中国消费者基金会评为中国消费市场高品质信用品牌。产品畅销全国各地，深受消费者好评。

制糖工业是轻工业领域有机污染比较严重的工业之一，制糖废水及其排污量是除了造纸工业外，轻工业中的第二大污染户。该公司在其生产制糖过程中，产生了大量废水。其水质 COD 指标较高，污染严重，不能达到环保部门排放要求。因此该公司准备上废水处理厂，综合处理该厂的生产废水。受该公司委托，对此废水系统提供设计方案。

图 1　废水处理站概貌

2　工艺说明

2.1　设计依据

国家现行的建设项目环境保护设计规定。

---

* 现行标准为《白砂糖》（GB 317—2006）。

甲方公司提供的基础资料。

设计技术规范与标准。

该废水处理项目的设计、施工与安装严格执行国家的专业技术规范与标准，其主要规范与标准如下：

（1）《室外排水设计规范》（GBJ 14—1987）；

（2）《给水排水工程构筑物结构设计规范》（GB 50069—2002）；

（3）《建筑给水排水设计规范》（GB 50015—2003）；

（4）《水处理设备　技术条件》（JB/T 2923—1999）；

（5）《电气装置安装工程　高压电器施工及验收规范》（GB 50147—2010）；

（6）《电气装置安装工程　电力变压器、油浸电抗器、互感器施工及验收规范》（GB 50148—2010）；

（7）《电气装置安装工程　母线装置施工及验收规范》（GB 50149—2010）；

（8）《电气装置安装工程　电气设备交接试验标准》（GB 50150—2016）；

（9）《电力建设施工技术规范　第6部分：水处理及制氢设备系统》（DL 5190.6—2012）；

（10）《现场设备、工业管道焊接工程施工及验收规范》（GB 50236—1998）；

（11）《城镇废水处理厂污染物排放标准》（GB 18918—2002）；

（12）《废水综合排放标准》（GB 8978—1996）；

（13）《制糖工业水污染物控制标准》（征求意见稿）；

注：现行标准：

（1）《室外排水设计规范》（GB 50014—2006，2014版）；

（2）《声环境质量标准》（GB 3096—2008）；

（3）《现场设备、工业管道焊接工程施工规范》（GB 50236—2011）；

（4）《制糖工业水污染物排放标准》（GB 1909—2008）；

（5）其他标准为现行标准。

2.2　设计原则

（1）针对本项目废水水质和特点，选用技术先进可靠、工艺成熟稳妥、处理效率高、占地面积小、运行成本低、操作管理方便的废水处理工艺，确保出水达标排放并节省投资；

（2）选用质量可靠，维修简便，能耗低的设备，尽可能降低处理系统的运行费用；

（3）尽量采取措施减小对周围环境的影响，合理控制噪声、气味，妥善处理与处置固体废物，避免二次污染；

（4）总图布置合理、紧凑、美观，减少废水处理站内废水提升次数，保证废水处理工艺流程流畅。

2.3　设计范围

本项目设计范围为总图设计、废水处理和污泥处理三部分，具体包括：废水处理站内的废水处理工艺、土建、设备、电气、自控、给排水等的设计。

废水处理站内的附属构筑物、附属设备不在本方案设计范围内。

废水处理站外的废水接入管、外排管、电缆、自来水管等也不在本方案设计范围内。

2.4　设计水量

根据甲方提供数据，本项目废水排放量为 14 400 t/d。

2.5　原水水质

本废水处理厂设计进水水质按照客户提供水质指标（见表 1），本方案最终出水仅对该水质负责。

表 1　设计进水水质

项　目	单位	废水水质	备注
pH		6～9	
水温	℃	20～35	
SS	mg/L	100	
COD_{Cr}	mg/L	≤8 000	
BOD_5	mg/L	≤3 500	

2.6　出水水质

根据当地受纳水体的情况，当地环保部门要求处理后的废水水质要达到国家标准《废水综合排放标准》（GB 8978—1996）一级排放标准。具体水质指标如表 2 所示。

表 2　处理出水指标

单位：mg/L

项　目	处理出水	去除率
pH	6～8.5	
SS	≤70	30%
COD_{Cr}	≤100	87.5%
BOD_5	≤30	91.5%

3　处理工艺流程

3.1　工艺流程选择

制糖废水常包括生产废水和糖蜜酒精废水两部分。糖蜜酒精废水是指以制糖副产品——糖蜜为原料，发酵生产酒精过程中产生的高浓度废水。

该厂以甘蔗为原料加工生产蔗糖，在其提汁、洗净、蒸发和结晶成糖等工序中，产生了大量中、低浓度废水，包括洗涤流送水、冷凝冷却水、滤泥水、压粕水、洗滤布水等；该厂无糖蜜酒精废水。因此该厂所产生的废水有机物浓度不是很高，属于中低浓度。

该废水的特点是 COD 较高。$BOD_5/COD_{Cr}=0.43$，废水可生化性较好，因此国内外对此废水的处理常采用生化法。主要有厌氧处理法（USB 法、二段厌氧法）、厌氧—好氧处理法等。

另外该废水排放根据生产具有季节性，每年连续排放 4～5 个月，因此废水处理系统每年一定的时间会停止运行，不能连续运行。这就要求该废水处理系统能启动投入运行时间短，或者能一直保持微生物的活性。

针对此废水的特点，再参照国内同类废水处理研究成果，结合原有同类废水处理实践，本设计方案采用：预处理+水解酸化+好氧处理+二沉池工艺，废水处理工艺流程如图2所示。

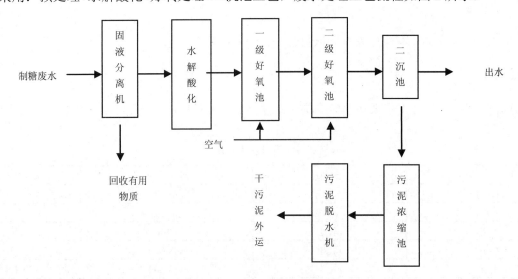

图2 处理工艺流程

3.2 工艺流程说明

该厂制糖废水经过固液分离机，分离水中含有的蔗渣等固体悬浮物，然后进入水解酸化池，利用兼性厌氧菌的生物作用，将废水中大分子有机物分解成小分子有机物，降解一部分有机物。出水由提升泵提升，依次复合好氧池、接触氧化池，利用微生物的生物降解去除有机物。由鼓风机提供微生物生长所需要的氧，利用微生物进行好氧反应去除有机物，出水进入二沉池沉淀悬浮物。沉淀池出水即可达到排放标准。

二沉池的污泥可用污泥泵抽入污泥浓缩池，然后由螺杆泵抽入污泥脱水机进行脱水。干泥饼外运或填埋处理。

整个工艺主要包括固液分离机、水解酸化池、一级好氧池、二级好氧池、二沉池和污泥处理六部分，以下为各个系统的说明。

3.2.1 固液分离机

采用固液分离机拦截水中蔗渣等固体悬浮物，是废水初级处理设备。可替代初次沉淀池，并能自动排渣。

该设备的构件有：驱动及减速机构、传动部件、大旋转筛筒、布水箱、反冲系统、机座、外罩等。其分离原理：其机理为细格栅过滤。旋转筛转向相反，采用旋式，利用相反回转剪切原理，液体流速和转速度叠加，使之达到高效能过滤的目的。

3.2.2 水解酸化池

该工艺作为常见的一级处理方法，是将厌氧发酵阶段过程控制在水解与产酸阶段。在水解阶段，固化物质溶解为易生物降解物质。在酸化阶段，有机物降解为各种有机酸。采用池底搅拌器对池体水搅拌，起到混合搅拌作用，并防止在池内形成厌氧。本方案设计停留时间为4h。

与厌氧相比，缺氧池具有以下特点：

水解、产酸阶段的产物主要为小分子有机物，可生物降解性较好。故水解池可以改变原废水的可生化性，从而减少反应的时间和处理的能耗。

对固体有机物的降解可减少污泥量，其功能与消化池一样。工艺仅产生很少的难降解的生物活性污泥，故实现废水、污泥一次性处理，不需要中温消化池。

不需要密封的池体，不需要水、气、固三相分离器，降低了造价和便于维护。

反应控制在第二阶段，出水无厌氧发酵的不良气味，改善处理厂的环境。

第一、第二阶段反应迅速，故水解池体积小，节省基建投资，启动比厌氧快。

3.2.3　一级好氧池

采用微生物菌团好氧活动，去除废水中有机污染物。停留时间采用 4 h，气水比设 6:1，采用膜法和泥法复合工艺。

3.2.4　二级好氧池

再次采用微生物菌团好氧活动，去除废水中有机污染物。停留时间采用 6 h，气水比设 12:1，采用生物接触氧化处理技术。

生物接触氧化处理技术是一种介于活性污泥法与生物滤池两者之间的生物处理技术，兼具两者的优点，因此在废水处理领域被广泛地使用。在池内设有填料，部分微生物的形式固着生长于填料表面，部分则是絮状悬浮生长于其中。由于其中滤料及其上生长的生物膜均淹没于水中。废水与其接触，在充氧的条件下，微生物氧化分解废水中有机污染物。

本工艺在池内填充我公司生产的新型微生物填料。其比表面积比一般填料大，表面粗糙，质轻，松散容重小，孔隙率高，有很好的耐化学腐蚀性和耐磨性。已经充氧的废水浸没全部的填料，并以一定的流速经过填料。废水与填料上的生物膜广泛接触，在生物膜上微生物的新陈代谢功能的作用下，废水中有机污染得到去除。

曝气给微生物提供其所需要的氧，并起到搅拌与混合的作用。这样在池内形成了固、液、气三相共存的体系有利于氧的转移。溶解氧充分，适于微生物的存活和繁殖。此外生物接触氧技术能够接受较高的有机负荷，处理效率高，有利于缩小池容积，节省造价，减少占地面积。

3.2.5　二沉池

采用辐流式沉淀池，去除废水中悬浮物。

沉淀是利用自身重力的作用，使污染物从废水中分离出来的一种方法。处理对象是悬浮固体。

3.2.6　污泥处理

本方案污泥处理采用污泥浓缩池浓缩污泥，采用带式污泥脱水机将污泥脱水。干污泥可由甲方根据自身的情况处理，或外运，或填埋。

3.3　工艺特点

本方案根据废水水质情况，有针对性地选择了工艺。其具有以下几个特点：

（1）整个处理系统运行安全可靠，操作简单、管理方便，设备的维护和保养也很简单；

（2）处理工艺对水质的适应性强，耐冲击负荷性能好，出水水质稳定；

（3）针对该废水具有季节性的特点，本废水处理系统运行启动快，调试时间短。

总之，从工艺处理效果、投资造价及运行管理方面考虑本方案是最为可行的一种优化处理设计方案。

3.4　各单元预计处理效果

表 3　预计达到的处理效果

指标		COD_{Cr}/（mg/L）	BOD_5/（mg/L）	SS/（mg/L）
进水		8 000	3 500	100
固液分离机	进水	8 000	3 500	50
	出水	800	350	50
	去除率	—	—	—

指标		COD_{Cr}/（mg/L）	BOD_5/（mg/L）	SS/（mg/L）
水解酸化池	进水	800	350	—
	出水	560	262	—
	去除率	30%	25%	—
一级好氧池	进水	560	262	—
	出水	280	105	—
	去除率	50%	60%	—
二级好氧池	进水	280	105	—
	出水	84	21	80
	去除率	70%	80%	—
二沉池	进水	84	21	80
	出水	84	21	40
	去除率	—	—	50%
甲方要求出水标准		＜100	＜30	＜70

4 工程设计

4.1 固液分离机

主要设备

机械细格栅

型　　号：WSL1500-Ⅲ

数　　量：2 台

栅　　隙：5 mm

4.2 水解酸化池

A. 主要构筑物

（1）水解酸化池

数　　量：1 座

形　　式：地下钢砼结构

单个尺寸：22 000 mm×20 000 mm×6 000 mm

（2）提升泵房

数　　量：1 座

尺　　寸：10 000 mm×5 000 mm×10 000 mm

B. 主要设备

（1）池底搅拌机

型　　号：QJB7.5/12-620/3-480

数　　量：4 台

电机功率：7.5 kW

（2）填料

型　　号：DAT-4#

数　　量：900 m³

（3）提升泵

型　　号：SB125-125

数　　量：6台（4用2备）

流　　量：160 m³/h

扬　　程：20 m

电机功率：15 kW

4.3　一级好氧池

A．主要构筑物——一级好氧池

数　　量：2座

形　　式：地上钢砼结构

单个尺寸：24 000 mm×10 000 mm×5 500 mm

B．主要设备

（1）鼓风机

型　　号：BK8016-55

数　　量：4台（2用2备）

单台风量：30.49 m³/min

升　　压：ΔP=60 kPa

电机功率：N=55 kW

（2）高效旋混曝气头

型　　号：PD3

数　　量：1 340 个

（3）填料

型　　号：DAT-5＃

数　　量：900 m³

4.4　二级好氧池

A．主要构筑物——二级好氧池

数　　量：2座

形　　式：半地上钢砼结构

单个尺寸：30 000 mm×14 000 mm×5 000 mm

B．主要设备

（1）鼓风机

型　　号：BK8016-55

数　　量：6台（4用2备）

单台风量：30.49 m³/min

升　　压：ΔP=60 kPa

电机功率：N=55 kW

（2）高效旋混曝气头

型　　号：PD3

数　　量：2 400 个

（3）接触氧化池填料

型　　号：DAT-5＃

数　　量：1 500 m³

（4）德安高效微生物菌团

数　　量：200 kg

4.5　二沉池

A．主要构筑物——初沉池

数　　量：2 座

形　　式：半地上钢砼结构

单个尺寸：Φ 14 000 mm×5 000 mm

B．主要设备——刮泥机

型　　号：Φ 14 mm

数　　量：2 台

电机功率：0.75 kW

4.6　污泥处理系统

A．主要构筑物——污泥浓缩池

数　　量：1 座

形　　式：半地上钢砼结构

单个尺寸：Φ 6 000 mm×5 000 mm

B．主要设备

（1）刮泥泵

型　　号：65ZW30-18

数　　量：1 台

电机功率：4.0 kW

（2）螺杆泵

型　　号：G35-1

数　　量：1 台

电机功率：1.5 kW

（3）板框压滤机

型　　号：XAY20/800-UK

数　　量：1 台

电机功率：1.5 kW

4.7　其他

主要构筑物

（1）鼓风机房

数　　量：1 座

尺　　寸：12 000 mm×5 000 mm×5 000 mm

结构形式：砖混结构

（2）脱水机房

数　　量：1 座

尺　　寸：6 000 mm×5 000 mm×5 000 mm

结构形式：砖混结构

5　其他设计

5.1　总图布置和高程设计

主体构筑物布置，在满足生产、安全的前提下，尽量功能分区明确，布局合理，运输便捷。

处理设施高程设计时做到尽量减少提升扬程和提升次数，利用重力流经各处理设施，尽量减少工程施工量。

5.2　建筑设计和结构设计

建筑设计在满足工艺要求的条件下，本着合理、节约的原则，力求实用、美观。外墙与厂区建筑物外墙风格保持一致。

结构选型：在满足废水处理工艺运行、使用要求的条件下，力求做到技术先进、经济合理、安全适用。针对该工程的实际情况，水池均采用自防水现浇钢砼结构。

抗震设计：按 6 级抗震设计。

5.3　工艺管道设计

所有废水管道均采用 PVC 管或镀锌钢管，污泥管采用镀锌钢管，经处理达标后废水排入指定的市政下水道或排放指定的池子以备用。

5.4　电气设计

供电电源：废水处理站为三级负荷，为交流 380/220V 低压供电，由建设单位负责将低压电线、电缆引至废水处理站配电室，并实行双回路供电。功率因素补偿由建设单位变电所统一考虑。

设备选型：设备选择应以先进、可靠、适用为原则，同时也应注意经济上的合理性。

电缆线路敷设：电缆比较集中的主干线采用电缆沟敷设或电缆桥架空敷设，电缆比较少而又分散的地方采用电缆直接埋地或穿管敷设。

设备控制：设备控制分为手动控制和自动控制。其中大部分设备的手动控制采用两地控制，即设备现场控制按钮箱、配电室低压配电柜两地手动控制，自动控制由自控操作台控制。

6　投资估算

6.1　土建构筑物

表4　土建构筑物一览表

序号	名称	工艺尺寸/mm	结构形式	数量	备注
1	水解酸化池	22 000 mm×20 000 mm×6 000 mm	钢砼	1座	
2	提升泵房	10 000 mm×5 000 mm×9 000 mm	砖混	1座	
3	一级好氧池	24 000 mm×10 000 mm×5 500 mm	钢砼	2座	
4	二级好氧池	30 000 mm×14 000 mm×5 000 mm	钢砼	2座	
5	二沉池	Φ 14 000 mm×5 000 mm	钢砼	2座	
6	鼓风机房	12 000 mm×5 000 mm×5 000 mm	砖混	1座	
7	脱水机房	6 000 mm×5 000 mm×5 000 mm	砖混	1座	
	小计				

6.2　设备一览表

表5　设备一览表

序号	名称		规格型号	数量	单机功率/kW	备注
1	固液分离机		WSL1500-III	3台	3.0	
2	水解酸化池	填料	DAT-4#	900 m³		
		填料支架	钢结构	配套		15 t
		池底搅拌机	QJB7.5/12-620/3-480	4台	7.5	不锈钢
		提升泵	SB125-125	6台	15	4用2备
3	一级好氧池	填料	DAT-5#	900 m³		
		填料支架	钢结构	配套		15 t
		旋混曝气头	PD3	1 340 个		
		离心鼓风机	BK8016-55	4台	55	2用2备
4	二级好氧池	填料	DAT-5#	1 500 m³		
		填料支架	钢结构	配套		15 t
		微生物		200 kg		
		旋混曝气头	PD3	2 400 个		
		离心鼓风机	BK8016-55	6台	55	4用2备
5	二沉池	刮泥机	Φ 14 m	2台	0.75	
6	污泥处理系统	污泥泵	65ZW30-18	1台	4	
		螺杆泵	G35-1	1台	1.5	
		板框压滤机	XAY20/800-UK	1台	1.5	
	合计				687.5	

7　主要技术经济指标

7.1　人员编制

本废水处理站设备集中布置，操作简单，管理方便，处理厂管理人员可设 9 人，分 3 班。人工工资及福利按照每人每月 2 000 元计，则：

处理吨水的人工费为：2 000×9/（30×14 400）=0.042 元/m³。

7.2　运行费用

（1）电耗

该废水处理厂总装机功率为 687.5 kW，每日实际耗电量约为 9 734 kW·h。

表 6　设备电耗一览表

序号	名称		装机功率/kW	运行功率/kW	运行时间/（h/d）	电耗/（kW·h）	备注
1	固液分离机		9	9	24	216	
2	水解酸化池	池底搅拌机	30	30	18	540	
		提升泵	90	60	24	1 440	
3	一级好氧池	离心鼓风机	220	110	20	2 200	
4	接触氧化池	离心鼓风机	330	220	24	5 280	
5	二沉池	刮泥机	1.5	1.5	20	30	
6	污泥处理系统	污泥泵	4	4	4	16	
		螺杆泵	1.5	1.5	4	6	
		板框压滤机	1.5	1.5	4	6	
合计			687.5			9 734	

电费以每度电 0.6 元计，则处理吨水的电费为

9 734×0.6×0.7/14 400=0.284 元/m³。

（2）处理吨水的药剂费约为 0.10 元/m³。

处理每吨水实际费用：0.042+0.284+0.10 = 0.426 元/m³ 废水。

8　服务承诺

8.1　达标承诺

本工程为总承包交钥匙工程，工程竣工后由环境保护主管部门组织达标验收，满足环保有关要求。

8.2　工程售后服务

（1）免费为用户负责技术咨询，根据用户要求及需要提供设计。

（2）按期完成施工图。

（3）施工期间安排专业技术人员在现场监督及配合，保证施工进度及质量。

（4）安装调试期间免费为用户代培操作工，直到单独熟练操作为止，免费为用户提供管理操作规程及规章制度。

（5）设备保修一年，动力设备按国家标准保修期保修（一年），在保修期内设备发生故障及时赴现场排除，保修期满后，本单位将定期或不定期每年两次走访用户，维修、检查指导，发现问题及时解决。

9 工程建设进度表

为缩短工程进度，确保废水处理设施如期实行环保验收，工程设计、各分部工程、分项工程土建、安装以及调试工作，将进行统一协调、分布、交叉进行。

总工程进度安排如表 7 所示。

表 7　工程进度表

周 工作内容	1	2	3	4	5	6	7	8	9	10	11	12	13	14	15	16
施工图设计	━	━	━													
土建施工			━	━	━	━	━	━	━	━	━	━				
设备采购制作					━	━	━	━	━	━						
设备安装										━	━	━	━			
调试验收													━	━	━	━

实例十三 1 440 m³/d 红柚清洗废水处理工程

1 工程概况

1.1 废水来源

某农业发展有限公司是一家专门生产柚子浓缩汁、易拉罐饮料、PET 饮料、果干、果脯、精油、柚子果胶、柚子鲜果等系列柚产品的高新企业。公司拥有全球领先的全自动加工生产线设备及生产工艺，是目前国内最大的柚子浓缩汁制造商，可实现年加工原果 20 多万 t。

废水主要产生于：清洗加工红釉过程用水以及设备卫生清洁等过程产生的废水，生产时废水集中排放。

图 1 A/O 生化池

1.2 废水水量、水质特点

根据提供的资料，生产过程中各工艺口排放的最大水量总计 60 m³/h，废水中主要含有大量悬浮物、柚皮、果肉、果胶油脂及泥沙等，水质浑浊，易腐易臭，形成浮渣。

红柚清洗废水的特点是：水量大、含有大量果胶油脂物质、有机悬浮物含量高、易腐败，排入水体会消耗水中的溶解氧，破坏生态系统，污染环境。清洗废水中果胶油脂是一种易生化但较难处理的食品加工废水，其中果胶油脂的去除是关键，若其不能有效去除，将导致后续好氧生化处理的效果较差，难以达标排放。我公司受富康农业董事长支托，现拟对清洗废水进行处理，要求出水达到《城镇污水处理厂污染物排放标准》（GB 18918—2002）一级 A 排放标准。

2　设计基础

2.1　设计依据

（1）建设项目环境保护管理办法（1986年3月26日国务院环境保护委员会、国家计划委员会、国家经济委员会颁发）；

（2）建设项目环境保护管理条例（1998年11月18日国务院第10次常务会议通过）；

（3）《城镇污水处理厂污染物排放标准》（GB 18918—2002）；

（4）《污水综合排放标准》（GB 8978—1996）；

（5）《室外排水设计规范》（2014年版）（GB 50014—2006）；

（6）《给水排水工程构筑物结构设计规范》（GB 50069—2002）；

（7）《工业建筑防腐蚀设计规范》（GB 50046—2008）；

（8）《工业污染物产生和排放系数手册》；

（9）《声环境质量标准》（GB 3096—2008）；

（10）《供配电系统设计规范》（GB 50052—2009）；

（11）《建筑给水排水设计规范》（GB 50015—2003，2009版）；

（12）《自动化仪表选型设计规范》（HG/T 20507—2014）；

（13）《低压配电设计规范》（GB 50054—2011）；

（14）《泵站设计规范》（GB 50265—2010）；

（15）甲方提供的有关数据资料；

（16）其他规范及标准。

2.2　设计原则

（1）严格执行国家和地方环保、卫生和安全等法规，经处理后主要水质指标符合国家有关标准；

（2）设计中坚持科学态度，采用的水处理工艺既要体现技术先进、经济合理，又要成熟、安全可靠，并具有操作简单、运行管理方便等特点；

（3）处理单元相对紧凑、占地尽可能少，在确保运行稳定、出水水质达标的前提下，尽量降低工程造价及运行成本；

（4）设计中坚持废水生化处理与生态化处理思想相结合的原则，营造和谐的废水处理生态环境。

2.3　项目范围

本方案设计范围包括废水处理工程内的废水处理工艺、土建、电气控制和污泥贮池等。废水处理工程以外的管网收集、废泥外运处理、出水外排、总电源引线等由业主负责实施。

2.4　设计处理规模

根据提供资料，清洗废水水量为1 440 m³/d，生产时废水集中排放。

据此，本方案设计时处理水量为60 m³/h，24 h连续运行。

2.5　设计处理水质

根据甲方提供的资料，本项目的处理前原废水水质，如表1所示。

表 1　废水处理前设计水质主要指标一览表

单位：mg/L

污染因子质	设计进水水质
COD$_{Cr}$	≤1 200
BOD$_5$	≤600
SS	≤800
NH$_3$-N	≤100
pH	8.0

2.6　出水水质要求

本方案设计中出水水质指标严格执行《城镇废水处理厂污染物排放标准》（GB 18918—2002）中一级 A 排放标准。

表 2　出水水质

单位：mg/L

污染因子质	一级标准
COD$_{Cr}$	≤50
BOD$_5$	≤10
SS	≤10
NH$_3$-N	≤8
pH	6.0～9.0

2.7　处理工艺分析

清洗废水中含有大量悬浮物、柚皮、果肉、果胶油脂及泥沙等污物。废水的特征可概括为：

（1）水质水量变化大（该厂废水为集中排放）；

（2）由表 1 可以看出，该废水可生化性较好，BOD/COD 比达到了 0.5 以上，适合采用生物法处理；

（3）废水中悬浮物含量很高，悬浮物含量 SS≤600 mg/L，除无机性杂质颗粒外，还含有很多流动性差的有机物如脂类和蛋白质，它们占 COD$_{Cr}$ 的 40%～50%，本工程中 COD$_{Cr}$≤1 000 mg/L，BOD$_5$≤500 mg/L。

（4）废水中含有大量的果胶油脂物质等。

根据水质，可以看出清洗废水可生化性较好，水质浑浊，易腐易臭，形成浮渣，在进行生物处理前必须经过预处理去除果胶油脂及悬浮物质。（清洗废水中果胶油脂是一种易生化但较难处理的食品加工废水。其中果胶油脂的去除是关键，若其不能有效去除，将导致后续好氧生化处理的效果较差，难以达标排放。）根据对废水水质特点以及排放标准的综合分析对比后确定：预处理采用气浮处理，气浮处理采用高效溶气气浮机。

高效溶气气浮机具有以下特点：

（1）处理能力大、效率高、占地少，去除水中的悬浮物及不可溶性 COD，加入破乳剂去除水中的果胶油脂，去除色度，工艺过程及设备构造简单，便于使用、维护。

（2）高效溶气气浮曝气采用新型防堵型释放器，可克服传统装置运行不稳及大气泡翻腾的问题及释放头堵塞问题。

（3）气浮时向水中曝气，对去除水中的表面活性剂及臭味有明显的效果，同时由于曝气增加了水中的溶解氧，为后续处理提供了有力条件。

3　废水处理技术比选

3.1　废水处理技术比选

（1）拦污设施

本工程原水中固体杂质含量较高，为确保提升泵等设备正常工作和保证后续处理构筑物正常运行，拟在处理主体工艺的前段设置拦污设施。

（2）生物处理

通常的废水处理站一般采用以下几种生物处理方法。

（A）生物接触氧化法

生物接触氧化法属于生物膜法，具有以下优点和特点：

①生物接触氧化法生物池内设置填料，由于填料的比表面积大，池内充氧条件好，生物接触氧化池内单位容积的生物体量都高于活性污泥法曝气池及生物滤池，因此生物接触氧化池具有较高的容积负荷；

②由于相当一部分微生物固着生长在填料表面，生物接触氧化法可不设污泥回流系统，也不存在污泥膨胀问题，运行管理方便；

③由于生物接触氧化池内生物固体量多，水流属于完全混合型，因此生物接触氧化池对水质水量的骤变有较强的适应能力；

④由于生物接触氧化池内生物固体量多，当有机物容积负荷较高时，其 F/M（F 为有机基质量，M 为微生物量）比可以保持在一定水平，因此污泥产量可相当于或低于活性污泥法；

⑤因装载填料，生物接触氧化池单位制造成本略高，一般适用于中小型（$Q_d \leqslant 5\,000\ \mathrm{m^3/d}$）废水处理站。

（B）常规活性污泥法

活性污泥法在大中型废水处理中是一种应用最广的废水好氧生物处理技术。活性污泥处理系统有效运行的基本条件和特点是：

①废水中应有足够的可溶性易降解物质，作为微生物生理活动必需的营养物，一般活性污泥法必须定期投加按一定配比的营养物质，这样增加了运行费用和管理难度；

②混合液必须含有足够的溶解氧，活性污泥池长有好氧原生动物，氧的需求量较大；

③活性污泥在池内应呈悬浮状态，能充分与水接触和混合；

④活性污泥连续回流，及时排除剩余污泥，使混合液保持一定的活性污泥浓度；

⑤活性污泥生长周期长，对温度、水质和水量的骤变适应能力差；

⑥对微生物有毒害的物质应严格控制在允许浓度以内；

⑦活性污泥法处理负荷较低，造成设施的体积增大，土建投资也相应增加。

正因为有以上的必要条件和特点，所以活性污泥法运行管理比较专业。另外活性污泥法易产生污泥膨胀，处理负荷较低，不易控制管理，故近年来在中小型废水处理站中的使用越来越少。

（C）SBR 法

SBR 法是近年发展起来的一种较为先进的活性污泥处理法，该处理工艺集曝气池、沉淀池为一体，连续进水，间歇曝气，停气时废水沉淀，撤除上清液，成为一个周期，周而复始。SBR 法不设沉淀池，无污泥回流设备，但 SBR 法为间隙运行，需设多个处理单元，进水和曝气相互切换，造成控制较为复杂。为了保证溢流率，SBR 法对滗水器设备制造要求高，制作时必须精益求精，否则极易造成最终出水水质不达标。国内目前还没有质量较好的滗水设备，进口设备采购麻烦，且价格昂贵，同时今后维修费用也高。SBR法池内污泥浓度由浓度仪测定以便控制排出多余污泥量，目前国内浓度仪质量不过关，造成污泥排放控制较困难。

SBR池溢流率低（一般不超过40%），设施体积较大，造成土建投资较高。

由于存在超高必须较高的技术性问题，活性污泥池和SBR池一般只能露天设置，这样局部影响环境美感（埋地设置时土建投资将大大增加）。接触氧化工艺各池体可采用埋地设置，设备上方可设置道路或绿化带，总体布置美观大方。

综上所述，本工程生物处理拟采用生物接触氧化法。

设计采用A/O生物处理工艺是近几年来国内外环保工作者用以解决废水脱氮的主要方法，该方法具有如下特点：

①利用系统中培养的硝化菌及脱氮菌，同时达到去除废水中含碳有机物及氨氮的目的，与经普通活性污泥法处理后再增加脱氮三级处理系统相比，基建投资省、运行费用低、电耗低、占地面积少。

②A/O生物处理系统产生的剩余污泥量较一般生物处理系统少，而且污泥沉降性能好，易于脱水。

③A/O生物法较一般生物处理系统相比耐冲击负荷高，运行稳定。

A/O生物处理系统因将$NO_2\text{-}N$转化成N_2，因此不会出现硝化过程中产生$NO_2\text{-}N$的积累，而1 mg/L $NO_2\text{-}N$会引起1.14 mgCOD值，因此只硝化时，虽然氨氮浓度可能达标，但COD浓度却往往超标严重。采用A/O生物处理系统不仅能解决有机污染，而且还能解决氮和磷的污染，使氨氮的出水指标小于10 mg/L。

3.2　工艺推荐

生化处理单元运用先进的A/O生物接触氧化法，主要由两级厌氧、两级好氧、二次沉淀、过滤、消毒等工艺组成。这是一种处理效果好、污泥量少、动力消耗低的较为先进的生化处理工艺。通过选用具有针对性的高效微生物制剂和生物酶制剂组合，使传统意义上很难或不能为微生物降解的有机污染物得到了快速且较为完全的生物降解，并且改善寒冷气候时的运行，减轻意外事故及有毒物冲击影响。

同时，将微生物和生物酶固定在特制专利载体上，使微生物的负载量比传统生物处理工艺提高了10～20倍，使微生物对废水中有机物的降解速度比传统方法提高了100倍，从而大大提高了处理速度和处理效果并有效避免了生物量的流失。

3.2.1　微生物生化处理的特点

（1）出水水质好且水质稳定。专用高效微生物、生物酶制剂能够分解脂肪酸、表面活性剂、碳氢化合物、酚类化合物、酮以及不易分解的有机物，增加原生动物的数量和多样性，减少水质变化对出水质量造成的影响。由于高比表面积亲水性新型专利填料的设置，提供了巨大的生物栖息空间，使大量微生物得以附着生存。并且生物膜比较稳定，易于保证生物活性和有利于生物量的提高。

（2）节省运行费用。由于新型填料的设置及气水的相对运动，对气泡起到切割和阻挡作用，使气泡的停留时间和气液接触的面积增加，实测证明提供了氧的吸收能力，即氧的利用率可达25%～30%，曝气量比一般方法降低2倍以上。

（3）耐冲击负荷。曝气强度相对增加2～4倍，这样水流剧烈搅动，对生物膜表面冲刷加强，使生物膜更新快、年龄短，因而活性高；生物膜表面代谢物质的流动和更新速度快，浓度梯度大，因而加快了传质速度。在一定范围内去除率随COD容积负荷的增大而升高，对波动较大的冲击负荷有良好的适应性。专用高效微生物、生物酶制剂能迅速从由于负荷和毒物导致的故障中恢复。

（4）该处理装置结构紧凑，占地面积小，可和其他传统工艺组合使用，对一些老厂进行技术改造，避免了浪费。

（5）去除无机离子和重金属离子，运行中不产生不良气体，美化环境。

3.2.2 本工艺采取的措施

（1）大量悬浮物、柚皮、果肉、果胶油脂及泥沙等易堵塞泵，会影响整个后续工艺处理，故方案中采用格栅。

（2）有机物含量较高，采用气浮处理，去除大部分悬浮物和大部分不溶性有机物，并降低乳化状油脂，改善废水中油脂对后续固定化微生物曝气生化单元处理的影响。

（3）采用微生物曝气生化处理系统，降低污染物浓度，并增加硝化段，提高废水处理效果，并确保氨氮能达标排放。

（4）为了进一步确保水质达标，本工艺采用了两物化与双 A/O 生化相结合的处理工艺，保证了出水达标排放。

4 工艺流程设计

4.1 废水处理工艺流程

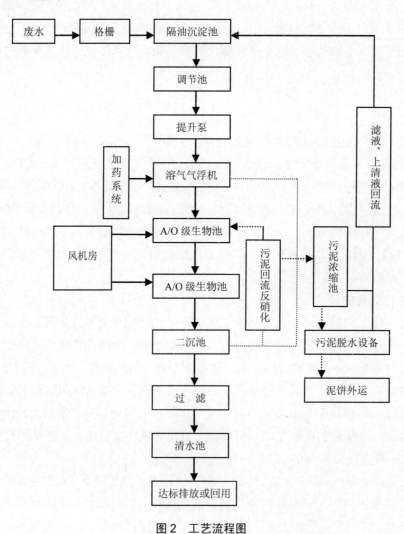

图 2 工艺流程图

4.2　工艺流程说明

清洗废水由收集管网收集，经提升泵进入格栅，去除大块果皮、漂浮物以及小块悬浮物，入隔油沉淀池把部分非溶解物质加以沉淀（沉淀池设计便于清淤），沉淀池出水自流进入调节池调节水量水质，调节池出水由水泵提升进入气浮设备，在该系统内，在微小气泡黏附下，主要去除悬浮有机物和果胶油类物质，处理完后再进入微生物生化处理单元，通过生物的吸附降解作用，去除废水中剩余的污染物质，微生物生化处理单元出水再进入二沉池，使从填料表面脱下的生物膜在二沉池中沉淀，二沉池部分污泥经泵提升进入微生物生化处理单元以补充生化单元的活性污泥量，剩余污泥、隔油沉淀池污泥和气浮池浮渣排入污泥浓缩池，污泥浓缩池上清液回流至隔油沉淀池再循环处理，浓缩污泥进入污泥处理设备作脱水处理，脱水污泥定时外运处理。二沉池出水作过滤处理，经净化废水进入消毒池，经消毒设备投加消毒液后的废水达标排放或回用灌溉绿化用水。

4.3　废水处理工艺效果预测

表 3　处理效果预测

控制指标/（mg/L）		COD$_{Cr}$	BOD$_5$	SS	动植物油	NH$_3$-N
格栅、隔油沉淀、调节池	进水	1 200	600	800	50	100
	出水	1 140	570	640	40	95
	去除率	≥5%	≥5%	≥20%	≥20%	≥5%
气浮机	进水	1 140	570	640	40	95
	出水	741	370	64	8	86
	去除率	≥35%	≥35%	≥90%	≥80%	≥10%
A/O 生化池	进水	741	370	—	—	86
	出水	185	67	—	—	25.8
	去除率	≥75%	≥82%	—	—	≥70%
接触氧化池+二沉池	进水	185	67	64	—	25.8
	出水	46	10	51	—	6.5
	去除率	≥75%	≥85%	≥20%	—	≥75%
过滤+消毒池	进水	46	10	51	—	6.5
	出水	42	9	36	—	6.1
	去除率	≥10%	≥10%	≥30%	—	≥5%
出水标准		≤50	≤10	≤60	≤10	≤8

5　构筑物设计参数与主要设备参数

5.1　格栅

（1）设置目的：在废水进入调节池前设置，用以去除废水中的软性缠绕物、较大固体颗粒杂物及漂浮物，从而保护后续工作水泵使用寿命并降低系统处理工作负荷。

（2）设置特点：结构简单、清淤便捷。

（3）设计参数：

结构形式：钢砼结构

设计流量：60.0 m³/h

基本尺寸：详见图纸

数　　量：1座

（4）主要设备：手工格栅

型　　号：SGX-600

数　　量：1件

5.2　隔油沉淀、调节池

（1）设置目的：废水经格栅处理后进入隔油沉淀池，隔油沉淀池是利用油与水的密度差异，分离去除废水中颗粒较大的悬浮油的一种处理构筑物。水经过隔油沉淀池后自流进入调节池。由于清洗废水水质、水量变化大，为了适应这一变化，特设置了调节池使废水充分均质，水力停留时间 10 h 左右，以保证后续废水生化处理装置的连续平稳运行。调节池的废水将由废水提升泵均衡地送入后序处理设备。

（2）设计特点：设计为钢砼结构。池内设集水坑，便于水泵工作及其维护。

（3）设计参数：

结构形式：钢砼结构

设计流量：60.0 m^3/h

有效调节时间：10.0 h

5.3　调节池提升水泵

设置目的：调节池内设置潜污泵，经均量，均质的废水提升至后级处理。

主要设备：调节池提升泵

型　　号：100WQ60-10-4.0

流　　量：60.0 m^3/h

功　　率：N=4.0 kW

扬　　程：10 m

数　　量：2 台（1用1备）

特　　点：潜污泵设置 2 台，液位控制，水泵采用无堵塞撕裂杂物泵。运行经济、适应性强、安装方便，无须建造泵房。

5.4　气浮机

设置目的：经加药反应后的废水进入气浮的混合区，与释放后的溶气水混合接触，使絮凝体黏附在细微气泡上，然后进入气浮区。絮凝体在气浮力的作用下浮向水面形成浮渣，下层的清水经集水器流至清水池后，一部分回流作溶气使用，剩余清水通过溢流口流出。气浮池水面上的浮渣积聚到一定厚度以后，由刮沫机刮入气浮机污泥池后排出。

主要设备：溶气气浮机

型　号：ZYW-60

技术参数：处理能力 50.0～60.0 m^3/h，溶气水量 18～27 m^3/h，设备功率 11.2 kW

溶气水泵：7.5 kW

气泵：V-0.14/7

溶气罐规格：ϕ600 mm×1 880 mm

数量：1 台

5.5 A级生物处理池

设置目的：将废水进一步混合，充分利用池内高效生物弹性填料作为细菌载体，靠厌氧微生物将废水中难溶解有机物转化为可溶解性有机物，将大分子有机物水解成小分子有机物，以利于后道O级生物处理池进一步氧化分解，同时通过回流的氨氮在硝化菌的作用下，可进行部分硝化和反硝化，去除氨氮。

设计特点：内置高效生物弹性填料，又具有水解酸化功能，以增加生化停留时间，提高处理效率。

设计参数：

结构形式：碳钢防腐结构

设计流量：Q_h=60.0 m³/h

停留时间：HRT=12.0 h

设计单池尺寸：$L \times B \times H$=详见图纸

主要设备：厌氧生物填料

型　　号：Y150

材　　质：聚丙烯共聚

数　　量：2套

5.6 O级生物处理池

设置目的：该池为本废水处理的核心部分，分两段：前一段在较高的有机负荷下，通过附着于填料上的大量不同种属的微生物群落共同参与下的生化降解和吸附作用，去除废水中的各种有机物质，使废水中的有机物含量大幅度降低；后段在有机负荷较低的情况下，通过硝化菌的作用，在氧量充足的条件下降解废水中的氨氮,同时也使废水中的COD值降低到更低的水平,使废水得以净化。

设计特点：

①该池由池体、填料、布水装置和充氧曝气系统等部分组成。

②该池以生物膜法为主，兼有活性污泥法的特点。

③池中填料采用弹性立体组合填料，该填料具有比表面积大，使用寿命长，易挂膜耐腐蚀不结团堵塞填料在水中自由舒展，对水中气泡作多层次切割，更相对增加了曝气效果，填料成笼式安装，拆卸、检修方便。

④该池分两级，使水质降解成梯度，达到良好的处理效果，同时设计采用相应导流紊流措施，使整体设计更趋合理化。

设计参数：

结构形式：钢砼结构

设计流量：Q_h=60.0 m³/h

停留时间：HRT=18.0 h

设计单池尺寸：$L \times B \times H$=详见图纸

主要设备：好氧生物填料

型　　号：Y150

材　　质：聚丙烯共聚

数　　量：2套

主要设备：罗茨鼓风机

型　　号：WSR-150

技术参数：风量 21.78 m³/min，风压 49.9 kPa，功率：30.0 kW

数　　量：2 台（1 用 1 备）

主要设备：曝气系统

型　　号：MBQ210-30

技术参数：曝气器单只气量 2～4 m³/h，材质：EPDM

数　　量：4 组

5.7　二沉池

设置目的：进行固液分离去除生化池中剥落下来的生物膜和悬浮污泥，使废水真正净化。

设计特点：设计为竖流式沉淀池，其污泥降解效果好。

污泥采用气提法定时排泥至污泥池，并设污泥气提回流装置，部分污泥回流至 A 级生物处理池进行硝化和反硝化，也减少了污泥的生成，也利于废水中氨氮的去除。

设计参数：

结构形式：钢砼结构

设计流量：Q_h=60.0 m³/h

停留时间：HRT=4.4 h

设计单池尺寸：$L \times B \times H$=详见图纸

5.8　过滤池

设置目的：废水通过过滤床，杂质截留有机污染物被有效地吸附。此外活性炭表面非结晶部分上有一些含氧管能团，使通过炭床截留去除悬浮物、有机物、胶质颗粒、微生物、氯、嗅味等，最终达到降低水浊度、净化水质的效果。

设计特点：过滤介质通过石英砂和活性炭组成，组成过滤床的活性炭有非常多的微孔和巨大的比表面积，具有很强的物理吸附能力。

设计参数：

结构形式：钢砼结构

设计流量：Q_h=60.0 m³/h

停留时间：HRT=1.0 h

设计单池尺寸：$L \times B \times H$=详见图纸

主要材料：石英砂、活性炭

5.9　消毒池

设置目的：过滤池出水流入消毒池进行消毒，使出水水质符合卫生指标要求，合格外排。

设计特点：消毒池外设计消毒装置，消毒设计投加二氧化氯接触的消毒方式。该投加方式具有投加方便，简单安全等特点，经消毒后的水再排入市政废水管道或附近水域。

设计参数：

结构形式：钢砼结构

设计流量：Q_h=60.0 m³/h

停留时间：HRT=1.0 h

设计单池尺寸：$L \times B \times H$=详见图纸

主要设备：二氧化氯发生器

型　　号：AXS-300

数　　量：1 台

配电功率：0.8 kW

压　　力：>0.2 MPa

管　　径：25 mm

5.10　污泥池

设置目的：二沉池排泥定时排入污泥池，进行污泥浓缩和好氧消化，污泥上清液回流排入调节池再处理，剩余污泥定期用污泥脱水机脱水处理。

设计特点：该池设计为钢砼结构，低部斗型设计。

主要设备：板框式污泥压滤机

型　　号：B（X）30-630

数　　量：1 台

滤室容积：226 L

设备尺寸：2 820 mm×1 200 mm×1 200 mm

5.11　自动控制柜

进行全自动程序控制运行。

6　工艺特点

（1）采用成熟的物化+生化+过滤+消毒处理工艺路线，具有良好的去除废水中的有机物和较好的脱氮功能，以满足排放标准的要求；

（2）具有较好的耐冲击负荷能力，以适应水质、水量变化的特点；

（3）采用污泥前置回流消解工艺，大大降低污泥的生成量；

（4）采用新型填料，挂膜快，寿命长，处理见效快；

（5）充分考虑二次污染产生的可能性，将其影响降低至最低程度；

（6）采用集中控制、自动化运行，易于管理维修，提高系统可靠性、稳定性；

（7）系统处理设施全部设置在地表以下，有利于防冻。

7　二次污染防治

7.1　异味防治

各可能产生异味的池体分别设置空气管进行曝气和好氧消化，从而尽可能减少异味产生。

7.2　噪声控制

（1）系统设施设计在厂区角落，对外界影响小；

（2）风机选用低噪声型，本机噪声≤80 dB，风机进出口均采用消声器，底座用隔震垫，进出口风管用可挠橡胶软接头等减震降噪措施；

（3）确保周围环境噪声：白天≤60 dB，晚上≤ 50 dB。

7.3 污泥处理

（1）污泥由二沉池排放，大量回至 A 级生物处理池，从而减少污泥产量。

（2）污泥处理过程中产生污泥部分排入污泥池进行重力浓缩和好氧消化分解，从而减少污泥体积，提高污泥稳定性。

（3）污泥池内剩余污泥定期由污泥脱水设备脱水干化外运，从而有效地解决污泥出路避免二次污染的产生。

8 工程投资概算

8.1 土建构筑物部分投资估算

表4 土建构筑物投资表

序号	名　称	规　格	数量	总容（面）积	单位	备　注
一				构筑物单元		
1	格栅井	详见图纸	1		m³	
2	隔油/调节池	详见图纸	1		m³	
3	A 级生物池	详见图纸	2		m³	
4	O 级生物池	详见图纸	4		m³	
5	二沉池	详见图纸	2		m³	
6	过滤/消毒池	详见图纸	1		m³	
7	污泥储存池	详见图纸	1		m³	
二				建筑物单元		
8	设备房				m²	地上砖混
合计（一）						
说明：具体价格由设计建设单位根据现场实际设计后核定，本价仅作参考。						

8.2 设备投资

表5 设备投资

序号	设备名称	型号规格	数量	单位	单价/元	合计/元	备注
1	格栅除污机	型号：SGX-600 材质：碳钢	1	件	45 000	45 000	云南今业
2	潜污提升泵	型号：100WQ60-10-4.0，N=4.0 kW	2	台	1 800	3 600	上海泵业
3	液位控制仪		1	套	300	300	上海泵业
4	溶气气浮机	型号：ZYW-60 材质：碳钢防腐	1	台	150 000	150 000	云南今业
5	PAM 加药系统	不锈钢加药泵 1 台、搅拌机 1 台、搅拌罐 1 个、储药罐 1 个、流量计 1 个	1	台	15 000	15 000	云南今业
6	PAC 加药系统	不锈钢加药泵 1 台、搅拌机 1 台、搅拌罐 1 个、储药罐 1 个、流量计 1 个	1	台	15 000	15 000	云南今业

序号	设备名称	型号规格	数量	单位	单价/元	合计/元	备注
7	A级池进水管道	D200	1	套	2 000	2 000	Q235
8	A级池生物填料	D150-2 500	405	m³	80	32 400	PP
9	A级池挂料支架	槽钢/挂筋防腐	270	m²	27 000	27 000	Q235
10	O级池生物填料	D150-2 500	630	m³	120	75 600	PP
11	O级池挂料支架	槽钢/挂筋防腐	420	m²	100	42 000	Q235
12	微孔曝气器系统	D215	470	套	70	32 900	PP
13	曝气布气管道，固定支架	ABS 尼龙镀锌钢管	210	m²	50	10 500	Q235 PVC
14	混合液回流系统	HL100	2	套	8 000	16 000	云南今业
15	二沉排泥系统	PN100	2	套	8 000	16 000	云南今业
16	二沉竖流筒三角出水	DN500 DN219 F200	2	套	8 000	16 000	云南今业
17	罗茨风机	型号：WSR-150A N=30.0 kW	2	台	26 000	52 000	
18	进出口消音器	随风机配套	2	套			山东章丘
19	单向阀	随风机配套	2	套			
20	板框式污泥压滤机	型号：BX30-630 材质：碳钢	1	台	25 000	25 000	杭州
21	污泥高压泵		1	台	5 000	5 000	上海泵业
22	二氧化氯发生器	型号：AXS-500 时产量：500 g	1	套	19 000	19 000	青岛
23	电气控制箱		2	套	10 000	20 000	云南今业
24	管件、阀门		1	宗	10 000	10 000	广州
25	安装与调试		1	套	100 000	100 000	云南今业
合　计		柒拾叁万零叁佰圆整（730 300.00）					

8.3　间接投资（需方负责）

表6　间接投资

序号	名称	单价/万元	合计/万元
1	电缆、电闸、穿线管	0.5	4.0
2	工程现场管道阀门	0.5	
3	菌种培养	1.0	
4	设备吊装、安装、调试费用	1.0	
5	设备运输费用	0.5	
6	工程不可预见费用	0.5	

8.4　总投资

表7　项目总投资

品名	名称	单价/万元	合计/万元
1	工程设备材料投资	73.03	
2	间接投资	4.0	
3	土建投资	77.03	

9 环境经济效益指标

由于本处理系统采用自动化控制，所以整套废水处理只需配备一名兼职管理工作人员即可。其废水处理成本即为一名管理人员工资、废水处理电费、废水处理加药费用三部分组成。（水量按满负荷 1 440 m^3/h，系统运行按 360 天/年）

　　a. 电费

本废水处理站总装机容量为 92.2 kW，运行容量为 38.0 kW

电费平均按 0.80 元/（kW·h）计，则电费：

38.0×0.80÷150=0.51 元/t 废水

　　b. 药剂费

消毒药剂用量按 20 mg/L 计，价格以 3 元/kg 计，则药剂费：

3×0.02=0.06 元/m^3 废水

　　c. 人工费用

本废水处理站每天设置一人值班管理、平均月工资按 1 500 元计，则人工费用为：

1 500÷（60×24×30）=0.035 元/m^3 废水

则总计运行费用为：（不计折旧费，维护费等）

电费+药剂 0.51+0.06+0.035=0.605 元/m^3 废水

10 售后服务承诺和服务方案

10.1 服务承诺

（1）严格按业主的要求，保证进度，保证质量完成项目。

（2）凡是我方提供的所有材料以及整体工程，均实行 12 个月免费保修，该保修期自整体项目最终竣工验收合格之日起计算。

（3）凡属我方承包范围和内容的项目，我方在接到修理通知的 4 h 内给予答复，48 h 内必须派人修理。

（4）在保修期内向业主提供的所有售后服务属无偿服务。

（5）我方承诺，对工程质量终身负责。因我方的原因在工程合理使用期限内造成人身和财产损害的，我方承担损害赔偿责任。我方将长期以优惠的价格提供备品备件，以及将具有专利产权、独家生产和销售的主要部件、备品备件、易损件等，作为备件存放于需方现场的。

（6）我方承诺将终身维护，并以优惠的价格（成本价）对本工程项目提供修理服务，并在投标文件中专项列明此收费标准作为将来订立合同的依据，以保障本工程得于正常使用。如果贵公司有证据材料表明我方并非以优惠的价格提供修理服务，否则视为我方违约，贵公司有权采取按自己核定的价格向我方付款等方式维护自身的利益。

10.2　服务方案

表 8　服务方案

项目 序号	技术服务内容	派出人员构成	计划（人/d）	地点	接到通知后最晚到达 时间
1	指导安装调试	工程师	1	需方工地	48 h
2	试运行配合	工程师	1	需方工地	48 h
3	检修和维护	工程师 技术员	1 1	需方工地	48 h
4	出现质量及技术故障	工程师 技术员	1 1	需方工地	48 h
5	提供缺件及正常备品备件	技术人员	1 人	至需方工地	48 h
6	定期回访	工程师	1 人	至需方工地	1 次/12 月

第七章　饮料酒及酒精制造业废水

1　饮料酒及酒精制造业废水概述

酒的生产以水为介质，酿造过程需用大量的工艺水和清洗水。酿酒的原料均采用农作物，而生产酒只利用了原料中的淀粉或糖分，其他成分不仅未被破坏，而且在发酵过程中会产生多种氨基酸和蛋白质。这些成分是宝贵的物质资源，如果随废水一起处理，会因负荷高而耗费较多的基建投资和运行费用，影响企业治废的积极性。所以对酿酒废水的治理应采取"综合利用与治理污染相结合"的对策，即通过综合利用的途径，回收废水中的有机资源，使之转化成有较高价值的副产品，余下的废水再行处理和部分回用。只有这样，才能达到经济效益、环境效益和社会效益的统一。

由于白酒、酒精或啤酒生产废水中的有机物含量较高，具有较好的生化性，所以对于酿酒废水通常都采用生化法进行处理。但由于白酒和酒精生产中的有机物特别高，所以必须进行预处理，经济上可行，就采用厌氧的方式使大量的有机物生成沼气，利用沼气进行发电供给酿酒过程中所需的能源；若从经济上不具有发电效益，可将大量的含有机物的渣通过过滤或沉降的方式进行分离，分离后的渣可作为饲料。

2　饮料酒及酒精制造业废水处理技术

2.1　物理法

到目前为止，物理处理技术主要是围绕悬浮物（SS）去除进行固液分离。SS 去除法可以省去耗能较高的好氧处理环节，降低工程投资，减少运行费用。固液分离方法与设备选择是实施该技术的关键，应根据具体情况因地制宜地选用。

2.1.1　机械分离技术

机械分离技术是利用废水中有机质与水的比重差，通过离心达到固液分离。一般进行固液分离的工艺是：酒精液→沉砂→池→调节池→离心机→高位槽→酒精液→出水回用拌料→湿渣料→饲料。

采用机械分离技术实现酒精糟液分离回用法具有投资少、工艺设备简单、投产快、效益好等优点。某些酿酒厂排放出的废水浓度高，COD 浓度高，固形物含量高，比较适合采用这种方法进行处理。但出水用于拌料，考虑可能影响生产的酒质，回用次数无疑不能太多。而且湿渣料一般不能直接作为饲料，其经济效益将大打折扣。此外，该法显然并不适用于清污混排含固量相对低的废水。

2.1.2　絮凝预处理法

絮凝法是通过合适的絮凝剂，提高废水的含固量，实现 SS 的去除。该法对含固量相对低的酿酒废水比较适用，但絮凝剂种类、投加量等参数需要建立在实验室可行性研究的基础上，进行优化选择，尽可能地克服不利影响，提高处理效果。若能开发出处理效果好、成本较低、饲养价值高的专用絮凝剂必将大大推进该技术的发展。

2.2 生化法

生化法是利用自然环境中微生物的生物化学作用，分解水中的有机物和某些无机毒物使之转化为无机物或无毒物的一种水处理方法。根据酿酒废水的水质分析，该类废水总体属于有机废水，且有很好的可生化性。我国酿酒废水的治理大多采用生化法，一般分好氧法、厌氧法和厌氧—好氧法等。

2.2.1 好氧法

好氧生化处理法利用好氧微生物降解有机物实现废水处理。该处理方法不产生带臭味的物质，处理时间短，适应范围广，处理效率高，主要包含两种形式：活性污泥法和生物膜法。

活性污泥法是利用寄生于悬浮污泥上的各种微生物在与废水接触中通过其生化作用降解有机物。到目前为止，传统活性污泥法以及围绕活性污泥法开发的有关技术，如氧化沟、SBR 等，已经应用于酿酒废水治理，取得明显效果。

综合分析看来，传统活性污泥法动力费用高，体积负荷率低，曝气池庞大，占地多，基建费用高，通常仅适用于大型酿酒企业废水处理。氧化沟操作灵活，对于酿酒间歇式排放、夏季三个月停产水量减少的情况特别适应，但该技术有流速不够、推动力不足、污泥沉淀等缺点，有时供氧不足、处理效果不佳，在实践应用中尚待进一步探索完善。SBR 法因其构造简单、投资省、控制灵活、污泥产率低等优点，最适用于酿酒废水的间歇排放、水质水量变化大的特点。但是由于没有污泥回流系统，实际运行中经常发生污泥膨胀、致密、上浮和泡沫等异常情况。如何实现反应池工况条件（溶解、温度、酸碱度）的在线控制监测还有待研究。

生物膜法有很多优点，如水质水量适应性强、操作稳定、不会发生污泥膨胀、剩余污泥少、不需污泥回流等。尤其是生物接触氧化池比表面积大，微生物浓度高，丰富的生物相形成稳定的生态系统，氧利用率高，耐冲击负荷能力强，在酿酒废水处理中常常予以采用。但需要注意的是，该法有机负荷不太高，实际应用会受到一定限制。

2.2.2 厌氧法

厌氧法与好氧法不同的是，厌氧法更适用于处理高浓度有机废水，具有高负荷、高效率、低能耗、投资省，而且还能回收能源等优点，特别适用于处理酿酒废液如"黄水""锅底水""发酵盲沟水"等。目前主要是围绕各型反极器的研究开发并予以工程实践，如 EGSB 反应器、IC 反应器、UASB 反应器等。其中 UASB 具有容积负荷高、水力停留时间短、能够回收沼气等优点。

2.2.3 厌氧—好氧法

大量的酿酒废水处理实践表明，高浓度酿酒废水经厌氧处理后出水 COD 浓度仍然达不到排放标准，而若直接采用好氧处理需要大量的投资和占地，能耗高，不够经济合理。一般先厌氧处理，再好氧处理，即厌氧—好氧法，是目前酿酒废水处理工程中应用广泛、研究深入的方法。

鉴于厌氧菌与好氧菌降解有机物的不同机理，可以分析得出厌氧—好氧工艺有明显的优越性。在厌氧阶段可大幅度地去除水中悬浮物或有机物，后续好氧处理工艺的污泥得到有效地减少，设备容积也可缩小；厌氧工艺可对进水负荷的变化起缓冲作用，为好氧处理创造较为稳定的进水条件；若将厌氧处理控制在水解酸化阶段时，不仅可提高废水的可生化性和好氧工艺的处理能力，而且可利用产酸菌种类多、生长快、适应性强的特点，运行条件的控制则更灵活。需要指出的是，厌氧—好氧工艺的关键是要结合酿酒废水的水质水量特征，本着投资少、效益高、去除率高的原则，研究开发技术可靠、管理方便、运行成本较低的厌氧和好氧反极器进行优化组合，尽量克服不足，充分发挥各阶段优越性。

2.2.4　微生物菌剂法

采用生化法处理酿酒废水，微生物是核心，通常都需要较长时间的培养与驯化。尤其是厌氧菌生长缓慢，对环境条件要求高，导致反应器启动时间长，甚至启动失败，这无疑对处理工程将造成极大的影响，微生物菌剂的开发利用成为研究的热点。而酿酒废水中含有大量的低碳醇、脂肪酸，欲获得具有很好适用性的高效优势菌并且推广运用，还会面临菌种驯化分离复杂筛选困难的"瓶颈"，这方面的研究起步较晚，还需进一步加强应用可能性和实际工艺方面的探讨。

2.2.5　各种生化处理技术的比较

对酿酒废水处理生化技术的比较结果可知，不同生化处理技术各有其优缺点，对于高浓度的酿酒废水而言，单一的技术都难以使之处理达标排放。在工程应用中，应该根据具体的水质水量，选择具有不同功能的单元处理技术，通过优化组合而形成复合处理工艺，通过各处理单元的联合作用，将废水处理到达标排放的要求。

表 1　酿酒废水生化处理技术的比较

处理技术	优点	缺点
好氧法	不产生有臭味的物质，处理时间短，处理效率高，工艺简单，投资省	人为充氧实现好氧环境，能耗高，运行费用相对昂贵
厌氧法	高负荷高效率，低能耗，投资省，可回收能源	多有臭味，高浓度废水处理出水仍然达不到排放标准，运行控制要求高
好氧—厌氧法	厌氧阶段大幅度去除水中悬浮物或有机物，提高废水的可生化性，为好氧段创造稳定的进水条件，并使污泥有效减少，设备容积缩小，中等投资	需要根据实际合理选择工艺进行优化组合，建造与操作比单纯好氧或纯粹厌氧复杂，有时运行条件控制复杂，管理难
微生物菌剂	处理系统启动快，效果好	高效优势菌种筛选难度大，技术不是很成熟

2.3　其他处理方法

2.3.1　电解预处理

电解氧化由阳极的直接氧化和溶液中的间接氧化的共同作用去除污染物。铁炭微电解法处理酿酒废水的作用机理是基于电化学氧化还原反应、微电池反应产物的絮凝、铁屑对絮体的电富集、新生絮体的吸附以及床层过滤等综合作用。通过微电解预处理，能提高废水的可生化性，且具有适应能力强、处理效果好、操作方便、设备化程度高等优点，是近年来酿酒废水处理研究的新领域。但在实际应用中，静态铁屑床往往存在铁屑结块、换料困难等问题，往往只能作为预处理手段，尚未得以推广，还需要加强该法的设备开发与研究，为酿酒废水治理提供新途径。

2.3.2　微波催化氧化

微波磁场能降低反应的活化能和分子的化学键强度。微波辐射会使能吸收微波能的活化炭表面产生许多"热点"，其能量常作为诱导化学反应的催化剂，可为酿酒废水提供一种治污思路。需要说明的是，目前仅处于试验水平，实际应用中会面临电能和氧化剂费用较高的困境，如何降低费用是此法能否得到广泛应用的关键，且设备开发与运行管理也需进一步研究。

2.3.3　纳米 TiO_2 氧化法

纳米 TiO_2 能降解环境中的有害有机物，可用于废水处理，近年来已成为国际上研究的热点。该法用于酿酒废水处理在我国的研究尚处于起步阶段，对于一些控制参数、治理装置开发等还有很大的研究空间。

2.3.4 膜分离技术

20 世纪 70 年代许多国家广泛开展了超滤膜的研究、开发和应用。酒糟废液通过超滤膜分离回收酵母固形物，并去除一些对发酵有害物质，出水作拌料水回用。这种闭路循环发酵工艺可以变废为宝，避免或削减污染物的排放。但是超滤膜在运行中的管理比较复杂，为防止膜堵塞，需要经常清洗和保养，冬季还需要进行保温。这无疑对该技术的应用产生了一定障碍，怎样克服不足还有待研究。

2.3.5 废水种植，饲养造肥

实践表明酿酒废水处理后出水还是低度污染废水，还有丰富的无机物和有机物，在适宜温度条件下，部分生物易于繁殖，导致水体发臭变色，破坏生态环境。可以种植水上蔬菜、接种水草鱼苗、放生青蛙等建立自净能力强的生态系统逐级消化废水中的无机物和有机物，实现自然净化。显然该法方便、经济效益好，环保价值高。不过这一后续处理法的推广还需要对动植物物种的选择进行深入的试验研究，而且还要对生态净化系统机构构建与管理方式进行探索。

我国对酿酒行业污染排放管理的法律、法规相对滞后，尤其是乡镇小酒厂几乎处于无组织排放状态。但随着污染的加重，人们环保意识的增强和国家管理措施的加强，对酿酒行业污染的限制将日趋严格，因此高效、成熟的酿酒废水处理技术具有很大的研究前景。今后研究的重点应该是：

（1）设备研究开发

在吸收国外成果的基础上注重设备的研究开发，包括过程参数的自动控制系统、布水布气系统等，为实现废水处理产品的成套化、系列化、标准化奠定基础。特别是针对小型酿酒企业间歇排放的少量废水，研究开发低成本、易管理、集约型、成套化处理工艺设备具有重要而紧迫的现实意义。

（2）高效优势菌种的筛选

在原有菌种的基础上通过选择最佳生长条件，筛选出能高效降解酿酒废水中各种成分的优势菌种，从而缩短反应启动时间，加快反应进程，降低能耗，提高处理效率。

（3）加强处理新技术的深入研究

铁炭微电解、微波催化氧化、纳米 TiO_2 氧化等处理新技术的试验研究，可以为此类废水处理提供新的途径，但目前尚处于起步阶段，存在较大研究空间。

实例一　云南某酒业有限公司 133.5 m³/d 白酒废水处理及中水回用工程

1　项目概况

该酒业有限公司位于云南省新平彝族傣族自治县，是一家以服务健康为主题，集高端生物养生酒研发加工、酒庄和地域文化展示、旅游休闲度假为一体的旅游文化企业。公司占地面积 65.5 亩，规模为年产生物酒 800 t，白酒 1 200 t。公司依托新平哀牢山优质的水源和丰富的生物资源，深入挖掘古滇国皇室后裔花腰傣的文化，传承古滇国传统的酿制工艺和生产方式，以天蚕、人参、灵芝、藏红花、首乌、天麻和冬虫夏草等二十多种名贵药材进行研发并生产出一系列产品，在市场上广受欢迎。

该公司产生的废水可分为高浓度废水和低浓度废水，其中：高浓度废水包括蒸馏底锅水、酒糟废液、发酵池渗沥液（又称黄水）、地下酒库渗漏水、蒸馏工段冲洗水等；高浓度废水的主要成分为黄水、低碳醇（乙醇、戊醇、丁醇等）、脂肪酸、氨基酸等。低浓度废水的污染物浓度远远低于国家排放标准，可直接排放。该废水处理及中水回用工程采用"絮凝沉淀+BAF 生物滤池+过滤吸附"，的组合工艺，出水分为两部分；一部分直接排放，出水水质达到《废水综合排放标准》（GB 8978—1996）；另一部分出水回用，水质达到《城市废水再生利用　城市杂用水水质》（GB/T 18920—2002）标准，回用于绿化用水和硬地浇洒用水。该废水处理及中水回用工程系统总装机容量 23.6 kW，运行费用约 2.89 元/m³ 废水（不含折旧费）。

图 1　BAF 生物滤池

2　设计依据

2.1　设计依据

（1）《项目环境影响报告》及批复；

（2）建设方提供的各种相关基础资料（水质、水量、回用水要求等）；

（3）现场踏勘资料；

（4）《水处理设备　技术条件》（JB/T 2932—1999）；

（5）《废水综合排放标准》（GB 8978—1996）；

（6）《城市废水再生利用　城市杂用水水质》（GB/T 18920—2002）；

（7）国家及省、地区有关法规、规定及文件精神；

（8）其他相关设计规范与标准；

（9）我单位治理同类废水的工程经验及相关工艺设计资料。

2.2　设计原则

（1）执行国家关于环境保护的政策，符合国家的有关法规、规范及标准；

（2）坚持科学态度，积极采用成熟稳定的工艺技术，同时结合新工艺、新技术、新材料、新设备，既要体现技术经济合理，又要安全可靠。在设计方案的选择上，尽量选择安全可靠、经济合理的工程方案；

（3）采用高效节能、先进稳妥的废水处理工艺，提高处理效果，减少基建投资和日常运行费用，降低对周围环境的污染，方案设计科学、合理，既要考虑建设的经济性，使工程造价在保证处理水质稳定，设备运行可靠的原则下降至最低限度，又要考虑运行费用低廉，尽量使用简易、低能耗、高效的废水处理系统；

（4）选择国内外先进、可靠、高效、运行管理方便、维修简便的排水专用设备；

（5）采用先进的自动控制，做到技术可靠，经济合理，减少操作维护工作量；实现操作管理自动化、程序化、简单化，实现无人管理，自动操作，降低废水处理的综合费用；

（6）妥善处理、处置废水处理过程中产生的栅渣、污泥，避免二次污染；

（7）适当考虑废水处理站周围地区的发展状况，在设计上留有余地；

（8）在方案制订时，做到技术可靠，经济合理，切合实际，降低费用，结合废水的具体特点及国内外相关废水处理的成功经验，并在确保功能可靠、操作管理方便的前提下尽量采用新技术，提高废水处理的效果，降低废水处理的成本；

（9）废水站建设各构筑物和设备布置合理，结构紧凑、节约占地；

（10）采用物理的、化学的和生物的等多种技术措施进行处理。化学措施为生物处理创造条件，以生物处理为主体，以深度处理为保证。

2.3　设计、施工及服务范围

本项目的设计范围为企业生产废水处理站的设计、施工及调试，包括：废水处理站的工艺设计；各工艺单元的土建、电气、自控、设备设计；废水回用处理系统的调试。不包括废水处理站外的废水收集管网、排出管网、化粪池以及站外至站内的供电、供水及站内道路、绿化等，也不包括中水回用设施。

本项目的服务范围包括：

（1）废水处理系统的设计、施工；

（2）废水处理设备及设备内的配件的提供；

（3）废水处理装置内的全部安装工作，包括设备内的电器接线等；

（4）废水处理系统的调试，直至调试成功并顺利运行；

（5）免费培训操作人员，协同编制操作规程，同时做有关运行记录，为今后的设备维护、保养提供有力的技术保障。

3 主要设计资料

3.1 废水来源及性质

白酒生产废水是指从生产到贮存陈化过程中所产生的工业废水，按污染程度可分为两部分：一部分为高浓度废水，包括蒸馏锅底水、发酵池盲沟水、蒸馏工段地面冲洗水、地下酒库渗漏水、"下沙"和"糙沙"工艺过程中的原料冲洗、浸泡排放水等。尽管这部分废水量很小（占废水总量的5%～10%），但该部分废水所含有机物浓度非常高，COD高达100 000 mg/L左右，BOD高达44 000 mg/L，且废水呈酸性。除了高浓度废水，白酒生产过程中产生的其他废水均属于低浓度废水，该类废水的污染物浓度远远低于国家排放标准，可直接排放。

3.2 设计进水水质

根据建设方提供的资料，生产废水排放量为133.5 m³/d。

依据建设方提供的《环境影响评价报告书》中的相关数据，并参考同类废水的进水水质，最终确定该公司生产废水设计进水水质指标具体如表1所示。

表1 设计废水进水水质

项目	COD_{Cr}/（mg/L）	BOD_5/（mg/L）	TN/（mg/L）	NH_3-N/（mg/L）	TP/（mg/L）	pH
进水水质	5 400	3 250	115	185	70	5.0～7.0

3.3 设计出水水质

根据建设方要求，经处理后的出水达到《城市废水再生利用 城市杂用水水质》（GB/T 18920—2002）标准，回用于厂区绿化和硬地浇洒等，具体出水质要求如表2所示。

表2 设计废水出水水质

项目	COD_{Cr}/（mg/L）	BOD_5/（mg/L）	SS/（mg/L）	NH_3-N/（mg/L）	pH
回用水水质	≤50	≤10	≤10	≤5	6.0～9.0

3.4 回用水量计算

厂区绿化回用水量计算：

根据《建筑给水排水设计规范》（GB 50015—2003）中规定，小区绿化浇灌用水定额按浇灌面积1.0～3.0 L/（m²·d）计算，本项目中，小区绿化浇灌用水定额取3.0 L/（m²·d）。

表3 小区绿化回用水量计算

绿化面积/m²	8 620
绿化浇灌用水定额/[L/（m²·d）]	3.0
绿化用水量/（m³/d）	25.86

因此，小区绿化用水量为 35.50 m³/d。

小区硬地浇洒水量计算

根据《建筑给排水设计规范》（GB 50015—2003）中规定，居民小区道路、广场的浇洒用水定额可按浇洒面积 2.0～3.0 L/（m²·d）计算，因此本项目中，小区硬地浇洒用水定额取 2.0 L/（m²·d）。

表4　小区硬地浇洒用水量计算

硬地面积/m²	6 103.63
硬地浇洒用水定额/[L/（m²·d）]	2.00
硬地浇洒用水量/（m³/d）	12.21

因此，小区硬地浇洒用水量为 12.21 m³/d。

4 废水处理及中水回用系统工艺设计

4.1 工艺选择

由于白酒生产厂家所采用的工艺和原料不同，产生的废水水质也不尽相同，因此需要根据酒厂的生产工艺、生产规模及废水的产生量和浓度等指数采用不同的处理方法，表 5 为国内几家知名酿酒企业采用的废水处理工艺。

表5　国内几家知名酿酒企业采用的废水处理工艺

企业名称	废水处理工艺
四川某酒厂	两级 UASB-UBF-SBR
广东某酒厂	两级 EGSB-生物接触氧化
贵州某酒厂	UASB-生物接触氧化
四川某酒集团	AFB-CASS
安徽某酿酒有限公司	两级 UASB-CASS-生物滤池
山东某酒厂	复合厌氧反应器—化学混凝

由表 5 看出，各酿酒企业所采用的主体工艺主要有好氧、厌氧和化学混凝等处理方法，具有工艺成熟可靠、运行稳定等优点。然而，近年来，汽提法作为一种新型、高效的废水处理方法，得到了广泛的关注，汽提法是让废水与水蒸汽直接接触，使废水中的挥发性有毒有害物质按一定比例扩散到气相中去，从而达到从废水中分离污染物的目的。通过该物理方法处理后，废水中的 COD 和 BOD 浓度大大降低，使后续生化处理段的反应更好地进行，因此采用汽提法对该企业废水进行处理。

4.2 处理工艺

根据该企业生产废水的水质和水量，结合我单位相关的工程经验，推荐主体工艺为"絮凝沉淀+汽提+BAF 生物滤池+过滤+吸附"的组合工艺，具体工艺流程如图 2 所示。

4.3 工艺流程说明

生产车间产生的几股水经明沟、暗渠、管道收集进入集水井，废水在集水井进行 pH 的调节；经调节 pH 的废水进入调节池，在此进行水质和水量的均化、调节；调节池出水进入絮凝沉淀池，出水提升至气提装置，通过引入蒸汽对其加热至 80℃，从而使 80%~90%的乙醇蒸发出来，有效降低废水中的有机物含量；汽提装置出水再经泵提升进入 BAF 曝气生物滤池，去除有机污染物等；出水由泵提升至过滤系统，经过滤、吸附装置去除废水中残留的细小颗粒等污染物，最终出水进入清水池暂存。

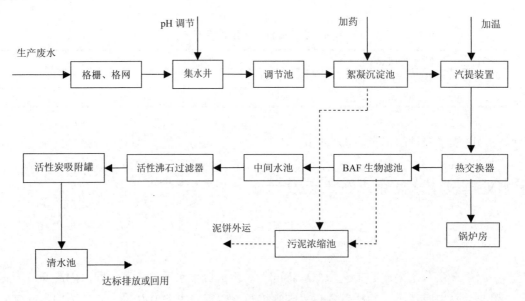

图 2　酿酒废水处理工艺流程

该工艺中，剩余污泥由絮凝沉淀池和 BAF 曝气生物滤池产生，污泥进入污泥浓缩池暂存，后定期由环卫车外运处理。

该废水系统主要包括格栅、集水井、调节池、气提装置、BAF 生物滤池、活性沸石过滤、活性炭吸附等几部分，以下是对各个部分的详细说明。

粗细格栅：主要用于去除废水中体积较大的漂浮物、悬浮物，以减轻后续处理构筑物的负荷，并保证后续处理设施的正常运行。

集水井：收集生产车间的废水，同时将废水 pH 调至 7.0~7.5，使废水满足后续水解酸化的条件。

调节池（兼水解）：用于调节废水的水质、水量，使废水能比较均匀地进入后续处理单元；并通过水解酸化作用去除废水中的部分 COD，并将大分子有机物分解成小分子有机物，提高废水的可生化性，减轻后续废水处理单元的处理负荷。

絮凝沉淀池：在该反应器中投加药剂 PAC、PAM，使废水中难以沉淀的颗粒能互相聚合而形成胶体，然后与水体中的杂质结合形成更大的絮凝体，絮凝体具有强大吸附力，不仅能吸附悬浮物，还能吸附部分细菌和溶解性物质，最终通过沉淀去除污染物质。

汽提装置：通过对含乙醇的废水加热至 80℃，可以将 80%左右的乙醇和丙酮蒸发出来，从而降低废水中有机物的含量。水温升至 80℃后关闭蒸汽阀门，打开热交换器所有阀门，常温水从另一端进入，通过交换后的热废水降温至 25℃左右进入 BAF，而交换后的升温出水进入生活锅炉，其目的是节约生活锅炉的煤耗，以此循环，降温后的废水，进入 BAF 生物滤池进行生化处理其目的是降低氨氮、醛类、单宁、色素及糖类等物质。

BAF 生物滤池：曝气生物滤池是一种采用颗粒滤料固定生物膜的好氧或缺氧生物反应器。池内装填比表面积大、表面粗糙、易挂膜的陶粒填料，以提供微生物膜生长的载体。废水从滤池顶部进入，滤池底部曝气，气水处于逆流状态。在 BAF 池中，有机物被微生物氧化分解，NH_3-N 被氧化成硝态氮；另外，由于在生物膜的内部存在厌氧和兼氧环境，在硝化的同时实现部分反硝化反应。从滤池底部的出水可直接排入中间水池，一部分留作反冲洗之用。

中间水池：主要是辅助作用，保证过滤的进水要求。

活性沸石过滤器：活性沸石是天然沸石经过多种特殊工艺活化而成，经人工导入活性组分，使其具有新的离子交换或吸附能力，其离子交换性能更好，吸附性能更强，吸附容量也相应增大，更有利于去除水中各种污染物，其性能在某些方面接近或优于活性炭，其成本远远低于活性炭，可以用于水的过滤及深层处理，不仅能去除水中的浊度、色度、异味，且对于水中的有害重金属，如铬、镉、镍、锌、汞、铁离子、有机物、酚等物质具有较强的吸附交换作用，对废水中的氨氮、磷酸根离子等也有较高的去除能力。

活性炭吸附罐：活性炭吸附罐的作用主要是去除废水中的大分子有机物、铁氧化物和余氯等。活性炭是一种多孔性的含碳物质，它具有高度发达的孔隙构造，活性炭的多孔结构为其提供了大量的比表面积，能与废水（杂质）充分接触，从而有效去除废水中的残留污染物。

污泥浓缩池：由絮凝沉淀池和 BAF 曝气生物滤池等构筑物产生的剩余污泥进入污泥浓缩池，上清液流入集水井，剩余污泥定期外运处理。

5 构筑物及主要设备设计参数

5.1 构筑物设计参数

表 6 构筑物设计参数

名称	规格尺寸	结构形式	数量	设计参数
调节（水解）池	8.0 m×4.0 m×4.0 m	钢砼	1 座	有效水深 3.5 m；有效容积 112 m³
絮凝沉淀池	3.0 m×3.0 m×4.0 m	钢砼	1 座	
中间水池	5.0 m×3.0 m×4.0 m	钢砼	1 座	
BAF 生物滤池基础	Φ 4.0 m×0.5 m	钢砼	1 座	
清水池	7.0 m×2.5 m×3.0 m	钢砼	1 座	
污泥浓缩池	3.0 m×2.0 m×3.0 m	钢砼	1 座	
设备房	15 m²	砖混	1 座	

5.2 主要设备设计参数

表 7 主要设备设计参数

安装位置	设备名称	规格型号	数量	功率	备注
格栅井	格栅	—	1 台	—	材质不锈钢；栅隙 10 mm；
集水井	提升泵	50WQ15-15-1.5	2 台（1 用 1 备）	1.5 kW	流量 15 m³/h；扬程 15 m
调节（水解）池	提升泵 1	50WQ15-10-0.75	2 台（1 用 1 备）	0.75 kW	流量 6 m³/h；扬程 10 m
	水解池填料	Φ 150 mm	80 m³	—	
	潜水搅拌机	QJB3/8	1 台		
絮凝沉淀池	搅拌机	—	2 台		
	絮凝加药系统	—	2 套		加药系统 2 套、反应搅拌机 2 台
	汽提装置	—	1 套	—	

安装位置	设备名称	规格型号	数量	功率	备注
BAF 曝气生物滤池	提升泵 2	SLS50-125	2 台（1 用 1 备）	1.5 kW	流量 16 m³/h；扬程 17 m
	鼓风机	HSR65	2 台（1 用 1 备）	4 kW	风量 2.03 m³/min；扬程 6 m
活性沸石过滤器	沸石过滤器	KYSL-1000	1 台	—	材质钢制防腐；设计滤速：10 m³/（m²·h）
	提升泵 3	SLS40-160	2 台（1 用 1 备）	2.2 kW	流量 8.3 m³/h；扬程 30 m
活性炭吸附罐		KYHT-1000	1 台	—	材质钢制防腐；设计滤速：10 m³/（m²·h）
污泥浓缩池	污泥加药系统	—	1 套	0.75 kW	

6 二次污染防治

6.1 臭气防治

（1）废水处理站各池体均被密闭，以防臭气外逸；

（2）各可能产生异味的池体分别设置空气管进行曝气和好氧消化，尽可能减少异味的产生；

（3）设置臭气管道，通过抽风机管。

6.2 噪声控制

（1）系统设施计在厂区边围，对外界影响小；

（2）风机选用低噪声型，本机噪声≤80 dB，风机进出口均采用消声器，底座用隔震垫，进出口风管用可挠橡胶软接头等减震降噪措施；水泵选用国优潜污泵，对外界无影响；

（3）确保周围环境噪声：白天≤60 dB，晚上≤50 dB。

6.3 污泥处理

（1）剩余污泥部分进行回流，从而减少污泥量；

（2）系统产生的剩余污泥先排至污泥浓缩池，后由定期外运处理。

7 废水处理系统布置

7.1 平面布置原则

（1）废水处理系统应充分考虑与厂区环境、地形、功能布置和现有管道系统相协调；

（2）废水处理系统应充分考虑建设施工规划等问题，优化布置系统；

（3）根据夏季主导方向和全年风频，合理布置系统位置；

（4）处理构筑物应布置紧凑，节能高效，节约用地，便于管理。

7.2 高程布置原则

（1）充分利用地形设计高程，减少系统能耗；

（2）系统设计力求简洁、流畅，减少管件连接。

8 电气控制

8.1 工程范围

本自动控制系统为废水处理工程工艺所配置，自控专业主要涉及的内容为该废水处理系统中废水泵与液位的联锁、报警、风机的交替动作、风机与进水泵的联锁工作等。

8.2 控制水平

本工程中采用 PLC 程序控制，系统由 PLC 控制柜、配电控制屏等构成。

8.3 控制方式

本工程装置内所有电动机均采用中央集中室控制方式，电动机联锁由仪表专业的 PLC 实现。

8.4 电源状况

本系统需一路 380/220V 电源。

8.5 电气控制

该废水回用处理系统电控装置为集中控制，采用进口 PLC 可编程序控制器，主要自动控制各类泵提升（液位控制）；风机启动及定期互相切换；需要时（如维修状态下）可切换到手动工作状态。

（1）水泵

水泵的启动受液位控制。

①高液位：报警，同时启动备用泵；

②中液位：一台水泵工作，关闭备用泵；

③低液位：报警，关闭所有水泵；

水泵中一台水泵出现故障，发出指示信号，另一台备用泵自动工作。

（2）声光报警

各类动力设备发生故障，电控系统自动报警指示，报警时间 10~30 s，并故障显示至故障消除。

（3）其他

①各类电气设备均设置电路短路和过载保护装置；

②动力电源由本电站提供，进入废水回用处理系统动力配电柜。

9 运行费用分析

本废水处理站运行费用由运行电费、人工费和药剂费三部分组成。

9.1 运行电费

该废水处理站的装机功率为 23.6 kW，常开功率 11.8 kW，每天运行时间为 24 h，电费按 0.65 元/（kW·h）计，则运行电费 E_1=1.38 元/m³ 废水。

9.2 人工费用

本废水处理站操作管理简单，自动化控制程度高，不需要专人值守，可由场内 1 名工作人员兼职管理即可，人工费用取 1 500 元/月，则人工费 E_2=0.37 元/m³ 废水。

9.3 药剂费

本废水处理站药剂费为 pH 调节时所投加的碱消耗及絮凝消耗的药剂，此部分费用 E_3 约为 0.4 元/m³ 废水。

综上所述，运行费用 E=E_1+E_2+E_3=2.15 元/m³ 废水。

10 工程实施进度

本工程建设周期为 12 周，为缩短工程进度，确保该废水回用处理设施如期实行环保验收，工程设计、各分部工程、分项工程土建、安装以及调试工作，将进行统一协调、分布、交叉进行，具体工程进度安排如表 8 所示。

表 8 工程进度表

周 工作内容	1	2	3	4	5	6	7	8	9	10	11	12
准备工作	▬											
场地开挖		▬▬										
设备基础			▬▬									
设备材料采购				▬▬								
构筑物施工				▬▬▬▬▬▬								
设备制作安装						▬▬▬▬▬						
外购设备				▬▬▬▬▬▬▬▬▬								
设备防腐										▬▬		
管道施工								▬▬▬				
电气施工									▬▬▬			
场地平整										▬▬		

11 工程保修及事故应急处理措施

（1）本工程自验收合格日算起保修期为一年，设备部分自进场日算起保修期为一年；

（2）本方案的提升设备设有备用，当其中一台出现故障时，由另一台备用设备工作，以保证处理系统能正常运行；同时厂内必须加紧时间维修出现故障的设备，防止出现两台设备同时发生故障；

（3）为保证处理设备的正常运行，应加强设备日常维护和巡检，在停产期（节假日等）安排检修或大修；

（4）建立规范的操作规程和健全的事故报警制度。

实例二 新疆某生物科技有限公司 1 800 m³/d 玉米酒精发酵废水处理工程

1 工程概况

建设规模：1 800 m³/d

建设地点：新疆昌吉呼图壁县芳草湖东工业园区

项目概况：新疆某生物科技有限公司年综合加工玉米近 20 万 t，年产 6 万 t 以上的玉米酒精（原文中玉米酒精的产量，根据每吨酒精需 3 t 玉米估算出来的）、9 万 t 高蛋白饲料、玉米油及其他相关副产品。

酒精工业对环境的污染以水的污染最为严重，生产过程中的废水主要来自蒸馏发酵成熟醪后排出的酒精糟，生产设备的洗涤水、冲洗水，以及蒸煮、糖化、发酵、蒸馏工艺的冷却水等。采用"多相流气浮（有防冻加热系统）+生化处理（ACS 厌氧反应器+A/O）+物化处理"为主的工艺技术，处理后出水执行《废水综合排放标准》（GB 8978—1996）酒精工业二级标准。废水处理系统总装机额定功率为 115 kW，运行费用为 1.26 元/t。

2 设计基础

2.1 项目背景

2.1.1 玉米酒精生产工艺

甲方拟采用全粒法进行玉米深加工生产酒精，DDGS 是玉米酒精发酵酒糟液生产的主要产品。玉米全粒法酒精生产工艺如图 1 所示。

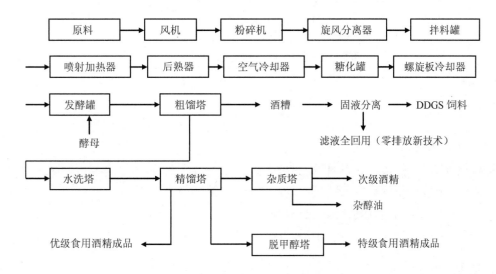

图 1 玉米全粒法生产酒精的工艺流程

2.1.2 玉米酒糟液生产 DDGS 的工艺

玉米酒精糟中含有丰富的蛋白质、脂肪等有机营养成分，是良好的畜禽饲料资源。目前利用玉米酒精发酵废糟液生产畜禽蛋白饲料的工艺技术有 4 种：① 玉米酒精糟制取全干燥蛋白饲料（DDGS）；② 玉米酒精糟固液分离、滤渣直接做饲料或生产 DDG 蛋白饲料、滤液稀释排放；③ 玉米酒精固液分离、滤渣直接做饲料或 DDG 蛋白饲料、滤液 30%～50% 回用于生产；④ 玉米酒精糟固液分离、滤渣直接做饲料或生产 DDG 蛋白饲料、滤液厌氧发酵生产沼气。

由于酒糟中存在对酵母酒精发酵有抑制作用的物质大部分被湿渣带走，滤液中，留下的只是极少部分，通过调整回流比完全有可能在回流系统中将其浓度控制在酵母能够忍受的范围之内。所以现在一般酒精厂所采用的酒精废糟液的综合处理工艺中都包含有将废液部分或者全部返回生产系统作为拌料用水或液化、糖化添加水的回用路线。而且，若回流比恰当，酒精废水回流技术的应用不仅不会影响酵母的酒精发酵，反而有可能会提高酒精产量。具体工艺如图 2 所示。

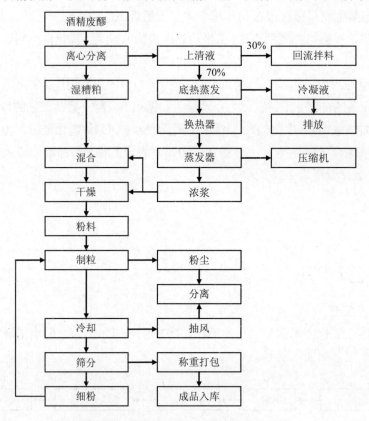

图 2　玉米酒糟液生产 DDGS 的工艺流程

2.2　设计依据

（1）业主所提供的相关资料；

（2）《废水综合排放标准》（GB 8978—1996）；

（3）《发酵工业废水处理》（王凯军等编著，2000 年版）；

（4）《工业企业总平面设计规范》（GB 50187—2012）；

（5）《室外排水设计规范》（GB 50014－2006，2014 年版）。

2.3　设计原则

（1）执行国家环境保护政策，符合国家的有关法规、规范及标准；

（2）全面规划设计，充分发挥建设项目的社会效益、环境效益和经济效益；

（3）采用先进、实用、成熟、可靠的处理工艺，满足水质、水量波动的进水要求，确保废水处理后达标排放；

（4）采用合理工艺、合理布置，尽量降低工程投资，在保证系统安全、经济、稳定运行的前提下，以最小的资金投入达到预计的处理效果；

（5）采用运行费用较为节省的处理工艺，降低废水处理成本，给企业带来最优的经济效益；

（6）采用先进可靠的技术设备以及自动控制系统，操作管理方便可靠；

（7）妥善处理、处置废水处理过程中的噪声，以及产生的废渣、污泥，避免产生二次污染。

2.4 设计范围

设计范围为废水处理厂界区内的全部废水处理工艺、污泥处理工艺、总平面布置、各构（建）筑物设计、电气和自控设计，但不包括废水处理厂外部的废水进水管路和外排管路、废水场地平整、道路及供水、供电及废水处理站的通讯、绿化、供热、采暖等辅助工程，也不包括玉米酒糟液生产DDGS工程和沼气综合利用工程。

2.5 处理规模及水质组成

根据公司提供的有关资料和同类项目现场调研与取样分析情况，本工程各类废水组成如表 1 所示：处理能力为每小时 75 m³，日出理能力为 1 800 m³。其中高质量浓度废水（COD：30 000 mg/L）1 100 m³/d，低质量浓度废水（COD：2 000～3 000 mg/L）700 m³/d。

表 1 废水水质情况表

单位：mg/L

序号	项目	指标	备注
1	pH 值	3.0～4.0	业主提供
2	悬浮物	3 000	行业参数
3	化学需氧量（COD_{Cr}）	30 000	业主提供
4	生化需氧量（BOD_5）	12 000～25 000	行业参数
5	水温	40～50℃	业主提供
6	氨氮	230	业主提供

2.6 出水水质要求

设计处理后的废水，执行《废水综合排放标准》（GB 8978—1996）酒精工业二级标准。具体指标如表 2 所示。

表 2 出水水质要求（引自 GB 8978—1996 酒精工业二级标准）

序号	项目	限　值
1	pH 值	6～9
2	色度	≤80
3	悬浮物/（mg/L）	≤150
4	化学需氧量（COD_{Cr}）/（mg/L）	≤300
5	生化需氧量（BOD_5）/（mg/L）	≤100
6	氨氮/（mg/L）	≤25

2.7 所用化学品规格

表 3　所用化学品规格

规格	化学品				
	氢氧化钙	絮凝剂	混凝剂	氢氧化钠	磷酸二氢钾
化学成分	$Ca(OH)_2$	PAM	PAC	NaOH	KH_2PO_4
纯度	90%～96%	90%	含 AlO≥30%	≥99%	≥98.0%
包装	25 kg 袋装或散装	25 kg 袋装	25 kg 袋装	25 kg 袋装颗粒	25 kg 袋装颗粒
运输方式	汽运	汽运	汽运	汽运	汽运
配制浓度	10%	2.5%	20%	20%	100%
加药量	mg/L	0.5 mg/L	20 mg/L	$50 \times 10^{-6} \sim 100 \times 10^{-6}$	$\times 10^{-6}$

2.8 采用的标准规范

（1）《室外排水设计规范》（GB 50014—2006，2014 年版）；

（2）《建筑给水排水设计规范》（GB 50015—2003，2009 年版）；

（3）《建筑设计防火规范》（GB 50016—2014）；

（4）《钢制管法兰、垫片、紧固件》（HG 20592～20635—2009）；

（5）《自动化仪表工程施工及质量验收规范》（GB 50093—2013）；

（6）《供配电系统设计规范》（GB 50052—2009）；

（7）《通用用电设备配电设计规范》（GB 50055—2011）；

（8）《建筑照明设计标准》（GB 50034—2013）；

（9）《建筑内部装修设计防火规范》（GB 50222—1995）；

（10）《泵站设计规范》（GB/T 50265—2010）；

（11）《建筑抗震设计规范》（GB 50011—2010）；

（12）《建筑结构可靠度设计统一标准》（GB 50068—2001）；

（13）《建筑结构荷载规范》（GB 50009—2012）；

（14）《建筑地基基础设计规范》（GB 50007—2011）；

（15）《建筑地基处理技术规范》（JGJ 79—2012）；

（16）《混凝土结构设计规范》（GB 50010—2010）；

（17）《钢结构设计规范》（GB 50017—2003）。

3 工艺设计描述

3.1 污染物来源及特点分析

酒精工业的污染以水的污染最为严重，生产过程中的废水主要来自蒸馏发酵成熟醪后排出的酒精糟，生产设备的洗涤水、冲洗水，以及蒸煮、糖化、发酵、蒸馏工艺的冷却水等，如图 3 所示。

每生产 1 t 酒精需 3 t 玉米，排出酒糟液约为 12 m³。淀粉质原料（玉米）酒精发酵产生的废糟液 COD，BOD_5 值相对较低，COD 为 3 万～5 万 mg/L，BOD_5 为 2 万～3 万 mg/L。

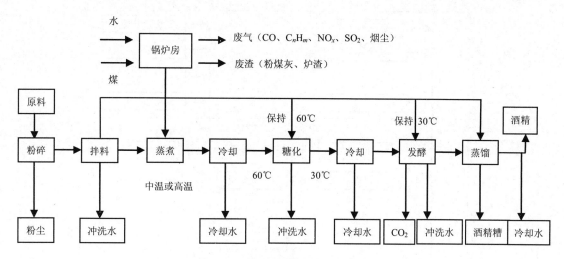

图 3　玉米酒精发酵工艺废水出处

糟液污染重要指标之一是总固体，它包括溶解性固体、悬浮固体和胶体，它是由有机物、无机物和生物菌体所组成。有机物的成分主要是碳水化合物、其次是含氮化合物、生物菌体和未完全分离出去的产品如丁醇，乙醇、丙酮等低沸点易挥发物；无机物主要来自原水（自来水）中各种离子和原料中的杂质、灰尘，如 Ca^{2+}、Mg^{2+}、SiO_2、HCO_3^-、CO_3^{2-}、SO_4^{2-}、Cl^-、PO_4^{2-} 等。在总固体中悬浮固体（包括超胶体和部分胶体）占 60%～80%，溶解性固体和部分胶体（即粒径小于 4.5 μm）占 20%～40%。糟液具有很强的腐蚀性和较高的黏度。

3.2　工艺方案及其说明

根据本项目废水特征、地理特征及近年来在相关领域取得的实际经验，提出了"多相流气浮（有防冻加热系统）+ 生化处理（ACS 厌氧反应器+A/O）+ 物化处理（高效澄清池加混凝剂）"的工艺方案，工程流程见图 4。

本方案将废水的处理主要分为三段：

①预处理工段：预处理对废水中悬浮物、COD 的去除率可以达到 50%以上，中和沉淀池可以调节废水中的 pH 从 3～4 调节至 7～8，以便进水满足生化处理的要求，采用气浮法分离废水中的浮渣；

②生化处理段：采用 ACS 厌氧反应器+AO 法生化工艺路组合线去除大部分 COD、氨氮和有机物等污染物；

③物化处理段：采用高效澄清池加混凝剂的方式，去除难生化的污染物，保证出水达到要求。

本方案在工艺选择上具有如下特点：

（1）预处理阶段引入了多相流气浮技术

Edur 型高效气浮装置吸收了 CAF 切割气泡和 DAF 稳定溶气的优点。

整套系统主要由溶气系统、气浮设备、刮渣机、控制系统和配套设备等组成。

溶气系统将空气和回流水一起从泵进口管道直接吸入，利用该泵特殊的叶轮结构，高速旋转的多级叶轮将吸入的空气多次切割成小气泡，并将切割后的小气泡在泵内的高压环境中瞬间溶解于回流废水中。再经过减压阀释放成乳白色的溶气水，使絮凝颗粒上浮，从而达到净化的目的。

（2）在生化处理阶段选用了"ACS 厌氧反应器+A/O 工艺"

①ACS 厌氧反应器：ACS 厌氧反应器是在结合传统的 IC、UASB 和高效澄清池优点的基础上研究出来的，克服现有厌氧工艺中污泥容易流失、处理效率不高的不足之处，具备了进水浓度高、污泥的利用率高、适应性强。能耗低、运行费用低、启动快、操作简单等优点，如图 4 所示。

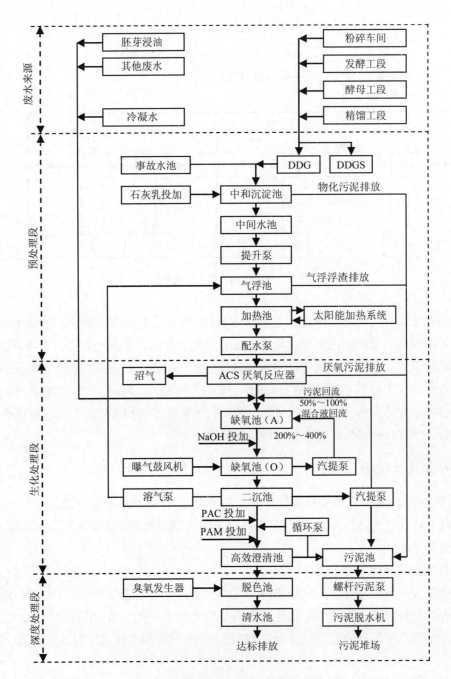

图 4 玉米酒精废水处理工艺流程框图

②A/O 工艺：系 Anoxic/Oxic（兼氧/好氧）工艺的简写。是常规二级生化处理基础上发展起来的生物去碳除氮技术，是考虑废水脱氮采用较多的一种处理工艺。充分利用缺氧生物和好氧生物的特点，使废水得到净化。

目前典型 A/O 工艺是把缺氧工段提前到好氧工段前。在缺氧段时，活性污泥中的反硝化细菌利用硝化态氮和废水中的含碳有机物进行反硝化作用，使化合态氮转化为分子态氮，获得去碳脱氮的效果，同时具有生物选择的作用，防止污泥膨胀。因此 A/O 工艺不但具有稳定的脱氮功能，而且对 COD、BOD 有较高的去除率，处理深度高，剩余污泥量少。

（3）"太阳能+辅助加热系统"的防冻设计

严酷的气候条件使寒冷地区废水处理厂的设计和运行管理有别于其他地区的废水处理厂。对其工艺流程、设计参数、保温措施和运行管理进行特殊设计才能使废水处理厂正常运行。

研究表明，废水水温在 10℃以下时，COD 的去除率随废水温变化却相对稳定。水温在 7℃左右和 4℃左右时，COD 的去除率分别在 40%和 35%左右。而严寒地区冬季废水处理厂的原水温度最低 8～10℃，废水生化处理曝气池温度在 5～7℃。为了保证废水处理站的正常运行，对处理站进行加热保温设计必不可少。

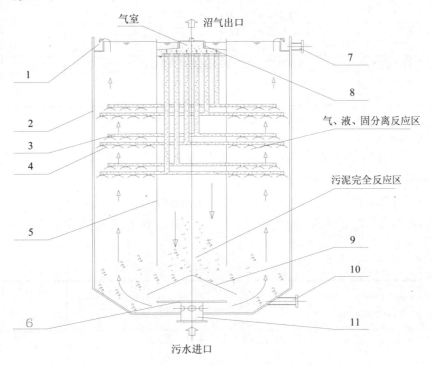

1—溢流堰；2—外筒体；3—沼气及污泥收集管；4—三相分离器；5—内筒体；6—进水布水板；7—出水口；8—水封罩；9—圆锥形污泥下滑板；10—排污口；11—进水口

图 5　ACS 厌氧反应器结构原理

结合现场实际情况，考虑新疆地区太阳能资源十分丰富，全年日照时数为 2 550～3 500 h，年辐射照度总量比中国同纬度地区高 10%～15%，比长江中下游地区高 15%～25%。居全国第二位，仅次于西藏。全年日照大于 6 h 的天数为 250～325 d，日照气温高于 10℃的天数普遍在 150 d 以上。本工艺设计采用"太阳能+辅助加热系统"对处理站进水进行加热，使原水水温升温到 35℃促进微生物活性。

3.3　工艺单元描述

3.3.1　酒精废水预处理单元

（1）中和沉淀池

酒精生产废水呈酸性，其 pH 值 3～4，加入 $Ca(OH)_2$，调节 pH 值到 7～8 有利于后续的生化处理，同时具有明显的混凝作用，可以进一步地去除 COD_{Cr}。中和药剂石灰乳，选用在线 pH 计作为控制，型号为 BYS01 型，数量 2 台，1 备 1 用。

设计中和反应池长为 5 m，宽为 4 m，池深超高 1.5 m，泥斗高度过 1.5 m。中和反应池 2 座。中和反应池采用鼓风搅拌，使反应充分。

表4　调节中和沉淀池配套设备参数

序号	设备名称	型号规格	单位	数量	备注
1	pH 在线测定仪	OPM253PR-0010，水质 pH 传感器：M-12，测量范围：0～14pH	台	1	
2	提升泵	65WQZ30-22-4 Q=45 m³/h，H=15 m，N=4 kW	台	2	1 备 1 用
3	浮球液位计	UH-50/C 系列浮球液位计，信号输出 4～20 mA，HH，H，L，LL 信号输出	台	3	上海光华或同类
4	石灰投加装置	组合装置 Φ 2 200 mm，N：13.0 kW	套	1	碳钢
5	石灰乳投加泵	Q：10 m³/h，H：15 m，N：5.5 kW	台	2	碳钢
6	穿孔曝气管	Dg50，非标	套	2	SS304

（2）多相流气浮

Edur 型高效气浮装置吸收了 CAF 切割气泡和 DAF 稳定溶气的优点。整套系统主要由溶气系统、气浮设备、刮渣机、控制系统和配套设备等组成。

多相流气浮池数量：1 个，接触室上升流速：12 mm/s。

系统运行参数为：处理量约 40 m²/h；回流比 R=25%；PAC 投加量 10 mg/L。

表5　多相流气浮池配套设备参数

序号	设备名称	型号规格	单位	数量	备注
1	气浮多相流泵	LBU603C160 L，Q=10 m³/h，H=20 m，N=3 kW	台	1	316 L
2	气浮池刮渣机	DYZG 系列，水平速度：2.5～4.5 m/min，主机功率：0.75 kW	套	1	碳钢防腐
3	气浮池套筒阀	非标，流量 65 m³/h	套	1	碳钢防腐
4	溶气释放器	Q=3.8 m³/h	个	5	ABS

（3）防冻加热系统

严寒地区冬季废水处理厂的原水温度最低 8～10℃，废水生化处理曝气池温度在 5～7℃，COD 的去除效率仅为 40%～50%。

废水水温降低或过低可能使得废水处理过程出现一系列困难或问题，包括：物理与生物吸附能力下降，生物活性降低，沉淀不易，污泥膨胀等，导致废水处理量与出水水质很难保证与达标。

结合现场实际情况，考虑新疆地区太阳能资源十分丰富，全年日照时数为 2 550～3 500 h，年辐射照度总量比中国同纬度地区高 10%～15%，比长江中下游地区高 15%～25%。居全国第二位，仅次于西藏。全年日照大于 6 h 的天数为 250～325 d，日照气温高于 10℃的天数普遍在 150 d 以上。因而设计考虑使用太阳能加热系统如图6所示。

图6　太阳能加热系统

设计采用"太阳能+辅助加热系统"对处理站进水进行加热。按 400 m² 计算，能产生 45～65℃ 的热水 40 m³，与废水经板式换热器后，能使 45 m³ 废水从 20℃升温到 30℃。

表 6　加热系统配套设备参数表

序号	设备名称	型号规格	单位	数量	备注
1	平板式集热器	2 000 mm×1 000 mm	块	350	
2	储热水箱	$V_{有效}$=4.0 m³	个	1	
3	板式换热器	BRS02，Q=110 m³/h 换热面积 25 m²	个	2	北京京海
4	热水循环泵	Q=100 m³/h，H=10 m，N=5.5 kW	台	2	上海连成
5	辅助加热系统	N=55 kW	套	1	

3.3.2　酒精废水生化处理单元

（1）ACS 厌氧生化池

经过预沉淀和中和处理后的废水通过调节中和池提升泵打入 ACS 配水系统，通过 ACS 厌氧作用去除部分有机物。

ACS 厌氧池设计 6 组，设计处理量 45 m³/h。

（2）AO 生化脱氮设计计算

表 7　A/O 池配套设备参数表

序号	设备名称	型号规格	单位	数量	备注
1	潜水搅拌机	QJB4/12-615/3-480　N=1.5 kW	个	4	碳钢防腐
2	曝气鼓风机	BK8016，风量=20 m³/h，风压=6 m，N=30 kW	台	3	碳钢
3	好氧池曝气系统	740 个曝气头（148×5）	套	5	PVC
4	混合液汽提泵	L=5 000，DN150	套	3	SS304

（3）二沉池

二沉池主要用于 AO 法好氧池出水泥水分离和污泥回流。设计单池处理废水流量 75 m³/h，沉淀池表面负荷 0.5 m³/（m²·h）。

采用竖流式沉淀池，沉淀池设 1 组，半地下式钢混结构。

表 8　二沉池配套设备参数表

序号	设备名称	型号规格	单位	数量	备注
1	污泥汽提泵	L=5 000，DN100	套	8	
2	中心导流筒	非标设计	套	2	
3	出水堰板	非标设计	套	2	

（4）高效澄清池

DY-2005 型高效度澄清池是由同济大学上海达源环境科技工程有限公司研制的一种采用斜管沉淀及污泥循环方式的收速、高速的澄清池。如图 7 所示，其工作原理基于以下五个方面：

①原始概念上的整体化的絮凝反应池；②推流式反应池至沉淀池之间的慢速传输；③污泥的外部再循环系统；④斜管沉淀机理；⑤采用合成絮凝剂+高分子助凝剂。

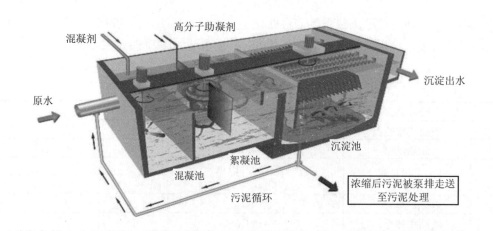

图 7 DY-2005 型高效澄清池效果

高效澄清池包括五个重要因素：

①均质絮凝体及高密度矾花；②由于沉淀速度快（15～40 m/h），采用密集型设计；③有效地完成污泥浓缩；④沉淀后出水质量较高，一般在 10NTU 以内；⑤抗冲击负荷能力强，不易受突发冲击负荷的变化而变化。

表 9 高效澄清池配套设备

序号	设备名称	型号规格	单位	数量	备注
1	快速搅拌机	HS3000，N=0.75 kW	套	1	SS304
2	慢速搅拌机	DS3000，N=0.75 kW	套	1	SS304
3	污泥循环泵	Q=5 m³/h，H=20 m，N=0.75 kW	台	2	碳钢
4	中心刮泥机	ZBG-22Q，N=1.5 kW	套	1	SS304
5	污泥位变送器	8 100/IR15	台	1	
6	稳流板	D3 000×1 000	套	1	SS304
7	旋流分离器	CYL-S-5.0	套	1	SS304
8	斜管	水力半径 50 mm	m²	49	玻璃钢
9	pH 计	测定范围 0～14	台	1	
10	PAC 加药装置	N=0.25 kW	套	1	PE
11	PAM 加药装置	N=0.25 kW	套	1	PE

（5）臭氧脱色（清水池）

清水池：清水池分两个格，前一格作为消毒池，溢流出水以保证有足够的消毒反应时间，后一格作为回用水泵的集水池。

脱色池有效容积：105 m³，脱色池停留时间：90 min，臭氧投加量：1 000 g/h。

表 10 清水池配套设备参数表

序号	设备名称	型号规格	单位	数量	备注
1	臭氧发生机	CF-G-2-500 g，N=11 kW	台	2	青岛国林
2	无油空气压缩机	Q=2 m³/h，N=1.5 kW	台	1	达源

3.4 污染物去除率

表 11 污染物去除率预测表

处理单元	污染指标	pH 值	悬浮物/（mg/L）	COD_Cr/（mg/L）	BOD_5/（mg/L）
进水	进水	3～4	3 000	30 000	20 000
	去除率	—	—	—	—
中和沉淀池 出水	进水	3～4	3 000	30 000	20 000
	出水	7～9	1 500	20 000	12 000
	去除率	—	50%	33%	40%
气浮池出水	进水	7～9	1 500	20 000	12 000
	出水	7～9	1 200	20 000	12 000
	去除率	—	20%	—	36%
厌氧池 出水	进水	7～9	1 200	20 000	12 000
	出水	6～9	600	5 000	2 000
	去除率	—	50%	75%	83%
AO 二沉池 出水	进水	6～9	600	5 000	2 000
	出水	6～9	200	300	100
	去除率	—	67%	94%	92%
高效澄清池出水	进水	6～9	200	300	100
	出水	6～9	100	240	80
	去除率	—	50%	20%	20%
达标 出水	进水	6～9	100	240	80
	出水	6～9	≤150	≤300	≤100
	去除率	—	—	—	—
达标排放	出水	6～9	≤150	≤300	≤100

4 建构筑物设计

4.1 设计原则

（1）为了节约占地，功能相关联的建构筑物尽量联合布置。

（2）在满足工艺要求的前提下力求贯彻标准化、模数化原则。

（3）建筑中部分项目的荷载取值、防火设计按《建筑设计防火规范》（GB 50016—2014）和《石油化工企业设计防火规范》（GB 50160—2008）的相关章节要求设计、执行。

4.2 建筑面积

表 12 构筑物一览表

序号	名称	规格尺寸	单位	数量	材质
一	建筑物				
1	风机臭氧机房	9.0 m×10.0 m	个	1	砖混结构
2	值班、配电控制房	6.0 m×10.0 m	个	1	砖混结构
3	加药、脱水机房	9.0 m×10 m	个	1	砖混结构

序号	名称	规格尺寸	单位	数量	材质
4	药剂库房	6.0 m×10.0 m	个	1	砖混结构
5	泵房	9.0 m×10.0 m	个	1	砖混结构
二	构筑物				
1	事故调节池	7.5 m×4.0 m×9.0 m	个	1	半地下钢砼
2	调节中和沉淀池	7.5 m×3.0 m×9.0 m	个	2	半地下钢砼
3	中间水池	9.0 m×7.5 m×3.0 m	个	1	半地下钢砼
4	气浮池	13.0 m×3.5 m×3.0 m	个	1	半地下钢砼
5	加热池	7.5 m×5.0 m×4.0 m	个	1	半地下钢砼
6	ACS 厌氧反应池	10.0 m×12.0 m×9.0 m	个	6	半地下钢砼
7	缺氧反应池	15.0 m×6.0 m×6.0 m	个	2	半地下钢砼
8	好氧反应池	31.5 m×6.5 m×6.0 m	个	3	半地下钢砼
9	二沉池	7.5 m×7.5 m×6 m	个	2	半地下钢砼
10	混凝池	3.5 m×3.5 m×6.0 m	个	1	半地下钢砼
11	絮凝池	3.5 m×3.5 m×6.0 m	个	1	半地下钢砼
12	高效澄清池	7.5 m×7.5 m×6.0 m	个	1	半地下钢砼
13	脱色池	9.0 m×3.5 m×3.0 m	个	1	半地下钢砼
14	清水池	9.0 m×3.5 m×3.0 m	个	1	半地下钢砼
15	污泥池	7.7 m×5.0 m×5.0 m	个	1	半地下钢砼

4.3 总图设计

废水处理场的总平面布置在业主指定的区域内。竖向布置将根据厂区提供的总平面图统一考虑坡向。

道路采用水泥砼路面（或和厂区一致），绿化采用草坪绿化；道路设雨排系统，采用 Φ300 砼管 330 m，雨水斗 10 个，其余道路利用坡向排至界区外道路。

5 电气设计

5.1 设计内容

包括项目系统界区内的配电系统、照明、防雷、防静电、接地工程设计。

5.2 供电情况、负荷等级

供电方式按二级供电负荷设计，按两回路 0.4 kV 电源进行设计，电费计量点设在本车间配电所内。

5.3 用电负荷特性

表 13　用电负荷计算表

序号	设备名称	单机功率/kW	装机容量/台	使用数量/台	装机功率/kW	使用功率/kW	需要系数	需要功率/kW
1	石灰投加装置	5.0	1	1	5.0	5.0	0.5	2.5
2	石灰乳投加泵	1.5	2	1	3.0	1.5	0.8	1.2
3	中间水池提升泵	4.0	2	1	8.0	4.0	1	4.0
4	气浮多相流泵	3.0	1	1	3.0	3.0	1	3.0

序号	设备名称	单机功率/kW	装机容量/台	使用数量/台	装机功率/kW	使用功率/kW	需要系数	需要功率/kW
5	气浮池刮渣机	0.75	1	1	0.75	0.75	0.8	0.6
6	潜水搅拌机	1.5	4	4	6.0	6.0	1	6.0
7	曝气鼓风机	35.0	2	1	70.0	35.0	1	35.0
8	螺旋桨搅拌器	0.75	1	1	0.75	0.75	1	0.75
9	桨板搅拌器	0.75	1	1	0.75	0.75	1	0.75
10	污泥循环泵	0.75	2	1	1.5	0.75	1	0.75
11	中心刮泥机	1.5	1	1	1.5	1.5	1	1.5
12	臭氧发生器	3.0	1	1	3.0	3.0	1	3.0
13	污泥螺杆泵	1.0	2	1	2.0	1.0	1	1.0
14	带式脱水机	3.0	1	1	3.0	3.0	1	3.0
15	NaOH 投加装置	0.75	1	1	0.75	0.75	1	0.75
16	PAC 投加装置	0.25	2	1	0.5	0.25	1	0.25
17	PAM 加药装置	0.25	2	1	0.5	0.25	1	0.25
18	照明	5			5	5	0.5	2.50
	合计				115.00			66.80

本废水处理厂为连续性用电负荷，年操作时间为 8 000 h。

总装机额定功率：115.00 kW

总运行消耗轴功率：66.80 kW

备注：运行消耗轴功率不包括以下内容：①偶尔运行的设备，如检修箱用电；②MCC/OCC 用电；③公用用电，如照明及空调等。

6　工艺设备、建构筑物清单

表 14　工艺设备清单

序号	位号	设备名称	规格型号	单位	数量	材质	供货商
一			预处理单元				
1	01-M-01	石灰投加装置	组合装置Φ2 000 mm，N：13.0 kW	套	1	碳钢	上海达源
2	01-P-01	石灰乳投加泵	Q=10 m³/h，H=15 m，N=5.5 kW	台	2	碳钢	上海连成
3	01-AP-01	中和池穿孔曝气管	Dg50，非标	套	2	SS304	上海达源
4	01-P-02	中间水池提升泵	65WQ30-22-4 Q=40 m³/h，H=15 m，N=4 kW	台	3	碳钢	上海连成
5	01-P-03	气浮多相流泵	LBU603C160 L，Q=15 m³/h，H=20 m，N=11 kW	台	2	316 L	德国 EDUR
6	01-M-02	气浮池刮渣机	DYZG 系列，水平速度：2.5～4.5 m/min，主机功率：0.75 kW	套	1	碳钢防腐	上海达源
7	01-AP-04	气浮池套筒阀	非标，流量 65 m³/h	套	1	碳钢防腐	上海沪工
8	01-AP-05	溶气释放器	Q=5.8 m³/h	个	5	ABS	上海达源
9	01-P-04	热水泵	IS125-100-200 Q=100 m³/h，H=12.5 m，N=7.5 kW	台	2	碳钢	上海连成
10	01-P-05	冷水泵	IS125-100-200 Q=100 m³/h，H=12.5 m，N=7.5 kW	台	2	碳钢	上海连成
11	01-T-01	热交换器	BRS02，Q=110 m³/h	套	2	碳钢	北京京海
12	01-T-02	板式集热器	2 000 mm×1 000 mm	套	200		

序号	位号	设备名称	规格型号	单位	数量	材质	供货商
13	01-M-03	电加热器	N=55 kW	套	1	碳钢	上海连成
14	01-P-06	配水泵	65WQ15-22-2.2 Q=10 m³/h，H=25 m，N=2.2 kW	台	5	碳钢	上海连成
二			生化处理单元				
			厌氧生化段				
1	02-TK-01	厌氧池脉冲罐	DY-MC-10，Φ300 mm×1 000 mm，单套配水量：10 m³/h	个	6	碳钢	上海达源
2	02-TK-02	进水布水器	非标设计	套	6	SS304	上海达源
3	02-TK-03	厌氧池三相分离器	非标设计 ACS 12 000×1 600×1 000 （16×3-1）	套	94	玻璃钢	上海达源
4	02-TK-04	厌氧池水封罐	DYSF-15	个	1	碳钢	上海达源
5	02-P-04	回流泵	Q=18 m³/h，H=15 m，N=1.5 kW	台	12	碳钢	上海连成
6	02-AP-02	回流穿孔管	非标设计	套	6	SS304	上海达源
7	02-AP-03	出水堰板	非标设计	套	18	碳钢	上海达源
			缺氧生化段				
8	02-Q-01	潜水搅拌机	QJB4/12-615/3-480　N=4 kW	个	4	江苏蓝深	江苏蓝深
			好氧生化段				
9	02-K-01	曝气鼓风机	BK8016，风量=39 m³/min，风压=6 m，N=55 kW	台	2	百事德	百事德
10	02-AP-04	好氧池曝气系统	740 个曝气头（148×5）	套	5	PVC	上海达源
11	02-P-05	污泥气提泵	L=5 000，DN100	套	4		上海达源
			深度处理段				
12	02-M02	螺旋桨搅拌器	HS3000，N=0.75 kW	台	2	碳钢防腐	上海达源
13	02-M03	桨板搅拌器	DS3000，N=0.75 kW	台	2	碳钢防腐	上海达源
14	02-AP16	稳流板	D3000×1000	套	2	碳钢防腐	上海达源
15	02-AP17	旋流分离器	CYL-S-5.0	套	2	碳钢防腐	上海达源
16	02-P-06	污泥循环泵	Q=5 m³/h，H=20 m，N=0.75 kW	台	2	碳钢	上海连成
17	02-M-07	中心刮泥机	ZBG-22Q，N=1.5 kW	套	1		上海达源
18	02-AP18	斜管	面积=13 m×13 m，水力半径50 mm	m²	169	玻璃钢	上海达源
19	02-K-02	臭氧发生器	CF-G-2-500 g，N=9 kW	套	1	L316	青岛国林
20	02-P-07	污泥螺杆泵	Q=10 m³/h，H=15 m，N=1.0 kW	台	2	转子为不锈钢	耐驰（兰州）
21	02-M-08	带式脱水机	DY-1000型滤带重力浓缩脱水一体机 处理流量5～10 m³/h，过滤有效带宽1 000 mm，功率3 kW	台	1	碳钢	上海朗东
22	02-Y-01	NaOH 投加装置	组合装置 N=0.75 kW	套	1	碳钢防腐	上海达源
23	02-Y-02	PAC 投加装置	组合装置 N=0.25 kW	套	2	PV	上海达源
24	02-Y-03	PAM 加药装置	组合装置 N=0.25 kW	套	1	PV	上海达源
25	02-P-08	混合液汽提泵	L=5 000，DN150	套	3	SS304	上海达源
三			其他设备				
1		配电柜	DY-GGD组装件	台	5		GGD
2		控制柜	DY组合件	批	1		
3		电缆	各规格	批	1		
4		电缆桥架	各规格	批	1		

序号	位号	设备名称	规格型号	单位	数量	材质	供货商
5		照明设备	各规格	批	1		
6		自控仪表	各规格	批	1		
四			防腐				
1		池体防腐		m²	218		
2		管道\管架防腐		批	1		
五			在线仪表				
1		温度/pH 在线测定仪	OPM253PR-0010，水质 pH 传感器：M-12，测量范围：0~14pH	台	3		上海仪表厂
2		浮球液位计	0.4~7 m，4~20 mA	台	4		上海仪表厂
3		其他仪表		批	1		

7 运行费用

7.1 原料消耗量

废水：75.0 m³/h，1 800 m³/d。

7.2 药剂消耗量

表 15 药剂消耗量统计

序号	名称	单位	数量
1	PAC	kg/d	10
2	PAM	kg/d	2
3	氢氧化钠	kg/d	5

7.3 石灰消耗

表 16 每吨含酸废水石灰（CaO）理论投加量

序号	变值	理论投加量	污泥产生量
1	pH1→pH2	2.5 kg	2.75 kg
2	pH2→pH3	0.25 kg	0.275 kg
3	pH3→pH4	0.025 kg	0.027 5 kg
4	pH4→pH5	0.002 5 kg	0.002 75 kg
5	pH5→pH6	0.000 25 kg	0.000 275 kg
6	pH6→pH7	0.000 025 kg	0.000 027 5 kg
7	pH7→pH9	0.28 kg	0.308 kg

注：生石灰中 CaO 含按 70%；有效的 $CaCO_3$ 按 15%；起作用不大的 $CaCO_3$ 及惰性杂质按 15%计算，废水以 SO_4^{2-}计。污泥量不计原废水中和絮凝可沉降物。

7.4　运行费用

表 17　运行费用统计表

序号	名称	耗量	单价/元	运行成本/（元/d）	每吨水处理费用
1	电耗	66.80 kW·h	0.50	801.6	0.83 元/t 水
2	药剂				
1）	氢氧化钙	0.12T/d	600	72.00	0.08 元/t 水
2）	氢氧化钠	10 kg/d	4.0	40.00	0.04 元/t 水
3）	PAM	2 kg/d	15.0	30.00	0.03 元/t 水
4）	PAC	5 kg/d	4.00	20.00	0.02 元/t 水
3	人工	5 人/月	1500	250.00	0.26 元/t 水
	总计				1.26 元/t 水

第八章 制药工业废水

1 制药工业废水概述

制药产生的废水因其污染物多属于结构复杂、有毒、有害和生物难以降解的有机物质，对水体造成严重的污染。同时废水还呈明显的酸、碱性，部分废水中含有过高的盐分。制药废水主要包括抗生素生产废水、合成药物生产废水、中成药生产废水以及各类制剂生产过程的洗涤水和冲洗废水等四大类。其废水的特点是成分复杂、有机物含量高、毒性大、色度深和含盐量高，特别是生化性很差，且间歇排放，属难处理的工业废水。

2 制药工业废水处理技术

制药废水的处理技术可归纳为以下几种：物化处理、化学处理、生化处理以及多种方法的组合处理等，各种处理方法具有各自的优势及不足。

2.1 物化处理

根据制药废水的水质特点，在其处理过程中需要采用物化处理，作为生化处理的预处理或后处理工序。目前应用的物化处理方法主要包括混凝、气浮、吸附、氨吹脱、电解、离子交换和膜分离法等。

2.1.1 混凝法

该技术是目前国内外普遍采用的一种水质处理方法，它被广泛用于制药废水预处理及后处理过程中，如硫酸铝和聚合硫酸铁等用于中药废水等。高效混凝处理的关键在于恰当地选择和投加性能优良的混凝剂。近年来混凝剂的发展方向是由低分子向聚合高分子发展，由成分功能单一型向复合型发展。有学者以其研制的一种高效复合型絮凝剂 F-1 处理急支糖浆生产废水，在 pH 为 6.5，絮凝剂用量为 300 mg/L 时，废液的 COD、SS 和色度的去除率分别达到 69.7%、96.4%和 87.5%，其性能明显优于 PAC（粉末活性炭）、聚丙烯酰胺（PAM）等单一絮凝剂。

2.1.2 气浮法

气浮法通常包括充气气浮、溶气气浮、化学气浮和电解气浮等多种形式。某制药厂采用 CAF 涡凹气浮装置对制药废水进行预处理，在适当药剂配合下，COD 的平均去除率在 25%左右。

2.1.3 吸附法

常用的吸附剂有活性炭、活性煤、腐殖酸类、吸附树脂等。武汉健民制药厂采用煤灰吸附-两级好氧生物处理工艺处理其废水。结果显示，吸附预处理对废水的 COD 去除率达 41.1%，并提高了 BOD_5/COD 值。

2.1.4 膜分离法

膜技术包括反渗透、纳滤膜和纤维膜，可回收有用物质，减少有机物的排放总量。该技术的主要特点是设备简单、操作方便、无相变及化学变化、处理效率高和节约能源。有研究者采用纳滤膜对洁霉素废水进行分离实验，发现既减少了废水中洁霉素对微生物的抑制作用，又可回收洁霉素。

2.1.5 电解法

该法处理废水具有高效、易操作等优点而得到人们的重视，同时电解法又有很好的脱色效果。采用电解法预处理核黄素上清液，COD、SS 和色度的去除率分别达到 71%、83% 和 67%。

2.2 化学处理

应用化学方法时，某些试剂的过量使用容易导致水体的二次污染，因此在设计前应做好相关的实验研究工作。化学法包括铁炭法、化学氧化还原法（Fenton 试剂、H_2O_2、O_3）、深度氧化技术等。

2.2.1 铁炭法

工业运行表明，以 Fe-C 作为制药废水的预处理步骤，其出水的可生化性能大大提高。采用铁炭—微电解—厌氧—好氧—气浮联合处理工艺处理甲红霉素、盐酸环丙沙星等医药中间体生产废水，铁炭法处理后 COD 去除率达 20%，最终出水达到国家《污水综合排放标准》（GB 8978—1996）一级标准。

2.2.2 Fenton 试剂处理法

亚铁盐和 H_2O_2 的组合称为 Fenton 试剂，它能有效去除传统废水处理技术无法去除的难降解有机物。随着研究的深入，又把紫外光（UV）、草酸盐（$C_2O_4^{2-}$）等引入 Fenton 试剂中，使其氧化能力大大加强。以 TiO_2 为催化剂，9W 低压汞灯为光源，用 Fenton 试剂对制药废水进行处理，取得了脱色率 100%，COD 去除率 92.3% 的效果，且硝基苯类化合物从 8.05 mg/L 降至 0.41 mg/L。

2.2.3 臭氧氧化法

采用该法能提高废水的可生化性，同时对 COD 有较好的去除率。对 3 种抗生素废水进行臭氧氧化处理，结果显示，经臭氧氧化的废水不仅 BOD_5/COD 的比值有所提高，而且 COD 的去除率均为 75% 以上。

2.2.4 氧化技术

又称高级氧化技术，它汇集了现代光、电、声、磁、材料等各相近学科的最新研究成果，主要包括电化学氧化法、湿式氧化法、超临界水氧化法、光催化氧化法和超声降解法等。

其中紫外光催化氧化技术具有新颖、高效、对废水无选择性等优点，尤其适合于不饱和烃的降解，且反应条件也比较温和，无二次污染，具有很好的应用前景。与紫外线、热、压力等处理方法相比，超声波对有机物的处理更直接，对设备的要求更低，作为一种新型的处理方法，正受到越来越多的关注。用超声波—好氧生物接触法处理制药废水，在超声波处理 60 s，功率 200 W 的情况下，废水的 COD 总去除率达 96%。

2.3 生化处理

生化处理技术是目前制药废水广泛采用的处理技术，包括好氧生物法、厌氧生物法、好氧-厌氧等组合方法。

2.3.1 好氧生物处理

由于制药废水大多是高浓度有机废水，进行好氧生物处理时一般需对原液进行稀释，因此动力消耗大，且废水可生化性较差，很难直接生化处理后达标排放，所以单独使用好氧处理的不多，一般需进行预处理。常用的好氧生物处理方法包括活性污泥法、深井曝气法、吸附生物降解法（AB 法）、接触氧化法、序批式间歇活性污泥法（SBR 法）、循环式活性污泥法（CASS 法）等。

（1）深井曝气法

深井曝气是一种高速活性污泥系统，该法具有氧利用率高、占地面积小、处理效果佳、投资少、运行费用低、不存在污泥膨胀、产泥量低等优点。此外，其保温效果好，处理不受气候条件影响，可保证北方地区冬天废水处理的效果。东北某制药厂的高浓度有机废水经深井曝气池生化处理后，COD 去除率达 92.7%，可见用其处理效率是很高的，而且对下一步的治理极其有利，对工艺治理的出水达标起着决定性作用。

（2）AB 法

AB 法属超高负荷活性污泥法。AB 工艺对 BOD_5、COD、SS、磷和氨氮的去除率一般均高于常规活性污泥法。其突出的优点是 A 段负荷高，抗冲击负荷能力强，对 pH 和有毒物质具有较大的缓冲作用，特别适用于处理浓度较高、水质水量变化较大的废水。采用水解酸化—AB 生物法工艺处理抗生素废水，工艺流程短，节能，处理费用也低于同种废水的化学絮凝-生物法处理方法。

（3）生物接触氧化法

该技术集活性污泥和生物膜法的优势于一体，具有容积负荷高、污泥产量少、抗冲击能力强、工艺运行稳定、管理方便等优点。很多工程采用两段法，目的在于驯化不同阶段的优势菌种，充分发挥不同微生物种群间的协同作用，提高生化效果和抗冲击能力。在工程中常以厌氧消化、酸化作为预处理工序，采用接触氧化法处理制药废水。哈尔滨某制药厂采用水解酸化—两段生物接触氧化工艺处理制药废水，运行结果表明，该工艺处理效果稳定、工艺组合合理。随着该工艺技术的逐渐成熟，应用领域也更加广泛。

（4）SBR 法

SBR 法具有耐冲击负荷强、污泥活性高、结构简单、无须回流、操作灵活、占地少、投资省、运行稳定、基质去除率高、脱氮除磷效果好等优点，适合处理水量水质波动大的废水。用 SBR 工艺处理制药废水的试验表明：曝气时间对该工艺的处理效果有很大影响；设置缺氧段，尤其是缺氧与好氧交替重复设计，可明显提高处理效果；反应池中投加 PAC 的 SBR 强化处理工艺，可明显提高系统的去除效果。近年来该工艺日趋完善，在制药废水处理中应用也较多，采用水解酸化-SBR 法处理生物制药废水，出水水质可达到 GB 8978—1996 一级标准。

2.3.2　厌氧生物处理

目前国内外处理高浓度有机废水主要是以厌氧法为主，但经单独的厌氧方法处理后出水 COD 仍较高，一般需要进行后处理（如好氧生物处理）。目前仍需加强高效厌氧反应器的开发设计及进行深入的运行条件研究。在处理制药废水中应用较成功的有上流式厌氧污泥床（UASB）、厌氧复合床（UBF）、厌氧折流板反应器（ABR）、水解法等。

（1）UASB 法

UASB 反应器具有厌氧消化效率高、结构简单、水力停留时间短、无须另设污泥回流装置等优点。采用 UASB 法处理卡那霉素、氯霉素、VC、SD 和葡萄糖等制药生产废水时，通常要求 SS 含量不能过高，以保证 COD 去除率在 85%～90%以上。二级串联 UASB 的 COD 去除率可达 90%以上。

（2）UBF 法

复合式厌氧流化床反应器（Up-flow Blanket Filter，UBF）又称厌氧复合床，是加拿大人 Guiot 于 1984 年在 UASB 和 AF 的基础上成功开发的新型复合式厌氧反应器，该反应器充分发挥了 AF 和 UASB 两种高效反应器的优点。UBF 主要由布水器、污泥层和填料层构成，下方是高浓度颗粒污泥组成的污泥床，上部是填料及其附着的生物膜组成的填料层，填充在反应器上部的 1/3 体积处。UBF 厌氧反应器上部空间架设有填料，不但可以在其表面生长微生物膜，而且在其空隙可以截留悬浮微生物，即利用原有的有效容积增加了生物总量。废水处理系统的负荷能力本质是由保留在反应器里的活性污泥生物量来控制的，因此截留高活性生物量是 UBF 厌氧反应器的目标，而填料层对 COD 有 20%左右的去除率。据研究报道，采用 UBF 与 UASB、AF 等厌氧反应器对比处理不同性质废水时，发现 UBF 厌氧反应器具有较高的 COD 去除率，去除率达 90%以上，其抗抑制微生物活性的硫酸根及 NH_3-N 等物质的能力较强。

（3）ABR 法

ABR 反应器是一种高效新型厌氧反应器，反应器内设置若干竖向导流板，将反应器分隔成串联的几个反应室，每个反应室都可以看作一个相对独立的上流式污泥床系统（简称 UASB）。废水进入反应器后沿导流板上下折流前进，依次通过每个反应室的污泥床，废水中的有机基质通过与微生物充分地接触而得到去除。借助废水流动和沼气上升的作用，反应室中的污泥上下运动，但是由于导流板的阻挡和污泥自身的沉降性能，污泥在水平方向的流速极其缓慢，从而大量的厌氧污泥被截留在反应室中。由此可见，虽然在构造上 ABR 可以看作多个 UASB 的简单串联，但在工艺上与单个 UASB 有着显著的不同，ABR 更接近推流式工艺。

（4）水解法

水解（酸化）处理方法是一种介于好氧和厌氧处理法之间的方法，和其他工艺组合可以降低处理成本提高处理效率。水解酸化工艺根据产甲烷菌与水解产酸菌生长速度不同，将厌氧处理控制在反应时间较短的厌氧处理第一和第二阶段，即在大量水解细菌、酸化菌作用下将不溶性有机物水解为溶解性有机物，将难生物降解的大分子物质转化为易生物降解的小分子物质的过程，从而改善废水的可生化性，为后续处理奠定良好基础。

实例一 制药公司 300 m³/d 综合废水处理及回用改造工程

1 工程概况

建设规模：300 m³/d

建设地点：云南省安宁市

项目概况：云南某制药有限公司以生产中成药为主，生产废水大多包含洗药、煮炼、制剂、药汁流失废水以及变更药物品种易产生的冲洗生产设备废水。废水中主要含有天然有机物，其主要成分为糖类、有机酸、苷类、蒽醌、木质素、生物碱、单宁、蛋白质、淀粉及它们的水解产物。这些废水若直接外排，将污染环境并影响周围居民的身体健康。

项目废水的 COD 质量浓度特别高，达到 15 000 mg/L，采用"IC 厌氧反应塔+两级接触氧化"处理技术，处理后出水水质达到《提取类制药工业水污染物排放标准》（GB 21905—2008）。废水处理系统装机功率为 34.2 kW，运行费用为 1.07 元/m³ 废水。

图 1 污水处理站概貌

2 工程设计基础

2.1 工程设计依据

（1）《室外排水设计规范》（2014 年版）（GB 50014—2006）；

（2）《建筑中水设计规范》（GB 50336—2002）；

（3）《给水排水工程构筑物结构设计规范》（GB 50069—2002）；

（4）《城市废水再生利用 城市杂用水水质》（GB/T 18920—2002）；

（5）国家及省、地区有关法规、规定及文件精神；

（6）甲方提供及现场取样资料。

2.2　工程设计原则

（1）采用高效节能、先进稳妥的废水处理工艺，提高处理效果，减少基建投资和日常运行费用，降低对周围环境的污染；

（2）妥善处理、处置废水处理过程中产生的栅渣、污泥，避免二次污染；

（3）适当考虑废水处理站周围地区的发展状况，在设计上留有余地；

（4）在方案制订时，做到技术可靠，经济合理，切合实际，降低费用；

（5）充分利用现有的设备及构筑物，以减少项目投资。

2.3　设计、施工范围及服务

2.3.1　设计范围

设计范围包括：项目综合废水处理及回用工程设计，施工及调试和土建改造。

不包括：排水收集管网、化粪池和废水排出管、中水回用管网等废水处理站外的配套设施。

2.3.2　施工范围及服务

①废水处理系统的设计、施工；

②废水处理设备及设备内的配件的提供；

③负责废水处理装置内的全部安装工作，包括废水处理设备内的电器接线；

④负责废水处理设备的调试，直至合格；

⑤免费培训操作人员，协同编制操作规程，同时做有关运行记录。为今后的设备维护、保养提供有力的技术保障。

3　设计参数

3.1　废水来源及性质

该项目的废水来源主要是制药生产废水，包括：①酒精废水，其水量是 20 m³/d，COD 质量浓度为 100 000 mg/L；②三效废水，水量为 200 m³/d，COD 质量浓度为 1 000 mg/L；③ 其他生产废水，水量为 80 m³/d，COD 质量浓度为 20 000 mg/L，水温 50～60℃。

3.2　处理水量

废水处理站设计处理规模为 300 m³/d。

3.3　设计进水水质

进水水质参数设计如表 1 所示。

表 1　进水水质指标

项目	设计进水水质
pH	4～4.5
悬浮物/（mg/L）	920
COD$_{Cr}$/（mg/L）	15 000
BOD$_5$/（mg/L）	8 700
TN/（mg/L）	200
TP/（mg/L）	35

3.4 设计出水水质

出水回用于厂区绿化、冲厕等。

排放达到《提取类制药工业水污染物排放标准》（GB 21905—2008）表 2 标准所示。

表 2 出水水质标准

项目	限值	项目	限值
pH	6～9	色度	50
COD_{Cr}	100	SS	50
BOD_5	20	氨氮	15
动植物油	5	总氮	30
总磷	0.5	总有机碳	30
单位产品基准排水量/（m^3/t）	500		

4 处理工艺设计

4.1 工艺选择

本项目生产废水主要来自于前处理提取车间和综合制剂车间，产生于洗药、提取、制剂等工段。该类废水主要含有各种天然有机污染物，其主要成分为糖类、有机酸、苷类、蒽醌、木质素、生物碱、蛋白质、淀粉及它们的水解物。根据水质其 BOD/COD 值在 0.5 左右，生化性较好，故采用生化处理工艺作为核心工艺，该工艺针对该类废水工艺成熟可靠、运行稳定，并且针对原水浓度较高，生化后增加深度处理工艺，有效地确保废水稳定达标或回用。

4.2 工艺流程

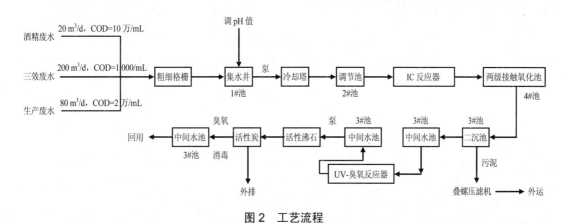

图 2 工艺流程

注：1#、2#、3#池在地底下，4#池在地面，IC 厌氧反应器建在 3#池上面，5#空地下面建回用水池上面建机房。

4.3 原有设施分析

根据现场考察及与甲方沟通，经过技术核算，该厂原有废水处理设施的土建构筑物可以充分利用，以减少项目建设投资。水池具体参数如表 3 所示。

表 3　原有水池具体尺寸表

序号	名称	参数	说明	备注
1	1#池	4.30 m×3.6 m×3.0 m	改造为集水井	地下结构
2	2#池	10.0 m×4.0 m×2.0 m	改造为调节水解池	地下结构
3	3#池	23.0 m×4.0 m×3.0 m	原分为五格，分别改造为 IC 厌氧反应器置放地、中间水池	地下结构
4	4#池	12.0 m×8.0 m×3.0 m	原分为三格，改造为接触氧化池、二沉池	地上结构
5	5#空地	7.0 m×10.0 m	地下建回用水池，上面建机房	地上结构

4.4　工艺流程说明

该厂综合废水由三股组成，三股废水经各自管道收集，经粗细格栅去除大颗粒杂质后自流入集水井，并调节 pH 值。然后经提升泵提升至冷却塔冷却后，降低出水温度，自流进入调节水解池，调节池设潜水搅拌机，混合水质，并在兼性微生物作用下去除部分有机物。再经泵提升进入 IC 厌氧反应器，经过厌氧消化，去除大部分有机物质，然后自流进入两级接触氧化池好氧处理，去除 COD、BOD 等污染物质，之后自流入沉淀池，去除 SS。处理水自流进入中间水池（2），由泵提升至紫外管（其目的在紫外光照的催化下加速臭氧反应的进行）而后直接进入氧化塔。该出水进入中间水池（3）。由泵提升后进入活性沸石和活性炭过滤罐过滤后回用，处理水经过 UV+臭氧消毒后，流进回用水池回用。

该工艺由沉淀池产生的污泥，由污泥泵提升到叠螺压滤机脱水后外运。

该系统主要包括格栅、集水井、冷却塔、调节池（水解池）、IC 厌氧反应器、接触氧化池、沉淀池 UV+臭氧、活性沸石、活性炭吸附等九部分。

5　处理效果预测

废水经过混合后，COD 值为 15 000 mg/L。

表 4　处理效果预测表

处理单元名称	COD/（mg/L）			BOD/（mg/L）			SS/（mg/L）		
	进水	出水	去除率/%	进水	出水	去除率/%	进水	出水	去除率/%
格栅	15 000	—	—	8 500	—	—	920	828	≥10
调节池（兼水解）	15 000	12 000	≥20	8 500	7 225	≥15	828	—	—
絮凝沉淀	12 000	8 400	≥30	7 225	5 420	≥25	828	331	≥60
IC 反应器	8 400	2 100	≥75	5 420	2167	≥60	331	166	≥50
一级好氧	2 100	420	≥80	2 167	325	≥85	166	—	—
二级好氧	420	126	≥70	325	65	≥80	166	—	—
二沉池	126	113	≥10	65	58.5	≥10	166	33	≥80
臭氧+UV	113	79	≥30	58.5	32	≥45	33	—	—
沸石	79	63	≥20	32	28.9	≥10	33	13	≥60
活性炭吸附	63	45	≥30	28.9	20	≥30	13	不可见	—

处理单元名称	氨氮/（mg/L）			总磷/（mg/L）			pH	
	进水	出水	去除率/%	进水	出水	去除率/%	进水	出水
格栅	200	—	—	35	—	—	4	8
调节池（兼水解）	200	160	≥20	35	—	—	8	7
絮凝沉淀	160	144	≥10	35	24	≥30	7	8
IC 反应器	144	98	≥60	24	—	—	8	7
一级好氧	98	29	≥50	24	5	≥80		
二级好氧	29	17	≥40	5	2	≥60		
二沉池	17	—	—	2	1	≥50		
臭氧+UV	17	14	≥20	1	—	—		
沸石	14	—	—	1	0.63	≥30		
活性炭吸附	14	—	—	0.63	0.5	≥20		

注：为保证最后出水指标达到回用指标，同时考虑该厂今后生产过程也许 COD 指标更高于 15 000 mg/L。因此，在进 IC 厌氧反应器时按 COD15 000 mg/L 设计。

6 废水处理系统计算

表5 主要构筑物一览表

序号	构筑物名称	尺寸	数量	备注
1	格栅井		1 座	地下结构，已有
2	集水井	4.30 m×3.60 m×3.00 m	1 座	地下结构，1#池改造
3	调节池	10.00 m×5.00 m×2.00 m	1 座	地下结构，2#池改造
4	絮凝沉淀池	3.00 m×3.00 m×5.00 m	1 座	地下结构，3#池改造
5	接触氧化池	总容积 200 m³	1 座	地上结构，4#池改造
6	二沉池	3.00 m×2.50 m×5.00 m	1 座	地下结构，3#池改造
7	中间池	20 m³	3 座	地下结构，3#池改造
8	回用水池	60 m³	1 座	地下结构，3#池改造
9	IC 反应器基础	Φ 9.0 m×0.50 m	1 座	新建，钢砼结构
10	污泥浓缩池	Φ 3.0 m×4.0 m	1 座	地下钢筋混凝土结构
11	设备房		60 m²	砖混

表6 主要设备一览表

序号	设备名称	技术规格及性能参数说明
1	粗、细格栅	数量：2 台
2	加药系统	型号：NSW-II；数量：2 台
3	潜污泵	型号：50WQ15-22-2.2；Q=15 m³/h，H=22 m，N=2.2 kW 安装位置：集水井内，将废水提升至后续处理；数量：2 台（1用1备）
4	潜水搅拌机	型号：QSC-260-96/0.75；N=0.75 kW 安装位置：调节池内；数量：2 台（1用1备）
5	pH 控制系统	数量：1 套；含 pH 在线监测一套；加药系统一套
6	IC 厌氧反应器	规格型号：Φ8 m×16.8 m；数量：1 台；材质：碳钢防腐
7	生物填料	数量：240 m³；填料规格：Φ150；布置位置：布置于接触氧化池内
8	曝气器	空气流量：1.5～3 m³/h；氧总转移系数：kla（20%） 氧利用率：18.4%～27.7%；充氧能力：0.112～0.185 kgO₂/（m³·h）

序号	设备名称	技术规格及性能参数说明
9	三叶罗茨风机	型号：HSR-100；风量：9.35 m³/min；风压：49 kPa；功率：7.5 kW；数量：2 台（1用1备）
10	螺杆泵	型号：G35-1；流量：3.25 m³/h；扬程：6 m；功率：1.5 kW；数量：1 台
11	叠螺压滤机	型号：X-101；数量：1 台
12	潜污泵	型号：50WQ10-10-0.75；流量：$Q=10$ m³/h；扬程：$H=10$ m；功率：$N=0.75$ kW；数量：1 台
13	提升泵	型号：SLS50-160A；流量：15 m³/h；扬程：28 m；功率：2.2 kW；数量：2 台（1用1备）
14	UV+臭氧发生塔	功能：去除乙醇降低 COD、BOD、杀菌、消毒 UV 紫外灯 25V 臭氧发生器：型号：XY-52；功率：5 kW；臭氧产量：400 g/h
15	多介质过滤器	型号：KYHT-15；设备规格：Φ1 500 mm；数量：1 台
16	活性炭吸附罐	型号：KYHT-15；设备规格：Φ1 500 mm；数量：1 台
17	PLC 自动控制柜	控制方式：采用自动 PLC 控制 电器元件：主控制器采用国外进口，其余电器元件均通过 3C 认证 位置：设备控制室内；数量：1 套

7 二次污染防治

7.1 臭气防治

（1）UASB 厌氧反应器设高空排气管，不会影响周围环境；

（2）接触氧化池产生的臭气量较小；

（3）系统设施设计在厂界的边围，对外界影响较小。

7.2 噪声控制

（1）系统设施设计在单位的边围，对外界影响小；

（2）风机选用低噪声型，本机噪声≤80 dB，风机进出口均采用消声器，底座用隔震垫，进出口风管用可接橡胶软接头等减震降噪措施。水泵选用国优潜污泵，对外界无影响；

（3）确保周围环境噪声：白天≤60 dB，晚上≤50 dB。

7.3 污泥处理

（1）污泥由二沉池排泥、UASB 厌氧反应器排出的剩余污泥产生，污泥排至污泥池。然后有污泥脱水设备脱水；

（2）干污泥定期外运处理。

8 废水处理站防腐

8.1 管道防腐

本废水处理站采用的管件外壁按《工业设备、管道防腐蚀工程施工及验收规范》（HGJ 229—91）做防腐处理，焊接钢管管壁外涂三道环氧煤沥青加强防腐。

埋地管道均先除锈，刷环氧煤沥青两道，再刷调和漆两道；管道、管道支吊架、钢结构等均防腐处理，设备间内明设管道经除锈后，刷红丹底漆一道，面漆两道，最后一道面漆颜色按管道设计涂色要求进行。

对药剂投加设备使用玻璃钢材质防腐，对碳钢设备内衬胶防腐。

8.2 构筑物防腐

根据《工业建筑设计防腐规范》及各构筑物功能的不同，需对水池内表面做玻璃钢防腐处理。

9 电气控制

9.1 电气设计规范

（1）《电力装置的继电保护和自动装置设计规范》（GB/T 50062—2008）；

（2）《通用用电设备配电设计规范》（GB 50055—93）；

（3）《供配电系统设计规范》（GB 50052—2009）；

（4）《电力装置的电测量仪表设计规范》（GBJ 63—90）；

（5）《信号报警、联锁系统设计规定》（HG/T 20511—2000）；

（6）《仪表配管配线设计规定》（HG/T 20512—2000）；

（7）《仪表供电设计规定》（HG/T 20509—2000）。

9.2 工程范围

本自动控制系统为废水处理工程所配置，自控专业主要涉及的内容为该废水处理系统中水泵与液位的联锁、报警、风机的交替动作、风机与进水泵的联锁工作等。

9.3 控制水平

本工程中拟采用 PLC 程序控制。系统由 PLC 控制柜、配电控制屏等构成，为此专门设立一个控制室。

9.4 电气控制

废水处理系统电控装置为集中控制，采用进口 PLC 可编程序控制器，主要自动控制各类泵提升（液位控制）；风机启动及定期互相切换；需要时（如维修状态下）可切换到手动工作状态。

（1）水泵

水泵的启动受液位控制。

① 高液位：报警，同时启动备用泵；

② 中液位：一台水泵工作，关闭备用泵；

③ 低液位：报警，关闭所有水泵。

水泵中一台水泵出现故障，发出指示信号，另一台备用泵自动工作。

（2）风机

风机设置二台（1 用 1 备），风机 8～12 h 内交替运行，一台风机故障，发出指示信号，另一台自动工作。风机与水泵实行联动，当水泵停止工作时，风机间歇工作。

（3）声光报警

各类动力设备发生故障，电控系统自动报警指示（报警时间 10～30 s），并故障显示至故障消除。报警系统留出接口，可根据业主方要求引至指定地点，以便管理。

（4）其他

① 各类电气设备均设置电路短路和过载保护装置。

② 动力电源由本电站提供，进入废水处理站动力配电柜。

10 工程运行管理

10.1 技术管理

为了使本工程运行管理达到所要求的处理效果，降低运行成本，还必须强化技术管理，建议如下：

（1）与环保部门共同监测处理站水质，督促排水水质稳定达标。

（2）根据进处理站水质、水量变化，调整运行工况，定期总结运行经验。

（3）建立运行技术档案与设备使用与维修档案。

10.2 人员培训

为了提高水厂管理和操作水平，保证项目建成后正常运行，必须对有关建设和管理人员进行有计划的培训工作。生产管理和操作人员进行上岗前的专业技术培训；聘请有经验的专业技术人员负责厂内技术管理工作。

10.3 生产管理

（1）维修

如本废水站在运转过程中发生故障，由于废水处理站必须连续投运的机电设备均有备用，则可启动备用设备，保证设施正常运转，同时对废水处理设施进行检修。

① 各类电气设备均设置电路短路和过载保护装置。

② 动力电源由本电站提供，进入废水处理站动力配电柜。

（2）电器运行表

表 7 电气运行统计表

序号	动力件名称	数量	运行功率/kW	装机功率/kW	运行时间/（h/d）	电耗/（kW·h）	备注
1	潜污泵	2 台	2.2	4.4	24	52.8	1 用 1 备
2	曝气风机	2 台	7.5	15	24	180	1 用 1 备
3	过滤提升泵	2 台	2.2	4.4	20	44	1 用 1 备
4	潜污泵	1 台	0.75	0.75	24	18	间隙运行
5	污泥脱水系统	1 套	1.5	1.5	8	12	
6	臭氧发生器	1 套	4.5	4.5	24	108	
7	提升泵	2 台	2.2	4.4	24	52.8	1 用 1 备
	合计		20.85	34.2		467.5	

注：有用功按 70%计算，即 20.85×70%=14.6 kW。

11 工程运行效应分析

11.1 运行费用

（1）电费

总装机容量为 34.2 kW，其中平均日常运行容量为 14.6 kW，每天电耗为 467.5 kW·h，电费平均按 0.50 元/kW 计，则电费：（未含污泥脱水部分，因此部分设备为现有设备）

E_1=467.5×0.50÷300 m³/d=0.77 元/t 废水

（2）人工费用

人工费用暂不计。

（3）药剂费用

本废水处理站药剂费为 pH 调节时所投加的碱消耗，二沉淀、絮凝、沉池、药剂消耗。该部分费用暂按为：E_3=0.30 元/m³ 废水

（4）运行总费用

则总计运行费用为：

$E=E_1+E_3$=0.77+0.3≈1.07 元/m³ 废水

11.2 环境效益

环境治理的好坏直接影响着一个城市、企业的良性发展。该废水处理系统主要是制药车间生产废水，废水主要特点是水量大、水质情况波动大、污染物浓度高，经该废水处理系统处理后的废水可达到排放要求，避免了对当地的环境污染。

11.3 社会效益

工程的实施对周边的环境将会有着明显的改善，同时也对该地区的社会效益产生巨大的影响，也会给周边地区带来巨大的经济效益，保障了当地及周边地区人民的身体健康以及与其他地区的经济的和谐可持续发展。

实例二　生物制药企业 70 m³/d 万寿菊压榨废水处理工程

1　工程概况

建设规模：70 m³/d

建设地点：云南泸西工业园区

项目概况：云南某生物科技公司是一个集科研、种植、收购、加工、销售于一体的科技型民营企业，公司专业从事万寿菊产业化种植与深加工，主导产品有干花颗粒，叶黄素浸膏（叶黄素广泛用于饲料、食品、医药、化妆品等多种行业）。

本项目为泸西分公司"年产 2 000 t 万寿菊叶黄素浸膏及配套建设项目"配套环保设施。废水来源主要是干花颗粒生产线的压榨工序，主要为万寿菊经压榨后产生的废水，另有新鲜万寿菊临时堆场产生的少量滤液。水质 BOD/COD 值为 0.6（>0.45），具良好的可生化性，故采用厌氧-好氧生化处理（A/O）为核心的废水处理工艺，出水达到《城镇废水处理厂污染物排放标准》（GB 18918—2002）一级 A 标。系统装机功率为 44.7 kW，运行费用为 2.04 元/m³ 废水。

图 1　污水处理站概貌

2　工程设计基础

2.1　工程设计依据

（1）《给水排水工程构筑物结构设计规范》（GB 50069—2002）；

（2）《城镇废水处理厂污染物排放标准》（GB 18918—2002）；

（3）《给水排水管道工程施工及验收规范》（GB 50268—2008）；

（4）《给水排水构筑物工程施工及验收规范》（GB 50141—2008）；

（5）《机械设备安装工程施工及验收通用规范》（GB 50231—2009）；

（6）《现场设备、工业管道焊接工程施工规范》（GB 50236—2011）；

（7）《自动化仪表工程施工及质量验收规范》（GB 50093—2013）；

（8）国家及省、地区有关法规、规定及文件精神。

2.2 工程设计原则

（1）采用成熟、可靠的处理工艺，处理后的水质达到相应标准。

（2）设计合理，在保证施工质量合格的条件下，力争一次性投资省，运行费用低，处理效果好，且操作稳定、方便。

（3）处理系统设施的运行上有较大的灵活性和可靠性，以适应水质、水量的变化。同时考虑各种应急措施及在事故突发状况下的各类自动保护装置。

（4）设计时充分考虑废水处理系统配套的减振、降噪措施，防止对环境的二次污染。

（5）根据项目区的总体规划，使中水处理系统和管道布置与环境相协调，合理安排中水处理站的建设位置，减少占地面积。

2.3 废水水质水量及处理目标

2.3.1 废水来源

该项目的废水来源主要是干花颗粒生产线的压榨工序，主要为万寿菊经压榨后产生的废水，此外，新鲜万寿菊临时堆场也会产生少量滤液。

2.3.2 处理水量

根据甲方提供资料，处理水量为 70 m³/d。

根据生产原料生产周期，该项目生产周期约在每年 8～10 月份，因此本项目废水处理站运行时间为每年 8～10 月份。

2.3.3 进水水质

根据甲方提供资料，原水水质质量如表 1 所示。

表 1 原水水质指标

项目	原水水质/（mg/L）
BOD_5	30 000
COD_{Cr}	50 000
SS	2 000
氨氮（NH_3-N）	750
TP	400
pH	3～5

2.3.4 出水要求

本项目废水经处理出水达到《城镇废水处理厂污染物排放标准》（GB 18918—2002）一级 A 标，标准具体水质指标见表 2。

表2 出水水质要求

项目	单位	一级A标
pH		6～9
COD_{Cr}	mg/L	≤50
BOD_5	mg/L	≤10
SS	mg/L	≤10
氨氮	mg/L	≤5
动植物油	mg/L	≤1
粪大肠菌群数	个/L	≤10^3
总磷	mg/L	≤0.5

3 工艺设计

3.1 工艺选择

该项目的废水水质 BOD/COD 值为 0.6（＞0.45），具良好的可生化性，故采用厌氧-好氧生化处理（A/O）为核心的废水处理工艺，该工艺针对此类废水工艺成熟可靠、运行稳定，并且针对原水浓度较高，生化后增加深度处理工艺，有效地确保废水稳定达标排放。

3.2 工艺流程

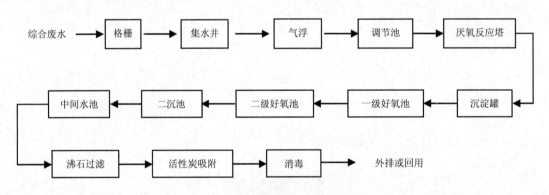

图2 万寿菊压榨废水处理工艺流程

3.3 工艺流程说明

废水经格栅去除大颗粒杂质后自流入集水井，并调节 pH 值。然后经提升泵提升至气浮设备，去除大部分悬浮物质后自流进入调节水解池，调节池设潜水搅拌机，混合水质，并在兼性微生物作用下去除部分有机物。再经泵提升进入 UASB 厌氧反应塔，经过厌氧消化，去除大部分有机物质，然后自流进入两级接触氧化池进行好氧处理，除去 COD、BOD 等污染物质，之后自流入沉淀池，除去 SS。处理水自流进入中间水池，由泵提升依次经过沸石过滤器、活性炭过滤器，而后进行消毒处理，出水进入清水池。

该工艺由气浮及沉淀池产生的污泥，由污泥泵提升到板框压滤机脱水后外运。

图 3 气浮系统（气浮主机系统+气浮加药系统）

3.4 工艺处理效果预测

表 3 废水效果预测

项目	指标	COD/ （mg/L）	BOD₅/ （mg/L）	NH₃-N/ （mg/L）	SS/ （mg/L）	总磷/ （mg/L）	pH 值
格栅井/集水井	进水	50 000	20 000	750	2 000	400	3～5
	去除率	—	—	—	10%	—	—
气浮	进水	50 000	20 000	750	1 800	400	6～9
	去除率	40%	40%	—	80%	80%	—
调节（水解）池	进水	30 000	12 000	750	360	80	6～9
	去除率	25%	25%	10%	—	—	—
UASB 反应器	进水	22 500	9 000	680	100	80	6～9
	去除率	90%	95%	80%	85%		
一级/二级接触氧化池	进水	2 250	900	4		12	6～9
	去除率	95%	98%	—	—	90%	—
过滤系统	进水	110	20	10	70	1.0	6～9
	去除率	—	60%	—	80%	60%	
活性炭过滤罐	进水	110	20	10	14	0.4	6～9
	去除率	40%	40%	—	50%	—	
臭氧反应塔	进水	70	12	10	7	0.4	6～9
	去除率	50%	50%	60%	—	—	
	出水	≤50	≤10	≤5	≤10	≤0.5	6～9

4 主要设施设备及工艺参数

表4 主要建筑物一览

序号	构筑物名称	尺寸	数量	备注
1	格栅井	1.50 m×0.50 m×1.50 m	1 座	地下砖混
2	集水井	4.00 m×2.00 m×5.00 m	1 座	地下钢砼
3	调节水解池	5.00 m×5.00 m×5.00 m	1 座	地下钢砼
4	接触氧化池	10.00 m×5.00 m×5.00 m	1 座	地下钢砼
5	二沉池	4.00 m×4.00 m×5.00 m	1 座	地下钢砼
6	中间水池	4.00 m×2.00 m×5.00 m	1 座	地下钢砼
7	清水池	4.00 m×4.00 m×5.00 m	1 座	地下钢砼
8	污泥池	4.00 m×3.00 m×5.00 m	1 座	地下钢砼
9	设备房	72 m²	1 座	砖混结构
10	UASB 基础	Φ9.50 m×1.00 m	1 座	钢砼

表5 设备及主要材料清单

序号	设备名称	技术规格及性能参数说明
1	机械格栅	型号：HZ-400；栅隙：5 mm；数量：1 台
2	气浮进水泵	型号：50WQ10-10-1.1；Q=10 m³/h，H=10 m，N=1.1 kW 安装位置：集水井内，将废水提升至气浮系统；数量：2 台（1用1备） 性能特点：抗堵塞、缠绕能力强，运行经济、适应性强、安装方便，无须建造泵房
3	高效溶气气浮	型号：KYQF-10；处理能力：10 m³/h；回流比：30%；总功率：4.5 kW
4	气浮加药系统	（1）PE 桶：规格：1 000 L；数量：2 只（含搅拌机） （2）计量泵：参数：流量 120 L/h；压力 0.8MPa；功率 65W；数量：2 台
5	UASB 进水泵	型号：50WQ15-15-1.5；Q=15 m³/h，H=15 m，N=1.5 kW 安装位置：调节（水解）池内，将废水提升至好氧池；数量：2 台（1用1备） 性能特点：抗堵塞、缠绕能力强，运行经济、适应性强、安装方便，无须建造泵房
6	潜水搅拌机	型号：QJB1.5；功率：N=1.5 kW；数量：2 台
7	UASB 反应器	型号：KYUASB-8000；规格：Φ8 000 mm×9 000 mm；材质：碳钢防腐 有机负荷：5 kgCOD/（m³·d）；数量：1 座
8	三相分离器	规格：Φ8 000 mm；数量：1 套
9	布水器	规格：Φ38 mm；材质：碳钢防腐；数量：50 套
10	出水堰槽	规格：200 mm×150 mm；数量：1 套
11	内循环泵	型号：SLS80-125A；Q=45 m³/h；H=16 m；N=4 kW 数量：2 台（1用1备）
12	三叶罗茨风机	型号：HSR100；风量：4.32 m³/min；风压：53.9 kPa；功率：7.5 kW；数量：2 台（1用1备）
13	曝气器	空气流量：1.5～3 m³/h；氧总转移系数：kla（20%） 氧利用率：（18.4%～27.7%）；充氧能力：0.112～0.185 kgO₂/m³·h；数量：220 套
14	组合填料	型号：KYT-2#；布置位置：接触氧化池；数量：160 m³
15	沉淀加药系统	（1）PE 桶：规格：1 000 L；数量：2 只（含搅拌机） （2）计量泵：参数：流量 120 L/h；压力 0.8MPa；功率 65W；数量：2 台
16	过滤罐	型号：KYSL-5；设备规格：Φ800 mm×1 800 mm；安装位置：设备房内；数量：1 台
17	活性炭吸附罐	型号：KYHT-5；设备规格：Φ800 mm×1 800 mm；安装位置：设备房内；数量：1 台
18	过滤提升泵	型号：SLS40-160A；流量：5.9 m³/h；扬程：28 m 功率：1.5 kW；数量：2 台（1用1备）

序号	设备名称	技术规格及性能参数说明
19	臭氧发生器	型号：QHW-100；臭氧产量：100 g/h；总功率：4.0 kW 电耗：18 kWh/kgO₃ 数量：1 台
20	臭氧反应塔	规格：Φ1 000 mm×6 000 mm；材质：碳钢防腐；数量：1 座
21	螺杆泵	型号：G30-1；功率：1.5 kW；数量：1 台
22	板框压滤机	型号：XAY5/500-U；功率：1.5 kW；数量：1 台
23	污泥加药设备	（1）计量泵：型号：DFF-20-03；参数：流量 20 L/h，压力 0.3MPa，功率 65W （2）数量：1 台
24	PLC 自动控制柜	控制方式：采用全自动 PLC 控制 电器元件：主控制器采用国外进口，其余电器元件均通过 3C 认证 位置：设备控制室内；数量：1 套

备注：其余配套设备如电线电缆、管道阀门等在此不做详细技术说明。

5 平面布置

5.1 设计依据

（1）甲方提供的厂区管网设计图——污废水管网图；

（2）《建筑设计防火规范》（GB 50016—2014）；

（3）《工业企业总平面设计规范》（GB 50187—2012）；

（4）《厂矿道路设计规范》（GBJ 22—87）；

（5）甲方提供的相关技术参数。

5.2 总图布置

总平面设计原则：

（1）满足工艺流程要求，创造便捷合理的物流运输条件；

（2）遵守国家及地方现行建设规范、规程，合理布局；

（3）满足城市规划、消防、卫生等规范要求。

5.3 绿化美化设计

设计范围内绿化设计种植抗污染的乔木树种，辅以草皮等。树种以当地及与当地气候环境适用的树种，在满足美观、实用的基础上，力求环境保护的科学性和合理性，通过绿化种植改善厂区的空气质量。

5.4 道路及运输

根据场地实际及现状情况，结合工艺布置要求，竖向布置采用平坡式的布置方式。

初步设计为：厂区道路分主干路、次干路、区间路及步道。主干路及次干路成支状布置，一般主干路宽 6.0 m，次干路宽 4.0 m，区间路宽 2.5 m。道路采用混凝土整体路面，路线与厂区道路有机联系，避免流线干扰。

6 电气控制和生产管理

6.1 电气控制

（1）工程范围

本自动控制系统为废水处理工程工艺所配置，自控专业主要涉及的内容为该废水处理系统中水泵与液位的联锁、报警、风机的交替动作、风机与进水泵的联锁工作等。

（2）控制水平

本工程中采用 PLC 程序控制，系统由 PLC 控制柜、配电控制屏等构成。

（3）控制方式

本工程装置内所有电动机均采用中央集中室控制方式，电动机联锁由仪表专业的 PLC 实现。

（4）电源状况

本系统需一路 380/220V 电源。

（5）电气控制

废水处理系统电控装置为集中控制，采用进口 PLC 可编程序控制器，主要自动控制各类泵提升（液位控制）；风机启动及定期互相切换；需要时（如维修状态下）可切换到手动工作状态。

①水泵

水泵的启动受液位控制。

高液位：报警，同时启动备用泵；

中液位：一台水泵工作，关闭备用泵；

低液位：报警，关闭所有水泵；

水泵中一台水泵出现故障，发出指示信号，另一台备用泵自动工作。

②风机

风机设置二台（1 用 1 备），风机 8～12 h 内交替运行，一台风机故障，发出指示信号，另一台自动工作。风机与水泵实行联动，当水泵停止工作时，风机间歇工作。

③声光报警

各类动力设备发生故障，电控系统自动报警指示（报警时间 10～30 s），并故障显示至故障消除。

④其他

各类电气设备均设置电路短路和过载保护装置。

6.2 生产管理

（1）备用系统

如本废水站在运转过程中发生故障，由于废水处理站必须连续投运的机电设备均有备用，则可启动备用设备，保证设施正常运转，同时对废水处理设施进行检修。

（2）人员编制及操作时间

废水处理站可实行 24 h 自动运转，处理水量 70 m^3/d，同时根据厂区用水排水特点，以及本系统调节池和氧化池可储水共超过 12 h 的排水量，因此本废水处理站正常情况完全可只是在白天进行操作处理，夜间由系统自动接纳排水进行储存。

由于处理系统自动化程度高，不需专人值守，所以废水站只需配备一名兼职管理操作人员，负责白天进行格栅清渣和日常巡视、操作、维护等工作。

（3）技术管理

进行废水处理设备的巡视、管理、保养、维修。乙方承担系统终生维护的技术指导，并承诺在故障时 24 h 内响应服务。

（4）电器运行

表 6　电气运行表

序号	动力件名称	数量	运行功率/kW	装机功率/kW	运行时间/（h/d）	电耗/（kW·h）	备注
1	机械格栅	1 台	1.5	1.5	8	12	
2	气浮进水泵	2 台	1.1	2.2	8	8.8	1 用 1 备
3	气浮装置	1 台	3.0	4.5	8	24	
4	UASB 进水泵	2 台	1.5	3.0	20	30	1 用 1 备
5	UASB 内循环泵	2 台	4.0	8.0	8	32	1 用 1 备
6	曝气风机	2 台	7.5	15	20	150	1 用 1 备
7	过滤提升泵	2 台	1.5	3.0	15	22.5	1 用 1 备
8	臭氧发生器	1 台	2	4.5	15	30	
9	螺杆泵	1 台	1.5	1.5	2	1.5	
10	板框压滤机	1 台	1.5	1.5	2	1.5	
	合计		25.1	44.7		312.3	

7　技术经济评定

7.1　运行费用分析

由于本项目的处理系统采用微机全自动化控制，所以废水处理站只需配备一名管理工作人员即可。废水处理费由电费和药剂费两部分组成。

（1）电费

总装机容量为 44.7 kW，其中平均日常运行容量为 25.1 kW，每天电耗为 312.3 kW·h，电费平均按 0.50 元/kW 计，功率因子取 0.8，则电费：

E_1=312.3×0.50×0.8÷70=1.78 元/t 废水

（2）人工费用

本废水处理站操作管理简单，自动控制程度高，不需要人值守。可由其他人员兼职管理，则人工费用 E_2 不计。

（3）药剂费用

本废水站药剂费用主要气浮药剂、沉淀药剂。此部分费用约为：

E_3=0.24 元/m³ 废水

（4）运行总费用

则总计运行费用为：

E=E_1+E_2+E_3=1.78+0.24=2.04 元/m³ 废水

7.2　经济效益分析

本项目处理后，出水可满足《城镇废水处理厂污染物排放标准》（GB 18918—2002）一级 A 标，回收水量按 70% 计，可节约自来水，按自来水 2.5 元/t，则每天经济效益为：

70×70%×2.5=122.5 元/d

实例三 云南某制药企业 250 m³/d 综合废水处理及回用工程

1 工程概况

建设规模：250 m³/d

建设地点：云南省个旧市

项目概况：云南某药业有限公司拥有符合 GMP 标准的大、小容量注射剂、胶囊剂、片剂、散剂、酊剂、颗粒剂、溶液剂、糖浆剂、合剂、原料药等 11 个剂型共 63 个品种规格的九条现代化药品生产线。在生产过程中因清洗药材、制剂以及变更药物品种冲洗设备而产生部分有机废水，工艺采用"UASB+生物曝气滤池+气浮"，处理后出水达标排放和部分回用，排放部分达到《提取类制药工业水污染物排放标准》（GB 21905—2008），回用部分达到《城市废水再生利用 城市杂用水水质》（GB 18920—2002）杂用水标准。废水处理站装机功率为 46.5 kW，运行费用为 1.12 元/m³ 废水。

图 1 调节水解池　　　　　　　　　图 2 废水处理站设备间

2 工程设计依据

（1）《提取类制药工业水污染物排放标准》（GB 21905—2008）；

（2）《给水排水管道工程施工及验收规范》（GB 50268—2008）；

（3）《给水排水构筑物工程施工及验收规范》（GB 50141—2008）；

（4）《机械设备安装工程施工及验收通用规范》（GB 50231—2009）；

（5）《现场设备、工业管道焊接工程施工规范》（GB 50236—2011）；

（6）《电气装置安装工程 高压电器施工及验收规范》（GB 50147—2010）；

（7）《电气装置安装工程 电力变压器、油浸电抗器、互感器施工及验收规范》（GB 50148—2010）；

（8）《电气装置安装工程 母线装置施工及验收规范》（GB 50149—2010）；

（9）《电气装置安装工程 电气设备交接试验标准》（GB 50150—2006）；

3　工程设计原则

（1）根据废水特征，采用高效节能、先进稳妥的废水处理工艺，提高处理效果；

（2）工艺先进、可靠、高效、运行管理方便、减少基建投资和日常运行费用，维修简便的排水专用设备；

（3）采用先进的自动控制，做到技术可靠，经济合理；

（4）妥善处理、处置废水处理过程中产生的栅渣、污泥，避免二次污染。

4　设计、施工范围及服务

4.1　设计范围

设计范围包括：项目综合废水处理及回用工程设计、施工及调试。

不包括：排水收集管网、化粪池和废水排出管、中水回用管网等废水处理站外的配套设施。

4.2　施工范围及服务

（1）废水处理系统的设计、施工。

（2）废水处理设备及设备内的配件的提供。

（3）负责废水处理装置内的全部安装工作。包括废水处理设备内的电器接线。

（4）负责废水处理设备的调试，直至合格。

（5）免费培训操作人员，协同编制操作规程，同时做有关运行记录。为今后的设备维护、保养提供有力的技术保障。

5　设计参数

5.1　废水来源及性质

该项目的废水来源主要是制药生产废水和日常厂区职工生活废水。

5.2　处理水量

废水处理站处理规模为 250 m^3/d，回用规模 100 m^3/d。

5.3　设计进水水质

表 1　设计进水水质指标

项目 指标	设计进水水质指标/ （mg/L）	设计平均水质指标/ （mg/L）
BOD_5	<6 000	4 000
COD_{Cr}	<12 000	8 000
pH 值	6～9	6～9

5.4　设计出水标准

回用中水执行《城市废水再生利用　城市杂用水水质》（GB 18920—2002）杂用水标准。

表2　回用水标准

项目	限值	项目	限值
pH	6～9	阴离子表面活性剂/（mg/L）	1.0
色/度	30	溶解氧/（mg/L）	1.0
嗅	无不快感	总余氯/（mg/L）	≥1，管网末端≥2
浊度/NUT	10	总大肠菌群/（个/L）	3
BOD_5/（mg/L）	20	NH_3-N/（mg/L）	20

排放水达到《提取类制药工业水污染物排放标准》（GB 21905—2008）表2标准。

表3　废水排放执行标准

污染物	标准限值/（mg/L）	污染物	标准限值/（mg/L）
pH	6～9	色度	50
COD_{Cr}	100	SS	50
BOD_5	20	氨氮	15
动植物油	5	总氮	30
总磷	0.5	总有机碳	30
单位产品基准排水量/（m³/t）	500		

6　设计处理工艺

6.1　工艺选择

根据本项目制药生产工艺流程，生产废水主要来自于前处理提取车间和综合制剂车间，产生于洗药、提取、制剂等工段。该类废水主要含有各种天然有机污染物，其主要成分为糖类、有机酸、苷类、蒽醌、木质素、生物碱、蛋白质、淀粉及它们的水解物。根据水质其BOD/COD值在0.5左右，生化性较好，故采用生化处理工艺作为核心工艺，该工艺针对该类废水工艺成熟可靠、运行稳定，并且针对原水浓度较高，生化后增加深度处理工艺，有效地确保废水稳定达标或回用。

6.2　工艺流程

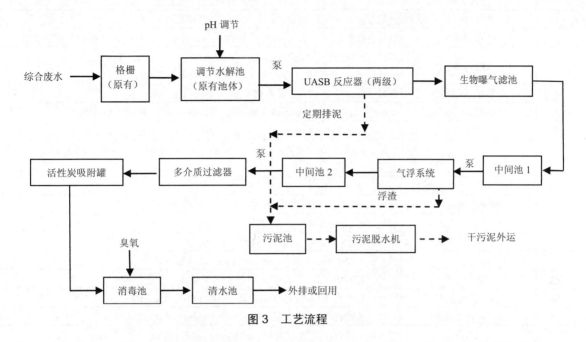

图 3　工艺流程

6.3　工艺流程说明

该项目综合废水由管网收集，首先经格栅去除大颗粒杂质后，进入调节池进行水量水质缓冲、调节。调节池设预曝气，起到搅拌混合水质，并能起到预氧化作用，初步分解有机物。调节池的水通过提升泵进入 UASB 厌氧反应器，然后自流入高效曝气生物滤池，在微生物的代谢作用下，去除水中有机物、氨氮、磷等污染物。曝气生物滤池出水进入中间池，然后进入气浮系统，在添加专业药剂的条件下去除水中残余的非溶解性 COD、悬浮杂质等。再由泵提升，依次经过过滤、活性炭吸附进一步净化，最后经过消毒即可进入清水池，直接排放或回用。

7　废水处理系统计算

表 4　主要构筑物一览表

序号	构筑物名称	尺寸	数量	备注
1	格栅井		1 座	已有
2	调节池	约 200 m³	1 座	已有改造
3	曝气生物滤池	5.00 m×4.50 m×6.00 m	1 座	钢砼结构
4	中间池 1	5.00 m×2.00 m×3.50 m	1 座	钢砼结构
5	中间池 2	4.00 m×2.00 m×3.50 m	1 座	钢砼结构
6	消毒池	6.00 m×2.00 m×3.50 m	1 座	钢砼结构
7	回用水池	4.00 m×4.00 m×3.50 m	1 座	钢砼结构
8	污泥池	5.00 m×4.00 m×3.50 m	1 座	钢砼结构
9	UASB 反应器基础		1 座	钢砼结构
10	防雨棚		100 m²	钢架结构

表5 主要设备一览表

序号	设备名称	技术规格及性能参数说明
1	格栅	数量：1台，利用现有
2	潜水搅拌机	型号：QJB1.5/6-260/3-980/c；转速：980r/min；功率：1.5 kW；数量：2 台
3	潜污泵	型号：50WQ15-22-2.2；参数：Q=15 m³/h，H=22 m，N=2.2 kW 安装位置：调节池内，将废水提升至 UASB 反应器；数量：2 台（1 用 1 备）
4	pH 控制系统	数量：1 套（含 pH 在线监测一套、加碱系统一套）
5	UASB（一级）	规格型号：Φ5 700 mm×8 500 mm；数量：1 台；材质：碳钢防腐
6	UASB（二级）	规格型号：Φ5 700 mm×7 500 mm；数量：1 台；材质：碳钢防腐
7	三叶罗茨风机	型号：HSR-100；风量：4.35 m³/min；风压：50 kPa；功率：7.5 kW 数量：2 台（1 用 1 备）
8	球形轻质多孔生物滤料	规格：Φ3～5 mm；数量：70 m³
9	鹅卵石承托层	型号：Φ4～16 mm，Φ16～32 mm；数量：8 m³
10	单孔膜曝气器	型号：Φ60 mm×45 mm；数量：1 200 套
11	长柄滤头	型号：Φ21 mm×405 mm；数量：1 008 套
12	整体滤板	型号：5 000 mm×4 500 mm×150 mm；数量：1 套
13	气浮系统	型号：KYQF-15；处理能力：15 m³/h；数量：1 套
14	多介质过滤器	型号：KYHT-12；设备规格：Φ1 200 mm；数量：1 台
15	活性炭吸附罐	型号：KYHT-12；设备规格：Φ1 200 mm；数量：1 台
16	臭氧发生器	型号：XY-42；臭氧产生量：210 g/h；数量：1 套
17	污泥脱水系统	含螺杆泵及板框压滤机
18	PLC 自动控制柜	控制方式：采用自动 PLC 控制 电器元件：主控制器采用国外进口，其余电器元件均通过 3C 认证 位置：设备控制室内；数量：1 套

8 二次污染防治

8.1 臭气防治

（1）UASB 厌氧反应器设高空排气管，不会影响周围环境。

（2）接触氧化池产生的臭气量较小。

（3）系统设施设计在单位的边围，对外界影响较小。

8.2 噪声控制

（1）系统设施设计在单位的边围，对外界影响小。

（2）风机选用低噪声型，本机噪声≤80 dB，风机进出口均采用消声器，底座用隔震垫，进出口风管用可接橡胶软接头等减震降噪措施。水泵选用国优潜污泵，对外界无影响。

（3）确保周围环境噪声：白天≤60 dB，晚上≤50 dB。

8.3 污泥处理

（1）污泥由气浮浮渣及 UASB 厌氧反应器排出的剩余污泥产生，污泥排至污泥池。然后有污泥脱水设备脱水。

（2）干污泥定期外运处理。

9　电气控制和生产管理

本自动控制系统为废水处理工程所配置，自控专业主要涉及的内容为该废水处理系统中废水泵与液位的联锁、报警、风机的交替动作、风机与进水泵的联锁工作等。采用 PLC 程序控制。系统由 PLC 控制柜、配电控制屏等构成，为此专门设立一个控制室。

废水处理系统电控装置为集中控制，采用进口 PLC 可编程序控制器，主要自动控制各类泵提升（液位控制）；风机启动及定期互相切换；需要时（如维修状态下）可切换到手动工作状态。

表6　电器运行表

序号	动力件名称	数量	运行功率/ kW	装机功率/ kW	运行时间/ (h/d)	电耗/ (kW·h)	备注
1	潜污泵	2台	2.2	4.4	24	52.8	1用1备
2	潜水搅拌机	1台	3.0	3.0	8	24	
3	污泥泵	1台	2.2	2.2	1	2.2	
4	曝气风机	2台	7.5	15	24	180	1用1备
5	气浮系统	1套	4.5	7.5	24	108	
6	过滤提升泵	2台	2.2	4.4	20	44	1用1备
7	碳滤反洗泵	1台	2.2	3	0.5	1.1	间隙运行
8	臭氧发生器	1台	3.6	4	24	86.4	
9	污泥脱水系统	1套	1.5	3.0	8	12	
	合计		28.9	46.5		510.5	

10　运行费用分析

（1）电费

总装机容量为 46.5 kW，其中平均日常运行容量为 28.9 kW，每天电耗为 510.5 kW·h，电费平均按 0.50 元/（kW·h）计，则电费：

E_1=510.5×0.50÷250=1.02 元/t 废水

（2）人工费用

人工费用暂不计。

（3）药剂费用

本废水处理站药剂费为 pH 调节时所投加的碱消耗，气浮药剂消耗。该部分费用为：

E_3=0.10 元/m^3 废水

（4）运行总费用

则总计运行费用为：

E=E_1+E_3=1.02+0.10≈1.12 元/m^3 废水

实例四 江西某生物制药公司 800 m³/d 废水处理站改造工程

1 工程概述

建设规模：800 m³/d

建设地点：江西万年县

项目概况：江西某生物制药公司是一家高新生物制药企业，主要产品有酸性脱羧物、癸酸诺龙、美睾酮、司坦唑醇、庚酸睾酮、黄体酮、甲羟孕酮、醋酸诺黄体酮、倍他米松磷酸钠、地塞米松磷酸钠地夫可特等。生产过程中产生的废水主要来源于产品合成过程中水析、水解、洗涤、溶剂抽提、离心、浓缩、水冲泵、地面冲洗、洗涤以及生活产生的废水等，废水成分复杂，含有中间合成产物、工艺生产残余高浓度酸、碱、有机溶剂等原料成分，pH 值波动较大，且废水有机负荷高，可生化性差，有些原料还存在一定的毒性。其污染指标主要有 COD_{Cr}、BOD_5、$NH_3\text{-}N$、Cr、苯、DMF 三氯亚磷、四氢呋喃及 DDQ 等。

由于现有废水处理系统部分设备老化，达不到设计时的处理能力，现需要对废水处理站进行改造。改造工程采用"预处理+Fenton 氧化+生化处理"组合工艺，处理后出水达到《废水综合排放标准》（GB 8978—1996）中三级标准。废水处理站装机功率为 524.8 kW，运行费用为 6.92 元/t 废水。

2 设计依据、规范、范围及原则

2.1 设计依据

（1）建设单位提供的废水水质、水量和处理要求等水质资料；

（2）建设单位提供的当地气候、水文、地质等基础资料；

（3）本公司具有的医药化工类废水处理工程成功经验。

2.2 设计采用规范、标准

（1）《废水综合排放标准》（GB 8978—1996）；

（2）《废水排入城镇下水道水质标准》（CJ 343—2010）；

（3）《室外排水设计规范》（GB 50014—2006，2014 年版）；

（4）《城镇废水处理厂污染物排放标准》（GB 18918—2002）；

（5）《给水排水工程管道结构设计规范》（GB 50332—2002）；

（6）其他相关设计规范。

2.3 设计范围

（1）本项目总体设计包括废水处理方案涉及的设计、安装、设备及材料、电气、仪表及自动化、技术服务、人员培训、调试、试验及系统的性能保证和售后服务，竣工资料移交等。不包括废水处理站外废水收集和输送管道。

（2）废水处理站的工艺设计按处理对象可分为废水处理和污泥处理两大部分；按工艺流程可分为废水收集区、预处理区、生化处理区。

2.4　设计原则

（1）考虑到本工程水质复杂的具体情况和特点，根据我公司技术研究中心多年来的水处理经验，采用针对性强的多种处理方式，以帮助企业节约能耗、提高效率。

（2）处理系统在设计中考虑一定的灵活性和调节余地，以适应水质水量的变化。

（3）针对该工程水质水量波动幅度较大的特点，以及考虑管理、运行、维修的方便，尽量考虑操作自动化，减小劳动强度。

（4）材料采用优质的废水处理材料和配件，设备选型采用通用产品，选购的产品在国内应是技术先进、质量保证、性能稳定、效率高，管理及维护方便、维修少，价格适中及售后服务好的产品。

3　设计水量和水质

3.1　设计水量

根据建设方提供的资料，每天排放废水总量 500 m^3。根据业主要求并结合水量波动情况，废水处理系统设计处理能力定为 800 m^3/d。

3.2　设计进水水质

表 1　进水水质

项目	pH	COD	TN	TDS
生化进水	6～9	8 000	400	8 000

3.3　设计出水水质

本项目废水进入废水处理站处理后，出水执行《废水综合排放标准》（GB 8978—1996）中三级标准，氨氮和总磷参照执行《废水排入城镇下水道水质标准》（CJ 343—2010）。具体指标如表 2 所示。

表 2　出水水质标准　　　　　　　　　　　　单位：mg/L（除 pH 以外）

项目	pH	COD	BOD$_5$	SS	氨氮	总磷
排放标准	6～9	500	300	400	35	8.0

注：参照《废水排入城镇下水道水质标准》（CJ 343—2010）。

4　废水处理工艺

4.1　工艺方案选择

项目生产废水属于较难处理的高浓度有机废水之一，因药物产品不同、生产工艺不同而差异较大，其特点是组成复杂，有机污染物种类多、浓度高，COD 值和 BOD_5 值较高且波动性大，废水的 BOD_5/COD 值差异较大，NH_3-N 浓度高，因其产物中含有一定浓度的抗生素及合成药物，具有一定毒性，固体悬浮物 SS 浓度较高。而且制药厂通常是采用间歇生产，产品的种类变化较大，造成了废水的水质、水量及污染物的种类变化较大。此种废水的特点使得多数制药废水单独采用生化法处理根本无法达标，所以在生化处理前必须进行必要的预处理，以降低水中的 SS、盐度及部分 COD，减少废水中的生物抑制性物质，并提高废水的可降解性。

针对本项目特点，根据各类废水水质水量特性的分析，本方案主要工艺流程将针对不同的废水拟采用"预处理+Fenton 氧化+生化处理"组合工艺。工艺流程图见图 1。

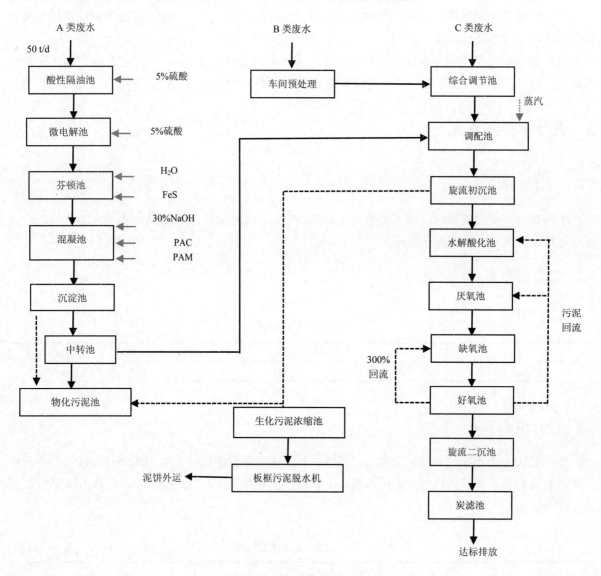

图 1 废水处理工艺流程

流程说明：

高浓度复杂有机物类工艺废水（A 类）经过收集后，进入"微电解-芬顿氧化-混凝-絮凝-沉淀"的预处理系统，之后进入调配池；含重金属废水（B 类）经过收集后由企业在车间作预处理，去除重金属后进入综合调节池；低浓度工艺废水（C 类）与预处理废水合并后进入调配池。调配池内配蒸汽加热装置，防止冬季水温过低影响生化效果；调配池内经过细调的废水提升进入旋流初沉池，去除部分大颗粒物质，然后进入水解酸化池，将大分子有机物分解为小分子。水解酸化池出水进入厌氧池，降解大部分有机物。厌氧池出水进入 A/O 池，A/O 池前段为缺氧池，缺氧池内配置曝气设备和潜水推流设备，既可以营造好氧环境，也可以营造兼氧环境，最大限度地降解有机物，同时通过改变溶氧浓度，可以有针对性地脱氮或去除 COD，具有一定的灵活性，同时兼备去除总氮的效果；O 段配置碱液滴加罐，适当补充硝化过程消耗的碱度。生化出水通过二沉池去除悬浮污泥，降低绝大部分的浊度和悬浮物，末端炭滤池进行过滤作用，出水达标。

4.2　污泥处理系统

污泥来自于预处理沉淀池、二沉池及沉淀池，由于含有一定的有机毒物，是国家规定的危险废物，必须通过一定的处理降低含水率，减少体积，送专业处置机构进行安全处置。本工程产生物化、生化两种污泥，且污泥量较大，利用现有板框压滤机，对污泥进行处理，使污泥含水率≤70%，减少最终污泥处置量。

4.3　废气处理系统

因废水浓度高，处理过程中产生臭气的构筑物涉及电解池、Fenton 氧化池、预处理调节池、生化调节池、厌氧池必须设置密封收集，接入甲方废水站负压臭气处理系统。

拟采用传统"水喷淋吸收+碱液吸收+活性炭吸附"相结合的方法对该废气进行处理后进入末端总塔处理。工艺流程见图 2。

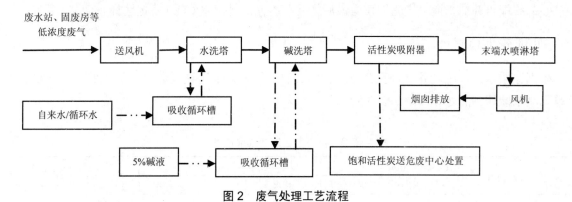

图 2　废气处理工艺流程

工艺说明：

低中浓度无机废气及有机废气统一收集后，在引风机的作用下汇入支管，先进入水洗塔可将废气中少量颗粒物及水溶性废气去除，之后进入碱洗塔，在碱洗塔中配置低浓度的碱液，可将废水站调节池和厌氧池中产生的少量 H_2S 等废气去除，经两级无机溶剂吸收塔去除部分废气后，剩余部分有机废气再通过活性炭吸附器，在吸附器中设置一定厚度的活性炭吸附颗粒，利用活性炭颗粒内部巨大的比表面积及孔隙率将废气组分截留、吸附。

4.4　结论与工艺特点

分质收集、强化废水预处理，提高废水的可生化性，对高浓度有机废水预处理采用脱溶回收，不可生化有机物废水预处理采用"微电解+Fenton 氧化+混凝-絮凝"工艺对废水进行预处理，大部分有机废水经过酸碱混合后进入生化调节池。部分溶剂类废水因其水量微小，不采用回收工艺，避免业主方设备投资增加，而是在有毒物质不影响生化效果的前提下，经混合后直接进入生化系统，利用其中多种可生化有机物作为碳源，在共代谢过程中产生对小部分有毒有机物良好的去除效果，同时也避免了预处理系统规模扩大造成的投资增加及运行费用增加。

图 3 Fenton 氧化池

（1）后续生化处理采用技术成熟、工艺可靠的"厌氧+A/O"组合工艺对废水作进一步深化处理，使生化出水 COD 和氨氮达到排放要求。

（2）生化部分通过驯化针对本废水的微生物，提高对有机毒物的降解效果，确保出水达到接管标准。

（3）终端再补加一道"炭滤"作为最后把关，以保证排出水 COD 稳定达标。

4.5 处理效果预测

根据废水水质情况，并结合我公司所做的类似工程中大量的经验数据，预计采用本方案治理时各单元废水能达到的处理效果如表 3 所示。

表 3 核心工艺处理效果预测

处理工序	COD/（mg/L）			氨氮/（mg/L）			总磷/（mg/L）		
	进水	出水	去除率	进水	出水	去除率	进水	出水	去除率
调节池	8 000	8 000	—	200	200	—	9.56	9.56	—
水解酸化	8 000	5 600	30%						
厌氧池	5 600	1 960	65%	200	220		9.56	9.36	2%
缺氧池	1 960	1 470	25%	220	209	5%	9.36	8.89	5%
好氧池	1 470	294	80%	209	20.9	90%	8.89	3.11	65%
炭滤池	294	279	5%						
标准值		500			35			8	

5 工艺设计

表 4 构筑物一览表

序号	名称	尺寸	有效容积/m³	结构	数量
1	调酸池	5.0 m×3.5 m×3.5 m	52.5	钢砼	1
2	微电解池	5.0 m×3.5 m×3.5 m	52.5	钢砼	1
3	Fenton 氧化池	5.0 m×3.5 m×3.5 m	52.5	钢砼	1

序号	名称	尺寸	有效容积/m³	结构	数量
4	混凝絮凝池	3.5 m×1.5 m×3.5 m	15.75	钢砼	1
5	竖管沉淀池	3.5 m×3.5 m×3.5 m	24.5	钢砼	1
6	中转池	5.0 m×3.5 m×3.5 m	52.5	钢砼	1
7	物化污泥池	5.0 m×3.5 m×3.5 m	52.5	钢砼	1
8	高浓调节池	20.0 m×5.0 m×3.5 m	300	钢砼	1
9	低浓调节池	20.0 m×5.0 m×3.5 m	300	钢砼	1
10	调配池	20.0 m×20.0 m×3.5 m	1 200	钢砼	1
11	旋流式初沉池	$\Phi \times H$＝10.0 m×4.0 m	274	钢砼	1
12	水解酸化池	20.0 m×5.0 m×8.7 m	850	钢砼	1
13	厌氧池	20.0 m×15.0 m×8.7 m	2 550	钢砼	1
14	缺氧池	20.0 m×12.0 m×5.0 m	1 080	钢砼	1
15	接触氧化池	20.0 m×12.0 m×5.0 m+16.0 m×12.0 m×5.0 m	1 944	钢砼	1
16	中沉池	6.0 m×4.0 m×5.0 m	80	钢砼	1
17	旋流式二沉池	$\Phi \times H$＝12.0 m×4.5 m	450	钢砼	1
18	生物炭滤池	6.0 m×4.0 m×5.0 m	120	钢砼	1
19	生化污泥浓缩池	4.0 m×3.0 m×4.0 m	42	钢砼	1
20	辅房			砖混	1
	合计		9 492.75		

表5　主要工艺设备一览表

序号	工艺	工段	设备名称	规格	型号	单位	数量
1			废水提升泵	Q＝5 m³/h，H＝22 m，N＝3 kW	40FZB-20	台	2
2		调酸池	酸加药罐	3 000 L，材质 PP		个	1
3			在线 pH 计			台	1
4			穿孔曝气管	UPVC	DE50	套	1
5		微电解池	填料支撑板	材质 PP	配套	m²	18
6			铁碳填料	烧结成型	SJT-30	m³	18
7			穿孔曝气管	UPVC	DE50	套	1
8		Fenton 氧化池	过氧化氢加药装置	配搅拌机，Q＝100 L/h、V＝1 000 L		套	1
9			硫酸亚铁加药装置	配搅拌机，Q＝100 L/h、V＝1 000 L		套	1
10			穿孔曝气管	UPVC	DE50	套	1
11	预处理	混凝絮凝池	PAM 加药装置	搅拌机、加药泵 Q＝500 L/h、加药桶 V＝1 000 L		套	1
12			PAC 加药装置	搅拌机、加药泵 Q＝500 L/h、加药桶 V＝1 000 L		套	1
13			片碱加药装置	搅拌机、加药泵 Q＝500 L/h、加药桶 V＝1 000 L		套	1
14			穿孔曝气管	UPVC	DE50	套	1
15			在线 pH 仪			台	1
16		竖管沉淀池	排泥泵	Q＝8 m³/h，H＝22 m，N＝1.1 kW	GW25-8-22-1.1	台	2
17			中心导流筒	DN300，PP 材质		套	1
18			出水堰板	B＝30 cm，L＝14 m，PP 材质		套	1
19		中转池	废水提升泵	Q＝8 m³/h，H＝15 m，N＝1.5 kW	25ZW8-15	台	2
20			液位控制器			套	1
21		物化污泥池	排泥泵	Q＝5 m³/h，P＝0.6 MPa，N＝2.2 kW	G30-1	台	2

序号	工艺	工段	设备名称	规格	型号	单位	数量
22		高浓调节池	废水提升泵	Q=15 m³/h，H=30 m，N=5.5 kW	65FP（D）-30	台	2
23		低浓调节池	废水提升泵	Q=40 m³/h，H=16 m，N=4 kW	80ZW40-16	台	2
24			废水提升泵	Q=75 m³/h，H=30 m，N=11 kW	125FP（D）-30	台	2
25			酸碱加药罐			个	2
26		调配池	在线 pH 计			台	1
27			转子流量计	12～60 m³/h	LZB-100	套	1
28			可变微孔曝气器		KBB	套	260
29			加热装置			套	1
30			转子流量计	12～60 m³/h	LZB-100	套	1
31		旋流式初沉池	周边刮泥机机	N=3 kW	JB-8.00	套	1
32			旋流式沉淀器		BJY-2.00	套	1
33			提升水泵	Q=75 m³/h，H=30 m，N=11 kW	125FP（D）-30	台	2
34			组合填料	Φ150 mm，间距 150 mm×150 mm		m³	600
35		水解酸化池	填料支架	螺纹钢，间距为 150 mm		m²	200
36	生化系统		潜水搅拌机	2.2 kW	QJB2.2/8-320/3-740S	台	4
37			厌氧分配器			台	1
38		厌氧池	TTH 可调布水器	10 m³/h		台	1
39			TTL 三相分离器			套	172
40			CHL-500 水封罐			套	1
41			组合填料	Φ150 mm，间距 150 mm×150 mm		m³	720
42			填料支架	螺纹钢，间距为 150 mm		m²	480
43		缺氧池	潜水搅拌机	功率 2.2 kW 不锈钢 304	QJB2.2/8-320/3-740S	台	4
44			可提微孔曝气管	Φ200 mm	KBB-216	组	80
45			硝化液回流泵	Q=100 m³/h，H=25 m，N=11 kW	GW100-100-25-11	台	2
46			可提微孔曝气管			套	260
47		接触氧化池	高压罗茨风机	Q=56.92 m³/min，P=63.7 kPa，N=90 kW，1 480 r/min	NSR-200	台	3
48			组合式填料		HX180	m³	900
49		中沉池	污泥回流泵	Q=30 m³/h，H=40 m，N=7.5 kW	GW65-30-40-7.5	台	2
50			污泥回流泵	Q=55 m³/h，H=30 m，N=5.5 kW	80FP（D）-30	台	2
51		旋流式二沉池	周边刮泥机机	JB-8.00，N=5.5 kW	JB-8.00	套	1
52			旋流式沉淀器	BJY-2.50	BJY-2.50	套	1
53	污泥处置	污泥浓缩池	排泥泵	Q=20 m³/h，N=5.5 kW	G50-1	台	2
54		脱水间	板框污泥压滤机	DY1000		套	1
55	电气自控柜、辅材	电气控制室	电气自控柜	配套西门子 PLC	CS 喷塑	套	1
			电缆电线	配套	Cu	套	1

6 平面与工程设计

6.1 总平面设计

平面布置设计是根据项目总体设计的要求，依照生产废水来源、处理出水排放位置，再依据处理装置特点和功能不同，分区进行平面布置，并将同类型设备或构筑物相对集中布置，以便于生产管理和做到整体协调美观。

（1）废水处理平面布置设计必须与项目总平面布置协调，符合处理工艺需要的前提下，力求美观和谐。

（2）按照不同功能，分区布置；各相邻处理构筑物之间间距的确定，综合考虑各类施工和日常维护的方便。

（3）道路布置考虑人流、物流运输方便及和生产厂区人流、物流的协调，布置主次道路。站区道路及管道和项目厂区道路及管道相互衔接，道路满足消防规范要求。

（4）工艺过程流畅，沿工艺处理流程及水的流向进行统筹布置。

（5）满足装置防爆和消防要求，并将防爆区靠边一侧布置，尽量减少对其他区域的影响。

6.2 工程设计

（1）总体高程设计是依据废水处理从原水至达标排放的流程设计的。

（2）考虑各处理装置间的物料流向，尽量减少废水的提升，尽量利用高位差重力自流，减少物料的泵送带来的能量消耗。

（3）适当预留间距，使各构筑物之间联系管道最短。

（4）根据达标排放水体水位确定其前的各构筑物水位标高。

（5）场地放坡满足室外排水要求。

7 配套工程设计

7.1 结构设计

7.1.1 设计依据

表6 结构设计依据

1	《建筑结构荷载规范》	GB 50009—2012
2	《混凝土结构设计规范》	GB 50010—2010
3	《砌体结构设计规范》	GB 50003—2011
4	《建筑抗震设计规范》	GB 50011—2010
5	《建筑桩基技术规范》	JGJ 94—2008
6	《建筑地基基础设计规范》	GB 50007—2011
7	地质勘测报告	

7.1.2 设计原则

（1）结构设计应满足工艺设计要求，遵循结构安全可靠，施工方便，造价合理的原则。

（2）根据所选场地的工程地质、水文资料及施工环境，优化结构设计，选择合理的施工方案。

（3）结构设计遵循现行国家和地方设计规范和标准，使结构在施工阶段和使用阶段均能满足承载力、稳定性和抗浮等承载力极限要求以及变形、抗裂度等正常使用要求。

7.2　建筑设计

站内建构筑物布置紧凑，功能分区明确，方便使用管理，满足生产、运输、安全、日照、采光、通风、消防、环保等规范要求。站区主要道路宽为 6 m，次要道路宽为 4 m，人行小道路宽 2 m，车行路面为砼路面。道路布置满足运输、消防、排水等要求。

7.3　电气设计

本次电气设计仅限于废水处理系统工程项目的供配电系统和负荷控制系统，照明和防雷接地系统。

本工程按三级负荷供电，电源由总厂配电室引来五线制 380V/220V 电源。

为防止直击雷的侵害，在厂区较高建筑物屋面装设避雷带或避雷网。

电力设备金属外壳、互感器二次绕组，由于绝缘损坏有可能带电危急人身安全，应用接地线接至接地装置，其接地电阻小于 4 Ω。工作接地和保护接地共用一组接地装置，接地系统采用 TN-S 系统。采用电缆沟、电缆桥架敷设的方式，及电缆穿钢管敷设。

电力电缆采用 YJV－1 kV。控制电缆采用 kYJV-450/750、kYJVP-450/750。

为防止电缆火灾蔓延，采取以下措施：

（1）在必要部位设耐火隔墙和防火门。

（2）电缆选用防火或阻燃电缆。

（3）电缆穿线孔洞用耐火材料封堵等措施。

7.4　仪表及自控设计

采用现场总线控制系统（Fieldbus Control System，FCS），三级网络结构，由工厂管理级、区域监控级、现场测控级组成，对应于中央控制系统、现场控制系统、现场控制设备和仪表三个层面，三者之间由信息（数据）网络和控制网络连接。信息（数据）网络采用工业以太网，控制网络采用现场总线。

由可编程序控制器（PLC）、现场总线网络、现场控制设备和自动化仪表组成的现场控制系统——分控站，对废水处理系统过程进行分散控制；再由工业以太网、数据服务器、监控计算机组成的中央控制系统——中央控制室，对废水处理全系统实行集中管理。

7.5　安全生产、环境保护、消防及节能

7.5.1　安全生产及劳动保护

（1）废水处理站用电安全是极其重要的，必须制定严格制度，并监督实施。所有电气设备的安装保护、防护，均满足电气设备有关安全规定。

（2）根据平面布置的实际需要在厂内适当地点设置配电箱、照明、联络电话。

（3）处理间设置通风装置，保证空气流通，同时处理站内应根据相关规范配备消防器械。

（4）在检修较深的水池及检查井时，先进行机械通风换气，满足劳动保护的换气要求后，工人方可入内检修。

（5）厂内配置救生衣、救生圈、安全带、安全帽等劳保防护用品。

（6）生产管理及操作人员宜每年体检一次，建立健康登记卡。

7.5.2　环境保护

本工程环境保护包括两个方面，即在工程建设过程中及工程建成投产之后。

在工程建设过程中，施工机械引发的噪声、输送材料对交通的影响、施工过程中产生的污染等，这些影响可以通过适当的措施予以缓解，其内容如下：

（1）合理规划施工，选择适当的路线运送材料和设备，以减少对周围环境的干扰；

（2）设置警告信号，道路封闭时按需要进行管理，保证工程正常进行和减少交通障碍；

（3）为安全目的，应尽量减少埋管、沟槽长度，并在施工场地设围；

（4）在所有车辆和设备装设低噪声和消降污染的设施，以限制噪声和空气污染。

废水处理工程运营过程对环境的影响：

废水处理工程本身是一个环境保护项目，建成后对改善周围环境作用显著。废水处理站处理后降低了 COD、SS、NH_3-N、重金属离子等各种污染物浓度；降低出水 SS、色度提高水体透明度；工程运行后，出水相对进水而言，降低了各种污染指标，原有废水经过处理后出水水质将得到很大的改善。

废水处理工程应加强药品的管理机制，严格监控药品的使用管理，防止因滥用药品及不规范操作对环境带来的影响。

7.5.3　消防

（1）防火等级

根据《建筑设计防火规范》（GB 50016—2014）的规定，设置不同的防火等级。

（2）防火及消防措施

本工程在正常生产情况下，一般不易发生火灾，只有在操作失误、违反规程、管理不当及其他非正常生产情况或意外事故状态下，才可能由各种因素导致火灾发生。因此，为了防止火灾的发生，或减少火灾发生造成的损失，根据"预防为主，防消结合"的方针，采取相应的防范措施。

本工程建、构筑物的耐火等级均至少达到Ⅱ级。厂内应设置火灾自动报警系统，使消防人员及时了解火灾情况并采取措施。建筑物、构筑物的设计应根据其不同的防雷级别按防雷规范设置相应的避雷装置，防止雷击引起的火灾。

电气系统具备短路、过负荷、接地漏电等完备保护系统，防止电气火灾的发生。应建立完善的消防给水系统和消防设施，以保证消防的安全性和可靠性。

7.5.4　节能、防腐

（1）节能

水泵根据液位开关自动控制泵的开停，并优化泵的组合运行方式，节省电耗，降低运行费。

在高程布置中，减少跌水高度，选择经济管径及合理布置流程，节约水头损失，以节约水泵能耗。

通过自控系统实现最佳控制，合理调整工况，保证高效工作。

（2）防腐

本废水处理工程中，部分物品和材料处于腐蚀性环境，需进行腐蚀考虑，以减少水中污染物和腐蚀性气体对构筑物、建筑物、设备和设施等的腐蚀，确保设备和设施的运行安全，保证工程质量，保持处理站的美观。

水泵等设备；输水管、曝气管、加药管道等生产性设备和设施。

8 运行费用

8.1 主要用电设备统计

表7 主要用电设备功率一览表

序号	用电设备	装机功率/kW	运行功率/kW	运行时间/h	耗电量/（kW·h/d）
1	调酸池废水提升泵	6	3	20	60
2	初沉池排泥泵	2.2	1.1	1	1.1
3	中转池提升泵	3	1.5	10	15
4	高浓池提升泵	11	5.5	4	22
5	低浓池提升泵	8	4	20	80
6	调配池提升泵	22	11	20	220
7	旋流式初沉池	22	11	20	220
8	生化潜水搅拌机	8.8	4.4	24	105.6
9	好氧池回流泵	22	11	24	264
10	二沉池污泥回流泵	11	5.5	24	132
11	三叶罗茨风机	270	90	24	2 160
	小计	524.8	345.4		3 279.7

8.2 处理费用计算（不包括车间预处理）

（1）电费

电价按 0.80 元/（kW·h）计；

吨水用电量：3 279.7（kW·h）/d÷800 m³/d=4.099（kW·h）/m³；

每吨废水处理电费：4.099（kW·h）/m³×0.80 元/（kW·h）=3.28 元/m³。

（2）人工费

废水处理站定员 5 人，管理人员 1 人，人均月工资按 3 000 元计算；

5 人×3 000 元/月÷30 天÷800 m³/d=0.63 元/m³ 废水；每吨废水处理人工资为 0.63 元/m³。

（3）药剂费

预处理过程使用到过氧化氢、硫酸亚铁、酸、碱、PAC、PAM 等药剂。

过氧化氢用量为：0.2%×50 m³/d=100 kg；硫酸亚铁用量为 30 kg；

PAC 每日用量为：2.5%×1%×50 m³/d=12 kg；PAM 每日用量为：0.1%×1%×50 m³/d=0.5 kg；

液碱每日用量约为：2 000 kg；酸每日用量约为：500 kg；

每日药剂费用约为：100×1.2 元/kg+30 kg×0.38 元/kg+12 kg×1.7 元/kg+0.5 kg×12 元/kg+2 000 kg×0.8 元/kg+500 kg×1.3 元/kg=2 407.80 元。

8.3 运行费用

表 8 运行费用一览表

项目	明细	日用量	单价	折算成本/（元/t 废水）
电费	电费	7 692.5 kW·h	0.8 元/（kW·h）	3.28
人工费	人工费	5 人	3 000 元/（人·月）	0.63
药剂费				3.01
汇总				6.92

实例五　72 m³/d 中药废水处理工程设计方案

1　概述

该单位以生产中药为主，由此产生的生产废水大多包含洗药、煮炼、制剂、药汁流失废水以及变更药物品种易产生的冲洗生产设备废水。这些废水主要由药材煎出的各种成分及酒精等有机溶剂组成。每一味中草药的有机成分相当复杂，生产过程大多为间歇式操作，从而造成了浓度较高、成分复杂且多变。废水中主要含有天然有机物，其主要成分为糖类、有机酸、苷类、蒽醌、木质素、生物碱、单宁、蛋白质、淀粉及它们的水解产物，这些废水若直接外排，将影响周围居民的身体健康。

我方按甲方提供的废水水量、水质资料，借鉴相关工程实际运行经验，本着投资省、处理效果好、运行成本低的原则，编制了该设计方案，供甲方和有关部门决策参考。

2　综合说明

2.1　设计水量与水质

2.1.1　设计水量

废水主要来源于生产过程中生产设备冲洗水、车间地面冲洗水。废水处理水量为：

Q_d=72 m³/d，Q_h=3 m³/h

2.1.2　进出水水质

根据建设方提供的资料，进水水质和出水水质如表 1 所示。

表 1　进水水质和出水水质

序号	项目	进水水质	出水水质
1	COD_{Cr}/（mg/L）	3 000	≤150
2	BOD_5/（mg/L）	1 800	≤30
3	SS/（mg/L）	700	≤150
4	pH	6~9	6~9

说明：表中的 BOD_5、SS、pH 值是参考同类型中药废水水质。

出水达到中华人民共和国《污水综合排放标准》（GB 8978—1996）中二级标准。

2.2　工艺设计的主要结论

2.2.1　废水处理

（1）进水水质分析

该废水为高浓度有机废水，废水的可生化性一般。

（2）设计思路

在去除水中一般性污染物质，确保出水水质的同时，兼顾经济合理和运行管理的科学性，并考虑废水达标。

（3）废水处理工艺

采用UASB厌氧塔、生物接触氧化法、沉淀和过滤。污泥处理及处置采用厢式压滤机减量后外运。

（4）废水处理工艺流程

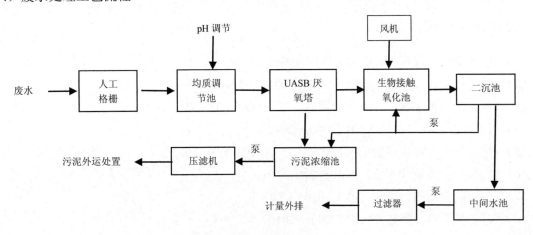

图1　废水处理工艺流程

2.2.2　栅渣及污泥的处理与处置

人工格栅栅渣采用定期人工清理，并与其他垃圾一并外运处置。

UASB厌氧塔、二沉池污泥进入污泥池，进行浓缩后压滤脱水，干污泥外运。

2.3　工程布置及环境影响

主要处理构筑物充分利用原有水池，如调节池、污泥池、中间水池，增设生物接触氧化池、二沉池，这些主要处理构筑物采取半地上式。主要处理设备和机房采取地上式，并做好地面上建筑物的装饰美化，与园区内建筑风格相协调。

通过鼓风机房隔声、栅渣和污泥脱水外运等措施消除二次污染，整个工程的运行将不会影响现有环境，且大大改善了出水水质。

2.4　工程投资及运行费用

2.4.1　工程投资

工程总投资为37.24万元，其中土建费为3.89万元，设备费29.41万元，安装费为2.94万元，运输费1.00万元。

2.4.2　运行费用

废水处理成本1.20元/m³。

2.5　项目实施

2.5.1　主要工程内容

本工程内容主要由两部分组成。

（1）主要处理构筑物及设备：主要包括均质调节池、UASB厌氧塔、生物接触氧化池、二沉池、中间水池、过滤器、污泥浓缩池等。

（2）综合操作房主要包括鼓风机房、脱水机房、控制室等。

2.5.2 总体进度计划

总工期（土建、设备制造安装及调试）共75天。

3 设计规范、范围及原则

3.1 设计规范与标准

（1）《废水综合排放标准》（GB 8978—1996）；

（2）《室外排水设计规范》（GB 50014—2006，2014年版）；

（3）《城市废水再生利用 城市杂用水水质》（GB/T 18920—2002）；

（4）《建筑结构荷载规范》（GB 50009—2012）；

（5）《给水排水工程构筑物结构设计规范》（GB 50069—2002）；

（6）《混凝土结构设计规范》（GB 50010—2010）；

（7）《建筑结构制图标准》（GB/T 50105—2010）；

（8）《建筑抗震设计规范》（GB 50011—2010）；

（9）《构筑物抗震设计规范》（GB 50191—2012）；

（10）《地下工程防水技术规范》（GB 50108—2008）；

（11）《声环境质量标准》（GB 3096—2008）；

（12）《环境空气质量标准》（GB 3095—2012）；

（13）《建筑地基基础设计规范》（GB 50007—2011）；

（14）《混凝上结构工程施工质量验收规范》（GB 50204—2015）；

（15）《给水排水构筑物工程施工及验收规范》（GB 50141—2008）；

（16）《建筑地基基础工程施工质量验收规范》（GB 50202—2002）；

（17）《工业建筑供暖通风与空气调节设计规范》（GB 50019—2015）；

（18）《建筑中水设计规范》（GB 50336—2002）；

（19）《10 kV及以下变电所设计规范》（GB 50053—2013）；

（20）《低压配电设计规范》（GB 50054—2011）；

（21）《供配电系统设计规范》（GB 50052—2009）；

（22）《电力工程电缆设计规范》（GB 50217—2007）；

（23）《电力装置的继电保护和自动装置设计规范》（GB 50062—2008）；

（24）《工业企业照明设计标准》（GB 50034—2013）；

（25）《建筑物防雷设计规范》（GB 50057—2010）；

（26）《交流电气装置的接地设计规范》（GB/T 50065—2011）；

（27）《自动化仪表选型规范》（HG/T 20507—2014）；

（28）《仪表供电设计规范》（HG/T 20509—2014）；

（29）《仪表系统接地设计规范》（HG/T 20513—2014）；

（30）《电子信息系统机房设计规范》（GB 50174—2008）；

（31）《分散型控制系统工程设计规范》（HG/T 20573—2012）；

（32）《电气装置的电测量仪表装置设计规范》（GB/T 50063—2008）；

（33）《分散型控制系统工程设计规范》（HG/T 20573—2012）；

（34）《控制室设计规范》（HG/T 20508—2014）；

（35）《信号报警及联锁系统设计规范》（HG/T 20511—2014）；

（36）《民用建筑设计通则》（GB 50352—2005）；

（37）《建筑设计防火规范》（GB 50016—2014）。

3.2　设计范围

（1）废水处理站的总体设计，包括工艺、电气设计、仪表与自动控制，以及对土建工程相关的建筑、结构设计提出合理的设计建议与理念等。

（2）处理站的设计主要分为废水处理和污泥处理及处置两大部分。

①废水处理

根据水量、水质变化情况，结合废水本身所特有的情况，选择技术成熟、经济合理、运行灵活、管理方便、处理效果稳定的方案。

②污泥处理与处置

废水处理过程中产生污泥，应进行稳定处理，防止对环境造成二次污染，并妥善考虑污泥的最终处置。

3.3　设计原则

（1）本设计方案严格执行国家有关环境保护的各项规定，废水处理后必须确保各项出水水质指标均达标排放。

（2）采用简单、成熟、稳定、实用、经济合理的处理工艺，保证处理效果，并节省投资和运行管理费用。

（3）设备选型兼顾通用性和先进性，运行稳定可靠、效率高、管理方便、维修维护工作量少、价格适中。

（4）系统运行灵活、管理方便、维修简单，尽量考虑操作自动化，减少操作劳动强度。

（5）设计美观、布局合理，与原有设施统一协调考虑。

（6）设置必要的监控仪表，提高控制操作的自动化程度。

（7）尽量采取措施减小对周围环境的影响，合理控制噪声、气味，妥善处理与处置固体废弃物，避免二次污染。

4　处理工艺流程

4.1　设计水量

根据建设方提供的资料，废水处理站设计水量为：

Q_d=72 m³/d，Q_h=3 m³/h

4.2　设计水质

4.2.1　进水水质

根据建设方提供的资料，进水水质和出水水质如表 2 所示。

表 2　进水水质、出水水质

序号	项目	进水水质	出水水质
1	COD_{Cr}/（mg/L）	3 000	≤150
2	BOD_5/（mg/L）	1 800	≤30
3	SS/（mg/L）	700	≤150
4	pH	6～9	6～9

说明：表中的 BOD_5、SS、pH 值是参考同类型中药废水水质。

4.2.2　出水水质

出水达到中华人民共和国《污水综合排放标准》（GB 8978—1996）中二级标准。

4.3　水量与水质分析

4.3.1　水量分析

本工程的废水主要来自生产设备冲洗水、车间地面冲洗水，其水量为 72 m^3/d。由于水量较小，而水量变化较大，排放不均匀，因此设计时必须考虑水量的调节措施，否则必将影响工程的处理效果，影响处理工程的连续性。

4.3.2　水质分析

生产过程均为物理加工过程，无副产品生成，属于高科技、高附加值、低污染的现代化制药业，其废水的可生化性一般。

4.3.3　处理模式分析

从以上水量和水质组成分析，根据我单位已经完成的类似废水处理工程，本工程主要采用"厌氧生物处理+好氧生物处理"模式。

4.4　废水处理工艺流程

4.4.1　选择思路

根据上述进出水水量和水质情况，我方考虑废水处理工艺的选择必须依照如下思路：

（1）确保废水的充分混合、均衡，避免 COD 的冲击负荷，设置调节池进行调节；

（2）主要采用厌氧生物处理和好氧生物处理为主体的处理工艺，在生化处理构筑物中，去除大部分的污染物；

（3）确保达标排放；

（4）工艺流程简捷、工程造价低、运行经济、便于管理。

4.4.2　废水处理技术

（1）拦污设施

废水中（制药废水）含有各类漂浮物质，需设置格栅加以拦截。以防止堵塞后续的水泵或处理设备；避免在后续水池内沉淀，增加检修次数。

格栅拦截的栅渣人工定期清理。

（2）水质水量的调节

由于废水排放的水量水质很不均匀，造成废水来水水质、水量波动较大，只有足够大的调节容量才能使进入生化处理的水质、水量稳定，因此必须设置均质调节池，进行水量水质的均衡，减轻后续处理构筑物的冲击负荷。

（3）生物处理

废水经过调节池均质调节后，采用厌氧生物处理和好氧生物处理最经济的处理工艺。

本工程处理构筑物采用半地下式布置，因此选用生物接触氧化法作为本工程的生物处理工艺。

4.4.3 工艺流程

（1）工艺流程

本废水处理站主要工艺过程设计如图2所示。

来自于生产车间的高浓度废水经人工格栅除渣后进入均质调节池，在均质调节池中进行水量和水质的调节。调节池的出水由泵提升至 UASB 厌氧塔，废水中的有机物在厌氧微生物的作用下消化降解。厌氧塔出水自流进入生物接触氧化池，在生物接触氧化池中通过曝气以优势的微生物种群、高负荷活性污泥吸附废水有机物。出水进入二沉池，二沉池自流进入中间水池，中间水池出水由泵提升至机械过滤器，过滤器出水达标外排。

经人工格栅拦截的较大悬浮物和漂浮物，定期外运处置。

UASB 厌氧塔、二沉池的污泥自流进入污泥浓缩池，浓缩污泥经厢式压滤机压滤后外运处置。滤液经地沟回流至均质调节池。

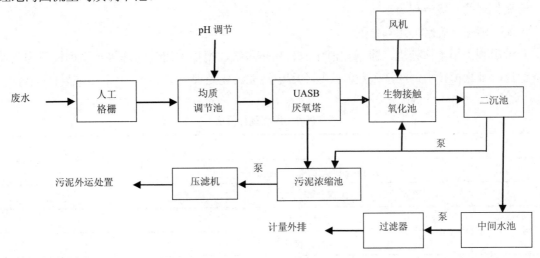

图 2　工艺流程

（2）废水处理工艺设计处理效果

表 3　设计处理效果一览表

处理单元	指标	COD$_{Cr}$	BOD$_5$	SS
人工格栅	进水/（mg/L）	3 000	1 800	700
	出水/（mg/L）	3 000	1 800	560
	去除率/%	—	—	20
均质调节池	进水/（mg/L）	3 000	1 800	560
	出水/（mg/L）	3 000	1 800	560
	去除率/%	—	—	—
UASB 厌氧塔	进水/（mg/L）	3 000	1 800	560
	出水/（mg/L）	600	360	280
	去除率/%	80	80	50
生物接触氧化池	进水/（mg/L）	600	360	140
	出水/（mg/L）	120	36	140
	去除率/%	80	90	—

处理单元	指标	COD$_{Cr}$	BOD$_5$	SS
二沉池	进水/（mg/L）	120	36	140
	出水/（mg/L）	108	32.4	70
	去除率/%	10	10	50
过滤器	进水/（mg/L）	108	32.4	70
	出水/（mg/L）	97.2	29.2	14
	去除率/%	10	10	80
总去除率/%		≥96.8	≥98.3	≥98

4.4.4 栅渣及污泥的处理与处置

（1）栅渣的处置

栅渣中含有的垃圾必须合理处置。本设计选用的人工格栅，栅渣定期外运或焚烧。

（2）污泥的处理与处置

污泥是废水处理过程的产物，是整个废水处理的重要组成部分，处理目的在于降低污泥含水率，减少污泥体积，达到性质稳定，并为进一步处置创造条件。

污泥处理的一般流程为：

浓缩→消化→脱水干化→处置。

若考虑到采用消化处理，需增加消化池、加热系统、搅拌、沼气处理等一系列构筑物及设备，投资增加，且规模较小，经济效益差，故不考虑污泥消化处理。

表 4 污泥量计算表

序号	项目	污泥量
一	UASB 厌氧塔、二沉池	
1	干污泥总量/（kg/d）	25.2
2	含水率/%	99
3	污泥体积/m³	2.52
二	污泥浓缩池	
1	干污泥总量/（kg/d）	25.2
2	浓缩后含水率/%	98
3	浓缩后污泥体积/m³	1.26
三	脱水机房	
1	干污泥总量/（kg/d）	25.2
2	脱水后含水率/%	75
3	脱水后污泥体积/m³	0.1

污泥脱水方式，使用最常见的为厢式压滤机、带式压滤机和离心脱水方式。

厢式压滤机劳动强度大，自动化程度低，但脱水效果较好，适合小水量废水处理厂。

带式压滤机需滤带作为过滤介质，对滤带要求高，可以连续自动运转。

离心脱水系统结构紧凑，附属设备少，在密闭状况下运行，臭味小、工作环境好，不需要过滤介质，维护较为方便，能长期自动连续运转，但噪声较大，动力费用高。

本工艺中根据污泥特性和使用特点及规模等条件，选择厢式压滤机。

5 处理工艺设计

5.1 主要工艺构（建）筑物、处理设备

5.1.1 人工格栅

由于废水排放过程中携带有大量的悬浮物及固形物、漂浮物，这些固形物对后续处理设施，如泵有较大的影响，所以必须去除。本工程设计人工格栅拦污设备，栅渣由人工定期清理。

单格过栅流量 Q=3 m³/h，栅条间隙 B=8 mm，栅条宽度 S=5 mm，安装角度 α=70°，格栅有效宽度 B'=300 mm，格栅井尺寸 1 200 mm×300 mm×1 000 mm。

5.1.2 均质调节池

由于废水来水不均匀，水质、水量存在波动，只有足够的调节容量的均质池才能使进入后续处理工艺的水质、水量稳定，故设置均质调节池。废水经人工格栅后去除大颗粒悬浮物固体，进入该均质调节池。在均质调节池中设置 pH 值调节装置，投加 NaOH 或 HCl，并通过 pH 自动控制仪调整 pH 值。

均质调节池平面尺寸：A=4.9 m，B=5.7 m，C=3.7 m，D=3.7 m。有效容积为 30 m³，水力停留时间为 10 h，利用原有水池。

废水提升泵两台，型号为 WQ25-7-8-0.55，1 用 1 备。性能参数如下：Q=7 m³/h，H=8 m，N=0.55 kW。水泵带安装自耦导轨装置，安装及检修极为方便。

5.1.3 UASB 厌氧塔

厌氧塔设计采用上流式厌氧污泥床，将废水中的有机物在厌氧微生物的作用下消化降解，最终分解产物为沼气，沼气采用高空燃烧或高空排放如图 3 所示。厌氧塔的设计为中温 30～35℃，pH 控制范围在 6.8～7.2，厌氧塔有效尺寸：Φ3.6 m×8 m。厌氧塔设计 1 座，有效容积为 78 m³，总停留时间为 HRT=26 h，废水在进入厌氧塔前，温度必须控制在 30～35℃，特设置 Φ800 mm×1 200 mm 加热器 1 台。并设置温度调节装置一套。厌氧塔采用 Q235-A 防腐，UASB 厌氧塔出水自流进入生物接触氧化池。

图 3 UASB 厌氧塔

5.1.4 生物接触氧化池

（1）接触氧化法的特点

①有较高的污泥浓度 除了填料表面生长有生物膜外，在填料间隙还有悬浮生长的微生物，污泥质量浓度一般可达 2~3 g/L，比活性污泥法高许多（2~3 g/L）。

②生物膜具有丰富的生物相 膜中的微生物不仅数量多，而且种类也多，除了游离态和菌胶团内的细菌外，还有大量附着于填料表面的丝状菌，它的繁殖不仅不会引起污泥膨胀，相反能改善有机物的去除效果，另外在生物膜上还有多种原生动物和后生动物，形成了稳定的生态系统。

③生物活性高 由于采用微孔曝气器，气泡直径小且密集空气气泡在填料空隙中起了充分搅拌的作用，加之生物膜原生动物的存在可软化生物膜，从而加速生物膜的脱落更新，使生物膜具有较高的活性。

④具有较强的氧利用率 由于生化池内设置组合填料，生化池曝气装置采用圆盘式微孔曝气器，气泡在填料中曲折穿过，增加了停留时间，从而提高了氧从气相向液相转移的效率，一般接触氧化池中的氧利用率高达 45%，如表 5 所示。

⑤具有较强的耐受冲击负荷能力 这主要是接触氧化池中污泥浓度高，加上曝气的充分搅动，负荷冲击可得到缓冲而不致影响工作性能。

⑥生物接触氧化工艺具有较高的有机负荷和水力负荷率。

表 5 圆盘式微孔曝气器技术性能一览表

工作条件			清水充氧性能		
水深/m	气量/（m³/h）	压力损失/Pa	q_e/（kgO₂/h）	ε/%	$\ddot{E}$/[kgO₂/（kW·h）]
4.0	3	2 900	0.336	31.54	6.99
3.0	3	3 400	0.18	21.70	6.58

注：q_e 曝气器充氧能力（kg/h）；ε 曝气器氧利用率（%）；$\ddot{E}$ 理论动力效率（kg/kW·h）。

（2）接触氧化池设计技术参数

氧化池容积 V=36 m³，氧化池长 4 m，宽 3 m，深 3 m，池中布置 Φ219 mm 微孔曝气器 30 只，在生物接触氧化池中摆放组合填料，便于好氧菌附着，可大大增加好氧菌的浓度。所需填料体积为 26.4 m³。填料采用新型组合立体填料，这种填料具有不易堵塞、重量轻、比表面积大、效果稳定的优点，并且易于检修和更换。生化停留时间 12 h。

5.1.5 二沉池

废水经曝气池处理后，水中含有一定量的悬浮固体，为了使出水 SS 达到排放标准，采用二沉池来进行固液分离。二沉池设置为竖式沉淀池。

曝气池出水由二沉池中心管进入，在穿孔挡板（整流板）的作用下废水在池内沿辐射方向流向池的四周，水流速度由大到小变化。在池四周出水口处设置锯齿形三角堰，使出水均匀。二沉池沉淀污泥一部分由泵回流至生物接触氧化池，多余部分排入污泥池。

二沉池平面尺寸 3 m×3 m×3 m。

5.1.6 中间水池

二沉池出水自流进入中间水池，中间水池出水由泵提升至过滤器。

中间池的平面尺寸 A=2.1 m，B=2.3 m，C=3.4 m，D=3.5 m，有效容积为 14.96 m³，水力停留时间为 4.9 h。中间水池利用原有水池一座。

中间水池设置过滤提升泵选用潜水泵，型号为 SLS25-125，1 用 1 备。单台性能参数如下：Q=4 m³/h，H=20 m，N=0.75 kW。

5.1.7　污泥浓缩池

污泥浓缩池平面尺寸 3 m×3 m×3 m，容积为 27 m³。污泥池内的上清液溢流进入均质调节池。在污泥池内设置曝气系统，采用鼓风机穿孔曝气方式，主要有以下功能：

（1）避免污泥厌氧发酵散发臭气；

（2）防止污泥在池底板结；

（3）进行好氧消化减量处理。

5.1.8　过滤器

选用 D800 过滤器一套，滤速 6 m/h。反冲洗周期为每累计工作 16～24 h，反冲洗强度 16L/(s·m²)，反冲洗时间 5 min。

5.1.9　出水水池

出水水池平面尺寸：A=2.0 m，B=2.6 m，C=3.5 m，D=3.4 m，有效容积为 15.64 m³。

反冲洗水泵选用离心泵，型号为 SLS65-125（I），1 台，性能参数如下：Q=25 m³/h，H=5 m，N=0.75 kW。

5.1.10　脱水机

浓缩后的污泥通过螺杆泵输送至厢式压滤机，同时投加阳离子 PAM 絮凝药剂，保证脱水效果。分离出的废水排入均质调节池。

螺杆泵型号为 G25-1 泵 1 台，单台 Q=2 m³/h，H=60 m，N=1.5 kW。

厢式压滤机采用 XMY3/320-25U 型，过滤面积 F=3 m²，1 台。

5.1.11　鼓风机

风机安置于风机房内，废水处理站充氧设备采用百事德机械（江苏）有限公司生产的回转式鼓风机。该风机采用世界先进技术，具有运行安全可靠、维修方便、噪声低、对周围环境影响小的特点，较适合中小型废水站使用。

鼓风机型号为 HC-501S，Q=1.39 m³/h，P=0.3 kgf/cm²，N=2.2 kW，2 台，1 用 1 备。

5.2　主要处理构（建）筑物、设备表

表 6　主要处理构（建）筑物

序号	名称	设计参数	数量	单位	备注
1	格栅井	停留时间：7.2 min 平面尺寸：1.2 m×0.3 m 水深：1.0 m	1	座	新建
2	均质调节池	停留时间：10 h 平面尺寸：4.9 m×3.7 m 水深：2.0 m	1	座	利用原有水池
3	生物接触氧化池	停留时间：12 h 平面尺寸：4.0 m×3.0 m 水深：3.0 m	1	座	新建
4	二沉池	停留时间：9 h 平面尺寸：3.0 m×3.0 m 水深：3.0 m	1	座	新建
5	中间水池	停留时间：4.9 h 平面尺寸：2.1 m×2.3 m 水深：3.4 m	1	座	利用原有水池

序号	名称	设计参数		数量	单位	备 注
6	污泥浓缩池	停留时间：9 h		1	座	原池
		平面尺寸：3.0 m×3.0 m				
		水深：3.0 m				
7	出水水池	停留时间：5.2 h		1	座	利用原有水池
		平面尺寸：2.0 m×2.6 m				
		水深：3.5 m				
8	综合操作房	平面尺寸：6.0 m×8.0 m		1	座	

表 7　主要处理设备表

序号	设备名称	规格型号	数量	单位	性能参数
1	人工格栅	CF-300	1	台	B=300 mm，b=8 mm
2	废水提升泵	WQ25-7-8-0.55	2	台	7 m^3/h，8 m，0.55 kW
3	鼓风机	HC-501S	2	台	1.39 m^3/h，0.3 kgf/$cm^2$①，2.2 kW
4	UASB 厌氧塔	Φ 3.6 m×8.0 m	1	台	HRT=26 h
5	脉冲布水装置	BS-3	1	台	用于 UASB 厌氧塔
6	组合填料	XHT-150	26.4	m^3	用于 UASB 厌氧塔
7	加热器	Φ 800 mm×1 200 mm	1	台	
8	温度自动控制阀	$0^0 \sim 99^0$	1	套	用于加热器
9	微孔曝气器	Φ 219 mm	30	套	单只通气量 Q=2.5 m^3/h
10	过滤提升泵	SLS25-125	1	台	4 m^3/h，20 m，0.75 kW
11	过滤器	D800 mm	1	台	滤速 6 m/h
12	离心泵	SLS65-125（Ⅰ）	1	台	25 m^3/h，5 m，0.75 kW
13	螺杆泵	G25-1	1	台	2 m^3/h，60 m，1.5 kW
14	加药装置	WA0.3/0.72	2	套	pH、PAM 各一套
15	pH 自动控制仪	PC310	1	套	用于调节池
16	厢式压滤机	XMY3/320-25U	1	台	F=3 m^2
17	沉淀池配水装置	TJS-3	1	套	用于二沉池
18	生化池曝气系统	OPQ-3	1	套	用于生物接触氧化池
19	污泥池曝气系统	WPQ-3	1	套	用于污泥池
20	组合填料及支架	ZHT-150	26.4	m^3	用于生物接触氧化池
21	电控系统	TDK-3	1	套	
22	管道阀门	若干			

6　高程设计和总图设计

6.1　高程设计

处理站主要处理构筑物采用半地下组合式，设备房采用地上式。

废水经过均质调节池一次提升，进入 UASB 厌氧塔，然后重力流入各处理构筑物，最后自流排放。

6.2　总图设计

处理站占地为 20 m×15 m，周围设置道路，通过装饰工程，与周围原有建筑物相协调。

---

① 1 kgf/cm^2=9.8×10^4Pa。

7　建筑、结构设计（仅供土建设计参考）

7.1　建筑设计

处理站由处理构筑物和综合操作房组成。充分注意园区内环境的美化及建筑造型，尽量做到建筑物实用与观赏为一体，艺术与技术为一体，为与周边环境相协调。

建筑总体风格在融入园区整体建筑风格的同时，达到与其他建筑统一、协调的效果。

综合操作房的外墙采用芝麻灰粗面花岗岩装饰，外墙基座贴蘑菇石，屋面铺红色波形瓦，建筑风格与其他建筑相统一，配以其他颜色以强化细节处理。

鼓风机房的门窗采用隔声门窗，内墙设置隔声装置。

综合操作房设计中对其环境与建筑的关系着以重彩渲染。以园林设计手法进行规划设计，共同烘托出一个清新、幽雅、颇具时代气息的办公环境，使人们工作时身心愉悦。

7.2　结构设计

7.2.1　结构形式

拟建的构筑物，本着安全、经济、利于施工及结构合理的原则选择结构形式。

本工程构筑物设置于地下，均采用钢筋混凝土结构。

钢筋砼水池根据其水位考虑其池壁厚度，确定其抗渗要求为 S6。

设计考虑处理构筑物采用大开挖施工。

7.2.2　建筑材料选用

钢筋混凝土结构采用 C25 砼，抗渗标号 S6。

所有构筑物垫层采用 C10。

钢筋：$d \leqslant 10$，I 级钢；$d \geqslant 12$，II 级钢。钢材采用 Q235A。

水泥采用 $\geqslant 325$ 普通硅酸盐水泥。

7.2.3　抗震设防

按 6 度设计。

8　电气、仪表及监控系统

8.1　电气设计

8.1.1　供电形式

本处理站根据设备情况，采用低压专用线供电。

8.1.2　结线形式

二路进线接入低压进线柜。

8.1.3　用电负荷

本设计动力装机容量为 12.24 kW，额定容量为 4.146 kW。

表8 主要设备用电负荷估算表

项目		运行数量×功率×利用率/kW
废水提升泵	WQ25-7-8-0.55	1×0.55×80%=0.44
过滤提升泵	SLS25-125	1×0.75×80%=0.6
加药装置	WA0.3/0.72	1×0.37×80%=0.296
鼓风机	HC-501S	1×2.2×80%=1.76
螺杆泵	G25-1	1×1.5×10%=0.15
厢式压滤机	XMY^3/$_{320}$-25U	1×3×10%=0.3
离心泵	SLS65-125（I）	1×0.75×80%=0.6
合计		4.146

8.2　接地

本系统采用 TN-S 制保护，设备的金属外壳均与接地线连接。

8.3　仪表

（1）调节池

浮球液位计1套，通过液位设定控制一级提升泵的开停。

（2）污泥池

浮球液位计1套，通过液位设定控制污泥泵的开停。

8.4　控制方式

（1）控制方式设置集中控制柜和现场控制柜。通过 PLC 可编程序控制器集中显示并自动控制所有设备的运转情况。各设备亦可单台控制。为便于操作，有关设备设置现场开关。现场控制箱上有手动挡、自动挡开关。当处在手动挡状态时，操作人员可在现场启动、关闭设备。但现场发生情况，手动停止按钮仍然可以关闭系统，即实行手动优先原则。

（2）所有设备的运行状况和所有监测仪表的状态（运行、关闭、故障）在中控室显示。

（3）根据监测仪表传递的信号，自动控制相应设备的动作。

（4）备用设备之间可定时自动切换。

（5）对于间歇运行的设备，通过编程定时运行。

（6）相关设备实现联动功能。

（7）出现异常情况，自动报警功能。

（8）自动生成运行记录和打印生产报表。

9　防腐、防渗设计

9.1　防腐

本废水处理工程中，部分物品和材料处于腐蚀性环境，需进行防腐考虑，以减少水中污染物和腐蚀性气体对构筑物、建筑物、设备和设施等的腐蚀，确保设备和设施的运行安全，保证工程质量，保持处理站的美观。

9.1.1　防腐对象

（1）水泵、鼓风机等设备；输水管、曝气管、加药管道等生产性设备和设施。

（2）厂区的栏杆、平台、门窗等附属设施及设备等。

9.1.2　腐蚀情况分析

（1）废水环境

通常情况下，水中有氧存在时，金属表面形成局部电池引起电化学反应，金属腐蚀就会发生。

废水中存在悬浮物、氮、磷、钾、盐及各种有机化学成分，将产生电解质腐蚀作用。此外，还有 Cl^-、S_2^-、NO_x^-、SO_4^{2-} 等阴离子对碳钢的腐蚀。

（2）空气环境

室外阳光尤其是夏季阳光照射中含有紫外线。

在水上，室外强烈阳光的照射，特别是盛夏高温季节，受热后的废水散发蒸汽，侵蚀钢结构及设备。其中，有些难溶解性颗粒物积聚黏附在金属表面，又会产生垢下腐蚀、点蚀、坑蚀或缝隙腐蚀等局部腐蚀，使钢结构的腐蚀加剧。

9.1.3　防腐措施

（1）防腐原则

①在价格合理的情况下，根据所应用的条件，关键部件和材料的材质选用耐腐蚀和抗腐蚀的材质。

②针对使用条件，选用合适的防腐涂料和防腐方法。

（2）抗腐蚀材质的选用

①水泵、鼓风机等设备的轴心部件，均为抗腐蚀金属。

②水管、污泥管等工艺管道主要采用镀锌钢管或经过防腐处理的钢管。水下部分曝气管道和加药管道均采用耐腐蚀的 ABS 管。填料支架的 A3 钢进行防腐制作。

③管材防腐

小口径管道（管径≤DN100 mm）均采用镀锌钢管及镀锌配件。

大口径管道（管径＞DN100 mm）采用钢管和钢制配件，外壁涂三道、内壁涂二道环氧煤沥青。所采用的阀门外涂一道环氧树脂漆以加强防腐。

9.2　防渗措施

本处理站主体构筑物均为钢筋混凝土结构，为避免地下水渗入或池内水渗出，构筑物结构采用抗渗设计，并在池体内壁用 20 mm 厚 1∶2 水泥沙浆粉刷，池外壁涂 851 防水涂料。

10　项目实施

10.1　工程内容

本项目的工程内容主要包括两大部分，即废水综合处理池、设备操作房。

10.2　施工进度

经分析研究，确定本工程建设工期为 2.5 个月，其中土建施工工期为 1 个月（与设备制造同时进行），设备制造及安装 1 个月，系统联动调试 0.5 个月，如表 9 所示。

全部施工图设计周期为方案设计批准后 0.5 个月。

表9　工程施工进度计划表

序号	实施阶段	所需时间（月）
1	土建工程	1.0（与设备制造同时进行）
2	设备制造及安装	1.0
3	系统调试	0.5
	合计	2.5

11　工程管理

11.1　人员编制

本处理站生产部门可分为废水处理组和污泥处理组。

参照环保局有关规定按岗配置，结合该废水处理站实际情况，确定本废水处理站的工作人员为3人。

11.2　主要管理设施

本工程主要的管理设施包括：

（1）本工程主体构（建）筑物。

（2）本工程中的各配电线路及机电设备。

（3）本工程设施的自控、监控、检查、观测等附属设备。

（4）本工程的通讯、照明线路。

11.3　运行的技术管理

（1）运行采用二班三运转制度。

（2）定时巡视生产现场，发现问题及时处理并做好记录。

（3）根据进水水质、水量变化，及时调整运行条件。做好日常水质化验、分析，保存记录完整的各项资料。

（4）及时整理汇总、分析运行记录，建立运行技术档案。

（5）及时清理栅渣和运送污泥，减小对环境的影响。

（6）建立处理构筑物和设备、设施的维护保养工作及维护记录的存档。

（7）建立信息系统，定期总结运行经验。

11.4　检修和维护

（1）维护和检修内容

各构（建）筑物、机电设备以及其他生产管理设施等。

（2）维护期限

各机电设备根据其使用操作说明书及维修手册的规定，定期进行维护。

所有生产管理设施需每年普查，进行维护和检修工作。

11.5 事故或故障处理措施

个别设备发生故障时，其检修以不影响整个工程的运行为原则，单独检修完成后，再投入正常使用。

（1）若设备处于自动控制状态时发生故障，需立即将其切换至现场手动控制，待修复后重新投入正常控制。

（2）控制系统发生故障时，各台实行中央控制的设备均切换至现场手动控制，待系统恢复正常再重新投入中央控制正常运行。

12 安全生产、消防和工业卫生

12.1 安全生产

在处理站运转之前，须对操作人员、管理人员进行安全教育，制定必要的安全操作规程和管理制度。同时，需设置安全生产措施。

12.1.1 安全措施

遵照《中华人民共和国劳动法》，并依据有关国家标准，配备劳动安全卫生设施。

（1）设备、材料安全防护

①所有电气设备的安装、防护，均须满足电器设备有关安全规定。

②机械设备危险部分，如传动带、明齿轮、砂轮等必须安装防护装置。

③药品设置须设置专用库房、专人保管，并满足劳动保护规定。

（2）栏杆围护

各处理构筑物走道均设置保护栏杆，其走道宽度、栏杆高度和强度均需符合国家劳动保护规定。

（3）有毒有害气体防护

①在产生有毒气体的工段，配备防毒面具。

②对较深的水池，检修时，需对其进行换气，满足劳动保护的要求等。

（4）辅助设施及劳保用品

安全带、安全帽等劳保防护用品以及各种生活辅助设施，由工厂统一配套。

12.1.2 安全生产制度及教育

劳动保护及安全生产方面要加强对职工的法制教育，包括在建设期及运行期。

12.2 消防

12.2.1 消防等级

根据《建筑设计防火规范》，各设备间为丁类防火标准，依据《建筑设计防火规范》进行设计。

12.2.2 防火措施

（1）室外消防

包括消防道路、消防栓及消防水源由总体统一考虑。

（2）室内消防

根据《建筑灭火器配置设计规范》，设置干粉灭火器。

12.3 工业卫生措施

12.3.1 环境污染的消除

生产期间，处理站的环境污染源主要有：噪声、臭味和固体废弃物。

噪声来源于厂内传动机械如废水泵、鼓风机工作时发出的噪声，臭味来自废水和污泥，固体废弃物主要有栅渣、污泥池的污泥等生产性废弃物以及生活垃圾等。

设计中，均考虑了相应的措施加以缓解或消除。

12.3.2 防暑降温措施

厂区内主要的热源是机房。按对机房作业区内的夏季室内温度不超过室外温度 3～5℃的要求，拟采取以下防暑降温措施。

（1）值班控制室与热源分离，并安装空调。

（2）在机房内设置机械通风设备。

（3）鼓风机采用自动操作或集中按钮操作，减少操作人员与热源接触时间。

12.4 节能减耗措施

耗电量大的设备主要是鼓风机、废水泵设备，选用效率高、能耗低的先进设备和器材，鼓风机、水泵的选型确保经常工作点位于高效区。

水泵根据液位开关自动控制泵的开停，并优化泵的组合运行方式，节省电耗，降低运行费。

在高程布置中，减少跌水高度，选择经济管径及合理布置流程，节约水头损失，以节约水泵能耗。

13 环境保护

处理站位于厂内，工程在施工期间和建成投产运行期间将对周围环境产生一定的影响。

13.1 工程建设对环境的影响

13.1.1 施工期间

（1）扬尘的影响

施工期间，挖掘的泥土通常堆放在施工现场，使大气中浮尘含量骤增，影响周围环境。

（2）噪声的影响

施工期间的噪声主要来自施工机械的使用、建筑材料的运输中车辆马达的轰鸣和喇叭的喧闹声。

（3）生活垃圾的影响

工程施工时，施工区内劳动力的住宿将会安排在工作区域内。这些临时住宿地的水、电以及生活废弃物需妥善安排，否则会严重影响卫生环境。

（4）建筑垃圾

主要包括施工中失效的灰砂、混凝土、碎砖瓦砾、废油漆、建材加工废料；也包括施工人员临时搭建的工棚、库房等临时建筑物。

13.1.2 运行期间

处理站本身是一个环境保护项目，建成后对改善周围环境和排水水质作用显著。但处理站的运行对周围环境也会产生一定的影响，需采取一定的保护措施。

（1）对水环境的影响

①处理后降低 BOD_5、COD_{Cr}、SS、NH_4^+-N 和 PO_4^{3-} 等各种污染物浓度；

②降低出水的 SS 后，提高水体透明度。

③工程运行后，出水相对进水而言，降低了各种污染指标，提高了水体的溶解氧，原有废水经处理后出水水质将得到很大改善。

（2）噪声对环境的影响

处理站的噪声来源于厂内传动机械工作时发出的噪声，主要有水泵和鼓风机等工艺设备的噪声，还有厂区内外来自车辆等的噪声。

处理站内噪声较大的设备有鼓风机、水泵等。鼓风机布置在隔声的设备间内，并设置隔振措施；废水泵设置在水下。通过采取隔声措施，在经过隔声以后传播到外环境时已衰减很多。据测算及有关资料表明，距机房 30 m 时噪声值已低于 40 dB（A），满足国家的《城市区域环境噪声标准》（GB 3096—93）的 Ⅱ 类标准值。因此，其噪声对环境的影响不显著。

（3）固体废弃物

固体废弃物主要有栅渣、沉淀池的污泥等生产性废弃物以及管理人员的生活垃圾等。

13.2　环境保护设计

工程环境保护的主要目的：消除或减小施工期各类污染，把对周围环境的影响控制到最小；控制运行期噪声对周围居民点的影响；合理处置各类固体废弃物、消除臭味对周围环境的影响。

13.2.1　施工期环保设计

（1）施工队伍的检疫、防疫。

（2）施工期噪声影响防治措施。

施工噪声是流动的、临时的，但也必须采取防噪措施。

（3）施工期大气污染防治。

施工期大气污染主要是施工期粉尘撒落和运输过程扬尘的影响，防治措施如下：

①堆放砂、土的场地及搬运操作中应经常洒水，使物料表层经常处于湿润状态。

②水泥应密闭输入贮存塔。

③按照弃土处理计划，及时运走弃土。

④工地上的道路应每天定期打扫，清除弃土、散落建材等。路面上洒水保持湿润。施工场地应安装洗车轮设施和冲洗进出的车辆。

⑤施工场地和居住区不允许随意焚烧废物和垃圾。

⑥做好施工人员劳动保护，佩戴防尘口罩等。

（4）施工期废废水的处理。

生产废水主要来源于沙石料筛分、砼搅拌冲洗、基坑废水、砼养护等，其浊度和含泥量较高，但含重金属和毒物质微小。生产废水拟采用沉淀池处理，处理设施与生产同步进行。

（5）建立计划、制度，加强管理。

13.2.2　施工完成后的环境保护

施工完成后，施工中剩余失效的灰砂、混凝土等，应选择合适的低洼地堆放、填埋，还必须做好施工现场的清理工作，对所有的施工人员临时居住的工棚应及时拆除，并用净土填埋、压实、恢复植被。

13.2.3 运行期环保设计

（1）工艺设备噪声的控制

厂内噪声来源于鼓风机、水泵等。为避免影响周围环境，我们采取一系列措施来降低噪声。

①鼓风机

鼓风机 24 h 连续运行，且噪声较大，需重点考虑。

首先，鼓风机安装在单独的鼓风机房内，独立的鼓风机房采用内壁安装隔声装置。

其次，该鼓风机为引进最新技术生产的低噪声三叶罗茨鼓风机，具有运行安全可靠、维修方便、本体噪声低、对周围环境影响小的特点。同时，在鼓风机基础下设置隔震垫，并在鼓风机进、出风管上安装消音器，在出风管上安装可曲挠橡胶接头，以减少震动产生的噪声。

空气管道流速采用较低值降低管道噪声。

②废水提升泵

废水提升泵均采用潜水泵，设置在水下。管道内的流速均采用较低值，以降低管道噪声。

经过上述一系列控制措施，处理站的噪声已大大降低，可以满足《声环境质量标准》（GB 3096—2008）的二类标准：即昼间 60 dB（A），夜间 50 dB（A），工程的运行不会扰民。

（2）固体废物的处理和处置

污泥进入污泥池，经脱水外运或焚烧。

现场设立垃圾站，集中堆放格栅的栅渣和管理人员的生活垃圾等，定期清理外运或焚烧。

通过采取上述一系列措施，工程建成运行后，将改善出水水质，而对周围环境基本没有影响，是一项有利于环境保护的项目。

14 工程估算

14.1 编制说明

14.1.1 概述

工程工艺设计、设备及安装调试总投资为 33.35 万元，其中设计费免费；设备费 29.41 万元，安装费为 2.94 万元；运输费 1 万元。

工程相关土建工程费用估价为：处理站主要处理构筑物 3.89 万元，包括综合操作房。

工程总投资 37.24 万元。

14.1.2 编制依据

（1）《江苏省建筑工程概预算定额》及相关费率标准。

（2）《江苏省建筑安装工程概预算定额》及有关资料。

（3）《全国市政工程预算定额江苏省单位估价表》。

（4）设备价格采用厂家咨询价格及参考近期相应工程设备价计算。

（5）有关费用计算表。

14.2 其他

土建费用为暂估价。

15 运行成本和效益分析

15.1 运行成本

15.1.1 基本参数

（1）计算用电负荷及电费：

本工程计算功率为 4.146 kW。

电费：0.50 元/（kW·h）。

（2）药剂费及加药量：

阳离子 PAM 污泥絮凝剂：1.5 kg/t 干泥，15 000 元/t。

（3）工人工资福利费：废水处理站设置兼职人员 1 名，800 元。

（4）年运行 365 天。

15.1.2 成本费用预测

表 10 废水处理成本分析表

序号	项目	成本分析
一	年处理水量/万 m³	2.628
二	年耗电量/万 kW·h	3.63
三	年絮凝剂用量/kg	27.6
四	年总成本/万元	**3.194**
1	工资及职工福利费/万元	0.96
2	用电费/万元	1.82
3	絮凝剂费/万元	0.414
4	处理成本/（元/m³）	1.20

15.2 效益分析

本工程为环境保护项目，以减轻污染、节约资源为主要目的，其效益主要体现在社会效益和环境效益。

15.2.1 环境效益

处理站的建设，可以有效解决出水不能达标问题，减轻出水的污染，节约水资源，提高环境质量。

处理站投入运行后，可将废水中的污染物大大削减，在工程运行期间的年削减量如表 11 所示。

表 11 污染物削减量表

污染物削减量/（t/a）		
COD$_{Cr}$	BOD$_5$	SS
1 059.52	646.34	250.39

15.2.2 社会效益

处理水质的提高，有利于提高环境质量，改善科技园区形象，对改善园区职工的工作、生活环境都会产生明显的社会效益。

16 工程质量的保证措施

完善健全的质量保证体系是企业产品质量的保障，我公司在充分吸收国内外先进经验的基础上，制定了一套完整的质量控制和保障体系。从原材料进公司开始抓起，所购材料分别在合格分承包方处采购，由质检部负责检验，检验合格后由销售部办理入库手续。不合格品由销售部负责办理拒收或退货手续，为确保产品质量满足合同规定要求，我公司对影响产品质量的各个过程进行控制，由技术部提供图纸、工艺文件、对工艺纪律进行检查，由生产部和质量检验部负责对各个过程进行监控，特别是对焊接过程，操作者都经过专业培训、考核合格后持证上岗，并按工艺规定对过程参数，进行监控并执行首检及自检，质检员按有关要求进行进程检验并记录，进行状态标识，对出现的不合格品采取纠正措施。然后进行成品检验，检验验收合格后方可出厂。这样进一步促进和完善我公司的质量保证体系，在设备制造整个过程中认真贯彻，切实执行。

现场施工质量控制实行项目经理负责制，控制方法及程序仍与公司内制作时一样。

我公司提供的产品及所有附属的部件均是成熟的、先进的，并具有制造该设备且成功运行的经验，并经 ISO 9002 质量认证，不使用试验性的设计及产品。

人工格栅：材质为 1Ci18Ni9Ti 不锈钢。

三叶罗茨鼓风机：选用百事德产品，日本技术，该设备噪声低，密封性能好，泄漏少，效率高，属国内最先进产品。

生化池选用的填料：

废水处理的效果关键是池中填料，设备采用 YTD-200 立体弹性填料，该填料比表面积为＞200 m²/m³，易结膜弹性脱膜，水流方向好，没有死角，能对气泡作密集的切割，大大提高溶解氧的传递指数，能使水气充分接触。其他废水处理设备采用漂浮填料，该填料不易结膜、易堵塞、沉降，造成水流短缺、死角多、出水质差。

泵：选用上海凯泉水泵厂产品。

17 质量保证承诺书

（1）提供的设备为全新设备，质量实行三包，终身服务；

（2）废水处理装置动力设备：风机选用日本百事德鼓风机；水泵选用国产名牌上海凯泉；电控设备采用 PLC 全自动控制；PLC 编程器选用日本三菱；控制柜电器采用施耐德电器；

（3）废水处理装置保证使用寿命不低于 20 年；主要处理设备钢板选用厚度不低于 8 mm；

（4）各项技术性能及运行指标均达到或超过招标方的要求；

（5）质量承包期内若设备出现质量问题（零部件或整体有缺陷），本公司免费予以更换，其间发生的其他费用本公司自负；

（6）本产品投用 3 年后，如出现质量问题，由本公司负责维护，用户支付工本费即可。

18 设备制造、交货、培训及服务

设备制造流程：工程的实施，分两个阶段进行：第一阶段：设备的设计、制造及检验；第二阶段：设备的安装、调试、验收及培训。现对每一阶段的具体施工过程简述如下。

18.1 设备的设计

由技术部长牵头，汇集水、电、结构专业的技术骨干及生产科科长对现场图纸及相关资料进行理解、消化；重点是弄清本工程的特殊要求及现场的具体条件，并形成设计指导文件；

根据设计指导文件的要求组织相关专业及安排足够的人员进行结构设计；

由技术部长负责各设备图纸的审查，确定无误后组织图纸会签；

由技术部长负责牵头，召集生产科负责人、销售科材料采购负责人、各车间主任、生产骨干及其他相关人员进行技术交底并形成方案备件。

18.2 原辅材料的采购

（1）材料采购员根据技术部开出的设备材料采购清单采购，主要零部件及材料均在合格分承包商处采购。

（2）所有材料进厂后由仓库负责人召集质检科、技术部及车间质量员对材料进行验收，验收合格后方可办理入库手续；验收不合格办理退货手续。

18.3 设备的制造

（1）设备制造严格按图纸和既定的工艺进行，由车间质量员，质检科质量员及技术部的现场指导员进行监造；

（2）设备制造过程中零部件均进行首检、自检。检验合格的投入生产，制造后的单件均由过程检验进行逐个检验，制造质量凡达不到规定要求的一律进行返修或由技术部负责人批准后作报废处理；

（3）设备制造工艺流程中规定的质量控制点，由车间负责人填写控制点报审表，由质检科负责召集技术部及相关人员进行点检，并形成控制点质量检验意见，报项目经理审批处理；

（4）设备整机制造完毕后，由质检科召集技术部、车间、相关人员进行出厂前的预组装及空载试运行及渗漏试验；检验合格后办理入库手续；

（5）设备制造过程中各工序严格按规定的表格填写检验数据。

18.4 制作周期

投标设备工程分两阶段：第一阶段：设备的设计和制造检验及运输；第二阶段：设备的现场指导安装及调试验收，具体周期根据需方实际情况确定。

18.5 技术服务和设计联络

（1）供方现场技术服务：

委派一名技术人员驻工地现场，随时协调工程设计施工中（本系统）出现的问题，及时解决。

（2）培训

表 12 培训计划表

序号	培训内容	天数	培训教师构成		地点	备注
			职称	人数		
1	设备原理	用时：5 天	工程师	2	用户公司内	由本公司负责安排
2	调试及维护	用时：20 天	专业技术人员	3	用户方工地（实际投入运行处）	由本公司负责安排

（3）培训期间的供方人员食宿由本公司自负，培训教材、场地教师、交通费由本公司安排，具体时间可由需方提议，直到操作人员完全掌握为止。

（4）设计联络

由本公司派驻用户工地的技术人员随时与技术部联系，具体操作由用户安排，如何安排才能满足本项目工程进度，由本公司提议。

19 售后服务

（1）积极配合用户进行方案论证和设计，无偿提供有关技术资料和数据分析，做好售前服务。

（2）我方根据对方要求及时提供设备、土建及施工图纸，及时到现场进行设备安装及设备调试工作。

（3）设备质保期从安装调试合格起三年。

（4）在设备质保期内，因设备质量问题造成的设备损坏或不能正常使用时，我方提供修理或更换。

（5）质保期后，提供终身服务，每年定期进行不少于两次用户回访，主动征求意见，解决问题，改进工作，优先保证备件供应。

（6）及时提供设备安装调试用的安装图及技术资料、产品说明书、货物包装单、合格证等。

（7）合同签订后，我方及时按工作进度指定负责本工程的项目经理，负责协调我方在工程全过程的各项工作，如工作进度，制造设计、图纸文件、设备配套、包装运输、现场安装、调试验收、技术交底、人员培训等。

（8）我方为用户提供全天候、全方位服务，用户若来电或来函，保证72 h内答复或以最快的速度到达现场解决问题。

表13 项目实施计划表

进程 \ 天	10	20	30	40	50	60	75
方案设计	▬▬						
施工图设计		▬▬▬					
土建施工			▬▬▬▬▬▬▬				
设备、材料制造				▬▬▬▬▬			
设备安装、调试						▬▬▬▬	
工程验收							▬▬▬

20 本废水处理工程项目施工方案及组织

20.1 设计阶段

（1）组建专项设计组

为保证优质、高效地完成工程设计，组建专项设计组，充分发挥技术优势，严格把关，精心设计。

（2）质量控制

设计专业组严格按照《质量管理体系 要求》（GB/T 19001）的要求，制定和实施本废水处理站设计质量计划。

（3）进度控制

由专业设计组长制定本工程各设计阶段的进度表，把好各阶段的设计进度，以保证工程的顺利实施。

20.2 土建施工及设备制造阶段

我公司负责整个废水处理站的土建构筑物设计，设计完毕后与建设方相关专业人员进行技术交底，并派相关土建专业设计人员赶赴现场与建设方共同抓好土建质量，确保处理构筑物完全符合设计图纸。

设备制造严格按设计图纸和既定的工艺进行，在设备制造过程中严格按质量计划实施质量控制。

设备检验：

各主要处理设备在制造设备过程中必须进行相关的过程检验，以确保生产过程中每一环节都符合过程检验要求。最终检验由质检员按相关产品最终检验标准逐项每条款进行全部检验，保证出公司的产品完全符合其标准。

20.3 安装调试阶段

（1）设备安装

我公司派工程技术人员亲临现场进行设备的安装指导，在安装过程中安装技术人员严格按照各处理设备技术要求和设计要求进行安装，严把安装质量关。

（2）调试过程

我方委派工程技术人员和设计人员负责本工程废水处理的调试，调试第一阶段为设施单机运行调试（包括管道清扫工作、动力设备试车及清水流程打通工作等），同时对操作人员进行培训工作。在单机调试过程中制定出有关操作规程和规章制度；调试第二阶段为工艺技术调试阶段，包括微生物培养工作、处理设备最佳运行参数的选择和确定及各类仪表的正常运行调试工作。同时对工艺技术资料进行总结，提出对运行时出现的异常现象的各种修正措施，为建设方提出一整套科学管理的技术资料。编制调试报告，记录调试过程中发生的一切技术要求、发生的问题及解决的方法，为以后发生问题的解决提供依据。

20.4 工程验收阶段

我公司委派项目负责人和设计人员对本工程废水处理设备进行全面验收和出水水质进行监测，编制验收报告，并对水样监测报告负责，确保本工程废水处理出水水质全面达到建设方的要求。

实例六　医药中间体废水处理工艺技术方案

1　概述

某公司拟投资建设年产 4 000 t 水处理剂、1 000 t 医药中间体项目。根据国家的有关规定及《水污染防治法》《建设项目环境保护管理办法》"三同时"的有关规定，为解决水处理剂、医药中间体生产项目投产后生产过程中所排放的生产废水对周边环境的影响，促进企业生存与长远发展，公司同时拟投资建设与项目生产相配套的废水处理设施。

2　编制依据、原则及工程范围

2.1　编制依据

（1）甲方提供的相关废水情况资料；

（2）《给水排水工程构筑物结构设计规范》（GB 50069—2002）；

（3）《给水排水工程管道结构设计规范》（GB 50332—2002）；

（4）《建筑地基基础设计规范》（GB 50007—2011）；

（5）《混凝土结构设计规范》（GB 50010—2010）；

（6）《砌体结构设计规范》（GB 50003—2011）；

（7）《低压配电设计规范》（GB 50054—2011）；

（8）《电力装置的继电保护和自动装置设计规范》（GB 50062—2008）；

（9）《供配电系统设计规范》（GB 50052—2009）；

（10）《仪表供电设计规范》（HG/T 20509—2014）；

（11）《控制室设计规范》（HG/T 20508—2014）；

（12）《构筑物抗震设计规范》（GB 50191—2012）；

（13）《工业企业厂界环境噪声排放标准》（GB12348—2008）；

（14）《工业企业噪声控制设计规范》（GB/T 50087—2013）；

（15）《工业企业总平面设计规范》（GB 50187—2013）；

（16）《工业企业设计卫生标准》（GB Z1—2010）；

（17）《建筑照明设计标准》（GB 50034—2013）；

（18）《废水综合排放标准》（GB 8978—1996）表 4 中三级标准；

（19）《废水排入城镇下水道水质标准》（CJ 343—2010）；

（20）我单位完成相关企业废水处理站取得的技术参数。

2.2　编制原则

（1）严格执行有关环境保护的各项规定，生产废水经废水处理站处理后达到国家的排放要求。

（2）根据该公司提供的该项目产品种类及生产规模，综合考虑产品生产废水的水质特点，在充分论证和试验的基础上，选择有效的处理方法，确定先进合理的废水处理工艺，确保整个系统设计的合理性、可靠性、经济性，充分发挥工程投资的环境效益和社会效益。

（3）废水治理工艺技术方案力求工艺简捷，方法原理清晰明了，处理系统具有灵活性，以适应废水水质、水量的变化，方案力求达到运行稳定、管理简单、能耗低、维修方便等特点，处理后不造成二次污染。

（4）在处理工艺选择上，立足先进及成熟技术，采用自动化程度高、流程简单、运行可靠、管理方便、耐冲击负荷的工艺流程。

2.3　工程设计及承包范围

（1）从废水处理站收集调节池开始至废水处理设施的排放口为止。

（2）废水处理工程的总工艺流程，工艺设备选型，土建设计，工艺设备的方位布置，电气控制及自动控制等设计工作。

（3）废水处理工程中工艺管路、设备的施工、安装、调试等工作。

（4）废水处理工程的动力配线，由业主将主电引至废水处理站的总配电控制柜，总配电控制柜至各电器使用点的配线将由我单位负责。

（5）不包括废水处理站界区外由生产车间至调节收集池的收集管网及废水排出界区的外排水管网。

3　废水水质特性分析

3.1　产品生产工艺

（1）氰乙酰胺

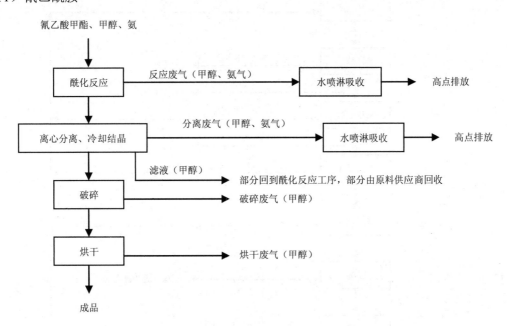

图1　氰乙酰胺生产工艺

反应方程式：

酰化反应 $CNCH_2COOCH_3 + NH_3 \rightarrow CNCH_2CONH_2 + CH_3OH$

（2）原碳酸四乙酯

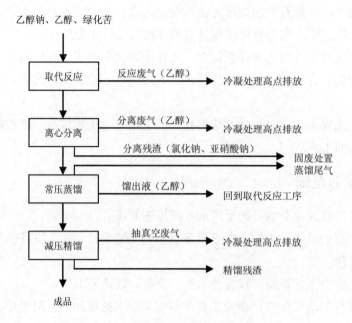

图2 原碳酸四乙酯生产工艺

反应方程式：

取代反应 $4C_2H_5ONa + CCl_3NO_2 \rightarrow C(C_2H_5O)_4 + 3NaCl + NaNO_2$

（3）环丙基腈

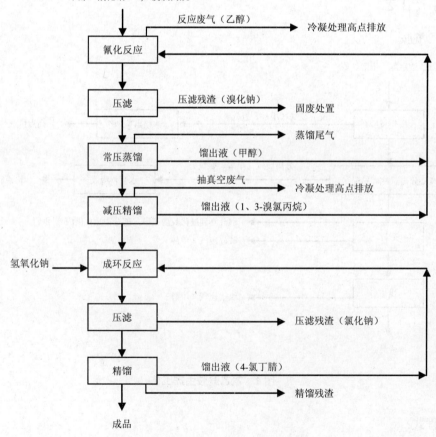

图3 环丙基腈生产工艺

反应方程式：

氰化反应 $Cl(CH_2)_3Br + NaCN \rightarrow Cl(CH_2)_3CN + NaBr$

成环反应 $Cl(CH_2)_3CN + NaOH \rightarrow C_2H_5CN + NaCl + H_2O$

（4）丁炔二酸二甲酯

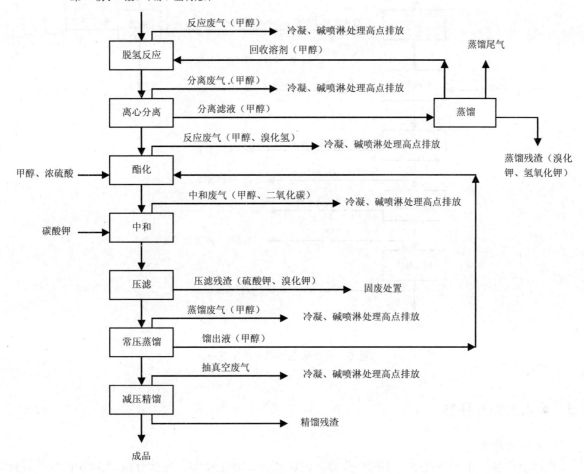

图4 丁炔二酸二甲酯生产工艺

反应方程式：

脱氢反应 $(CHBrCOOH)_2 + 4KOH \rightarrow (CCOOK)_2 + 2KBr + 4H_2O$

酯化反应 $(CCOOK)_2 + 2CH_3OH + H_2SO_4 \rightarrow (CCOOCH_3)_2 + K_2SO_4 + H_2O$

中和反应 $K_2CO_3 + H_2SO_4 \rightarrow K_2SO_4 + H_2O + CO_2$

副反应 $2KBr + H_2SO_4 \rightarrow K_2SO_4 + 2HBr$

(5)原戊酸三甲酯

反应方程式：

加成反应 $C_4H_9CN + CH_3OH + HCl \rightarrow C_4H_9C(OCH_3)NH \cdot HCl$

中和反应 $NH_3 + HCl \rightarrow NH_4Cl$

酯化反应 $C_4H_9C(OCH_3)NH \cdot HCl + NH_3 \rightarrow C_4H_9C(OCH_3)NH + NH_4Cl$

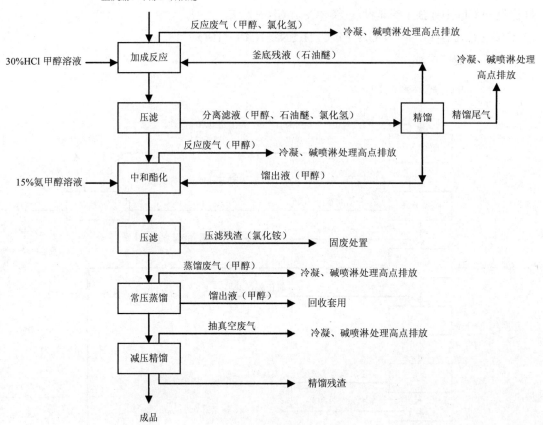

图5 原戊酸三甲酯生产工艺

3.2 废水来源及种类

（1）工艺废水

在以上产品的生产过程中，在离心分离、常压蒸馏、减压精馏、压滤分离等工序中均产生少量的工艺废水。这部分工艺废水中含有高浓度的无机盐（包括 NaCl、$NaNO_2$、NaBr、KBr、K_2SO_4、NH_4Cl 等），工艺废水中的无机盐浓度基本达到饱和状态。工艺废水中还含有高浓度的有机污染物，有机污染物主要以生产原辅料、产品、中间副产物为主。工艺废水水量非常少，只有 2 m^3/d。

（2）生产管理废水

生产管理废水主要包括生产车间地面冲洗水、反应釜冲洗水。这部分废水含有一定量的无机盐和有机污染物。

（3）废气处理废水

生产过程中产生的废气（主要以甲醇、乙醇为主，还含有少量的氨、氯化氢、氨等）经过水喷淋、碱喷淋吸收后产生的废气处理废水。

生产管理废水与废气处理废水的混合水量同样相对较少，只有 5 m^3/d；但有机污染物的质量浓度相对比较高，COD_{Cr} 含量约 10 000 mg/L。

（4）生活废水

日常生活中食堂、厕所排放出的废水。污染物质量浓度相对较低，COD_{Cr} 含量在 500～800 mg/L。水量较少，低于 10 m^3/d。

（5）初期雨水

厂区内下雨期间前 15 min 收集的雨水。初期雨水水量相对较多，约 100 m^3/次。污染物质量浓度与生活废水接近，COD_{Cr} 含量在 1 000 mg/L 左右。

3.3 废水中溶解性有机物性质

表 1 溶解性有机污染物性质表

污染物	状态	水溶性	熔点/℃	沸点/℃	可生化性/（g/g）
甲醇	无色液体	与水互溶	−97.5	64.7	COD：1.50 BOD：0.77
乙醇	无色液体	与水互溶	−117.3	78.3	COD：2.08 BOD：1.82
乙醇钠	白色或黄色固体	遇水水解	—	>300	同乙醇
2,3-二溴丁二酸	无色固体	微溶于水	—	255	类似丁二酸 COD：1.85 BOD：0.64
丁炔二酸钾	白色固体	微溶于水	—	133	类似丁炔二醇 生物降解性较好
正戊腈	无色液体	微溶于水	−96.0	139	生物降解性较好
1,3-溴氯丙烷	无色液体	微溶于水	—	255	生物降解性较差

3.4 废水特征

（1）生产废水污染物浓度高

公司排放的生产管理废水与废气处理废水中含有一定量的可溶性有机物，有机污染物质量浓度相对比较高，COD_{Cr} 质量浓度约 10 000 mg/L。工艺废水中的无机盐含量均达到饱和状态。

（2）有机污染物生物降解性高

公司生产的绝大部分产品是不溶于水的，与水互溶或微溶于水中的有机物除 1,3-溴氯丙烷的生物降解性较差外，其余有机污染物的生物降解性都比较好。

（3）废水数量少

排放的废水水量相对都非常少，工艺废水水量只有 2 m^3/d。生产管理废水与废气处理废水混合水量只有 5 m^3/d；生活废水不高于 10 m^3/d；初期雨水水量相对较多，水量为 100 m^3/次。

（4）含有一定量的毒性物质（CN^-）

在生产过程中分别使用到氰乙酸甲酯、氰化钠、正戊腈等氰化物。这些物质是对生物具有毒性的特殊污染因子。

3.5 废水处理设施设计标准及排放标准

3.5.1 设计标准

（1）废水水量

工艺废水 2 m^3/d

生产管理废水与废气处理废水 5 m^3/d

生活废水 10 m^3/d

初期雨水 100 m³/次

（2）废水水质

生产管理废水与废气处理废水 COD_{Cr}：10 000 mg/L

生活废水 COD_{Cr}：500～800 mg/L

初期雨水 COD_{Cr}：1 000 mg/L

3.5.2　排放标准

废水经过企业内部预处理后排放至废水处理厂，执行《废水综合排放标准》（GB 8978—1996）表 4 三级标准和《废水排入城市下水道水质标准》（CJ 3082—1999）。

表 2　废水处理设施排放标准

污染因子	《综合废水排放标准》（GB 8978—1996）表 4 三级标准	《废水排入城市下水道水质标准》（CJ 3082—1999）*
pH	6～9	6～9
S.S.	≤400	≤400
COD_{Cr}	≤500	≤500
BOD_5	≤300	≤300
总氰化合物	≤1.0	≤0.5
NH_3-N	—	≤35
溶解性固体	—	≤2 000
硫酸盐	—	≤600

注：* 现行标准为《废水排入城镇下水道水质标准》（CJ 343—2010）。

4　废水处理工艺技术论证

4.1　工艺技术方案的选择

根据以上生产废水的分析及废水排放执行要求确定拟建废水处理设施采取以下处理措施：

（1）针对废水中污染因子（如固体悬浮物、有机污染物草酸等）采用不同的预处理措施。

（2）针对废水中有机污染物的性质及浓度采用相应的生化处理设施。

4.1.1　废水预处理

（1）废水收集调节

企业生产过程中排放出的废水其水质水量是不稳定的，为避免不稳定的水质水量对废水处理设施造成冲击，需要首先将废水进行水质水量的均匀调节。因此需要设立废水收集调节池收集并均匀调节每天企业排放的废水。

（2）絮凝沉淀预处理

排放的废水中有一定浓度的固体悬浮颗粒存在于废水中。选择适当的絮凝剂，可以使固体悬浮物凝聚后得以沉淀与水分离，使得废水变得澄清。排放的废水水量相对较少，因此絮凝沉淀预处理设施可选用竖流式絮凝沉淀池。

（3）蒸发浓缩预处理

排放的工艺废水中含有大量的无机盐。对于废水中含有高浓度的无机盐，直接进行生化处理将对生物细菌有着较强的抑制作用。如钠、钾、钙或镁等。它们对微生物有害作用，直接抑制生物处理的效率。因此废水进行生物处理前必须经过除盐处理。

　　现阶段对含盐废水的处理方法主要有反渗透和蒸发析盐两种方法。反渗透法在给水处理中主要用于成分比较单一的含盐废水。如苦咸水、海水的淡化、纯净水、超纯水的制取。但对于成分比较复杂的高浓度含盐废水反渗透处理工艺不仅造价偏高，且运行成本也相对太高，企业无法承受。针对成分复杂的高含盐废水建议采用蒸发浓缩的处理工艺去除废水中的盐。根据以往工程的经验，高含盐废水经蒸发浓缩处理后，蒸汽冷凝液中的无机盐基本被去除，同时含盐废水中大部分高沸点的有机污染物也会被去除。

　　针对含盐废水的处理为了降低运行成本企业可选用多效蒸发器来降低运行成本。采用多效蒸发的目的是为了充分利用热能，即通过蒸发过程中的二次蒸汽的再利用，以减少蒸汽的消耗，从而提高了蒸发装置的经济性。但并不是效数越多越好，多效蒸发的效数受物料物性、经济性和技术等因素的限制。在多效蒸发器中，随着效数的增加，总蒸发量相同时所需的蒸汽量减少，使操作费用降低。但效数越多，设备费用越多，而且随着效数的增加，所节约的蒸汽量越来越少，所以不能无限制地增加效数，最适宜的效数应是设备折旧费和操作费总和为最小。因此厂方可通过各方面综合比较选择适应厂方实际情况的蒸发浓缩设施。工艺废水水量非常少，只有 $2 \, m^3/d$，但无机盐的浓度非常高，基本达到饱和的状态。根据对排放工艺废水的分析和我公司以往含盐废水处理的工程经验，我公司建议采用单效强制循环蒸发浓缩除盐处理工艺。

4.1.2　废水生化处理

　　生物处理技术是以废水中含有的有机污染物作为营养源，利用微生物的新陈代谢作用使污染物降解。废水生物处理技术是废水处理的主要处理手段，是水资源可持续发展的重要保证。

　　经过预处理后废水的污染物主要以有机污染物为主，且废水中绝大部分有机污染物是生物降解性较好的有机物。针对废水中的有机物特性我公司推荐采用耗氧生物接触氧化法。

　　生物接触氧化法是一种介于活性污泥法与生物膜法之间的一种处理工艺。接触氧化池内设有填料，部分微生物以生物膜的形式固着生长于填料表面，部分则是絮状悬浮生长于水中。生物接触氧化法就是在池内设置填料，将充氧的废水浸没全部填料，并以一定的速度流经填料。填料上长满生物膜，同时废水中也有一定的活性污泥，废水与生物膜及活性污泥相接触，在微生物的作用下，废水得到净化。

　　生物接触氧化工艺具有如下特点：

　　①生物接触氧化法的容积负荷高，同样大小体积的设备，处理时间短，处理能力高，节约占地面积，比普通曝气法省。

　　②运行费用省，自动化控制程度高，管理方便。氧的吸收率高，不需另加药剂，运行费用省。

　　③处理效率高，出水水质好而稳定；在毒物和 pH 值的冲击下，生物膜受影响小，而且恢复快。

　　④运行稳定性可靠，耐负荷冲击能力强。

　　⑤可有效地防止污泥膨胀，而且能充分发挥其分解、氧化能力高的特点。

4.2　废水处理站工艺流程的确定

　　通过以上对废水水质的分析及废水处理工艺的选择，公司年产 4 000 t 水处理剂、1 000 t 医药中间体项目废水处理站工程拟采用以下废水处理工艺。具体的工艺流程如图 6 所示。

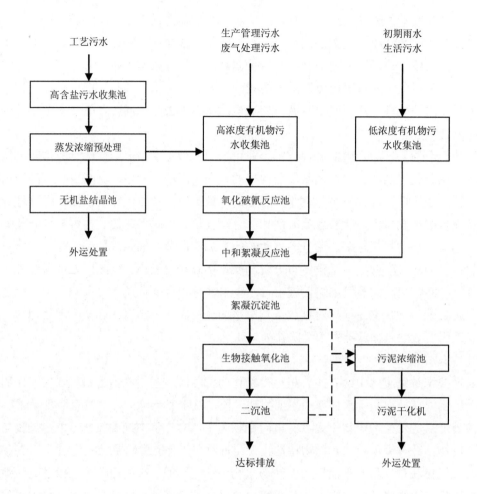

图6　工艺流程

4.3　工艺流程说明

（1）预处理

将排放废水进行分类收集，工艺废水进入高含盐废水收集池中混合调节均匀，直接输送至蒸发浓缩系统中进行除盐处理，同时去除部分高沸点的有机污染物，蒸发冷凝液进入高浓度有机物废水收集池中与生产管理废水、废气处理废水混合均质调节。调节后的混合废水输送至氧化破氰反应池中进行氧化破氰反应。反应后的混合废水在输送至中和絮凝反应池中。生活污水与初期雨水通过企业内部管网收集到低浓度有机物废水收集池中混合均质调节后同样输送至中和絮凝反应池中。所有进入中和絮凝反应池中废水与投加的药剂搅拌混合均匀后自流至絮凝沉淀池中进行固液分离。

（2）生化处理

上清液自流至生物接触氧化池中通过微生物的新陈代谢降解废水中的有机污染物，经过生物降解后的废水自流至二沉池中进行二次固液分离。上清液即可达标排放。

（3）固体废物处置

蒸发浓缩的浓缩液放至无机盐结晶池中冷凝结晶，下层的无机盐可外运处置，上层的浓缩液可回到高含盐废水收集池中继续进行蒸发浓缩预处理。

絮凝沉淀池与二沉池底部的污泥定期输送至污泥浓缩池中通过污泥自身重力沉降进行污泥浓缩，降低污泥的含水率，减小污泥体积。污泥浓缩池底部浓缩后的污泥通过高压污泥泵注入污泥干化机中进行脱水干化处理，经过脱水干化处理后的污泥外运处置。

4.4　工艺设计特点

（1）针对废水中的特殊污染因子（氰化物）采用简单有效的氧化破氰处理，工艺技术简捷，运行费用低、处理方法原理清晰明了。

（2）针对废水中无机盐和固体悬浮物分别采用蒸发浓缩预处理、絮凝沉淀预处理，大大提高后续生物处理的进水水质，保证了后续工序的正常运转。

（3）生物耗氧处理采用生物接触氧化处理工艺，大大提高有机污染物 COD_{Cr} 的降解去除率。

（4）整个废水处理工艺流程管理简单，能耗低、药剂量省，整个运行费用低。

5　工艺构筑物及参数

5.1　主要构筑物

表3　主要构筑物一览表

序号	名称	型号规格	数量	设计参数	结构形式
1	高含盐废水收集池	3 m×3 m×3.5 m	1	收集 10 d 高含盐废水	钢砼结构防腐
2	高浓度有机物废水收集池	3 m×3 m×3.5 m	1	收集 4 d 高浓度有机废水	钢砼结构防腐
3	低浓度有机物废水收集池	6 m×3 m×3.5 m	1	收集 1 次初期雨水	钢砼结构
4	无机盐结晶池	3 m×3 m×3.5 m	1		厂方设备改造
5	氧化破氰反应池	$V \geqslant 1.0 \text{ m}^3$	1	氧化破氰反应 1～2 h	钢砼结构防腐
6	中和絮凝反应池	3 m×1.2 m×2 m	1	反应时间 20～30 min	钢砼结构防腐
7	絮凝沉淀池	3 m×3 m×6 m	1	表面负荷 1.0 m^3/ ($\text{m}^2 \cdot \text{h}$)	钢砼结构
8	生物接触氧化池	3 m×10.5 m×6 m	1	容积负荷取 0.5 kgBOD_5/ ($\text{m}^3 \cdot \text{d}$)	钢砼结构
9	二沉池	3 m×3 m×6 m	1	表面负荷 1.0 m^3/ ($\text{m}^2 \cdot \text{h}$)	钢砼结构
10	污泥浓缩池	3 m×3 m×6 m	1	固体通量 28 kg/ ($\text{m}^2 \cdot \text{d}$)	钢砼结构

5.2　主要构筑物设计说明

（1）废水收集池

用于单独收集生产过程中产生的各类废水。同时配备相应水量的水泵将各类废水提升至预处理设施中进行预处理。

（2）氧化破氰反应池

氧化废水中的氰化物，避免废水中的氰化物对生化处理中的微生物产生毒害作用。在碱性条件下采用次氯酸钠对氰化物进行氧化，反应时间控制在 1～2 h。

（3）中和絮凝反应池

调节废水的酸碱度，避免具有酸碱性的废水对设备、构筑物及后续生物处理工艺造成影响。一般反应时间在 10～15 min，同时配备防腐蚀性的机械搅拌设施。选择适当的絮凝剂，使固体悬浮物凝聚沉淀。一般反应时间在 10～15 min，同时配备防腐蚀性的机械搅拌设施。

（4）絮凝沉淀池（竖流式）

沉降废水中的固体悬浮物，避免其堵塞管路和磨损设备。配备相应的污泥泵、溢流堰和中心导流筒。表面负荷一般取 0.8～1.0 m^3/ ($\text{m}^2 \cdot \text{h}$)。

（5）生物接触氧化池

本工程生物耗氧处理技术采用生物接触氧化处理工艺。设计处理容积负荷 0.5 kgBOD$_5$/（m^3·d），有机物去除率 90%以上，生物接触氧化池内部配备填料支架、曝气管组如图 7 所示。

图 7　生物接触氧化池

（6）二沉池（竖流式）

沉降 PAST 生化池出水中的固体悬浮物，回流大部分污泥至 PAST 生化池中。少量剩余活性污泥输送至污泥浓缩池中。配备相应的污泥泵、溢流堰和中心导流筒。表面负荷一般取 0.8～1.0 m^3/（m^2·h）。

（7）污泥浓缩池

沉淀池底部的固体沉淀和二沉池中的剩余活性污泥定期用污泥泵打入污泥浓缩池中。沉淀池底部的固体沉淀和耗氧生化处理后排放的剩余活性污泥含水率为 99%～99.5%,若直接进行脱水干化处理，处理量过大。为降低污泥脱水干化工作强度减小污泥干化设备的选型必须进行污泥浓缩。污泥在浓缩池中利用重力自然沉降，浓缩后含水率为 95%左右，污泥体积大大减少。采用竖流式沉淀池结构，配导流筒、溢流堰和高压污泥泵。

6　工程设计

6.1　总图设计

废水处理站平面布置的基本原则是：工艺流程流畅、布置紧凑、分区合理，既有利于生产又要便于管理。同时根据地形、地貌、道路等自然条件，并考虑进出水走向、风向和外观等因素。另外考虑占地面积。

6.2　高程布置

废水处理站设计地面标高尽可能考虑排水通畅、降低能耗、土方平衡，并与周围场地道路标高相适应。

6.3 建筑设计

站区各建筑物、构筑物面积均参照《城镇污水厂附属建筑和附属设备设计标准》及本工程实际要求而定。在满足生产要求和方便使用的前提下，努力降低建筑工程造价。

废水处理建筑物外装修在满足使用功能的前提下，采用与公司厂房相同色调。通过废水处理构筑物统一、严谨的外观与附属建筑色彩的对比，避免了废水处理建筑的沉闷感，结合该厂的建筑特点，营造出一种整洁、宁静的气氛，体现时代气息。

6.4 结构设计

（1）有关地基处理的问题待详细地质资料落实后确定。

（2）施工方式及措施留待现场情况、地质资料及工期要求确定后确定。

（3）根据废水处理的特点，为保证结构有足够的强度、稳定性和耐久性，优先选用结构传力明确、构件简单的结构形式。废水处理构筑物选用钢筋混凝土结构，操作室、控制室采用钢筋混凝土框架结构。

废水处理所有建筑物、构筑物均满足现行建筑结构设计规范，地上建筑物特别注意满足防火规范的要求，构筑物考虑处理水质的特性采取防腐蚀处理。地下钢筋混凝土构筑物除应满足强度要求外，还要满足最大裂缝宽度及抗渗要求。

6.5 电气及仪表设计

电气设备均用控制柜进行控制，对电机过流缺相及故障等问题进行自动保护。

6.6 公用工程设计

（1）废水处理站消防由厂方统一考虑。

（2）废水处理站照明根据厂方要求选用。

6.7 处理站人员编制与运行管理

（1）废水处理站设管理人员负责废水处理站的日常监护。

（2）废水处理站定员为 1 人/班，共 2 班，1 人/班×2 班=2 人。

7 工程造价估算

表 4 设备造价

序号	设备名称	单位	数量	造价/万元	备注
1	工艺水泵	台	5	1.35	定型设备
2	不锈钢格栅	套	1	0.30	304 不锈钢
3	搅拌系统	套	2	3.20	304 不锈钢
4	导流筒	只	3	0.60	非标钢制
5	不锈钢溢流堰	m	36	1.13	304 不锈钢
6	真空罐	只	2	0.40	非标 PVC
7	生物接触氧化填料及支架	m³	130	3.90	非标钢制防腐
8	罗茨鼓风机	台	2	1.62	定型设备

序号	设备名称	单位	数量	造价/万元	备注
9	压滤机	台	1	2.28	定型设备
10	曝气系统	m²	32	1.12	
11	电气控制			1.42	
12	管路阀门			2.28	
	合计			19.60	

表5 土建造价

序号	项目名称	规格型号	单位	数量	总价/万元
1	废水收集池 （包含各类废水收集池）	土方开挖量	m³	220	0.56
		砂石及素砼垫层	m³	32	0.83
		钢筋砼	m³	57	7.18
		小计			8.57
2	组合水池 （包括沉淀池、生物接触氧化池、浓缩池）	土方开挖量	m³	336	0.84
		砂石及素砼垫层	m³	48	1.24
		钢筋砼	m³	126	15.75
		小计			17.83
	合计				26.40

注：因资金问题考虑废水处理设施分期进行建设，近期先投资建设耗氧生化处理设施、絮凝沉淀设施、氧化破氰反应设施等。高含盐废水蒸发浓缩除盐处理设施放在第二阶段投资建设。因此以上工程报价不包括高含盐废水蒸发浓缩除盐处理设施报价。

表6 废水处理站工程经济技术指标

序号	名称	单位	项目	备注
1	处理系统设计规模	t/h	4	
2	工程占地面积	m²	100～120	
3	工程造价	万元	46.00	
4	劳动定员	人	2	
5	系统使用功率	kW	7.0	
日常运行费用				
1	电力费	元/m³	1.13	电力费用0.55元/（kW·h）计
2	人工费	元/m³	1.04	人员工资18 000元/（人·a）
3	药剂费	元/m³	0.32	
总运行费用		元/m³	2.49	

8 环境保护污染物总量控制

废水处理站建设的本身即是一项重要的环境保护措施，因此工程设计时也考虑到各种措施来保护废水处理站对周围环境的影响。

（1）废水处理站设计，充分考虑降低环境污染程度。由道路与周围环境相隔离，减少对环境的影响。

（2）废水处理站采用先进可靠的工艺，选用高效节能的设备，并加强对进出水水质的检测，确保良好的处理效果。同时在运行中注意不断总结经验，努力提高管理水平，以期不断改善运行质量。

（3）废水处理站产生的污泥收集后作为固体废物处置，防止二次污染，经干化机脱水后的生化污泥可进行卫生填埋等。

（4）关于废水处理站产生的噪声的控制，设计中在总平面布置，设备选型等方面做到如下考虑：

①将生产管理和辅助生产区与噪声源分开布置；

②选用噪声较小的机电水泵。

9　安全卫生

9.1　设计依据

（1）按照《劳动法》第五十三条第二款关于"新建、改建、扩建工程的劳动安全卫生设施必须与主体工程同时施工，同时投入生产和使用"的规定，对劳动安全卫生设施同时进行设计。

（2）废水处理站的建设主要目的是控制水体污染，保护环境，造福人民，促进工农业生产的发展。但在废水和污泥处理过程中，也存在着影响职工安全的问题，对待这些可能出现的问题，设计上做了周密考虑，采取了必要的防范措施。

9.2　主要职业危害因素

（1）实际操作时应注意废水、酸、碱，以免危害身体健康。

（2）化验室是测定废水污泥特性指标的地方，使用多种化学药品，有强腐蚀性的硫酸、烧碱等，这些药品用量不大，若使用、保管不当会对职工造成危害。

9.3　设计采取的主要防范措施

（1）总体布置

根据生产工艺的要求，同时考虑到安全、防火及环境影响等因素进行站区总体布置：污泥浓缩池以及绿化带与生产管理区相分隔，这样就形成废水站的污染区和职工集中的办公值班区分隔较远，使大多数职工远离污染。

（2）工艺、结构设计方面

①站内各敞开式水池上均设安全档杆及防滑扶梯，根据废水站平面布置和需要，在站内适当位置设置照明。

②制定操作规程，规范职工的操作行为，杜绝事故的发生。

（3）电气设计方面

电力设备选型与保护按《机械工厂电力设计规程》（JBJ 6—1996）进行，露天电器设备的安全防护按国家现行有关规定进行设计。

10　项目组织及有关技术措施

项目组织及有关技术措施主要包括：完成废水处理站的设计文件、图纸及提供技术服务和保证，进行设备采购、施工、安装、调试、运行。

全部设计的技术文件如施工图、维修及操作手册及有关技术文件由江苏江大环境工程有限责任公司负责详细设计，图纸全部使用 AutoCAD 进行制图。

我们提供交钥匙工程服务，负责工程质量的确认与审核，做好每一步工作如设备采购、指导施工、安装调试和运行，待环保部门验收合格后移交给甲方。

废水站调试和试运行是废水处理工程建设的重要阶段，是检验废水站前期设计、施工、安装等工程质量的重要环节。设备安装完工后按清水调试和废水调试（满负荷调试）两个阶段进行，在单机试车的基础上，再进行联合试运转，以对系统进行全面的检查。

我们将在废水站调试期间对甲方操作人员进行系统培训，使他们初步掌握废水处理的常用基本知识，化验方法，熟悉工艺过程，熟练掌握废水处理站主要设备操作方法，为以后管理废水处理站打下基础。

表7   废水处理站施工进度计划表

内容＼天	10	20	30	40	50	60	70	80
工程设计	████████							
土建施工		██████████████████						
设备制作、电气仪表等安装					████████████████			
调试及验收	整个工程安装结束后10～20 d							

实例七　500 m³/d 中药制药废水处理工程

1　总论

1.1　项目概述

项目名称：贵阳某药业有限公司废水处理工程

建设内容：新建废水处理站一座（处理量：500 m³/d，出水达到《中药类制药工业水污染物排放标准》（GB 21906—2008）表 2 的标准）

建设投资：319.11 万元

运行费用：1.49 元/t 废水

占地面积：420 m²

建设工期：200 d

图 1　废水处理站全貌

1.2　设计原则

（1）采用先进合理的处理工艺，确保处理后出水达标排放；

（2）因地制宜，布局合理；

（3）投资省、运行费用低、操作管理和维修方便；

（4）避免对周围环境造成二次污染；

（5）主体构筑物采用钢筋混凝土结构，保证构筑物质量及使用年限。

1.3 设计依据

（1）《中药类制药工业水污染物排放标准》（GB 21906—2008）；
（2）《室外排水设计规范》（GB 50014—2006，2014 年版）；
（3）《建筑工程施工质量验收统一标准》（GB 50300—2013）；
（4）《建筑电气工程施工质量验收规范》（GB 50303—2002）。

1.4 设计范围

（1）承担废水处理站的工艺设计，内容包括：处理站的工艺流程，平面布置，废水处理站所需的构建筑物及相应的工艺设施，设备选型、配电；
（2）本设计不包括废水处理站围墙、通信及废水处理站外的给排水；
（3）本设计废水处理站所需电力及自来水，由甲方引接到废水处理站。

1.5 任务由来

贵阳某药业有限公司经过一个多世纪的创业、发展，已经成为集药品研发、生产、销售为一体的现代化制造企业。公司拥有片剂、胶囊剂、颗粒剂、丸剂、散剂、合剂、糖浆剂、气雾（泡沫）剂、酒剂、酊剂、煎膏剂及中药提取等十二种剂型，13 条 GMP 生产线。产品历来以组方合理、选料精良、质量稳定、疗效确切而著称，产品畅销全国内地及港澳，并出口东南亚等诸国，深受国内外用户信赖。公司拥有 125 个药品批准文号，其中专利品种 8 个，独家品种 17 个，中药保护品种 3 个，在审和在研品种 7 个。其中，妇科再造丸、杜仲壮骨丸、妇得康泡沫气雾剂、止喘灵气雾剂、天麻灵芝合剂（口服液）为贵州省名牌产品。

2 设计参数

2.1 设计水量

根据建设方意见，本项目废水处理站设计规模为 500 m^3/d。
废水处理站 24 h 运行，即按 21 m^3/h 设计。

2.2 设计水质

废水水质根据业主提供的数据以及结合我公司处理此类废水的经验；废水处理站出水水质达到《中药类制药工业水污染物排放标准》（GB 21906—2008）表 2 的标准要求。具体水质指标如表 1 所示。

表 1 进水水质和出水水质

序号	项目	进水水质/（mg/L）	出水排放标准/（mg/L）	
1	pH	5～10	6～9	
2	色度	650	50	
3	悬浮物	500	50	
4	五日生化需氧量（BOD$_5$）	1 000	20	企业废水总排放口
5	化学需氧量（COD$_{Cr}$）	5 000	100	
6	动植物油	—	5	

序号	项目	进水水质/（mg/L）	出水排放标准/（mg/L）	
7	氨氮	30	8	企业废水总排放口
8	总氮	50	20	
9	总磷	8	0.5	
10	总有机碳	—	25	
11	总氰化物	—	0.5	
12	急性毒性（$HgCl_2$ 相当）	—	0.07	
13	总汞	—	0.05	车间或生产设施废水排放口
14	总砷	—	0.5	

3 废水处理站设计

3.1 废水特性

中药制药废水中主要含有各种天然的有机物，其主要成分为糖类、有机酸、苷类、蒽醌、木质素、生物碱、但宁、鞣质、蛋白质、淀粉及它们的水解物等。制药废水中含有许多生物难降解的环状化合物、杂环化合物、有机磷、有机氯、苯酚及不饱和脂肪类化合物。这些物质的去除或转化是制药废水 COD 去除的重要途径。由于药物生产过程中不同药物品种和生产工艺不同，所产生的废水水质及水量有很大的差别，而且由于产品更换周期短，随着产品的更换，废水水质、水量经常波动，极不稳定。中药废水的另一个特点是有机污染物浓度高，悬浮物，尤其是木质素等比重较轻、难以沉淀的有机物含量高，色度较高，废水的可生化性较好。

其主要特点如下：

（1）中药生产的原材料主要是中药材，在生产中有时须使用一些媒质、溶剂或辅料，因此水质成分较复杂；

（2）废水中 COD 质量浓度高，一般为 14 000～100 000 mg/L，有些浓渣水甚至更高；

（3）废水一般易于生物降解，BOD/COD 一般在 0.5 以上，适宜进行生物处理；

（4）废水中 SS 浓度高，主要是动植物的碎片、微细颗粒及胶体；

（5）水量间歇排放，水质波动较大；

（6）在制造过程中要用酸或碱处理，废水 pH 值波动较大；

（7）由于常常采用煮炼或熬制工艺，排放废水温度较高，并带有较高色度和中药气味。

3.2 废水处理工艺选择

根据 2.2 节废水出水水质及 3.1 节废水特性分析，采用单一的处理工艺难以达到排放标准，故一般采取多种物理、化学及生物的组合工艺。

3.2.1 预处理工艺

本项目预处理工艺主要是去除废水中难降解物质对后续生化处理的影响，对于本项目废水，预处理工艺主要有混凝气浮、混凝沉淀及微电解等。

（1）混凝气浮

混凝气浮法分为加药反应和气浮两个部分。加药反应通过添加合适的混凝剂和絮凝剂以形成较大的絮体，再通入气浮分离设备后与大量密集的细气泡相互黏附，形成比重小于水的絮体，依靠浮力上浮到水面，从而完成固液分离。

①混凝工艺　向废水中投入某种化学药剂（常称为混凝剂），使在废水中难以沉淀的胶体状悬浮

颗粒或乳状污染物失去稳定。由于互相碰撞而聚集或聚合、搭接，形成较大的颗粒或絮状物，使污染物更易于自然下沉或上浮被除去。混凝剂可降低废水的浊度、色度，去除多种高分子物质、有机物、某些重金属毒物和放射性物质。

②气浮工艺　气浮过程中，细微气泡首先与水中的悬浮粒子相黏附，形成整体密度小于水的"气泡—颗粒"复合体，使悬浮粒子随气泡一起浮升到水面。由于部分回流水加压气浮在工程实践中应用较多，并且节省能源、操作稳定、资源利用较充分，所以本次设计采用部分回流水加压气浮流程。

（2）混凝沉淀

混凝的目的在于通过向水中投加一些药剂（通常称为混凝剂及助凝剂），混凝剂在水中通过电离和水解等化学作用使水中难以沉淀的胶体颗粒能互相聚合而形成胶体，然后通过胶体的压缩双电层作用、吸附电性中和、吸附架桥作用和沉析物网捕作用等与水体中的杂质和有机物胶体结合形成更大的颗粒絮体，颗粒絮体在水的紊流中彼此易碰撞吸附，形成絮凝体（亦称绒体或矾花）。絮凝体具有强大吸附力，不仅能吸附悬浮物，还能吸附部分细菌和溶解性物质。絮凝体通过吸附，体积增大而下沉。

（3）微电解

微电解就是利用铁元素和碳元素自发产生的微弱电流分解废水中污染物的一种废水处理工艺。当紧密接触的铁和碳浸泡在废水溶液中的时候，会自动在铁原子和碳原子之间产生一种微弱的分子内部电流，这种微电流分解废水中污染物质的反应就叫微电解。

当将填料浸入电解质溶液中时，由于 Fe 和 C 之间存在 1.2V 的电极电位差，因而会形成无数的微电池系统，在其作用空间构成一个电场，阳极反应生成大量的 Fe^{2+} 进入废水，进而氧化成 Fe^{3+}，形成具有较高吸附絮凝活性的絮凝剂。阴极反应产生大量新生态的[H]和[O]，在偏酸性的条件下，这些活性成分均能与废水中的许多组分发生氧化还原反应，使有机大分子发生断链降解，从而消除了有机物尤其是印染废水的色度，提高了废水的可生化度。工作原理基于电化学、氧化—还原、物理吸附以及絮凝沉淀的共同作用对废水进行处理。

微电解适用范围广，处理效果好，成本低，操作维护方便，不需要消耗电力资源，反应速度快，处理效果稳定，不会造成二次污染，提高废水的可生化性，可以达到化学沉淀除磷，可以通过还原除重金属，也可以作为生物处理的前处理，有利于污泥的沉降和生物挂膜。

表 2　预处理工艺技术性能比较表

工艺名称	优点（对本项目废水）	缺点
混凝气浮	处理效果好； 占地省； 投资省	电耗较高； 浮渣不易处理
混凝沉淀	处理效果一般； 投资省； 操作简单	占地较大； 对于成分复杂废水，沉淀效果不佳
微电解	处理效果好； 投资省； 操作简单	需配沉淀池，占地较大； 需曝气防止板结

3.2.2　厌氧处理工艺

（1）普通厌氧工艺

普通厌氧工艺即厌氧消化　有机物质被厌氧菌在厌氧条件下分解产生甲烷和二氧化碳的过程，因氧是在空气缺乏的条件下从有机物中移出而生成 CO_2。无论是酸性发酵，还是沼气发酵，参与生化反应的氧都是来自于水、有机物、硝酸盐或被分解的亚硝酸盐。

第Ⅰ阶段　水解产酸阶段：废水中不溶性大分子有机物，如多糖、淀粉、纤维素、烃类（烷、烯、炔等）水解，主要产物为甲、乙、丙、丁酸、乳酸；以及氨基酸、蛋白质、脂肪水解生成氨和胺、多肽等（所以有的书又把水解产酸分为两个阶段）。

第Ⅱ阶段　厌氧发酵产气阶段：第Ⅰ阶段产物甲酸、乙酸、甲胺、甲醇等小分子有机物在产甲烷菌的作用下，通过甲烷菌的发酵过程将这些小分子有机物转化为甲烷。所以在水解酸化阶段COD、BOD 值变化不是很大，仅在产气阶段由于构成 COD 或 BOD 的有机物多以 CO_2 和 H_2 的形式逸出，才使废水中 COD、BOD 明显下降。

第Ⅲ阶段　产甲烷阶段：产甲烷细菌把甲酸、乙酸、甲胺、甲醇等基质通过不同途径转化为甲烷，其中最主要的基质为乙酸。

（2）UASB 工艺

UASB 反应器（上流式厌氧污泥床反应器）是处理高浓度有机废水的高效装置。其具有处理负荷高、能耗省等优点，COD_{Cr} 去除率可达 70%～90%。UASB 反应器与其他厌氧工艺相比，有以下特点：污泥回流和机械搅拌一般维持在最低限度，甚至完全取消。在反应器的上部安装一个气－液－固三相分离系统，消化液所携带的污泥能自动返回到发酵区内。剩余污泥自流进入污泥浓缩池内浓缩。UASB 反应器不同于其他厌氧处理的一个最大特点，是能在反应器内实行污泥的颗粒化，颗粒污泥的粒径一般为 0.1～0.2 cm，相对密度为 1.04～1.08，具有良好的沉降性和很高的产甲烷活性。污泥颗粒化后，反应器内污泥的平均质量浓度可达 50～120 gVSS/L，而反应器的停留时间较短，所以 UASB 反应器具有很高的容积负荷，是一种先进的废水处理方法。

表 3　厌氧处理工艺技术性能比较表

工艺名称	优点	缺点
普通厌氧处理工艺	工艺简单，投资省；运行费用低	处理效果一般，对 COD_{Cr} 去除率只有 60%～70%
UASB 处理工艺	处理负荷高、能耗省等优点，COD_{Cr} 去除率可达 70%～90%；污泥回流和机械搅拌一般维持在最低限度，甚至完全取消	UASB 设备高度高达 10 m，造价较高；处理核心的颗粒污泥不易培养或接种；UASB 对悬浮物的预处理要求较高

3.2.3　好氧处理工艺

（1）生物接触氧化

生物接触氧化法兼有活性污泥法及生物膜法的特点，池内的生物固体质量浓度（5～10 g/L）高于活性污泥法和生物滤池，具有较高的容积负荷[可达 2.0～3.0 $kgBOD_5/(m^3 \cdot d)$]，另外接触氧化工艺不需要污泥回流，无污泥膨胀问题，运行管理较活性污泥法简单，对水量水质的波动有较强的适应能力。

生物接触氧化法是一种好氧生物膜法工艺，接触氧化池内设有填料，部分微生物以生物膜的形式附着生长在填料表面，部分则是絮状悬浮生长于水中。该工艺兼有活性污泥法与生物滤池二者的特点。

池内加设适宜形状和比表面积较大的生物膜载体填料，这样在填料表面形成生物膜，由于内部的缺氧环境势必形成生物膜内层供氧不足甚至处于厌氧状态，这样在生物膜中形成了由厌氧菌、兼性菌和好氧菌以及原生动物和后生动物形成的长食物链的生物群落，能有效地将不能好氧生物降解的 COD 部分厌氧降解为可生化的有机物。

由于池内填充了大量的生物膜载体填料，填料上下两端多数用网格状支架固定。当填料下部的曝气系统发生故障时，维修工作将十分麻烦。由于前端物化处理后废水中 SS 含量较低，生物膜固着的载体较少，导致生物膜比重较小，极易造成脱膜，挂膜不稳定。脱落的生物膜和絮状污泥在二沉池沉淀效果较差，易导致出水 SS 超标。

（2）SBR 及其变种

SBR 是序批式活性污泥法的简称，是一种按间歇曝气方式来运行的活性污泥废水处理技术。它的主要特征是在运行上的有序和间歇操作，SBR 技术的核心是 SBR 反应池，该池集均化、初沉、生物降解、二沉等功能于一池，无污泥回流系统。尤其适用于间歇排放和流量变化较大的场合。

在大多数情况下（包括工业废水处理），无须设置调节池；SVI 值较低，污泥易于沉淀，一般情况下，不产生污泥膨胀现象；通过对运行方式的调节，在单一的曝气池内能够进行脱氮和除磷反应；应用电动阀、液位计、自动计时器及可编程序控制器等自控仪表，可能使本工艺过程实现全部自动化，而由中心控制室控制；运行管理得当，处理水水质优于连续式；加深池深时，与同样的 BOD-SS 负荷的其他方式相比较，占地面积较小；耐冲击负荷，处理有毒或高浓度有机废水的能力强。

表 4　好氧处理工艺技术性能比较表

工艺名称	优点	缺点
生物接触氧化法	微生物多样化，生物的食物链长，有利于提高废水处理效果和单位面积的处理负荷；优势菌群分段运行，有利于提高微生物对有机污染物的降解效率和增加难降解污染物的去除率，提高脱氮除磷效果；对水质、水量变动有较强的适应性，耐冲击负荷力增强；剩余污泥产量少；易于维护，运行管理方便，耗能低	在 COD 较高时处理效果不佳；悬浮物出水不易达标；脱氮除磷效果不佳
SBR 工艺及其变种	生化反应推动力大，效率高，净化效果好；运行效果稳定，废水在理想的静止状态下沉淀，需要时间短、效率高，出水水质好；耐冲击负荷，池内有滞留的处理水，对废水有稀释、缓冲作用，有效抵抗水量和有机污物的冲击；工艺过程中的各工序可根据水质、水量进行调整，运行灵活；脱氮除磷，适当控制运行方式，实现好氧、缺氧、厌氧状态交替，具有良好的脱氮除磷效果；工艺流程简单、造价低，无沉淀池，可根据需要取消调节池、初沉池	自动化控制要求高；排水时间短（间歇排水时），并且排水时要求不搅动沉淀污泥层，因而需要专门的排水设备（滗水器），且对滗水器的要求很高；后处理设备要求大：如消毒设备很大，接触池容积也很大，排水设施如排水管道也很大；滗水深度一般为 1～2 m，这部分水头损失被白白浪费，增加了总扬程；由于不设初沉池，易产生浮渣，浮渣问题尚未妥善解决

3.2.4 废水处理工艺选择

根据以上论述,考虑废水处理系统的一次投资及运行费用,推荐采用"格栅集水池+厌氧调节池+气浮+接触氧化+沉淀+气浮"工艺处理本项目废水,以确保废水处理站出水稳定达标排放。

3.3 脱色处理工艺选择

根据 3.2.4 节废水处理工艺可知,由于采取了厌氧工艺、气浮工艺及好氧工艺,废水中的色度已大大降低,但由于原水中色度高达 650 度,故需设置专门的脱色工段以保证色度的达标排放。

现阶段,脱色工艺主要有脱色絮凝剂法、活性炭吸附法、气浮工艺脱色法、臭氧氧化脱色法、反渗透膜脱色法及生物法脱色等。

(1)脱色絮凝剂法

选用无机絮凝剂和有机阴离子型絮凝剂,配制成水溶液加入废水中,便会产生压缩双电层,使废水中的悬浮微粒失去稳定性,胶粒物相互凝聚使微粒增大,形成絮凝体、矾花。等絮凝体长大到一定体积后脱离水相沉淀,从而去除废水中的大量悬浮物,达处理效果。是一种集脱色、絮凝、去除 COD 等于一身的新型有机高分子絮凝剂,此法主要用于染料厂高色度废水的脱色处理,也可以用于纺织、化工、焦化、造纸、印染、漂染、皮革、城市废水、工业废水站等废水的脱色处理,配合其他相关产品使用,效果更佳。

(2)活性炭吸附法

活性炭是一种很细小的炭粒,有很大的表面积,炭粒中还有更细小的孔,这些小孔能吸附废水中悬浮状态的污染物,这些污染物充满活性炭间的空隙。活性炭粒度越大,可容纳悬浮物的空间越大,纳污能力越强,处理效果越好。对废水中以 BOD、COD 等综合指标表示的有机物,如合成染料、表面性剂、酚类、苯类、有机氯、农药和石油化工产品等,都有独特的去除能力,是工业废水二级或三级处理的主要方法之一。

(3)气浮工艺脱色法

通过气浮设备,在废水中释放出来出直径只有 40 μm 的微小气泡,微小气泡带有电荷,废水中的污染物也带有电荷,微小气泡与废水中的污染悬浮物结合,形成结合物,这些结合物浮到水面形成浮渣,再清理掉浮渣,从而净化废水。净化后的水质高于达标排放标准,中水回用率也将大幅提高,能够降低企业生产成本。

(4)臭氧氧化脱色法

臭氧是强氧化剂,氧化电位高,此类元素能强烈地吸引电子,氧化对方,还原自己。有机废水中含有重氮、偶氮或带苯环的环状化合物等发色基团,臭氧的强氧化特性,能够破坏构成发色基团的苯、萘、蒽等环状化合物,从而使废水脱色。臭氧氧化脱色反应迅速,流程比较简单,没有二次污染,不足的地方,臭氧设备耗电量大,处理成本偏高。

(5)反渗透膜脱色法

利用反渗透膜只能透过溶剂(通常是水)而截留离子物质或小分子物质的选择透过性,以膜两侧静压为推动力,而实现的对液体混合物分离的膜过程。料液以一定流速沿着滤膜的表面流过,大于膜截留分子量的物质分子不透过膜流回料罐,小于膜截留分子量的物质或分子透过膜,形成透析液。故膜系统都有两个出口,一是回流液(浓缩液)出口,二是透析液出口。膜分离过程是一种纯物理过程,运行成本低、无污染、操作方便运行可靠等诸多优点,已广泛应用于医药、电子、化工、食品、海水淡化等诸多行业。

(6)生物法脱色

生物法脱色是利用微生物酶来氧化或还原有色分子,破坏其不饱和键及发色基团来达到脱色目的。

表5 脱色处理工艺技术性能比较表

工艺名称	优点	缺点
活性炭吸附脱色	脱色效果好； 工艺简单	活性炭很快吸附饱和，更换（或再生）频繁，造成运行费用高
臭氧氧化脱色	脱色效果好，兼有降低有机污染物	臭氧需要一定的浓度才能有效发挥作用，在此前提下，臭氧发生器功率较大，运行费用较高
反渗透法脱色	脱色效果好； 对有机污染物等其他污染物处理效果好	对进水浊度要求较高，预处理单元较多，预处理设备功率较大，运行费用较高；反渗透膜较昂贵，造成运行费用高

根据以上论述，考虑一次投资及运行费用，我公司采用臭氧脱色工艺处理本项目废水，以确保废水处理站出水中的色度稳定达标排放。

3.4 污泥处理工艺选择

废水处理过程中大部分污染物质转化为污泥。生化污泥含水率高、有机物含量较高，不稳定，还可能含有致病菌和寄生虫卵，若不妥善处理和处置，将造成二次污染。因此，必须对污泥进行处理和处置。

3.4.1 污泥处理目的

（1）减少污泥最终处置前的体积，减少处理量，以降低污泥处理及其最终处置的费用。

（2）通过处理使污泥稳定化，在最终处置后不再产生污泥的进一步降解，从而不产生二次污染问题。

（3）达到污泥的无害化与卫生化。

（4）在处理污泥的同时达到"综合利用，变害为利，保护环境"的目的。

3.4.2 污泥脱水方式

现阶段，因污泥干化池易滋生蚊蝇等造成二次污染不予考虑外，其余污泥脱水方式主要为污泥消化池、板框（箱式）压滤机脱水、带式压滤机脱水及叠螺式污泥脱水机脱水。

（1）设置污泥消化池，不需额外配备设备，投资低，但由于本工程废水中含渣量及污泥产生量大，需经常用吸粪车抽走，运行成本大。

本项目所需污泥消化池有效容积约50 m^3，配备的污泥泵（沉淀池抽至污泥消化池）功率为4 kW；约3个月需吸粪车抽走污泥。

（2）板框（箱式）压滤机投资低，但工人劳动强度较大，处理场地卫生状况较差；同时，板框脱水方式需配备污泥浓缩池，增加了一次投资，且还需配备高扬程的螺杆泵，运行费用增加。

本项目所需污泥浓缩池有效容积约30 m^3，配备污泥泵（沉淀池抽至污泥浓缩池）功率为1 kW；板框（箱式）压滤机（过滤面积30 m^2，设备尺寸3.7 m×1.3 m×1.4 m）5.5 kW，配备的螺杆泵4 kW，干燥用空压机3 kW；加药设备搅拌功率为0.55 kW×2套，加药泵功率为0.55 kW×2套；使用清洗水泵流量12.5 m^3/h，压力0.5MPa，功率5.5 kW。

（3）带式压滤机，反冲洗水量大，泥饼含水率高，所需絮凝药剂消耗大；同时，板框脱水方式需配备污泥浓缩池，增加了一次投资，且还需配备高扬程的螺杆泵，运行费用增加。

本项目所需污泥浓缩池有效容积约 30 m³，配备污泥泵（沉淀池抽至污泥浓缩池）功率为 4 kW；带式压滤机（带宽 0.5 m，设备尺寸 5.2 m×2.0 m×2.6 m）1.5 kW，配的螺杆泵 4 kW，干燥用空压机 3 kW；加药设备搅拌功率为 0.55 kW×2 套，加药泵功率为 0.55 kW×2 套；使用清洗水泵流量 12.5 m³/h，压力 0.5MPa，功率 5.5 kW。

（4）采用先进的叠螺式固液分离机，具有自动化程度高，处理量大，且省去其余几种污泥处置必需的污泥浓缩工序。

本项目所需叠螺式固液分离机（处理能力 5 kg/h 干污泥，设备尺寸 1.9 m×0.8 m×1.0 m）0.2 kW，配备污泥泵（沉淀池抽至叠螺式固液分离机）功率为 1 kW；加药设备搅拌功率为 0.55 kW×2 套，加药泵功率为 0.55 kW×2 套；使用清洗水量 24 L/h，压力 0.1～0.2MPa，直接使用自来水清洗，无须配备专门的高压水泵。

各种污泥脱水方式性能见表 6。

表 6　污泥处理工艺技术性能比较表

项目	叠螺式脱水机	带式脱水机	板框（箱式）脱水
低浓度污泥脱水	适合	不适合	不适合
浓缩池的必要性	不要	需要（约 30 m³）	需要（约 30 m³）
安装空间	小规模（4 m×3 m）	小规模（7 m×4 m）	小规模（5 m×4 m）
使用电力	少量（3.4 kW）	多量（16.2 kW）	多量（18.2 kW）
使用清洗水量	极少量（24 L/h）	极多量（12.5 m³/h）	极多量（12.5 m³/h）
噪声	极少量	少量	多量
振动	极少量	多量	多量
维修	简单	繁杂	烦杂
维修成本	低	高	高
24 h 运转	可能	不可能	不可能

3.4.3　污泥处理工艺选择

根据以上论述并结合本工程实际污泥产生量，本项目选择：叠螺式污泥脱水机脱水，脱水后污泥运至垃圾填埋场处置，滤液自流回调节池继续处理。

3.5 工艺流程

3.5.1 工艺流程图（见图2）

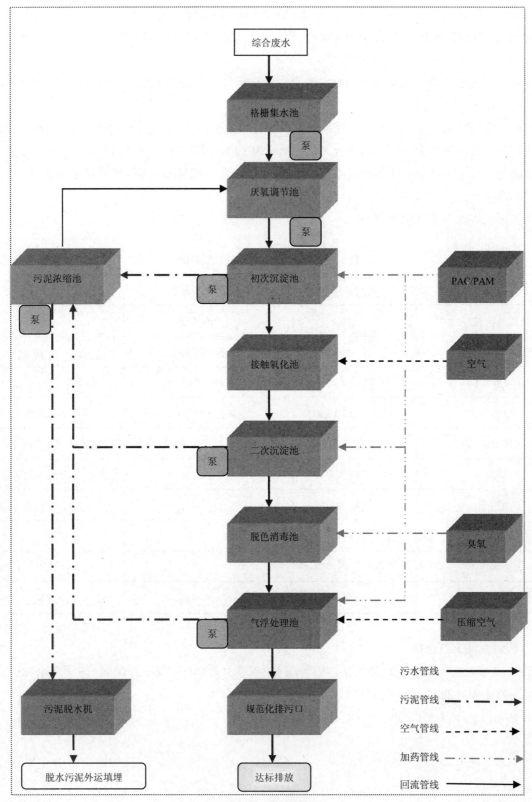

图2 工艺流程

3.5.2 工艺流程说明

（1）格栅集水池

设置格栅的目的是去除废水内的药物残渣。考虑水量较大，格栅选用机械格栅，栅条规格为细间距。

由于综合废水管道埋地较深（距地面约 2 m），设置集水池提升废水，降低后续处理设施造价。

集水池内的废水通过提升泵送入厌氧调节池。提升泵的运行用液位计控制，利用集水池内水位的高低自动控制水泵运行。

（2）厌氧调节池

实际上是将厌氧与调节池合而为一，其工作原理主要如下：

①调节功能。调节池主要用于贮留废水，调整废水的水量与水质，保证后续处理设施稳定的进行。

调节池内的废水通过提升泵送入后续处理设施。提升泵的运行用液位计控制，利用调节池内水位的高低自动控制水泵运行。

②厌氧功能。厌氧池内利用厌氧菌的作用，使有机物发生水解、酸化和甲烷化，去除废水中的有机物，并提高废水的可生化性，有利于后续的好氧处理。

为防止池内细菌的流失，在池内悬挂生物填料，兼氧菌吸附在填料上，不会随水流失。

（3）初次沉淀池

废水在厌氧阶段产生的污泥一部分会经提升泵进入后续处理设施，为减轻后续处理设施的负荷，设置初沉沉淀池。

混凝药剂不断投加到初次沉淀池中促进泥水分离，上清液自流至接触氧化池。

（4）接触氧化池

接触氧化为好氧处理的一种。接触氧化池内接种菌种后，持续供给氧气，培养出大量的好氧微生物，通过好氧微生物呼吸与繁殖消耗有机物，使 BOD 降解。池内设组合填料，一方面固定生物量，减少污泥的产生，另一方面可以有效切割气泡，提高氧气的利用率。

接触氧化池的供气设备采用低噪声回转式鼓风机。风机放在专用的机房内，并对风机房进行通风降噪处理，防止噪声对环境的影响。

（5）沉淀池

沉淀池的功能是泥水分离，把废水中的污泥与水分离。

（6）脱色消毒池

本项目废水具有一定的色度，其在前级处理单元有所去除，但为保证达标排放，特增加臭氧脱色。

同时，臭氧具有强氧化性，可有效降低废水中有机污染物浓度。

（7）气浮处理池

在消毒脱色池中由于臭氧具有强氧化性，会产生大量的泡沫，为去除泡沫及废水中未沉淀的细小悬浮颗粒，在脱色消毒池后接气浮处理池。

气浮是在水中形成高度分散的微小气泡，黏附废水中疏水基的固体或液体颗粒，形成水-气-颗粒三相混合体系，颗粒黏附气泡后，形成表观密度小于水的絮体而上浮到水面，形成浮渣层被刮除，从而实现固液或者液液分离的过程。

（8）污泥处置

二次沉淀池污泥及气浮池浮渣通过泵提至污泥浓缩池浓缩，浓缩池上清液返回厌氧调节池继续处置。底部污泥通过污泥泵送至叠螺式污泥脱水机脱水，脱水污泥外运填埋处置，滤液返回调节池继续处置。

3.6 工艺设计

3.6.1 格栅集水池

（1）构筑物

类型：地下式钢混结构

数量：1 座

尺寸：$L \times B \times H$ =5.0 m×3.0 m×5.0 m

有效水深：3.0 m

（2）主要设备

①机械格栅

型号 XGS-300，数量：1 套

参数：过栅流量 Q=70 m³/h　　过栅流速 v =0.3 m/s

　　　单机宽度 B=300 mm　　安装角度 α =70°

　　　栅条间隙 b=5 mm　　电机功率 N=0.75 kW

控制方式：根据格栅前后液位差，由 PLC 自动控制，同时设有定时排渣和手动控制排渣。

②废水提升泵

类型：不堵塞式潜水废水泵

数量：2 台，1 用 1 备

参数：流量：Q=25 m³/h

扬程：H=10 m

功率：N=1.5 kW

控制方式：根据集水池水位，由 PLC 自动控制，水泵按顺序换班运行。

3.6.2 厌氧调节池

（1）构筑物

类型：地下式钢混结构

数量：1 座

尺寸：$L \times B \times H$ =12.0 m×10.0 m×5.0 m

设计水量：q =21 m³/h

停留时间：t =24 h

（2）主要设备

①厌氧填料

类型：软性立体填料

数量：330 m³

尺寸：Φ 200 mm×3 000 mm

②填料支架

类型：10#槽钢及 Φ 25 热镀管焊接，上下两层

数量：220 m²

③废水提升泵

类型：不堵塞式潜水废水泵

数量：2 台，1 用 1 备

参数：流量：Q=25 m³/h

扬程：H=10 m

功率：N=1.5 kW

控制方式：根据调节池水位，由 PLC 自动控制，水泵按顺序换班运行。

④加药设备

数量：2 套

药剂种类：碱液、酸液

参数：溶药池容积：V=1 000 L

　　　搅拌器：　　N = 0.55 kW

　　　加药泵：　　N = 0.55 kW

⑤pH 探头

数量：1 套

3.6.3　初次沉淀池

（1）构筑物

类型：半地下式钢混结构

数量：1 座

尺寸：$L×B×H$=5.0 m×5.0 m×5.5 m

设计水量：q=21 m³/h

水力负荷：v=1 m/h

（2）主要设备

①泥水分离器

数量：1 套

尺寸：$D×H$=0.5 m×3.0 m

功率：N=0.37 kW

②加药装置

数量：2 套

药剂种类：PAC、PAM

参数：溶药池容积：V=1 000 L

　　　搅拌器：　　N = 0.55 kW

　　　加药泵：　　N = 0.55 kW

③污泥泵

类型：不堵塞式潜水废水泵

数量：4 台

参数：流量：Q=10 m³/h

　　　扬程：H=10 m

　　　功率：N=0.75 kW

控制方式：根据沉淀池污泥，手动运行。

3.6.4　接触氧化池

（1）构筑物

类型：半地下式钢混结构

数量：1 座

尺寸：$L×B×H$ =20.0 m×5.0 m×5.0 m

设计水量：q =21 m³/h

停留时间：t =20 h

（2）主要设备

①好氧填料

类型：弹性立体填料

尺寸：$Φ$ 200 mm×3 000 mm

数量：260 m³

②填料支架

数量：170 m²

③曝气器

类型：微孔曝气头

尺寸：$Φ$ 215

数量：200 套

氧利用率：18%～27%

单盘供气量：Q=2.0～3.0 m³/h

④曝气风机

类型：低噪声回转式鼓风机

数量：3 台，2 用 1 备

设计参数：风量：Q=5.11 m³/min

　　　　　压力：P =0.50 kgf/cm²

　　　　　功率：N=7.5 kW

控制方式：由 PLC 自动控制，风机按顺序换班运行。

3.6.5　二次沉淀池

（1）构筑物

类型：半地下式钢混结构

数量：1 座

尺寸：$L×B×H$ =5.0 m×5.0 m×5.0 m

设计水量：q =21 m³/h

水力负荷：v =1 m/h

（2）主要设备

①泥水分离器

数量：1 套

尺寸：$D×H$ =0.5 m×3.0 m

功率：N=0.37 kW

②加药装置

数量：2 套

参数：药剂种类：聚合氯化铝、聚丙烯酰胺

同初沉池加药设备共用

③污泥泵

类型：不堵塞式潜水废水泵

数量：4台

参数：流量：Q=10 m³/h

　　　扬程：H=10 m

　　　功率：N=0.75 kW

控制方式：根据沉淀池污泥，手动运行。

3.6.6　消毒脱色池

（1）构筑物

类型：半地下式钢混结构

数量：1座

尺寸：$L×B×H$ =5.0 m×4.0 m×5.0 m

（2）主要设备

臭氧发生器

类型：空气源臭氧发生器

数量：1套

产气量：1 kg/h

功率：N=10 kW

3.6.7　气浮设备

（1）构筑物

设备基础：安装于设备间内部

（2）主要设备

①气浮设备

类型：全溶气气浮，碳钢制作，防锈防腐

外形尺寸：$L×B×H$ =6.0 m×3.0 m×2.2 m

数量：1套

参数：释放器：6套　　　　　溶气泵：N = 7.5 kW

　　　刮渣机：N = 0.55 kW　　空压机：N =3.0 kW

　　　搅拌器：N = 0.55 kW　　溶气罐：$Φ$ 800 mm

控制方式：空压机自动运行，压力低于 0.6 kgf/cm²①自动启动，高于 1.0 kgf/cm² 自动停止；溶气罐内安设水位器，高水位自动充气，低水位停。

②加药装置

数量：2套，同初沉池加药设备共用

3.6.8　污泥池

（1）构筑物

类型：地下式钢混结构

数量：1座

尺寸：$L×B×H$ =5.0 m×3.0 m×5.0 m

---

① 1 kgf/cm²=9.8×10⁴ Pa。

（2）主要设备

污泥泵

类型：不堵塞式潜水废水泵

数量：2 台，1 用 1 备

参数：流量：Q=10 m³/h

扬程：H=10 m

功率：N=0.75 kW

3.6.9　风机房

（1）构筑物

类型：地上式砖混结构

数量：1 间

尺寸：$L×B×H$ =5.0 m×4.0 m×3.0 m

（2）主要设备

曝气风机及其控制柜

3.6.10　气浮设备间

（1）构筑物

类型：地上式砖混结构

数量：1 间

尺寸：$L×B×H$ =10.0 m×7.0 m×3.0 m

（2）主要设备

气浮设备及其控制柜；加药设备及其控制柜

3.6.11　储药间

类型：地上式砖混结构

数量：1 间

尺寸：$L×B×H$ =5.0 m×2.5 m×3.0 m

3.6.12　污泥脱水间

（1）构筑物

类型：地上式砖混结构

数量：1 间

尺寸：$L×B×H$ =8.0 m×5.0 m×3.0 m

（2）主要设备

叠螺式污泥脱水机

数量：1 台

污泥处理量：3.6～9 m³/h（进泥浓度：0.2%～0.5%）

功率：N=0.8 kW

3.6.13　臭氧设备间

（1）构筑物

类型：地上式砖混结构

数量：1 间

尺寸：$L×B×H$ =5.0 m×4.0 m×3.0 m

（2）主要设备

臭氧设备及其控制柜

3.6.14 格栅设备间

（1）构筑物

类型：地上式砖混结构

数量：1间

尺寸：$L \times B \times H$=5.0 m×3.0 m×3.0 m

（2）主要设备

机械格栅及其控制柜

3.6.15 值班室

（1）构筑物

类型：地上式砖混结构

数量：1间

尺寸：$L \times B \times H$=5.0 m×2.5 m×3.0 m

表7 废水处理站主要构筑物一览表

序号	构筑物名称	规格尺寸	数量	备注
1	格栅集水池	5.0 m×3.0 m×5.0 m	1座	钢混结构
2	厌氧调节池	12.0 m×10.0 m×5.0 m	1座	钢混结构
3	初次沉淀池	5.0 m×5.0 m×5.5 m	1座	钢混结构
4	接触氧化池	20.0 m×5.0 m×5.0 m	1座	钢混结构
5	二次沉淀池	5.0 m×5.0 m×5.0 m	1座	钢混结构
6	消毒脱色池	5.0 m×4.0 m×5.0 m	1座	钢混结构
7	污泥浓缩池	5.0 m×3.0 m×5.0 m	1座	钢混结构
8	风机房	5.0 m×4.0 m×3.0 m	1座	砖混结构
9	气浮设备间	10.0 m×7.0 m×3.0 m	1座	砖混结构
10	储药间	5.0 m×2.5 m×3.0 m	1座	砖混结构
11	污泥脱水间	8.0 m×5.0 m×3.0 m	1座	砖混结构
12	臭氧设备间	5.0 m×4.0 m×3.0 m	1座	砖混结构
13	格栅设备间	5.0 m×3.0 m×3.0 m	1座	砖混结构
14	值班室	5.0 m×2.5 m×3.0 m	1座	砖混结构

表8 废水处理站主要设备材料一览表

序号	构筑物名称	规格尺寸	数量	备注
1	机械格栅	N=0.75 kW，b=5 mm	1台	
2	废水提升泵	Q=25 m^3/h，H=10 m，N=1.5 kW	4台	2用2备
3	厌氧填料	Φ200 mm×3 000 mm	330 m^3	
4	填料支架		390 m^2	
5	加药设备	V=1 000 L，$N1$=0.55 kW，$N2$=0.55 kW	4套	
6	pH探头		1套	
7	泥水分离器	Φ0.5×3.0 m，N=0.37 kW	2套	

序号	构筑物名称	规格尺寸	数量	备注
8	污泥泵	Q=10 m³/h，H=10 m，N=0.75 kW	10 台	
9	好氧填料	Φ 200 mm×3 000 mm	260 m³	
10	微孔曝气头	氧利用率：18%～27%	200 套	
11	曝气风机	Q=5.11 m³/min，P=0.50 kgf/cm²，N=7.5 kW	3 台	2 用 1 备
12	臭氧发生器	Q=1 kg/h，N=10 kW	1 套	
13	气浮设备	6.0 m×3.0 m×2.2 m	1 套	
14	叠螺式污泥脱水机	污泥处理量：3.6～9 m³/h	1 套	
15	管道阀门及配件		1 套	
16	电气控制装置及电气电缆、仪表		1 套	

3.7 其他主要设备材料简介

3.7.1 机械格栅

选用 XGS-300 型机械格栅一台，栅间距 10 mm，N=0.75 kW。如图 3 所示。

设备采用 PLC 控制，在规定的捞渣周期时间和捞渣工作时间内自动运行和停止，捞出的栅渣自动落入渣斗，定期人工清除，使用十分方便。

图 3　机械格栅机

3.7.2 废水提升泵、污泥泵

废水提升泵选用 WQ25-10-1.5 型无堵塞潜污泵 4 台，2 用 2 备：流量 Q=25 m³/h，扬程 H=10 m，电机功率 N=1.5 kW。

污泥泵选用 WQ10-10-0.75 型无堵塞潜污泵，流量 Q=10 m³/h，扬程 H=10 m，电机功率 N=0.75 kW，10 台。

该废水泵的技术起点高，节能效果好，安全配套性强，采用大通道抗堵塞水力部件设计，能通过大的固体颗粒，抗堵塞和缠绕能力强。该泵采用最新密封材料进行机械密封，可连续工作 8 000 h以上。水泵配套液位控制开关，可根据水位变化由 PLC 自动控制运行。该产品对漏电、漏水及过流过载都有专门的控制保护装置，产品的安全性和可靠性大大提高，该泵安装有自耦装置，泵体检修极为方便。如图 4 所示。

图4　提升泵　　　　　　　　　　图5　风机

3.7.3　曝气风机

选用 HC-1001S 型低噪声回转式鼓风机 3 台，2 用 1 备：风量 $Q=5.11\ m^3/min$，压力 $P=0.5\ kgf/cm^2$，功率 $N=7.5\ kW$。如图 5 所示。

进出口配消音器和减震装置。该风机技术采用日本最大的回转式风机制造商 TOHIN 整机技术和部件生产，是目前国内噪声最低的节能性高效风机。该风机在汽缸和叶轮制作中采用独特的加工工艺和优质材料，不仅极大地降低风机噪声（风机运转时噪声低于 75 dB，机侧 1 m），而且大大提高了风机的工作性能和耐久性。该风机还具有体积小、风量大、耗电省、运转平稳、抗负荷变化并风量稳定的特点，尤其适用于废水处理生物曝气池中负荷变化大的场合。该设备由于低转速（500 r/min）运行，设备磨损小，使用寿命长，故障率极低。

3.7.4　加药设备

该加药装置由搅拌溶解箱及投加计量控制装置组成。该设备由优质工程塑料制成，设备坚固美观，耐腐蚀，故障少。该加药装置具有进水控制阀，设有专门药液及残渣冲洗放空阀门，投加药液由配套专用隔膜计量泵精确投加药剂。如图 6 所示。

图6　加药设备　　　　　　　　图7　叠螺式污泥脱水机

3.7.5 叠螺式污泥脱水机

叠螺式固液分离机采用的特殊构造使其可直接处理污泥质量浓度低达 2 000 mg/L 的活性污泥，因而可直接对曝气池污泥或者沉淀池底部污泥进行脱水操作，不仅可节约污泥浓缩池和污泥储存池的占地，还可减轻由于污泥储存时发生的磷释放和厌氧臭味，并为改进废水处理工艺提供了新思路。如图 7 所示。

设备优势说明：

产品优点：由于上述设备结构上特点和精确的机械设计，叠螺式固液分离机系列产品具有以下几大特点：

①可适用污泥浓度的范围广：由于叠螺式固液分离机的主机同时包含浓缩部和脱水部，不仅可处理高浓度污泥的脱水，也可对低浓度污泥进行直接脱水，其最低可直接实现脱水的污泥质量浓度为 2 000 mg/L。

②能处理含油污泥：采用低速机械挤压方式，整个装置中无滤布，无污泥喷孔，不需借用重力与离心力的差别，因而不会发生无法分离或是堵塞滤布、滤孔等问题，轻松实现含油污泥脱水。

③无二次污染：叠螺式固液分离机直接处理曝气池内好氧污泥，无臭气；装置低能耗，低速运转，无噪声；其叠片具有自清洁功能，不会发生堵塞问题，不需外加水冲洗，无二次水污染。

④体小精悍，节水、节能：由于相接采用机械挤压脱水，无须滚筒等大型机体，因而该机设计得相当轻巧，此外转速低，相应耗能低，其单位电耗仅为 0.1（kW·h）/kgDS，单位水耗仅为 0.03 t/h。

⑤可实现无人值守运行：操作方便，根据客户的运行时间段情况，可进行运行顺序设定，并能实行全自动无人操作。不需常驻人员进行操作。

3.8 电气及自动化控制

3.8.1 简述

非标制作，由 PLC 自动控制，整个控制系统由自动和手动组成，自动控制经 PLC 可编程程序控制器指挥，程序一旦设定，系统将稳定按事先设定的工作程序进行工作，当废水处理系统工况发生变化，可重新进行编程控制适应新的控制要求。自动程序运行时，系统可实现无人值守。

手动控制对待非正常情况或自动控制有异常的情况下可切换成人为控制和干预，保证废水处理系统正常工作。

3.8.2 控制说明

（1）机械格栅

自动运行时，根据液位计检测水位以后，分析判断，当水位差达到 30 cm 以上时，机械格栅自动启动；当水位高差降到 10 cm 以下的时候机械格栅停止工作。机械格栅开启及闭合水位差可根据实际情况调整。

（2）水泵控制

自动运行时，根据液位计检测水位以后，分析判断，当水位达到高水位以后，液位计输出端常开点闭合，PLC 接到信号以后，起动废水泵，废水泵工作以后，水位开始下降，当降到低水位以下的时候，液位计输出端的常开点断开，PLC 接到信号以后停止废水泵，废水泵停止工作。废水提升泵工作时，由 PLC 控制定时切换。

（3）曝气风机的控制

废水处理系统的曝气风机设置两用一备，在自动控制状态时，设定风机的自动轮换周期和每个风机的工作时间，为保护风机使用寿命，风机应在曝气系统压力较低时启动，因此我公司在自动控制系统中设置风机启动自动延时控制。

（4）控制系统对所有设备设置自动和手动转换

系统通过切换开关，使系统的工作状态可在自动和手动控制模式之间转换。自动控制实现无人值守，手动控制状态下可对每台设备单独控制，方便系统调试和非正常状态下运行，同时方便电控系统检修和维护。

（5）故障报警系统

系统设置故障自动声光报警装置，提示维护管理人员对系统进行检查和恢复工作状态。

3.9　结构设计

3.9.1　建筑物结构设计依据

（1）《建筑结构荷载规范》（GB 50009—2012）；

（2）《建筑抗震设计规范》（GB 50011—2010）；

（3）《混凝土结构设计规范》（GB 50010—2010）；

（4）《给水排水工程构筑物结构设计规范》（GB 50069—2002）；

（5）《建筑地基基础设计规范》（GB 50007—2011）。

3.9.2　结构抗震

抗震设防：丙类建筑；地震分组为第一组；场地类别为Ⅰ类；抗震设防烈度为Ⅵ度。

3.9.3　主体结构形式及主要材料

水池结构拟采用整体现浇钢筋混凝土结构，采用 C25 砼，抗渗标号 S。

①框架结构梁板柱采用 C25 砼，填充墙采用 MU10 机制空心砖，M5 水泥沙浆砌筑。

②砖混结构应根据当地建材情况选择机制砖，材料 MU10。砌筑地下部分和地上有防潮要求的强体采用 M7.5 水泥沙浆，其余部分采用 M5 混合砂浆砌筑。

③阀门井、地沟、管道支墩、渠道等结构视其本地建材资源、平面尺寸、埋深及地基情况，采用钢筋混凝土、块石或砖砌体结构。

④变形缝：根据场地地质情况及相关资料，按规范要求设置变形缝。

3.10　平面布置

新建废水处理站占地约 420 m²。总体布局以满足生产工艺要求为前提，分为设备控制区和废水处理区。

设备控制区设置在调节池池顶部，节省占地面积的同时便于管理。

废水处理区：调节池为地下式钢混结构；其余水池为地上式构筑物。

废水处理站内作道路硬化处理，四周绿化以种植灌木为主，特别是靠近道路一侧宜种植高大乔木以消除废水处理站感官上的影响。

3.11　高程设计

工艺高程合理布置，减少水头损失和不必要的跌水高度，从而节约水泵扬程而节约能耗。

3.12　劳动定员

3.12.1　基本要求

（1）废水处理站应有一名中专以上程度的专业技术人员；

（2）工艺操作人员应具备高中以上文化程度；

（3）操作人员上岗前必须经专业技术培训并考试合格；

（4）组织专业技术人员提前上岗，参与施工、安装、调试、验收等，为今后的运转奠定基础；

（5）辅助工人上岗必须具备安全卫生知识。

3.12.2　技术管理措施

（1）建立、健全岗位责任制，安全操作规程及管理规程制度；

（2）建立完整的记录制度，按时、如实记录运行情况。

3.12.3　人员编制

（1）工作制度：废水处理站采取 8 h 工作制。

（2）根据建设部《城市废水处理工程项目建设标准》（2001 年修订本），并结合本工程实际，废水处理站的定员编制如表 9 所示。

表 9　废水处理站人员配备表

岗位	职责	人数/人	备注
管理班长	工艺管理	1	废水处理厂运行
直接操作人员	操作工人	2	栅渣、污泥处理
合计		3	

4　投资估算及运行费用

4.1　投资估算

4.1.1　编制范围

（1）本预算包含废水处理站所有土建设施、水处理设备及安装费、设计费、系统调试费及税收。

（2）本预算不含征地费、占地费及青苗补偿费等。

（3）本预算不包括废水处理站围墙（及绿化）、通信及废水处理站 1 m 外的给排水。

（4）电力及自来水由建设方引进废水处理站。

4.1.2　编制依据

（1）土建工程参照《2004 土建工程定额》；

（2）电气设备、供排水管道及水处理设备安装工程参照《2004 安装工程定额》；

（3）设备材料价格根据市场行情及我公司合理利润报价。

4.1.3　投资报价

表 10　投资估算一览表

序号	名称	规格	数量	单价/万元	总价/万元
一、土建部分					106.00
1	格栅集水池	5.0 m×3.0 m×5.0 m	1 座	0.05	3.75
2	厌氧调节池	12.0 m×10.0 m×5.0 m	1 座	0.05	30.00
3	初次沉淀池	5.0 m×5.0 m×5.5 m	1 座	0.04	5.50
4	接触氧化池	20.0 m×5.0 m×5.0 m	1 座	0.04	20.00
5	二次沉淀池	5.0 m×5.0 m×5.0 m	1 座	0.04	5.00
6	消毒脱色池	5.0 m×4.0 m×5.0 m	1 座	0.04	4.00
7	污泥浓缩池	5.0 m×3.0 m×5.0 m	1 座	0.05	3.75
8	风机房	5.0 m×4.0 m×3.0 m	1 座	0.15	3.00

序号	名称	规格	数量	单价/万元	总价/万元
9	气浮设备间	10.0 m×7.0 m×3.0 m	1 座	0.12	8.40
10	储药间	5.0 m×2.5 m×3.0 m	1 座	0.12	1.50
11	污泥脱水间	8.0 m×5.0 m×3.0 m	1 座	0.12	4.80
12	臭氧设备间	5.0 m×4.0 m×3.0 m	1 座	0.15	3.00
13	格栅设备间	5.0 m×3.0 m×3.0 m	1 座	0.12	1.80
14	值班室	5.0 m×2.5 m×3.0 m	1 座	0.12	1.50
15	环境整理				10.00
二、设备材料部分					167.65
1	机械格栅	N=0.75 kW，b=5 mm	1 台	4.60	4.60
2	废水提升泵	Q=25 m³/h，H=10 m，N=1.5 kW	4 台	0.60	2.40
3	厌氧填料	Φ200 mm×3 000 mm	330 m³	0.015	4.95
4	填料支架		390 m²	0.02	7.80
5	加药设备	V=1 000 L，$N1$=0.55 kW，$N2$=0.55 kW	4 套	1.60	6.40
6	pH 探头		1 套	1.30	1.30
7	泥水分离器	Φ0.5×3.0 m，N=0.37 kW	2 套	1.90	3.80
8	污泥泵	Q=10 m³/h，H=10 m，N=0.75 kW	10 台	0.25	2.50
9	好氧填料	Φ200 mm×3 000 mm	260 m³	0.01	2.60
10	微孔曝气头	氧利用率：18%～27%	200 套	0.015	3.00
11	曝气风机	Q=5.11 m³/min，P=0.50 kgf/cm²，N=7.5 kW	3 台	1.90	5.40
12	臭氧发生器	Q=1 kg/h，N=10 kW	1 套	26.30	26.30
13	气浮设备	6.0 m×3.0 m×2.2 m	1 套	32.80	32.80
14	叠螺式污泥脱水机	污泥处理量：3.6～9 m³/h	1 套	23.80	23.80
15	管道阀门及配件		1 套	25.00	25.00
16	电气控制装置及电气电缆、仪表		1 套	15.00	15.00
三、其他费用					30.26
1	设备材料安装			二×10%	16.80
2	设计费			（一+二）×2%	5.46
3	调试费				3.00
4	运输费				2.00
5	监测验收费				3.00
四、税收：（一+二+三）×5%					15.20
五、合计					319.11

4.2 运行费用

本废水处理站运行成本由药剂费、电费、人工费等三项构成，不包含设备折旧费、设备维修费及管理人员劳保、社保等。

4.2.1 药剂费

处理站所用药剂主要为聚合氯化铝、聚丙烯酰胺，用量统计如表 11 所示。

表 11　药剂费用一览表

序号	药剂名称	用量/（kg/d）	价格/（元/kg）	费用/（元/d）
1	聚合氯化铝	25.00	2.00	50.00
2	聚丙烯酰胺	2.00	18.00	36.00
	小计			86.00

4.2.2　电费

处理站用电量统计（含废水提升泵站耗电量）如表 12 所示。

表 12　设备耗电一览表

设备名称		数量	单台功率/kW	安装功率/kW	使用情况 功率×台数×时数	消耗功率/[（kW·h）/d]
机械格栅		1 台	0.75	0.75	0.75×1×12	9.00
废水提升泵		4 台	1.50	6.00	1.50×2×20	60.00
泥水分离器		2 套	0.37	0.74	0.37×2×20	14.80
曝气风机		3 台	7.50	22.50	7.50×2×20	300.00
污泥泵		10 台	0.75	7.50	0.75×5×1	3.75
叠螺式污泥脱水机		1 套	0.80	0.80	0.80×1×1	0.80
臭氧发生器		1 套	10.00	10.00	10.00×1×12	120.00
气浮设备	溶气泵		7.50	7.50	7.50×1×20	150.00
	空压机		3.00	3.00	3.00×1×8	24.00
	刮渣机		0.55	0.55	0.55×1×3	1.65
	搅拌器		0.55	0.55	0.55×1×20	11.00
加药设备	搅拌机×4		0.55	2.20	0.55×2×6	6.60
	加药泵×4		0.55	2.20	0.55×2×20	22.00
小计				64.29		723.60

综上所述，本项目装机容量为 64.29 kW，每日耗电 723.60 kW·h。电价按 0.50 元/（kW·h）计：电费：723.60×0.50=361.80 元/d。

4.2.3　人工费

本废水处理站定员 3 人，月工资 3 000 元/（人·月），故人工费为 3 000 元/人×3 人÷30 d=300.00 元/d。

4.2.4　运行费用小计

表 13　运行费用一览表

项目	费用/（元/d）
药剂费	86.00
电费	361.80
人工费	300.00
直接运行成本/（元/d）	747.80
吨水运行成本/（元/t 废水）	1.49

5　环境保护、劳动保护

5.1　环境保护

废水处理站本身是为了保护水体而建设的，其目的是为了改善城市的水环境，但在治理环境污染的同时，它也有对环境产生不利影响的一面，因此在废水处理站建设过程中和投产运行之后，必须将这种影响降低到最低，达到国家有关标准、规范的要求。

（1）施工过程产生的环境影响

对本工程在建设过程中可能出现对环境的不利影响因素，主要是土石方开挖过程中对环境的影响，包括放炮产生的噪声、土石方运输过程中产生的卫生问题等。施工机具的噪声，对于周边环境也有临时性影响。上述影响可以通过制定合理的施工措施及时间安排，将这种影响降到最低程度。施工单位在建设单位的协助下，在城市有关单位的监督下制定相应的对策，经环境部门和当地政府批准后才能进行施工。

（2）废水处理站运行过程中产生的影响

废水处理站投入运行之后，对周围环境产生影响的主要对策如下：

A. 不良气体和臭味

①所有产生臭味的构筑物，均采用封闭措施，减少臭味的排放。

②采用先进的生物曝气系统，曝气器采用国内最先进的可变微孔曝气装置，曝气头由特殊弹性材料制成的球冠状微孔曝气膜片，在水中产生小于 3 mm 微孔气泡。该曝气器服务工作面积大，形成的微气泡使氧的传质率高，氧的利用率平均达到 32%，使生物床得到良好的供养条件，生物反应系统不会因为缺氧产生厌氧臭气。

③选用性能优良的曝气风机，风机系统抗负荷能力强，风机供风量大，风压稳定，保证生物反应系统正常供气，系统保持气流通畅，不产生异味。

B. 噪声处置

在整个废水处理系统中，所有动力设备均考虑使用低噪声及低振动设备。同时在风机房做防噪声处理。以系统中运行噪声最大的曝气风机为例，在工程中我公司选用江苏百事得低噪声风机。该风机在汽缸和叶轮制作中采用独特的加工工艺和优质材料，机械精度高，极大地降低风机噪声（风机运转时噪声低于 75 dB），同时大大提高了风机的工作性能和耐久性。

其他设备，如潜水泵运行噪声被水吸收，加药装置搅拌机和机械格栅电机均为低转速减速电机，运行噪声极低。加上有操作控制室和水池进一步隔音，系统动力运行噪声远远低于国家规定的《城市区域环境噪声标准》。

C. 污泥、栅渣处置

①采用专门的脱水设备，压干污泥；

②脱水后的污泥采用专门的塑料袋封装，防止产生不良气味；

③处理后的污泥及时外运，减少在处理站内堆放时间。

5.2　劳动保护

废水处理站安全生产主要表现在机械设备的合理规范操作、防触电、防雷抗震、防火以及防溺水等方面；劳动卫生则主要为噪声防治、投放药剂搬运过程中以及投放时的合理操作等。

①风机皮带轮罩必须在完备的情况下才能安全运行。

②电器设备应经电业主管部门严格检查验收后方可使用。与电器有关的工作岗位必须持证上岗；如有故障发生应立即通知电工检修或相关专业工作人员，严禁私自拆卸。

③对生产人员配备必要劳保防护用品，包括工作服、手套和防尘口罩等。

④在处理污泥及栅渣时，必须按相应的卫生安全措施操作。

6 施工组织设计

6.1 概述

6.1.1 工程内容

废水处理系统包括操作间及地下式钢混水池：格栅池、厌氧调节池、接触氧化池、沉淀池、污泥池等；废水处理设备包括机械格栅、气浮设备、曝气风机、废水提升泵、污泥泵、加药设备、污泥脱水机及曝气头、管道阀门等材料。

6.1.2 施工条件

通过对现场及设计方案的分析，以及贵阳地区市场和环境工程专用材料市场进行调查，本工程所需一切材料、设备等均能按施工要求组织进场。施工所需机具车辆、劳动力已准备就绪。施工管理机构、人员已组织完成，基本具备开工条件。

6.1.3 编制依据

（1）现行工程技术规范和施工质量验收规范；

（2）投标文件；

（3）我公司质量体系文件、技术标准等有关建筑工程各项规章制度；

（4）施工现场实际情况、施工环境、施工条件和自然条件的分析；

（5）我公司现有的劳动力、技术、机械设备能力和施工管理经验。

6.1.4 编制原则

（1）认真贯彻工程建设的各项方针和政策，严格执行建设程序；

（2）进行充分调查研究，遵循施工工艺规律、技术规律及安全生产规律，合理安排施工顺序；

（3）充分利用现有机械设备，扩大机械化施工范围，提高机械化程度，改善劳动条件，提高机械效率；

（4）采用流水施工方法、网络计划技术安排施工进度计划，科学安排冬、雨季项目施工，保证施工连续、均衡、有节奏地进行；

（5）确定施工先后顺序，统一指挥，加快进度，降低成本；

（6）提前安排各种构件的预制和定购，不影响流水施工。

6.1.5 施工工期

本工程总工期为 200 天。

6.1.6 质量目标

工程质量达到优良工程，处理站处理能力为：800 m^3/h，出水达到《中药类制药工业水污染物排放标准》（GB 21906—2008）表 2 标准。

6.2 工程计划

本工程总工期 200 天。具体安排如下：

（1）废水处理站土建工程　　　　140 d

（2）废水处理站安装工程　　　　40 d

（3）其他　　　　　　　　　　　20 d

6.3　开工前准备工作

6.3.1　施工放线

熟悉审查施工图纸和有关的设计资料，调查分析自然条件，掌握其具体内容。

6.3.2　施工放样

（1）施测依据

①《给排水构筑物工程施工及验收规范》（GB 50141—2008）；

　《给水排水管道工程施工及验收规范》（GB 50268—2008）。

②建设单位交付的导线控制点、高程控制点。

③建设单位交付的测量成果资料。

④施工图纸。

（2）测量仪器及工具

①J2经纬仪一台。

②自动安平水准仪二台。

③钢尺、水平尺等。

（3）施工放样

①复核建设单位交付的高程控制点、导线控制点。

②对于设计给定的导线控制点等进行控制锁定。

③校对、增设施工水准点，对于甲方交付的水准点进行往返观测校核，并根据施工需求适当加密临时水准点。

（4）其他要求

①测量仪器及工具在使用前应进行校验检查。

②丈量边长时，应对尺长、拉力、倾斜度进行改正计算。

6.3.3　临建工程

在废水处理站东侧设置项目经理部办公室、材料仓库各一处，并设置现场水泥、砂、石料场。占地面积 600 m²。

6.4　土建施工组织设计

6.4.1　施工工序

本工程以钢筋制安、模板制安及砼浇筑为关键工序。

施工顺序为：

废水处理池：降水施工→土方开挖→基础夯实→垫层砼→底板施工→池壁施工→顶板施工→满水试验→回填。

操作间：土方开挖→基础夯实→圈梁施工→砖墙施工→顶板施工→装饰施工。

6.4.2　施工计划

本分项工程总工期140天。具体安排如下：

①施工准备　　　　　　　　2 d

②土方开挖　　　　　　　　10 d

③基础夯实　　　　　　　　5 d

④砼垫层　　　　　　　　　2 d

⑤底板施工　　　　　　　　21 d

⑥池壁施工	60 d
⑦走道板施工	20 d
⑧满水试验	3 d
⑨站内道路	17 d

6.4.3　土方工程

放坡系数为 1∶0.5。在接近池底时先预留 0.1 m 深土方，由人工挖出剩余土方，清基底至设计标高。

6.4.4　钢筋工程

钢筋绑扎时应符合《钢筋施工及验收规范》，在垫层上抹宽 10 cm，高 3 cm，间距 1.5 m，砂浆带做保护层，底板绑扎时，用 Φ16 钢筋作架立筋，每平方米设 2 根，将上层钢筋架起，确保上下两层钢筋间距，为了防止在浇注底板砼时踩踏上层钢筋，在作业处铺设木板道供作业人员行走并在铺泵送管道马道处加设 Φ18 马蹬筋，在池壁钢筋绑扎时，在外内双层筋上焊接 Φ14 支撑筋，每平方米 1 根，焊接时将内外排钢筋保护层及排距按图纸规定固定好。Φ14 支撑筋长度不得超过保护层。池壁上的 TL-1、2、3 钢筋在池壁砼浇注时一次性甩出，并捆扎牢固。

6.4.5　模板工程

采用工具型钢模板，池壁模板竖放，外侧用 Φ20 mm 圆钢紧箍，间距 80 cm，用 10 mm×10 mm 木方作竖背楞，间距 1 m，内侧墙用 80×40 方孔钢压弧做横背楞，间距 80 cm，10 mm×10 mm 木方做竖背楞，间距 1 m，穿墙螺栓中间加止水环。间距横向 1 m，纵向 0.8 m，穿墙螺栓采用 Φ12 mm，墙体内外均用 10 mm×10 mm 木方斜支撑并用紧线器将墙内外拉结。

6.4.6　混凝土工程

采用商品混凝土浇筑

①砼分层浇注，每层厚度控制在 40～50 cm，第一层浇注完后，连续浇注第二层。

②砼中内掺 8%UEA 型膨胀剂，使砼成为补偿收缩性砼。

③砼中掺入减水剂，目的在于减少砼中含水量降低水化热，同时提高可泵性。

施工要点：

（1）底板砼标高必须严格控制，在底板筋上焊 Φ14 mm 支撑筋作标高标志，每平方米有 1 个标志，为防渗水标高底部不可接触底板，同时用水准仪校对已浇注砼面，保证标高准确无误。浇注时，从池中向四周扩展，砼中掺入缓凝剂（早期缓凝中期早强的复合剂），底版砼连续浇筑，池壁大脚凹槽处支吊模与底板砼一次浇筑完成。

（2）池壁砼一次浇注完成，防止施工缝的产生，池壁砼浇注时每层浇筑时间不超过初凝时间，分两班组同时从一点向两侧浇注，在该点直径对应处闭合，在池壁砼中掺入复合剂（早期缓凝中期早强的复合剂）。预应力砼中碎石直径不大于 3 cm。

底板砼浇筑完后在 12 h 内用塑料布覆盖，浇水养生，养生期不小于 14 d，此项工作设专人负责。

（3）振捣器振捣时，应尽量避免碰撞钢筋、模板、预埋管（件）等。振捣器应插入下层砼±5 cm，浇筑预留孔洞、预埋管（件）周边砼时，应辅以人工振捣。

6.4.7　脚手架工程

池壁内外搭双排脚手，用跳板在池外脚手上铺 1 m 宽马道，作为池壁砼的浇注通道，搭设脚手架时要符合操作规程。

6.4.8　砌筑工程

①砖的品种，标号符合设计要求，规格一致；

②砌筑砖砌体前应提前浇水湿润；

③砖砌体的灰缝要横平、竖直、砂浆饱满；

④砖砌体的尺寸和位置允许偏差，必须严格控制；

⑤砖砌体水平灰缝厚度和竖向灰缝宽度一般为 10 mm，即不应小于 8 mm，也不应大于 12 mm；

⑥砖砌体的转角处和交接处要同时砌筑，如不能同时砌而又必须留置的临时间断，要砌斜槎，实心砖砌体斜槎长要大于等于高的 2/3；

⑦砌体接槎时，必须将接槎处的表面清理干净，浇水润湿后填实砂浆，保证灰缝平直；

⑧埋设钢筋的灰缝厚度，应比钢筋直径大 4 mm 以上，以保证钢筋上下至少各有 2 mm 厚砂浆层。

6.4.9　装饰工程

装饰工程是多工程配合，最后一道面子工程。必须仔细操作，所以在施工时，土建技术人员会同水电技术人员在现场逐一检查核对各种预埋管洞位置，规格，数量等是否符合设计要求，防止因遗漏、设置、移位或粉刷后仍敲打凿洞影响装饰工程质量，延误工期。

装饰工程应遵照先外后内，先上后下的原则，在主体完成即入底糙粉敷，门窗框安装。

工序流程如下：

弹线→贴灰饼打疤→打平→处理门窗框塞缝工作。

6.5　废水处理站安装施工组织设计

6.5.1　施工工序

施工顺序为：

设备材料采购→设备就位校正→下料→切割→管道、电控、仪表安装→试压管道渗漏试验→通电设备空运转→防腐→通电整体验收。

6.5.2　施工计划

本分项工程总工期 40 天。具体安排如下：

①设备材料采购（土建施工同时进行）　　10 d

②设备就位校正　　10 d

③管道、电控、仪表安装　　20 d

④试压管道渗漏试验　　3 d

⑤通电设备空运转　　3 d

⑥防腐　　4 d

6.5.3　安装施工

①根据图纸要求购置设备、材料。

②根据图纸要求、各设备使用说明书安装要求安装设备：

注意事项：a. 查清所要安装设备的型号、规格是否与图纸吻合。

b. 检查所要安装设备的进出口位置、大小是否与图纸吻合。

③根据图纸要求连接好、设备间的管路阀门。

施工按《给水排水管道工程施工及验收规范》（GB 50268—2008）进行。

主要注意事项：a. 各管道的位置高程是否与图相符。

b. 各管道阀门的水流方向及坡度是否与图吻合。

④对管路进行试压，并做好记录。

⑤管路安装完成后，先进行彻底除锈，然后刷底漆两遍，再刷各管道要求的颜色面漆两遍。

⑥按图纸要求安装好电控、仪表、电缆。施工时按《现场设备、工业管道焊接工程施工规范》（GB 50236—2011）标准执行。

6.6 冬雨季施工措施

为确保本工程的质量和安全目标，结合本工程的开竣工日期和进度安排，考虑该工程开工延迟进入冬雨季施工，为保证工程质量、按总体进度时间完成任务，我公司特制定本项冬、雨季施工措施。

6.6.1 冬季施工措施

（1）合理安排施工计划，开工前向监理工程师提交一份冬季浇注砼及养生的施工方案，详细说明所采用的施工方法和设备。

（2）砼施工中，采用商品混凝土，保证质量；砼的运输时间尽量缩短，保证砼的入模温度不低于 5℃；砼养护采用先覆盖塑料薄膜，再用两层草袋覆盖的方法；气温低于-5℃时，地上结构采用暖棚法施工，并加强养生，对成品砼采用防冻保护措施，避免受冻而损坏。

（3）严格按照焊接技术规范进行焊接，保证焊接质量；气温降至 0℃左右时，根据材质要求对焊接部位周围 10 cm 范围内用氧乙炔焰加热，测温点距焊缝 50 mm；钢筋焊接不宜在温度低于-15℃时操作，且应在室内进行，有防风雪措施，严禁钢筋接触冰雪；室外电焊机应放在专用的棚内，电焊条应保持干燥；夜间焊接时，焊接地点应有良好充足的照明。

（4）冬季施工时要做好安全措施，要防止架子打滑，高空作业人员要衣着灵便，系好安全带，风雪天不从事危险作业或高空作业。

（5）在下雪天，不进行室外作业，雪停后要立即清扫脚手架和铺板上的积雪，防止结冰。

（6）必须进行雪后室外作业时，脚手架和施工作业面上的积雪要清理干净后，在除雪后的铺板上撒一层锯末等防滑物，再进行作业。

（7）雪后单元体运输时，硬化地面只要铲除积雪，如果是泥土地面，首先铲除积雪，然后铺上石子防滑再进行运输。

（8）时刻提醒施工人员冬季施工的注意事项，做好对施工人员的冬季施工安全教育，同时应做好施工人员的防寒工作。

（9）施工班组在施工前先将跳板、楼板边缘、洞口等施工作业面的积雪、霜冰用扫帚、铁铲去除并清扫干净后方可操作。

（10）冬季夜间施工时，施工区域内应有足够的照明。

（11）经常检查安全绳是否受冻变脆，如果变脆要立即更换。

（12）施工现场杜绝使用裸线的行为，电源线铺设时要防碾压，防止电线冻结在冰雪之中，大风雪之后由专业电工对供电线路进行检查，防止断线造成触电事故。

（13）施工现场冬季施工前对电焊设备进行检查，对已老化的线路和易冻裂破皮的要及时更换并定期检查，电焊机的一二次线必须绝缘良好，确保冬季施工安全。

（14）冬季施工应注意不可以将施工用水到处飞溅，以免结冰而导致施工人员摔倒而出现事故。

（15）冬季施工人员必须穿防滑绝缘的绝缘鞋，将棉衣和棉裤穿好并系好袖口和裤脚。

6.6.2 雨天施工质量与安全措施

（1）提前准备防雨用品，如苫布、彩条布、彩钢瓦、石棉瓦等，对于需要防雨的中间过程部位在雨前应作好防淋准备。

（2）下雨天气，严禁室外进行焊接作业。

（3）雨天施工，专职电工应做到每天施工前，对所有用电设备，特别是开关、电线、接头等，进行全面的检查，避免漏电事故发生。

（4）雨天施工的时候，要做到雨期前对现场各种机具、电器等都加强检查，尤其是脚手架、吊船、焊机、冲击钻、手电钻等，要采取防倒塌、防雷击、防漏电等一系列技术措施；要认真加强对员工的教育，防止各种事故发生。

（5）保护好露天电气设备，以防雨淋和潮湿，检查漏电保护装置的灵敏度，使用移动式和手持电动设备时，一要有漏电保护装置，二要使用绝缘护具，三要电线绝缘良好。

（6）对露天电气设备（如卷扬机等工装设施）进行必要的遮盖防护，要保护好，防止雨淋和潮湿，要检查漏电保护装置的灵敏度。

（7）雨季如要抢工期，对施工人员安全用具应特别注意，必须穿好防雨服及防滑胶鞋，系好安全带戴好安全帽。同时做好防雨设施。

（8）下雨天气停工时，应检查各停用的电气设备是否关停妥当。大雨过后，施工前要检查脚手架的下部是否下沉，如有下沉，则应立即加固。并且对其他电气设施、线路、工装设备（包括吊篮）进行全面检查，及时排除安全隐患。

（9）电缆的所有接头都用防水胶布缠绕，电控箱的各个乘插接口在雨季施工中也必须用防水胶布黏结。

6.7 质量保证措施

6.7.1 质量目标

工程质量达到优良工程；原水经处理后达到邀标文件要求，《给水排水管道工程施工及验收规范》（GB 50268—2008）等标准。

6.7.2 质量保证措施

我公司为确保该工程能达到质量目标将采取以下措施：

A. 精心组建施工组织

（1）为了确保工程如期竣工并达到优良工程，我公司选派精兵强将组成项目部。该项目部有着多年的施工经验，并负责过多项大、中型项目的施工，是一支年轻化、知识化、专业化、有丰富施工管理经验的项目部。

（2）挑选一支从事建筑安装业多年、经验丰富、能吃苦耐劳、综合实力强、管理素质高的施工队伍。

B. 服从业主和监理的质量管理

（1）项目经理部在施工过程中应积极配合业主和监理的质量检查和指导，服从业主和监理的领导和管理，严格按行业标准进行施工。

（2）在施工过程中遇到问题及时向业主和监理的技术人员汇报，会同监理、业主及有关部门共同商讨解决问题的办法，做出整改意见方案，并由技术负责人具体落实整改措施。

（3）在隐蔽工程及分项工程完工后，报监理、业主和行业主管部门进行验收、在验收合格后方可进入下道工序的施工，对于不合格工程坚决返工。

6.7.3 建立、健全质量管理制度

（1）严格执行国家施工操作规程和验收规范，加强分部、分项工程质量评定工作。

（2）坚持按图施工，若有变更必须报业主和监理同意后方可实施。

（3）加强工序检查验收制度。坚持自检、互检和专检的"三检制"制度。上道工序的工程质量必须得到下道工序操作人员的验收认可，确实做到谁施工谁负责。每道工序完成后必须报业主和监理验收合格后，方可进入下道工序的施工。

（4）严格执行"例会制"。各施工班组每天例会对当天的质量进行自检，发现问题立即返工，并做好质量记录。每周，项目部及公司质检部相互检查、评比考核、发扬成绩、纠正缺点。

6.7.4 技术保证措施

（1）严格落实施工过程控制的责任适应程序的具体规定，保证施工过程按照规定进行有效控制，以满足业主的要求。相关文件为国家行业标准《建筑装饰工程施工及验收规范》。

（2）工程以项目经理为质量保证第一人，技术负责人把关，技术负责人、技术员、各工种工长亲临现场，责任分明，层层落实。

（3）技术负责人根据施工技术方案、工艺标准、质量计划、明确质量管理重点和管理措施，对班组长和全体操作人员进行技术交底。

（4）技术交底一律通过书面形式进行，技术负责人、操作人员签字齐全，交至每个工人。技术交底原件由所设技术负责人保存，每月月底将完整齐全的一套技术交底资料交资料员整理归档，备查备用。

6.7.5 材料保证措施

（1）为了确保工程质量，首先应把好材料关。没有好的材料就没有好的质量，所以我公司都根据设计要求采用规定的名牌优质材料。

（2）严格按设计要求选定材料样板，送报业主和监理认可后并与业主和监理共同考察市场和厂家，从而保证主要材料的绝对优质，符合合同文件要求。

（3）所有进场材料都必须有出厂合格证，拒收"三无"材料，杜绝不合格材料进入现场，对于主要材料报业主和监理验收，验收合格或复试合格后方使用。

6.7.6 施工质量保证体系

本工程质量控制和质量管理将严格执行本公司根据 GB/T 19000 系列国标和 ISO 9001 系列国际标准编制的《质量手册》《程序文件》及相关作业指导书。

（1）质量保证组织管理机构

①项目质量管理领导小组

项目成立以项目经理为首的质量管理领导小组，项目经理对工程质量全面负责，对整个施工过程中的质量工作全面领导，是质量的第一责任人。项目上配备的技术负责人对质量工作进行全面管理，是质量的第二责任人。项目上配备的工长、质安员作为组员，具体进行质量管理工作。

②项目质量保证实施小组

项目成立以质安员为核心，各专业工长兼职质检员，各班长为组员的质量保证实施小组。建立完善的质量保证体系与质量信息反馈体系，对工程质量进行全过程的控制和监督，层层落实"质量管理责任制"和"工程质量施工责任制"。同时，公司项目施工检查组将定期和不定期对该项目进行检查和抽查，以确保工程质量让业主满意，达到优良工程标准。

（2）挑选综合实力强、管理素质高的施工队伍

本着科学管理、精干高效、结构合理的原则，由公司劳人部从全公司范围内选配具有改革开拓精神、施工经验丰富、服务态度良好、勤奋实干的工程技术队伍和管理干部组成施工队伍，其专业化、技术化水平属国内一流。

（3）健全工地施工管理制度

主要的工地施工管理制度有：劳动纪律；安全纪律；防火措施；用电规定等。

（4）建立质量岗位责任制

贯彻"谁管生产，谁就管质量；谁施工，谁就负责质量；谁操作，谁就保证质量"的原则，实行工程质量岗位责任制，并采用行政和经济手段来保证工程质量岗位责任制的实施。主要的岗位责任制有：项目经理岗位责任制；内业技术员岗位责任制；专业工长岗位责任制；质检员岗位责任制。

（5）加强设备管理

正确选择、合理配置施工设备，做好设备的维修保养工作，确保设备正常运转。

6.8 施工总进度及保证措施

6.8.1 进度计划编制说明

项目根据本项目的施工条件：

（1）根据业主施工时间要求；

（2）根据现场工作量由难到易进行施工；

（3）根据现场具备的作业条件；

（4）根据设计方精神：精心组织、精心施工、科学管理、合理安排；

（5）根据设计方要求：空间占满、时间占满、纵横交错地进行施工。

6.8.2 保证总进度计划重点、难点

根据本项目的施工条件、工程特点及工程分布情况，控制工期的关键项目为：

（1）项目土建施工；

（2）废水处理站内机电设备安装。

6.8.3 施工进度计划安排

若我所中标，我们将按业主的拟定工期要求日期进场，进场后抓紧施工准备，特别是人员、设备迅速到位，施工交通通道。以便为主体工程早日开工创造条件。

本工程面很分散，工期又很紧。因此我们安排三支施工队伍交叉流水作业。待前期准备工作完成，土建队伍立刻进场施工，进行与机电设备有关的工程基础施工；完成后由机电安装队伍进场进行安装施工，同时不影响机电施工的工程则根据现场实际情况穿插施工；管道施工队可根据现场的施工条件独立施工。我们将根据业主要求和工期情况安排和调整施工人员确保130个日历天的工期。

6.8.4 保证总进度计划实施的措施

为保证本工程的质量及进度，我所将为本工程配备工程所需的机械设备及人员，并有一定的充余量，从而确保工程严格地按施工进度计划顺利进行。

为了确保工期加快施工进度，我们除了从技术上、设备上的投入外，关键在于加强管理。

（1）加强计划管理，根据工期要求和环境条件编制工程总进度计划。在具体施工中，根据各单位工程各工序的具体情况还要制订详细的月度计划，以确保总工期。在施工中以形象进度作为重要考核指标。

（2）在编排施工计划时，尽量避开恶劣天气施工，以减少不必要的损失，保证有效工作时间。

（3）根据工期要求，工程量的大小和施工特点，必须备足需用的施工机械，保证机械在施工中的需要，而且对重要机械要有适当的备用数量，加强施工机械的维修保养工作，对于易损机械零配件要有适当储备，及时更换，保证机械运行良好，尽量不要因机械而影响施工。

（4）现场安排有经验的施工人员，保证工程的正常开展。

（5）施工中加强调度，统一指挥，每周召开生产调度会进行总结和协调平衡。必要时召开生产调度会，调整计划统一部署，集中力量攻克关键及薄弱环节，各道工序均应互相密切配合，协调一致，避免干扰，减少窝工。

（6）按工程的进度需要制定材料供应计划，加强材料的采购工作，做到及时供应，有足够的储备，及时补充，坚决避免因材料供应不上而影响施工。

（7）后勤生活合理安排，尽量创造较好的生活条件和生活环境，使施工人员劳逸结合，保证施工人员以饱满的精神和愉快的心情去开展工作。

（8）密切与设计单位和业主的联系，施工中遇到疑难问题，及时与有关部门联系并及时解决，积极协助工程监理部门的检查和验收工作。

（9）具体加快施工进度措施。

①合理安排各工作面施工，流水作业；

②合理组织施工，做好"周密安排、精心施工、科学管理"；

③提高机械化程度，并提高机械利用率；

④及时准备填报材料用量计划，确保材料充足，不停工待料；

⑤充分做好雨天施工的思想准备，物质准备及技术措施；

⑥采用新工艺，新材料，择优选用施工方案。

6.9 施工安全措施

6.9.1 安全目标

本工程安全生产管理目标：按《建筑施工安全检查标准》（JGJ 59—2011）标准达到优良等级。杜绝重大伤亡事故。

6.9.2 安全生产标准化管理措施

（1）安全管理

①建立以项目经理为第一责任人的安全生产领导小组。项目部建立各级各部门安全生产责任制；施工现场建立各级责任人员的安全职责，设置安全管理机构及专职安全员，班组配置兼职安全员。制定各种安全技术操作规程。

②建立定期安全检查制度，项目部每周检查一次，做好检查记录。每次检查实行三定一限一复查原则，对查出的事故隐患，做到定人、定时间、定措施整改。

③建立安全教育制度，落实三级安全教育，建立教育登记表，职工安全教育通过试卷测验形式查验受教育效果，合格后方能上岗。

④建立班前活动制度，建立活动台账，每日由作业班长记录。所有特种作业人员持证上岗。

⑤现场采用标准的禁令标志，根据安全标志平面布置正确悬挂。

⑥一旦发生工伤事故按调查处理程序进行，建立工伤事故档案。

（2）"三宝""四口"防护

①进入施工现场的所有人员正确佩戴安全帽，杜绝使用缺衬、缺带及破损的安全帽，并按要求对不同工种采用不同颜色的安全帽进行管理。

②安全帽、安全带使用具有生产许可证的产品，安全带由专人负责存放在干燥、通风的仓库里。

③临边和"四口"均按规定设置防护栏杆和防护盖板，并在防护栏杆上涂刷标志颜色（禁止标志颜色采用红、白相间，警告标志用黄、黑相间）。

（3）施工用电

①编制好临时用电施工组织设计，并报有关部门审批。

②配电线路采用架空和埋地两种。

③施工现场采取 TN-S 接零保护系统。配电线路应采用五蕊电缆线。施工用电设备和配电箱金属外壳连接专用的保护零线，专用保护零线用黄/绿双色，并设显明标志。

④配电系统按总配电（一级）—分配电（二级）—开关箱（三级或末级）设置，并实行两级漏电保护。末级箱按一机一闸一漏一箱的要求设置，闸具、熔断器参数与设备容量相匹配。开关箱的触电保护器规格与施工机具、配套，一般机具选用≤30 mA 的触电动作电流，插入或平板振动器、潜水泵、水磨石机及各种手持式电动机具等选用动作电流≤15 mA 的触电动作电流，额定漏电动

时间小于 0.1 s。箱内装设电源隔离开关。

⑤建立现场用电管理档案，做好电工巡视检查维修记录，专用设备做好接线标识。

⑥配电箱做好防漏措施，门锁齐全，各级箱体进行统一编号，箱内线路按用途进行标记，箱内张贴电气线路图和检查维修记录表。

⑦配电箱引入、引出箱体采用套管，进出电线确保整齐并从箱体底部进入，杜绝使用绝缘差、老化、破电线。

（4）施工机具

①施工现场机具安装后由专业人员进行验收后使用，相对固定的机具做好防雨操作棚，设置排水沟；各类机具保护接零做到位，开关箱内装设漏电保护器，传动部位装设牢固的防护罩，并派专人负责检修。

②确保搅拌机、砂浆机等机械的各关离合器、制动器、钢丝绳防护灵敏、安全有效，料斗保险链钩、操作杆保险装置、各防护罩、盖、盘齐全有效，并做到定机定人持证上岗。

③平刨和圆盘锯设置护手安全装置和防护挡板，无人操作时切断电源。

④电焊机除装设漏电保护器外加设二次空载降压保护器和触电保护器。

⑤钢筋机械传动部位设置防护罩，对焊作业区和冷拉作业区设置防护措施。

⑥各类气瓶设置标准色标，间距应按规定控制，并加防震圈和防护罩，存放或使用时立放。

6.9.3　施工消防安全管理措施

（1）施工现场义务消防组织系统

A. 消防管理组织

本工程工地成立以工程项目经理为组长，以专职安全员副组长的消防管理小组，其他成员 5 人。

B. 职责与任务

①定期分析施工人员的思想状况，做到心中有数。

②经常检查消防器材，以保证消防的可靠性。

③经常检查现场的消防规定执行情况，发现问题及时纠正。

④定期对职工进行消防教育，提高思想认识，一旦发生灾害事故做到招之即来，来之能战。

C. 义务消防队

①成立以工程项目经理为义务消防队队长，以专职安全员为副队长，队员占施工人数的 5% 以上的义务消防队。

②义务消防队应当定期进行教育训练，熟悉掌握防火、灭火知识和消防器材的使用方法，做到能防火检查和扑救火灾。

（2）防火管理措施

①严格执行省市消防条例和消防规定及公司制定的防火管理制度。

②现场设置明显的防火宣传标志，每月对职工进行一次防火教育，定期组织防火检查，建立防火工作档案。

③电工、焊工从事电气设备安装和电、气焊切割作业，持证上岗并经动火审批：由作业班组提出动火申请、项目安全员检查其防火措施合格后签字方可动火作业。动火前，要清除附近易燃物，配备看火人员和灭火用具。动火地点变换，要重新办理用火证手续。

④使用电气设备和易燃、易爆物品；必须严格防火措施，指定防火负责人，配备灭火器材，确保施工安全。

⑤因施工需要搭设临时建筑，应符合防盗、防火要求，不得使用易燃材料。

⑥施工材料的存放、保管，应符合防火安全要求，库房应用非燃材料支搭。易燃易爆物品，应

专库储存，分类单独存放，保持通风，用火符合防火规定。

⑦工程内不准作为仓库使用，不准存放易燃、可燃材料，因施工需要进入工程内的可燃材料，要根据工程计划限量进入并应采取可靠的防火措施。工程主体建筑内严禁住人。

⑧施工现场和生活区，未经保卫部门批准不得使用电热器具。

⑨氧气瓶、乙炔瓶（罐）工作间距不小于 5 m，两瓶与明火作业距离不小于 10 m。

⑩在施工过程中要坚持防火安全交底制度。特别在进行电气焊、油漆刷涂或从事防水等危险作业时，要有具体防火要求。

⑪加强消防重点部位的巡逻检查，如木工房、宿舍区。

⑫现场发生火灾事故后的注意及急救要领：现场出现火险或火灾时，要立即组织现场人员进行扑救，救火方法要得当。油料起火不易用水扑救，可用泡沫灭火器或采用隔离法压灭火源，电气设备起火时，应尽快切断电源，用二氧化碳灭火器灭火，如果化学材料起火，更要慎重，要根据起火物性质选择灭火方法，同时要注意救火人员的安全，防止中毒。

⑬现场出现火险时，施工员判断要准确，当即不能救的要及时报警，请消防部门协助灭火。

⑭在消防队到现场后，工长要及时而准确地向消防人员提供电器、易燃、易爆物的情况。火灾区内如有人时，要尽快组织力量，设法先将人救出，然后全面组织灭火。

⑮灭火以后，应保护火灾现场，并设专人巡视，以防死灰复燃。保护火灾现场又是查找火灾原因的重要措施。

（3）施工机械设备安全技术措施

工程要认真执行建筑机械使用安全技术规程和施工现场电气安全管理规定，另外还应注意：

①现场施工用电管理负责人，负责各种电机设备的用电许可证发放，对进入现场的电气工作人员进行用电操作技术交底，并监督施工用电安全。

②施工中的机械服务于高空与地面，因此，机械操作地点与服务作业面要视线清楚，指挥通信设备良好，信号统一及时，并要定机、定人、定指挥。机电作业地点要有安全环境，夜间有足够的照明，停机时要有可靠的防护措施。

③施工用的机械，必须利用专门设计布线，采用护套电缆线，要按规定分级配电，各级配电装置的容量应与实际负载匹配，其布置、固定、结构形式、盘面布置、系统接线等都要按规范进行，不得乱拖拉电线。

④施工中一切高空的金属架子、机械都要设置防雷和接地装置，接地电阻不得大于 10 欧姆。

⑤施工前必须建立本工地的机械电气安全管理规定和各项检查制度，施工期间日夜都早设有机电值班人员，处理机电事故，非专职人员不得触动机电设备。

（4）劳务管理

为了保障劳动者的合法权益，切实保障职工工作生活条件及人身安全，保证工程顺利进行，保护用工者和务工者的合法利益。

①自工程项目开始至完工结束，项目部必须认真执行国家、省、市及公司的有关劳务用工的法规和规定。

②凡进入工地的施工员，必须提交身份证及计划生育证明，无身份证或未满十八周岁的人员，工地不得留用，工地内一律严禁用童工，若违反，按有关条例和处罚规定执行。

③所招工人应从安排工作之日前与项目部签订临时劳动合同，办理就业证和务工证。就业证到期，需变更延续者，在原证到期十日内办理合同续签手续。

④务工人员进入工地，应接受安全教育、法制教育和文明施工教育。遵守工地的各项规章制度，服从领导的安排。

⑤依法推行劳动合同法，做到经常性宣传教育，提高职工思想意识和自我防范意识，使职工感觉到有法可依。

6.10　文明施工和环保措施

6.10.1　文明施工措施

（1）认真执行贵阳市有关文明施工的规定。措施落实责任到位，挂好五牌二图工作，指导施工人员安全生产、文明施工，创建文明工地。

（2）各项规章制度，做到文明施工落到实处，管理结构条理明确，岗位责任落实到人，整体运作快速高效，计划实施保质保量。

（3）加强文明教育、安全教育，科学施工，安全生产，文明作业。

（4）施工做到场净地清，废物及时清除，不得对路面造成任何污染。

（5）施工场地留出汽车和行人的足够通道。各种工具及材料堆放有序，设备工具管理有序。

（6）加强后勤管理，注意饮食和环境卫生。定期喷洒消毒药物。

6.10.2　环保措施

（1）要有技术措施，严格执行国家的法律、法规

在施工现场平面布置和组织施工过程中都要执行国家、地区、行业和企业有关防治空气污染、水源污染、噪声污染等环境保护的法律、法规和规章制度。

（2）加强检查和监控工作

加强检查，加强对施工现场粉尘、噪声、废气的监测和监控工作。与文明施工现场管理一起检查、考核、奖罚。及时采取措施消除粉尘废气和废水污染。

（3）保护和改善施工现场的环境，要进行综合治理

一方面采取有效措施控制人为噪声、粉尘的污染和采取技术措施控制烟尘、废水、噪声污染。另一方面，建设单位应该负责协调外部关系，同当地居委会、村委会、办事处、派出所、居民、施工单位、环保部门加强联系。

（4）采取措施防止大气污染

①施工现场垃圾渣土要及时清理出现场。

②运输白灰等细颗粒材料时，要采取遮盖措施，防止沿途遗撒、扬尘。

③车辆不带泥沙出现场措施。

④除设有符合规定的装置外，禁止在施工现场焚烧油毡、橡胶、塑料、皮革、树叶、枯草、各种包皮等以及其他会产生有毒、有害烟尘和恶臭气体的物质。

⑤工地茶炉、大灶、锅炉，尽量采用消烟除尘型茶炉，锅炉和消烟节能回风灶，烟尘降到允许排放为止。

（5）防止水源污染措施

①禁止将有毒有害废弃物作土方回填。

②工地临时厕所，化粪池应采取防渗漏措施。

（6）防止噪声污染措施

①严格控制人为噪声，进入施工现场不得高声喊叫、无故摔打模板、乱吹哨，限制高音喇叭的使用，最大限度地减少噪声扰民。

②凡在人口稠密区进行强噪声作业时，须严格控制作业时间，一般晚 10 点到次日早 6 点之间停止强噪声作业。

③从声源上降低噪声。

④在传播途径上控制噪声。采取吸声、隔声、隔振和阻尼等声学处理的方法来降低噪声。

6.11 施工场地治安保卫管理

6.11.1 施工现场治安保卫组织系统

（1）治安保卫组织管理网络

成立保卫工作领导小组，以项目经理（单位工程负责人）为组长，安全负责人为副组长，其他成员若干人。

（2）职责与任务

①定期分析施工人员思想状况，做到心中有数。

②定期对职工进行保卫教育，提高思想认识，一旦发生险情，做到招之即来，团结奋斗。

6.11.2 保卫工作措施

为了加强施工现场的保卫工作，确保建设工程的顺利进行，根据市综合治理现场保卫工作基本标准的要求，结合本工程的实际情况，为预防各类盗窃、破坏案件的发生，特制定本工程的安全保卫工作方案。

（1）设立由 5 人组成的保卫领导小组，由单位工程负责人任组长，负责全面领导小组，安全负责人任副组长，其他成员共 3 人。

（2）工地设门卫值班室，由 3 人昼夜轮流值班，白天对外来人和进出车辆及所有物资进行登记，夜间值班巡逻护场。重点是仓库、木工栅、办公室保卫。

（3）加强对外地民工的管理，摸清人员底数，掌握每个人的思想动态，及时进行教育，把事故消灭在萌芽状态。非施工人员不得住在施工现场，特殊情况要经保卫工人负责人批准。

（4）每月对职工进行一次治安教育，每季度召开一次治保会，定期组织保卫检查，并将会议检查整改记录存入企业资料内备查。

（5）对易燃、易爆、有毒物品设专库、专管，非经单位工程负责人批准，任何人都不得动用。不按此执行，造成后果追究当事人的刑事责任。

（6）施工现场必须按照"准主管、准负责"的原则，确定党政主要领导干部负责保卫工作。建立保卫工作领导小组。

（7）施工现场要建立门卫和巡逻护场的制度，守卫人员要佩戴执勤标志。

（8）做好保护工作，制定具体措施，严防被盗、破坏和治安灾害事故发生。

（9）施工现场发生有关案件和灾害事故，要立即报告并保护好现场，配合公安机关侦破。

6.11.3 保卫室值班记录

（1）非施工人员及本工地人员不得随便进入施工现场，外来人员联系业务或找人，警卫必须先验明证件，进行登记后方可进入工地。

（2）进入工地的材料，保卫值班人员必须进行登记，注明材料、品种、数量、车的种类和车号。

（3）外运材料必须有单位工程负责人签字，保卫人员方可放行。

（4）保卫室值班人员不得少于 3 人，必须昼夜轮流值班，对当天发生的情况记录清楚，以便向接班人员交代清楚，双方签字后交班人员方准离开岗位。

（5）夜间值班人员不得睡觉、喝酒，不断进行巡逻检查，发现问题及时向主管领导报告。

（6）门卫值班人员不得随意离开岗位，如被发现进行批评教育，并给予罚款。

6.12 机械设备配置

表 14 机械设备配置表

序号	机械名称	单位	功率或型号	数量	备注	使用时间
1	现代挖掘机	台	PC70	1	小型	开工 1 d
2	挖掘机	台		2	大型	开工 1 d
3	柳工装载机	台	ZL50C	1		开工 1 d
4	东风自卸车	台	DFD3050G	2		开工 1 d
5	奥龙自卸车	台	SX3251UM354	3		开工 1 d
6	凿岩机	台	YT-28	1		开工 2 d
7	风镐	台		2		开工 2 d
8	电焊机	台	BX1-500	4		开工 4 d
9	潜水泵	台	1 kW	1		开工 1 d
10	潜水泵	台	3 kW	1		开工 1 d
11	氧气乙炔	罐	小型	若干		开工 30 d
12	砂轮切割机	把	小型	2		开工 30 d
13	打磨机	把	小型	6		开工 30 d
14	手电钻	把	小型	6		开工 30 d

6.13 工地渣土运输及车辆出门清洗保障措施

由于本工程紧靠市区及高速路,过往人员众多,搞好环境工作尤为重要,因此为了减少施工期间的渣土扬尘造成对环境的污染,降低扬尘污染带来的危害,保障人体健康,争创文明标化工地,根据本工程的实际情况,特制一系列保障措施。

(1)项目部要加强对本工程工地渣土运输和车辆出门清洗的管理工作,工地设置专职管理员,负责对工地渣土运输和车辆出门清洗的控制。对无视工地渣土运输违规行为进行处理。

(2)在建筑渣土排放工地出入口,对进入工地车辆的车容车况、相关证照开展检查;对不符合规定要求的车辆,不予进入工地。

(3)工地出入口必须设置防止车辆带渣土出工地的设施,所有车辆出工地前必须冲洗轮胎,工地门卫室设置扫帚,车辆装运渣土清洗机设备必须符合规定,对出门车辆进行检查,密闭运输,不得超载超限,杜绝渣土运输车辆带泥上路和抛撒滴漏现象。

(4)指挥待装车辆有序停放,保障车辆装卸作业安全,配合单位消除生产安全事故隐患。

(5)各建筑工地按照要工地环境保护措施求设置硬质围挡,并按规定对围挡作美化。施工单位要加强渣土车管理,经常进行检查,防止污损,一旦发生污损,应及时安排清理和整改。

(6)检查施工工地出入口及周边道路清洁情况,及时安排人员进行保洁。

(7)积极配合管理、执法部门现场执法检查,主动介绍运输作业情况。

7 调试及试运行

7.1 调试条件

①土建构筑物全部施工完成;

②设备安装完成;

③电气安装完成;

④管道安装完成;

⑤相关配套项目,含人员、仪器,废水及进排管线,安全措施均已完善。

7.2　调试准备

(1) 组成调试运行专门小组,含土建、设备、电气、管线、施工人员以及设计与建设方代表共同参与;

(2) 拟定调试及试运行计划安排;

(3) 进行相应的物质准备,如水(含废水、自来水),气(压缩空气、蒸汽),电,药剂的购置、准备;

(4) 准备必要的排水及抽水设备;堵塞管道的沙袋等;

(5) 必需的检测设备、装置(pH计、试纸、COD检测仪、SS);

(6) 建立调试记录、检测档案。

7.3　试水(充水)方式

(1) 按设计工艺顺序向各单元进行充水试验;中小型工程可完全使用洁净水或轻度污染水(积水、雨水);大型工程考虑到水资源节约,可用50%净水或轻污染水或生活废水,一半工业废水(一般按照设计要求进行)。

(2) 建构筑物未进行充水试验的,充水按照设计要求一般分三次完成,即1/3、1/3、1/3充水,每充水1/3后,暂停3~8 h,检查液面变动及建构筑物池体的渗漏和耐压情况。特别注意:设计不受力的双侧均水位隔墙,充水应在二侧同时冲水。

(3) 已进行充水试验的建构筑物可一次充水至满负荷。

充水试验的另一个作用是按设计水位高程要求,检查水路是否畅通,保证正常运行后满水量自流和安全超越功能,防止出现冒水和跑水现象。

7.4　单机调试

(1) 工艺设计的单独工作运行的设备、装置或非标均称为单机。应在充水后,进行单机调试。

(2) 单机调试应按照下列程序进行:

①按工艺资料要求,了解单机在工艺过程中的作用和管线连接。

②认真消化、阅读单机使用说明书,检查安装是否符合要求,机座是否固定牢。

③凡有运转要求的设备,要用手启动或者盘动,或者用小型机械协助盘动。无异常时方可点动。

④按说明书要求,加注润滑油(润滑脂)加至油标指示位置。

⑤了解单机启动方式,如离心式水泵则可带压启动;定容积水泵则应接通安全回路管,开路启动,逐步投入运行;离心式或罗茨风机则应在不带压的条件下进行启动、停机。

⑥点动启动后,应检查电机设备转向,在确认转向正确后方可二次启动。

⑦点动无误后,作3~5 min试运转,运转正常后,再作1~2 h的连续运转,此时要检查设备温升,一般设备工作温度不宜高于50~60℃,除说明书有特殊规定者,温升异常时,应检查工作电流是否在规定范围内,超过规定范围的应停止运行,找出原因,消除后方可继续运行。单机连续运行不少于2 h。

(3) 单车运行试验后,应填写运行试车单,签字备查。

7.5 单元调试

（1）单元调试是按水处理设计的每个工艺单元进行的，如格栅单元、调节池单元、水解单元、好氧单元、二沉单元、气浮单元、污泥浓缩单元、污泥脱水单元、污泥回流单元……的不同要求进行的。

（2）单元调试是在单元内单台设备试车基础上进行的，因为每个单元可能由几台不同的设备和装置组成，单元试车是检查单元内各设备连动运行情况，并应能保证单元正常工作。

（3）单元试车只能解决设备的协调连动，而不能保证单元达到设计去除率的要求，因为它涉及工艺条件、菌种等很多因素，需要在试运行中加以解决。

（4）不同工艺单元应有不同的试车方法，应按照设计的详细补充规程执行。

7.6 分段调试

（1）分段调试和单元调试基本一致，主要是按照水处理工艺过程分类进行调试的一种方式。

（2）一般分段调试主要是按厌氧和好氧两段进行的，可分别参照厌氧、好氧调试运行指导手册进行。

7.7 接种菌种

（1）接种菌种是指利用微生物生物消化功能的工艺单元，如主要有水解、厌氧、缺氧、好氧工艺单元，接种是对上述单元而言的。

（2）依据微生物种类的不同，应分别接种不同的菌种。

（3）接种量的大小：厌氧污泥接种量一般不应少于水量的8%～10%，否则，将影响启动速度；好氧污泥接种量一般应不少于水量的5%。只要按照规范施工，厌氧、好氧菌可在规定范围正常启动。

（4）启动时间：应特别说明，菌种、水温及水质条件，是影响启动周期长短的重要条件。一般来讲，低于20℃的条件下，接种和启动均有一定的困难，特别是冬季运行时更是如此。因此，建议冬季运行时污泥分两次投加，投加后按正常水位条件，连续闷曝（曝气期间不进水）3～7 d后，检查处理效果，在确定微生物生化条件正常时，方可小水量连续进水 20～30 d，待生化效果明显或气温明显回升时，再次向两池分别投加10～20 t活性污泥，生化工艺才能正常启动。

（5）菌种来源，厌氧污泥主要来源于已有的厌氧工程，如汉斯啤酒厌氧发酵工程、农村沼气池、鱼塘、泥塘、护城河清淤污泥；好氧污泥主要来自城市废水处理厂，应拉取当日脱水的活性污泥作为好氧菌种。

7.8 驯化培养

（1）驯化条件　一般来讲，微生物生长条件不能发生骤然的突出变化，常规讲要有一个适应过程，驯化过程应当与原生长条件尽量一致，当做不到时，一般用常规生活废水作为培养水源，果汁废水因浓度较高不能作为直接培养水，需要加以稀释，一般控制COD负荷不高于1 000～1 500 mg/L为宜，这样需要按 1∶1（生活废水∶果汁废水）或 2∶1 配制作为原始驯化水，驯化时温度不低于20℃，驯化采取连续闷曝 3～7 d，并在显微镜下检查微生物生长状况，或者依据长期实践经验，按照不同的工艺方法（活性污泥、生物膜等），观察微生物生长状况，也可用检查进出水 COD 大小来判断生化作用的效果。

（2）驯化方式　驯化条件具备后，连续运行已见到效果的情况下，采用递增废水进水量的方式，使微生物逐步适应新的生活条件，递增幅度的大小按厌氧、好氧工艺及现场条件有所不同。一般来讲，好氧正常启动可在 10～20 d 内完成，递增比例为 5%～10%；而厌氧进水递增比例则要小得多，一般应控制挥发酸（VFA）质量浓度不大于 1 000 mg/L，且厌氧池中 pH 值应保持在 6.5～7.5 范围内，不要产生太大的波动，在这种情况下水量才可慢慢递增。一般来讲，厌氧从启动到转入正常运行（满负荷量进水）需要 3～6 个月才能完成。

（3）厌氧、好氧、水解等生化工艺是个复杂的过程，每个工程都会有自己的特点，需要根据现场条件加以调整。

7.9 全线调试

（1）当上述工艺单元调试完成后，废水处理工艺全线贯通，废水处理系统处于正常条件下，即可进行全线连调。

（2）按工艺单元顺序，从第一单元开始检测每个单元的 pH 值（用试纸）、SS（经验目测）、COD（仪器检测），确定全线运行的问题所在。

（3）对不能达到设计要求的工艺的单元，全面进行检测调试，直至达到要求为止。

（4）各单元均正常后，全线连调结束。

7.10 抓住重点检测分析

（1）全线连调中，按检测结果即可确定调试重点，一般来讲，重点都是生化单元。

（2）生化单元调试的主要问题

①要认真检查核对该单元进出水口的位置、布水、收水方式是否符合工艺设计要求。

②正式通水前，先进行通气检测，即通气前先将风机启动后，开启风量的 1/4～1/3 送至生化池的曝气管道中，检查管道所有节点的焊接安装质量，不能有漏气现象发生，不易检查时，应涂抹肥皂水进行检查，发现问题立即修复至要求。

③检查管道所有固定处及固定方式，必须牢固可靠，防止产生通水后管道产生松动现象。

④检查曝气管、曝气头的安装质量，不仅要求牢固可靠，而且处于同一水平面上，高低误差不大于±1 mm，检查无误后方可通水。

⑤首次通水深度为淹没曝气头、曝气管深度 0.5 m 左右，开动风机进行曝气，检查各曝气头曝气管是否均衡曝气。否则，应排水进行重新安装，直至达到要求为止。

⑥继续充水，直到达到正常工作状态，再次启动曝气应能正常工作，气量大、气泡细、翻滚均匀为最佳状态。

（3）对不同生化方式要严格控制溶解氧（DO）量。厌氧工艺不允许有 DO 进入；水解工艺，可在 10～12 h，用弱空气搅拌 3～5 min；缺氧工艺 DO 应控制在小于 0.5 mg/L 范围内；氧化工艺则应保证 DO 不小于 2～4 mg/L。超过上述规定将可能破坏系统正常运行。

7.11 改善缺陷、补充完善

（1）连续调试后发生的问题，应慎重研究后，采取相应补救措施予以完善，保证达到设计要求。

（2）一般来讲，改进措施可与正常调试同步进行，直到系统完成验收为止。

7.12 试运行

（1）系统调试结束后应及时转入试运行。

（2）试运行开始，则应要求建设方正式派人参与，并在试运行中对建设方人员进行系统培训，使其掌握运行操作。

（3）试运行时间一般为 10～15 d。试运行结束后，则应与建设方进行系统交接，即试运行前期废水站全部设施、设备、装置的保管及运行责任由工程施工承包方自行承担；试运行期，则由施工方、建设方共同承担，以施工方为主；试运行交接后则以建设方为主，施工方协助；竣工验收后则全权由建设方负责。

7.13　自验检测

（1）由施工方制订自验检测方案，并做好相应记录。

（2）连续三天，按规定取水样（每 2 h 一次，24 h 为一个混合样），分别在进出水口连续抽取，每天进行检测（主要为 COD、pH、SS），合格后即认定自检合格。

7:14　交验检测

（1）由施工方将自检结果向建设方汇报，建设方认同后，由建设方寄出交验书面申请报告，报请当地环保监测主管部门前来检测。

（2）施工方，建设方共同准备条件，配合环保主管部门进行检测。

（3）检测报告完成后，工程技术验收完成。

7.15　竣工验收

（1）由施工方向建设方提交竣工验收申请，并向建设方提供竣工资料。

（2）由建设方组织，并正式起草竣工验收报告，报请主管部门组织验收。

（3）正式办理竣工验收手续。

8　售后服务及其他

我公司坐落于美丽的海滨城市厦门，是一家以环保产业为主，工业安装设备为辅的集技术、工程、贸易为一体的股份制技术开发型企业，是厦门市第一家拥有由住建部颁发的甲级环境工程设计资质的环境高科技企业，是中国环境保护产业协会会员，福建省环境保护产业协会理事，厦门市环境保护产业协会理事。

公司拥有多项环保设备制造技术。具有很强的技术开发，污治工程设计，环保专用设备的设计制造，污治工程施工及工程系统调试的综合能力。

8.1　售后服务承诺

（1）我公司是国内实力较强的水处理专业公司，与贵州环科院、贵州海森环境保护有限公司等贵州本土环保企业签订合作关系，售后服务保证随叫随到，对售后服务我公司保证在 24 h 内到达现场处理问题。

（2）我公司拥有自己的工程技术人员和生产企业，多年来职工队伍稳定，售后服务有保障。

（3）工程竣工验收后，在质保期内实行保修保换制度。设备质保期为 1 年，质保期内设备出现故障，由我公司负责免费维修或更换。土建施工质量终身责任制。

（4）我公司对提供的设备实行终身服务，质保期以后，我公司只收取成本费。

8.2　安装和保修的计划和承诺

（1）我公司将选用优秀的管理人员出任项目经理部管理人员，组建精干高效的项目管理班子，严格按照 ISO9001：2000 质量体系控制质量，踏踏实实地做好自身的工作，并协调好各安装专业的关系，以达到本工程的质量目标。

（2）制定切实可行的《施工方案》，并严格按照此执行。

（3）明确现场施工人员的安全质量责任、具体量化，责任到人。

（4）施工过程中严格按照图纸，执行公司的施工工艺要求，质检人员对每一道工序进行严格把关，并对整体进行全面检查，尤其是质量控制点、特殊工序进行复检。

（5）现场质量负责人组织本现场安装和调试的检验、调试、测量设备的管理，并填写好施工过程记录，调试、实验记录，验收报告。

（6）欢迎业主方对我公司施工的工程进行监督，提出宝贵意见，保证绝不使用不合格产品，或以次充好、以劣充优、坚决杜绝偷工减料的现象发生。

（7）工程竣工验收后，在质保期内实行保修保换制度。设备质保期为 1 年，质保期内设备出现故障，由我公司负责免费维修或更换。土建施工质量终身责任制；我公司对提供的设备实行终身服务，质保期以后，我公司只收取成本费。

（8）我公司设有 24 h 服务热线，便于定期质量及客户投诉。我公司定期（每月一次）通过电话或派人上门进行回访，以确保对客户的质量服务。

8.3   维修技术人员情况

我公司成立有专业的售后服务队伍，售后服务人员由技术部门、生产部门和经营部门的骨干组成。为了使售后服务尽可能做到迅速、快捷，使用户的利益得到保障，让用户满意，同时也为了树立和巩固我公司在水处理行业良好的信誉。

8.4   技术培训计划

（1）工程竣工后，向用户提供完整的技术资料——设备使用说明书、操作规程、竣工图等。

（2）工程竣工后，我公司技术人员即开始对废水处理系统进行调试，建议用户同时安排操作人员及维修人员参与调试工作，与我公司技术人员一起熟悉系统调试过程。在此过程中，我公司技术人员将对水处理工艺、各个设备的用途及结构进行详细讲解，使用户的技术管理人员对设备的结构和工作原理熟练掌握为止。

（3）对运行人员进行岗位培训，直至操作人员熟练掌握为止。

（4）对水处理系统的设备运行中的注意事项进行专门讲解，确保设备正常运行。

（5）对运行人员进行整体技术培训，使运行管理人员对水处理系统的工艺、设备及管理有一个较全面的掌握。

（6）对用户安排的维修、维护人员进行水处理设备的机械和电气维修、维护培训，直至维修、维护人员能够熟练处理一般常见故障为止。

（7）协助操作人员建立各种运行记录资料，使操作人员掌握运行记录的编写方法。确保水处理系统的运行处于适时监控状态。

实例八 300 m³/d 植物提取综合废水处理改造工程

1 工程基本信息

建设地点：浙江宁波镇海区

建设规模：300 m³/d

项目概况：宁波某植物提取技术有限公司于 2006 年在宁波化工区投资 6 000 万元人民币，按照国际标准新建的标准化植物提取公司，专业从事植物有效成分提取及技术研发。宁波立华植物提取技术有限公司是关联企业宁波立华制药有限公司的原料药 GMP 前处理生产平台，于 2008 年 1 月通过 SFDA 的 GMP 认证。

该项目的处理对象主要来自植物有效成分提取过程中的生产废水，包括酒精废水、三效废水及其他废水。有机质含量高、成分复杂、分布不均是此类废水的主要特征。废水 BOD/COD 为 0.55（＞0.45），生化性较好，同时废水中的苷类、生物碱类、蒽醌等物质结构复杂，属难以好氧性生物降解有机物。但实践证明这些有机物可在某些厌氧菌作用降解，故选用"厌氧法+好氧法"相结合的生化处理作为核心工艺。

图 1 曝气生物滤池

2 工程设计基础

2.1 工程设计依据

（1）《室外排水设计规范》（GB 50014—2006，2014 年版）；

（2）《建筑中水设计规范》（GB 50336—2002）；

（3）《给水排水工程构筑物结构设计规范》（GB 50069—2002）；

（4）《污水综合排放标准》（GB 8978—1996）；

（5）《城市污水再生利用　城市杂用水水质》（GB/T 18920—2002）；

（6）《城市污水再生利用　景观环境用水水质》（GB/T 18921—2002）；

（7）《民用建筑电气设计规范》（JGJ16—2008）；

（8）《电力装置的继电保护和自动装置设计规范》（GB/T 50062—2008）；

（9）《给水排水管道工程施工及验收规范》（GB 50268—2008）；

（10）《给水排水构筑物工程施工及验收规范》（GB 50141—2008）；

（11）《机械设备安装工程施工及验收通用规范》（GB 50231—2009）；

（12）《现场设备、工业管道焊接工程施工及验收规范》（GB 50236—2011）；

（13）《自动化仪表工程施工及质量验收规范》（GB 50131—2013）；

（14）国家及省、地区有关法规、规定及文件精神。

2.2　工程设计原则

（1）执行国家关于环境保护的政策，符合国家的有关法规、规范及标准；

（2）坚持科学态度，积极采用新工艺、新技术、新材料、新设备，既要体现技术经济合理，又要安全可靠。在设计方案的选择上，尽量选择安全可靠、经济合理的工程方案；

（3）采用高效节能、先进稳妥的废水处理工艺，提高处理效果，减少基建投资和日常运行费用，降低对周围环境的污染；

（4）选择国内外先进、可靠、高效运行，管理方便、维修简便的排水专用设备；

（5）采用先进的自动控制，做到技术可靠，经济合理；

（6）妥善处理、处置废水处理过程中产生的栅渣、污泥，避免二次污染；

（7）适当考虑废水处理站周围地区的发展状况，在设计上留有余地；

（8）在方案制订时，做到技术可靠，经济合理，切合实际，降低费用；

（9）充分利用现有的设备及构筑物，以减少项目投资。

2.3　废水水质水量及出水水质要求

2.3.1　废水来源及性质

该项目的废水来源主要是植物有效成分提取过程中产生的有机废水。有酒精废水，其水量是 $20 \ m^3/d$，COD 质量浓度为 $50\ 000 \ mg/L$ 左右；三效废水，水量为 $200 \ m^3/d$，COD 质量浓度为 $800 \ mg/L$；其他生产废水，水量为 $80 \ m^3/d$，COD 质量浓度为 $15\ 000 \ mg/L$，水温 $50\sim60℃$。

由于植物原料和生产工艺的差异，使得此类废水中有机物浓度高、成分复杂（含有纤维素、半纤维素、糖类、蛋白质等天然产物及分离纯化过程中的各种有机溶剂），同时水质波动大。

2.3.2　处理水量

废水处理站设计处理规模为 $300 \ m^3/d$。

2.3.3　进水水质设计参数

表 1　进水水质指标

单位：mg/L

项目	设计进水水质
pH	4～4.5
悬浮物	920
COD_{Cr}	20 000
BOD_5	11 000
TN	200
TP	35

2.3.4　出水水质要求

根据宁波化工区废水站入网标准，出水主要指标所允许的最高排放浓度如表 2 所示。

表 2　出水水质指标（即废水排放执行标准）

项目	单位	排放标准
COD_{Cr}	mg/L	≤500
SS	mg/L	≤400
氨氮	mg/L	≤60
色度	倍	≤500
pH		6～9
B/C		≥0.3

3　处理工艺设计

3.1　工艺选择

植物活性物质提取企业，是以植物为原料，经粉碎、浸提、精制等工序而得到目标产物。废水主要来源于前处理车间清洗原料废水，提取分离车间废水，罐体清洗、管道及地面冲洗水。

本项目植物提取物生产过程中的废水主要来自于前处理提取车间、综合制剂提取车间，产生于洗药、提取、制剂等工段，包括酒精废水、三效废水和其他生产废水，各部分废水水量和水质存在一定差异。该类废水主要含有各种天然有机污染物，其主要成分为糖类、有机酸、苷类、蒽醌、木质素、生物碱、蛋白质、淀粉、纤维素及它们的水解物。

由于浓度高、成分复杂、水质波动大，植物提取物生产过程中的废水成为较难处理的高浓度有机废水之一。尽管根据污染物在处理过程中的变化，有分离治理和转化治理两大类。按照废水治理的手段又有化学法、传质法及生物处理法，其中生物法处理的废水量占处理水总量的 65%。但就某一具体植物提取企业生产废水的处理而言，通常会用到几种不同的处理方法或几种不同方法的组合。

根据该公司水质其 BOD/COD 为 0.55（＞0.45），生化性较好，同时废水中的苷类、生物碱类、蒽醌等物质结构复杂，属难以好氧性生物降解有机物，但实践证明这些有机物可在某些厌氧菌作用降解，故选用"厌氧法+好氧法"相结合的生化处理作为核心工艺。该工艺结合了厌氧处理工艺耗能低、污泥产量低，好氧处理工艺出水好的优点，避免了单纯厌氧工艺出水不达标，单纯好氧工艺能耗大、污泥产量高、运行费用高等缺陷。在投资、运行成本和效益等方面都有较大的优越性。设计处理工艺流程如图 2 所示。

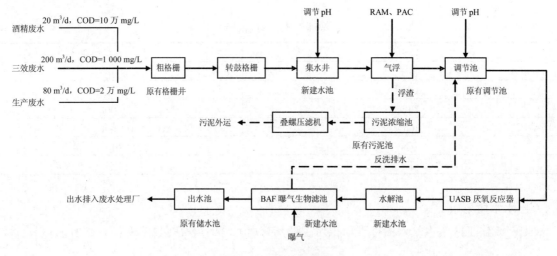

图 2 处理工艺流程

3.2 原有设施分析

根据现场考察及与甲方沟通,该厂原有废水处理设施,经过技术核算,其原有土建构筑物可以充分利用,以减少项目建设投资。水池具体参数如表 3 所示。

表 3 水池具体参数

序号	原有设施名称	参数	说明	备注
1	格栅井		直接利用作为粗格栅	地下结构
2	调节池	6.0 m×4.0 m×2.9 m	改造为调节池。原池体合并,并加高1.5 m,则总有效容积 190 m³,即可满足工艺要求	地下结构
3	污泥池	6.0 m×3.0 m×2.9 m		地下结构
4	储水池	6.0 m×2.0 m×2.7 m	有效容积 30 m³,可作为出水池使用	地下结构

注:根据现场情况,充分利用原有设施后,废水站的空地可满足新建水池及设备布置要求。

3.3 工艺流程说明

该厂由三股废水组成:

①酒精废水其 COD 质量浓度为 48 000 mg/L,水量为 20 m³/d;

②三效废水 COD 质量浓度为 800 mg/L,水量为 200 m³/d;

③生产废水 COD 质量浓度为 20 000 mg/L,水量为 80 m³/d。

三股废水经各自管道收集,经粗格栅、转鼓格栅机去除大颗粒杂质后自流入集水井,并调节 pH 值。

然后经提升泵提升至气浮设备,去除大部分悬浮物质后自流进入调节水解池。调节池设潜水搅拌机,混合水质,并在兼氧性有机物作用下去除部分有机物。再经泵提升进入 UASB 厌氧反应器,经过厌氧消化,去除大部分有机物质,然后进入 BAF 高效曝气生物滤池好氧处理,除去 COD、BOD 等污染物质,之后即可满足排放要求进入工业园区废水处理厂(当 COD 大于 20 000 mg/L 时 UASB 厌氧反应器串联运行,水量小于 300 m³,当 COD 小于 20 000 mg/L 时 UASB 厌氧反应器并联运行,水量大于 300 m³)。该工艺由沉淀池产生的污泥,由污泥泵提升到叠螺压滤机脱水后外运。

该工艺在主要处理单元选择上体现了成熟性与先进性，具体如下：

（1）高效溶气气浮分离

气浮是通过在水中形成高度分散的微小气泡，黏附废水中疏水基的固体或液体颗粒，形成水-气-颗粒三相混合体系，颗粒黏附气泡后，形成表面观密度小于水的絮体而上浮到水面，形成浮渣层被刮出，从而实现固液或者液液分离的过程。

通过溶气系统产生的溶气水，经过快速减压释放在水中产生大量微细气泡，若干气泡黏附在水中絮凝好的杂质颗粒表面上，形成整体密度小于 1 的悬浮物，通过浮力使其上升至水面而使固液分离。本技术与常规气浮设备相比，具有以下特点：

① 系统采用集成化组合方式，有效减少空间需求，占地小，能耗低，安装运输方便。

② 自动化程度高，操作方便，管理简单。

③ 溶气效率高，处理效果稳定，根据需要，可调整溶气压力和溶气水回流比。

④ 按不同的水质及工艺要求，可提供单溶气装置或双溶气装置。

⑤ 采用高效可反冲释放器，提高溶气水的利用效率，同时保证气浮设备工作的稳定性。

⑥ 选用低噪声设备，解决长期以来困扰人们的噪声问题。

（2）USAB 工艺

厌氧生物处理过程能耗低；有机容积负荷高，一般为 $1\sim10\,kgCOD/(m^3\cdot d)$，最高的可达 $30\sim50\,kgCOD/(m^3\cdot d)$；剩余污泥量少；厌氧菌对营养需求低、耐毒性强、可降解的有机物分子量高；耐冲击负荷能力强；产出的沼气是一种清洁能源。

上流式厌氧污泥床（UASB）工艺是在上流式厌氧生物膜法的基础上发展而成，具有厌氧过滤及厌氧活性污泥法的双重特点。UASB 由污泥反应区、气液固三相分离器（包括沉淀区）和气室三部分组成。在底部反应区内存留大量厌氧污泥，具有良好的沉淀性能和凝聚性能的污泥在下部形成污泥层。要处理的废水从厌氧污泥床底部流入与污泥层中污泥进行混合接触，污泥中的微生物分解废水中的有机物，把它转化为沼气。沼气以微小气泡形式不断放出，微小气泡在上升过程中，不断合并，逐渐形成较大的气泡，在污泥床上部由于沼气的搅动形成一个污泥浓度较稀薄的污泥和水一起上升进入三相分离器，沼气碰到分离器下部的反射板时，折向反射板的四周，然后穿过水层进入气室，集中在气室沼气，用导管导出，固液混合液经过反射进入三相分离器的沉淀区，废水中的污泥发生絮凝，颗粒逐渐增大，并在重力作用下沉降。沉淀至斜壁上的污泥沿着斜壁滑回厌氧反应区内，使反应区内积累大量的污泥，与污泥分离后的处理出水从沉淀区溢流堰上部溢出，然后排出污泥床。

UASB 的主要优点是：

① UASB 内污泥质量浓度高，平均污泥质量浓度为 20～40 gVSS/L；

② 有机负荷高，水力停留时间长，采用中温发酵时，容积负荷一般为 $10\,kgCOD/(m^3\cdot d)$ 左右；

③ 无混合搅拌设备，靠发酵过程中产生的沼气上升运动，使污泥床上部的污泥处于悬浮状态，对下部的污泥层也有一定程度的搅动；

④ 污泥床不填载体，节省造价及避免因填料发生堵塞问题；

⑤ UASB 内设三相分离器，通常不设沉淀池，被沉淀区分离出来的污泥重新回到污泥床反应区内，通常可以不设污泥回流设备。

（3）水解酸化（水解池）

水解酸化是兼氧好氧技术，兼性菌（主要是产酸菌）在缺氧或厌氧条件下，将废水中的诸如单宁、苷类、蒽醌、生物碱类等结构比较复杂的大分子有机物分解为较小分子中间产物，同时，部分有毒物质及一些带色集团的分子键被打开，降低了废水中有毒物质的浓度，减轻对后续好氧处理工艺中微生物的危害及处理负荷。同时因继续使难溶解于水的大分子有机物转化为小分子溶解性底物，可生化性更好，为好氧过程创造了条件。水解池悬挂弹性填料及水下搅拌器，也可起到均匀水质的作用。

（4）BAF 工艺

曝气生物滤池（Biological Aerated Filter，BAF），是一种采用颗粒滤料固定生物膜的好氧或缺氧生物反应器，该工艺集生物接触氧化与悬浮物滤床截留功能于一体，是国际上兴起的废水处理新技术。具有去除 SS、COD$_{Cr}$、BOD、硝化与反硝化、脱氮除磷、去除 AOX 的作用，其最大特点是集生物氧化和截留悬浮固定于一体，并节省了后续二次沉淀池。

BAF 曝气生物滤池具有以下技术特点：

① 总体投资省，包括机械设备、自控电气系统、土建和征地费；

② 占地面积小，通常为常规处理工艺占地面积的 1/10～1/5，厂区布置紧凑，美观；

③ 处理出水质量好，可达到中水水质标准或生活杂用水水质标准；

④ 工艺流程短，氧的传输效率高，供氧动力消耗低，处理单位废水的电耗低；

⑤ 过滤速度高，处理负荷大大高于常规处理工艺；

⑥ 抗冲击能力强，受气候、水量和水质变化影响小，特别适合于寒冷天气地区，并可间歇运行；

⑦ 可建成封闭式厂房，减少臭气、噪声对周围环境的影响，感官效果好；

⑧ 运行管理方便，便于维护；

⑨ 全部模块化结构，便于进行后期的改扩建。

4 处理建筑物设计及主要设备选型

4.1 格栅井

已有，利用原有的格栅作为粗格栅，增加转鼓格栅（型号：ZG-600-1，栅隙 1 mm，数量 1 台）。

4.2 集水井

功能：收集废水，并对废水调节 pH 值。新建，有效容积 30 m³。

主要设备：

① 原水提升泵：型号 50WQ15-22-2.2，流量 15 m³/h，扬程 22 m，功率 2.2 kW；数量 2 台（1 用 1 备）；

② pH 控制系统 1 套；

③ 潜水搅拌机：型号 QJB1.5/6-260/3-980S，功率 1.5 kW，数量 2 台（1 用 1 备）。

4.3 气浮设备

功能：向水中通入空气，产生微细的气泡，使水中的细小悬浮物黏附在空气泡上，随气泡一起上浮到水面，形成浮渣，达到去除水中悬浮物，改善水质的目的。

配套设备：

① 加药系统 2 套；

② 气浮设备：型号 KYQF-20，数量 1 套，处理能力 20 m³/h，数量 1 台。

4.4　调节池

功能：对废水进行水量和水质的调节。采用已有池体改造，有效容积180 m³。

主要设备：潜水搅拌机（型号QJB1.5/6-260/3-980S，功率1.5 kW，数量2台）。

4.5　UASB反应器

参数选取：容积负荷 N_V=5 kgCOD/（m³·d）；污泥产率 0.03 kgMLSS/kgCOD；产气率 0.35 m³/kgCOD。

主要设备如下：

① 一级UASB反应器：规格型号 Φ8 m×10 m，数量1台，材质为搪瓷拼装板；

② 二级UASB反应器：规格型号 Φ8 m×9 m，数量1台，材质为搪瓷拼装板；

③ 内循环泵：型号IS80-125，数量4台（两备两用）；

④ 进水泵：型号50WQ15-22-2.2，流量15 m³/h，扬程22 m，功率2.2 kW，数量2台（1用1备）。

4.6　水解池

功能：UASB反应器出水进入水解池。新建，有效容积30 m³。

主要配备：

配潜水搅拌机：型号QJB1.5/6-260/3-980S，功率1.5 kW，数量2台。

4.7　BAF曝气生物滤池

功能：利用好氧处理技术处理废水中有机污染物，降低 COD、BOD 指标。新建池体：6 000 mm×6 000 mm×6 500 mm。

主要设备如下：

① 三叶罗茨风机：型号HSR-100，风量5.39 m³/min，风压60 kPa，功率11 kW，数量2台（1用1备）；

② 球形轻质多孔生物滤料：规格：Φ3～5 mm，数量126 m³；

③ 鹅卵石承托层：型号：Φ4～16 mm，Φ16～32 mm，数量8 m³；

④ 单孔膜曝气器：型号：Φ60 mm×45 mm，数量1 600套；

⑤ 长柄滤头：型号：Φ21 mm×405 mm，数量1 400套；

⑥ 反洗水泵：型号：IS200～250IA，流量 Q=358 m³/h，扬程16 m，功率22 kW，数量1台。

4.8　污泥处理

功能：污泥进集泥池暂存，由泵抽入污泥脱水系统。需新建，有效容积50 m³。

配套设备如下：

① 污泥泵：型号50WQ10-10-0.75，流量10 m³/h，扬程10 m，功率0.75 kW，数量1台。

② 叠螺压滤机：型号X-202，数量1台。

4.9　出水池

功能：提供BAF曝气生物滤池反洗水，利用已有设施并改造，有效容积90 m³。

4.10 设备房

功能：安置气浮、水泵和风机等设备。规格尺寸：60 m²。结构：砖混结构。

5 主要构筑物及设备一览表

5.1 主要构筑物一览表

表4 主要构筑物一览表

序号	构筑物名称	规格要求	数量	备注
1	格栅井		1 座	已有
2	集水井	有效容积 30 m³	1 座	新建
3	调节池	有效容积 200 m³	1 座	已有
4	UASB 基础	Φ 8.50 m	2 座	新建
5	水解池	有效容积 30 m³	1 座	新建
6	BAF 曝气生物滤池	6.00 m×6.00 m×6.50 m	1 座	新建
7	出水池	30 m³	1 座	已有
8	污泥浓缩池	50 m³	1 座	新建
9	设备房	60 m²	1 座	已有

5.2 主要设备一览表

表5 主要设备一览表

序号	名称		型号	单位	数量	备注
1	格栅	粗格栅		台	1	
		转鼓固液分离机	ZG-600-1	台	1	不锈钢
2	集水井	潜水提升泵	50WQ15-22-2.2	台	2	1用1备
		pH 控制系统		套	1	
3	气浮设备	气浮主体	KYQF-20	套	1	
		溶气罐		台	1	
		回流泵		台	2	1用1备
		溶气释放器	TV-III	只	3	
		液位控制阀		套	1	
		加药系统		套	2	
4	调节池	潜水搅拌机	QJB1.5/6-260/3-980S	台	2	1用1备
5	一级 UASB 反应器	进水泵	50WQ15-22-2.2	台	2	1用1备
		一级 UASB 主体	Φ 8 m×10 m	座	1	
		三相分离器	Φ 8 m	套	1	
		防腐处理		m³	510	
		内循环泵	IS80-125	台	2	1用1备
6	二级 UASB 反应器	二级 UASB 主体	Φ 8 m×9 m	座	1	
		三相分离器	Φ 8 m	套	1	
		防腐处理		m³	460	
		内循环泵	IS80-125	台	2	1用1备

序号	名称		型号	单位	数量	备注
7	水解池	潜水搅拌机	QJB1.5/6-260/3-980S	台	1	
		弹性填料	Φ150	m³	220	
8	BAF 曝气生物滤池	三叶罗茨风机	HSR-100	台	1	
		球形轻质生物滤料	Φ3～5 mm	m³	156	
		鹅卵石承托层	Φ4～16 mm，Φ16～32 mm	m³	8	
		单孔膜曝气器	Φ60 mm×45 mm	套	1 600	
		长柄滤头	Φ21 mm×405 mm	套	1 400	
		反洗水泵	IS200-250IA	台	1	
9	污泥处理	污泥泵	50WQ10-10-0.75	台	1	含加药系统
		叠螺压滤机	X-202	台	1	
10	其他	管道阀门系统		批	1	
		电器控制系统		套	1	

6 处理效果预测

处理水经过混合后，COD 值为 15 000 mg/L。

表6 处理效果预测

处理单元名称	COD/（mg/L）			BOD/（mg/L）			SS/（mg/L）			氨氮/（mg/L）			pH	
	进水	出水	去除率/%	进水	出水	去除率/%	进水	出水	去除率/%	进水	出水	去除率/%	进水	出水
格栅	15 000	—	—	8 500	—	—	920	828	≥10	200	—	—	4	4
气浮设备	15 000	10 500	≥30	8 500	6 000	≥30	828	330	≥60	200	—	—	8	7
调节池（兼水解）	10 500	8 500	≥20	6 000	4 800	≥20	330	—	—	200	160	≥20	8	8
UASB 厌氧反应器	8 500	2 550	≥70	4 800	960	≥80	330	150	≥60	160	64	≥60	8	7
水解池	2 550	2 300	≥10	960	780	≥20	150	100	≥30	64	64	—	7	7
BAF 曝气生物滤池	2 300	460	≥80	780	120	≥85	100	70	≥30	64	32	≥50	7	7

注：为保证最后出水指标稳定达标排放，同时考虑该厂今后生产过程也许 COD 指标高于 20 000 mg/L。因此在进 UASB 厌氧反应器时按 COD12 000 mg/L 设计。

7 平面布置

总平面设计中，在满足工艺要求的前提下，以节省用地、减少工程投资为主要考核指标。

8 电气及自动控制系统

8.1 电气设计规范

（1）《电力装置的继电保护和自动装置设计规范》（GB/T 50062—2008）；

（2）《通用用电设备配电设计规范》（GB 50055—2011）；

（3）《供配电系统设计规范》（GB 50052—2009）；

（4）《信号报警及联锁系统设计规范》（HG/T 20511—2014）；

（5）《仪表配管配线设计规范》（HG/T 20512—2014）；

（6）《仪表供电设计规范》（HG/T 20509—2014）。

8.2 电气设计原则

在保证处理系统工艺要求的条件下，做到技术先进、操作简单、管理方便、安全可靠和经济合理。

8.3 工程范围

本自动控制系统为废水处理工程工艺所配置，自控专业主要涉及的内容为该废水处理系统中废水泵与液位的联锁、报警、风机的交替动作、风机与进水泵的联锁工作等。

8.4 控制水平

本工程中拟采用 PLC 程序控制。系统由 PLC 控制柜、配电控制屏等构成，为此专门设立一个控制室。

8.5 控制方式

本工程装置内所有电动机均采用中央集中室控制方式，电动机联锁由仪表专业的 PLC 实现。

8.6 电源状况

本装置所需一路 380/220V 电源暂按引自厂区变电所。

8.7 电气控制

废水处理系统电控装置为集中控制，采用进口 PLC 可编程序控制器，主要自动控制各类泵提升（液位控制）；风机启动及定期互相切换；需要时（如维修状态下）可切换到手动工作状态。

（1）水泵

水泵的启动受液位控制；

①高液位：报警，同时启动备用泵；

②中液位：一台水泵工作，关闭备用泵；

③低液位：报警，关闭所有水泵；

水泵中一台水泵出现故障，发出指示信号，另一台备用泵自动工作。

（2）风机

风机设置二台（1 用 1 备），风机 8～12 h 内交替运行，一台风机故障，发出指示信号，另一台自动工作。风机与水泵实行联动，当水泵停止工作时，风机间歇工作。

（3）声光报警

各类动力设备发生故障，电控系统自动报警指示（报警时间 10～30 s），并故障显示至故障消除。报警系统留出接口，可根据业主方要求引至指定地点，以便管理。

（4）其他

① 各类电气设备均设置电路短路和过载保护装置；

② 动力电源由本电站提供，进入废水处理站动力配电柜。

9 环境保护及职业安全卫生与消防设计

9.1 二次污染防治

（1）臭气防治

① UASB 厌氧反应器设高空排气管，不会影响周围环境；

② BAF 曝气生物滤池产生的臭气量较小；

③ 系统设施设计在单位的周围，对外界影响较小。

（2）噪声控制

① 系统设施设计在单位的周围，对外界影响小；

② 风机选用低噪声型，本机噪声≤80 dB，风机进出口均采用消声器，底座用隔震垫，进出口风管用可接橡胶软接头等减震降噪措施。水泵选用国优潜污泵，对外界无影响；

③ 确保周围环境噪声：白天≤60 dB，晚上≤50 dB。

（3）污泥处理

① 污泥由气浮浮渣及厌氧反应器排出的剩余污泥产生，污泥排至污泥池。然后有污泥脱水设备脱水；

② 干污泥定期外运处理。

9.2 职业安全卫生设计

（1）设计遵照国家职业安全卫生有关规范和规定，各处理构筑走道均设置防护栏杆、防滑楼梯。污泥处理间采用全自动污泥脱水系统，减轻工人劳动强度。

（2）所有电气设备的安装、防护，均满足电器设备的有关安全规定。

（3）建筑物室内设置适量干粉灭火器。

（4）为防寒冷，所有建筑物内冬季采取热水采暖措施。污泥处理间、加药间和消毒间、药库均设计了轴流风机通风换气，换气次数为 8 次/h，化验室、办公室均设置冷暖空调，改善工作环境。

9.3 消防设计

本工程主要依据《建筑设计防火规范》（GB 50016—2014）和《建筑灭火器配置设计规范》（GB 50140—2005）进行消防设计。

（1）电气设计及消防

本工程属二类用电负荷，电源电压为 0.4 kV。双回路电源供电，形成一路工作、另一路备用的电源。当工作电源故障时，备用电源自动引入，保证供电电源不间断。

本工程火灾事故照明，采用蓄电池作备用电源，连续工作时间不少于 30 min。

本工程所有电气设备消防均采用干式灭火器，安置在各配电间值班室内。

本设计按有关规定，建筑物防雷采用避雷带防护措施。

（2）建筑消防设计

本工程建筑火灾危险性为丁类，本工程所有工业与民用建筑的耐火等级均为二级，所有建筑均采用钢筋混凝土框架结构或砖混结构，主要承重构件均采用非燃烧体，满足二级耐火等级要求的耐火极限。

厂房、库房及民用建筑的层数、占地面积，长度均符合防火规范规范要求。厂房、库房及民用建筑的防火间距均满足防火规范要求。厂房、库房及民用建筑的安全疏散均按防火规范的要求设置。

厂区道路呈环状，道路宽度 4 m，消防车道畅通。

室内装修材料均采用难燃烧体。

10　生产管理

10.1　技术管理

为了使本工程运行管理达到所要求的处理效果，降低运行成本，还必须强化技术管理，建议如下：

与环保部门共同监测处理站水质，督促排水水质稳定达标。

根据进处理站水质、水量变化，调整运行工况，定期总结运行经验。

建立运行技术档案与设备使用与维修档案。

10.2　人员培训

为了提高水厂管理和操作水平，保证项目建成后正常运行，必须对有关建设和管理人员进行有计划的培训工作。生产管理和操作人员进行上岗前的专业技术培训；聘请有经验的专业技术人员负责厂内技术管理工作。

10.3　生产管理

（1）维修

如本废水站在运转过程中发生故障，由于废水处理站必须连续投运的机电设备均有备用，则可启动备用设备，保证设施正常运转，同时对废水处理设施进行检修。

各类电气设备均设置电路短路和过载保护装置。

动力电源由本电站提供，进入废水处理站动力配电柜。

（2）电器运行表

表 7　电器运行表

序号	动力件名称	数量	运行功率/kW	装机功率/kW	运行时间/(h/d)	电耗/(kW·h)	备注
1	转鼓格栅	1 台	1.5	1.5	8	12	
2	潜水提升泵	2 台	2.2	4.4	20	44	1 用 1 备
3	气浮设备	1 套	4.5	7.5	20	90	
4	潜水搅拌机	2 台	1.5	3.0	8	12	1 用 1 备
5	UASB 进水泵	2 台	2.2	4.4	20	44	1 用 1 备
6	UASB 内循环泵	4 台	3.0	6.0	20	180	2 用 2 备
7	潜水搅拌机	1 台	1.5	1.5	8	12	
8	鼓风机	2 台	11.0	22.0	20	220	1 用 1 备
9	BAF 反洗泵	1 台	22	22	0.1	2.2	间隙运行
10	污泥处理系统	1 套	3.0	3.0	4	6	
	合计		52.4	75.3		622.2	

注：有用功按 70%计算，即 655.2×70%=458.64 kW。

11　技术经济分析

11.1　运行费用

（1）电费

总装机容量为 75.3 kW，其中平均日常运行容量为 52.4 kW，每天电耗为 458.64 kW·h，电费平均按 0.50 元/（kW·h）计，则电费：

E_1=458.64×0.50÷300 m³/d=0.76 元/m³ 废水

（2）人工费用

人工费用暂不计。

（3）药剂费用

本废水处理站药剂费为 pH 调节时所投加的碱消耗，气浮、叠螺机等药剂消耗。该部分费用暂按为：E_3=0.30 元/m³ 废水

（4）运行总费用

则总计运行费用为：

$E=E_1+E_3$ =0.76+0.3≈1.06 元/m³ 废水

11.2　效益分析

（1）社会效益

工程的实施对周边的环境将会有明显的改善，同时也对该地区的社会效益产生巨大的影响，也会给周边地区带来巨大的经济效益，保障了当地及周边地区人民的身体健康以及与其他地区的经济和谐可持续发展。

（2）环境效益

环境治理的好坏直接影响着一个城市、企业的良性发展。该废水处理厂主要是车间生产废水，废水主要特点是水量大、水质情况波动大、污染物浓度高，经该废水处理厂处理后的废水可达到该公司生产车间的循环使用水要求，这样在避免了对当地的环境污染的同时，又减轻了公司的生产投资费用。这对公司的发展有着长远的意义。

（3）经济效益

工程的有效运行，减少了排污量，杜绝了因水质不达标产生的排污罚款，避免了不必要的环境纠纷。

12　工程投资估算

本项目的工程投资估算如表 8 所示。

表 8　宁波立华植物提取有限公司综合废水处理改造工程设备部分投资估算表

序号	名称		型号	单位	数量	单价/万元	金额/万元	备注
1	格栅	粗格栅		台	1	0.12	0.12	
		转鼓格栅	ZG-600-1	台	1	6.36	6.36	
2	集水井	潜水提升泵	50WQ15-22-2.2	台	2	0.34	0.68	1用1备
		pH 控制系统		套	1	2.45	2.45	

序号	名称		型号	单位	数量	单价/万元	金额/万元	备注
3	气浮设备	气浮主体	KYQF-20	套	1	20.47	20.47	
		溶气罐		台	1	2.20	2.20	
		回流泵		台	2	0.51	1.02	1用1备
		溶气释放器	TV-III	只	3	0.63	1.89	
		液位控制阀		套	1	0.10	0.10	
		加药系统		套	2	2.55	5.10	
4	调节池	潜水搅拌机	QJB1.5/6-260/3-980S	台	2	0.86	1.72	1用1备
5	一级UASB反应器	进水泵	50WQ15-22-2.2	台	2	0.54	1.08	1用1备
		一级UASB主体	Φ8 m×10 m	座	1	40.88	40.88	
		三相分离器	Φ8 m	套	1	8.50	8.50	
		防腐处理		m³	550	0.008	4.40	
		内循环泵	IS80～125	台	2	0.52	1.04	1用1备
6	二级UASB反应器	二级UASB主体	Φ8 m×9 m	座	1	36.65	36.65	
		三相分离器	Φ8 m	套	1	8.50	8.50	
		防腐处理		m³	520	0.01	5.20	
		内循环泵	IS80～125	台	2	0.52	1.04	1用1备
7	水解池	潜水搅拌机	QJB1.5/6-260/3-980S	台	1	0.86	0.86	
8	BAF曝气生物滤池	三叶罗茨风机	HSR-100	台	1	2.15	2.15	
		球形轻质生物滤料	Φ3～5 mm	m³	136	0.16	21.76	
		鹅卵石承托层	Φ4～16 mm，Φ16～32 mm	m³	8	0.09	0.72	
		单孔膜曝气器	Φ60 mm×45 mm	套	1 600	0.004 8	7.68	
		长柄滤头	Φ21 mm×405 mm	套	1400	0.004 2	5.88	
		反洗水泵	IS200～250IA	台	1	1.05	1.05	
9	污泥处理	污泥泵	50WQ10-10-0.75	台	1	0.39	0.39	
		叠螺压滤机	X-202	台	1	18.45	18.45	
10	管道阀门系统			批	1	4.55	4.55	
11	电器控制系统			套	1	3.40	3.40	
12	污泥费用			吨	250	0.04	10.00	
	小计（一）						226.29	
13	安装费（二）		（一）×5%				11.31	
	调试费（三）		（一）×6%				13.58	
14	设计费（四）		（一）×5%				11.31	
15	税金（五）		[（一）＋（二）＋（三）＋（四）]×4%				10.50	
16	总价		（一）＋（二）＋（三）＋（四）＋（五）				272.99	

13　问题与建议

（1）气浮设备的前端进水一定要保持 pH 值 6～7。

（2）进入 UASB 系统前端进水一定要保持 pH 值 7～7.2。

以上两个问题在操作中要严格遵守，建议在 UASB 系统采用干石灰微调。

实例九 25 m³/d 氨基酸生产废水回收与处理工程

1 工程概况

建设地点：宁波市大榭开发区

建设规模：25 m³/d

项目概况：宁波某氨基酸工业有限公司是一家生产制造各种氨基酸产品的企业。公司废水量为 25 m³/d，其中生活废水量为 20 m³/d，工业废水为 5 m³/d。现拟对其废水进行处理，处理后达到《污水综合排放标准》（GB 8978—1996）二级标准。

图 1 污水处理站设备间概貌

2 设计基础

2.1 设计依据

（1）《中华人民共和国环境保护法》；

（2）《中华人民共和国水污染防治法》；

（3）《建设项目环境保护管理条例》；

（4）《废水综合排放标准》（GB 8978—1996）；

（5）《供配电系统设计规范》（GB 50052—2009）；

（6）《给水排水工程构筑物结构设计规范》（GB 50069—2002）；

（7）《室外排水设计规范》（GB 50014—2006，2014 年版）；

（8）《低压配电设计规范》（GB 50054—2011）；

（9）《混凝土结构设计规范》（GB 50010—2010）；

（10）甲方提供的有关技术数据。

2.2 设计原则

（1）认真贯彻国家关于环境保护工作的方针和政策，使设计符合国家的有关法规、规范、标准；

（2）综合考虑废水水质、水量的特征，选用的工艺流程技术先进、稳妥可靠、经济合理、运转灵活、安全适用；

（3）废水处理系统平面布置力求紧凑，减少占地和投资；

（4）妥善处置废水处理过程中产生的污泥和浮渣回流至原废水处理系统的浓缩池，避免造成二次污染；

（5）废水处理过程中的自动控制，力求管理方便、安全可靠、经济实用；

（6）高程布置上应尽量采用立体布局，充分利用地下空间。平面布置上要紧凑，以节省用地；

（7）严格按照甲方界定条件进行设计，适应项目实际情况要求。

2.3 项目范围

本方案项目范围，由废水进入格栅井至三相废水处理器处理后出水水质达标之间的工艺、设备及电气控制计。废水处理工程以外的氨基酸回收、污泥外运处理、配电设备等由业主负责实施。

2.4 设计进水水质以及水量

表 1 进水水质指标 单位：mg/L

项 目	设计进水水质
根据《建设项目环境影响报告表》	
COD_{Cr}	>4 000
BOD_5	>2 000
$NH_3\text{-}N$	>400
Cl^-	>2 000
根据现场的勘测，取水样测量	
COD_{Cr}	24 538.75
BOD_5	6 150

由于生产废水来源是由于管道渗漏，用自来水冲洗地面所形成的废水。水量水质的波动很大，一次取样测定不能作为设计依据，本设计方案暂定为 COD_{Cr}=10 000 mg/L，BOD_5=3 000 mg/L。若与生活废水混合后一起处理，混合后的进水水质：COD_{Cr}=2 320 mg/L，BOD_5=760 mg/L。

根据甲方提供的数据，海德氨基酸公司生活废水量为 20 m³/d，工业废水量为 5 m³/d，本设计方案总水量按 25 m³/d 计算，每天 10 h 运行，时水量为 2.5 m³。

2.5 设计出水水质

根据要求，本设计方案的出水水质主要指标符合《污水综合排放标准》（GB 8978—1996）中二级标准，主要污染物最高排放质量浓度如表 2 所示。

表 2　主要污染物排放质量浓度

项目	废水水质/（mg/L）
COD_{Cr}	300
BOD_5	30
pH	6~9
NH_3-N	50

3　废水处理系统工艺

3.1　工艺选择

废水处理工艺的选择，是根据废水水质、出水要求、废水处置方法以及当地温度、工程地质、环境等条件作慎重考虑。工艺选择的原则，应该综合考虑工艺的可靠性、成熟性、适用性、去除污染物的效率、投资省、运行管理简单、运行费用低为标准选择最优的工艺方案。

本方案工业废水为氨基酸生产废水，目前国内外的氨基酸生产厂家，由于生产工艺相对比较落后，排放的废水中含有大量的氨基酸，这些废水虽然毒性不大，但废水的 BOD、COD 值较高，直接排放，既污染环境，也造成资源浪费。对此，我们经过分析，采用浓缩回收，在原有的氨基酸生产工艺的基础上对氨基酸进行回收，工业废水再与生活废水进行混合，进行生化处理。采取这样的方法对氨基酸厂的废水进行处理，既缩短了工艺流程，回收了大量有用物质，同时也使废水排放达标，取得一定的经济效益和社会效益。

本方案选择：德安三相废水处理器。

3.2　德安三相废水处理装置简介

德安三相废水处理装置是采用国际上先进的三相湍流生物反应技术，集生化处理和污泥沉淀于一体，与传统的废水处理设施相比，具有一体化程度高、工艺流程简单、结构紧凑、占地面积小、出水水质好、噪声低、安装方便、宜于检修维护管理等特点。

德安三相废水处理装置由生物反应器、插入式推流曝气机、活性生物填料、沉淀集水槽和气体生物脱臭装置组成。生活废水溢流进入生物反应器内的布水管，与活性生物填料接触，在提供溶解氧的条件下，由大量附着在活性生物填料的微生物对水中有机污染物进行降解净化处理。由于活性填料具有大量的比表面积，可附着大量微生物在活性填料上形成大面积生物膜，此法大大提高了废水处理的效率。然后经沉淀进行泥水分离，上清液经集水槽收集，通过溢流排除池体外。

3.3　功能特点

（1）采用高效的三相湍流生物反应技术，使氧、废水和生物活性填料三者充分接触，提高氧的利用效率，使废水处理效率大大提高。

（2）采用德安专用的插入式推流曝气机，不但提供强劲的推流水流，使氧、废水和生物活性填料三者之间产生湍流，而且还提供超微气泡进行曝气，氧的利用效率高。并且以此替代传统的鼓风机或罗茨风机，解决噪声污染问题。

（3）检修管理方便。由于推流曝气机的驱动电机在池外，无须人员进入反应池内进行设备检修，免去了传统废水处理设备检修需进入反应池内更换曝气头或曝气软管的工作量。

（4）采用高效的复合微生物菌团，生物反应器启动速度快，挂膜调试周期短，适应水质水量波动能力强，降解处理效果好。

（5）采用专用生物脱臭处理装置对排出的废气进行吸附净化分解，实现无臭气排放，不影响周边空气环境。

4 工艺流程设计

4.1 工艺流程

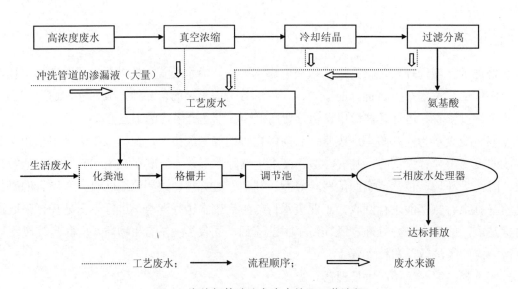

图2 海德氨基酸综合废水处理工艺流程

4.2 工艺流程简述

本工艺流程共分为两大系统。

第一部分：回收系统。排放的废水中有大量的氨基酸，如果直接处理，造成很大的资源浪费，为了更好地利用废水资源，把高浓度废水引入真空浓缩池进行浓缩，然后进行冷却结晶，通过冷却系统和过滤分离技术得到氨基酸晶体。注：此系统甲方已建好。

第二部分：处理系统。影响该厂废水主要指标是 COD_{Cr}、BOD_5、NH_3-N 和 Cl^-。处理水主要分为两部分，一部分是工艺废水，一部分是生活废水。生活废水先经过化粪池处理后（甲方已经建好），与工业废水一起自流进入格栅井，去除较大的悬浮物和漂浮物后自流进入调节池，调节水量均化水质后再由水泵提升至三相废水处理装置的水解段，将大颗粒物质及难生物降解物质分解，以提高可生化性，然后自流进入曝气段，使废水中的有机质吸附于生物载体上，并进行降解净化，然后进入沉淀池进一步净化，净化废水达标排放，剩余污泥由污泥泵抽至化粪池（由于水量较小，所产生的污泥量也很少，为了减少成本剩余污泥抽至化粪池与化粪池的废渣一起清理）。

4.3 构筑物简介

（1）调节池

调节水质水量，以减少水量波动变化对后续处理构筑物引起的冲击。同时，调节池内放有曝气机，可以起到预曝气充氧的作用，还可以用于搅拌，使废水充分混合均匀。

（2）德安三相废水处理装置

德安三相废水处理器是处理设施的核心构筑物，依靠容器内部附着在活性污泥和活性生物填料上的微生物，在提供溶解氧的条件下，吸附并降解废水中的有机污染物。同时，为了进一步增强容器的处理效果，还在其内投加高效的复合微生物菌团，有效提高生物反应器的启动速度，增强对处理过程中发生波动的适应能力，提高降解废水中难以处理成分的能力，已获得更好的处理效果。

（3）污泥池

用于收集三相废水处理系统的剩余污泥。剩余污泥抽至化粪池，与化粪池残渣一起由吸粪车定期抽吸外运至城市废水处理厂处理，以减少投资成本。

5　工艺参数设计

5.1　格栅井

主要构筑物：1 座，池型尺寸 0.45 m×0.45 m×1.0 m。

主要设备：格栅 1 套，尺寸规格 Φ 450 mm，栅间隙 5 mm。

5.2　调节池

主要构筑物：1 座，有效容积 30 m³，停留时间 12 h，池型尺寸 4.0 m×3.0 m×2.8 m。有效水深 2.5 m。

主要设备如下：

① 提升泵：2 台（1 用 1 备），型号 40WQ3-7-0.37，流量 3 m³/h，扬程 7 m，功率 0.37 kW。

② 曝气机：1 台，型号 DP-55，单台风量 7.5 m³/h，单台功率 0.55 kW。

5.3　德安三相废水处理池

（1）主要构筑物

① 三相反应池

水解段：1 座，池型尺寸 3.0 m×1.5 m×2.5 m，有效水深 2.2 m，停留时间 4 h。

曝气段：1 座，池型尺寸 3.0 m×2.3 m×2.5 m，有效水深 2.2 m，停留时间 6 h。

② 三相沉淀池：1 座，池型尺寸 1.0 m×1.5 m×2.5 m，停留时间 1.5 h，有效高度 1.5 m。

（2）主要配备

① 曝气机：1 台，型号 DP-150，单台风量 26 m³/h，单台功率 1.5 kW。

② 污泥泵：1 台，型号 40WQ3-7-0.37，流量 3 m³/h，扬程 7 m，功率 0.37 kW。

③ 生物载体：型号 DAT-4#的 5 m³，型号 DAT-1#的 4.5 m³。

④ 高效复合微生物菌团：在系统启动时各投加高效复合微生物菌团 0.5 kg。

6 主要构筑物、设备和仪表汇总表

6.1 主要构筑物

表3 土建估算

序 号	构筑物名称		结构尺寸	数量	备 注
1	调节池		4.0 m×3.0 m×2.8 m	1座	砖混
2	格栅井		0.45 m×0.45 m×1.0 m	1座	砖混
3	三相废水处理池	水解段	3.0 m×1.5 m×2.5 m	1座	砖混
		曝气段	3.0 m×2.3 m×2.5 m	1座	砖混
		沉淀池	1.0 m×1.5 m×2.5 m	1座	砖混
4	总价				

6.2 主要设备材料

表4 主要设备材料一览表

序号	设备（材料）名称	型号（规格）	数量	报价/万元	备注
1	提升泵	40WQ3-7-0.37	2台		软管安装
2	人工格栅	Φ450	1套		格栅井内
3	曝气机	DPX-55	1台		调节池内
		DPX-150	1台		
4	生物载体	DAT-4#	5.0 m³		水解段
		DAT-1#	4.5 m³		曝气段
5	污泥泵	40WQ3-7-0.37	1台		
6	高效复合微生物菌		0.5 kg		
7	控制系统		1套		
8	管道、阀门、配件		若干		

7 电气、仪表系统设计

7.1 电气设计规范

（1）《电力装置的继电保护和自动装置设计规范》（GB/T 50062—2008）；

（2）《通用用电设备配电设计规范》（GB 50055—2011）；

（3）《供配电系统设计规范》（GB 50052—2009）；

（4）《信号报警及联锁系统设计规范》（HG/T 20511—2014）；

（5）《仪表配管配线设计规范》（HG/T 20512—2014）；

（6）《仪表供电设计规范》（HG/T 20509—2014）。

7.2　电气设计原则

在保证处理系统工艺要求的条件下，做到技术先进、操作简单、管理方便、安全可靠和经济合理。

7.3　电气设计范围

（1）处理系统用电设备的配电、变电及控制系统；
（2）自控系统的配电及信号系统。

8　运行成本分析和工程造价

8.1　运行成本分析

电耗（本系统运行中产生污泥量极少，故污泥泵运行费用可忽略不计）如表5所示。

表 5　电耗统计

序号	设备名称	数量/台	单机功率/kW	总功率/kW	运行时间/（h/d）	电耗/[（kW·h）/d]
1	曝气机	1	0.55	2.05	10	20.5
		1	1.5			
2	提升泵	2（1用1备）	0.37	0.37	10	3.7
合计				24.2		

8.2　运行费用

（1）运行电费：

电费：[每日耗电×0.65 元/（kW·h）]/[25 m³/d]

$$=（24.2×0.65）÷25$$

$$=0.63 元/m^3$$

（2）药剂费：本方案中无须加任何药剂，故费用为零。

（3）人工费：三相处理系统，管理和维护简单。甲方可以自己考虑是否需要专门的管理人员。

（4）总的运行费用为：0.63 元/m³+人工费（待定）。

8.3　工程造价估算

表 6　海德氨基酸25 m³/d 废水处理工程预算

序号	工程名称		单体尺寸	单位	工程量	单价/元	总价/元	备注
一	土建部分						28 000	
1	调节池		4.0 m×3.0 m×2.8 m	座	1	26 000	26 000	
2	格栅井		0.45 m×0.45 m×1.0 m	座	1	900	900	
3	三相处理池	水解段	3.0 m×1.5 m×2.5 m	座	1	11 000	11 000	
		曝气段	3.0 m×2.3 m×2.5 m	座	1	11 000	11 000	
		沉淀池	1.0 m×1.5 m×2.5 m	座	1	6 000	6 000	

序号	工程名称	单体尺寸	单位	工程量	单价/元	总价/元	备注
二	设备（材料）部分					27 555	
1	提升泵	40WQ3-7-0.37	台	2	1 000	2 000	
2	格栅	Φ 450	套	1	800	800	
3	生物载体	DAT-4#	m³	5	150	750	
		DAT-1#	m³	4.5	2 000	9 000	
4	曝气机	DP-150	台	1	4 800	4 800	
		DP-55	台	1	3 200	3 200	
5	污泥泵	40WQ3-7-0.37	台	1	1 000	1 000	
6	高效复合微生物		kg	0.5	1 000	500	
7	电气控制		台	1	5 000	5 000	
8	管道等附材		套	1	2 505	2 505	
三	其他费用					7 222	
1	安装调试费					5 556	
2	运输费					1 667	
	总计					62 777	

9　工程建设进度

为缩短工程进度，确保废水处理设施如期实行环保验收，工程设计、各分部工程、分项工程土建、安装以及调试工作，将进行统一协调、分布、交叉进行。

总工程进度安排如表 7 所示。

表 7　工程进度表

工作内容 ＼ 周	1	2	3	4	5	6	7	8	9	10	11	12
施工图设计	▬	▬										
土建施工			▬	▬	▬	▬	▬					
设备采购制作					▬	▬	▬	▬	▬			
设备安装							▬	▬	▬	▬		
调试											▬	▬

10　工程善后服务承诺及事故应急处理措施

（1）土建构筑物除不可抗拒因素外，质量保证一年。

（2）非标设备、管道保期为一年，三保期满后，若发生故障，则以收取成本费提供服务。

（3）本方案的主机设备有两台，当其中一台出现故障时，由另一台备用设备工作，以保证废水处理系统能正常运行；同时厂内必须加紧时间维修出现故障的设备，防止两台设备同时出现故障；

（4）为保证处理设备的正常运行，应加强设备日常维护和巡检，在停产期（节假日等）安排检修或大修；

（5）建立规范的操作规程和健全的事故报警制度。

实例十　云南某药业 150 m³/d 综合废水处理工程

1　工程概况

建设地点：云南楚雄开发区

建设规模：150 m³/d

项目概况：楚雄某药业有限公司是专门从事植物药原料提取及植物药制剂加工的制药企业。主要生产三七、灯盏花两大系列产品。三七系列产品有云南红药胶囊、三七总皂苷、血塞通注射液、血塞通分散片等；灯盏花系列产品有灯盏花素、灯盏花素片、灯盏花素颗粒等。产生的生产废水大多包含洗药、浸泡、提取、清洗、制剂、药汁流失废水以及变更药物生产品种产生的冲洗生产设备废水，主要由药材煎出的各种成分及酒精等有机溶剂引起的污染。由于每一味中草药的有机成分相当复杂，生产过程大多为间歇式操作，使其产生的有机废水具有浓度较高、成分复杂且多变的特征。废水中主要含有天然有机物，其主要成分为糖类、有机酸、苷类、萜类、黄酮类、蒽醌、木质素、纤维素、灯盏花素、生物碱、单宁、蛋白质、淀粉及它们的水解产物，这些废水若不经处理直接外排，将会影响周围居民的身体健康及破坏周围的生态环境。

图 1　生物曝气滤池

2　工程设计基础

2.1　工程设计依据

2.1.1　标准和规范

设备的设计与制造、安装和试验应符合下列规范和标准的最新版本及修正本或相当及相比更高的标准。

（1）《污水综合排放标准》（GB 8978—1996）；

（2）《污水排入城镇下水道水质标准》（CJ 343—2010）；

（3）《室外排水设计规范》（GB 50014—2006，2014 年版）；

（4）《城市废水再生利用　城市杂用水水质》（GB/T 18920—2002）；

（5）《化工设备、管道外防腐设计规范》（HG/T 20679—2014）；

（6）《工业企业设计卫生标准》（GBZ 1—2010）；

（7）《给水排水设计手册》；

（8）《化工设计手册》；

（9）《工业企业噪声控制设计规范》（GB/T 50087—2013）；

（10）《给水排水管道工程施工及验收规范》（GB 50268—2008）；

（11）《工业金属管道工程施工规范》（GB 50235—2010）；

（12）《现场设备、工业管道焊接工程施工规范》（GB 50236—2011）；

（13）《风机、压缩机、泵安装工程施工及验收规范》（GB 50275—2011）；

（14）《通用用电设备配电设计规范》（GB 50055—2011）；

（15）《分散型控制系统工程设计规定》（HG/T 20573—2012）；

（16）业主方提出的相关要求及水质参数。

2.1.2　其他相关行业规范

（1）设备标准和规范

①　《水处理设备技术条件》（JB/T 2932—1999）；

②　《钢制焊接常压容器》（NB/T 47003.1—2009）；

③　水泵 ISO、GB 或 JB 标准。

（2）外接管口标准和规范

①　法兰接口符合接口标准与阀门的法兰标准配套；

②　接口管件符合下列标准的规定要求：

《钢制管路法兰　技术条件》（JB/T 74—2015）；

《钢制管路法兰　类型与参数》（JB/T 75—2015）。

2.1.3　规范或标准的使用原则

如果乙方有其他标准取代上述标准，需呈交甲方，经认可后方能采用。乙方所提供的材料及外购设备应符合所应用的标准。规范使用的标准如有新版本，以最新版本为准。当上述规范和标准对某些设备和专用材料不适用时，经甲方确认后，可采用有关的标准和生产厂的标准。

上述标准未充分引述有关标准和规范的条文，乙方在投标文件中应更为详细的列举设备采用标准和规范。乙方可以使用等同于或高于以上标准的国家标准、国际标准。

2.2 设计原则

（1）执行国家关于环境保护的政策，符合国家的有关法规、规范及标准；

（2）坚持科学态度，积极采用成熟稳定的工艺技术，同时结合新工艺、新技术、新材料、新设备，既要体现技术经济合理，又要安全可靠。在设计方案的选择上，尽量选择安全可靠、经济合理的工程方案；

（3）采用高效节能、先进稳妥的废水处理工艺，提高处理效果，减少基建投资和日常运行费用，降低对周围环境的污染，方案设计科学、合理，既要考虑建设的经济性，使工程造价在保证处理水质稳定，设备运行可靠的原则下降至最低限度，又要考虑运行费用低廉，尽量使用简易、低能耗、高效的废水处理系统；

（4）选择国内外先进、可靠、高效、运行管理方便、维修简便的排水专用设备；

（5）采用先进的自动控制，做到技术可靠，经济合理，减少操作维护工作量；实现操作管理自动化、程序化、简单化，实现无人管理，自动操作，降低废水处理的综合费用；

（6）妥善处理、处置废水处理过程中产生的栅渣、污泥，避免二次污染；

（7）适当考虑废水处理站周围地区的发展状况，在设计上留有余地；

（8）在方案制定时，做到技术可靠，经济合理，切合实际，降低费用，结合废水的具体特点及国内外相关废水处理的成功经验，并在确保功能可靠、操作管理方便的前提下尽量采用新技术，提高废水处理的效果，降低废水处理的成本；

（9）废水站建设各构筑物和设备布置合理，结构紧凑、节约占地；

（10）采用物理的、化学的和生物的等多种技术措施进行处理。化学措施为生物处理创造条件，以生物处理为主体，以深度处理为保证；

（11）废水处理过程中的电气控制，力求管理方便、安全可靠、经济实用；

（12）严格按照建设方界定条件进行设计，适应项目实际情况要求。

3 设计、施工范围及服务

3.1 设计范围

设计范围包括：项目综合废水处理工程的设计，施工及调试和各水处理构筑物的土建工程。

不包括：排水收集管网、化粪池和废水排出管、中水回用管网、回用水泵等废水处理站外的配套设施。

3.2 施工范围及服务

① 废水处理系统的设计、施工；

② 废水处理设备及设备内的配件的提供；

③ 负责废水处理装置内的全部安装工作。包括废水处理设备内的电器接线；

④ 负责废水处理设备的调试，直至合格；

⑤ 免费培训操作人员，协同编制操作规程，同时做有关运行记录。为今后的设备维护、保养提供有力的技术保障。

4 水质参数

4.1 废水来源及性质

该项目的废水主要来源是制药生产废水及生活区的生活废水，包括：

①提取废水。水量是 10 m³/d，COD 质量浓度为 1 万～2.5 万 mg/L，弱碱性；

②三七总皂苷线生产废水。水量是 75 m³/d，COD 质量浓度为 1 万～2.5 万 mg/L。另 12 m³/周，COD 质量浓度为 9 万～10 万 mg/L；

③三七叶总皂苷线生产废水。水量是 25 m³/d，COD 质量浓度为 1 万～2.5 万 mg/L；

④灯盏花素线生产废水。水量是 5 m³/d，COD 质量浓度为 7 万～10 万 mg/L。另 10 m³/周，COD 质量浓度为 3 000 mg/L；4 m³/周，COD 质量浓度为 9 万～10 万 mg/L；

⑤ 溶剂回收站废水。乙醇回收站废水：水量 4 m³/d，COD 质量浓度为 10 万～20 万 mg/L。丙酮回收站废水：水量 1 m³/d，COD 质量浓度不详。

⑥生活废水，水量为 15 m³/d，COD 质量浓度为 250 mg/L 左右。

三七茎叶经清洗、粉碎后，用不同体积分数乙醇回流提取一定时间，经过滤、脱色素、浓缩，浓缩后的提取液减压蒸馏除去乙醇溶液，上 AB28 大孔吸附树脂柱，水洗脱去多糖等杂质，弃洗脱液，再用不同体积分数乙醇洗脱得洗脱液，减压回收乙醇。

取三七粉碎成粗粉，用 70%的乙醇提取，滤过，滤液减压浓缩，滤过，过苯乙烯型非极性或弱极性共聚体大孔吸附树脂柱，用水洗涤，水洗液弃去，以 80%的乙醇洗脱，洗脱液减压浓缩，脱色。

这系列的生产工艺所产生的废水造成了废水的复杂成分（含单糖、乙醇、黄酮类、丙酮、纤维素、木质素等物质）。

排放的生活废水中含有一定的氮、磷、表面活性剂、油脂。

另一方面该医药废水中含有高浓度的硫酸根，根据我公司对相关医药废水的治理、一般高于 6 000 mg/L，因此，必然对其厌氧处理造成抑制。在厌氧条件下，硫酸盐最终被还原为硫化氢。高浓度的硫化氢对产甲烷菌有很强的毒性。硫化氢对产甲烷菌的抑制作用主要来自消化液中未离解的硫氢酸即游离 H_2S。为消除硫酸盐对厌氧系统的影响。

因此废水在进厌氧系统前必须投加二价或三价铁离子，投加后的铁离子与硫化氢反应降低水中的游离 H_2S 浓度，进而降低对硫酸盐还原菌及甲烷菌的抑制影响。

废水中乙醇、丙酮 COD_5 含量、毒性很高，乙醇 COD_{Cr} 为 2.8g/g、毒性为 6 500 mg/L（毒性指对好氧降解微生物）、沸点 78.40C。丙酮 COD_{Cr} 为 2.07g/g、毒性为 8 100 mg/L（毒性指对硝化菌）、沸点 56.2℃。

4.2 处理水量

废水处理站设计处理规模为 150 m³/d，即 6.5 m³/h。

4.3 进、出水水质设计

根据多年对该类型废水处理的经验值及理论值的计算确定该废水的污染物类别和各项进水指标。

出水水质执行《污水综合排放标准》（GB 18978—1996）表 4 中的三级标准、《污水排入城市下水道水质标准》和楚雄市程家坝废水处理厂的进管网的要求。

综合废水处理系统的进水水质及出水水质设计如表1所示。

表1　进水水质和出水水质设计指标　　　　　　　　　　单位：mg/L

项目	设计进水水质	设计出水水质
pH	3~4	6~9
悬浮物	800~1 000	400
COD_{Cr}	25 000	500
BOD_5	8 700	300
动植物油	200	100
阴离子表面活性剂	40	20
NH_3-N	185	50（二级标准）
TP	43	8.0（进管网要求）

5　工艺方案设计

5.1　工艺选择

楚雄某药业公司主要生产三七、灯盏花两大系列产品。根据其制药生产工艺流程，生产废水主要来自于前处理提取车间、综合制剂提取车间、溶剂回收站，产生于洗药、提取、制剂等工段。该类废水主要含有各种天然有机污染物，其主要成分为糖类、有机酸、苷类、蒽醌、萜类和黄酮类物质、木质素、纤维素、生物碱、蛋白质、淀粉及它们的水解物。成分复杂、COD等浓度变化幅度大是此类废水的重要特征，常规的生物、物理、化学技术很难达到废水处理要求。根据我公司多年对植物提取医药的经验，该类废水宜采用生物技术和物理化学相结合的综合治理技术。

多年来在植物提取医药的废水处理后回用工程应用方面，我方做了很多的工作，取得了很多实战经验，特别是在超出设计范围内、突发事件使COD负荷猛增的情况下、有所应对。在宁波明贝中药厂、云南云河药业有限公司、云南希康生物制品有限公司、云南希尔康制药有限公司。这些厂处理工艺效果见表2。

表2　工程案例处理效果分析表

工程名称	设计规模	主要工艺	进水指标		出水指标	
			COD	SS	COD	SS
宁波明贝中药厂	150 m³	水解+O²/A+沉淀	6 000	60	300 排放	
云南云河药业有限公司	250 m³	水解+UASB+BAF+气浮+过滤+臭氧反应	12 000	46	50 回用	
云南希康生物制品有限公司	120 m³	水解+IC厌氧+O²/A+过滤+臭氧反应	20 000	50	50 回用	
云南希尔康制药有限公司	300 m³	水解+IC厌氧+O²/A+过滤+臭氧反应	15 000	50	50 回用	

5.2　工艺流程

废水处理工艺流程如图2所示。

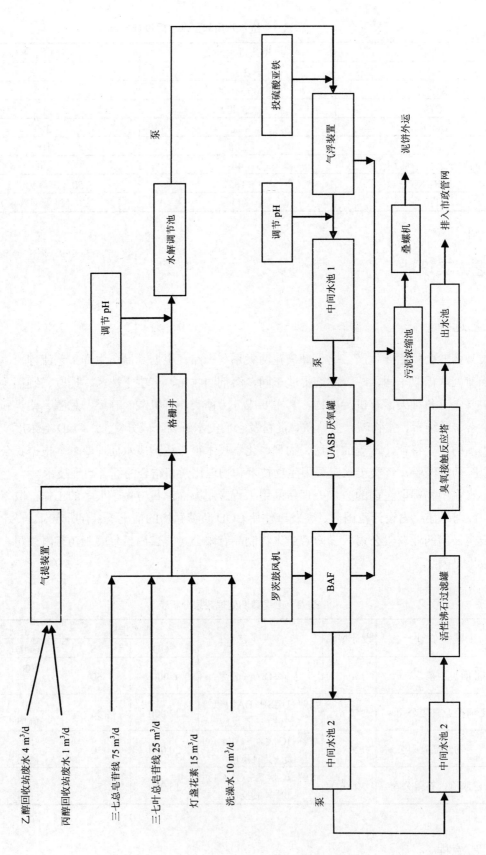

图 2　废水处理工艺流程

5.3　工艺流程说明

该厂由六股废水组成：

① 提取废水；

② 三七总皂苷线生产废水；

③ 三七叶总皂苷线生产废水；

④ 灯盏花素线生产废水；

⑤ 溶剂回收站废水；

⑥ 生活废水。

各股废水的水量及 COD 浓度、pH 分析详见 4.1 节废水来源及性质。

将上述两股溶剂回收站废水经管道收集进入气提装置，通过引入蒸汽对其加热至 80℃，让 80%～90% 的乙醇和丙酮蒸发出来（乙醇沸点 78.40℃，丙酮沸点 56.20℃），从而降低水中有机物含量，经处理后的水汇入其余 4 股水经粗、细格栅去除大颗粒杂质后自流入格栅井，然后自流进入水解调节池使其 pH 值被调至 5.5～6.5（满足水解 pH 值条件），水解调节池内设潜水搅拌机，使污泥维持在悬浮状态，并挂有弹性填料，对于工业废水处理而言，主要是将其中难生物降解物质转变为生物物质，以提高可生化性。再经泵提升进入离子气浮装置（投加二价或三价铁离子），其出水进入 1 号中间水池，pH 值被调至能满足 UASB 进水 pH 值条件。而后用泵提升至 UASB 厌氧罐，然后自流入 BAF（BIOSTYR 工艺），之后自流至 2 号中间水池，泵提入到活性沸石过滤罐，最后进入臭氧反应塔，出水达标排放。其污泥通过叠螺机脱水后形成泥饼外运肥田。

对每周排放的三七总皂苷线（12 m³/周）、三七叶总皂苷线（4 m³/周）及灯盏花素线（4 m³/周）的高浓度废液，将其汇集于高浓度水泥池（约 20 m³/周、3 m³/d），分十次每隔 2 h 均分泵入水解调节池进行混合。

该系统主要包括气提装置、格栅、集水井、pH 调节池、水解调节池、气浮装置、UASB 厌氧反应器、BAF 曝气生物滤池、活性沸石过滤、臭氧接触反应（降低无机、有机污染物、消毒杀菌）等几部分，以下是对各部分的详细说明。

5.3.1　气提装置

通过对含乙醇、丙酮的废水加热至 80℃，可将其中 80%～90% 的乙醇和丙酮蒸发出来，以此降低废水中的有机物含量。

5.3.2　高浓度废水贮存池

贮存每周排放的三七总皂苷线、三七叶总皂苷线、灯盏花素线高浓度废水。

5.3.3　粗细格栅

主要用于去除废水中体积较大的漂浮物、悬浮物，以减轻后续处理构筑物的负荷，用来去除那些可能堵塞水泵机组、管道阀门的较粗大的悬浮物，并保证后续处理设施能正常运行的装置。

5.3.4　水解调节池

用于调节水量和均匀水质，使废水能比较均匀地进入后续处理单元。在调节池内进行水质均衡、水量调节，并通过水解酸化作用去除废水中的一部分 COD，并将大分子有机物分解成小分子有机物，提高废水的可生化性，减轻后续废水处理单元的处理负荷。池内设 1 台潜水推流搅拌机使水混合均匀。

5.3.5　加压离子溶气气浮处理装置

气浮处理法就是向废水中通入压力空气，并以微小气泡形式从水中析出成为载体，使废水中的乳化油、微小悬浮颗粒等污染物质黏附在气泡上，随气泡一起上浮到水面，形成泡沫一气、水、颗粒（油）三相混合体，通过收集泡沫或浮渣达到分离杂质、净化废水的目的。浮选法主要用来处理废水中靠自然沉降或上浮难以去除的乳化油或相对密度接近于 1 的微小悬浮颗粒。投加二价或三价铁离子，去除硫酸盐（其目的降低对硫酸盐还原菌及甲烷菌的抑制影响）、油脂、悬浮物、非溶解性 COD、表面活性剂、胶体物质等，加压溶气气浮法在国内外应用最为广泛。

5.3.6　UASB 反应器

厌氧生物处理过程能耗低；有机容积负荷高，一般为 $1\sim10$ kgCOD/（$m^3\cdot d$），最高的可达 $30\sim50$ kgCOD/（$m^3\cdot d$）；剩余污泥量少；厌氧菌对营养需求低、耐毒性强、可降解分子量高的有机物；耐冲击负荷能力强；基本特征是不用吸附载体，保持反应器内高浓度的微生物。

上流式厌氧污泥床（UASB）工艺是在上流式厌氧生物膜法的基础上发展而成，具有厌氧过滤及厌氧活性污泥法的双重特点。UASB 由污泥反应区、气液固三相分离器（包括沉淀区）和气室三部分组成。在底部反应区内存留大量厌氧污泥，具有良好沉淀性能和凝聚性能的污泥在下部形成污泥层。要处理的废水从厌氧污泥床底部流入与污泥层中污泥进行混合接触，污泥中的微生物分解废水中的有机物，把它转化为沼气。沼气以微小气泡形式不断放出，微小气泡在上升过程中，不断合并，逐渐形成较大的气泡，在污泥床上部由于沼气的搅动形成一个污泥浓度较稀薄的污泥和一起上升进入三相分离器，沼气碰到分离器下部的反射板时，折向反射板的四周，然后穿过水层进入气室，集中在气室沼气，用导管导出，固液混合液经过反射进入三相分离器的沉淀区，废水中的污泥发生絮凝，颗粒逐渐增大，并在重力作用下沉降。沉淀至斜壁上的污泥沿着斜壁滑回厌氧反应区内，使反应区内积累大量的污泥，与污泥分离后的处理出水从沉淀区溢流堰上部溢出，然后排出污泥床。

UASB 内设三相分离器，通常不设沉淀池，被沉淀区分离出来的污泥重新回到污泥床反应区内，通常可以不设污泥回流设备。

进水分配系统的合理设计、反应器内自身厌氧颗粒污泥的培养对于一个长期运转良好的 UASB 处理厂是至关重要的、建议采用：

① 一管一孔配水方式。每个进水管仅与一个进水点相连接、保证每根配水流量相等；

② 采用渠道式进水分配系统。好处是可以用肉眼观察堵塞情况，这种配水方式通过渠道分配箱之间的三角堰来保证等量的进水；

③ 反应器内可培养出厌氧颗粒污泥，密度比絮体污泥大，具有良好的沉淀性能。

5.3.7　曝气生物滤池

曝气生物滤池（BAF）是 20 世纪 90 年代初兴起的废水处理新工艺，已在欧美和日本等发达国家广为流行。该工艺具有去除 SS、COD、BOD、硝化、脱氮、除磷、去除 AOX（可吸收卤化物，Absorbale Organic Haiogen）的作用，其特点是集生物氧化和截留悬浮固体于一体，节省了后续沉淀池（二沉池），容积负荷、水力负荷大，水力停留时间短，所需基建投资少，出水水质好；运行能耗低，运行费用省。

BAF 的技术特点如下：

① 总体投资省，包括机械设备、自控电气系统、土建和征地费；

② 占地面积小，通常为常规处理工艺占地面积的 1/10～1/5，厂区布置紧凑，美观；

③ 处理出水质量好，可达到中水水质标准或生活杂用水水质标准；

④ 工艺流程短，氧的传输效率高，供氧动力消耗低，处理单位废水的电耗低；

⑤ 过滤速度高，处理负荷大大高于常规处理工艺；

⑥ 抗冲击能力强，受气候、水量和水质变化影响小；

⑦ 可建成封闭式厂房，减少臭气、噪声对周围环境的影响，视觉感官效果好；

⑧ 运行管理方便，便于维护；

⑨　全部模块化结构，便于进行后期的改扩建。

根据该公司废水中灯盏花素所含其他化学成分、丙酮毒性为 8 100 mg/L（毒性指对硝化菌）等特性、拟采用 BIOSTYR 工艺，该工艺是法国 OTV 公司对其原有 BIOCARBONE 的一个改进，其滤料为相对密度小于 1 的球形有机颗粒，漂浮在水中。经预处理的废水与经硝化的滤池出水按一定回流比混合后进入滤池底部。在滤池中间进行曝气，根据反硝化程度的不同将滤池分为不同体积的好氧区和缺氧区。

在缺氧区，一方面反硝化菌利用进水中的有机物作为碳源，将滤池中的 $NO_3\text{-}N$ 转化为 N_2，实现反硝化。另一方面，填料上的微生物利用进水中的溶解氧和反硝化产生的氧降解 BOD，同时，一部分 SS 被截留在滤床内，这样便减轻了好氧段的固体负荷。经过缺氧段处理的废水然后进入好氧段，在好氧段微生物利用气泡中转移到水中的溶解氧进一步降解 BOD，硝化菌将 $NH_3\text{-}N$ 氧化为 $NO_3\text{-}N$，滤床继续截留在缺氧段没有去除的 SS。流出滤池的水经上部滤头排出，滤池出水分为：①排出处理系统；②按回流比与原水混合进行反硝化；③用作反冲洗。

BIOFOR 和 BIOSTYR 不同的是采用密度大于水的滤料，自然堆积，其余的结构、运行方式、功能等方面与 BIOSTYR 大同小异。

5.3.8　活性沸石过滤罐

曝气生物滤池出水仍有部分 SS，需经过活性沸石过滤。在去除 SS 的同时还能进一步去除氨氮、磷等物质。活性沸石是为国家"九五"攻关课题，是天然沸石经过多种特殊工艺活化而成，经人工导入活性组分，使其具有新的离子交换或吸附能力，其离子交换性能更好，吸附性能更强，吸附容量也相应增大，更有利于去除水中各种污染物，其性能在某些方面接近或优于活性炭，其成本远远低于活性炭，可以用于水的过滤及深层处理，不仅能去除水中的浊度、色度、异味且对于水中的有害重金属如铬、镉、镍、锌、汞、铁离子、有机物、酚、三氮等物质具有吸附交换作用，对水中 COD_{Mn} 的去除率可达 30%以上，对氨氮、磷酸根离子等有较高的去除能力，因此活性沸石是工业给水、废水处理的一种理想滤料，用于自来水过滤可达到去除水中微污染的目的。

5.3.9　臭氧接触反应塔

含乙醇、丙酮等废水用臭氧氧化时，乙醇、丙酮被氧化为二氧化碳，进一步去除了水中的有机、无机污染物，同时废水经过臭氧反应塔时，臭氧对水中的细菌和病毒进行杀灭，起到消毒杀菌的作用。

5.3.10　污泥浓缩

厌氧反应器、气浮设备、曝气生物滤池等处污泥全部流入该池，上清液流入水解调节池，浓泥由叠螺旋机压滤脱水，干污泥外运。

5.4　处理效果预测

表 3　工程处理效果预测表

项　目	指标	COD/ （mg/L）	BOD$_5$/ （mg/L）	NH$_3$-N/ （mg/L）	SS/ （mg/L）	总磷/ （mg/L）	pH 值
格栅井	进水	25 000	8 500	185	722	43	—
	去除率	—	—	—	5%	—	—
调节（水解）池	进水	25 000	8 500	185	686	43	5.5～6.5
	去除率	25%	30%	20%	20%	—	—
气浮机	进水	18 750	5 950	148	548.8	43	5.5～6.5
	去除率	25%	20%	10%	20%	80%	—

项　　目	指标	COD/ （mg/L）	BOD$_5$/ （mg/L）	NH$_3$-N/ （mg/L）	SS/ （mg/L）	总磷/ （mg/L）	pH 值
UASB 反应器	进水	14 063	4 760	133.2	439	8.6	7.2～7.5
	去除率	85%	75%	60%	40%	—	—
曝气生物滤池	进水	2 109.5	1 190	53.3	263.4	8.6	6～9
	去除率	85%	90%	70%	—	60%	—
活性沸石过滤罐	进水	316.4	119	16	52.7	3	6～9
	去除率	—	—	70%	70%	30%	—
臭氧塔	出水	316.4	119	4.8	15	2.1	6～9
	去除率	30%	35%	20%	—	—	—
出水池	出水	221	70	4	15	2.1	6～9

6　废水处理系统计算

6.1　气提装置

通过对含乙醇、丙酮的废水加热至 80℃，将 80%左右的乙醇和丙酮蒸发出来，从而降低废水中有机物的含量。

6.2　格栅

功能：去除废水中体积较大的漂浮物、悬浮物，以减轻后续处理构筑物的负荷，避免这些较粗大的悬浮物有可能堵塞水泵机组、管道阀门。

规格：间距 10 mm。

6.3　水解调节池

功能：对废水进行水质水量混合，同时通过微生物厌氧处理去除部分污染物，以便降低后续处理的负荷。设计在池中安装潜水搅拌机，从而使水质更好地混合均匀。

设计水量：11 m^3/h；

设计水力停留时间：12 h；

尺寸：$L \times B \times H$=7.5 m×4 m×4.5 m（有效水深为 3 m）。

主要设备如下：

① 潜水搅拌机

型号：QJB3/8；

功率：N=3 kW；

数量：2 台（1 用 1 备）。

② 原水提升泵

型号：50WQ12-15-1.5；

流量：Q=12 m^3/h；

功率：N=1.5 kW；

扬程：H=15 m；

数量：2 台（1 用 1 备）。

③ Φ150 mm 的弹性填料 105 m^3。

6.4 溶气式气浮机装置

功能：使废水中的乳化油、微小悬浮颗粒等污染物质黏附在气泡上，随气泡一起上浮到水面，形成泡沫——气、水、颗粒（油）三相混合体，通过收集泡沫或浮渣达到分离杂质、净化废水的目的。

表 4　溶气式气浮机型号、参数

型号	处理能力/ （m^3/h）	溶气水量/ （m^3/h）	主电机功率/ kW	刮沫机功率/ kW	空压机功率/ kW	溶气罐规格/ mm
KYQF-10	15	4～6	3	0.37	1.5	$\Phi 500$

处理能力：10 m^3/h；

材质：钢制防腐；

尺寸：$\Phi \times H$=1.5 m×3.0 m；

数量：1 套；

材质：外用碳钢，内用玻璃钢、环氧树脂进行防腐处理；

配套设备：加药系统 2 套。

6.5 中间水池

容纳经气浮装置处理后的出水，通过设置液位控制泵的启停，防止泵因水位过低空抽和频繁启停导致泵损坏。

设计尺寸为：$L \times B \times H$=1.5 m×1.5 m×3.2 m（有效水深为 3 m）；

数量：1 座；

配置设备：2 台（1用1备）的提升泵（型号：50WQ15-22-2.2；流量：Q=15 m^3/h；扬程：H=22 m；功率：N=2.2 kW）。

6.6 UASB 反应器

参数选取：第一反应室的容积负荷 N_{V1}=15 kgCOD/(m^3·d)，第二反应室的容积负荷 N_{V2}=7 kgCOD/(m^3·d)；污泥产率 0.03 kgMLSS/kgCOD；产气率 0.35 m^3/kgCOD。

主要设备如下：

① UASB 反应器

规格型号：$\Phi 7$ m×8.5 m；

数量：2 台；

材质：碳钢防腐。

② 内回流泵

型号：IS150-125-250；

数量：2 台（1备1用）。

③ 管道泵

型号：IS80-50-250；

数量：2 台（1备1用）。

6.7　曝气生物滤池

功能：去除 COD、BOD、氨氮、磷等污染物，设计为二级好氧处理，设计水力停留时间为 16 h，一级为 9.6 h，二级为 6.4 h：

设计流量：Q=11 m³/h；

设计尺寸为：$L×B×H$=11 m×4 m×4.2 m（有效水深为 4 m）。

主要设备如下：

① 三叶罗茨风机

型号：DK5003；

风量：4 m³/min；

风压：60 kPa；

功率：11 kW；

数量：2 台（1 用 1 备）。

② 曝气器

型号：Φ 215 mm；

数量：110 套。

③ 组合填料

型号：组合 Φ 150 mm；

数量：330 m³（每隔 10 cm 挂一根，3.3 m/根）。

6.8　活性沸石过滤罐

功能：本方案设过滤、吸附处理单元。过滤出水直接利用预压进入活性炭吸附罐。

表 5　活性沸石过滤罐设计参数

项目	参数
型号	ZFSL-15
处理能力	15 m³/h
设计滤速	10 m³/（m²·h）
设备规格	Φ 1 500 mm×2 400 mm
材质	碳钢

配套设备：2 台（1 用 1 备）提升泵（型号：SLS50-160A；流量：15 m³/h；扬程：28 m；功率：2.2 kW）。

6.9　臭氧发生塔

功能：去除乙醇降低 COD、BOD、杀菌、消毒。

臭氧发生器的参数如下：

型号：XY-52；

功率：5 kW；

臭氧产量：400 g/h。

6.10 出水池

功能：出水储存，作为曝气生物滤池及活性沸石反洗用水。

设计有效容积：V=50 m³；

设计尺寸为：$L \times B \times H$=6.6 m×4 m×4.2 m（有效水深为 4 m）；

数量：1 座；

配置设备：1 台提升泵（型号：50WQ15-22-2.2；流量：Q=15 m³/h；扬程：H=22 m；功率：N=2.2 kW）。

6.11 污泥浓缩池

功能：污泥进污泥浓缩池暂存，由泵抽入污泥脱水系统。

设计尺寸为：$L \times B \times H$=2 m×4 m×4.2 m（超高 0.2 m）。

配套设备如下：

① 螺杆泵

型号：G35-1；

技术参数：流量 Q=3.25 m³/h，扬程 H=0.6 MPa，电机功率 1.5 kW；

数量：1 台。

② 叠螺压滤机

型号：X-101；

数量：1 台。

6.12 设备房

功能：安置过滤罐、活性炭吸附罐、水泵和风机、PLC 控制柜等设备，同时作操作控制室使用。

规格尺寸：50 m²；

结构：砖混结构。

7 主要构筑物及设备一览表

表 6 主要构筑物一览表

序号	构筑物名称	尺寸	数量	备注
1	集水井	12 m×3 m×4.3 m	1 座	半地下结构，钢混
2	pH 调节池	2 m×1.4 m×4.3 m	1 座	半地下结构，钢混（与集水井合建）
3	水解调节池	5.5 m×3 m×4.3 m	1 座	半地下结构，钢混
4	中间池	5.5 m×3 m×4.3 m	1 座	半地下结构，钢混
5	接触氧化池	11 m×4 m×4.3 m	1 座	半地下结构，钢混
6	二沉池	2 m×4 m×4.3 m	1 座	半地下结构，钢混
7	清水池	4.5 m×4 m×4.3 m	1 座	半地下结构，钢混
8	UASB 反应器基础	Φ9.0 m×0.50 m	1 座	地下结构，钢混
9	污泥浓缩池	2 m×4 m×4.3 m	1 座	地上结构，钢混
10	回用水池	6.4 m×4 m×4.3 m	1 座	半地下结构，钢混
11	设备房	50 m²	50 m²	砖混

表7 主要设备一览表

序号	设备名称	技术规格及性能参数说明
1	人工格栅	间隙 10 mm
2	原水提升泵	型　号：50WQ12-15-1.5 Q=12 m³/h，H=15 m，N=1.5 kW 安装位置：水解调节池内，提升至气浮处理装置 数　量：4台（2用2备）
3	潜水搅拌机	型　号：QJB3/8 功　率：N=3 kW 数　量：2台（1用1备）
4	弹性填料	型　号：Φ150 mm 数　量：105 m³
5	气浮装置	用　途：去除油脂、悬浮物、非溶解性 COD 等 型　号：CXPF-15 处理量：15 m³/h 尺　寸：4.4 m×2.1 m×2.2 m 数　量：1套
6	pH 控制系统	数量：1套 含 pH 在线监测一套 加药系统一套
7	UASB 厌氧反应器提升泵	型　号：50WQ15-22-2.2 Q=15 m³/h，H=22 m，N=2.2 kW 安装位置：中间水池内，将废水提升至 IC 厌氧反应塔 数　量：2台（1用1备）
8	UASB 厌氧反应器	规格型号：Φ8 m×16.8 m 数量：1台 材质：碳钢防腐
9	组合填料	填料规格：Φ150 mm 布置位置：布置于接触氧化池内 数量：330 m³
10	斜管填料	型号：Φ50 mm　厚 0.5 mm 数量：15 m³
11	曝气器	空气流量：1.5～3 m³/个·h　氧总转移系数：kla（20%） 氧利用率：18.4%～27.7% 充氧能力：0.112～0.185 kgO₂/m³·h 型　号：Φ215 mm 数　量：110 套
12	三叶罗茨风机	型号：DK5003 风量：4 m³/min 风压：60 kPa 功率：11 kW 数量：2台（1用1备）
13	螺杆泵	型号：G35-1 流量：3.25 m³/h 扬程：6 m 功率：1.5 kW 数量：1台
14	叠螺压滤机	型号：X-101 数量：1台

序号	设备名称	技术规格及性能参数说明
15	污泥泵	型号：50WQ10-10-0.75 流量：Q=10 m³/h 扬程：H=10 m 功率：N=0.75 kW 数量：1 台
16	过滤器提升泵	型号：SLS50-160A 流量：15 m³/h 扬程：28 m 功率：2.2 kW 数量：2 台（1 用 1 备）
17	臭氧发生塔	功　能：去除乙醇降低 COD、BOD、杀菌、消毒 臭氧发生器 型　号：XY-52 功　率：5 kW 臭氧产量：400 g/h
18	活性沸石过滤器	型　号：ZFSL-15 设备规格：$\varPhi$1 500 mm×2 400 mm 处理能力：15 m³/h 设计滤速：10 m³/（m²·h） 数　量：1 台 材质：碳钢
19	活性炭吸附罐	型　号：ZFHT-15 设备规格：$\varPhi$1 500 mm×2 400 mm 处理能力：15 m³/h 设计滤速：10 m³/（m²·h） 数　量：1 台 材质：碳钢
20	PLC 自动控制柜	控制方式：采用自动 PLC 控制 电器元件：主控制器采用国外进口，其余电器元件均通过 3C 认证 位　置：设备控制室内 数　量：1 套
21	回用水池提升泵	型　号：50WQ15-22-2.2 Q=15 m³/h，H=22 m，N=2.2 kW 安装位置：回用水池内，将废水提升至回用点 数　量：2 台（1 用 1 备）
22	内回流泵	型号：IS150-125-250 数量：2 台
23	管道泵	型号：IS80-50-250 数量：2 台
24	PE 桶	规格：500 L
25	计量泵	型号：ZJ-W14/2.4（7）；Q=14～50 L/h；P=2.4MPa；N=14W
26	机械格栅	间隙 10 mm
27	气提装置	数量：1 台

8 总图及运输

8.1 总图布置

总布置见废水站布置平面图。

拟建场地已基本实现"三通一平"，用地高地较小，用地红线内设计高程 1777.5～1778.13 m，用地厂区的围栏。

项目所在地常年主导风向为西南风。

根据场地实际及现状情况，综合工艺布置要求，主要水池主体采用半地埋式，其中调节池为地埋式，以满足废水收集调节作用。

场地地面排水通过雨水扣暗管排入地下排水管网，排入小区外面的市政管网。

生产配套区建设备房与厂区主干道相连，路面宽度为 4.0～6.0 m，道路转弯半径大于等于 12.0 m，路面采用城市型水泥混凝土道路。

8.2 绿化美化设计

废水站厂区通过合理化布置，设计范围内绿化设计种植抗污染的乔木树种，辅以草皮等。为项目后期绿化设计提供一个良好的设计空间。在满足工艺要求的同时，也能够满足美观、实用，力求环境保护的科学性和合理性，通过合理布局净化废水的同时，改善厂区生态环境。

8.3 运输

废水站处于整个厂区大门口附近，考虑前期的运输需要，在进场修建临时运输通道，待项目建设完成，修建一条废水站与主干道的连接通道，以满足生产时的车辆通行。

9 二次污染防治

9.1 臭气防治

（1）UASB 厌氧反应器设高空排气管，不会影响周围环境。

（2）集水井、水解调节池、接触氧化池产生的臭气量较小，可用池顶上栽植盆景进行吸收。

9.2 噪声控制

（1）风机选用低噪声型，本机噪声≤80 dB，风机进出口均采用消声器，底座用隔震垫，进出口风管用可接橡胶软接头等减震降噪措施。水泵选用国优潜污泵，对外界无影响。

（2）风机放置于室内，向外扩散的量较小。

9.3 污泥处理

（1）污泥由二沉池排泥、气浮浮渣及 IC 厌氧反应器排出的剩余污泥产生，污泥排至污泥池。然后用污泥脱水设备进行脱水。

（2）干污泥定期外运处理。

10　废水处理站防腐

10.1　管道防腐

本废水处理站池体所采用的管件外壁按《工业设备、管道防腐蚀工程施工及验收规范》（HGJ 229—91）做防腐处理，焊接钢管管壁外涂三道环氧煤沥青加强防腐。

埋地管道均先除锈，刷环氧煤沥青两道，再刷调和漆两道；管道、管道支吊架、钢结构等均防腐处理，设备间内明设管道经除锈后，刷红丹底漆一道，面漆两道，最后一道面漆颜色按管道设计涂色要求进行。

对药剂投加设备使用玻璃钢材质防腐，对碳钢设备内衬胶防腐。

10.2　构筑物防腐

根据《工业建筑设计防腐规范》及各构筑物功能的不同，对需要做防腐的水池内表面做玻璃钢防腐处理。

11　电气控制

11.1　电气设计

11.1.1　电气设计规范
相关专业及建设方提供的用电设备条件：
（1）《供配电系统设计规范》（GB 500052—2009）；
（2）《20 kV 及以下变电所设计规范》（GB 50053—2013）；
（3）《低压配电设计规范》（GB 500054—2011）；
（4）《建筑设计防火规范》（GB 50016—2014）；
（5）《建筑照明设计标准》（GB 50034—2013）；
（6）《建筑物防雷设计规范》（GB 50057—2010）；
（7）其他有关设计标准、规范及与建设方的协商意见。

11.1.2　电气负荷估算和变压器容量选择
对生产设备用电负荷按其设备安装容量进行统计，对照明用电负荷按单位容量法进行统计。用电负荷均为三类负荷。

本工程用电设备安装容量 539.9 kW，运行容量 327.7 kW，有功功率 190.4 kW，无功功率 66.5 kW（补偿后），视在功率 207.1 kVA。

用电负荷统计详见电气负荷计算表。

11.1.3　电源及电压
本工程为新建厂区内的废水处理及回用系统，工程所需的低压电源采用 380/220V 电缆线路从厂区的变配电所引进。

11.1.4　电能计量及无功补偿
电能计量在低压电源总进线柜内装设有功电度表做本工程的低压总计量。

功率因数补偿集中在变配电所低压侧补偿，补偿方式为自动补偿。

11.1.5 配电和电气照明

本工程由厂区新建变配电所采用 380/220V 电缆线路供电。配电方式采用放射式和树干式相结合的方式。

低压配电采用 TN-S 三相五线制配电系统。

各建筑设普通工作照明，不同场所采用不同灯具及光源，综合用房、配电室等主要采用高显色指数的节能型荧光灯；清废水处理间、鼓风机房及污泥脱水间采用工厂灯；道路设照明路灯。路灯及工厂灯均为金卤灯光源。

11.1.6 防雷及接地

综合用房、清废水处理间、鼓风机房及污泥脱水间等采用相应的防雷措施。接地装置采用联合接地系统，接地电阻不大于 1 欧姆。各建筑物电源进线处设总等电位连接。

11.1.7 弱电

本工程设如下弱电系统：

（1）语音、数据通信综合布线系统；

（2）有线电话系统。

11.1.8 电气设备及材料表

表 8 主要电气设备及材料表

序号	名称	规格及型号	单位	数量	备注
1	低压配电屏	GCS	台	5	
2	路灯	YRD-328 250W	套	18	

11.2 电气控制

11.2.1 工程范围

本自动控制系统为废水处理工程工艺所配置，自控专业主要涉及的内容为该废水处理系统中废水泵与液位的联锁、报警、风机的交替动作、风机与进水泵的联锁工作等。

11.2.2 控制水平

本工程中拟采用 PLC 程序控制。系统由 PLC 控制柜、配电控制屏等构成，为此专门设立一个控制室。

11.2.3 控制方式

本工程装置内所有电动机均采用中央集中室控制方式，电动机联锁由仪表专业的 PLC 实现。

11.2.4 电源状况

本装置所需一路 380/220V 电源暂按引自厂区变电所。

11.2.5 电气控制

废水处理系统电控装置为集中控制，采用进口 PLC 可编程序控制器，主要自动控制各类泵提升（液位控制）；风机启动及定期互相切换；需要时（如维修状态下）可切换到手动工作状态。

（1）水泵

水泵的启动受液位控制。

① 高液位：报警，同时启动备用泵；

② 中液位：一台水泵工作，关闭备用泵；

③ 低液位：报警，关闭所有水泵。

水泵中一台水泵出现故障，发出指示信号，另一台备用泵自动工作。

（2）风机

风机设置二台（1 用 1 备）。风机 8～12 h 内交替运行，一台风机故障，发出指示信号，另一台自动工作。风机与水泵实行联动，当水泵停止工作时，风机间歇工作。

（3）声光报警

各类动力设备发生故障，电控系统自动报警指示（报警时间 10～30 s），并故障显示至故障消除。报警系统留出接口，可根据业主方要求引至指定地点，以便管理。

（4）其他

① 各类电气设备均设置电路短路和过载保护装置。

② 动力电源由本电站提供，进入废水处理站动力配电柜。

12 环境保护

12.1 主要污染源

废水处理厂主要污染为噪声和污泥。

噪声主要来源于水泵、风机。噪声一般为 80～90 dB。

污泥、栅渣、泥沙主要是从各废水处理工序中排出，年产污泥量约 70.5 t。

12.2 污染防治措施及效果

12.2.1 噪声污染防治措施及效果

（1）设备选型采用低噪声产品。

（2）由于回用泵房采用半地下式，一级提升（供自动过滤器水泵）采用潜污泵，且废水处理站位于新东立园区生产区内，与生活区较远。本工程建成后，噪声对环境影响很小，废水处理厂厂界噪声符合《工业企业厂界环境噪声排放标准》（GB 12348—2008）的要求。

12.2.2 污泥处置

选用带式脱水机对污泥进行脱水，脱水后污泥含水率低于 75%，由公司调度用汽车外运综合处置。

本项目为环境治理项目，项目建成后公司"三废"治理方面取得较好的效果。

13 职业安全卫生、消防、节能

13.1 职业安全卫生

设计遵照国家职业安全卫生有关规范和规定，各处理构筑走道均设置防护栏杆、防滑楼梯。污泥处理间采用全自动污泥脱水系统，减轻工人劳动强度。

所有电气设备的安装、防护，均满足电器设备的有关安全规定。

建筑物室内设置适量干粉灭火器。

为防寒冷，所有建筑物内冬季采取热水采暖措施。污泥处理间、加药间和消毒间、药库均设计了轴流风机通风换气，换气次数为 8 次/h，化验室、办公室均设置冷暖空调，改善工作环境。

废水处理综合用房设置卫生间、食堂、浴室可共用厂内生活区的设施。

13.2 消防

本工程主要依据《建筑设计防火规范》（GB 50016—2014）和《建筑灭火器配置设计规范》（GB 50140—2005）进行消防设计。

13.2.1 电气消防设计

本工程属二类用电负荷，电源电压为 0.4 kV。双回路电源供电，形成一路工作、另一路备用的电源。当工作电源故障时，备用电源自动引入，保证供电电源不间断。

本工程火灾事故照明，采用蓄电池作备用电源，连续工作时间不少于 30 min。

本工程所有电气设备消防均采用干式灭火器，安置在各配电间值班室内。

本设计按有关规定，建筑物防雷采用避雷带防护措施。

13.2.2 建筑消防设计

本工程建筑火灾危险性为丁类，本工程所有工业与民用建筑的耐火等级均为二级，所有建筑均采用钢筋混凝土框架结构或砖混结构，主要承重构件均采用非燃烧体，满足二级耐火等级要求的耐火极限。

厂房、库房及民用建筑的层数、占地面积，长度均符合防火规范规范要求。厂房、库房及民用建筑的防火间距均满足防火规范要求。厂房、库房及民用建筑的安全疏散均按防火规范的要求设置。

厂区道路呈环状，道路宽度 4 m，消防车道畅通。

室内装修材料均采用难燃烧体。

13.2.3 厂区消防

厂区设室外消火栓，按《建筑设计防火规范》，同一时间内火灾次数 1 次，室外消火栓用水量 l0 L/S，设 2 具室外消火栓。室外消火栓给水管道布置成环状，保证火灾时安全供水。

所有建筑物室内不设消防给水，均按《建筑灭火器设置设计规范》要求设置干粉灭火器。

13.3 节能

废水处理工程在工艺选择和设备选型上遵照国家的能源政策，选用节能工艺和产品。如选用节能性工艺设备，如水泵。采用自动控制管理系统，以使废水处理系统在最佳经济状态下运行，降低运行费用。

14 工程运行管理

14.1 技术管理

为了使本工程运行管理达到所要求的处理效果，降低运行成本，还必须强化技术管理，建议如下：

（1）与环保部门共同监测处理站水质，督促排水水质稳定达标。

（2）根据进处理站水质、水量变化，调整运行工况，定期总结运行经验。

（3）建立运行技术档案与设备使用与维修档案。

14.2 人员培训

为了提高水厂管理和操作水平，保证项目建成后正常运行，必须对有关建设和管理人员进行有计划地培训。生产管理和操作人员进行上岗前的专业技术培训；聘请有经验的专业技术人员负责厂内技术管理工作。

14.3　生产管理

维修

由于本废水处理站必须连续投运的机电设备均有备用，一旦废水站在运转过程中发生故障，则可启动备用设备，保证设施正常运转，同时对废水处理设施进行检修。同时：

① 各类电气设备均设置电路短路和过载保护装置。

② 动力电源由本电站提供，进入废水处理站动力配电柜。

表 9　电器运行表

序号	动力件名称	数量	运行功率/kW	装机功率/kW	运行时间/(h/d)	电耗/(kW·h)	备注
1	潜水搅拌机	2 台	3	6	24	72	1 用 1 备
2	原水提升泵	2 台	1.5	3	24	36	1 用 1 备
3	曝气风机	2 台	11	22	24	264	1 用 1 备
4	过滤提升泵	2 台	2.2	4.4	24	52.8	1 用 1 备
5	潜污泵	1 台	0.75	0.75	24	18	间隙运行
6	污泥脱水系统	1 套	1.5	1.5	8	12	白班运行
7	臭氧发生器	1 套	4.5	4.5	24	108	
8	IC 塔提升泵	2 台	2.2	4.4	24	52.8	1 用 1 备
	合计		26.65	120.8		615.6	

注：有用功按 70% 计算，即 26.65×70%=18.65 kW。

15　生产运行成本分析

15.1　运行成本核算

（1）电费

总装机容量为 120.8 kW，其中平均日常运行容量为 26.65 kW，每天电耗为 615.6 kW·h，功率因子取 0.7。电费平均按 0.50 元/（kW·h）计，则电费：

E_1=615.6×0.7×0.50÷250=0.86 元/t 废水

（2）人工费用

本废水处理站操作管理简单，自动控制程度高，不需要人值守。可由其他人员兼职管理，则人工费用取 500 元/月，则人工费为：

E_2=500÷（250×30）=0.06 元/t 废水

（3）药剂费用

本废水处理站药剂费为 pH 调节时所投加的碱消耗，二沉池药剂消耗。该部分费用暂按为：

E_3=0.30 元/m^3 废水。

（4）运行总费用

则总计运行费用为：

$E=E_1+E_2+E_3$ =0.86+0.06+0.3≈1.22 元/m^3 废水

15.2 环境效益

环境治理的好坏直接影响着一个城市、企业的良性发展。该废水处理厂主要是车间生产废水，废水主要特点是水量大、水质情况波动大、污染物浓度高，经该废水处理厂处理后的废水可达到该公司生产车间的循环使用水要求，这样在避免了对当地的环境污染的同时，又减轻了公司的生产投资费用。这对公司的发展有着长远的意义。

15.3 社会效益

工程的实施对周边的环境将会有着明显的改善，同时也对该地区的社会效益产生巨大的影响，也会给周边地区带来巨大的经济效益，保障了当地及周边地区人民的身体健康以及与其他地区的经济的和谐可持续发展。

16 问题与建议

工厂在实际生产中随着气温、季节及原材料的优劣、溶剂的含量与杂质及排放废水的不同时段，水质变化、波动会很大、工作人员在操作过程中一定要严格按照操作规程手册执行。

第九章 机械加工工业废水

1 机械加工工业废水来源

机械加工废水主要含有润滑油、树脂等杂质。机械加工各种金属制品所排出的废液和冲洗废水之中的电镀废水含有各种金属离子如铬、锌以及氰化物等，有些属于致癌、致畸、致突变的剧毒物质，对人类危害极大，因此对机械加工废水处理技术的研究日益重要。

机械工业生产的产品及许多零件要经过电镀表面处理，因而产生大量的电镀废水。设备运转和生产加工过程中都要使用大量的油或脂，因而又产生许多含油废水。机械加工废水中还含有机械加工过程中的润滑、冷却、传动等系统产生的冷却液；机械零件加工前清洗过程中产生的有机清洗液；机械加工车间冲刷地面、设备等排出的含油废水；机械生产现场产生的喷漆废水等，这些废水均为高浓度的有机废水。

2 机械加工工业废水性质及特点

2.1 机械加工废水的性质

机械加工所产生的含油废水量大面广，该废水中的油一般以浮油、分散油和乳化油三种状态存在。浮油粒度≥100 μm，静置后能较快上浮，以连续相的油膜漂浮在水面上形成漂浮层。机械加工因滴漏而混入废水中的润滑油、燃料油等多属浮油。分散油粒度为 10～100 μm，悬浮、弥散在水相中，在足够时间静置或外力的作用下，可凝聚成较大的油滴上浮到水面，也可能进一步变小，转化成乳化油。分散油在废水中呈悬浮状。机械零件加工前的清洗过程中所排出的含油废水中的油为分散油。乳化油粒度为 0.1～10 μm，在废水中呈乳浊状，油珠表面有一层乳化剂（表面活性剂）分子形成的稳定薄膜，阻碍油珠合并，长期保持稳定，虽经长时间静置也无法上浮。一般机械加工产生的乳化液废水中的油为乳化油。

2.2 机械加工废水的危害

含油废水的危害主要表现在：油类物质漂浮在水面，形成一层薄膜，能阻止空气中的氧溶解于水中，使水中的溶解氧减少，致使水体中浮游生物等因缺氧而死亡，也妨碍水生植物的光合作用，从而影响水体的自净作用，甚至使水质变臭，破坏水资源的利用价值。对于鱼、虾、贝类长期在含油废水中生活将导致其肉内含有油味，而不宜食用，严重时由于油膜蒙在鱼鳃上影响呼吸作用，导致窒息而死亡，而且在水体表面的聚结油还有可能引起燃烧，导致安全问题。

污染大气环境。废乳化液中含有挥发性有机物，在各种自然因素作用下，一部分组分和分解产物可挥发进入大气；油类腐化会产生恶臭气味，污染水体上空和周围的大气环境；同时，因扩散和风力的作用，可使污染范围扩大。

危害生态环境。废乳化液中通常含有油类、乳化剂（表面活性剂）、亚硝酸钠及它们的分解产物，这些分解产物中存在多种有毒和致癌物质，如苯并芘、苯并蒽、多氯联苯类、多环芳烃等，这些物质可进入食物链，对食物链中的生物具有"三致"危害。

3　机械加工废水处理技术

3.1　国内外研究现状

目前，我国对机械加工中排放的高浓度、乳化严重的含油废水仍未得到很好地处理。主要原因是随着技术的不断提高，乳化液的稳定性越来越高，破乳越来越困难，这类废水成分复杂、可生化性较差且有一定毒性。目前处理这类废液主要采用物理化学法，如化学氧化分解、药剂电解、活性炭吸附及反渗透等处理技术。

化学氧化分解法是目前国内外广泛使用的高效水处理方法。该方法经济、简便，具有对原水水质要求低、处理工艺和设备简单、操作方便、设备维护量小、能耗低、运行处理效果稳定、脱色效果好、有机物分解彻底、对大中小型企业废乳化液处理皆适用等优点而被普遍应用。

深度处理主要采用反渗透或活性炭吸附等工艺。反渗透技术是当今先进、高效的膜分离技术。但是反渗透技术对废水前处理要求很高，投资较大，对废冷却液处理脱色效果不理想，运行管理水平要求高。活性炭吸附过滤的原理是当原水通过活性炭过滤器时，由于活性炭过滤器中的过滤介质（石英砂、活性炭等）的接触絮凝、吸附和截留作用，使得原水中的杂质被吸附、截留。根据原水的不同和使用范围的不同，过滤器的滤料有石英砂、石英石、活性炭等。该方法效率高而且稳定，操作管理方便。在国内机械加工废水处理中得到广泛应用，技术成熟，运行效果较好。

3.2　含油废水常使用的技术

3.2.1　物理法

（1）膜分离法

膜分离法是近 20 年来发展起来的一种新的分离技术，主要包括微滤、超滤、纳滤和反渗透，均是利用液-液分散体系中的两相与固体膜表面亲和力的不同，达到分离目的。

（2）粗颗粒化法

粗颗粒化法（亦叫聚结法）是使含油废水通过一种填有粗颗粒化材料的装置，使废水中的微细油珠聚结成大颗粒，从而使油水分离的方法。

3.2.2　化学法

（1）絮凝法

絮凝处理是含油废水处理中常见的方法，并常与气浮法联合使用。常用的无机絮凝剂是铝盐和铁盐，近年来出现的无机高分子凝聚剂（如聚硫酸铁、聚氯化铝等）具有用量少、效率高的特点，而且使用时最佳 pH 值也较宽。

（2）超临界水氧化法

在化学氧化法中，超临界水氧化技术因其快速、高效的优点，近年来得到了迅速发展，一些用其他方法不能有效去除的污染物，用超临界水氧化法能够处理到环境可接受的程度。

3.2.3　物理化学法

（1）浮选法

浮选法又称气浮法，是国内外正在深入研究与不断推广的一种水处理技术。该法是将空气或其他气体以微小气泡的形式注入水中，使气泡与水中细小悬浮油珠及固体颗粒黏附，随气泡一起上浮至水面形成浮渣（含油泡沫层），然后将油撇去，对于去除乳化油有特殊功效。

（2）吸附法

吸附法是利用吸附剂的多孔性和大的比表积，将废水中的溶解油和其他溶解性有机物吸附表面，从而达到油水分离的目的。

3.2.4　生物化学法

生物化学法是利用微生物的生物化学作用，使废水中的有机物转化为微生物体内的有机成分或增殖成新的微生物，剩余部分则被微生物氧化分解为简单的无机或有机物质，从而使废水得以净化。

3.3　含油废水处理的新技术

（1）磁吸附分离法

借助磁性物质作为载体，利用油珠的磁化效应，将磁性颗粒与含油废水相结合，使油吸附在磁性颗粒上，再通过分离装置，将磁性物质及其吸附的油留在磁场中，从而达到油水分离的目的。

（2）超声波法

超声波一般用来破乳，有研究表明超声波和破乳剂具有良好的协同作用，它可以提高破乳剂的效率，减少破乳剂的用量，特别是对那些用常规脱水方式难以奏效的原油乳状液破乳脱水具有较好的效果。

实例一　电子公司电镀废水处理及中水回用改造工程

1　工程概述

建设规模：废水处理系统 60 m³/h，中水回用系统 60 m³/h，纯水生产设备 36 m³/h

建设地点：浙江省宁波市鄞州区

项目概况：宁波某电子股份有限公司是一家国家级高新技术企业，该公司的主要产品为集成电路塑封引线框架，目前是国内最大的半导体塑封引线框架生产企业，产品远销日本、韩国、菲律宾等国，并给飞利浦、NEC 等国际大公司直接配套供应。

该项目废水主要为生产过程中产生的电镀废水。因原有的废水处理系统不能满足水质要求，需对其进行技术改造，采用先进的中水回用系统技术，对废水进行进一步的深化处理后，再经过纯水生产设备处理后回用至电镀生产线。

图 1　YF-1 中水回用处理设备

2　设计原则、依据和目标

2.1　设计原则

（1）严格遵循国家环境保护的各项规定，确保出水水质达到排放标准及回用要求；

（2）采用先进的工艺，稳定可靠地达到设计目标；

（3）要求做到工程费用及运行费用节省；

（4）操作管理方便，废水处理站布局美观合理。

2.2　设计依据

（1）《中华人民共和国环境保护法》；

（2）国家颁布的环境工程设计技术规范；

（3）排水工程设计手册；

（4）《室外排水设计规范》（GB 50014—2006，2014 年版）；

（5）建设方提供的有关原始资料和要求的回用水标准。

2.3　设计目标

本项目是针对该公司的电镀排放废水，通过破氰、絮凝、沉淀、气浮、氧化、超滤膜过滤、活性炭过滤、反渗透膜过滤、离子交换等工序，去除废水中的金属离子及有机物，制造出高纯度去离子水后再回用至电镀生产线的整个回用工程。

本项目分两个阶段实施：

第一阶段：利用现有的废水处理设施及纯水生产设备，增加一套中水回用设备，使现有生产条件下产生的废水达到回用的要求。

第二阶段：配合公司最新技改项目（电镀线数量不变，通过技术改造提升产能一倍，并将电镀线集中搬迁至新建高标准厂房的三楼，配备中央空调系统，统一规划，做到清洁生产），新增一套废水处理设备，扩建纯水生产设备，通过废水回用，达到废水排放量不增加的情况下，提升产能的目的。

3　废水处理及回用设计方案

本废水处理及回用方案由三个基本单元组成，即废水处理、中水回用处理、纯水制备。每个单元都有其特定的功能及要求，将它们有机地结合在一起，才能达到废水循环利用的目的，如图 2 所示。

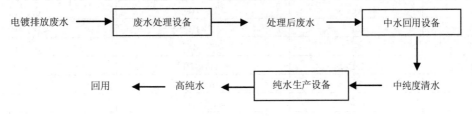

图 2　废水处理及回用大致流程

3.1　废水处理设备

3.1.1　废水种类

从电镀生产线排出的废水有三股：含银废液、含氰废水、综合废水。

含银废液：主要含 Ag^+ 及 CN^-，废水量少，浓度较高，单独排放的目的是便于贵金属银的回收。

含氰废水：主要含 Cu^+、Ag^+、CN^- 等离子。

综合废水：主要含 Cu^{2+}、Ni^{2+} 及前处理的酸碱性综合废水。

3.1.2　废水水量及水质

处理前后的水量及水质要求如表 1 所示。

表 1 废水处理前后水量及水质处理要求

项目			流量/ (m³/h)	指标						
				CN⁻	Ag⁺	Cu⁺	Ni²⁺	COD_{Cr}	pH	余氯
处理前	现设备	含氰废水	12.44	15～25	10～30	10～30	10～30	<200	9～11	—
		综合废水	15.84	—	—	50～70	20～30	<200	4～5	—
		含银废液	0.01	200～300	500～2 000	300～1 000	—	<200	10～11	—
		合计（或平均）	28.3					<200		—
	技改后	含氰废水	13.77	20～30	15～50	15～40	10～30	<200	9～10	—
		综合废水	25.5	—	—	50～70	20～30	<200	4～5	—
		含银废液	0.02	200～300	500～2 000	300～1 000	—	<200	10～11	—
		合计（平均）	39.3					<200		—
处理后	现设备		25～30	<0.5	<1	<1	<1	<100	6～9	<1.5
	技改后		35～40	<0.5	<0.5	<0.5	<0.5	<100	6～9	<1.5

现有废水设备的处理能力为 40 m³/h，技改后新增一套处理设备，处理能力为 60 m³/h。

3.2 中水回用设备

中水回用设备是对经废水处理设备处理后的废水进行进一步的深化处理，重点处理在废水处理过程中未去除彻底的有机物及细微的重金属离子絮凝物。同时，达到反渗透膜对水质的要求。中水回用设备的处理能力为 60 m³/h。

处理前后的水质要求如表 2 所示。

表 2 中水回用设备处理前后水质要求

序号	污染物名称	处理前	处理后
1	CN⁻	<0.5×10⁻⁶	<0.1×10⁻⁶
2	Ag⁺	<2×10⁻⁶	<0.1×10⁻⁶
3	Cu⁺	<2×10⁻⁶	<0.1×10⁻⁶
4	Ni²⁺	<2×10⁻⁶	<0.1×10⁻⁶
5	COD_{Cr}	<100×10⁻⁶	<40×10⁻⁶
6	pH	6～9	6～9
7	余氯	<1.5×10⁻⁶	<0.1×10⁻⁶
8	色度	<80	<20
9	浊度	<20NTU	<1NTU
10	总铁	<1×10⁻⁶	<0.25×10⁻⁶

3.3 纯水生产设备

纯水生产设备的原水指标为中水回用设备出水所要达到的水质指标，经过纯水生产设备后，纯水中的离子含量极低，离子交换后出水水质要达到≥10 mΩ.cm 的高纯水标准。

现有的纯水设备采用二级反渗透膜处理+离子交换的方法制备纯水，产水量≥24 m³/h。技改完成后，对现有纯水设备进行升级改造，达到≥36 m³/h 的纯水量。

3.4 工艺流程及说明

3.4.1 废水处理部分

该项目电镀线是专为自己的电子产品配套的,采用的是具有国际先进水平的封闭式全自动高速连续电镀生产线,生产效率高,废水产生量少,且废水的流量及浓度都很稳定,便于处理。

废水中不含 Cr^{6+},因此,通过破氰、中和、沉淀的化学处理方法,可将废水处理达到排放标准。如图 3 所示。

工艺流程:

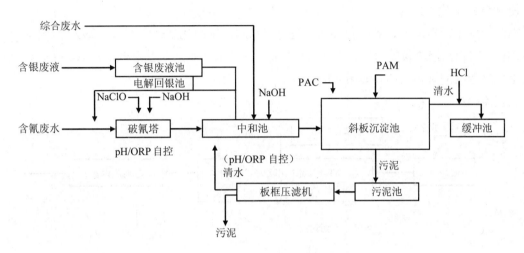

图3 电镀废水处理工艺流程

流程说明:

(1)含银废液电解回收

含银废液是指在电镀线上产生的银回收液,预浸银液等含银浓度较高的部分含氰废水。由于银是贵重金属,回收利用的价值很大,因此将此部分废液用专门的管道输送到废水处理中心的专用槽中,再通过电解的方法回收银。经电解回收后的废液含氰化物,排入含氰废水池中与含氰废水一起处理。

(2)含氰废水的破氰处理

含氰废水含有 CN^- 及与之络合的 Cu^+、Ag^+,在 pH 值为 10~11 的条件下,采用 pH/ORP 自控技术,自动加入次氯酸钠($NaClO$),使之与 CN^- 发生氧化还原反应:

第一级:$CN^- + OCl^- + H_2O \longrightarrow CNCl + 2OH^-$

$\qquad\quad CNCl + 2OH^- \longrightarrow CNO^- + Cl^- + H_2O$

第二级:$2CNO^- + 3ClO^- + H_2O \longrightarrow 2CO_2\uparrow + N_2\uparrow + 3Cl^- + 2OH^-$

在公司现有的废水处理设备中,采用的是一次破氰的设计,因此,第二阶段的破氰进行得不彻底。在技改后新增的一套废水处理设备中,将采用二次破氰的设计,先在 pH 值为 10~11 的条件下第一次破氰,然后在 pH 值为 8~9 的条件下加入 $NaClO$ 实现二次破氰,以使氰化物完全氧化成无毒的 CO_2 和 N_2。破氰后,废水中的 Ag^+ 及 Cu^+ 将变成 $AgOH$ 及 $Cu(OH)_2$ 絮状物沉淀。

(3)综合废水的处理

综合废水中含 Cu^{2+}、Ni^{2+} 及 CO_3^{2-}、SO_4^{2-} 等离子,采用 pH/ORP 自控技术,使综合废水的 pH 达到 6~7,然后与破氰塔的废水混合,此时的混合废水的 pH 为 8~10,从而使生成 $Cu(OH)_2$、$Ni(OH)_2$ 絮状物沉淀去除。

（4）沉淀处理

采用斜板（管）沉淀池，将中和池的废水（pH=8～10）泵入该沉淀池中（其间加入 PAC 及 PAM 絮凝剂），沉淀完全后的清水调节 pH 为 6～9 后进入调节池，备用。污泥采用板框压滤机榨干后，送外处理。

3.4.2　中水回用部分

经过废水处理设备处理后，电镀废水中 90%以上的污染物得到了去除，达到排放要求。但是，此水质还远远不能回用，其中还含有一定量的有机物及一些细微的胶体、悬浮固体等杂质，且水中残留的破氰处理时加入的余氯（NaClO）含量也偏高。如果直接用此水进行 R/O 反渗透处理，将很快会使 R/O 膜劣化失效。

因此，中水回用部分设备的主要功能是对废水的深度净化处理，要求：①去除胶体物质及悬浮固体微粒，防止反渗透膜的污堵。②去除有机物，防止有机物对反渗透膜的污堵。③去除氧化物质，以防止反渗透膜的氧化破坏。如图 4 所示。

工艺流程：

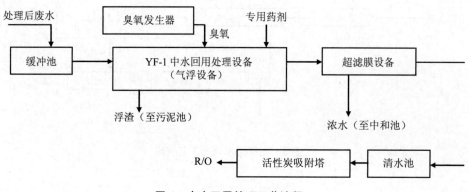

图 4　中水回用处理工艺流程

流程说明：

（1）YF-1 中水回用处理设备

该设备是由宁波永峰环保工程设备有限公司研制开发的新产品，并通过浙江省科技厅的科技成果鉴定。它采用先臭氧氧化，再混凝气浮的工艺，并采用正负压分次加药、盘管式沿切线进水设计等先进工艺，使水中的多种离子及有机物得到有效地去除。浮渣排放到污泥池中再经板框压滤处理。采用 2 台处理能力各为 30 m³/h 的 YF-1 型中水回用设备，并联处理。

（2）超滤膜设备

超滤是一种利用微孔膜为过滤介质，以膜两侧的压力差为驱动力的过滤技术。在一定压力下，当原液流过膜表面时，超滤膜表面密布的许多细小的微孔只允许小分子物质通过，原液中体积大于膜表面微孔径的物质则被截留，从而实现对原液的净化、分离和浓缩的目的。通过超滤处理，水中的细微颗粒及絮状物被彻底去除。

本设备设计超滤膜的水处理能力为 60 m³/h，处理后的水质除余氯这一指标外，达到反渗透膜的进水要求。超滤的浓水则返回中和池再处理。

（3）活性炭吸附塔

进一步去除水中少量的余氯及少量有机物。

3.4.3　纯水生产设备

纯水生产设备以反渗透膜处理为核心，配合离子交换技术，使出水水质达到≥10MΩ·cm 的高纯水要求。

4 系统的运行及控制

废水处理系统、中水回用系统及纯水制备系统均配有手动或自动电气控制，运行安全可靠，只需适时地对设备进行维护和保养。处理设备对水质的适应性均较强，耐冲击负荷性能好，出水水质稳定。废水处理系统处理后的水再经过中水回用处理系统处理，这两套处理系统主要控制污染物浓度，保证进纯水制备处理系统的水质能达到设计要求，废水处理系统、中水回用系统及纯水制备系统的控制方式均为单独控制，进出水采用液位自动控制运行方式。

5 主要设备及配置

表 3 电镀废水处理及中水回用处理系统主要设备及配置

序号	名称	规格	数量	单位	备注
1	pH/ORP 控制仪	PC-310	2	套	上海
2	提升泵	KQFB80-15	4	台	上海
3	加药设备		5	套	上海
4	板框压滤机		1	台	江苏
5	废水提升泵	ISG50-160（I）	4	台	上海
6	清水提升泵	DFWH80-12.5	2	台	上海
7	YF-1 中水回用设备	YF-30-1	2	台	永峰
8	活性炭吸附塔	包括填料、防腐	1	台	永峰
9	电气控制系统		3	批	组装
10	管道阀门及配件		3	批	组装
11	纯水制备系统		1	批	浙江

6 运行费用核算

6.1 电耗

（1）废水处理系统电费：0.25 元/t；
（2）中水回用处理系统电费：0.30 元/t；
（3）纯水制备处理系统电费：2.33 元/t。

6.2 人工费

按定员 4 人计，人均工资福利按 30 元/d 计；折合每吨水：30×4/1 440=0.08 元/t 水。

6.3 药剂费

（1）废水处理系统药剂费：3.00 元/t；
（2）中水回用处理系统药剂费：0.70 元/t；
（3）纯水制备处理系统药剂费：0.30 元/t。

6.4 易损件消耗费

（1）活性炭更换费用：0.03 元/t；

（2）超滤膜更换费用：本设备使用的超滤膜共 120 支，每支价格按 300 元计，膜的使用寿命为三年，则膜更换费用为 0.03 元/t；

（3）反渗透膜管更换费用：0.70 元/t；滤芯更换费用：0.18 元/t；

（4）离子交换树脂更换费用：0.07 元/t。

实例二　机械加工企业废水处理站改造工程

1　工程概况

建设规模：酸性废水处理设施 80 m³/d，含铬废水处理设施 20 m³/d

建设地点：河北省邢台市开发区

项目概况：邢台市某机械有限公司是中国紧固件最大的"自钻自攻螺丝"生产基地，年生产自钻自攻螺丝 2 万 t，建设中的二期工程，年生产高强度螺栓连接副 1 万 t，全部工程竣工投产后，可望实现年收入 3 亿元。针对现有废水处理设施不能满足发展需要，需要对现有的含酸废水处理设施和含铬废水处理设施进行改建。改造后出水水质达到《电镀污染物排放标准》（GB 21900—2008）表2 标准。

2　设计依据、范围与原则

2.1　设计依据

（1）国家现行的建设项目环境保护设计规定。

（2）甲方提供的基础资料。

（3）设计技术规范与标准。

该废水处理项目的设计、施工与安装严格执行国家的专业技术规范与标准，其主要规范与标准如下：

《电镀污染物排放标准》（GB 21900—2008）；

《室外排水设计规范》（GB 50014—2006，2014 年版）；

《地面水环境质量标准》（GB 3838—2002）；

《混凝土结构设计规范》（GB 50010—2010）；

《建筑地基基础设计规范》（GB 50007—2011）；

《建筑抗震设计规范》（GB 50011—2010）；

《建筑给水排水设计规范》（GB 50015—2003，2009 年版）；

《机械设备安装工程施工及验收通用规范》（GB 50231—2009）；

《水处理设备　技术条件》（JB/T 2932—1999）；

《给水排水构筑物工程施工及验收规范》（GB 50141—2008）；

《给水排水管道工程施工及验收规范》（GB 50268—2008）；

《现场设备、工业管道焊接工程施工规范》（GB 50236—2011）；

《混凝土结构工程施工质量验收规范》（GB 50204—2015）；

《电力装置的继电保护和自动装置设计规范》（GB/T 50062—2008）；

《供配电系统设计规范》（GB 50052—2009）；

《低压配电设计规范》（GB 50054—2011）。

2.2 设计原则

（1）执行国家关于环境保护的政策，符合国家的有关法规、规范及标准；

（2）坚持科学态度，积极采用新工艺、新技术、新材料、新设备，既要体现技术经济合理；又要安全可靠。在设计方案的选择上，尽量选择安全可靠、经济合理的工程方案；

（3）采用高效节能、先进稳妥的废水处理工艺，提高处理效果，减少基建投资和日常运行费用，降低对周围环境的污染；

（4）选择国内外先进、可靠、高效、运行管理方便、维修简便的排水专用设备；

（5）采用先进的自动控制，做到技术可靠，经济合理；

（6）妥善处理、处置废水处理过程中产生的栅渣、污泥，避免二次污染；

（7）适当考虑废水处理站周围地区的发展状况，在设计上留有余地；

（8）在方案制订时，做到技术可靠，经济合理，切合实际，降低费用；

（9）充分利用现有的设备及构筑物，以减少项目投资。

2.3 设计范围

本方案设计范围包括废水处理站的工艺设计，构筑物改造、工艺设备、电气自控设备及其安装、调试等。

处理站外的废水收集管网及废水处理站外的配套设施等不在本方案设计范围内。

2.4 施工范围及服务

（1）废水处理系统的设计、施工；

（2）废水处理设备及设备内配件的提供；

（3）负责废水处理装置内的全部安装工作，包括废水处理设备内的电器接线；

（4）负责废水处理设备的调试，直至合格；

（5）免费培训操作人员，协同编制操作规程，同时做有关运行记录，为今后的设备维护、保养提供有力的技术保障。

3 设计规模与目标

3.1 设计规模

根据业主提供资料，废水量每天 100 m³，酸性废水 80 m³/d，含铬废水 20 m³/d，设计每天处理 20 h，酸性废水处理设施按 4 m³/h 计算，含铬废水处理设施按每小时 1 m³/h 计算。

3.2　进水水质

表 1　进水水质

指标＼废水类型	酸性废水进水水质	含铬废水进水水质
SS/（mg/L）	150	250
pH	2～4	6～8
COD/（mg/L）	850	950
锌/（mg/L）	250	70
六价铬/（mg/L）		50
总铁/（mg/L）	95	

3.3　出水水质

出水水质执行《电镀污染物排放标准》（GB 21900—2008），如表 2 所示。

表 2　出水水质

指标＼废水类型	酸性废水进水水质	含铬废水进水水质
SS/（mg/L）	50	50
pH	6～9	6～9
COD/（mg/L）	80	80
锌/（mg/L）	1.5	1.5
六价铬/（mg/L）		0.2
总铁/（mg/L）	3.0	

4　改造工艺选择

4.1　原工艺分析

4.1.1　原工艺流程简述

A. 含铬废水原处理工艺及说明

（1）工艺流程见图 1。

（2）工艺流程说明

高浓度含铬废水进入调节池，调节池起收集、均化水质作用，调节池出水堰处加稀盐酸，调节 pH 至 3 左右。通过提升泵提升进入还原反应池，还原反应池中投加亚硫酸钠溶液，使得废水中 Cr^{6+} 转化为 Cr^{3+}。然后自流进入中和反应池，中和反应池中投加氢氧化钠溶液，调节 pH 为 8～9。然后进入斜板沉淀池，斜板沉淀池前段投加 PAM，悬浮物在药剂的作用下形成了容易沉淀的絮体，从废水中分离出来。经斜板沉淀池沉淀后，废水中铬含量已大大降低，但还达不到排放标准，废水进入石英砂过滤器过滤后，进入活性炭吸附器，再进入精密过滤器后经反渗透深度处理净化排放，可使废水中的铬离子含量减少到 0.2 mg/L 以下，排放水池作为石英砂过滤器的反洗水源。

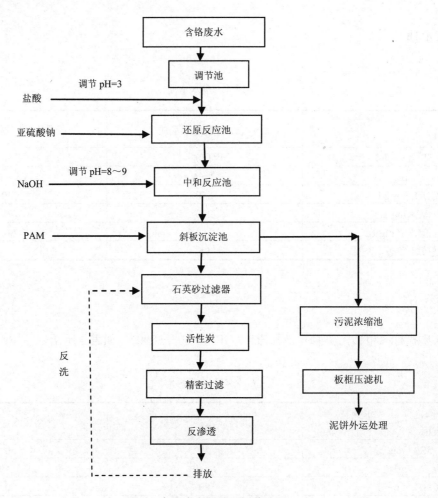

图1　含铬废水原处理工艺流程

斜板沉淀池及混凝沉淀池污泥进入污泥浓缩池，污泥经板框压滤机压滤后定期外运。

B. 酸性废水原处理工艺及说明

（1）工艺流程见图2。

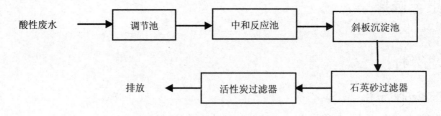

图2　酸性废水原工艺流程

（2）工艺流程说明

酸性废水经调节池均质后，由提升泵提升进入中和反应池调节 pH 后于斜板沉淀池的进水口投入絮凝剂，混合进入斜板沉淀池进行泥水分离，上清液进入石英砂过滤器去除悬浮物质后进入活性炭过滤器吸附游离的金属离子后出水排放。

4.1.2　原工艺技术分析综述

（1）原含铬废水工艺技术分析综述

原含铬废水工艺采用调节池—还原反应池—中和反应池—斜板沉淀池—混凝反应池—石英砂过滤—活性炭吸附—精密过滤器—反渗透—排放为主的工艺路线。该工艺用于治理含铬废水比较成熟可靠，国内有多个相关成功案例，该工艺是可行的。

但是原工艺在个别处理单元的安排上设计不足，不符合设计规范要求。因此造成废水处理效果低，又达不到反渗透进水要求，直接造成废水不能达标排放。其原因如下：

①废水经调节池调节水质水量后，不能在进入还原反应池进水口加盐酸进行 pH 调节。

②不应在斜板沉淀池内直接投加 PAM 进行絮凝沉淀。于中和反应池后加一级絮凝反应池，药剂直接打入斜板沉淀池没有任何搅拌，使得没有完全反应，出水不够稳定，同时没有足够的沉淀时间进入石英砂过滤器会造成堵塞。

③斜板沉淀池出水没有设计中间水池，废水不能进入后续处理。

④含铬废水中还含有其他金属离子在中和反应池调节 pH 产生的沉淀污泥排向不清。

综上所述，原废水处理工艺基本可行，但部分处理单元设计不合理，在原有的工艺基础上，对现有设备进行改造、调整，改进工艺，即可达到处理要求。

①处理含铬废水对 pH 要求极为严格，故于调节池后增加一级 pH 调节单元，将进水调节 pH 至 2.5 后再进入还原反应池。②斜板沉淀池后应加一级中间水池。由于废水进入石英砂过滤器是由泵加压进入罐体，斜板沉淀池不能直接作为水泵的取水口。含铬废水中的污染成分应该清楚明了地体现出来，由于后续进入反渗透必须达到其进水要求，否则会直接影响反渗透的使用寿命及废水处理的运行费用。

（2）原酸性废水工艺技术分析综述

原酸性废水工艺采用调节池—中和反应池—斜板沉淀池—石英砂过滤—活性炭吸附—排放为主的工艺路线。该工艺用于治理酸性废水比较成熟可靠，该工艺是可行的。

但是在酸性废水中含有大量不同离子，忽略氧化还原电位，絮凝沉淀不能完全反应，使大多数离子依然存在废水中，出水水质不稳定，造成二次污染。具体原因如下：

①酸性废水中含有大量不同离子，致使氧化还原电位不同。

②不应在斜板沉淀池内直接投加药剂进行絮凝沉淀。

③斜板沉淀池出水没有设计中间水池，废水不能进入后续处理。

4.1.3　需改造的几点说明

由于酸性废水中含有大量离子，致使氧化还原电位不同，故于调节池后增加一级 ORP 调节单元，调节电位至 500 mV 后再进入中和反应池。药剂直接打入斜板沉淀池没有任何搅拌，使得没有完全反应，于中和反应池后加一级絮凝反应池。斜板沉淀池后应加一级中间水池，由于废水进入石英砂过滤器是由泵加压进入罐体，斜板沉淀池不能直接作为水泵的取水口。故必须设置中间水池。

由于原含铬废水处理工艺与酸性废水处理工艺各自单独处理均未到中间水池，而是各成体系进入石英砂过滤器与活性炭吸附器。结合原有场地、原有设备和投资情况，将两股废水的斜板沉淀池上清液出水，均进入中间水池混合后再进行深度处理。在工艺中大量处理单元均用机械搅拌，建议使用气动搅拌，一个气源可以对工程中所有需要搅拌的处理单元提供搅拌，节省电能、便于控制、搅拌充分、服务面积大、不容易被废水腐蚀，更重要的是废水中含有少量亚铁离子，使用气动搅拌可以使这部分亚铁离子氧化成三价铁离子，加入到氢氧化钠使铁离子完全反应之中，使之沉淀。

4.2　改造工艺设计

4.2.1　废水情况简述

机械镀锌主要工艺流程中产生两股废水：酸性废水和含铬废水。机械镀锌废水中的主要处理对象 Zn 是一种两性金属元素，既与酸溶液反应，又与碱溶液反应。

从原理上分析，当水溶液的 pH 值为 7.5～10 时锌化合物的溶解速度最低，即锌化合物最稳定。因此，可在待处理的酸性废水中加入适量的苛性钠或者石灰水，将废水的 pH 值控制在 7.5～9 之间，让其陈化一段时间，生成无定形沉淀，致使各种金属离子的氢氧化物共沉淀。同时吸附水中的表面活性物质沉降至底部，使水中的悬浮物及各种杂质含量大大减少，最终达到降低废水中重金属污染物含量的目的。

酸性废水主要由于在机械镀锌工艺中加入了两种活化剂，一种是活化剂 A 通常由无机酸及无机酸盐与复合表面活性剂组成，使工作中的 pH 值不发生较大改变，使溶液性能维持稳定；另一种是活化剂 B 通常是沉积活化剂，由亚锡盐、亚铁盐、铵盐和磷酸组成（配比组成为：亚锡盐 13%～55%，亚铁盐 11%～45%，铵盐 5%～30%，磷酸 10%～50%），无机盐类以还原沉积的方式与锌粉在钢铁制件表面共同沉积形成合金镀层，这些活化剂使水质形成复杂的酸性废水。

含铬废水中六价铬主要以 $Cr_2O_7^{2-}$、CrO_4^{2-}、$HCrO^-$ 三种形式存在，在酸性条件下，主要以 $Cr_2O_7^{2-}$ 存在。本工艺采用焦亚硫酸钠还原法：在 pH 控制为 2.0～3.0，ORP 为 380 mV 的条件下，使 Cr^{6+} 还原成 Cr^{3+}，然后加碱调节 pH 为 8.0～9.0，使 Cr^{3+} 形成氢氧化铬沉淀而去除。

根据进出水水质特点，并在考虑充分利用原有设施的基础上，确保出水水质达标排放，特设计如下改造工艺流程。

4.2.2 废水处理工艺流程

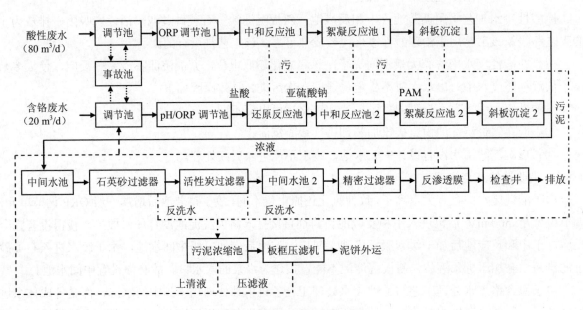

图 3　废水总处理工艺流程

4.2.3 废水处理工艺说明

（1）酸性废水处理工艺流程说明

酸性废水流入调节池 1，均质水质水量后，由提升泵提升进入 ORP 氧化池 1，将废水氧化还原电位调节至 500 mV 后，进入中和反应池 1，调节 pH 至 9～10，进入絮凝反应池 1，在前端加入高分子絮凝药剂，与废水中的污染物反应生成较大的絮凝团后，自流进入斜板沉淀池 1，进行泥水分离，去除酸性废水中含有的金属离子、悬浮物同时降低废水中的 COD，上清液自流进入中间水池与初步处理的含铬废水混合后由泵提升进入深度处理系统处理。

（2）含铬废水处理工艺流程说明

高浓度含铬废水流入调节池 2，起收集均化水质作用，调节池 2 出水泵入 pH 调节池加稀盐酸，调节 pH 至 2.5 后，进入还原反应池，还原反应池中投加亚硫酸钠溶液，使得废水中 Cr^{6+} 转化为 Cr^{3+}，然后自流进入中和反应池 2，中和反应池 2 中投加氢氧化钠溶液，调节 pH 至 8～9，自流进入絮凝反应池 2，投加高分子絮凝药剂 PAM 悬浮物及 Cr^{3+} 在药剂的作用下形成沉淀的絮体，从废水中分离出来，反应完全后，在斜板沉淀池 2，进行泥水分离。经斜板沉淀池沉淀后，废水中铬含量已大大降低，但还不能达到排放标准，上清液自流进入中间水池与初步处理的酸性废水混合后由泵提升进入深度处理系统处理。

酸性废水，含铬废水通过各自单元处理全部自流到中间水池，用提升泵将废水进入石英砂过滤器过滤后，直接进入活性炭吸附器，其出水流入中间水池 2，再进入精密过滤器后经反渗透深度处理净化排放，可使废水中的铬离子含量减少到 0.2 mg/L 以下，保证水质达标进入检查井经检查合格后排放。

中和反应池 1、斜板沉淀池 1、中和反应池 2、斜板沉淀池 2 中的污泥和活性炭过滤器、活性炭过滤器中的反洗水均进入污泥浓缩池中暂存，统一由板框压滤机脱水，脱水后的污泥由业主妥善处理后外运。

污泥浓缩池中的上清液、板框压滤机的压滤水及反渗透的浓液均进入调节池重新处理。

排放水池作为石英砂过滤器的反洗水源。

（3）事故池（按环保要求化工行业需建事故池）

当酸性废水或含铬废水突然出现浓度过高或因车间管理不当造成原料泄漏等情况时，废水将进入事故池暂存待事故处理完成后，再进入水处理设施系统，避免造成对环境的危害。

图 4　石英砂过滤器

5 处理效果预测

5.1 酸性废水水处理效果预测

表3 酸性废水水处理效果预测表

指标	项目	SS/（mg/L）	COD/（mg/L）	锌/（mg/L）	总铁/（mg/L）	pH
调节池1	进水	150	850	250	95	2～4
	出水	150	850	250	95	2～4
	去除率	—	—	—	—	—
ORP调节池	进水	—	—	—	—	—
	出水	—	—	—	—	—
	去除率	—	—	—	—	—
中和反应池1	进水	150	850	250	95	2～4
	出水	—	—	—	—	8～9
	去除率	—	—	—	—	—
絮凝反应池1	进水	150	850	250	95	8～9
	出水	127.5	680	212.5	80.75	8～9
	去除率	15%	20%	15%	15%	—
斜板沉淀池1	进水	127.5	680	212.5	80.75	8～9
	出水	25.5	136	31.875	12.15	8～9
	去除率	80%	60%	85%	85%	—
中间水池	进水	25.5	136	31.875	12.15	8～9
	出水	25.5	136	31.875	12.15	8～9

5.2 含铬废水水处理效果预测

表4 含铬废水水处理效果预测表

指标	项目	SS/（mg/L）	COD/（mg/L）	锌/（mg/L）	六价铬/（mg/L）	pH
调节池2	进水	250	950	70	50	6～8
	出水	—	—	—	—	—
	去除率	—	—	—	—	—
pH调节池	进水	—	—	—	—	6～8
	出水	—	—	—	45	2.5
	去除率	—	—	—	5%	—
还原反应池	进水	—	—	—	45	2.5
	出水	—	—	—	42.675	2.5
	去除率	—	—	—	5%	—
中和反应池2	进水	250	950	—	42.75	2.5
	出水	225	760	—	8.55	8～9
	去除率	10%	20%	—	80%	—
絮凝反应池2	进水	225	760	70	8.55	8～9
	出水	191.25	608	70	8.55	8～9
	去除率	15%	20%	—	—	—

指标 \ 项目		SS/（mg/L）	COD/（mg/L）	锌/（mg/L）	六价铬/（mg/L）	pH
斜板沉淀池2	进水	191.25	608	70	8.55	8～9
	出水	38.25	121.6	10.5	6.84	8～9
	去除率	80%	80%	85%	20%	—
中间水池（两股水混合）	进水	28.05	133.12	27.6	1.368	8～9
	出水	28.05	133.12	27.6	1.368	8～9
	去除率	—	—	—	—	—
石英砂过滤器	进水	28.05	133.12	27.6	1.368	8～9
	出水	7.012 5	106.5	26.22	1.3	8～9
	去除率	75%	20%	5%	5%	—
活性炭过滤器	进水	7.012 5	106.5	26.22	1.3	8～9
	出水	4.56	31.95	6.555	0.585	8～9
	去除率	35%	70%	75%	55%	—
中间水池2	进水	4.56	106.5	6.555	0.585	8～9
	出水	4.56	106.5	6.555	0.585	8～9
	去除率	—	—	—	—	—
精密过滤器	进水	4.56	106.5	6.555	0.585	8～9
	出水	2.28	101.28	3.278	0.29	8～9
	去除率	50%	5%	50%	50%	—
反渗透	进水	2.28	101.28	3.278	0.29	
	出水	0.23	20.26	0.33	0.03	
	去除率	90%	80%	90%	90%	
达标排放（标准 GB 21900—2008）		≤50	≤80	≤1.5	≤0.2	6～9

6　主要工艺技术参数

6.1　酸性废水工艺技术参数

6.1.1　调节池1

数量：2座（利用原有设备）

尺寸：3.0 m×4.5 m×2.5 m

材质：钢砼地下结构

表5　调节池1配套设备技术参数表

设备	数量	规格型号	材质	参数
提升泵	2台（1用1备，利用原有设备）	HF 50-32-125	氟塑料离心泵	Q=5 m³/h，H=6 m，功率：P=2.2 kW
风机	1台	TSB-80	碳钢	Q=6.17 m³/min，深度 3 000 mm，功率：P=2.2 kW，口径：DN=80 mm
管件	一批		PE	

6.1.2　ORP 调节池

表 6　ORP 调节池技术参数表

数量	1 座（利用原小斜板沉淀器改造）	
材质	碳钢衬玻璃钢	
配用设备	ORP 仪表	
	数量	1 套
	型号	XS-630
	参数	范围±1 999 mV，信号输出，10 m 信号线

6.1.3　中和反应器 1

数量：1 座（利用原小斜板沉淀器改造）

材质：碳钢衬玻璃钢

表 7　中和反应池 1 配套设备技术参数表

设备	数量	规格型号	材质	参数
提升泵	1 台	HF 50-32-125	氟塑料离心泵	液位控制，$Q=5 \text{ m}^3/\text{h}$，$H=6 \text{ m}$，功率：$P=2.2 \text{ kW}$
在线 pH 仪表	1 套	P-20		0～14 m，4～20 mA，信号输出，10 m 信号线

6.1.4　絮凝反应池 1

数量：1 座（利用原斜板沉淀器改造）

材质：碳钢衬玻璃钢

6.1.5　斜板沉淀池 1

表 8　斜板沉淀池 1 技术参数表

数量	1 座（利用原有设备，更换填料）	
材质	钢制	
配用设备	污泥泵	
	数量	2 台（1 用 1 备，利用原有设备）
	参数	$Q=8.3 \text{ m}^3/\text{h}$，$H=30 \text{ m}$，功率：$P=2.2 \text{ kW}$

6.2　含铬废水工艺技术参数

6.2.1　调节池 2（钢砼地下结构）

表 9　调节池 2 技术参数表

数量	2 座（利用原有设备）	
尺寸	3.0 m×4.5 m×2.5 m	
材质	钢砼地下结构	
配用设备	氟塑料离心泵	
	数量	2 台（1 用 1 备）
	型号	HF 50-32-125
	参数	$Q=5 \text{ m}^3/\text{h}$，$H=6 \text{ m}$，功率：$P=2.2 \text{ kW}$
	控制方式	液位控制

6.2.2　pH 调节池

表 10　pH 调节池技术参数表

数量	1 座	
尺寸	1.0 m×1.0 m×2.0 m	
材质	碳钢衬玻璃钢	
配用设备	在线 pH/ORP 仪表	
	数量	1 套
	型号	P-20
	参数	0～14 m　4～20 mA，信号输出，10 m 信号线

6.2.3　还原反应器

表 11　pH 还原反应器技术参数表

数量	1 座	
尺寸	1.0 m×1.0 m×2.0 m	
材质	碳钢衬玻璃钢	
配用设备	氟塑料离心泵	
	数量	1 台
	型号	HF 50-32-125
	参数	Q=5 m³/h，H=6 m，功率：P=2.2 kW
	控制方式	液位控制

6.2.4　中和反应器 2

表 12　pH 中和反应池 2 技术参数表

数量	1 座	
尺寸	1.0 m×1.0 m×2.0 m	
材质	碳钢衬玻璃钢	
配用设备	在线 pH 仪表	
	数量	1 套
	型号	P-20
	参数	0～14 m　4～20 mA，信号输出，10 m 信号线

6.2.5　斜板沉淀池 2

表 13　斜板沉淀池 2 技术参数表

数量	1 座（利用原有设备）	
尺寸	2.0 m×1.0 m×2.0 m	
材质	钢制结构	
配用设备	污泥泵	
	数量	2 台（1 用 1 备）
	参数	Q=8.3 m³/h，H=30 m，功率：P=2.2 kW

6.2.6 中间水池

表 14　中间水池技术参数表

数量	2 座（原有）	
尺寸	2.0 m×1.0 m×2 m	
材质	钢制结构	
配用设备	提升泵	
	数量	2 台（1 用 1 备）
	型号	IS50-32-160
	参数	Q=6 m³/h，H=12 m，功率：P=0.75 kW

6.2.7 石英砂过滤器

数量：1 套（利用原有改造）

材质：钢制结构

滤速：10 m/h

过滤量：5 m³/h

表 15　石英砂过滤器配套设备技术参数表

设备	数量	规格型号	参数
过滤水泵	2 台（1 用 1 备）	ISG 32-160（I）	Q=6 m³/h，H=32 m，功率：P=2.2 kW
反洗水泵	1 台	ISG 40-160（I）A	Q=11.7 m³/h，H=28 m，N=2.2 kW

6.2.8 活性炭过滤器

利用原有改造。

6.2.9 精密过滤器

表 16　精密过滤器技术参数表

型号	数量	流量	材质
BYBA-5	1 台	5 m³/h	不锈钢 304

注：与反渗透系统配套。

6.2.10 反渗透系统

表 17　反渗透系统技术参数表

型号	数量	过滤量	材质	参数
BYRO-3	1 套	5 m³/h	主体：钢制结构	膜型号：ESPA2（低压膜） 膜材质：芳香族聚酰胺复合膜 脱盐率：≥97% 水回收率：≥40%～60%

表 18　反渗透系统配套设备技术参数表

设备	数量	规格型号	参数及说明
高低压力开关	2 只		
甘油式压力表	2 只		
高压泵不锈钢调节阀	2 只		
浓水不锈钢调节阀	1 只		
国产电磁阀	1 只		
流量计	1 只		浓水、淡水各 1 只
电导仪	1 只		国产智能型
不锈钢支架	1 套		
UPVC 管件	1 套		
系统设置自动定期清洗装置	1 套		
电气控制柜	1 套		
原水箱	1 台		容积：1 000 L；材质：PE
纯水箱	1 台		容积：1 000 L；材质：PE
高压水泵	1 台	CDL4-16	流量：$Q=5 \ m^3/h$；扬程：$H=30 \ m$；功率：$N=3 \ kW$
计量加药系统	1 套		①加药箱 容积：50 L；材质：PE；数量：1 个 ②计量泵 型号：P026；流量：0.27 L/h；数量：1 台
清洗泵	1 台	CDL4-5	
活性炭过滤器	1 台	BYHT-5	尺寸：$\Phi 750 \ mm×2 \ 200 \ mm$
机械过滤器	1 台	BYSL-5	尺寸：$\Phi 750 \ mm×2 \ 200 \ mm$

6.2.11　污泥浓缩池

表 19　污泥浓缩池技术参数表

数量	1 座
尺寸	3.0 m×2.0 m×2.5 m
材质	钢制+防腐
配用设备	（1）污泥螺杆泵（利用原有设备） （2）板框压滤机（利用原有设备）

6.2.12　事故池

数量：1 座（利用原有改造）

6.2.13　加药系统

表 20　加药系统技术参数表

氢氧化钠加药装置	利用原有设备
亚硫酸钠溶液加药装置	利用原有改造
重金属离子捕捉剂加药装置	利用原有改造
稀盐酸（30%）加药装置	数量：1 套，单套含溶药箱 1 000 L；材质：PE 投药计量泵：1 台；流量：0~100 L/h；扬程 20 m，$P=0.37 \ kW$
PFS 加药装置	数量：1 套，单套含溶药箱 1 000 L；材质：PE； 溶药搅拌机：1 台；$N=0.37 \ kW$ 投药计量泵：1 台；流量：0~100 L/h；扬程 20 m，$P=0.37 \ kW$
PAM 加药装置	数量：1 套，单套含溶药箱 1 000 L；材质：PE 溶药搅拌机：1 台；$N=0.37 \ kW$ 投药计量泵：1 台；流量：0~100 L/h；扬程 20 m，$P=0.37 \ kW$

6.2.14　废水处理车间

数量：1座（利用原有改造）

6.2.15　检查井

数量：1座

尺寸：3.0 m×2.0 m×2.5 m

材质：钢砼地下结构

7　平面布局和电控

7.1　总平面布置设计

7.1.1　总平面布置原则

结合工程场地的地形地貌，力求使工艺设备布置集中顺畅，并使废水污泥流程流向短，节约用地。总平面布置时考虑风向、朝向及卫生要求。

7.1.2　总平面布置

废水处理工程由调节池、还原反应池、中和反应池、斜板沉淀池、絮凝沉淀池、排放水池、污泥浓缩池、石英砂过滤器、设备间以及配套设施组成。本装置布置根据工艺流程相对集中进行布置。

总图布置严格执行国家各种现行规范和标准，符合国家现行的有关法律法规的要求；靠近主要用户，使得管线走向顺畅，线路短捷；充分考虑场地的现状，结合周围道路、建构筑物等的布置，使其尽可能协调；符合全厂统一规划，便于全厂管理。

7.2　电气设计

7.2.1　设计范围

废水处理站供电设计由以下内容组成：

（1）废水站变配电装置设计和继电保护设计。

（2）废水站用电设备供电及控制设计。

（3）废水站电缆敷设设计。

（4）废水站供电系统接地设计。

（5）废水站各构筑物及现场照明设计。

7.2.2　标准规范

电气设计应采用最新出版的国家和有关部门颁发的标准规范，所采用的主要标准如下：

《电力装置的电测量仪表装置设计规范》（GB 50063—2008）；

《工业与民用电力装置的接地设计规范》（GB 50053—2013）；

《20 kV 及以下变电所设计规范》（GB 50053—2013）；

《低压配电设计规范》（GB 50054—2011）；

《供配电系统设计规范》（GB 50052—2009）；

《建筑照明设计标准》（GB 50034—2013）；

《电力工程电缆设计规范》（GB 50217—2007）；

《通用用电设备配电设计规范》（GB 50055—2011）。

7.2.3　供电电源设计

本工程负荷等级为二级，为双回路供电方式，电源由厂区配电室低压侧引入控制厂房内配电屏，低压侧设隔离开关以便于检修。

7.2.4　负荷计算

表 21　电力负荷计算表

编号	名称	单机功率/kW	数量/台	装机功率/kW	使用台数	使用系数	使用功率/kW
1	废水提升泵	2.2	8	17.6	6	0.90	11.88
2	风机	2.2	2	4.4	1	0.90	2.0
3	排泥泵	2.2	3	6.6	2	0.10	0.44
4	过滤泵	2.2	2	4.4	1	0.90	1.98
5	反洗泵	2.2	1	2.2	1	0.20	0.44
6	螺杆泵	4.0	2	8.0	1	0.10	0.40
7	板框压滤机	1.5	1	1.5			0
8	加药装置加药泵	0.37	6	2.22	6	0.90	1.998
9	反渗透	5	1	5	1	0.90	4.5
合计				46.92			23.638

7.2.5　设备启动及控制方式

37 kW 及以下的设备电机为直接启动。所有设备电机、机械设备等的启动、停止都设置自动和手动两种控制方式。自动方式时由 PLC 控制，手动方式时在开关柜或机旁控制箱（按钮箱）上操作，可选择开关转换，手动方式优于自动方式。

7.2.6　继电保护

低压进线总开关设延时速断、过电流保护；

低压出线回路设速断保护；

低压电机设速断及过载保护，潜水电机除常规保护外，还设有泄漏、干运行及超温等保护。

7.2.7　功率因素补偿

各变电所在 0.4 kV 各母线上进行自动功率因素补偿，低压电容柜与低压柜组合在一起，补偿后，功率因素达到 0.9 以上。

7.2.8　电缆敷设及设计

供电采用放射状引入各用电设备点，以提高供电的可靠性。

室外线路均采用电缆沿电缆沟或直埋方式敷设，室内电力电线穿钢管敷设。

7.2.9　照明

风机室及电控室照明均采用荧光灯。压滤机房照明防水工矿灯。

照明电源为 380/220V 三相五线系统，装置内的照明箱电源来自低压配电室，照明电源箱采用三相五线制，各照明回路采用单相三线制。照明设正常照明和事故照明。

灯具将根据工艺要求设置，装置区内所有户内照明采用照明箱在现场分散或集中控制，户外照明采用光控，同时也可在照明箱上手动控制。

7.3　给排水

（1）给水系统

主要为配制药剂等需要设置水龙头，并设置磨石子洗涤盆一套。

（2）排水系统

废水处理站内产生的废水采用自我消化为主的原则，可用作场地冲洗水。

8　二次污染防治

8.1　噪声控制

（1）系统设施设计在单位的周围，对外界影响小。

（2）风机选用低噪声型，本机噪声≤80 dB，风机进出口均采用消声器，底座用隔震垫，进出口风管用可接橡胶软接头等减震降噪措施。水泵选用国优潜污泵，对外界无影响。

（3）确保周围环境噪声：白天≤60 dB，晚上≤50 dB。

8.2　污泥处理

（1）污泥由斜板沉淀池、絮凝反应池及反洗水等产生，污泥排至污泥浓缩池。然后有污泥脱水设备脱水，妥善处理后外排。

（2）干污泥定期外运处理。

9　废水处理站防腐

9.1　管道防腐

本废水处理站池体所采用的管件外壁按《工业设备、管道防腐蚀工程施工及验收规范》（HGJ 229—91）做防腐处理，焊接钢管管壁外涂三道环氧煤沥青加强防腐。

埋地管道均先除锈，刷环氧煤沥青两道，再刷调和漆两道；管道、管道支吊架、钢结构等均防腐处理，设备间内明设管道经除锈后，刷红丹底漆一道，面漆两道，最后一道面漆颜色按管道设计涂色要求进行。

对药剂投加设备使用防腐材质。

9.2　筑物防腐

根据《工业建筑设计防腐规范》及各构筑物功能的不同，需对水池内表面做防腐处理。

10　运行费用

10.1　电费

总装机容量为 46.92 kW，每天电耗为 23.638 kW·h，电费平均按 0.65 元/kW·h 计，则电费：
$E_1=23.638×20×0.7×0.65÷100 =2.15$ 元/t 废水。

10.2　人工费用

由于自动控制成本高，废水中的物质含量波动大，控制难度大，本工程中采用人工控制控制。本项目按两班制管理，每班一人轮流工作，一共两人，每人 1 500 元/月（每月按 30 天计算）。
$E_2=1 500×2÷30÷100=1$ 元/t 废水

10.3　药剂费用

（1）酸性废水药剂费

该部分费用约为：0.3 元/m³ 废水。

（2）含铬废水药剂费

该部分费用约为：0.4 元/m³ 废水。

（3）深度处理药剂费

该部分费用约为：0.6 元/m³ 废水。

（4）药剂费用总计：E_3=1.3 元/m³。

10.4　溶药费用

厂方有自来水提供设施，故溶药费不计。

10.5　总计运行费用

$E=E_1+E_2+E_3$ =2.15+1 +1.3 = 4.45 元/m³ 废水

注：

（1）药品价格随市场行情会有波动，具体实施时以运行时现行市场价格为准进行核算。

（2）药品消耗量以表格中的数据为准核算，实际发生波动时，药品消耗量也会发生变化。

（3）如水量发生变化，运行成本也会相应发生变化。

（4）工人工资需随社会物价浮动及国家相关政策作适时调整。

（5）设备维修费、运行管理费等未含在以上价格中。

11　工艺附属建筑设计

11.1　防渗设计

本工程所建水工构筑物均为钢筋砼结构，池壁均作 C25 防水砼，抗渗等级不小于 S6，池内壁做 1∶2 水泥沙浆掺 5%防水剂抹面，池外壁作油毡防水层。在地面以上部分，防水层做到自然地面 0.1 m，高于地面以上的水池外壁采用 1∶2.3 水泥沙浆掺 5%防水剂抹面压光，做不大于 1 m×1 m 的分格。

11.2　结构设计

11.2.1　设计参数

地面堆积荷载：按每平方米 10 kN 计算。

抗震设防：抗震设防烈度为 7 度，设计基本地震加速度值为 0.15 g。

基本风压 0.40 kN/m²，基本雪压 0.35 kN/m²。

11.2.2　遵循的主要设计规范

（1）《砌体结构设计规范》（GBJ 50003—2011）；

（2）《混凝土结构设计规范》（GB 50010—2010）；

（3）《建筑结构荷载规范》（GB 50009—2012）；

（4）《建筑抗震设计规范》（GB 50011—2010）。

11.2.3 地质资料

由于建设单位未提供本工程厂址地质勘查资料，主要持力层承载力暂按 500 kPa 考虑，待下步设计时挖槽勘验。地下水暂按混凝土无侵蚀性考虑。

11.2.4 建筑物结构选型

本设计的设备间为单层砖混结构，基础设钢筋砼条形基础，屋顶现浇混凝土，板下设现浇钢筋砼圈梁，外墙转角处设构造柱。砖 MU10，基础垫层 C10，圈梁 C20。

11.2.5 构筑物结构选型

1）混凝土：盛水构筑物采用 C25 混凝土，采取结构自防水措施，抗渗标号不小于 S6；其他钢筋混凝土结构考虑抗冻要求采用 C25 混凝土；池内填筑混凝土采用 C20 混凝土，基础垫层采用 C15 混凝土。建筑基础采用 C20 混凝土，一般梁、板结构考虑抗冻要求采用 C25 混凝土。

2）水泥采用普通硅酸盐水泥。

3）钢筋：1 级钢采用 HPB235 钢；2 级钢采用 HPB335 钢。

4）预埋件：采用 HPB235 钢。

12 工程建设进度

为缩短工程进度，确保废水处理设施如期实行环保验收，工程设计、各分部工程、分项工程土建、安装以及调试工作，将进行统一协调、分布、交叉进行。

总工程进度安排如表 22 所示。

表 22 工程进度表

工作内容＼周	1	2	3	4	5	6	7	8	9	10	11
施工图设计	━										
土建改造		━━━━━━━									
设备采购制作				━━━							
设备安装							━━━				
调试验收										━━	

13 服务承诺

13.1 优惠条件

我方提供免费的技术培训，一年的免费维修，免费保修期内应及时排除各种设备故障。免费保修期后，承诺长期保修，提供最低价零配件，仅收取维修工差旅费。

13.2 设备质量保证承诺

（1）我方承诺所提供的每一项设备均有设备合格证明、保修单、技术标准资料，进口产品均有中国商检部门合格证明和中国区质量保证书。

（2）我公司提供的所有设备达到国家质量测试标准、全新、原装的产品。

13.3　保修年限、范围、保修条件

所有的设备及其附属设备均按照我方提供的售后服务条款和我公司另外的保修承诺的说明保修，并严格按照《产品质量法》《消费者保护法》的有关规定执行。

13.4　解决问题、排除故障的速度

我公司凭借近多年对客户服务之经验，实施了一套行之有效的售后服务体系，并取得了多家较具规模的用户的好评，具体表现在：

（1）公司设有售后服务响应热线及投诉电话，供用户及时反映各种情况，为用户解决实际问题。做到专人填写我方出具的服务联系单并专人派单，用户可在联系单上签署服务意见，以便公司及时做出相应处理，确保用户权益。公司按产品类别、故障类别，统一调度最佳维修人员前往客户处及时解决故障。

（2）公司定期进行跟踪服务，了解对维修人员服务满意度，用户设备运行状况和用户使用要求。公司设有总经理负责制的用户服务投诉处理机制，处理用户因我公司服务不当而投诉的问题。

（3）设备运行期间，我公司技术人员定期跟踪服务，检查设备运行状况，如出现问题，及时排除故障，此外，我公司承诺提供设备自通过最终验收合格、签署验收合格证书并办理移交手续之日起 36 个月内的免费整机保修期；在每天 7：00～19：00，维修响应时间为 8 个小时，服务网点维修人员 12 h 之内到达现场；其余期间，维修响应时间为 10 h，维修人员 24 h 之内到达现场，并应对故障进行及时检修。如果产品故障在检修 12 h 后仍无法排除，我公司在 24 h 内提供不低于故障产品规格型号档次的备用产品供项目单位使用，直至故障产品修复。

13.5　售后服务方面的其他承诺

（1）废水处理工程竣工后我方为设备正常运行提供一年免费保修期，免费保修期内应及时排除各种设备故障。免费保修期后，承诺长期维修。

（2）在有偿维修期内，我方向业主提供设备及零部件供应商的联系地址。属于正常的维修工作仅收人工计日工资费。

（3）设备最终验收合格后，我公司将所有相关技术资料交采购人留存备案，并提供间隔不超过 3 个月的定期和不定期提供上门检修服务。

（4）我公司有单独建立的服务档案，设备设计、安装、使用、维护情况必须得到完整的记录，以保证提供的售后服务准确、周到、及时。

实例三 义乌某电镀厂 300 m³/d 废水处理改造工程设计方案

1 工程概述

1.1 项目概况

建设规模：300 m³/d

建设地点：浙江义乌

义乌某电镀厂生产过程产生的废水含有铜、锌等重金属离子、酸根离子及其他有毒有害物质等。该项目废水有三种类型，改造工程将综合废水、含氰废水、含铬废水等三类废水分别经过预处理后混合，再采用曝气、沉淀、过滤等工艺处理，出水水质达到《综合废水排放标准》（GB 8978—1996）一级排放标准。废水处理站占地面积约 130 m²，废水处理成本为 2.64 元/m³。

图 1 综合用房

1.2 设计依据

（1）业主提供的废水水质水量资料；

（2）业主提供的原废水处理厂资料；

（3）《污水综合排放标准》（GB 8978—1996）；

（4）《电镀废水治理设计规范》（GB 50136—2011）；

（5）室外给排水及电气、土建设计规范［GB 50014—2006（2014 版）、GB 50015—2003（2009 版）、GB 50003—2011、GB 50007—2011、GB 50010—2010］。

1.3 设计原则

（1）根据原有废水处理厂的现状，优化、改进工艺，最大限度地利用原有设备及构筑物，使改造工程经济合理；

（2）贯彻可持续发展战略，做到清洁生产，综合利用，使环境效益、社会效益和经济效益有机结合；

（3）整体设计能力与厂区的整体规划相结合、协调统一、美观大方。

1.4 工程设计范围及内容

工程范围包括工艺、结构、电气、机械、通风、仪表自控、建筑等主要专业的设计说明、主要图纸、工程投资估算、运行费用说明、设备清单等技术文件。本工程不包括厂区外的废水收集管道系统、绿化道路及土建地基加固费用。

2 废水处理站设计条件

2.1 设计规模的确定

设计废水量：300 m³/d，平均每小时流量：20 m³（每天运行 16 h）。

2.2 设计进水水质的确定

设计废水来源：含氰废水、含铬废水、综合废水。

根据业主提供的有关资料，废水进水水质如表 1 所示。

表 1　设计进水水质

项目	指标		
	含氰废水	含铬废水	综合废水
水量	≤150 m³/d	≤50 m³/d	≤100 m³/d
pH	8～11	2～4	5～7
Cu^{2+}	≤80 mg/L	≤80 mg/L	≤80 mg/L
Zn^{2+}	≤40 mg/L		≤50 mg/L
Ni^{2+}	≤50 mg/L		≤60 mg/L
CN^-	≤60 mg/L		
Sn^{2+}			≤10 mg/L
COD			≤200 mg/L
Cr^{6+}		≤80 mg/L	

注：以上水质资料需经业主认可，方可用于最终设计。

2.3 废水处理系统的排放标准

出水水质根据《污水综合排放标准》（GB 8978—1996），执行一级排放标准。

表2 出水水质标准

项目	单位	含量	备注
氰	mg/L	0.5	
镍	mg/L	1.0	
锌	mg/L	2.0	
铜	mg/L	0.5	
pH		6~9	
铬	mg/L	0.5	Cr^{6+}
总铬	mg/L	1.5	

3 废水处理工艺方案

3.1 废水处理工艺方案的选择原则

电镀废水总的治理原则是水质不同，分而治之。本工程分成含氰废水、综合废水和含铬废水。

3.2 废水处理主体工艺的确定

3.2.1 综合废水

采用烧碱调节 pH 至 9~9.5，在投加 PAC 和 PAM，将其中的 Cu、Zn、Ni 等金属离子沉降。

3.2.2 含氰废水

含氰废水采用二级碱性氯氧化法处理。处理过程中应避免 Fe^{2+}、Ni^{2+} 等离子混入该系统。含氰废水一级氧化阶段 pH 控制在 11 以上，然后投入适量次氯酸钠溶液，控制 ORP300 左右。产生以下两个主要反应：

$$CN^- + OCl^- + H_2O == CNCl + 2OH^- \qquad CNCl + 2OH^- == CNO^- + Cl^- + H_2O$$

第一个反应生成剧毒的 CNCl，第二个反应 CNCl 在碱性介质中水解生成低毒的 CNO^-。CNCl 的水解速度受温度影响较大，温度越高，水解速度越快。为防止处理后出水中有残留的 CNCl，可适当延长反应时间或提高 pH 值。二级氧化阶段 pH 控制在 8 左右，然后投入适量次氯酸钠溶液反应，控制 ORP600 左右，产生 Na_2CO_3、N_2、CO_2、NaCl 等物质，从而使氰得到完全去除。

3.2.3 含铬废水处理

采用焦亚硫酸钠法处理含铬废水。焦亚硫酸钠可用于处理电镀生产过程中的各种含铬废水。含铬废水经调节池调节水质后进入反应池，投加焦亚硫酸钠前废水的 pH 值需调节至 2.5~3。焦亚硫酸钠与废水混合反应均匀后，加碱调 pH 至 8.5 左右，再加 PAM 使三价铬氢氧化物沉降。

3.3 废水处理系统工艺流程

废水处理系统工艺流程如图2所示。

3.4 工艺流程说明

采用中和预处理和经典化学法并结合 pH/ORP 自动控制系统处理电镀废水，主要根据废水中污染物的化学性质，通过投加相应药剂，使其相互反应生成沉淀，从而达到处理要求。

3.4.1 含铬废水

废水进入调节池（设液位自控仪），然后经泵提升至铬反应池，控制 pH 为 2~3，投加焦亚硫酸钠,使六价铬还原成三价铬。池内设置 ORP 控制系统。处理后废水流入混合反应池进行絮凝反应然后经沉淀池进行固液分离。

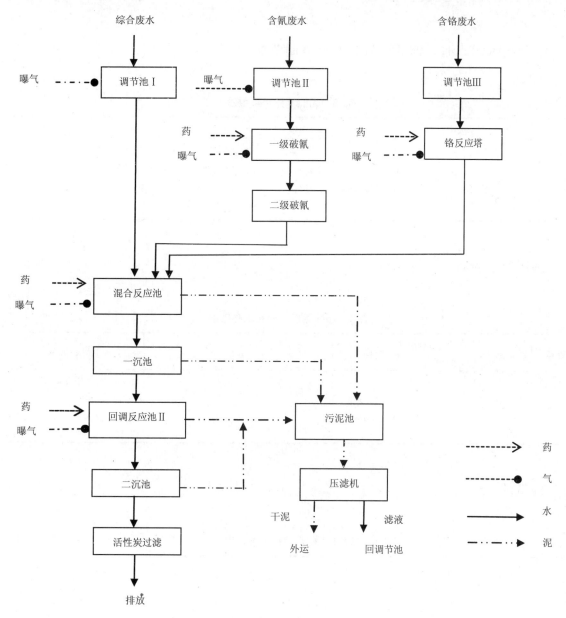

图 2　废水处理工艺流程

3.4.2　综合废水

废水流入调节池(设液位自控仪),经泵提升进入混合反应池后絮凝沉淀去除大部分金属离子。

3.4.3　含氰废水

废水进入调节池(设液位自控仪),均质均量废水经泵提升至一级破氰池,加碱控制池内 pH 值为 11~12,同时投加次氯酸钠,使 CN^- 氧化成 CNO^-。

经一级不完全破氰反应后的废水进入二级破氰塔内 pH 值为 8 左右,同时投加次氯酸钠,使 CNO^- 氧化成 CO_2、N_2。二级破氰反应池内设 pH、ORP 等自动控制系统。

3.4.4　污泥

各沉淀产生的污泥都排入污泥池,后经压滤系统进行脱水,脱水后的污泥含水率约 80%。污泥浓缩池上层清液与滤液仍返回调节池进行处理,泥饼作无害化处理。

4 各工艺构筑物及设备描述

4.1 综合废水调节池、含氰调节池、含铬调节池

表3 调节池技术参数表

数量	有效容积	水力停留时间	结构	功能	设备配置
3座	I =35 m³, II =52 m³, III=25 m³	5.5 h, 5.5 h, 8 h	地下式钢砼结构, 防腐	均衡水质、水量	耐腐提升泵：6台；泵配套的止回阀：6只 液位自控仪：3台；曝气系统：10套 空压机：一台（与絮凝沉淀反应池、压滤机等合用）； 转子流量计：3台

4.2 铬还原反应池

表4 铬还原反应池技术参数表

数量	有效容积	水力停留时间	结构	功能	设备配置
1座	8 m³	1 h	地下式钢砼结构, 防腐	调节 pH 值, 投加还原剂, 使六价铬还原成三价铬, 分两格, 一格调整 pH, 另一格投加还原剂	曝气系统：2套 加药系统：2套 pH 自动控制系统：1套 ORP 自动控制系统：1套

4.3 破氰池

表5 破氰池技术参数表

数量	有效容积	水力停留时间	结构	功能	设备配置
1座	38 m³	4 h	地上式钢砼结构, 防腐	使 CN^- 经 CNO^-, 最后转化成 CO_2、N_2, 并调节 pH 值。分两格两次破氰	曝气系统：2套；加药系统：2套 pH 自动控制系统：1套 ORP 自动控制系统：1套

4.4 混合反应池1

表6 混合反应池1技术参数表

数量	有效容积	水力停留时间	结构	功能	设备配置
1座	30 m³	1.5 h	地上式钢砼结构, 防腐	调整 pH, 投加混凝剂, 絮凝剂, 中和初步处理后综合、氰、铬混合废水	曝气系统：3套 加药系统：3套

4.5 一沉池

表 7 一沉池技术参数表

数量	有效容积	水力停留时间	结构	功能	设备配置
1 座	38 m³	2 h[表面负荷 1.0 m³/（m²·h）]	地上式钢砼结构	固液分离，沉淀金属离子	斜管 20 m²

4.6 混合反应池 2

表 8 混合反应池 2 技术参数表

数量	有效容积	水力停留时间	结构	功能	设备配置
1 座	30 m³	1.5 h	地上式钢砼结构	调节 pH，投加混凝剂、絮凝剂。分三格，一格回调 pH，另外两格投加混凝剂，絮凝剂	曝气系统：3 套 加药系统：3 套

4.7 二沉池

表 9 二沉池技术参数表

数量	有效容积	水力停留时间	结构	功能	设备配置
1 座	25 m³	1.3 h[表面负荷： 1.0 m³/（m²·h）]	地上式钢砼结构	使废水中各种金属氢氧化物、悬浮物混凝沉淀	斜管 13 m²

4.8 活性炭过滤器

表 10 活性炭过滤器技术参数表

数量	结构	功能
1 座	钢制	截留废水中的悬浮物、胶态物质

4.9 污泥池

表 11 污泥池技术参数表

数量	有效容积	结构	功能	设备配置
1 座	16 m³	地下砖混结构	存放沉淀池沉下来的污泥	螺杆泵 1 台，管道、阀门、配件若干

4.10 压滤机

表 12 压滤机技术参数表

数量	过滤面积	功能	设备配置
1 台	16 m²	污泥脱水，固液分离	成套设备，泥盘 1 只，污泥堆放池 1 座。管道、阀门、配件若干

4.11　简易综合用房

功能：包括操作管理房、风机、泵、污泥浓缩池、压滤机、加药设备、药品贮存配电电控和工具等用房。平面面积：30 m²。

4.12　人员编制

废水处理站定员为专兼职人员各 1 人，每天废水处理工作时间 16 h，负责加药，设备操作，控制管理，规范运行，污泥处理，记录统计，提高技术及降低运行成本等。

5　结构设计

初设过程中，地基承载力暂平均按 8 t/m² 设计。体构筑物调节池、沉淀池、反应池、中间水池等采用钢砼。污泥脱水机、水泵，多介质过滤器等都置于室内，采用砖砌结构，并考虑防噪。现场若有特殊情况，应酌情改变。

6　电气及自控设计

6.1　设计依据

（1）设计工艺对设备运行的要求；
（2）废水处理工程常规处理要求。

6.2　设计范围

本工程电气设计包括废水处理系统低压配电系统及电气控制与照明等设计。以 0.4 kW 电缆进入废水处理系统电源进线柜为界。废水处理厂的所有设备均为低压负荷，用电电压为 380/220V。

6.3　电气负荷

全厂的装机功率为 30.5 kW，平均计算有功功率为 20.9 kW。
（1）供电电源
废水处理工程用电负荷属二类负荷。电源三相五线制，供电电压为 0.4 kV。
（2）无功补偿
功率因素未达到供电部门要求的 0.9 以上，因此要进行无功功率补偿。鉴于本工程容量小，为避免过补偿，建议由业主低压配电室集中补偿。
（3）电缆
本工程电力电缆、控制电缆，视建、构筑物及用电设备的分布，采用穿管铺设方式。
（4）接地方式
在电源进线处做重复接地，接地电阻小于 10Ω。
（5）照明
室内、室外照明进行统一规划设计，在控制室内设应急指示灯。

6.4 自动控制及仪表设计

6.4.1 控制方式

（1）调 pH、ORP 自动化　把 pH 仪、ORP 仪与 PLC 连起来。例如，当 PLC 检测被测液 pH 值大于设定值时，则自动开启 H_2SO_4 泵，将 pH 调到设定值时，加酸泵自动停止；当 PLC 检测被测液 pH 值小于设定值时，则自动开启 NaOH 泵，把 pH 值调到设定值时，加碱泵自动停止，采用 ORP 仪表控制氧化剂、还原剂的加药量，实现自动监测、自动加药。采用流量仪显示排放口瞬时和累积流量；

（2）提升泵由液位自动控制其工作和停止。当水位处于高位时自动开启提升泵，当水位处于低位时，自动关闭提升泵；

（3）把关联的设备有机地结合起来，使系统控制智能化。

6.4.2 测仪表

由于废水处理厂工作环境与介质条件较差，因此要根据介质和测控条件慎重、合理地选择传感器的型号，针对不同介质确定适宜的材质，以保证整个系统的安全可靠运行。

6.5 控制机柜和接线

（1）控制柜外壳防腐等级为 NEMA12；

（2）机柜门有导电门封垫条，以提高抗射频干扰（RFI）能力；

（3）机柜的设计满足电缆由柜底引入的要求；

（4）对 PLC 柜、低压电器柜、仪表柜、配电柜均采用强制散热，提供排气风扇；

（5）机柜内的每个端子排和端子都有清晰的标志并与图纸和接线表相符；

（6）系统能在环境温度 0～40℃，相对湿度 10%～95%（不结露）的环境中连续运行。

7 管理机构及劳动定员

该废水处理站自动化程度高，废水处理站各构筑物运行指标通过在线监测系统采集后传回计算机，由计算机自动控制设备运行，业主要求废水处理站的人员配置定为 1 人负责药剂的配置工作。

8 运行管理及成本分析

8.1 药剂费

以每天处理废水 300 m^3 计。

表 13　药剂费

次氯酸钠	片碱	硫酸及硫酸铝	焦亚硫酸钠	PAC	PAM	合计
200 元/d	200 元/d	50 元/d	50 元/d	80 元/d	50 元/d	630 元/d

8.2 人工费

40.00 元/d。

8.3 电费

表 14 工程用电一览表

设备	单机容量/kW	数量/台	工作台数	工作时/h	用电量/kW
氰水提升泵	3	2	1	16	48
综合废水泵	3	2	1	16	48
铬水提升泵	1.5	2	1	16	24
空压机	2.2	1	1	10	22
加药泵	0.20	12	12	16	38.4
加药搅拌	1.1	7	7	3	23.1
螺杆泵	2.2	1	1	1	2.2
合计					205.7

每日用电量：$205.7 \times 0.6 = 123.42$ kW·h。

合计日常运行费用为：793 元/d，处理成本为 2.64 元/m³ 废水。

实例四　大型机车制造企业 2 400 m³/d 废水处理及中水回用工程

1　工程概况

建设规模：综合废水处理规模 2 400 m³/d，高浓度废液处理规模 16 m³/d

建设地点：沈阳市经济技术开发区

项目概况：中国某机车集团以新造铁路货车和检修铁路货车、内燃机车为主，修、造并举的机车车辆工业大型骨干企业，货车修理占全国总量的 1/4。该集团新厂区排放的废水主要有两股，一股是生产、生活综合废水，日产废水量 2 400 t；另一股是高浓度废液，车钩制动阀、制动缸、闸调器清洗洗涤剂废水 5 m³/d，车轮分厂轴承清洗洗涤剂废水 10 m³/d。综合废水经过"两级 DA-EH 生化池+DA-863 高效过滤"为核心的中水处理系统处理后，达到中水回用标准。高浓度废液采用"沉淀+两级气浮"处理后，达到国家三级排放标准排放至市政废水检查井。综合废水处理成本为 0.62 元/t，高浓度废液处理成本为 2.0 元/t。

图 1　废水处理站概貌

2　设计基础

2.1　设计依据

2.1.1　法律法规与规范

（1）《建设项目环境保护管理条例》；

（2）《室外排水设计规范》（2014 年版）（GB 50014—2006）；

（3）《给水排水工程构筑物结构设计规范》（GB 50069—2002）；

（4）《建筑结构荷载规范》（GB 50009—2012）；

（5）《混凝土结构设计规范》（GB 50010—2010）；

（6）《供配电系统设计规范》（GB 50052—2009）；

（7）《废水综合排放标准》（GB 8978—1996）；

（8）《城市废水再生利用 城市杂用水水质》（GB/T 18920—2002）；

（9）甲方提供的资料和实地调查获得的资料。

2.1.2 设计范围

本项目设计范围为废水处理站内的废水处理工艺、土建、设备、电气、自控、给排水等的设计。

废水处理站外的废水接入管、外排管、电缆、自来水管不在本方案内，也不包括站内的道路、绿化等，处理出水的回用水池以及设备间、脱水机房等构筑物也不在本方案内。

2.1.3 废水来源

共有两股水，一股是生产、生活综合废水；另一股是高浓度废液，两股水分开处理。

2.1.4 设计水量、水质

设计水量：根据甲方提供的资料，综合废水处理水量按 100 m^3/h 计，运行时间 24 h；高浓度废液处理量 2 m^3/h 计，运行时间 8 h。

水质：根据甲方提供的资料，综合生产废水进水水质及高质量浓度废液进水水质如表 1 所示。

表 1 废水处理系统进水水质 　　　　　　　　　　　　　单位：mg/L（pH 除外）

项目	废水水质平均值	
	综合生产废水	高质量浓度废液
pH	6~9	7~10
COD_{Cr}	≤500	≤6 000
BOD_5	≤300	
SS	≤400	≤500
石油类	≤30	≤500
阴离子		≤5

2.1.5 出水标准

本项目综合生活废水经过处理后出水达到沈阳市中水回用标准，高质量浓度废液达到三级排放标准，具体水质要求见表 2。

表 2 废水处理系统应达到的出水标准

项目	中水回用标准		三级排放标准	
	水质/（mg/L）	去除率	水质/（mg/L）	去除率
pH	6~9	—	6~9	—
COD_{Cr}	<50	90%	≤500	91.7%
BOD_5	<10	96.7%		
SS	<5	98.75%	≤400	20%
油	<1	96.7%	≤20	96%
总大肠菌群	<3 个/L			
游离余氯	≥1			
阴离子			≤20	—

2.2　废水处理设计原则

城市废水处理厂的建设和运行受到多种因素的制约和影响，其中，水厂工艺方案的确定对确保水厂的运行性能和降低费用最为关键，因此有必要根据确定的标准和一般原则，从整体最优的观念出发，结合设计规模、进水水质特征以及当地的实际条件和要求，选择切实可行且经济合理的处理工艺方案。

（1）认真贯彻国家关于环境保护工作的方针和政策，使设计方案符合国家的有关法规、规范、标准。综合考虑废水水质、水量的特征，选用的工艺流程技术先进、稳妥可靠、经济合理、运转灵活、安全方便。

（2）废水处理系统平面布置力求紧凑，减少占地和投资。

（3）尽量采取措施减小对周围环境的影响，合理控制噪声，气味，妥善处置废水处理过程中产生的污泥和其他栅渣、沉淀物，避免造成二次污染。

（4）选用质量可靠，维修简便，能耗低的设备，尽可能降低处理系统的运行费用；废水处理过程中的自动控制，力求管理方便、安全可靠、经济实用。

（5）高程布置上应尽量采用流体自流，充分利用地下空间。

（6）采用能够保证处理要求和处理效果的技术合理、成熟可靠的处理工艺，同时要结合处理厂所在城市的具体情况和工程性质，积极稳妥地采用废水处理新技术和新工艺。

（7）工程造价低，省能耗，省运行费及占地少。

（8）运行管理简单，控制环节少，易于操作。

3　工艺选择

3.1　中水回用处理工艺选择

废水处理工艺的选择，是根据废水水质、出水要求、废水处置方法以及当地温度、工程地质、环境等条件作慎重考虑。工艺选择的原则，应该综合考虑工艺的可靠性、成熟性、适用性、去除污染物的效率、投资省、运行管理简单、运行费用低为标准选择最优的工艺方案。

根据本项目的废水特点，废水采用一级处理+二级生化处理+过滤消毒法，在生物法中有活性污泥法和生物膜法两大类。

目前常用的废水好氧生物处理工艺有传统活性污泥法、氧化沟法、生物膜法等。传统活性污泥法以 A^2/O 曝气法较为常用，氧化沟工艺有 A^2/O 氧化沟、T 型氧化沟等多种形式，生物膜法可分为生物接触氧化、生物转盘、生物滤池等工艺。除上述工艺外，SBR 法作为改良型活性污泥法，在废水处理上具有很大的优势，在此一并列出进行比较。

（1）传统活性污泥法

A^2/O 曝气法属于传统活性污泥法中较为常见的一种工艺,它是 20 世纪 70 年代在厌氧-缺氧工艺上开发出来的同步脱氮除磷工艺，因此具有生物除磷和脱氮的能力。A^2/O 曝气法的优点是可以充分利用硝化液中的硝态氮来氧化 BOD_5，回收了部分硝化反应的需氧量，反硝化反应所产生的碱度可以部分补偿硝化反应消耗的碱度，因此对含氮浓度不高的城市废水可以不另外加碱来调节 pH。本工艺在系统上是最简单的脱氮除磷工艺，总的水力停留时间小于其他同类工艺（如巴登甫脱氮除磷工艺）；在厌氧（缺氧）、好氧交替运行的条件下，丝状菌不能大量繁殖，无污泥膨胀，SV1 值小于 100，利于处理后废水与污泥分离；运行中在厌氧和缺氧段内只需轻搅，运行费用低。

A^2/O 曝气法的主要缺点是脱氮需要保持较低的污泥负荷，以便充分进行硝化，达到较高的去除率，而生物除磷需要维持较高的污泥负荷，得到较大的剩余污泥量，以便达到较好的除磷效果，因此在设计中还需要采取必要的措施和进一步优化，使两者有机地结合在一起。必须设置污泥回流泵房，流程较为复杂；需要设置单独的二次沉淀池，总占地面积较大。

（2）氧化沟工艺

氧化沟工艺有 A^2/O 氧化沟、T 型氧化沟等多种形式，氧化沟在城市废水处理中应用比较普遍。

① A^2/O 氧化沟。在传统的氧化沟前端设置了厌氧池，在沟体内增加了缺氧池，因此具有生物脱氮除磷功能。A^2/O 氧化沟与 A^2/O 曝气法很相似，只不过将曝气器由传统的鼓风曝气改为表面曝气。由于该型氧化沟采用了独特的水力结构，通过设在沟端部的侧向导流渠，可充分利用氧化沟原有的渠道流速。在不增加任何回流提升动力的情况下，将相当于 400%进水量以上的硝化液回流到前置缺氧池与原水混合并进行反硝化反应。可以取消由好氧池至缺氧池的混合液回流设备，因而节约了用于混合液回流的能耗。

因为增加了独立的前置厌氧池和缺氧池，使 A^2/O 氧化沟的出水指标可以达到 $BOD_5 < 10$ mg/L，$SS < 15$ mg/L，$TN < 7 \sim 10$ mg/L，PO_4^{3-}-P < 1 mg/L 的较高处理水平。

A^2/O 氧化沟的缺点式需要设置单独的二次沉淀池，使得占地面积较大，另外处理量较大时，能耗较高。

②T 型氧化沟。T 型氧化沟又称为三沟式氧化沟，融缺氧、好氧和沉淀池于一体（其中的两条边沟交替进行反应及沉淀）。流程简洁，具有生物脱氮功能，采用连续进水、连续出水的方式运行。自 1990 年邯郸废水处理厂的 T 型氧化沟投产并被建设部、国家环保总局列为示范厂后，国内采用这种工艺流程的废水厂较多。

T 型氧化沟的优点在于一体化，能较好地利用土地面积，特别是采取加大沟体深度的措施后，节约用地的效果更为明显；不需混合液回流及活性污泥回流，流程简单、利于管理；采用序批式控制，不同的循环时间设定值可以得到不同的处理效果，根据实际进水水质进行优化，适应性较强；易于实现处理过程的自动控制。

其缺点是设备数量多，增加了设备的维护工作量；设备利用率低，装机容量大；因为不设专门的沉淀池。排除的剩余污泥浓度低，不利于污泥处理；无专门的厌氧区域，生物除磷效果差；无回流设施，造成连续曝气的中沟 MLSS 较边沟低（中沟 MLSS 浓度的设计值只为边沟的 77%，实际运行中更低），使得整个系统的利用效率低。

（3）生物膜法

生物膜法一般采用塔式生物滤池和生物接触氧化池。而对于中小水量的废水一般采用生物膜法。生物接触氧化是一种兼有活性污泥法和生物膜法特点的生物处理法，生物活性好，F/M 值大，处理负荷高，处理时间短，不需污泥回流并可间歇进行，但对难降解有机物去除率低和脱色效果欠佳，针对接触氧化对难降解有机物去除率低和脱色效果欠佳的缺点，采用水解酸化提高其可生化性，利用混凝气浮对废水进行脱色，并去除废水中残留的细小悬浮物，保证出水达标排放。

DA-EH 废水处理工艺：

DA-EH 废水处理工艺是在传统接触氧化工艺基础上改进的一种工艺，在 DA-EH 反应池中我们设置高效生物填料、投加高效微生物菌团、高效旋混曝气装置，在高效微生物菌团的协助下，使微生物在生物填料的表面上迅速生长形成生物膜，废水由下至上或由上至下流过填料层，使废水中的有机物在微生物的作用下降解，同时硝化细菌进行硝化作用。由于填料的比表面积可达 $1 \sim 2$ m^2/cm^3，积累的微生物量可达 $10 \sim 15$g/L，故池容和占地面积可大大降低。当废水接触到填料上的生物膜时，微生物可利用其中的营养物质，进行有机物的氧化分解，利用的方式主要是用于微生物和供体分解时所需的能量，水中的有机物不断减少，填料上的微生物数量增加，生物膜逐渐增厚，无机物及一些难以分解的不溶性有机物则被吸附在膜表面。由于膜的厚度增加使得膜底层因缺少氧气及营养物而形成厌氧分解，其分解产物有害于好氧菌的生长，并导致底层细菌的死亡，于是生物膜剥离脱落，或因膜层过重及水流冲刷的作用下，生物膜从填料上脱落，并随流集于池底，最终在沉淀段进行去除。当污泥泥龄老化，活力减弱、黏性增加，然后这些生物群落更容易黏到一起，这些生物群落越长越大，直至形成絮凝体，如果有机物在适当条件下生长正长，絮凝体聚集增大，开始沉降。在好氧池里的混合使絮凝体不要保持太大，有利于细胞、食物和氧气相互接触。DA-EH 废水处理工艺除了对 BOD_5 有较好的去除效果外，由于填料具有较大的比表面积，生物膜上聚集的生物种类较多，在通气条件良好的情况下，硝化细菌可依附在这种人工设计的生物床上生长，更由于填料之间彼此堆积在一起，在池中形成一个巨大的空间，有利于硝化细菌的大量繁衍，为氨氮及亚硝酸的去除创造了良好的条件。

DA-EH 废水处理工艺有以下优点：

①工艺占地小、投资省，日常运行管理简单，处理效果稳定，且可以模块化结构设计；

②减少了电机的使用量，节约能耗，日常运行成本低，且自控程度要求不高；

③采用生物膜技术，无污泥膨胀问题，而污泥膨胀问题是其他活性污泥法中很常见且很难控制的问题之一；

④在通常条件下，可以不用添加化学药剂而达到去除氮、氨的效果。

（4）序批式（SBR）法

序批式（sequencing batch reactor）法是相对常用的过流式而言的。过流式是一种空间顺序的处理方式，废水在流经不同功能的构筑物过程中逐步净化，最终达到排放标准。SBR 法是一种时间顺序的处理方式，进水、曝气、沉淀、出水等处理过程同一周期不多时段，在同一个池子中完成，但进水连续。设计上常需若干座池子组成一组，轮换运转。

目前国内已有多处采用 SBR 工艺，SBR 法适用于水量、水质排放不均匀的工业废水处理，可节省投资。此外，国内使用的工艺还有 CASS、UNITANK、MSBR 等一些改良型的 SBR 处理工艺。

改良型 SBR 法：

改良型 SBR 工艺在序批式反应器系统中，曝气池二沉池合二为一，在单一反应池内利用活性污泥完成废水的生物处理和固液分离，SBR 是废水活性生化处理系统的先驱。

改良型 SBR 是通过充氧、缺氧和厌氧条件的连续变化达到降低 BOD_5、COD_{Cr}，硝化、脱氮及除磷的目的，反应池内分为选择区和反应区，反应池内污泥从反应区不断循环至选择区以吸收易溶性基质中的降解部分并促使絮凝性微生物生长，氧的供给会在一个预定的时段停止，此时整个体系处于均衡状态，活性污泥中的微粒便不断沉淀到达池底而形成上清液，上清液再经过特殊设计的滗水器在不扰动污泥层的情况下排除，与众不同的是反应过程中需氧量任何微小的降低都能被探测到并反馈到中心控制台而引起充氧强度的自动降低，系统因此能始终保持在低能耗、高效率的状态，从而极大地降低处理废水的运行费用。

改良型 SBR 工艺是在原有 SBR 基础上，增设了选择区，加强了 SBR 的生物除磷脱氧的功能，它是在最原始的工艺上配上自动化控制系统组合而成的，对控制系统的维护管理有较高的要求。

综上所述，DA-EH 废水处理工艺具有处理能耗低、运行成本低、占地面积小、各构筑间可自由组合、自控要求不高等特点优于其他的工艺，故作为可供选择的处理工艺方案。

通过以上分析，结合北车集团水量较小、废水营养物质高的特点，本工程方案选用生物活性好，F/M 值大，处理负荷高，处理时间短，不需污泥回流并可间歇进行的 DA-EH 生态化废水处理系统。

经过 DA-EH 废水生态化处理出水还不能达到回用要求，后续必须辅以絮凝过滤等深度处理才能达到回用标准要求。本工程选用 DA-863 高效过滤器去除废水中剩余的细小悬浮物及小部分脱落的细小生物膜，其出水消毒后即可回用。

其具体工艺流程详见 4.1 节。

3.2 高浓度废液处理工艺选择

高浓度废液主要由洗涤剂废水和乳化液组成。乳化液的有机物含量很高，COD 常在 $10^2 g/L$ 数量级以上。有机物含量高的原因不仅是由于乳化油的缘故，而且也由于大部分乳化剂是采用烃类表面活性剂，对水的污染主要是有机物的污染。

乳化液的成分主要由油、乳化剂、防腐剂和水组成。在机械加工厂使用的乳化液通常都是水包油型（即 O/W 型）的。其中乳化油的含量占 2%～5%，水的含量占 95% 以上。因为其中乳化剂的作用，油以细微的颗粒高度分散在水中，其粒径大都在 0.1～2 μm。

乳化液中的乳化剂实际上绝大多数都是表面活性剂，即在低浓度下能显著降低水表面张力的物质。因为乳化液配方的不同，其中使用的乳化剂种类也各不相同。这些表面活性剂从其结构上讲，有一个共同的基本特点：是一种两性物质。它的一端是由碳氢长链等组成的非极性憎水基团，易溶于油中；另一端是极性亲水基团，易溶于水中。由于表面活性剂的存在，使得原本是非极性憎水型的油滴变成了带负电荷的胶核，并且因为其巨大的表面积而具有了巨大的表面能。由于极性的影响和表面能的作用，带负电荷的油滴胶核吸附水中的反离子（即带正电荷的离子）或极性水分子形成胶体双电层结构。由于胶核和离子在水中均作布朗运动，反离子便扩散于水中，距胶核表面近的反离子浓度高，距离越远，反离子浓度越低，胶团颗粒中最靠近胶核表面的是一层牢固的水化膜，它与胶核紧密结合在一起，难以分离，在其外部还有结合紧密地吸附层和结构松散但很厚的扩散层。由此形成了双电层结构。

乳化液中油以胶体颗粒高度分散在水中，其表面自由能相当大，在热力学上是一个很不稳定的体系，会自发破乳降低体系表面自由能，使体系界面总能量保持在较低的水平，同时还由于双电层和同性电荷的存在，阻止油滴的碰撞变大。为此，要达到破乳的目的，必须压缩胶体双电层厚度，降低 ζ 电位，才能使油滴脱稳破乳，为进一步采取措施使油水分离创造条件。

综合来说，乳化液一般具有以下特点：

①一般呈碱性，pH=7～9，清洗液废水 pH 值甚至可达 12～14。

②由于表面活性剂及有机添加剂较多，使废水的 COD 值可高达数万毫克/升。

③含油量高，石油醚萃取物高达几千至几万毫克/升，且高度分散在水中，不经破乳不可能被一般隔油设施去除。

经过以上分析，本工艺选用一体化设备对乳化液废水进行综合处理。混凝剂进行破乳，然后沉淀，以去除杂质，然后用泵送入一级气浮池，并投加聚合氯化铝，进行初步的油水分离。一级气浮池的油可去除 70%～80%，然后由泵抽入二级气浮池并投加硫酸铝，在二级气浮池中利用硫酸铝的水解产物的吸附卷扫功能把水中剩余的胶体油粒卷扫分离出来。

经过上述处理，水中的含有量可从原先的 500 mg/L 降到 20 mg/L 以下，COD_{Cr} 的含量也从 6 000 mg/L 降到 500 mg/L 以下，完全能达到三级排放标准。

乳化液的排放通常是周期性的，因此，废液处理可采用先把废液全部收集到调节池中贮存起来，并加入足量的电解质进行破乳。后续的工艺本方案采用一班制运行。所有的处理构筑物均采用设备化。

4 废水处理系统工艺

4.1 工艺流程

4.1.1 中水回用工艺

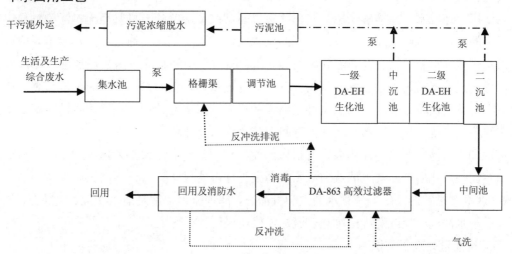

图2 生产及综合生产废水处理工艺流程图

4.1.2 高浓度废液工艺

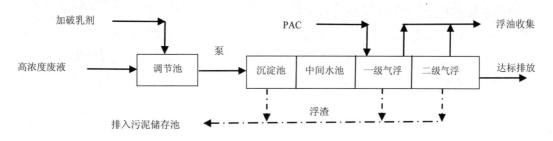

图3 高浓度废液处理工艺流程图

4.2 工艺流程简述

4.2.1 中水回用系统工艺流程说明

原水由废水管网收集后自流进入集水池,暂时贮存后由水泵提升进入格栅渠,以拦截颗粒较大的悬浮物质，格栅渠与调节池合建。然后自流进入调节池，调节池底部设有搅拌机，利用叶轮搅拌均化水质，并在前段调节水质水量，以减少水量水质变化对后续处理构筑物的冲击，同时调节池后段设有填料，利用厌氧菌、兼性菌将废水中的大分子、杂环类有机物分解成低分子有机物，降低 COD_{Cr}，提高废水的可生化性，并破坏有色基团，去除原水中的部分色度。

然后经水泵提升进入二段式 DA-EH 废水生态处理系统，依靠悬浮相活性污泥和附着相生物膜组成的高效复合微生物菌团为主的微生物生态系统，结合超微气泡曝气技术，达到物理、化学、生物三者协同作用，使废水中呈溶解状态、胶体状态以及某些不溶解的有机甚至无机污染物质，转化为稳定、无害的物质，从而使废水得到净化。其出水自流进入二沉池，通过加药絮凝将反应段脱落的生物膜以及一些细小悬浮物进行固液分离。其出水自流进入中间水池，由泵提升进入 DA-863 高效过滤器，进入过滤器前加入絮凝剂，利用提升泵的叶轮搅拌，使药剂与废水充分混合并形成细小矾花，然后在过滤器内将其去除，其出水经过消毒后进入回用水池待用。在回用水池及消防水池前设置水质在线监测系统，如果废水不达标再返回调节池重新处理。

中沉池和二沉池的剩余污泥由泵提升进入污泥池贮存，然后用泵抽入浓缩脱水一体机进行污泥浓缩，干污泥外运或填埋。其上清液回流到格栅渠进行再处理。

DA-863 高效过滤器要定期进行水冲洗和气冲洗，冲洗流程依次是清水冲洗、气冲洗、气水同时冲洗，最后再水冲洗。反冲洗排出废水自流进入格栅渠进行循环处理。

4.2.2　高浓度废液处理工艺说明

高浓度废液首先进入调节池，贮存水量，调节水质，并按水量及进水水质加入电解质破乳，同时加入酸碱调节装置，利用在线 pH 检测系统将 pH 值控制在破乳最佳的状态。调节池内放置本公司生产的小型推流式曝气机，既起到搅拌作用，又能曝气。在调节池内停留一段时间后由泵抽入一级气浮池，投加 PAC，去除水中 80%左右的油和大部分悬浮物，其出水由泵提升进入二级气浮池，加入硫酸铝把水中剩余的胶体油粒卷扫分离出来，并去除剩余的细小悬浮物，其出水达标排放。

该工艺特点：

①采用两级气浮处理，能将 SS、油在气浮处理阶段内完全达标，去除绝大部分 COD_{Cr}，出水完全能达到排放标准；

②新水泵采用潜水泵，保证能随时启动；

③采用电动阀自动投加破乳剂、混凝剂，当使用时药剂自动投加，处理完毕，停止加药；

④一级气浮、二级气浮均采用自动控制，不需人工管理，能达到最佳气浮效果。

4.2.3　中水回用系统工艺流程分为四大处理系统，以下是各个系统的具体介绍

A. 预处理

（1）集水池

因排污口在地面以下 6 m 处，为了减小覆土厚度及增加后续构筑物的池子容积利用率，须暂时贮存水量并加提升泵提升进入后续处理构筑物。

（2）格栅渠

格栅渠内设置一道机械格栅，以去除生活废水中一些较大的悬浮物和漂浮物，以保护后续处理的稳定运行。

（3）调节池（兼水解池）

废水的水量和水质并不总是恒定均匀的，往往随着时间的推移而变化。生活废水随生活作息规律而变化，工业废水的水量水质随生产过程而变化。为了使管道和处理构筑物正常工作，不受废水的高峰流量或浓度变化的影响，往往需要在废水处理系统前端设置调节均质均衡池，把不同时间排出的高浓度废水和低浓度废水混合均匀后再排出，以调节水量和水质。

本设计调节池为调节水解池，在前段调节水质水量的同时，后段利用厌氧菌、兼性菌将废水中的大分子、杂环类有机物分解成低分子有机物，降低 COD_{Cr}，提高废水的可生化性，并破坏有色基团，去除原水中的部分色度。池内分段悬挂弹性填料，正常运行时，水解酸化池中 COD_{Cr} 的去除率可达到 30% 以上。

总之，采用水解酸化的优点归纳以下几点：

①可以提高废水的可生化性；

②可以去除一部分有机污染物；

③减少后续处理设备的曝气量；

④降低污泥产率；

⑤节能明显。

考虑到调节池悬浮物的沉积会影响调节容量，同时一年一度的沉积物的清除劳动强度大，劳动环境差等问题，设计中在调节池内设置水下搅拌器，避免悬浮物沉降。悬浮物随废水进入后续处理单元，随污泥排出系统。搅拌器为水下叶轮搅拌器。

B. DA-EH 高效废水生态化处理系统

DA-EH 工艺为该项目处理系统的核心工艺。

DA-EH 工艺是遵循"因地制宜、因势利导、化害为利、生态解决"的生态原则，通过 DA-EH 高效复合微生物菌团为主的微生物生态系统，结合 EH 超微气泡曝气技术，达到物理、化学、生物三者协同作用，对废水进行净化处理的高效生态废水处理工艺。

复合微生物菌团固定在 EH 活性生物填料上，除氨去氮效果好，出水水质好。

DA-EH 高效废水生态化处理系统内部填充我公司生产的新型微生物填料。其比表面积比一般填料大，表面粗糙，质轻，松散容重小，孔隙率高，有很好的耐化学腐蚀性和耐磨性。已经充氧的废水浸没全部的填料，并以一定的流速经过填料。废水与填料上的生物膜广泛接触，在生物膜上微生物的新陈代谢功能的作用下，废水中的有机污染物得到去除。

曝气给微生物提供其所需要的氧，并起到搅拌与混合的作用。这样在池内形成了固、液、气三相共存的体系有利于氧的转移。溶解氧充分，适于微生物的存活和繁殖。此外生物接触氧化技术能够接受较高的有机负荷，处理效率高，有利于缩小池容积，节省造价，减少占地面积。

DA-EH 的四大核心技术是：EH 高效复合微生物菌团、EH 超微气泡曝气、EH 活性生物填料、水体的自净处理。

工艺特点：

该工艺具有投资省，运行费用低，管理简单，生态功能强大的特点。

（1）处理效果好

①采用高效复合微生物菌团净化水质，四大核心技术协同作用，启动快，适应范围广，处理出水水质好；

②活性生物填料作载体，空隙率高，自组织性、自适应性好，微生物固定量高；

③高效超微气泡复氧，氧的利用率高。

（2）占地少

只有传统技术的 1/3 $[0.2\sim0.3\ m^2/(m^3\cdot d)]$，并可模块化建设，施工快捷。

（3）系统景观化、公园化

应用高科技降噪除臭技术，废水处理站结合绿化景观设计，种植植物、花草，不仅净化空气更有利于厂内的景观美化。

（4）投资省

吨水投资在 800 元/m³ 以内。

（5）运行费用低

吨水运行费用为 0.2～0.3 元/m³。

（6）管理简单

不需 PLC 等自动化控制设备，维护管理简单。

（7）污泥量少

本工艺的 DA-EH 废水生态化处理系统是结合本项目进水水质较差，出水要求较高的实际情况，采用两段式的生态化处理系统，同时沉淀池采用占地面积小、悬浮物去除率高的斜管沉淀池。

C. DA863 高效过滤器

为确保出水完全达标，兼顾工程投资，处理水工艺可靠，建成后设备维护及运行管理方便，本工艺过滤设备选用 DA863 高效过滤器。

DA863 高效过滤器是以自适应滤料——彗星式纤维滤料（专利号 ZL 98249298）为技术核心的过滤器。

纤维球（束）过滤器具有过滤阻力小、节能、过滤精度高、截污容量大等优点，但纤维球滤料是纯纤维状滤料，纤维球内部（芯部）不易清洗干净，从而影响过滤效果；以长纤维束为滤料的过滤器在过滤操作时，需在短时间内（一般在 1 min 内）将滤层压缩至所需状态，易损伤纤维，同时会导致靠近活动支撑装置的纤维密度大于滤层主体密度的不利层态，在反冲洗过程中，滤层需在短时间内（一般在 1 min 内）彻底放松，易导致纤维束断裂，而且活动支撑装置上堆积的泥渣不易排出。

DA863 高效过滤器具有以下特点：

①过滤精度高：对水中悬浮物的去除率可达 95%以上，对大分子有机物、病毒、细菌、胶体、铁等杂质有一定的去除作用；

②过滤速度快：一般为 40 m/h，最高可达 60 m/h，普通砂滤器的 3 倍以上；

③纳污量大：一般为 15～35 kg/m³，是普通砂滤器的 4 倍以上；

④反洗耗水率低：反冲洗耗水量小于周期滤水量的 1%～2%；

⑤加药量低，运行费用低：由于滤床结构及滤料自身特点，絮凝剂投加量是常规技术的 1/2～1/3；

⑥周期产水量的提高，吨水运行费用也随之减少；

⑦占地面积小：制取相同的水量，占地面积为普通砂滤器的 1/3 以下。

D. 消毒系统

使用二氧化氯消毒剂杀菌有以下优点：

①快速持久；②安全无毒；③广谱高效；④无二次污染；⑤不受 pH 值影响。

二氧化氯灭菌消毒性能：

二氧化氯消毒剂可以灭杀一切微生物，包括细菌繁殖体、细胞芽孢、真菌、分枝杆菌和肝炎病毒、各种传染病毒菌等。其对微生物的杀菌机理为：二氧化氯对细胞壁有较强的吸附穿透力，可有效地使氧化细胞内含琉基的酶，快速地抑制微生物蛋白质的合成来破坏微生物。

二氧化氯的消毒能力和氧化能力远远超过氯气，不会像氯气那样生成对人体有害的有机卤化物和三卤甲烷（致癌物质）。能有效地破坏酚、硫化物、氰化物等有害物质。二氧化氯消毒剂具有无毒、无害、消毒后的水果、蔬菜不用清洗便可直接食用的优点。

4.3　各单元处理效果预测

表3　综合废水处理系统各单元处理效果预测表

指标/	预处理		一级 EH 工艺		二级 EH 工艺		微絮凝过滤		总出水
(mg/L)	进水	去除率	进水	去除率	进水	去除率	进水	去除率	
BOD_5	300	10%	270	85%	40.5	75%	10.1	10%	9.1
COD_{Cr}	500	20%	400	75%	100	50%	50	20%	40
SS	400	60%	160	60%	64	40%	38	90%	3.8

注：本预测表为保守估计，可以适应适宜的水质变化。

5　废水处理系统构筑物、设备

5.1　中水回用系统

5.1.1　预处理

1. 集水池

表4　集水池构筑物参数表

数量	有效容积	水力停留时间	有效水深	构筑物尺寸
1 座	50 m³	0.5 h	2.5 m	长×宽×高=4.0 m×5.0 m×2.8 m

表5　集水池主要设备参数表

设备	数量	型号	参数
提升泵	2 台（1 用 1 备）	150WQ110-15-11	流量：110 m³/h；扬程：15 m；功率：11 kW

2. 格栅渠

数量：1 座

单体构筑物尺寸：长×宽×高=2.0 m×0.5 m×1.5 m

表6　格栅渠主要设备参数表

设备	数量	型号	参数
机械格栅	1 套	GF300	安装角度：75°；有效栅宽：300 mm 格栅间隙：5 mm；功率：0.37 kW

3. 调节池（兼水解）

表7　调节池构筑物参数表

数量	有效容积	水力停留时间	有效水深	构筑物尺寸
1 座	800 m³	8.0 h	4.0 m	长×宽×高=10.0 m×20.0 m×4.5 m

表 8　调节池主要设备参数表

设备	数量	型号	参数
提升泵	2 台（1 用 1 备）	150WQ110-15-11	流量：110 m³/h；扬程：15 m；功率：11 kW
填料	187.5 m³	DAT-4#	高度：2.5 m
填料支架	1 套		
搅拌机	4 台	QJB1.5/8	功率：1.5 kW

5.1.2　DA-EH 废水处理系统

1. 一级 EH 废水处理池

表 9　一级 EH 废水处理池构筑物参数表

名称	数量	有效容积	水力停留时间	有效水深	构筑物尺寸
①反应段	2 座（并列运行）	180 m³	3.6 h	4.0 m	长×宽×高=5.0 m×9.0 m×4.3 m
②中沉池（采用竖流式沉淀池）	2 座	100 m³	1.2 h	2.4 m	长×宽×高=5.0 m×5.0 m×4.3 m 污泥斗高：1.2 m；缓冲层高：0.3 m 中心管直径：600 mm；喇叭口直径：800 mm 反射板直径：1 000 mm；水力负荷：2.0 m³/（m²·h）

2. 二级 EH 废水处理池

表 10　二级 EH 废水处理池构筑物参数表

名称	数量	有效容积	水力停留时间	有效水深	构筑物尺寸
①反应段	2 座（并列运行）	120 m³	2.4 h	4.0 m	长×宽×高=5.0 m×6.0 m×4.3 m
②中沉池（采用竖流式沉淀池）	2 座	100 m³	1.5 h	2.7 m	长×宽×高=5.0 m×5.6 m×4.3 m 污泥斗高：0.6 m；缓冲层高：0.3 m 中心管直径：600 mm；喇叭口直径：800 mm 反射板直径：1 000 mm；水力负荷：1.8 m³/（m²·h）

表 11　二级 EH 废水处理池主要设备参数表

设备	数量	型号	参数
鼓风机	3 台（2 用 1 备）	BK5006	风量：10.40 m³/min；风压：0.05MPa 转速：2 000 r/min；功率：15 kW
旋混曝气器	500 套	PD3	
填料	360 m³	DAT-2#	
填料支架	1 套		
加药装置	1 套	加药泵型号：JJM-100/1.0 溶药桶容积：1 000 L（PE 自带搅拌）	加药泵功率：0.18 kW 溶药桶搅拌器功率：0.25 kW
污泥泵	4 台	25WQ7-8-0.55	流量：7 m³/h；扬程：8 m；功率：0.55 kW

5.1.3　中间水池

表 12　中间水池构筑物参数表

数量	有效容积	有效水深	构筑物尺寸
1 座	50 m³	3.2 m	长×宽×高=5.0 m×3.0 m×3.5 m

5.1.4　DA863 高效过滤器

表 13　DA863 高效过滤器主要设备参数表

设备	数量	型号	参数
提升泵	3 台（2 用 1 备）	SB80-125	流量：65 m³/h；扬程：17 m；功率：5.5 kW
过滤器	2 台（并列运行）	DA863-Φ1 200 mm	滤水量：45 m³/h；滤速：44 m/h 设备高度：3 800 mm；设计压力：0.4MPa 工作温度：5～55℃；过滤周期：8～24 h
反冲水泵	1 台	SB65-125A	流量：29 m³/h；扬程：14.9 m；功率：2.2 kW
反洗风机	1 台	QJB1.5/8	风量：4.4 m³/min；风压：P=60 kPa 电机功率：11 kW；转速：1 150 r/min
絮凝加药装置	2 套	加药泵容积：V=500 L 投药计量泵：型号：JJM-40/0.7	加药桶材质 PE，带搅拌机，配支架 计量泵功率：0.07 kW；流量：40 L/h

5.1.5　消毒装置

采用二氧化氯发生器一套。投加量为 5～8 mg/L，投加浓度为 5%～10%，具体投加量由运转部门根据现场实际情况试验取得最佳投药量，采用湿式投加。

二氧化氯发生器

型号：H908-800；数量：1 套；有效氯产量：800 g/h；功率：1.0 kW。

5.1.6　回用水池及消防水池

表 14　回用水池及消防水池筑物参数表

数量	有效容积	有效水深	构筑物尺寸
1 座	1 260 m³	4.5 m	长×宽×高=35 m×8 m×5.0 m

5.1.7　污泥脱水系统

选用污泥浓缩脱水一体机。

表 15　污泥脱水系统筑物参数表

名称	数量	功能	构筑物尺寸
污泥池	1 座	暂时贮存污泥	长×宽×高=3.0 m×5.0 m×3.5 m
污泥脱水机房	1 座	污泥脱水机房	长×宽×高=8.0 m×5.0 m×4.0 m

表 16 污泥脱水系统主要设备参数表

设备	数量	型号	参数
带式浓缩脱水一体机	1 台	DYQ-XZ-1000	污泥处理量：5~8 m³/h；滤带宽度：1 000 mm；泥饼含水率：<80%；电极功率：1.5 kW；主机重量：2 400 kg 外形尺寸：4 210 mm×1 850 mm×2 270 mm
其他配套设备	1 套		高压冲洗泵、不锈钢抽泥泵、加药系统、流量计、混合器等

5.1.8 鼓风机房（1 座）

放置向生化系统供气的鼓风机及反冲洗风机，单体尺寸 5.0 m×5.0 m×4.0 m。

5.1.9 实验室（1 座）

主要化验油、COD、pH、SS 等指标，单体尺寸：5.0 m×5.0 m×4.0 m。

5.1.10 药品间（1 座）

单体尺寸：5.0 m×4.0 m×4.0 m。

5.2 高浓度废液处理系统（设计水量 2 t/h）

5.2.1 调节池

表 17 调节池构筑物参数表

数量	有效容积	水力停留时间	有效水深	构筑物尺寸
1 座	16 m³	8.0 h	2.2 m	长×宽×高=3.0 m×2.5 m×2.5 m

表 18 调节池主要设备参数表

设备	数量	型号	参数
提升泵	2 台（1 用 1 备）	40WQ3-7-0.37	流量：3 m³/h；扬程：7 m；功率：0.37 kW
人工格栅	1 套	300 mm×600 mm	安装角度：60°；格栅间隙：5 mm
填料支架	1 套		
搅拌机	1 台	DP55	空气量：7.5 m³/h；功率：0.55 kW
加药计量泵	3 台	JJM-20/0.7	流量：20 L/h；功率：0.07 kW
加药桶	3 个	V=500 L	材质：PE，带搅拌带支架
在线 pH 监测系统	2 套		

5.2.2 斜管沉淀池

（1）池体

数量：1 座。

单体尺寸：长×宽×高=1.5 m×1.5 m×3.3 m。

（2）斜管

数量：2 m²。

采用蜂窝六边形塑料斜管，管内切圆直径 d=35 mm，斜管倾角为 60°，斜长为 1 000 mm。

（3）斜管支架

数量：1 套。

5.2.3 气浮池

一级气浮和二级气浮分别做成一体化的设备，共两个。

表19　气浮池构筑物参数表

名称	数量	有效水深	形式	构筑物尺寸
气浮池	2座	1.5 m	地上式钢结构	长×宽×高=1.5 m×1.0 m×2.0 m
中间水池	2座	1.5 m	地上式钢结构	长×宽×高=1.0 m×1.5 m×2.0 m

表20　气浮池主要设备参数表

设备	数量	型号	参数
加压泵	2台（1用1备）	SB40-160	流量：4.4 m³/h；扬程：33 m；功率：2.2 kW
空压机	2台		
溶气罐	2台	Φ 500 mm×1 000 mm	工作压力：0.3 MPa
溶气释放器	2套		
提升泵	1台	SB40-100	流量：4.4 m³/h；扬程：13.2 m；功率：0.55 kW
加药计量泵	2台	JJM-20/0.7	流量：20 L/h；功率：0.07 kW
加药桶	2个	V=500 L	材质：PE，带搅拌带支架

6　废水处理系统布置

6.1　处理系统平面布置原则

（1）充分考虑与厂区环境、地形、功能布置和现有管道系统相协调。

（2）充分考虑建设施工规划等问题，优化布置系统。

（3）根据夏季主导方向和全年风频，合理布置系统位置。

（4）处理构筑物布置紧凑，分合建清楚，节约用地、便于管理。

6.2　处理系统高程布置原则

（1）尽力利用地形设计高程，减少系统能耗。

（2）系统设计力求简洁、流畅，减少管件连接。

7　电气、仪表系统设计

7.1　系统电气工程设计

7.1.1　电气设计规范

（1）《电力装置的继电保护和自动装置设计规范》（GB/T 50062—2008）；

（2）《通用用电设备配电设计规范》（GB 50055—2011）；

（3）《供配电系统设计规范》（GB 50052—2009）；

（4）《电力装置的电测量仪表装置设计规范》（GB/T 50063—2008）；

（5）《信号报警及联锁系统设计规范》（HG/T 20511—2014）；

（6）《仪表系统接地设计规范》（HG/T 20513—2014）。

7.1.2　电气设计原则

在保证处理系统工艺要求的条件下，做到技术先进、操作简单、管理方便、安全可靠和经济合理。

7.1.3 电气设计范围

（1）处理系统用电设备的配电、变电及控制系统；

（2）自控系统的配电及信号系统。

表21 高浓度废液处理系统运行功率计算表

序号	项目	功率/kW	使用功率/kW	运行时间/h	电耗/（kW·h）	备注
1	提升泵1	0.37×2=0.74	0.37	8	2.96	1用1备
2	搅拌机	0.55×1=0.55	0.55	8	4.4	
3	加药系统	0.32×5=1.6	1.6	8	12.8	
4	加压泵	2.2×2=4.4	4.4	8	35.2	
5	提升泵	0.55×1=0.55	0.55	8	4.4	
合计		7.84	7.47		59.76	

8 主要构筑物、设备和仪表汇总表

8.1 主要构筑物估算一览表

表22 土建工程估算一览表

序号	构筑物名称		尺寸	数量	备注
1	集水池		4.0 m×5.0 m×2.8 m	1座	钢混
2	格栅渠		2.0 m×0.5 m×1.5 m	1座	钢混
3	调节池		10.0 m×20.0 m×4.5 m	1座	钢混
4	DA-EH废水处理系统	一级反应段	9.0 m×5.0 m×4.3 m	2座	钢混
		中沉段	5.0 m×5.0 m×4.3 m	2座	钢混
		二级反应段	5.0 m×6.0 m×4.3 m	2座	钢混
		二沉段	5.6 m×5.0 m×4.3 m	2座	钢混
5	中间水池		5.0 m×4.0 m×2.8 m	1座	砖混
6	污泥贮池		5.0 m×3.0 m×3.5 m	1座	砖混
7	污泥脱水机房		8.0 m×5.0 m×4.0 m	1座	砖混
8	鼓风机房		5.0 m×5.0 m×4.0 m	1座	砖混
9	实验室		5.0 m×5.0 m×4.0 m	1座	砖混
10	药品库		4.0 m×5.0 m×4.0 m	1座	砖混
11	回用水池		35 m×8.0 m×5.0 m	1座	甲方自建

注：不包括构筑物及设备特殊基础处理、围墙、道路、绿化。

8.2　主要设备估算一览表

表 23　设备估算一览表

序号	设备材料名称		规格及型号	数量	备　注
1	集水池	提升泵	150WQ110-15-11	2 台	1 用 1 备
2	格栅渠	机械格栅	GF300	1 台	间隙 5 mm
3	调节池（兼水解池）	提升泵	150WQ110-15-11	2 台	1 用 1 备
		填料	DAT-4#	187.5 m³	
		填料支架		1 套	
		搅拌机	QJB1.5/8	4 台	
4	DA-EH 废水处理系统	鼓风机	BK5006（15 kW）	3 台	2 用 1 备
		曝气器	PD3 型	500 套	
		填料	DAT-2#	360 m³	
		填料支架		1 套	
		加药泵	JJM-100/1.0	1 台	
		溶药桶	1 m³	1 只	PE 带搅拌带支架
		中心管	DN600	5.1 m	碳钢
		污泥泵	25WQ7-8-0.55	4 台	
5	DA863-Φ1200 过滤器设备部分	罐体	DA863-Φ1 200 mm	2 台	
		提升泵	SB80-125	3 台	2 用 1 备
		反冲水泵	SB65-125A	1 台	
		反冲风机	CRB-80（11 kW）	1 台	
		配套管路及阀门		2 套	
6	絮凝加药装置	加药桶	500 L（PE 自带搅拌）	2 只	
		计量泵	JJM-40/1.0	2 台	功率 0.07 kW
		配套管路及阀门		2 套	
7	二氧化氯发生器		H908-800	1 台	
8	污泥浓缩脱水一体机		DYQ-XZ-1000	1 套	具体详见设计参数
9	控制系统			1 套	
10	管道及配件			配套	

8.3　高浓度废液废水处理设备一览表

表 24　高浓度废液处理设备估算一览表

序号	设备材料名称		规格及型号	数量	备　注
1	调节池	池体	3.0 m×2.5 m×2.5 m	1 套	
		提升泵	40WQ3-7-0.37	2 台	1 用 1 备
		人工格栅	300 mm×600 mm	1 套	
		搅拌机	DP55	1 台	
		加药系统		3 套	详见设计参数
		在线 pH 计		2 套	
		斜管	蜂窝六边形塑料管	2 m²	
2	高效气浮池	气浮池体	1.5 m×1.5 m×2.0 m	2 套	钢制
		加压泵	SB40-160	2 台	功率 2.2 kW
		提升泵	SB40-100	1 台	0.55 kW
		清水池		2 个	
		空压机		2 台	
		溶气罐	Φ500 mm×1 000 mm	2 个	
		加药系统		2 套	详见设计参数
3	控制系统			1 套	
4	管道及配件			配套	

9 主要技术经济指标

9.1 运行电费

①中水处理

电费：[每日耗电×0.65 元/（kW·h）×0.7]/ 2 400 m³/d=（1 741.54×0.65×0.7）÷2 400 m³/d=0.33 元/m³。

②高浓度废液处理

电费：[每日耗电×0.65 元/（kW·h）×0.7]/ 16 m³/d=（59.76×0.65×0.7）÷16 m³/d=1.7 元/m³。

9.2 药剂费

①中水处理

絮凝药剂费 0.06 元/m³，消毒药剂费 0.03 元/m³。

总药剂费为：0.06 元/m³+0.030 元/m³=0.09 元/m³。

②高浓度废液

加 PAC：60 mg/L，加 PAM：10 mg/L，加硫酸铝：20 mg/L。

PAC 价格为：1.6 元/kg，PAM 价格为：18 元/kg，硫酸铝价格为：3 元/kg。

药剂费用为：（60 g/m³×1.6 元/kg+10 g/m³×18 元/kg+20 g/m³×3 元/kg）=0.34 元/m³。

9.3 人工费

现场操作人员 3 人，四班三运转；配药工，1 人，常白班；其他 2 人；总共 5 人，平均月工资 1 500 元/月。

人工费：[人工月工资×5 人]÷[30 d×24 h×实际处理量/h]=（1 500 元/月×5 人）÷72 000 m³/月=0.10 元/m³。

9.4 污泥处理费

依据本公司以往做过的类似工程经验，污泥处理药剂费 0.08 元/m³。

9.5 处理总成本

①中水处理总成本：

电耗+药剂费用+人工费用=0.33+0.09+ 0.10+0.08=0.62 元/t。

②高浓度废液总成本：

电耗+药剂费用=1.7+0.34=2.0 元/t。

10 工程建设进度

为缩短工程进度，确保废水处理设施如期进行环保验收，工程设计、各分部工程、分项工程土建、安装以及调试工作，将进行统一协调、分布、交叉进行。

表 25 工程进度表

工作内容 \ 周	1	2	3	4	5	6	7	8	9	10	11	12
施工图设计	▬	▬										
土建施工			▬	▬	▬	▬	▬	▬				
设备采购制作						▬	▬	▬	▬	▬		
设备安装								▬	▬	▬		
调试											▬	▬

实例五　不锈钢生产企业 720 m³/d 废水回用处理工程

1　工程概述

1.1　工程概况

浙江某不锈钢有限公司主要从事不锈钢带产品的热轧加工及表面处理。该公司在热轧生产过程中需要一定量的循环冷却水，该废水经过公司内部的废水处理系统处理后色度、铁离子、油脂和悬浮物等指标超标，影响循环水的应用。现为了使该循环废水合理地回收利用，该公司委托我方设计制造一套高效节能的处理设备对其废水进行处理，使其达到回用的标准。

图 1　YFZ 系列中水回用设备

1.2　设计原则

（1）采用先进的工艺，稳定可靠地达到设计目标；

（2）要求做到工程费用及运行费用省；

（3）操作管理方便，废水处理站布局美观合理。

1.3　设计依据

（1）《中华人民共和国环境保护法》；

（2）国家颁布的环境工程设计技术规范；

（3）建设方提供的有关原始资料和要求的水质标准。

1.4　设计目标

根据本设计方案处理后的出水能达到中水回用标准，使出水水质符合生产车间循环冷却水的使用标准，如表 1 所示。

表 1　出水水质

项目	COD$_{Cr}$	pH	色度	SS	臭和味
出水目标	≤50 mg/L	6.5~9	≤40	≤10 mg/L	无不快感

2　设计处理方案

2.1　废水水量及水质

据建设方提供材料，设计水量定为 720 m^3/d；30 m^3/h。

设计废水的水质情况如表 2 所示。

表 2　进水水质

项目	COD$_{Cr}$	pH	色度	SS	总硬度
进水水质	≤94 mg/L	6.5	≤400	≤193 mg/L	160 mg/L

2.2　工艺流程确定

2.2.1　工艺流程分析

该项目的循环冷却水由于色度及悬浮物含量过高，导致影响生产工艺。本处理工艺重点在去除色度、悬浮物及铁离子等物质。色度主要由含铁离子等物质造成的，悬浮物则是由循环水在循环过程中产生的。去除色度的处理方法有化学氧化还原法、活性炭吸附法、混凝沉淀去除法等。活性炭吸附法是国内外应用较为广泛的方法，但其运行成本较高，活性炭更换再生困难，不易操作管理；化学氧化还原法处理色度耗用药剂费过高，不宜采用；混凝沉淀法去除色度较理想，同时还能将悬浮物质及其他重金属离子一起去除。本设计方案采用永峰环保公司的专利产品 YFZ 系列中水回用设备对该循环废水进行处理后回收利用，使废水中的色度、悬浮物及有害化学成分有效地去除，经过中水回收设备的处理，出水可作为生产车间循环用水和冲洗厕所、洗车、洗地、绿化等生活杂用水。

2.2.2　工艺流程

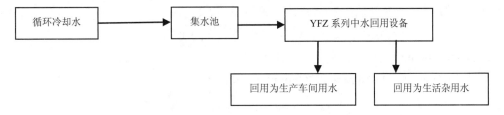

图 2　循环废水回用处理工艺流程

2.3　工艺流程说明

循环废水进入集水池后用提升泵打入 YFZ 系列中水回用设备对废水处理后回收利用。YFZ 系列中水回用设备采用 20 m^3/h 的两台，如果水量较小时可以开启一台运行，如果水量较大时两台同时开启，正常水量时可使设备不必全天 24 h 满负荷运行，这样对设备的保养维护十分有利，同时也能处理水量负荷过大时的矛盾。YFZ 系列中水回用设备是宁波永峰环保工程设备有限公司的专利产品，该设备是集加药、气浮、超滤于一体的高效水处理设备，以药剂特性、优化的混凝条件为依据，引用化学分子体系的布朗运动及双膜理论设计制造，在溶气气浮上采用特制结构把压缩空气切割成微小的气泡，其次在剧烈搅动下使空气以气水混合物的形式溶于水中，最后经过特殊处理释放大量均匀、性能良好的微细气泡将原水中的絮粒黏附，使絮粒上浮去除，达到净化目的。处理水在经过加药、絮凝、气浮处理后再经过超滤膜处理，超滤是一种与膜孔径大小相关的筛分过程，以膜两侧的压力差为驱动力，以超滤膜为过滤介质，在一定的压力下，当原液流过膜表面时，超滤膜表面密布的许多细小的微孔只允许水及小分子物质通过而成为透过液，而原液中体积大于膜表面微孔径的物质则被截留在膜的进液侧，成为浓缩液，因而实现对原液的净化、分离和浓缩的目的。该设备对废水中的色度、悬浮物质、重金属离子等物质的去除效果特别明显，故本方案选用此套设备对该循环废水进行净化处理。经本方案处理后的出水水质，可以用于车间生产循环用水及绿化用水、洗车用水、洗地、冲厕等生活杂用水。

2.4 工艺特点

本工艺的特点在于土建构筑物少，节省占地面积，节省投资，处理设备可埋于地下，地表可作为绿化或其他用地，不需建房及采暖、保温；也可以放在地面，便于操作管理。YFZ 系列中水回用处理设备采用两套较小水量，有利于节省电耗，另一方面也有利于水量超高负荷时的处理。处理系统的电机、水泵等均采取消声降噪处理，运行时的噪声基本小于 50 分贝。整个处理设备系统配有全自动电气控制，运行安全可靠，平时一般不需要专人管理，只需适时地对设备进行维护和保养；处理设备对水质的适应性强，耐冲击负荷性能好，出水水质稳定，产泥少。总之，从工艺处理效果、投资造价及运行管理方面考虑本方案是最为可行的一种优化处理设计方案。

2.5 工艺参数说明

（1）集水池（一座）

可利用建设方原有水池收集；

有效容积：$V \geqslant 60 \text{ m}^3$。

（2）YFZ 系列中水回用设备（2 套）

型号：YFZ-20。

处理量：20 m^3/h。

功率（共 6.37 kW）：提升泵：3 kW；　　循环泵：2.2 kW；

　　　　　　　　　　空压机：0.37 kW；　　加压泵：0.8 kW。

溶气罐直径：400 mm；

外形尺寸：长×宽×高=4 950 mm×2 350 mm×2 710 mm。

3 土建设计

（1）主要有放置设备的基础，暂按天然地基考虑，施工图设计时，再根据地质报告决定设备基础形式。

（2）建、构筑物的基本设计情况：

①集水池由建设方原有收集水池替代，如果需重建再根据实地情况设计。

②中水回用设备均为 Q235 钢板和型钢焊接而成，可放于地上也可埋于地面以下，各池的外壁、池底与基础接触的面均作热沥青防腐漆，池内壁刷两道红丹醇酸防锈底漆，再刷优良面漆。

4　配电及自控设计

配电系统采用三相四线制、单相三线制，接地保护系统按常规设置。废水处理站安装负荷为12.74 kW，使用负荷 12.74 kW，电缆采用穿管暗敷。室内照明用难燃塑料线槽明敷。

5　工程占地面积及工程实施时间

本设计方案的废水处理系统总占地面积约 50 m²，集水池位于地下，可将部分设备置于其上，其顶面也可种植草木，美化环境。

工程实施时间安排：

（1）设计出图：6 个工作日；

（2）施工安装：45 天（施工进度表）；

（3）调试：10 天；

（4）保修：一年。

6　技术经济指标

6.1　电耗

（1）总装机容量：（3.0+2.2+0.37+0.8）×2=12.74 kW。

表 3　装机功率

设备名称	使用功率/kW	装机功率/kW	使用时间/h	每天耗电/（kW·h）
废水提升泵	3.0	3.0	24	72
循环泵	2.2	2.2	24	52.8
空压机	0.37	0.37	12	4.44
加压泵	0.8	0.8	24	19.2
总计	6.37	6.37		148.44

（2）8 h 运行：电费按 0.8 元/（kW·h）计；

有效运行功率：148.44 kW；

折合每吨水电费 148.44×2×0.8/720=0.32 元。

6.2　人工费

本系统自动化程度较高，可用厂内管理人员兼职管理，人工费可不计。

6.3　药剂费

0.20 元/t。

6.4　不计折旧每吨水运行成本费

废水处理系统运行费：0.32+0.2=0.52 元。

7　工程保修及事故应急处理措施

（1）本工程自验收合格日算起保修期为一年，设备部分自进场日算起保修期为一年；

（2）本方案的提升设备设有备用，当其中一台出现故障时，出另一台备用设备工作，以保证处理系统能正常运行；同时厂内必须加紧时间维修出现故障的设备，防止出现两台设备同时发生故障；

（3）为保证处理设备的正常运行，应加强设备日常维护和巡检，在停产期（节假日等）安排检修或大修；

（4）建立规范的操作规程和健全的事故报警制度。

实例六　金属表面加工废水处理及中水回用设计

1　工程概述

1.1　工程概况

宁波某机械电器有限公司是一家主要从事金属表面处理生产加工的企业，该公司在生产过程中产生了一定量的工业废水，废水主要由表面处理中的磷化前处理废水和含铬废物的废水组成，总水量约为 20 m^3/d。本项目设计一套高效节能的处理设备对其废水进行治理，并回收利用。

图1　废水处理站概貌

1.2　设计原则

（1）严格国家环境保护的各项规定，确保各项出水水质达到排放标准及建设方的回用要求。

（2）采用先进的工艺，稳定可靠地达到设计目标。

（3）要求做到工程费用及运行费用节省。

（4）操作管理方便，废水处理站布局美观合理。

1.3　设计依据

（1）《中华人民共和国环境保护法》；

（2）《污水综合排放标准》（GB 8978—1996）中的一级标准；

（3）建设方要求的回用水标准。

1.4 设计目标

经废水处理系统处理后的水质应达到《废水综合排放标准》（GB 8978—1996）中的一级标准要求：

表 1 出水水质

项目	COD_{Cr}	石油类	SS	PO_4^{3-}	Cr^{6+}	pH
出水目标	≤100 mg/L	≤5 mg/L	≤70 mg/L	≤0.5 mg/L	≤0.5 mg/L	6~9

注：经本方案一级处理后的出水水质，可以达到国家规定的《污水综合排放标准》（GB 8978—1996）中的一级标准。如果建设方需要废水回收利用可再接入 YFZ 系列中水回用处理设备将废水处理后回用。回用水可以用于绿化用水、洗车用水、景观水、洗地、冲厕及作为磷化前处理车间生产用水。建设方可以根据自己的需要考虑是否选用此套设备。

2 废水处理方案

2.1 废水水量及水质

据建设方提供材料，设计水量定为 20 m³/d；

设计废水的水质情况如表 2 所示。

表 2 进水水质

项目	COD_{Cr}	石油类	SS	PO_4^{3-}	Cr^{6+}	pH
出水目标	160 mg/L	15 mg/L	110 mg/L	150 mg/L	50 mg/L	4~5

2.2 工艺流程确定

2.2.1 工艺流程分析

该项目的废水由表面处理中的磷化前处理废水和含铬废物的废水组成，其中含铬废物的废水量极小，每天只有 1 t 左右，则本处理工艺重点在处理磷化前处理中的含磷化合物的废水。

磷化前处理中的含磷化合物废水可用化学法去除，利用磷酸根和钙离子反应生成碱式磷酸钙沉淀，然后通过去除沉淀物碱式磷酸钙从而除去磷酸根。由于废水 pH 较低，采用单一石灰中和时石灰用量过大，操作麻烦。本设计采用投加氢氧化钠和石灰中和方法，以保证有足够的钙离子形成碱式磷酸钙沉淀，又避免渣量过大。

含六价铬离子废水的处理方法有化学法、离子交换法、电解法、活性炭吸附法、蒸发浓缩法、表面活性法等，化学法处理含六价铬废水是国内外应用较为广泛的方法。本设计方案对六价铬废水处理采用化学还原法进行处理，即投加 $NaHSO_3$ 和碱，将废水中的六价铬还原成三价铬，然后与磷化前处理废水合并混合处理。

两股废水经处理后混凝反应，含较大絮体的废水进入斜管沉淀池进行泥水分离后即可达标排放。如果建设方拟对该废水回收利用，则可利用方案中的 YFZ 中水回用设备对废水进行回收利用，进一步使废水中的污染物、有害化学成分有效地去除，经过中水回用设备的处理，出水可作为冲洗厕所、洗车、洗地、绿化等生活杂用水或生产车间磷化前处理用水。

2.2.2 废水处理及回用处理工艺流程

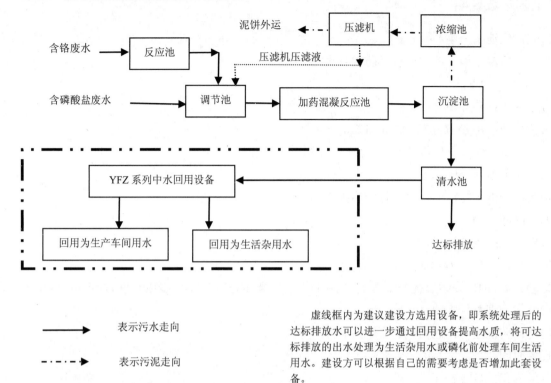

→（实线）	表示污水走向
–·–·→（点划线）	表示污泥走向
······→（虚线）	表示污泥压滤机压滤液走向

虚线框内为建议建设方选用设备，即系统处理后的达标排放水可以进一步通过回用设备提高水质，将可达标排放的出水处理为生活杂用水或磷化前处理车间生活用水。建设方可以根据自己的需要考虑是否增加此套设备。

图2 金属表面加工废水处理及中水回用工艺流程

2.3 工艺流程说明

含铬废水在反应池经加药处理后和磷化前处理废水一起汇入调节池，由提升泵提升到混凝反应设备，该设备集加药、调节 pH 值、反应于一体，然后自流进入斜管沉淀池进行泥水分离，沉淀池上清液即可流进清水池达标排放。沉淀下来的污泥则排至污泥浓缩池，经浓缩脱水后再由板框压滤机脱水干化为泥饼并外运；压滤机滤液流入调节池再处理。如果建设方拟对废水回收利用，则可在后续处理系统中增加中水回收设备将出水处理为符合要求的回用水。

经本方案一级处理后的出水水质，可以达到国家规定的《污水综合排放标准》（GB 8978—1996）中的一级标准。如果建设方需要废水回收利用可再接入我公司的配套产品 YFZ 系列中水回用处理设备将废水处理后回用。回用水可以用于绿化用水、洗车用水、景观水、洗地、冲厕及作为磷化前处理车间生产用水。建设方可以根据自己的需要考虑是否选用此套设备。

2.4 工艺特点

本工艺的特点在于土建构筑物少，节省占地面积，节省投资，处理设备可埋于地下，地表可作为绿化或其他用地，污泥可通过压滤机压滤为泥饼外运，不会产生二次污染；处理设备也可以放于地面上，便于操作管理。处理系统的风机、水泵等均采取消声降噪处理，运行时的噪声基本小于 60 分贝。整个处理设备系统配有全自动电气控制，运行安全可靠，平时一般不需要专人管理，只需适时地对设备进行维护和保养；处理设备对水质的适应性强，耐冲击负荷性能好，出水水质稳定，产泥少。总之，从工艺处理效果、投资造价及运行管理方面考虑本方案是最为可行的一种优化处理设计方案。

2.5　工艺参数说明

（1）反应池（一座）

结构：砖混结构，池内壁进行防腐处理

反应时间：1 h

有效容积：V= 1 m

工艺尺寸：$B×L×H$=1 m×0.8 m×1.5 m

配套设备：加药反应设备一套，pH 值控制系统一套

（2）调节池（一座）

结构：砖混结构，池内壁进行防腐处理

调节时间：24 h

有效容积：V= 20 m

工艺尺寸：$B×L×H$=3 m×3 m×2.5 m

配套设备：池内设耐腐提升泵两台（1 用 1 备），型号：KQ25FSW-8（Q=3 m³/h，H=8 m，N=0.55 kW）

（3）加药混凝反应池（一座）

结构：砖混结构，池内壁进行防腐处理

反应时间：1 h

有效容积：V= 2.5 m³

工艺尺寸：$B×L×H$=2 m×1 m×1.5 m

配套设备：加药反应设备一套，pH 值控制系统一套

（4）斜管沉淀池（一座）

结构：砖混结构，池内壁进行防腐处理

工艺尺寸：$B×L×H$=2.0 m×2.0 m×3.5 m

（5）清水池（一座）

结构：砖混结构

有效容积：V= 5.0 m³

工艺尺寸：$B×L×H$=2 m×2 m×1.5 m

（6）污泥浓缩池（一座）

结构：砖混结构，池内壁进行防腐处理

有效容积：V= 5.0 m³

工艺尺寸：长×宽×高=1.5 m×1.5 m×3 m

配套设备：污泥泵一台，型号 FS50-18（Q=3.96 m³/h，H=18 m，N=2.2 kW）

（7）污泥板框压滤机（一台）

型号：板框压滤机 XA10/800-UK

（8）螺杆加压泵（一台）

型号：KQ1B-25（Q=1 m³/h，H=80 m，N=2.2 kW）

（9）YFZ 系列中水回用设备（一套）

型号：YFZ-5（主要设备组成及概算价见附表）

处理水量：5 m³/h

功率：2.2 kW

尺寸：长×宽×高=2 850 mm×1 500 mm×2 100 mm

表 3　YFZ-5 主要设备组成表

序号	名　称	数　量	单　位	备　注
1	主　机	1	台	
2	电　机	2	台	
3	计量泵	2	台	
4	空压机	1	台	
5	溶气罐	1	台	
6	加药箱	2	台	
7	释放器	1	台	
8	电气自控器	1	台	
9	搅拌机	1	台	
10	超滤系统	1	套	
11	潜废水泵	2	台	
12	整体设备价格		9.5 万元	

3　土建设计

（1）暂按天然地基考虑，施工图设计时，再根据地质报告决定基础形式。风荷载：$0.35\ kN/m^2$；地震烈度：6 度。

（2）建、构筑物的基本设计情况：

①反应池、调节池、混凝反应池、沉淀池均为砖混结构，壁厚为 240 mm，两面粉刷，池底及池底与池壁相接处均作防水处理。

②中水回用设备均为 Q235 钢板和型钢焊接而成，放置于地面或房间内。

4　配电及自控设计

配电系统采用三相四线制、单相三线制，接地保护系统按常规设置。废水处理站安装负荷为 9 kW，使用负荷 4.5 kW，电缆采用穿管暗敷。室内照明用难燃塑料线槽明敷。

5　工程占地面积及工程实施时间

本设计方案的废水处理系统总占地面积约 $30\ m^2$，调节池位于地下，可将部分设备置于其上。

工程实施时间安排：

（1）设计出图：6 个工作日；

（2）施工安装：45 天（施工进度见表 5）；

（3）调试：10 天；

（4）保修：一年。

6　技术经济指标

6.1　电耗

（1）总装机容量：0.55×2+2.2+2.2+1.5+0.2+0.2=7.4 kW。

表4　系统总装机容量

设备名称	使用功率/kW	装机功率/kW	使用时间/h	每天耗电/（kW·h）
废水提升泵	0.55	1.1	8	4.4
污泥泵	2.2	2.2	0.5	1.1
压滤机	1.5	1.5	0.5	0.75
螺杆泵	2.2	2.2	0.5	1.1
加药泵	0.2	0.2	8	1.6
加药泵	0.2	0.2	8	1.6
总计	6.85	7.4		10.55

（2）8 h运行：电费按0.7元/（kW·h）计；

有效运行功率：10.55 kW；

折合每吨水电费10.55×0.7/20=0.36元。

6.2　人工费

本系统自动化程度较高，可用厂内管理人员兼职管理，人工费可不计。

6.3　药剂费

1.5元/t。

6.4　不计设备折旧每吨水运行成本费

0.36+1.5=1.86元。

6.5　废水处理经济分析

总的来说，废水经过处理后一方面可以美化环境，另一方面还可以为建设方带来经济效益。但本设计方案中的运行费用偏高是因为废水浓度高，处理出水水质标准要求高，水量较小，同时用于污泥处理的压滤机等均增加了处理投资成本，故处理成本及运行成本均较高，如果用户采用人工干化场干化污泥则可省去污泥压滤机部分的设备费用，投资造价将有所下降。

6.6　采用YFZ中水回用设备的经济分析

（1）电耗：折合每吨水电费2.74×4×0.7/20=0.38元；

（2）人工费：可兼职管理，人工可不计；

（3）药剂费：0.50元/t；

（4）不计折旧每吨水运行成本费：0.38+0.5=0.88元；

（5）经济分析：

如平均每天按 20 t 废水；回用率 80%；水价按 2.25 元/t 计算：

①回用水收益：20×80%×2.25=36 元；

②废水治理支出：20×0.88=17.6 元；

③可获得的效益：36-17.6=18.4 元/d。

从以上分析，假如每天排放 20 t 废水，利用中水回用设备后每天可节省 18.4 元水费。

7 工程保修及事故应急处理措施

（1）本工程自验收合格日算起保修期为一年，设备部分自进场日算起保修期为一年；

（2）本方案的提升设备设有备用，当其中一台出现故障时，由另一台备用设备工作，以保证处理系统能正常运行；同时厂内必须加紧时间维修出现故障的设备，防止出现两台设备同时发生故障；

（3）为保证处理设备的正常运行，应加强设备日常维护和巡检，在停产期（节假日等）安排检修或大修；

（4）建立规范的操作规程和健全的事故报警制度。

表 5 工程施工进度表

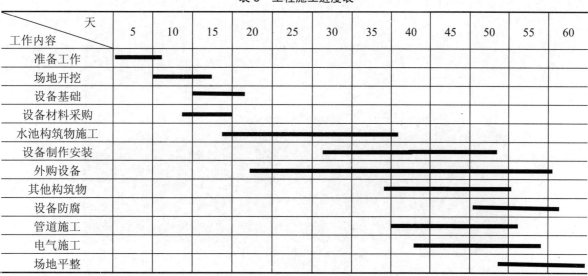

工作内容 \ 天	5	10	15	20	25	30	35	40	45	50	55	60
准备工作	▬											
场地开挖		▬										
设备基础			▬									
设备材料采购			▬									
水池构筑物施工				▬▬▬▬▬▬▬								
设备制作安装						▬▬▬▬▬						
外购设备				▬▬▬▬▬▬▬▬▬▬								
其他构筑物								▬▬▬▬				
设备防腐										▬▬		
管道施工								▬▬▬				
电气施工									▬▬▬			
场地平整											▬▬	

实例七　金属压延厂 360 m³/h 钢带酸洗废水处理设计

1　工程概述

1.1　工程概况

浙江某机械集团有限公司创建于 1959 年，是国家机械产品出口的重点骨干企业。拥有总资产 5 亿元，生产区占地面积 300 余亩。公司于 2000 年开始列入市政府重点扶持优势企业，于 2002 年获得市级优秀企业金星奖，2003 年评为市 50 强民营企业，2004 年评为金华市企业技术中心。

现公司由于业务需要新建金属压延厂，委托我公司对其钢带酸洗废水进行水处理设计，处理工艺采用调节+混凝沉淀+YF-1 中水回用处理设备处理后，出水达到企业回用水的标准。

图 1　YF-1 型中水回用处理设备

1.2　设计原则

（1）严格国家环境保护的各项规定，确保各项出水水质达到回用水标准。

（2）采用先进的工艺，稳定可靠地达到设计目标。

（3）要求做到工程费用及运行费用省。

（4）操作管理方便，废水处理站布局美观合理。

1.3　设计依据

（1）《中华人民共和国环境保护法》；

（2）建设方要求的水质标准。

1.4 设计目标

经废水处理系统处理后的水质应达到建设方要求的回用水标准要求。

2 废水处理方案

2.1 废水水量及水质

据建设方提供材料，设计水量定为 15 m³/h；

设计废水的水质情况描述：

pH 为 3 左右，含有硫酸、盐酸、硝酸及金属离子的酸洗废水（不含重金属）。

2.2 工艺流程确定

2.2.1 工艺流程分析比较

对于该废水处理工艺的选择有如下两种：

A 工艺：投石灰石（$CaCO_3$）同酸反应，生成盐类沉淀工艺（客户提供参考）；

B 工艺：氢氧化钠（NaOH）酸碱中和+混凝沉淀处理工艺。

其中 A 工艺处理后的出水需要通过脱气塔去除反应生成的 CO_2 气体，由于出水水质不纯，出水需要经过活性炭过滤塔方可回收再利用。占地面积大，设备工程造价较高，且日后需要大量人力维护，尤其是石灰石的充填，沉淀物的清理及外运都需要人力；B 工艺处理流程简单，加药方便，维护设备少，占地面积小，经过混凝沉淀处理后的出水水质稳定，且再经过过滤处理后可循环利用，运行操作简单，没有异味且不影响周围环境。

2.2.2 工艺流程

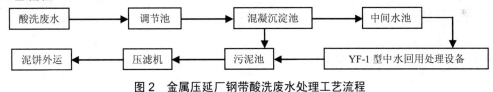

图2 金属压延厂钢带酸洗废水处理工艺流程

2.3 工艺流程说明

压延厂废酸水经过重力流入调节池，在调节池之前设一小集水井及隔栅，以便废水中其他杂质沉淀。考虑成本费用及废水排放方式为不间断性，调节池增加酸碱在线监测仪，氢氧化钠以一定的流量自动加药。考虑反映完全及加速反应时间节约反应药量，调节池上方装搅拌机，24 h 搅拌反应池。酸碱在线显示仪装在沉淀池进口处，当测量 pH 值小于 6 时，上方加药阀打开加药，当测量 pH 值大于 8.5 时，上方加药阀关闭，停止加药。废水经过沉淀池混凝沉淀后再进入 YF-1 型多元化高效中水回用处理设备，处理后的出水即可回用到生产车间，污泥浓渣部分排到污泥浓缩池浓缩脱水后再经过压滤干化后外运处理。

2.4 工艺特点

本工艺的特点在于土建构筑物少，节省占地面积，节省投资，整个处理设备系统配有自动电气控制，运行安全可靠，平时一般不需要专人管理，只需适时地对设备进行维护和保养；处理设备对水质的适应性强，耐冲击负荷性能好，出水水质稳定。总之，从工艺处理效果、投资造价及运行管理方面考虑本方案是最为可行的一种优化处理设计方案。

2.5　工艺参数说明

（1）调节池（一座）

钢筋混凝土结构 FRP 防腐蚀内层

停留时间：6 h

有效容积：$V= 90\ m^3$

工艺尺寸：$W \times L \times H = 6\ m \times 5\ m \times 3.2\ m$

（2）混凝沉淀池（一座）

钢筋混凝土结构

采用斜管沉淀池

工艺尺寸：$W \times L \times H = 4\ m \times 4\ m \times 5\ m$

（3）污泥池（一座）

钢筋混凝土结构 FRP 防腐蚀内层

有效容积：$V=30\ m^3$

工艺尺寸：$W \times L \times H = 3\ m \times 3\ m \times 5\ m$

（4）提升泵两台（1 用 1 备）

型号：KQZW32-20-12

参数：$Q=15\ m^3/h$，$H=12\ m$，$N=2.2\ kW$

（5）搅拌机（一台）

型号：WB85-LD

功率：0.37 kW

（6）酸碱在线显示仪（一组）

（7）加药系统（一套）

（8）YF-1 型多元化高效中水回用设备（一套）

型号：YF15-1

功率：6 kW

尺寸：长×宽×高=4 560 mm×2 100 mm×2 480 mm

（9）中间水池（一座）

钢砼结构

工艺尺寸：$W \times L \times H = 3\ m \times 3\ m \times 2\ m$

（10）污泥压滤机（一台）

型号：BYJ50/800-U

气动隔膜泵（一台）

型号：KQB0Y-40（$Q=8\ m^3/h$，$H=50\ m$）

3　土建设计

（1）暂按天然地基考虑，施工图设计时，再根据地质报告决定基础形式。风荷载：$0.35\ kN/m^2$；地震烈度：7 度。

（2）建、构筑物的基本设计情况：

①各池均为混凝土钢筋结构，内部接触酸碱部分采用 FRP 防酸碱处理。

②设备泵基础均采用混凝土结构。

4 配电及自控设计

配电系统采用三相四线制、单相三线制，接地保护系统按常规设置。废水处理站安装负荷 12.14 kW，使用负荷 9.94 kW，电缆采用穿管暗敷。室内照明用难燃塑料线槽明敷。

5 工程投资概算

5.1 土建部分直接费用

表 1　土建部分直接费用

序号	名称	规格	数量	单位	总价/万元	备注
1	调节池	6 m×5 m×3.2 m	1	座	3.80	防腐
2	沉淀池	4 m×4 m×5 m	1	座	3.60	防腐
3	污泥池	3 m×3 m×5 m	1	座	1.80	防腐
4	中间水池	3 m×3 m×2 m	1	座	0.72	防腐
5	地基处理		1	项	1.80	
6	防腐处理		1	项	2.50	
小计 1					14.22	

5.2 设备部分直接费用

表 2　设备部分直接费用

序号	名称	规格	数量	单位	总价/万元	备注
1	废水提升泵	KQZW32-20-12	2	台	1.16	上海
2	搅拌机	WB85-LD	1	台	0.45	上海
3	酸碱显示仪		2	台	0.80	深圳
4	加药设备		1	批	1.20	永峰
5	YF-1 型处理设备	YF15-1	1	台	18.50	永峰
6	压滤机	BYJ50/800-U	1	台	4.90	杭州
7	隔膜泵	KQBY-40	1	台	0.36	上海
8	管道阀门		1	批	2.50	外购
9	防腐		1	批	1.90	永峰
10	配电控制		1	批	1.36	永峰
小计 2					33.13	

5.3 工程造价总概算

工程造价（人民币）伍拾捌万陆仟肆佰元整（RMB：58.64 万元）。

表 3　工程造价总概算

序号	名　称	所占比例	造价/万元
1	设计费	小计 1+小计 2	47.35
2	安装调试费	直接费×5%	2.36
3	管理费	直接费×6%	2.84
4	合　计	直接费×5%	2.36
5	税　金	（1+2+3+4）×6.8%	3.73
6	工程总造价		58.64

6　工程占地面积及工程实施时间

本设计方案的废水处理系统总占地面积约 80 m²，土建构筑物可位于地下也可建于地上，周围可种植草木，美化环境。

工程实施时间安排：

（1）设计出图：6 个工作日；

（2）施工安装：60 天（施工进度表见附表）；

（3）调试：20 天；

（4）保修：一年。

7　技术经济指标

7.1　电耗

（1）总装机容量：12.14 kW。

表 4　系统装机容量

设备名称	使用功率/kW	装机功率/kW	每天耗电/（kW·h）
搅拌机	0.74	24	17.76
提升泵	2.2	24	52.8
处理设备	6	24	144
压滤机	1	2	2
总计	9.94		216.56

（2）24 h 运行：电费按 0.7 元/（kW·h）计；

有效运行功率：216.56 kW·h；

折合每吨水电费 216.56×0.7/360=0.42 元。

7.2　人工费

本系统自动化程度较高，可用厂内管理人员兼职管理，人工费可不计。

7.3　药剂费

1.50 元/t。

7.4 不计设备折旧每吨水运行成本费

废水处理系统运行费：1.92 元/t。

8 工程保修及事故应急处理措施

（1）本工程自验收合格日算起保修期为一年，设备部分自进场日算起保修期为一年；

（2）本方案的提升设备设有备用，当其中一台出现故障时，由另一台备用设备工作，以保证处理系统能正常运行；同时厂内必须加紧时间维修出现故障的设备，防止出现两台设备同时发生故障；

（3）为保证处理设备的正常运行，应加强设备日常维护和巡检，在停产期（节假日等）安排检修或大修；

（4）建立规范的操作规程和健全的事故报警制度。

附件：施工进度表

表5 工程施工进度表

工作内容 \ 天	6	12	18	24	30	36	42	48	54	60
准备工作	▬									
场地开挖		▬▬								
设备基础			▬▬							
设备材料采购			▬							
集水池施工					▬▬▬▬▬					
设备制作安装				▬▬▬▬▬▬▬▬▬▬▬						
外购设备						▬▬▬▬▬				
其他构筑物						▬▬▬▬▬				
设备防腐								▬▬▬		
管道施工								▬▬▬▬		
电气施工								▬▬▬▬		
场地平整									▬▬▬	

实例八　25 m³/d 电镀废水回用处理工程设计

1　工程概况

拟建地点：宁波镇海创业电镀园

建设规模：25 m³/d

项目概况：宁波某电镀有限公司属无铬电镀项目，电镀生产过程产生含有重金属及其他有毒有害物质的废水。废水直接排放到电镀园园区的废水处理站处理，随着企业环保意识的不但提高和响应国家及宁波市政府提出的节约水资源、保护生态环境、发展循环经济的号召，并本着降低企业自身的生产经营成本，提高公司产品在市场中竞争力的需要，公司欲兴建一套处理出水量为 25 m³/d 的电镀废水回用工程，我公司工程人员经过现场勘查拟定此方案。

图 1　电镀废水处理站概貌

2　设计基础

2.1　设计依据

（1）业主提供的废水水质水量情况；

（2）我公司现场踏勘、采集的水样、试验分析数据，甲方的生产试验结果；

（3）有关电镀工艺用水水质标准；

（4）《供配电系统设计规范》（GB 50052—2009）；

（5）《给水排水工程构筑物结构设计规范》（GB 50069—2002）；

（6）《室外排水设计规范》（GB 50014—2006，2014 年版）；

（7）《低压配电设计规范》（GB 50054—2011）；

（8）《混凝土结构设计规范》（GB 50010—2010）。

2.2　设计原则

（1）优化工艺保证技术成熟先进，经济合理，安全适用，处理系统操作和维护方便，保证处理后出水稳定达标排放；

（2）贯彻可持续发展战略，做到清洁生产，综合利用，使环境效益、社会效益和经济效益有机结合；

（3）整体设计能力与厂区的整体规划相结合，协调统一、美观大方。

2.3　设计范围

本方案的工程范围为从废水处理系统达标排放的出水开始至本系统处理后排至回用水池的工艺、土建、构筑物、设备、电气、自控及给排水的设计，不包括回用水池至车间的配水系统。

2.4　设计的主要资料

2.4.1　设计水量、水质

（1）设计水量：25 m³/d。

平均每小时流量：3 m³/h（每天运行 8 h）。

（2）设计水质

根据甲方提供的资料，该企业生产废水来源有两个，一是来自于镀前的酸洗漂洗水，及镀后的镀件漂洗水。废水中主要含有铜锌等重金属离子等，废水呈酸性；二是来自于镀前的打底漂洗水，及镀后的镀件漂洗水。废水中主要含有酸根离子等。

废水处理厂进水水质采用指标如表 1 所示。

表 1　设计进水水质

项目	指　标	
	含氰废水	综合废水
Q	≤10 m³/d	≤10³/d
pH	8～11	5～7
Cu^{2+}	≤80 mg/L	≤80 mg/L
Zn^{2+}	≤40 mg/L	≤50 mg/L
Ni^{2+}	≤50 mg/L	≤60 mg/L
CN	≤60 mg/L	
Sn^{2+}		≤10 mg/L
COD		≤200 mg/L

2.4.2 电镀废水回用水质标准

表 2　废水回用水质标准

水质指标	单　位	含　量	备　注
浊度	NTU	0.5	
TSS	mg/L	206	
TDS	mg/L	120	
电导率	$\mu S \cdot cm^{-1}$	181	

3　废水处理系统工艺

3.1　电镀废水回用处理系统工艺流程

具体见图 1。

3.2　工艺流程概述

电镀废水总的治理原则是"水质不同、分而治之"。本工程分成含氰废水、综合废水。对两股水先经过预处理后再进行深度处理。

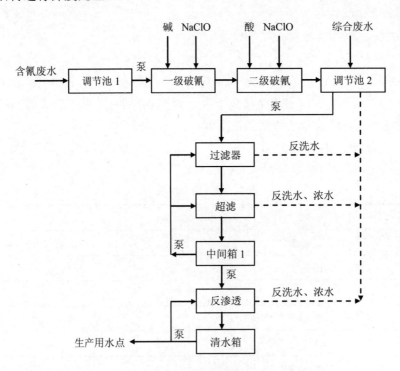

图 2　创业电镀废水处理工艺流程

3.2.1　综合废水

车间内综合废水经过收集后到地下调节池均衡水质、水量。

3.2.2　含氰废水

含氰废水采用二级碱性氯氧化法处理。处理过程中应避免 Fe^{2+}、Ni^{2+} 等离子混入该系统。含氰废水一级氧化阶段 pH 控制在 11 以上,然后投入适量次氯酸钠溶液,控制 ORP 在 300 左右。产生以下两个主要反应：

$$CN^- + OCl^- + H_2O = CNCl + 2OH^-$$

$$CNCl + 2OH^- = CNO^- + Cl^- + H_2O$$

第一个反应生成剧毒的 CNCl，第二个反应 CNCl 在碱性介质中水解生成低毒的 CNO^-。CNCl 的水解速度受温度影响较大，温度越高，水解速度越快。为防止处理后出水中有残留的 CNCl，可适当延长反应时间或提高 pH 值。二级氧化阶段 pH 控制在 8 左右，然后投入适量次氯酸钠溶液反应，控制 ORP 在 600 左右，产生 Na_2CO_3、N_2、CO_2、NaCl 等物质，从而氰被完全去除。

3.2.3　深度处理

经过预处理后的废水，经潜水泵进入由 4 只直径 140 mm 的超滤膜组件并联组成的超滤系统进行制水，流量衰减到起初的 10%后，由超滤滤过水分别正冲、反冲，再正冲膜组件，接着再制水，这样制水和清洗过程循环往复，直到水力冲洗后的流量衰减到起初的 10%时，采用药液进行循环清洗。超滤滤过水经高压泵进入以一级两段式排列的直径为 240 mm 的抗污染性反渗透膜组件，淡水回用到车间用水点，浓水和超滤冲洗水则返回废水处理系统。为延长反渗透制水时间，在高压泵之前加入阻垢剂。当反渗透装置产水量下降 10%，脱盐率下降 10%或进出压差增大 15%时，说明膜已被污染，这时需要进行化学清洗。

单元处理效果如表 3 所示。

表 3　单元处理效果

水质指标	单　位	含　量	备　注
浊度	NTU	0.5	
TSS	mg/L	206	
TDS	mg/L	120	
电导率	$\mu S \cdot cm^{-1}$	181	

4　构筑物、设备

4.1　调节池 1

功能：含氢废水均衡水质、水量。

数量：1 座

有效容积：2 m^3

水力停留时间：3 h

结构：地下式钢砼结构，防腐。

设备配置：

（1）耐腐塑料自吸泵

数量：1 台

流量：$Q=4$ m^3/h

扬程：$H=11$ m

功率：$P=1.1$ kW

（2）液位控制仪 1 只

4.2　破氰系统

功能：破氰反应

有效容积：2 m³

反应时间：45 min

设备配置：

（1）PE 反应桶

型号：1 000 L

数量：2 只

（2）PE 加药桶

型号：400 L

数量：3 只

（3）搅拌电机

数量：3 只

形式：直轴式

转速：22 r/min

功率：11 kW

（4）计量泵

型号：OD-50

数量：4 只

流量：300 L/h

功率：0.3 kW

4.3　调节池 2

功能：均衡水质、水量

数量：1 座

有效容积：4 m³

水力停留时间：1.5 h

结构：地下式钢砼结构，防腐

设备配置：

（1）增压泵

数量：1 台

流量：3.5 m³/h

扬程：36 m

功率：1.1 kW

（2）叠片式过滤器

数量：1 台

型号：3.5 m³/h

（3）活性炭过滤器

数量：1 台

型号：3.5 m³/h

4.4　超滤系统

型号：内压式中空纤维膜

数量：1 组

附属设备：

反洗水泵

流量：Q=6 m³/h

扬程：H=20 m

功率：P=1.1 kW

4.5　中间水池

功能：超滤过水

数量：1 座

有效容积：2 m³

附属设备：

（1）液位控制仪 1 只

（2）RO 增压泵

流量：Q=3 m³/h

扬程：H=30 m

功率：P=1.1 kW

4.6　保安过滤器

型号：Q=3 m³/h

数量：1 台

4.7　RO 反渗透系统

型号：一级两段形式

数量：1 组

设备配置：

（1）高压泵

数量：1 台

流量：2.8 m³/h

扬程：H=180 m

功率：P=3.0 kW

（2）RO 清洗系统 1 套

5　废水处理系统布置

5.1　处理系统平面布置原则

（1）充分考虑与厂区环境、地形、功能布置和现有管道系统相协调；

（2）充分考虑建设施工规划等问题，优化布置系统；

（3）处理构筑物布置紧凑，分合建清楚，节约用地、便于管理。

5.2 处理系统高程布置原则

（1）尽力利用地形设计高程，减少系统能耗；

（2）系统设计力求简洁、流畅，减少管件连接。

6 电气、仪表系统设计

6.1 电气设计规范

（1）《电力装置的继电保护和自动装置设计规范》（GB/T 50062—2008）；

（2）《通用用电设备配电设计规范》（GB 50055—2011）；

（3）《供配电系统设计规范》（GB 50052—2009）；

（4）《电力装置的电测量仪表装置设计规范》（GB/T 50063—2008）；

（5）《信号报警及联锁系统设计规范》（HG/T 20511—2014）；

（6）《仪表系统接地设计规范》（HG/T 20513—2014）；

（7）《仪表供电设计规范》（HG/T 20509—2014）。

6.2 电气设计原则

在保证处理系统工艺要求的条件下，做到技术先进、操作简单、管理方便、安全可靠和经济合理。

6.3 电气设计范围

（1）处理系统用电设备的配电、变电及控制系统；

（2）自控系统的配电及信号系统。

7 主要构筑物、设备和仪表汇总表

表4 主要构筑物一览表

序号	名　称	有效容积	数量	备注
1	调节池1	2 m³	1	
2	调节池2	3 m³	1	

表5 主要设备一览表

序号	名　称	规格型号	数量	备注
调节池1	提升泵	Q=110 L/min，H=25 m，P=1.1 kW	1台	
	液位控制		1只	
破氰系统	破氰反应桶	PE1 000 L	2只	
	加药桶	PE400 L	3只	
	搅拌电机	直轴式	3只	
	计量泵	JJM-80/0.6-IV	4台	
	pH计		3台	

序号	名　称	规格型号	数量	备注
超滤系统	增压泵		1 台	
	叠片过滤器	3 m³/h	1 台	
	活性炭过滤器	3 m³/h	1 台	
	膜组件		1 组	
	超滤反洗泵	Q=6 m³/h，H=20 m	1 台	
	药洗系统		1 套	
	超滤水箱	1 m³	1 只	
	液位控制仪	浮球式	1 只	
反渗透系统	RO 增压泵	Q=3 m³/h，H=30 m	1 台	
	保安过滤器	3 m³/h	1 台	
	高压泵	Q=2.8 m³/h，H=180 m	1 台	
	膜组件	一级两段形式	1 组	
	RO 清洗系统	ROCS-40	1 套	
电气仪表		国标	1 批	
管道阀门		国标	1 批	

8　运行成本分析和工程造价

8.1　运行成本分析

（1）药剂费

每吨水 0.6 元。

（2）人工费

兼职一人。

（3）电费

表 6　工程用电一览表

设备	单机容量/kW	数量/台	工作台数	工作时/h	用电量/kW
塑料自吸泵	1.1	1	1	8	8.80
加药搅拌	1.1	3	3	8	26.40
计量泵	0.3	4	4	8	1.20
反洗增压泵	1.1	1	1	0.1	0.11
高压泵	3.0	1	1	8	2.40
合计					38.91

每日电费：38.91×0.6=23.346，折合每吨水 1.16 元。

（4）日常运行费用

日常运行费用=药剂费+人工费+电费=0.6+0+1.16=1.76（元）。

8.2　工程造价

（1）设备投资

表7　设备投资表

序号	名　称	规格型号	数量	小计（万元）
调节池1	提升泵	Q=4 m³/h，H=11 m	1台	0.25
	液位控制		1只	
破氰系统	破氰反应桶	PE1 000 L	2只	3.17
	加药桶	PE400 L	3只	
	搅拌电机	直轴式	3只	
	计量泵	JJM-80/0.6-IV	4台	
	pH计		3台	
超滤系统	增压泵	Q=3.5 m³/h，H=36 m	1台	6.00
	叠片过滤器	3 m³/h	1台	
	活性炭过滤器	3 m³/h	1台	
	膜组件	PVC	1组	
	超滤反洗泵	Q=6 m³/h，H=20 m	1台	
	药洗系统		1套	
	超滤水箱	1 m³	1只	
	液位控制仪	浮球式	1只	
反渗透系统	RO增压泵	Q=3 m³/h，H=30 m	1台	9.00
	保安过滤器	Q=3 m³/h	1台	
	高压泵	Q=2.8 m³/h，H=180 m	1台	
	膜组件	一级两段形式	1组	
	RO清洗系统	ROCS-40	1套	
电气仪表		国标	1批	0.50
管道阀门		国标	1批	0.50
合计				19.42

（2）工程间接费用

表8　工程间接费用

间接费用	费率	价格/万元	备注
工艺设计费	5%	0.97	
设备安装及运费	5%	0.97	
工艺调试费	5%	0.97	
不可预见费	5%	0.97	
税金	5%	0.97	
合计		4.85	

（3）工程总造价

工程总造价=设备投资+工程间接费用=19.42+4.85=24.27（万元）。

9　工程建设进度

为缩短工程进度，确保废水处理设施如期实行环保验收，工程设计、各分部工程、分项工程土建、安装以及调试工作，将进行统一协调、分布、交叉进行。

总工程进度安排如表9所示。

表9　工程进度表

工作内容 ＼ 周	1	2	3	4	5	6	7	8	9	10	11	12
施工图设计	━━	━										
土建施工			━	━━	━━	━━	━━	━				
设备采购制作					━	━━	━━	━━	━━	━		
设备安装							━	━━	━━	━━	━	
调试											━	━

10　工程善后服务承诺及事故应急处理措施

（1）土建构筑物除不可抗拒因素外，质量保证一年；

（2）非标设备、管道保期为一年，三保期满后，若发生故障，则以收取成本费提供服务；

（3）本方案的主机设备有两台，当其中一台出现故障时，由另一台备用设备工作，以保证废水处理系统能正常运行；同时厂内必须加紧时间维修出现故障的设备，防止两台设备同时出现故障；

（4）为保证处理设备的正常运行，应加强设备日常维护和巡检，在停产期（节假日等）安排检修或大修；

（5）建立规范的操作规程和健全的事故报警制度。

实例九　电镀厂镍生产废水回收与再生利用工程设计

1　工程概况

建设地点：浙江省宁海县

建设规模：宁海县桥头胡镇

项目概况：宁海县某电镀厂是一家专业从事电镀产品生产加工的独资企业。公司在产品的生产中不可避免产生了废水，该公司积极响应国家环保政策，已经建造了一套电镀废水处理设施，出水达到了《污水综合排放标准》（GB 8978—1996）标准中的一级标准，该废水处理设施每天处理各类废水 300 t/d，其中镍生产线的漂洗废水量较大，约占总量的 30%，约为 100 t/d。该公司为节约宝贵的水资源和回收废水中的贵金属物质，提升企业的绿色形象，准备建造一套镍废水回收系统，通过本套系统来回收镍和水，减少废水排放量。

图 1　保安过滤器

2　设计基础

2.1　设计依据

（1）项目环境影响报告书；

（2）废水水质检测单；

（3）有关国家规定的标准和规范。

2.2　生产工艺废水污染源分析

本项目所生产的废水已经通过分类预处理后再经综合处理后达到了国家《污水综合排放标准》（GB 8978—1996）标准中的一级标准，其中预处理有含铬废水的铬还原和含氰废水的破氰，镍漂洗废水直接进入综合废水处理设施。综合处理为混凝沉淀和精密过滤。现针对镍漂洗废水进行回收处理，废水主要来自镍漂洗槽，每天水量约 100 t，据现场取样监测镍浓度在 85～150 mg/L。

2.3　工程设计参数

2.3.1　处理规模

镍生产线废水处理规模为 100 t/d，每小时最大出水能力 10 t。项目总水回收按 90%计。

2.3.2　处理原水水质

原水水质为含镍 85～150 mg/L。

2.3.3　处理后技术指标

（1）排放废水水质指标

经处理后水质大大优于城市自来水，再经离子交换（床）处理，出水可作为镀件的漂洗水。

（2）膜处理装置技术指标

含镍废水浓缩 20 倍。水的回收率大于 90%［根据艾谱机电发展（宁波）有限公司实际生产情况和业主建议］。

3　含镍废水处理及回收工艺

3.1　含镍废水处理概述

镍是坚硬且耐腐蚀的贵金属，镍的化合物有毒。本项目的主要废水是漂洗操作过程中大体积水导致环境污染和有价值的化学品损失和水资源浪费，电镀镍漂洗水一般含镍 40～300 mg/L，可采用反渗透技术将漂洗水浓缩 20 倍，反渗透浓缩液经蒸馏法进一步浓缩后或直接返回电镀槽。

本方案根据清污分流原则，对待处理的废水采用预处理工艺，在保证水回收效率的前提下尽量减少膜污染。考虑本项目的实际情况也根据业主的要求，本方案只对电镀镍漂洗废水进行处理，同时回收镍和水资源。

3.2　镍废水处理工艺

3.2.1　镍废水处理工艺（镍回收）

具体见图 2。

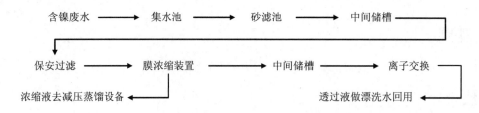

图 2 含镍废水处理及回收工艺

3.2.2 工艺流程说明

含镍的电镀废水分流后进入镍集水池，经过砂滤及保安过滤后进入膜浓缩装置，RO 组件采用 8040 进口膜元件 16 根，操作压力为 1.2PA。RO 进料镍浓度为 85～120 mg/L，镍回收率为 98%，RO 产水为 95 t/d，水质大大优于城市自来水，再经离子交换处理，出水可作为镀件的漂洗水。

4 废水处理构筑物

4.1 集水池（一座）

水池容积：有效容积为 50 m^3；

有效深度：3 m；

构造：地下式钢砼结构，三布五油防腐。

4.2 设备及材料

表 1 主要设备材料一览表

序号	名称	规格	材料	数量/台	单机功率/kW	备注
1	自吸泵（耐腐蚀）	Q=12 m^3/h H=20 m	组合	1	1.50	
2	离心泵	Q=12 m^3/h H=20 m	不锈钢	2	2.20	
3	高压泵	Q=12 m^3/h H=120 m	不锈钢	1	7.50	进口
4	计量泵			5	0.18	
5	保安过滤器	Φ350 mm	组合	1		
6	膜装置	QSM-10	组合	1		
7	再生装置		组合	1		
8	溶药槽	V=0.5 m^3	塑料	2		
9	砂滤器	Φ1 200 mm	钢衬胶	1		
10	滤料		石英砂	3.5 t		
11	混床	Φ600 mm		1		
12	交换树脂		钢衬胶	550 kg		
13	混床再生系统			1 套		
14	中间水箱	V=4.0 m^3		2 套		
15	液位控制器			2 套		

5　电气及自控设计

5.1　概述

（1）本系统分为一套独立膜处理系统，因此在控制上采用自动手动相结合的方式，便于操作人员根据运行条件的改变进行工艺参数的调整。

（2）采用高性能的可编程控制器（PLC）作为控制核心，采用触摸屏作为人机界面，对整个系统进行全方位的监控，使操作变得简便易行。

（3）保护及过程控制

①动态显示系统、设备的运行情况，出现故障进行记录及故障分析菜单，弹出报警；

②采用故障分级报警及控制，提高系统的稳定性和可靠性；

③对所有的动力设备均进行了保护，对核心的膜设备还采用高低压保护，以防止误操作对设备造成的损坏；

④对加药系统进行监控，通过 PLC 进行精确投加，减少药剂消耗的同时药剂不足时进行提示；

⑤水质由就地仪表连续监控，出现异常发出报警；

⑥根据液位控制实现系统的自动运行；

⑦设备需要清洗或再生时发出提示，进行确认后再进行清洗再生；

⑧个别参数因工作情况改变而需调整时，可由操作人员就地进行手动微调，简便易行，可靠性高。

5.2　电气及控制设备

表 2　电气及控制设备一览表

序号	名称	规格	数量/台	备注
1	PLC	CQML	1	进口
2	触摸屏	XBT	1	进口
3	液位控制器	CST-R	18	进口
4	压力控制器	JS-203	4	进口
5	总控制柜	QSKZ-A	1	进口
6	就地电气柜	QSDQ-B	5	进口
7	阀门	DN50	2	气动
8	阀门	DN40	3	气动
9	电缆电线		2 套	

6　劳动定员及人员培训

6.1　劳动定员

本项目及系统运行需工作人员一名，每天工作 8~10 h，机修污泥外运由厂方统一协调。

6.2　人员培训

本项目管理人员必须接受必要的理论与操作培训，以熟悉废水处理工艺路线、操作规程、设备及仪表性能。

7　工程投资概算

7.1　编制说明

本工程概算投资为 95 万元。

7.2　编制依据

（1）《浙江省安装工程预算定额》（1994 年版）；
（2）《浙江省建筑安装工程综合费用预算定额》（1994 年版）；
（3）《浙江省工程建设其他费用预算定额》（1994 年版）。

7.3　废水处理及回用工程投资组成分析

建筑工程费（含防腐）　　7 万元
工艺设备及安装费　　　　60 万元
工艺管道及安装费　　　　8 万元
电气自控及安装费　　　　15 万元
设计、调试费　　　　　　5 万元
合计　　　　　　　　　　95 万元

本报价未含构筑物地基处理费用、设备厂房费用及减压蒸馏设备。

7.4　主要经济技术指标

以年生产日 300 天、每天工作 10 h 计。
设计处理能力 100 m^3/d；
废水治理及回用工程投资预算 95 万元；
装机容量力而为 33.5 kW；
单位耗电 1.55 元/m^3 [电价按 0.65 元/（kW·h）计]；
定员 1 人；
人工费：0.33 元/m^3；
药剂费：0.10 元/m^3；
折旧费：2.96 元/m^3（其中土建按 20 年折旧率，工艺设备按 10 年折旧率）；
维修费：0.40 元/m^3（年维修费按工艺设备投资的 1.5% 计）；
膜材料更换费：2.66 元/m^3（以三年需更换膜元件计）；
日常运行费：8.00 元/m^3。

实例十 磁电企业电镀废水处理工程设计

1 工程概况

宁波某磁电有限公司是一家独资企业,主要从事稀土永磁体系列产品的生产加工及表面处理,公司产品被广泛应用于音响喇叭、汽车马达及部件、计算机及仪器仪表等领域。该公司在生产过程中表面处理工段产生了一定量的工业废水,此工业废水由低浓度的酸洗、水洗废水和高浓度的镍电镀液、铜电镀液废水组成,其中占较大量的低浓度酸洗废水拟回收利用,高浓度的电镀废水经处理后达标排放。现为了使低浓度酸洗废水合理地回收利用及高浓度电镀废水达标排放,该公司委托我公司设计制造一套高效节能的处理设备对其废水进行治理使其达到回用及排放的标准。

2 设计参数

2.1 废水进水水质

根据业主方提供资料,废水有两种,即低质量浓度酸洗废水和高质量浓度电镀废水。水质情况如表 1 所示。

表 1 设计进水水质

项目	指 标	
	低质量浓度酸洗废水	高质量浓度电镀废水
pH	6.8	2~4
F^-	1.59 mg/L	
Cl^-	21.3 mg/L	
Cr^{6+}	21.3 mg/L	
Cu^{2+}	472 mg/L	10 mg/L
Zn^{2+}	0.39 mg/L	20 mg/L
Fe^{2+}	0.5 mg/L	
Ni^{2+}	5.01 mg/L	319 mg/L
NO_3-N	1.74 mg/L	40 mg/L
NH_3-N	0.57 mg/L	
硬度	472 mg/L	
SS		200 mg/L
COD_{Cr}		200 mg/L

2.2 处理废水水量

低浓度酸洗废水的水量:100 m^3/d,每天运行 24 h;

高浓度电镀废水的水量：3 m³/h，每天运行 8 h 或 24 h 不等。

2.3 排放标准

根据建设方的要求,低浓度酸洗废水经我公司 YF-1 型多元化高效中水回用设备处理后出水水质应达到《生活饮用水卫生标准》（GB 5749—2006）中的标准要求,如表 2 所示。

表 2 低浓度酸洗废水处理后的水质标准

序号	污染物名称	标准
1	pH	6.5～8.5
2	色度	≤15
3	溶解性总固体	≤1 000 mg/L
4	COD_{Cr}	≤50 mg/L
5	臭和味	不得有异臭、异味
6	铜	≤1.0 mg/L
7	锌	≤1.0 mg/L
8	氯化物	≤250 mg/L
9	氟化物	≤1.0 mg/L
10	肉眼可见物	无

高质量浓度电镀废水经处理系统处理后的水质应达到《污水综合排放标准》（GB 8978—1996）中的一级标准要求,具体指标如表 3 所示。

表 3 高质量浓度电镀废水处理后的水质标准

序号	污染物名称	标准
1	pH	6～9
2	SS	≤70 mg/L
3	COD_{Cr}	≤100 mg/L
4	BOD_5	≤20 mg/L
5	总镍	≤1.0 mg/L
6	总铜	≤0.5 mg/L
7	总锌	≤2 mg/L
8	色度	≤50

3 废水处理工艺流程

3.1 工艺流程分析比较

对于该公司低浓度酸洗废水处理工艺的选择有如下三种：
①离子交换法回收利用；
②膜处理法回收利用；
③YF-1 型多元化高效中水回用设备处理。
其中①工艺回收的水质不纯,处理效果不稳定,树脂清洗再生费用较高,运行管理繁杂；②工艺没有前端预处理,膜处理负荷太高,容易造成膜堵塞,运行管理麻烦,处理效果不稳定；③工艺

能有效利用宁波永峰环保工程设备有限公司的专利产品——YF-1 型多元化高效中水回用处理设备,处理后的出水水质可以达到车间用水的水质标准。

根据该公司废水的水质特点,我公司拟对其废水进行分质处理。在调节池将所排放的低质量浓度酸洗废水收集后先进行预处理,再采用我公司的 YF-1 型多元化高效中水回用设备进行处理,使水质进一步提高,使废水中的污染物、有害化学成分有效地去除,出水水质可达到车间生产用水的标准(即自来水的标准)。高质量浓度电镀废水经我公司处理后的水质可达到国家规定的排放标准《污水综合排放标准》(GB 8978—1996)中的一级标准达标排放。

3.2 工艺流程简图

(1)低质量浓度酸洗废水部分

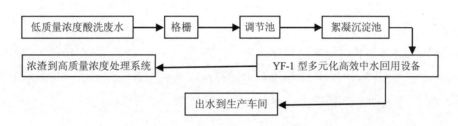

图 1 低质量浓度酸洗废水处理工艺流程图

(2)高质量浓度电镀废水部分

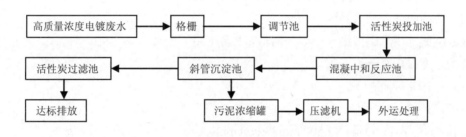

图 2 高质量浓度电镀废水处理工艺流程

3.3 工艺流程说明

低质量浓度酸洗废水经过格栅在调节池中收集,调匀水质后经过提升泵进入絮凝沉淀池,然后通过 YF-1 型多元化高效中水回用设备中进一步处理。

YF-1 型多元化高效中水回用设备是宁波永峰环保工程设备有限公司的专利产品,该设备是集加药、气浮、臭氧氧化、超滤于一体的高效水处理设备,以药剂特性、优化的混凝条件为依据,引用化学分子体系的布朗运动及双膜理论设计制造,在溶气气浮上采用特制结构把压缩空气切割成微小的气泡,然后在剧烈搅动下使空气以气水混合物的形式溶于水中,然后经过特殊处理释放大量均匀、性能良好的微细气泡将原水中的絮粒黏附,使絮粒上浮去除,达到净化目的。设备在处理废水的同时还以空气为氧化剂,在高压放电的环境中将空气中部分氧分子激发分解成氧原子,氧原子与氧分子结合生成强氧化剂达到分解去除多种有机、无机污染物的目的。同时,还可以降低 COD_{Cr}、BOD_5、$NH_3\text{-}N$ 及多种有害物质。处理水在经过臭氧处理后再经过超滤膜处理,超滤是一种与膜孔径大小相关的筛分过程,以膜两侧的压力差为驱动力,以超滤膜为过滤介质,在一定的压力下,当原液流过膜表面时，超滤膜表面密布的许多细小的微孔只允许水及小分子物质通过而成为透过液，而原液中体积大于膜表面微孔径的物质则被截留在膜的进液侧，成为浓缩液，因而实现对原液的净化、分离和浓缩的目的。经过 YF-1 型多元化高效中水回用设备处理后的出水可以达到自来水水质标准，可以回收利用为生产车间的生产用水。

高质量浓度电镀废水显酸性，pH 为 2～4，废水中主要含有 Cu^{2+}、Zn^{2+}、Ni^{2+} 等重金属离子。废水先经过格栅在调节池中收集，混合调匀水质，然后经过提升泵进入活性炭投加池，在此池中投加电镀废水专用粉末状活性炭，吸附降解 COD_{Cr} 及部分重金属离子，然后废水进入混凝反应池，在此池中加碱将 pH 值调至 8.5～9.5，使其中的重金属离子 Cu^{2+}、Zn^{2+}、Ni^{2+} 等形成氢氧化物沉淀，并投加高分子絮凝剂混凝反应，使在沉淀池中加速沉淀，达到去除重金属离子的目的，反应过程式为：

$$Ni^{2+} + 2OH^- \rightarrow Ni(OH)_2\downarrow$$
$$Cu^{2+} + 2OH^- \rightarrow Cu(OH)_2\downarrow$$
$$Zn^{2+} + 2OH^- \rightarrow Zn(OH)_2\downarrow$$

混凝反应池出水进入斜管沉淀池进行固液分离，清水部分 pH 值至 6～9 后进入活性炭过滤池吸附过滤后达标排放；污泥进入污泥浓缩池进行浓缩脱水，然后经过压滤机进一步脱水干化，送到有害固体废弃物处理中心处理，浓缩池上清液及压滤液回至调节池再处理。

3.4　工艺参数说明

（1）格栅井（二座）

砖混结构

尺寸：长×宽×高=1 000 mm×500 mm×1 000 mm

不锈钢细格栅两套，栅条间隙：5 mm

（2）低浓度酸洗废水调节池（一座分两格，1 备 1 用）

砖混结构，壁厚 380 mm

调节时间：19 h

有效容积：V= 80 m³

尺寸：长×宽×高=8 000 mm×3 500 mm×3 000 mm

池内设耐腐提升泵两台（1 用 1 备）

型号：KQ40FSW-18（Q=10 m³/h，H=18 m，N=1.5 kW）

（3）絮凝沉淀池（一座）

钢砼结构，壁厚 200 mm

有效容积：V= 10 m³

尺寸：长×宽×高=2 000 mm×2 000 mm×3 000 mm

池内壁进行防腐处理。

（4）YF-1 型多元化高效中水回用设备（一套）

型号：YF-10-1（主要技术参数见表 6）

功率：3.5 kW

尺寸：长×宽×高=3 400 mm×1 890 mm×2 620 mm

（5）高质量浓度电镀废水调节池（一座）

砖混结构，壁厚 380 mm

调节时间：16 h

有效容积：V= 50 m³

图 3　絮凝沉淀池

工艺尺寸：$B \times L \times H$=8 m×2.5 m×3 m

池内壁进行防腐处理

池内设耐腐提升泵两台（1 用 1 备）

型号：KQ25FSW-8（Q=3 m³/h，H=8 m，N=0.55 kW）

（6）活性炭投加池（一座）

砖混结构，壁厚 250 mm

接触时间：2 h

有效容积：V= 6 m³

尺寸：长×宽×高=2 000 mm×2 000 mm×1 500 mm

池内壁进行防腐处理

（7）混凝中和反应池（一座）

砖混结构，池内壁进行防腐处理，壁厚 250 mm

接触时间：2 h

有效容积：V= 6 m³

尺寸：长×宽×高=2 000 mm×1 000 mm×3 000 mm

加药、贮药、反应系统各一套

pH 值自动控制系统一套

（8）斜管沉淀池（一座）

钢砼结构，池内壁进行防腐处理，壁厚 250 mm

停留时间：2 h

工艺尺寸：$B \times L \times H$=2 m×2 m×3 m

（9）活性炭过滤池（一座）

砖混结构，池内壁进行防腐处理，壁厚 250 mm

有效容积：V= 6.0 m³

工艺尺寸：长×宽×高=2 000 mm×2 000 mm×2 000 mm

反冲系统一套

加药系统一套

pH 值自动控制系统一套

（10）污泥浓缩罐（一座）

砖混结构，池内壁进行防腐处理，壁厚 250 mm

有效容积：$V= 8.0 \ m^3$

工艺尺寸：长×宽×高=2 000 mm×2 000 mm×3 000 mm

污泥泵一台：型号 FS50-18（Q=3.96 m^3/h，H=18 m，N=2.2 kW）

（11）污泥压滤机（一台）

型号：XY16/630-U

螺杆加压泵（一台）

型号 KQ1B-25

Q=1 m^3/h，H=80 m，N=2.2 kW

4 工程投资概算

（1）土建部分直接费用：人民币 98 600 元。

表4 土建部分投资

序号	名　称	规　格	数量	单位	备注
1	格栅井	1 m×0.5 m×1 m	2	座	砖混
2	酸洗废水调节池	8 m×3.5 m×3 m	1	座	砖混
3	絮凝沉淀池	2 m×2 m×3 m	1	座	钢砼
4	电镀废水调节池	8 m×2.5 m×3 m	1	座	砖混
5	活性炭投加池	2 m×2 m×1.5 m	1	座	砖混
6	混凝反应池	2 m×1 m×3 m	1	座	砖混
7	斜管沉淀池	2 m×2 m×3 m	1	座	砖混
8	活性炭过滤池	2 m×2 m×2 m	1	座	砖混
9	污泥浓缩罐	2 m×2 m×3 m	1	座	砖混
10	设备基础	5 m×2 m×0.3 m	1	批	钢砼
11	土方挖填		210	方	钢砼

（2）设备部分直接费用：人民币 314 000 元。

表5 设备部分投资

序号	名　称	规　格	数量	单位	备注
1	YF-1 中水回用设备	3.4 m×1.89 m×2.6 m	1	套	永峰
2	活性炭滤料	柱状颗粒	1	批	外购
3	不锈钢细格栅	5 mm	2	套	外购
4	加药设备	上海理日申能	3	套	外购
5	活性炭滤料	粉末状	1	批	外购
6	斜管填料	PVC	1	批	外购
7	pH 值控制设备	上海理日申能	2	套	外购
8	厢式压滤机	XY16/630-U	1	台	防腐
9	螺杆加压泵	KQ1B-25	1	台	防腐

序号	名　　称	规　　格	数量	单位	备注
10	污泥泵	FS50-18	1	台	防腐
11	废水提升泵	KQ40FSW-18	2	台	防腐
12	废水提升泵	KQ25FSW-8	2	台	防腐
13	扶梯及栏杆	刷防腐面漆	1	项	永峰
14	管道阀门		1	批	
15	电气仪表		1	批	
16	防腐处理	环氧树脂	1	批	

（3）工程设计、管理费用及税金：人民币 87 200 元。

工程总造价（人民币）肆拾玖万玖仟捌佰元整（RMB：49.98 万元）。

5　工程占地面积及工程实施时间

本设计方案的酸洗废水回收处理系统占地面积约 40 m²，高质量浓度电镀废水处理系统占地面积约 40 m²，整套处理系统占地面积约 100 m²。

工程实施时间安排：

（1）设计出图：10 个工作日；

（2）施工安装：60 天（施工进度表见表 8）；

（3）调试：20 天；

（4）保修：一年。

6　运行分析

6.1　水处理成本

（1）低质量浓度酸洗废水处理系统：

电费：0.44 元/t（按每千瓦时 0.8 元计）

药剂费：0.80 元/t

（2）高浓度电镀废水处理系统：

电费：0.39 元/t（按每千瓦时 0.8 元计）

药剂费：1.90 元/t（不含活性炭再生费用）

6.2　经济分析

按环保排污管理条例，经处理的水体排放，根据其水量及水质状况排水区域应缴纳 0.2～1.00 元/t 排污管理费。但对于重污染的如印染废水、屠宰废水、冶炼废水、电镀废水等则必须经过企业内部的处理系统处理达标后方可排入市政管道或纳废水体。本设计方案中的运行费用偏高是因为废水浓度高，处理出水水质标准要求高，水量较小，故处理成本及运行成本均较高。

注明：本方案中回用水水质可达到自来水水质标准，如果需更高标准（即纯水标准）可另加一套反渗透处理系统，反渗透系统 3 m³/h 的价格为人民币壹拾伍万陆仟元整，5 m³/h 的价格为人民币贰拾贰万伍仟元整，此报价不在本设计方案报价内（表 7 中注明 3 m³/h 的反渗透系统的详细报价，以供参考）。

表6

名称	参数	单位	数值
主要技术参数	表面负荷	m³/h	2～3
	反应时间	min	6
	接触时间	min	10
	清水上升时间	mm/s	2
	出水浊度	mg/L	≤5

表7

序号	名称	型号/规格	备注	数量	价格/元
1	二级全自动反渗透主机	3.0 m/h		1套	151 500.00
	A.PLC 可编程控制器	FPI 系列	松下	1台	
	B.进水电磁阀	2″①	浙江	1个	
	C.保安过滤器（含滤芯）	5 芯 30″①	不锈钢	1套	
	D.压力保护开关	0～90 1b/in②	韩国 3S	2个	
	E.一级不锈钢高压泵（P=4.0 kW）	CR 5-29	格兰富	1台	
	F.二级不锈钢高压泵（P=4.0 kW）	CR5-22	格兰富	1台	
	G.反渗透膜组件	BW30-4040	美国陶氏	28支	
	H.压力容器、封头	2 支装	不锈钢	14支	
	I.流量计	24、16、10GPM	浙江	3支	
	J.压力表	0～250 1b/in²②	浙江	6支	
	K.调节阀	1″、3/4″	进口	2个	
	L.数字显示电导率	CM-240	科达	2个	
	M.浓水冲洗电磁阀	1″	进口	1个	
	N.取样阀		进口	14个	
	O.PVC/不锈钢管道及阀门	1～1/2″、1″、3/4″	佐利/永大	1批	
	P.不锈钢精制、抛光机架		广州雅津	1个	
	Q.清水泵	CHL4-40	南方特种	1台	
	R.电脑刻印、面板		广州雅津	1块	
	S.高压软管及接头	1/4″、3/8″	进口	1批	
	T.电控装置		主件进口	1套	
	电控箱、空气开关、交流接触器、中间继电器、指示灯、选择开关灯				
2	pH 加药系统			1套	4 500.00
	A.加药泵	Conxept-C 型	普罗名特	1台	
	B.加药桶	KC-120	进口 PE 料	1个	
	总价（RMB）：156 000.00				

注：① "″" —英寸，1 英寸=25.4 mm。

② 1lb/in=6.89 kPa。

表 8　宁波韩华磁电有限公司废水处理工程施工进度表

工作内容 ＼ 天	5	10	15	20	25	30	35	40	45	50	55	60
准备工作	▬▬											
场地开挖		▬▬										
设备基础												
设备材料采购			▬▬									
调节水池施工				▬▬▬▬▬▬								
设备制作安装				▬▬▬▬▬▬▬▬▬▬▬▬▬								
外购设备						▬▬▬▬▬▬						
其他构筑物							▬▬▬▬					
设备防腐												
管道施工							▬▬▬▬▬					
电气施工								▬▬▬▬▬				
场地平整												

实例十一　某机电生产废水的多级物化处理设计

1　工程概况

建设地点：浙江省宁波市大榭开发区榭北工业园区

建设规模：5 m³/h

项目概况：某机电发展（宁波）有限公司是一家以生产、研发智能化、防火保险箱为主的生产企业。公司在保险箱生产过程的脱脂、酸洗、表调和磷化工艺中产生废水。由于生产过程中使用了脱脂剂、液碱、硫酸、盐酸、缓释剂、磷化液及金属锌，所以废水中含乳化油（石油类）、锌离子、磷酸根、多种表面活性剂等污染物质，同时 pH 呈酸性，COD_{Cr}、BOD_5、SS 等综合指标也很高。随着"三同时"制度的实施和国家排污收费制度的正式实行，需要对废水进行处理后达标排放，减少污染物排放总量。为对"三废"治理进行统筹规划，全面实施，切实贯彻"三同时"政策，该公司拟通过建立环保设施以减少废物的排放，保护环境，并为企业的可持续发展奠定基础。受该公司委托，提出了艾谱机电发展（宁波）有限公司废水处理工程方案。

2　设计基础

2.1　设计依据

（1）《艾谱机电发展（宁波）有限公司建设项目环境影响报告表》；

（2）《室外排水设计规范》（GB 50014—2006，2014 年版）；

（3）《建筑给水排水设计规范》（GB 50013—2003，2009 年版）；

（4）《地面水环境质量标准》（GB 3838—2002）；

（5）《污水综合排放标准》（GB 8978—1996）。

2.2　设计原则

（1）该公司实行清污分流、生产废水分流后排入废水处理厂集中处理。雨水直接进入市政雨水管网。

（2）在确保出水达标排放前提下，选用工艺先进成熟、投资节省、运行管理方便、运转成本低和自动化程度高的生化处理工艺。

（3）在设计中，选用高性能、可靠的先进产品和设备。

（4）把清洁生产、污染源管理、废水达标处理、总量控制几个方面有机结合，提出一套完整的废水生化处理的废水处理系统和污泥处理系统。

2.3　设计范围

（1）包括废水处理场内的废水处理工艺设计、污泥处理工艺设计、总图设计、建筑物设计、构筑物设计、设备设计及选型、电气设计、自控设计、给排水设计等；

（2）不包括废水处理场外的废水输送管道的布局设计；

（3）不包括场外道路、供电、供水和排水系统设计。

2.4　水量、水质及设计标准

2.4.1　设计水量

根据该公司实际生产情况和业主建议：

（1）本工程设计小时处理最大水量按 5 m³/h 的规模设计；

（2）废水处理设施按每天 24 h 工作；

（3）日均处理水量为 120 m³/d。

2.4.2　进水、出水水质标准

进水浓度根据同类型企业废水排放确定。

出水排放标准根据《污水综合排放标准》（GB 8978—1996）标准中一级标准确定废水出水水质指标。废水处理厂设计进水指标和设计出水指标如表 1 所示。

表 1　废水处理厂进、出水设计水质指标　　　　　　　单位：mg/L（pH 除外）

项目	进水水质要求	出水水质指标
pH	4~8	6~9
COD$_{Cr}$	200	100
SS		70
Zn	50	2.0
磷酸盐（以磷计）	50	0.50
石油类	30	5

2.4.3　尾水排放位置

废水处理后达到排放标准，排入市政废水管网。

2.4.4　污泥处理要求与排放位置

本工程可污泥经箱式压滤机脱水，泥饼交给有资质的单位处理。

3　废水、污泥处理工艺

3.1　废水处理工艺

3.1.1　工程分析

因该公司在生产过程中使用了脱脂剂、液碱、硫酸、盐酸、缓释剂、磷化液及金属锌，所以废水中所含特征污染物质包括乳化油（石油类）、锌离子、磷酸根、多种表面活性剂等，pH 呈酸性，COD$_{Cr}$、BOD$_5$、SS 等综合指标也大量超标。废水的可生化性较差，金属离子浓度过高，对微生物的毒性较大，不适合生化处理。针对本类废水拟采用物化工艺处理。根据污染特征，本方案提出以"混凝沉淀"为预处理，以宁波永峰环保工程设备有限公司的专利产品 YFW-1 型多元化高效废水处理设备为核心处理单元的工艺流程，充分考虑除磷、除锌、调整 pH 等技术关键问题，如图 1 所示。

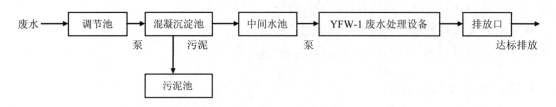

图 1 艾普机电生产废水多级物化处理工艺流程

3.1.2 工艺流程说明

本工艺流程共分为两大部分。

第一部分：预处理系统。

根据本工程废水的特征，预处理要解决的问题是：

①清除浮油；

②均衡进水的水质；

③去除大颗粒固体物。

根据这些要求，在本工程的预处理中可采用以下方法来达到此目的。

设置调节池，在调节池前设置隔油池，调节时间为 13.86 h，均质均量废水。

第二部分：物化处理工艺。

废水经预处理后，去除部分悬浮的油类，但还有大量有机物、磷酸盐和金属污染物，要达到排放标准需在生化处理工艺上进行比较，以取得良好的工程效益。常用的物理化学法有混凝沉淀、浮选、超滤、反渗透（膜处理技术）、湿式氧化等。混凝沉淀法、浮选适用处理悬浮物高的废水。废水经混凝沉淀或气浮处理后，处理出水 SS 低，但需要进行 pH 调整和药剂的投加。采用此法能去除废水中的悬浮物、油类、胶体物质、金属锌、金属镍和磷酸盐。由于除磷和除锌的 pH 条件不同，因此本工程拟采用多级物化工艺，确保废水的达标排放。

该物化工艺由混凝沉淀和 YFW-1 型多元化高效废水处理系统组成。

（1）混凝沉淀

①沉淀形式的选择：拟采用斜管沉淀池，它在投资、运行费用和处理效果上都有较大优势。

②沉淀药剂的选择：考虑到在一级物化处理工艺中主要去除磷酸盐和有机物，拟投加氯化钙、氢氧化钠和 PAM。

③混凝沉淀过程描述：加入药剂后，废水混合使 pH 控制在 11.3 附近，废水进入 A 反应器，一边搅拌一边投加复配混凝剂，大量 $Ca_3(PO_4)_2$ 等沉淀物被析出；磷酸根与钙离子完全反应生成 $Ca_3(PO_4)_2$ 沉淀，以便使磷得到最大限度地清除。同时，Ni^{2+} 也能形成 $Ni(OH)_2$ 沉淀。

（2）YFW-1 型多元化高效废水处理系统

废水经过初次沉淀后，污染物得到了有效去除，但要稳定达标还有一定的难度，因此本工程方案选用了本公司专利产品 YFW-1 型多元化高效废水处理器。该设备是集加药、浮除、精密过滤于一体的高效水处理设备，以目标性的药剂、优化的混凝条件为依据，引用化学分子体系的布朗运动及双膜理论设计制造，在溶气气浮上采用特制结构把压缩空气切割成微小的气泡，然后在剧烈搅动下使空气以气水混合物的形式溶于水中，然后经过特殊处理释放大量均匀、性能良好的微细气泡将原水中的絮粒黏附，使絮粒上浮去除，达到净化目的。处理水在经过以上处理后再经过精密过滤，通过精密过滤来去除剩余的 SS、磷酸盐和部分金属元素，确保废水稳定长期的达标。此工艺流程能使废水中的污染物、重金属离子等有害化学成分有效地去除。

3.1.3　各处理单元污染物去除效率

根据上述分析推算各段构筑物的污染物去除效率如表2所示。

废水经本方案处理后，可以达到 GB 8978—1996 一级标准，各单元处理效果预测如表2所示。

表2　各单元处理效果预测

处理单元	项目	COD_{Cr}/（mg/L）	Zn^{2+}/（mg/L）	磷酸盐/（mg/L）	油/（mg/L）
设计进水水质		200.0	50.0	50.00	50
混凝沉淀	出水	140.0	7.5	3.60	30
	去除率%	30.0	85	92.8	40
YFW-1	出水	70.0	1.5	0.36	3
	去除率/%	50.0	80.0	90.0	90
一级标准		100	2.00	0.50	5.0

3.2　污泥处理工艺

本方案的污泥处理工艺如图2所示。

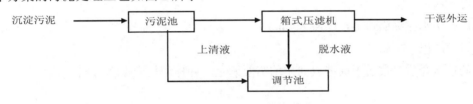

图2　污泥处理工艺

本工程产生的污泥量较少，且都为物化污泥。拟采用箱式压滤机进行污泥脱水，泥饼外运。

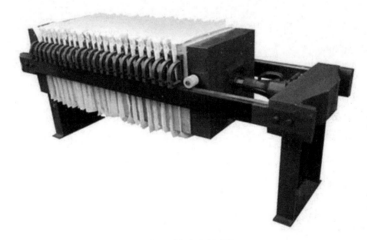

图3　箱式压滤机

3.2.1　处理处置对象

本工程在废水处理过程中将会产沉淀污泥和浮选污泥；沉淀污泥来自于混凝沉淀和 YFW-1 处理设备。它们均自流到污泥池。

3.2.2　污泥量

混凝剂加注量按 225 mg/L 计，产泥量约为 180 kgSS/d。

3.3　防腐设计

废水处理厂的防腐设计要根据接触的介质性质进行处置，主要有两方面内容：混凝土水池防腐、钢制设备和管道防腐。

3.3.1　混凝土水池防腐

本工程设计拟采用环氧煤沥青或改性氰凝。

3.3.2　管道与设备防腐

管道与设备防腐是采用不同材质和涂防腐涂料的方法实现的。具体要求为：

①工艺管道采用塑料管道连接。

②加酸、加碱管道采用塑料管道。

③外露钢设备管道与配件的防腐。

具体流程为：

（1）表面制备：所有管道、构件表面进行机械清理除锈，符合国家标准（GB 8923—88）涂装前钢材表面锈蚀等级和除锈等级 Sa2.0 级要求。

（2）涂底漆：在表面制备四个小时内，和去除了全部油脂痕迹后，涂上底漆；底漆为富锌漆，涂刷一道，膜厚 70 μm。

（3）刷面漆：防水漆涂刷两道，膜厚 80 mm。

（4）标志管道颜色

根据管道的输送介质，按通用标准或业主的需要确定，并标识相应流体方向。

4　废水处理厂工程设计

4.1　推荐工艺主要构筑物设计

4.1.1　调节池（一座）

设计规模：Q=5 m^3/h

平面尺寸约为 3.5 m×6.0 m×3.60 m

有效容积为 69.30 m^3，停留时间为 13.86 h（按 24 h 计）

在调节池出口配置提升水泵 2 台（1 用 1 备），其参数如下：

单泵流量 Q=8.0 m^3/h

扬程 H=15 m

单泵电机功率 N=1.50 kW

4.1.2　混凝沉淀池

设计规模：Q=5 m^3/h

斜管沉淀池数：n=1

表面负荷：Q=1.25 m^3/（m^2·h）

废水泵进入斜管沉淀池，通过加注氯化钙、氢氧化钠和 PAM 与废水中的磷酸盐、金属锌、有机物和 SS 等物质反应，达到去磷、去锌、去 COD、去 SS 的目的，提高废水处理排放达标的可靠性。斜管沉淀池采用半地上式钢砼结构，由反应区、固液分离区组成，平面尺寸约为 3.0 m×2.0 m×4.60 m。采用重力自流排泥。

4.1.3 YFW5-1 型多元化高效废水处理系统

设计规模：$Q=5 \text{ m}^3/\text{h}$

本工程项目选用本公司的专利产品 YFW5-1 型多元化高效废水处理设备一套。

4.1.4 污泥池

设计规模：$Q=180 \text{ kgSS/d}$

平面尺寸约为 2.0 m×2.0 m×3.60 m

进泥浓度：97%

出泥浓度：97%

4.1.5 中间水池

平面尺寸约为 2.0 m×1.4 m×4.60 m

数量：1 座

结构：钢砼

4.1.6 清水池

平面尺寸约为 2.0 m×1.4 m×4.60 m

数量：1 座

结构：钢砼

4.1.7 排放口

平面尺寸约为 0.6 m×5.0 m×1.0 m

数量：1 座

结构：砖混

4.1.8 泥干化系统

泥干化系统配液压自动箱式压滤机一台，过滤面积为 25 m²。配气动隔膜泵一台。

4.1.9 加药系统

氯化钙、絮凝剂、碱液和酸液溶解和调配系统各一套。

4.2 供配电设计

4.2.1 设计原则

设计遵照中华人民共和国现行有关国家标准、规范及甲方设计委托书实施。

4.2.2 供电电源

引自工厂内的变压器。

4.2.3 电缆及敷设方式

厂区内各种电力电缆采用桥架或直埋敷设方式，进入室内引至设备时穿钢管敷设，池上由桥架引至设备穿钢管沿栏杆敷设。

4.2.4 负荷计算 详见电力负荷计算表

表 3 废水处理厂电力负荷计算表

序号	构筑物名称	设备名称	安装台数	备用台数	工作容量/kW	工作时间/h	电力消耗/（kW·h）
1	调节池	潜水泵	2	1	1.50	24	25.92
2	混凝搅拌	反应搅拌机	2	0	0.55	24	19.01
3	YFW5-1	YFW5-1	2	1	3.70	24	63.94
4	综合房	箱式压滤机	1	0	1.50	0.1	0.11
5	小　计				13.00		108.98

4.2.5 起动及控制方式

经计算及与工艺专业协商，本工程起动及控制方式如下：

所有设备均采用直接起动控制方式，同时盐酸和氢氧化钠加药泵与 pH 计相协调，根据进水 pH 值的变化，手动调整加药量。

4.3 仪表与自动控制设计

废水处理厂的控制方式分 PLC 自动控制和就地控制两种。主要采用集中控制。

4.4 总图布置

4.4.1 总图布置原则

①各处理设备之间的间距，考虑各种管渠施工，维修方便；

②设置事故排放管及超越管，构筑物可重力放空。

4.4.2 平面布置

平面布置详见附图 1（略）、总平布置图（略）。

5 主要构筑物、设备和仪表汇总

表 4　主要构筑物、设备和仪器表

序号	构筑物	设备名称	设备参数	单位	数量	备注
1	调节池	提升泵	$Q=8\ m^3/h$，$H=15\ m$，$N=1.50\ kW$	台	1	国产
2	混凝沉淀池	斜管	$\Phi\,65\ mm$	M2	2	国产
3		pH 显示计	Goldpoint	台	2	合资
4		搅拌机	YFJB-300 $\Phi\,300$	套	4	永峰
5	综合用房	溶加药装置	非标	套	5	永峰
6		YFW5-1	$Q=5\ m^3/h$	套	1	永峰
7	综合房	箱式压滤机	$S=25\ m^2$，$N=1.5\ kW$	套	1	国产
8		气动隔膜泵	$Q=3\ m^3/h$，$P=0.6MPa$	台	1	进口

6 工程投资概算

6.1 综合说明

6.1.1 报价依据

（1）土建、安装工程根据 1994 年浙江省建筑工程预算定额和全国统一安装工程预算定额浙江省单位估价表（1994 年），宁波市近期价格信息调整价外差而编制；

（2）设备均按国内新采购计取。设备购置按近期报价计取；

（3）关键设备均选用进口设备；

（4）若施工期间信息价和采购价有所调整，则工程造价也相应调整。

6.1.2 报价范围

（1）废水处理工程的工艺、土建、机械管线、仪控设计；

（2）废水处理站土木工程、机械设备、仪控设备及其安装；

（3）废水处理站机管及加药系统和仪电系统所需材料，制作和安装；

（4）设备的运输、包装、保险；

（5）系统调试及人员培训。

6.1.3 本报价不包含下列费用

（1）试车期间药品及临时水、电费；

（2）自厂区至低压配电屏之电力进线电缆（一次电缆）及相应安装；

（3）地基处理。

6.1.4 付款方式

（1）签约后一个周内付工程款的30%预付款；

（2）土建工程开工后，按每月完成的工程进度，于次月5天内计付相应的工程进度款，付至总价的95%为止。

（3）工程质量保证金为5%，于工程验收合格后1年付清。

6.2 土建工程

表5 土建工程投资表

序号	名称	材质	尺寸	单位	数量	造价/万元
1	调节池	钢砼	3.50 m×6.00 m×3.60 m	座	1	2.66
2	组合池	钢砼	7.00 m×3.50 m×4.60 m	座	1	4.16
3	标准排放口	砖混	0.60 m×5.00 m×1.10 m	座	1	0.50
4	综合用房	砖混	6.25 m×9.60 m×3.60 m	座	1	3.48
	小计					10.80

注：报价不包括地基处理费用、土外运。

6.3 设备工程

表6 设备工程投资表

序号	构筑物	设备名称	设备参数	单位	数量	单价/万元	总价/万元
1	调节池	提升泵	Q=8 m³/h，H=15 m，N=1.50 kW	台	2	0.36	0.72
2	混凝沉淀池	斜管	Φ65 mm	m²	8	0.08	0.64
3		pH 显示计	Goldpoint	台	2	0.72	1.44
4		搅拌机	YFJB-300 Φ300 mm	套	3	0.30	0.90
5	综合用房	溶加药装置	非标	套	5	0.50	2.50
6		YFW20-1	Q=5 m³/h	套	1	8.0	8.0
7	综合房	箱式压滤机	S=25 m²，N=1.5 kW	套	1	3.90	3.90
8		气动隔膜泵	Q=3 m³/h，P=0.6MPa	台	1	0.78	0.78
9							18.88

6.4　工程投资汇总

表 7　工程投资汇总表

分项	概算/万元
6.4.1　工程直接费	34.28
（1）土建工程	10.80
（2）工艺设备费	18.88
（3）管道阀门	1.60
（4）设备及工艺管道安装费	1.80
（5）电气及自控工程费	1.20
6.4.2　其他费用	2.50
（1）设计费	1.50
（2）调试费	1.00
6.4.3　税金	2.20
税金 6%	2.20
6.4.4　工程总投资	38.98

7　主要技术经济指标

7.1　运行成本

表 8　系统运行成本

序号	项目	计算标准	日支出/（元/d）	单价/[元/（t 废水·d）]
1	电　费	0.65 元/（kW·h）×109	70.85	0.590
2	药剂费	综合	201.60	1.68
3	人工费	1 000 元/（1.5 人·月）	50.00	0.417
	合　计		322.45	2.687

7.2　主要技术经济指标

表 9　项目主要技术经济指标

项目	数值
设计处理能力	120 m³/d
工程投资概算	38.98 万元
设备投资	18.88 万元
设计及相关费	4.30 万元
占地面积	约 243.00 m²
装机容量	15.00 kW
实际使用功率	12.00 kW
电耗	108.98（kW·h）/d
日常运行费用	2.67 元/m³ 废水
出水指标	达到一级排放标准

8　总工程进度计划

表 10　总工程进度计划

天 工作内容	1～15	16～30	31～45	46～60	61～75
扩初设计	▬▬				
施工图设计		▬▬			
设备采购、制作			▬▬▬▬▬▬		
设备安装				▬▬▬	
系统调试					▬▬▬
验收					▬

第十章　有色金属工业废水

1　有色金属工业废水概述

有色金属工业废水是指生产有色金属及其制品过程中产生和排出的废水。从采矿、选矿到冶炼，以至成品加工的整个生产过程中，几乎所有工序都要用到水，都有废水排放。

根据废水来源、产品和加工对象不同，可分为采矿废水、选矿废水、冶炼废水及加工废水。冶炼废水又可分为重有色金属冶炼废水、轻有色金属冶炼废水、稀有金属冶炼废水。

按废水中所含污染物主要成分，有色金属冶炼废水也可分为酸性废水、碱性废水、重金属废水、含氰废水、含氟废水、含油类废水和含放射性废水等。

2　有色金属工业废水主要来源

有色金属工业废水是指生产有色金属及其制品过程中产生和排出的废水。有色金属工业从采矿、选矿到冶炼，以至成品加工的整个生产过程中，几乎所有工序都要用到水，都有废水排放。

2.1　有色矿山废水来源

矿山废水包括采矿与选矿两种。矿山开采会产生大量矿山废水，如矿坑水、废水场淋洗时产生的废水等；采矿工艺废水由于矿床的种类、矿区地质构造、水文地质等因素不同，矿山废水中常含大量 SO_4^{2-}、Cl^-、Na^+、K^+、Ca^{2+}、Mg^{2+}等，以及钛、砷、镉、铜、锰等金属元素。采矿废水分为采矿工艺废水和矿山酸性废水，其中矿山酸性废水能使矿石、废石和尾矿中的重金属转移到水中，造成环境水体的重金属污染。矿山的采矿废水通常是：酸性强且含有多种金属离子；水量较大，排水点分散；水流时间长，水质波动大。

选矿废水是包括采矿、破碎和选矿三道工序排出的废水。选矿废水的特点是水量大，占整个矿山废水的40%～70%，其废水污染物种类多，危害大，含有各种选矿药剂，如黑药、黄药、氰化物、煤油等以及氟、砷和其他重金属等有毒物，废水中 SS 含量大，通常每升废水中含 SS 量可达数千至几万毫克，因此，对矿山废水应妥善处理方可外排。

2.2　重有色金属冶炼产生废水来源

典型的重有色金属如 Cu、Pb、Zn 等的矿石一般以硫化矿分布最广。铜矿石80%来自硫化矿，冶炼以火法生产为主，炉型有白银炉、反射炉、电炉或鼓风炉以及近年来发展起来的闪速炉。目前世界上生产的粗铅中90%采用熔烧还原熔炼，基本工艺流程是铅金矿烧结焙烧，鼓风熔炉炼得粗铅，再经火法精炼和电解精炼得到铅；锌的冶炼方法有火法和湿法两种，湿法炼锌的产量占总产量的75%～85%。

重有色金属冶炼废水中的污染物主要是各种重金属离子，其水质组成复杂、污染严重。其废水主要包括以下几种：（a）炉窑设备冷却水是冷却冶炼炉窑等设备产生的，排放量大，约占总量的40%；（b）烟气净化废水是对冶炼、制酸等烟气进行洗涤产生的，排放量大，含有酸碱及大量重金属离子和非金属化合物；（c）水淬渣水是对火法冶炼中产生的熔融态炉渣进行水淬冷却时产生的，其中含有炉渣微粒及少量重金属离子等；（d）冲洗废水是对设备、地板、滤料等进行冲洗所产生的废水，还包括湿法冶炼过程中因泄漏而产生的废液，此类废水含有重金属和酸。

2.3　轻有色金属冶炼产生废水来源

镁、铝是最常见也是最具代表性的两种轻金属。我国主要由于铝矾土为原料采用碱法来生产氧化铝。废水来源于各类设备的冷却水、石灰炉排气的洗涤水及地面等的清洗水等。废水中含有碳酸钠、氢氧化钠、铝酸钠、氢氧化铝及含有氧化铝的粉尘、物料等，危害农业、渔业和环境。

金属铝采用电解法生产，其主要原料是氧化铝。电解铝厂的废水主要是由电解槽烟气湿法净化产生的，其废水量、废水成分与湿法净化设备及流程有关，废水中的主要污染物为氟化物。

我国目前主要以菱镁矿为原料，采用氯化电解法生产镁。氯在氯化工序中作为原料参与生成氯化镁，在氯化镁电解生成镁的工序中氯气从阳极析出，并进一步参加氯化反应。在利用菱镁矿生产镁锭的过程中氯是被循环利用的。镁冶炼废水中能对环境造成危害成分主要是盐酸、次氯酸、氯盐和少量游离氯。

2.4　稀有色金属冶炼产生废水来源

稀有金属和贵金属由于种类多（50多种）、原料复杂、金属及化合物的性质各异，再加上现代工业技术对这些金属产品的要求各不相同，故其冶炼方法相应较多，废水来源和污染物种类也比较复杂，这里只作一概略叙述。

在稀有金属的提取和分离提纯过程中，常用各种化学药剂，这些药剂就有可能以"三废"形式污染环境。例如，在钽、铌精矿的氢氟酸分解过程中加入氢氟酸、硫酸，排出水中也会有过量的氢氟酸。稀土金属生产过程中用强碱或浓硫酸处理精矿，排放的酸或碱废液都将污染环境。含氰废水主要是在用氰化法提取黄金时产生的。该废水排放量较大，含氰化物、铜等有害物质的浓度较高。此外，某些有色金属矿中伴有放射性元素时，提取该金属所排放的废水中就会含有放射性物质。

稀有金属冶炼废水的主要来源为生产工艺排放废水、除尘洗涤水、地面冲洗水、洗衣房排放水及淋浴水。废水特点是废水量较少，有害物质含量高；稀有金属废水往往含有毒性，但制毒浓度限制未曾明确，尚需进一步研究；不同品种的稀有金属冶炼废水，均有其特殊性质，如放射性稀有金属、稀土金属冶炼厂废水含放射性物质，铍冶炼厂废水含铍等。

3　有色金属工业废水污染特征及其危害性

3.1　有色金属工业废水污染特征

有色金属工业废水造成的污染主要有无机固体悬浮污染、有机耗氧物质污染、重金属污染、石油类污染、醇污染、碱污染、热污染等。有色金属采选或冶炼排放废水中含重金属离子的成分比较复杂，因大部分金属矿石中有伴生元素存在，所以废水中一般含有汞、镉、砷、铅、铜、氟、氰等成分。这些污染成分排放到环境中只能改变形态或转移、稀释、积累却不能降解，因而危害较大。有色金属排放废水中的重金属单位体积中含量不是很高，但废水向环境排放的绝对量大。我国铜、铅、锌、铝、镍等五种有色金属工业废水中的主要污染物为 Cu、Pb、Zn、Cd、As 等。

有色金属工业是用水大户之一，也是对水环境造成污染最严重的行业之一，因此，对有色金属工业废水治理是十分重要的。

3.2 有色金属工业废水的危害性

重金属是有色金属废水中最主要的成分，通常含量较高、危害较大，重金属不能被生物分解为无害物。重金属废水排入水体后，除部分为水生物、鱼类吸收外，其他大部分易被水中各种有机和无机胶体及微粒物质所吸附，再经聚集沉降积累于水体底部。它在水中浓度随水温，pH 值等不同而变化，冬季水温低，重金属盐类在水中溶解度小，水体底部沉积量大，水中浓度小；夏季水温升高，重金属盐类在水中溶解度大，水中浓度高。故水体被重金属污染后，危害的持续时间更长。

重金属离子除对人体有危害外，对农业和水产也有很大的影响。用含铜废水浇灌农田，会导致农作物遭受铜害，水稻吸收铜离子后，铜在水稻内积蓄，当积蓄的铜量占干农作物的万分之一以上时，不论给水稻施加多少肥料都会减产。

当水中含有重金属时，鱼鳃表面接触重金属，腮因此分泌出黏液。当黏液盖满鱼鳃表面时，鱼便会窒息死亡。

在铜、铅、锌的冶炼过程中，制酸工序还会产生大量含酸废水。如果不处理直接外排入水体，将改变水中正常的 pH 值，直接危害生物正常生长。废水中的酸还会腐蚀金属和混凝土结构，破坏桥梁、堤坝、港口设备等。

在金的冶炼过程中会产生大量的碱性含氰废水。氰是极毒物质，人体对氰化钾的致死剂量是 0.25 g。废水中的氰化物在酸性条件下亦会成为氰化氢气体逸出而发生毒害作用。氢氰酸和氰化物能通过皮肤、肺、胃、特别是从黏膜吸收进入人体内，可使全部组织的呼吸麻痹，最后致死。氰化物对鱼的毒害也很大，当水中氰量为 0.04~0.1 mg/L 时，就可以使鱼死亡。氰化物对细菌也有毒害作用，能影响废水的生化处理过程。

因此，对铜、铅、锌等重金属工业产生的废水处理主要是处理含重金属离子的酸性废水，对金冶炼厂的废水处理主要是处理含氰的碱性废水。

放射性物质对人类与环境的危害更为严重，更需妥善处理处置。

4 有色金属工业废水处理工艺

4.1 矿山废水处理工艺

矿山废水分为采矿废水和选矿废水。我国矿山废水处理常用方法主要有中和沉淀法、硫化物沉淀法、金属置换法和沉降法等方法。

4.1.1 采矿酸性废水

目前我国有色金属矿山酸性废水的处理方法有中和法、反渗透法、硫化法、金属置换法、萃取法、吸附法、浮选法等。其中中和法工艺成熟、效果好、费用低而成为最常用的处理方法。

（1）中和法

生石灰、熟石灰、石灰石是中和法中较多采用的中和剂，如图 1 所示。此外，苏打及苛性钠等钠基盐也可作为中和剂，但后者因为费用高而较少采用。中和的目的是要去除矿山酸性废水的酸度和溶解性组分。中和法一般与将 Me^{2+} 转化为 Me^{3+} 的曝气氧化过程结合使用，以更高效地去除金属离子。

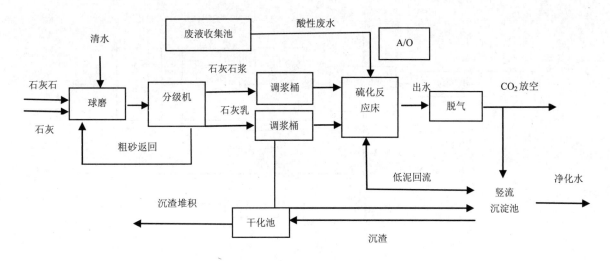

图1 石灰石—石灰乳二段中和法流程

（2）硫化物沉淀法

向含金属离子的废水中投加硫化钠或硫化氢等硫化剂，使金属离子与硫离子反应，生成难溶的金属硫化物，再予以分离去除的方法。采用硫化物沉淀法处理含重金属离子的废水，有利于回收品位较高的金属硫化物。根据金属硫化物溶度积的大小，位置越靠前的金属硫化物，其溶解度越小，处理也越容易。由于各种金属硫化物的溶度积相差悬殊，所以通过硫化物沉淀法把溶液中不同金属离子分步沉淀，所得泥渣中金属品位越高，便于回收利用。

（3）金属置换法

采用金属置换法可回收废水中的金属。原则上来说，只要比待去除金属活跃的金属都可作置换剂；而实际上，还要考虑置换剂的来源、价格、二次污染、后续处理等一系列问题。铁屑是最常用的置换剂。

（4）萃取法

萃取法是利用溶质在水中和有机溶剂中溶解度不同，使废水中的溶质转入萃取剂中，然后使萃取剂与废水分离。选用的萃取剂应具有良好的选择性、一定的化学稳定性、与水的密度差大且不互溶、易于回收和再生、不产生二次污染等特点。采用萃取法处理金属矿山废水便于回收废水中的有用金属，因而在处理金属矿山废水中得到采用。

（5）离子交换法

利用固体离子交换剂与溶液中有关离子间相应量的离子互换反应，可使废水中离子污染物分离出来。离子交换是在装填有离子交换剂的交换柱中进行的。

离子交换剂分为无机和有机两大类。无机离子交换剂有天然沸石、合成沸石、磺化煤等。沸石在重金属废水和放射性废水中得到利用。有机离子交换剂通常指人工合成的离子交换树脂。按可交换离子的种类，离子交换树脂可分为阳离子交换树脂和阴离子交换树脂。离子交换法处理废水的费用虽然较高，但由于处理后出水水质好，可回用于生产，且易于回收废水中的有用物质，因而在处理重金属废水、稀有金属废水和贵金属废水中均有应用。图2为离子交换法处理废水流程。

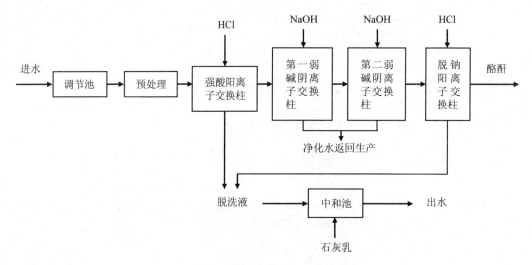

图 2　离子交换法处理废水流程

4.1.2　选矿废水

选矿废水中的重金属元素大都以固态物存在，只要采取物理净化沉降的方法即可避免重金属污染，而废水中可溶性的选矿药剂是多数选矿废水的危害。从选矿废水处理的角度来讲，最有效的措施是尾矿水返回使用，减少废水总量；其次才是进行废水处理。处理选矿废水的方法有氧化、沉降、离子交换、活性吸附等，其中氧化法和沉降法是普遍采用的方法。

（1）自然沉降法

即将废水打入尾矿坝中，充分利用尾矿坝面积大的自然条件，使废水中悬浮物自然沉降，并使易分解的物质自然氧化降解。这种方法简单易行，目前国内外仍在普遍采用。

（2）中和沉淀法和混凝沉淀法

向尾矿水中投加石灰，可使水剥离生成硅酸钙沉淀，此沉淀与悬浮固体共沉淀而使废水得到净化。为改善沉淀效果可加入适量无机混凝剂或高分子絮凝剂；为降低耗氧量，可投加氯气进行氧化处理。采用混凝沉淀法处理尾矿废水，具有水质适应性强、药剂来源广、操作管理方便、成本低等优点，目前已被广泛使用。

4.2　重有色金属冶炼废水处理工艺

重有色金属废水的处理，常采用生石灰中和法、硫化物沉淀法、吸附法、离子交换法、氧化还原法、铁氧体法及生化法等。最常用选择方法与处理工艺如下：

（1）中和法

这种方法是向含重有色金属离子的废水中投加中和剂（石灰石、生石灰等），金属离子与氢氧根反应，生成难溶的金属氧化物沉淀，再加以分离去除。沉淀工艺有分步沉淀和一次沉淀两种方式。生石灰中和法处理重有色金属废水具有去除污染物广、处理效果好、操作管理方便、处理费用低廉等优点。但是，此法的泥渣含水率高，量大，脱水困难。

（2）硫化物沉淀法

向含金属离子的废水中投加硫化钠或硫化氢等硫化剂，是金属离子与硫离子反应，形成难溶的金属硫化物，再予以分离出去。通过硫化物沉淀法把溶液中不同金属离子分步沉淀，所得泥渣中金属品位高，便于回收利用；硫化法还具有适应 pH 范围大的优点。但硫化钠价格高，处理过程中产生的硫化氢气体易造成二次污染，处理后的水中硫离子含量超过排放标准；另外，生成的细小金属硫化物粒子不易沉降。这些都限制了硫化法的应用。硫化物沉淀法处理流程如图 3 所示。

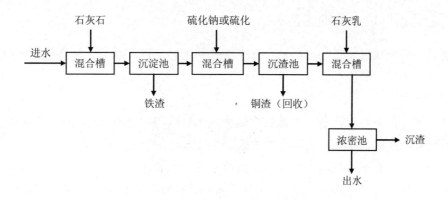

图 3　硫化物沉淀法处理流程

（3）铁氧体法

往废水中添加亚铁盐，再加入氢氧化钠溶液，调整 pH 至 9～10，加热至 60～70℃，并吹入空气，进行氧化，即可形成铁氧体晶体并使其他金属离子进入铁氧体晶格中。铁氧体晶体密度较大，具有磁性，因此无论采用沉降过滤法还是磁力分离器，都能获得较好的分离效果。铁氧体法能去除铜、锌、镍、钴等多种金属离子，出水符合排放标准，可直接排放。铁氧体沉渣经脱水、烘干后，可回收利用或短暂堆存。铁氧体法处理流程如图 4 所示。

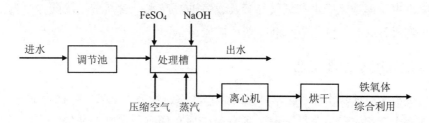

图 4　铁氧体法处理流程

（4）还原法

投加还原剂，可将废水中金属离子还原为金属单质析出，从而使废水净化，金属得以回收。常用还原剂有铁屑、铜屑、锌粒和硼氢化钠、醛类、联氨等。采用金属屑作为还原剂，通常以过滤方式处理废水；采用金属粉或硼氢化钠等作为还原剂，则通过混合反应处理废水。例如，含铜废水的处理可采用铁屑过滤法，铜离子被还原成金属铜，沉积于铁屑表面加以回收。硼氢化钠还原处理流程如图 5 所示。

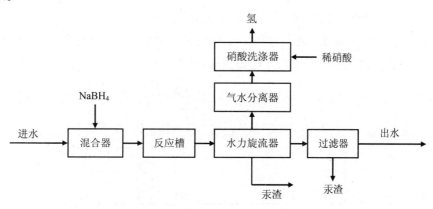

图 5　硼氢化钠还原处理流程

4.3　轻有色金属冶炼废水处理工艺

铝、镁是轻有色金属最常见的也是最有代表性的两种轻金属。因此，轻有色金属废水处理主要是解决好铝、镁冶炼产生的废水。

4.3.1　铝冶炼废水

铝冶炼废水的治理途径有两条：一是从含氟废气的吸收液中回收冰晶石；二是对没有回收价值的浓度较低的含氟废水进行处理，去除其中的氟。

含氟废水处理方法有混凝沉淀法、吸附法、离子交换法、电渗析法等，其中混凝沉淀法应用较为普遍。按使用药剂的不同，混凝剂沉淀法可分石灰法、石灰-铝盐法等。吸附法一般用于深度处理，即先把含氟废水用混凝沉淀法处理，再用吸附法做进一步处理。

石灰法是向含氟废水中投加石灰乳，把 pH 值调整至 10～12，使钙离子与氟离子反应生成氟化钙沉淀。其操作管理较为简单，但泥渣沉淀缓慢，较难脱水。

石灰-铝盐法是向含氟废水中投加石灰乳，把 pH 调整至 10～12，然后投加硫酸铝或合氯化铝，使 pH 为 6～8，生成氢氧化铝絮凝体吸附水中氟化钙结晶及氟离子经沉降分离去除。此法操作便利，沉降速度快，除氟效果好。

4.3.2　镁冶炼废水

还原法冶炼镁过程中产生的各种排水基本不污染水环境，可以直接排放或经沉淀后外排。电解法冶炼镁过程中产生气体净化废水和氯气导管及设备冲洗废水，含盐酸、硫酸盐、游离氯和大量氯化物，常用石灰乳或石灰石粒料作中和剂中和后排放。

4.4　稀有金属冶炼废水处理工艺

稀有金属种类很多，据其物理和化学性质、贮存状态、生产工艺等，从技术上分为稀有轻金属、稀有难熔金属、稀土金属、稀有分散金属、稀有贵金属和稀有放射性金属等六类。稀有金属冶炼废水除含有金属离子外，还含有砷和氟等污染物，废水多呈酸性。除稀有放射性金属生产废水处理具有特异性外，其他几类废水处理有其相似性。

稀有金属冶炼厂废水大都采用清污分流，对生产工艺有害物质含量高的母液，一般采用蒸发浓缩法，回收其中的有用物质。如从钨母液中回收氟化钙。或返回生产中使用，如硫酸萃取法制取氢氧化铍流程中，反萃后的含铍沉淀废液，返回使用。

必须外排的少量废水，一般采用化学法处理。根据废水水质不同分别投加石灰、氢氧化钠、三氯化铁、硫酸亚铁、硫酸铝等化学药剂。

含砷废水中所含的砷多以砷酸或亚砷酸的形式存在，单纯使用中和处理不能取得良好的去除效果，氢氧化物具有良好的吸附性能，利用这一性质能取得较高的共沉效果。如石灰法、石灰-铁盐法、硫化法、软锰矿法等化学沉降法，除此之外，还有吸附处理法、离子交换法、生物处理法等处理方法。石灰法、石灰-铁盐法处理含砷废水流程如图 6 和图 7 所示。

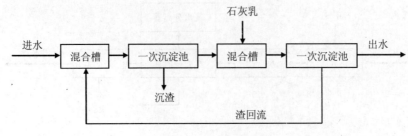

图 6　石灰法处理流程

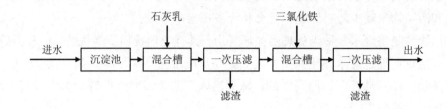

图 7　石灰-铁盐法处理流程

含铍废水用石灰法处理，经沉淀后去除率可达 98%左右，过滤后可提高到 99%以上，处理后水中铍含量可降至 1 μg/L 以下，处理效果较用三氯化铁、硫酸铝好。

含钒废水用三氯化铁处理，混凝澄清后去除率可达 90%以上，过滤后可提高到 95%以上，处理效果一般比投加石灰或硫酸铝好。

中、低水平放射性废水用石灰、三氯化铁处理，可去除铌 97%～98%、锶 90%～97%、用硫酸铝可去除锶 56%、铯 20%、对去除铀冶炼废水中的镭等低水平放射性废水用锰矿过滤处理，去除率约为 64%～90%。

离子交换及活性炭吸附多用于最后处理。

生物处理一般用于含量大的有机物质、稀有金属浓度较低的废水。生物法用于铍的二级处理时，废水含铍的浓度不能超过 0.01 mg/L。用活性污泥处理含钒废水，活性污泥每克吸收钒达 6.8 mg，未出现不利影响；超过此量则开始影响生物群体。

5　我国有色金属工业废水处理现状分析及发展趋势

5.1　有色金属工业废水处理现状分析

进入新世纪以来，我国有色金属工业得到迅速发展，产业规模已跃升到世界第一位。其发展迅速在很大程度上依靠固定资产投资，扩大生产规模的粗放型发展模式。由于有色金属在生产过程中消耗大量矿产资源、能源和水资源，产生了大量固体废弃物、废水和废气。2005 年有色金属工业除外购矿外，矿山采剥量约 1.6 亿 t，产生尾矿约 1.2 亿 t，赤泥 780 万 t，炉渣 766 万 t，排放 SO_2 40 万 t 以上，外排废水 2.7 亿 t 以上。

当前我国有色金属工业的"三废"资源化利用程度还很低，固体废弃物利用率仅在 13%左右；低浓度 SO_2 几乎没有利用；从工业废水中回收有价元素还不普遍；除少数大型企业利用冶炼余热发电外，大部分企业余热利用率很低。但就有色金属废水处理回用技术发展而言，有很明显的技术进步，随着第一座冶炼废水处理设施在昆明冶炼厂建成运行，德兴铜矿、银山铅锌矿、株洲冶炼厂和沈阳冶炼厂等一批冶炼企业废水都得到有效治理。

5.1.1　废水治理从单向治理发展到综合治理、循环利用

如沈阳冶炼厂、株洲冶炼厂等通过改革工艺，革新设备，实现串级用水、废水循环、一水多用等多项综合治理措施。某铅锌矿采用低毒选矿药剂，并利用尾矿库的自净作用，实现尾矿水循环回用，既减少了有毒选矿水外排，也减少了选矿药剂的使用。

5.1.2　工业用水循环利用率不断提高

有色金属企业提高用水循环率主要通过净冷却水循环、串级用水与废水处理再生利用等。

串级用水有系统串级用水和设备串级用水两种。前者是将水质较高的循环水系统的排废水作为

水质价差的循环水系统的补充水；后者是将某设备的排水用作另一设备的给水。串级用水不仅可使企业的外排水量和污染物量减少，对环境、社会和经济都会产生效益。

废水再生利用通常是将废水经适当处理后循环利用。具有处理费用低等优势，但获得效果较好。目前很多有色金属冶炼厂通过废水净化回用，大大提高了废水循环利用率，如云南某锡矿、郑州铝厂、杨家杖子矿务局、葫芦岛锌厂、德兴铜矿、株洲冶炼厂和沈阳冶炼厂等大都实现废水闭路循环利用，有的已实现"零排放"。

5.1.3 从废水回收有价金属成效显著

有色金属企业废水中含有大量重金属、贵金属。这些重金属在水环境中难以降解，是有害物质。从废水中分离出来加以利用，变有害物质为有用物质，这是重（贵）金属废水处理技术的最佳选择。近十多年来从废水中回收重（贵）金属已有进展，并产生了较好的效益。

5.2 有色金属工业废水处理发展趋势

我国有色金属工业要借鉴发达国家对废水处理技术的成功经验和途径，从总体上要与国际上关于清洁生产的管理方法与思维接轨，实施对有色金属工业废水的减量化、资源化和无害化的全过程管理。即首先要进行废水的最小量化，使其在生产过程中排出尽可能少的废水；而后对产生的废水进行综合利用、循环回用、串级回用、再生回用，尽可能使其资源化；在此基础上，对已产生而又无法资源化的废水，进行无害化最终处理。

但是，按照现代生态发展观点，废水（物）最少量化、资源化与无害化并非最终目标，其最终目标是以循环经济发展模式实现有色金属工业生态化。

5.2.1 有色金属工业废水的最少量化

废水最少量化，又称减量化。废水的最少量化与废水的处理是两个完全不同的概念。后者也包括废水的减容和减量，但这是废水产生之后，再通过物理的、化学的和生物的方法的无害化处理或处置，使其体积和重量减少。它是一种废水（物）治理途径，属于末端控制污染的范畴。而前者的废水最小量化是指生产过程的排出废水量最小，已达到资源节省、减少污染和便于处理为目的。固废水的最少量化是一种限制废水的技术途径，属于首端预防的范畴。这里所说的首端是指废水排放前的生产工序过程的各个阶段。

废水最少量化包含两种含义，既包括有色金属生产工艺改革、革新，使之少产生废物和废水，达到节约资源与能源，属于首端预防范畴；也包括生产过程经一定手段后使废水最大限度减少，属于末端控制范畴。就后者而言，由于环境保护的内涵不断扩展，治理技术水平不断提高，生态学及物理学的发展，监控技术不断完善与进步，导致对水环境和水质的提高，从而对地面水、地下水、天然水体、河湖海洋等水环境保护与水质排放的提高，外排标准日趋严格。因此，总的发展趋势要不断改革有色金属生产工艺，长流程向短流程发展，单级用水向多级用水发展，低质用水向高质用水发展，以实现最大限度地节约用水，减少外排废水量，即向废水最少量发展。

5.2.2 有色金属工业废水的资源化

废水循环回收利用是废物最少量化的一条重要途径。循环回收利用包括废水（物）回收和再利用。回收主要指原材料回收和副产品回收；再利用主要包括在该工艺中再利用和作为另一种工艺原料。总体而言，资源利用有两条基本途径：一是外延型的利用；二是内涵型的利用。所谓外延型的利用是指自然资源利用数量和规模的扩大。从古至今，人们采用外延型的资源开发方式。

废水资源化是有色金属工业废水处理的目的与要求，合理用水是冶金行业有效用水的重要手段。这里所说废物资源化主要是指内涵型的利用，其内容是将单一使用变为多种利用；一次利用变为多次利用；低效率利用变为高效率利用。就有色金属废水而言，有色金属生产工艺比较复杂，用水部门多，且对水质要求不等，为减少外排废水量，通常在清污分流的基础上，按照工序用水要求与用水的实质状况，设置多种串级循环用水系统，或将处理后的废水循环再利用，达到最大程度的合理用水。在技术经济条件下，最终实现"零排放"，最大限度地实现废水资源化。尽可能将某些废水中的有用物质如酸、碱、油、瓦斯泥、尘泥等，回收用于工序中。

5.2.3 有色金属工业废水无害化

所谓无害化是对已产生又无法或目前尚不能回用和综合利用的废物与废水，经过物理、化学或生物方法，进行无害或低危害的安全处理、处置，达到无污染危害的结果。

有色金属废水种类繁多、成分复杂，特别是焦化废水，据 GC-MS（气相色谱-质谱）联用分析法，约有 51 种以上有机物全部属于芳香族化合物和杂环化合物，必须进行无害化处理，因此，废水（物）无害化是有色金属工业废水污染与危害最终要求。

废水无害化有两种含义：一是按生产工序用水各异原则，实施串级用水、循环用水、一水多用、分级使用，以实现废水减量化、资源化与无害化的有效结合；二是采用各种有效处理技术实现无害化处理。

5.2.4 循环经济发展模式与废水生态化

所谓循环经济本质上是一种生态经济，是将生态经济理论与经济学相结合，按照"减量化、再利用、再循环"原则，运用系统工程原理与方法论，实现经济发展过程中物质和能量循环利用的一种新型经济组织形式。它以环境友好的方式，利用自然资源和环境容量来发展经济、保护环境容量来发展经济、保护环境。通过提高资源利用率，环境效益和发展质量，实现经济活动的生态化，实现社会经济效益与环境效益的双赢。

有色金属工业废水生态化，是节约水资源，保护水环境最有效的举措。因此，最少量化、资源化、无害化、生态化用水技术必将成为控制有色金属工业水污染的最佳选择，是我国乃至世界有色金属工业水污染的综合防治技术今后发展的必然趋势。

实例一　湖南某铅锌选矿厂 3 000 m³/d 重金属选矿废水回用改造项目

1　工程概况①

湖南某铅锌矿主要矿石矿物为 PbS、ZnS 和 FeS。选矿废水主要由铅精矿溢流水、锌精矿溢流水、硫精矿溢流水、事故水、尾砂水、碎矿和皮带冲洗水等组成。

目前选矿厂产生的水主要收集排入集水池用水泵打入车间内水箱循环使用，因未对废水进行处理，故水循环率不高，且存在溢流排放的可能。本次对选矿废水处理回用改造后，不仅可以满足选矿作业使用标准，还防止了可能溢流造成的环境污染。在提高公司水循环率的同时，满足了水体排放的标准，避免了重金属污染。

图 1　废水处理站概貌

2　工程设计依据和原则

2.1　设计依据

（1）《中华人民共和国环境保护法》；

（2）《建设项目环境保护管理条例》（国务院（1998）第 253 号令）；

（3）《废水综合排放标准》（GB 8978—1996）；

（4）《铅、锌工业污染物排放标准》；

---

① 工程时间：2008 年。

（5）《室外排水设计规范》（GB 50014—2006）；

（6）《给水排水工程构筑物结构设计规范》（GB 50069—2002）；

（7）《给水排水工程设计手册》；

（8）《建筑结构荷载规范》（GB 50009—2001，2006 版）；

（9）《混凝土结构设计规范》（GB 50010—2012）；

（10）《建筑地基基础设计规范》（GB 50007—2002）。

注：现行标准：

（1）《铅、锌工业污染物排放标准》（GB 25466—2010）；

（2）《建筑结构荷载规范》（GB 50009—2012）；

（3）《混凝土结构设计规范》（GB 50010—2010）；

（4）《建筑地基基础设计规范》（GB 50007—2011）；

（5）其他标准均为现行标准。

2.2　编制原则

（1）技术先进性原则。废水处理工程应体现环保理念；所采用的工艺和技术应在未来十年内不会被淘汰，避免重复改造。

（2）安全性原则。由于废水处理关系到周围人们的安全问题，因此废水处理出水水质不能存在任何问题，如果出现水质超标，其影响面很大，是关系到大量人群身体健康的安全性问题。

（3）系统模块性原则。本工程原水收集量会随时间、季节不同而变化，同时考虑远期会增加废水产生量。为了减少运行成本，本工程考虑采用模块式的处理设备，可以根据产生废水量的情况进行系统运行组合，以减少运行成本。

（4）低运行成本原则。废水处理成本应作为技术方案选择的重要原则之一。

（5）少占地原则。废水处理技术的选用还应考虑占地面积小、运行效率高的设备和技术。

（6）污泥产生量少，二次污染小的原则。污泥的处理和处置费用较高，同时会产生二次污染，所以在选择工艺时，应首选污泥产生量小的工艺，减小对环境的二次污染。

3　设计施工、范围及服务

3.1　设计内容和设计范围

本方案设计内容包括生产废水处理的工艺路线、处理站工艺设备选型设计、相关废水处理设施建构筑物设计、废水处理站电气设计、废水处理成本的估算等。

设计范围包括：项目综合废水处理设计、施工和调试。

3.2　施工范围及服务

（1）废水处理系统的设计、施工。

（2）废水处理设备、器材及管道、配件的提供。

（3）负责废水处理站内的全部安装工作，包括废水处理设备内的电气接线。

（4）负责废水处理站机电和工艺调试，直至出水达标合格。

（5）免费培训操作人员，协同编制操作规程，同时做有关运行记录，为今后的设备维护、保养提供有力的技术保障。

4　设计参数

4.1　处理规模

根据公司的环评及相关资料，确定选矿废水处理站的处理规模为 3 000 m³/d。

4.2　设计进水水质

表 1　设计进水水质　　　　　　　　　　单位：mg/L

项目	pH	总锌	总镉	总铅	总汞	总砷	SS
精矿溢流水+尾砂水	8～10	3～10	0.2～0.5	1.5～2	0.07～0.1	0.7～1	80～100

4.3　设计出水水质

该部分废水全部回用于选矿生产，设计出水水质达到《铅、锌工业污染物排放标准》。

表 2　设计出水水质　　　　　　　　　　单位：mg/L

项目	pH	总锌	总镉	总铅	总汞	总砷	SS
精矿溢流水+尾砂水	6～9	2	0.1	1	0.05	0.5	70

5　处理工艺

5.1　废水处理工艺方案

选矿厂生产废水水质以挟带悬浮物或部分药剂为主要特征，其中悬浮物主要为矿粉和矿石废渣等无机固体物，采取物理法处理一般可以满足回用和排放要求，既解决了尾矿浓缩和节能输送的目的，又解决了废水（含尾矿水）的回收利用的需要。对于选矿厂尾矿水澄清性能很差，还需要采用高效浓缩机、加药浓缩的方法处理。具体工艺流程如图 2 所示。

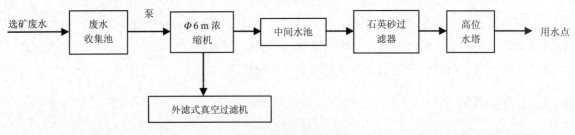

图 2　处理工艺流程

5.2　工艺处理单元

5.2.1　废水收集池

利用原有池子（包括原有提升泵）。

5.2.2　浓缩机

功能：用于去除水中的悬浮物，集混凝、反应、沉淀于一体。

选矿水进入浓缩机前投加混凝剂。通过反应、沉淀去除水中的污染物质，使水质变好。上清液出水进入中间水池。

5.2.3　中间水池

功能：将中间水池池中水提升到石英砂过滤器。

设计参数：有效容积为 30 m^3，尺寸为 3 m×2.5 m×4.0 m。

配套设备：提升泵 2 台，1 用 1 备，参数为：Q=100 m^3/h，H=32 m，N=15 kW。

5.2.4　石英砂过滤器

功能：通过过滤可以进一步去除水中的絮凝体，进一步降低浊度和色度，也可以增加对磷、BOD、COD、重金属、细菌、病毒和其他物质的去除率。

设计参数：滤速 15 m/h，尺寸为 Φ 2.0 m×4.2 m。

数量：两台。

5.2.5　高位水塔

为选矿厂提供回用水。

水塔尺寸：高 25 m，容量 100 m^3，1 座。

中间水罐：直径 5 m，高 3 m。

配套设备：回用水泵 2 台（1 用 1 备），单泵参数：Q=100 m^3/h。

5.2.6　污泥池

功能：本系统运行时将产生的污泥通过外滤式真空过滤机脱水后外运。

5.2.7　综合设备间

综合设备间采用砖混结构，平面尺寸长 14 m，宽 10 m，层高 4.2 m。分别包括设备间、污泥脱水间。设备间主要设备有浓密机、加药设备、石英砂过滤器等。

5.2.8　压滤脱水设备

我公司通过污泥特性、运行情况、人员素质、对泥饼的要求以及资金、成本等几个方面综合考虑，脱水设备选用技术先进的 KX 快开式压滤机。

5.3　主要设备表

表 3　主要设备表

序号	设备名称	型号及参数	单位	数量	安装位置	备注
1	中间水池提升泵	Q=100 m^3/h，H=32，N=15 kW	台	2	中间水池	1 用 1 备
2	真空过滤机	CW-5	台	1	综合设备间	
3	石英砂过滤器	Φ 2.0 m×4.2 m	台	2	综合设备间	
4	回用水泵	Q=100 m^3/h，H=32，N=15 kW	台	2	回用水池	1 用 1 备
5	KX 快开式压滤机	处理量 12-21T/h	台	2	综合设备间	
6	浓密机	TNE6	台	1	综合设备间	
7	现场操作箱		台	1		
8	照明配电箱		台	1		
9	自控设备及元器件		套	1		
10	电线电缆及配件		批	1		
11	加药设备	一体化	套	1	综合设备间	
12	管道、阀门及辅材		批	1		

5.4 原材料的消耗和供应

本项目实施后，原辅材料的消耗主要是电的消耗，年耗电量约 50 万 kW·h。

5.5 土建工程

表4　土建工程一览表

序号	工程名称	尺寸	数量	备注
1	污泥池	38 m×37 m×6.0 m	1 座	钢砼
2	中间水池	8.7 m×4.8 m×3.3 m	1 座	钢砼
3	高位水塔	高 25 m，容量 100 m^3	1 座	钢砼
4	综合设备间	32.1 m×15.6 m	1 座	砖混

6　项目时间进度计划

表5　工程实施进度表

序号	进度＼阶段	1 月	2 月	3 月	4 月	5 月	6 月	7 月	8 月	9 月	10 月	11 月	12 月
1	可行性研究、论证	▬											
2	施工图设计		▬	▬									
3	主要设备订货				▬	▬							
4	土建施工						▬	▬	▬				
5	设备安装									▬	▬		
6	人员培训										▬		
7	设备调试											▬	▬
8	验收												▬

7　项目效益分析

7.1 环境效益评价

公司选矿废水处理站规模为 3 000 m^3/d，则项目实施前后对比情况如表 6 所示。

表6　环境效益分析表

项目	总锌	总镉	总铅	总汞	总砷
改造前回用水水质	3.0 mg/L	0.2 mg/L	1.5 mg/L	0.07 mg/L	0.7 mg/L
改造前回用水重金属总量	2 970 kg/a	198 kg/a	1 485 kg/a	69.3 kg/a	693 kg/a
改造后回用水水质	2.0 mg/L	0.1 mg/L	1.0 mg/L	0.05 mg/L	0.5 mg/L
改造后回用水重金属总量	1 980 kg/a	99 kg/a	990 kg/a	49.5 kg/a	495 kg/a
削减量	990 kg/a	99 kg/a	495 kg/a	19.8 kg/a	198 kg/a

因此,项目实施后,生产废水将实现"零排放",工程主要重金属污染物削减量为:总锌 990 kg/a,总镉 99 kg/a,总铅 495 kg/a,总汞 19.8 kg/a,总砷 198 kg/a。

7.2 社会效益评价

通过该回水利用工程不仅保证了选矿厂生产用水,而且消除了生产过程中产生的工业废水对周围河道和土壤的污染,有效地保护了周围的生态。

7.3 经济效益评价

本项目是水资源治理和重金属污染综合防治工程,符合国家产业政策、环保政策方向,可享受国家的优惠政策。项目实施后,水资源得到最大限度的重复利用,为公司节约了水费,间接为公司创造了一定的经济效益。

8 售后服务

本公司严格按照 ISO 9001:2000 的质量体系,提供设计、制造、安装、调试一条龙服务。

本公司对质量实行质量承诺制度,接受用户的监督。

安装调试期间,我公司免费为用户代培操作工,至单独熟练操作为止。同时,免费为用户提供有关操作规程及规章制度。

按设计标准及设计参数对设备及处理指标进行验收考核,达不到标准负责限期整改,直至达标为止。

本项目质量保证期为整个项目交工验收后 12 个月,在质保期内因质量问题发生的一切费用,由我公司负担。

动力设备按国家标准保修期保养,保修期后如发生故障,由质安部登记后会同生产、技术部到现场分析原因,确定保修内容和范围,由技术管理部门制订返修方案,再组织保修工作的实施,质安部进行复检并收集有关资料存档。

保修期满后,定期对工程进行回访,免费提供技术咨询服务,工程实行终身维修,保修期满后只收取成本费。

实例二　广西某有色金属冶炼厂 12 000 m³/d 废水处理改造工程

1　项目概况

广西某有色金属冶炼厂主要冶炼锡、锌，废水主要来自锌冶炼浸出工段和硫酸净化工段的排水。废水中的主要成分为 Zn^{2+}、Cd^{2+}、Cu^{2+}、SS、Pb^{2+}、As^{2+} 等，一般废水主要是地面冲洗水、厂区生活废水及部分冷却水。

在该厂废水处理站，含 As 硫酸废水先用低 pH 值铁砷氧化共沉法除 As，然后再与锌冶炼废水汇集，进入絮凝、沉淀、压滤等处理工序。废水处理站排出的水与一般废水经厂区的下水道管网汇入废水集中处理池进行二段处理，经中和澄清后排出的少量清水打入生产区高位蓄水池返回流程使用。然而，实际运行中，该废水处理站排放的水质一直不达标。因此本设计对脱砷后的硫酸废水与锌冶炼废水处理工艺进行改造。

对于重金属废水的处理，生物处理和其他物理化学处理方法由于成本高，反应条件要求苛刻等原因，难以推广应用。中和处理法是较为常用的处理方法。该项目的废水为强酸性废水，重金属含量高，在废水处理时，pH 控制条件较为严格。若采用硫化物沉淀法，S^{2-} 虽能有效去除金属离子，但易水解产生 H_2S 挥发逸出，造成二次污染。铁氧体法是一种新型处理废水的方法，其流程简单，可以回收铁氧体，但能量消耗很大，而且硫酸亚铁的价格很高，不经济。

本设计采用石灰中和沉淀法，使废水中的重金属离子与石灰乳发生中和反应，生产离子溶度积很小的重金属氢氧化物或酸盐沉淀，再经过絮凝沉淀作用去除，实现处理后水质达到排放标准。

2　水质特点及进出水水质

本项目有色金属冶炼厂废水主要由锌冶炼浸出工段和硫酸净化工段排水组成，日排放总量为 12 000 m³/d，水温 20℃，该废水具有水量大，污染物浓度高，整体呈现酸性等特点，含 Zn^{2+} 较高。进水水质如表 1 所示。

表 1　进水水质

项目	SS	Cu^{2+}	Pb^{2+}	Zn^{2+}	Cd^{2+}	COD_{Cr}	pH
进水水质/（mg/L）	141	4.57	4.81	230.25	4.22	232	2.0

废水经过处理后，悬浮物、COD_{Cr} 及各种重金属能够有效地被去除，出水水质达到《废水综合排放标准》（GB 8978—1996）第一、二类污染物最高允许排放标准一级标准，出水水质见表 2。

表 2　出水水质

项目	SS	Cu	Pb	Zn	Cd	COD_{Cr}	pH
出水水质/（mg/L）	70	0.5	1.0	2.0	1.5	100	6~9

3　废水处理工艺及主要设施

3.1　废水处理工艺流程

废水处理工艺流程如图1所示。

锌冶炼浸出工段废水和硫酸净化工段排水混合后，首先经格栅，去除水中粗大的漂浮物、悬浮物，再提升至调节池进行水质水量调节，调节后的废水自流入中和反应槽，在中和反应槽中投加石灰乳，部分石灰乳中和废水中的硫酸，并调整预处理后的 pH 值，使石灰乳与重金属离子发生作用，生成难溶性沉淀。悬浊液进入絮凝反应槽，在絮凝反应槽中投加季铵化阳离子聚丙烯酰胺，使悬浮颗粒聚沉。混合液进入沉淀池进行固液分离，上清液送至调节池。中和反应槽、絮凝反应槽和沉淀池产生的污泥排至污泥浓缩池进行浓缩。浓缩后的污泥送至污泥脱水间脱水、干化，最后将泥饼送回生产流程分离回收有价重金属。

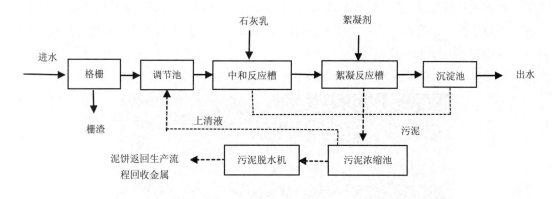

图1　工艺流程

3.2　主要设施及参数

3.2.1　格栅间

格栅为机械清理，地下式

结构：钢混结构，内部做防水处理

尺寸：栅槽宽度 1.0 m，栅槽总长度 3.63 m，栅后槽总高度 0.75 m

前端进水渠接厂区废水收集管道，后端出水进入调节池

主要设备：链条回转式多耙平面格栅除污机；数量：2 台；型号：GH-800

设备参数：电动机功率：0.75 kW；格栅净距 20 mm；安装角度 60°；过栅流速＜1 m/s

3.2.2　调节池

数量：1 座，半地下式

结构：预制桩基础，钢砼结构，内部环氧树脂防腐处理

尺寸：12.9 m×12.9 m×3 m，设有 0.01 的坡度

主要设备：自动搅拌潜污泵；数量：2 台（1 用 1 备）；型号：150WLB150-10-7.5

3.2.3　中和反应系统

（1）投药装置

数量：1 座，地面式

尺寸：3.3 m×3.2 m×3.8 m

结构：预制桩基础，钢砼结构，内部环氧树脂防腐处理

（2）溶液槽

数量：2 座，地面式

尺寸：3.7 m×3.8 m×4.3 m

结构：预制桩基础，钢砼结构，内部环氧树脂防腐处理

（3）混合池

数量：1 座，地面式

尺寸：7.9 m×7.9 m×4.0 m

结构：预制桩基础，钢砼结构，内部环氧树脂防腐处理

考虑到药剂中常含有影响中和反应的杂质（如金属离子等），并且中和反应混合不均匀，因此中和剂的实际耗量的理论值的 1.1～1.2 倍。药剂总耗量为 385.31 kg/h。

3.2.4　絮凝池

采用垂直轴式机械絮凝池，半地下式。絮凝池一组设计两个池子，没池的设计流量为 Q=250 m³/h，每个絮凝池分为 3 格，每格设置 1 台搅拌装置，分格隔墙上过水孔道上下交错布置。如图 2 所示。

每格尺寸：2.5 m×2.5 m×4.7 m

结构：预制桩基础，钢砼结构，内部做防水处理

图 2　絮凝池

3.2.5　沉淀池

选用斜板沉淀池，斜板采用蜂窝六边形塑料，板厚 0.4 mm，管的内切圆直径 25 mm，斜管倾角 60°。

进口采用穿孔墙配水，穿孔流速为 0.1 m/s。集水系统采用淹没孔集水槽，共 8 个，集水槽中距为 1.1 m。排泥系统采用穿孔管排泥，V 形槽边与水平呈 45°，共设 8 个槽，槽高 80 cm，排泥管上装快开闸门。

数量：2 座（1 用 1 备），半地下式

尺寸：8.5 m×6.0 m×6.85 m

结构：预制桩基础，钢砼结构，内部做防水处理

3.2.6　污泥浓缩池

选用辐流式浓缩池，泥斗最低端深 4.5 m，半径 7.8 m

数量：1 座，半地下式

结构：预制桩基础，钢砼结构，内部做防水处理

采用 GZX 悬挂式中心驱动刮泥机，型号 GZX-4。GZX 系列刮泥机由驱动机构、传动器、挂壁刮板等部分组成，采用悬挂式中心驱动结构，减速比大，运行稳定。

3.2.7　污泥脱水系统

选用带宽 2.0 m 的滚压带式压滤机 3 台，2 用 1 备。

表 3　构筑物一览表

序号	构筑物名称	尺寸	数量	备注
1	格栅间	3.61 m×1.0 m	1 座	地下式，钢砼结构
2	调节池	12.9 m×12.9 m×3 m	1 座	半地下式，钢砼结构
3	中和反应系统			
3.1	投药装置	3.3 m×3.2 m×3.8 m	1 座	地面式，钢砼结构
3.2	溶液槽	3.7 m×3.8 m×4.3 m	2 座	地面式，钢砼结构
3.3	混合池	7.9 m×7.9 m×4.0 m	1 座	地面式，钢砼结构
4	絮凝池	7.5 m×7.5 m×4.7 m	2 座	半地下式，钢砼结构
5	沉淀池	8.5 m×6.0 m×6.85 m	2 座	半地下式，钢砼结构
6	污泥浓缩池	Φ 7.8 m×4.5 m	1 座	半地下式，钢砼结构

4　处理效果预测

本项目采用的废水处理效果较好，无水肿的主要污染物去除率为 94.57%～99.74%，出水水质能到达到《废水综合排放标准》（GB 8978—1996）第一、二类污染物最高允许排放标准一级标准。如表 4 所示。

表 4　处理效果预测表

项目	SS	Cu^{2+}	Pb^{2+}	Zn^{2+}	Cd^{2+}	COD_{Cr}	pH
进水/（mg/L）	141	4.57	4.81	230.25	4.22	232	2.0
出水/（mg/L）	5.6	0.07	0.14	0.6	0.08	12.6	8.5
一级标准/（mg/L）	70	0.5	1.0	2.0	1.5	100	6～9
去除率/%	96.03	98.47	97.09	99.79	98.10	94.57	—

5　效益分析

（1）每年电费：33.92 万元

（2）人工费：36 万元

（3）药剂费：258.52 万元

（4）水费：6.57 万元

（5）泥饼外运费：2.482 万元

（6）年维修费：48 万元

（7）管理费：7.4 万元

合计费用 404.69 万元，设计处理水量 12 000 m³/d，预计每吨水的处理成本为 0.924 元。

6 工程建设进度表

为缩短工程进度，确保废水处理设施如期实行环保验收，工程设计、各分部工程、分项工程土建、安装以及调试工作，将进行统一协调、分布、交叉进行。

总工程进度安排如表 5 所示。

表 5 工程进度表

工作内容 \ 周	2	4	6	8	10	12	14	16	18
施工图设计	▬	▬							
土建施工									
设备采购制作					▬	▬	▬		
设备安装						▬	▬		
调　试								▬	▬

实例三　余姚市某铜业公司 50 m³/d 酸洗废水处理工程

1　工程概况

该铜业公司是一家以铅黄铜、无铅黄铜、铜产品的生产和研发为主的综合性企业,主要生产和经营各类铅黄铜棒和无铅黄铜棒系列及环保铜材系列产品,产品出口到十几个国家和地区。随着企业生产规模的不断扩大,产生的废水量也日益增大,因此企业拟新建一套废水处理设施,对酸洗车间产生的废水进行妥善处理,经处理后的出水达到《废水综合排放标准》(GB 8978—1996)中的一级标准。该废水处理工程日处理规模为 50 m³,主要由酸洗车间的酸洗含铜废水组成。该工程采用拥有自主知识产权的一体化废水处理设备,出水能稳定达到排放标准。该废水处理系统总装机功率为 8.31 kW,运行费用约 1.59 元/m³ 废水(不含折旧费)。

图 1　废水处理站概貌

2　设计依据

2.1　设计依据

(1)建设方提供的各种相关基础资料(水质、水量、排放标准等);

(2)现场踏勘资料;

（3）《废水综合排放标准》（GB 8978—1996）；

（4）《室外排水设计规范》（GB 50014—2006，2014 年版）；

（5）国家及省、地区有关法规、规定及文件精神；

（6）其他相关设计规范与标准。

2.2 设计原则

（1）认真贯彻国家关于环境保护工作的方针和政策，使设计符合国家的有关法规、规范、标准；

（2）综合考虑废水水质、水量的特征，选用的处理工艺应技术先进、稳妥可靠、经济合理、运转灵活、安全适用；

（3）妥善处理和处置废水处理过程中产生的污泥和浮渣，避免造成二次污染；

（4）废水处理系统的自动控制系统应管理方便、安全可靠、经济实用；

（5）废水处理系统的平面布置力求紧凑，减少占地和投资；高程布置应尽量采用立体布局，充分利用地下空间；

（6）严格按照建设方界定条件进行设计，适应项目实际情况。

2.3 设计范围

本工程的设计范围包括废水处理系统的工艺、土建、构筑物、设备、电气、自控及给排水的设计。不包括站外至站内的供电、供水系统以及站内的道路、绿化等。

3 主要设计资料

3.1 设计进水水质

根据建设方提供的材料，设计废水总量按 50 m³/d 计，每天运行 10 h。如果今后废水量有所增加，可以在不更换处理设备的情况下延长运行时间即可。

设计废水进水水质指标如表 1 所示。

表 1 设计废水进水水质

项目	COD/（mg/L）	氯化铜/（mg/L）	pH
进水水质	≤500	≤2 000	1.0～2.0

3.2 设计出水水质

经处理后的废水出水水质应达到《废水综合排放标准》（GB 8978—1996）中的一级标准，具体水质指标如表 2 所示。

表 2 设计废水出水水质

项目	COD/（mg/L）	总铜/（mg/L）	SS/（mg/L）	pH
出水水质	≤100	≤0.5	≤70	6.0～9.0

4 处理工艺

4.1 工艺流程

该企业的生产废水来自酸洗车间的酸洗铜废水，其中主要有 COD_{Cr}、悬浮物、铜离子等污染物。一般而言，对于 COD_{Cr} 及悬浮物等污染物可以通过加药、混凝、沉淀的方式去除；而铜化合物的密度较大，不宜用气浮等处理工艺去除，因此可通过投加氢氧化钠和石灰进行化学反应，形成沉淀物后在沉淀池中加以去除。鉴于此，本设计拟采用拥有自主知识产权的一体化废水处理设备进行处理，废水在该设备中依次通过加药、混凝、沉淀、过滤处理，出水可稳定达到《废水综合排放标准》（GB 8978—1996）中的一级标准。该设备产生的污泥经过泥渣干化场干化处理后定期外运处理。具体工艺流程如图 2 所示。

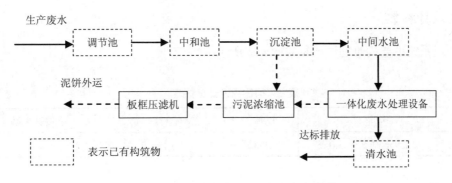

图 2 铜业公司酸洗废水处理工艺流程

4.2 工艺流程说明

生产车间废水首先进入调节池，在此调节水质和水量，以减轻后续处理构筑物的处理负荷；调节池出水进入中和池进行中和处理，在此投加碱性药剂，使酸性废水与药剂在池中匀质混合后进行中和反应，从而有效调节废水的 pH；经中和池调节 pH 后的废水进入竖流式沉淀池进行初次沉淀，在此沉淀去除大颗粒物质；竖流沉淀池出水自流进入中间水池暂存。

一体化废水处理设备：经预处理系统处理后的废水由提升泵提升到一体化废水处理设备，该设备采用的是 A/O 生物处理工艺。A 级是厌氧生物处理，兼氧微生物利用有机碳源作为电子供体，将废水中的亚硝酸盐态的氮及硝酸盐态的氮转化成氮气，以达到脱氮的目的，同时又去除了部分有机污染物。O 级是好氧生物处理，池中主要存在好氧微生物和自氧型微生物（硝化菌），其中好氧微生物将有机物分解成二氧化碳和水，因而有机污染物在此得到进一步的氧化分解。自氧型微生物能将氨氮转化为亚硝酸盐态的氮及硝酸盐态的氮，同时在碳化作用趋于完成的情况下，使硝化作用能顺利进行。O 级池的出水部分回流到 A 级，为 A 级池提供电子接受体，通过反硝化作用最终消除氮污染，在此过程中有机物也能得到有效地去除。

该一体化设备主要包括 A 级生物池、O 级生物池、沉淀池及污泥消化池等。其中 A 级池为推流式接触氧化生物池，停留时间大于 2 h，内设弹性立体填料，水中溶解氧量小于 0.5 mg/L，为缺氧生物处理区；O 级生物池也为推流式生物接触氧化池，在有氧的条件下，有机物经过微生物的代谢活动被分解，停留时间大于 6 h，气水比大于 12∶1，溶解氧含量大于 3.5 mg/L，池内采用新型填料和高效曝气头。沉淀池采用斜管沉淀，主要沉淀生物池中老化脱落的微生物及悬浮物等，污泥部分进入污泥消化池，上清液澄清后排出。污泥在浓缩池中消化脱水后泵入板框压滤机进行压滤脱水，干泥饼即可外运处理或用作绿化用肥。经该一体化废水处理设备处理后的出水水质可稳定达到《废水综合排放标准》（GB 8978—1996）中的一级标准。

4.3 工艺特点

该废水处理系统采用一体化废水处理设备，该设备的特点在于占地面积小、运行成本低、自动化程度高、设备维护简单等。该废水处理设备可置于中间水池和清水池顶，运行稳定、出水水质安全可靠，且平时一般不需专人管理，只需适时对设备进行维护和保养即可。除此之外，该废水处理设备对水质的适应性强、耐冲击负荷性能好、产泥少，是一种高效的废水处理设备。

5 构筑物及设备设计参数

5.1 构筑物设计参数

该废水处理系统主要构筑物设计参数如表 3 所示。

表 3　构筑物设计参数表

名称	规格尺寸	结构形式	数量	设计参数
污泥浓缩池	1.5 m×1.5 m×3.0 m	钢砼	1	

5.2 主要设备设计参数

该废水处理系统主要设备设计参数如表 4 所示。

表 4　主要设备设计参数表

设备	数量	规格型号	功率	备注
废水提升泵	2 台	25HYLZ-13	1.1 kW	
搅拌机	1 台	WB85-LD	1.11 kW	
加药装置（带 pH 探头）	2 套	YF-5	—	
一体化废水处理设备	1 套	YFW-5	2.8 kW	流量 5 m^3/h； 规格 3.5 m×2.0 m×2.8 m
板框压滤机	1 台	XJ8/500-U	—	规格 2.00 m×0.89 m×1.38 m
螺杆加压泵	1 台	KQ1B-40	2.2 kW	流量 1 m^3/h；扬程 80 m
污泥泵	1 台	KQZX40-6.3-20	1.1 kW	

6 土建设计

土建构筑物均采用原有已建成的池体，未预埋部分只作适当改造（即土建部分建设方已建好，只需另建一座污泥浓缩池即可）。

7 配电及自控设计

配电系统采用三相四线制、单相三线制，接地保护系统按常规设置。废水处理站安装负荷为 8.31 kW，使用负荷 5.51 kW，电缆采用穿管明敷。室内照明用难燃塑料线槽明敷。

8 运行费用及技术经济分析

8.1 运行费用

本工程运行费用由电费、人工费和药剂费三部分组成。

（1）电费

该系统总装机容量为 8.31 kW，其中平均日常运行容量为 5.51 kW，每天电耗为 28.7 kW·h，具体用电量分析如表 5 所示。电费平均按 0.60 元/（kW·h）计，则运行电费 E_1=0.34 元/m^3 废水。

表 5　系统用电量分析表

设备名称	使用功率/kW	装机功率/kW	使用时间/h	每天耗电/（kW·h）
废水提升泵	0.55	1.1	10	5.5
搅拌机	1.11	1.11	10	11.1
废水处理设备	0.55	2.8	10	5.5
污泥泵	1.1	1.1	2	2.2
螺杆泵	2.2	2.2	2	4.4
总计	5.51	8.31	—	28.7

（2）人工费

本废水处理站自动化控制程度高，操作管理简单，可由厂内管理人员兼职管理，人工费可不计。

（3）药剂费

该废水处理系统所用药剂主要由混凝剂、助凝剂、中和 pH 所需药剂及去除铜离子所需药剂四部分组成，一般而言，处理 1 m^3 废水所产生的药剂费用约：混凝剂：0.25 元；助凝剂：0.20 元；中和 pH 所需药剂：0.30 元；去除铜离子所需药剂：0.50 元，则药剂费为 1.25 元/m^3 废水。

运行费用总计为 0.34+1.25=1.59 元/m^3 废水。

8.2 经济分析

（1）按环保排污管理条例，未经处理的废水直接排放进入环境，根据其水量、水质状况及排水区域应缴纳 0.3～1.00 元/m³排污管理费，但经过企业内部的处理系统处理后达标排放的废水则不需要交纳此项费用。

（2）对于所产生废水浓度较大的行业，如印染、屠宰、冶炼、电镀、塑胶、化工、金属表面处理、喷涂等，必须经过企业内部的处理系统处理达标后方可排入市政管道或纳废水体。本设计方案中的运行费用偏高是因为处理水量较小，平均分摊到每吨水上的费用较高，故运行成本也均较高。随着后期企业生产规模的扩大，排放的废水量也会随之增大，到时只需延长系统的处理时间即可满足处理要求，运行成本也会随之降低。

9　工程占地面积及建设进度

9.1　工程占地面积

本废水处理系统中，一体化设备总占地面积约 7.0 m²，污泥浓缩池占地面积约 3.0 m²，压滤机置于调节池顶，设备可置于中间水池及清水池池顶，不需新建基础。

9.2　工程建设进度

本工程建设周期为 13 周，为缩短工程进度，确保该废水回用处理设施如期实行环保验收，工程设计、各分部工程、分项工程土建、安装以及调试工作，将进行统一协调、分布、交叉进行，具体工程进度安排如表 6 所示。

表 6　工程进度表

工作内容＼周	1	2	3	4	5	6	7	8	9	10	11	12	13
施工图设计	▬	▬											
土建施工			▬	▬									
设备采购制作					▬	▬	▬	▬	▬	▬			
设备安装								▬	▬	▬	▬		
调试											▬	▬	▬

10　工程保修及事故应急处理措施

（1）本工程自验收合格日算起保修期为一年，设备部分自进场日算起保修期为一年；

（2）本方案的提升设备设有备用，当其中一台出现故障时，由另一台备用设备工作，以保证处理系统能正常运行；同时厂内必须加紧时间维修出现故障的设备，防止出现两台设备同时发生故障；

（3）为保证处理设备的正常运行，应加强设备日常维护和巡检，在停产期（节假日等）安排检修或大修；

（4）建立规范的操作规程和健全的事故报警制度。

第十一章　石油工业废水

1　石油工业废水概述

石油工业废水主要包括石油开采废水、炼油废水和石油化工废水三个方面。石油开采废水主要来自钻井、采油、洗井、井下作业不同的工段，这些工段排出的废水中含有石油类、挥发酚、硫化物、SS 等污染物。其中石油开采过程中排放量最大、污染最重的为石油类。

炼油厂排出的废水主要是含油废水、含硫废水和含碱废水。含油废水是炼油厂最大量的一种废水，主要含石油，并含有一定量的酚、丙酮、芳烃等；含硫废水具有强烈的恶臭，对设备具有腐蚀性；含碱废水主要含氢氧化钠，并常夹带大量油和相当量的酚和硫，pH 可达 11～14。

石油化工废水成分复杂。石油化工行业采用化学法与物理分离相结合的方法，用原油和天然气为原料加工成所需要的石油产品、工业原料和其他产品。主要污染物为油、硫、氰、酚、悬浮物，还有各种有机物及部分重金属。由于产品种类多且工艺过程各不相同，废水成分极为复杂。总的特点是悬浮物少，溶解性或乳浊性有机物多，常含有油分和有毒物质，有时还含有硫化物和酚等杂质。

2　石油工业废水量和水质

2.1　废水量和水质[①]

石油废水水量、水质随原油性质、加工工艺、设备和操作条件的不同，其差异很大。在水质方面，由于原油来源不同，提炼过程含杂质形态皆不相同，而且不同的炼制程序也会产生不同种类的污染物。在水量方面，生产过程使用的蒸汽，生产用水、冷却水也会影响废水的总量。一般来说，石油废水的污染物种类，除了一般有机物质，主要的污染物还有油脂、酚类、硫化物、氨氮等。

原油性质的不同，对废水水质的影响极大，如加工高硫原油与加工低硫原油出水的废水中，油、硫酚的含量相差 1～10 倍以上。一次加工过程排出的油、硫、酚的含量较低，而二次加工过程排出的油、硫、酚的含量较高。由于影响废水水量水质的因素较多，因此，必须按照具体企业的实际情况，根据上述条件确定废水水量水质，必要时，应通过实测确定。作为对新建炼油厂提供水质参考，炼油化工综合废水 COD_{Cr} 为 800～1 500 mg/L、BOD 为 300～500 mg/L、氨氮为 50～100 mg/L、石油类为 3 000～10 000 mg/L。

石油炼制厂的高浓度及特殊废水主要来自汽提的酸性废水、汽柴油脱硫醇等产生的混合碱渣废水，及延迟焦化产生的高硫废水等，这些废水组成复杂，污染物含量高，如直接排入废水处理装置与其他废水一起处理，将会对生化系统造成严重冲击，应进行必要的分质预处理。

---

① 余淦申，郭茂新，黄进勇编著.《工业废水处理及再生利用》[M]. 北京：化学工业出版社，2012.

2.2 废水水质特点

石油废水处理需要考虑的主要污染物为石油类、COD、BOD、悬浮物、硫化物、挥发酚、氰化物以及氨氮等。石油废水主要特点体现在以下几个方面：

（1）废水量大，废水组成复杂，有机物特别的烃类及衍生物含量高，难降解物质多，而且受碱渣废水和酸洗水的影响，废水的 pH 变化较大。

（2）主要的污染物除一般有机物外，还有油脂、酚类、硫化物和氨氮等，而且含有多种重金属。

（3）废水中油类污染物粒径介于 $100 \sim 1\,000\,\mathrm{nm}$ 的微小油珠易被表面活性剂和疏水固体所包围，形成乳化油，稳定地悬浮于水中，这种状态的油不能用重力法从废水中分离出来。只有大于 $100\,\mu\mathrm{m}$ 的呈悬浮状态的可浮油，才可以依靠油水相对密度差从水中分离出来。

（4）硫化物遇酸时会放出有恶臭的硫化氢，污染周围的大气环境。

3 石油工业废水处理技术

3.1 物理法

3.1.1 悬浮法（亦称气浮法）

其工作原理是设法在水中通入或产生大量的气泡，形成水、气及被去除物质三相非均一体系，在界面张力、气泡上浮力和静水压力差的作用下，使气泡和被去除物质的结合体上浮至水面，实现与水分离。气浮法在石油石化工业中一般用于去除水中的石油。用浮选剂是提高浮选效率最简单最经济的方法。最初被用作浮选剂的是一些无机絮凝剂，如 $Al_2(SO_4)_3$、碱式 $AlCl_3$、明矾，后来它们逐渐被高分子浮选剂所取代，如聚合氯化铝，聚丙烯酰胺、淀粉等。

3.1.2 隔油

隔油处理主要用于去除含油废水中的悬浮和粗分散油，在石油化工工业中应用较广，特别是含油废水处理中将隔油装置作为核心设备。隔油装置一般分为平流式、斜板式和平流斜板组合式三种。石油废水处理一般采用隔油罐，石化废水处理采用隔油池。

3.1.3 聚结出油技术

该技术是利用油与水两相性质的差异和对聚结材料表面亲结合力相差悬殊的特性，当含油废水通过填充着聚结材料的床层时，油粒被材料捕获而滞留于材料表面和空隙内，随着捕获的油粒物增厚而形成油膜，当油膜达到某一厚度时，聚结成较大的油珠从水中分离出来。聚结出油已成为石油废水处理的重要技术。

3.1.4 气提

炼油厂生产装置排出的酸性水中，主要含有 NH_3、H_2S 和 CO_2，如将该水直接排入炼油厂的废水处理厂，按"老三套"（隔油、浮选、曝气）流程进行处理，其排出的废水则达不到排放标准。为了保证废水处理厂平稳运行及排放水合格，对于含硫、含氨氮高的废水，必须进行装置预处理。用气提的方法，采用适当的流程和操作条件，即可把废水净化到各种不同的回用水质要求或符合进入废水处理装置的进水水质指标要求，并能根据要求获得副产品 H_2S 和 NH_3。

3.1.5 过滤

它是以具有空隙的粒状滤料，如石英砂、无烟煤滤料等截留水中杂质，从而使水得到澄清的工艺过程。

3.1.6 萃取

它是在混合物中，组分间的分离方法，除采用蒸馏法外，还可以采用萃取法处理石油废水。

3.2 化学法

3.2.1 中和法

所谓中和法，就是采用一定的手段，调节含酸或含碱废水的 pH 值，使其呈中性反应的方法，石油化工厂的一些生产装置和辅助设施，常排出含酸、碱废水，如油品的水洗水、化学药剂设施排水、油罐的水洗水、锅炉水处理和酸碱泵房的排水等。在一般情况下，碱性废水的 pH 值为 11～12，酸性废水的 pH 值为 1～2，当采用投药中和法时，需加入适当的酸碱药剂。处理酸性废水常用石灰石、电石、$NaCO_3$ 等药剂，当投石灰石或石渣时，产生的污泥量很大。处理碱性废水时需用工业硫酸、盐酸、硝酸。如用废酸作中和药剂则比较经济。

3.2.2 混凝

在水处理中，向水中投加混凝剂以破坏水中胶体颗粒的稳定状态，在一定水力条件下，通过胶粒间以及其他微粒间的相互碰撞和聚集，从而形成易于从水中分离的絮状物，如油、流、砷、镉、表面活性物质、放射性物质、浮游生物和藻类等。混凝过程的药剂可分为混凝剂、助凝剂两大类。混凝剂包括两类，一是无机盐类，如聚合氯化铝、聚合氯化铝铁；二是高分子絮凝剂，如聚丙烯酰胺等。助凝剂包括三类，一是酸碱类，如石灰石等；二是絮凝核心类，如二氧化硅、活性炭、各种黏土、沉淀污泥等；三是氧化剂类，如氯、臭氧等。混凝剂、助凝剂及其他药剂的选择，应根据被处理水的工艺试验，或参照类似被处理水的运行经验来确定。

3.2.3 氧化

目前在石油废水处理中，常采用空气氧化法进行含硫化物的预处理，采用臭氧氧化法进行排放水的三级处理，以确保排放水达标。

3.3 生化处理

3.3.1 厌氧生物处理法

厌氧生物处理法又称"厌氧消化"，是利用厌氧微生物以降解废水中的有机污染物，使废水净化的方法。其机理是在厌氧细菌的作用下将污泥中的有机物分解，最后产生甲烷和二氧化碳等气体。完全厌氧消化过程可分三个阶段：①污泥中的固态有机化合物借助于从厌氧菌分泌出的细胞外水解酶得到溶解，并通过细胞壁进入细胞，在水解酶的催化下，将多糖、蛋白质、脂肪分别水解为单糖、氨基酸、脂肪酸等；②在产酸菌的作用下，将第一阶段的产物进一步降解为较简单的挥发性有机酸，如乙酸、丙酸、丁酸等；③在甲烷菌的作用下，将第二阶段产生的挥发酸转化成甲烷和二氧化碳。影响因素有温度、pH 值、养料、有机毒物、厌氧环境等。厌氧生物处理的优点：处理过程消耗的能量少，有机物的去除率高，沉淀的污泥少且易脱水，可杀死病原菌，不需投加氮、磷等营养物质。但是，厌氧菌繁殖较慢，对毒物敏感，对环境条件要求严格，最终产物尚需需氧生物处理。近年来，常应用于高浓度有机废水生化处理。

3.3.2 需氧生物处理

需氧生物处理法是利用需氧微生物（主要是需氧细菌）分解废水中的有机污染物，是废水无害化的生化处理方法。其机理是，当废水同微生物接触后，水中的可溶性有机物透过细菌的细胞壁和细胞膜而被吸收进入菌体内；胶体和悬浮性有机物则被吸附在菌体表面，由细菌的外酶分解为溶解性的物质后，也进入菌体内。这些有机物在菌体内通过分解代谢过程被氧化降解，产生的能量供细菌生命活动的需要；一部分氧化中间产物通过合成代谢成为新的细胞物质，使细菌得以生长繁殖。

处理的最终产物是二氧化碳、水、氨、硫酸盐和磷酸盐等稳定的无机物。处理时，要供给微生物以充足的氧和各种必要的营养源如碳、氮、磷以及钾、镁、钙、硫、钠等元素；同时应控制微生物的生存条件，如 pH 宜为 6.5～9，水温宜为 10～35℃等。

3.4 石油废水一般处理工艺

采用合适的处理工艺是确保废水达标排放的关键。在确定石油废水的处理流程时，应慎重地采用各种新技术强化预处理，确保生化处理效能和采用合适的深度处理，以使处理水质达标排放或回用。

一般石油废水的处理工艺流程如图 1 所示。

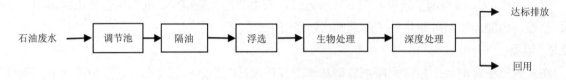

图 1　一般石油废水的处理工艺流程

石油废水按处理程度可分为一级处理、二级处理、三级处理。一级处理的目的是去除废水中的悬浮固体、油状物、硫化物及较大形体物质，所用的方法包括重力分离法、气浮法等。二级处理的目的是去除生物可降解的溶解有机物，降低 BOD 和某些特定的有毒有机物（如酚），方法主要是凝聚法、生化法等。三级处理是深度处理，其目的是去除二级生物处理出水中残留的污染物，不能降解的溶解有机物，溶解的无机盐、氮、磷等营养物质，以及胶体或悬浮固体，使出水达到较高的排放标准或再生水标准，方法有吸附法、膜分离法等。

目前，我国的石油工业废水一般采用隔油—浮选—生化为主的处理工艺，或者此基础上进行改进。隔油单元一般采用二级隔油，多数采用平流—斜板式隔油池或储油罐—平流式隔油池两级隔油设施。浮选单元一般也是二级气浮，多数采用全溶气气浮、部分回流溶气气浮，除去小粒径油滴。生化处理工艺有 A/O 工艺、氧化沟工艺、CASS 工艺和生物接触氧化工艺。除此之外，生物滤塔（池）、氧化塘也有部分工程使用。少数为了保证出水水质还增加了后浮选、曝气生物滤池、活性炭吸附等后续处理设施。

实例一　宁波某炼化厂 500 m³/d 炼油废水处理改造项目

1　项目概况

建设规模：500 m³/d

建设地点：宁波某炼化厂

炼油废水是原油炼制、加工等过程中产生的一类废水，其污染物的种类多、浓度高，对环境的危害大。炼油废水中的主要有机物有：石油类、悬浮物、挥发性酚、BOD、COD；无机物有硫化物、氰化物；金属化合物有汞及其化合物、镉及其化合物、六价铬化合物、砷及其化合物、铅及其化合物。

2　设计基础

2.1　设计依据

（1）《中华人民共和国环境保护法》；

（2）《中华人民共和国水污染防治法》；

（3）《中华人民共和国水污染防治实施细则》；

（4）《建设项目环境保护管理条例》[国务院（1998）第 253 号令]；

（5）《废水综合排放标准》（GB 8978—1996）；

（6）《室外排水设计规范》（GB 50014—2006，2014 版）；

（7）《给水排水工程构筑物结构设计规范》（GB 50069—2002）；

（8）《给水排水工程设计手册》；

（9）《建筑给水排水制图标准》（GB/T 50106—2010）；

（10）《建筑结构荷载规范》（GB 50009—2012）；

（11）《混凝土结构设计规范》（GB 50010—2010）；

（12）《建筑地基基础设计规范》（GB 5007—2011）。

2.2　编制原则

（1）技术先进性原则。废水处理工艺上应首先考虑设备和技术的先进性。

（2）安全性原则。工程推荐使用的处理技术和处理系统具有高品质的出水和安全保障措施。

（3）系统模块性原则。本工程原水收集会随时间、季节不同而变化，同时考虑远期会增加废水产生量，为了减少运行成本，本工程考虑采用模块式的处理设备，可以根据产生废水量的情况进行系统运行组合，以减少运行成本。

（4）低运行成本原则。废水处理成本应作为技术方案选择的重要原则之一。

2.3 设计参数

表 1 设计进水水质

序号	项目名称	进水指标/（mg/L）
1	pH	8.5
2	BOD_5	500
3	COD_{Cr}	1 500
4	SS	112
5	$NH_3\text{-}N$	70
6	石油类	70
7	硫化氢	60

设计出水水质满足《废水综合排放标准》（GB 8978—1996）一级标准值要求。

表 2 设计出水水质

序号	项目名称	出水指标/（mg/L）
1	pH	6～9
2	BOD_5	20
3	COD_{Cr}	60
4	SS	70
5	$NH_3\text{-}N$	15
6	石油类	5
7	硫化氢	1

2.4 设计内容

根据炼油废水的水质状况和对处理后水质的要求，主要对工艺流程的各单元进行设计。主要对隔油池、气浮池、水解酸化罐、生化灌、沉淀池等进行详细设计。

3 处理工艺

3.1 工艺技术路线的确定

3.1.1 技术现状

废水处理过程的各个组成部分可以分为物理处理法、化学处理法、物理化学处理法及生物处理法。常用的物理处理法有均化、沉降、气浮、过滤等，这些单元操作过程已成为废水处理流程的基础；属于化学处理法的单元操作过程有中和、混凝、沉淀、氧化和还原等；在废水处理时常用的物理化学处理单元操作有吸附、离子交换、萃取、吹脱、气提、泡沫分离、膜技术等；生物化学处理法是有机废水处理系统中最重要的过程之一，生化处理是利用微生物的代谢作用氧化、分解、吸附水中可溶性有机物，并使其转化为无害的稳定物质，从而使水得到净化，在现代的生物处理过程中，主要有好氧生物氧化，兼氧生物降解及厌氧消化降解。

（1）重力分离技术

重力分离技术是一种利用油水密度差进行分离的技术，适合去除水中的浮油。重力分离技术最常用的设备是隔油池。它是利用油比水轻的特性，将油分离于水面并撇除。隔油池的形式主要有以下几种：

①平流式隔油池：构造简单，运行管理方便，除油效果稳定；但体积大，占地面积大，处理能力低，排泥难，出水中仍含有乳化油和吸附在悬浮物上的油分，一般难以达到排放要求。

②平板式隔油池：它已有很长的历史，池型最简单，操作方便，除油效率稳定，但占地面积大，受水流不均匀性影响，处理效率不好。

③斜板式隔油池：它是根据 1904 年汉逊等人提出的"浅池原理"对平板式隔油池进行改进而成，在其中倾斜放置平行板组，角度在 30°～40°，可大大提高除油效率，但具有工程造价高、设备体积大等缺点。

此外，还有多层倾斜双波纹板峰谷对置（MUS）型油水分离装置、日本 NCP 系三菱油废水净化装置及我国的平行式小波双波波纹油水分离装置、平放式小列管与大列管油水分离装置等。

（2）化学絮凝技术

絮凝技术是处理含油废水的一种常用技术，在废水处理中占有十分重要的地位。这种技术通过加入合适的絮凝剂从而在废水中形成高分子絮状物，经过吸附、架桥、中和及包埋等作法除去水中的污染物质。常用的无机絮凝剂为铝盐和铁盐，如碱式氯化铝、硫酸铝、三氯化铁和硫酸亚铁等。

碱式氯化铝是一种多盐基性多价电解质混凝剂，开发推广于 20 世纪六七十年代，是介于三氯化铝和氢氧化铝之间的水解产物，具有良好的混凝性能，适用于较宽的 pH 值和温度范围，除油效果较好，但稳定性不足，不能满足气浮操作中絮凝体与气泡附着剪切力的要求。因此有学者对该混凝剂进行了改进。

（3）气浮技术

气浮技术是使大量微细气泡吸附在欲去除的颗粒（油粒）上，利用浮力将污染物带出水面，达到分离目的的技术。因为微细气泡由非极性分子组成，能与疏水性的油粒结合在一起，带着油粒一起上升，上浮速度可提高近千倍，所以油水分离效率很高。含油废水中的油，按其表面性质是完全疏水的，且密度比水小，从理论上讲，应该能互相吸聚、兼并成较大的油粒，借其密度差自行上浮到水面，但由于水中含有由两亲分子组成的表面活性物质，它的非极性端吸附在油粒内，极性端则伸向水中，在水中的极性端进一步电离，导致油粒表面包围了一层负电荷，从而影响了油粒向气泡表面的扩散，使乳化油-水形成了稳定体系。因此，在气浮前必须先采取失稳措施，通常的方法是投加混凝剂。其作用一是中和或改变胶体粒子表面的电荷，以破坏使乳化油稳定的乳化剂，提高气浮效果；二是形成絮凝体，吸附油粒和悬浮物共同上浮，增强泡沫的稳定性。

目前使用的气浮技术包括加压气浮、变压气浮、叶轮气浮、扩散板气浮和电解气浮等，其中常用的是加压气浮技术。加压气浮工艺是用加压泵将加有混凝剂的含油废水打入加压溶气罐中，同时与注入溶气罐的压缩空气混合后上浮；其缺点是絮凝剂用量大、能耗高且占地面积大。变压气浮装置由气浮装置、浮选装置和溶气系统组成。它集凝聚、气浮、撇油、沉淀和刮泥于一体，是适宜于含油废水深度处理的水质净化设备，但工艺还不成熟。传统加压气浮工艺的改进主要在其溶气系统。

电解气浮技术是利用不溶性电极电解含有乳化油和溶解油的废水，利用电解氧化还原作用和初生态微小气泡的上浮作用，使乳化油破坏，并使油粒附着在气泡上而去除油粒的方法。电解产生的气泡捕获杂质的能力较强，去除固体杂质和油粒的效果较好，缺点是电耗大、电极损耗大，单独使用时不能满足要求。

（4）生物技术

用微生物对废水中石油烃类的降解，主要是在加氧酶的催化作用下，将分子氧结合到基质中，先是形成含氧中间体，然后再转化成其他物质。常用的生物技术有活性污泥、生物滤池、生物膜、接触氧化、曝气塔、深井曝气、纯氧曝气以及循序间歇式生物处理等。但由于含油废水中的有机物种类繁多，状态复杂，处理效率并不好，出水含油量高，因而目前趋向于针对含油废水进行分离筛选优势菌种的研究。

（5）电化学技术

常用的是电凝聚技术，它是使用可溶性阳极（金属铁或铝）作为牺牲电极，通过电化学反应，阳极产生絮凝剂，同时阴极产生气泡，从而通过沉降或气浮去除絮凝体的方法。根据去除的污染物组分相对密度大小，电凝聚技术又可分为电凝聚沉淀和电凝聚气浮。前者适用于重组分的分离；后者适用于轻组分的分离。针对含油废水的特点，在处理时絮凝体难沉降而易附着气泡上浮，大多数污染物是通过气浮过程去除的，故适合采用电凝聚气浮技术，它兼有电化学、絮凝和气浮的特点，能一次性去除含油废水中多种污染物。与电凝聚沉淀相比，电凝聚气浮技术具有浮渣含水率低和停留时间短两个显著的优势，这有利于污泥的干化处理且大大缩短了生产周期。

3.1.2 最佳处理技术路线的确定

针对废水处理工艺及水质的问题，在选择和确定本废水处理工艺时主要从以下几个方面加以考虑：

（1）炼油废水的治理应根据炼油的具体情况，首先抓住工艺改革和综合利用，以尽量减少污染物的排放量，同时，还应尽量搞好节约用水和废水回用，最大限度地减少废水排出量。在考虑上述综合治理的情况下，再来确定炼油废水的处理工艺。由于炼油废水成分复杂多变，对应的处理方法也要随之变化，所以首先要搞清废水的特性，采用对应的处理工艺才能达到较好的处理效果。在选择处理工艺前，应分析废水水质及其组成及对废水所要求的处理程度，确定单项处理方法，然后确定最佳处理工艺流程。

（2）解决废水中的乳化油及溶解油问题。废水排放标准石油类已由不大于 10 mg/L 降到 5 mg/L。乳化油进入生化系统后，活性污泥颗粒被油黏附并包裹，微生物的呼吸、新陈代谢及生长繁殖受到限制，生化处理效果下降，有时会出现污泥上浮、大量死亡等现象，严重影响生化处理的正常运行，要达到这个标准，必须解决气浮系统除油效果差的问题。除油不仅要选择合适的药剂，还要选择合适的工艺，使得进入生化系统的油含量控制在 3 mg/L 以下，一种新型除油工艺悬浮污泥过滤除油系统已在公司进行中试，并取得了理想效果。

（3）解决生化曝气系统处理易受冲击的问题。针对废水中的污染物浓度过高的问题，应找出提高生化活性细菌耐受性的方法。

（4）解决曝气出水 COD 及氨氮的不达标问题。废水排放标准是 COD 不大于 60 mg/L，氨氮不大于 15 mg/L，目前公司出水 COD 为 300～1 500 mg/L，氨氮为 50～70 mg/L。现有的好氧曝气工艺不能降解高浓度 COD，也不能将氨氮转化为硝态氮。通过运行中对污染物浓度及污泥的分析，认为有以下原因：废水中磷含量不足，氨氮浓度高，未达到 BOD_5：N：P=100：5：1 的合适比例，抑制了硝化菌的生长，氨氮未能转化为硝态氮，解决方案：根据现有构筑物可选择改造成 A/O 工艺或水解酸化+生物接触氧化工艺。A/O 废水处理工艺，即在现有的推流曝气池加缺氧池（A 段），通过反硝化作用降解氨氮，但由于现有好氧工艺（O）不能将氨氮硝化，因此前置反硝化（A）作用有限，运行中需采用高回流比则导致能耗过高，因此可行性不高。为了有利于后续的好氧生物处理，水解酸化提高了废水的可生化性，有助于接触氧化工艺进行硝化反应，将氨氮转化为硝态氮。由于该废水中含有的氨氮较高，为了能达到去除氨氮的效果，对生化池出水进行回流，回流到水解酸化池缺氧段进行反硝化，从而降低出水氨氮指标。由于后续还有处理单元，因此采用此工艺是可行的。

（5）由于新标准出水水质要求严格，该废水中氨氮含量相对较高，必须选用较长的污泥龄，延长曝气时间，将进水中的氨氮较为充分地转化为硝态氮，而在长的污泥龄运行情况下，污泥絮体变得较为松散,沉降性能降低,出水中细小悬浮物含量增加,一般来说最终出水悬浮物每增加 10 mg/L,出水 COD 升高约 14 mg/L。为保证最终处理出水稳定达标,本次设计最后设置曝气生物滤池单元,对一级生物处理出水进一步处理,以保证出水稳定达标。

3.2 工艺流程

综合考虑废水处理效果、运行管理的方便程度和费用,即基建施工费用、占地面积和国内环境,选取传统活性污泥法较为合理。考虑本设计题目的具体情况,工艺流程如图 1 所示。

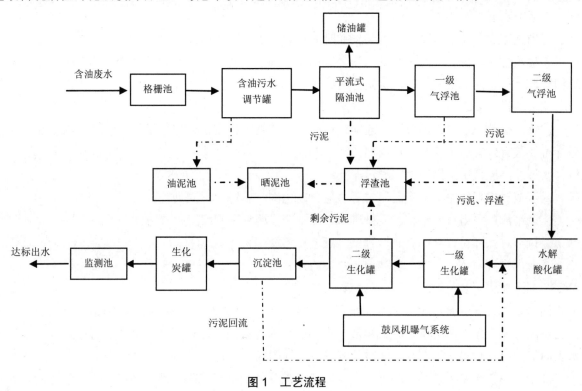

图 1 工艺流程

3.3 预期达到的处理效果

表 3 系统污染去除率预测表

污染物	溶解性 BOD$_5$	COD$_{Cr}$	氨氮	SS	石油类	硫化氢
进水	500	1 500	70	112	70	60
出水	20	60	15	70	5	1
去除率	96%	96%	78.6%	37.5%	92.9%	98.3%

3.4 工艺特点及技术关键

3.4.1 格栅池

格栅池主要是截阻大块的呈悬浮或漂浮状态的固体污染物,以免堵塞水泵和沉淀池的排泥管。截留效果取决于缝隙宽度和水的性质。

3.4.2 调节罐（池）特点及设计要求

炼油废水的水质水量随时变化，波动较大，废水水质水量的变化对排水及废水处理设备，特别是对净化设备正常发挥其净化功能是不利的，甚至有可能损坏设备。为解决这一矛盾，废水处理前一般要设调节罐，以调节水量和水质。为了保证后续处理构筑物或设备的正常运行，对废水的水量和水质进行调解。一般来说，调节罐（池）具有下列作用：

①减少或防止冲击负荷对设备的不利影响；

②使酸性废水和碱性废水得到中和，使处理过程中 pH 值保持稳定；

③调节水温；

④当处理设备发生故障时，可起到临时的事故贮水池的作用；

⑤集水作用，调节来水量和抽水量之间的不平衡，避免水泵启动过于频繁。为了保证后续的构筑物有较为稳定的水质水量和适宜微生物的 pH 值。

调节池设计要求：

①炼油废水处理应设调节罐。连续运行时，其有效容积按日处理水量的 30%～40%计算。间歇运行时，其有效容积按工艺运行周期计算；

②调节池应采用半地下式，设污泥斗；

③调节罐定期排泥，产生污泥与厌氧池、氧化沟产生污泥一同处理；

④调节罐应采用封闭结构，设排风口，防沉淀措施宜采用水下搅拌方式；

⑤调节罐顶部设有 R=0.3 m 检查口，罐壁设爬梯；

⑥罐内设置液位信号器，自动控制水泵的开启。

3.4.3 隔油罐（池）除油单元工艺原理

油水分离设施主要是应用重力沉降分离的物理方法，上浮分离出游离状态的油品（密度小于1），但它不能分离出废水中溶解性有机物质，也不能清除乳化液。在进行油水分离过程中，油品上浮于水表面的同时，也将悬浮在水中的物质沉降于设施的底部。

油水分离设施发挥其功能的能力主要取决于油品的类型和状态、载流体的性质及设施的设计状态。由于是依据油、水的密度差（油品的相对密度小于 1）进行分离，因此，油水分离设施的分离受到一定的限制，其只能有效分离直径最小为 0.0.6～0.15 mm 油珠的油，故称为油水粗分离设施。隔油池是油水分离的主要设施，隔油池的实用性是根据含油废水中油品待分离的难易程度，通过实验确定。最为广泛应用的油（粗）水分离设施是矩形的 API 隔油池。

除油罐的优点有：除油效率高，都在 85%以上出水中的残油再经过加压溶气浮选后，不会给生化处理带来影响；液面上的浮油用一根集油线就能够将其集入污油罐，操作简单，罐底沉沙的清扫也优于隔油池，省掉了刮油刮泥机，减少了维护保养工作，另外密闭性好，避免了因油气、NH_3、H_2S 的挥发，造成空气污染。

3.4.4 气浮池除油单元工艺原理

气浮除油是通过释放溶于水中的细小而分散的气泡黏附在废水中经过混凝剂凝聚的分散油和悬浮物成为漂浮物，从而使油和悬浮物从废水中得到分离。这一过程大体由四个步骤完成：向处理水中投加混凝剂；使废水中的微细油粒及悬浮物凝聚成为大的含油絮凝体；融入空气的水减压释放出大量分散的细微气泡；细微气泡与油及悬浮物组成的絮凝体碰撞黏附；黏附的絮凝体在气泡带动作用下，漂浮于处理水的表面，从而完成油和悬浮物与水分离的目的。

气浮除油法主要是去除废水中的分散油和乳化油。特别是乳化油，由于微粒油的表面有双层电荷，zeta 电位高，表面张力大且稳定，单纯采用隔油池是难以去除的。投加药剂，会破坏这种平衡，达到破乳的目的，从而可以取得较好的处理效果。因药剂产生的絮体有一定的吸附作用，因此，对溶解油的去除也有一定的效果。

空气溶解于处理水中的量，用空气对水的溶解度来表示，影响溶解度的因素主要是废水的压力和温度。与压力成正比，与温度变化成反比，而溶解速度则与空气和水的接触界面有关，通常用溶解效率来表示空气溶解度的高低。

废水中的油珠等物质能否与气泡黏附，取决于该物质能够被废水湿润的程度。疏水性物质被气泡黏附。对于亲水性物质，必须向水中投加混凝脱稳剂，使其表面改变疏水性方能与气泡黏附。

3.4.5　水解酸化工艺原理

水解酸化主要用于有机物浓度较高、含油较高的废水处理工艺，是一个比较重要的工艺。水中有机物为复杂结构时，水解酸化菌利用 H_2O 电离的 H^+ 和 OH^- 将有机物分子中的 C-C 打开，一端加入 H^+，一端加入 OH^-，可以将长链水解为短链、支链成直链、环状结构成直链或支链，提高废水的可生化性。水中乳化油、溶解油高时，水解菌通过胞外黏膜将其捕捉，用外酶水解成分子断片再进入胞内代谢，不完全的代谢可以使乳化油、溶解油成为溶解性有机物，出水就变得清澈了。这期间水解菌是利用了水解断键的有机物中共价键能量完成了生命的活动形式。经过水解酸化工艺降低了水中油的含量，提高了废水的可生化性。

3.4.6　曝气生化池单元工艺原理

曝气生化滤池在欧洲、美国和日本均已被成功应用。其最大特点是使用了一种新型填料，在其表面生长有生物膜，废水自下向上流过填料，池底则提供曝气，使废水中的有机物得到好氧分解。

曝气生化池，即一段曝气生物滤池主要用于处理可生化性较好的工业废水以及对氨氮等营养物质没有特殊要求的生活废水，其主要去除对象为废水中的碳化有机物和截留废水中的悬浮物，也即去除 BOD、COD、SS。

在生物化学反应过程中，有机物的氧化、合成新细菌及细菌自身氧化，可用下面三个化学方程式表示：

（1）有机物氧化

有机物$+O_2 \xrightarrow{\text{酶}} CO_2+H_2O+$热能

（2）合成新细菌

有机物$+O_2+NH_3 \xrightarrow{\text{酶}}$ 新细菌$+CO_2+H_2O+$热能

（3）细菌的自身氧化

细菌$+O_2 \xrightarrow{\text{酶}} NH_3+CO_2+H_2O+$热能

这三个过程在曝气区内不断交替进行，从而表明此过程特别适用于处理废水中的溶解和胶体有机物。

3.4.7　生物炭塔单元工艺原理

生物活性炭塔可以将活性炭的物理吸附与微生物的生化作用结合起来，是保证使出水水质得到进一步达标的理想深度处理设备。

以生物活性炭为基础所形成的处理废水的技术方法叫作生物活性炭法。生物活性炭法是利用活性炭为载体，使炭在处理废水过程中炭表面上生成生物膜，产生活性炭吸附和微生物氧化分解有机物的协同作用的废水生物处理过程。此法提高了对废水中有机物的去除率，增加了对毒物和负荷变化的稳定性，改善了污泥脱水及消化的性能，延长了活性炭的使用寿命，是一种以生物处理为主，同时具有物化处理特点的一项生物处理新技术。一般常用的有粉末炭活性污泥法、固定床催化氧化、流化床吸附、膨胀床吸附氧化等不同工艺流程。实验结果表明，这种方法可用于不同的工业废水（化工、印染、合成纤维等）和生活废水处理，效果良好。

4 主要设备、构筑物参数设计

4.1 格栅的设计参数

格栅设计参数确定

栅条间距：b=5 mm　　　　栅前水深：h=0.4 m

废水过栅流速：v=0.6 m/s　　格栅倾角：α=60°

栅条宽度：s=10 mm　　　　工业废水流量变化系数：K=1.3

4.2 含油废水调节罐的设计参数

废水在池内停留时间一般为 3～4 h，这里取为 4 h。

（1）调节罐内废水量取 V=120 m³；设计调节罐两个，单个调节罐的实际容积为 170 m³；

（2）调节罐的平面面积取调节罐有效水深为 H=6 m，底面直径 D=6 m，调节罐地面面积 $=\pi \times R^2$=3.14×3²=28.26（m²），所以调节罐的有效体积 V=28.26×6=169.56（m³）。

4.3 平流式隔油池工艺设计参数

设计流量：Q=20.833 m³/h

停留时间：t=2 h

单间池净宽：B=2 m

有效水深：H_0=1.8 m

超高：h'=0.5 m

池内水平流速：v_p=0.003 m/s

（1）隔油池容积

V=Q_t=20.833×2=41.47（m³）

（2）过水断面

F=1.93 m²

（3）隔油池间数取 1 间

单间池净宽 B=2 m，有效水深 H_0=1.8 m

（4）平流式隔油池分离区长度：22 m

（5）隔油池建筑高度

H=2.3 m

（6）进水段设计：2.0 m

（7）出水段设计：2.0 m

4.4 平流式气浮池的工艺设计参数

1. 设计参数确定

（1）待处理废水量：Q=500 m³/d

（2）悬浮固体质量浓度：SS=112 mg/L

（3）气固比：A_a/S=0.013

（4）溶气压力：P=3.2atm

（5）空气在水中饱和溶解度：C_a=18.5 mg/L

（6）溶气罐内停留时间：T_1=3 min

（7）气浮池内接触时间：T_2=5 min

（8）分离室内停留时间：T_s=30 min

（9）浮选池上升流速：v_s=0.09 m/min

2. 平流式气浮池尺寸参数

（1）确定溶气水量 Q_R：45 m³/d

（2）气浮池设计

①接触区容积 V_C：2 m³

②分离区容积 V_S：11.35 m³

③气浮池的有效水深 H：2.7 m

④分离区面积 A_s 和长度 L_2：

A_S=4.2 m²

取池宽 B=2 m，则分离区长度为

L_2=2.1 m

⑤接触区面积 A_c 和长度 L_1：

A_c=0.7 m²

L_1=0.35 m

⑥浮选池进水管：D=100，v=0.994 7 m/s

⑦浮选池出水管：D_g=100

⑧集水管小孔面积 S，取小孔流速 v_1=1 m/s

S=63 cm

取小孔直径 D_1=9 cm

孔数取整数，孔口向下，与水平成 45°角，分两排交错排列

⑨浮渣槽宽度 L_3：取 L_3=0.8 m，浮渣槽深度 h'取 1 m，槽底坡度 i=0.5，坡向排泥管，排泥管采用 D_g=150 mm。

（3）溶气罐设计参数

①确定溶气罐容积 V_1

V_1=0.15 m³

溶气罐直径 D=0.44 m，溶气部分高度 1 m（进水管中心线）。采用椭圆形封头，溶气罐耐压强度 $10×10^5$Pa，溶气罐顶部设放气管 D_g=15 mm，排出剩余气体，并设置安全阀、压力表。

②进出水管管径：进出水管均采用 100 mm 管径，管内流速为 1.24 m/s。

（4）空气量参数

$G_气$=3.65 m³/d

选用空气压缩机 Z－0.03/7，电动机功率 0.37 kW

图 2　气浮池

4.5　水解酸化罐工艺单元设计参数

1. 设计参数

（1）进水流量 Q=500 m³/d

（2）有效停留时间 t_{HRT}=5 h

（3）K_Z—总变化系数，1.5

2. 池体结构尺寸

有效容积：V=157.5 m³

3. 水解池上升流速核算

反应器的高度为：H=5 m，反应器的高度与上升流速之间的关系：1 m/s。

4. 配水方式

采用穿孔管布水器（分支式配水方式），配水支管出水口距池底 200 mm，出水管孔径为 80 mm。

5. 排泥系统设计

采用静压排泥装置，沿矩形池纵向多点排泥，排泥点设在污泥区中上部。污泥排放采用定时排泥，每日 1～2 次，另外，由于反应器底部可能会积累颗粒物质和小砂砾，需在水解池底部设排泥管。

4.6　生物罐工艺设计参数

1. 设计参数确定

（1）设计废水量 Q=500 m³/d=20.833 m³/h

（2）进水 BOD 质量浓度：L_a=500 mg/L

（3）出水 BOD 质量浓度：L_t=20 mg/L

（4）BOD₅ 去除率：$\eta = \dfrac{L_a - L_t}{L_a} = \dfrac{500 - 20}{500} \times 100\% = 96\%$

（5）根据试验参数确定

①填料容积负荷：1 500 gBOD₅/（m³·d）

②有效接触时间：t=2 h

③气水比：D_0=15 m^3/m^3

2. 生物接触氧化池设计参数

（1）生物接触氧化池填料的有效容积

V=160 m^3

（2）接触氧化池的总高度：6.5 m

（3）选用长度为 3.5 m 的组合填料，则填料的总体积为 98.91 m^3

（4）采用陶瓷微孔曝气头供氧，所需空气量为 5.2 m^3/m

（5）生化灌的曝气量（溶解氧最好控制在 2.5～3.5）：17.36 m^3/h

曝气深度为 5.6 m，空气扩散装置出口处绝对压力 P_b=1.405×10^5 Pa

4.7　二沉池工艺设计参数

1. 竖流式沉淀池主要设计参数

（1）池直径或正方形边长与有效水深的比值≤3，池直径一般采用 4～7 m；

（2）当池直径或正方形边长< 7 m 时，澄清水沿周边流出。当直径≥7 m 时，应设辐射式集水支渠；

（3）中心管内流速≤30 mm/s；

（4）中心管下口的喇叭口和反射板要求：

①反射板底部距泥面的距离≥0.3 mm；

②反射板直径及高度为中心管直径的 1.35 倍；

③反射板直径为喇叭口直径的 1.3 倍；

④反射板表面对水平面的倾角为 17°；

⑤中心管下端至反射板表面之间的中心废水流速，在初次沉淀池中≤30 mm/s，在二次沉淀池中≤20 mm/s；

（5）排泥管下端距池底≤0.2 m，管上端超出水面≥0.4 m；

（6）浮渣挡板距集水槽 0.25～0.5 m，高出水面 0.1～0.15 m，淹没深度 0.3～0.4 m。

2. 竖流式二沉池设计参数

（1）中心管流量：Q_{max}=0.007 5 m^3/s

（2）中心管直径：1 m

（3）沉淀池直径：2.19 m

（4）沉淀部分有效水深：4 m

4.8　鼓风曝气系统

风管系统参数

（1）风管系统包括由风机出口至扩散器的管道，一般用焊接钢管。

（2）曝气池的风管宜联成环网，以增加灵活性。风管接入曝气池时，管顶应高出水面至少 0.5 m，以免发生回水现象。

（3）风管中空气流速一般用：干、支管 10～15 m/s，竖管、小支管 4～5 m/s，流速不宜过高，以免产生噪声。

（4）计算温度采用鼓风机资料提供的排气温度，在寒冷地区空气如需加温时，采用加温后的空气温度计算。

（5）风管总阻力 h　　　$h=h_1+h_2$

式中：h_1——风管沿程阻力，mmH_2O；

　　　h_2——风管局部阻力，mmH_2O。

（注：$1\ mmH_2O=9.8\ Pa$）。

5　公用工程

5.1　主要建筑物

废水站内的建筑物主要是生产车间及简单的办公、操作的场所，主要建筑物如表4所示。

表4　废水站建筑物一览表

序号	名称	平面尺寸	数量	备注
1	高压变配电房	10.0 m×5.0 m	1	单层，层高5 m
2	低压配电房及值班室	10.0 m×5.0 m	1	单层，层高5 m
3	维修车间	10.0 m×4.0 m	1	单层，层高5 m
4	污泥脱水机房	10.0 m×6.0 m	1	单层，层高5 m
5	门卫	6.9 m×5.5 m	1	单层，层高3.5 m

5.2　站内道路

站内道路按功能区划分和建、构筑物使用要求，联络成环，满足消防及运输要求，进厂路宽6 m，站内干道宽4 m，转弯半径6 m，道路为混凝土路面。

5.3　站内给水排水

站内生活用水及消防用水引自市政给水管网。给水管在站内成网，按规范设置室外消防栓。

站内排水管采用雨、废水分流制，生活、生产废水及构筑物放空废水由废水管网收集排至站内废水集水池，再通过潜污泵抽送至细格栅槽进入处理系统。

5.4　环境保护

站内预留设计了大面积水面以及能从各个角度欣赏的花坛。混栽花坛是以艳丽的色彩为主，花卉应选株型矮小、花色鲜艳、花期较长的种类；外围以花代草环绕，使花坛花团锦簇，高低有序，并具有很强的观赏性。在花坛沿周设以花边、花栏杆，其造型要美观大方，与花坛面积相协调，起到维护和装饰作用。

由于污泥处理区域有异味散发，绿化植配上考虑栽种生长快、花气芳香、抗污力强的树种。

5.5　供热

站内供热需要主要来自市政供热系统。

6　环境经济成本分析

6.1　运行成本

①每天用电 3 000 度，0.60 元/度

②工资福利费 219.2 元/天

③折旧费 96.91 元/天

④检修费 9.69 元/天

⑤其他费用 212.58 元/天

⑥运行总费用 2 338.38 元/天

（1）处理每吨水成本为：

B_1=1.17 元/t

（2）不包括折旧费每吨水成本为：

B_2=1.11 元/t

6.2　环境效益分析

本工程实施后，每年可减少 COD 排放量 268 余 t，不仅减少了对环境的污染，而且有效地回收利用了资源，有效改善了企业周边环境。

废水处理作为现代企业可持续发展的一个重要组成部分，是企业的生命工程，是企业现代化及文明程度高低的标志，对改善企业及周边环境卫生，减少恶臭及病菌繁衍，保护人民身体健康，有较大的作用，为企业及周边地区的可持续发展创造良好条件。

废水处理及其配套工程的建成将提供新的排污系统，为员工提供健康上和环境上的收益，并能提高员工的环境保护意识，自觉维护环境卫生。

7　结论

本设计采用隔油→气浮→生化处理工艺，其中生化处理是采用曝气池，后经二沉池出水。

设计处理水量为 500 m^3/d，设计进水水质：pH 为 8.5；COD 为 1 500 mg/L；BOD_5 为 500 mg/L；SS 为 112 mg/L；氨氮为 70 mg/L；油类为 70 mg/L；硫化氢为 60 mg/L。

经处理后出水达到《废水综合排放标准》（GB 8978—1996）一级标准值要求，即 pH≤6～9；COD≤60 mg/L；BOD≤20 mg/L；SS≤70 mg/L；氨氮≤15 mg/L；设计了格栅、调节罐、平流式隔油池、气浮池、解酸化罐、生化灌、二沉池、污泥浓缩池等主要构筑单元。设计总投资 72 万元，每吨水处理成本 1.17 元，每年节省费用 20 万元。

8　工程进度

为缩短工程进度，确保废水处理设施如期实行环保验收，工程设计、各分部工程、分项工程土建、安装以及调试工作，将进行统一协调、分布、交叉进行。

总工程进度安排如表 5 所示。

表5　工程进度表

工作内容 ＼ 周	2	4	6	8	10	12	14	16	18
施工图设计	──	──							
设备制作		────	────	────	────				
土建施工		────	────	────	────				
设备、器材等采购		────	────						
工艺设备进场安装				────	────	────			
系统调试							────	────	
工程验收								────	────

总工期（含系统调试好可正常运行处理并申请通过验收）为项目合同签订后 18 个星期内。

9　售后服务

本公司严格按照 ISO 9001：2000 的质量体系，提供设计、制造、安装、调试一条龙服务。

本公司对质量实行质量承诺制度，接受用户的监督。

安装调试期间，我公司免费为用户代培操作工，直到单独熟练操作为止。同时，免费为用户提供有关操作规程及规章制度。

按设计标准及设计参数对设备及处理指标进行验收考核，达不到标准负责限期整改，直到达标为止。

本项目质量保证期为整个项目交工验收后 12 个月，在质保期内因质量问题发生的一切费用，由我公司负担。

动力设备按国家标准保修期保养，保修期后如发生故障，由质安部登记后会同生产、技术部到现场分析原因，确定保修内容和范围，由技术管理部门制订返修方案，再组织保修工作的实施，质安部进行复检并收集有关资料存档。

保修期满后，定期对工程进行回访，免费提供技术咨询服务，工程实行终身维修，保修期满后只收取成本费。

实例二 5 000 m³/d 石化工业园区废水处理工程

1 废水来源及特点

本工程主要处理某工业园区内大型石化及化工企业生产废水和预处理后生活废水。企业生产废水经过企业内部预处理达到园区废水处理厂进水指标后,排至园区废水管网,统一进入废水处理厂集中处理。

石化/化工废水的特点:种类繁多,组成复杂,有机物浓度高,多为有毒有害物质,同时盐分较高,水量变化大,酸碱变化大,易形成冲击性负荷;废水经企业内部废水处理厂预处理后,仍有大量的难降解性有机物存在,如何使难降解有机物浓度处理达到排放标准以下是本工程设计的重点。

2 设计进出水水质水量

设计处理水量是 5 000 m³/d,即 208.3 m³/h。

进水水质满足《废水综合排放标准》(GB 8978—1996)三级标准及《废水排入城镇下水道水质标准》(CJ 343—2010)要求。

出水水质执行《废水综合排放标准》(GB 8978—1996)一级标准。

表 1 项目进水、出水水质

项目	COD_{Cr}	BOD5	SS	NH_3-N	石油类	pH	T-P
进水水质	500 mg/L	300 mg/L	300 mg/L	80 mg/L	30 mg/L	6~9	
出水水质	100 mg/L	30 mg/L	70 mg/L	15 mg/L	10 mg/L	6~9	0.1 mg/L

3 废水处理工艺流程

3.1 废水处理工艺

废水处理工艺流程如图 1 所示。

3.2 处理流程说明

废水经过机械格栅拦截,筛除水中尺寸较大的悬浮、漂浮物后,自流进入集水池,池内设置 COD、pH、温度等在线监控仪表,监测进水中的各项指标。水质符合设计要求排至调节池,超标时,排至事故池。事故池附带酸碱加药装置,内设曝气搅拌系统,应急处理进水水质异常波动,处理后通过潜污泵小流量混入调节池。调节池内设曝气搅拌系统,使废水水质充分混合,防止悬浮物沉积。调节池出水由提升泵输送至水解酸化池,提高废水的可生化性。然后进入缺氧池和好氧池进行生物处理，去除水中的 COD 和氨氮，净化废水。好氧池中混合液按 400%～500%回流进入缺氧段，剩余混合液流入二沉池进行泥水分离，底部污泥部分回流至缺氧段与水解酸化池的废水混合，污泥回流比 50%～100%，二沉池上层清液排入消毒池。消毒池采用 ClO_2 消毒，废水然后经过在线监控池达标排放。

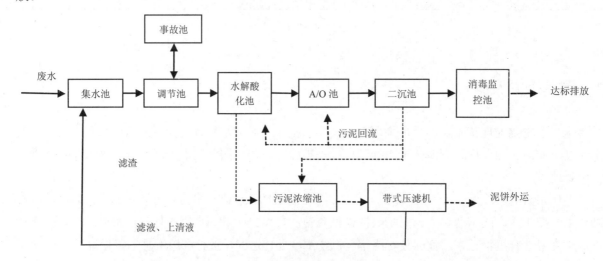

图 1　废水处理工艺流程

图 2　废水处理站

3.3　污泥处理

经二级处理后的剩余污泥及水解酸化池内的剩余污泥流入污泥浓缩池，经污泥浓缩后，底部污泥通过污泵提升进入带式浓缩压滤一体机完成脱水，浓缩脱水处理后外运至已建的垃圾填埋场与城市垃圾一起卫生填埋，外运污泥含水率≤80%。带式浓缩压滤一体机产生的滤液，由于其中的污染物浓度较高不能直接外排，需回至集水井，重新进入废水处理系统与生产过程排放废水一并处理。

4 构筑物设计

4.1 集水池

数量：1 座

尺寸：20.0 m×5.0 m×6.5 m

结构：地下式钢砼结构，有效水深 2.5 m，玻璃钢防腐。

配置设备：

（1）设格栅渠 2 条，渠宽 870 mm，其中 1 条作为二期预留；

（2）e =3 mm 回转式机械格栅 1 台；

（3）潜水排污泵 3 台（2 用 1 备），Q=180 m³/h、H=12 m、N=11 kW。

4.2 调节池

数量 1 座

尺寸：36.0 m×12.0 m×5.0 m

结构：地下式钢砼结构，有效容积：1 900 m³，有效水深 4.4 m，HRT=9.1 h，玻璃钢防腐

配置设备：

（1）潜水排污泵 3 台（2 用 1 备）Q=106 m³/h、H=8 m、N=5.5 kW；

（2）穿孔曝气管 1 套。

4.3 事故池

数量：1 座

尺寸：36.0 m×24.0 m×5.0 m

结构：地下式钢砼结构，有效容积：3 800 m³，有效水深 4.4 m，HRT=18 h，玻璃钢防腐

配置设备：

（1）潜水排污泵 3 台（2 用 1 备）Q=75 m³/h、H=10 m、N=3.7 kW；

（2）穿孔曝气管 1 套。

4.4 水解酸化池

数量：1 座

尺寸：30.0 m×15.2 m×5.0 m

结构：半地下式钢砼结构，有效容积：2 052 m³，有效水深 4.5 m，HRT=9.8 h

配置设备：

（1）潜水排污泵 2 台（1 用 1 备）Q=40 m³/h、H=9 m、N=2.2 kW；

（2）低速潜水推流器 2 套。

4.5 缺氧池

数量：1 座

尺寸：56 m×5.5 m×5.0 m

结构：半地下式钢砼结构，有效容积：1 324 m³，有效水深 4.3 m，HRT=6.3 h

配置设备：D=320，N=2.2 kW 的混合搅拌器 6 套。

4.6 好氧池

数量：1 座

尺寸：56 m×18 m×5.0 m

结构：半地下式钢砼结构，有效容积：4 233 m³，有效水深 4.2 m，HRT=20 h

配置设备：

（1）潜水排污泵 3 台（2 用 1 备）Q=450 m³/h、H=6 m、N=15 kW；

（2）硅橡胶微孔曝气管 432 套。

4.7 二沉池

数量：2 座

尺寸：Φ 15 m×3.5 m

结构：半地下式钢砼结构

设计参数：表面负荷：0.6 m³/（m²·h），单池有效容积：545 m³，有效水深 3.1 m

配置设备：中心传动悬挂式刮泥机 2 套，功率 1.5 kW。

4.8 污泥回流井

数量：1 座

尺寸：4 m×4.5 m×5.5 m

结构：半地下式钢砼结构

配置设备：

（1）污泥回流泵 1 组：潜水排污泵 3 台（2 用 1 备）Q=110 m³/h、H=10 m、N=5.5 kW；

（2）剩余污泥泵 1 组：Q=50 m³/h、H=9 m、N=2.2 kW 的潜水排污泵 2 台（1 用 1 备）。

4.9 消毒池

数量：1 座

尺寸：14.0 m×4.6 m×3.0 m

结构：半地下式钢砼结构，有效容积：160 m³，有效水深 2.5 m

设计参数：HRT=45 min，加二氧化氯量 10 mg/L

4.10 污泥储池

数量：1 座

尺寸：10.0 m×5.0 m×4.0 m

结构：半地下式钢砼结构，有效容积：175 m³，有效水深 3.5 m，HRT=24 h

污泥固体负荷 22 kg/（m²·d），湿污泥量：150 m³/d，绝干污泥量 1 200 kg/d

配置设备：Q=20 m³/h、H=20 m、N=5.5 kW 的螺杆泵 2 台（1 用 1 备）。

4.11 排水池

数量：1 座

尺寸：14.0 m×1.5 m×3.0 m

结构：半地下式钢砼结构，有效容积：50 m³，有效水深 2.5 m，HRT=15 min。

配置设备：

（1）设明渠 1 条：尺寸 14.0 m×1.0 m×1.1 m；

（2）巴氏计量槽一个，喉道宽 0.3 m；

（3）污泥冲洗泵 1 组：Q=18 m³/h、H=58 m、N=7.5 kW 的自吸泵 2 台（1 用 1 备）；

（4）COD 取样泵 1 组：Q=5 m³/h、H=10 m、N=2.2 kW 的自吸泵 2 台（1 用 1 备）。

4.12　污泥脱水机房

设备按一期设计，预留二期设备位置。含污泥脱水间、加药间（Ⅱ）、储药间、现场控制站和污泥棚。

尺寸：29.5 m×7.2 m×4.8 m；

结构：砖混结构，一层设备房一栋。

配置设备：（1）带宽 2.0 m，处理量 18～25 m³/h 的污泥浓缩脱水机 1 台

（2）无轴螺旋输送机 1 台

（3）配套空压机 2 台

（4）加药间内配 PAC 加药装置 1 套

（5）NaH_2PO_4 加药装置 1 套

（6）PAM（–）加药装置 1 套

（7）PAM（+）加药装置 1 套

4.13　加氯间

按二期建设，设备按一期设计，预留二期设备位置。

尺寸：7.2 m×6.0 m×4.6 m

配置设备：有效氯产量 2 000 g/h 的高效复合 ClO_2 发生器 2 台（1 用 1 备），以及配套的原料储罐、化料器、动力水泵、卸酸泵、计量泵等配套装置。

4.14　鼓风机房

尺寸：12.3 m×7.2 m×4.6 m

配置设备：

（1）28.1 m³/min×50 kPa×37 kW 的曝气用罗茨风机 3 台（2 用 1 备）；

（2）23.3 m³/min×50 kPa×30 kW 气力搅拌用罗茨风机 2 台（1 用 1 备）。

5　工艺调试运行

5.1　水解酸化池的启动

调试初期，将园区生活废水全部引入水解酸化池，同时投加碳源乙酸、粪便、磷等，调节 COD_{Cr}：N：P=200：5：1。接种污泥来源于附近废水处理厂的厌氧污泥。初期搅拌时间和搅拌速度都加以控制，有利于污泥的生长。定期向池内补加一些粪便和尿素，控制溶解氧在 0～0.3 mg/L，pH 为 7.5～8。连续培养 2～3 周后，取污泥做镜检。发现微生物种类较多，于是逐步增加工业废水量。一个月后达到满负荷。

5.2 A/O 系统的启动

往好氧池中投加硝化污泥 100 m³，作为接种污泥，待好氧池出水注满后进行闷曝 3 天，曝气池氧的供给主要满足有机物的好氧代谢、硝化菌将 $NH_3\text{-}N$ 转化成 $NO_x^-\text{-}N$ 以去除水中氨态氮的高氧环境，DO 控制在 2.5 mg/L 以上。每天适量排放部分废水，然后接受水解酸化池的出水。一周后，开始将好氧池混合液回流至缺氧池，混合液回流比根据出水氨氮浓度进行调节，同时将二沉池底部污泥回流至缺氧池，污泥回流比根据好氧池内混合液浓度进行调节，控制好氧池 MLSS 浓度在 3 000 mg/L 左右。当水解酸化池调试达到设计能力时，A/O 系统的出水也已达到排放要求。

6 工程运行效果

经过 1 个月的调试运行，整个工业园区的生活废水和工业废水全部进入处理系统，为观察生化处理系统的处理能力和处理效果，对两套生化处理系统，采取开一停一、交替使用的方式进行试运转。结果表明，整个处理设备设施运行良好，系统的处理能力可达到 5 000 m³/d 的设计值。出水水质达到并优于《废水综合排放标准》（GB 8978—1996）一级标准，$COD_{Cr} \leqslant 70$ mg/L，$BOD_5 \leqslant 20$ mg/L，$SS \leqslant 30$ mg/L，$NH_3\text{-}N \leqslant 12$ mg/L，石油类 $\leqslant 5$ mg/L，pH 为 6～9。COD_{Cr}、BOD_5、SS、$NH_3\text{-}N$ 的去除率分别达到 84%、92%、88%、85%。

7 技术经济分析

运行成本为 1.13 元/m³，其中电成本 0.45 元/m³、药剂成本为 0.31 元/m³、工资性费用成本为 0.20 元/m³、水成本为 0.07 元/m³、其他费用为 0.1 元/m³。

实例三 120 t/d 采油废水处理工程设计方案

1 项目概述

1.1 项目基本情况①

在石油开采过程中，采出的原油含有大量的水分。原油脱下的废水中含有大量的石油类污染物及采油过程中投加的破乳剂、表面活性剂等高分子采油助剂，其有机成分有烷烃、芳烃、酚、酮、酯、酸、卤代烃及含氮化合物等，同时废水中还含有大量的无机阴、阳离子。油田废水同时具有盐度高、生垢离子多、成分复杂等特点。

随着国家对环保的日益重视和人民环保意识的提高，对废水治理的要求也越来越高，排放标准越来越严格。因此废水能否治理达标，直接关系到油田的生存和发展。无论是油田的责任，还是改善周围的水环境，做好废水治理工程都是十分必要的。治理污染，既能保护人民身体健康、改善油田工作环境，也能通过该油田采油废水处理工程中对原油进行回收利用，从而产生经济效益为油田的可持续发展打下坚实的基础。

根据甲方提供的有关数据，针对废水性质特点，结合处理废水工程经验，拟订经济有效的处理方案。

1.2 设计依据与设计原则

1.2.1 设计依据

（1）《管道防腐层检漏试验方法》（SY/T0063—1999）；

（2）《油田地面工程设计节能技术规范》（SY/T6420—1999）；

（3）《石油天然气工程设计防火规范》（GB 50183—2004）；

（4）《油气厂、站、库给水排水设计规范》（SY/T 0089—2006）；

（5）《离心泵 效率》（GB/T13007—1991）；

（6）《室外给水设计规范》（GB 50013—2006）；

（7）《除油罐设计规范》（SY/T 0083—1994）；

（8）《中华人民共和国水污染防治法》；

（9）《废水综合排放标准》（GB 8978—1996）。

注：1. SY0007—1999、SY/T 0006—1999、SY/T 0059—1999 已废止。

2. 现行标准：

《油田地面工程设计节能技术规范》（SY/T 6420—2016）；

《离心泵 效率》（GB/T 13007—2011）；

《除油罐设计规范》（SY/T 0083—2008）；

其他标准均为现行标准。

---

① 工程设计时间：2007 年 8 月。

1.2.2 设计原则

（1）认真贯彻执行国家关于环境保护的方针政策，遵守国家有关法规、规范、标准。

（2）根据废水水质和处理要求，合理选择工艺路线，要求处理技术先进，处理出水水质达标排放。运行稳定、可靠。在满足处理要求的前提下，尽量减少占地和投资。

（3）设备选型要综合考虑性能、价格因素，设备要求高效节能，噪声低，运行可靠，维护管理简便。

（4）废水处理站平面和高程布置要求紧凑、合理、美观，实现功能分区，方便运行管理。

（5）无二次污染、清洁及安全生产原则。

1.3 设计范围与设计规模

1.3.1 设计范围

本设计方案包括工艺选型、流程介绍、设备、材料、电气自控、概算等（最终设计内容在达成初步意向后交与贵方审核）。

1.3.2 设计处理量

每天日处理量定为 120 m^3/d，每小时为 5 m^3。

1.3.3 设计进出水水质

设计进出水水质（因甲方未能提供原水水质报告，故以常规同类水水质做参考）。

表1　设计进水水质

名称	COD_{Cr}	SS	挥发酚	盐类	pH	BOD
指标	1 099.2 mg/L	910 mg/L	86.1 mg/L	1 651 mg/L	9	807.4 mg/L

设计出水水质：《废水综合排放标准》（GB 8978—1996）中石油类一级标准。

表2　设计出水水质

名称	COD_{Cr}	SS	挥发酚	盐类	pH	BOD
指标	100 mg/L	70 mg/L	0.5 mg/L	0.5 mg/L	6～9	30 mg/L

2 工艺流程的确定及说明

废水中的主要污染物为油类物质和COD，其次是胶质物及少量脂肪酸。废水的可生化性较好，油类物质和脂肪酸对废水的 COD_{Cr} 贡献较大。根据这种水质特性，该生产废水适宜采用物化+生化相结合的处理方法。

物化处理过程采用一级重力除油+一级混凝除油+气浮+二级压力式过滤。一级重力除油可去除废水中的浮油及大部分分散油，从而达到初步除油的目的；混凝除油利用混凝破乳剂的脱稳破乳特性使水中油粒易于与水分离，进而在后续处理工艺中实现油粒的去除；气浮通过加压充气去除废水中密度小于 1 的悬浮物，如油脂和脂肪等，同时起到降温充氧的功效，能够提高微生物的生物降解性能，为后续生化提供有力的保证；两级压力式过滤第一级为双层滤料过滤，滤料为石英砂和无烟煤，第二级采用纤维束滤料进行精细过滤，以确保出水中的含油量、悬浮物浓度等达到后续生化系统的水质要求。通过物化处理可以大幅度降低废水中的有机物含量，从而降低后续生化处理过程的有机负荷，为生化处理创造良好的条件。

生化处理过程是利用微生物的生命活动过程，通过同化和异化作用，把废水中的溶解态油及其他有机物进行分解或吸收，从而使废水得到净化。油田采油废水中的有机污染物有一部分是属于难于降解的多环芳烃类高分子物质，一般先进行厌氧处理，使高分子有机物降解为低分子的酸和醇类，并去除一部分的 S^{2-}，提高好氧可生化性。生化处理选用 SBR+生物接触氧化法，该工艺具有操作简单、运行稳定、耐负荷冲击能力强、剩余污泥少等优点。

3 工艺流程及主要工艺设计参数

3.1 工艺流程

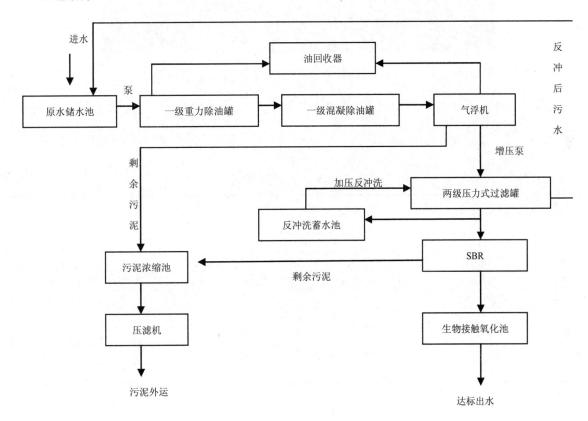

图 1 工艺流程

流程说明：

来水首先进入原水储水池，积攒至一定水位后由提升泵提升至一级重力除油罐，经过一级混凝除油罐，加药 PAC，进入气浮机油水分离后通过增压泵进入两级压力式过滤罐过滤，流入 SBR 中进行厌氧好氧交替循环处理，最终进入生物接触氧化池有好氧微生物进一步处理直至达标后排放。其中一级重力除油罐及混凝除油罐设置油回收器，对分离出的油进行回收利用，气浮系统及 SBR 设置剩余污泥排放进入污泥浓缩池浓缩，污泥经压滤机脱水然后外运；两级压力式过滤罐设置反冲洗蓄水池，经反冲后的废水重新进入原水储水池。

图 2　SBR 反应池

3.2　主要动力设备

表 3　主要动力设备一览表

序号	名称	型号	数量	功率
1	提升泵 1	Q=5 m³/h，H=12 m，N=0.75 kW	1	1.5 kW
2	压滤机	XAY4/500—U	1	3 kW
3	带式风机	BF4-72-No2.8A	1	2.2 kW
4	增压泵	Q=2 m³/h，H=12 m，N=0.75 kW	1	1.1 kW
5	刮油刮渣机		1	0.75 kW
6	涡凹曝气机	GHBH 003 34 1R6	1	2.2 kW
7	一体化加药机	CQB20-12	1	1.1 kW
8	反冲泵	Q=10 m³/h，H=20 m，N=2.5 kW	1	2.5 kW
9	污泥泵	wq50	1	2.2

3.3　污泥处置

　　本废水站的污泥主要产生于气浮池和 SBR 池。污泥排入污泥池，然后用泵打入板框压滤机脱水形成干污泥。

3.4　定员

表 4　人员配备表

工种	人数	备注
班长	1	兼做化验
操作工	2	

3.5　主要技术经济指标

表5　运行费组成一览表

项目	计算标准	单位处理费用/（元/m³）	备注
电费	0.6元/（kw·h）	1.776	
PAC	1 800元/t	0.18	
人工费	900元/（人·月）	0.60	
维修费	2%	0.04	
合计		2.596	

3.6　工程进度

设计10天，土建30天，设备制作20天，安装15天，总工期约75天。

3.7　调试

废水处理站的调试是一项非常重要的工作，它包括机电设备、自动控制、处理单元、整体工艺的调试，整个调试需经过以下过程：

（1）机电设备试运转；

（2）整个工艺系统进行清水联动试车，检查水位高程是否满足设计要求，考察设备在清水状态下的运行情况；

（3）各处理单元分别进行废水调试，直至运行达到设计要求；

（4）废水联动试运行直至水质达标。

上述过程中，物理处理过程的调试比较简单，而生物处理过程的调试比较复杂，整个调试过程一般需要1~2个月时间。

4 环境保护、安全卫生及节能措施

4.1　环境保护

在废水处理站及与公共建筑之间加强绿化，增加环境自净能力。采用雨、污分流系统和散水系统，分别敷设雨水管道和废水管道，防止雨、污混合，加大处理废水量而影响处理效果。

在噪声方面，所采用的泵和曝气设备在运行时产生的噪声很小，再加上设计时首先选用低噪声设备，并根据需要设置减震、消音设备，完全可使噪声下降到75 dB以下，符合环保要求，不会对厂内外造成影响。

在系统运行时，本套生物法污泥产量较少，因此所产生污泥土不会对环境造成不良影响，符合国家环保要求。

4.2　安全卫生

为了贯彻"安全第一，预防为主"的方针，确保本工程在建设过程及投产运行后均符合职业安全卫生要求。保障劳动者在劳动过程中的安全与健康，在本设计中严格遵循：

（1）《工业企业设计卫生标准》（GBZ 1—2002）（现行标准为GBZ 1—2010）；

（2）《建筑设计防火规范》（GB 50016—2006）（现行标准为 GB 50016—2014）；

（3）与本工程内容有关的设计规范及标准。

各建（构）筑物除满足工艺流程的需要外，同时还满足防火、通风及采光等要求，安装相应的防火应急装置。

电气安全措施方面，严格遵照国家有关规定进行防雷接地设计，供配电设备采用封闭式结构以提高安全性，各种设备的供电系统均采用继电保护措施。

本工程通过以上措施可保证工程在建设中及投产后安全运作，保证职工在劳动过程中的安全与健康。

4.3 节能措施

在废水处理站中选用节能高效型的设备，并对管道的布置进行合理规划，以减少管道的阻力损耗，从而达到节能的目的。

4.4 劳动管理及定员

参照建设部《城市建设各行业编制定员试行标准》，结合本项目的工程情况。本废水处理厂操作较简单，由后勤一名兼职人员管理。

5 服务与保修措施

（1）工程验收通过后，我单位售后服务部将派相关工作人员进行回访，了解工程使用情况，对工程施工缺陷应及时进行修复。

（2）业主投诉施工质量问题及时组织人员进行修复，重大工程质量问题制定维修方案，报业主审定后组织人员限期修复。

（3）工程施工质量缺陷修复过程及结果必须得到业主认可，对业主提出的非合同规定的服务要求，在有能力满足的情况下予以接受，并组织力量做好服务，满足业主的要求。

（4）安全、文明施工

我们的指导思想是：

安全第一，预防为主；

目标控制，制度保障；

全面规范，标化管理；

检查隐患，严格考核。

对于本工程我公司必须严格平面管理，制定好平面规划；材料、工具实行定置管理，按指定的地点堆放，不到处乱堆；现场设立统一的垃圾堆放点，统一运走。

（5）业主的配合措施

施工准备阶段，项目经理参与工艺的设计和合同的商谈。明确施工方和业主方的责权利关系，业主应为工程的顺利开工提供场地、外部水、电接口；我单位落实施工必需的劳动力、材料、机具等。

我单位对工程质量严格要求，尊重业主的监督，对重要的隐蔽工程，请业主参加认证并签字，再进行下道工序施工安装，并随时向业主提供隐蔽工程验收通知和工程质量事故报告等材料。

工程施工安装过程中，出现承包合同约定条款以外的重大设计变更、材料代用等时，我单位将即时向业主办理手续，业主应积极配合，以此作为结算。

工程全部竣工，双方应按规定办理交工验收手续，我单位将在规定时间内提供完整的竣工资料，对验收过程中存在的问题，应采取补救措施；尽快达到设计、合同、规范的要求。

（6）公司承诺：保修期按 2001 年 1 月 30 日国务院发布的《建设工程质量管理条例》执行。在保修期内，我公司有如下承诺：

省内工程 24 h 内到达现场；

省外工程 72 h 内到达现场；

公司对所建工程及其改造工程保修期一年，终身维护。

实例四　炼化企业 480 m³/d 中水回用处理设计方案

1　工程概述

1.1　工程概况

　　宁波镇海炼化某项目拟将废水回收利用。该废水经过企业内部的废水处理站处理后能达到国家废水综合排放标准。为了响应国家及宁波市政府提出的节约水资源、保护生态环境、发展循环经济的号召并能降低企业自身的生产经营成本，提高该公司产品在市场中的竞争力，该公司委托我方设计制造一套高效节能的中水回用处理设备对其排放废水进行再处理，使处理后的水达到回用的标准，合理地回用到企业生产的各个环节上。

图 1　均质调节池

1.2　设计原则

　　（1）严格遵守国家环境保护的各项规定，确保各项出水水质达到国家及地区有关污染物排放标准；

　　（2）采用先进的工艺，稳定可靠地达到治理目标；

　　（3）在上述要求前提下，做到工程费用及运行费用节省；

　　（4）操作管理方便，处理系统布局美观合理。

1.3　设计依据

　　（1）《中华人民共和国环境保护法》；

　　（2）国家颁布的环境工程设计技术规范；

（3）《排水工程设计手册》；

（4）《室外排水设计规范（GB 50014—2006，2014 版）；

（5）建设方提供的有关原始资料和要求的回用水标准。

1.4 设计目标

经中水回用处理系统处理后的水质应达到的要求如表 1 所示。

表 1 中水回用系统处理后的水质要求

序号	污染物名称	标准
1	色度	≤15
2	浊度	≤3
3	pH	6.5～8.5
4	COD_{Cr}	≤10 mg/L
5	锌离子	≤5 mg/L
6	硫酸盐	≤50 mg/L
7	磷酸盐	≤0.2 mg/L
8	总碱度（以碳酸钙计）	≤450 mg/L
9	电导率	≤300 μS/cm
10	氯化物	≤20 mg/L

2 废水处理方案

2.1 废水水量及水质

据建设方提供材料，设计水量定为 480 m^3/d；本设计按每天运行 24 h 计，即运行水量为 20 m^3/h。废水的水质情况如表 2 所示。

表 2 废水进水水质

序号	污染物名称	标准
1	色度	≤50
2	浊度	≤45
3	pH	6.5～7.11
4	COD_{Cr}	≤110 mg/L
5	锌离子	≤5.71 mg/L
6	硫酸盐	≤50 mg/L
7	磷酸盐	≤0.5 mg/L
8	总碱度（以碳酸钙计）	≤450 mg/L

2.2 工艺流程确定

2.2.1 工艺流程分析

该项目的达标排放废水中主要含有 COD_{Cr}、锌离子、氯化物和色度、浊度等，需处理的水量每天 480 t 左右，现企业拟将排放水进行深度处理后回收利用，排放水中的 COD_{Cr}、锌离子、氯化物和色度、浊度等物质超出生产车间用水标准，则本处理工艺重点在处理此类污染物。本设计方案中采用宁波永峰环保工程设备有限公司的专利产品 YF-1 型多元化高效中水回用处理设备对以上污染物进行有效去除，使出水水质达到生产回用的要求。经过中水回用设备处理后的废弃浓液可再排入建设方的废水处理系统进行再处理，让整个处理系统处理后不至于造成二次污染。

2.2.2 废水回用处理工艺流程

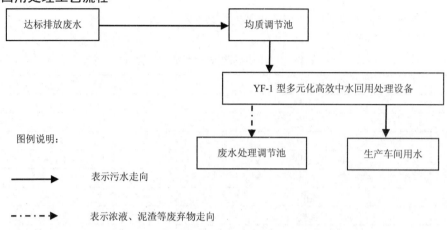

图 2 生产废水处理及回用处理工艺流程

2.3 工艺流程说明

达标排放的废水在均质调节池经调节水质水量后，由提升泵提升到 YF-1 型多元化高效中水回用处理设备，处理后的出水回用到生产车间回收利用，处理过程中的浓液返回到废水处理系统重新处理。

YF-1 型多元化高效中水回用处理设备是宁波永峰环保工程设备有限公司的专利产品，该设备是集加药、浮除、臭氧氧化、超滤于一体的高效水处理设备。以药剂特性、优化的混凝条件为依据，引用化学分子体系的布朗运动及双膜理论设计制造，在溶气气浮上采用特制结构把压缩空气切割成微小的气泡，然后在剧烈搅动下使空气以气水混合物的形式溶于水中，然后再经过特殊处理释放大量均匀、性能良好的微细气泡将原水中的絮粒黏附，使絮粒上浮去除，达到净化目的。设备在处理废水的同时还以臭氧为氧化剂，在高压放电的环境中将空气中部分氧分子激发分解成氧原子，氧原子与氧分子结合生成强氧化剂臭氧达到分解去除多种有机、无机污染物的同时，还可以降低 COD_{Cr}、BOD_5、色度及多种有害物质。处理水在经过臭氧处理后再经过超滤膜处理，使废水达到中水回用的标准。

超滤是一种与膜孔径大小相关的筛分过程，是以膜两侧的压力差为驱动力，以超滤膜为过滤介质，在一定的压力下，当原液流过膜表面时，超滤膜表面密布的许多细小的微孔只允许水及小分子物质通过而成为透过液，而原液中体积大于膜表面微孔径的物质则被截留在膜的进液侧，成为浓缩液，因而实现对原液的净化、分离和浓缩的目的。此工艺流程能使废水中的污染物、重金属离子等有害化学成分有效地去除，经过中水回收设备的处理，出水可达到建设方的目的回用到生产车间。

2.4 工艺特点

本工艺的特点在于土建构筑物少，节省占地面积，节省投资造价，处理设备可置于废水处理站旁边便于操作管理，浓液泥渣经废水处理系统处理后，不会产生二次污染。整个处理设备系统配有自动电气控制，运行安全可靠，平时一般不需要专人管理，只需适时地对设备进行维护和保养；处理设备对水质的适应性强，耐冲击负荷性能好，出水水质稳定，产泥少，运行成本低。总之，从工艺处理效果、投资造价及运行管理方面考虑本方案是最为可行的一种优化处理设计方案。

2.5 工艺参数说明

（1）均质调节池（一座）

钢混结构；

停留时间：4 h

有效容积：V= 80 m³

工艺尺寸：$B×L×H$=5 m×5 m×3.3 m

池内设提升泵 2 台（1 用 1 备）

型号：KQ ZW40-20-12（Q=20 m³/h，H=12 m，N=2.2 kW）

（2）YFZ 多元化高效中水回用处理设备（1 套）

型号：YF-20-1

功率：5.5 kW

尺寸：长×宽×高=4 950 mm×2 350 mm×2 710 mm

3 土建设计

（1）暂按天然地基考虑，施工图设计时，再根据地质报告决定基础形式。风荷载：0.35 kN/m²；地震烈度：6 度。

（2）建、构筑物的基本设计情况：

①调节池为砖混结构，壁厚为 240 mm，两面粉刷，池底及池底与池壁相接处均作防水处理。

②废水处理设备及中水回用设备均为 Q235 钢板和型钢焊接而成，设备的外壁、池底与基础接触的面均作热沥青防腐漆，池内壁刷两道红丹醇酸防锈底漆，再刷优良面漆。

4 配电及自控设计

配电系统采用三相四线制、单相三线制，接地保护系统按常规设置。废水处理站安装负荷为 9.9 kW，使用负荷 7.7 kW，电缆采用穿管暗敷。室内照明用难燃塑料线槽明敷。

5 工程投资概算

5.1 土建部分直接费用

表 3 土建部分直接费用

序号	名称	规格	数量	单位	总价/万元	备注
1	均质池	5.0 m×5.0 m×3.3 m	1	座	3.20	砖混
2	地基处理		1	批	0.40	普通地基
	小计（1）				3.60	

5.2 设备部分直接费用

表 4 设备部分直接费用

序号	名称	规格	数量	单位	总价/万元	备注
1	废水提升泵	KQZW40-20-12	2	台	0.88	防腐
2	YF-1中水回用设备	YF-20-1	1	台	28.00	永峰
3	管道阀门		1	批	0.95	外购
4	电气仪表		1	批	0.80	外购
5	小计（2）			套	30.63	

5.3 工程造价总概算

表 5 工程造价总概算

序号	名 称	所占比例	造价/万元	备注
1	工程直接费	小计（1）+小计（2）	34.23	
2	设计费	直接费×3%	1.03	
3	安装调试费	直接费×6%	2.05	
4	管理费	直接费×5%	1.71	
5	工程总造价		39.02	

工程造价（人民币）叁拾玖万零贰佰元整（RMB：39.02 万元）。

6 工程占地面积及工程实施时间

本设计方案的废水处理系统总占地面积约 38 m^2，土建均质池占地面积 25 m^2，设备部分约 13 m^2。
工程实施时间安排：

（1）设计出图：6 个工作日；

（2）施工安装：60 天（施工进度表见附表）；

（3）调试：10 天；

（4）保修：一年。

7 技术经济指标

7.1 电耗

（1）总装机容量

表 6 总装机容量

设备名称	使用功率/kW	装机功率/kW	使用时间/h	每天耗电/（kW·h）
废水提升泵	2.2	4.4	24	52.8
处理设备	5.5	5.5	24	132
总计	7.7	9.9		184.8

（2）20 h 运行：电费按 0.7 元/（kw·h）计

有效运行功率：7.7 kW

折合每吨水电费 7.7×24×0.7/480=0.27 元。

7.2　维护管理人工费

本系统自动化程度较高，可用厂内管理人员兼职管理，人工费可不计。

7.3　药剂费

0.70 元/t。

7.4　不计设备折旧每吨水运行成本费

超滤膜更换费用：本设备使用的超滤膜共 24 支，每支价格按 300 元计，膜的使用寿命为三年，则膜更换费用为：0.02 元/t。

不计折旧每吨水运行成本费：0.37+0.7+0.02=0.99 元。

7.5　经济分析

（1）本工程总造价为 39.02 万元，处理水量为 480 t/d，现建设方所用自来水的价格为 2.25 元/t，设备运行费用为 0.99 元/t；进行中水回收利用后可回收总水量 80%的水量约为 384 t/d，节省费用为 384×2.25=864 元/d，设备运行总费用为 0.99×480=475 元/d；设备投入运行后每天可节约的费用为 864−475=389 元/d。

本设计方案中的运行费用和投资造价偏高是因为水量较小，故平均到每吨水的处理成本及运行成本均较高。

（2）第十届全国人民代表大会常务委员会第十四次会议于 2005 年 2 月 28 日通过的《中华人民共和国可再生能源法》中表明，国家鼓励各种所有制经济主体参与可再生能源的开发利用，依法保护可再生能源开发利用者的合法权益。从长远眼光看，像电子、电镀、冶金、炼化、金属表面处理行业等污染较严重的企业，国家环保机构和自来水公司以后肯定会限制用水或者是提高水价，如果企业内部能将废水处理后回收利用，一方面可以创造经济效益，为企业可持续发展打下良好基础；另一方面也可以创造良好的社会效益，节约能源，美化环境，给企业带来良好的商业口碑。

8　工程保修及事故应急处理措施

（1）本工程自验收合格日算起保修期为一年，设备部分自进场日算起保修期为一年；

（2）本方案的提升设备设有备用，当其中一台出现故障时，由另一台备用设备工作，以保证处理系统能正常运行；同时厂内必须加紧时间维修出现故障的设备，防止出现两台设备同时发生故障；

（3）为保证处理设备的正常运行，应加强设备日常维护和巡检，在停产期（节假日等）安排检修或大修；

（4）建立规范的操作规程和健全的事故报警制度。

表7　480 t/d 中水回用处理工程施工进度表

工作＼天	5	10	15	20	25	30	35	40	45	50	55	60
准备工作	▬											
场地平整		▬	▬									
设备基础			▬	▬								
设备材料采购		▬	▬									
水池构筑物施工				▬	▬	▬	▬					
设备制作安装						▬	▬	▬	▬			
外购设备				▬	▬	▬	▬	▬	▬			
其他构筑物							▬	▬	▬			
设备防腐										▬	▬	
管道施工							▬	▬	▬	▬		
电气施工								▬	▬	▬		
竣工验收										▬	▬	▬

第十二章　制革废水

1　制革工艺概述

制革是指将生皮鞣制成革的过程。除去毛和非胶原纤维等，使真皮层胶原纤维适度松散、固定和强化，再加以整饰（理）等一系列化（包括生物化学）、机械处理。其种类也非常多，按材料分一般常见的有羊制革、牛制革、马制革、蛇制革、猪制革、鳄鱼制革等。按性能又可分为二层制革、全粒制革、绒面革、修饰面革、贴膜革、复合革、涂饰性剖层革等。其中，牛皮、羊皮和猪皮是制革所用原料的三大皮种。

制成成品制革需要经过几十道工序：生皮—浸水—去肉/削里—脱脂—脱毛—浸碱—膨胀—脱灰—软化—浸酸—鞣制—剖层—削匀—复鞣—中和—染色—加油—填充—干燥—整理—涂饰—成品制革。

制革工艺过程通常分为准备、鞣制和整饰三阶段。其中

（1）准备工序：原皮水洗、浸水、去肉、脱脂、脱毛、浸灰；

（2）鞣制工序：鞣制、中和、削匀、复鞣、染色、乳液加油/加脂；

（3）整理工序：回潮、刮软、磨革、抛光、整形及整毛。

制革过程使用最多的设备是转鼓，浸水、浸灰、脱毛、软化、浸酸、鞣制、染色、乳液加油等工序都要在转鼓中完成，通过转鼓的机械作用，促进各种化工材料的均匀渗透，完成制剂对皮的化学作用。

2　制革废水分析

2.1　制革废水主要污染物

2.1.1　准备工段

在该工段中，废水主要来源于原皮水洗、浸水、去肉、脱脂、脱毛、浸灰。主要污染物为：

①有机废物包括污血、泥浆、蛋白质、油脂等；

②无机废物包括盐、硫化物、石灰、碳酸钠、NH_3-N、烧碱；

③有机化合物包括表面活性剂、脱脂剂等。准备工序废水排放量约占制革总废水量的70%以上，70%左右的 COD、BOD、SS、S^{2-}大部分在这里产生，是制革废水的最主要来源。[①]

2.1.2　鞣质工段

在该工段中，废水主要来源于鞣制、中和、削匀、复鞣、染色、乳液加油/加脂鞣制、中和、削

[①] 吴浩汀编著. 制革工业废水处理技术及工程实例[M]. 化学工业出版社，2010.

匀、复鞣、染色、乳液加油/加脂。主要污染物为无机盐、重金属铬等。其废水排放量约占制革总废水量的8%左右。

2.1.3 整饰工段

在该工段中，废水主要来源于回潮、刮软、磨革、抛光、整形及整毛。主要污染物为：染料、油脂、有机化合物（如表面活性剂、酚类化合物、有机溶剂）等。整饰工段的废水排放量占制革总水量的20%左右。

2.2 制革废水水质

2.2.1 制革废水水量

制革用的原料一般为羊皮、猪皮和牛皮。根据传统的制革，加工1张牛皮耗水量为1t，加工1张猪皮耗水量为0.5t，加工1张羊皮耗水量为0.2t[①]，根据一些大企业的统计数据，制革企业的耗水量如表1所示。近年来，国内一些大型的制革企业改进或引进了生产工艺，耗水量得到一定程度的降低。

表1 每吨原皮制革耗水量统计　　　　　　　　　　　　　　　　单位：t

原料皮	猪皮	牛皮	羊皮
耗水量范围	30～60	40～140	110～40

2.2.2 制革废水水质

制革废水由强碱性的浸灰脱毛废水和弱酸性的鞣革废水组成。废水中含有高浓度的鞣料、氯化物、硫化物、表面活性剂、化学助剂、油脂、蛋白质及SS等污染物。按照生产工艺过程制革废水由以下几部分组成：高浓度Cl^-的原皮洗涤水，含$Ca(OH)_2$、Na_2S的碱性脱毛浸灰废水，含油脂及其皂化物的脱脂废水，含Cr（Ⅲ）的铬鞣废水和加脂染色废水，其中以脱脂废水、脱毛浸灰废水和铬鞣废水污染最为严重。一般情况下，综合废水的水质情况如表2所示。

表2 制革废水水质情况　　　　　　　　　　　　　　　　单位：mg/L

pH	色度	COD	BOD	SS	Cr^{3+}	S^{2-}	Cl^-
8～10	稀释倍数 800～3 500	40～140	110～40	2 000～4 000	80～100	50～100	2 000～3 000

2.2.3 制革废水的特征[②]

制革废水总的特点是成分复杂、色度深、水质水量波动大、污泥负荷重、悬浮物多、耗氧量高。其中，悬浮物：为大量石灰、碎皮、毛、油渣、肉渣等。COD_{Cr}：在皮革加工过程中使用的材料大多为助剂、石灰、硫化钠、铵盐、植物鞣剂、酸、碱、蛋白酶、铬鞣剂、中和剂等，因此，COD含量较大。BOD：可溶性蛋白、油脂、血等有机物。硫：主要是在浸灰过程中使用硫化钠所产生的硫化物。铬：是在铬鞣制中所排出的铬酸废水液。

（1）水质水量波动大

根据制革的原皮品种和工艺不同，废水排放量和水质均不相同，一般情况下，每加工一张猪皮

---

① 李闻欣，编著.制革污染治理及废弃物资源化利用[M]. 北京：化学工业出版社，2005.

② 夏宏，杨德敏. 制革废水及其处理现状综述[J]. 皮革与化工，发展综述，2014，31（1）：25-29.

产生废水 0.3～0.5 t，加工一张牛盐湿皮为 0.8～1.3 t，加工一张羊皮为 0.1～0.3 t，加工一张水牛皮为 1.3～2 t。根据产品品种和生坯类别的不同，每加工 1 t 原料皮需水量为 60～120 t。制革生产工序大部分在转鼓内完成，因此，每一工序排水通常是间歇式排出，而且排水通常在白天，而不同工序排水的水质差异极大，因而造成制革废水的最重要特点：水质水量波动大，水量总变化系数达到 2 左右，而水质的变化系数更大，达到 10 左右。

（2）污染负荷重

皮革工业废水碱性大，其中准备工段废水 pH 值在 10 左右，色度重，耗氧量高，悬浮物多，同时含有硫、铬等。一般来讲，制革废水中有毒、有害废水（含硫、含铬废水）占总废水量的 15%～20%。其中来自铬鞣工序的废水中，铬含量在 2～4 g/L，而灰碱脱毛废液中，硫化物含量可达 2～6 g/L。这两种浓废水是制革废水防治的重点，必须单独加以治理。

（3）可生化性较好

制革综合废水可生化性较好，废水中含有大量原皮上可溶性蛋白脂肪等有机物和甲酸等低分子添加有机物，BOD/COD 比值通常为 0.40～0.45。但是，由于含有较高浓度的氯离子和高盐度引起的渗透压增加对微生物的抑制作用；存在的硫酸盐在厌氧环境下已被还原成硫离子而增加废水的处理难度。因此，选择生物处理技术必须充分考虑高盐度和高硫酸盐对生化反应过程的影响。

（4）悬浮物浓度高，易腐败，产生污泥量大

制革工业加工每吨原皮得到的成革约为 300 kg，其余原料中约有 200 kg 以上成为皮边毛、蓝边毛和皮屑；大量原皮上的去肉和渣进入废水，废水中悬浮固体浓度高达每升数千毫克。高浓度的悬浮固体不但造成废水中有机物浓度高，增加了固液分离的难度，而且产生大量的有机污泥，污泥中还夹带有原皮上的泥沙、污血和生产过程中添加的石灰和盐类，污泥体积占到废水总量的 5% 以上。制革污泥的处理及处置是制革废水处理的难点之一。

（5）废水含 S^{2-} 和总铬等无机有毒化合物

浸酸和铬鞣对环境的直接危害是大量硫酸和 Cr^{3+} 进入废水。皮革对铬化合物的吸收率为 60%～70%，残余的 Cr^{3+} 是造成废水毒性的主要污染物，其沉淀后进入污泥又造成污泥处置和资源化利用的困难。根据资料介绍，废水中 Cr^{3+} 含量达到 17 mg/L 时，即对微生物有抑制作用；进入生物处理 S^{2-} 的最高允许浓度为 20 mg/L（氧化沟工艺为 40～50 mg/L），硫化物进入生物处理还会影响活性污泥的沉淀性能，使固液分离效果下降，从而影响出水水质。此外，在加脂、染色等工艺会将有机溶剂、偶氮染料和金属络合燃料等合成有机物带入废水，这些难生物降解的有机物更增加了废水处理的难度。

3　制革废水处理

传统的制革废水处理技术是将各工序废水收集、混合，一起纳入废水处理系统。由于废水中含有大量的硫化物和铬离子，极易对微生物产生抑制作用。目前比较合理的是"原液单独处理、综合废水统一处理"的工艺路线，将脱脂废水、浸灰脱毛废水、铬鞣废水分别进行处理并回收有价值的资源，然后与其他废水混合统一处理。

首先分别对含硫废水和铬鞣废水进行预处理，不但有利于生化处理，而且可以回收一部分有用资源再利用。例如，脱脂废水中含有油脂，先回收脂肪酸；酶脱毛废水中含硫比较少，可做肥料；经预处理后的含硫与含铬废水再和其他工序的废水一起进行预处理。

先对不同性质、污染较大的废水进行分流与预处理。一般为物化处理和物理处理方法的组合；综合处理，可归纳为物理方法、化学方法、物化方法和生物方法处理等几种方法组合。

国外一般都采用这种处理工艺，国内许多厂家也设有分别处理的系统，但疏于运行和管理，实际效果不佳，而且对于小型制革厂，如采用这种方法，工艺流程长、费用高，所以仍要具体情况具体分析。

3.1 制革废水的预处理

预处理的主要作用是去除尽可能多的 SS、油类、铬离子和硫化物，降低有机物和有毒物质浓度，以确保后续生物处理的高效稳定运行。混凝沉淀和气浮是制革废水常用的预处理方法。混凝沉淀，主要是通过向废水中投加 NaOH、硫酸亚铁、PAC 等药剂，使水中的硫化物和铬离子沉淀而去除；而气浮，主要是通过向水中投加破乳剂和絮凝剂，并通过微小气泡的上浮和黏附作用，使水中的油类物质和 SS 得到有效去除。

3.1.1 铬鞣原液处理

（1）沉淀法

铬是制革废水中唯一的重金属污染，铬及其化合物是一种致癌、致敏物质，可以通过水、食物等途径进入人体，危害人类健康。我们采用碱性（NaOH）水解沉淀法，破坏废水中的蛋白质的各级结构。同时，控制 pH 值，在铬沉淀完全、上清液达到排放标准的前提下，使铬泥中蛋白质含量最低。并且使回收的铬再用于生产，产生经济效益。

基本工艺流程是将废铬原液从集液池泵入中和水解沉淀池，加碱产生氢氧化铬沉淀后测上清液中 Cr^{3+} 的含量，如达到要求则将上清液排入综合废水池，将含一定水的铬泥泵入压滤机压滤后进入整理铬泥池中，然后对其 pH 值等进行调整，使铬泥达到回收标准时便可用于生产。

国内 90%的制革厂采用碱沉淀法，将石灰、氢氧化钠、氧化镁等加入废铬液反应、脱水得含铬污泥，用硫酸溶解后可再回用到鞣制工段。反应时 pH 值在 8.2~8.5，温度在 40℃沉淀最好，从经济效益、铬泥纯度及回收复用时对皮子质量的影响等方面考虑，采用氢氧化钠（它优于碳酸钠或碱加氧化镁）作沉淀剂。每立方米废铬原液加入 3 kgNaOH，控制 pH 值在 10±0.15，水解 1 h 左右，可将含 Cr^{3+}2 000~4 000 mg/L 的铬液处理至含 Cr^{3+}2~10 mg/L，处理率可达 99%以上。

（2）循环法

a. 直接循环法工艺流程为：

废铬液—过滤器—贮液池—调节池—废铬液回收

废铬液用作铬鞣液多是浸酸和鞣制不在同一鼓中进行。废铬液中不溶物质和有机物去除后，一般取前次废水的 70%左右，根据工艺要求兑换浓铬液调节含铬量和碱度后，即可重新鞣制。但再循环不能完全使用前次铬鞣废液，并且用于直接循环的只有转鼓排出的废液，而且经过多次循环后，还将产生中性盐的积累。

b. 浸酸/鞣制循环利用法

废铬液处理调整后首先用于下批软化裸皮的浸酸，然后再不加鞣剂进行鞣制，这种循环利用就叫浸酸/鞣制循环利用法。国外 60%以上制革厂采用此法，国内亦有废铬循环利用的。例如，日本的猪皮制革厂就用此法，将废铬液收集起来加热升温至 60~70℃，再静止 20 min、油脂上浮分层，将下层清液过滤，取样分析，根据工艺要求调节 pH，补加酸、食盐，使铬循环使用。

此法具有不排放浸酸溶液的优点，同时节约大量的中性盐与铬资源，减轻了中性盐与铬对环境的污染，但是利用率还是很低，近几年内一些人提出了封闭式循环法，主张回收全部废铬液。

3.1.2 浸灰脱毛原液处理

浸灰脱毛废水中含蛋白质、石灰、硫化钠、固体悬浮物，含总 COD_{Cr} 的 28%、总 S^{2-} 的 93%、总 SS 的 70%。处理方法有酸化法、化学沉淀法和氧化法。生产中多采用酸化法，在负压条件下，

加 H_2SO_4 调 pH 值至 4~4.5，产生 H_2S 气体，用 NaOH 溶液吸收，生成硫化碱回用，废水中析出的可溶性蛋白质经过滤、水洗、干燥变成产品。硫化物去除率可达 90%以上，COD_{Cr} 与 SS 分别降低 85%和 95%。其成本低廉，生产操作简单，易于控制，并可缩短生产周期。

3.1.3　脱脂废水

脱脂废水中的油脂含量、COD_{Cr} 和 BOD_5 等污染指标很高。处理方法有酸提取法、离心分离法或溶剂萃取法。广泛使用的是酸提取法，加 H_2SO_4 调 pH 值至 3~4 进行破乳，通入蒸汽加盐搅拌，并在 40~60 t 下静置 2~3 h，油脂逐渐上浮形成油脂层。回收油脂可达 95%，去除 COD_{Cr}90%以上。一般进水油的质量浓度为 8~10 g/L，出水油的质量浓度小于 0.1 g/L。回收后的油脂经深度加工转化为混合脂肪酸可用于制皂。

3.1.4　含硫废水处理

废水中的硫化物来自脱毛浸灰工序，含有大量的石灰、毛渣、蛋白质、蛋白质的水解产物和硫化碱。对于含硫废水的处理方法目前有催化氧化法、化学混凝法和酸化法。此外还有铁盐沉淀法、烟道气处理法。

（1）回收循环利用法

循环利用灰碱法脱毛废水，是减小硫化钠用量、减少废水硫化物的有效方法。

循环利用的硫化钠脱毛—废水过滤筛—回收罐—调解处理—贮备

一般循环使用不超过一个月，夏天不超过两个星期，因为废水中含有很多蛋白质，时间长会发臭。

（2）酸化回收法

向脱毛废水中加酸使其 pH 值达到 4~4.3，产生硫化氢气体，利用负压抽硫化氢至碱液罐中，碱与硫化氢反应生成硫化钠。国外使用此法较多，国内亦有使用。优点是：设备投资费用少，操作简单，并且可以回收利用硫化钠，特别适用于中小型制革厂含硫废水的初级处理。

（3）去除法

氧化法：硫化物是还原剂，很多氧化物与之反应可生成硫酸盐，亚硫酸盐或硫单质。包括催化曝气、加氧化剂、生物氧化法、光敏氧化法。

3.2　综合废水处理

国内制革工业通常采用物化处理和生化处理相结合的方法。此法投资省，运行费用低，能够稳定达标排放[①]。

制革加工工段产生的废水先适当预处理，综合废水质量浓度仍然较高，COD 在 2 000~3 000 mg/L，Cr（Ⅲ）的质量浓度在 1.2~15.6 mg/L，S^{2-} 的质量浓度在 4.2~18.0 mg/L。因此，在进入生化处理系统前，还需要进行前处理。前处理的工艺主要有气浮处理和混凝沉淀等。经过气浮或者混凝沉淀处理后，废水中的 S、Cr 等对生化有抑制物质均可以降至要求以内，BOD/COD 为 0.35~0.40，生物降解性较好。制革企业应用较多或者准备推广使用的生化工艺有传统活性污泥法、生物接触氧化法、氧化沟、双层生物滤池、SBR 法、CASS 工艺和水解酸化+CAST 工艺等，各有优点与缺点。

---

① 张丽丽，买文宁，王晓慧. 制革废水处理技术的发展[J]. 工业用水与水，2004，35（5）：12-15.

3.2.1 物化处理工艺

目前国内用于处理制革废水的物化处理法有投加混凝剂、内电解等技术。其中投加混凝剂分为化学混凝沉淀法及混凝气浮法。制革废水中含有大量的有害无机物离子，如 S^{2-}、Cr^{3+}、Cl^- 等，还含有大量难降解的有机物质，如表面活性剂、染料和大量的蛋白质等。这些物质往往在单纯的生物处理过程中不能完全去除，而化学混凝沉淀法、混凝气浮法及内电解能有效去除这些物质，尤其是气浮技术。它具有停留时间短，固液分离效果好，去除效率高，浮渣含水率低等一系列优点，在制革废水处理中得到广泛应用，并取得了良好的处理效果。

（1）絮凝沉淀　絮凝沉淀设备简单，管理方便，并适合于简单操作。絮凝沉淀预处理，当以硫酸亚铁酸洗废水为混凝剂，可去除大部分的 SS 和非溶解性 COD，大大降低后续生化系统负荷。当 pH 值为 7.5～8.5，沉淀时间 60 min，$FeSO_4$ 的质量浓度为 200 mg/L 时，COD_{Cr}、BOD_5、SS 去除率在 80%以上。其优点是温度适用范围广，$FeSO_4$ 在 6～20℃时仍有较高的处理效果，因此适合北方气候寒冷的地区；处理成本低，可以避免二次污染。

絮凝沉淀预处理，用酸浸粉煤灰和鼓风炉铁泥所得到的 PBS 混凝剂与聚硅酸铝絮凝剂配合处理制革废水，SS、COD_{Cr}、硫化物和铬的去除率可达 90%左右。其优点混凝沉降速度快，污泥体积小，处理费用低。

（2）内电解法　内电解塔中的废铸铁屑主要成分是铁和碳，当将其浸没在制革废水中时，由于铁和碳之间的电极电位差，废水中会形成无数个微原电池。其中电位低的铁成为阳极，电位高的碳成为阴极，在酸性条件下发生电化学反应：单质 Fe 失去电子变成 Fe（II），H（I）得到电子变成氢气。基于电化学反应的氧化还原和电池反应产物的絮凝及新生絮体的吸附等协同作用，其中电化学反应的氧化还原作用是主要的。作为阳极的铁屑填料经特殊处理后，一方面增加了填料的活性；另一方面防止铁屑结块，使运行效果更加稳定。

此工艺特别适合间歇生产的中小型制革企业，操作简便，运行稳定，脱色效果好，投资低，出水水质能够稳定达到二级排放标准。

3.2.2 生化处理工艺

（1）预处理系统　主要包括格栅、调节池、沉淀池、气浮池等处理设施。制革废水中有机物浓度和悬浮固体浓度高，预处理系统就是用来调节水量、水质；去除 SS、悬浮物；削减部分污染负荷，为后续生物处理创造良好条件。

（2）生物处理系统　制革废水的 ρ（COD_{Cr}）一般为 3 000～4 000 mg/L，ρ（BOD_5）为 1 000～2 000 mg/L，属于高质量浓度有机废水，m（BOD_5）/m（COD_{Cr}）值为 0.3～0.6，适宜于进行生物处理。目前国内应用较多的有氧化沟、SBR 和生物接触氧化法，应用较少的是射流曝气法、间歇式生物膜反应器（SBBR）、流化床和升流式厌氧污泥床（UASB）。

①传统活性污泥法：处理效率高，适用于处理要求高且水质相对稳定的废水。BOD_5 去除率在 90%以上，COD 为 60%～80%，色度为 50%～90%，S 为 85%～98%。

②氧化沟：停留时间长、稀释能力强、污泥负荷低、抗冲击负荷能力强的特点被实践证明是目前制革废水处理较成熟的工艺。工程经验证明，氧化沟工艺对 Cr^{3+}、硫化物的预处理要求不是很高。结果表明，只要有足够的水量、水质调节时间，保证进氧化沟的 S^{2-} 质量浓度低于 100～150 mg/L、Cr^{3+} 质量浓度低于 10 mg/L，经生物驯化、适应，系统均能正常运行。氧化沟工艺对有机物去除率 BOD_5 在 95%以上，COD_{Cr} 在 95%，硫化物在 99%～100%，悬浮固体在 75%左右，石油类在 99%以上。我们在氧化沟工艺设计中主要参数选择为：生物负荷中污泥负荷宜低于 0.075～0.08 kg BOD/（kgMLSS·d），MLSS 取 4 g/L。沟型、沟深、沟长为卡鲁塞尔型、奥贝尔型沟均可采用，沟深、沟长设计取决于曝气设备性能。倒伞形曝气机，沟深小于 3.4 m 转碟式曝气机，沟深不超过 4.0 m。

③SBR：间歇运行，灵活，流程短，操作管理简便，适合中小型制革厂。COD_{Cr} 与 SS 可去除 80%以上，S^{2-}去除 96.7%以上。污泥负荷：$0.1 \sim 0.15$ kg BOD_5/（kgMLSS·d），污泥质量浓度：$3 \sim 4$ g/L，水深：$4 \sim 6$ m。

④生物接触氧化：具有较强的耐冲击负荷能力，空气用量少，体积负荷高，处理时间短，污泥生成量少，无污泥膨胀，易维护管理，如设计不当，容易产生堵塞，成本高，适合中小型制革厂。COD_{Cr}、SS、Cr^{3+}、S^{2-}去除率为 85%～99.8%以上容积负荷：$2 \sim 4$ kgBOD_5/（m^3·d）曝气量：$0.15 \sim 0.3$ m^3 空气/（min·m^3 池容）。

⑤UASB：高复合，但去除率低且出水的硫化物浓度高。废水 COD_{Cr}、BOD_5、SS 去除率都在 80%以上。上升流速：$0.6 \sim 1.2$ m/h。

3.2.3　处理工艺选择分析

预处理工艺设计可能存在着两个误区：①过分强调毒物的处理。如采用隔油池除油、碱沉淀法除铬、催化氧化法或药剂法除硫等工艺，导致预处理工艺流程复杂、运行费用大幅提高。②预处理工艺过分简化，造成生物系统冲击负荷太大而不能正常运行。

目前用于处理制革废水的比较成熟的工艺是氧化沟、SBR 和生物接触氧化法，其技术参数比较全面。制革废水水量水质波动大，含有较高浓度的 Cl^-和 SO_4^{2-}，以及微生物难降解的有机物及铬和硫化物带来的毒性问题，因此生物处理工艺必须具备耐冲击负荷，且能适应高盐度对微生物产生的抑制作用，又能在较长时间内使难降解有机物得到降解和无机化。氧化沟的运行负荷非常低，处理效果好，且停留时间长、稀释能力强、抗冲击负荷能力强，故氧化沟是符合上述条件的最佳首选技术。

但对于中小型制革厂，因生产无一定规律或无足够场地，采用氧化沟工艺并非最佳选择，而 SBR 工艺是间歇运行，具有理想推流的特点，且流程短。生物接触氧化法对于水量、水质的冲击负荷有很强的耐冲击能力。故制革废水相对集中排放、水质多变及负荷变化大的适合用 SBR 工艺和生物接触氧化法。射流曝气法是在活性污泥法的基础上采用射流曝气器进行充氧，提高了氧的利用率；SBBR 是将 SBR 和生物膜技术结合起来，兼具两者特点；流化床和 UASB 工艺的负荷高，这些技术都有适合处理制革废水的一方面，但应用少，技术参数不全面，需要进一步研究。

3.2.4　典型的工艺组

（1）物化+传统活性污泥法

上海富国制革有限公司首先采用物化法去除废水中的大量有毒物质和部分有机物，再经过传统活性污泥法降解可溶性有机物。采用推流式进水，曝气池水力停留时间 $2 \sim 3$ d，F/M<0.1，泥龄 20 d，污泥质量浓度 6 g/L，污泥回流比 100%，pH 为 $5 \sim 9$。COD 去除率 93%，BOD 去除率 95%，SS 去除率 90%。

（2）混凝沉淀+SBR 法

目前国内用于处理制革废水的物化处理法有投加混凝剂、内电解等技术。用混凝剂物化处理，设备简单、管理方便，并适合于间歇操作。齐齐哈尔宏利达革制品厂[①]，采用硫酸亚铁酸洗废液作混凝剂，在 pH 值为 $7.5 \sim 8.5$，沉淀时间 60 min，$FeSO_4$ 的质量浓度为 200 mg/L 时，COD_{Cr}、BOD_5、SS 去除率在 80%以上，其优点是处理成本低廉、避免二次污染，$FeSO_4$ 在 $6 \sim 20$℃时仍有较高的处理效果，温度适应范围广，适合北方气候寒冷的地区。

采用物化法去除废水中的大量有毒物质和部分有机物，再经过 SBR 法生化降解可溶性有机物。设计日处理量为 800 m^3，当进水 COD 在 2 500 mg/L 时，出水 COD 在 100 mg/L 左右，远低于国标

---

① 邹廉. 制革废水处理工艺设计[J]. 给水排水，1997，23（12）：28-32.

二级标准（COD<300 mg/L），该工程的运行成本为 0.8 元/t。运行结果表明，用 SBR 工艺处理制革废水，对水质变化的适应性好，耐负荷冲击能力强，尤其适合制革废水相对集中排放及水质多变的特点。而且，SBR 处理工艺投资较省，运行成本较一般活性污泥法低。

（3）气浮+接触氧化法

沈阳市某制革厂原废水处理采用生物转盘为主的处理工艺，运行不正常，排水水质不达标。采用涡凹气浮+二段接触氧化工艺，对原系统进行改造，不仅使处理后的废水达到排放要求，提高了处理能力和效果，而且回收了 80%以上的 Cr^{3+}，使处理后的废水部分回用。在进水 COD 3 647 mg/L 时，经本工艺处理后，出水 COD 质量浓度为 77 mg/L，低于辽宁省《DB21-60-89》新扩改二级标准（COD<100 mg/L）。由于采用了 CAF 涡凹气浮，制革废水处理运行成本为 1.15 元/t，比原处理工艺运行成本少了 0.6 元/t。

此外，国外研究出一些新型的处理铬鞣废水的技术。A.I.Hafez[1]用反渗透（RO）膜技术处理铬鞣废水并回收铬，研究证明，RO 膜技术能够高效地将铬从铬鞣废水中分离出来，铬的去除率高于99%，但 NaCl 的浓度过高会影响铬分离。当 NaCl 的质量浓度低于 5 000 mg/L 时，RO 膜技术的成本低，用于小制革厂分离回收铬比碱沉淀法要经济。Sevgi Kocaoba[2]使用离子交换树脂技术去除回收铬，找到了其回收铬的最优条件：铬离子的质量浓度为 10 mg/L，pH 值为 5，搅拌时间 20 min，树脂数量 250 mg，铬回收率在 99%以上，与传统方法相比具有操作简单、效率高等优点。

[1] A I Hafez，M S El-Manharawyb，M A Khedr. R O membfane removal of unreacted chromium from spent tanning effurnt. A pilot-scale study，Pan2[J]. Desalmatlon，2002，144：237-242.

[2] Sevgl Kocaoba，Coksel Akcin. Removal and recovery of chromium and chromium speciation with MINTEQA2[J]. T alanta，2002，57：23-30.

实例一 宜章某制革厂 300 t/d 制革废水处理厂工程

1 设计规范、范围及原则

1.1 设计规范

（1）《废水综合排放标准》（GB 8978—1996）；

（2）《室外排水设计规范》（GB J14-87，1997 版）；

（3）《给水排水工程构筑物结构设计规范》（GB 50069—2002）；

（4）《地基基础设计规范》（GB 50007—2002）；

（5）《混凝土结构设计规范》（GB 50010—2002）；

（6）《低压配电设计规范》（GB 50054—1995）；

（7）《民用建筑电气设计规范》（JGJ/T16-92）。

注：现行标准：

（1）《室外排水设计规范》（GB 50014—2006，2014 版）；

（2）《地基基础设计规范》（GB 50007—2011）；

（3）《混凝土结构设计规范》（GB 50010—2010）；

（4）《低压配电设计规范》（GB 50054—2011）；

（5）《民用建筑电气设计规范》（JGJ 16—2008）；

（6）其他为现行标准。

1.2 设计范围①

（1）本方案的设计范围为本制革废水处理站内的工艺、建筑结构、电气仪表、机械设备和工程估算等整套制革综合废水处理工程的方案设计。各车间废水的预处理部分及制革废水输水渠，本方案将提出建议。

（2）废水处理的设计主要分为废水处理和污泥处理及处置两大部分。

1.3 设计思路与分析

（1）进水水质分析

污染物指标为典型的制革废水水质，废水中含有大量的有害无机物离子，同时含有大量难降解的有机物质。

（2）设计思路

在确保去除水中污染物质的同时，确保经济合理。

废水处理工艺采用预沉预曝+加药气浮化学处理+氧化沟生化处理作为处理工艺主线。该方法是

---

① 工程时间：2005 年 12 月。

处理制革废水的经典流程，效果稳定可靠、管理简单、污泥产生量少并能确保废水处理最终达标排放。

（3）栅渣及污泥的处理与处置

栅渣（皮屑）自动落入机械格栅后部的栅渣筐，定期与厂区其他垃圾一并外运处置。

预沉池污泥、初次沉淀池污泥和气浮池形成的浮渣进入污泥浓缩池进行浓缩，浓缩后的污泥由带式压滤机脱水后外运填埋。

（4）工程布置及环境影响

整个工程的平面布置分区明确，高程布置尽量减少提升，做到经济合理，环境美观。使整个废水处理站建成花园景观区。

通过栅渣和污泥定期脱水外运等措施消除二次污染，整个工程的运行将不会影响现有环境，且大大改善了出水水质。

1.4　设计原则

（1）本设计方案严格执行有关环境保护的各项规定，废水处理后必须确保各项出水水质指标均达到《废水综合排放标准》（GB 8978—1996）一级排放标准。

（2）采用成熟、稳定、实用、经济合理的处理工艺，保证处理效果，并节省投资和运行管理费用。

（3）设备选型兼顾通用性和先进性，运行稳定可靠、效率高、管理方便、维修维护工作量少、价格适中。

（4）系统运行灵活、管理方便、维修简单，尽量考虑操作自动化，减少操作劳动强度。

2　废水处理工艺设计

2.1　设计水量与水质

2.1.1　设计水量

废水来源于全厂制革项目的制革废水，Q_d=300 m³/d，Q_h=12.5 m³/h。

2.1.2　设计水质

出水采用《废水综合排放标准》（GB 8978—1996）规定的一级排放标准。

表 1　设计进水、出水水质一览表

序号	项目	进水	出水	去除率/%
1	pH	11～14	6～9	—
2	COD_{Cr}/（mg/L）	4 300	<100	>97.7
3	BOD_5/（mg/L）	1 500	<20	>98.7
4	SS/（mg/L）	2 800	<70	>97.5
5	总 Cr^{3+}/（mg/L）	20	<1.5	>92.5
6	S^{2-}/（mg/L）	100	<1.0	>99
7	NH_3-N/（mg/L）	170	<15	>91.2
8	色度/倍	1 500	<50	>96.7

2.1.3 水量与水质分析

该废水处理厂进水水量与水质主要有以下一些特点：

（1）由于制革行业生产产品品种较多，废水来水途径较复杂，水量和水质的波动较大。因此所设计的处理系统应具有较高的调节适应水量与水质负荷变化的能力。

（2）制革废水中含有大量的有害无机物离子，如S^{2-}、Cr^{3+}、Cl^-等，还含有大量难降解的有机物质，如表面活性剂、染料和大量的蛋白质等，故处理难度较大。

（3）该制革废水的另一特点为进水的NH_3-N浓度高，所以脱氮又成为制革废水处理技术的难点之一。

2.2 废水处理工艺流程

2.2.1 选择思路

根据上述进出水水量和水质情况，选择如下思路：

（1）主要采用以物化+生化的处理工艺，在生化处理工艺中必须有硝化和反硝化功能；

（2）工艺流程须简捷、工程造价低、运行经济、便于管理。

2.2.2 推荐工艺

废水处理工艺流程如图1所示。

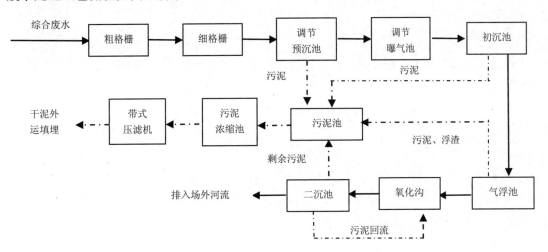

图1 废水处理工艺流程

2.3 处理效果预测

通过上述处理过程，废水处理各阶段的去除效果如表2所示。

表2 废水处理单元工艺设计处理效果一览表

处理单元	指标	COD_{Cr}	BOD_5	SS	NH_3-N	Cr^{3+}	S^{2-}	色度/倍
进水渠道	进水/（mg/L）	<4 300	<1 500	<2 800	<170	<20	<100	<1 500
机械粗格栅	出水/（mg/L）	<3 010	<1 125	<1 680	<170	<20	<100	1 350
机械细格栅	去除率/%	>30	>25	>40	—	—	—	>10
调节预沉池	进水/（mg/L）	<3 010	<1 125	<1 680	<170	<20	<100	<1 350
调节曝气池	出水/（mg/L）	<1 806	<731	<1 008	<102	<20	<40	<1 080
初次沉淀池	去除率/%	>40	>35	>40	>40	—	>60	>20

处理单元	指标	COD_{Cr}	BOD_5	SS	$NH_3\text{-}N$	Cr^{3+}	S^{2-}	色度/倍
反应气浮池	进水/（mg/L）	<1 806	<731	<1 008	<102	<20	<40	<1 080
	出水/（mg/L）	<632	<366	<101	<92	<4	<4	<108
	去除率/%	>65	>50	>90	>10	>80	>90	>90
氧气沟二沉池	进水/（mg/L）	<632	<366	<101	<92	<4	<4	<108
	出水/（mg/L）	<95	<18	<30	<14	<0.8	<0.8	<43
	去除率/%	>85	>95	>70	>85	>80	>80	>60
总去除率/%		>97.8	>98.8	>98.9	>91.8	>96	>99.2	>97.1

3 主要处理构筑物和设备

3.1 废水处理站设计

3.1.1 进水渠道

由于制革废水中含有大量的漂浮物和悬浮物易堵塞水泵和处理站内管道，故在进水渠道内设机械粗格栅及机械细格栅。机械粗格栅拦截大块漂浮物及保护后续机械细格栅，机械细格栅的栅距较小，可以截住细小猪毛、碎皮屑等细小杂物。栅渣自动掉落在手推小车内的垃圾塑料袋内，打包后用小车直接外运。

尺寸：沟宽 $B \geqslant 400$ mm。

配备设备：机械粗格栅：型号 XQ（C）-400，栅宽 B=400 mm，栅距 b=10 mm，功率 N=0.37 kW，数量 1 套。

机械细格栅：型号 XQ（X）-400，栅宽 B=400 mm，栅距 b=5 mm，功率 N=0.37 kW，数量 1 套。

3.1.2 调节池

由于制革废水的水量和水质随时间变化很大，为保证后续处理构筑物及设备连续性和稳定性及高效而稳定地运行，特设置废水调节池，以保证处理系统的正常运行。调节池分为调节预沉池及调节曝气池，采用钢筋混凝土结构。

（1）调节预沉池

在皮革废水中，一些大颗料固体物（如碎皮块、革屑和石灰等）可以在输水渠道内沉淀去除，但一些体积大、重量较轻的如蛋白絮体等物质，只有在流速比较小的情况下才能沉淀，故特设置调节预沉池以去除以上这些物质，同时保证后续处理构筑物的正常运行。

尺寸：20 m×14 m，有效水深 3.5 m。数量 1 座。

设计参数：水力停留时间 HRT=11.8 h。

配备设备：泵吸行车式吸泥机：型号 HJ X_3-14，B=14 m，N=（2×0.55+2×2.2）kW。数量 1 套。

（2）调节曝气池

在调节曝气池内设置射流曝气机进行充氧搅拌曝气，主要起以下功能：

避免悬浮物的沉降；对废水充氧，防止 H_2S 等有毒气体的产生与累积；将 S^{2-} 氧化成 S，以便在后续初次沉淀池中加以去除；对氨氮进行吹脱，提高有机物及氨氮的去除效果。

在调节曝气池旁设加酸槽罐，对废水根据实际情况进行加酸调节 pH 值。

尺寸：14 m×5 m，有效水深 3.5 m。数量 1 座。

设计参数：水力停留时间 HRT=2.94 h；

空气搅拌强度 q=1.2 m^3 气/（m^3 水·h）。

配备设备：废水一级提升泵：型号 WQ2155-410，Q=45 m³/h，H=12 m，N=3 kW；数量 3 套，2 用 1 备。

　　　　　　　射流曝气机：型号 QSB-7.5，Q_{air}=100 m³/h，O_2=7.90 kgO₂/h，H=3.5 m，N=7.5 kW；数量 2 套。

（3）初次沉淀池

为了进一步降低废水中的可沉物质，减轻后续气浮池的负荷及降低气浮池加药量，我们特设置初次沉淀池以进一步去除悬浮固体。初次沉淀池采用辐流式，重力间隙排泥，污泥排至气浮池污泥井，经提升后排入污泥浓缩池。初次沉淀池采用钢筋混凝土结构。

尺寸：直径 Φ 14 m，池边水深 4.0 m，有效水深 3.5 m，数量 1 座。

设计参数：水力停留时间 HRT=6.0 h；

　　　　　水力表面负荷 q=0.6 m³/（m²·h）

配备设备：周边传动刮泥机：型号 ZXG-14，Φ 14 m，N=0.75 kW。数量 1 套。

（4）气浮池

为了有效去除废水中各种形态的污染物，尤其是大分子难解物质、有毒物质、胶体物质及不溶物质（如 SS、色度、表面活性剂、S^{2-}、重金属等），保证后续氧化沟生物处理系统正常运行。

尺寸：气浮池设置 2 座，平面尺寸为 13.25 m×4.0 m，总高 4.20 m（超高 0.3 m，分离区水深 2.20 m，缓冲层 0.50 m，泥斗高 1.20 m）。

设计参数：反应区停留时间 HRT $_\text{反}$=20 min；

　　　　　分离区停留时间（包括 30%回流水）HRT=32 min；

　　　　　分离区表面负荷（包括回流水）q=4 m³/（m²·h）（上升流速 1.1 mm/s）；

　　　　　回流比=30%。

配备设备：MHL-F 旋切式浮选机 2 套，N=5.5 kW；

　　　　　TQ-4.25 型刮渣机 2 台。N=1.1 kW；

　　　　　TY-600×500 水位调节堰门 2 套；

　　　　　JY-2 混凝剂投加系统 2 套，N=2.2 kW。

（5）氧化沟

本方案采用卡鲁塞尔（CARROUSEL）2000 型氧化沟。氧化沟内设置曝气转盘，低负荷运转，以降解各种形态的主要是可溶性的有机污染物及去除氨氮。在氧化沟内设预反硝化段，内设置水下搅拌机和内回流泵。

尺寸：60 m×26 m，有效水深 3.80 m，数量 1 座（分 4 沟）。

设计参数：水力停留时间 HRT=65 h（其中预反硝化段停留时间 15 h）；

　　　　　污泥负荷 q=0.05 kgBOD₅/（kgMLSS·d）；

　　　　　污泥质量浓度=3.5 g/L；

　　　　　需氧量=2.5 kgO₂/kgBOD₅；

　　　　　内回流比 300%。

配备设备：曝气转盘：型号 YZP-1400，充氧能力=40 kgO₂/h，N=22 kW。数量 5 套/池，3 用 2 备。

　　　　　内回流泵：型号 WQ4155-450，N=3.0 kW，数量 2 套，1 用 1 备，Q=170 m³/h，H=4 m，N=3 kW。数量 2 套，1 用 1 备。

　　　　　潜水搅拌机：型号 QJB3/4-1800/2-56，N=3 kW，数量 2 套。

（6）二次沉淀池

废水经过氧化沟生物处理后产生了大量的污泥，通过二次沉淀池，进行泥水分离，将微生物及吸附的污染物从水中分离出来，得到澄清后的废水经出水堰达标排放，沉淀下来的污泥由周边传动虹吸式吸泥机连续排至回流污泥井内，一部分污泥由污泥回流泵回流至氧化沟内，剩余活性污泥则排至污泥浓缩池。

二次沉淀池采用辐流式，中心进水，周边出水的形式，以强化固液分离效果。

尺寸：直径 Φ14 m，池边水深 4.0 m，有效水深 3.0 m，数量 1 座。

设计参数：水力停留时间 HRT=5.0 h；

水力表面负荷 q=0.6 m³/（m²·h）。

配备设备：周边传动刮泥机：型号 ZXG-14，Φ14 m，N=0.75 kW。数量 1 套。

回流污泥泵：型号 WQ2155-409，Q=50 m³/h，H=6 m，N=2.2 kW。数量 2 套。

剩余污泥泵：型号 WQ2120-202，Q=10 m³/h，H=11 m，N=1.1 kW。数量 2 套，1 用 1 备。

3.2 污泥处理工艺设计

3.2.1 设计污泥量

（1）预沉池及初次沉淀池污泥量 V_1：

干泥量：1 340 kg/d，含水率为 98%，污泥量为 V_1=67 m³/d。

（2）气浮池污泥量 V_2：

考虑到气浮池加药产生的污泥增量，气浮池干泥量 2 400 kg/d。

含水率为 97%，污泥量为 V_2=80 m³/d。

（3）二沉池剩余污泥量 V_3：

剩余污泥产率按 0.6 kgSS/kgBOD$_5$ 计算，剩余污泥量为 480 kg/d，含水率为 99.2%，污泥量为 V_3=60 m³/d。

（4）总污泥量 V：

整个废水处理厂干泥量为 4 220 kg/d，混合污泥含水率为 98%时，污泥量为 V=211 m³/d。

3.2.2 污泥处理与处置方案的确定

根据前述，污泥处理工艺流程图如图 2 所示。

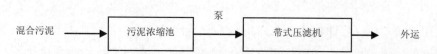

图 2 污泥处理与处置工艺流程

图 3 带式压滤机

4 主要处理构筑物和设备一览表

4.1 主要处理构筑物一览表

表3 构筑物一览表

序号	名称	设计参数	数量	单位	备注
1	调节预沉池	停留时间：11.8 h，平面尺寸：20 m×14 m 有效水深：3.5 m	1	座	钢筋混凝土结构 （合建）
2	调节曝气池	停留时间：2.9 h；平面尺寸：14 m×5 m 有效水深：3.5 m	1	座	
3	污泥池	平面尺寸：14 m×2 m；有效水深：3.5 m	1	座	
4	初次沉淀池	停留时间：6.0 h；平面尺寸：Φ 14 m 表面负荷：0.6 m³/（m²·h）；周边水深：3.5 m	2	座	钢筋混凝土结构
5	反应气浮池	平面尺寸：13.25 m×4 m；有效水深：2.2 m 反应时间：20 min；分离区上升流速：1.1 mm/s 分离区停留时间：32 min；回流比：30%	1	座	钢筋混凝土结构
6	氧化沟	停留时间：65 h；平面尺寸：60 m×26 m 有效水深：3.8 m；污泥负荷：0.05 kgBOD₅/（kgMLss·d）	1	座	钢筋混凝土结构
7	二次沉淀池	停留时间：5.0 h；平面尺寸：Φ 14 m 表面负荷：0.6 m³/（m²·h）；周边水深：3.0 m	1	座	钢筋混凝土结构
8	污泥浓缩池	停留时间：30 h；平面尺寸：9 m×6.5 m； 有效水深：6 m	2	座	钢筋混凝土结构
9	污泥脱水机房	平面尺寸：21.6 m×8 m；层高：6 m	1	座	砖混结构
10	综合楼	平面尺寸：21.6 m×8 m；层高：3.6 m	1	座	合建

4.2 主要处理设备一览表

表4 主要设备一览表

序号	设备名称	规格型号	数量	单位	性能参数	备注
1	机械粗格栅	XQ（C）-400	1	台	B=400 mm；b=10 mm；N=0.37 kW	进水渠道
2	机械细格栅	XQ（X）-400	1	台	B=400 mm；b=5 mm；N=0.37 kW	
3	泵吸式 行车吸泥机	HJ X₃-14	1	套	B=14 m；N=5.5 kW	调节预沉池内
4	废水提升泵	WQ2155-410	3	套	Q=45 m³/h；H=12 m；N=3 kW	调节曝气池内 2用1备
5	射流曝气器	QSB-7.5	2	套	Q=100 m³/h；N=7.5 kW	调节曝气池内
6	周边传动 刮泥机	ZXG-14	1	套	N=0.75 kW	初次沉淀池内
7	旋切式浮选机	MHL-F	2	套	N=5.5 kW	气浮池内
8	刮渣机	TQ-4.25	2	套	N=1.1 kW	
9	调节闸板	TY-600×500	2	套		
10	加药系统	JY-2	2	套	N=2.2	
11	曝气转盘	YZP-1400	5	套	Q_2=40 kgO₂/h；N=22 kW	氧化沟内 3用2备

序号	设备名称	规格型号	数量	单位	性能参数	备注
12	回流泵	WQ4155-450	2	套	Q=170 m^3/h；H=4 m；N=3 kW	氧化沟预反硝化段内
13	潜水搅拌机	QJB3/4-1800/2-56	2	套	N=3 kW	
14	回流污泥泵	WQ2155-409	2	套	Q=50 m^3/h；H=6 m；N=2.2 kW	二沉池回流污泥井内
15	剩余污泥泵	WQ2120-202	2	套	Q=10 m^3/h；H=11 m；N=1.1 kW	二沉池回流污泥井内 1用1备
16	周边传动吸泥机	ZXG-14	1	套	Φ=14 m；N=0.75 kW	二沉池内
17	污泥提升泵	WQ2155-420	2	套	Q=30 m^3/h；H=14 m；N=3 kW	污泥池内
18	污泥螺杆泵	G60-1B	2	套	Q=13.88 m^3/h；P=0.6MPa N=7.5 kW	污泥脱水机房
19	带式压滤机	DY1500	2	套	B=1 500 mm；N=1.5 kW	
20	加药设备	JY-2	1	套	N=3 kW	
21	超声波流量计		1	套		出水渠道内

5 工程设计和总图设计

5.1 工程设计

5.1.1 工程布置原则

（1）废水经过调节池一次提升后，重力流经以后各处理构筑物，并尽量减少提升高度，以节约能源。

（2）废水厂设计地面标高尽可能考虑土方平衡，并与厂区内周围场地道路标高适应。

5.1.2 设计标高

废水处理厂室外地坪的设计绝对标高与厂区内周围场地道路标高适应。

根据土方平衡、废水处理构筑物布置的合理性及废水重力排放等原则，设废水处理厂地面相对标高为±0.00，确定废水处理厂二沉池水位标高为 0.50 m，依次推算出厂内各处理构筑物的水位标高。

5.2 总图设计

5.2.1 总图布置原则

①按照不同功能，分区布置，用绿化带隔开，设置厂前区、废水处理区。

②处理构筑物之间间距的确定，考虑各管道施工维修方便。

③考虑人流、物流、运输方便，布置主次道路。

④考虑消防安全要求，设置必要的设施。

⑤考虑发生臭气的处理构筑物，置于常年风向下风向。

⑥按照建成范围和处理要求，采用绿化措施进行隔离。

5.2.2 总图布置

设计规模为 2 000 m^3/d，控制用地为 6 825 m^2（10.24 亩）。处理厂范围内，长 105 m，宽 65 m。本工程将水处理构筑物布置于厂北侧，辅助建筑布置于厂区南侧，位于常年风向上风向，在厂区四侧围墙内设 4 m 宽绿化带，全厂绿化面积占总面积的 30%以上，厂内主干道路宽 4 m，次干道宽 3.5 m。

根据上述总体布置，最终形成厂区 1 条主干道，2 条次干道。分别形成不同功能，不同区域的路格。废水处理站的绿化景观设计根据行政管理区域的功能需要设置。

建筑周边景观区以线条流畅的花灌木带形成优美的俯视效果。在办公楼一侧，以蜡梅和慈孝竹构成富有中国传统特色的植物文化景观，并以疏林草坪形成开敞的绿化景观效果。产生噪声构筑物附近的常绿树木以遮蔽和减噪效果，植物都具有抵抗或收集臭气作用。

6　建筑、结构设计

6.1　建筑设计

废水处理厂综合楼（机房）建筑面积为 350 m²，二层，上层为综合楼，下层为机房。

6.2　结构设计

构筑物：本工程属废水处理构筑物，其主要构筑物均为储水构筑物，对结构防水性能有较高的要求，故储水构筑物均采用钢筋混凝土结构。长度超过 30 m 的矩形池，一般情况下，要设温度伸缩缝，内设橡胶止水带。

地震基本烈度按七度考虑，钢筋砼水池根据其水位与地下潜水位间的最大水头，考虑其池壁厚度，地下结构抗浮安全系数取 1.05。

7　电气、仪表及监控系统

7.1　电气设计

本废水厂电气设计包括以下内容：
（1）厂内所有动力设备的配电、控制及保护。
（2）全厂电缆敷设。

7.2　供电电源

本废水处理站拟由建设单位提供电源。

7.3　负荷计算

厂内所有用电设备均为 380/220V 低压电力设备。

系统装机功率 161.64 kW，计算功率 123.00 kW。

表 5　用电负荷计算表

序号	设备名称	规格型号	数量	单位	装机容量/kW	计算容量/kW
1	机械粗格栅	XQ（C）-400	1	台	1×0.37=0.37	0.37×50%=0.19
2	机械细格栅	XQ（X）-400	1	台	1×0.37=0.37	0.37×50%=0.19
3	泵吸式行车吸泥机	HJ X₃-14	1	套	1×5.50=5.50	5.50×12.5%=0.69
4	射流曝气机	QSB-7.5	2	套	2×7.50=15.00	15.00×50%=7.50
5	废水提升泵	WQ2155-410	2	套	2×3.00=6.00	6.00×100%=6.00
6	周边传动刮泥机	ZXG-14	1	套	1×0.75=0.75	0.75×100%=0.75
7	旋切式浮选机	MHL-F	1	套	2×5.50=11.00	11.00×50%=5.50

序号	设备名称	规格型号	数量	单位	装机容量/kW	计算容量/kW
8	刮渣机	TQ-4.25	1	套	2×1.10=2.20	2.20×10%=0.22
9	气浮池加药设备	JY-2	1	套	2×2.20=4.40	4.40×50%=2.20
10	曝气转盘	YZP-1400	3	套	3×22.0=66.00	66.00×100%=66.0
11	内回流泵	WQ4155-450	1	套	1×3.00=3.00	3.00×100%=3.00
12	潜水搅拌机	QJB3/4-1800/2-56	2	套	2×3.00=6.00	6.00×100%=6.00
13	回流污泥泵	WQ2155-409	1	套	1×2.20=2.20	2.20×100%=2.20
14	剩余污泥泵	WQ2120-202	1	套	1×1.10=1.10	1.10×50%=0.55
15	周边传动吸泥机	ZXG-14	1	套	1×0.75=0.75	0.75×100%=0.75
16	污泥池提升泵	WQ2155-420	2	套	2×3.00=6.00	6.00×50%=3.00
17	污泥螺杆泵	G60-1B	2	套	2×7.50=15.00	15.00×67%=10.05
18	带式压滤机	DY1500	2	套	2×1.50=3.00	1.50×80%=1.20
19	污泥脱水加药设备	JY-2	1	套	1×3.00=3.00	3.00×67%=2.01
20	照明及其他				10.00	10.00×50%=5.00
21	合计				161.64	123.00

注：装机容量不包括备用设备容量。

7.4　配电系统

厂内动力照明电缆敷设主要以直接埋地敷设为主，局部采用电缆沟及穿管敷设方式。低压配电装置采用低压抽出式开关柜。

7.5　操作方式

电动机全部采用全负荷直接起动方式，起动压降控制在10%以内。

所有机械设备均配套供应就地控制箱，对机械动力设备的控制分为自动与手动两种方式，自动方式时，由PLC控制，手动方式时在就地控制箱上手动操作。

8　防腐、防渗设计

8.1　防腐

本废水处理工程中，部分物品和材料处于腐蚀性环境，需进行防腐考虑，以减少水中污染物和腐蚀性气体对构筑物、建筑物、设备和设施等的腐蚀，确保设备和设施的运行安全，保证工程质量，保持处理站的美观。

8.1.1　防腐对象

（1）水泵、曝气机设备；输水管、曝气管、加药管道等生产性设备和设施。

（2）厂区的栏杆、平台、钢门窗等附属设施及设备等。

8.1.2　防腐措施

（1）水泵及曝气机等设备的轴心部件，均为抗腐蚀金属，外壳为铸铁结构。所采用的阀门外涂一道环氧树脂漆以加强防腐。

（2）管道

①废水管道及水上空气管采用钢管和钢制配件，外壁涂三道、内壁涂二道环氧煤沥青。

②水下空气管道采用耐腐蚀的PVC管。

③污泥管采用耐腐蚀的PVC管。

④加药管采用耐腐蚀的PVC管。

8.2　防渗措施

本废水处理主体构筑物均为钢筋混凝土结构，为避免地下水渗入或池内水渗出，构筑物结构采用抗渗设计，并在池体内壁用 20 mm 厚 1∶2 水泥沙浆粉刷，池外壁涂 851 防水涂料。

9　项目实施及工程管理

废水处理工程拟在 2006 年完成，其进度表如表 6 所示。

表 6　工程进度表

月 项目	2005 年 12	2006 年					
		1	2	3	4	5	6
方案设计	▬						
方案设计评审		▬					
施工图设计			▬				
土建、设备施工			▬▬▬▬▬				
调试验收							▬

10　运行成本及效益分析

10.1　运行成本

本工程为工业废水处理工程，运行成本计算时暂考虑电费、人工费和药费三类费用。

10.1.1　基本参数

（1）计算用电负荷及电费

计算用电负荷为 123 kW，电费：0.60 元/（kW·h）。

（2）药剂费及加药量：

聚合铁混凝剂：投加量 300 mg/L，药剂 800 元/t。

（3）工人工资福利费：600 元/（月·人），共 8 人。

10.1.2　成本费用预测

表 7　处理成本分析表

序号	项目	成本分析
1	年处理水量/万 m³	73.00
2	年耗电量/万 kW·h	107.75
3	年耗药量/t	219.00
4	年总成本/万元	
5	工资及职工福利费/万元	5.76
6	用电费/万元	64.65
7	药剂费/万元	17.52
8	合计/万元	87.93
9	运行成本/（元/m³）	1.21

10.1.3 成本分析

通过上述测算，本废水处理工程废水的单位处理成本为 1.21 元/m^3。

10.2 效益分析

本工程为环境保护项目，以减轻污染为主要目的，其效益主要体现在社会效益和环境效益。

10.2.1 环境效益

废水处理厂的建设，可以有效解决工厂制革工业废水排放不能达标问题，消除工厂出水的污染，提高工厂的环境质量。

10.2.2 社会效益

处理水质的提高，可大大减少疫病暴发或流行病的潜在危险，有利于提高环境质量，改善工厂形象，有利于保障居民的身心健康，对改善居民的工作、生活环境都会产生明显的社会效益，同时有利于投资环境的改善。

实例二　徐州某制革厂 5 000 m³/d 废水处理工程设计方案

1　工程概述

徐州某制革厂主要有三种废水类型，综合废水总量为 5 000 m³/d；含铬废水总量为 500 m³/d；含硫废水总量为 500 m³/d。根据废水类型及特点，将含铬废水和含硫废水分别进行预处理后，再进入曝气调节池，与综合废水一起进行后续处理。综合废水处理工艺为：粗、细格栅—沉砂池—曝气调节池—混凝沉淀池—气浮池—水解酸化池—生物选择器—CAST—A/O 脱氮池—二沉池—砂滤池。出水水质达到《废水综合排放标准》（GB 8978—1996）中规定的一级排放标准。废水处理站的运行费用为 3.24 元/m³。

图 1　曝气调节池

2　设计依据及原则

2.1　设计依据

（1）公司提供的该厂废水的水量和水质数据；

（2）《中华人民共和国环境保护法》；

（3）《中华人民共和国水污染防治法实施细则》；

（4）《中华人民共和国水法》；

（5）《室外排水设计规范》（GB 50014—2006，2014 版）；

（6）《建筑给水排水制图标准》（GB/T 50106—2010）；

（7）《建筑给水排水设计规范》（GB 50015—2003，2009 年版）；

（8）《给水排水工程管道结构设计规范》（GB 50332—2002）；

（9）《工业企业厂界噪声排放标准》（GB 12348—2008）；

（10）《城市废水再生利用　城市杂用水水质》（GB/T 18920—2002）；

（11）《给水排水工程构筑物结构设计规范》（GB 50069—2002）；

（12）《给水排水设计手册》；

（13）《恶臭污染物排放标准》（GB 14554—1993）；

（14）《地表水环境质量标准》（GB 3838—2002）；

（15）《废水综合排放标准》（GB 8978—1996）；

（16）《建筑抗震设计规范》（GB 50011—2010）；

（17）《混凝土结构设计规范》（GB 50010—2010）；

（18）《钢结构设计规范》（GB 50017—2003）；

（19）《建筑地基基础设计规范》（GB 50007—2011）；

（20）《建筑结构荷载规范》（GB 50009—2012）；

（21）《地下工程防水技术规范》（GB 50108—2008）；

（22）《工业建筑供暖通风与空气调节设计规范》（GB 50019—2015）；

（23）《建筑设计防火规范》（GB 50016—2014）；

（24）《低压配电设计规范》（GB 50054—2011）；

（25）《建设项目经济评价方法与参数》（第二版 1993 年）；

（26）《城市废水处理工程项目建设标准》（修订）（建设部 2001.6.1）；

（27）《20 kV 及以下变电所设计规范》（GB 50053—2013）。

2.2　设计原则

（1）符合国家现行的废水排放标准；

（2）以水解+好氧生化（CAST）+生物脱氮技术为主，辅以物化手段，进行优化组合的综合工艺，尽量减少占地，减少投资和运行管理费用；

（3）操作、维护方便，达标并运行稳定；

（4）贯彻持续发展战略，推广清洁生产工艺，做到综合利用，使环境效益和经济效益有机结合。

3　设计基础数据的确定

3.1　水量规模

（1）综合废水总量：5 000 m^3/d

（2）含铬废水：500 m^3/d

（3）含硫废水：500 m^3/d

3.2　进水水质

（1）综合废水水质

表1　综合废水进水水质

污染物	COD_{Cr}	BOD_5	SS	S^{2-}	NH_3-N	pH
质量浓度/(mg/L)	6 000	2 200	4 000	40.5	300	7~8

（2）含铬废水

表2　含铬废水进水水质

污染物	COD_{Cr}	pH
质量浓度/(mg/L)	1 000	4

（3）含硫废水

表3　含硫废水进水水质

污染物	Cr^{3+}	S^{2-}	SS	pH
质量浓度/(mg/L)	13 000	2 700	6 000	13

3.3　出水水质

要求出水水质达到《废水综合排放标准》（GB 8978—1996）中规定的一级排放标准。

表4　出水水质

污染物	COD_{Cr}	BOD_5	SS	NH_3-N	硫化物	色度
质量浓度/(mg/L)	≤100	≤30	≤70	≤15	≤1.0	≤50

4　设计工艺及说明

针对本项目制革废水的特点，我们进行了认真的分析研究，本着投资少，占地面积小，运行管理方便，耗能少，运行费用低的原则，确定了如下的处理工艺流程。

4.1　处理工艺

（1）含铬废水处理流程如图2所示。

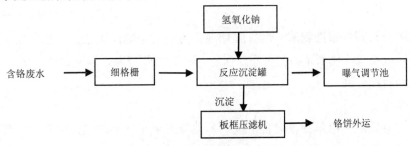

图2　含铬废水处理流程

（2）含硫废水处理流程如图3所示。

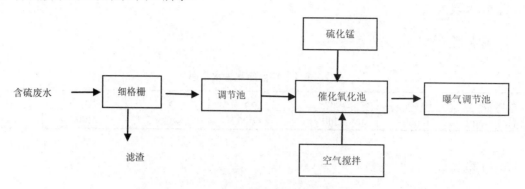

图3　含硫废水处理流程

（3）综合废水处理流程如图4所示。

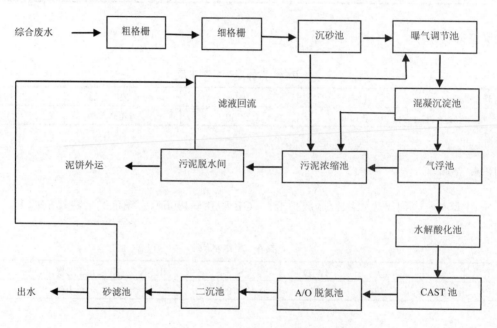

图4　综合废水处理流程

4.2　工艺说明

4.2.1　含铬废水处理

（1）反应机理

Cr（Ⅲ）为两性物质，溶于酸和强碱。在pH为8.5时，生成氢氧化铬沉淀，加碱沉淀法是完全可以将含铬废水中的三价铬沉淀出来的，上层清液是完全可以达到废水排放标准的，使用氢氧化钠来调节pH。

铬在环境中是长期积累性物质，属排放标准中的一类控制污染物。单独收集处理含铬废水既可保证达到铬的排放要求，使剩余污泥可用作农肥，又可回收资源，创造价值（铬饼可定期外卖），所以企业必须做到清污分流。

（2）工艺操作

转鼓下方设有集液小槽单独收集含铬废水，被分流至车间外的铬液储存池，然后再泵入到铬液反应池，在加碱（加NaOH）的同时蒸汽加温至65℃，pH控制在8.5，反应2h，然后静止沉淀，可生成氢氧化铬沉淀，再用板框压滤机压成铬饼储存，滤液及上清液排至综合废水集水池。

4.2.2 含硫废水处理

（1）反应机理

$$3S^{-2} + 2O_2 \xrightarrow{\text{MnSO}_4} S + SO_4^{2-}$$

（2）工艺说明

废水中的硫化物来自脱毛浸灰工序，含有大量的石灰、毛渣、蛋白质、蛋白质的水解产物和硫化碱。含硫废水产生量为 500 m^3/d，本工程设计日处理含硫废水量为 500 m^3/d。

（3）含硫废水处理的操作

含硫废水首先进入细格栅，以去除废水中的肉屑、毛渣、石灰等不溶性物质，经细格栅过滤后的废水流至含硫废水储存池。储存池的含硫废水再进入催化氧化池，在曝气的同时加入硫酸锰进行催化氧化，使 S^{2-} 氧化为 SO_4^{2-} 及单质 S 沉淀，每 1 kg 硫化物反应生成硫酸根约需 0.6 kg 氧，催化剂 $MnSO_4$ 用量为 28 g，浓度约为 100 mg/L，反应最佳 pH 值为 10，反应时间为 5～8 h，S^{2-} 去除率可达到 80%左右。脱硫后的废水泵入曝气调节池，污泥排入污泥储存池。

4.2.3 综合废水的处理

综合废水首先通过粗、细格栅、沉砂池，将水中的皮渣、肉块等固体物以及毛渣去除，进入曝气调节池，然后用泵提升到混凝沉淀池，使水中不溶性的泥沙等细小固体物沉淀，同时对水质、水量和 pH 进行调节，然后进入气浮池。处理后的上清液进入水解酸化池，提高废水的可生化性。

经水解酸化后的废水然后进入生物选择器和 CAST 池，立即与池内的好氧污泥（好氧菌、原生动物、后生动物等）充分混合，进行吸附和代谢活动。

制革废水的氨氮来源有两部分，一部分来自中和工序中加入的无机氮，如碳酸氢铵、硫酸铵和氨水；一部分来自废水中有机物分解后释放出的有机氮，这就是一般二级处理制革废水工艺出水口比进水口氨氮浓度高的原因。

经 CAST 处理后的废水，氨氮仍不能达标，故在其后设置 A/O 脱氮池，交替经过缺氧段和好氧段充分进行反硝化和硝化作用，出水经过二沉池沉淀即可达标排放。

采用本工艺所产生的污泥全部排至污泥浓缩池浓缩，然后经卧螺式离心分离机脱水后可作为农肥或填埋。

4.3 好氧污泥的影响因素

（1）溶解氧

供氧不足会出现厌氧状态，妨碍微生物正常的代谢过程。供氧多少一般用混合液溶解氧的浓度控制。活性污泥絮凝体越大，所需的溶解氧的浓度就要大一些。为了使沉淀分离性能良好，较大的絮凝体是所期望的。一般来说，溶解氧浓度以 2 mg/L 左右为宜。氧化沟氧的转化率高，能满足生物处理的要求。

（2）营养物

微生物的代谢需要一定比例的营养物质，除以 BOD_5 表示的碳源外，还需要氧、磷和其他元素。其中 BOD_5：N：P=100：5：1 是微生物的最佳营养比例。而制革废水中的蛋白质等营养物质是非常丰富的，不需要给曝气池中投加任何微生物的营养物质。

（3）pH 值

对于好氧生物处理，pH 值一般以 6～9 为宜。如果在驯化污泥过程中将 pH 值这个因素考虑进去，则活性污泥在一定范围内可以逐渐适应。但如出现冲击负荷，pH 值急剧变化，则将给活性污泥带来严重打击。这里设调节池要大一些，让各种废水相互稀释，避免这种情况发生。

（4）水温

对于生化过程，一般认为水温在 20～30℃时效果最好，35℃以上和10℃以下净化效果即行降低。这里不可能出现高温状况，低温有可能出现，但水温能维持在 6～7℃，一般采用提高污泥浓度和降低污泥负荷等措施，活性污泥仍能有效地发挥其净化功能。

（5）有毒物质

对生物处理有毒害作用的物质很多，而制革废水中不多，资料介绍的只有 Cr^{3+}、H_2S 等物质，由于制革废水 pH 值较高，Cr^{3+} 都沉淀了，而 H_2S 非常容易氧化，所以运行经验表明，制革废水中的有毒物质对微生物基本没有危害性。

4.4　A/O 工艺原理及运行要点

A/O 工艺是一种前置反硝化工艺，属单级活性污泥脱氮工艺，即只有一个污泥回流系统，A/O 工艺的特点是原废水先经缺氧池，再进好氧池，并将好氧池的混合液和沉淀池的污泥同时回流到缺氧池。A/O 工艺与传统的与传统的多级生物脱氮工艺相比，主要有如下优点：

（1）流程简单，省去了中间沉淀池，构筑物少，大大减少了基建费用，且运行费用低，占地面积少。

（2）以原废水中的含碳有机物和内源代谢产物为碳源，节省了投加外碳源的费用并可获得较高的 C/N 比，以确保反硝化作用的充分进行。

（3）好氧池在缺氧池之后，可进一步去除反硝化残留的有机污染物，确保出水水质达标排放。

（4）缺氧池置于好氧池之前，由于反硝化消耗了原废水中一部分碳源有机物 BOD，既可减轻好氧池的有机负荷，又可改善活性污泥的沉淀性能，以利于控制污泥膨胀，而且反硝化过程产生的碱度可以补偿硝化过程对碱度的消耗。

A/O 生物脱氮工艺流程如图 5 所示。

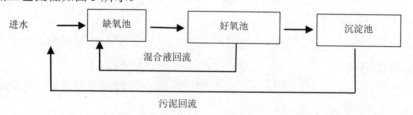

图5　A/O 生物脱氮工艺流程

图6　好氧池

5 处理效果分析

5.1 含铬废水

采用 NaOH 作为 pH 的调节剂，Cr^{3+} 出水浓度为铬的溶度积（即 K_{sp}）决定，出水浓度远远低于 1.5 mg/L，即去除率约为 100%。出水进入综合废水处理系统的曝气调节池。

5.2 含硫废水

表 5 含硫废水处理效果分析

含硫废水 Q=500 m³/d	格栅		曝气除硫		出水质量浓度/ （mg/L）
	去除率/%	负荷	去除率/%	负荷	
COD：13 000 mg/L	5	650	20	2 470	9 880
S²⁻：2 700 mg/L			85	2 295	405
SS：6 000 mg/L	5	300	20	1 140	4 560

5.3 综合废水

表 6 综合废水处理效果分析　　　　　　　　　　　　　　　　　　单位：mg/L

综合废水 Q=5 000 m³/d	粗格栅		细格栅		沉砂池		曝气调节池		混凝沉淀池	
	去除率/%	负荷	去除率/%	负荷	去除率/%	负荷	去除率/%	负荷	去除率/%	负荷
COD：6 000 mg/L	5	350	5	283	15	808	30	1368	50	1 596
NH₃-N：300 mg/L							30	90		
SS：4 000 mg/L	5	200	5	190	30	1 083	30	758	50	884
S²⁻：40.5 mg/L										

含硫废水 Q=5 000 m³/d	气浮池		水解酸化池		CAST 池		A/O 脱氮池		出水质量浓度/ （mg/L）
	去除率/%	负荷	去除率/%	负荷	去除率/%	负荷	去除率/%	负荷	
COD：6 000 mg/L	30	479	30	335	80	627	70	110	47
NH₃-N：300 mg/L					80	168	80	33.6	8.4
SS：4 000 mg/L	60	531	60	212	85	120	70	15	6.4
S²⁻：40.5 mg/L	10	4.1			90	32.8	90	3.2	0.4

注：1. 调节池 30%的去除效率主要是废水间的相互稀释作用，对总量没有去除。

2. 由于 A/O 池的出水已经达标，砂滤池主要起把关作用，这里不再讨论去除效率。

3. 硫化物在调节池被稀释了 10 倍。

6 综合废水处理主要设备及构筑物

6.1 综合废水处理部分

6.1.1 粗格栅

（1）功能：截除进废水处理厂废水中的较大杂物，保护水泵。

（2）设计参数：设计流量：650 m³/h，栅条间隙：5 mm，格栅倾角：60°。

（3）运行：自动运行，机械自动耙渣。

（4）主要工程内容：一道宽 1.2 m，高 2.2 m，沟深 1.2 m 的全不锈钢机械格栅。

6.1.2 细格栅

（1）功能：拦截废水中较小的漂浮物，减轻后续处理构筑物的负荷，保证正常运行。

（2）设计参数：设计流量：650 m³/h，栅条间隙：1 mm，格栅倾角：60°

（3）运行：自动运行，机械自动耙渣。

（4）主要工程内容：一道宽 1.2 m，高 2.2 m，沟深 1.2 m 的全不锈钢机械格栅。

6.1.3 沉砂池

（1）功能：去除比较大的无机颗粒，减轻后续构筑物的负荷。

（2）设计参数：设计流量：650 m³/h。

（3）运行：连续运转。

（4）主要工程内容：平流式沉砂池一座，分两格，每格尺寸为宽 1 m，两闸板间距为 5 m，高 3.7 m，其中有效水深为 1.2 m。

6.1.4 曝气调节池

（1）功能：皮革厂废水排放最大水量与平均水量相差很大，工作班制 8 h、16 h 不等，每段排水水质极不均匀。而废水处理 24 h 运行，要求能有一个相对稳定的进水水质，以利于微生物生存，使废水处理能稳定达标，故在此池进行水质水量的调节，并进行鼓风曝气，有利于后续生化处理。此外，制革废水中动物油脂比较多，曝气可以提高后续沉淀池的沉淀效果约 30%。

（2）设计参数：有效容积为：3 000 m³，33 m×15 m×6.5 m（包括超高 0.5 m）。

停留时间：12 h。

需空气量：622.9 m³ 空气/h。

（3）运行：连续运转。

（4）主要工程内容：池内安装穿孔管进行曝气。

6.1.5 设备操作工房

（1）安装提升泵两台。

（2）安装罗茨风机四台。

（3）安装配电系统。

（4）采用半地下式泵房，尺寸为：长×宽=6.0 m×6.0 m。

6.1.6 提升泵

（1）功能：将重力汇入废水站的废水提升，进入废水处理构筑物，保证处理后废水自流进入厂外，并使后续处理构筑物埋深值处于经济合理范围内。同时在泵后设置管道混合器投放 PAC（聚合氯化铝）药液。

（2）设计参数：根据处理后废水排除要求的水位和构筑物水头损失以及进水最低水位确定水泵扬程为 15 m，平均流量为 250 m³/h。

（3）选用 Q=300 m³/h，H=14 m，P=30 kW，6PWL 型废水泵 2 台，1 用 1 备。

6.1.7 辐流式沉淀池

（1）功能：通过絮凝沉淀的物理、化学方法进行混合液的再次固液分离。

（2）设计参数：设计流量：250 m³/h；停留时间：4 h。

（3）表面负荷：1 m³/（m²·h）；堰口负荷：3.65 m³/（m²·h）。

（4）主要工程内容：辐流式沉淀池 1 座，每座尺寸为 Φ 17.8 m，总高 4.8 m，其中有效水深 4 m，泥斗倾角 10°。

6.1.8 气浮池

（1）功能：通过产生大量微小气泡使得密度接近水的固体或者液体污染物黏附上浮至水面形成浮渣，进行固液分离或液液分离，从而去除比较较小的悬浮物。

（2）设计参数：设计流量：250 m³/h；表面负荷：3.6 m³/m².h；停留时间：50 min。

（3）运行：连续运行。

（4）主要工程内容：气浮池一座分两格，每格尺寸如下：接触室：0.5 m×4 m×3.3 m，分离室：10.4×4 m×3.3 m；溶气罐一个，尺寸 Φ1.5 m，高 4 m。

6.1.9 水解酸化池

（1）功能：水解酸化可进一步提高废水的 BOD/COD 比，增加了废水的可生化性，且对 COD 有一定的去除率，为后续的好氧生化处理创造了良好的环境。

（2）设计参数：①设计流量：250 m³/h；

          ②表面负荷：0.75 m³/（m²·h）；

          ③水力停留时间：8 h；

          ④填料高度：4 m。

（3）运行方式：连续运行

（4）主要工程内容：水解酸化池两座，每座尺寸：18 m×9.2 m×8.8 m，其中有效水深为 6 m。池中填充半软性组合填料，高度 4 m。

表 7 水解酸化池设计参数表

设计流量	MLSS 质量浓度	排出比	污泥负荷	运行周期	进水曝气时间	沉淀时间	闲置时间	污泥回流比	泥龄
208.33 m³/h	4 000 mg/L	1/m=1/4	0.15 kgBOD/（kgMLSS·d）	24 h	18 h	2 h	2 h	30%	7 d

6.1.10 生物选择池

（1）功能：废水中所含的易降解有机物在缺氧段被去除，则丝状菌的生长将被抑制，故防止了系统污泥膨胀和改善污泥的沉降性能。

（2）设计参数：

设计流量：208.33 m³/h；水力停留时间：4 h；CAST 池混合液回流比：30%。

（3）运行方式：连续运行。

（4）主要工程内容：缺氧生物选择池一座，尺寸 Φ11.9 m，高度 8 m。

6.1.11 CAST 生化池

（1）功能：在 SBR 的基础上增加了选择器和污泥回流设施，并对时序做了一些调整，大大提高了 SBR 工艺的可行性和效率，达到高 COD 去除效率以及良好的脱氮效果。

（2）设计参数。

（3）运行方式：间歇运行。

（4）主要工程内容：①CAST 池四座，圆形，尺寸均为 Φ18.8 m，高度 6.5 m；

          ②口径 250 mm，功率 110 kW 的罗茨风机两台，1用 1 备；

          ③不锈钢滗水器四台，长 6 m，滗水能力 625 m³/h。

6.1.12 A/O 脱氮池

（1）功能：A/O 法为一种前置反硝化脱氮工艺。前面一个缺氧池，后面一个好氧池，并将好氧池的混合液回流到缺氧池。好氧池在缺氧池之后进一步去除残留的有机污染物，保证水质量达标。

（2）设计参数：

表 8　A/O 脱氮池设计参数表

设计流量	MLSS 质量浓度	硝化污泥负荷	缺氧段水力停留时间	好氧段水力停留时间	混合液回流比
250 m³/h	4 000 mg/L	0.033 kgNH₃-N/（kg·d）	2 h	10 h	100%

（3）运行方式：连续运行。

（4）主要工程内容：A 段缺氧池与 O 段好池并建一座。

A 段缺氧池尺寸：5.6 m×15 m×6.5 m；O 段好氧池尺寸：27.8 m×15 m×6.5 m。

6.1.13　二沉池

（1）功能：二沉池的主要作用是进行混合液的固液分离，与 A/O 法相配合，以达到最终从废水中去除、分离有机物的目的。

（2）设计参数：①设计流量：250 m³/h；

②表面负荷：1.0 m³/（m²·h）；

③沉淀时间：3 h。

（3）运行：连续运行。

（4）主要工程内容：Φ 18 m，高 3.8 m 辐流式沉淀池 1 座，其中有效水深 3 m，泥斗倾角取 10°，池底设刮泥机。

6.1.14　砂滤池

由于 A/O 工艺在曝气阶段，属于延时曝气，活性污泥絮体较轻，容易引起二沉池沉淀效果不佳，所以，砂滤池主要起把关作用。

（1）设计流量：250 m³/h。

（2）表面负荷：10.4 m³/（m²·h）。

共分 2 格设置，总过滤面积 24 m²，滤速 8.7 m/h。

（3）运行：连续运行。

（4）主要工程内容：主要有效尺寸：4 m×6 m×2.8 m（包括超高 0.5 m）。

6.1.15　污泥浓缩池

（1）功能：污泥浓缩池使污泥的含水率由原来的 99% 可降到 95%～96% 以下，为污泥的后续处理创造条件。

（2）设计参数：①设计流量：1 355.3 m³/d；

②污泥固体负荷：8 kg/（m²·d）；

③污泥浓度：30 kg/m³；浓缩时间：16 h。

（3）运行：连续运行。

（4）主要工程内容：Φ 15.2 m 辐流式污泥浓缩池两座，工作高度为 5 m，泥斗倾角为 10°，池底设周边传动刮泥机。

6.1.16　污泥脱水机房

（1）功能：进一步降低污泥含水率，减少污泥体积，便于污泥运输处置。

（2）设计参数：①设计流量：253.3 m³/d；

②采用卧螺式离心分离机 2 台，每小时处理 10 m³ 含水率 95% 的污泥。

（3）运行：脱水机每天运行 13 h，投配泵及加药装置与脱水机同步运行。

（4）主要工程内容：污泥脱水机房一座，结构平面尺寸为长×宽=4 m×6 m。

6.1.17　絮凝剂配液池

（1）功能：将絮凝剂 PAC 与清水以 1∶10 的比例混合配成液体，以便和废水混合。

（2）工艺参数：PAC 的投放量为 3 000 kg/d。

（3）主要工程内容：配液池一座，尺寸为长 3 m，宽 1 m，高 1 m。

6.2　含铬废水处理部分

6.2.1　细格栅

（1）功能：拦截废水中较小的漂浮物，减轻后续处理构筑物的负荷，保证正常运行。

（2）设计参数：①设计流量：100 m³/h；

②栅条间隙：1 mm；

③格栅倾角：60°。

（3）运行：自动运行，机械自动耙渣。

（4）主要工程内容：宽 0.5 m，高 3 m，沟深 1.2 m 的全不锈钢机械格栅。

6.2.2　含铬废水蓄水池

（1）功能：进行水量及水质调节，废水处理 2 班运行。

（2）设计参数：停留时间：12 h。

（3）运行：连续运转。

（4）主要工程内容：方形池一座，长 12.5 m，宽 5 m，池深 4.5 m。

6.2.3　反应沉淀池

（1）功能：是铬液分离的关键组成部分，通过化学反应，最终实现分离的目的。

（2）设计参数：周期 4 h。

（3）运行：间歇运行。

（4）主要工程内容：50 m³ 反应罐 3 个，Φ 2 m，高 4 m。

6.2.4　碱液配液池

（1）功能：将 NaOH 配成液体，以便和废水混合。

（2）工艺参数：NaOH 的投放量为 1 153.9 kg/d。

（3）主要工程内容：配液池一座，尺寸为长 3 m，宽 2 m，高 2 m。

6.2.5　板框压滤机

（1）功能：进一步降低污泥含水率，减少污泥体积，便于污泥运输处置。

（2）设计参数：采用自动型箱式压滤机，配带螺杆泵一台，过滤面积 30 m²，功率 3 kW。

（3）运行：间歇运行。

（4）主要工程内容：污泥脱水机房一座，结构平面尺寸为长×宽=12 m×6 m。

6.3　含硫废水处理部分

6.3.1　细格栅

（1）功能：拦截废水中较小的漂浮物，减轻后续处理构筑物的负荷，保证正常运行。

（2）设计参数：①设计流量：100 m³/h；

②栅条间隙：1 mm；

③格栅倾角：60°。

（3）运行：根据栅前栅后水位差自动运行，机械自动耙渣或人工耙渣。

（4）主要工程内容：一道宽 0.5 m，高 3 m，沟深 1.2 m 的全不锈钢机械格栅。

6.3.2 含硫废水催化氧化池

（1）功能：以 $MnSO_4$ 为催化剂通过化学反应氧化硫化物。

（2）设计参数：①设计流量：25 m^3/h；
②停留时间：10 h。

（3）运行：间歇运行。

（4）主要工程内容：催化反应池一座，长 10 m，宽 5 m，高 5.3 m。

7 综合废水处理运行成本核算

7.1 劳动定员

根据废水处理厂生物处理工艺要求，三班倒连续运行，本废水处理厂配置定员 15 人（白班和中班各 6 人，夜班 3 人）。

7.2 运行费用

（1）正常满负荷运总功率：323 kW；

由于 CAST 工艺及其他某些处理工序是间隙运行不是满负荷，故设备满负荷运行率为 60%。

工业用电按：0.60 元/（kW·h）

则 323×0.6×24÷5 000×60%=0.56 元/m^3

（2）人工费：15 人×800 元/月÷30÷5 000=0.08 元/m^3

（3）药剂费

NaOH：1.16 t/d；PAC：8.5 t/d；$MnSO_4$：0.028 t/d

药剂费为：1.16×800+8.5×1 400+0.028×6 000=11 273 元/d，即 2.60 元/m^3

7.3 运行成本

则废水处理站的运行费用为：（1）+（2）+（3）=3.24 元/m^3。